Vorwort

Mit dem 55. Band des Astronomischen Jahresberichts wird den Fachkollegen die Übersicht der astronomischen Literatur und ihrer Grenzgebiete aus dem Jahre 1955 vorgelegt. Einige Nachträge aus früheren Jahren sind beigefügt.

Die Einteilung des Stoffes ist im wesentlichen dieselbe wie im Astronomischen Jahresbericht Band 54. Es sind lediglich folgende Änderungen vorgenommen worden:

1. In den Paragraphen 2, 10, 21, 22, 65, 72, 122, 123, 124 sind dem Inhalt nach zusammengehörige Arbeiten unter einem neuen Untertitel zusammengefaßt.

2. Das bisherige deutschsprachige Sach-Verzeichnis ist durch einen Alphabetical Subject Index (in englischer Sprache) ersetzt.

3. Das Verzeichnis der Veröffentlichungen von Sternwarten und Instituten ist in gekürzter Form zweispaltig gegeben: es befindet sich neben der vollständigen Angabe der Veröffentlichung der Name des Autors (ohne Vornamen) und der Hinweis auf die Referatnummer im Textteil des Astronomischen Jahresberichts, wo der genaue Titel der jeweiligen Arbeit entnommen werden kann.

Die Namen der Autoren sind außer im Namen-Verzeichnis noch in den auf den Seiten 320—321, 342, 440—441 gegebenen Verzeichnissen der Beobachter aufzusuchen.

Die Schriftleitung wurde durch Diplomdolmetscher E. Herkens und G. Köberich unterstützt. Den Nachweis der Beobachtungen und Berechnungen Kleiner Planeten lieferten W. Strobel und C. König.

Den Autoren, Sternwarten, Instituten, Gesellschaften und Akademien sei an dieser Stelle für die Zusendung ihrer Veröffentlichungen herzlichst gedankt. Ferner sei hier allen Förderern des Astronomischen Jahresberichts sowie allen Referenten, deren Namen in dem Verzeichnis auf Seite IV zusammengestellt sind, der verbindlichste Dank ausgesprochen. Insbesondere hat wiederum die Deutsche Forschungsgemeinschaft den Druck dieses Bandes durch einen Zuschuß ermöglicht.

Heidelberg, den 31. Januar 1957

Die Schriftleitung

Bearbeitung

Schriftleiter: K. Heinemann

Mitarbeiter: F. Henn, W. Lohmann (Loh.)

Referenten

U. Baehr Heidelberg, U. Becker (U. Be.) Freiburg, A. Behr Göttingen, M. Beyer Hamburg, K. H. Böhm Kiel, S. Böhme (Böh.) Heidelberg, A. Bohrmann (Bo.) Heidelberg, J. Bouška (J. B.) Prag, A. Bruzek (Bru.) Freiburg, B. Cester Trieste, H. Daene Potsdam, W. Dieckvoss (Dv.) Hamburg, H. C. Freiesleben (Fr.) Hamburg, W. Fricke Heidelberg, W. Gliese (Gli.) Heidelberg, F. Gondolatsch (Go.) Heidelberg, O. Günther (O. G.) Potsdam, U. Güntzel-Lingner Potsdam, A. Güttler (Gü.) München, J. Hoppe Jena, K. Hunger Kiel, C. Luplau Janssen (C. L. J.) Kopenhagen, H. Klauder (Kdr.) Köln, D. Labs Heidelberg, T. Lederle (T. L.) Heidelberg, L. Mawridis Heidelberg, G. R. Miczaika (Micz.) Cambridge, Mass., K. Milošević Skopje, H. Müller (H. M.) Zürich, L. Oster Kiel, L. Perek Prag, W. Petri München, W. Priester Bonn, K. Schaifers Heidelberg, F. Schmeidler (F. S.) München, K. H. Schmidt Jena, K.-W. Schrick Bonn, G. Traving Kiel, H. H. Voigt Göttingen, V. Weidemann Braunschweig, A. Weigert Jena, P. Wellmann Hamburg

Inhaltsverzeichnis

V. Theoretische Astronomie

VI. Theoretische Astrophysik

VII. Sonne

VIII. Planeten und Monde

IX. Kometen. Meteore. Meteorite. Zodiakallicht

X. Sterne

XI. Doppelsterne

XII. Veränderliche Sterne. Novae

XIII. Sternsysteme. Nebel. Interstellarer Raum

XIV. Geodäsie. Nautik

Abkürzungen

Im Astronomischen Jahresbericht sind die folgenden Abkürzungen verwendet.

1. Allgemeine Abkürzungen

Abh.	Abhandlungen	Inst.	Institut etc.	Ref.	Referat
Abstr.	Abstrakt, abstract	J.	Journal	Rend.	Rendiconti
Acad.	Académie, Academy	Kl.	Klasse	Rep.	Report
Accad.	Accadémia	Mag.	Magazine	Repr.	Reprint
Akad.	Akademie	Math.	Mathematik etc.	Res.	Research
Ann.	Annalen, Annales,	Medd.	Meddelanden,	Rev.	Review, Revue
	Annals		Meddelelser	Ric.	Ricerche
Astr.	Astronomie etc.	Mém.	Mémoires	Sci.	Science, scientific
Astrophys.	Astrophysik etc.	Mem.	Memoirs, Memorie	Ser.	Serie, Series
Beob.	Beobachtungen	Mitt.	Mitteilungen	Sér.	Série
Ber.	Berichte	Nachr.	Nachrichten	Sitzber.	Sitzungsberichte
Bol.	Boletin	(NF)	Neue Folge	Soc.	Società, Société, Society
Bull.	Bulletin	(NR)	Neue Reihe	Sternw.	Sternwarte
bzw.	beziehungsweise	(NS)	Neue Serie	Suppl.	Supplement
Circ.	Circular, Zirkular	Obs.	Observatorium	T.	Tidskrift, Tidsskrift,
Cl.	Classe	Oss.	Osservatorio,		Tijdschrift
Commun.	Communications		Osservazioni	Trans.	Transactions
Comun.	Comunicazioni	Phil.	Philosophical	Univ.	Universität etc.
Contr.	Contributions etc.	Phys.	Physik etc.	Veröff.	Veröffentlichungen
CR.	Comptes Rendus	Proc.	Proceedings	Vgl.	Vergleiche
Desgl.	Desgleichen	Pubbl.	Pubblicazioni	VJS	Vierteljahrsschrift
Diss.	Dissertation	Publ.	Publikationen,	Wetensch.	Wetenschappen
Geod.	Geodäsie etc.		Publications	Wiss.	Wissenschaften
Ges.	Gesellschaft	Rech.	Recherches	Z.	Zeitschrift

2. Spezielle Abkürzungen

Die nachstehenden Abkürzungen sind hauptsächlich in § 75 Nachweis der Beobachtungen und Berechnungen Kleiner Planeten, ferner in § 81 Einzelne Kometen, § 112 Veränderliche Sterne und in § 113 Novae, Supernovae verwendet.

aD	absolute Dimensionen	Eph	Ephemeride	Na	Benennung
Am	Amplitude	Es	Spektroskopische	Not	Allgemeine Mitteilung
An	Anzeige		Elemente	O	Ort
Au	Aufnahme	Esb	Spektroskopische	P	Periode
B	Beobachtung		Bahnelemente	Par	Parallaxe
C	Farbe	H	Helligkeit bzw. phy-	RG	Radialgeschwindigkeit
CI	Farbenindex		sische Beobachtung	Sp	Spektrum
E	Lichtwechselelemente	Id	Identität	Tem	Temperatur
Eb	Photometrische Bahn-	Ka	Karte	Typ	Typus
	elemente	Lk	Lichtkurve	VS	Vergleichssterne
EB	Eigenbewegung	Mon	Monographie	*	genäherter Ort
El	Bahnelemente				

AAVSO . . .	vgl. Ref. 1102	Ref. AG	vgl. Ref. 1110	Ref. BAA	vgl. Ref. 1112
Ref. AAS . .	vgl. Ref. 1103	Ref. ASP	vgl. Ref. 1107	Ref. RAS	vgl. Ref. 1120

3. Abkürzungen von Ortsnamen (Sternwarten)

Die Tabelle für die Abkürzungen der Ortsnamen ist auf Seite 275 im Nachweis der Beobachtungen und Berechnungen Kleiner Planeten gegeben.

4. Abkürzungen für die Namen der Sternbilder

Für die Namen der Sternbilder sind die in Harvard Bulletin 771 veröffentlichten Abkürzungen benutzt.

5. Abkürzungen von Zeitschriften

AA	Acta Astronomica
AJ	Astronomical Journal
AJ UdSSR	Astronomisches Journal der UdSSR
AJB	Astronomischer Jahresbericht
AN	Astronomische Nachrichten
ApJ	Astrophysical Journal
Ark Astr	Arkiv för Astronomi
Astr Circ UdSSR	Astronomisches Zirkular der UdSSR
BA	Bulletin Astronomique
BAA Circ	British Astronomical Association Circular
BAAH	British Astronomical Association Handbook
BAB	Bulletin Astronomique de l'Observatoire Royal de Belgique
BAC	Bulletin of the Astronomical Institutes of Czechoslovakia
BAN	Bulletin of the Astronomical Institutes of the Netherlands
BAV-Rundbrief	Mitteilungsblatt der Berliner Arbeitsgemeinschaft für Veränderliche Sterne
BIA	Bulletin des Instituts für Theoretische Astronomie, Leningrad
BSAF	L'Astronomie, Bulletin de la Société Astronomique de France
Bull hor	Bulletin horaire
CR	Comptes Rendus. Académie des Sciences, Paris
DAN	Berichte (Doklady) der Akademie der Wissenschaften der UdSSR
DOB	Documentation des Observateurs
Gaz astr	Gazette astronomique
HarvAnn, Bull usw.	siehe Cambridge, Mass.
JAMPC	Japanese Minor Planet Circular
JBAA	Journal of the British Astronomical Association
JO	Journal des Observateurs
J RAS Canada	Journal of the Royal Astronomical Society of Canada
Kop Akt Medd	Aktuelle Meddelelser fra Astronomisk Selskab, Kobenhavn
LOB	Lick Observatory Bulletin
McDC	Contributions from the McDonald Observatory
Mem RAS	Memoirs of the Royal Astronomical Society
Mem SA It	Memorie della Società Astronomica Italiana
MN	Monthly Notices of the Royal Astronomical Society
MN ASSA	Monthly Notes of the Astronomical Society of South Africa
MPC	Minor Planet Circular
MVS	Mitteilungen über Veränderliche Sterne (Sonneberg)
NAT	Nordisk Astronomisk Tidsskrift
NAZ	Nachrichtenblatt der Astronomischen Zentralstelle
NAZvM	Nachrichtenblatt der Astronomischen Zentralstelle. Vorläufige Mitteilung
Obs	Observatory
PAT	Populär Astronomisk Tidskrift
Publ ASP	Publications of the Astronomical Society of the Pacific
RH	Říše Hvězd
RJ Astr. Geod. UdSSR	Referatjournal. Astronomie, Geodäsie. Akademie der Wissenschaften der UdSSR
TAB	Tokyo Astronomical Bulletin
TACL	Tanakami Astronomical Circular – Letter
UAI Circ	Union Astronomique Internationale. Circulaire
UC, Union Circ	Circular of the Union Observatory
VS Bull	Veränderliche Sterne. Bulletin
YC	Yamamoto Circular
ZfA	Zeitschrift für Astrophysik
ZfMG	Zentralblatt für Mathematik und ihre Grenzgebiete

Zeitschriften

Unter Zeitschriften sind nicht nur alle periodisch erscheinenden Schriften verstanden, sondern im weiteren Sinne auch alle zwanglos erscheinenden Veröffentlichungen von Sternwarten, Instituten, Gesellschaften und Akademien.

Die vollständig durchgesehenen Zeitschriften sind in den beiden folgenden Verzeichnissen **6** und **7** zusammengestellt.

Nicht aufgeführt sind in den Verzeichnissen **6** und **7** diejenigen Zeitschriften, in denen gelegentlich astronomische Arbeiten enthalten sind. Diese sind der Schriftleitung entweder nur in Form eines Sonderdruckes, als einzelne Abhandlung einer Akademie oder als sonstige bibliographische Mitteilung bekannt geworden.

6. Verzeichnis der Zeitschriften und Veröffentlichungen von Gesellschaften und Akademien

Physics Abstracts. Section A of Science Abstracts (Physics). Edited and issued monthly by the Institution of Electrical Engineers, London. — Vol. **58**, Gesamtnummer 685—696.

Astronautica Acta. Offizielles Organ der Internationalen Astronautischen Föderation. Springer-Verlag, Wien; I. R. Maxwell & Co. Ltd., London-Paris-New York. — Vol. **1** Fasc. 1—4.

Acta Astronomica. Kraków. — AA(b) Vol. **2** S. 134—169, AA(c) Vol. **5** S. 57—197.

Acta Astronomica Sinica. Herausgegeben vom Purple Mountain Observatory, Nanking. — Vol. **3** Nr. 1, 2.

Geochimica et Cosmochimica Acta. Pergamon Press Ltd., London. — Vol. **7** Nr. 1—6, Vol. **8** Nr. 1—6.

Actas de la Academia Nacional de Ciencias Exactas, Físicas y Naturales de Lima. — Vol. **18** Nr. 1—4.

Annalen der Physik. Johann Ambrosius Barth, Leipzig. — 6. Folge Band **15** Heft 3—8, Band **16** Heft 1—8, Band **17** Heft 1—2 = Band 450, 451 und 452 der ganzen Reihe.

Annales d'Astrophysique. Paris. — Tome **18** Nr. 1—6.

Suppléments aux Annales d'Astrophysique. Paris. — Fasc. Nr. 1.

Annales Françaises de Chronométrie. Besançon. — Année **25** Tome **9** Trimestre 1—4.

Annales de Géophysique. Paris. — Tome **11** Nr. 1—4.

Annales de Physique. Masson et Cie, Editeurs. Paris. — Sér. 12 Tome **10** Nr. 1—12.

Anzeiger. Österreichische Akademie der Wissenschaften. Mathematisch-naturwissenschaftliche Klasse. Wien. — **92.** Jahrgang Nr. 1—15.

Arkiv för Astronomi. Utgivet av K. Svenska Vetenskapsakademien Stockholm. — Band **1** Häfte 6.

Astronomia Popular. Organ del Centro Mexicano de Investigaciones Astronómicas. Mexico, D. F. — Vol. **1** Nr. 1—2.

L'Astronomie. Revue Mensuelle d'Astronomie, de Météorologie et de Physique du Globe. Bulletin de la Société Astronomique de France. Paris. — **69**e année, Jan.—Déc. 1955.

Astrophysica Norvegica. Edited by the Institute of Theoretical Astrophysics, University of Oslo. — Vol. **5** Nr. 4—6.

Atti della Accademia Nazionale dei Lincei. Anno CCCLII, 1955. Memorie. Classe di Scienze fisiche, matematiche e naturali. Roma. — Serie 8, Volume **4** Heft 6.

Atti della Accademia Nazionale dei Lincei. Anno CCCLII, 1955. Serie Ottava. Rendiconti. Classe di Scienze fisiche, matematiche e naturali. Roma. — Vol. **18** und **19**.

Berichte (Doklady) der Akademie der Wissenschaften der UdSSR. Moskau-Leningrad. — Tom **100**—**105**, jeweils Heft 1—6.

Physikalische Berichte. Herausgegeben vom Verband Deutscher Physikalischer Gesellschaften e. V. Friedrich Vieweg & Sohn, Braunschweig. — Band **34** Heft 1—12.

Physikalische Blätter. Physik Verlag, Mosbach (Baden). — **11**. Jahrgang Heft 1—12.

Boletin del Centro de Documentación Científica y Técnica de México. México, D. F. — Tomo **4** Nr. 1—12.

Bulletin of the Astronomical Institutes of Czechoslovakia (früher Bulletin of the Central Astronomical Institute of Czechoslovakia). Verlag Akad. Wiss., Prag. — Vol. **6** Nr. 1—6.

Bulletin of the Astronomical Institutes of the Netherlands. Haarlem. — Vol. **12** Nr. 459—461.

Bulletin Astronomique. Publié par l'Observatoire de Paris. — Tome **18** Fasc. 9, Tome **19** Fasc. 1—4, Tome **20** Fasc. 1.

Bulletin der Astronomisch-Geodätischen Gesellschaft der UdSSR. Verlag der Akademie der Wissenschaften der UdSSR. Moskau-Leningrad. — Nr. 15 (22), 1954.

Bulletin de la Classe des Sciences. Académie royale de Belgique. 5e Série. Bruxelles. — Tome **41**.

Bulletin horaire du Bureau International de l'Heure. Observatoire de Paris. — 4me Série Nr. 1—6, Série F Nr. 1—5.

Bulletin de la Société des Mathématiciens et Physiciens de la R. P. de Serbie. Beograd. — Vol. **5** Nr. 1—4, Vol. **6** Nr. 1—4, Vol. **7** Nr. 1—4.

Časopis Československých ústavů astronomických (früher Časopis Ústředního ústavů astronomického). Verlag Akad. Wiss., Prag. — Band **5** Nr. 1—6.

Ciel et Terre. Bulletin mensuel de la Société Belge d'Astronomie, de Météorologie et de Physique du Globe. Uccle-Brüssel. — Année **71** Nr. 1—10. (Nr. 11—12 siehe AJB **56**.)

Circulaire d'Information de la Commission des Etoiles Doubles de l'Union Astronomique Internationale. Observatoire de Strasbourg. — Nr. 5—7.

Documentation des Observateurs. Circulaire. Institut d'Astrophysique de Paris. — Nr. 3—6.

British Astronomical Association Circular. London. — Nr. 359—371.

The Japan Astronomical Study Association Circular (japanisch — nur teilweise referiert). — Nr. 130—139.

Japan Minor Planet Circular. — Nr. 1—11.

Yamamoto Circular (bis Nr. 1300: Tanakami Astronomical Circular-Letter). — Nr. 1289—1350.

Coelum. Periodico Bimestrale per la Divulgazione dell'Astronomia. Bologna. — Vol. **23** Nr. 1—12.

Comptes Rendus hebdomadaires des Séances de l'Académie des Sciences. Paris. — Tome **240** Nr. 1—26, Tome **241** Nr. 1—25.

Documentation des Observateurs. Institut d'Astrophysique de Paris. — 8e année Bulletin Nr. 1—12.

Endeavour. Eine Vierteljahres-Übersicht von Fortschritten der Wissenschaften im Dienste der Menschheit, London. — Band **14** Gesamtnummer 53—56.

Ergebnisse der exakten Naturwissenschaften. Springer-Verlag, Göttingen-Berlin-Heidelberg. — Band **28**.

Experientia. Monatsschrift für das gesamte Gebiet der Naturwissenschaft. Verlag Birkhäuser, Basel. — Vol. **11**.

Extraits d'Astronomie et de Géophysique du Centre National de la Recherche Scientifique. (Continuation de la Bibliographie Mensuelle de l'Astronomie.) Paris. — Vol. **16** Nr. 1—12.

Forschungen und Fortschritte. Nachrichtenblatt der Deutschen Wissenschaft und Technik. Akademie-Verlag, Berlin. — Jahrgang **29** Heft 1—12.

Gazette astronomique. Bulletin de la Société d'Astronomie d'Anvers. — Année **37** Nr. 1—9 (Gesamtnummer 421—429).

Glasnik. Societas Scientiarum Naturalium Croatica. Periodicum Mathematico-Physicum et Astronomicum. Zagreb. — Ser. (2) T. **10** Nr. 1—4.

Hemel en Dampkring. J. B. Wolters, Groningen. — **53**. Jaargang Afl. 1—12.

American Journal of Physics. Published for the American Association of Physics Teachers by the American Institute of Physics, Inc. New York. — Vol. **23** Nr. 1—9.

The Astronomical Journal. Yale Univ. Office, New Haven. — Vol. **60** Nr. 1—11 (Gesamtnummer 1224—1234).

Astronomisches Journal. Akademie der Wissenschaften der UdSSR. Moskau-Leningrad. — Tom **32** Nr. 1—6.

The Astrophysical Journal. Chicago. — Vol. **121** Nr. 1—3, Vol. **122** Nr. 1—3.

The Astrophysical Journal. Supplement Series. Chicago. — Vol. **1** Nr. 9—12, Vol. **2** Nr. 13—18.

Australian Journal of Physics. Published by the Commonwealth Scientific and Industrial Research Organization, in collaboration with the Australian National Research Council and the Institute of Physics (Australian Branch). Melbourne. — Volume **8** Nr. 1—4.

Canadian Journal of Physics. Published by the National Research Council, Ottawa. — Vol. **33** Nr. 1—12.

The Irish Astronomical Journal. Armagh. — Vol. **3** Nr. 5—8.

The Journal of Astronautics. Published by the American Astronautical Society, Inc. New York. — Vol. **2** Nr. 1—4.

The Journal of the Astronomical Society of Victoria. Melbourne. — Vol. 8 Nr. 1—6.

Journal of Atmospheric and Terrestrial Physics. Pergamon Press Ltd., London & New York. — Vol. **6** Nr. 1—6, Vol. **7** Nr. 1—6.

Journal of the British Astronomical Association. Oxford. — Vol. **65** Nr. 2—8, Vol. **66** Nr. 1.

Journal of the British Interplanetary Society. London. — Vol. **14** Nr. 1—6.

Journal of Geophysical Research. The continuation of Terrestrial Magnetism and Atmospheric Electricity. The William Byrd Press, Richmond. — Vol. **60** Nr. 1—4.

The Journal of the Institute of Navigation. London. — Vol. 8 Nr. 1—4.

Journal des Observateurs. Publié avec le concours du Centre National de la Recherche Scientifique. Marseille. — Vol. **38** Nr. 1—12.

Journal of the Optical Society of America. Published for the Optical Society of America by American Institute of Physics. Lancaster, Pennsylvania. — Vol. **45** Nr. 1—12.

Le Journal de Physique et Le Radium. Publication de la Société Française de Physique. Paris. — Tome **16** Nr. 1—12.

The Journal of the Royal Astronomical Society of Canada. Toronto. — Vol. **49** Nr. 1—6 (Gesamtnummer 412—417).

Leaflet. Astronomical Society of the Pacific. San Francisco. — Nr. 308—319.

Astronomical News Letter. Laboratoire d'Astronomie, Lille. — Nr. 76—79.

The Philosophical Magazine. A Journal of Theoretical Experimental and Applied Physics. Taylor & Francis Ltd., London. — Seventh Series. Vol. **46** Nr. 372—383.

Mededeling. Werkgroep Meteoren van de Nederlandse Vereniging voor Weer- en Sterrenkunde. — Nr. 36—39.

Memoirs of the Royal Astronomical Society. London. — Vol. **67** Part 2.

Memorias y Revista de la Academia Nacional de Ciencias (antigua Sociedad Científica Antonio Alzate) Mexico. — Tomo **57** Nr. 3—4.

Memorie della Società Astronomica Italiana. Nuova Serie. Pavia. — Vol. **26** Nr. 1—4.

Memorie siehe auch Atti.

De Meteoor. Organ van de Werkgroep Meteoren van de Nederlandse Vereniging voor Weer- en Sterrenkunde. Utrecht. — **10**^e^ Jaargang Nr. 7, **11**^e^ Jaargang Nr. 1—5.

Meteoritics. The Journal of the Meteoritical Society and the Institute of Meteoritics of the University of New Mexico. Albuquerque. — Vol. **1** Nr. 3 (Gesamtnummer 3).

Meteoritika. Verlag der Akademie der Wissenschaften der UdSSR, Moskau-Leningrad. — Nr. 12, 13.

Naučna Misao. Društvo ža Unapredivanje i Širenje Nauke. Zagreb. — Jahrgang 1955 Heft 3—4.

Mitteilungen der Astronomischen Gesellschaft. — 1954.

Mitteilungen für Planetenbeobachter. Planetensektion der Sternfreunde. Berlin. — 8. Jahrgang Nr. 1—4.

Monographien der Griechischen Astronomischen Gesellschaft. Athen. — Nr. 2—3.

Astronomische Nachrichten. Im Auftrage der Deutschen Akademie der Wissenschaften zu Berlin. — Band **282** Heft 1—6.

Astronomische Nachrichten. Bulletin der Griechischen Astronomischen Gesellschaft. Athen. — Jahrgang **6** Nr. 29—32.

Nachrichten der Akademie der Wissenschaften in Göttingen. Mathematisch-Physikalische Klasse. IIa. Mathematisch-Physikalisch-Chemische Abteilung. — Jahrgang 1955 Nr. 1—11.

Nachrichtenblatt der Astronomischen Zentralstelle. Astronomisches Rechen-Institut, Heidelberg. — Jahrgang **9** Nr. 1—11.

Nachrichtenblatt der Astronomischen Zentralstelle. Vorläufige Mitteilung. Astronomisches Rechen-Institut, Heidelberg. — Nr. 242—278.

Astronomischer Nachrichtendienst der Archenhold-Sternwarte zu Berlin-Treptow. — **7**. Jahrgang Nr. 1—24. (Wird nur auszugsweise referiert).

Nature. A Weekly Journal of Science. Macmillan and Co., London; St. Martin's Press, Inc. New York. — Vol. **175** Nr. 4444—4469, Vol. **176** Nr. 4470—4495.

La Nature. Revue des Sciences et de leurs Applications. Dunod, Editeurs, Paris. — Vol. **83** Nr. 3237—3248.

Die Naturwissenschaften. Springer-Verlag, Berlin-Göttingen-Heidelberg. — **42**. Jahrgang Heft 1—24.

Navigation. Los Angeles, Cal. — Vol. **4** Nr. 5—8.

Navigation. Paris. — Vol. **3** Nr. 9—12.

Monthly Notes of the Astronomical Society of South Africa. Cape Town. — Vol. **14** Nr. 1—11.

Monthly Notices of the Royal Astronomical Society. London. — Vol. **115** Nr. 1—6.

Monthly Notices of the Royal Astronomical Society. Geophysical Supplement. London. — Vol. **7** Nr. 2—3.

The Observatory. Oxford. — Vol. **75** Nr. 884—889.

Optik. Zeitschrift für das gesamte Gebiet der Licht- und Elektronenoptik. Stuttgart. — Band **12** Heft 1—12.

Orion. Zeitschrift der Schweizerischen Astronomischen Gesellschaft. Bulletin de la Société Astronomique de Suisse. Genève bzw. Schaffhausen. — Band **4** Nr. 46—50.

Photographie und Forschung. Die Contax-Photographie in der Wissenschaft. Hausmitteilungen der Zeiss Ikon AG., Stuttgart. — Band **6** Heft 5—8.

Photographie und Wissenschaft. Agfa-Mitteilungen für wissenschaftliche Institute und Forschungsstätten. Agfa — Leverkusen, Bayerwerk. — Jahrgang **4** Heft 1—4.

Physica. Herausgegeben von der Stiftung Physica in Amsterdam. — Deel **21** Nr. 1—12.

Postępy Astronomii. Czasopismo poświęcone upowszechnianiu wiedzy astronomicznej. Kraków. — Tom **3** Nr. 1—4.

Priroda (Natur). Populäres naturwissenschaftliches Journal der Akademie der Wissenschaften der UdSSR. Moskau-Leningrad. — Tom **44** Nr. 1—12.

Proceedings of the Cambridge Philosophical Society. Cambridge, At the University Press. — Vol. **51** Part 1—4.

Proceedings of the National Academy of Sciences of the United States of America. Washington. — Vol. **41** Nr. 1—12.

The Proceedings of the Physical Society. Section A, Section B. London. — Vol. **68** Part 1—12.

Proceedings of the Royal Society. Series A. Mathematical and Physical Sciences. London. — Vol. **227**—**233** Nr. 1168—1195.

Proceedings of the Section of Sciences. Koninklijke Nederlandse Akademie van Wetenschappen. Series B. Physical Sciences. Amsterdam. — Vol. **58**.

Publications of the Astronomical Society of Japan. Tokyo. — Vol. **7** Nr. 1—4.

Publications of the Astronomical Society of the Pacific. San Francisco. — Vol. **67** Nr. 394—399.

Rendiconti siehe Atti.

Referatjournal. Astronomie, Geodäsie. Akademie der Wissenschaften der UdSSR. Institut für wissenschaftliche Information. Verlag Akad. Wiss. UdSSR. Moskau. — 1955 Nr. 1—12.

Annual Report of the Board of Regents of The Smithsonian Institution showing the operations, expenditures, and condition of the Institution for the year ended June 30, 1954.

The Science Reports of the Tôhoku University. First Series (Physics, Chemistry, Astronomy). Sendai, Japan. — Vol. **39** Nr. 1—2.

Reports on Progress in Physics. Published by the Physical Society, London. — Vol. **18**.

Hydrographic Review. (Erscheint auch als Revue Hydrographique). Monte Carlo, Monaco. — Vol. **32** Nr. 1—2.

The Physical Review. Series 2. Published for the American Physical Society by the American Institute of Physics. Lancaster, Pa., and New York, N. Y. — Vol. **97**—**100**, je 6 Hefte.

The Review of Scientific Instruments, New Series. Published monthly by the American Institute of Physics. Lancaster, Pa., and New York, N. Y. — Vol. **26** Nr. 1—12.

Mathematical Reviews. Published by the American Mathematical Society, Lancaster, Penn. — Vol. **16** Nr. 1—11.

Reviews of Modern Physics. Published for the American Physical Society by the American Institute of Physics. Lancaster, Pa. and New York, N. Y. — Vol. **27** Nr. 1—4.

Revista Astronomica. Organ de la Asociacion Argentina «Amigos de la Astronomia». Buenos Aires. — Nr. 133, 135, 137.

Říše hvězd. Verlag Orbis, Prag. — Band **36** Nr. 1—12 (tschechisch, Inhalt auch in russischer und englischer Sprache).

Rozhledy matematicko-přírodovědecké. Verlag Akad. Wiss., Prag. — Band **34** Nr. 1—6.

Scientia. Internationale Zeitschrift für wissenschaftliche Synthese. Bologna. — Vol. **90** Nr. 1—12.

Sitzungsberichte der mathematisch-naturwissenschaftlichen Klasse der Bayerischen Akademie der Wissenschaften zu München. — Jahrgang 1955.

Sitzungsberichte. Österreichische Akademie der Wissenschaften. Mathematisch-naturwissenschaftliche Klasse, Abteilung IIa. Wien. — Band **164** Heft 1—10.

Sky and Telescope. Harvard College Observatory, Cambridge, Mass. — Vol. **14** Nr. 3—12, Vol. **15** Nr. 1—2.

Southern Stars. The Journal of the Royal Astronomical Society of New Zealand. — Vol. **16** Nr. 5—8 (Gesamtnummer 118—121).

SPIM. Service de Prévision Ionosphérique militaire. Ministère de la Défense Nationale. Etat-Major des Forces Armées. Saclay. — 1953, SPIM—O—91 F—94 F.

Die Sterne. Monatsschrift über alle Gebiete der Himmelskunde. Verlag Johann Ambrosius Barth, Leipzig. — **31**. Jahrgang Heft 1—12.

The Strolling Astronomer. Association of Lunar and Planetary Observers. Las Cruces, New Mexico. — Vol. **9** Nr. 1—12.

Tellus. A quarterly Journal of Geophysics. Svenska Geofysiska Föreningen. Esselte AB, Stockholm. — Vol. **7** Nr. 1—4.

Populär Astronomisk Tidskrift. Stockholm. — Årgång **36** Häfte 1—4.

Nordisk Astronomisk Tidsskrift. Kopenhagen. — 1955 Nr. 1—4.

El Universo. Organo de la Sociedad Astronómica de México. México, D. F. — Nr. 30—33.

Urania. Revista de Astronomia y Ciencias Afines. Organo Oficial de la Sociedad Astronómica de España y América y de la Unión Nacional de Astronomía y Ciencias Afines. Barcelona. — Año **40** Nr. 240—241.

Urania. Populært astronomisk Tidsskrift. Kopenhagen. — Aargang **12** Nr. 1—12.

Urania. Czasopismo astronomiczne popularno-naukowe. Organ Polskiego Towarzystwa Milośników Astronomii. Kraków. — Rok **26** Nr. 1—12.

Vasiona. Revue d'Astronomie et d'Astronautique. Bulletin de la Société Astronomique «R. Bošković» et de la Société Astronautique de l'Union Aéronautique de Yougoslavie. Beograd. — Année **3** Nr. 2—4.

Vega. An International Monthly Review of Astronomical Research. Boughton, Chester. — Vol. **1** Nr. 25—30.

Veränderliche Sterne. Bulletin, herausgegeben vom Astronomischen Rat der Akademie der Wissenschaften der UdSSR. Moskau—Leningrad. — Tom **10** Nr. 2—5 (86—89).

Physikalische Verhandlungen. Physik Verlag, Mosbach (Baden). — **6**. Jahrgang Heft 1—10.

Vesmír. Verlag der Akademie der Wissenschaften, Prag. — Band **34** Nr. 1—10.

Weltraumfahrt. Beiträge zur Weltraumforschung und Astronautik. Umschau-Verlag, Frankfurt am Main. — Jahrgang 1955 Heft 1—4.

Deutsche Hydrographische Zeitschrift. Deutsches Hydrographisches Institut Hamburg. — Band 8 Heft 1—6.

Zeitschrift für Astrophysik. Springer-Verlag, Berlin-Göttingen-Heidelberg. — Band **35** Heft 4, Band **36** Heft 1—4, Band **37** Heft 1—4, Band **38** Heft 1—3.

Zeitschrift für Naturforschung. Verlag der Zeitschrift für Naturforschung, Tübingen. — Band **10a** Heft 1—12.

Zeitschrift für Physik. Springer-Verlag, Berlin-Göttingen-Heidelberg. — Band **140** Heft 1—6, Band **141** Heft 1—5, Band **142** Heft 1—5, Band **143** Heft 1—5.

Zeitschrift für angewandte Physik. Springer-Verlag, Berlin-Göttingen-Heidelberg. — Band **7** Heft 1—12.

Zentralblatt für Mathematik und ihre Grenzgebiete. Springer-Verlag, Berlin-Göttingen-Heidelberg. — Band **46** Heft 4—6, Band **52** Heft 1—10, Band **55** Heft 1—10, Band **56** Heft 1—10.

Astronomisches Zirkular. Herausgegeben vom Büro der Astronomischen Mitteilungen der Akademie der Wissenschaften der UdSSR. Kasan. — Nr. 156—165

7. Verzeichnis der Veröffentlichungen von Sternwarten und Instituten

Die in der folgenden Tabelle genannten Sternwarten sind in dem Verzeichnis der Veröffentlichungen von Sternwarten und Instituten unter dem Ort (rechte Spalte der Tabelle) aufgeführt.

Name der Sternwarte	Ort
Agassiz Station	Oak Ridge
Allegheny Observatory	Pittsburgh
Bosscha Observatory	Lembang
University of California	Los Angeles
Carter Observatory	Wellington, N. Z.
Observatorio de Cartuja	Granada
Commonwealth Observatory	Canberra
Commonwealth Scientific and Industrial Research Organization, Australia	Sydney
Dearborn Observatory of Northwestern University	Evanston, Ill.
Dominion Observatory	Ottawa
Dominion Astrophysical Observatory	Victoria, Canada
David Dunlap Observatory, University of Toronto	Richmond Hill
Dunsink Observatory	Dublin
Observatorio del Ebro	Tortosa
Engelhardt-Observatorium	Kasan
Observatorio Fabra	Barcelona
Flower Astronomical Observatory	Upper Darby, Penn.
Fraunhofer-Institut	Freiburg i. Br.
Harvard College Observatory	Cambridge, Mass.
Kapteyn Astronomical Laboratory	Groningen
Kwasan Observatory	Kyoto
Lick Observatory	Mount Hamilton
Goethe Link Observatory of Indiana University	Bloomington
Lowell Observatory	Flagstaff, Ariz.
Leander McCormick Observatory of the University of Virginia	Charlottesville
McDonald Observatory	Fort Davis, Tex.
McMath-Hulbert Observatory	Lake Angelus, Pontiac, Mich.
Observatory of the University of Michigan	Ann Arbor
Astronomical Observatory, University of Minnesota	Minneapolis
Nizamia Observatory	Hyderabad
University of Pennsylvania	Philadelphia
Perkins Observatory	Delaware, Ohio
Radcliffe Observatory	Pretoria
Remeis-Sternwarte	Bamberg
Rutherfurd Observatory	New York
Smithsonian Institution	Washington
Specola Astronomica Vaticana	Castel Gandolfo
Sproul Observatory	Swarthmore, Penn.
Staatliches Astronomisches Sternberg-Institut	Moskau
Astronomisches Hauptobservatorium der Akademie der Wissenschaften der Ukrainischen Sowjetrepublik	Golossejewo
Union Observatory	Johannesburg
United States Naval Observatory	Washington
Vassar College Observatory	Poughkeepsie, N. Y.
Warner and Swasey Observatory	Cleveland, Ohio
Washburn Observatory of the University of Wisconsin	Madison
Astronomical Observatory of Yale University	New Haven, Conn.
Yerkes Observatory	Williams Bay, Wis.

Abastumani

Bulletin des Astrophysikalischen Observatoriums Abastumani auf dem Kanobili. Nr.

18: Bartaja **9504**
Waschakidse **12432**
Chawtassi **12508**
Dsigwaschwili **12329**
19: Fischkowa **72153**
Rasmadse **6657**
— **1101**

Alma-Ata

Mitteilungen (Iswestija) des Astrophysikalischen Instituts Alma-Ata.

1 1—2: Fessenkow **1101**, **1202**
Roshkowskij **12314**
Kasatschewskij **7215**
Karjagina **6013**
Roshkowskij **1202**
Roshkowskij **2125**
Roshkowskij **12222**
Massewitsch, Matwejewa, Tulenkowa **5226**
Diwari **72148**
Diwari **72149**
Diwari **72150**
Pjaskowskaja-Fessenkowa **7255**
Pjaskowskaja-Fessenkowa **7256**
Karimow **7246**
Toropowa **7260**
Liwschiz **2270**
Liwschiz **7275**
Fessenkow **7605**
Jawnel **8367**

Amsterdam

Circular of the Astronomical Institute of the University of Amsterdam. Nr.

9: Zanstra **732.**

Ankara

Communication of the Department of Astronomy of Ankara University. Nr.

3: Kizilirmak **8316**
4: Kreiken **11125**
5: Kreiken **111118**
6: Kreiken **111119**
7: Kreiken **8317**

Ann Arbor

Publications of the Observatory of the University of Michigan.

11: Rossiter **10124**

Arcetri

Osservazioni e Memorie dell'Osservatorio Astrofisico di Arcetri. Nr.

70: Fracastoro AJB **54 11112**
Hack AJB **54 9536**
Rigutti, Liguori **6213**
Ballario, Godoli **6213**
Righini **11115**
Rigutti **6642**
Rigutti **6657**

Osservatorio Astrofisico di Arcetri. Contributi. Nr.

1: Ruggieri **7602**
2: Righini, Berti, Maffei, Godoli, Rigutti, Fracastoro **6213**
3: Michard, Laborde **6631**
4: Ruggieri **7602**

Armagh

Contributions from the Armagh Observatory. Nr.

14: Öpik **8254**
15: Öpik **8255**
16: Öpik **8256**
17: Lindsay **12455**

Armagh Observatory Leaflet. Nr.

28: Lindsay **1101**
29: Öpik **7322**
30: Öpik **8257**
31: Lindsay **12215**
32: Campbell **2296**
Öpik **8258**
33: Öpik **12423**
34: Öpik **11334**
35: Öpik **8259**
Öpik **8260**
36: Öpik **5016**
37: Lindsay **§ 81**
Lindsay **1337**
38: FitzGerald **12138**
39: Öpik **5508**
40: Öpik **5509**
41: Öpik **5420**

Asiago

Contributi dell'Osservatorio Astrofisico dell'Università di Padova in Asiago. Nr.

55: Taffara **9566**
56: Mannino **9548**
57: Gennaro **9530**
58: Fracastoro **1204**
59: Rosino, Mannino **12145**
60: Cayrel-de Strobel, Chalonge, Divan **9601**
61: Cayrel-de Strobel **11106**

62: Mannino, Mammano **2228**
63: Rosino **11318**
64: Becker, Müller, Steinlin **12102**

Athen

Memoirs of the National Observatory. Serie 1 Astronomie. Nr.
7: Katsis **2112**

Publications of the Laboratory of Astronomy, University of Athens, Greece. Nr.
1: Kotsakis **2113**
2: Contopoulos **5401**

Bamberg

Veröffentlichungen der Remeis-Sternwarte Bamberg.
5 1: Kippenhahn **11213**

Kleine Veröffentlichungen der Remeis-Sternwarte. Nr.
9: Geyer, Kippenhahn, Strohmeier **11203**
10: Kippenhahn **4305**
11: Geyer, Kippenhahn, Strohmeier **11204**
12: Reim, Geyer, Remus, Plattner **11231**

Basel

Mitteilungen der Astronomisch-Meteorologischen Anstalt der Universität Basel. Astronomische Reihe. Nr.
1: Becker AJB **54** **12128**
2: Müller **12116**
3: Becker **11149**

Beograd

Bulletin de l'Observatoire Astronomique de Beograd.
19 3: Protitch, Čepinac, Milošević **7530**
Djurković **10133**
Petović, Ševarlić, Teleki **13224**
Brkić, Mitić **2309**
— **7360**
Mitrinović **7530/31**
Protitch **10136**
Brkić § **23**
4: Protitch, Čepinac **7530**
Brkić, Mitić **2310**
Protitch **6351**
— **7358**
— **3213**
Brkić, Mitić § **23**
Oskanjan **6213**
Simić. Nicht referiert
Michkovitch **1101**

Berkeley

Berkeley Reprint. Nr.
74: Struve **9565**
75: Phillips, Brewer **262**
76: McNamara, Williams **111124**
77: Crawford **11108**
78: Wehlau **10131**
79: Huang, Struve **5111**
80: Huang **114**
81: Wark, Stone **72170**
82: Struve, Franklin **10127**
83: McNamara, Struve, Bertiau **111125**
84: Struve, Franklin, Stableford **10128**
85: McNamara **111126**
86: Huang, Struve **111112**
87: Struve, McNamara, Zebergs **111139**
88: Struve, Zebergs **111140**
89: Struve **111141**
90: Struve **111142**
91: Weaver **12357**, **12358**, **12359**
92: Bracewell **2403**
93: Struve, Abhyankar **10206**
94: Henyey, Grasberger **5109**
95: Henyey, LeLevier, Levée **5408**

Berlin

Berliner Astronomisches Jahrbuch für 1957. **401**.

Mitteilungen aus dem Astronomischen Recheninstitut der Deutschen Akademie der Wissenschaften zu Berlin.
Kühne **7530**
Schubart **7530**

Mitteilungen der Archenhold-Sternwarte zu Berlin-Treptow. Nr.
41: Libuda **2223**
42: Schirdewahn **6351**

Besançon

Annales de l'Observatoire de Besançon. Astronomie et Géophysique. Nouvelle Série.
4 3: Maître AJB **49** **3118**
Maître, Loubereau AJB **51** **7801**
Maître, Loubereau AJB **53** **7701, 7801**
Maître AJB **54** **7540**, AJB **55** **7601, 7801**
Florsch **10136**
Florsch **10107**

Dorpat. Siehe Tartu

Edinburgh

Publications of the Royal Observatory, Edinburgh.
1 6: Greaves, Baker, Wilson **9534**

Fort Davis

Contributions from the McDonald Observatory, University of Texas. Nr.
248: Burbidge, Burbidge **9805**
249: Roman **12120**
250: Harris III **12367**
251: Hiltner, Iriarte **9541**
252: Johnson **12212**
253: Morgan, Strömgren, Johnson **12217**
254: Abt **11329**
255: Burbidge, Burbidge **11196**
256: Brown **12133**
257: Naur **9418**
258: Hiltner, Iriarte **9410**
259: Abt **11147**
260: Burbidge, Burbidge **9806**
261: Johnson, Morgan **12114**
262: Roman **12348**

Freiburg i. Br.

Veröffentlichungen des Fraunhofer-Instituts Freiburg i. Br. Sonnen-Zirkular für die Monate Oktober 1954—März 1955. § **63, 66, 67, 68, 72, 127.**

Mitteilungen aus dem Fraunhofer-Institut Freiburg i. Br. Nr.
22: Bruzek **6705**
23: Bruzek **6609**
24: Becker **6308**
25: Oster **6638**
26: Bruzek **6610**
27: Becker **6809**

Genève

Publications de l'Observatoire de Genève. Série A.
6 2(51): Golay **7351**
Golay **9405**
Golay **9406**
Golay **12108**
3(52): Tiercy **2373**
4(53): Golay **9407**

Gent

Universiteit te Gent. Sterrenkundig Instituut. Nr.
17: Vanderlinden, Catry **12128**
18: Vanderlinden, Catry **12127**

Georgetown

Georgetown College Observatory Monograph. Nr.
3: Goldstein **6212**

Georgetown Observatory Reprint. Nr.
19: Wardakee **279**

Göttingen

Veröffentlichungen der Universitäts-Sternwarte zu Göttingen. Nr.
110: ten Bruggencate, Lüst-Kulka, Voigt **6403**
111: Elste **6406**

Granada

Boletín Mensual del Observatorio de Cartuja, Granada. Observaciones astronómicas y sísmicas. Enero a Diciembre de 1954. **6351**

Greenwich

The Nautical Almanac and Astronomical Ephemeris for the Year 1956. **403**

Apparent Places of Fundamental Stars 1956. **417**

The Abridged Nautical Almanac for the Year 1956. **423**

The Air Almanac 1956. **429**

The Star Almanac for Land Surveyors for the Year 1956. **430**

Greenwich Astronomical Results 1942, 1943, 1944, 1946. **2385, 6001, 7112, 7301, 7359, 7360, 7401, 7529, 7601, 7701, 7801, 7807, 13243**

Greenwich Magnetic and Meteorological Observations 1942, 1943, 1944, 1946. Nicht referiert

Greenwich Photo-heliographic Results 1946, 1947. **6351, 6657**

Royal Greenwich Observatory. Sunspot and Geomagnetic Storm Data derived from Greenwich Observations 1874—1954. **6349**

Report of the Astronomer Royal to the Board of Visitors of the Royal Greenwich Observatory. **1101**

Groningen

Publications of the Kapteyn Astronomical Laboratory at Groningen. Nr.
56: van Rhijn, Plaut **9208**
57: van Rhijn **12312**

Hamburg

Mitteilungen der Hamburger Sternwarte in Bergedorf.

9 90: Dieckvoss **12106**
91: Beyer **8002**
92: Wellmann vgl. **732**
93—94: Erscheinen später
10 95: Dieckvoss **3103**
96: Beyer **9402**
97: Dieckvoss, Kox **9104**
98: Wachmann **1079**
99: Heckmann **1225**

Mitteilungen der Hamburger Sternwarte in Bergedorf.

22 244: Wellmann **11337**
245: Thiessen **6432**
246: Wellmann **9572**
247: Beyer **8004**
248: Wellmann **1393**
249: Grot **11115**
250: Eberlein **5304**
23 251: Heckmann, Schücking **4129**

Jahresbericht der Hamburger Sternwarte in Bergedorf für das Jahr 1954. **1101**

Deutsches Hydrographisches Institut. Jahresbericht Nr. 9, 1954. **1101**

Haute Provence

Publications de l'Observatoire de Haute-Provence.

3 1: Berthier AJB **54 72116**
2: Tcheng, Bloch AJB **54 111113**
3: Courtès AJB **54 12508**
4: Barbier, Andrillat AJB **54 12248**
5: Barbier AJB **54 72114**
6: Bigay, Dumont AJB **54 12403**
7: Bouigue, Castanet AJB **54 10210**
8: Lunel AJB **54 11234**
9: Bouigue AJB **54 206**
10: Lunel AJB **54 12520**
11: Boulon AJB **54 2205**
12: Andrillat AJB **54 12246**
13: Courtès AJB **54 12509**
14: Blamont, Courtès AJB **54 12130**
15: Dumont. Nicht referiert
16: Andrillat AJB **54 9502**
17: Dufay, Berthier, Morignat AJB **54 12136**
18: Barbier-Brossat AJB **54 10210**
19: Lenouvel, Daguillon AJB **54 11199**
20: Lenouvel, Daguillon AJB **54 11217**
21: Andrillat AJB **54 12502**
22: Andrillat **12236**
23: Beer, Kopal AJB **54 11102**

Heidelberg

Astronomisches Rechen-Institut

Astronomisch-Geodätisches Jahrbuch für 1956. **405**

Astronomischer Jahresbericht. 52. und 53. Band. **701**

Veröffentlichungen des Astronomischen Rechen-Instituts zu Heidelberg. Nr.

3: Baehr **3302**

Landessternwarte

Mitteilungen der Landessternwarte Heidelberg. Nr.

96: König **3110**
97: Labs AJB **54 5117**
98: Heller **2213**

Helsinki

Sonderdrucke des Astronomischen Observatoriums Helsinki.

Kustaanheimo **4152**
Oterma **2034**
Väisälä **1261**
Kustaanheimo **4153**
Kustaanheimo. Nicht referiert
Järnefelt, Qvist. Nicht referiert

Reprints from the Radio Astronomy Station, University of Helsinki. Nr.

1: Tuominen vgl. **732**
2: Tuominen **6344**
3: Tuominen, Riihimaa, Tuori **6213**

Hyderabad

Publications of the Nizamiah Observatory.

13 2: Ali **10133**

Nizamia Observatory Reprint. Nr.

15: — AJB **53 7360**
16: — AJB **53 7351**
17: Bappu AJB **54 12101**

Istanbul

Publications of the Istanbul University Observatory. Nr.

54: Dizer **6657**

55: Balli **6351**
56: Hotinli **6320**
57: Gleissberg **6316**

Jena

Mitteilungen der Universitäts-Sternwarte zu Jena. Nr.
18: Lambrecht **5012**
19: Güssow **22101**

Kanzelhöhe

Mitteilungen des Sonnenobservatoriums Kanzelhöhe. Nr.
5: Haupt, Kern **6318**
6: Haupt **6614**

Kasan

Mitteilungen (Iswestija) des Astronomischen Engelhardt-Observatoriums der Lenin-Staatsuniversität Kasan. Nr.
29: Jakowkin **7312**
Nefedjew **7321**

Bulletin des Astronomischen Engelhardt-Observatoriums der Lenin-Staatsuniversität. Nr.
31: Lawrow **11126**

Kiel

Sonderdruck der Sternwarte Kiel
Unsöld **12736**
Traving **5142**
Hunger **5113**
Weidemann **6119**
Böhm-Vitense **6608**
Priester **9556**
Rauer **5134**
Dröge **1231**
Priester, Dröge **6213**
Unsöld, Weidemann vgl. **732**

København

Publikationer og mindre Meddelelser fra Københavns Observatorium. Nr.
165: Gyldenkerne **9536**
Rudkjøbing **12146**
Naur **7530**
166: Rudkjøbing **265**
167: Nielsen **11218**

Union Astronomique Internationale. Circulaire Nr. 1486—1534.

Aktuelle Meddelelser fra Astronomisk Selskab Nr. 371—380.

Kodaikanal

Kodaikanal Observatory Bulletin. Nr.
140: Das **6657**
Das. Nicht referiert

Kodaikanal Observatory. Sonderdrucke.
Rangarajan **6836**
Das **6813**
Abhyankar, Ramanathan **6301**

Annual report of the Kodaikanal Observatory for the year 1954. **1101**

Krim

Mitteilungen (Iswestija) des Astrophysikalischen Observatoriums auf der Krim.
13: Schajn **1001**
Mustel, Galkin **9552**
Kopylow **11308**
Dobronrawin, Nikonow **2255**
Kopylow **9710**
Kopylow **12415**
Sewerny, Mustel **6648**
Mustel **6632**
Sewerny **6649**
Pikelner **6213**
Iwanow-Cholodny **6619**
Dubow **1234**
14: Brodskaja **9512**
15: Schajn **12228**
Hase, Schajn **12211**
Sewerny **1234**
Mustel **6633**
Iwanow-Cholodny **6620**
Mustel **6634**
Moissejew **2154**
Sewerny **6539**
Dubow **6612**
Mitropolskaja **6330**
Mustel, Galkin **9553**
Kopylow **11309**
Kosyrew **7414**
Kopylow **12370**
Kosyrew **7124**
Kopylow, Kumajgorodskaja **11163**
Kopylow, Bojartschuk **111116**

Kyoto

Contributions from the Institute of Astrophysics, Kyoto University. Nr.
51: Kogure **5313**
52—53: AJB **54**
54: Miyamoto AJB **54** **6425**
55: Miyamoto AJB **54** **6426**
56: Miyamoto AJB **54** **6623**

Mandrykina **6326**
Eigenson, Mandrykina **6312**
Eigenson **7008**
30: Eigenson **4117**
Eigenson **4118**
Eigenson **4119**

Madrid

Universidad de Madrid — Facultad de Ciencias. Seminario de Astronomía y Geodesia. Publicación. Nr.
28: Pensado **10122**
29: González—Alboín **7530**
30: de Pascual **7530**
31: Torroja **7530** (siehe Urania Barcelona **40** 160)

Boletín Astronómico del Observatorio de Madrid.
4 8: Gullón, López Arroyo, Febrer **6657**
Gullón **6351**
Gullón, López Arroyo **6351**
Torroja **7530**
Pensado **10136**

Manchester

Astronomical Contributions from the University of Manchester. Jodrell Bank Reprint. Series II. Nr.
107: Greenhow, Neufeld **8219**
108: AJB **54 1167**
109: AJB **54 72156**
110: Bullough, Kaiser **72179**
111: AJB **56**
112: Greenhow, Neufeld **7243**
113: Kaiser, Seaton **8234**
114: AJB **56**
115: Maxwell **72108**
116: AJB **54 1231**
117: AJB **56**
118: Davies, Williams **12639**
119: Walsh, Hanbury Brown **12667**
120: AJB **56**
121: Lovell **12625**
122/24: AJB **56**
125: Kaiser **8235**
126: Evans, Hall **8216**
127: Billam, Browne **8204**
128: Evans **8217**
129: Kaiser **8236**

Astronomical Contributions from the University of Manchester. Series III.
Nr. 15: Kahn vgl. **1165**
Kahn vgl. **1165**
Schatzman, Kahn vgl. **1165** und **5321**
16—18: AJB **54**
19: AJB **53 10004**
20—21: AJB **54**
22: AJB **56**
23—24: Nicht eingegangen
25: Kopal **11123**
26: Kahn **5311**
27: AJB **57**
28: Brooker, Olle **10002**

Milano-Merate

Pubblicazioni dell'Osservatorio Astronomico di Milano-Merate. Nuova Serie.
Nr. 7: Moja. Nicht referiert
8: de Mottoni **7423**
9: Moja. Nicht referiert

Contributi dell'Osservatorio Astronomico di Milano-Merate. Nuova Serie.
Nr. 54: Cester, Kranjc **2317**
55: AJB **54 2307**
56: Hack **9537**
57: Cavedon, Zerri **2314**
58: Broglia, Fracastoro, Masani **11104**
59: Masani, Broglia, Pestarino **111121**
60: Hack **9538**
61: Borsellino **5102**
62: Martini, Masani **5122**
63: Broglia, Masani, Pestarino **11105**
64: Kranjc **2334**
65: Hack **9539**
66: Broglia, Masani **11150**
67: Cavedon, Zerri **2315**
68: Alessio, Cavedon, Fracassini **6217**
69: Masani **5225**
70: Hack **11160**
71: Broglia, Pestarino **11151**
72: Kranjc **2264**
73: Santomauro **6217**
74: Hack **9540**
75: Martini, Masani **12538**
76: Zagar **4193**
77: Cavedon **2316**
78: Finzi, Polvani, Zagar **4123**
79: Kranjc **2221**

Osservatorio Astronomico di Milano-Merate. Supplementi meteorologici. Nr.
9: Santomauro. Nicht referiert

Mizusawa

Publications of the International Latitude Observatory of Mizusawa.
2 1: Yumi **1237**

Yumi **2524**
Sugawa **7360**
Sugawa **7636**
Uemae **13236**
Sugawa **9305**
Sugawa **13232**

Moskau

Astronomisches Jahrbuch der UdSSR für das Jahr 1958. **406**

Akademie der Wissenschaften der UdSSR und Staatliches Astronomisches Sternberg-Institut. Siebenter Nachtrag zur ersten Ausgabe des Generalkatalogs Veränderlicher Sterne **11003**

Mount Hamilton

Contributions from the Lick Observatory. Series II. Nr.
56: Herbig, Spalding jr. **9801**
57: Abt **11190**

Lick Observatory Bulletin. Nr.
531: Neyman, Scott **4412**
532: Eggen **9403**
533: Hogg, Kron **11119**
534: Hogg, Kron **12110**
535: Vasilevskis **12129**
536: Jeffers, Roemer **7530**, **7645**, § **81**
537: Gordon **11113**
538: Eggen **9702**
539: Eggen **12107**

Mount Stromlo

Yale-Columbia Southern Station. Reprint. Nr.
1: de Vaucouleurs **12464**
2: de Vaucouleurs **12465**

Mount Wilson and Mount Palomar

Mount Wilson and Mount Palomar Observatories. Annual Report of the Director. **1101**

München

Veröffentlichungen der Sternwarte München.
4 13: Schoenberg, Heintz **7615**
14: Bucerius **4501**
15: Sauer **2276**
16: Sauer **11172**
17: Heintz **9301**
18: Schoenberg, Perlick **1020**

Münster

Mitteilungen der Universitäts-Sternwarte Münster. Nr.
5: Günther **7808**
6: Günther **7809**
7: Günther **11116**

Napoli

Osservatorio Astronomico di Capodimonte-Napoli. Contributi Astronomici. Serie II.
4 15: Nicolini **2344**

Osservatorio Astronomico di Capodimonte-Napoli. Osservazioni.
1 3: Barbatelli **7401**, **7529**, **7601**, **7701**, **7801**, **7807**

Osservatorio Astronomico di Capodimonte-Napoli. Collezione Miscellanea.
1 12: Fresa **3309**
13: Nicolini **1001**

Osservatorio Astronomico di Capodimonte-Napoli. Contributi Fuori Serie.
Fresa **8007**

Oslo

The Institute of Theoretical Astrophysics Blindern-Oslo. Reprint Nr.
10: Tandberg-Hanssen **6547**
11: Simon **5237**
12: Jensen **9809**
13: Omholt, Harang **72203**
14: Jensen **233**
15: Gjellestad **113**

Institutt for Teoretisk Astrofysikk Blindern-Oslo. Småtrykk. Nr.
6—12: Nicht eingegangen
13: Jensen **6322**

Ottawa

Publications of the Dominion Observatory Ottawa.
15 4: Thomson **1245**
Tanner **3120**
Hollinsworth **2329**
18 3: Milne. Nicht referiert

Contributions from the Dominion Observatory Ottawa.
1 18: Hodgson. Nicht referiert
19: AJB **56**
20: Garland. Nicht referiert
21: Scheidegger. Nicht referiert
2 16: Cook, Millman **82105**
17: AJB **54** **8242**
18: AJB **54** **13229**
19: Thomson **13233**

41: Güntzel-Lingner **10136**
42: Scheffler **72227**
43: Künzel **2222**
44: Schubert **12662**

Prag

Československá Akademie Věd. Astronomický Ústav. Publikace. Nr.
26: Chvojková **7298**

Pretoria

Communications from the Radcliffe Observatory, Pretoria. Nr.
22: Knox-Shaw vgl. **732**
23—24: AJB **56**
25—26: AJB **53**
27—28: AJB **54**
29: Feast, Thackeray AJB **54** **9520**
30: Feast, Thackeray, Wesselink **9216**
31: Thackeray **11332**
32: Stibbs **11175**

Radcliffe Observatory Reprint. Nr.
3: Thackeray vgl. **1165**
4: Feast **111101**
Thackeray **12525**
5: Feast, Thackeray, Wesselink **12451**

Pulkowo

Publikationen (Trudy) des Astronomischen Hauptobservatoriums Pulkowo.
Gnewyschewa **6351, 6657, 6725**

Mitteilungen (Iswestija) des Astronomischen Hauptobservatoriums Pulkowo.
19 6(153): Krat, Krat **6623**
Krat **6212**
Prokofjewa **6641**
Michelson **6212**
Gorochowa **12109**
Mitrofanowa **255**
Brejdo **2295**
Dadajew **11109**
20 1(154): Dadajew **1250**
Deutsch, Lawdowskij, Fatschichin **12410**
Kadla **9205**
Bulatowa **7530**
Gamalej **7530**
Pawlow **2122**
Uchowa **2377**
Romanskaja, Sacharow, Korbut **13226**
Reschetnjak **2513**

Bulletin des Zeitdienstes des Astronomischen Hauptobservatoriums. Nr. 4—12. **2392**

Richmond Hill

Publications of the David Dunlap Observatory, University of Toronto.
2 2: Sawyer **12149**
3: Roman **9220**

Communications from the David Dunlap Observatory. Nr.
37: Halliday **9708**

Rio de Janeiro

Almanaque Náutico para 1956. **409**

Roma

Osservatorio Astronomico di Roma su Monte Mario (con succursale sul Gran Sasso d'Italia-Aquila). Contributi Scientifici (Nuova Serie). Nr.
210: Fortini **7352**
211: Giannuzzi **6006**
212: Armellini **1001**
213: Armellini **10133**
214: Armellini **7114**
215: Armellini Conti **7351, 7352, 7360, 7530, 7601, 7701, 7801, 7807**
216: Cimino, Fortini, Giannuzzi **7351**
217: Cimino, Fortini **6351**
218: Giannuzzi **10136**
219: Fortini **11111**
220: Giannuzzi **6007**

San Fernando

Almanaque Náutico año 1956. **410**

Almanaque Náutico para uso de los navegantes año 1956. **426**

Sendai

Sendai Astronomiaj Raportoj. Nr.
40: Kikuchi **4407**
41: Suda **5238**
42: Hosokawa **5110**
43: Inaba **5114**
44: Kikuchi **4408**
45: Takakubo **12326**
46: Hosokawa **11120**

Skalnaté Pleso

Contributions of the Astronomical Observatory Skalnaté Pleso.
1: Kresák **8240**

Kresáková, Kresák **8241**
Bajcár, Bajcárová **11192**
Šáškyová **1254**

Sonneberg

Veröffentlichungen der Sternwarte in Sonneberg.
2 4: Hoffmeister **8228**

Mitteilungen über veränderliche Sterne. Nr. 174—212. § **112**

Stalinabad

Publikationen (Trudy) des Astronomischen Observatoriums Stalinabad.
5: Babadshanow **8001**

Bulletin des Astronomischen Observatoriums Stalinabad. Nr.
12: Dobrowolskij **8136**
Bacharew **8202**
Wassiljanowskaja **2050**
Schachowskoj **111136**
13: Solowjow **11173**
Dobrowolskij **8125**
Solowjow **11137**
Wassiljanowskaja **11181a**
14: — **1002**
Katassjow **8009**
Iwanikow **22103**
Schachowskoj **11231**
Solowjow **11231**
Solowjow **11231**
Jerlexowa **11231**
Schachowskoj **11240**

St. Andrews

Contribution from the Observatory, University of St. Andrews. Nr.
6: Jarrett AJB **54** **2013**
7: Kurth **4409**
8: Kurth **12142**

Stockholm

Stockholms Observatorium. Annaler.
18 5: Kristenson **6208**
6: Lindblad **4411**
7: Elvius **9404**
8: Öhman **261**

Stockholms Observatorium. Meddelande. Nr.
84: Elvius **12412**
85: Öhman **6637**
86: Öhman, Lodén **6351**, **6657**

Stockholms Observatoriums Årsberättelse för 1954. **1101**

Swarthmoore

Reprints of articles published by the Sproul Observatory. Nr.
86: van de Kamp AJB **54** **9304**
87: van de Kamp AJB **54** **10115**
88: Wyller **9306**
89: Lippincott **10118**
90: van de Kamp **9302**
91: Lippincott **10117**
92: van de Kamp, Flather **9306**

Sydney

Sydney Observatory Papers. Nr.
22: Robertson **7530**

Sydney Observatory. Astrographic Catalogue 1900.0. Vol. **33**, **36**, **37**. **9124**

Commonwealth Scientific and Industrial Research Organization, Australia, Division of Radiophysics.
Smerd **6542**
Bracewell **106**
Swarup, Parthasarathy **6546**
Christiansen, Warburton **6522**
Pawsey **12656**
Shain, Kerr **72119**
Piddington **2103**
Piddington AJB **54** **5015**
McGee, Slee, Stanley **12626**
Mills **12421**
Shain **72120**
Piddington **2105**
Shain **7616**
Piddington **2104**
Christiansen, Warburton **6521**
Swarup, Parthasarathy **6545**
Slee **12664**
Kerr, de Vaucouleurs **12454**
Carter **12638**
Bowen **1101**

Tacubaya

Universidad Nacional de Mexico. Observatorio Astronomico Nacional. Nr.
1: Gallo **9203**
2: Gallo **9204**

Siehe auch Tonantzintla

Tartu (Dorpat)

Publikationen (Publikazii) des Astronomischen Observatoriums Tartu.
33 1: Kusmin **12339**
Ejnasto **12332**
Ejnasto **12333**
Rijwes **7512**

Taschkent

Zirkular des Astronomischen Observatoriums Taschkent. Nr. 274—279. **2392, 6351, 6657**

Thessaloniki

Publications of the Astronomical Department of the University of Thessaloniki.
Nr. 1: Xanthakis **6848**

Tokyo

Annals of the Tokyo Astronomical Observatory, University of Tokyo. Second Series.
4 2: Obi, Ishidzu, Horie, Yanagawa, Tanabe, Sato 120

Tokyo Astronomical Bulletin. Second Series. Nr.
72: Tuzi **9120**
73: Nakano, Yasuda, Hara **7529**
74: Nakano, Yasuda, Fukaya, Hara **7301, 7401, 7601, 7701, 7801, 7807**
75: Hirose, Tomita **7530, 7811, § 81**
76: Wakabayashi **7360**
77: Hirose, Tomita **82106**

Tokyo Astronomical Observatory Reprints. Nr.
113: Hatanaka, Suzuki, Tsuchiya **6528**
114: Fujita **111102**
115: Akabane **7303**
116: AJB **54 11121**
117: Saito, Hata **2516**
118: Nagasawa **6635**
119: Unno, Kawabata **6115**
120: Kawabata **6556**
121: Kozai **7705**
122: Huruhata, Tanabe, Nakamura **72159**
123: Unno **12245**
124: Aoki **4202**
125: Hatanaka, Suzuki, Tsuchiya **2211**
126: Suzuki **2233**
127: Obi, Yanagawa **260**
128: Hatanaka, Akabane, Moriyama, Tanaka, Kakinuma **6529**
129: Hatanaka, Akabane, Moriyama, Tanaka, Kakinuma **6530**
130: Kozai **7706**
131: Takase **12319**
132: Takakura **273**
133: Notuki, Nakagomi, Fakatsu **6833**

Tokyo Astronomical Observatory. Bulletin of Solar Phenomena.
6 4: — **6351, 6554, 6657, 6725**
7 1—3: — **6351, 6554, 6657, 6725**

Nautical Almanac 1956. **412**

Abridged Nautical Almanac 1956. **427**

Japanese Ephemeris 1956. **411**

Tonantzintla y Tacubaya

Boletin de los Observatorios Tonantzintla y Tacubaya. Nr.
12: Haro, Chavira **111110**
Blanco, Münch **9510**
Poveda **2231**
Haro, Herbig **111111**
13: González, González **9531, 9532**
Iriarte, Chavira **9543, 9544**
Pişmiş **12117**
Münch **12218**
Münch, Münch **111129**
Gaposchkin **111104**

Torino

Ufficio Centrale delle Latitudini dell' U.A.I. — Osservatorio Astronomico di Torino (Pino Torinese). Pubblicazioni.
Nr. 11: — **13240**
12: — **13241**
13: Cecchini **13102**
14: — **13242**
— Cecchini **13203**

Tortosa

Boletín del Observatorio del Ebro.
41: — **6351, 6657**

Publicaciones del Observatorio del Ebro. Miscelánea. Nr.
11 bis: Romañá. Nicht referiert
12: Príncep Curto. Nicht referiert

Toulouse

Annales de l'Observatoire Astronomique et Météorologique de Toulouse.
23: Paloque **9117, 9207**
Bouigue, Chapuis **10209**
Berthomieu **9201**
— **9212**
Bouigue **10201, 4109**

Observatoire de l'Université de Toulouse. Rapport annuel 1951—1952, 1952—1953, 1953—1954. **1101**

Trieste

Osservatorio Astronomico di Trieste.
Nr. 263: Abrami, Cester **6213**
264: — **447**
265: Abrami, Cester **1260**
266: Abrami, Cester **11101**
267 I: Martin **10011**

Tübingen

Mitteilungen des Astronomischen Instituts der Universität Tübingen. Nr.
18: Siedentopf **8410**
19: Elsässer **6708**

Turku

Astronomia-Optika Institucio Universitato de Turku. Informo. Nr.
9: Oterma **2034**
10: Väisälä. Nicht referiert
11: Oterma **7530**
12: Rantaseppä **7511**
13: Hakoila. Nicht referiert
14: Väisälä **1261**

Uccle

Communications de l'Observatoire Royal de Belgique. Nr.
77: Arend **103**
Schmitt **123, 124**
Dommanget **111, 112**
78: Dommanget **3203**
79: Melchior **13218**
80: — **1101**
81: Warzée **6116**
82: Melchior. Nicht referiert
83: Becq, Melchior **2503**
84: Arend. Nicht referiert
85: — **11137, 9108**
86: Vandekerkhove **11310**
87: Warzée **6117**
88: Loodts **2408**
89: Benesch, Migeotte, Neven **7236**
90: Sanders. Nicht referiert
91: Dommanget **10003**
92: Melchior **13110**

Observations des taches solaires. Observations chromosphériques et photosphériques. Supplément au Bulletin Ciel et Terre. **6351, 6657**

Uppsala

Uppsala Astronomiska Observatorium. Meddelande. Nr.
113: Westerlund **9424**

Utrecht

Recherches Astronomiques de l'Observatoire d'Utrecht.
13 2: Gathier **9529**

Sterrewacht «Sonnenborgh» Utrecht. Overdruk. Nr.
17: de Jager **5115**
18: Houtgast **7121**
19: de Jager **111115**
20: de Jager **8406**
21: Minnaert **7017**
22: de Jager **6510**

Sterrewacht «Sonnenborgh» Utrecht. Overdruk Quarto. Nr.
1: van Diggelen, de Jager **82110**
2: de Jager **6509**
3: Houtgast **7122**

Victoria

Publications of the Dominion Astrophysical Observatory Victoria, B. C.
10 3: Underhill **9221**
4: McDonald **5124**
5: McDonald **252**

Contributions from the Dominion Astrophysical Observatory Victoria, B. C.
Nr. 39: McKellar, Richardson **9550**
40: AJB **54**
41: AJB **54 9551**
42: Argyle **2293**
43: Underhill **9570**
44: McKellar **111123**
45: AJB **56**
46: Wright **11144**

Warschau

Astronomical Observatory of the Warsaw University Reprint. Nr.
44: Piotrowski **5018**
45: Pacholczyk **6213**

Reprint. Institut d'Astronomie Géodésique de l'Ecole Polytechnique de Varsovie.
Opalski **7360**

Washington

Astronomical Papers prepared for the use of the American Ephemeris and Nautical Almanac.
15 3: Herget **7120**

The American Ephemeris and Nautical Almanac for the Year 1957. **413**

Wellington

Wendelstein

Wien

Wrocław (Breslau)

Zagreb

Zürich

I. Allgemeines

§ 1

Mathematisches

101. **E. Andersen,** Adjustment of observations by the method of least squares. Geod. Inst. Kopenhagen Skrifter (3) **22,** 51 S.

102. **S. Arend,** Procédés empiriques rapides de représentation mathématique de phénomènes expérimentaux. Ciel et Terre **71** 133—150, mit 3 Fig.

103. **S. Arend,** Interpolation et extrapolation basées sur la méthode des moindres carrés. Commun. Obs. Roy. Belgique Nr. 77 S. 1—8.

104. **G. M. Bashenow,** Untersuchung der Entwicklung von Ausdrücken der Form $(1 - 2h \cos z + h^2)^{-n/2}$, wobei n ungerade ist. BIA **6** 8—24, mit 2 Abb. (russisch). — In der vorliegenden Arbeit werden die engen Grenzen für die Größen der Koeffizienten der untersuchten trigonometrischen Reihen festgelegt, ein rationelles Schema zur Berechnung dieser Koeffizienten vorgeschlagen und die obere Grenze des Restglieds der betrachteten Reihen abgeschätzt. Die Untersuchungsergebnisse werden ferner auf ein konkretes Problem der Himmelsmechanik angewandt. Verf. (übersetzt)

105. **A. D. Booth,** Numerical methods. New York, Academic Press Inc.; London, Butterworths Scientific Publications, 1955. 7 + 195 S. Preis $ 6.00. — Besprechung in Math. Rev. **16** 861 (E. Isaacson).

106. **R. N. Bracewell,** Correcting for Gaussian aerial smoothing. Australian J. Phys. 8 54—60, mit 3 Fig. = Commonwealth Industrial Res. Organization, Australia, Division Radiophys. — Die Entzerrung einer gemessenen zweidimensionalen Intensitätsverteilung läßt sich in guter Näherung mit Hilfe eines einfachen Differenzenverfahrens durchführen, falls die Richtcharakteristik der benutzten Antenne sich durch eine zweidimensionale Gaußfunktion darstellen läßt. K. H. Böhm

107. **R. N. Bracewell,** Correcting for running means by successive substitutions. Australian J. Phys. 8 329—334, mit 3 Fig. — Ref. in Phys. Abstracts (A) **59** 273—274.

108. **E. J. Burr,** Sharpening of observational data in two dimensions. Australian J. Phys. 8 30—53. — Ref. in Phys. Abstracts (A) **58** 750.

109. **I. W. Busbridge,** On the X- and Y-functions of S. Chandrasekhar. ApJ **122** 327—348. — Die Existenz der Chandrasekharschen X- und Y-Funktionen für hinreichend große optische Tiefen wird durch Nachweis der Konvergenz der Neumannschen Reihen für X + Y bzw. X — Y gezeigt. Traving

110. **A. de Castro Brzezicki,** Eine Gleichung bezüglich der Zentralbewegung. Rev. mat. Hisp.-Amer. (4) **15** 3—8 (spanisch). — Ref. in ZfMG **65** 169.

111. **J. Dommanget,** Etude des droites caractérisant soit une liaison fonctionelle, soit une dépendance statistique entre deux variables. Commun. Obs. Roy. Belgique Nr. 77 S. 29—39.

112. **J. Dommanget,** Détermination des paramètres de la fonction: y = a + bf (x, α, β, . . .), sur la base du principe des moindres carrés. Application au cas de la fonction exponentielle. Commun. Obs. Roy. Belgique Nr. 77 S. 41—60, mit 1 Fig.

113. **G. Gjellestad,** Note on the definite integral over products of three Legendre functions. Proc. National Acad. Sci. USA **41** 954—956 = Inst. Theoret. Astrophys. Blindern-Oslo Reprint Nr. 15.

114. **S.-S. Huang,** On the solution of an integral equation of astrophysical and statistical interest. Ann d'Astrophys **18** 42—64, mit 1 Fig. = Berkeley Repr. Nr. 80. — Ref. in Ric. Sci. **25** 2976—2978. — Zur Lösung der aus Spektroskopie, Statistik und anderen Gebieten bekannten Integralgleichung $g(x) = \int \varphi(y) f(x-y)\, dy$ wird eine Variationsmethode vorgeschlagen und diskutiert. Insbesondere aber wird die Gleichung für den Sonderfall, daß $f(x)$ durch eine Gaußsche Fehlerfunktion gegeben ist, durch Entwicklung der Lösung in eine Reihe Hermitescher orthogonaler Funktionen behandelt. Schließlich wird der Einfluß eines Fehlers in $g(x)$, wenn $g(x)$ als empirische Funktion vorliegt, auf die Lösung $\varphi(x)$ bestimmt. Kdr.

115. **L. Jacchia,** On the numerical integration of functions tabulated in logarithmic form. Math. Tables and Other Aids to Computation **9** 63—64 = Harv Repr Nr. 418.

116. **J. I. F. King,** The Gaussian quadrature formula for an Elsasser band-absorption model. ApJ **121** 425—429, mit 1 Fig. — Am Beispiel des Modells von Elsasser für die Bandenabsortion im Infrarot, eine Schar gleichstarker, Lorentz-verbreiteter Linien gleichen Abstands, wird die Verwendung der Gaußschen Quadraturformel zur Durchführung gewisser Integrationen über die Frequenz, die bei der Untersuchung von Strahlungsgleichgewichtsproblemen auftreten, erörtert. Kdr.

117. **Z. Kopal,** Numerical Analysis. London, Chapman & Hall Ltd., 1955. 14 + 556 S. Preis 63 s. — Besprechung in Ann d'Astrophys **19** 44 (M. Mayot), Obs **76** 76—77 (D. H. Sadler), Proc. Phys. Soc. (A) **69** 721—723 (D. R. Hartree), ZfA **39** 269—270 (K. H. Böhm).

118. **O. M. J. Mittmann,** Zur praktischen Analyse von Beobachtungsfolgen oder empirischen Funktionen. Arch. Meteorol. Geophys. Bioklimatol. (A) 8 113—120.

119. **J. Moser,** Stabilitätsverhalten kanonischer Differentialgleichungssysteme. Nachr. Akad. Wiss. Göttingen Math.-Phys. Kl. (2a) Jahrgang 1953 Nr. 6 S. 87—120, mit 2 Fig.

120. **S.-Y. Obi, T. Ishidzu, H. Horie, S. Yanagawa, Y. Tanabe, M. Sato,** Tables of the Racah coefficients W ($\bar{a}b\bar{c}d$; $\bar{e}f$). III. Coefficients having three half-integral variables $\bar{a}$, $\bar{c}$ and $\bar{e}$ (f = 5, 6, 7). Ann. Tokyo Astr. Obs. (2) **4** 77—154.

121. **M. W. Pentkowski,** Nomographie. Berlin, Akademie-Verlag, 1953. Übersetzung aus dem Russischen. 15 + 268 S., mit 149 Abb. Preis DM 15.— Besprechung in AN **283** 189 (H. Strassl).

122. **A. Ramakrishnan,** Stochastic process associated with random divisions of a line. Proc. Cambridge Phil. Soc. **49** 473—485, 1953. — Ref. in ZfMG **53** 100.

123. **A. Schmitt,** Détermination de la fonction homographique à partir de données expérimentales en surnombre, les abscisses étant en progression arithmétique. Commun. Obs. Roy. Belgique Nr. 77 S. 9–21.

124. **A. Schmitt,** Représentation d'une série expérimentale par une fonction de la forme $y = a + be^{\alpha x}$. Commun. Obs. Roy. Belgique Nr. 77 S. 23—27.

125. **P. Sconzo,** Tavola per il calcolo della derivata di una funzione data numericamente. Mem SA It (NS) **26** 393—398.

* * **A. Soudan,** Sur des systèmes de variables canoniques. Vgl. Ref. 4235.

126. **H. Strassl,** Nomograms for ecliptic and galactic coordinates. Vgl. Ref. **1169**, daselbst S. 185, mit Diskussion S. 186—190. — Für die oft notwendig werdenden Transformationen von äquatorialen Koordinaten in ekliptikale bzw. galaktische hat Verf. leicht zu handhabende Diagramme entworfen, die in vielen Fällen mit großem Nutzen verwendet werden können. Hoppe

127. **J. Topping,** Errors of Observation and their Treatment. London, Institute of Physics (Monographs for Students), 1955. 119 S. Preis 5 s. — Besprechung in Proc. Phys. Soc. (A) **69** 720 (M. J. Moroney).

§ 2

Physikalisches

201. **C. W. Allen, A. S. Asaad,** Atomic oscillator strengths and excitation potentials. MN **115** 571—574, mit 2 Fig. = Commun. Univ. London Obs. Nr. 23. — Unterschiede zwischen den theoretischen und den beobachteten Werten der Oszillatorenstärken einiger Metalle werden diskutiert. Wegen der Unsicherheit der theoretischen Daten wird den beobachteten Werten der Vorzug gegeben. F. S.

202. **W. A. Ambarzumjan,** A point source of light within a scattering medium. Bull. Erewan Astr. Obs. Nr. 6, 1945 = Contr. Labor. Astr. Lille Nr. 4 Bis S. 41—47.

203. **M. P. Barabaschew,** Bemerkung über die Bestimmung der Farbe Licht reflektierender Oberflächen. Ber. Akad. Wiss. Ukrain. Sowjetrepublik Nr. 4 S. 344—348 (ukrainisch). — Ref. in RJ Astr. Geod. UdSSR 1956 Nr. 3 S. 93.

204. **G. A. Bartholomew, F. Brown, H. E. Gove, A. E. Litherland, E. B. Paul,** Capture radiation and neutrons from the bombardment of C^{14} with protons. Canadian J. Phys. **33** 441—456, mit 8 Fig. — Ref. in Phys. Abstracts (A) **58** 1165.

205. **A. A. Broyles,** Stark fields from ions in a plasma. Phys. Rev. (2) **100** 1181—1187, mit 2 Fig. — Mit Hilfe der Pines-Bohmschen Methode der Aufspaltung der Coulomb-Wechselwirkungen in solche kurzer und großer Reichweite werden Verteilungen der Mikrofelder neu berechnet. Die Modifizierung der Holtsmark-Verteilung wird unter verschiedenen Annahmen — Einfachstöße, zentrale Wechselwirkung etc. — dargestellt. Für $T = \infty$ gehen diese Verteilungen in die Holtsmarksche über. Vgl. Ref. in Phys. Ber. **35** 1442. Weidemann

206. **J. M. Burgers,** A model for one-dimensional compressible turbulence with two sets of characteristics. I. II. Proc. K. Nederl. Akad. Wetensch. (B) **58** 1—18, mit 4 Fig. — Ref. in Math. Rev. **16** 969.

207. **J. W. Chamberlain, P. H. Roberts,** Turbulence spectrum in Chandrasekhar's theory. Phys. Rev. (2) **99** 1674—1677. — Ref. in Phys. Abstracts (A) **59** 11.

208. **S. Chandrasekhar,** The instability of a layer of fluid heated below and subject to Coriolis forces. I. Proc. Roy. Soc. (A) **217** 306—327, mit 1 Fig., 1953. — Ref. in ZfMG **53** 191.

209. **S. Chandrasekhar, D. D. Elbert,** The instability of a layer of fluid heated below and subject to Coriolis forces. II. Proc. Roy. Soc. (A) **231** 198—210, mit 2 Fig. — Ref. in Phys. Abstracts (A) **58** 1116, Math. Rev. **17** 311, ZfMG **65** 456.

210. **S. Chandrasekhar,** A theory of turbulence. Proc. Roy. Soc. (A) **229** 1—19, mit 3 Fig. — Ref. in Phys. Abstracts (A) **58** 564—565, Math. Rev. **16** 968, ZfMG **64** 437.

211. **W. A. Chupka, M. G. Inghram,** The thermodynamics of carbon molecules as determined in the mass spectrometer. Vgl. Ref. **1169**, daselbst S. 373—377, mit 1 Fig. und Diskussion S. 386—389. — Es werden die Verdampfungswärmen von C, C_2 und C_3 mit Hilfe einer Knudsen-Zelle experimentell bestimmt. K. H. Schmidt

212. **J. A. Crawford,** Kinematical theory of the mixing length in inhomogeneous turbulence. Publ ASP **67** 24.

213. **D. Deirmendjian, Z. Sekera,** The global radiation in a Rayleigh atmosphere. Nature **175** 459—461, mit 3 Fig. — Der von Chandrasekhar entwickelte Kalkül wird zur Berechnung des gesamten Energieflusses (global radiation) am Boden einer streuenden planparallelen Atmosphäre, die von einer weit entfernten Quelle (Sonne) mit parallelem unpolarisiertem Licht beleuchtet wird, angewendet. Die sich unter Annahme des Rayleighschen Streugesetzes ergebenden Intensitätsverteilungen im Spektrum des gesamten Energieflusses (Himmels- und direktes Sonnenlicht) sowie des Himmelslichtes allein als Funktion der Sonnenhöhe werden diskutiert. Traving

214. **L. R. Doherty, E. B. Turner,** An experimental study of hydrogen line broadening in shock tubes. AJ **60** 158—159. — Ref. AAS.

215. **A. E. Douglas, P. M. Routly,** The spectrum of the CN molecule. ApJ Suppl **1** 295—317, mit 2 Fig. und 2 Tafeln. — Ref. in ApJ **120** **607**. — In einem Entladungsspektrum wurden vier neue Bandensysteme von CN gefunden, die auf drei neue Elektronenzustände $H^2\Pi_r$, $F^2\Delta_r$ und $D^2\Pi_i$ zurückzuführen sind. Die Rotationsfeinstruktur der Banden wurde untersucht. Behr

216. **J. Duchesne,** Quelques aspects de la spectroscopie radioélectrique. Inst. d'Astrophys. Univ. Liège Coll. 4° Nr. 60, 6 S.

217. **F. N. Edmonds jr.,** Noncoherent scattering due to collisions. I. Zanstra's ratio of coherent to uncorrelated noncoherent scattering. ApJ **121** 418—424. — Die Zanstrasche Behandlung der nichtkohärenten Streuung infolge von Stößen für eine Spektrallinie wird durch den Vergleich mit einer allgemeinen quantenmechanischen Formulierung des Problems kritisch geprüft. Danach scheint der von Zanstra gefundene Wert für das Verhältnis der kohärenten zur unkorrelierten nichtkohärenten Streuung um einen Faktor 20 zu groß zu sein und für die als kohärent betrachtete Komponente keine strenge Kohärenz zu bestehen. Kdr.

218. **K. G. Emeleus, T. K. Allen,** Note on plasma-electron oscillations. Australian J. Phys. 8 305—306. — Kurzbericht über Laboratoriumsuntersuchungen an Plasmaschwingungen in Belfast (Irland). Es zeigen sich gewisse Parallelen zwischen den Experimenten und den Beobachtungen von Wild, Murray und

Rowe an der gestörten solaren Radioemission, die auf Plasmaschwingungen in der Sonnenatmosphäre zurückzuführen sein dürfte. Die Experimente wurden an Entladungen in Quecksilberdampf und Argon bei Drucken von 10^{-3} Torr und Potentialdifferenzen zwischen dem Ionisationspotential von etwas mehr als 100 Volt gemacht. Die Schwingungen wurden mittels einer Sonde im Plasma untersucht. Elektromagnetische Strahlung mit der Langmuir-Frequenz außerhalb der Röhre konnte wegen der geringen Intensität nicht beobachtet werden. Es zeigten sich unter anderen folgende Vorgänge: Schwingungen mit der Langmuir-Frequenz (f) treten nur in begrenzten Bereichen auf, wo gerade ein primärer Elektronenstrahl das Plasma durchdringt. Zusätzlich können Oberwellen (2f, 3f) auftreten, wenn auch aus anderen Gründen angenommen werden kann, daß die Plasmaschwingungen nichtlinear sind. Priester

219. **A. von Engel,** Ionized Gases. New York, Oxford University Press, 1955. 281 S. Preis $ 6.75. — Besprechung in Sky and Telescope **15** 408—410 (L. H. Aller).

220. **M. Eskenazi,** Primary photometric standard and the theory of dimensions. Helv. phys. Acta **28** 395—402 (französisch). — Ref. in Phys. Abstracts (A) **58** 1102.

221. **E. Fick,** Die Polarisation des Lichtes durch asphärische, ferromagnetische Teilchen in einem homogenen Magnetfeld. II. Theorie. Z. Physik **140** 308—339, mit 11 Fig. — Es wird das optische Verhalten einer Wolke ferromagnetischer, ellipsoidaler Teilchen untersucht, die in einem äußeren, homogenen Magnetfeld eine statistische Orientierung erfahren, wobei beliebige Feldstärken relativ zu der der Ausrichtung entgegenwirkenden Temperatur zugelassen werden. Die dadurch hervorgerufene optische Anisotropie der Rauchwolke wird durch Berechnung des mittleren, komplexen Brechungsindex beschrieben, wobei die Ellipsoide als klein gegen die Lichtwellenlänge angenommen werden. Das von diesen Teilchen gestreute Licht ist eine Funktion des angelegten Magnetfeldes. Die Richtungsabhängigkeit und Polarisation der Streustrahlung wird diskutiert. Die anisotrope Absorption — bedingt durch Erzeugung Joulescher Wärme im Teilchen und Lichtstreuung — liefert die Polarisation des senkrecht zum Feld durchgehenden Lichtes. Durch Kombination von theoretisch und experimentell gewonnenen Ergebnissen läßt sich aus der astronomisch beobachteten Polarisation des Sternlichtes die Stärke des galaktischen Magnetfeldes abschätzen. Je nach den zugrunde gelegten ferromagnetischen Materialkonstanten des interstellaren Rauches gelangt man zu Feldstärken, die in dem Intervall $7.5 \times 10^{-6} \leqq H_{\text{gal}} \leqq 6 \times 10^{-4}\,Oe$ liegen. Verf.

222. **G. B. Field,** Radiation by plasma oscillations. AJ **60** 160—161. — Ref. AAS.

223. **P. Goldfinger,** Sur l'evaporation du carbone. Vgl. Ref. **1169**, daselbst S. 378—385, mit Diskussion S. 386—389. — Auf Grund neuer Verdampfungsmessungen werden die thermodynamischen Eigenschaften der Gasmoleküle C, C_2, C_3 und C_5 diskutiert. K. H. Schmidt

224. **R. W. Hart, W. H. Guier,** Statistical treatment of weakly interacting particles in a Newtonian potential. Phys. Rev. (2) **97** 841—848, mit 3 Fig. — Unter Verwendung von mechanisch-statistischen Betrachtungen leiten Verf. in vorliegender Arbeit für ein zweidimensionales System von Partikeln in einem starken Gravitationsfeld, die sich gegenseitig nach dem Newtonschen Gesetz anziehen, eine stationäre oder quasistationäre Verteilung ab. Solche Verteilungen sind möglich, wie die Beispiele des Planetensystems und der Saturnringe zeigen. Als Beispiel berechnen Verf. die Massenverteilung für ein Vielteilchensystem, das die gleiche Gesamtmasse, die gleiche Energie und den gleichen Impuls pro Masseneinheit besitzt wie das System der neun Planeten,

und vergleichen mit der bestehenden Verteilung der Planetenmassen. Eine Ausdehnung auf drei Dimensionen und Verallgemeinerung auf analoge Probleme in Elektronenwolken bleibt einer späteren Veröffentlichung vorbehalten.
Henn

225. **S. Hautecler, B. Rosen,** Quelques remarques sur l'émission des bandes de Swings (groupe 4050 Å) au laboratoire. Actes Congrès Luxembourg 72ᵉ Session Assoc. Française Avancement Sci. (Juillet 1953) S. 113 = Inst. d'Astrophys. Univ. Liège Mém. 8° Nr. 371. — Vorläufige Mitteilung über Laboratoriumsuntersuchungen der Swings-Bande bei 4050 Å, die dem C_3-Molekül zugeschrieben wird. Verf. benützt ein Entladungsrohr mit Graphitkathode, die Entladung brennt in H_2. Es zeigte sich, daß das für die Bande verantwortliche «Molekül 4050» ein Zwischenprodukt komplizierter chemischer Umwandlungen darstellt und offenbar auch für die Swings-Rao-Banden zwischen 3850 und 3300 Å verantwortlich ist, welche in Absorption in Kohlenstoffsternen beobachtet wird.
Oster

226. **G. Hellwig,** Über die Bewegung geladener Teilchen in schwach veränderlichen Magnetfeldern. Z. Naturforschung **10a** 508—516, mit 3 Abb. — Die Alfvénschen Näherungsgleichungen in schwach veränderlichen Magnetfeldern werden auf eine Weise hergeleitet, die eine Fallunterscheidung (grad H senkrecht oder parallel zu $\mathfrak{H}$) erübrigt und sowohl eine Verallgemeinerung auf den relativistischen Fall als eine Erweiterung auf höhere Näherungen zuläßt. Es wird gezeigt, daß die zeitliche Änderung von M (durch die «spiralende» Bewegung des Teilchens erzeugtes magnetisches Moment) bei verschwindender Rotation der mechanischen Kräfte auch noch in zweiter Näherung verschwindet. Zum Schluß wird auf einen Einwand A. Schlüters gegen die Fermische Theorie der Nachbeschleunigung von Höhenstrahlteilchen eingegangen.
Verf.

227. **R. Herman, R. J. Rubin,** Influence of vibration-rotation interaction on line intensities in vibration-rotation bands of a rotating Morse oscillator. ApJ **121** 533—540. — Da für die Anwendung in verschiedenen Gebieten eine genauere Kenntnis theoretischer Linienintensitäten für Übergänge zwischen höheren Schwingungszuständen zweiatomiger Moleküle erwünscht ist, wurde am Beispiel des rotierenden Morse-Oszillators mit festem Elektronendrehimpuls als Modell für ein zweiatomiges Molekül das obige Problem wellenmechanisch durchgerechnet. Betreffs Einzelheiten der Rechnung muß auf die Arbeit selbst verwiesen werden.
Kdr.

228. **R. Herman, L. Herman,** Quelques nouveaux résultats expérimentaux obtenus au laboratoire sur le spectre du carbone. Vgl. Ref. **1169**, daselbst S. 352—359, mit 1 Fig., 2 Tafeln und Diskussion S. 386—389. — Bericht über spektralphotometrische Messungen an polyatomarem Kohlenstoff.
Hoppe

229. **G. Herzberg,** Laboratory investigations of the spectra of interstellar and cometary molecules. Vgl. Ref. **1169**, daselbst S. 292—331, mit 2 Fig. und Diskussion S. 386—389. — Eine zusammenfassende Darstellung des Identifizierungsproblems scharfer interstellarer und kometarischer Linien von zwei- und dreiatomigen Molekülen wird gegeben. Die Bildung zwei- und dreiatomiger Moleküle in Kometen und im interstellaren Raum wird diskutiert. Den diffusen interstellaren Linien wird große Beachtung geschenkt.
K. H. Schmidt

230. **R. Hide,** Waves in a heavy, viscous, incompressible, electrically conducting fluid of variable density, in the presence of a magnetic field. Proc. Roy. Soc. (A) **233** 376—396, mit 8 Fig. — Ref. in Phys. Ber. **35** 820.

231. **W. R. Jarmain, P. A. Fraser, R. W. Nicholls,** Vibrational transition probabilities of diatomic molecules; collected results. III. N_2,

NO, O_2, O_2^+, OH, CO, CO^+. ApJ **122** 55—61. — Die sogenannten Franck-Condon-Faktoren (Näherungswerte der Schwingungsübergangswahrscheinlichkeiten) werden für eine Reihe astrophysikalisch wichtiger Bandensysteme von N_2-, NO-, O_2-, O_2-, OH-, CO- und CO^+-Molekülen angegeben. K. H. Böhm

232. **J. T. Jefferies,** On the diffusion of radiation from a point or a line source in an infinite medium. Opt. Acta **2** 109—111. — Ref. in Phys. Ber. **35** 686, Math. Rev. **17** 674.

233. **E. Jensen,** Toroidal oscillations of an incompressible conductive fluid sphere in a decay field. ApJ Suppl **2** 141—166, mit 2 Fig. = Inst. Theoret. Astrophys. Blindern-Oslo Reprint Nr. 14. — Ref. in ApJ **122** 569—570. — Einem abklingenden Magnetfeld in einer leitenden homogenen Flüssigkeitskugel überlagern sich, wenn materielle Bewegungen in der Kugel vorhanden sind, hydromagnetische torroidale Schwingungen, deren Frequenzen in der vorliegenden Arbeit diskutiert werden. Kdr.

234. **L. V. Judson,** Units of weight and measure (United States customary and metric). Definitions and tables of equivalents. Misc. Publ. Nat. Bur. Stand. Nr. 214, 64 S. — Ref. in Phys. Abstracts (A) **58** 1209.

235. **J. Junkes, E. W. Salpeter,** Effektive Linienbreiten in der Spektralphotometrie. Spectrochimica Acta **7** 60—63 = Specola Vaticana Comun. Nr. 18. — Es wird diskutiert und vorgeschlagen, die Intensitäten von Spektrallinien nach der Methode der «effektiven Linienbreiten» zu bestimmen (Messung mit einem Photometer mit variablem Meßspalt, analog zur Methode der «effektiven Sterndurchmesser» mit einem Irisblendenphotometer). Versuchsmessungen ergeben, daß diese Methode unter gewissen Umständen (zum Beispiel starke Schwärzungen) der normalen Methode überlegen ist; insbesondere kann ein größerer Intensitätsbereich überbrückt werden. Voigt

236. **J. Junkes,** Lineare Interpolation im prismatischen Spektrum mit nachfolgender Korrektur. Pont. Acad. Sci. Acta **16** 69—76 = Specola Vaticana Comun. Nr. 20. — Auch im prismatischen Spektrum lassen sich auf einfache Weise sehr genaue Wellenlängenmessungen vornehmen, wenn man in mäßig großen Wellenlängenbereichen von etwa 10—20 Å zunächst vorläufige Werte linear interpoliert und nachträglich verbessert. Die zu jeder Wellenlänge gehörige Korrektur kann leicht unter 0.1 Å gehalten werden und wird Diagrammen entnommen, die für jedes Intervall eigens aufzustellen sind. Zu diesem Zweck wird eine einfache Näherung hoher Genauigkeit angegeben. Der zur Erstellung dieser Korrektionskurven nötige Arbeitsaufwand lohnt sich allerdings nur in Gegenden mit ausreichend großer Dispersion, wenn ein umfangreiches Material bearbeitet werden muß. Verf.

237. **R. B. King, B. R. Parnes, M. H. Davis, K. H. Olsen,** Relative gf-values for lines of Co I. J. Optical Soc. America **45** 350—353.

238. **A. C. Kolb,** Theory of the first-order Stark broadening by ions and electrons. AJ **60** 166. — Ref. AAS.

239. **M. Krook,** Dynamics of rarefied gases. Phys. Rev. (2) **99** 1896—1897 = Harv Repr (2) Nr. 74. — Ref. in Phys. Abstracts (A) **59** 101.

240. **R. W. Larenz,** Plasmaströmungen großer Amplitude und Ladungstrennung. Z. Naturforschung **10a** 766—776, mit 7 Fig.

241. **D. Layzer, H. Zirin,** Energy levels in the ground terms of the ions A XIII—Ti XVII. ApJ **121** 771—772 = Harv Repr Nr. 411. — An Hand neuerer Rechnungen des einen Verf. werden die Wellenlängen und Übergangswahrscheinlichkeiten von fünf Linien abgeschätzt, die den Übergängen $^3P_1$—$^3P_0$ und $^3P_2$—$^3P_1$ der isoelektronischen Sequenz A XII — Ti XVII entsprechen.

Die Genauigkeit der Wellenlängenangaben soll etwa 50 Å betragen. Die Verf. finden keine deutliche Koinzidenz mit noch nicht oder nur unsicher identifizierten Koronalinien. Oster

242. **D. Layzer,** On the instability of superposed fluids in a gravitational field. ApJ **122** 1—12, mit 3 Fig. = Harv Repr Nr. 420. — Ein Rohr, das parallel zu den Feldlinien eines Schwerefeldes aufgestellt ist, ist oberhalb eines Diaphragmas mit einer inkompressiblen Flüssigkeit gefüllt. Unterhalb des Diaphragmas ist das Rohr leer. Entfernt man das Diaphragma, und unterwirft man die nun freie Oberfläche einer kleinen Störung, so entsteht eine Strömung, deren Form untersucht wird. Als Nebenbedingung wird gefordert, daß die Flüssigkeit in hinreichend großen Höhen über der freien Oberfläche in Ruhe bleibt. Es wird eine Approximationsmethode zur Auffindung der Lösung angegeben. Dieses Verfahren wird unter anderem auch zur Lösung des analogen, räumlich periodischen Problems benutzt. K. H. Böhm

243. **D. Layzer,** On certain regularities in the structure of complex term spectra. ApJ **122** 351—353, mit 1 Fig. = Harv Repr Nr. 422.

244. **J. N. Lipskij,** Über die Abhängigkeit der Ergebnisse der spektralphotometrischen Untersuchung teilweise polarisierten Lichts von der Orientierung der Polarisationsebene seiner polarisierten Komponente. Bote Univ. Moskau Nr. 2 S. 41—45 (russisch). — Ref. in RJ Astr. Geod. UdSSR 1956 Nr. 10 S. 17.

245. **M. López Arroyo,** Espectroscopia astronomica. Anuario del Obs. Astr. Madrid **1956** 311—497.

246. **R. E. Loughhead,** Eigen oscillations of compressible, ionized fluids. Australian J. Phys. 8 416—418. — Ref. in Phys. Abstracts (A) **59** 491, Math. Rev. **17** 562.

247. **R. Lüst, A. Schlüter,** Eine spezielle Art nichtwirbelfreier Lösungen der hydrodynamischen Gleichungen. Z. angew. Math. Mechanik **35** 45—47. — Es werden Lösungen der hydrodynamischen Gleichungen angegeben, bei denen die Wirbellinien überall parallel zu den Stromlinien verlaufen. Dieses Problem hat seine Analogie bei der Untersuchung kraftfreier Magnetfelder, bei denen das Magnetfeld überall zum Strom parallel ist. Hierfür wurden die Lösungen an anderer Stelle ausführlich diskutiert. Verf.

248. **R. Lüst,** Plasmaschwingungen in einem äußeren Magnetfeld. ZfA **37** 67—71. — Es wird die Ausbreitung einer ebenen Welle senkrecht zum äußeren Magnetfeld untersucht. Eine transversale Welle mit der Schwingungsrichtung parallel zum Magnetfeld wird durch dieses nicht beeinflußt. Dagegen zeigt sich, daß eine Welle mit der Schwingungsrichtung in einer Ebene senkrecht zum äußeren Feld weder rein transversal noch rein longitudinal ist. Wegen des transversalen Anteils erhält man einen nichtverschwindenden Poyntingvektor im Gegensatz zu den reinen Plasmaschwingungen, was zum Beispiel für die Aussendung von Radiostrahlung auf der Sonne von Interesse sein kann. Verf.

249. **A. W. Makagon,** Die Bewegungsgleichungen eines Teilchens im Strahlungsfeld einer strahlenden schwarzen Kugel. Abh. Tadshik. Univ. **4** 37—43 (russisch). — Ref. in RJ Astr. Geod. UdSSR 1956 Nr. 2 S. 95.

250. **H. Margenau, R. Meyerott,** Quantum theory of line broadening by an ionic plasma. ApJ **121** 194—203. — Die Arbeit weist die Äquivalenz der klassischen Holtsmarkschen Theorie der Verbreitung der Wasserstofflinien durch störende Ionen und der quantenstatistischen Theorie dieses Effekts für den Fall eines Ions nach. Der störende Einfluß von Ionen und Elektronen wird

simultan behandelt und auch die Ungleichförmigkeit der Störfelder berücksichtigt. Es ergibt sich, daß die Linienverbreiterung und -verschiebung durch Elektronen nur wenige Prozent derjenigen durch Ionen beträgt. Kdr.

251. **G. V. Marr, R. W. Nicholls,** The emission of the «4050 Å» bands and an associated violet continuum in oxyacetylene flames. Canadian J. Phys. **33** 394—396, mit 1 Fig. — Das von Phillips und Brewer (vgl. Ref. 262) im UV aufgefundene intensive Kontinuum im Emissionsspektrum des Kohlenstoffs wird von Verf. in Kohlenwasserstoff-Flammen weiter untersucht. Banden zwischen 3800 und 4500 Å gehören dem CH, CN, C_2 und C_3 an. Zwischen der C_3-Bande und dem Auftreten des Kontinuums wird eine starke Korrelation gefunden. Es ist sehr wahrscheinlich, daß das C_3-Molekül einen großen Teil dieses Kontinuums liefert. Schai.

252. **J. K. McDonald,** Tables of the Planck radiation function B_ν (T). Publ. Dominion Astrophys. Obs. Victoria **10** 127—143. — Die Plancksche Strahlungsfunktion ist für den Temperaturbereich 15000° bis 26000° im Intervall von 200°, von 26000° bis 50000° im Intervall 500° und für den Frequenzbereich $\nu = 0.0013 \times 10^{17}$ bis 0.30×10^{17} im wechselnden, dem Bedarf angepaßten Intervall zwischen 0.0002 bis 0.1 auf vier geltende Ziffern gegeben. Die Berechnung erfolgte auf elektronischem Wege. H. M.

253. **A. McKellar, H. L. Welsh, F. C. Stephenson,** The spectrum of solid oxygen a few degrees above absolute zero. AJ **60** 170—171. — Ref. AAS.

254. **N. Missana,** L'esperienza del cannocchiale pieno d'acqua. Coelum **23** 6—12, mit 11 Fig. — Im Jahre 1766 plante Boscovich das Verfahren des mit Wasser gefüllten Fernrohrs, um die korpuskulare Theorie des Lichts zu bestätigen; wegen des Widerstandes der Zeitgenossen konnte er es nicht zur Ausführung bringen. Das Verfahren wurde dann von Airy aufgenommen und zeigte keine Abweichung des Lichts durch das Wasser. Das Paradoxon wurde dann mittels der Relativitätstheorie erklärt. Cester

255. **L. A. Mitrofanowa,** Bestimmung relativer gf-Werte von Ti I, Ti II. Mitt. Astr. Hauptobs. Pulkowo **19** Nr. 6 (153) S. 107—111, mit 2 Abb. (russisch).

256. **H. Moser,** Über das apparative Linienprofil bei Prismenspektrographen. Sitzber. Bayer. Akad. Wiss. Math.-naturwiss. Kl. 1955 S. 53—107, mit 21 Fig. und 1 Tafel.

257. **H. Moser,** Das apparative Linienprofil bei Prismenspektrographen. Z. Physik **140** 36—46, mit 8 Fig.

258. **J. Neufeld, R. H. Ritchie,** Passage of charged particles through plasma. Phys. Rev. (2) **98** 1632—1642. — Unter der Voraussetzung gleichförmiger positiver Ladungsdichte wird die klassische Wechselwirkung bei der Bewegung eines geladenen Teilchens im Plasma untersucht. Dabei werden die Elektronen als homogenes, isotropes dispergierendes Medium angenommen und die Bremswirkung mit Hilfe entsprechend modifizierter Maxwellscher Gleichungen berechnet. Vgl. auch Phys. Ber. **35** 1443. Weidemann

259. **A. A. Nikitin, G. W. Gordijenko,** Einige für astrophysikalische Rechnungen wichtige atomare Charakteristika des Ca II. DAN Armen. Sowjetrepublik **20** 165—168 (russisch mit armenischem Ref.). — Ref. in RJ Astr. Geod. UdSSR 1956 Nr. 2 S. 56.

260. **S. Obi, S. Yanagawa,** Magnetic interaction for the atomic $l^n l'$ configuration. Publ. Astr. Soc. Japan **7** 125—143, mit 3 Fig. = Tokyo Astr. Obs. Repr. Nr. 127.

261. **Y. Öhman,** A tentative explanation of the negative polarization in diffuse reflection. Stockholms Obs. Ann. **18** Nr. 8, 10 S. mit 4 Fig. — Verf. zeigt, daß die negative Polarisation, die zuerst von Lyot an Planeten bei kleinen Phasenwinkeln beobachtet wurde, erklärt werden kann durch wiederholte Reflexion an kleinen spiegelnden Oberflächen, die einen Winkel von 90° bilden (Doppelspiegel). Anwendung auf den Mond mit Berücksichtigung der Diffraktion gibt eine gute Darstellung der Beobachtungen. Vermutlich läßt sich auch die an anderen astronomischen Objekten beobachtete negative Polarisation mit der gleichen Vorstellung erklären. O. G.

262. **J. G. Phillips, L. Brewer,** An ultraviolet continuum in the spectrum of carbon. Vgl. Ref. **1169**, daselbst S. 341—351, mit 2 Fig. und Diskussion S. 386—389 = Berkeley Repr. Nr. 75. — Bei der Untersuchung des Emissionsspektrums des Kohlenstoffs gelang es den Verf., ein ziemlich intensives Kontinuum im UV aufzufinden, worüber hier Einzelheiten mitgeteilt werden. Insbesondere wurde versucht, den Ursprung dieses Kontinuums aufzuklären mit dem Ergebnis, daß es sehr wahrscheinlich dem C_3-Molekül zuzuschreiben ist. Das Problem ist astrophysikalisch für die Erklärung der spektralen Eigentümlichkeiten der kohlenstoffreichen N-Sterne von Bedeutung. Kdr.

263. **N. Richter,** Experimental investigations concerning the illumination of clouds of reflecting particles. Vgl. Ref. **1169**, daselbst S. 80—88, mit 7 Fig. und Diskussion S. 186—190. — Verf. berichtet über die wichtigsten Ergebnisse seiner zahlreichen Untersuchungen der Streuung und Polarisation des Lichtes an kleinen Partikeln verschiedener mittlerer Durchmesser und stofflicher Zusammensetzung. Die Bedeutung derartiger Messungen für die Deutung der Leuchterscheinung des Zodiakallichtes wird dargelegt. Hoppe

264. **B. Rosen,** Travaux de laboratoire se rapportant au problème du carbone moléculaire et du noir de fumée. Vgl. Ref. **1169**, daselbst S. 332—340, mit Diskussion S. 386—389. — Es werden verschiedene experimentelle Methoden zur Untersuchung chemisch-physikalischer Prozesse an Kohlenstoffmolekülen dargelegt, deren Ergebnisse zum Verständnis der Vorgänge beitragen können, die sich in den Atmosphären von Himmelskörpern, insbesondere Kometenatmosphären abspielen. Hoppe

265. **M. Rudkjøbing,** On the density and temperature dependence of the free-free hydrogen transition probabilities. Ann d'Astrophys **18** 11—24 = Publ. Københavns Obs. Nr. 166. — Durch wellenmechnische Berechnung des Absorptionskoeffizienten für frei-frei Übergänge des Wasserstoffs und Vergleich mit der Kramersschen Formel wird der Gaunt-Faktor g für diesen Fall bestimmt. Er ergibt sich im Gegensatz zu dem Resultat von Kulsrud für verschwindende Frequenz als endlich, wenn das Volumen, in dem sich das betrachtete Elektron bewegen kann, endlich bleibt. Ferner wird die Abhängigkeit des Faktors von Dichte ϱ und Temperatur T ermittelt. Es zeigt sich, daß g eine Funktion der Kombination $T/\varrho^{2/3}$ ist. Numerisch folgt für die Sonne der Wert 0.4 und für Y Cygni 1.6. Kdr.

266. **V. de Sabbata,** Reazioni termonucleari. Coelum **23** 97—101, 129—135, mit 1 Fig.

267. **E. Schatzman,** Effet de la pression sur les périodes radioactives. CR **241** 853—854 = Contr. Inst. d'Astrophys. Paris (A) Nr. 210. — Druckeffekte verändern die den Kern umgebende Potentialbarriere und bewirken eine Erhöhung der Halbwertszeit des Zerfalls radioaktiver Elemente. Für die natürlichen radioaktiven Elemente wird dieser Effekt erst bei Dichten $> 10^{10}$ merklich. Traving

268. **M. J. Seaton,** The photo-ionization cross section of neutral atomic calcium. Ann d'Astrophys **18** 206—210, mit 1 Fig. = Contr. Inst. d'Astrophys. Paris (B) Nr. 140. — Verbesserung der theoretischen Berechnung des Wirkungs-

querschnitts für Photoionisation des neutralen Ca durch Berücksichtigung von Konfigurations-Wechselwirkungs-Effekten zur Aufklärung einer noch bestehenden Diskrepanz zwischen Theorie und Beobachtung. Kdr.

269. **K. E. Shuler,** On the temperature equilibrium of small carbon particles in flames. Vgl. Ref. **1169**, daselbst S. 360—372, mit 1 Fig. und Diskussion S. 386—389. — Das Verhalten von Kohlenstoffpartikeln in Sauerstoff-Wasserstoff-Flammen wird betrachtet. K. H. Schmidt

270. **A. Simon,** Diffusion of like particles across a magnetic field. Phys. Rev. (2) **100** 1557—1559. — Die Annahme eines isotropen Spannungstensors bei der Aufstellung der hydrodynamischen Grundgleichung des Plasmas ist gleichbedeutend mit der Vernachlässigung von Stößen gleichartiger Partikel. Bei Hinzunahme der Nichtdiagonalglieder ergibt sich bei der Diffusion bessere Übereinstimmung mit der Erfahrung, obgleich das Ficksche Gesetz nicht mehr gilt. Der Diffusionskoeffizient ist proportional H^{-4}. Weidemann

271. **W. W. Sobolew,** Strahlungsdiffusion mit einer Neuverteilung nach Frequenzen I. II. Bote Univ. Leningrad Nr. 5 S. 85—100, Nr. 11 S. 99—111 (russisch). — Ref. in RJ Astr. Geod. UdSSR 1956 Nr. 2 S. 59—60 bzw. Nr. 8 S. 31—32.

272. **P. Stehle,** Particle transport, electric currents, and pressure balance in a magnetic immobilized plasma. Phys. Rev. (2) **100** **443**. — Ref. in Phys. Ber. **35** 1659.

273. **T. Takakura,** Radio noise radiated on the detonation of explosive. Publ. Astr. Soc. Japan **7** 210—220, mit 3 Fig. = Tokyo Astr. Obs. Repr. Nr. 132. — Die elektrischen Impulse, die bei der Explosion von Bleiazid entstehen, werden untersucht. Für Frequenzen < 90 MHz treten etwa 80—160 Mikrosec nach Beginn der Explosion Impulse von 1 Mikrosec Dauer auf. Die Intensität dieser Impulse nimmt mit wachsender Frequenz ab. Oberhalb von 90 MHz konnten keine Impulse mehr beobachtet werden. Ferner ist die Intensität der Impulse der Entfernung von der Explosion umgekehrt proportional. Diesen kurzen Stößen sind bei niedrigen Frequenzen noch Stöße von etwa 100 Microsec Dauer überlagert, deren Intensität mit r^{-2} abfällt. Die Korrelation der Impulse für verschiedene Frequenzen ist relativ hoch ($r \approx 0.6$). Eine merkliche zeitliche Frequenzverschiebung der Stöße findet nicht statt. Verf. nimmt an, daß die Strahlung durch Geschwindigkeitsänderungen der Elektronengruppen in der Stoßfront erzeugt wird. Die solaren isolierten Stöße mit Ausnahme von Typ III sollen in ähnlicher Weise entstehen. A. Böhme

274. **N. R. Tawde, V. Rajeswary,** Theoretical transition probabilities for C_2 Swan system. J. Sci. Industr. Res. **14 B** 302—303. — Ref. in Phys. Abstracts (A) **58** 1229.

275. **S. Tolansky,** An Introduction to Interferometry. London, Longmans, Green and Co., 1955. 8 + 223 S. mit 118 Fig. und 6 Tafeln. Preis 21 s. — Besprechung in Obs **76** 32 (P. J. Treanor).

276. **L. Tonks,** Particle transport, electric currents, and pressure balance in a magnetically immobilized plasma. Phys. Rev. (2) **97** 1443—1445, mit 1 Fig. — Ref. in Phys. Abstracts (A) **58** 600.

277. **L. V. Wallace, R. W. Nicholls,** The interpretation of intensity distributions in the N_2 second positive and N_2^+ first negative band systems. J. Atmosph. Terr. Phys. **7** 101—105. — Ref. in Phys. Abstracts (A) **58** 1229.

278. **A. K. Wardakee,** New lines in the arc spectrum of titanium. AJ **60** 181. — Ref. AAS.

279. **A. K. Wardakee,** New lines in the spectrum of neutral titanium (Ti I). J. Optical Soc. America **45** 354—355 = Georgetown Obs. Repr. Nr. 19.

280. **J. Weinard,** Neuvermessung und Analyse der violetten CN-Banden. Ann d'Astrophys **18** 334—353. — Da die bis jetzt zugänglichen Auswertungen des violetten Bandensystems des CN-Moleküls für astrophysikalische Zwecke nicht genügen, hat es Verf. unternommen, das violette System $B^2\Sigma$—$X^2\Sigma$ neu zu vermessen und so weit wie möglich zu analysieren. Schai.

281. **W. C. White,** Suppression of AlO in the wake of ultraspeed pellets. ApJ **121** 271—276, mit 5 Fig. und 3 Tafeln. — Verf. beschreibt spektroskopische Beobachtungen der Trajektorien von mit Überschallgeschwindigkeit bewegten Aluminiumkügelchen. Die Geschwindigkeiten lagen zwischen 3 und 5 km/sec. Die Spektren der Leuchterscheinungen wurden mit großer Zeitauflösung aufgenommen. Die Veröffentlichung beschäftigt sich vor allem mit dem Verhalten der AlO-Banden, die neben den Atomspektren der chemischen Bestandteile der Kügelchen auftreten. Die Intensität der AlO-Banden ist unmittelbar nach der Stoßwelle schwächer als einige Zeit danach. Die Zeitdifferenz zwischen Stoßwelle und maximaler Intensität der Banden hängt vom Ort des Kügelchens auf seiner Trajektorie ab; sie beträgt einige Mikrosekunden zu Beginn, wächst bis auf 180 sec für 1.8 m Länge der Trajektorie und verringert sich wieder auf 5 sec bei 3.5 m. Verf. diskutiert das Verhalten der Zeit-Geschwindigkeits-Kurve der Kugeln und die «Temperatur»-Abhängigkeit bei der Bildung von AlO in der Trajektorie. Micz.

282. **W. C. White,** Ablation from aluminum ultraspeed pellets. ApJ **122** 559—564, mit 3 Fig. und 2 Tafeln. — Die Geschwindigkeit von Tröpfchen, die von Überschallgeschossen abgetragen werden, wurde gemessen. Hieraus ließen sich Tröpfchenmassen zwischen 0.002 und 12.5 μg ermitteln. Der Massenverlust des Geschosses pro m Flugbahn konnte bestimmt werden. Es zeigt sich, daß der gesamte Massenverlust linear von der Länge der Flugbahn abhängt. Traving

283. **G. Winkler,** Zur Theorie der Ausbreitung ebener Wellen in homogenen Plasmen. Ann. Physik (6) **16** 414—428. — Es wird eine einheitliche, zusammenfassende Darstellung der Fortpflanzung ebener Wellen in unbegrenzten Vielteilchensystemen elektrisch geladener Partikel (Plasmen) gegeben. Die Existenz dieser Wellen wird durch die Benutzung eines e-Ansatzes für die Störungsglieder vorausgesetzt und der in ähnlichen Arbeiten von Seeliger, Schlüter, Gabor und Bayet bezüglich der Plasma- und Wellentypen gesteckte Rahmen erweitert. Es werden allgemeine ebene Wellen in einem Plasma mit nahezu beliebiger Trägerverteilungsfunktion untersucht. Dieses kann im ungestörten Zustand außerdem noch eine Drift und ein dem Ganzen überlagertes Magnetfeld besitzen. Der Schwerpunkt liegt dabei auf der Ableitung einer allgemeinen Dispersionsfunktion. Verf.

284. **N. A. Wlassow, S. P. Kalinin, A. A. Ogloblin, L. N. Samojlow, W. A. Sidorow, W. I. Tschujew,** Interaction of protons with tritium and excited states of He^4. J. Experim. Theoret. Phys. **28** 639—650 (russisch). — Ref. in Phys. Abstracts (A) **58** 1165.

285. **H. Yilmaz,** Wave functions and transition probabilities for light atoms. Phys. Rev. (2) **100** 1148—1153. — Ref. in Phys. Ber. **35** 1608.

286. **H. Zirin,** Spin-orbit parameters for the p^2 configuration, with special reference to the yellow coronal line. ApJ **121** 528—532, mit 1 Fig. = Harv Repr Nr. 406. — Wellenmechanische Berechnungen des Spin-Bahn-Parameters ζ und des Spin-Spin-Parameters η für die p^2-Konfiguration, und zwar für $Z = 6$—15 und $Z = 20$. Die Übereinstimmung der theoretischen und der beobachteten Werte ist befriedigend, speziell für die gelbe Koronalinie des Ca XV. Kdr.

287. **H. Zirin,** Wave functions, spin-orbit, and spin-spin parameters for the $1s^2 2s^2 2p^4$ isoelectronic sequence. ApJ **122** 52—54 = Harv Repr Nr. 417. — In Analogie zu einer früheren Arbeit des Verf. werden nach der Methode von Morse, Young und Haurwitz Wellenfunktionen für die angegebene isoelektronische Sequenz (O I bis Ca XIII) und die Spin-Spin und Spin-Bahn-Wechselwirkung berechnet. Verglichen mit empirischen Daten liegen die berechneten Werte um etwa 5 % zu tief. Öster

Magneto-Hydrodynamik

288. **A. Baños jr.,** Fundamental wave functions in an unbounded magneto-hydrodynamic field. I. General theory. Phys. Rev. (2) **97** 1435—1443, mit 1 Fig. — Ref. in Phys. Abstracts (A) **58** 611.

289. **A. Baños jr.,** Magneto-hydrodynamic waves in incompressible and compressible fluids. II. Proc. Roy. Soc. (A) **233** 350—366, mit 3 Fig. — Ref. in Phys. Ber. **35** 819.

290. **E. Bullard,** A discussion on magneto-hydrodynamics. Introduction. Proc. Roy. Soc. (A) **233** 289—296. — Überblick über die Grundgleichungen der Magneto-Hydrodynamik und der Lösungen, die durch Linearisierung erhalten werden können. Astronomische und geophysikalische Anwendungen werden diskutiert. Fricke

291. **S. Chandrasekhar,** Hydromagnetic turbulence. I. A deductive theory. II. An elementary theory. Proc. Roy. Soc. (A) **233** 322—350, mit 4 Fig. — Ref. in Phys. Ber. **35** 818—819.

292. **V. C. A. Ferraro,** Magneto-hydrodynamics. Nature **176** 234—237.

293. **V. C. A. Ferraro,** Hydromagnetic waves in a rare ionized gas and galactic magnetic fields. Proc. Roy. Soc. (A) **233** 310—318. — Untersucht werden die Bedingungen, unter denen hydromagnetische Wellen in hochverdünnten Gasen auftreten können. Die Grundgleichungen werden für ein ionisiertes Gas unter Vernachlässigung von Stößen (geringe Dichte) aufgestellt. Eine allgemeine Lösung ist nicht möglich, jedoch kann eine spezielle Lösung angegeben werden, die den Alfvén-Wellen entspricht. Notwendige Bedingungen für die Existenz der hydromagnetischen Wellen sind Kleinheit der Frequenz gegenüber der Frequenz der Plasmaschwingungen und kleine Geschwindigkeit der Alfvénwellen gegenüber der Lichtgeschwindigkeit. Die Anwendung auf interstellares Gas ist möglich, selbst wenn die freien Weglängen groß sind gegenüber dem «Spiralradius» der Elektronen im Magnetfeld. Hydromagnetische Wellen vermögen ein anfänglich schwaches Magnetfeld im interstellaren Medium zu verstärken. Fricke

294. **R. W. Larenz,** Zur Magneto-Hydrodynamik kompressibler Medien. Z. Naturforschung **10a** 761—765. — In einer konsequenten Theorie des kompressiblen Plasmas muß die Ladungstrennung berücksichtigt werden, besonders dann, wenn makroskopische Geschwindigkeiten auftreten, die mit der Schallgeschwindigkeit vergleichbar oder größer als diese sind. Es wird der Einbau der Ladungstrennung für ein zweikomponentiges Plasma durchgeführt und das System der magneto-hydrodynamischen Gleichungen so umgeformt, daß es nur noch zwei Größen enthält: das Vektorpotential und die Plasmageschwindigkeit. Verf.

295. **B. Lehnert,** Magnetohydrodynamic waves under the action of the Coriolis force. II. ApJ **121** 481—490. — Fortführung der Untersuchungen des Teils I ergibt, daß die Phasengeschwindigkeit einer einzelnen ebenen magnetohydrodynamischen Welle in rotierenden Flüssigkeiten von der Amplitude unabhängig ist. Für die Partialwellen komplexer Störungen gilt das Superpositionsprinzip streng nur für Nichtrotation ohne Dissipation. In rotierenden Medien

treten nicht-lineare Wechselwirkungen zwischen den Partialwellen auf. Unter bestimmten Bedingungen ist jedoch das Superpositionsprinzip angenähert für kleine Coriolis-Kräfte bei Dissipation anwendbar. Weiter ergibt sich, daß in rotierenden Flüssigkeiten die Ausbreitung einer Störung nicht notwendig entlang der magnetischen Kraftlinien erfolgt. Kdr.

296. **B. Lehnert,** The decay of magneto-turbulence in the presence of a magnetic field and Coriolis force. Quart. Appl. Math. **12** 321—341. — Ref. in RJ Astr. Geod. UdSSR 1956 Nr. 3 S. 52—53.

297. **R. E. Loughhead,** Hydromagnetic stability of a current layer. Australian J. Phys. **8** 319—328, mit 3 Fig. — Ref. in Phys. Abstracts (A) **59** 322, Math. Rev. **17** 561—562.

298. **R. Lüst,** Stationäre magneto-hydrodynamische Stoßwellen beliebiger Stärke. Z. Naturforschung **10a** 125—135, mit 10 Fig.

299. **W. Marshall,** The structure of magneto-hydrodynamic shock waves. Proc. Roy. Soc. (A) **233** 367—376, mit 4 Abb. — Ref. in Phys. Ber. **35** 819—820.

2100. **R. Nardini,** Osservazioni su una relazione energetica della magneto-idrodinamica. Rend. Accad. Nazionale Lincei, Cl. Sci. fis., mat., nat. (8) **18** 376—377. — Ref. in ZfMG **64** 443.

2101. **E. N. Parker,** Hydromagnetic waves and the acceleration of cosmic rays. Phys. Rev. (2) **99** 241—253. — Ref. in Phys. Abstracts (A) 58 983.

2102. **J. H. Piddington,** Hydromagnetic waves in ionized gas. MN **115** 671—683, mit 3 Fig. — Die Theorie der hydrodynamisch-magnetischen Wellen durch ein ionisiertes Gas im Magnetfeld wird auf den Fall anisotroper Leitfähigkeit verallgemeinert. Dabei werden zur Vereinfachung vorausgesetzt: kleine Amplitude der magnetischen Störungen, ebene Wellen bestimmter Richtung im Feld, Leitfähigkeit durch Elektronen allein, keine Verschiebungsströme. Das Medium erweist sich als dreifach-brechend. Eine Welle hat Analogie zu Schallwellen, die anderen sind mehr elektromagnetischen Wellen verwandt und gehen in diese im Grenzfall über. P. W.

2103. **J. H. Piddington,** Hydromagnetic waves in ionized gas. Nature **176** 508 = Commonwealth Sci. Industrial Res. Organization, Australia, Division Radiophys.

2104. **J. H. Piddington,** The four possible waves in ionized gas in a magnetic field. Nature **176** 875—876, mit 1 Fig. = Commonwealth Sci. Industrial Res. Organization, Australia, Division Radiophys.

2105. **J. H. Piddington,** The four possible waves in a magneto-ionic medium. Phil. Mag. (7) **46** 1037—1050, mit 2 Fig. = Commonwealth Sci. Industrial Res. Organization, Australia, Division Radiophys.

2106. **P. H. Roberts,** On the reflection and refraction of hydromagnetic waves. ApJ **121** 720—730, mit 1 Fig. — Eine ebene harmonische hydromagnetische Welle beliebiger Polarisationsrichtung trifft auf eine ebene Fläche, die zwei Medien trennt, die beide eine unendlich große Leitfähigkeit haben. Die entsprechenden Reflexions- und Brechungsgesetze werden abgeleitet. Ihre Form hängt von der Orientierung des (zur Anregung hydromagnetischer Wellen erforderlichen) Magnetfeldes ab. Es wird gezeigt, daß unter gewissen Bedingungen Lösungen auftreten, deren Amplituden exponentiell mit der Entfernung von der Grenzfläche abklingen. Die Reflexion einer hydromagnetischen Welle an einer freien Oberfläche wird ebenfalls untersucht. K. H. Böhm

2107. **P. H. Roberts,** Hydromagnetic disturbances in a fluid of finite conductivity. ApJ **122** 315—326, mit 2 Fig. — Die von Alfvén und anderen zunächst für den Fall unendlich großer elektrischer Leitfähigkeit behandelten hydromagnetischen Wellen werden ausführlich unter der Annahme endlicher Leitfähigkeit diskutiert. Kdr.

2108. **W. B. Thompson,** On the acceleration of cosmic-ray particles by magneto-hydrodynamic waves. Proc. Roy. Soc. (A) **233** 402—406. — Ref. in Phys. Ber. **35** 777—778.

Lichtgeschwindigkeit

2109. **A. I. Kartaschew,** Eine neue Methode zur Messung der Lichtgeschwindigkeit. Publ. Wiss. Forschungsinst. Meteorologie UdSSR Nr. 26 S. 17—36 (russisch). — Ref. in RJ Astr. Geod. UdSSR 1956 Nr. 10 S. 19.

2110. **E. K. Plyler, L. R. Blaine, W. S. Connor,** Velocity of light from the molecular constants of carbon monoxide. J. Optical Soc. America **45** 102—106, mit 1 Fig. — Das Prinzip der Methode besteht darin, die durch Hochfrequenzmessungen an den Rotationsbanden des CO im Mikrowellengebiet bestimmten Schwingungszahlen mit den aus der Bande im optischen Gebiet bei 4.7 μ bestimmten Wellenzahlen zu kombinieren. Der Quotient der in den beiden Bandenformeln auftretenden, aber in verschiedenen Einheiten ausgedrückten Rotationskonstanten B_0 liefert direkt c. In der Arbeit werden Methode und Ergebnisse der ν-Bestimmung im optischen Gebiet besprochen. Der daraus abgeleitete Wert der Konstanten B_0 in cm^{-1} wird mit dem von anderen Autoren bestimmten Wert in sec^{-1} kombiniert und liefert $c = 299792 \pm 6$ km/sec. Bo.

2111. **D. H. Rank, H. E. Bennett, J. M. Bennett,** Improved value of the velocity of light derived from a band spectrum method. Phys. Rev. (2) **100** 993. — Ergebnis: $c = 299791.9 \pm 2.2$ km/sec.

2112. Velocidad de la luz. Rev. Astr. Nr. 137 S. 84.

2113. Velocity of light. Sky and Telescope **14** 238. — Ref. in Coelum **23** 148, NAT 1955 S. 69—70, Orion Schaffhausen **4** 446.

2114. The speed of light. Sky and Telescope **14** 503.

§ 3

Rechentafeln, Funktionstafeln, Rechenmaschinen

301. **J. Eberwein,** Siebenstellige Werte der trigonometrischen Funktionen von Zehntel zu Zehntel des Neugrades. Wien, 1955. — Besprechung in Österreichische Z. Vermessungswesen **44** 93 (H. Schmid).

302. **W. Flügge,** Four-place tables of transcendental functions. Vgl. AJB **54** Ref. **301**. — Weitere Besprechung in J. Atmosph. Terr. Phys. **6** 290 (B. van der Pol), Nature **175** 789 (J. H. Pearce).

303. **G. Korff,** Bemerkungen über die trigonometrischen Rechentafeln. Optik **12** 136—149, mit 7 Fig. — Ref. in Phys. Abstracts (A) **58** 749.

304. **H. Küstner,** Fünfstellige Logarithmen der natürlichen Zahlen und der Winkelfunktionen für dezimalgeteilten Altgrad. Berlin, Verlag Volk und Wissen, 1954/1956. 5. Auflage. 158 S. Preis DM 4.— Besprechung in Sterne **32** 213—214 (J. Schubart).

305. **F. Lösch,** Siebenstellige Tafeln der elementaren transzendenten Funktionen. Vgl. AJB **54** Ref. **302**. — Weitere Besprechung in J. Atmosph. Terr. Phys. **6** 290 (B. van der Pol).

306. **M. Schuler, H. Gebelein,** Acht- und neunstellige Tabellen zu den elliptischen Funktionen. Dargestellt mittels des Jacobischen Parameters q. Mit einem englischen Text von L. S. Larsen. Berlin, Göttingen, Heidelberg, Springer-Verlag, 1955. 24 + 296 S. mit 11 Abb. Preis DM 58. — Besprechung in Mitt. AG 1955 S. 139 (S. Böhme).

307. **K. Schütte,** Index mathematischer Tafelwerke und Tabellen aus allen Gebieten der Naturwissenschaften. München, Verlag R. Oldenbourg, 1955. 143 S. Preis DM 14.50. — Besprechung in Deutsche Hydrogr. Z. 8 207 (H. C. Freiesleben), Phys. Ber. **35** 893 (H. Ebert).

308. **B. Sticker,** Fünfstellige Tafel der Trigonometrischen Funktionen. Ausgabe A für Altgradteilung. Vgl. AJB **54** Ref. **304**. — Weitere Besprechung in Optik **12** 200 (Mohr).

309. A million random digits with 100 000 normal deviates. Glencoe. Ill., The Free Press, 1955. 25 + 200 S. Preis $ 10.00. — Besprechung in Math. Rev. **16** 749—750 (J. Todd).

310. Table of Sine and Cosine Integral for Arguments from 10 to 100. Washington, U. S. Government Printing Office, 1954. National Bureau of Standards Applied Mathematics Series Nr. 32 (Reissue of Mathematical Tables 13). 15 + 186 S. Preis $ 3.00. — Besprechung in J RAS Canada **50** 128—129.

311. Tables of the Error Function and its Derivative. Vgl. AJB **54** Ref. **310**. — Weitere Besprechung in J RAS Canada **50** 128.

312. Tables of Sines and Cosines for Radian Arguments. Washington, U. S. Government Printing Office, 1955. National Bureau of Standards. 13 + 278 S. Preis $ 3.00. — Besprechung in Math. Rev. **16** 628.

313. Tables of Hyperbolic Sines and Cosines, $x = 2$ to $x = 10$. Washington, U. S. Government Printing Office, 1955. National Bureau of Standards Applied Mathematics Series Nr. 45. 5 + 81 S. Preis $ 0.55. — Besprechung in Math. Rev. **17** 541 (L. Fox).

314. Table of the Descending Exponential $x = 2.5$ to $x = 10$. Washington, U. S. Government Printing Office, 1955. National Bureau of Standards Applied Mathematics Series Nr. 46. 5 + 76 S. Preis $ 0.50. — Besprechung in Math. Rev. **17** 541 (L. Fox).

Rechenmaschinen

315. **L. Biermann,** Moderne Rechenmaschinen und ihre Bedeutung für Physik und Technik. Mosbach (Baden), Physik Verlag. Physikertagung Hamburg 1954, Hauptvorträge S. 153—165.

316. **A. D. Booth, K. H. V. Booth,** Automatic Digital Calculators. Vgl. AJB **53** Ref. **307**. — Weitere Besprechung in Nature **175** 485—486 (A. C. Aitken).

317. **H. Bückner,** Moderne Rechenmaschinen. Beitrag in Handbuch der Physik Bd. **2** S. 471—498, mit **26** Fig. Berlin—Göttingen—Heidelberg, Springer-Verlag, 1955. Preis DM 88. — Ref. in Math. Rev. **17** 793. — Behandelt Analogiemaschinen und programmgesteuerte Ziffernmaschinen.

318. **L. Couffignal,** Denkmaschinen. Übersetzung des in AJB **52** Ref. **307** zitierten Werkes. Vorwort von M. Bense. Stuttgart, Gustav Klipper Verlag, 1955. 186 S. mit Fig. und Tafeln. Preis DM 10.80.

319. **W. Buscombe, H. Gollnow,** Punch-sorting cards for astronomical data. Obs **75** 131, mit 1 Tafel. — Randlochkarten werden am Mount Stromlo zur Dokumentation der Beobachtungen und Aufnahmen benutzt; durch Lochungen werden alle wesentlichen Charakteristiken der Objekte (Sterne und Nebel) erfaßt. T. L.

320. **G. F. Forbes,** Digital Differential Analyzers. I. Elements. Pacoima, Calif., 1955. 2. Auflage. 5 + 54 S. Preis $ 2.50. — Besprechung in Math. Rev. **17** 415—416 (H. Bückner).

321. **C. Hastings jr., J. T. Hayward, J. P. Wong jr.,** Approximations for Digital Computers. Princeton, N. J., Princeton University Press, 1955. 8 + 201 S. Preis $ 4.00. — Besprechung in Math. Rev. **16** 963 (P. W. Ketchum).

322. **D. K. Kulikow,** Über die Subtabulierung von Tabellen an Lochkartenmaschinen. BIA **6** 192—201 (russisch). — Verf. erörtert das Tabulierungsverfahren von Polynomen für äquidistante Werte der unabhängigen Veränderlichen mittels Tabulator und gibt eine Anwendung dieser Methode zur Subtabulierung von Tabellen. Die Genauigkeit der Vorbereitung der Anfangsdaten in Abhängigkeit von der vorgegebenen Genauigkeit des Endresultats wird festgestellt. Verf. (übersetzt)

323. **G. R. Marner,** High precision computer for automatic solution of the celestial triangle. Navigation Los Angeles **4** 281—285.

324. **H. Piloty,** Was leisten und wie arbeiten elektronische Rechenmaschinen? Universitas **10** 19—33.

325. **R. K. Richards,** Arithmetic Operations in Digital Computers. Toronto—New York—London, D. Van Nostrand Company, Inc., 1955. 5 + 397 S.

326. **P. Sconzo,** Las modernas calculadoras automáticas y sus utilidades en Astronomía. Rev. Astr. Nr. 135 S. 85—97, mit 2 Fig.

327. Computer Development (SEAC and DYSEAC) at the National Bureau of Standards, Washington, D. C. Washington, U. S. Government Printing Office, 1955. National Bureau of Standards. 4 + 146 S. Preis $ 2.00. — Besprechung in Math. Rev. **17** 673.

§ 4

Astronomische Jahrbücher, Ephemeriden, Kalender

401. Berliner Astronomisches Jahrbuch für 1957. 182. Jahrgang. Herausgeber: Astronomisches Recheninstitut der Deutschen Akademie der Wissenschaften zu Berlin und Astronomisches Recheninstitut zu Heidelberg. Berlin, Akademie-Verlag, 1955. 8 + 128 + 456* S. Preis 12.— DM.

402. Efemérides Astronómicas para o ano de 1956. Observatório Astronómico da Universidade de Coimbra. 13 + 233 S.

403. The Nautical Almanac and Astronomical Ephemeris for the Year 1956 for the meridian of the Royal Observatory at Greenwich. Published by Order of the Lords Commissioners of the Admiralty. London, Her Majesty's Stationery Office, 1955. 6 + 580 S. Preis £ 1 5s. 0d. net.

404. **D. H. Sadler, G. M. Clemence,** The conformity of the «American Ephemeris» and the (British) «Nautical Almanac». Obs **75** 176.

405. Astronomisch-Geodätisches Jahrbuch für 1956. Herausgegeben vom Astronomischen Rechen-Institut in Heidelberg. Karlsruhe, Verlag G. Braun GmbH, 1955. 8 + 453 + [28] S.

406. Astronomisches Jahrbuch der UdSSR für das Jahr 1958. Unter Redaktion von A. M. Gishizkij herausgegeben vom Institut für Theoretische Astronomie der Akademie der Wissenschaften der UdSSR. Moskau-Leningrad,

Verlag Akad. Wiss. UdSSR, 1955. 584 S. mit 1 Karte und einer Beilage über die in Orten der UdSSR beobachtbaren Sternbedeckungen im Jahr 1956. 33 S. Preis 67 R. 70 Kop. (russisch).

407. Connaissance des Temps ou des mouvements célestes, à l'usage des astronomes et des navigateurs, pour l'an 1957, publiée par Le Bureau des Longitudes. Paris, Gauthier-Villars, 1955. 32 + 654 S.

408. Le projet d'éphémérides nautiques pour 1956. Navigation Paris **3** 42—62. — Übergang des französischen nautischen Jahrbuchs zur Angabe des Stundenwinkels von Greenwich anstatt der Rektaszension ab 1956. Fr.

409. Almanaque Náutico para 1956. Rio de Janeiro, Marinha do Brasil, Hidrografia e Navegação. 301 S. mit 2 Karten.

410. Almanaque Náutico año 1956, publicado de orden de la superioridad por el Instituto y Observatorio de Marina de San Fernando (Cádiz) para el meridiano de Greenwich. Imprenta del Observatorio de Marina, 1955. Vol. **165.** 16 + 546 S. Preis 55 bzw. 70 Pesetas.

411. Japanese Ephemeris 1956. Tokyo, Maritime Safety Board. Pub. No. 684. 5+527 S.

412. Nautical Almanac 1956. Tokyo, Pub. Nr. 681. 2+463 S. mit 3 Karten.

413. The American Ephemeris and Nautical Almanac for the Year 1957. Washington, United States Government Printing Office, 1955. 17 + 586 S. Preis $ 4.50.

414. Astronomical ephemerides. J. Astr. Soc. Victoria **5** 68.

415. Astronomical ephemerides. Publ ASP **67** 197.

416. Unification of almanacs. Sky and Telescope **14** 460.

417. Apparent Places of Fundamental Stars 1956. Containing the 1535 stars in the Third Fundamental Catalogue (FK 3) of the Berliner Jahrbuch. Produced by international co-operation under the auspices of the International Astronomical Union. Published by Order of the Lords Commissioners of the Admiralty. London, Her Majesty's Stationery Office, 1955. 39 + 536 S. Preis £ 2 2 s. 0 d. net.

418. Astronomische Grundlagen für den Kalender 1957. Herausgegeben vom Astronomischen Rechen-Institut in Heidelberg. Karlsruhe, Verlag G. Braun GmbH., 1955. 96 S. Preis DM 10.

419. The Handbook of the British Astronomical Association 1956. Thirty-fifth year of publication, 1955 November. 64 S. Preis 5 s.

420. The Observer's Handbook for 1956. Published by The Royal Astronomical Society of Canada. C. A. Chant, Editor, R. J. Northcott, Assistant Editor, David Dunlap Observatory. Toronto, University of Toronto Press, 1955. **48.** year of publication. 83 S. Preis 50 cents.

421. Rocznik Astronomiczny Obserwatorjum Krakowskiego 1955. Supplemento Internationale Nr. 26. Kraków 1955. 8 + 78 S. — Bedeckungsveränderliche, Präzessionsgrößen, Schiefe der Ekliptik, Sternbedeckungen.

422. Nautisches Jahrbuch oder Ephemeriden und Tafeln für das Jahr 1956 zur Bestimmung der Zeit, Länge und Breite zur See nach astronomischen Beobachtungen. Herausgegeben vom Deutschen Hydrographischen Institut. Hamburg, 1955. **105.** Jahrgang. 4 + 39 S. + Ephemeriden für 1956 + Schalttafeln.

423. The Abridged Nautical Almanac for the Year 1956. Published by Order of the Lords Commissioners of the Admiralty. London, Her Majesty's Stationery Office, 1955. 412 + 32 S. Preis 13 s. 0 d. net.

424. Ephémérides Nautiques pour l'an 1956. Ouvrage publié par Le Bureau des Longitudes spécialement à l'usage des marins. Paris, Gauthier-Villars, 1955. 473 S.

425. **H. Dyèvre,** La modernisation des éphémérides nautiques. Vgl. Ref. 1175, daselbst S. 257—260, mit 3 Fig. — In den französischen nautischen Ephemeriden werden ab 1956 Veränderungen vorgenommen, die es ermöglichen sollen, die Ortsbestimmung auf See wesentlich zu beschleunigen. Die Neuerungen bedingen eine engere Tabulierung und damit Umfangvergrößerung und Verteuerung des Ephemeridenwerkes. Go.

426. Almanaque Náutico para uso de los navegantes año 1956, publicado de orden de la superioridad por el Instituto y Observatorio de Marina de San Fernando (Cádiz) para el meridiano de Greenwich. Imprenta del Observatorio de Marina, 1955. 2 + 415 S. Preis 55 Pesetas.

427. Abridged Nautical Almanac 1956. Tokyo, Maritime Safety Board Japan. Pub. Nr. 683. 233 S. mit 3 Karten.

428. **R. W. Byerly,** Navigators Pocket Almanac. Navigation Los Angeles 4 326—327.

429. The Air Almanac 1956. London, Her Majesty's Stationery Office; Washington, United States Naval Observatory, 1955. January—April. 244 S., A 1—A 58 mit 2 Sternkarten. Preis 10 s. 6 d.

Desgl. May—August, S. 243—490, A 1—A 58 mit 2 Sternkarten. Preis 10 s. 6 d.

Desgl. September—December, S. 489—734, A 1—A 58 mit 1 Sternkarte. Preis 10 s. 6 d.

430. The Star Almanac for Land Surveyors for the Year 1956. Prepared by H. M. Nautical Almanac Office. Published by Order of the Lords Commissioners of the Admiralty. London, Her Majesty's Stationery Office, 1955. 14 + 70 S. Preis 3 s. 6 d. net.

431. Annuaire de notre ciel pour l'an 1956. Herausgegeben von V. V. Michkovitch. Beograd, Académie Serbe des Sciences, Section d'Astronomie Théorique et Appliquée de l'Institut Mathématique, Publications Astronomiques Tome 7, 1955. 171 S. mit 16 Fig.

432. Almanacco Astronomico della Rivista Coelum per l'anno bisestile 1956, compilato all'Osservatorio Astronomico Universitario di Bologna da G. B. Lacchini. Bologna, Tipografia Compositori, 1955. 64 S.

433. Annuaire de l'Observatoire Royal de Belgique. Jaarboek van de Koninklijke Sterrenwacht van België 1956. Bruxelles, M. Hayez, 1955. 123e année. 201 S.

434. Almanaque Astronomico y «Manual del Aficionado» para el año 1955. Buenos Aires, 1955. Revista Astronomica Nr. 136, 52 S.

435. Annuaire Astronomique et Météorologique Camille Flammarion pour 1955. Publié par l'Observatoire de Juvisy. 91e année.

436. Kurzer astronomischer Kalender für 1956. Zusammengestellt von S. W. Drosdow und S. I. Seleschnikow. Kiew, Verlag Akad. Wiss. Ukrain. Sowjetrepublik, 1955. 95 S. mit Tafeln. Preis 2 R. 70 Kop. (russisch).

437. Nautisk almanak 1956. Kopenhagen, Ivar C. Weilbach. 194 S. Preis 10 kr. — Besprechung in NAT 1955 S. 150.

438. Kalender für Sternfreunde 1955. Unter Mitwirkung von E. Ahnert †, C. Hoffmeister, J. Hoppe, H. Zimmermann, herausgegeben von P. Ahnert. Leipzig, Johann Ambrosius Barth, 1955. 175 S. mit 39 Abb. Preis kart. DM 3.60. Desgl. für 1956. 192 S. mit 28 Abb. Preis DM 3.60.

439. Anuario del Observatorio Astronómico de Madrid para 1956. Madrid, Talleres del Instituto Geográfico, 1955. 503 S.

440. Osservatorio astronomico di Brera in Milano. Anno 1956. Articoli generali del Calendario ed effemeridi del Sole e della Luna per l'orizzonte di Milano. Herausgegeben von G. Campa. 20 S. — Kalenderdaten, Mondphasen, Finsternisse, Auf- und Untergangszeiten der Sonne und des Mondes. Cester

441. Astronomischer Kalender. Jahrbuch. Veränderlicher Teil. 1955. Moskau, Staatsverlag für Technisch-theoretische Literatur, 1954. 231 S. (russisch). — Ref. in RJ Astr. Geod. UdSSR 1956 Nr. 2 S. 12—13.

442. Annuaire pour l'an 1956, publié par Le Bureau des Longitudes. Paris, Gauthier-Villars, 1955. 8 + 614 + A 28 + B 13 + C 11 + D 61.

443. Anuario del Observatorio Astronomico Nacional de la Universidad de Chile para el año 1956. Santiago, 1955. 138 S. mit 2 Karten.

444. Das Himmelsjahr. Sonne, Mond und Sterne im Jahre 1956. Herausgegeben für den Kosmos, Gesellschaft der Naturfreunde, von M. Gerstenberger. Stuttgart, Franckh'sche Verlagshandlung, 1955. 96 S. Preis DM 3.90.

445. Tartu Tähetorni Kalender 1955. Tallinn, Eesti-Riiklik Kirjastus, 1955. 87 S. Preis 4 R. 60 Kop. — Ref. in RJ Astr. Geod. UdSSR 1956 Nr. 2 S. 13.

446. Annuario 1956. Herausgegeben vom Osservatorio Astronomico «V. Cerulli» Collurania-Teramo. 56 S. — Enthält Kalenderdaten, Mond- und Sonnenephemeride und zwei Beiträge, die in den entsprechenden Paragraphen aufgeführt sind. Cester

447. Osservatorio Astronomico di Trieste. Annuario Astronomico per l'anno bisestile 1956 con le carte del cielo. Herausgegeben von A. Abrami, B. Cester, M. Mogorovich. Oss. Astr. Trieste Nr. 264, 68 S. — Kalenderdaten, Feiertage, Auf- und Untergangszeiten von Mond, Sonne und Planeten; Finsternisse, Mars- und Jupiterephemeriden, Sternbedeckungen, Doppelsterne, Veränderliche Sterne und andere Notizen. Cester

448. Bošković Almanah 1955. Hrvatskoga Prirodoslovnog Društva. Zagreb. 199 S. — Enthält neben dem Kalendarium einige Aufsätze (siehe AJB **54**).

449. **J. Bouška, V. Guth, B. Onderlička,** Hvězdářská ročenko 1956. Prag, Verlag Akad. Wiss. **32**. Jahrgang. 156 S. mit 26 Fig. Preis Kčs. 17.

450. **E. Cavallaro,** Calendario perpetuo. Messina, Selbstverlag, 1955. — Besprechung in Coelum **24** Nr. 1—2 Umschlag-Rückseite.

451. **E. Dolezal, M. Oswalden,** Sternkalender 1955. Ein Jahrbuch für Himmelsfreunde. Wien, Verlag der Gesellschaft für Natur und Technik, 1955. 48 S. mit 4 Abb. Preis 15 Sch.

452. **B. Maleček, L. Zachar,** Astronomická tabulka 1955. Volkssternwarte Pilsen. Preis Kčs. 2.— Besprechung in RH **36** 238.

453. **R. A. Naef,** Der Sternhimmel 1956. Kleines astronomisches Jahrbuch für Sternfreunde für alle Tage des Jahres zum Beobachten von bloßem Auge, mittels Feldstecher und Fernrohr, herausgegeben unter dem Patronat der Schweizerischen Astronomischen Gesellschaft. Aarau. Verlag H. R. Sauerländer & Co., 1955. **16**. Jahrgang. 126 S. Preis Fr. 6.95.

454. **G. Pinto,** Elementi astronomici per l'anno bisestile 1956. Oss. Astr. Padova. — Feiertage, Auf- und Untergang des Mondes, Mondphasen, Finsternisse. Cester

455. **J. J. Raimond jr.,** Sterrengids 1956. Groningen, J. B. Wolters, 1955. 64 S. mit 43 Fig. und 12 Sternkarten. Preis fl. 3.50.

456. Improved lunar ephemeris. Sky and Telescope **14** 495.

457. Graphic time table of the heavens — 1955. Sky and Telescope **14** 105—107, 116, mit 1 Tafel.

458. Standard-Daten für Ephemeriden 1956. NAZ **9** 34 = UAI Circ 1520.

§ 5

Wissenschaftliche und populäre Bücher zur gesamten Astronomie

501. **T. A. Agekjan,** Das Sternenall. Moskau, Staatsverlag für technisch-theoretische Literatur, 1955. 235 S. mit Abb. Preis 4 R. 40 Kop. (russisch). — Besprechung in Priroda **45** Nr. 5 S. 120.

502. **C. W. Allen,** Astrophysical Quantities. London, The Athlone Press; New York, John de Graff, 1955. 11 + 263 S. Preis 55 s. bzw. $ 10.00. — Besprechung in Ciel et Terre **72** 728—729, J RAS Canada **50** 42—43 (P. Wellmann), La Nature **83** 500, Mem SA It (NS) **27** 412 (M. Hack), Obs **75** 264—265 (J. G. Porter), Proc. Phys. Soc. **69** 72—73 (A. C. B. Lovell), Publ ASP **68** 80—81 (O. C. Wilson), Sky and Telescope **15** 130, 360—361 (R. Fleischer), Sternenbote **7** 84, ZfA **39** 61—62 (A. Unsöld). — Inhalt: 1. Introduction. 2. General constants and units. 3. Atoms. 4. Spectra. 5. Radiation. 6. Earth. 7. Sun. 8. Planets and satellites. 9. Interplanetary matter. 10. Normal stars. 11. Stars with special characteristics. 12. Star populations and the solar neighbourhood. 13. Interstellar space. 14. Clusters and galaxies. 15. Incidental tables. Index.

503. **J. Alter,** Astronomická paradoxa. Prag, Verlag Akad. Wiss. 98 S. mit 18 Fig. Preis Kčs. 5.80. — Besprechung in RH **36** 118.

504. **G. Aristow,** Das Weltall ist unendlich. Moskau, Verlag «Moskauer Arbeiter», 1955. 112 S. mit Abb. Preis 1 R. 70 Kop. (russisch).

505. **F. Armerter de Monasterio,** Panorama del Universo. Barcelona, Aymá, 1955. 398 S. mit zahlreichen Fig. — Besprechung in Urania Barcelona **40** 258 (A. Paluzíe).

506. **K. L. Bajew, W. A. Schischakow,** Einführung in die Astronomie. Moskau, Technischer Staatsverlag, 1954. Vierte Auflage. 124 S. mit Fig. Preis 1 R. 85 Kop. (russisch). — Besprechung in RJ Astr. Geod. UdSSR 1956 Nr. 1 S. 15.

507. **R. H. Baker,** Astronomy. Toronto, D. Van Nostrand, 1955. 6. Auflage. 8 + 528 S. Preis $ 6.00. — Besprechung in J RAS Canada **50** 127—128, Sky and Telescope **14** 381.

508. **A. Bečvář,** První cesta ke hvězdám. Prag, Verlag SNDK. 100 S. mit 19 Fig. Preis Kčs. 6. — Besprechung in RH **37** 47.

509. **J. Bordet,** Eléments d'Astronomie destinés aux visiteurs du Planetarium. Brüssel, Ed. de l'Alberteum. Preis frs. 100. — Besprechung in Ciel et Terre **72** 197 (P. Bourgeois).

510. **W. Büdeler,** To Other Worlds. Vgl. AJB **54** Ref. 507. — Weitere Besprechung in Weltraumfahrt **6** 27.

511. **P. Couderc,** L'Univers. Paris, Presses Universitaires de France, 1955. 135 S. mit 29 Fig. — Besprechung in Ann d'Astrophys **18** 378 (D. Barbier), BSAF **69** 443, Ciel et Terre **72** 311 (J. Hunaerts), Coelum **24** 28, J RAS Canada **50** 216, Mem SA It (NS) **27** 239—240 (M. Cavedon), Obs **76** 113.

512. **A. Dauvillier,** Cosmologie et chimie. Paris, Presses Universitaires de France, 1955. 215 S. mit 34 Fig. und 9 Tafeln. Preis 900 frs. — Besprechung in Ann d'Astrophys **18** 454 (R. Cayrel), BSAF **70** 304.

513. **M. H. Degani,** Astronomy Made Simple. New York, Made Simple Books Inc., 1955. 192 S. mit ca. 250 Fig. Preis $ 1.00. — Besprechung in Strolling Astronomer **10** 17—18 (J. R. Smith).

514. **J. C. Duncan,** Astronomy. New York, Harper and Brothers, 1955. 5. Auflage. 500 S. Preis $ 5.50. — Besprechung in Publ ASP **67** 190, Sky and Telescope **14** 244, 421 (R. Fleischer).

515. **A. S. Eddington,** Sterne und Atome. Göttingen, Verlag Vandenhoeck & Ruprecht, 1955. 92 S. mit 11 Abb. Preis DM 2.40. — Besprechung in Sternenbote **7** 110.

516. **E. A. Fath,** The Elements of Astronomy. New York, McGraw-Hill Book Co., 1955. 5. Auflage. 369 S. mit 263 Fig. und 8 Sternkarten. Preis $ 5.50. — Besprechung in JBAA **66** 332—333 (H. C. King), J RAS Canada **50** 125—126, Publ ASP **67** 364 (E. Pettit), Sky and Telescope **14** 425.

517. **C. Flammarion,** Astronomie Populaire. Edition entièrement refaite sous la direction de G. C. Flammarion et A. Danjon. Paris, 1955. 609 S. Preis ca. $ 15.00. — Besprechung in Ann d'Astrophys **18** 378 (D. Barbier), Ciel et Terre **72** 85—87 (S. Arend), Sky and Telescope **15** 508, 553—554 (O. Gingerich).

518. **G. Gamow,** Un, Deux, Trois ... l'Infini. Paris, Dunod, 1955. Aus dem Amerikanischen übersetzt von J. Gauzit. 282 S. mit 116 Fig. — Besprechung in BSAF **69** 400—401.

519. **U. Güntzel-Lingner,** Wie schwer sind die Himmelskörper. Leipzig und Jena, Urania-Verlag, 1955. 243 S. mit 57 Abb. Preis DM 9.00. — Besprechung in Ciel et Terre **72** 198 (J. F. Brouet), Sterne **31** 200 (C. Hoffmeister), Sternenbote **7** 24, Urania København **13** 28, VdS Nachr. **5** 22 (E. Rudolph).

520. **G. A. Gurew,** Was ist das Weltall? Moskau, Staatsverlag für technisch-theoretische Literatur, 1955. 2. verbesserte Auflage. 200 S. mit Abb. Preis 3 R. 15 Kop. (russisch). — Besprechung in Priroda **45** Nr. 4 S. 122.

521. **M. Hack,** Corso di fisica stellare. Interpretazione degli spettri stellari. Firenze, Editrice Universitaria, 1955. 227 S. mit 57 Fig. Preis L. 1500. — Besprechung in Coelum **24** Nr. 1—2 Umschlag-Rückseite, Mem SA It (NS) **26** 557—558 (G. Abetti). — Verf. behandelt in den drei ersten Kapiteln astrophysikalische Instrumente, Sternhelligkeiten und Spektralklassifikationen, im 4. Kapitel Sterntemperaturen, im 5. und 6. Kapitel spektroskopische Parallaxen und Zustandsgrößen, im 7. und 8. Kapitel kontinuierliches und Linienspektrum. Kapitel 9 enthält Überlegungen zum inneren Aufbau der Sterne. Cester

522. **H. Hatschek,** Wann, Wo, Warum, Wieso. Vgl. AJB **48** Ref. 525. — Weitere Besprechung in Coelum **24** Nr. 5—6, 3. Umschlagseite.

523. **F. Hoyle,** Frontiers of Astronomy. New York, Harper Bros.; London, William Heinemann Ltd., 1955. 16 + 360 S. Preis $ 5.00 bzw. 25 s. — Besprechung in Endeavour **15** 103 (H. Spencer Jones), La Nature **83** 500, PAT **36** 159—160, Proc. Phys. Soc. (B) **69** 264—265 (H. H. Plaskett), Sky and Telescope **15** 31, 219—221 (V. W. Killick).

524. **J. Kleczek,** Nitro Slunce a život na Zemi. Prag, Verlag Orbis. 68 S. mit 70 Fig. und 16 Beilagen. Preis Kčs. 8.70. — Besprechung in RH **36** 238.

525. **J. Klepešta,** Fotografie hvězdné oblohy. Prag, Jednota Československich matematiku a fizyku, 1955. 245 S. — Besprechung in Urania Kraków **27** 153 (Z. Máslakiewicz).

526. **W. S. Krogdahl,** The Astronomical Universe. Vgl. AJB **52** Ref. 531. — Weitere Besprechung in Astronomia Popular **1** Nr. 2 S. 35, Scientia **90** 239 (G. Abetti).

527. **H. Macpherson,** Guide to the Stars. New York, Philosophical Library, 1955. 144 S. Preis $ 2.75. — Besprechung in Publ ASP **68** 175 (S. B. Nicholson), Sky and Telescope **15** 176, Strolling Astronomer **9** 136—137 (J. R. Smith).

528. **C. N. Martin,** Heeft het uur H voor de wereld geslagen? Haarlem-Antwerpen, J. H. Gottmer, 1955. 216 S. Preis fl. 3.95. — Besprechung in Hemel en Dampkring **54** 207 (D. Koelbloed).

529. **C. Mennella,** Stellato, visione panoramica delle meraviglie celesti. Torino, Società Editrice Internazionale, 1955. 2. durchgesehene Auflage. 341 S. mit zahlreichen Fig. Preis Lire 1000. — Besprechung in Coelum **23** 57.

530. **C. Mennella,** L'astronomia dell'invisible, fascino e misteri dei mondi invisibile negle spazi siderei. Torino, Società Editrice Internazionale, 1955. 8 + 204 S. mit zahlreichen Fig. Preis Lire 1000. — Besprechung in Coelum **24** 59, Mem SA It (NS) **27** 240—241 (M. Cavedon).

531. **F. D. Miller,** Vocational and Professional Monographs: Astronomy. Cambridge, Mass., Bellman Publishing Co., 1955. 32 S. Preis $ 1.00. — Besprechung in Publ ASP **67** 427 (W. J. Berkebile), Sky and Telescope **14** 425, 509 (S. P. Wyatt jr.).

532. **P. Moore,** Suns, Myths and Men. Vgl. AJB **54** Ref. 524. — Weitere Besprechung in Urania Barcelona **40** 255.

533. **P. Moore,** The True Book about Worlds Around Us. London, Frederick Muller Ltd., 1954. 144 S. mit 25 Fig. Preis 6 sh. bzw. $ 1.50. — Besprechung in JBAA **66** 232 (W. H. Julian), Strolling Astronomer **9** 136 (J. R. Smith), Urania Barcelona **40** 256—257.

534. **P. Moore,** Wir im Weltall. Ebenhausen, Verlag Langenwiesche-Brandt, 1955. 192 S. mit 11 Tafeln. Preis DM 6.80. — Besprechung in VdS Nachr. **5** 10—11 (E. Mädlow).

535. **T. Moreux,** Atlas céleste. Paris, G. Doin & Cie., 1955. 12 Karten. Preis ffr 400. — Besprechung in La Nature **83** 415.

536. **P. P. Parenago,** Die Sternenwelt. Leipzig-Jena, Urania-Verlag, 1955. 138 S. mit 23 Abb.

537. **J. I. Perelman,** Zajímavá astronomie. Prag, Verlag Mladá fronta. 200 S. mit 104 Fig. Preis Kčs. 14.60. Übersetzung aus dem Russischen, vgl. AJB **49** Ref. 540 und **54** Ref. 528. — Besprechung in RH **37** 71.

538. **S. Plakidis,** Einführung in die Mathematische Astronomie. Band A. Sphärische Astronomie. Athen, 1954. 115 S. (griechisch). — Besprechung in Astr. Nachr. Athen **6** 32 (griechisch).

539. **S. Plakidis,** Einführung in die Astrophysik. Teil A. Athen, 1954. 560 S. Teil B. Athen, 1955. 230 S. (griechisch). — Besprechung in Astr. Nachr. Athen **6** 32 (griechisch).

540. **P. I. Popow,** Sonne und Erde. Leipzig, Urania-Verlag, 1954. 80 S. mit 27 Abb. Preis DM 1.00. — Besprechung in Astr. Nachr. Berlin-Treptow **7** 95.

541. **P. I. Popow,** Slunce a Zeme. Prag, Verlag Orbis. 46 S. mit 12 Fig. Preis Kčs. 3. — Übersetzung aus dem Russischen, vgl. AJB **49** Ref. **544.** — Besprechung in RH **36** 95.

542. **L. L. Rice,** Amateur Astronomer's Manual. Lebanon, Tenn., Cumberland University Press, 1955. 58 S. Preis $ 0.65. — Besprechung in Sky and Telescope **15** 222.

543. **E. Rybka,** Astronomia — dla kl. XI. Warszawa, P.Z.W.S., 1955. 179 S. mit 61 Fig. und 1 Himmelskarte. Preis 3 zł. 75 gr. — Besprechung in RJ Astr. Geod. UdSSR 1956 Nr. 4 S. 9.

544. **W. T. Skilling, R. S. Richardson,** A Brief Text in Astronomy. Vgl. AJB **54** Ref. 533. — Weitere Besprechung in Astronomia Popular **1** Nr. 2 S. 36, JBAA **66** 330—332 (H. C. King).

545. **H. Slouka,** Poznejte souhvězdí. Prag, Verlag Orbis. 121 S. mit 81 Fig., 11 Beilagen und 8 Sternkarten. Preis Kčs. 22. — Besprechung in RH **37** 46.

546. **B. Strömgren,** Universets udforskning. København, Hirschsprungs forlag, 1955. 2. Auflage. 207 S. mit 49 Fig. Preis 16.50 bzw. 23.00 kr. — Besprechung in NAT 1956 S. 108—109, Urania København **13** 91—92.

547. **H. Vogt,** Das astronomische Weltbild der Gegenwart. Berlin-Dahlem, Morus-Verlag, 1955. 104 S. mit 24 Fig. Preis DM 7.40. — Besprechung in VdS Nachrichtenblatt **4** 62—63 (H. B. Brenske). — Inhalt: Einleitung. Jetzige Struktur der Welt. Entwicklung und Ursprung der Welt. Stellung des Menschen in der Welt.

548. **M. Wagenschein,** Die Erde unter den Sternen. München, Verlag R. Oldenbourg, 1955. 59 S. mit 24 Abb. Preis DM 3.40. — Besprechung in Mitt. Planetenbeobachter **9** 13 (G. D. Roth), Urania København **13** 20, VdS Nachr. **5** 42 (H. Zimmer).

549. **E. Whittaker,** Der Anfang und das Ende der Welt. Die Dogmen und die Naturgesetze. Stuttgart, H. E. Günther Verlag, 1955. Aus dem Englischen (vgl. AJB **46** Ref. 859) übersetzt von J. Streller. 117 S. Preis 6.50 DM.

550. **H. P. Wilkins,** The True Book About the Stars. Vgl. AJB **54** Ref. 541. — Weitere Besprechung in Urania Barcelona **40** 256.

551. **H. P. Wilkins,** Mysteries of Space and Time. London, Frederick Muller, Ltd., 1955. 208 S. mit Fig. Preis 15 s. — Besprechung in JBAA **66** 179—182 (D. W. Dewhirst), J. British Interplanetary Soc. **14** 243 (A. E. Roy), Orion Schaffhausen **4** 450.

552. **B. A. Woronzow-Weljaminow,** Skizzen über das Weltall. Moskau, Staatsverlag für technisch-theoretische Literatur, 1955. 3. Auflage. 536 S. mit Abb. Preis 9 R. 85 Kop. (russisch). — Besprechung in Priroda **45** Nr. 4 S. 122.

553. **S. K. Wsechswjatskij,** Wie das Weltall erforscht wurde. Moskau, Techn. Staatsverlag, 1955. 2. durchgesehene Auflage. 48 S. mit Abb. Preis 75 Kop. (russisch).

554. **R. Wyler, G. Ames,** The Golden Book of Astronomy. Illustriert von J. Polgreen. New York, Simon & Schuster, 1955. 97 S. mit mehr als 200 Fig. Preis $ 3.95. — Besprechung in Sky and Telescope **15** 83, 129 (C. P. Olivier), Strolling Astronomer **9** 118 (C. A. Haas).

555. **J. Xanthakis,** Astronomie. Band III a. Erde — Mond — Sonne. Thessaloniki, 1954. 371 S. mit 85 Fig. (griechisch). — Besprechung in Astr. Nachr. Athen **6** 32 (griechisch).

556. **J. Xanthakis,** Astronomie. I. Band. Thessaloniki, Universitätsverlag, 1955. 7 + 286 S. mit 113 Fig. (griechisch). — Inhalt: Grundbegriffe, Sphärische Astronomie, Sonnen- und Mondfinsternisse, Bedeckungen. Mawridis

557. **W. Zonn,** Astrofizyka ogólna. Warszawa, Państwowe Wydawnictwo Naukowe, 1955. 398 S. mit 179 Fig. Preis zł. 31.90. — Besprechung in Postępy Astr. **4** 42—44 (A. Opolski), Urania Kraków **26** 206.

558. Olcott's Field Book of the Skies. Neubearbeitet von R. N. Mayall und N. W. Mayall. Vgl. AJB **54** Ref. 545. — Weitere Besprechung in Astronomia Popular **1** Nr. 2 S. 35.

559. Ball's Popular Guide to the Heavens. Herausgegeben von E. A. Beet. London, G. Philip and Son Ltd., 1955. 5. Auflage. 12 + 84 S. mit 88 Tafeln. Preis 30 s. — Besprechung in JBAA **65** 314—315 (H. C. King), Obs **75** 267 (G. A. Wilkins), Sky and Telescope **15** 130, 407 (R. A. Seely).

560. The New Astronomy. Herausgegeben von der Zeitschrift Scientific American. New York, Simon & Schuster, 1955. 243 S. Preis $ 1.00. — Besprechung in J. Astronautics **3** 48 (A. Hulstrunk), Orion Schaffhausen **5** 171, Sky and Telescope **15** 270.

561. Von Erde und Weltall. Stuttgart, Alfred Kröner Verlag, 1955. 164 S. mit 1 Tafel. Preis DM 6.00. — Besprechung in Sternenbote **7** 110—111. — Eine Vortragsreihe mit folgenden Beiträgen: H. Kienle, Die Vorstellungen von der Entwicklung der Welt. O. Schindewolf, Aus der Geschichte der Erde. J. Larink, Die Erde und ihr Mond. J. Bartels, Erde und Sonne. W. Hiller, Die letzten Geheimnisse der Erde. K. Schütte, Grundprobleme der Weltraumfahrt. H. Siedentopf, Leistungen und Grenzen der optischen Astronomie. A. Unsöld, Radioastronomie. W. Fricke, Das Planetensystem und seine Zukunft. W. Baade, Das Milchstraßensystem und die Größe der Welt. O. Heckmann, Einstein und das Weltsystem. O. Haxel, H. Kienle, Werden und Vergehen im All.

§ 6

Schriften allgemeiner Art

601. **N. Barabaschow,** Leben im Weltall. Priroda i Snanije Sofia **8** Nr. 5 S. 13—16 (bulgarisch). — Ref. in RJ Astr. Geod. UdSSR 1956 Nr. 9 S. 6.

602. **B. W. Basilewskij,** Die Astronomie im Rahmen der physikalisch-mathematischen und geodätischen Ausbildung. Abh. Nowosibir. Staatl. Pädagog. Inst. Nr. 10 S. 35—68 (russisch). — Ref. in RJ Astr. Geod. UdSSR 1956 Nr. 2 S. 10.

603. **Z. Baziková,** Radar und Astronomie. Rozhledy **34** 23—29, mit 7 Fig. (tschechisch).

604. **Z. Baziková,** Radioteleskop und Erforschung des Weltalls. Rozhledy **34** 145—151, mit 7 Fig. (tschechisch).

605. **S. A. Boulter,** Films and film strips on astronomy. JBAA **65** 240—241, mit 2 Tafeln. — Ref. in Coelum **23** 174. — Verzeichnis von Filmen und Herstellerfirmen.

606. **R. Boxus,** La Météorologie et l'Astronomie en Wallonie. Lessines, Ed. du Postillon. 240 S. — Besprechung in Ciel et Terre **71** 353 (F. Dutry).

607. **P. Chevenard,** Nos raisons d'aimer et de servir l'astronomie. BSAF **69** 280—286, mit Bild des Autors.

608. **M. Gerstenberger,** Sterne: Mythos und Wissenschaft. Stuttgart, Verlag Kurt Haslsteiner. 24 S. — Besprechung in Sterne **30** 31.

609. **O. Heckmann,** Physik und Astronomie. Phys. Verhandlungen **6** 1—3.

610. **O. Höfling,** Wetterkunde und Astronomie. Bonn, F. Dümmlers Verlag, 1955. 48 S. mit 32 Abb. Preis DM 1.50. — Besprechung in Sternenbote 8 22.

611. **R. Janiczek,** Atlas mikro a makrokosmu. Warschau, Państw. Przeds. Wydaw. Kartograficzne, 1954. 12 Karten. Preis 11 Zloty.

612. **H. Spencer Jones,** Life on Other Worlds. Vgl. AJB **52** Ref. **615.** — Weitere Besprechung in Astronomia Popular **1** Nr. 2 S. 34 (F. B. Wood).

613. **F. Kadavý,** Amateur astronomy in Czechoslowakia after the revolution in the year 1945. RH **36** 102—106, mit 1 Abb. (tschechisch).

614. **P. Kirchhoff,** The amateur in astronomy: Past and present. MN ASSA **14** 43—51.

615. **U. Köhler,** Probleme und Problematik der Meteorobiologie. Sterne **31** 201—211, mit 1 Abb. — Die Untersuchung der uralten Frage nach den direkten oder indirekten Einflüssen aus dem Weltall auf das menschliche, tierische und pflanzliche Leben wird im Rahmen der sogenannten Meteorobiologie durchgeführt. Hoppe

616. **E. Krug,** Gebrauchsgegenstände aus Meteoreisen. Orion Schaffhausen **4** 347—351, mit 2 Abb. — Es wird an einer Reihe von Beispielen gezeigt, wie schon in sehr alten Zeiten, als die Verhüttung des Eisens noch nicht durchgeführt werden konnte, aus dem vom Himmel herabgefallenen Meteoreisen, das an seinem hohen Nickelgehalt zu erkennen ist, verschiedene Gebrauchsgegenstände durch Hämmern des Eisens hergestellt wurden, besonders Waffen. Daß diese Methode selbst in neuester Zeit noch angewandt wurde, ließ sich in Grönland feststellen, wo die Eskimos aus großen dort befindlichen Meteorblöcken, die zum Teil sehr brüchig und locker waren, Messer und Lanzenspitzen herstellten. H. M.

617. **F. Le Lionnais,** A double check for science reporting. Southern Stars **16** 125—126.

618. **Z. Maślakiewicz,** Z doświadczeń nauczyciela astronomii. Urania Kraków **26** 216—218.

619. **J. H. McElderry,** Our habitable earth: Divine promise and its fulfilment. Irish AJ **3** 197—199.

620. **R. A. McIntosh,** Rôle of the amateur. Vega Nr. 25 S. 2.

621. **W. Mesenzew,** Weltall und Atom. Verlag «Junge Garde», 1954. 333 S. mit Abb. (russisch). — Besprechung in Priroda **45** Nr. 2 S. 119—120 (A. I. Kitajgorodskij).

622. **J. Meurers,** Das Experiment in der astronomischen Forschung. Math.-Phys. Semesterber. **4** 302—308. — Ref. in RJ Astr. Geod. UdSSR 1956 Nr. 9 S. 8.

623. **P. Moore,** The Story of Man and the Stars. New York, W. W. Norton & Co., 1954. 239 S. Preis $ 3.95. — Besprechung in Strolling Astronomer **9** 135—136 (J. R. Smith).

624. **J. Náprstková,** Orientation on the sky. RH **36** 173—175, mit 4 Fig. (tschechisch).

625. **G. Perssön,** Hans Christian Andersen and power from the stars. Vega Nr. 25 S. 1—2.

626. **W. Petri,** Juventud y vejez en el universo. El Universo Nr. 33 S. 131—137, mit Bild. — Übersetzung des in AJB **53** Ref. **622** zitierten Artikels von W. Petri durch F. Escalante.

627. **W. L. Roberts,** Señales a traves del espacio. Astronomia Popular **1** Nr. 1 S. 10—16, mit 11 Fig.

628. **K. Rudnicki,** Nowy film astronomiczny. Życie gwiazd. Urania Kraków **26** 248—249.

629. **L. Sajovic,** Nastava matematike, fizike i astronomije na univerzitetima i višim školama. Nastawa Math. Phys. **3** 183—206, 1954.

630. **H. Scheffler,** ¿Estamos solos en el Universo? El problema de la vida en otros mundos. El Universo Nr. 32 S. 75—122, mit 19 Fig. und 2 Tafeln.

631. **M. Schürer,** Der Mensch an den Grenzen von Raum und Zeit. Orion Schaffhausen **4** 453—463, mit 3 Abb. (mit französischer Zusammenfassung).

632. **O. Struve,** The general needs of astronomy. Publ ASP **67** 214—223. — In diesem Memorandum weist Verf. auf Vorteile hin, die sich für die astronomische Forschungsarbeit in Amerika durch geeignete Planungen ergeben könnten. Er schlägt eine Reihe von Fragen zur Diskussion vor. O. G.

633. **O. Struve,** Life on other worlds. Sky and Telescope **14** 137—140, 146, mit 2 Fig. — Verf. diskutiert die Möglichkeit organischen Lebens auf anderen Planeten, im besonderen auf den Planeten Mars und Venus. Behr

634. **K. Stumpff,** Astronomie gegen Astrologie. Eine naturwissenschaftliche und erkenntnistheoretische Kritik der Sterndeutekunst. Baden-Baden, Verlag für angewandte Wissenschaften, 1955. 80 S. Preis DM 4.80. — Besprechung in Hemel en Dampkring **54** 106, Sterne **31** 151—152 (C. Hoffmeister).

635. **K. Svoboda,** Photogrametry in astronomy. RH **36** 221—224, mit 3 Fig. (slowakisch).

636. **G. Tabarroni,** Sfere celesti sulle monete romane. Pubbl. Oss. Astr. Univ. Bologna **6** Nr. 14 S. 15—25, mit 10 Fig.

637. **I. L. Thomsen,** A scientific consideration of flying saucer reports. Southern Stars **16** 90—105.

638. **C. F. v. Weizsäcker,** Die Geschichte der Natur. Göttingen, Vandenhoeck & Ruprecht, 1954. 133 S. mit 8 Abb. Preis DM 2.40. — Besprechung in Phys. Blätter **12** 46 (W. Hanle).

639. Advances in Geophysics. Vol. 2. Herausgegeben von H. E. Landsberg. New York, Academic Press Inc.; London, Academic Books Ltd., 1955. 10 + 286 S. Preis $ 7.50. — Besprechung in Nature **176** 943 (B. C. Browne).

640. Imagen real del Universo. Un capítulo de filosofía astronómica. El Universo Nr. 31 S. 61—64, 70.

641. Security and Astronautics. J. British Interplanetary Soc. **14** 285—286.

642. Sternenströme im Kosmos. Aus dem Buch «Die Welt, in der wir leben» S. 268—289, mit 26 Fig. Das Buch ist die Übersetzung einer in der amerikanischen Zeitschrift Life erschienenen Artikelserie. Für Deutschland erschienen in München, Verlag Th. Knaur Nachf., 1955. 8 + 304 S. mit zahlreichen Fig. und Tafeln. Preis DM 39.50.

643. Film Strips, S188 Movements of the Sun and Earth, S146 The Planets, S147 The Stars. G. B. Equipments Ltd. Preis 12 s. 6 d. je Film. — Besprechung in JBAA **65** 174—175 (W. H. Julian).

644. Sky and Teacher. Sponsored by the Teachers' Committee of the American Astronomical Society. Sky and Telescope **14** 100, 120, 190, 286, 375, 459, **15** 20.

645. Isaac Newton trees. Sky and Telescope **15** 13.

646. The well-informed amateur. Sky and Telescope **15** 55.

647. Nowe badania astrobotaniczne. Urania Kraków **26** 84—85.

§ 7

Bibliographie, Neuausgaben, Gesamtausgaben, Lexika, Sammelwerke, Festschriften

701. Astronomischer Jahresbericht. Mit Unterstützung der Astronomischen Gesellschaft herausgegeben vom Astronomischen Rechen-Institut in Heidelberg. Berlin, W. de Gruyter & Co., 1955. **52**. Band. Die Literatur des Jahres 1952. Bearbeitet von K. Heinemann, W. Lohmann. 58 + 454 S. Preis DM 40.
Desgl. **53**. Band. Die Literatur des Jahres 1953. Bearbeitet von K. Heinemann, F. Henn, W. Lohmann. 62 + 468 S. Preis DM 40.

702. Astronomical News Letter. Publié et distribué par le Laboratoire d'Astronomie de Lille (France). — Nr. 76—79.

703. Extraits d'Astronomie du Bulletin Analytique du Centre National de la Recherche Scientifique. Section II a. Paris. — Vol. **16** Nr. 1—12.

704. Referatjournal. Astronomie, Geodäsie. Akademie der Wissenschaften der UdSSR. Institut für wissenschaftliche Information. Verlag Akad. Wiss. UdSSR, Moskau. — 1955 Nr. 1—12.

705. Boletin del Centro de Documentación Científica y Técnica de México. México, D. F. — Tomo **4** Nr. 1—12.

706. Mathematical Reviews. Published by the American Mathematical Society, Lancaster, Penn. — Vol. **16** Nr. 1—11.

707. Physics Abstracts. Section A of Science Abstracts (Physics). Edited and issued monthly by the Institution of Electrical Engineers, London. — Vol. **58** Nr. 685—696.

708. Physikalische Berichte. Herausgegeben vom Verband Deutscher Physikalischer Gesellschaften e. V. unter der Redaktion von H. Ebert und M. Schön. Verlag Friedrich Vieweg & Sohn, Braunschweig. — Band **34** Heft 1—12.

709. Zentralblatt für Mathematik und ihre Grenzgebiete. Springer-Verlag, Berlin-Göttingen-Heidelberg. Geleitet von H. L. Schmid. — Band **49** Heft 4—6. Band **52** Heft 1—10. Band **55** Heft 1—10. Band **56** Heft 1—10.

710. Bulletin trimestriel signalétique de documentation de chronométrie générale. Herausgegeben von R. Baillaud und E. Guyot. Ann. Françaises Chronométrie (2) **25** Nr. 1 S. 1—86; Nr. 2 S. 87—149; Nr. 3 S. 151—220; Nr. 4 S. 221—315. — Enthält zahlreiche Literaturangaben und Referate aus dem Gebiet der Chronometrie und ihrer Randgebiete.

711. **P. Chen,** Abstracts of astronomical papers in foreign languages. Acta Astr. Sinica **3** 313—341, mit 8 Fig. und 2 Tafeln (chinesisch).

712. **K. P. Massalskaja,** Literaturverzeichnis zur Meteoritik. 3. Ausgabe (1951—1952). Meteoritika Nr. 13 S. 147—174 (russisch).

713. A Bibliography on Meteorites. Herausgegeben von H. Brown. Vgl. AJB **53** Ref. 713. — Weitere Besprechung in Astronomia Popular **1** Nr. 1 S. 27—28 (J. A. Russell), Naturwissenschaften **42** 163 (F. Heide).

714. Abstracts. Herausgegeben von N. V. Petersen. Astronautics **2** 38—39, 78—81, 128, 157—158. — Enthält zahlreiche Literaturangaben zur Astronautik, zur Raketentechnik und zu verwandten Gebieten.

715. Abstracts. Edited by J. Humphries. J. British Interplanetary Soc. **14** 56—59, 107—110, 175—177, 238—241, 344—347. — Enthält zahlreiche Literaturangaben zur Astronautik und zur Raketentechnik.

716. Viaggi interplanetari. Bibliografia delle ricerche sulla propulsione a reazione e sul volo extraplanetare. Herausgegeben von G. Nebbia. Coelum **23** 29—32, 61—64, 93—96, 125—128, 157—160, 187—190.

717. **W. E. Scott,** List of recent publications. J. Geophys. Res. **60** 121—126, 235—240, 370—375, 543—548. — Enthält die Titel von Arbeiten aus den Gebieten des Erdmagnetismus, der Erdelektrizität, kosmischen Strahlung, Hochatmosphäre, Erdkruste und des Erdinnern sowie Verschiedenes.

718. Polska bibliografia analityczna. Rok 1. Zeszyt 1. Warszawa, Verlag Poln. Akad. Wiss., 1955. 56 S. — Besprechung in RJ Astr. Geod. UdSSR 1956 Nr. 9 S. 9.

719. Trabajos de investigación publicados en «El Universo» de 1947 a la fecha. El Universo Nr. 30 S. 22.

720. Astronautica Acta. Official Journal of the International Astronautical Federation. J. British Interplanetary Soc. **14** 267—270. — Hinweis auf diese neu erschienene Zeitschrift, aus deren erstem Heft Zusammenfassungen gegeben sind.

721. «Spaceflight» — A new popular journal. J. British Interplanetary Soc. **14** 235. — Ankündigung des Erscheinens dieser Zeitschrift Anfang 1956.

722. Supplement series of the Astrophysical Journal. J RAS Canada **49** 203—204. — Hinweis auf das Erscheinen.

723. Great Plains Observer. Strolling Astronomer **9** 97. — Anzeige einer Neuerscheinung, dem Organ der Amateure der Western Plains States in Manhattan, Kansas.

724. A. A. Belopolskij, Astronomische Werke. Wissenschaftlich-biographischer Abriß und Kommentare von O. A. Melnikow. Moskau, Technischer Staatsverlag, 1954. 320 S. mit Abb. Preis 6 R. 90 Kop. (russisch). — Besprechung in AJ UdSSR **33** 448—449 (J. G. Perel), RJ Astr. Geod. UdSSR 1956 Nr. 4 S. 3 (O. A. Melnikow).

725. F. A. Bredichin, Studien über Meteore. Moskau, Verlag Akad. Wiss. UdSSR, 1954. 608 S. mit Abb. Preis 24 R. 20 Kop. (russisch). — Besprechung in RJ Astr. Geod. UdSSR 1956 Nr. 4 S. 77.

726. M. W. Lomonossow, Gesammelte Werke. Band 4. Arbeiten zur Physik, Astronomie und zum Gerätebau. Herausgegeben von T. P. Krawez, W. L. Tschenakal. Moskau-Leningrad, Verlag Akad. Wiss. UdSSR, 1955. 831 S. mit Fig. Preis 25 R. (russisch). — Besprechung in RJ Astr. Geod. UdSSR 1956 Nr. 7 S. 2.

727. F. G. W. Struve, Etudes d'astronomie stellaire. Recherches sur la distribution des étoiles dans l'espace et sur la voie lactée. Contr. Labor Astr. Lille Nr. 4 Bis S. 1—40.

728. W. K. Zeraskij, Ausgewählte Arbeiten über Astronomie. Moskau, Techn. Staatsverlag, 1953. 196 S. mit Abb. Preis 7 R. (russisch). — Besprechung in RJ Astr. Geod. UdSSR 1956 Nr. 4 S. 3 (W. W. Podobed).

729. Abhandlungen aus der sowjetischen Astronomie. Folge 2. Vgl. AJB 51 Ref. 724. — Weitere Besprechung in Astronomia Popular 1 Nr. 1 S. 27 (D. ter Haar).

730. G. Galilei, Dialogue on the Great World Systems. Chicago, University of Chicago Press, 1955. 131 S. Preis $ 1.75. — Besprechung in Sky and Telescope **14** 425.

731. Publication dedicated to Weikko A. Heiskanen on the occasion of his 60th anniversary. Veröff. Finn. Geod. Inst. Nr. 46, 214 S. mit Abb. und Bild.

732. Vistas in Astronomy. Vol. **1**. Co-operation and organization, History and philosophy, Dynamics, Theoretical astrophysics, Instruments, Radio astronomy, Solar physics. Edited by A. Beer. Special Supplement J. Atmosph. Terr. Phys. Nr. 3. London-New York, Pergamon Press, Sky Publishing Corp., 1955. 16 + 776 S. mit Fig. Preis $ 28.00. — Besprechung in Ann d'Astrophys **19** 114 (R. Cayrel), J RAS Canada **50** 215—216, Nature **176** 378, Sky and Telescope **15** 176, 316—317 (J. B. Irwin), ZfA **39** 272—273 (A. Unsöld). — Inhaltsverzeichnis: Introduction; E. Delporte, Hommage respectueux, cordial, et reconnaissant à Monsieur le Professeur F. J. M. Stratton, S. 1—2; M. Minnaert, International co-operation in astronomy, S. 5—11; P. T. Oosterhoff, The International Astronomical Union, S. 11—16; J. V. Hansen, The International Astronomical News Service, S. 16—21; B. J. Bok, V. Kourganoff, The committee for the distribution of astronomical literature and the Astronomical News Letters, S. 22—25; J. M. Stagg, Some problems of international co-operation in geophysics, S. 26—29; V. Barocas, Some educational aspects of astronomy, S. 29—32; J. Evershed, Recollections of seventy years of scientific work, S. 33—40; M. Born, Astronomical recollections, S. 41—44; O. Neugebauer, The Egyptian «Decans», S. 47—51; G. Sarton, The astral religion of antiquity and the «thinking machines» of to-day, S. 51—60; A. Pannekoek, Ptolemy's precession, S. 60—66; D. J. Price, A medieval footnote to Ptolemaic precession, S. 66; J. Needham, The Peking Observatory in A. D. 1280 and the development of the equatorial mounting, S. 67—83; W. Hartner, The Mercury Horoscope of Marcantonio Michiel of Venice, S. 84—138; D. W. Dewhirst, Observatories and instrument makers in the eighteenth century, S. 139—143; H. Knox-Shaw, The Radcliffe Observatory, S. 144—149; C. W. Allen, A system of quantitative astronomical observations, S. 149—155; H. Bondi, Fact and inference in theory and in observation, S. 155—162; H. Dingle, Philosophical aspects of cosmology, S. 162—166; M. Davidson, Modern cosmology and the theologians, S. 166—172; D. H. Sadler, Vistas in celestial mechanics, S. 175—180; R. d'E. Atkinson, An introduction to the eclipse Moon, S. 180—189; H. Jeffreys, The Moon's principal librations in rectangular co-ordinates, S. 189—194; W. M. Smart, A general expression for a Lagrangian bracket, S. 194—200; T. Banachiewicz, The rôle of Cracovians in astronomy, S. 200—206; G. Lemaître, Regularization of the three-body problem, S. 207—215; G. L. Camm, Recent developments in stellar dynamics, S. 216—221; P. Bourgeois, Intrinsic studies of stellar movements in the Milky Way, S. 221—228; H. F. Weaver, The K-effect in stellar motions, S. 228—238; E. Finlay Freundlich, On the empirical foundation of the general theory of relativity, S. 239—246; A. Unsöld, V. Weidemann, Fraunhofer lines and the structure of stellar atmospheres, S. 249—256; H. Zanstra, On the formation of condensations in a gaseous nebula, S. 256—268; R. H. Garstang, The calculation of atomic transition probabilities, S. 268—276; H. S. W. Massey, Atomic collision processes in astrophysics, S. 277—283; E. E. Salpeter, Energy pro-

duction in stars, S. 283—290; G. K. Batchelor, The effective pressure exerted by a gas in turbulent motion, S. 290—295; P. L. Bhatnagar, M. Krook, D. H. Menzel, R. N. Thomas, «Turbulence», kinetic temperature, and electron temperature in stellar atmospheres, S. 296—303; P. Wellmann, The intensity of emission lines in stellar spectra, S. 303—313; T. G. Cowling, Dynamo theories of cosmic magnetic fields, S. 313—322; S. K. Runcorn, On the interpretation of stellar magnetic fields, S. 323—330; V. C. A. Ferraro, Theories of variable stellar magnetic fields, S. 330—335; L. Davis jr., Theories of interstellar polarization, S. 336—344; S. Chandrasekhar, The gravitational instability of an infinite homogeneous medium when a Coriolis acceleration is acting, S. 344—347; E. H. Linfoot, Modern developments in telescope optics, S. 351—371; A. Couder, Thermal distortions of telescope mirrors and their correction, S. 372—377; A. Danjon, On the interferometric measurement of small angular distances, S. 377—385; E. Wolf, Partially coherent optical fields, S. 385—394; R. Fürth, E. Finlay Freundlich, On a possible improvement of Michelson's method for the determination of stellar diameters in poor visibility, S. 395—400; I. S. Bowen, Astronomical spectrographs: past, present, and future, S. 400—405; G. R. Harrison, Spectroscopy with the echelle, S. 405—413; C. Fehrenbach, Comparison of the efficiency of prism and grating spectrographs, S. 414—422; P. A. Wayman, Optical systems employed in spectroheliographs, S. 422—429; H. A. Brück, M. T. Brück, The solar installation of Dunsink Observatory, S. 430—437; H. M. Smith, G. B. Wellgate, Quartz crystal clocks, S. 438—447; G. van Biesbroeck, A rapid method of obtaining positions from wide-angle plates, S. 447—450; H. Strassl, Nomograms in astronomy, S. 451—467; P. Naur, The use of electronic calculating machines in astronomy, S. 467—473; W. H. Steavenson, Air disturbance in reflectors, S. 473—474; P. B. Fellgett, Photo-electric devices in astronomy, S. 475—490; C. M. Huffer, The development of photo-electric photometry, S. 491—498; R. H. Hardie, On the application of the photomultiplier to astronomical photometry, S. 498—504; A. Lallemand, On the ideal reception of photons and the electron telescope, S. 505—508; H. E. Butler, Indirect methods of star counting, S. 509—517; J. S. Hey, Solar radio eclipse observations, S. 521—531; M. Ryle, The application of interferometric methods in radio astronomy, S. 532—541; R. Hanbury Brown, A. C. B. Lovell, Large radio telescopes and their use in radio astronomy, S. 542—560; F. G. Smith, Positional radio-astronomy and the identification of some of the radio stars, S. 560—568; J. G. Bolton, Australian work on radio stars, S. 568—573; J. P. Wild, Outbursts of radio noise from the Sun, S. 573—584; J. G. Davies, A. C. B. Lovell, Radio echo studies of meteors, S. 585—598; A. Hewish, The scintillation of radio stars, S. 599—606; J. H. Oort, Measures of the 21-cm line emitted by interstellar hydrogen, S. 607—616; W. S. Adams, Early solar research at Mount Wilson, S. 619—623; G. Abetti, Thirty years of solar work at Arcetri, S. 624—630; K. O. Kiepenheuer, Some problems of the international solar survey, S. 631—636; H. H. Plaskett, Physical conditions in the solar photosphere, S. 637—647; B. E. J. Pagel, Infra-red studies of photospheric structure, S. 648—658; A. K. Das, K. D. Abhyankar, Temperature at the poles and at the equator of the Sun, S. 658—666; H. W. Newton, The lineage of the great sunspots, S. 666—674; P. A. Sweet, The structure of sunspots, S. 675—685; E. C. Bullard, The magnetic fields of sunspots, S. 685—691; J. Tuominen, On mean latitudinal movements of sunspots, S. 691—695; L. d'Azambuja, The evolution of solar prominences, S. 695—701; A. B. Severny, Investigations of flares and prominences at the Crimean Astrophysical Observatory, S. 701—703; J. A. Carroll, Eclipse observing, S. 704—707; Y. Hagihara, Recent eclipse work in Japan, S. 708—713; R. O. Redman, The widths of narrow lines in the spectrum of the low chromosphere, measured at the total eclipse of February 25, 1952, S. 713—725; D. E. Blackwell, The excitation temperature of the solar chromosphere determined from molecular spectra, S. 726—732; M. R.

Madwar, Solar work and plans in Egypt, S. 732—737; G. Righini, Spectroscopic studies of the solar corona, S. 738—747; Y. Öhman, Coronagraphic work at moderate altitude above sea level, S. 747—751; H. v. Klüber, Spectroscopic measurements of magnetic fields on the Sun, S. 751—776.

733. Geodätisches Wörterbuch in fünf Sprachen (polnisch, russisch, deutsch, englisch, französisch). Herausgegeben von der Wissenschaftlich-technischen Vereinigung der polnischen Geodäten. Warschau, Staatl. Unternehmen kartographischer Herausgaben, 1954. — Besprechung in Österreichische Z. f. Vermessungswesen **44** 93—94.

II. Tätigkeit. Geschichte

§ 10

Personalien, Biographie, Briefwechsel

1001. **Nekrologe und Todesanzeigen**

1951

R. Schorr, 1867 Aug. 20 — 1951 Sept. 21. MN **115** 124—126 (O. Heckmann).

1953

E. Hubble, 1889 Nov. 20 — 1953 Sept. 23. Rev. Astr. Nr. **133** S. 75—80, mit Bild.

A. O. Leuschner, 1868—1953. Rev. Astr. Nr. 133 S. 88.

F. R. Moulton, 1872—1953. Rev. Astr. Nr. 133 S. 88.

J. R. Naveira, 1894 Aug. 16 — 1953 Juli 8. Rev. Astr. Nr. 133 S. 51—53, mit Bild (C. L. Segers).

1954

A. J. Aalders, † 1954. Hemel en Dampkring **53** 56.

T. Banachiewicz, 1882 Febr. 13 — 1954 Nov. 17. AA(c) **5**, vor S. 57, mit Bild, Astr Circ UdSSR Nr. 156 S. 24—25 (S. N. Korytnikow, russisch), Astr. Nachr. Athen **6** 29—30 (griechisch), Ciel et Terre **71** 36—37 (S. Arend), Coelum **23** 123, Irish AJ **3** 159, Postępy Astr. **3** 59—64, mit Bild (J. Witkowski), Publ ASP **67** 53, RH **36** 38, mit Bild (V. Vanýsek, tschechisch), Sky and Telescope **14** 101.

W. Benítez Inglott, 1879 April 30 — 1954 Dez. 22. Obs **75** 40, Urania Barcelona **40** 250—253, mit Bild (A. Romañá).

S. Brodetsky, 1888 Febr. 10 — 1954 Mai 18. MN **115** 126—127 (N. B. Slater).

E. de Caro, 1899 Juli 9 — 1954 März 2. Mem SA It (NS) **26** 109—110, mit Bild = Oss. Astrofis. Catania Contr. Astrofis. Nr. 78 (M. G. Fracastoro).

F. R. Cripps, † 1954 Jan. 29. MN **115** 127—128 (J. G. Porter).

C. W. Elmer, 1872 — 1954 Dez. 7. Publ ASP **67** 53, Sky and Telescope **14** 189, mit Bild (M. W. Mayall).

E. Esclangon, 1876 März 17 — 1954 Jan. 28. Astr. Nachr. Athen **6** 29 (griechisch), MN **115** 124 (A. Danjon), Rev. Astr. Nr. 135 S. 165.

E. Fermi, 1901 Sept. 29 — 1954 Nov. Coelum **23** 1, Nature **175** 18—19 (O. R. Frisch), Naturwissenschaften **42** 353—354 (V. F. Weisskopf), Rev. Modern Physics **27** 249—275, mit Bild.

G. Fournier, 1881 Nov. 21 — 1954 Dez. 1. BSAF **69** 201—204, mit Bild, La Nature **83** 37, mit Bild (G. C. Flammarion), Orion Schaffhausen **4** 367.

R. Gans, 1880 — 1954. Rev. Astr. Nr. 135 S. 136—143 (E. Gaviola).

L. Gialanella, 1905 Jan. 18 — 1954 Jan. 10. Mem SA It (NS) **26** 105—108, mit Bild = Oss. Astr. Roma Monte Mario Contr. Sci. (NS) Nr. 212 (G. Armellini).

F. W. P. Goetz, 1891 — 1954. Ciel et Terre **71** 35—36, mit Bild (M. Nicolet).

G. J. Govaars, † 1954 Okt. 22. BSAF **69** 204.

W. Grotrian, 1890 April 21 — 1954 März 3. AN **282** 190 (J. Wempe), Astr. Nachr. Athen **6** 29 (griechisch), Mitt. Phys. Ges. DDR Nr. 2 S. 1 (R. Ritschl).

W. F. Hase, 1899 Dez. 29 — 1954 Okt. 3. Mitt. Astrophys. Obs. Krim **13** 3—7, mit Bild (G. Schajn).

W. H. Jeheber, 1893—1954 Nov. 23. Orion Schaffhausen **4** 366.

I. O. Jones, 1872 Dez. 1 — 1954 Nov. 15. MN **115** 128 (R. v. d. R. Woolley).

M. S. Kovalenko, 1888 Nov. 20 — 1954 April 2. MN **115** 128—129 (P. van de Kamp).

G. Lenotti, † 1954 Dez. 6. Mem SA It (NS) **26** 355.

T. Lyman, † 1954 Okt. 11. J. Optical Soc. America **45** 586—587, mit Bild (O. Oldenberg).

H. Mineur, 1899—1954 Mai 7. Astr. Nachr. Athen **6** 14 (griechisch), J RAS Canada **49** 36, MN **115** 129 (D. Barbier), Publ ASP **67** 53.

T. Moreux, 1867—1954 Juli 13. Ciel et Terre **71** 33—34 (H. d'Halluin), Coelum **23** 123.

E. O'Connor, 1874 Nov. 26 — 1954 Febr. 23. MN **115** 129—130 (P. J. Treanor).

A. J. Orlow, 1880 April 6 — 1954 Jan. 28. Publ. Gravimetr. Obs. Poltawa **5** 3—16, mit Bild (S. N. Axentjewa, russisch).

F. Pavel, 1889 April 9 — 1954 Sept. 20. AN **282** 191—192 (W. Uhink), Mitt. AG 1954 S. 4, Sterne **31** 17—22, mit Bild (J. Dick).

I. F. Polak, 1881 Nov. 6 — 1954 Dez. 11. Astr Circ UdSSR Nr. 157 S. 26 (russisch).

E. Przybyllok, † 1954 Sept. 11. Mitt. AG 1954 S. 4, Sterne **31** 23—24, mit Bild (P. Labitzke).

R. F. Rendell, 1873 Okt. 14 — 1954 April 18. MN **115** 130.

R. M. Stewart, 1878 Dez. 15 — 1954 Sept. 2. J RAS Canada **49** 64—68, mit Bild (M. S. Burland).

P. Vocca, 1896 Sept. 3 — 1954 Aug. 31. Mem SA It (NS) **26** 111—114, mit Bild = Oss. Astr. Capodimonte-Napoli Collezione Miscellanea **1** Nr. 13 (T. Nicolini).

1955

A. J. Aalders, 1890—1955. Hemel en Dampkring **53** 123, mit Bild (W. Bleeker).

F. Abadie-Dugué, † 1955 Apr. 24. BSAF **69** 204.

R. Andersen, 1892 Jan. 14 — 1955 April 30. NAT 1955 S. 59—60 (A. V. Nielsen).

G. Bourdin, † 1955 Febr. 12. BSAF **69** 204.

H. Bucerius, † 1955 Sept. 7. AN **282** 286.

H. Byrt, † 1955 Nov. 12. J. Astr. Soc. Victoria **8** 88.

J. W. Campbell, † 1955 Jan. 23. J RAS Canada **49** 131 (E. S. Keeping).

H. Chatley, 1885—1955 Jan. 17. Obs **75** 40.

J. Chazy, 1892 Aug. 15 — 1955 März 9. Ann. Univ. Paris **25** 181—184, BSAF **69** 157—158 (P. Chevenard), Bull. Cl. Sci. Acad. roy. Belgique (5) **41** 522 (F. H. van den Dungen), Obs **75** 136.

W. H. Christie, † 1955 Juli 13. Publ ASP **67** 366, Sky and Telescope **15** 13.

A. B. Colombres, 1880—1955. Rev. Astr. Nr. 137 S. 89.

E. Delporte, 1882—1955 Okt. 19. AN **282** 286, BSAF **69** 399—400, CR **241** 1097, 1425—1427 (G. Fayet), 1649, Gaz astr **37** 21—22, Hemel en Dampkring **53** 206 (J. Remue), Nature **176** 1052 (J. G. Porter), NAZ **9** 36, Obs **75** 228, Publ ASP **67** 432.

G. S. Díaz, 1936—1955. Rev. Astr. Nr. 137 S. 89.

A. Einstein, 1879 März 14 — 1955 April 18. BAA Circ 362, Bull. Cl. Sci. Acad. roy. Belgique (5) **41** 585—586 (J. Géhéniau, T. de Donder), Ciel et Terre **71** 124, Coelum **23** 92, CR **240** 1741—1745 (L. de Broglie), **241** 1647, El Universo Nr. 31 S. 54, Forschungen und Fortschritte **29** 188—190 (A. Papapetrou), J. Experim. Theoret. Phys. **28** 637—638, mit 1 Tafel (russisch), J RAS Canada **49** 194—196 (C. A. Chant), Nature **175** 713, 925—926 (W. H. McCrea), 926—927 (R. W. Lawson), Naturwissenschaften **42** 425, Nederl. Tijdschr. Natuurk. **21** 125—129 (A. D. Fokker), Obs **75** 136, 166—170 (G. J. Whitrow), Rev. Astr. Nr. 137 S. 53—75, mit 2 Fig. und 2 Bildern (E. Gaviola), S. 85, mit Bild, RH **36** 110 (tschechisch), Year Book Phys. Soc. 1955 S. 69—71 (R. E. Peierls).

L. E. Erro, 1897 Jan. 7 — 1955 Jan. El Universo Nr. 30 S. 7—8 (F. J. Escalante), Publ ASP **67** 194, Sky and Telescope **14** 238.

E. van Everdingen, 1873 Febr. 26 — 1955 Juli 17. Hemel en Dampkring **53** 171, 189—191, mit Bild (H. G. Cannegieter).

C. E. Fenner, † 1955 Juni. Meteoritics **1** 361 (L. LaPaz).

R. Foà, † 1955 Aug. 13. Coelum **23** 156, Mem SA It (NS) **26** 561.

W. M. H. Greaves, † 1955 Dez. 24. Obs **75** 268.

G. Hartnell, 1871 März 21 — 1955 Mai 20. J. Geophys. Res. **60** 369.

N. J. Heines, † 1955 Aug. 21. Sky and Telescope **14** 502.

W. B. Housman, † 1955 Jan. 17. JBAA **65** 169 (D. A. Maclean), Obs **75** 40.

W. P. Idema, † 1955 März 5. BSAF **69** 204.

I. N. Jasew, 1895—1955 April 18. Astr Circ UdSSR Nr. 160 S. 14—15 (L. A. Kedrowa, russisch).

S. A. Kierulff, 1877—1955 Nov. 6. NAT 1955 S. 139—140, mit Bild (A. V. Nielsen).

M. Kiessig, 1922 Juli 13 — 1955 Juli 22. Sterne **31** 250—251 (C. Hoffmeister), VdS Nachrichtenblatt **4** 86.

L. H. Lanús, 1882—1955. Rev. Astr. Nr. 137 S. 89.

R. W. Marriott, † 1955 Okt. 19. Publ ASP **67** 432.

M. du Martheray, 1892—1955 April 12. BSAF **69** 204, 436, Mitt. Planetenbeobachter **8** 14 (H. Oberndorfer), Orion Schaffhausen **4** 405—408, mit Bild, VdS Nachrichtenblatt **4** 50 (E. Antonini), Vega Nr. 26 S. 2.

B. Mašek, 1868 Dez. 1 — 1955 Aug. 29. RH **36** 258—259.

F. McClean, 1876 Febr. 1 — 1955 Aug. 11. Obs **75** 184.

H. McEwen, 1864—1955. JBAA **65** 363 (M. W. Ovenden).

P. A. McNally, † 1955 März 4. Publ ASP **67** 194, Sky and Telescope **14** 281.

J. K. Moffitt, † 1955 Aug. 16. Publ ASP **67** 431.

G. F. Paddock, † 1955 Aug. 15. Publ ASP **67** 431.

M. Paschoud, 1882—1955. Orion Schaffhausen **4** 488.

F. Pearson, † 1955 Aug. 8. Publ ASP **67** 431.

J. H. Pruett, † 1955 Sept. 25. Sky and Telescope **15** 16.

A. Quillet, † 1955 Apr. 30. BSAF **69** 204.

E. Regener, 1881—1955 Febr. 27. Sterne **31** 128—131, mit Bild (H.-K. Paetzold).

J. E. Reynal, 1912—1955. Rev. Astr. Nr. 137 S. 89.

T. Royds, 1884 April 11 — 1955 Mai 1. Indian J. Meteorol. Geophys. **6** 280, Obs **75** 136.

R. Schlumberger, † 1955 März 22. BSAF **69** 158.

R. Schneider, 1881 Aug. 3 — 1955 Aug. 16. RH **36** 228—229.

C. Somigliana, † 1955 Juni 20. Mem SA It (NS) **26** 355.

A. Staus, † 1955 Juli 21. Astr. Nachr. Berlin-Treptow **7** 72, Mitt. Planetenbeobachter **8** 29—30 (G. D. Roth), VdS Nachrichtenblatt **4** 78 (H. Bühler).

A. J. Thompson, 1901 Febr. 8 — 1955 Juni 12. Sky and Telescope **14** 411, mit Bild.

G. Tiercy, 1886 — 1955 Okt. 18. BSAF **69** 399—400, Mem SA It (NS) **26** 561, Obs **75** 268, Orion Schaffhausen **4** 464—466, mit Bild (M. Golày).

A. Trincano, 1908—1955. Ann. Françaises Chronométrie (2) **25** 125—126, mit Bild (A. Donat).

R. W. Wood, 1868—1955 Aug. 11. Nature **176** 488—489 (T. R. Merton), Obs **75** 184, Sky and Telescope **15** 13.

M. Cilley, †. Sky and Telescope **14** 499.

H. Seligmann, †. Ciel et Terre **71** 124.

1002. **Personalien**

W. D. Anderson erhielt den Murray Geddes-Preis für 1954. Southern Stars **16** 89—90.

W. Baade erhielt die Medaille der Royal Astronomical Society. Rev. Astr. Nr. 135 S. 166.

W. Baade erhielt die Catherine Wolfe Bruce-Goldmedaille der Astronomical Society of the Pacific. Coelum **23** 147, Orion Schaffhausen **4** 488, Publ ASP **67** 57—61, mit Bild (O. C. Wilson), Rev. Astr. Nr. 137 S. 86.

D. Brouwer erhielt die Goldmedaille der Royal Astronomical Society. BAA Circ 361, Hemel en Dampkring **53** 38, J. Geophys. Res. **60** 234, MN **115** 2, 199—202 (J. Jackson), Nature **175** 149, Orion Schaffhausen **4** 488, Publ ASP **67** 126, Rev. Astr. Nr. 137 S. 86.

H. Camichel erhielt den Prix Pierre Guzman. CR **241** 1653 (A. Danjon).

S. Chandrasekhar erhielt die Medaille der Royal Astronomical Society. Rev. Astr. Nr. 133 S. 88.

W. Fricke, Direktor des Astronomischen Rechen-Instituts Heidelberg. AN **282** 286, Phys. Blätter **11** 95, 431.

W. H. Haas erhielt die Blair-Medaille. Sky and Telescope **14** 335 (C. W. Anderson).

W. A. Heiskanen, 60. Geburtstag. Vgl. Ref. 731, daselbst S. 7—16, mit 4 Abb. (L. A. Puntila).

J. Hopmann, 65. Geburtstag. Forschungen und Fortschritte **29** 384.

H. C. van de Hulst erhielt die Eddington-Medaille der Royal Astronomical Society. BAA Circ 361, Hemel en Dampkring **53** 38, J. Geophys. Res. **60** 234, MN **115** 2, 202—203 (J. Jackson), Nature **175** 149, Orion Schaffhausen **4** 488, Publ ASP **67** 195.

H. Spencer Jones, Mitglied der Pariser Akademie der Wissenschaften. Nature **175** 581.

H. Kienle, 60. Geburtstag. Phys. Blätter **11** 519—520 (W. Fricke).

W. Löbering, 70. Geburtstag. Astr. Nachr. Berlin-Treptow **7** 72.

D. F. Martyn erhielt die Chas. Chree-Medaille. Obs **75** 88.

P. M. Millman erhielt die J. Lawrence Smith-Medaille der National Academy of Sciences. Nature **175** 931—932, Obs **75** 136, Publ ASP **67** 194.

S. Miyamoto, Direktor des Kwasan Observatory, Kyoto, als Nachfolger von J. Ueta. TACL 1297 S. 2, YC 1212 S. 10.

S. W. Orlow, 75. Geburtstag. Bull. Astr. Obs. Stalinabad Nr. 14 S. 3—4 (russisch).

J. S. Rinehart, assistant director des Smithsonian Astrophysical Observatory, Cambridge, Mass. Sky and Telescope **14** 466.

M. Ryle erhielt die Hughes-Medaille der Royal Society. Publ ASP **67** 126.

P. M. Ryves erhielt die Walter Goodacre-Medaille. JBAA **66** 3—4.

J. M. Stagg erhielt die Gauß-Weber-Medaille. Obs **75** 88.

O. Struve erhielt die Medaille Jules-César Janssen. CR **241** 1653 (A. Danjon).

A. Unsöld erhielt die Catherine Wolfe Bruce-Medaille der Astronomical Society of the Pacific. Phys. Blätter **12** 191.

H. Vogt, 65. Geburtstag. Forschungen und Fortschritte **29** 320.

F. L. Whipple, Direktor des Smithsonian Astrophysical Observatory als Nachfolger von L. B. Aldrich. Nature **175** 1109.

A. G. Wilson, Direktor des Lowell Observatory. Publ ASP **67** 51, Sky and Telescope **14** 136.

R. v. d. R. Woolley, Astronomer Royal am Royal Greenwich Observatory als Nachfolger von H. Spencer Jones. NAT 1955 S. 116, Nature **176** 16, 55, Sky and Telescope **15** 13, mit Bild.

Einstein

1003. **G. B. van Albada,** To the memory of Albert Einstein. Madjalah Ilmu Alam untuk Indonesia **3** Nr. 1—3, 52 S. mit Bild = Contr. Bosscha Obs. Lembang Nr. 2.

1004. **D. Blanuša,** Zivotno djelo Alberta Einsteina. Glasnik Mat.-Fiz. Astr. (2) **10** 99—112, mit Bild.

1005. **H. B. Brenske,** Albert Einstein zum Gedächtnis. 50 Jahre Spezielle Relativitätstheorie. VdS Nachrichtenblatt **4** 53—54.

1006. **P. Jordan,** Einsteins physikalisches Lebenswerk. Phys. Blätter **11** 289—297.

1007. **P. Naur,** Albert Einstein, 1879—1955. NAT 1955 S. 37—40, mit Bild. — Allgemeinverständliche Darstellung des Werkes Albert Einsteins. C. L. J.

1008. **B. Nikolitsch,** Albert Einstein und die Relativitätstheorie. Vasiona **3** 49—53, 75—77, mit Bild (serbisch).

1009. The founder of relativity. Sky and Telescope **14** 316—317, mit 3 Fig.

1010. Nauka polska czci pamięć Einsteina. Urania Kraków **26** 230—231.

Gauß

1011. **Bergmann,** Karl Friedrich Gauß (1777—1855). Wiss. und Fortschr. **5** 62.

1012. **R. Courant, R. W. Pohl,** Carl Friedrich Gauss. Zwei Vorträge. Göttingen, Musterschmidt-Verlag, 1955. 27 S. mit 8 Fig. Preis DM 1.50. — Besprechung in Sternenbote **7** 85—86.

1013. **N. Davy,** Carl Friedrich Gauss as a physicist. Nature **175** 325—326.

1014. **G. W. Dunnington,** Carl Friedrich Gauss: Titan of Science. A Study of His Life and Work. New York, Exposition Press, 1955. 16 + 479 S. mit 33 Tafeln. Preis $ 6.00.

1015. **O. Emersleben,** Carl Friedrich Gauss (1777—1855). Wiss. Ann. **4** 121—123. — Ref. in RJ Astr. Geod. UdSSR Nr. 9, 1955; Ref. Nr. 3604.

1016. **C. Hoffmeister,** Vom Wesen des Genialen. Zum Gedächtnis von Carl Friedrich Gauss, † am 23. Februar 1855. Sterne **31** 113—119.

1017. **E. Kolman,** Ein unveröffentlichter Brief von K. F. Gauß. Publ. Inst. Geschichte Naturwiss. Techn. Akad. Wiss. UdSSR **5** 385—394 (russisch). — Ref. in RJ Astr. Geod. UdSSR 1956 Nr. 8 S. 3.

1018. **R. Obláth,** Commémoration de Gauss (1777—1855). Mat. Lapok **6** 221—240 (ungarisch mit französischer Zusammenfassung).

1019. **W. A. Perow, M. P. Tulissow,** Zum hundertsten Todestag von K. F. Gauß. Bote Akad. Wiss. UdSSR Nr. 4 S. 105—108 (russisch). — Ref. in RJ Astr. Geod. UdSSR Nr. 11, 1955; Ref. Nr. 4628.

1020. **E. Schoenberg, A. Perlick,** Unbekannte Briefe von C. F. Gauß und Fr. W. Bessel. Abh. Bayer. Akad. Wiss. Math.-naturw. Kl. (NF) Heft 71, 58 S. mit 2 Tafeln = Veröff. Sternw. München **4** Nr. 18.

1021. **E. Schoenberg,** Unbekannte Briefe von C. F. Gauss und F. W. Bessel. Mitt. AG 1954 S. 27—28. — Ref. AG.

1022. **I. Toth,** Gauss and non-Euclidean geometry. Gaz. Mat. Fiz. (A) **7** 447—456 (rumänisch).

1023. **E. Worbs,** Carl Friedrich Gauss. Ein Lebensbild. Leipzig, Koehler & Amelung, 1955. 236 S. Preis DM 7.50 bzw. $ 1.79.

1024. Ein unveröffentlichter Brief von K. F. Gauß. Bote Akad. Wiss. UdSSR **25** 109—111, mit 2 Tafeln (russisch). — Der am 11. Sept. 1835 geschriebene Brief ist an P. L. Schilling gerichtet. — Ref. in RJ Astr. Geod. UdSSR Nr. 11, 1955; Ref. Nr. 4629.

1025. Carl Friedrich Gauss (1777—1855). Endeavour **14** 3—4.

1026. Carl Friedrich Gauss 1777—1855. Göttingen, Musterschmidt-Verlag, 1955. 31 S. mit 2 Fig. Preis DM 2.50. — Besprechung in Sternenbote **7** 86.

1027. Centennial of death of Karl Friedrich Gauss (1777—1855). J. Geophys. Res. **60** 367.

1028. Feierstunde zum 100. Todestag von Carl Friedrich Gauß in Göttingen. Phys. Blätter **11** 130.

1029. Carl Friedrich Gauss (1777—1855). Rev. Astr. Nr. 137 S. 85.

1030. K. F. Gauß — Erinnerung an seinen 100. Todestag. RH **36** 68 (tschechisch).

Kopernikus

1031. **K. L. Bajew,** Die Begründer der neuen Astronomie. Kopernikus, Bruno, Kepler, Galilei. Moskau, Lehr-Pädagog. Staatsverlag, 1955. 125 S. mit Abb. Preis 1 R. 65 Kop. (russisch).

1032. **K. Górski,** Domostwa Mikołaja Kopernika. Toruń (Thorn), Towarzystwo Bibliofilów im. Lelewela, 1955. 34 S. mit 7 Fig. — Besprechung in Urania Kraków **26** 342—343 (J. Gadomski).

1033. **M. G. J. Minnaert,** Het levenseinde van Copernicus. Hemel en Dampkring **53** 97—98. — Bemerkungen zu der Frage, welche Stellung Copernicus zu Oleanders Vorwort zu «De Revolutionibus» eingenommen hat. Gü.

1034. **A. Nowicki,** Kopernik — człowiek Odrodzenia. Państwowe Wydawnictwo Popularno-Naukowe. 171 S. mit 52 Fig. — Besprechung in Urania Kraków **26** 376—377 (J. Gadomski).

1035. **A. Penconek,** Poznajmy Kopernika gruntownie. Urania Kraków **26** 343—344.

1036. **T. Przypkowski,** O Mikołaju Koperniku. Warszawa, Państwowe Wydawnictwo Naukowe. 134 S. — Besprechung in Urania Kraków **26** 218—220 (J. Gadomski).

1037. **E. Rybka, P. Rybka,** Mikołaj Kopernik i jego nauka. (Ohne Quellenangabe). — Besprechung in Urania Kraków **26** 246—248 (J. Gadomski).

1038. Mikolaj Kopernik. 1473—1543. Hemel en Dampkring **53** 16. — Besprechung einer von der Niederländisch-Polnischen Gesellschaft herausgegebenen Broschüre über Nikolaus Kopernikus.

---

* * **G. Abetti,** Annibale Riccó, l'Accademia Gioenia e l'Osservatorio Astrofisico di Catania. Vgl. Ref. **1215**.

1039. **E. N. da C. Andrade,** Sir Isaac Newton. Vgl. AJB **54** Ref. **1003**. — Weitere Besprechung in Nature **176** 616—617 (N. H. de V. Heathcote).

1040. **G. W. Bennett, R. B. Bennett,** John Brashear and his precision instruments for astrophysics. Proc. Pennsylvania Acad. Sci. **27** 196—201, 1953. — Ref. in RJ Astr. Geod. UdSSR 1956 Nr. 1 S. 3.

1041. **J. Blaquier,** Henri Poincaré. Homenaje en el centenario de su nacimiento: 1854—1954. Rev. Astr. Nr. 135 S. 103—121, mit Bild.

1042. **C. M. Botley,** Halley and the aurora. JBAA **66** 31—33.

1043. **W. R. Cagle,** Kepler. Navigation Los Angeles **4** 278—280.

1044. **A. J. Camponovo,** Centenario de la muerte de Francisco Arago. Rev. Astr. Nr. 133 S. 67—74, mit Bild.

1045. **O. J. Eggen,** Charles Piazzi Smyth. ASP Leaflet Nr. 313, 8 S., MN ASSA **14** 61—64.

1046. **O. J. Eggen,** Sherburne Wesley Burnham og hans Dobbeltstjernekatalog. Urania København **12** 16—22. — Übersetzung der in AJB **53** Ref. **1009** zitierten Arbeit.

1047. **D. S. Evans,** Herschel and Maclear at the Cape. MN ASSA **14** 26—28, Southern Stars **16** 132—136.

1048. **J. Gadomski,** Jan Walery Jędrzejewicz. Największy polski astronom-amator. Urania Kraków **26** 97—101, mit Bild und 1 Tafel.

1049. **C. D. Hellman,** Matthaeus Zeisius, author of a tract on the comet of 1577. Osiris **11** 486—503, 1954. — Ref. in RJ Astr. Geod. UdSSR 1956 Nr. 10 S. 1.

1050. **M. T. Hodgen,** Sebastian Münster (1489—1552): a sixteenth-century etnographer. Osiris **11** 504—529, 1954. — Ref. in RJ Astr. Geod. UdSSR 1956 Nr. 11 S. 2.

1051. **K. Hujer,** Sesquicentennial of Christian Doppler. American J. Phys. **23** 51—54, mit 1 Fig.

1052. **M. Karpowicz,** Edmund Halley. Urania Kraków **26** 1—8, mit 2 Fig. und 1 Tafel.

1053. **H. C. King,** Sir William Herschel and the discovery of radiant heat. JBAA **65** 298—304, mit 1 Fig. — Mißliebige Erfahrungen mit ungeeigneten Blendgläsern bei Sonnenbeobachtungen veranlaßten W. Herschel zur Untersuchung von Farbgläsern. Von Interesse war dabei die Messung der Wärmeintensität in den verschiedenen Spektralgebieten und die Absorptionswirkung verschiedener Glassorten und Farbgläser für Licht und Wärme. In theoretischer Hinsicht ergab sich im Lauf der Untersuchungen die Frage nach der gegenseitigen Beziehung von Licht- und Wärmestrahlung. U. Baehr

1054. **E. Krug,** Bruno H. Bürgels Weg zu den Sternen. Orion Schaffhausen **4** 467—470, mit Bild.

1055. **E. Krug,** Eine Bruno-H.-Bürgel-Gedächtnisstätte. Sterne **31** 108—109. — Die 12. Grundschule in Berlin-Lichtenrade erhielt am 10. 2. 1955 den Namen «Bruno-H.-Bürgel-Schule».

1056. **P. S. Kudrjawzew,** Isaac Newton. Moskau, Pädagog. Staatsverlag, 1955. 127 S. mit Abb. Preis 1 R. 85 Kop. (russisch). — Besprechung in Priroda **45** Nr. 3 S. 123.

1057. **P. F. Kuiper,** Een amateur astronoom. Hemel en Dampkring **53** 145. — Lebensbeschreibung des Amateurastronomen Graf Hans Moritz von Brühl (1736—1809). Gü.

1058. **L. G. Kwascha,** Über die Arbeiten von A. N. Sawarizkij zur Meteoritik. Meteoritika Nr. 12 S. 75—79, mit Bild (russisch). — Würdigung der Verdienste des am 23. Juli 1952 in Moskau verstorbenen Akademie-Mitglieds Alexander Nikolajewitsch Sawarizkij um die Meteoritik. Loh.

1059. **J. Leclerc,** Jules Janssen et le cinématographe. BSAF **69** 388—391, mit Bild und 2 Fig.

* * **K. P. Massalskaja,** Das Pallas-Eisen. Die Entstehung der wissenschaftlichen Meteoritik. Vgl. Ref. **1339**.

1060. **G. H. Melin,** Maria Mitchell. Girl Astronomer. Indianapolis, Ind., Bobbs-Merrill Co., Inc., 1954. 192 S. Preis $ 1.75. — Besprechung in Sky and Telescope **15** 221, 407—408 (M. Harwood).

1061. **R. Mitrinović,** Žene astronomi. Iz vremena pre naše ere pa do kraja XIX veka. Vasiona **3** 29—31. — Kurze bibliographische Angaben über Frauen, die in der Astronomie eine Rolle gespielt haben. Loh.

1062. **H. Mortensen,** Hvorfor forlod Tycho Brahe Hven? Urania København **12** 46—50, mit Bild. — Verf. teilt die Ansicht des schwedischen Forschers Yrwing, daß Tycho Brahe nach Vollendung seiner Arbeiten auf Hven freiwillig von dort weggegangen ist. Er hatte die Einkünfte von Nordfjords Län eingebüßt, und durch seine Abreise von Hven und Dänemark wollte er die Regierung zwingen, ihm eine andere Unterstützung zu gewähren. Dieser Versuch mißlang, und Tycho Brahe wandte Dänemark endgültig den Rücken. C. L. J.

1063. **G. Nádor,** Galilei tudományelméletének haladó vonásai. Magyar tud. akad. társad.-tört. tud. oszt. közl. **4** Nr. 3—4 S. 41—54, 1954. — Ref. in RJ Astr. Geod. UdSSR 1956 Nr. 11 S. 2.

1064. **E. H. Noon,** Tycho Brahe's nationality. JBAA **65** 305. — Hinweis auf die dänische Abstammung.

1065. **W. Norlind,** Tycho Brahe och Jacques Bongars. NAT 1955 S. 23—26. — Untersuchung einer Datumsfrage in der Korrespondenz zwischen Tycho Brahe und Jacques Bongars. Die Frage konnte durch die Auffindung des Originalbriefes von Bongars in Basel restlos beantwortet werden. C. L. J.

1066. **W. Norlind,** Tycho-Brahé et ses rapports avec l'Italie. Scientia **90** 47—61.

1067. **T. Olczak,** Jan Heweliusz i magnetyzm ziemski. Postępy Astr. **3** 65—70, mit 2 Fig. — Verf. weist darauf hin, daß die Arbeiten von Hevelius über den Erdmagnetismus nicht genug gewürdigt werden. Die Genauigkeit seiner Meßreihen und die Amplitude der Änderungen der Deklination sind ohne Vergleich mit damaligen Beobachtungsergebnissen. Perek

1068. **E. J. Öpik,** Bernhard Schmidt (1879—1935). Irish AJ **3** 237—240.

1069. **J. Pagaczewski,** Jan Śniadecki — twórca Obserwatorium Krakowskiego. Urania Kraków **26** 79—83, mit 1 Tafel.

1070. **G. Perroy,** Hommage à Camille Flammarion. Inauguration d'une plaque commémorative. BSAF **69** 405—412, mit 2 Fig.

1071. **E. Persico,** Souvenir de Enrico Fermi. Scientia **90** 316—324.

1072. **P. J. van Rhijn,** Jacobus Cornelius Kapteyn. Der Begründer der statistischen Astronomie. Sonderdruck aus «Forscher und Wissenschaftler im heutigen Europa — Weltall und Erde», Oldenburg, Stalling Verlag, S. 224—231, mit 2 Abb.

1073. **T. Rootsmjaä,** Das Akademiemitglied W. J. Struve und seine Tätigkeit an der Universität Dorpat. Abh. Univ. Tartu Nr. 37 S. 30—73 (russisch mit estnischer Zusammenfassung). — Ref. in RJ Astr. Geod. UdSSR 1956 Nr. 4 S. 3.

1074. **G. de Santillana,** The Crime of Galileo. Chicago, University Press, 1955. 339 S. Preis $ 5.75. — Besprechung in Astronomia Popular **1** Nr. 2 S. 36, Sky and Telescope **14** 292, 467 (H. Zirin).

1075. **E. Schmidt,** Notes on the childhood and youth of Bernhard Schmidt. Irish AJ **3** 240—245.

1076. **J. B. Sidgwick,** William Herschel. New York, Macmillan, 1955. 228 S. Preis $ 2.50. — Besprechung in Sky and Telescope **15** 31, 129 (R. S. Bates).

1077. **E. G. R. Taylor,** John Dee and the nautical triangle, 1575. J. Inst. Navigation 8 318—325. — Behandelt die Verdienste eines Gelehrten des Elisabethanischen Zeitalters um die Navigation (Großkreissegeln, loxodromische Schiffahrt), der auf verschiedene Nachfolger, unter anderen auf W. Borough und J. Davis Einfluß gehabt hat. Fr.

1078. **A. A. Wachmann,** Ur Bernhard Schmidts liv. PAT **36** 127—140, mit 14 Fig. — Übersetzung der Rede von A. A. Wachmann anläßlich der Einweihung des neuen Schmidt-Teleskopes der Hamburger Sternwarte in Bergedorf. C. L. J.

1079. **A. A. Wachmann,** From the life of Bernhard Schmidt. Sky and Telescope **15** 4—9, mit 14 Fig. = Mitt. Sternw. Hamburg-Bergedorf **10** Nr. 98.

1080. **K. F. Wasserfall,** Professor Dr. Christopher Hansteen. Indian J. Meteorol. Geophys. **5** 103—104 (special number), 1954. — Ref. in RJ Astr. Geod. UdSSR 1956 Nr. 5 S. 2.

1081. **J. Witkowski,** The life and work of Professor Dr. Thaddeus Banachiewicz. AA(c) **5** 85—94, mit Bild.

1082. **E. Zinner,** Der Münchner Uhrmacher Hans Koch und seine Werke. Neue Uhrmacher-Zeitung, Kunstbeilage vom 15. Dezember 1955, 4 S. mit 3 Abb.

1083. Le créateur de la radio-astronomie. Archives Internationales d'Histoire des Sciences 1955 Nr. 31 S. 215—216. — K. G. Jansky.

1084. Un astronome belge au Brésil. Archives Internationales d'Histoire des Sciences 1955 Nr. 33 S. 441—442. — Louis Cruls, 1848 Jan. 21 — 1908 Juni 21.

1085. En souvenir de Camille Flammarion. BSAF **69** 122—124, 397—398.

1086. Réunion intime en l'honneur du Chanoine G. Lemaître à l'occasion de la remise de son buste à la Classe. Adresse de C. Manneback. Bull. Cl. Sci. Acad. roy. Belgique (2) **41** 73—76.

1087. Ottaviano Fabrizio Mossotti. Precursore degli studi astronomici in Argentina. Coelum **23** 184—186.

1088. Datos biográficos de algunas de las grandes figuras de la astronomía. El Universo Nr. 30 S. 23—32, mit Bild und 2 Fig.

1089. Award of medals. Yoshio Fujita: Spectroscopic studies of low temperature stars. Proc. Japan Acad. **31** Nr. 5 S. IX—X. — Ref. in RJ Astr. Geod. UdSSR 1956 Nr. 10 S. 20.

1090. Henri Poincaré (1854—1912). Rev. Astr. Nr. 135 S. 165.

1091. Percival Lowell (1855—1916). Rev. Astr. Nr. 137 S. 86.

1092. The Sadler-Smyth scandal. Sky and Telescope **14** 236, mit 1 Fig. — Admiral Smyth, ein Liebhaberastronom, hatte 1844 seine Beobachtungen aus neun Jahren veröffentlicht und hatte für seinen Doppelsternkatalog die goldene Medaille der Royal Astronomical Society erhalten. Lange nach seinem Tode griff ein junger Amateur, Sadler, diesen Katalog an und versuchte ihn als eine Fälschung darzustellen, indem es sich nicht um eigene Messungen von Smyth handeln sollte, sondern um Kopien älterer Beobachtungen anderer. Bald darauf wurde durch sehr sorgfältiges Nachprüfen der Originalaufzeichnungen von Smyth der wahre Sachverhalt herausgefunden. Gerade bei den weiteren Sternpaaren, bei denen sich oft grobe Fehler zeigten, waren infolge einer ungeschickten Anordnung der Notizen rohe Schätzungen mit Messungen verwechselt worden, ferner ergab ein ungewöhnliches Doppelbildmikrometer mehrdeutige Werte für den Positionswinkel, und schließlich zeigte sich eine Fülle von Rechenfehlern. So war die Ehre des Admirals wieder hergestellt, allerdings auf Kosten des Rufes seiner Beobachtungen. H. M.

1093. 100-lecie śmierci W. Wiszniewskiego. Urania Kraków **26** 22.

1094. J. C. Poggendorff, Biographisch-Literarisches Handwörterbuch der exakten Naturwissenschaften. Unter Mitwirkung der Akademien der Wissenschaften zu Berlin, Göttingen, Heidelberg, München und Wien, herausgegeben von der Sächsischen Akademie der Wissenschaften zu Leipzig. Berlin, Akademie-Verlag, 1955. Band VIIa, Teil 1. A—E, Erste Lieferung. 128 S. Preis geb. DM 16. — Berichtsjahre 1932 bis 1953.

§ 11

Tätigkeitsberichte von Instituten und Gesellschaften, Tagungen

1101. Tätigkeitsberichte von Instituten

Abastumani. Chronik. Bull. Astrophys. Obs. Abastumani Nr. 19 S. 132—133 (russisch und georgisch).

Alma Ata. Die hauptsächlichsten wissenschaftlichen Leistungen des Astrophysikalischen Instituts der Akademie der Wissenschaften der Kasachischen Sowjetrepublik (Astrophysikalisches Bergobservatorium). Mitt. Astrophys. Inst. Alma-Ata **1** Nr. 1—2 S. 3—24 (russisch). W. G. Fessenkow.

Ann Arbor. Mich. The Observatories of the University of Michigan. AJ **60** 289—295. R. R. McMath, L. Goldberg.

Armagh. Armagh Observatory in 1954. Irish AJ **3** 131—132 = Armagh Obs. Leaflet Nr. 28, MN **115** 141—142. E. M. Lindsay.

Babelsberg. Mitt. AG 1954 S. 83—85. F. Hinderer.

Bamberg. Mitt. AG 1954 S. 85—87. W. Strohmeier.

Beograd. Rapport annuel sur l'état et l'activité de l'Observatoire en 1954. Bull. Obs. Astr. Beograd **19** Nr. 4 S. 22—28. V. V. Michkovitch.

Besançon. L'année chronométrique 1953—1954, 1954—1955. Ann. Françaises Chronométrie (2) **25** 32—34, 268—270. R. Baillaud.

Berlin. Astronomisches Recheninstitut. Mitt. AG 1954 S. 87—89. A. Kahrstedt.

Bloemfontein, South Africa. Lamont-Hussey Observatory. Vgl. Ann Arbor.

Bloomington, Ind. Goethe Link Observatory. AJ **60** 280—282. F. K. Edmondson.

Bonn. Mitt. AG 1954 S. 90—91. F. Becker.

Bruxelles. Institut d'Astronomie. Miscellanées. Inst Astr. Bruxelles (2) Nr. 100, 11 S. — Publikationsverzeichnis.

Cambridge, Engl. University of Cambridge. Report of the Observatories Syndicate for the year ending 1954, September 30. Nature **175** 1117—1118. — Auszug aus dem in AJB **54** Ref. **1101** zitierten Bericht.

University of Cambridge. Report of the Observatories Syndicate for the year ending 1955 September 30. 5 S. R. O. Redman. — Ferner: MN **115** 142—145 (R. O. Redman).

Cambridge, Engl. Cavendish Laboratory. MN **115** 145—148. N. F. Mott.

Cambridge, Mass. Harvard Astronomical Observatory. Annual report 1954. Cambridge, Mass. Published by the University, 42 S. D. H. Menzel.

Canberra. Commonwealth Observatory. Report of the Commonwealth Astronomer for the year 1954. 8 S. Maschinenschriftvervielfältigung. R. v. d. R. Woolley. — Ferner: Nature **176** 592—593, Publ ASP **67** 492.

Canterbury, N. Z. University Observatory. MN **115** 182.

Cape of Good Hope. Royal Observatory. Report for 1953. Nature **175** 69—70. — Auszug aus dem in AJB **54** Ref. **1101** zitierten Bericht.

Report of Her Majesty's Astronomer at the Cape of Good Hope to the Secretary of the Admiralty for the year 1954. 10 S. R. H. Stoy. — Ferner: MN **115** 138—141. R. H. Stoy.

Carloforte. Stazione Astronomica Internazionale di Latitudine. Pubbl. (NS) Nr. 2, mit 3 Fig. und 2 Tafeln. E. Fichera. — Tätigkeitsbericht für die Jahre 1952—1954.

Christchurch, N. Z. Geophysical Observatory. MN **115** 180—181. J. W. Beagley.

Cleveland, Ohio. Warner and Swasey Observatory. AJ **60** 308—311. J. J. Nassau.

Delaware, Ohio. Perkins Observatory. AJ **60** 299—301. G. Keller.

Dublin. Dunsink Observatory. Irish AJ **3** 129—130, MN **115** 159—160. H. A. Brück.

Edinburgh. Royal Observatory. MN **115** 136—138. W. M. H. Greaves.

Evanston, Ill. Dearborn Observatory. AJ **60** 278—279. K. A. Strand.

Exeter. Norman Lockyer Observatory of the University College of the South West. MN **115** 158. D. L. Edwards.

Flagstaff, Ariz. Lowell Observatory. AJ **60** 286—289. A. G. Wilson.

Fort Davis, Tex. McDonald Observatory. Vgl. Williams Bay.

Frankfurt a. M. Mitt. AG 1954 S. 91—92. K. Schiller.

Fredericton, N. B. University of New Brunswick Observatory. J RAS Canada **49** 126, 163, 253.

Freiburg i. Br. Fraunhofer Institut. Mitt. AG 1954 S. 92—95. K. O. Kiepenheuer.

Glasgow. University Observatory. MN **115** 148—149. W. M. Smart.

Göttingen. Universitäts-Sternwarte. Mitt. AG 1954 S. 96—98. P. ten Bruggencate.

Göttingen. Max-Planck-Institut für Physik. Abteilungen für Astrophysik und für theoretische Physik. Mitt. AG 1954 S. 98—100. L. Biermann, C. F. von Weizsäcker.

Greenwich. Royal Greenwich Observatory. Report of the Astronomer Royal to the Board of Visitors of the Royal Greenwich Observatory. 33 S. H. Spencer Jones. — 1954 Mai 1—1955 März 31. — Ferner: MN **115** 131—135. H. Spencer Jones, Nature **176** **641**—**642**.

Hamburg-Bergedorf. Mitt. AG 1954 S. 100—105 = Jahresbericht der Hamburger Sternwarte in Bergedorf für das Jahr 1954. O. Heckmann.

Hamburg. Deutsches Hydrographisches Institut. Jahresbericht Nr. **9**, 1954. 75 S. mit 1 Tafel. G. Böhnecke.

Heidelberg. Astronomisches Rechen-Institut. Mitt. AG 1954 S. 109—112. W. Fricke.

Heidelberg. Königstuhl. Mitt. AG 1954 S. 106—109. H. Kienle.

Hyderabad. Nizamiah Observatory. MN **115** 171—172. A. Ali.

Ithaca, N. Y. Fuertes Observatory. AJ **60** 280. R. W. Shaw.

Jena. Mitt AG 1954 S. 112—114. H. Lambrecht.

Johannesburg. Union Observatory. Annual reports 1953—1955. 16 S. — Ferner: MN **115** 168—171. W. H. van den Bos.

Kiel. Mitt. AG 1954 S. 114—115. A. Unsöld.

Kodaikanal. Kodaikanal Observatory: Report for 1953. Nature **176** 15. Annual report of the Kodaikanal Observatory for the year 1954. 10 S. A. K. Das. — Ferner: MN **115** 172—175. A. K. Das.

Lake Angelus, Pontiac, Mich. McMath-Hulbert Observatory. Vgl. Ann Arbor.

Lembang. University of Indonesia, Bosscha Observatory. Report for the years 1953/1954. 6 S. G. B. van Albada.

Liverpool. Observatory and Tidal Institute. Annual Report 1954. 19 S. mit 1 Fig. und 1 Tafel. A. T. Doodson.

London. University of London Observatory. MN **115** 149—150. C. W. Allen.

Madison, Wis. Washburn Observatory. AJ **60** 311—312. A. E. Whitford.

Malvern. Radar Research Establishment, Ministry of Supply. MN **115** 150—151.

Manchester. Jodrell Bank Experimental Station, University of Manchester. MN **115** 151—156. A. C. B. Lovell.

Middletown, Conn. Van Vleck Observatory. AJ **60** 308 C. L. Stearns.

Mount Hamilton, Calif. Lick Observatory. AJ **60** 282—286. C. D. Shane.

Mount Stromlo. Commonwealth Observatory. MN **115** 175—176. R. v. d. R. Woolley.

Mount Wilson, Mount Palomar. Carnegie Institution of Washington, California Institute of Technology. Annual report of the director 1953—1954. Carnegie Inst. Washington Year Book Nr. 53, for the year 1953—1954, S. 3—38. I. S. Bowen.

Desgl. für 1954—1955. Carnegie Inst. Washington Year Book Nr. 54, for the year 1954—1955, S. 3—38. I. S. Bowen.

Ferner: AJ **60** 296—299. I. S. Bowen.

München. Mitt. AG 1954 S. 115—118. E. Schoenberg.

Münster. Mitt. AG 1954 S. 118. J. Hellerich.

Neuchâtel. Rapport du directeur de l'Observatoire Cantonal de Neuchâtel à la Commission de l'Observatoire sur l'exercice 1954, suivi du rapport spécial sur les concours des chronomètres et des pendules observés en 1954. 28 S. mit 4 Anhängen. E. Guyot.

New Haven, Conn. Yale University Observatory. AJ **60** 312—315. D. Brouwer.

Ottawa. Dominion Observatory. J RAS Canada **49** 124—125, 251—252. MN **115** 160—162. C. S. Beals.

Oxford. University Observatory. MN **115** 156—157. H. H. Plaskett.

Paris. Bureau International de l'Heure. Bull hor (4) Nr. 6 S. 123—135. A. Danjon.

Perth. Observatory. MN **115** 180. H. S. Spigl.

Philadelphia, Pa. Flower and Cook Observatory. AJ **60** 279. F. B. Wood.

Pittsburgh, Pa. Alleghenny Observatory. AJ **60** 277—278. N. E. Wagman.

Potsdam. Mitt. AG 1954 S. 119—124. J. Wempe.

Princeton, N. J. Princeton University Observatory. AJ **60** 301—303. L. Spitzer jr.

Richmond Hill. David Dunlap Observatory. AJ **60** 278. J. F. Heard. J RAS Canada **49** 30, 161—162, MN **115** 163—164. J. F. Heard.

Riverview, N.S.W. Riverview College Observatory. MN **115** 176. T. N. Burke-Gaffney.

Sonneberg. Mitt. AG 1954 S. 124—127. C. Hoffmeister.

St. Andrews. University Observatory. MN **115** 157—158. E. Finlay-Freundlich.

Stockholm. Stockholms Observatoriums Årsberättelse för 1954. K. Svenska Vet. Årsbok för år 1955 S. 137—149. B. Lindblad.

Swarthmore, Pa. Sproul Observatory. AJ **60** 303—304. P. van de Kamp.

Sydney. Observatory. MN **115** 176—177. H. Wood.

Sydney. Radiophysics Laboratory. MN **115** 177—179 = Commonwealth Sci. Industrial Res. Organization, Australia, Division Radiophys. E. G. Bowen.

Toruń. Obserwatorium astronomiczne Uniwersytetu M. Kopernika w Toruniu-Piwnicach. Urania Kraków **26** 174—175.

Toulouse. Observatoire de l'Université de Toulouse. Rapport annuel 1951—1952. 10 S. Desgl. 1952—1953. 10 S., 1953—1954. 10 S. E. Paloque.

Troy, N. Y. Observatory of Rensselaer Polytechnic Institute. AJ **60** 303. R. Fleischer.

Tübingen. Mitt. AG 1954 S. 127—129. H. Siedentopf.

Uccle. Observatoire Royal de Belgique. Rapport sur les travaux scientifiques effectués pendant l'année 1954. Commun. Obs. Roy. Belgique Nr. 80, 16 S. P. Bourgeois.

Victoria, B.C. Dominion Astrophysical Observatory. J RAS Canada **49** 209—210, MN **115** 164—167. R. M. Petrie.

Washington, D.C. United States Naval Observatory. AJ **60** 304—308. F. A. Graf.

Washington, D.C. The Smithsonian Institution. Report on the Astrophysical Observatory. Annual report for 1953—54. Nature **175** 670. — Auszug aus dem in AJB **54** Ref. **1101** zitierten Bericht.

The Smithsonian Institution. Report on the Astrophysical Observatory. Annual Report Smithsonian Inst. for 1954 S. 46—50. L. B. Aldrich. — Ferner: Nature **175** 1108—1109.

Washington. Carnegie Institution of Washington. Report for 1953—54. Nature **175** 585—586.

Washington, D.C. United States Coast and Geodetic Survey. AJ **60** 304. R. W. Knox.

Wendelstein. Kommission Observatorium Wendelstein. Jahrbuch Bayer. Akad. Wiss. 1951 S. 100—109. E. Schoenberg.

Wellington, N.Z. Carter Observatory. Report of the Carter Observatory Board for the year ended 1955, March 31. Carter Obs. Astr. Bull. Nr. 43, 11 S. MN **115** 181—182. I. L. Thomsen.

Williams Bay, Wis. Yerkes Observatory. AJ **60** 47—57. B. Strömgren.

Zürich. Eidgenössische Sternwarte. Tätigkeitsbericht für das Jahr 1954. 6 S. M. Waldmeier.

* * Tätigkeitsberichte von Privat- und Volkssternwarten siehe unter § 12.

1102. American Association of Variable Star Observers

J RAS Canada **49** 248—250. Variable star notes. American Association of Variable Star Observers. M. W. Mayall. — Bericht aus Dublin und über Beobachtungen Juni—August 1955.

Sky and Telescope **14** 410—411. Variable Star Observers meet in Pittsburgh. R. N. Mayall.

1103. **American Astronomical Society**

AJ **60** 145. Officers of the American Astronomical Society. April, 1955.

Vega **2** Nr. 28 S. 1. American solar research.

Die kurzen Berichte über die auf den Versammlungen gehaltenen Vorträge sind durch «Ref. AAS» gekennzeichnet.

1104. **American Meteor Society**

Meteoritics **1** 366—385. Reports of the American Meteor Society. C. P. Olivier.

1105. **Asociación Argentina «Amigos de la Astronomía»**

Rev. Astr. Nr. 133 S. 94—101. Acta de la asamblea ordinaria anual de socios dei 31 de enero de 1953. C. L. Segers, E. A. Rebaudi.

Rev. Astr. Nr. 135 S. 167—182. Noticias de la Asociación.

Rev. Astr. Nr. 137 S. 91—100. Acta de la asamblea ordinaria anual de socios del 29 de enero de 1955. C. L. Segers.

1106. **Asociación Peruana de Astronomía**

Rev. Astr. Nr. 135 S. 163. Asociación Peruana de Astronomía.

1107. **Astronomical Society of the Pacific**

Publ ASP **67** 5—10. Berkeley meeting of the Astronomical Society of the Pacific and Section D of the AAAS. J. G. Phillips.

Publ ASP **67** 54—55. Minutes of the meeting of the directors, November 19, 1954. S. Einarsson.

Publ ASP **67** 128—131. Minutes of the sixty-sixth annual meeting of the Astronomical Society of the Pacific, January 12, 1955. S. Einarsson.

Publ ASP **67** 132—133. Minutes of the meeting of the newly elected board of directors January 12, 1955. S. Einarsson.

Publ ASP **67** 323—326. Pasadena meeting of the Astronomical Society of the Pacific. H. M. Pillans.

Publ ASP **67** 433—439. Annual report of the secretary-treasurer for the year ending December 31, 1954. C. N. Hackett, S. Einarsson, V. Graves.

Die kurzen Berichte über die auf den Versammlungen gehaltenen Vorträge sind durch «Ref. ASP» gekennzeichnet.

1108. **Astronomical Society of South Africa**

MN ASSA **14** 53—59. Report of the Council for the Session 1954—55.

1109. **Astronomical Society of Victoria**

J. Astr. Soc. Victoria **8** 1—6. Annual report, 1954.

J. Astr. Soc. Victoria **8** 17. Annual general meeting. 17th February, 1955.

J. Astr. Soc. Victoria **8** 46—48. The exhibition meeting.

1110. **Astronomische Gesellschaft**

Astr. Nachr. Athen **6** 45—46 (griechisch). Astronomische Tagungen.

Mitt. AG 1954 S. 5—18. Bericht über die Versammlung der Astronomischen Gesellschaft in Tübingen.

Sterne **31** 247—249. Astronomische Tagung am 19. und 20. August 1955 in Hamburg. C. Hoffmeister.

Universitas **10** 98—99. H. Siedentopf. — Tagungsbericht Tübingen.

Die kurzen Berichte über die auf den Versammlungen gehaltenen Vorträge sind durch «Ref. AG» gekennzeichnet.

1111. **Astronomisch-Geodätische Gesellschaft der UdSSR**

Astr Circ UdSSR Nr. 157 S. 25—26 (russisch). Zweite Tagung der Astronomisch-Geodätischen Gesellschaft der UdSSR. — Fand vom 25. bis 31. Januar 1955 in Leningrad statt.

Astr Circ UdSSR Nr. 157 S. 26 (russisch). Erstes Plenum des Zentralrats der Astronomisch-Geodätischen Gesellschaft der UdSSR. — Fand am 31. Januar 1955 in Leningrad statt.

Bote Akad. Wiss. UdSSR Nr. 5 S. 90—92 (russisch). Der zweite Kongreß der Astronomisch-Geodätischen Gesellschaft der UdSSR. D. J. Martynow. — Ref. in RJ Astr. Geod. UdSSR 1956 Nr. 1 S. 5—6. — Die Tagung fand vom 25. bis 30. Januar 1955 in Leningrad statt.

Die zweite Tagung der Astronomisch-Geodätischen Gesellschaft der UdSSR in Leningrad vom 25. bis 31. Januar 1955. Vortragsberichte. Moskau-Leningrad, Verlag Akad. Wiss. UdSSR, 1955. 109 S. (russisch). — Ref. in RJ Astr. Geod. UdSSR 1956 Nr. 5 S. 5.

1112. **British Astronomical Association**

JBAA **65** 247—248. Some thoughts on the aims of the B. A. A.

JBAA **65** 263—265. Report of the annual exhibition meeting of the Association.

JBAA **65** 281—282. Report of Section. Computing Section. Mutual occultations of Jupiter's satellites. J. G. Porter.

JBAA **65** 323—343. Report of the council on the work of the session 1954 July 1 to 1955 June 30, to be presented to members of the Association at the annual general meeting 1955 October 26. — Enthält unter anderem die Berichte folgender Sektionen: Solar Section (D. W. Dewhirst), Lunar Section (H. P. Wilkins), Mars Section (P. M. Ryves), Jupiter Section (A. F. O'D. Alexander), Saturn Section (M. B. B. Heath), Comet Section (G. Merton), Meteor Section (H. B. Ridley), Aurora and Zodiacal Light Section (J. Paton), Variable Star Section (W. M. Lindley), Instruments and Observing Methods Section (W. H. Steavenson), Computing Section (J. G. Porter), Historical Section (C. A. Ronan).

JBAA **66** 1—19, mit 2 Tafeln. Report of the Annual General Meeting of the Association.

1113. **British Interplanetary Society**

J. British Interplanetary Soc. **14** 45—47. Ninth annual general meeting.

1114. **Griechische Astronomische Gesellschaft**

Astr. Nachr. Athen **6** 46—47, 62—63 (griechisch). Vorträge der Griechischen Astronomischen Gesellschaft 1955.

1115. **International Astronomical Union**

Astr Circ UdSSR Nr. 164 S. 23—25 (russisch). Die neunte Tagung der Internationalen Astronomischen Union in Dublin. P. G. Kulikowskij.

Astr. Nachr. Athen **6** 45—46 (griechisch). Astronomische Tagungen.

Bote Akad. Wiss. UdSSR Nr. 12 S. 62—64 (russisch). Die Konferenz der Astronomen in Dublin. A. G. Massewitsch.

BSAF **69** 371—375, mit Bild. Quelques enseignements du congrès de Dublin. P. Couderc.

Bull hor (4) Nr. 3 S. 37—59. Commission Internationale de l'Heure (31) à la neuvième assemblée générale de l'U. A. I. à Dublin (d'après les notes prises en séance). N. Stoyko.

Circ. Inf. Commission 26 UAI Nr. 7 S. 3—4. Assemblée générale de Dublin.

Coelum **23** 161—167. La Nona assemblea generale dell'Unione astronomica internazionale a Dublin. L. Rosino.

CR **241** 721. IXe Assemblée Générale de l'Union Astronomique Internationale. A. Danjon.

Irish AJ **3** 205—206. The Dublin meeting of the I. A. U.

J RAS Canada **49** 255. Canadians at the I. A. U. in Dublin.

MN ASSA **14** 71—77, 79—81. Dublin 1955.

Nature **176** 626—627. International Astronomical Union, general assembly in Dublin. R. O. Redman.

NAT 1955 S. 77—88, mit 2 Fig. Den Internationale Astronomiske Unions Kongres i Dublin. — Bericht über den allgemeinen Verlauf der Versammlung mit einem Überblick über die Verhandlungen der Kommissionen 22, 27 und 41. Ferner wird über die Symposien zur Struktur der Galaxis und über die instabilen Sterne berichtet. C. L. J.

Obs **75** 185—199. International Astronomical Union. Ninth General Assembly in Dublin, 1955. — Enthält neben allgemeineren Bemerkungen zum Verlauf der Tagung im besonderen Berichte über die in den Symposien und Diskussionen gehaltenen Vorträge. Loh.

Phys. Blätter **11** 561—562. IX. Generalversammlung der Internationalen Astronomischen Union in Dublin. H. Kienle.

Publ ASP **67** 429. International Astronomical Union.

RH **36** 241—246, mit 2 Abb. (tschechisch). The 9th meeting of the IAU in Dublin. M. Plavec.

Sky and Telescope **14** 492—495, mit 5 Fig. The International Astronomical Union. O. Struve.

Sky and Telescope **15** 56—60, mit 10 Fig. Report from Dublin. F. K. Edmondson.

Sky and Telescope **15** 75—79, mit 6 Fig. Some notes from the IAU meeting. — Bericht über Besprechungen und Vorträge zu den Themen: Planeten und Satelliten, Kometen, Zeiteinheit.

Sterne **31** 238—244. Die 9. allgemeine Versammlung der Internationalen Astronomischen Union in Dublin, Irland, vom 29. August bis 5. September 1955. C. Hoffmeister.

Urania København **12** 45—46. Astronomkongres i Dublin.

Urania København **12** 61—62. Astronomkongressen i Dublin. C. Luplau Janssen.

Urania København **12** 64—71. Spredte Indtryk fra en Kongresrejse — set fra Dàmesiden.

Urania København **12** 80—95. Omkring Astronomkongressen. A. Luplau Janssen.

Urania København **12** 73—79. Den internationale astronomiske Union. O. Struve. Übersetzt von C. Luplau Janssen.

1116. Internationale Astronautische Föderation

Probleme der Weltraumforschung. Vollständige Sammlung der am IV. Internationalen Astronautischen Kongreß 1953 in Zürich gehaltenen Fachvorträge. Biel/Schweiz, Laubscher & Cie., 1955. 224 S. mit zahlreichen Fig. — Besprechung in Astronautica Acta **1** 156 (E. Dolezal), Weltraumfahrt **6** 92 (H. Gartmann).

Astronautics **2** 27—30, mit 5 Fig. A report on the fifth International Astronautical Federation congress, Innsbruck, Austria.

Astronautics **2** 62—67. Resumes of papers presented at the fifth international astronautical congress.

Bericht über den V. Internationalen Astronautischen Kongreß, Innsbruck, 5. bis 7. August 1954. Im Auftrage der Österreichischen Gesellschaft für Weltraumforschung herausgegeben von F. Hecht. Wien, Springer-Verlag, 1955. 6 + 307 S. mit 165 Fig. Preis DM 58.— bzw. $ 13.80. — Besprechung in Astronautica Acta **1** 209 (E. Dolezal).

J. Astronautics **2** 153. Space flight is international. F. C. Durant.

J. Astronautics **2** 154. Sixth I. A. F. congress, Copenhagen.

J. British Interplanetary Soc. **14** 340—343. Sixth international astronautical congress, Copenhagen, August 1—6, 1955.

Phys. Blätter **11** 36—37. Der 5. Internationale Astronautische Kongreß in Innsbruck. H. Gartmann.

Vasiona **3** 73—75, mit 1 Fig. Šesti Kongres Internacionalne Astronautičke Federacije.

Weltraumfahrt **6** 65—66. Der 6. Internationale Astronautische Kongreß.

Weltraumfahrt **6** 107—108. Die Vorträge des 6. Internationalen Astronautischen Kongresses. Eine kurze Zusammenfassung.

Weltraumfahrt **6** 115—119, mit 4 Abb. Der Kongreß in Kopenhagen. Rückblick auf den 6. Internationalen Astronautischen Kongreß.

1117. **Meteoritical Society**

Meteoritics **1** 349—351. The retiring address of the president of the Meteoritical Society for the 1950—4 term.

Meteoritics **1** 351—353. Report on the 17th meeting of the Society. J. A. Russell.

Meteoritics **1** 353—357. Report on the 18th meeting of the Society. J. A. Russell.

Meteoritics **1** 362—365. Official notices of the Meteoritical Society. J. A. Russell, F. C. Leonard.

Publ ASP **67** 125. Meteoritical Society. — Bericht über die Tagung in Berkeley am 28. und 29. Dezember 1954 mit Angabe der Vorstandsmitglieder.

Publ ASP **67** 365. Meteoritical Society. — 18. Tagung vom 12. bis 13. Sept. 1955 in Albuquerque.

1118. **Nederlandse Vereniging voor Weer- en Sterrenkunde**

Hemel en Dampkring **53** 79—86, mit 5 Fig. Verslag van de jaarvergadering. J. F. M. Bruijn, E. J. Nijenhuis, J. A. Vreeswijk.

Hemel en Dampkring **53** 105. Werkgroep Sterbedekkingen van de Vereniging voor Sterrenkunde.

Hemel en Dampkring **53** 124—125 = Werkgroep Meteoren Med. Nr. 36. Verslag van de Werkgroep Meteoren over het jaar 1954. S. G. Fonk.

1119. **Polnische Astronomische Gesellschaft**

Urania Kraków **26** 332—334. Konferencja polskich astronomów poświęcona materii międzygwiazdowej.

1120. **Royal Astronomical Society**

Astr. Nachr. Athen **6** 45—46 (griechisch). Astronomische Tagungen.

MN **115** 107—123, mit Bild. Anniversary meeting of 1955 February 11.

MN **115** 185—198. Reports on the progress of astronomy. Vgl. Ref. **1398**.

MN **115** 216. Election of officers and council.

Nature **175** 575—576. Evolution of the earth. L. Hawkes. — Kolloquium der Geological und Royal Astronomical Society am 2. Februar 1955.

Nature **175** 626—627. The earth's magnetic field and numerical weather forecasting. E. T. Eady. — Bericht über eine Tagung der Royal Astronomical und Royal Meteorological Society.

Nature **175** 671—672. Nebulae and star clusters. — Ref. der in AJB **54** Ref. 1122 zitierten Berichte über die Tagung der Royal Astronomical Society.

Obs **75** 48—55. Anniversary meeting and annual general meeting of the Royal Astronomical Society. — 1955 Febr. 11.

Obs **75** 201. The Royal Astronomical Society at Glasgow.

Obs **75** 202—211. Meeting of the Royal Astronomical Society at Glasgow. — Enthält im besonderen einen Bericht über das Kolloquium zum Problem der Sternbildung.

1121. **Royal Astronomical Society of Canada**

J RAS Canada **49** 76—91. Annual meeting.

J RAS Canada **49** 137. Minutes of annual meeting of the Royal Astronomical Society of Canada. F. L. Troyer.

1122. **Royal Astronomical Society of New Zealand**

Southern Stars **16** 87—88. The annual meeting of 4th December, 1954.

Southern Stars **16** 143—151. Report of the Council for the year ended 1955, September 30. Reports of Sections.

1123. **Schweizerische Astronomische Gesellschaft**

Orion Schaffhausen **4** 402. Die S. A. G. wird größer.

Orion Schaffhausen **4** 432—438, mit 3 Abb. (deutsch und französisch). Bericht über die 13. Generalversammlung der Schweizerischen Astronomischen Gesellschaft in Arbon am 14./15. Mai 1955. E. Maier.

Orion Schaffhausen **4** 439—441, mit 1 Abb. Aus dem Jahresbericht 1954 des Generalsekretärs.

1124. **Sociedad Astronómica de México**

El Universo Nr. 30 S. 3. Actividades de la Sociedad.

El Universo Nr. 31 S. 53—54, Nr. 32 S. 123—124. Actividades de la Sociedad.

1125. **Société Astronomique de France**

BSAF **69** 268—274. Assemblée générale annuelle de la Société Astronomique de France du 15 juin 1955.

BSAF **69** 287—292. La vie de la Société Astronomique de France (1954—1955). G. C. Flammarion.

1126. **Société Belge d'Astronomie, de Météorologie et de Physique du Globe**

Ciel et Terre **71** 116—119. Assemblée générale statutaire du 12 mars 1955. E. Hoge, M. Nicolet.

1127. **Société Chronométrique de France**

Ann. Françaises Chronométrie (2) **25** 41—43. Assemblée générale du 30 septembre 1954. A. Donat.

Ann. Françaises Chronométrie (2) **25** 259—262, mit 1 Fig. Assemblée générale de la Société Chronométrique de France à Morteau et Villers-Le-Lac 4 et 5 juin 1955.

1128. **Société Suisse de Chronométrie**

Ann. Françaises Chronométrie (2) **25** 25—26. XXIXe assemblée générale 29 et 30 mai 1954 à La Chaux-de-Fonds.

Ann. Françaises Chronométrie (2) **25** 275. Société Suisse de Chronométrie. XXXe assemblée générale 21 et 22 mai 1955 à Genève.

1129. **Svenska Astronomiska Sällskapet**

PAT **36** 69—70. Svenska Astronomiska Sällskapet. Styrelsens berättelse för år 1954. B. Lindblad, Å. Wallenquist.

1130. **C. Agostinelli,** Magneto-idrodinamica cosmica. Confer. Sem. Mat. Univ. Bari Nr. 8, 16 S. — Bericht.

1131. **L.-T. Chi,** Mitteilung über die wissenschaftliche Tätigkeit in der UdSSR. Acta Astr. Sinica **3** 305—311 (chinesisch).

1132. **D. Chilton,** The navigation collection at the Science Museum. J. Inst. Navigation **8** 358—365, mit 2 Tafeln.

1133. **L. D. Crowley,** Third anniversary report. Sky and Telescope **14** 103. — Bericht der Amateurastronomen von Seattle.

1134. **M. J. Gann,** Columbus amateurs. Sky and Telescope **14** 464—465.

1135. **R. Hayward,** News in brief from the Belfast Centre. Irish AJ 3 157—158.

1136. **A. Jahn,** 5 Jahre Berliner Arbeitsgemeinschaft für Veränderliche Sterne. VdS Nachrichtenblatt 4 60—61.

1137. **H. H. Koelle,** Astronautical activities in Germany. J. British Interplanetary Soc. **14** 121—133, mit 7 Fig.

1138. **K. E. Patterson,** Beloit Society conducts Rotary Club programs. Sky and Telescope **14** 284.

1139. **E. Pohl,** 5 Jahre BAV. BAV-Rundbrief **4** Nr. 2 S. 7—8.

1140. **R. L. Pumfery,** Michigan Society active. Sky and Telescope **14** 284—285.

1141. **W. Stein,** Olbers-Gesellschaft e. V., Bremen. VdS Nachrichtenblatt **4** 25—26.

1142. **J. S. Stith,** Richmond juniors organized. Sky and Telescope **14** 141.

1143. **A. Thomson,** Making your own Telescope. Vgl. AJB **47** Ref. **1105**. — Weitere Besprechung in Urania Barcelona **40** 257.

1144. **H. E. Wickes,** Roanoke Society formed. Sky and Telescope **14** 141.

1145. Fachsektionen der deutschen Liebhaberastronomen. Astr. Nachr. Berlin-Treptow **7** 35—36.

1146. The Society for Visiting Scientists. JBAA **65** 138.

1147. Institute of Navigation. Record: eight annual general meeting. J. Inst. Navigation **8** 78—82.

1148. Notes from the National Research Council, Division of Radio and Electrical Engineering. J RAS Canada **49** 158—160.

1149. Fifty-third annual report for the year ending January 31, 1955. Nantucket, Mass., Memorial House, 1955. 45 S. mit Bild von Maria Mitchell. — Bericht der Nantucket Maria Mitchell Association.

1150. Commonwealth Scientific and Industrial Research Organization, Australia. Report for the year 1953—54. Nature **176** 540—543.

1151. Asociación de Aficionados a la Astronomía del Uruguay. Rev. Astr. Nr. 133 S. 86.

1152. Nueva sociedad astronómica en nuestro país. Rev. Astr. Nr. 135 S. 164. — Gründung einer Gesellschaft in San Salvador de Jujuy.

1153. Centro di studio per l'astrofisica. Attività svolta durante gli anni 1953 e 1954. Ric. Sci. **25** 1373—1385. — Bericht über die Forschungstätigkeit des Zentrums für Astrophysik des Nationalen Forschungsrats in den Jahren 1953 und 1954. Für Arcetri berichtet G. Righini, für Asiago L. Rosino und für Milano-Merate F. Zagar. Ein Verzeichnis der Veröffentlichungen ist beigegeben. Cester

1154. Chicago societies merge. Sky and Telescope **14** 419.

1155. The Astronomical League. Sky and Telescope **15** 16.

1156. Meteor Committee Session. YC 1304 S. 5—10, mit 1 Fig.

1157. Über den Zustand und die Hauptrichtungen der weiteren Entwicklung der wissenschaftlichen Tätigkeit der Akademie der Wissenschaften der Armenischen Sowjetrepublik. Bote Akad. Wiss. UdSSR Nr. 9 S. 86—88 (russisch).

1158. Minutes of the section of astronomy, mathematics, and physics. Virginia J. Sci. **5** 243—253, 1954. — Ref. in RJ Astr. Geod. UdSSR 1956 Nr. 3 S. 6.

1159. Standing Advisory Board for Astronomy. Indian J. Meteorol. Geophys. **6** 188. — Ref. in RJ Astr. Geod. UdSSR 1956 Nr. 8 S. 4.

1160. Het Nationaal Fonds voor Wetenschappelijk Onderzoek in 1952—1953. Laboratorium voor Radioastronomie. Naturwet. T. **35** 183, 1954 (flämisch). — Ref. in RJ Astr. Geod. UdSSR 1956 Nr. 3 S. 5.

1161. Über die Gründung des Meteoriten-Komitees. Nachr. Akad. Wiss. Turkmen. Sowjetrepublik Nr. 6 S. 92 (russisch). — Ref. in RJ Astr. Geod. UdSSR 1956 Nr. 9 S. 4.

Tagungen

* * Publikationen der dritten Konferenz über Fragen der Kosmogonie vom 14.—15. Mai 1953. Die Entstehung der kosmischen Strahlung. Vgl. Ref. **12742**.

1162. Publikationen der fünften Meteoritenkonferenz. Meteoritika Nr. 13, 176 S. mit zahlreichen Fig. (russisch). — Die Tagung wurde vom Meteoritenkomitee der Akad. Wiss. UdSSR organisiert und fand vom 1. bis 4. Juni 1953 in Moskau statt. Inhalt: Programm, S. 5—8; W. G. Fessenkow, Fortschritte der Meteoritik 1952, S. 9—14; E. K. Gerling, K. G. Rik, Über das Vorkommen des Argons in Meteoriten, S. 15—18; A. G. Starkowa, Der Gehalt radioaktiver Elemente in Meteoriten, S. 19—32; W. G. Fessenkow, Die hauptsächlichen Forschungsrichtungen in der Meteoritik, S. 33—38; L. G. Kwascha, Über einige Aufgaben der petrographischen und mineralogischen Untersuchung von Meteoriten, S. 39—46; E. L. Krinow, Einige besonders wesentliche Aufgaben hinsichtlich der Erforschung der Fallbedingungen von Meteoriten, S. 47—48; E. L. Krinow, Morphologische Untersuchung von Meteoriten, S. 49—64; N. N. Sytinskaja, Photometrische und kolorimetrische Untersuchungen von Meteoriten und ihrer Schmelzkruste, S. 65—75; L. A. Katassjow, Einige Daten über Meteorite und der Zusammenhang meteorischer Körper mit anderen Körpern des Sonnensystems, S. 76—85; N. N. Sytinskaja, Über die Bahn des Tungusischen Meteoriten, S. 86—91; K. A. Ljubarskij, Untersuchung der Fallverhältnisse des Steinmeteoritenregens Wengerowo, S. 92—103; S. S. Fonton, Über den Fall des Steinmeteoriten Sawetnoje, S. 104—109; S. S. Fonton, Untersuchung der Bewegung des Boliden vom 13. Juli 1952, S. 110—114; A. A. Jawnel, Über die Größe der End-Fallgeschwindigkeit des Sichoté-Aliner Meteoriten, S. 115—122; T. L. Stisson, Die Meteoritensammlungen der Sowjetunion, S. 123—124; S. W. Majewa, Theoretische Kometenradianten und ihre Bestätigung durch Beobachtungen, S. 125—126; P. N. Tschirwinskij, Die Einheitlichkeit der Verteilung des Phosphors in Phosphid- und Phosphatform im mittleren Chondrit, S. 127; G. G. Bergman, Bestimmung des Nickelgehalts einiger Eisenmeteorite der Sammlung der Akad. Wiss. UdSSR, S. 128—132; I. A. Judin, Mineralographische Untersuchung des Steinmeteoriten Perwomajskij Possjolok, S. 133—142; I. A. Judin, Die Schmelzkruste des Steinmeteoriten Kunaschak, S. 143—146; K. P. Massalskaja, Literaturverzeichnis zur Meteoritik. 3. Ausgabe (1951—1952), S. 147—174. Loh.

1163. Co-ordination of Galactic Research. Herausgegeben von A. Blaauw. International Astronomical Union Symposium Nr. 1, held at Groningen, 22—27 June 1953. New York, Cambridge University Press, 1955. 8 + 59 S. Preis 7s. 6d. bzw. $ 1.50. — Besprechung in Ann d'Astrophys **18** 234—235 (D. Barbier), JBAA **66** 113, J RAS Canada **50** 41—42, Nature **176** 847—848 (R. O. Redman), Obs **76** 31 (R. H. Garstang), Sky and Telescope **14** 425, ZfA **38** 217—218 (O. Heckmann).

1164. Principes fondamentaux de classification stellaire. Colloques Internationaux du Centre National de la Recherche Scientifique, 55. Paris, Services des Publications, 1955. 190 S. Preis ffr. 1200. — Besprechung in Ann d'Astrophys **18** 320 (R. Cayrel), Ciel et Terre **72** 87—88 (P. Ledoux), J RAS Canada **50** 184, Obs **76** 113 (R. H. Garstang), Phys. Ber. **35** 1290 (V. Weidemann), Publ ASP **67** 364, Sky and Telescope **15** 31, Sterne **32** 36—37 (W. Wenzel).

1165. Gas Dynamics of Cosmic Clouds. A symposium held at Cambridge, England, July 6—11, 1953. Herausgegeben von J. M. Burgers, H. C. van de Hulst. I.A.U. Symposium Series Nr. 2. Amsterdam, North Holland Publishing Company, 1955. 12 + 247 S. mit Abb. und Tafeln. Preis fl. 19 bzw. $ 5.75. — Besprechung in AN **282** 284—285 (L. Oetken), Ann d'Astrophys **18** 235 (E. Schatzman), BSAF **69** 356, ZfA **38** 71—72 (A. Unsöld). — Inhalt: Preface, S. VIII—XII; G. I. Taylor, Opening address, S. 1—2; R. Minkowski, The observational background of cosmical gasdynamics, S. 3—12; A. Blaauw, Extragalactic stellar systems, S. 13—19; J. H. Oort, Information on velocity and density distribution in the interstellar gas derived from absorption lines and 21-cm radiation, S. 20—26; B. J. Bok, Photographic studies of southern emission nebulae, S. 27—28; D. Hoffleit, Observational features in Carina of interest for dynamical theories of interstellar clouds and stellar evolution, S. 29—34; B. J. Bok, C. M. Wade, A preliminary classification system for Hα-emission nebulae, S. 35—36; G. Schajn, Certain peculiar structures in interstellar clouds, S. 37—38; A. D. Thackeray, Characteristics of some diffuse nebulae in the Magellanic Clouds, S. 39—41; H. C. van de Hulst, A survey of problems and suggested solutions, S. 42—45; A. Schlüter, The electrical conductivity of the interstellar gas, S. 46—50; Discussion on electrical conductivity in gas dynamics, S. 51—54; M. P. Savedoff, The energy balance of the interstellar medium, S. 55—59; F. D. Kahn, The heating and cooling of interstellar gas clouds, S. 60—69; H. Zanstra, On the formation of condensations in a gaseous nebula, S. 70—74; M. J. Seaton, The forbidden line spectra of gaseous nebulae, S. 75—81; Discussion on condensation and temperature regulation in interstellar gas clouds, S. 82—84; A. Kantrowitz, Experiments on the radiation and ionization produced by strong shock waves, S. 85—96; Discussion on shock waves and rarefied gas dynamics, S. 97—105; R. Minkowski, Radiative and collisional excitation, S. 106—110; Discussion on luminous edges and collisional excitation, S. 111—114; F. D. Kahn, The collision of two highly ionized clouds, S. 115—116; G. K. Batchelor, Turbulence and magnetic fields, S. 117—120; M. J. Lighthill, The effect of compressibility on turbulence, S. 121—130; G. Courtès, Internal motion observed in emission regions, S. 131—133; Discussion on the measurement of turbulence in nebulae, S. 134—136; L. Biermann, Remarks concerning interstellar magnetic fields, S. 137—140; Discussion on interstellar magnetic fields, S. 141—143; A. Schlüter, Preliminary remarks on the dynamics of the interstellar medium, S. 144—146; J. H. Oort, Outline of a theory on the origin and acceleration of interstellar clouds and O-associations, S. 147—158; Discussion on the expansion of cosmic clouds and on luminous fronts, S. 159—162; E. Schatzman, F. D. Kahn, On the motion of H I and H II regions, S. 163—166; C. F. v. Weizsäcker, Problems connected with the origin of spiral arms, S. 167—171; S. v. Hoerner, Contribution to the turbulence theory of galaxies, S. 172—174; D. W. Sciama, A model for the formation of galaxies, S. 175—177; Discussion on turbulence in galaxies, S. 178—180; F. Hoyle, On contraction in cosmic gaseous masses, S. 181—185; W. H. McCrea, Motion of stars through clouds: Accretion, S. 186—192; E. Schatzman, Etude physique de l'accrétion, S. 193—205; General discussion on accretion progresses, S. 206—211; L. Biermann, On the mass balance of the interstellar medium, S. 212—217; M. P. Savedoff, The relation between dust and gas in interstellar clouds, S. 218—220; B. J. Bok, Remarks on the constancy of the ratio between gas and dust in interstellar space, S. 221—227; J. M. Burgers, Summary of the aerodynamical aspects of the Symposium, S. 228—237; T. Gold, Concluding remarks on turbulence in the interstellar gas, S. 238—240; Final general discussion, S. 241—247.

1166. Proceedings of the National Science Foundation Astronomical Photoelectric Conference held at Lowell Observatory, Flagstaff, Arizona, August 31—September 1, 1953. Herausgegeben von J. B. Irwin. 6 + 122 S. mit Fig. — Besprechung in AJ **60** 17—32, RJ Astr. Geod. UdSSR 1956 Nr. 11 S. 16. — Inhalt: F. B. Wood, Eclipsing variables; H. L. Johnson, Magnitude and magnitude systems; D. L. Harris III, Color-magnitude arrays and color-system relations; A. D. Code, Wide- and narrow-band spectrophotometry; O. J. Eggen, Intrinsic variable stars; A. E. Whitford, Radiation detectors; G. E. Kron, Amplifying methods in astronomical photoelectric photometry; W. A. Baum, Photometry of faint objects; W. A. Baum, A photon counter; J. S. Hall, Differential methods and A. C. methods; W. A. Hiltner, Image tubes for astronomical purposes; J. Stebbins, On atmospheric extinction; J. S. Hall, Astronomical seeing; J. B. Irwin, Photometric quality of various sites; B. J. Bok, Conditions for photoelectric research at the Boyden and Agassiz Stations of Harvard Observatory; R. H. Stoy, Observing conditions in South Africa; A. R. Hogg, Observing conditions in Australia; L. Kaufold, P. H. Taylor, Relative magnitudes, extinction and brightness of the day sky at Flagstaff, Arizona; L. Goldberg, A. F. Linnell, Discussion of a possible cooperative telescope; B. J. Bok, Size and type of telescope for a photoelectric observatory; B. J. Bok, «Seeing» as a factor in the selection of a site for a photoelectric observatory.

1167. Publikationen (Trudy) der elften astrometrischen Konferenz der UdSSR in Pulkowo vom 24. bis 26. Mai 1954. Herausgegeben vom Astronomischen Hauptobservatorium Pulkowo. Leningrad, 1955. 269 S. mit zahlreichen Abb. und Tafeln. — Inhalt: Vorwort, S. 3; B. A. Orlow, Kurze Übersicht über die Arbeit der 11. astrometrischen Konferenz der UdSSR, S. 5—11; A. A. Michajlow, Eröffnungsansprache, S. 12—14; M. S. Swerew, On the progress of KSZ work, S. 17—21; J. Dick, Beobachtungstechnische Erfordernisse an einen Meridiankatalog schwacher Sterne, S. 22—38; A. N. Deutsch, W. W. Lawdowskij, N. W. Fatschichin, The Pulkovo catalogue of 1508 galaxies in 157 areas with declinations from +90° to −5°, selected for the determination of the proper motions of stars, S. 39—41; E. J. Bugoslawskaja, D. K. Karimow, W. W. Podobed, K. N. Jachontow, The direct reference of the Catalogue of Faint Stars (KSZ) to extragalactic nebulae, S. 42—54; G. Demetrescu, The work of the Bucharest Observatory on the Catalogue of Faint Stars, S. 55—57; A. A. Nefedjewa, Declinations of the fundamental stars of the KSZ determined with the meridian circle of the Engelhardt Observatory, S. 58—61; W. W. Konin, A. K. Korol, Investigations made with the vertical circle of the Main Astronomical Observatory of the Ukraine, S. 62—69; D. Brouwer, The objective grating in photographic astrometry with wide-angle cameras, S. 70—77; N. S. Samojlowa-Jachontowa, The observations of minor planets for the orientation of the Catalogue of Faint Stars, S. 78—82; M. S. Swerew, A. A. Nemiro, K. N. Tawastscherna, The Pulkovo program for absolute observations of fundamental bright stars, S. 83—108; A. A. Nemiro, The Pulkovo fundamental catalogue of α (Pu α1), S. 109—114; P. Bourgeois, La réobservation des déclinaisons des 499 étoiles du Service International des Latitudes au cercle méridien Askania de l'Observatoire Royal de Belgique, S. 115—119; E. Rybka, The work of the Wrocław Observatory on the Catalogue of Faint Stars, S. 120—123; M. S. Molodenskij, Chandler's period and the structure of the earth's core, S. 124—127; A. A. Jakowkin, The coordinates of the lunar crater Mösting A, referred to the center of the moon's mass, S. 128—132; N. N. Parijskij, The internal deformations of the earth and the irregularities of its rotation, S. 133—140; E. Buchar, The application of instruments without a spirit-level to the determination of star positions, S. 141—144; B. Sternberk, The use of an electronic valve for receiving time signals of distant stations, S. 145—146; W. E. Brandt, The determination of clock corrections by the photoelectric method, S. 147—151; A. Danjon, La détermination du temps et de la latitude à l'aide de l'astrolabe impersonnel, S. 152—157; N. N. Pawlow, Temperature effects in astronomical observations, S. 158—160; L. A. Sucharew, The Pulkovo horizontal meridian instrument, S. 161—167; G. K. Zimmerman, Refraction in the tube of the vertical circle, S. 168—171; W. P. Linnik, The interferometer astrometrical instruments of the Pulkovo Observatory, S. 172—174; A. A. Michajlow, The polar tube of the Pulkovo Observatory, S. 175—177; S. N. Axentjewa, Leben und Tätigkeit Alexander Jakowlewitsch Orlows (1880—1954), S. 178—182; B. A. Orlow, Alexandre Iakovlévitch Orlov (1880—1954), S. 182—184; S. W. Romanskaja, W. I. Sacharow, I. F. Korbut, Fifty years of observations with the Pulkovo zenith-telescope (1904—1954), S. 185—192; J. J. Witkowski, The latitude service in Poland, S. 193—195; E. P. Fedorow, The investigations of latitude in the USSR and preparatory work for the International Conference on Latitude problems, S. 196—198; W. McClenahan, The photographic zenith-tube, S. 199—204; V. E. Hollinsworth, A program machine for the automatic operation of the photographic zenith telescope, S. 205—210; A. N. Deutsch, The reference of the Catalogue of Faint Stars (KSZ) to galaxies on photographs taken with astrographs of small field, S. 213—220; B. A. Orlow, The dependence of refraction on the spectral class of the stars, S. 221—225; W. I. Sacharow, Some results of latitude observations with the Pulkovo zenith-telescope from 1948.8 to 1954.8, S. 226—236; D. J. Belozerkowskij, Corrections for the motion of the pole in time service, S. 237—239; S. W. Drosdow, The catalogues of the declinations of stars of the Poltava zenith program, S. 240—242; G. G. Jermolajew, The magnitude equation $\Delta\delta_m$ of the Boss General Catalogue in the equatorial zone (+1° to −2°), S. 243—245; A. I. Konstantinow, The influence of errors in the right ascensions of the FK3 stars on the determination of time, S. 246—252; W. W. Podobed, The investigation of pivots with an indicator, S. 253—258; Instructions for the photographic observations of minor planets to be used for reference to the Catalogue of Faint Stars (KSZ), S. 261—262; Resolutions, S. 263.

1168. Meteors. Ein Symposium über die Physik der Meteore. Special Supplement J. Atmosph. Terr. Phys. Nr. 2. Herausgegeben von T. R. Kaiser. London-New York, Pergamon Press Ltd., 1955. 7 + 204 S. mit 74 Fig. Preis 55 s. bzw. $ 8.50. — Besprechung in J RAS Canada **50** 266—267, Obs **76** 35 (J. G. Porter), Phys. Blätter **12** 281 (H. Siedentopf), Proc. Phys. Soc. (B) **69** 1067 (J. E. Baldwin), Sky and Telescope **15** 130, **16** 26—27 (P. M. Millman), Weltraumfahrt **6** 128, Z. Naturforschung **11a** 885 (H. Siedentopf). — Verschiedene Arbeiten sind in den entsprechenden Paragraphen einzeln aufgeführt.

1169. Les particules solides dans les astres. Communications présentées au sixième Colloque International d'Astrophysique tenu à Liège les 15, 16 et 17 juillet 1954. Mit einer Einleitung von P. Swings. Mém. in-8° Soc. Roy. Sci. Liège (4) **15**, 687 S. mit Fig. = Inst. d'Astrophys. Univ. Liège Mém. 8° Nr. 368. — Besprechung in AJ UdSSR **32** 198—200 (G. A. Schajn, russisch), Ann d'Astrophys **18** 317—320 (R. Herman), Bote Akad. Wiss. UdSSR Nr. 1 S. 103 (russisch), Bull. Cl. Sci. Acad. roy. Belgique (5) **41** 698—699 (P. Swings), Fragen der Kosmogonie **4** 277—288, vgl. Ref. **5431** (E. K. Charadse), Irish AJ **3** 86 (E. Öpik), Phys. Ber. **34** 2098 (V. Weidemann), Postępy Astr. **3** 149—157 (E. Rybka), Urania Kraków **26** 303. — Die einzelnen Beiträge sind in den entsprechenden Paragraphen aufgeführt.

1170. Mixed Commission on the Ionosphere. Brüssel, Secrétariat Général de l'U. R. S. I., 1955. 238 S. Preis $ 6.00. — Besprechung in J RAS Canada **50** 186.

1171. Berkeley Conference Notes, 1954. Herausgegeben von R. Fleischer. Observatory of Rensselaer Polytechnic Institute, 1955. 265 S. — Besprechung in Sky and Telescope **14** 341.

1172. International Scientific Radio Union. Vol. **10**, Parts 3 and 5. Brüssel, Secrétariat Général de l'U.R.S.I., 1954. 194 bzw. 114 S. Preis $ 4.00 bzw. $ 2.50. — Besprechung in J RAS Canada **50** 186.

1173. The Physics of the Ionosphere. Report of the Physical Society Conference, held at the Cavendish Laboratory, Cambridge, September 1954. London, The Physical Society, 1955. 4 + 406 S. Preis 40s. — Besprechung in J. British Interplanetary Soc. **14** 17—20 (A. E. Slater), Nature **176** 731—732, Phys. Abstracts (A) **58** 740. — Einzelne Arbeiten sind in den entsprechenden Paragraphen aufgeführt.

1174. Proceedings of the National Science Foundation Conference on Stellar Atmospheres held at Indiana University, September 30, October 1 and 2, 1954. Herausgegeben von M. H. Wrubel. 6 + 183 S. mit Fig. — Inhalt: A. K. Pierce, Some observational techniques and basic data on stellar atmospheres; A. D. Code, Energy distribution of stars; Ref. in Phys. Abstracts (A) **58** 985; P. C. Keenan, Cyanogen bands as indicators of the relative opacities at 4200 A and 7900 A in atmospheres of cool stars; F. N. Frenkiel, On the spectrum of turbulence in the photosphere of the sun; R. N. Thomas, Comments on the structure of the chromosphere; O. Struve, The spectra of binary stars; J. L. Greenstein, Outline of projects connected with problems of stellar atmospheres; R. B. King, Fundamental experimental data; A. L. Floyd, R. B. King, Relative transition probabilities of the violet CN bands; Ref. in Phys. Abstracts (A) **58** 1008; K. H. Olsen, P. M. Routly, R. B. King, Relative «f» values of Ca I; Ref. in Phys. Abstracts (A) **58** 1008; M. H. Davis, P. M. Routly, R. B. King, Absolute «f» values of Cr I and Cu I; Ref. in Phys. Abstracts (A) **58** 1008; S. S. Penner, Line-strength determinations from relative intensity experiments; E. B. Turner, The use of a shock tube to obtain line broadening data; Ref. in Phys. Abstracts (A) **58** 1007; A. C. Kolb, The Stark broadening of spectral lines in high temperature, partially ionized gases; L. C. Green, The determination of atomic wave functions; L. H. Aller, The empirical determination of line strengths from stellar emission lines; J. G. Phillips, Summary of recent results and work in progress; B. Strömgren, Stellar atmospheres and line profiles; J. E. Milligan, L. H. Aller, The calculation of model atmospheres for hot stars; L. Doherty, L. H. Aller, Comment on the Stark broadening of $H\alpha$ in the sun; Ref. in Phys. Abstracts (A) **58** 985; A. B. Underhill, On the significance of the hydrogen-helium ratio determined from model atmospheres; Ref. in Phys. Abstracts (A) **58** 987; J. K. McDonald, Electronic computing machine methods applied to model stellar atmospheres; C. de Jager, On the influence of temperature inhomogeneities in the solar photosphere on the profiles of the hydrogen lines; with special reference to $H\alpha$; Ref. in Phys. Abstracts (A) **58** 985; P. Gathier, The influence of macro-turbulence on the temperature distribution in stellar atmospheres; K. O. Wright, Curves of growth and their applications to astrophysics; M. H. Wrubel, Idealized models and their curves of growth; K. O. Wright, Revised curves of growth for Alpha Persei and Epsilon Aurigae and a discussion of the solar curve of growth; S. S. Huang, Some remarks on the curve of growth; L. Goldberg, L. H. Aller, E. A. Müller, The abundances of the elements in the sun; O. C. Wilson, The atmospheres of giant and supergiant stars; H. A. Abt, The atmosphere of an RV Tauri variable; Ref. in Phys. Abstracts (A) **58** 987; A. McKellar, Some observational results on the spectra of late-type giant stars; C. Whitney, Recent work on Cepheid atmospheres; Ref. in Phys. Abstracts (A) **58** 987; M. Savedoff, Shock waves in Cepheid atmospheres.

1175. Ve Congrès International de Chronométrie. Paris, 1er au 5 octobre, 1954. Procès-Verbaux et Mémoires recueillis par P. Libessart et présentés par R. Baillaud. Vol. I. Besançon, Observatoire National, 1955. 426 S. — Besprechung in Ann. Françaises Chronométrie (2) **25** 51—69, mit 1 Fig. (R. Baillaud), CR **241** 1435, J. Phys. Radium **16** 68 S — 69 S (P. Mesnage), Phys. Blätter **11** 128—130 (B. Koch). — Verschiedene Beiträge sind in den entsprechenden Paragraphen aufgeführt.

1176. **J. A. Anderer,** North Central Region. Sky and Telescope **14** 410.

1177. **A. M. Bacharew,** Das fünfte Plenum der Kometen- und Meteorkommission in Stalinabad. Bull. Astr.-Geod. Ges. UdSSR Nr. 16 S. 43—46 (russsich). — Ref. in RJ Astr. Geod. UdSSR 1956 Nr. 3 S. 4.

1178. **W. J. G. Beynon,** Solar eclipses and the ionosphere. Nature **176** 947—948. — Bericht über ein Symposium der Royal Society in London vom 22.—24. August 1955.

1179. **B. J. Bok,** Jodrell Bank symposium on radio astronomy. Sky and Telescope **15** 21—27, mit 11 Fig.

1180. **E. M. Brewer,** Southwest Region. Sky and Telescope **14** 410.

1181. **R. Compte Porta,** Memoria de la I Exposición Balear de Astronomía y Ciencias Afines, seguida de un trabajo sobre Radioastronomía. Palma de Mallorca, 1955. 38 S. — Besprechung in Urania Barcelona **40** 257.

1182. **E. A. Dibaj, W. P. Schtscheglow,** Die fünfte, Probleme der Radioastronomie berührende, kosmogonische Konferenz. Astr Circ UdSSR Nr. 158 S. 26—27 (russisch). — Die Tagung fand vom 9.—12. März 1955 im Sternberg-Institut in Moskau statt.

1183. **F. Egger,** Zusammenkunft der Spiegelschleifer in Aarau am 10. Oktober 1954. Orion Schaffhausen **4** 352—354, mit 2 Abb.

1184. **E. Fazekas,** Joint regional convention in Louisville. Sky and Telescope **15** 69.

1185. **L. S. Galkin,** Konferenz über Probleme der Astrophysik. Astr Circ UdSSR Nr. 165 S. 22—23 (russisch). — Die Konferenz fand vom 19. bis 22. Sept. 1955 in der Filiale des Astrophys. Obs. Krim in Partisanskoje anläßlich ihrer Eröffnung statt. Loh.

1186. **J. Gauzit,** Le congrès de spectroscopie de Lund, l'éclipse de soleil et la visite aux observatoires de Tycho Brahé. BSAF **69** 159—161, mit 2 Fig.

1187. **S. Gordeladse,** Erweiterte Vollsitzung des Astronomischen Rats der Akademie der Wissenschaften der UdSSR zusammen mit der Abteilung der physikalisch-mathematischen, chemischen und geologischen Wissenschaften der Akademie der Wissenschaften der Ukrainischen Sowjetrepublik. Bote Akad. Wiss. Ukrain. Sowjetrepublik Nr. 5 S. 76—78 (ukrainisch). — Bericht über die Sitzung in Kiew vom 1.—4. Dezember 1954.

1188. **W. H. Haas,** The seventh convention of Western amateur astronomers. Strolling Astronomer **9** 67—70, mit 1 Fig.

1189. **C. Hoffmeister,** Konferenz über Meteor-Astronomie auf Schloß Smolenice, Slowakei. Sterne **31** 27—28.

1190. **C. H. Holton,** Southeast convention held in Decatur. Sky and Telescope **14** 335.

1191. **H. C. van de Hulst,** Cosmic ray conference in Mexico. Sky and Telescope **15** 63.

1192. **H. C. van de Hulst,** Internationale conferentie over kosmische straling. Hemel en Dampkring **53** 201—202.

1193. **G. M. Idliss,** Die Auswärtstagung des Astronomischen Rates der Akademie der Wissenschaften der UdSSR über die Entwicklung der Astronomie in Kasachstan. Bote Akad. Wiss. Kasach. Sowjetrepublik Nr. 9 S. 85—87 (russisch). — Ref. in RJ Astr. Geod. UdSSR 1956 Nr. 4 S. 5.

1194. **W. Iwanowska, S. Piotrowski,** Sprawozdanie z konferencji kosmogonicznej w Moskwie w październiku 1954. Postępy Astr. **3** 115—122.

1195. **J. I. Jefremow,** Erstes Plenum der Kommission für Stellarastronomie. AJ UdSSR **32** 474—476 (russisch). — Die Sitzung fand vom 16. bis 18. Mai 1955 in Moskau statt.

1196. **J. I. Jefremow,** Die elfte Konferenz der Erforscher veränderlicher Sterne der UdSSR. VS Bull **10** 67—72, mit 1 Tafel (russisch). — Die Tagung fand vom 24. bis 26. Mai 1954 im Anschluß an die Eröffnung der Sternwarte Pulkowo in Leningrad statt. Loh.

1197. **H. Joy,** Astronomers' exhibition at Reading. JBAA **65** 361—362, mit 2 Tafeln.

1198. **H. Kaminski,** 4. Amateur-Astronomentagung von Nordrhein-Westfalen. Sterne **31** 109—110.

1199. **F. Kettlewell,** Seventh annual convention of western amateur astronomers. Publ ASP **67** 362—363.

11100. **L. Kinsey,** Mid-States Region. Sky and Telescope **14** 410.

11101. **B. W. Kukarkin,** Die Erforschung instationärer Sterne. (Vierte Konferenz über Kosmogonie). Bote Akad. Wiss. UdSSR Nr. 2 S. 96—98 (russisch). — Ref. in RJ Astr. Geod. UdSSR Nr. 9, 1955; Ref. Nr. 3609.

11102. **N. P. Kukarkina,** Die vierte Tagung über Fragen der Kosmogonie vom 26.—29. Oktober 1954. Vgl. Ref. **5431**.

11103. **G. A. Lejkin,** Die dritte Konferenz über Fragen der Kosmogonie. Acta Astr. Sinica **3** 123—132 (chinesisch).

11104. **E. López López,** Resumen de la conferencia sobre platos voladores. El Universo Nr. 31 S. 55—57.

11105. **E. Mädlow,** Der Stuttgarter Tagungsbericht. VdS Nachrichtenblatt **4** 67—69. — Bericht über die Tagung der Vereinigung der Sternfreunde vom 30. 7. bis 1. 8. in Stuttgart.

11106. **W. H. McCrea,** Jubilee of relativity theory. Conference at Berne. Nature **176** 330—331.

11107. **H. W. Milner,** Western amateurs Yosemite convention successful. Sky and Telescope **15** 16.

11108. **P. Naslin,** Le deuxième congrès international de photographie et cinématographie ultra-rapides. Ann. Françaises Chronométrie (2) **25** 44—47.

11109. **F. I. Ordway III, H. E. Canney jr.,** World astronauts meet in Denmark. Sky and Telescope **15** 14—15, mit 4 Fig.

11110. **N. S. Orlowa,** Konferenz über die in Verbindung mit dem Beobachtungsplan der Opposition 1956 organisierte Erforschung des Mars. Astr Circ UdSSR Nr. 161 S. 24—25 (russisch).

11111. **P. P. Parenago,** Tagung der Kommission für Stellarastronomie (Erforschung des Aufbaues der Galaxis). Bote Akad. Wiss. UdSSR Nr. 8 S. 86—90 (russisch). — Ref. in RJ Astr. Geod. UdSSR 1956 Nr. 2 S. 6—7.

11112. **L. Perek,** Druhá konference o stelární astronomii. Časop. Českosl. ústavů astr. **5** 3—4. — Ref. in RJ Astr. Geod. UdSSR Nr. 11, 1955; Ref. Nr. 4647.

11113. **M. Plavec,** II. tschechoslowakische meteorische Konferenz in Smolenice. RH **36** 39—41, mit 2 Abb. (tschechisch).

11114. **A. Priem,** Bericht über die Zusammenkunft der Fachgruppenleiter Astronomie der Natur- und Heimatfreunde am 28. Mai 1955 in Leipzig. Sterne **31** 198—199.

11115. **G. Righini,** L'XI assemblea generale dell'Unione Radio Scientifica Internazionale (U. R. S. I.). L'Aja; 23 agosto — 2 settembre 1954. Mem SA It (NS) **26** 97—104 = Oss. e Mem. Oss. Astrofis. Arcetri Nr. 70.

11116. **W. S. Safronow,** Vollsitzung des Astronomischen Rates der Akademie der Wissenschaften der Sowjetunion und der Abteilung für physikalisch-mathematische, chemische und geologische Wissenschaften der Akademie der Wissenschaften der Ukrainischen Sowjetrepublik. AJ UdSSR **32** 302—304 (russisch).

11117. **W. S. Safronow,** Im Astronomischen Rat (Erweitertes Plenum des Rates in Kiew). Bote Akad. Wiss. UdSSR Nr. 3 S. 99—100 (russisch). — Ref. in RJ Astr. Geod. UdSSR Nr. 10, 1955; Ref. Nr. 4128.

11118. **W. S. Safronow,** Die Tagung zur Erforschung der veränderlichen Sterne vom 24.—26. Mai 1954. Vgl. Ref. **5431**.

11119. **W. W. Scharonow,** Sitzung zur Frage der Natur der Mondoberfläche. Bote Univ. Leningrad **10** 168—169 (russisch). — Ref. in RJ Astr. Geod. UdSSR 1956 Nr. 4 S. 5.

11120. **A. S. Scharow,** Sitzung des Astronomischen Rates der Akademie der Wissenschaften der UdSSR und des Astrophysikalischen Instituts der Akademie der Wissenschaften der Kasachischen Sowjetrepublik. AJ UdSSR **32** 472—474 (russisch). — Die vom 19. bis 22. April 1955 in Alma-Ata stattgefundene Tagung war in erster Linie der Entwicklung der Astronomie in Kasachstan gewidmet. Loh.

11121. **R. Sommer,** Die BAV-Zusammenkunft am 24. Juli 1955. BAV-Rundbrief **4** 28—29.

11122. **K. Steinmetz,** Rocky Mountain conference. Sky and Telescope **15** 68—69. — Bericht über das Treffen von Amateurastronomen in Denver, Colo. am 9. Sept.

11123. **K. Strnad,** III. tschechoslowakische Konferenz der Volkssternwarten. RH **36** 41—45, mit 1 Abb. (tschechisch).

11124. **M. Swerew, A. Nemiro,** Die internationale astrometrische Konferenz zur Organisierung der Beobachtungen der Anhaltssterne für den AGK 3. Astr Circ UdSSR Nr. 159 S. 31—32 (russisch).

11125. **M. S. Swerew, A. A. Nemiro,** Die Breitenkonferenz in Rom. Bote Akad. Wiss. UdSSR Nr. 2 S. 64—65 (russisch). — Ref. in RJ Astr. Geod. UdSSR 1956 Nr. 2 S. 6.

11126. **S. I. Syrowatskij,** Erörterung von Problemen der Kosmogonie. Bote Akad. Wiss. UdSSR Nr. 9. S. 82—94 (russisch). — Bericht über Vorträge vor der Abteilung der physikalisch-mathematischen Wissenschaften der Akad. Wiss. UdSSR vom 19.—20. Mai 1955. — Ref. in RJ Astr. Geod. UdSSR 1956 Nr. 7 S. 3.

11127. **N. N. Sytinskaja,** Beratung zur Frage über die Natur der Mondoberfläche. Astr Circ UdSSR Nr. 157 S. 24—25 (russisch).

11128. **A. Tschekirda,** Dritte Vollsitzung über Planetenphysik. Astr Circ UdSSR Nr. 161 S. 21—24 (russisch).

11129. **W. Wenzel,** Zweite Fachkonferenz Radioastronomie der Deutschen Akademie der Wissenschaften. Sterne **31** 100—102.

11130. **L. A. Witels,** Wissenschaftliche Tagung zum Problem «Sonne—Erde». Mitt. Geograph. Ges. UdSSR **87** 565—568. — Ref. in RJ Astr. Geod. UdSSR 1956 Nr. 9 S. 46—47.

11131. **Y. Yabu,** Joint Meeting of Comet and Meteor Committees. YC 1331 S. 2—10. — Vorläufiger Bericht über die Tagung in Kyoto, 1955 August 28.

11132. Symposium: Interrelations between gas, dust and stars. AJ **60** 146—149.

11133. Über die Ergebnisse der Konferenz über Kosmogonie. Bote Akad. Wiss. UdSSR Nr. 2 S. 86—87 (russisch). — Ref. in RJ Astr. Geod. UdSSR Nr. 9, 1955; Ref. Nr. 3611.

11134. Assemblée générale de l'Union Géodésique et Géographique Internationale (U. G. G. I.). Ciel et Terre **71** 255—272. — Bericht über die Tagung in Rom 1954 Sept. 14—25.

11135. Congresso di Astrofili in Brescia (9—10 ottobre). Coelum **23** 24—25.

11136. Colloquio d'astrofisica ad Asiago. Coelum **23** 149. — Bericht über das Kolloquium vom 30. Juli bis 1. August 1955.

11137. Conférence d'astrométrie, Bruxelles 28—30 mars 1955. Commun. Obs. Roy. Belgique Nr. 85, 42 S. mit 3 Fig.

11138. Proceedings of the conference on auroral physics. Herausgegeben von N. C. Gerson, T. J. Keneshea, R. J. Donaldson jr. Geophys. Research Papers Nr. 30, 21 S. mit 3 Fig. und 8 Tafeln, 1954.

11139. Bijeenkomst van Belgische amateurs te Gent. Hemel en Dampkring **53** 105.

11140. Symposium on geomagnetic activity and solar and terrestrial relationships. Indian J. Meteorol. Geophys. **6** 1—4. — Ref. in RJ Astr. Geod. UdSSR 1956 Nr. 11 S. 51.

11141. Japanese astronautical exhibition. J. British Interplanetary Soc. **14** 286.

11142. Conference on airglow and aurorae. J. Geophys. Res. **60** 368. — Belfast (Eire) 1955 Sept. 6—7.

11143. Resolution adopted at a meeting of the Board of Directors of the Barringer Crater Company on November 25, 1955, in Philadelphia, Pennsylvania. Meteoritics **1** 386.

11144. Sitzung über die Wiederbeobachtung der AG-Kataloge und die Revision des FK3. Mitt. AG 1954 S. 48—50.

11145. Exposicion Internacional de Astronomia. Mitt. Planetenbeobachter 8 40—41.

11146. The Johannesburg astronomical exhibition. MN ASSA **14** 9.

11147. Cambridge astronomical symposium. Nature **176** 864—865. — Bericht über ein Symposium über «Astronomical Seeing», das vom 12.—14. September 1954 in Cambridge stattfand.

11148. International cosmic ray conference. Mexico meeting. Nature **176** 1105—1106.

11149. Ausstellung «Himmelszeichen im Aberglauben des 16. Jahrhunderts». Orion Schaffhausen **4** 372.

11150. Magneto-hydrodynamics. Obs **75** 158—165. — Bericht über ein Kolloquium der Royal Society.

11151. A discussion on magneto-hydrodynamics. Under the leadership of E. Bullard. Proc. Roy. Soc. (A) **233** 289—406, mit 28 Fig. — Einige Beiträge verschiedener Autoren sind in den entsprechenden Paragraphen aufgeführt.

11152. Australian astronomers meet. Publ ASP **67** 51. — Treffen in Canberra 1954 Nov. 22—23.

11153. Yakima amateur astronomers. Publ ASP **67** 52. — Treffen 1954 Dez. 13.

11154. Tercera exposición de la Asociación Argentina Amigos de la Astronomía. Rev. Astr. Nr. 135 S. 144—157, mit 10 Fig.

11155. II. slowakische Konferenz der Liebhaberastronomen in Prešov. RH **36** 280 (slowakisch).

11156. Northeast regional convention in Troy. Sky and Telescope **14** 335.

11157. Highlights at Yosemite. Sky and Telescope **14** 410.

11158. Amateurs convene at Seattle. Sky and Telescope **14** 456—459, mit 7 Fig.

11159. Stellafane in 1955. Sky and Telescope **14** 502.

* * Planetarium conference. Vgl. Ref. **12112**.

11160. Variable star observers hold 44th fall meeting. Sky and Telescope **15** 68. — Bericht über die Tagung am 21. Okt. in Springfield, Mass.

11161. Memorial meeting of meteorite «Sasagase». TACL 1296 S. 3—4.

11162. II reunión plenaria del Comité Especial del Año Geofísico Internacional 1957—58. Roma, 30 septiembre—4 octubre 1954. Urania Barcelona **40** 17—148, mit 4 Fig.

11163. Komunikat Zarządu Głównego P. T. M. A. Urania Kraków **26** 88—92.

11164. Utworzenie Polskiego Towarzystwa Astronautycznego. Urania Kraków **26** 207.

11165. German Astronomical meeting. Vega **2** Nr. 28 S. 2. — Tagung der Sternfreunde in Stuttgart vom 30. 7.—1. 8. 1955.

11166. Colloquium on micrometeorite. YC 1341 S. 5—8.

§ 12

Sternwarten, Planetarien

1201. **Agassiz Station**

B. J. Bok, Conditions for photoelectric research at the Boyden and Agassiz Stations of Harvard Observatory. Vgl. Ref. **1166**, daselbst S. 29—30.

1202. **Alma-Ata**

W. G. Fessenkow, Die hauptsächlichsten wissenschaftlichen Leistungen des Astrophysikalischen Instituts der Akademie der Wissenschaften der Kasachischen Sowjetrepublik. (Astrophysikalisches Bergobservatorium). Mitt. Astrophys. Inst. Alma-Ata **1** Nr. 1—2 S. 3—24 (russisch).

M. G. Karimow, A. B. Delone, S. S. Obaschew, Beobachtungen der Sonnenkorona außerhalb von Finsternissen am Astrophysikalischen Institut der Akademie der Wissenschaften der Kasachischen Sowjetrepublik. Astr Circ UdSSR Nr. 157 S. 23—24 (russisch). — Kurzer Überblick über die Ende 1954 in Betrieb genommene Koronastation in 2600 m Höhe im Rayon des Großen Alma-Ata-Sees und Mitteilung der ersten Beobachtungen und des Beobachtungsprogramms. Loh.

D. A. Roshkowskij, Der 500-Millimeter Maxutow-Meniskusastrograph. Mitt. Astrophys. Inst. Alma-Ata **1** Nr. 1—2 S. 106—123, mit 8 Abb. und 3 Tafeln (russisch).

1203. **Ann Arbor**

Sky and Telescope **14** 372—373, mit 3 Fig. McMath-Hulbert spectrograph. — Ref. AAS.

1204. **Asiago**

M. G. Fracastoro, Ulteriori ricerche sul potere risolutivo dell' astrospettrografo di Asiago. Mem SA It (NS) **26** 237—255 = Contr. Oss. Astrofis. Asiago Nr. 58. — Drei verschiedene photographische Plattentypen und Spalte von 0.010 bis 0.180 mm wurden verwandt, um das Auflösungsvermögen des Doppelprisma-Spektrographen von Asiago zu prüfen. Die Zentralintensitäten einiger Linien des Sonnenspektrums auf Registrierungen mittels eines thermoelektrischen und eines photoelektrischen Mikrophotometers wurden gemessen. Die rascheste und grobkörnigste Platte zeigt die tiefsten Profile der Linien. Die beste Leistung des Spektrographen ergibt sich bei einer Spaltweite von 0.020 mm. Am Schluß wird auf den Vorzug des photoelektrischen Mikrophotometers hingewiesen. Cester

1205/6. **Athen**

J. E. Focas, Photographische Planetenbeobachtungen an der Nationalen Sternwarte Athen. Vgl. Ref. **7009**.

1207. **Bjurakan**

L. Mirsojan, The Byurakan Observatory. JBAA **65** 357—359, mit 2 Tafeln.

1208. **Bloemfontein**

B. J. Bok, Conditions for photoelectric research at the Boyden and Agassiz Stations of Harvard Observatory. Vgl. Ref. **1166**, daselbst S. 29—30.

E. M. Lindsay, H. A. Brück, O. Heckmann, D. H. Menzel, B. Lindblad, P. Bourgeois, Boyden Station research to continue. Sky and Telescope **14** 359, 373.

BAA Circ 364. Bloemfontein Observatory.

Irish AJ **3** 204—205. Announcement concerning the Boyden Station.

1209. **Bologna**

M. Baruzzi, Moto conico della torre universitaria rilevato con lo specchio a tasselli. Pubbl. Oss. Astr. Univ. Bologna **6** Nr. 8 S. 17—24, mit 2 Fig. — Nach einem Hinweis auf Arbeiten von verschiedenen Autoren über die periodische Bewegung der Gebäude infolge der von den Sonnenstrahlen verursachten Erwärmung der Mauern untersucht Verf. die Bewegung des Turmes, in den das Mosaik-Teleskop eingebaut wurde. Cester

G. Horn-d'Arturo, Il compiuto specchio a tasselli di metri 1.80 d'apertura collocato nella torre dell' Osservatorio astronomico universitario di Bologna. Coelum **23** 65—68, mit 1 Fig. und 4 Tafeln. — Verf. berichtet über die Geschichte der Konstruktion seines Mosaik-Teleskops seit 1932, dessen Öffnung heute 1.80 m beträgt und mit welchem schon über 8000 Platten der Zone 44° 10′ und 44° 50′ aufgenommen wurden. Verf. plant, die ganze Himmelszone über Italien durch zehn solcher Teleskope zu bedecken und ein neues Teleskop von 5 m Öffnung in der Grotte von Castellana (Bari) zu bauen. Cester

G. Horn-d'Arturo, Lo specchio a tasselli di metri 1.80 d'apertura collocato nella torre dell'Osservatorio Astronomico Universitario di Bologna. Pubbl. Oss. Astr. Univ. Bologna **6** Nr. 6 S. 1—8, mit 3 Fig. und 4 Tafeln. — Verf. beschreibt sein Mosaik-Teleskop, das jetzt, in fortschreitenden Stufen, die Öffnung von 1.80 m mit 61 hexagonalen Einzelspiegeln erreicht hat. Verf. weist auf die Leistungen desselben und auf die Möglichkeit hin, zehn solcher zu bauen, um die 10°-breite Himmelszone über Italien zu überwachen. Er zitiert und kritisiert drei Projekte von Teleskopen ähnlicher Art von Hamilton und Johnson. Cester

G. Tabarroni, Il regolatore automatico del moto della lastra nel piano focale dello specchio a tasselli. Pubbl. Oss. Astr. Univ. Bologna **6** Nr. 9 S. 25—27, mit 3 Fig. — Beschreibung des automatisch regulierbaren Antriebsmotors des Plattenträgers des Mosaik-Teleskops der Sternwarte Bologna. Cester

1210. **Bonn**

F. Becker, Das neue Eifel-Observatorium der Bonner Sternwarte. Mitt. AG 1954 S. 51—56, mit 1 Tafel = Mitt. Univ.-Sternw. Bonn.

1211. **Breslau.** Siehe Wrocław.

1212. **Brorfelde**

K. Gottlob, Brorfelde før og nu. NAT 1955 S. 1—2, mit 1 Tafel. — Beschreibung eines Gemäldes des großen dänischen Malers J. Th. Lundbye (1818—1848), das die Gegend darstellt, in der jetzt eine Nebenstelle der Universitätssternwarte Kopenhagen errichtet wird. C. L. J.

1213. **Cambridge, Engl.**

M. Ryle, A. Hewish, The Cambridge radio telescope. Obs **75** 104—105. — Ref. RAS.

Nature **176** 286. Radio-astronomy at Cambridge.

1214. **Cambridge, Mass.**

J. Geophys. Res. **60** 367. Larger radio telescope for Harvard University.

Sky and Telescope **14** 267, mit 1 Fig. A 60-foot radio telescope for Harvard Observatory.

1215. **Catania**

G. Abetti, Annibale Riccò, l'Accademia Gioenia e l'Osservatorio Astrofisico di Catania. Boll. Accad. Gioenia Sci. nat. Catania (4) **3** 1—17 = Oss. Astrofis. Catania Pubbl. (NS) Nr. 1. — Verf. sprach anläßlich des Beginns des

131. Jahres der Akademie über die bedeutungsvolle Tätigkeit Riccòs in Catania auf den verschiedenen Gebieten der Astronomie und Geodäsie. Cester

M. G. Fracastoro, Per una nuova sede dell'Osservatorio astrofisico di Catania. Atti Accad. Gioenia Sci. nat. Catania (6) **10**, 22 S. mit 5 Fig. = Oss. Astrofis. Catania Pubbl. (NS) Nr. 2. — Um einen geeigneten Ort für das Astrophysikalische Observatorium ausfindig zu machen, wurden zahlreiche meteorologische Angaben von Wetterwarten im Gebiet von Catania eingeholt. Außerdem wurden Extinktionsmessungen in verschiedenen Punkten in drei Wellenlängen photoelektrisch durchgeführt. Die Vorteile der Höhenlagen sind im Sommer und Winter verschieden. Loh.

1216. **Córdoba**

Rev. Astr. Nr. 133 S. 86—87, mit Bild. Semana del Observatorio.
Rev. Astr. Nr. 135 S. 162—163, mit 2 Fig. Il Semana del Observatorio.

1217. **Cuyo**

C. U. Cesco, El Observatorio «Félix Aguilar» de la Universidad Nacional de Cuyo. Rev. Astr. Nr. 135 S. 122—125, mit 2 Fig.

1218. **Dublin**

Sky and Telescope **14** 491, 501. Dunsink Observatory — then and now. — Ref. in Coelum **24** 58—59.

1219. **Flagstaff**

L. Kaufold, P. H. Taylor, Relative magnitudes, extinction and brightness of the day sky at Flagstaff, Arizona. Vgl. Ref. **1166**, daselbst S. 31.

1220. **Fort Davis**

E. Lyttkens, Ett år vid Yerkes och MacDonaldobservatorierna. PAT **36** 49—55, mit 5 Fig. — Beschreibung der beiden Sternwarten. C. L. J.

1221. **Fredericton, N. B.**

J. E. Kennedy, Plaque unveiled on the first astronomical observatory in Canada. J RAS Canada **49** 151—155, mit 1 Fig.
J. E. Kennedy, The early days of the first astronomical observatory in Canada. J RAS Canada **49** 181—188, mit 2 Fig.
Sky and Telescope **14** 460. Canada's first observatory.

1222. **Golossejewo**

E. A. Gurtowenko, Untersuchung des 400 mm-Astrographen des Astronomischen Hauptobservatoriums der Akademie der Wissenschaften der Ukrainischen Sowjetrepublik. Kiew, Astr. Hauptobs., 1955 (russisch). — Dissertationsreferat.

A. K. Korol, Die systematische Veränderung der Biegung des Vertikalkreises im Laufe der Nacht. Astr Circ UdSSR Nr. 165 S. 4 (russisch). — Vom Vertikalkreis des Astr. Hauptobs. Golossejewo (Ojektivdurchmesser 19 cm, Fokuslänge 252 cm) bestimmte Verf. mittels horizontaler Kollimatoren im Verlaufe eines Jahres die Biegung b in Abhängigkeit von der Temperatur t am Instrument und von der seit Beobachtungsbeginn verflossenen Zeit $S—S_0$ in Stunden: $b = -0\rlap{.}''426 - 0\rlap{.}''0086 \times t + 0\rlap{.}''0676 \times (S—S_0)$; mittlere Fehler: $\pm 0\rlap{.}''034$, $0\rlap{.}''0019$, $0\rlap{.}''0097$. Loh.

1223. **Göttingen**

F. W. Jäger, Die neuen Gitter des Göttinger Turmteleskops. Mitt. AG 1954 S. 36. — Ref. AG.

1224. Greenwich

H. M. Smith, J. D. Pope, L'équipement actuel du service horaire de l'Observatoire Royal de Greenwich. Vgl. Ref. **1175**, daselbst S. 189—203, mit 9 Fig. — Überblick über die instrumentelle Entwicklung am Zeitinstitut in Abinger seit 1949. Die Hauptfortschritte betreffen die Quarzuhren selbst; diese sind an anderer Stelle beschrieben (vgl. AJB **53** Ref. **2321**). Daher hier Beschränkung auf die Beschreibung der Hilfsgeräte der Quarzuhren und der Apparate zur Übertragung von Radio-Zeitsignalen. Die Fortschritte betreffen hauptsächlich die wachsende Anwendung der Elektronik. Die Apparaturen für die Zeitbestimmung müssen im Stande sein, sehr lange ohne Unterbrechung zu funktionieren. Durch Benutzung von Röhren mit kalten Kathoden läßt sich, außer einer Erhöhung der Röhrenlebensdauer, eine erhebliche Verminderung des Energieverbrauchs erzielen. Go.

Nature **175** 798. Greenwich observations during 1953—54.

Rev. Astr. Nr. 137 S. 84. Nuevo telescopio gigante.

Sky and Telescope **15** 71—73, mit 7 Fig. Progress at Herstmonceux. — Ref. in Coelum **24** 90—91.

1225. Hamburg

H. Haffner, Die neue Hochvakuum-Anlage der Hamburger Sternwarte. Mitt. AG 1954 S. 38. — Ref. AG.

O. Heckmann, Der neue Schmidt-Spiegel der Hamburger Sternwarte. Mitt. AG. 1954 S. 57—60, mit 12 Tafeln.

O. Heckmann, The new Schmidt telescope of the Hamburg Observatory. Nature **176** 805—806, mit 1 Fig. — Ref. in Phys. Abstracts (A) **59** 89.

O. Heckmann, Hamburgs Observatoriums nya Schmidt-Spegel. PAT **36** 40—48, mit 12 Fig. — Allgemeinverständliche Beschreibung des neuen Schmidt-Spiegels der Hamburger Sternwarte. C. L. J.

O. Heckmann, The new Schmidt telescope of the Hamburg Observatory. Sky and Telescope **15** 10—12, mit 3 Fig. = Mitt. Sternw. Hamburg-Bergedorf **10** Nr. 99. — Ref. in Coelum **24** 90.

J. von der Heide, Die Zapfen des Meridiankreises (MK) der Hamburger Sternwarte. Mitt. AG 1954 S. 37. — Ref. AG.

1226. Heidelberg

A. Bohrmann, Die Heidelberger Sternwarte. Kosmos **51** 223—229, mit 13 Abb.

1227. Herstmonceux Castle. Siehe Greenwich

1228. Indianapolis

H. E. Crull, Indiana's new observatory and planetarium. Sky and Telescope **14** 404—406, mit 4 Fig. — Ref. in Coelum **24** 27.

1229. Johannesburg

J. Hers, P. C. Seligmann, The Union Observatory time and frequency transmissions. South African J. Sci. **51** 195—198. — Ref. in RJ Astr. Geod. UdSSR 1956 Nr. 2 S. 24.

1230. Józefosław

B. Kołaczek, Obserwatorium Astronomiczno-geodezyjne Politechniki Warszawskiej w Józefosławiu. Urania Kraków **26** 271, mit 1 Tafel.

1231. Kiel

F. Dröge, Die Radiosternwarte Kiel. ZfA **37** 125—131, mit 8 Abb. = Sonderdruck Sternw. Kiel.

1232. **Kislowodsk**

M. N. Gnewyschew, R. S. Gnewyschewa, Der Beginn regelmäßiger Beobachtungen der Sonnenkorona außerhalb von Finsternissen. Bull. Kommission Sonnenforschung Nr. 10 S. 60—62, 1954 (russisch). — Ref. in RJ Astr. Geod. UdSSR 1956 Nr. 1 S. 96.

1233. **Kraków**

J. Pagaczewski, Krakowskie Obserwatorium Astronomiczne. Urania Kraków **26** 24—25, mit 1 Tafel.

1234. **Krim**

P. P. Dobronrawin, Das Astrophysikalische Observatorium der Akademie der Wissenschaften der UdSSR auf der Krim. Moskau-Leningrad, Verlag Akad. Wiss. UdSSR, 1955. 88 S. mit Fig. Preis 3 R. 10 Kop. (russisch). — Besprechung in Priroda **45** Nr. 3 S. 123, RJ Astr. Geod. UdSSR 1956 Nr. 7 S. 2—3.

E. E. Dubow, Die automatische Führung des Koronographen des Astrophysikalischen Observatoriums auf der Krim. Mitt. Astrophys. Obs. Krim **13** 155—165, mit 6 Fig. (russisch). — Ausführliche Beschreibung einer Einrichtung, bei der ein Sonnenbild auf vier kreuzweise angeordnete Spalte fällt und mittels Photoelementen und Verstärkern Motoren in Gang setzt, die Ungenauigkeiten der Nachführung einschließlich der mit mittleren Perioden von 8—10 sec auftretenden zufälligen Refraktionsschwankungen automatisch ausgleichen, wobei ein Pendeln um die Null-Lage vermieden wird. Die Genauigkeit der Apparatur beträgt 1′. Das Sonnenbild des Koronographen wird über größere Zeitabschnitte auf wenige Bogensekunden genau festgehalten. Bei Kinoaufnahmen verursacht das Arbeiten des Mechanismus eine Bewegungsunschärfe von höchstens einigen hundertstel Millimetern. Petri

I. M. Kopylow, Der große Reflektor des Astrophysikalischen Observatoriums auf der Krim. Priroda **44** Nr. 4 S. 87—89, mit 1 Abb. (russisch). — Kurze Beschreibung des großen Reflektors, seiner Aufstellung, seiner Zusatzgeräte (Spektrographen) und des Turms. Loh.

A. B. Sewerny, The Crimean Astrophysical Observatory of Academy of Science USSR. AJ UdSSR **32** 477—488, mit 9 Fig. (russisch mit englischer Zusammenfassung).

A. B. Sewerny, Das Turmteleskop des Astrophysikalischen Observatoriums der Akademie der Wissenschaften der UdSSR auf der Krim. Mitt. Astrophys. Obs. Krim **15** 31—53, mit 15 Abb. und 2 Tafeln (russisch). — Beschreibung des Turmteleskops und seiner Zusatzeinrichtungen. Übersicht über das Beobachtungsprogramm: Magnetfelder der Sonnenflecken, Feinheiten des Sonnenspektrums und Aktivitätsherde. Loh.

A. B. Sewerny, Crimean Astrophysical Observatory. Sky and Telescope **14** 500—501, mit 2 Fig. — Ref. in Coelum **24** 58.

1235. **Kvistaberg**

Nature **176** 909—910. Photoelectric measurements at Kvistaberg Observatory, Sweden. — Ref. der in AJB **54** Ref. **1226** zitierten Arbeit von Å. Wallenquist.

1236. **Lausanne**

M. Fluckiger, Le chronographe de l'Observatoire de Lausanne. Orion Schaffhausen **4** 341—346, mit 4 Fig. — Es wird der Chronograph der Sternwarte in Lausanne beschrieben, der in folgenden Punkten bemerkenswert ist. Es können unabhängig voneinander drei Beobachter Signale geben. Damit der Beobachter sicher ist, daß sein Signal auf dem Registrierstreifen vermerkt ist, leuchtet eine Kontrollampe auf, wenn der Registrierstift den Streifen durchbohrt. Die Registrierungen bestehen in punktförmigen Durchbohrungen des Streifens, deren Ausdehnung unabhängig davon ist, wie lange der Kontaktknopf berührt wurde; der Mechanismus wird bei der ersten Berührung des Kontaktknopfes ausgelöst, und die entstandenen Durchbohrungen des Streifens gestatten eine sehr scharfe Ablesung. Zum Schluß wird noch eine einfache Vorrichtung zur Bestimmung der persönlichen Gleichung erklärt. Die ganze Apparatur erweist sich besonders nutzbringend bei Beobachtungen von langer Dauer, wie etwa bei der Registrierung des Verschwindens und Wiederauftauchens von Kratern bei einer Mondfinsternis. H. M.

Orion Schaffhausen **4** 396. Der Chronograph der Sternwarte Lausanne.

1237. **Mizusawa**

S. Yumi, Micrometer value of the international zenith telescope at Mizusawa. I. Results of the scale-pair observations. Publ. Latitude Obs. Mizusawa **2** 1—49, mit 4 Fig.

S. Yumi, Periodic, slight motions of the vertical axis and the horizontal axis of the zenith telescope. Vgl. Ref. **2523**.

1238. **Moskau**

A. Danjon, D. Chalonge, Inauguration de l'Observatoire de Pulkovo (Mai 1954). BSAF **69** 89—102, mit 4 Fig.

1239. **Mt. Hamilton**

J. F. Chappell, W. W. Baustian, Lick Observatory 120-inch album. Sky and Telescope **14** 178—185, 228—235, 268—274, mit 66 Fig. — Ref. in Coelum **23** 144.

O. Lindblad, Lick-Observatoriet av idag. PAT **36** 56—68, mit 12 Fig. — Beschreibung der Lick-Sternwarte. C. L. J.

S. Plakidis, Ein neuer Kyklop tritt auf die Bühne. Astr. Nachr. Athen **6** 17—19 (griechisch). — Bericht über das neue 3 m-Spiegelteleskop der Lick-Sternwarte. Mawridis

Las Ciencias **20** 776—777. El telescopio de 3 metros del Observatorio Lick.

Sky and Telescope **14** 175. A trip to Mt. Hamilton.

Sky and Telescope **14** 176—177, mit 3 Fig. The Lick 120-inch reflector. — Ref. in Coelum **23** 143.

Urania Kraków **26** 87—88. W budowie znajduje się nowy wielki teleskop.

1240. **Mt. Palomar**

Rev. Astr. Nr. 137 S. 83—84. Cincuentenario del Observatorio de Mount Wilson.

Sky and Telescope **14** 281. Caltech's radio astronomy project.

Urania Kraków **26** 86—87. Jeszcze o obserwatorium na Mt. Palomar.

1241. **Mt. Stromlo**

J. P. Hamilton, Official opening of the 74-inch reflector. J. Astr. Soc. Victoria 8 75—77.

1242. **Mt. Wilson.** Siehe Mt. Palomar

1243. **Neuchâtel**

W. Schuler, La lunette zénithale photographique de l'observatoire de Neuchâtel. Suisse Horlog. **69** 43—45, 1954. — Ref. in RJ Astr. Geod. UdSSR 1956 Nr. 2 S. 32.

1244. **Ostrowik**

J. Gadomski, Observatorium Astronomiczne w Ostrowiku. Urania Kraków **26** 233—234, mit 2 Fig.

1245. **Ottawa**

M. M. Thomson, The Ottawa photographic zenith telescope. Publ. Dominion Obs. Ottawa **15** 319—343, mit 14 Fig. — Das seit 1951 in Betrieb befindliche Instrument wird eingehend beschrieben. Der Tubus trägt am oberen Ende das Objektiv (Durchmesser 254 mm) und die dicht darunter befestigte Kassette. Zur Reflexion der vom Objektiv kommenden Strahlen auf die Kassette dient ein Quecksilberhorizont. Bei jedem Sterndurchgang werden symmetrisch zum Meridian vier Aufnahmen von je 20^s gemacht, wodurch Sterne bis 9^m—10^m erfaßt werden. Zwischen je zwei Expositionen wird das Objektiv samt Kassette um 180° gedreht; außerdem wird während der Exposition die Kassette der Sternbewegung nachgeführt. Auf der Platte erscheinen die vier Bilder in einem Rechteck angeordnet, dessen Ausmessung weitgehende Elimination der Instrumentalfehler und bequeme Auswertung ermöglicht. Durch einen besonderen Steuerapparat kann die Bedienung des Instruments stark automatisiert werden. Die Diskussion des erhaltenen Materials führt zu einem mittleren Fehler von $\pm 0\overset{s}{.}027$ eines Uhrstandes bzw. $\pm 0\overset{''}{.}29$ einer Polhöhe, resultierend aus einem Sterndurchgang. König

1246. **Oxford**

H. H. Plaskett, The Oxford 35 m solar telescope. MN **115** 542—549, mit 1 Fig. und 2 Tafeln = Commun. Univ. Obs. Oxford Nr. 52. — Das in Oxford neu errichtete Sonnenturmteleskop wird beschrieben und es werden die Resultate einer Prüfung nach der Hartmannschen Methode mitgeteilt. F. S.

1247. **Paris**

A. Danjon, L'astrolabe impersonnel de l'Observatoire de Paris. BA **18** 251—281, mit 13 Fig. und 4 Tafeln. — Untersuchung und Beurteilung des Prismenastrolabiums von Claude und Driencourt. Um es zu verbessern, muß es unpersönlich gemacht werden, und die Austrittspupillen müssen in Übereinstimmung gebracht werden. Dies wird ermöglicht durch die Anwendung eines Doppelbildpolarisationsmikrometers. Beschreibung, Gebrauchsanweisung und Justierung des unpersönlichen Astrolabiums von 6 cm Öffnung. Der Bau eines verbesserten Instruments von 10 cm Öffnung ist im Gang. Verf.

1248. **Philadelphia**

Sky and Telescope **14** 418. Flower and Cook Observatory. — Neubau bei Paoli, Pa.

1249. **Poznań**

Urania Kraków **26** 92—93, mit 1 Tafel. Obserwatorium Astronomiczne Uniwersytetu Poznańskiego.

1250. **Pulkowo**

Die Eröffnung des wiederaufgebauten Observatoriums von Pulkowo. Moskau-Leningrad, Verlag Akad. Wiss. UdSSR, 1955. 152 S. mit zahlreichen Tafeln. Preis 8 R. 75 Kop. (russisch).

B. K. Bagildinskij, Die Untersuchung des Teilungssystems des Pulkowoer Vertikalkreises von W. J. Struve. Leningrad, Astr. Hauptobs., 1955. — Dissertationsreferat (russisch).

A. N. Dadajew, Eröffnung des wiederaufgebauten Observatoriums Pulkowo. Mitt. Astr. Hauptobs. Pulkowo **20** Nr. 1 (154) S. 1—13, mit 5 Abb. (russisch).

A. Danjon, D. Chalonge, Inauguration de l'Observatoire de Pulkovo (Mai 1954). BSAF **69** 89—102, mit 4 Fig. — Ref. in Coelum **23** 146.

W. S. McClenahan, Re-opening of the Pulkovo Observatory Leningrad, U. S. S. R., May 20—22, 1954. J RAS Canada **49** 189—193.

A. Michajlow, The Pulkovo Observatory. Obs **75** 28—32.

E. Rybka, Otwarcie odbudowanego Obserwatorium Pułkowskiego. Urania Kraków **26** 33—39, mit 4 Tafeln.

J. Witkowski, Inauguracja Obserwatorium w Pułkowie i dwie konferencje astronomiczne. Postępy Astr. **3** 88—92.

Rev. Astr. Nr. 135 S. 162. Observatorio de Pulkova.

Rev. Astr. Nr. 137 S. 84. Observatorio de Pulkova.

1251. **Richmond Hill**

C. A. Chant, Astronomy in the University of Toronto. Vgl. AJB **54** Ref. **1240**. — Weitere Besprechung in JBAA **66** 75 (H. C. King).

1252. **Sacramento Peak**

Sky and Telescope **14** 460. Solar radio telescope.

1253. **Santa Cruz**

G. O. Wallbrecher, Observatory in Patagonia. Sky and Telescope **15** 61, mit 2 Fig. — Ref. in Coelum **24** 90. — Bericht über den Aufbau einer Beobachtungsstation der Sternwarte von La Plata in Santa Cruz. Das Hauptinstrument wird ein Repsoldscher Meridiankreis von 7.5 Zoll Öffnung sein. Die Beobachtungsstation ist nach Felix Aquilar benannt worden. Loh.

1254. **Skalnaté Pleso**

R. Šáškyová, Atmospherical conditions at Skalnaté Pleso. Contr. Astr. Obs. Skalnaté Pleso **1** 121—131, mit 4 Fig. (mit englischer und tschechischer Zusammenfassung).

1255. **Stalinabad**

A. W. Solowjow, Probleme der Stellarphotometrie am Observatorium Stalinabad. Nachr. Akad. Wiss. Tadshik. Sowjetrepublik (Naturwiss.) Nr. 8 S. 21—26, 1954 (russisch). — Ref. in RJ Astr. Geod. UdSSR 1956 Nr. 1 S. 6.

1256. **Stockholm**

L. Helander, A new telescope for the Stockholm Observatory. Vega **2** Nr. 30 S. 2.

1257. **Stonyhurst**

Vega **2** Nr. 29 S. 2. Stonyhurst College Observatory.

1258. **Tartu**

P. V. Mursepp, The Tartu Astronomical Observatory. JBAA **65** 236—240.

1259. **Taschkent**

C. R. Schakirowa, Der astronomische Längenunterschied der beiden Passageninstrumente des Astronomischen Observatoriums Taschkent. DAN Usbek. Sowjetrepublik Nr. 8 S. 9—12 (russisch mit usbekischer Zusammenfassung). — Ref. in RJ Astr. Geod. UdSSR 1956 Nr. 5 S. 10.

W. P. Schtscheglow, Zur Geschichte des Astronomischen Observatoriums Taschkent. Untersuchung der Breitenschwankung Taschkents. AJ UdSSR **32** 563—570, mit 2 Abb. (russisch mit französischer Zusammenfassung).

1260. **Trieste**

A. Abrami, B. Cester, Ricerche fotometriche. I. Il fotometro fotoelettrico stellare dell'Osservatorio Astronomico di Trieste. Oss. Astr. Trieste Nr. 265, 27 S. mit 12 Fig. — Beschreibung der Apparaturen des lichtelektrischen Photometers, das auf der Sternwarte Trieste gebaut wurde und mit einem 6291 Du Mont-Elektronenvervielfacher ausgerüstet ist. Vorläufig ist dieser am Reinfelder-Refraktor angebracht. Cester

1261. **Turku**

Y. Väisälä, Astronomisch-Optisches Forschungsinstitut der Universität Turku. Astr.-Opt. Soc. Nr. 1, 18 S. mit 7 Fig. = Astr.-Opt. Inst. Univ. Turku Informo Nr. 14 = Sonderdruck Astr. Obs. Helsinki.

1262. **Warschau**

L. Cichowicz, Zakład i Obserwatorium Astronomii Geodezyjnej Politechniki Warszawskiej. Urania Kraków **26** 120—121.

M. Kamieński, Obserwatorium Uniwersytetu Warszawskiego. Urania Kraków **26** 53.

1263. **Washington**

C. G. Abbot, The Smithsonian Institution. Leading operations of the Smithsonian Astrophysical Observatory, 1895—1955. Smithsonian Inst. Publ. Nr. 4222, 8 S.

J. Geophys. Res. **60** 367—368. New radio telescope for the Department of Terrestrial Magnetism, Carnegie Institution of Washington.

1264. **Williams Bay**

E. Lyttkens, Ett år vid Yerkes och MacDonaldobservatorierna. PAT **36** 49—55, mit 5 Fig.

1265. **Wrocław**

E. Rybka Obserwatorium Astronomiczne Uniwersytetu Wrocławskiego im. B. Bieruta we Wrocławiu. Urania Kraków **26** 151—152, mit 1 Tafel.

E. Rybka, Obserwatorium Astronomiczne w Białkowie (Filia Obserwatorium Wrocławskiego). Urania Kraków **26** 210, mit 1 Tafel.

1266. **Zi-Ka-Wei**

D.-K. Lo, Time service works in Zi-Ka-Wei Observatory. Acta Astr. Sinica **3** 275—291, mit 3 Fig. (chinesisch mit englischem Ref.).

1267. **Zô-Sè**

C.-S. Kuo, Spectroheliоscope of the Zô-Sè Observatory. Acta Astr. Sinica **3** 117—120, mit 4 Fig. (chinesisch).

1268. **B. J. Bok,** Seeing as a factor in the selection of a site for a photoelectric observatory. Vgl. Ref. **1166**, daselbst S. 32.

* * **J. Gauzit,** Le congrès de spectroscopie de Lund, l'éclipse de soleil et la visite aux observatoires de Tycho Brahé. Vgl. Ref. **1186**.

1269. **E. Guyot,** L'aménagement intérieur d'un observatoire horaire moderne. Suisse Horlogère **69** Nr. 4 S. 31—33, 1954. — Ref. in RJ Astr. Geod. UdSSR 1956 Nr. 1 S. 26.

1270. **Y. Hagihara,** International co-operation of Japanese astronomy. Scientia **90** 265—268.

1271. **C. Hoffmeister,** Astronomische Studienreise nach der Tschechoslowakischen Republik. Sterne **31** 41—46, mit 3 Abb.

1272. **A. R. Hogg,** Observing conditions in Australia. Vgl. Ref. **1166**, daselbst S. 30—31.

1273. **J. B. Irwin,** Photometric quality of various sites. Vgl. Ref. **1166**, daselbst S. 28—29.

1274. **M. G. Karimow,** Die Wahl des Ortes bei der Organisation von Beobachtungen der Sonnenatmosphäre. Bote Akad. Wiss. Kasach. Sowjetrepublik Nr. 1 S. 54—59 (russisch). — Ref. in RJ Astr. Geod. UdSSR 1956 Nr. 4 S. 57.

1275. **M. W. Makemson,** A visit to japanese observatories. ASP Leaflet Nr. 309, 8 S.

1276. **C. I. Moyer,** Silver Domes: Observatories of the World. Denver, Colo., Big Mountain Press, 1955. 174 S. Preis $ 6.00. — Besprechung in J RAS Canada **50** 43—44, Sky and Telescope **15** 31.

1277. **G. Reber,** Radio astronomy in Hawaii. Nature **175** 78—79. — Ref. in Phys. Abstracts (A) **58** 549—550, RJ Astr. Geod. UdSSR Nr. 9, 1955; Ref. Nr. 3868.

1278. **S. Saito,** Die klimatologische Auswahl des idealen Ortes für astronomische Beobachtungen. J. Meteorol. Res. **7** 1—15 (japanisch mit englischer Zusammenfassung). — Ref. in RJ Astr. Geod. UdSSR 1956 Nr. 8 S. 27.

1279. **K. Serkowski,** Wstępne wyniki obserwacji klimatologicznych wykonywanych w celu wyboru miejsca pod Centralne Obserwatorium Astronomiczne. Postępy Astr. **3** 71—81, mit 1 Fig. — An vier Orten (Ostrowik, Wola Rafałowska, Reducin, Mała Wieś), die 30 bis 60 km von Warschau entfernt sind, wurden die Bewölkung, die Luftfeuchtigkeit, die Windstärke, der Schein der Stadtbeleuchtung, die Bildqualität, die Extinktion, die Grenzsterngröße eines 45 mm Fernrohrs und die Sichtbarkeit der Milchstraße untersucht. Zur definitiven Auswahl sind weitere Beobachtungen nötig. Perek

1280. **R. H. Stoy,** Observing conditions in South Africa. Vgl. Ref. **1166**, daselbst S. 30.

1281. **K. Strnad,** Ten years of popular observatories in Czechoslowakia. RH **36** 97—101, mit 3 Abb. (tschechisch).

* * **M. F. Subbotin,** Die theoretische Astronomie in der UdSSR in den 30 Jahren von 1917—1947. Vgl. Ref. **1356**.

1282. **W. J. Wiśniewski,** Centralne Obserwatorium Astronomiczne. Urania Kraków **26** 259—263.

1283. **J. Witkowski,** Sprawy Centralnego Obserwatorium Astronomicznego Polskiej Akademii Nauk. Założenia planu badań naukowych. Postępy Astr. **3** 44—53. — In den nächsten fünf Jahren wird die Zentralsternwarte erbaut. Die Hauptaufgabe im Gebiet der Astrophysik und Stellarastronomie besteht in der Erforschung des physikalischen Zustandes und des chemischen Aufbaues der Sterne und interstellaren Materie vom Standpunkt der Evolution aus. Im Gebiet der Astrometrie wird sich die Sternwarte mit dem Anschluß der Positionen von schwachen Sternen an die außergalaktischen Nebel befassen, nebst Bestimmung von Positionen von Kleinen Planeten und Satelliten. Die geplanten Hauptinstrumente sind: ein Reflektor von 200 cm Durchmesser mit verschiedenen Spektrographen und Photometern, ein Schmidtspiegel 60/90/200 mit Objektivprismen von 4° und 2°, ein Doppelastrograph 40/206 und ein visueller Refraktor 50/1000. Perek

1284. **H. van Woerden,** Contact met meteoorwaarnemers in Zuid-Afrika. Meteoor **11** 17—18.

1285. **W. P. Zessewitsch,** Die schöpferische Zusammenarbeit der russischen und ukrainischen Astronomen. Publ. Univ. Odessa 1954 S. 173—186 (russisch). — Ref. in RJ Astr. Geod. UdSSR 1956 Nr. 2 S. 1.

1286. **W. Zonn,** W związku z 10-leciem rozwoju astronomii w Polsce Ludowej. Postępy Astr. **3** 95—97. — Die Entfaltung jeder Wissenschaft hat zwei Aspekte, die Vertiefung und die Verbreitung. Eine Vertiefung der Astronomie in Polen kann nur als eine Folge der Zusammenarbeit der Astronomen an einzelnen Sternwarten erreicht werden. Die Verbreitung der Astronomie in Polen hat ein hohes Niveau und kann mit dem Stand in allen anderen Ländern verglichen werden. Perek

1287. Merger of solar research activities. J. Geophys. Res. **60** 366. — Notiz über die Zusammenarbeit von Harvard Universität und Smithsonian Institution.

1288. The Joint European Southern Observatory expedition. MN ASSA **14** 78. — Begrüßung.

1289. Obserwatorium na forcie Skała. Urania Kraków **26** 309—310.

1290. **Privat- und Volkssternwarten**

American J. Phys. **23** 482—483. Visit to Sky Ridge Observatory. C. H. Gamble. — Ref. Am. Ass. Phys. Teacher.

Astr. Nachr. Berlin-Treptow **7** 57—60. Volkssternwarten — Schulsternwarten — Sternfreunde.

Astr. Nachr. Berlin-Treptow **7** 61. Archiv für Amateurastronomie. D. Wattenberg.

Astr. Nachr. Berlin-Treptow **7** 94. Eine neue Volks- und Schulsternwarte. — Wurde am 3. 12. 1955 in Neustadt (Sachsen) ihrer Bestimmung übergeben.

J RAS Canada **49** 231—234, mit 1 Fig. The Regina Astronomical Society, June 1955. J. Hodges.

MN **115** 182. Godlee Observatory (Curators, Manchester Astronomical Society).

MN **115** 182—183. Mr. R. Barker's Observatory, Cheshunt, Hertfordshire.

MN **115** 183. Dr. J. L. Haughton's Observatory, Charmouth, Dorset.

MN **115** 183. Mr. M. B. B. Heath's Observatory, Kingsteignton, S. Devon.

MN **115** 183. Mr. F. M. Holborn's Observatory, Peaslake, Surrey.

MN **115** 183. Mr. Patrick Moore's Observatory, East Grinstead, Sussex.

MN **115** 183. Mr. F. J. Sellers' Observatory, Muswell Hill, London.

MN **115** 183. Dr. W. H. Steavenson's Observatory, Cambridge.

MN **115** 184. Dr. H. P. Wilkins' Observatory, Bexleyheath, Kent.

MN **115** 184. Dr. R. L. Waterfield's Observatory, Ascot, Berkshire.

Sky and Telescope **14** 141. Albany, New York. E. Lifshin.

Sky and Telescope **14** 141. Miami public observing. A. P. Smith jr.

Sky and Telescope **14** 463. Peoria Academy of Science Observatory.

Sky and Telescope **15** 69. Ohio Observatory reopened. K. A. Bridgeman.

Sky and Telescope **15** 69. Dayton, Ohio.

Sky and Telescope **15** 69. Miami, Fla.

Sterne **31** 47—51, mit 6 Abb. Das Hauptinstrument der Volkssternwarte Recklinghausen. V. Dahlkamp.

Sterne **31** 105—107, mit 3 Abb. Neue Volkssternwarte in Bautzen (14°25′32″.8 ö. Gr. +51°10′37″.5). H.-J. Nitschmann.

Sterne **31** 107—108, mit 1 Abb. Volkssternwarte Reutlingen. J. Herrmann.

Sterne **31** 148—149, mit 3 Abb. Volkssternwarte Coburg. C. Hoffmeister.

Stuttgart, Schwäbische Sternwarte e. V., 1955. Aus der Arbeit der Stuttgarter Sternwarte 1950—1954. 18 S. mit 3 Abb.

Urania Kraków **26** 369—370. Obserwatorium im. Feliksa Przypkowskiego w Jędrzejowie.

VdS Nachrichtenblatt **4** 25. «Urania»-Volkssternwarte, Jena. H. Wolf.

VdS Nachrichtenblatt **4** 26. Volkssternwarte Reutlingen. J. Herrmann.

Planetarien

1291. **W. W. Basykin, K. N. Schistowskij,** Die Technik des Moskauer Planetariums. Priroda **44** Nr. 2 S. 54—61, mit 7 Abb. (russisch). — Beschreibung der Einrichtung des Moskauer Planetariums und seiner neuen Zusatzgeräte, wie einer Szintillationseinrichtung, einem Gerät für Sonnen- und Mondfinsternisse, einer Polarlichtapparatur, eines Meteorprojektors etc. Loh.

1292. **R. Brandt,** Planetarium Zeissowskie. Urania Kraków **26** 358—365, mit 4 Fig. — Übersetzung aus Urania Jena **12** Nr. 7, 1949.

* * **H. E. Crull,** Indiana's new observatory and planetarium. Vgl. Ref. 1228.

1293. **M. Karpowicz,** Planetarium Moskiewskie. Urania Kraków **26** 353—358, mit 2 Fig.

1294. **H. C. King,** The Zeiss planetarium. JBAA **65** 209—214, mit 2 Fig. und 2 Tafeln. — Eine Londoner Gesellschaft hat um die Bauerlaubnis für ein Zeiss-Planetarium nachgesucht, so daß in Kürze in der Britischen Hauptstadt ein Planetarium errichtet werden wird. Nach der Konstruktion der ersten beiden Projektoren konzentrierte sich Zeiss auf die Entwicklung des Hantel-Modells, das durch die vielfältigen Darstellungsmöglichkeiten astronomischer Vorgänge gegenwärtig einen hohen Grad der Vollkommenheit erreicht hat. Infolge seiner pädagogischen Bedeutung ist das Zeiss-Planetarium an vielen kulturell wichtigen Plätzen der Erde anzutreffen. U. Baehr

1295. **H. Letsch,** Das Zeiss-Planetarium. Jena, G. Fischer Verlag, 1955. 4. Auflage. 136 S. mit 113 Fig. Preis DM 4. — Besprechung in Sky and Telescope **15** 556, Sternenbote **7** 85.

1296. **R. A. McIntosh,** New Zealand planetarium planned. Vega Nr. 25 S. 2.

1297. **H. Michel,** Les ancètres du planétarium. Ciel et Terre **71** 78—88, mit 8 Fig. — Ref. in Coelum **23** 146—147. — Damit eine Darstellung der Bewegung von Sonne, Mond und Planeten durch einen geeigneten Mechanismus zustande kommen kann, müssen notwendigerweise gewisse Bedingungen erfüllt sein. Es wird gezeigt, wie die drei Voraussetzungen: räumliche Anschauung, geeigneter Werkstoff und der Stand der Technik in jeder Epoche den Vollkommenheitsgrad der Apparaturen entscheidend bestimmt haben. Die Entwicklung führt von dem einfachen Modell des Archimedes über die vielgestalteten mehr oder weniger gelungenen Versuche des Mittelalters und findet im modernen Planetarium ihren Abschluß. U. Baehr

1298. **L. E. Salanave,** Two projection devices for the Morrison Planetarium. Sky and Telescope **14** 97—99, mit 4 Fig. — Beschreibung von zwei Projektionseinrichtungen des Morrison-Planetariums zur Darstellung der Bewegung der Sonne, der Planeten und der Mondphasen. Behr

1299. **J. A. Viera,** El planetario municipal de Montevideo. Rev. Astr. Nr. 137 S. 76—78, mit 2 Fig.

12100. **H. Werner,** Die Sterne dürfet ihr verschwenden. Vgl. AJB **53** Ref. 1294. — Weitere Besprechung in Optik **12** 56, Obs **75** 261—264 (A. Beer).

12101. **N. O'C. Wolff,** Montevideo Planetarium inaugurated. Sky and Telescope **14** 282—283, mit 4 Fig. — Ref. in Coelum **23** 175.

12102. Een Zeiss-Planetarium in London? Hemel en Dampkring **53** 56.

12103. Neue Planetarien in aller Welt. Orion Schaffhausen **4** 490. — Es wird über die Errichtung von Planetarien in Sao Paulo, Montevideo, Auckland und London berichtet. H. M.

12104. Planetarium for London. Research 8 76—77. — Ref. in RJ Astr. Geod. UdSSR Nr. 11, 1955; Ref. Nr. 4682.

12105. La importancia de un planetario. Rev. Astr. Nr. 133 S. 89.

12106. Lentes, espejos, telescopios y observatorios. Rev. Astr. Nr. 133 S. 89—90.

12107. Charlie M. Noble planetarium dedicated. Sky and Telescope **14** 369.

12108. Cranbrook planetarium. Sky and Telescope **14** 369.

12109. 25th anniversary at the Adler planetarium. Sky and Telescope **14** 418, mit 1 Fig.

12110. Observatory-planetarium for New Zealand. Sky and Telescope **14** 418.

12111. A public planetarium for St. Louis. Sky and Telescope **14** 502, mit 1 Fig.

12112. Planetarium conference. Sky and Telescope **14** 503, mit 1 Fig.

12113. Watching the earth rotate. Sky and Telescope **15** 74.

§ 13

Geschichte und Fortschritte der Astronomie

1301. **G. Abetti,** The History of Astronomy. Vgl. AJB **52** Ref. **1302**. — Weitere Besprechung in Nature **176** 323—324 (W. M. H. Greaves).

1302. **Abû Nasr Mansûr ibn' Irâq,** Lehrbriefe an Al-Bîrûnî. 15 Abhandlungen aus der mathematisch-astronomischen Sammelhandschrift Bankipore Nr. 2468. Hyderabad (Indien), Osmania Oriental Publications Bureau, 1948. 372 S. (arabisch). — Besprechung in ZfMG **54** 1.

1303. **Al-Bîrûnî,** Lehrbriefe. Vier Abhandlungen aus der mathematisch-astronomischen Sammelhandschrift Bankipore Nr. 2468. Hyderabad (Indien), Osmania Oriental Publications Bureau, 1948. 594 S. (arabisch). — Besprechung in ZfMG **54** 2—3.

1304. **L. S. Baranowskaja,** Aus der Geschichte der mongolischen Astronomie. Publ. Inst. Geschichte Naturwiss. Techn. Akad. Wiss. UdSSR **5** 321—330 (russisch). — Ref. in RJ Astr. Geod. UdSSR 1956 Nr. 8 S. 2.

1305. **H. Baranowski,** O początkach teorii Kopernika w Rosji. Urania Kraków **26** 282—284.

1306. **T. S. Barthel,** Bemerkungen zu einem astronomischen Quipú aus Südperu. Ethnos Nr. 3—4 S. 153, 1951. — Ref. in Astronomia Popular **1** Nr. 1 S. 30 (C. Cook de Leonard).

1307. **T. S. Barthel,** Maya Astronomie. Inschriften aus dem Südreich. Z. Ethnologie **76** Teil 2a, 1951. — Ref. in Astronomia Popular **1** Nr. 1 S. 28—29 (C. Cook de Leonard).

1308. **F. Becker,** Histoire de l'Astronomie. Von F. Cusset aus dem Deutschen übersetzt und mit einem Anhang «L'astronomie moderne» versehen von E. Esclangon. Paris, Lamarre, 1955. 174 S. Preis ffr 450. — Besprechung in BSAF **69** 167, La Nature **83** 118.

* * **G. van den Bergh,** Nogmaals: De totale zonsverduistering van 17 Juni 1433. «De laatste totale zonsverduistering in ons land». Vgl. Ref. **6201**.

1309. **H. von Bertele,** Die Präzisions-Chronometrie vor Huygens. J. suisse Horlog. Bijouterie **79** 391—398, 1954. — Ref. in RJ Astr. Geod. UdSSR Nr. 10, 1955; Ref. Nr. 4099.

1310. **H. von Bertele,** Die Präzisions-Chronometrie vor Huygens. II. J. suisse Horlog. Bijouterie **79** 463—470, 1954. — Ref. in RJ Astr. Geod. UdSSR 1956 Nr. 1 S. 1.

1311. **M. Born,** Albert Einstein und das Lichtquantum. Naturwissenschaften **42** 425—431.

1312. **F. E. Brasch,** What is the Principia and what is its origin? ASP Leaflet Nr. 319, 8 S.

1313. **G. B. Burch,** The counter-earth. Osiris **11** 267—294, 1954. — Ref. in RJ Astr. Geod. UdSSR 1956 Nr. 9 S. 1.

1314. **F. J. Carmody,** Notes on the astronomical works of Thâbit b. Qurra. Isis **46** 235—242.

1315. **P. Couderc,** Les grandes découvertes en astronomie. BSAF **69** 17—20. — In einem kurz gefaßten Überblick wird der Entwicklungsweg der Astronomie aus ihren antiken Wurzeln bis zu den Erkenntnissen der neuesten Zeit aufgezeigt. Während hierbei viele Jahrhunderte bis zur Anerkennung des Kopernikanischen Weltbildes verstrichen, folgten in den letzten Jahrhunderten die Entdeckungen und Erkenntnisse in viel kürzerem Zeitabstand und überstürzten sich förmlich in den letzten Dezennien. Als neue Forschungsgebiete traten in jüngster Zeit Magnetismus und Radioastronomie auf den Plan, die zusammen mit der Anwendung der Elektronentechnik die Astronomie einem neuen Zeitalter ihrer Entwicklung entgegen führen. U. Baehr

1316. **G. A. Davis jr.,** The meaning of Betelgeuse. Sky and Telescope **14** 237, mit 1 Fig.

1317. **B. H. Dawson,** Los «Canopes» de Vespucio. Rev. Astr. Nr. 135 S. 78—81, mit 1 Fig. — Verf. diskutiert Amerigo Vespuccis Beschreibung dreier von ihm als Canopus bezeichneter Himmelsobjekte, unter denen sich möglicherweise die Große Magellansche Wolke befand. Gü.

1318. **L. Dezsö,** Néhány adat a csillagászat hazai történetéből. Magyar fiz. folyóirat **3** 223—226. — Ref. in RJ Astr. Geod. UdSSR 1956 Nr. 3 S. 2.

1319. **A. Dittrich,** On the origin of zodiacus. RH **36** 150—153, mit 2 Fig. (tschechisch).

1320. **J. L. E. Dreyer,** A History of Astronomy from Thales to Kepler. Vgl. AJB **53** Ref. **1308**. — Weitere Besprechung in Scientia **90** 372—373 (G. Abetti).

1321. **C. Duval,** Contribution à l'histoire de la droite d'hauteur. Navigation Paris **3** 300—310, 395—410. — Geschichtliche Zusammenfassung, die vor allem die französischen Arbeiten vollständig zitiert und dadurch weitere Arbeiten zu dieser Frage erleichtert. Fr.

1322. **H. C. Freiesleben,** Early pole star tables. J. Inst. Navigation 8 285—288, mit 2 Fig. — Geschichtliche Bemerkungen zur Breitenbestimmung auf See aus Beobachtungen des Polarsterns.

1323. **F. Fuchs,** Der Aufbau der Astronomie im Deutschen Museum 1905—1925. Abh. und Ber. des Deutschen Museums **23**. Jahrgang Heft 1. 68 S. mit 50 Abb. Preis 2 DM. — Besprechung in Gaz astr **37** 51—52, JBAA **66** 231—232, Sterne **32** 214 (C. Hoffmeister), ZfA **40** 141 (A. Unsöld).

1324. **J. Gallo,** Un ensayo: Identificacion de las constelaciones de Sahagún. Astronomia Popular **1** Nr. 1 S. 17—21, mit 6 Fig.

1325. **E. Guyot,** Histoire de la détermination des Longitudes. Herausgegeben von der Chambre Suisse de l'Horlogerie. 254 S. — Besprechung in BSAF **70** 80.

1326. **D. C. Holly,** All for the purpose of marking time. Proc. U.S. Naval Inst. **79** 303—309, 1953. — Ref. in RJ Astr. Geod. UdSSR 1956 Nr. 3 S. 1.

1327. **T. N. Hoblyn,** The Isaac Newton apple. Obs **75** 134—135. — Verf. berichtet, wo gegenwärtig Abkömmlinge des Apfelbaums, auf den sich die berühmte Anekdote bezieht, zu finden sind. O. G.

1328. **L. Infeld,** Die Geschichte der Relativitätstheorie. Naturwissenschaften **42** 431—436.

1329. **J. Jackson,** The discoveries of Neptune and Pluto. Obs **75** 126—127. — Verf. vertritt die Auffassung, daß die Voraussagen, die zur Auffindung der Planeten geführt haben, trotz fehlerhafter Annahmen anzuerkennen sind. Zur Unsicherheit über die Masse des Pluto bemerkt er, daß die Massen von Uranus und Neptun, absolut genommen, noch weniger sicher bekannt sind. O. G.

1330. **C. Luplau Janssen,** Nogle Træk af Astrofotografiens Udvikling. Urania København **12** 50—57. — Allgemeinverständlicher Bericht über die Entwicklung der Astrophotographie von deren Anfängen bis etwa zum Jahre 1900. C. L. J.

1331. **H. Spencer Jones,** Die Geschichte des Schiffschronometers. Endeavour **14** 212—219, mit 1 Abb. und 4 Tafeln. — Die Konstruktion einer Uhr, welche von Temperaturänderungen und der Schiffsbewegung unbeeinflußt bleibt, bereitete große Schwierigkeiten. Das Problem wurde zuerst von Harrison im Jahre 1759 gelöst, und die kommerzielle Herstellung des Schiffschronometers, wie wir es heute kennen, gelang Arnold und Earnshaw zu Beginn des vorigen Jahrhunderts. Verf.

1332. **H. Spencer Jones,** The equatorie of the planetis. J. Inst. Navigation **8** 344—348. — Kurzer Bericht über ein Manuskript gleichen Namens aus dem Jahr 1392, 1955 von der Cambridge University Press herausgegeben, das ein Äquatorium genanntes Gerät zur Darstellung der Ptolemäischen Theorie für alle Planeten behandelt. Der Herausgeber des Manuskripts, D. J. Price, macht auch Angaben über die Geschichte dieser Instrumente. Das Werk dürfte eine persönliche Handschrift Chaucers sein, nicht wie ein vermutlich im 16. Jahrhundert gemachter Zusatz besagt, von Bredon. Fr.

1333. **D. N. Katsis,** Der griechische Beitrag zur Erforschung des Himmels. Bull. Milit. Geogr. Amt 1955, 16 S. = Monographie Griech. Astr. Ges. Nr. 3 (griechisch mit französischer Zusammenfassung). — An einigen Beispielen wird der Beitrag der Alten Griechen zur Erforschung des Himmels dargestellt. Mawridis

1334. **H. C. King,** The History of the Telescope. London, Charles Griffin & Co. Ltd.; Cambridge, Mass., Sky Publishing Corporation, 1955. 16 + 456 S. mit 196 Fig. Preis 50 s. bzw. $ 12.50. — Besprechung in BSAF **70** 351, Ciel et Terre **72** 198—199 (H. Michel), Coelum **24** 28, Endeavour **15** 166 (D. J. Price), Irish AJ **3** 260, J. Astr. Soc. Victoria **9** 13, JBAA **66** 148—149 (D. W. Dewhirst), J RAS Canada **50** 129—130, Obs **75** 266 (E. G. Martin), Publ ASP **68** 79—80 (E. Pettit), Sky and Telescope **15** 83, 218—219 (H. Weaver), Urania København **13** 49.

1335. **P. G. Kulikowskij,** Zum zweihundertjährigen Jubiläum der Moskauer Universität. Die Entwicklung der Astronomie an der Universität. Kurzer historischer Abriß. Hochschulbote Nr. 4 S. 57—64 (russisch). — Ref. in RJ Astr. Geod. UdSSR 1956 Nr. 7 S. 1—2.

1336. **L. P. Lee,** The origin of the degree and the hour. Southern Stars **16** 122—125.

1337. **E. M. Lindsay,** An early astronomical record of Rockall Island. Irish AJ **3** 202—203 = Armagh Obs. Leaflet Nr. 37.

1338. **G. D. Mamedbejli,** Der Sternglobus der Maraginer Sternwarte. Abh. Aserbejdshan. Univ. Nr. 9 S. 113—116 (russisch mit aserbejdshanischer Zusammenfassung). — Ref. in RJ Astr. Geod. UdSSR 1956 Nr. 8 S. 2.

1339. **K. P. Massalskaja,** Das Pallas-Eisen. Die Entstehung der wissenschaftlichen Meteoritik. Priroda **44** Nr. 9 S. 78—82, mit 2 Bildern und 1 Abb. (russisch). — Kurzer historischer Abriß über die Bedeutung Pallas' und Chladnis für die Entwicklung der Meteoritik.

* * **H. Michel,** Les ancètres du planétarium. Vgl. Ref. **1297**.

1340. **W. C. Miller,** Two prehistoric drawings of possible astronomical significance. ASP Leaflet Nr. 314, 8 S. mit 2 Fig. — Übersetzung in NAT 1955 S. 134—138, mit 1 Fig.

1341. **V. V. Mišković,** Hronologija astronomskih tekovina. Vasiona **3** 65—66, 90—91. — Kurze Bemerkungen über astronomische Errungenschaften zwischen 2159 und 309 v. Chr. Loh.

1342. **J. M. Mohr,** 25th anniversary of Pluto's discovery. RH **36** 67—68, mit 1 Fig. (tschechisch).

1343. **A. G. Mowbray,** Astronomical computing. ASP Leaflet Nr. 315, 8 S.

1344. **O. Neugebauer,** Apollonius' planetary theory. Commun. Pure Appl. Math. **8** 641—648. — Ref. in RJ Astr. Geod. UdSSR 1956 Nr. 11 S. 1.

1345. **N. V. E. Nordenmark,** Till spörsmålet om orsakerna till Tycho Brahes flykt från Danmark 1597. PAT **36** 123—126. — Der vorliegende Artikel ist eine Fortsetzung der seit 1901 eröffneten Diskussion über die Beziehungen zwischen Tycho Brahe und der dänischen Regierung. Verf. ist der Ansicht, daß nicht nur das gespannte Verhältnis zur dänischen Regierung (Chr. IV.), sondern auch der Mangel an persönlichem Kontakt mit anderen Forschern Tycho Brahe zur Abreise bewogen haben. Seine Beobachtungen auf Hven hatte er zu Ende geführt und wünschte nun eine theoretische Bearbeitung seiner Planetenbeobachtungen durch Kepler. C. L. J.

1346. **W. Norlind,** On a copy of Tycho Brahe's «Mechanica» and of his great star catalogue. Obs **75** 254—255. — Tycho Brahe hat Kopien von diesen seinen beiden Arbeiten geschenkweise in besonderen Fällen vergeben. Eine bisher unentdeckte Kopie befindet sich in der Biblioteca Nazionale Centrale in Florenz. Es handelt sich um die dem Mathematiker Magini an der Universität Bologna durch Tycho Brahes Schwiegersohn zugesandte Kopie. U. Baehr

1347. **A. Paluzíe Borrell,** El globo celeste de Coronelli. Urania Barcelona **40** 175—180, mit 2 Fig.

1348. **T. Przypkowski,** Postęp techniczny między przyrządami astronomicznymi Kopernika, Brahego i Heweliusza. Postępy Astr. **3** 24—27, mit 1 Fig. — Ref. Poln. Astr. Ges.

1349. **T. Przypkowski,** Parę szczegółów z obserwacji zaćmień słońca w Polsce. Urania Kraków **26** 328—331.

1350. **W. W. Scharonow,** Über die Frage der Priorität Lomonossows bei der Entdeckung der Venusatmosphäre. Wiss. Bull. Univ. Leningrad Nr. 33 S. 12—15 (russisch). — Ref. in RJ Astr. Geod. UdSSR Nr. 10, 1955; Ref. Nr. 4101.

1351. **D. J. Schove,** Halley's comet. I: 1930 B.C. to A.D. 1986. JBAA **65** 285—289. — Halley vermutete als erster die Zugehörigkeit der Kometen zum Sonnensystem. Die Richtigkeit seiner Vermutung wurde durch die vorausgesagte Wiederkehr des nach ihm benannten Kometen im Jahre 1758 bestätigt. Noch

einmal flammte die damals gebannte Kometenfurcht in anderer Form im Jahre 1910 auf, als der Halleysche Komet der Erde sehr nahe kam. Die Periheldurchgänge dieses Kometen, der früher vielleicht eine noch glänzendere Erscheinung war als jetzt, lassen sich bis ins Altertum hinein verfolgen. Beobachtungsbelege vor 467 v. Chr. zu beschaffen, ist aus sprachlichen Gründen schwierig, da in vorgriechischen Sprachen das dem Begriff «Komet» entsprechende Wort fehlt.
U. Baehr

1352. **D. J. Schove,** The comet of David and Halley's comet. JBAA **65** 289—290. — Nach dem alttestamentlichen Bericht erschien anläßlich einer von David befohlenen Volkszählung als Zeichen bevorstehender Strafe ein Engel am Himmel, der ein Schwert in der Hand führte. Der Versuch, den Bericht mit der Erscheinung des Halleyschen Kometen in Verbindung zu bringen, führt zu dem Ergebnis, daß das zeitliche Zusammenfallen der Volkszählung und der Kometenerscheinung durchaus möglich war. U. Baehr

* * **D. J. Schove,** The sunspot cycle, 649 B.C. to A.D. 2000. Vgl. Ref. **6340.**

1353. **A. I. Slastenow,** Die Astronomie an der Universität Charkow während der letzten 150 Jahre (1805—1955). Charkow, Verlag Gorkij-Staatsuniv., 1955. 184 S. mit zahlreichen Abb. und Tafeln. Preis 5 R. 50 Kop. (russisch). — Besprechung in AJ UdSSR **33** 275—277 (J. G. Perel).

1354. **P. W. Slawenas,** Unterlagen zur Geschichte der Astronomie und Kartographie in Lettland. Publ. Inst. Geschichte Naturwiss. Techn. Akad. Wiss. UdSSR **5** 331—336 (russisch). — Ref. in RJ Astr. Geod. UdSSR 1956 Nr. 8 S. 2.

1355. **F. Soják,** Two hundred years of Kant's cosmogony. RH **36** 156—157 (tschechisch).

1356. **M. F. Subbotin,** Die theoretische Astronomie in der UdSSR in den 30 Jahren von 1917 bis 1947. Acta Astr. Sinica **3** 133—151 (chinesisch).

1357. **V. Vanýsek,** Ten years of Czechoslowak astronomy. RH **36** 107—110, mit 2 Abb. (tschechisch).

1358. **R. L. Waterfield,** Instrumental and technical advances in the last forty years. JBAA **66** 4—19, mit 2 Tafeln.

1359. **D. W. Waters,** Early time and distance measurement at sea. J. Inst. Navigation **8** 153—173, mit 2 Fig. — Beschreibung und historische Entwicklung einiger in früheren Jahrhunderten zu Zeit- und Entfernungsmessungen auf See gebräuchlicher Instrumente. Böh.

1360. **D. W. Waters,** Early pole star tables. J. Inst. Navigation **8** 378—383. — Bemerkungen zu einer Arbeit von Freiesleben (J. Inst. Navigation **8** 285) über die Verwendung des Polarsterns in der Navigation, aus der er die Ansicht von E. G. R. Taylor, The Mathematical Practitioners of Tudor & Stuart England, Cambridge 1954, bestätigt sieht, daß die Wissenschaft erst seit etwa 1800 in größerem Umfang auf die Seeleute gewirkt hat. Waters ist anderer Ansicht. Fr.

1361. **R. Weber,** Uso do planetário na pesquisa dos Maia. Rev. Museu Paulista (NS) **9**, 2 S. mit 1 Tafel (portugiesisch und englisch). — Das Zeiß-Planetarium in Hamburg wurde als Forschungsmittel in der Maya-Chronologie herangezogen. Es handelt sich um die Registrierung auffallender astronomischer Erscheinungen in der Zeit von 300 bis 854 n. Chr. für die Breite von Yucatan. Durch dieses Zeitintervall sind alle auf Inschriften und in den Finsternistafeln des Dresdner Kodex verzeichneten Daten erfaßt, gleichgültig, ob man sich der Korrelation von Spinden oder Thompson bedient. U. Baehr

1362. **P. V. H. Weems,** Half century of navigation. Navigation Los Angeles 4 187—189. — Beschäftigt sich vor allem mit der Entwicklung der astronomischen Navigation, beginnend mit der Methode der Monddistanzen bis zum Radiosextanten. Fr.

1363. **H. Werner,** Gekrönte Sternbilderwesen. Ergebnisse der Vergleichenden Sternbilderkunde. Z. Ethnologie **80** 116—124, mit 18 Abb.

1364. **E. A. Whitaker,** La carte lunaire de Jean-Dominique Cassini. Ciel et Terre **71** 285—287, mit 2 Fig. — Es handelt sich um zwei Exemplare einer Mondkarte, deren Original von Cassini angefertigt worden ist. Die Karte ist ein Kupferstich von 53 cm Durchmesser. Nach einem Vermerk auf dem in der Bibliothek der Royal Astronomical Society aufbewahrten Exemplar wurde das Kupferoriginal vorsätzlich zerstört. Wie ein Vergleich zeigt, ist die Cassinische Mondkarte in bezug auf Fülle und Genauigkeit des Details unerreicht, erst die Karte von Tobias Mayer aus dem Jahre 1775 kann ihr an die Seite gestellt werden. U. Baehr

1365. **T. Widorn,** Zur Herkunft der Sterngrößen. Sterne **31** 217—223, mit 3 Fig. — Es wird dargelegt, daß die Einteilung der Sterne in sechs Größenklassen, wie es im Almagest zu finden ist, wahrscheinlich auf das allmähliche Sichtbarwerden der Sterne in der Dämmerung zurückzuführen ist. Man hat vermutlich die mit einer Wasseruhr gemessene Zeit zwischen dem Sichtbarwerden der hellsten und der schwächsten Sterne in sechs gleiche Abschnitte geteilt, und die in jedem dieser sechs Zeitintervalle sichtbar werdenden Sterne gehörten dann der gleichen Größenklasse an. Für die Richtigkeit dieser Anschauung spricht die vom Verf. durch eigene Beobachtungen geprüfte Proportionalität zwischen der Almagestgröße und der Zenitdistanz der Sonne beim Sichtbarwerden des betreffenden Sterns, während die Almagestskala von einer auf reinen Schätzungen beruhenden Skala, wie sie z. B. von Argelander benutzt wurde, deutlich abweicht. Im übrigen deuten auch Bemerkungen von Mästlin und Kepler auf diesen Zusammenhang zwischen Sterngröße und Sonnentiefe hin, dessen Kenntnis auf antike Überlieferungen zurückgeht; zudem waren Dämmerungsbeobachtungen im Altertum sehr gebräuchlich. H. M.

1366. **E. Zinner,** Von alter süddeutscher Uhrmacherei. Neue Uhrmacher-Zeitung, Kunstbeilage vom 31. Juli 1955, 4 S. mit 3 Abb.

1367. Vermischte Abhandlungen über Astronomie und verwandte Gebiete von Vorgängern und Zeitgenossen von Al-Bîrûnî aus der mathematisch-astronomischen Sammelhandschrift Bankipore Nr. 2468. Hyderabad (Indien), Osmania Oriental Publications Bureau, 1948. 294 S. (arabisch). — Besprechung in ZfMG **54** 1—2 (H. I. Hermelink).

1368. Astronomy in Czechoslovakia from its early beginning to present times. Herausgegeben von H. Slouka. Prag, 1952. 343 S. — Besprechung in ZfA **40** 283 (A. Unsöld).

1369. Astronomical Cuneiform Texts. Babylonian Ephemerides of the Seleucid Period for the Motion of the Sun, the Moon, and the Planets. Herausgegeben von O. Neugebauer. Vol. 1: Introduction, The Moon (16 + 278 S.). Vol. 2: The Planets. Indices (12 + 234 S.). Vol. 3: Plates (5 + 255 S.). London, Percy Lund Humphries and Co. Ltd., 1955. Preis 105 s. bzw. $ 15.00 zusammen. — Besprechung in Nature **176** 569—570 (R. W. Sloley), Obs **76** 34 (G. G. Yates), Publ ASP **67** 427—428 (A. Pogo), Sky and Telescope **14** 425.

1370. Historisch-astronomische Untersuchungen. Band 1. Redigiert von P. G. Kulikowskij. Moskau, Staatsverlag für technisch-theoretische Literatur, 1955. 368 S. mit zahlreichen Fig. — Besprechung in Coelum **24** 118. — Enthält zahlreiche Beiträge verschiedener Autoren zu geschichtlichen Themen aus der Astronomie Rußlands und der UdSSR. Loh.

1371. Late Babylonian Astronomical and Related Texts. Kopien von T. G. Pinches, J. N. Strassmaier. Herausgegeben von A. J. Sachs, J. Schaumberger. Providence, Brown University Press, 1955. 56 + 271 S. — Es liegen etwa 1350 Kopien von Keilschrifttexten astronomischen und verwandten Inhalts aus der spätbabylonischen Zeit vor. Die Sammlung, die als Quellenmaterial für die babylonische Astronomie dieser Zeit dienen soll, ist durch einen umfangreichen Katalog ergänzt, so daß es möglich ist, die einem bestimmten astronomischen Thema zugeordneten Keilschrifttexte leicht aufzufinden. In einem Index für Museumsnummern werden die verschiedenen Registraturbezeichnungen der Keilschrifttexte mitgeteilt. U. Baehr

1372. The Equatorie of the Planetis. Eine Chaucer zugeschriebene handschriftliche Abhandlung mit einer sprachlichen Analyse von R. M. Wilson. Herausgegeben von D. J. Price. London, Cambridge University Press, 1955. 16 + 214 S. mit 21 Fig. und 13 Tafeln. Preis 52 s. 6 d. bzw. $ 10. — Besprechung in Ciel et Terre **71** 352—353 (H. Michel), Endeavour **14** 160 (E. J. Holmyard), JBAA **65** 172—173 (H. C. King), J. Inst. Navigation **8** 344—348 (H. Spencer Jones), Sky and Telescope **14** 292.

1373. Barnard's automatic comet-seeker. ASP Leaflet Nr. 311, 7 S.

1374. Himmelserscheinungen in Ortschroniken. Astr. Nachr. Berlin-Treptow **7** 97—98. — Enthält als Beispiel einen Bericht über den Kometen des Jahres 1744.

1375. The Aztec Calendar Stone. JBAA **65** 258.

1376. De Revolutionibus Orbium Coelestium. Libri VI. Rev. Astr. Nr. 135 S. 163.

1377. The shadow of an astronomer. Sky and Telescope **14** 419. — In alten Chroniken findet man öfter kurze Berichte über interessante astronomische Ereignisse. In einer angelsächsischen Chronik des Mittelalters häufen sich in den Jahren 1095 bis 1117 auffällig die Niederschriften astronomischen Inhalts, was erkennen läßt, daß der unbekannte Schreiber dieses Abschnittes ein Astronom oder astronomisch interessierter Laie war. Neben Kometen, Meteorschauern, Nordlichtern und einem vierfachen Sonnenhalo ist besonders bemerkenswert der sonst nirgends je erwähnte Fall eines Gegenmondes, entsprechend der auch sehr seltenen Gegensonne, und eine ebenfalls wenig häufig beobachtete Erscheinung, daß bei der totalen Mondfinsternis vom 5. Mai 1110 der Mond wirklich völlig unsichtbar wurde. H. M.

1378. The comets of the Chevalier d'Angos. Sky and Telescope **14** 501. — Es wird erzählt, auf welche Weise entdeckt wurde, daß angebliche Kometenbeobachtungen des Chevalier d'Angos, eines Mitgliedes des Malteserordens, aus den Jahren 1784 und 1798 erfunden worden waren, und daß die betreffenden Kometen gar nicht existierten. H. M.

1379. Lohrmann's atlas of the moon. Sky and Telescope **15** 63—64, mit 2 Fig.

* * Prehistoric drawings of a supernova? Vgl. Ref. **11336**.

Fortschritte der Astronomie

1380. **R. M. Adams,** Progress report on the A.L.P.O. lunar meteor search project. Strolling Astronomer **9** 98—100.

1381. **B. J. Bok,** New science of radio astronomy. Sci. Monthly **80** 333—345, mit 12 Fig. = Harv Repr (2) Nr. 68. — Übersichtsbericht über die Fortschritte der Radioastronomie unter besonderer Berücksichtigung der neuen Beobachtungen der 21 cm-Linie des interstellaren Wasserstoffs. Priester

1382. **E. Buchar,** Astrometry. BAC **6** 85—89 (mit russischer Übersetzung). — Verf. gibt einen Bericht über die in der ČSR laufenden Arbeiten aus dem Gebiet der Astrometrie. Diese umfassen den Zeitdienst, der mit einem 110 mm Askania-Passageninstrument durchgeführt wird, Vermessungsarbeiten am trigonometrischen Netz, Aufgaben der Positionsastronomie durch Bestimmung relativer Koordinaten von Kometen und Planetoiden und durch Beobachtungen von Sternbedeckungen durch den Mond. Hoppe

1383. **J. Budějický,** Radioastronomy. BAC **6** 93—96 (mit russischer Übersetzung). — Es wird ein geschichtlicher Überblick über die Entwicklung der Radioastronomie in der ČSR gegeben. Neben den theoretischen Arbeiten von Link und anderen wird auf die seit 1953 begonnenen experimentellen Arbeiten des Verf. hingewiesen. Eine umfangreiche Anlage im Dezimeter- und Meterwellenbereich ist geplant. Hoppe

1384. **V. Bumba, W. W. Heinrich,** Progress of czechoslovak astronomy from 1945—55. BAC **6** 41—64 (russisch mit englischer Übersetzung).

1385. **J. Gadomski,** Astronomy in Poland. RH **36** 265—268, mit 3 Abb. (tschechisch).

1386. **P. Gaudillère,** Comment naviguera-t-on en l'an 2000? Navigation Paris **3** 411—413.

1387. **V. Guth,** Meteoric astronomy. BAC **6** 65—76 (mit russischer Übersetzung). — Verf. gibt einen geschichtlichen Abriß der Entwicklung der Meteorastronomie in der ČSR und einen Überblick über die gegenwärtig bearbeiteten Probleme. Mit Ausnahme der erst geplanten Radioastronomie gibt es kein wesentliches Teilgebiet, das nicht beobachtungsmäßig oder theoretisch bearbeitet wird. Hervorgehoben seien die umfangreichen Studien über die Bildung und Stabilität der Meteorströme, die Beobachtung teleskopischer Meteore und Feuerkugeln. Weitere Untersuchungen liegen über die Wechselwirkung vor zwischen der Erdatmosphäre einerseits und den Meteoriten und Partikeln des kosmischen Staubes andererseits. Hoppe

1388. **L. Kresák,** Comets. BAC **6** 82—85 (mit russischer Übersetzung). — Verf. berichtet über die in der ČSR besonders intensiv betriebene Kometenforschung. Der Schwerpunkt der Arbeiten liegt auf dem Gebiet der photographischen und visuellen Entdeckung von neuen Kometen. Hierbei verdient besonders das Ergebnis Beachtung, daß man mit geeigneten Instrumenten im Mittel auf 200 Beobachtungsstunden mit der Entdeckung eines neuen Kometen rechnen darf. Aus instrumentellen Gründen müssen die Beobachtungen zur Kometenphysik wesentlich auf photometrische Probleme beschränkt bleiben. Hoppe

1389. **P. P. Parenago,** Arbeiten zur Stellarastronomie in der UdSSR. Moskau, Verlag Akad. Wiss. UdSSR, 1955. 87 S. (russisch und englisch). — Besprechung in RJ Astr. Geod. UdSSR 1956 Nr. 8 S. 39—40.

1390. **G. Peisino,** Astrofisica e radioastronomia alla conquista dell' Universo. Annuario Collurania-Teramo 1956 S. 26—45, mit 3 Fig. — Allgemeinverständliche Übersicht über die Fortschritte der Astrophysik und Radioastronomie. Cester

1391. **L. Perek,** Stellar astronomy. BAC **6** 89—93 (mit russischer Übersetzung). — Verf. gibt einen Bericht über die vielgestaltigen Forschungsarbeiten auf dem Gebiete der Stellarastronomie in der ČSR. Im Vordergrund steht die Beobachtung der veränderlichen Sterne. Es liegen ferner Entdeckungen einzelner, heller galaktischer Nebel und Sterne mit großer Eigenbewegung vor. Zur Bearbeitung des Eigenbewegungsprogramms sind Tafeln gerechnet und Nomogramme entworfen worden. Der Bericht schließt mit dem Hinweis, daß das Mißverhältnis zwischen Theorie und Beobachtung durch die derzeitige instrumentelle Ausrüstung der Observatorien der ČSR bedingt ist. Hoppe

* * **N. S. Samojlowa-Jachontowa,** Bericht über die Arbeiten an Kleinen Planeten. Vgl. Ref. 7513.

1392. **Z. Švestka,** Astronomie in der D.D.R. Časopis **5** 69—73, mit 9 Abb. (tschechisch).

1393. **P. Wellmann,** Die instrumentelle Entwicklung in der Astrospektroskopie. Mitt. AG 1954 S. 74—82, mit 8 Tafeln = Mitt. Sternw. Hamburg-Bergedorf **22** Nr. 248.

1394. Sucesos sobresalientes de la astronomia durante el año 1953, segun el Dr. Harlow Shapley. Astronomia Popular **1** Nr. 1 S. 23—24.

1395. La radio-astronomie en 1955. BSAF **69** 217—231, mit 8 Fig. — Berichtet wird über den Stand der Probleme der Radioastronomie, wobei wesentlichste Informationsquelle die Generalversammlung der Union Radio-Scientifique Internationale in La Haye (Holland) im Jahre 1954 ist, in deren Kom. 5 über die folgenden Probleme diskutiert wurde: Radiostrahlung der ruhenden und gestörten Sonne, Bedeckung der Quelle Taurus I, 21 cm-Strahlung (auch der Magellanschen Wolken), Identifikation von Quellen, Radioteleskope und Interferometer. Fricke

1396. Fortschritte der tschechoslowakischen Astronomie in den Jahren 1945—1955. Časopis **5** 17—40 (tschechisch).

1397. Los diez acontecimientos astronómicos más importantes de 1954. El Universo Nr. 33 S. 140—142. — Aus Sci. News Letter 1954 S. 294.

1398. Reports on the progress of astronomy. MN **115** 185—198. — Inhalt: A. K. Das, Solar activity; W. H. van den Bos, Double stars; J. G. Porter, Comets (1954).

1399. Recent developments in radio astronomy. Nature **175** 151. — Ref. der in AJB **54** Ref. **12609** zitierten Arbeit von A. C. B. Lovell.

III. Instrumente. Beobachtungstechnik

§ 20

Allgemeines, Optik, Beobachtungsanleitungen, Alte Instrumente

2001. **L. E. W. Albada,** Graphical Design of Optical Systems. London, Sir Isaac Pitman, 1955. 153 S. mit 111 Fig. Preis 21 s. — Besprechung in JBAA **66** 75—76 (H. C. King).

2002. **M. A. Arnulf, J. Ouillet, M. G. Penciolelli,** Objectif catadioptrique à grande ouverture. J. Phys. Radium **16** 84 S. — 85 S., mit 5 Fig. — Ref. in Phys. Abstracts (A) **59** 623.

2003. **Y. Arvola,** Zur Theorie der Fernrohr-Okulare. Bildfehler, optische Eigenschaften. Helsingfors, 1954. — Besprechung in Optik **13** 239 (H. Köhler).

2004. **G. R. Bennet,** Mirror making in Canberra. J. Astr. Soc. Victoria **8** 6—8.

2005. **L. Berger,** Le pouvoir séparateur des instruments astronomiques d'observation, traité par l'analyse de Fourier. J. Phys. Radium **16** 433—438, mit 4 Fig. — Verf. versucht, mit einem Minimum an Voraussetzungen bezüglich der speziellen Struktur eines Instrumentes eine strenge Theorie des Auflösungsvermögens abzuleiten. Bei gegebener Helligkeitsverteilung des Objekts und gegebener Fouriertransformation der Abbildung läßt sich dann angeben, welche Fourierkomponenten noch zum Aufbau des Bildes beitragen. Weidemann

2006. **L. Berger,** Le pouvoir séparateur des instruments astronomiques d'observation, traité par l'analyse de Fourier. Orion Schaffhausen **4** 383—390, mit 3 Fig.

2007. **L. Berger,** Le pouvoir séparateur des instruments astronomiques d'observation, traité par l'analyse de Fourier. Orion Schaffhausen **4** 417—422, mit 2 Fig. — In Fortsetzung einer in Orion Schaffhausen **4** **383**—390 (vgl. vorstehendes Ref.) begonnenen Arbeit wird dargelegt, wie man die Methode der Fourier-Analyse ganz allgemein für die Untersuchung des Auflösungsvermögens astronomischer Instrumente verwenden kann. Während im ersten Teil die Formeln abgeleitet wurden, folgt nunmehr die Anwendung auf verschiedene Instrumente. Der Vorteil dieser Methode besteht vor allem in der sehr universellen Anwendungsmöglichkeit. H. M.

2008. **K. Blattner,** Neue Prüfart von konvexen Hyperbolspiegeln. Orion Schaffhausen **4** 355—357, mit 3 Abb. — Es wird eine einfache, für Amateure geeignete Methode angegeben, wie man den konvexen hyperbolischen Fangspiegel eines Cassegrain-Teleskopes prüfen kann. Ersetzt man den parabolischen Hauptspiegel mit der Brennweite f_1 durch einen sphärischen Spiegel mit dem Krümmungsradius $r = f_1$, wie er leicht hergestellt werden kann, so wird damit erreicht, daß ein in der Bildebene des Cassegrain-Systems befindlicher künstlicher Stern in sich selbst abgebildet wird. Verschiebt man nun den künstlichen Stern ganz wenig aus der Systemachse, so daß das zurückkommende Licht an ihm vorbeigeht, so kann man nun die bekannte Foucaultsche Messerschneidenmethode der Prüfung anwenden. H. M.

2009. **M. Daisomont,** Miroirs de télescopes en verre mince. Ciel et Terre **71** 188—190.

2010. **M. Daisomont,** Macarons et polissoirs. Gaz astr **37** 23—24.

2011. **C. Dévé,** Optical Workshop Principles. London, Hilger and Watts Ltd., 1954. 2. englische Auflage. 24 + 436 S. Preis 42 s. — Besprechung in JBAA **66** 74—75 (H. E. Dall), Sky and Telescope **15** 81—82 (T. R. Cave jr.).

2012. **V. Erhart, J. Erhart,** Praktická astronomická optika. Prag, Verlag SNTL. 156 S. mit 110 Fig. und 8 Beilag. Preis Kčs. 8.50. — Besprechung in RH **36** 283.

2013. **J. Flügge,** Die wissenschaftliche und angewandte Photographie. I. Das photographische Objektiv. Wien, Springer-Verlag, 1955. Herausgegeben von K. Michel. 13 + 373 S. mit 196 Fig. Preis DM 69. — Besprechung in ZfA **40** 78 (H. Wolter), Z. Naturforschung **11a** 524 (H. Siedentopf).

2014. **E. Gaviola,** Obstáculos encontrados a menudo por el óptico astronómico aficionado. Rev. Astr. Nr. 135 S. 70—77, mit 4 Fig. — Es werden Fehlermöglichkeiten bei der Anwendung der Spiegelprüfung nach Foucault und eine Prüfmethode für Parabolspiegel beschrieben. Einige Hinweise für das Schleifen von Spiegeln werden gegeben. Gü.

2015. **J. P. Hamilton,** Telescope efficiency. J. Astr. Soc. Victoria **8** 25—32, mit 2 Fig. — Vortrag vor der Astr. Soc. Victoria.

2016. **J. P. Hamilton,** Tessellated reflectors. J. Astr. Soc. Victoria **8** 51—54, mit 1 Fig.

2017. **A. C. S. van Heel,** Een eenvoudig en toch goed kijkerobjectief. Hemel en Dampkring **53** 213—218, mit 2 Fig. — Anleitung zur Anfertigung eines achromatischen Fernrohrobjektivs mit symmetrischer Kronglaslinse. Gü.

2018. **H. Heidenreich,** Adaption und Farbwahrnehmungsvermögen. Sterne **31** 136—137, mit 1 Abb. — Zunächst wird die Dunkeladaption des Auges an Hand einer graphischen Darstellung, die die Zunahme der relativen Empfindlichkeit mit der Dauer des Aufenthalts im Dunklen zeigt, und anschließend der Unterschied zwischen Zäpfchen- und Stäbchensehen mit den sich daraus ergebenden Konsequenzen für astronomische Beobachtungen besprochen. Bo.

2019. **R. Henzi,** Einige Erfahrungen über den Schliff von Teleskopspiegeln. Orion Schaffhausen **4** 485—487, mit 1 Abb.

2020. **C. v. Hofe,** Über Gesichtsfeld und Bildhelligkeit bei Fernrohren. Optik **12** 201—205, mit 2 Fig.

2021. **G. A. Hole,** Some notes on optical work for the help of beginners. JBAA **65** 352—357.

2022. **A. G. Ingalls,** Amateur Telescope Making. New York, Edition Scientific American, 1955. 12 + 497 S. mit zahlreichen Fig. — Besprechung in Coelum **24** 154.

2023. **J. B. Irwin,** Basic observing programs and the future. Sky and Telescope **14** 132—135, mit 9 Fig. = Goethe Link Obs. Repr. Nr. 8. — An klassischen Beispielen wird gezeigt, wie große grundlegende Beobachtungsprogramme angelegt werden sollen, um auf möglichst rationelle Weise zu einem Maximum an Ergebnissen zu kommen. Behr

2024. **W. A. Jackson,** You can build a powerful astronomical telescope. Southern Stars **16** 136—138.

2025. **Z. Kandziora,** Praktyczna metoda badania powierzchni zwierciadeł astronomicznych. Urania Kraków **26** 56—59, mit 4 Fig.

2026. **H. C. King,** The principles underlying fields of view. JBAA **65** 293—298, mit 2 Fig. und 2 Tafeln.

2027. **H. Köhler,** Chromatisch nicht korrigierte Astrographen-Objektive. Mitt. AG 1954 S. 39—40. — Ref. AG.

2028. **A. Kranjc,** Sulla teoria del potere separatore. Mem SA It (NS) **26** 349—350.

2029. **E. H. Linfoot,** Recent Advances in Optics. Oxford, The Clarendon Press; New York, Oxford University Press, 1955. 286 S. mit 113 Fig. und 8 Tafeln. Preis 50 s. bzw. $ 8.00. — Besprechung in La Nature **83** 500—501, Sky and Telescope **15** 506—507 (R. B. Gallipeau).

2030. **L. Mandel,** Realizable light gain in photoelectronic image intensifiers. J. Sci. Instruments **32** 405—406. — Ref. in Phys. Ber. **35** 308.

2031. **S. Matoušek,** Examination of astronomical mirrors. RH **36** 158—162, 179—182, mit 11 Fig. (tschechisch).

2032. **G. Matthewson,** Constructing an Astronomical Telescope. London, Blackie & Son Limited. 2. Auflage. Preis 7 s. 6 d. — Besprechung in Astronomia Popular **1** Nr. 2 S. 34 (C. Cook de Leonard).

2033. **D. D. Maxutow,** Technologie der astronomischen Optik. Vgl. AJB **54** Ref. 2016. — Besprechung in RH **36** 191.

* * **H. Moser,** Das apparative Linienprofil bei Prismenspektrographen. Vgl. Ref. 257.

* * **H. Moser,** Über das apparative Linienprofil bei Prismenspektrographen. Vgl. Ref. 256.

2034. **L. Oterma,** Recherches portant sur des télescopes pourvus d'une lame correctrice. Ann. Univ. Turku (A) **19**, 134 S. mit 21 Fig. = Astr.-Opt. Inst. Univ. Turku Informo Nr. 9 = Sonderdruck Astr. Obs. Helsinki. — Die Arbeit behandelt ausführlich die theoretischen Grundlagen der optischen Abbildung durch sphärische und asphärische Spiegel mit Korrektionsplatte, wobei besonderes Gewicht auf die Methoden der Bildfeldebnung durch zusätzliche Einführung von Korrektionslinsen gelegt wird. Es handelt sich zum Teil um eine zusammenfassende Darstellung früherer Untersuchungen von Y. Väisälä. Zu jedem theoretisch behandelten System werden auch numerische Beispiele durchgerechnet. Bo.

2035. **I. Peychès,** Le verre, matériau-clef des instruments astronomiques. BSAF **69** 173—192, mit 8 Fig.

2036. **J. G. Phillips,** Astrophysical and laboratory cooperation. ASP Leaflet Nr. 312, 8 S.

2037. **J. Picht,** Über Reflexionen am Paraboloidspiegel. Wiss. Z. Pädagog. Hochschule Potsdam (Math.-Naturw.) **2** 19—33, mit 11 Fig.

2038. **A. Ram, S. N. Prasad,** The transmission, absorption and reflection of solar radiations by glasses. J. Sci. Industr. Res. **A14** 570—584. — Ref. in RJ Astr. Geod. UdSSR **1956** Nr. 11 S. 53.

2039. **C. D. Reid,** Cleaning silver mirrors. JBAA **65** 119.

2040. **J. K. Robertson,** Introduction to Optics, Geometrical and Physical. New York, D. Van Nostrand Company, 1954. 16 + 416 S. mit 250 Fig. Preis $ 6.00. — Besprechung in American J. Phys. **23** 76 (D. H. Rank), Rev. Sci. Instruments **26** 389 (J. F. Smith).

2041. **H. Rohr,** Das Fernrohr für jedermann. Eine gründliche Anleitung zum Selbstbau eines leistungsfähigen Spiegel-Teleskops. Zürich, Rascher-Verlag, 1955. 2. Auflage. 16 + 182 S. mit 63 Fig. und 6 Tafeln. Preis sfr 8.50. — Besprechung in AN **283** 189 (E. Rolf), Optik **13** 236, Orion Schaffhausen **4** 496, Sky and Telescope **15** 176, Sterne **32** 38—39 (G. D. Roth).

2042. **V. Ronchi,** L'Ottica Scienza della Visione. Bologna, N. Zanichelli Editore, 1955. 370 S. mit 137 Abb. — Besprechung in Optik **13** 192.

2043. **A. Rybarski,** Nowa metoda szlifowania zwierciadeł astronomicznych. Urania Kraków **26** 122—123, mit 1 Fig.

2044. **H. Schober,** Das Sehen. Band II. Vgl. AJB **54** Ref. **2024**. — Weitere Besprechung in Optik **12** 294—295.

2045. **A. G. Smith,** Daylight visibility of stars from a long shaft. J. Optical Soc. America **45** 482—483, mit 1 Fig. — Ref. in Urania Kraków **27** 50. — Lichtelektrische und photographische Vergleichsmessungen der Zenithelligkeit, sowohl direkt als auch durch einen 157 Fuß hohen Schornstein lassen keinen Unterschied der Himmelshelligkeit erkennen. Eine etwaige bessere Sichtbarkeit von Sternen durch einen Schacht infolge herabgesetzter Himmelshelligkeit, also erhöhten Kontrastes, ist daher ausgeschlossen. Andere Versuche zeigen überdies, daß die Kontrastschwelle des Auges durch ein kleineres Umfeld verringert wird, was auch gegen die bessere Sichtbarkeit von Sternen durch einen Schacht spricht. Bo.

2046. **R. Stettler,** Vom Kugel-Spiegel zum Schmidt-Spiegel. Orion Schaffhausen **4** 375—381, 409—416, mit 21 Abb. (mit französischer Zusammenfassung).

2047. **J. Terrien,** L'Optique astronomique. Paris, Presses Universitaires de France, 1954. Collection «Que sais-je?» 128 S. mit 44 Fig. Preis ffr 153. — Besprechung in La Nature **83** 415.

2048. **J. Texereau,** Commission des instruments. BSAF **69** 350—352, mit 2 Fig.

2049. **F. Twyman,** Optical Glassworking. London, Hilger & Watts Ltd., 1955. 275 S. Preis 24 s. — Besprechung in JBAA **66** 36.

2050. **O. P. Wassiljanowskaja,** Die Feldfehler des Objektivs Industar-13. Bull. Astr. Obs. Stalinabad Nr. 12 S. 28—29 (russisch).

2051. **L. T. Whitney,** Mirror making for beginners. J. Astr. Soc. Victoria **8** 11—13.

2052. Astronomical Photoelectric Photometry. Herausgegeben von F. B. Wood. Vgl. AJB **53** Ref. **2034**. — Weitere Besprechung in JBAA **66** 76—77 (D. A. Campbell), J. Atmosph. Terr. Phys. **6** 227 (S. C. Curran).

2053. Amateur Telescope Making — Book One. Herausgegeben von A. G. Ingalls. New York, Scientific American, 1955. 4. Auflage. 497 S. Preis $ 5.00. — Besprechung in Sky and Telescope **15** 31, 317—319 (R. E. Cox).

2054. Determinación de la calidad y caracteristicas de su telescopio. Astronomia Popular **1** Nr. 1 S. 25—26.

2055. Come si prova un obbiettivo astronomico. Coelum **23** 50—51, mit 1 Fig.

2056. Cleaning of aluminized mirrors. J. Astr. Soc. Victoria **8** 80.

2057. Gleanings for ATM's. Herausgegeben von E. B. Brown. Sky and Telescope **14** 112—116, 158—160, 163, 199—203, 246—249, 295—301, 344—346, 384—388, 427—429, 473—477, 512—516, **15** 35—39, 86—90, 96, mit zahlreichen Fig.

2058. Stars not visible from long shafts in daytime. Sky and Telescope **15** 13.

2059. A proposed experiment with telescope optics. Strolling Astronomer **9** 120.

2060. Metoda figuracji zwierciadeł astronomicznych. Urania Kraków **26** 50—51.

Beobachtungsanleitungen

2061. **K. Andersen,** Maanen som Amatørobjekt. Urania København **12** 62—64. — Beobachtungsanleitung für Amateure zur Durchführung von Mondbeobachtungen. Es werden dazu einige literarische und kartographische Hilfsmittel besprochen. C. L. J.

* * **J. Bartsch,** Beobachtungen von Jupiter und Sirius mit bloßem Auge vor Sonnenuntergang. Vgl. Ref. **7603**.

2062. **F. M. Bateson,** Planetary observing. J RAS Canada **49** 1—7.

2063. **C. Luplau Janssen,** Amatørastronomens Arbejde. Urania København **12** 22—26. — Übersicht über die wichtigsten Untersuchungen, die von Amateuren mit bescheidenen Instrumenten durchgeführt werden können: 1.) Beobachtung von veränderlichen Sternen mit Photozellen. 2.) Überwachung der Milchstraße zur Entdeckung Neuer Sterne. 3.) Beobachtungen von Sternbedeckungen. 4.) Studium der Mondoberfläche. 5.) Physikalische Beobachtungen von Planeten (Venus, Jupiter, Saturn). 6.) Beobachtungen von Meteoren. C. L. J.

2064. **F. Kimberger, G. D. Roth,** Beiträge zur Technik der Astrophotographie. Mitt. Planetenbeobachter **8** Nr. 1 S. 8—10.

2065. **W. M. Lindley,** On the methods of observing variable stars. JBAA **65** 269—279, mit 2 Fig. — Bericht auf einer Hauptversammlung der BAA über die verschiedenen Methoden der visuellen Helligkeitsschätzung von Veränderlichen. Anschließend eine Diskussion über die auftretenden Fehler und ihre Ursachen. Beyer

2066. **A. Marks,** Jak obserwować gwiazdy zmienne. Urania Kraków **26** 213—216, mit 3 Fig.

2067. **A. Marks,** Obserwacje gwiazd zmiennych przez lornetkę. Urania Kraków **26** 273.

2068. **R. N. Mayall, M. L. Mayall,** Skyhooting. Hunting the stars with your camera. New York, The Ronald Press Company, 170 S. Preis $ 3.75. — Besprechung in Orion Schaffhausen **4** 450.

2069. **P. Moon, S. D. Eberle,** Photometrics in astronomy. J. Franklin Inst. **258** 461—471, 1954. — Ref. in RJ Astr. Geod. UdSSR 1956 Nr. 3 S. 26.

2070. **A. Pacholczyk,** Meteory. Urania Kraków **26** 211—212, 237—241, 274—276, mit 5 Fig.

2071. **G. D. Roth,** L'observation des surfaces planétaires par les amateurs. Gaz astr **37** 45—48.

2072. **J. B. Sidgwick,** Amateur Astronomer's Handbook. London, Faber and Faber Ltd.; New York, The Macmillan Co., 1955. 580 S. mit 192 Fig. Preis 63 s. bzw. $ 12.50. — Besprechung in Endeavour **15** 49 (H. Spencer Jones), Irish AJ **3** 160, J. Astr. Soc. Victoria 8 22—23, JBAA **65** 251—253 (H. C. King), J. British Interplanetary Soc. **14** 288 (P. Moore), NAT 1955 S. 149—150, Obs **75** 128 (W. H. Steavenson), Sky and Telescope **15** 31, 504—505 (T. J. Bartlett).

2073. **J. B. Sidgwick,** Observational Astronomy for Amateurs. London, Faber and Faber Ltd.; New York, The Macmillan Co., 1955. 358 S. mit 39 Fig. Preis 50 s. bzw. $ 12.50. — Besprechung in Endeavour **15** 49 (H. Spencer Jones), Hemel en Dampkring **54** 64 (C. de Jager), Irish AJ **3** 227, JBAA **66** 37—38, J. British Interplanetary Soc. **15** 56 (H. P. Wilkins), J RAS Canada **50** 267—268, Obs **76** 77 (W. H. Steavenson), Sky and Telescope **15** 176, 504—505 (T. J. Bartlett), Strolling Astronomer **9** 115—118 (J. R. Smith).

* * **J. Texereau, G. de Vaucouleurs,** Astrophotographie d'amateur. Vgl. Ref. **22112**.

2074. **J. Texereau,** Notes pratiques pour les observateurs débutants. Paris, Société astronomique de France, 1955. 64 S. mit 27 Fig. und Karten. Preis ffr 340. — Besprechung in BSAF **69** 394, La Nature **83** 500.

2075. **E. Wandersleb,** Aufnahmen des Fixsternhimmels mit Tessar 1:9 kürzer zu belichten, zum Beispiel 10 Minuten, als mit dem Tessar 1:3.5, zum Beispiel 120 Minuten? Phys. Verhandlungen **6** 117 (Ref.).

2076. **H. P. Wilkins,** El registro de las observaciones. Urania Barcelona **40** 221—225.

2077. **W. P. Zessewitsch,** Was und wie am Himmel beobachten? Priroda **44** Nr. 12 S. 123 (russisch).

2078. Über die physische Beobachtung von Kometen. Astr. Nachr. Berlin-Treptow **7** 78.

2079. Amateurs to observe satellites. Sky and Telescope **15** 203.

Alte Instrumente

2080. Tycho Brahes Instrumenter. NAT 1955 S. 26—29. — Übersetzung eines Abschnittes des Werkes von Tycho Brahe: Astronomiae Instauratae Mechanica. Hier handelt es sich insbesondere um die Einrichtung von Sternwartengebäuden. C. L. J.

2081. Tycho Brahes Instrumenter. Tillæg om Instrumenternes Underinddeling og Dioptre. NAT 1955 S. 102—105, mit 3 Fig. — Dänische Übersetzung einiger Teile aus Tycho Brahes Buch: Astronomiae Instauratae Mechanica. C. L. J.

§ 21

Beobachtungsinstrumente

2101. **L. Adamski,** Teleskopy meniskowe. Urania Kraków **26** 39—43, mit 4 Fig.

2102. **R. Baillaud,** Les instruments des hauteurs égales pour la détermination de l'heure. L'œuvre des précurseurs. Les erreurs d'origine instrumentale ou personnelle. Vgl. Ref. **1175**, daselbst S. 113—118, mit 4 Fig. — Beschreibung des ursprünglichen Astrolabiums von Claude und Driencourt und seiner Verbesserungen. Schon das Original-Instrument war im Prinzip einwandfrei; seine praktischen Nachteile, die zunächst die Genauigkeit der Beobachtungen begrenzten, sind durch die später entwickelten Varianten behoben worden. Verf.

2103. **H. Beck,** Über Reflexbilder im Schmidt-Teleskop. Mitt. AG 1954 S. 35—36. — Ref. AG.

2104. **B. J. Bok,** Size and type of telescope for a photoelectric observatory. Vgl. Ref. **1166**, daselbst S. 31—32.

2105. **B. A. J. Clark,** The amateur's telescope. J. Astr. Soc. Victoria **8** 78—79.

2106. **P. Darnell,** Dall-Kirkhamteleskopet. NAT 1955 S. 88—94, mit 2 Fig. — Beschreibung eines vom Verf. hergestellten Instruments und Mitteilung der Ergebnisse seiner Erprobung. C. L. J.

2107. **J. H. DeWitt, C. K. Seyfert,** Control frequency unit for telescope drive. AJ **60** 158. — Ref. AAS.

2108. **L. Helander,** Swedish aurora borealis camera invented. Vega **2** Nr. 30 S. 2.

2109. **T. Henson,** Binoculars, Telescopes and Telescopic Sights. New York, Greenberg Publishers, 1955. 515 S. Preis $ 9.50. — Besprechung in Astronomia Popular **1** Nr. 2 S. 35, Sky and Telescope **14** 292, **15** 82—83 (E. B. Brown).

* * **G. van Herk,** De gedaante van de aarde. Een oud probleem nieuw aangevat. Vgl. Ref. **13105**.

2110. **C. de Jager,** Het richtpunt van een meteorencamera. Meteoor **11** 14—16, mit 3 Fig. (mit englischer Zusammenfassung).

2111. **W. Jørgensen,** Et automatisk Solobservationsinstrument. Urania København 12 2—5, mit 1 Fig. — Allgemeinverständliche Beschreibung des Sonnenbeobachtungsinstruments der Sternwarte Uccle bei Brüssel mit automatischer Führung und Exposition. C. L. J.

2112. **D. N. Katsis,** Contribution to the study of the variation of the azimuth of the meridian circles. Mem. National Obs. Athen (1) Nr. 7, 63 S. mit 4 Fig. (griechisch mit englischer Zusammenfassung). — Für die jährliche Abweichung $a—a_0$ des Azimuts des Athener Meridiankreises vom Mittelwert im Zeitraum 1933—1953 als Funktion der jährlichen Temperaturschwankung $\Theta—\Theta_0$ und der Sonnendeklination δ wurde der Ausdruck $a—a_0 = 0\overset{s}{.}054\ (\Theta—\Theta_0) + 0\overset{s}{.}789 \operatorname{tg} \delta$ gefunden, dessen erster Summand als direkter Temperatureinfluß, dessen zweiter als Effekt lateraler Refraktion zu deuten ist. Böh.

2113. **D. Kotsakis,** The Schmidt-telescopes and the field of their activities. Bull. milit. geogr. Amt 1955 S. 1—22, mit 10 Fig. = Publ. Laboratory Astr. Univ. Athen Nr. 1 (griechisch mit englischer Zusammenfassung). — Verf. beschäftigt sich zunächst mit den Vorteilen der Schmidt-Teleskope im Vergleich zu den anderen Fernrohrtypen. Weiter beschreibt er einige von den größeren vorhandenen Schmidt-Teleskopen und die mit ihnen durchgeführten Programme. Mawridis

2114. **P. A. Krylow,** Das Michelsonsche Aktinometer als absolutes Gerät. Nachr. Akad. Wiss. UdSSR (Geophys.) Nr. 6 S. 552—556 (russisch). — Ref. in RJ Astr. Geod. UdSSR 1956 Nr. 7 S. 49.

2115. **A. I. Lebedinskij,** Über einige Anwendungen der weitwinkligen Spiegelkamera. DAN 102 473—475, mit 1 Tafel (russisch). — Beschreibung und Verwendung einer lichtstarken Kamera mit dem Öffnungsverhältnis 1 : 0.57 und einem spaltlosen Spektrographen zur Photographierung des Nordlichtspektrums, wobei die Dispersion gerade ausreicht, die Linien $\lambda\lambda$ 5577 und 6300/6360 voneinander zu trennen. Die Kamera kann auch ohne Spektrographen zu verschiedenen, hauptsächlich meteorologischen Zwecken verwandt werden. Loh.

2116. **W. Markowitz,** The photographic zenith tube. Suisse Horlogère 70 Nr. 1 S. 13—15, mit Bild des Autors und 2 Fig.

2117. **W. Markowitz,** La lunette zénithale photographique. Suisse Horlogère 70 Nr. 1 S. 17—19. — Ref. in RJ Astr. Geod. UdSSR 1956 Nr. 7 S. 14.

2118. **A. H. McGregor,** An open tube for an astronomical telescope. J. Astr. Soc. Victoria 8 9—10.

2119. **N. W. Merman,** Ein Planeten-Meniskusteleskop. Leningrad, Astr. Hauptobs., 1955 (russisch). — Dissertationsreferat.

2120. **W. H. Newman,** The Tolles eyepiece. JBAA 65 108—109, mit 2 Fig.

2121. **O. Nögel,** Das Protuberanzenfernrohr des Sternfreundes. Sterne 31 1—7, mit 8 Abb. — Auf Grund eigener Erfahrungen gibt Verf. technische Verbesserungen und praktische Winke für den Selbstbau eines Protuberanzenfernrohrs, dessen Herstellung in «Die Sterne» 28 135, 1952 (vgl. AJB 52 Ref. 2126) beschrieben wurde. Hoppe

2122. **N. N. Pawlow,** Über einen neuen Typ eines umlegbaren Passageninstruments. Mitt. Astr. Hauptobs. Pulkowo 20 Nr. 1 (154) S. 99—103, mit 1 Abb. (russisch). — In diesem Vorschlag einer Neuentwicklung wird der ganze obere Teil des Instruments zusammen mit den Lagerstützen um 180° gedreht. Die Zapfen sind verdeckt, ihre Lage kann während der Beobachtungen kontrolliert werden. Als Optik ist eine Maxutowsche vorgesehen. Die Neigung kann während der Beobachtungen ohne Änderung des Azimuts verbessert werden. Instrument und Niveau sind vor thermischen Einflüssen geschützt. Eine Reihe von Mängeln bisheriger Instrumente werden so vermieden. Das Instrument kann im Zeitdienst und bei fundamentalen Rektaszensionsbestimmungen von Sternen Verwendung finden und wird dabei eine erhöhte Genauigkeit gewährleisten. Loh.

2123. **N. Robinson,** An occulting device for shading the pyrheliometer from the direct radiation of the sun. Bull. Amer. Meteorol. Soc. **36** 32—34. — Ref. in RJ Astr. Geod. UdSSR 1956 Nr. 3 S. 90—91.

2124. **N. Rodskjer,** The Aurén solarimeter. Medd. Meteorol. Inst. Kgl. Univ. Uppsala **47** 385—393. — Ref. in RJ Astr. Geod. UdSSR 1956 Nr. 8 S. 54.

2125. **D. A. Roshkowskij,** Über die Justierung der Polachse und die Führung eines Astrographen bei langen Expositionen der Nordpolsequenz. Mitt. Astrophys. Inst. Alma-Ata **1** Nr. 1—2 S. 124—135, mit 5 Abb. und 1 Tafel (russisch). — Für die bei mangelhafter Justierung auftretenden Verzerrungen photographischer Sternbilder in Polnähe werden Formeln abgeleitet. Für die Bestimmung der genauen Lage des Instrumentenpols an der Sphäre wird ein Verfahren angegeben, das auf der Auswertung der bei einer schnellen, vollen Drehung des Astrographen um die Stundenachse sich ergebenden Sternspuren beruht. Die Nachführung eines 50 cm-Meniskenteleskops wird praktisch erläutert. Petri

2126. **N. Ségard, A. Vandenbossche,** Etude théorique et expérimentale de la figure de diffraction de l'héliomètre. Ann. Soc. Sci. Bruxelles **68** 175—184, 1954. — Ref. in RJ Astr. Geod. UdSSR 1956 Nr. 9 S. 20.

2127. **K. Sekihara, K. Kawamura,** An integrating actinometer. Papers Meteorol. Geophys. **5** 236—239. — Ref. in RJ Astr. Geod. UdSSR 1956 Nr. 5 S. 16.

2128. **J. A. Skljarow,** Über das bolometrische Pyrheliometer von P. W. Wjuschkow. Wiss. Jahrbuch Univ. Saratow 1954 S. 633—637 (russisch). — Ref. in RJ Astr. Geod. UdSSR 1956 Nr. 11 S. 52.

2129. **A. Sonnefeld,** Zur chromatischen Korrektion des Spiegelsystems nach Bernhard Schmidt. Jenaer-Jahrbuch 1953. — Wiss. Veröffentl. d. Zeißwerkes, Jena, 1953 S. 210—214. — Ref. in Phys. Ber. **35** 348.

2130. **K. Svoboda,** Electronic telescope. RH **36** 2—6, mit 5 Fig. (tschechisch). — Prinzip, Konstruktion und Anwendung elektronischer Fernrohre. J. B.

2131. **J. Texereau,** Commission des instruments. BSAF **69** 205—210, mit 2 Fig.

2132. **H. Werner,** Neuentwicklungen astronomischer Geräte. Mitt. AG 1954 S. 39. — Ref. AG.

2133. **A. R. Whitten,** A telescope tube of masonite. J. Astr. Soc. Victoria **8** 37—38, mit 1 Fig.

* * **S. Yumi,** Micrometer value of the international zenith telescope at Mizusawa. I. Results of the scale-pair observations. Vgl. Ref. 1237.

2134. Schul- und Amateurfernrohre von Zeiss. Astr. Nachr. Berlin-Treptow **7** 36—38.

2135. El telescopio electronico. Astronomia Popular **1** Nr. 2 S. 26—27.

2136. La camara Schmidt. Astronomia Popular **1** Nr. 2 S. 28—31, mit 6 Fig.

2137. Telescopi altazimutali per astrofili. Coelum **23** 49—50, mit 1 Tafel.

2138. Un gran telescopio japonés. Las Ciencias **20** 775—776.

2139. Photographischer Meteor-Registrierapparat. Orion Schaffhausen **4** 399.

2140. Large telescope for Japan. Sky and Telescope **14** 136. — Ref. in Coelum **23** 123.

2141. Missile tracking telescopes. Sky and Telescope **14** 374, mit 1 Fig. — Ref. in Vasiona **3** 69.

2142. French solar furnace. Sky and Telescope **14** 418.

2143. Two projects of large reflectors. TACL 1292 S. 4. — Planung von zwei Reflektoren mit 48 und 100 inch in Japan.

2144. «Elektronowy okular» dla teleskopów astronomicznych. Urania Kraków **26** 23.

Radioastronomische Instrumente

2145. Giant radio telescope for Australia. Sky and Telescope **14** 91. — Notiz über den geplanten Bau eines Radioteleskops in Sydney, Australien. Das Gerät soll von gleicher Art und Größe wie das in Manchester gebaute Instrument sein. Beide Instrumente sollen sich gegenseitig ergänzen. Behr

2146. **J. Arsac,** Transmissions des fréquences spatiales dans les systèmes récepteurs d'ondes courtes. Optica Acta **2** 111—118. — Ref. in Phys. Abstracts (A) **59** 90, Phys. Ber. **35** 1480.

2147. **J. van Bladel,** Les applications du radar à l'astronomie et à la météorologie. Paris, Gauthier-Villars, 1955. 6 + 147 S. — Besprechung in Phys. Abstracts (A) **59** 90—91 (M. W. Ovenden).

2148. **R. Hanbury Brown, H. P. Palmer, A. R. Thompson,** A rotating-lobe interferometer and its application to radio astronomy. Phil. Mag. (7) **46** 857—866, mit 6 Fig. — Verf. beschreiben ein Interferometer, das zur Messung des scheinbaren Winkeldurchmessers und der Intensitätsverteilung von diskreten Radioquellen benutzt werden kann. Es bietet gewisse Vorteile gegenüber den bisher benutzten und stellt eine Verbesserung der von Ryle entwickelten Phasenumschaltmethode dar. Henn

2149. **B. G. Hooghoudt,** De bouw van de grote radiotelescoop te Dwingeloo vordert. Hemel en Dampkring **53** 45—56, mit 9 Fig. — Bericht vom Bau des Radioteleskops mit 25 m-Parabolspiegel in Dwingeloo. Gü.

2150. **J. R. Koster,** An electronic phase switch for radio astronomy. Obs **75** 132. — Das Phasenschaltverfahren zur Unterdrückung der Untergrundstrahlung beim Interferenzempfang erfordert eine schnelle Umschaltung. Diese wird meist vorgenommen, indem abwechselnd zwei $\lambda/4$-Stichleitungen mittels eines rotierenden Schalters kurzgeschlossen werden. Es wird vorgeschlagen, zwei Germaniumdioden von kleiner Kapazität und kleinem Durchlaßwiderstand zu verwenden, die durch eine Steuerstufe abwechselnd leitend und nichtleitend gemacht werden. Eine Versuchsausführung hat im Dauerbetrieb bei 45 MHz zufriedenstellend gearbeitet. Das von den Dioden herrührende Zusatzrauschen lag bei dieser Frequenz in erträglichen Grenzen. Für höhere Frequenzen wird die Verwendung rauscharmer Vorverstärker vorgeschlagen. Daene

2151. **A. C. B. Lovell,** The development and use of large radio telescopes. Year Book Phys. Soc. 1955, S. 66 (Ref.).

2152. **D. O. McCoy,** An all-weather radio-sextant. Navigation Los Angeles 4 309—319. — Allgemeine Wirkungsweise des Radiosextanten, sein Aufbau und seine Bedeutung; Meßergebnisse. Fr.

2153. **J. de Mezer,** Anteny i radioodbiorniki. Z zagadnień radioastronomii (II). Urania Kraków **26** 107—115, mit 7 Fig. und 1 Tafel.

2154. **I. G. Moissejew,** Eine störungsfreie Einrichtung zur Registrierung der Radiostrahlung der Sonne. Mitt. Astrophys. Obs. Krim **15** 104—110, mit 6 Abb. (russisch). — Es wird ein Gerät zur Registrierung der solaren Radiostrahlung bei der Wellenlänge $\lambda = 1.5$ m beschrieben. Zur Beseitigung von Verzerrungen der Registrierungen durch Störungen wurde das Modulationsverfahren auf die zu empfangende Strahlung durch periodische Veränderung der Form des Richtdiagramms der Antenne mit Hilfe eines elektronischen Phasenumschalters angewandt. Verf. (übersetzt)

2155. **G. de Vaucouleurs,** Le radio-télescope le plus grand du monde. La Nature **83** 81—85, mit 9 Fig. — Beschreibung des Radioteleskopes in Sydney.

2156. **W. W. Witkewitsch,** Ein neues System des modulierten Radioempfangs schwacher Signale und seine Anwendung zur Konstruktion eines Radioteleskops mit überhohem Auflösungsvermögen. DAN **102** 469—472, mit 3 Abb. (russisch).

2157. Een radiotelescoop met groot scheidend vermogen. Hemel en Dampkring **53** 226. — Kurzer Hinweis auf das Radiointerferometer in Cambridge und seine Erfolge. Gü.

2158. Parabolic radio telescopes. Irish AJ **3** 249—250.

2159. Radiometric sextant. J. Geophys. Res. **60** 233.

2160. Nowy typ radioteleskopu. Urania Kraków **26** 51—52.

2161. Antena radioastronomiczna nowego typu o dużej zdolności rozdzielczej. Urania Kraków **26** 207—208, mit 2 Fig. — Ref. der in AJB **53** Ref. **2127** zitierten Arbeit von B. Y. Mills und A. G. Little.

* * Weitere Instrumente siehe auch § **12**.

§ 22

Zusatz- und Auswertgeräte, Photographie

2201. **A. Baillet, R. Peyturaux,** Etude du fond continu du spectre solaire. II. — Principaux instruments d'optique construits pour l'étude du fond continu du spectre solaire. Ann d'Astrophys **18** 26—31, mit 3 Fig. und 2 Tafeln = Contr. Inst. d'Astrophys. Paris (B) Nr. 133. — Die speziell für die Untersuchung konstruierten Instrumente werden beschrieben, und zwar ein Polarsiderostat, ein Monochromator, eine photographische Registrieranordnung und eine Vorrichtung, um das Sonnenbild horizontal laufen zu lassen. Kdr.

2202. **A. H. Boerdijk,** Instrument for the direct measurement of angles in the field of view of the naked eye. Rev. Sci. Instruments **26** 382—383, mit 1 Fig. — Ref. in Phys. Abstracts (A) 58 672.

2203. **F. Bosson, R. Peyturaux,** Etude du fond continu du spectre solaire. III. — Un générateur à diapason. Ann d'Astrophys **18** 32—33, mit 1 Fig. = Contr. Inst. d'Astrophys. Paris (B) Nr. 133. — Beschreibung eines Stimmgabel-Generators zum Antrieb eines Siderostaten. Kdr.

2204. **P. Broglia,** Su un indicatore di sec z. Mem SA It (NS) **26** 555—556, mit 1 Fig. — In der Sternwarte Merate wurde eine elektrische Apparatur hergestellt, die es gestattet, den Wert von sec z während der Beobachtungen auf einem Quadranten sofort abzulesen. Cester

2205. **M. Cavedon,** L'agitatore d'aria negli ambienti termostatizzati. Mem SA It (NS) **26** 231—232. — Erfahrungen bestätigen den Vorteil einer Lüftungsvorrichtung in einem thermostatisierten Pendelraum, um eine Schichtbildung der Luft zu vermeiden. Cester

2206. **G. Courtès,** Application de l'étalon de Perot-Fabry à l'étude de l'hydrogène interstellaire. J. Phys. Radium **16** 110 S. — 112 S., mit 2 Fig.

2207. **M. Duflot, C. Fehrenbach,** Description d'un spectrocomparateur à projection. JO **38** 172—175, mit 3 Fig. — Es wird die Apparatur und die Methode beschrieben, mittels der die Objektivprismenspektren ausgemessen werden. Benutzt wird ein Hartmannscher Spektrokomparator in der von Gatterer vorgeschlagenen Form. Dabei ist durch zwei Feldlinsen eine Zusatzvorrichtung angebracht, die es zu erreichen ermöglicht, daß die Linearvergrößerung der beiden Spektren, auszumessendes Spektrum und Standardspektrum, genau gleich ist, auch wenn durch mechanische Unvollkommenheiten und vor allem durch Unebenheiten der photographischen Platte der Abstand der Platte vom Objektiv variiert. Ferner kann durch die meßbare Drehung einer planparallelen Platte im Lichtweg eine Verschiebung der Spektren gegeneinander bewirkt werden. Die Messung der Linienverschiebungen erfolgt dann in der Weise, daß man durch Drehung dieser planparallelen Platte die Linien beider Spektren zur Koinzidenz bringt und die Verschiebung aus dem abgelesenen Drehwinkel errechnet, deren Beziehung empirisch geeicht wird. Dadurch kann das Ausmessen und die Reduktion sehr bequem und rasch ermöglicht werden. H. M.

2208. **C. Fehrenbach,** Améliorations du prisme objectif à champ normal. JO **38** 167—171, mit 2 Fig. — Um bei der Bestimmung von Radialgeschwindigkeiten mit Hilfe eines gradsichtigen Objektivprismas ein möglichst großes nutzbares Feld zu gewinnen, wird eine Feldlinse eingeführt. Dadurch erhält man ein brauchbares Feld von 16 cm × 16 cm. Die durch die Feldlinse bewirkten Änderungen des Bildes, besonders die des Ortes und der Länge der Spektren, werden berechnet und diskutiert. Ferner wird der Einfluß der atmosphärischen Dispersion untersucht sowie die Fehler, die durch Unebenheiten der photographischen Platte entstehen können. Da letztere merklich sind, empfiehlt sich die Benutzung von auf Spiegelglas gegossenen Platten. H. M.

2209. **W. S. Finsen,** A critical evaluation of Sinton's achromatic interferometer. JO **38** 217—220. — Es wird zunächst auseinandergesetzt, daß einer der wesentlichsten Vorteile des üblichen Doppelspalt-Interferometers wie auch des Okular-Interferometers darin besteht, daß die durch die Erdatmosphäre oder durch die Optik des Instrumentes bewirkte Dispersion ganz automatisch durch das Interferenzstreifensystem selber kompensiert wird. Gerade dieses wichtigen Vorzuges beraubt sich das achromatische Interferometer von W. M. Sinton. Die weitere Erörterung des letztgenannten Interferometers läßt im übrigen erkennen, daß es auch in anderer Hinsicht dem Doppelspalt- und Okular-Interferometer eher unterlegen als überlegen ist. H. M.

2210. **A. B. Gilwarg, G. I. Distler,** Die Konstruktion eines neuen Interferenz-Polarisationslichtfilters für Sonnenuntersuchungen. Bote Akad. Wiss. UdSSR Nr. 6 S. 80—82 (russisch). — Ref. in RJ Astr. Geod. UdSSR 1956 Nr. 5 S. 37.

2211. **T. Hatanaka, S. Suzuki, A. Tsuchiya,** Polarization of solar radio bursts at 200 Mc/s. I. A time sharing radio polarimeter. Publ. Astr. Soc. Japan **7** 114—120, mit 2 Fig. und 1 Tafel = Tokyo Astr. Obs. Repr. Nr. 125. — Eine neue Anlage zur Beobachtung von vier Linear- und zwei Zirkularkomponenten der Polarisation wird beschrieben. Sie besteht aus zwei gekreuzten Dipolen in einem 10 Meter-Paraboloid mit wählbarer Phasenverzögerung und einem elektronischen Umschalter. Die Beobachtung einer einzelnen Komponente erfordert $^1/_{1600}$ sec, der ganze Satz $^1/_{200}$ sec mit einer Pause von $^2/_{1600}$ sec. Sie ist zur Untersuchung der Polarisation bei schnell wechselnden Ereignissen geeignet, wie sie die solaren Radiobursts darstellen. Priester

2212. **T. Hatanaka, S. Suzuki, A. Tsuchiya,** A time-sharing radio polarimeter. Rept. Ionosphere Res. Japan **9** 51—52. — Ref. in RJ Astr. Geod. UdSSR 1956 Nr. 4 S. 55.

2213. **T. Heller,** Der Xenon-Hochdruckbogen als Standardstrahler. ZfA **38** 55—68, mit 10 Abb. = Mitt. Landessternw. Heidelberg Nr. 98. — Um die Eignung der Xenon-Hochdrucklampen als Standardstrahler zu prüfen, wurde die Konstanz der Farbtemperatur des Bogens bei häufiger Zündung und langer Brennzeit untersucht. Als recht zuverlässig und brauchbar erwiesen sich die Langbogenlampen mit wandstabilisiertem Bogen nach P. Schulz. Kurzperiodische Schwankungen der Strahlungsintensität konnten zum größten Teil durch eine elektronische Regelung beseitigt werden, so daß eine hohe Meßgenauigkeit erreicht wurde. Die Farbtemperaturänderungen waren bei 500 Brennstunden kleiner als 2 %. Durch Anschluß an den Kohlebogen wurde die Farbtemperatur (Verteilungstemperatur) des Xenon-Bogens im Bereich 5300 bis 3700 Å zu 5572° ± 33° bestimmt. Verf.

2214. **K. Hermann-Otavský,** Ein Farbenkontrasthelioskop. Sterne **31** 126—128, mit 1 Abb. — Beschreibung eines kontraststeigernden Helioskops, bestehend aus einem unversilberten Pentagonprisma und zwei mit einem Gelbfilter zusammengekitteten Polarisationsfiltern. Es konnten feinste Details auf der Sonnenscheibe beobachtet werden. Bru.

2215. **P. W. Hodge,** A small spectroheliograph. Chemistry **27** Nr. 9 S. 24—26, 1954. — Ref. in RJ Astr. Geod. UdSSR **1956** Nr. 1 S. 85.

2216. **H. J. Höfert,** Monochromatoren im Zeiß-Geräte-Programm. Mitt. AG 1954 S. 40—41. — Ref. AG.

2217. **J. A. Hulbert, G. O. Jones,** The superconducting bolometer as a detector of thermal radiation from low-temperature sources. Proc. Phys. Soc. (B) **68** 801—804, mit 2 Fig.

2218. **D. M. Hunten,** An automatic auroral recorder. J. Optical Soc. America **45** 899. — Ref. Optical Soc. America.

2219. **A. V. Jones, H. Gush,** Infrared spectrometer for aurora and airglow. J. Optical Soc. America **45** 899. — Ref. Optical Soc. America.

2220. **G. Karský,** Rechtwinkliges Mikrometer. RH **36** 136—139, mit 3 Fig. (tschechisch). — Konstruktion und Theorie eines einfachen Mikrometers. J. B.

2221. **A. Kranjc,** Sul profilo strumentale teorico di uno spettrografo astronomico. Rend. Accad. Nazionale Lincei, Cl. Sci. fis., mat., nat. (8) **19** 301—306, mit 1 Fig. — Contr. Oss. Astr. Milano-Merate (NS) Nr. 79. — Verf. berechnet das theoretische Profil einer monochromatischen Linie für einen astronomischen Spektrographen und gibt eine praktische Anwendung am Zeißschen Teleskop von Merate. Cester

2222. **H. Künzel,** Polarisationsinterferenzfilter und ihre Prüfung. AN **282** 252—256, mit 3 Fig. = Mitt. Astrophys. Obs. Potsdam Nr. 43. — Es wird über den optischen und mechanischen Aufbau eines in Potsdam vorhandenen Polarisationsinterferenzfilters nach B. Lyot berichtet, das für die Wellenlängen λ 6563 Å und λ 5303 Å berechnet ist. Ferner werden die angewandten Prüfmethoden und eine einfache Temperierungseinrichtung beschrieben. Verf.

2223. **G. Libuda,** Über die Verwendung von Kleinbildkameras in der Astronomie. Sterne **31** 51—56, mit 5 Fig. = Mitt. Archenhold-Sternw. Berlin Nr. 41.

2224. **J. N. Lipskij,** Über die Berücksichtigung der Depolarisationseigenschaften des stufenweisen Abschwächers. Astr Circ UdSSR Nr. 158 S. 6—9 (russisch). — Wie Versuche zeigen, ist die Verwendung derartiger Abschwächer (Filter) nur unter Berücksichtigung der gesamten Polarisationseigenschaften der spektroskopischen Apparatur zulässig. Loh.

2225. **J. N. Lipskij,** Über die Abhängigkeit der Polarisationseffekte eines Spektrographen von der Spaltbreite. Astr Circ UdSSR Nr. 163 S. 25—29 (russisch). — Wie Messungen zeigen, besitzt ein Spektrograph unterschiedliche Polarisationseigenschaften für verschiedene Spaltbreiten. Durch Verwendung neutraler und selektiver Filter werden die Verhältnisse noch komplizierter. Bei Untersuchungen des teilweise polarisierten Lichtes der Planeten, Korona etc. müssen diese Eigenschaften berücksichtigt werden. Loh.

2226. **J. N. Lipskij,** Über die Polarisation des Lichts durch die Spiegel der Zölostateneinrichtung. Astr Circ UdSSR Nr. 163 S. 29—32 (russisch). — Bericht über die Untersuchung des Zölostaten der Beobachtungsstation des Sternberg-Instituts in Kutschino. Loh.

2227. **S. Magun,** Ein Sonnenokular. Sterne **31** 228—229, mit 2 Abb. — Führt man ein unversilbertes Pentagonprisma, dessen Flächen mit einer reflexvermindernden Schicht versehen sind, in den Strahlengang eines Fernrohres ein, so erreicht man nach zwei Reflexionen eine Schwächung um einen Faktor von etwa 2.5×10^{-5}. Es genügt dann bei Sonnenbeobachtungen ein helles Okularfilter; ferner erspart die Knickung des Lichtweges das Zenitprisma. Die durch das Pentagonprisma hindurchgehende Sonnenstrahlung wird man zweckmäßig aus dem Okular in geeigneter Richtung herausreflektieren. H. M.

2228. **G. Mannino, A. Mammano,** Descrizione di un intensitometro. Ricerca Sci. **25** 3092—3095, mit 1 Fig. = Contr. Oss. Astrofis. Asiago Nr. 62. — Es wird ein mechanisches, halbautomatisches Instrument beschrieben, das gestattet, die Linienkonturen, die schon als Transparenz registriert sind, in Intensitäten zu verwandeln. Verf.

2229. **W. Opalski,** O niezależności runu mikrometrów optycznych od miejsca limbusu. Postępy Astr. **3** 23. — Ref. Poln. Astr. Ges.

2230. **H. Plesse,** Über ein registrierendes Spektralphotometer und einen Extinktionsschreiber. Mitt. AG 1954 S. 41. — Ref. AG.

2231. **A. Poveda,** La polaridad de las estrellas magneticas. Bol. Obs. Tonantzintla y Tacubaya Nr. 12 S. 30—32, mit 3 Fig. (mit englischer Zusammenfassung). — Es wird eine Apparatur beschrieben, die ermöglicht, in einfacher Weise die effektive Polarität eines magnetischen Sterns zu bestimmen. Die Apparatur besteht im wesentlichen aus einem Spektrographen in Verbindung mit einem doppelbrechenden Kristall. Hunger

2232. **J. Ring,** Dielectric interference filters in astronomical photography. Obs **75** 249—252, mit 1 Fig. und 3 Tafeln. — Es werden Versuche beschrieben, bei denen dielektrische Mehrschichteninterferenzfilter zur monochromatischen Photographie von Gasnebeln verwendet werden. Besonders schöne Aufnahmen gelangen mit einer Anordnung, bei der das Filter in den Newton-Fokus eines Spiegels 120/600 cm gebracht und über eine anschließende Zwischenabbildung ein effektives Öffnungsverhältnis von 120/150 cm erzielt wurde. Behr

2233. **S. Suzuki,** A new type of square-law detector. Publ. Astr. Soc. Japan **7** 121—124, mit 4 Fig. = Tokyo Astr. Obs. Repr. Nr. 126. — Ein neuer Gleichrichter mit quadratischer Kennlinie wird beschrieben. Er unterscheidet sich von den bisherigen Gleichrichtern dadurch, daß die erste Oberwelle im Aus-

gang des quadratischen Gliedes linear weiterverstärkt wird. Dadurch wird eine hohe Ausgangsspannung, eine kleine Zeitkonstante und gute Stabilität erreicht.
Hunger

2234. **J. Weinard,** Aufbau eines kombinierten Gitterspektrographen hoher Dispersion. Z. angewandte Phys. **7** 584—588, mit 8 Abb.

* * **H. Werner,** Neuentwicklungen astronomischer Geräte. Vgl. Ref. **2132.**

2235. **K. Wurm,** Über neue Absorptionsfilter für Nebelaufnahmen. Mitt. AG 1954 S. 36—37. — Ref. AG.

2236. **K. Wurm,** Dye filters for nebular work. Vgl. Ref. **1169,** daselbst S. 530—537, mit 8 Fig. und Diskussion S. 542. — Es werden Filter aus Lösungen organischer Farbstoffe mit Halbwertsbreiten von 50 bis 150 Å bei einer maximalen Durchlässigkeit von 30 bis 40 % beschrieben. Weigert

2237. Sky compass. Navigation Los Angeles **4** 219—220. — Ref. in RJ Astr. Geod. UdSSR 1956 Nr. 6 S. 13—14.

2238. Automatyczne pomiary pozycji gwiazd. Urania Kraków **26** 48—49.

Photometrie, Photometer

2239. **G. Adamopoulos,** Die Photozelle in der Astronomie. Ein neues und wirksames Forschungsinstrument. Sein Gebrauch und seine Anwendungen. Astr. Nachr. Athen **6** 49—51 (griechisch).

2240. **D. L. Astawin-Rasumin,** Eine Einrichtung zur Meteorphotometrie. Bull. Astr.-Geod. Ges. UdSSR Nr. 16 S. 15—18 (russisch). — Ref. in RJ Astr. Geod. UdSSR 1956 Nr. 1 S. 121.

2241. **A. Baillet,** Un photomètre pour la lumière du ciel nocturne. Rev. d'Optique **34** 361—364, mit 3 Fig. = Contr. Inst. d'Astrophys. Paris (A) Nr. 203. — Beschreibung eines neuen Photometers (vgl. Ref. **2242**), mit welchem die Helligkeit eines bestimmten Ortes am Himmel innerhalb von fünf Minuten durch Filter in acht verschiedenen λ-Bereichen photoelektrisch gemessen werden kann. Zum Vergleich dient ein Radiumpräparat. Bo.

2242. **D. Barbier,** Les photomètres automatiques pour l'étude de la lumière du ciel nocturne. Rev. d'Optique **34** 353—360, mit 4 Fig. = Contr. Inst. d'Astrophys. Paris (A) Nr. 203. — Kurze Charakterisierung der verschiedenen Photometertypen sowie ihrer Vor- und Nachteile. Hinweis auf ein neues Gerät des Observatoire de Haute-Provence. Bo.

2243. **V. Barocas,** An aspect of electronics in astronomy. Scientia **90** 377—381, mit 1 Fig.

2244. **W. A. Baum, J. S. Hall,** Present status of the joint image-converter project. AJ **60** 154—155. — Ref. AAS.

2245. **W. A. Baum,** Counting photons — one by one. Sky and Telescope **14** 264—267, 330—334, mit 13 Fig. — Ref. in Orion Schaffhausen **5** 127. — Beschreibung des Elektronen zählenden lichtelektrischen Photometers am 200 inch-Teleskop des Mt. Palomar-Observatoriums. Behr

2246. **W. A. Baum,** A photon counter. Vgl. Ref. **1166,** daselbst S. 25—26.

2247. **A. Behr,** Probleme der photographischen und lichtelektrischen Photometrie. Mitt. AG 1954 S. 61—73, mit 8 Abb.

2248. **W. Bitterlich,** Verstärker für ein Schnellregistrierphotometer. Labor. Astrofis. Specola Vaticana Ric. Spettrosc. **2** 169—204, mit 15 Abb. — Für ein Schnellregistrierphotometer, das die gleichzeitige Registrierung eines Vergleichsspektrums ermöglicht, wurde ein spezieller Gleichstromverstärker entwickelt. Die besonderen Anforderungen — gleichzeitige Verstärkung der Ausgangsströme zweier Multiplier auf große Ausgangsleistung zum Betrieb eines elektrodynamischen Doppeloszillographen — bestimmen die Konstruktion des Gerätes. Die Wirkungsweise der einzelnen Schaltelemente wird eingehend diskutiert. Die ausführliche Darstellung soll den Nachbau erleichtern. Behr

2249. **J. Burns III, W. A. Hiltner,** Image converters with thin protecting foils. ApJ **121** 772—773. — Es wird vorgeschlagen, zum Schutze der Photokathoden in Bildwandlern vor Verunreinigungen durch Wasserdampf und andere Einwirkungen der ins Vakuum eingebrachten photographischen Platte, die Vakuumkammer für letztere durch eine dünne Folie vom eigentlichen Bildwandler zu trennen. Versuche mit Aluminium-Zaponlack-Folien waren erfolgreich. Traving

2250. **T. A. Chubb, H. Friedman,** Photon counters for the far ultraviolet. Rev. Sci. Instruments **26** 493—498, mit 8 Fig. — Ref. in Phys. Abstracts (A) **58** 917—918.

2251. **J. Cuffey,** Tests of an improved iris photometer. AJ **60** 157. — Ref. AAS.

2252. **O. Czyżewski,** Prądowy stabilizator napięcia do fotopowielacza. Postępy Astr. **3** 138—140, mit 4 Fig.

2253. **M. M. Dagajew,** Photographische Photometer zur Beobachtung von Sonnenfinsternissen. Moskau, Astr.-Geod. Ges. UdSSR, 1954. 42 S. mit Abb. (russisch). — Besprechung in RJ Astr. Geod. UdSSR 1956 Nr. 8 S. 50—51.

2254. **E. W. Dennison,** The upper air research observatory contour densitometer. AJ **60** 157. — Ref. AAS.

2255. **P. P. Dobronrawin, W. B. Nikonow,** Ein Kompensationssternelektrospektrophotometer. Mitt. Astrophys. Obs. Krim **13** 32—45, mit 12 Abb. (russisch). — Es wird ein Versuchsgerät beschrieben, mit dem die Einflüsse von nichtchromatischer Szintillation, Änderungen der allgemeinen atmosphärischen Durchsicht und ungenauer Nachführung kompensiert werden sollen. Das Instrument wurde im Coudé-Fokus eines 50 cm-Maxutow-Teleskops verwandt und zeigte eine recht stabile Nullpunktslage, aber beträchtliches Verstärkerrauschen. Die Linientiefe von $H\gamma$ bei α Lyrae wurde bei breitem Spalt in verschiedenen Nächten mit einem mittleren quadratischen Fehler von 2 % gemessen. Genauigkeit und Empfindlichkeit sollen weiter gesteigert werden. Petri

2256. **T. Dunham jr.,** The applicability of photoelectric detection in solar and stellar spectrophotometry with gratings and etalons. AJ **60** 159—160. — Ref. AAS.

2257. **R. B. Dunn, E. R. Manring,** A recording night sky photometer of high spectral purity. J. Optical Soc. America **45** 899—900. — Ref. Optical Soc. America.

2258. **P. Fellgett,** A proposal for a radial velocity photometer. Optica Acta **2** 9—16. — Ref. in Phys. Abstracts (A) **58** 862, Phys. Ber. **34** 2279.

2259. **A. J. Gardiner, H. L. Johnson,** Integrator-type dc amplifier. Rev. Sci. Instruments **26** 1145—1147, mit 3 Fig. — Ref. in Phys. Abstracts (A) **59** 450.

2260. **W. A. Hiltner,** Image tubes for astronomical purposes. Vgl. Ref. **1166**, daselbst S. 26—27.

2261. **J. Junkes, E. W. Salpeter,** Ein Schnellregistrierphotometer zur Auswertung von Spektralaufnahmen. Mikrochimica Acta Nr. 2—3 S. 534—541, mit 4 Abb. = Specola Vaticana Comun. Nr. 19. — Beschreibung eines schnell registrierenden Plattenphotometers. Das Gerät wurde aus einem Spektrallinienphotometer von Jarrell-Ash entwickelt. Es erhielt einen Antrieb in einer Koordinate. Zwei getrennte Photomultiplier erlauben die gleichzeitige Registrierung zweier Spektren. Als Schreiber dient ein elektrodynamischer Oszillograph von Dreyfus-Graf. Die hohe lichtelektrische Empfindlichkeit und die Linearität des Oszillographen bis zu einer Frequenz von 60 Hz erlauben zum Beispiel einen 12 m langen Streifen in der Zeit von 1 Minute. Die Meßgenauigkeit entspricht etwa der Genauigkeit der photographischen Platte. Höhere Genauigkeit kann durch Herabsetzen der Registriergeschwindigkeit erreicht werden. Behr

2262. **W. Kluge, S. Weber,** Über das Verhalten von Vakuum-Photozellen bei Bestrahlung mit Lichtimpulsen. Z. angewandte Phys. **7** 126—131, mit 9 Abb.

2263. **K. W. Kostylew,** Voltage stabilizer of high precision for feeding photomultipliers. AJ UdSSR **32** 545—549, mit 1 Fig. (russisch mit englischer Zusammenfassung). — Es wird ein Stabilisator beschrieben, der bei einem Abfall der Primärspannung von 30—40 % eine Empfindlichkeitsänderung des Multipliers von weniger als 0.1 % gewährleistet. Schrick

2264. **A. Kranjc,** Un fotometro fotoelettrico per il rifrattore Merz di Merate. Mem SA It (NS) **26** 455—459, mit 2 Tafeln = Contr. Oss. Astr. Milano-Merate (NS) Nr. 72. — Es wird ein photoelektrisches Photometer beschrieben, welches einen Vervielfacher vom Typ 931 A benutzt und an einem visuellen Refraktor (Objektivöffnung 487 mm) montiert ist. Die Stromquelle ist am Instrument selbst angebracht. Die Empfindlichkeitsgrenze der trockenen und mit CO_2 gekühlten Photozelle liegt bei 11^m—12^m. Verf.

2265. **G. E. Kron, P. B. Fellgett,** A new application of an old principle for the photoelectric photometry of faint objects. Publ ASP **67** 334—335. — Ref. AAS.

2266. **G. E. Kron,** Amplifying methods in astronomical photoelectric photometry. Vgl. Ref. **1166**, daselbst S. 23—24.

2267. **N. F. Kuprewitsch,** Ein photoelektrisches Impuls-Spektralphotometer. Astr Circ UdSSR Nr. 157 S. 12—13 (russisch). — Die vorliegende Notiz ist eine vorläufige, kurze Beschreibung eines 1954 in Pulkowo entwickelten Spektralphotometers zur unmittelbaren Registrierung von Sternspektren am Fernrohr mittels Vervielfacher, Breitbandverstärker und Impulssammler. Das an das 25 cm-Melnikow-Ioannissiani-Teleskop anmontierte Spektralphotometer gestattet, bei einer Dispersion von 200 Å/mm bei $H\gamma$ Sterne bis zur 6. Größe zwischen 3900 und 6500 Å in weniger als fünf Minuten zu registrieren. Loh.

2268. **A. Lallemand,** Les récepteurs photoélectriques. Annuaire pour l'an 1956 publié par Le Bureau des Longitudes B1—B13, mit 1 Fig.

2269. **R. E. Leeds, G. T. Winch,** Secondary standard lamps for photometric and colorimetric purposes. G. E. C. J. **22** 232—236. — Ref. in Phys. Abstracts (A) **59** 291.

* * **F. Lenouvel, J. Ring,** Observations photoélectriques d'étoiles avec un filtre interférentiel en coin. Vgl. Ref. **9414**.

2270. **G. S. Liwschiz,** Über die Untersuchung der Abhängigkeit des Photostroms der Photoelemente von der Beleuchtung. Mitt. Astrophys. Inst. Alma-Ata **1** Nr. 1—2 S. 227—231, mit 6 Abb. (russisch). — Die Photoströme von Selen- und Schwefelsilber-Sperrschichtphotoelementen wurden in Abhängigkeit von der Beleuchtung in der Weise gemessen, daß das Licht einer hinter einer Mattscheibe befindlichen Lampe wahlweise durch eine feste Öffnung oder eine entsprechende Irisblende oder beide zugleich auf das Element fällt. So konnte in einfacher Weise eine Abstufung der Beleuchtungsstärke in arithmetischer Progression erzielt werden. Petri

2271. **S. Mączyński,** Nowoczesne odbiorniki promieniowania. I. Komórki próżniowe. Urania Kraków **26** 227—230, mit 2 Fig.

2272. **S. Mączyński,** Nowoczesne odbiorniki promieniowania. II. Komórki nowszych typów. Urania Kraków **26** 263—266, mit 3 Fig.

2273. **Z. Náray,** Determination of cathode sensitivity distribution of photomultipliers. Acta Physica Hungarica **4** 255—266, mit 9 Fig.

2274. **O. Obůrka,** Photometer für die Beobachtung veränderlicher Sterne. RH **36** 274—275, mit 4 Abb. (tschechisch). — Entwurf einer neuen Konstruktion für ein einfaches Sternphotometer. J. B.

2275. **V. Oskanjan,** Primena fotoelektričnih uredaja u Astronomiji. Vasiona **3** 61—63, mit 3 Fig. — Kurze allgemeinverständliche Darstellung der Anwendung photoelektrischer Einrichtungen in der Astronomie unter besonderer Berücksichtigung der Wirkungsweise lichtelektrischer Zellen und Vervielfacher. Loh.

2276. **M. Sauer,** Ein vereinfachtes elektronenzählendes Sternphotometer als Ergebnis einer Diskussion der photometrischen Meßmethoden. AN **282** 171—177, mit 2 Abb. = Veröff. Sternw. München **4** Nr. 15. — Die Diskussion der photometrischen Meßmethoden zeigt die Überlegenheit einer modifizierten Elektronenzählmethode hinsichtlich der Genauigkeit und der Unempfindlichkeit gegen äußere Einflüsse. Die Konstruktion und die Eigenschaften eines nach dieser Methode arbeitenden Sternphotometers werden beschrieben. Am 11'-Refraktor können ohne Filter Sterne 12. Größe mit einer Zelle vom Typ RCA 931 A gemessen werden. Verf.

2277. **H. Siedentopf,** Multiplier-Photometrie. Mitt. AG 1954 S. 28—29. — Ref. AG.

* * **O. Struve,** Some photoelectric problems. Vgl. Ref. **9422.**

2278. **O. Struve,** Some astronomical applications of image converters. Sky and Telescope **14** 224—227, mit 9 Fig. — Übersicht über die verschiedenen Typen von Bildröhren und ihre Anwendungsmöglichkeit in der Astronomie. Besonders beschrieben werden die Methoden von Lallemand und McGee. Behr

2279. **B. Valníček,** Über die Registriermikrophotometer. Časopis **5** 85—88, mit 5 Fig. (tschechisch).

2280. **A. E. Whitford,** Radiation detectors. Vgl. Ref. **1166,** daselbst S. 22—23.

2281. Astrophotometer. Rev. Sci. Instruments **26** 239—240, mit 1 Fig.

Geräte zur Ausnutzung der Sonnenenergie

2282. **F. Albani,** Perspectivas de aprovechamiento de la energia solar e información básica meteorológica necesaria. Meteoros **4** 245—250. — Ref. in RJ Astr. Geod. UdSSR 1956 Nr. 3 S. 91.

2283. **W. A. Baum,** Die Ausnutzung der Energie des Windes und der Sonnenstrahlung. Bote Akad. Wiss. UdSSR Nr. 3 S. 73—75 (russisch). — Ref. in RJ Astr. Geod. UdSSR 1956 Nr. 4 S. 66.

2284. **W. A. Baum,** The use of solar energy. J. Sci. Industr. Res. **A 14** 365—373. — Ref. in RJ Astr. Geod. UdSSR 1956 Nr. 10 S. 49—50.

2285. **A. E. H. Bleksley,** The utilization of solar energy. S. Afric. J. Sci. **52** 37—41. — Ref. in RJ Astr. Geod. UdSSR 1956 Nr. 10 S. 50.

2286. **R. Magat,** Sun harnessed for cooking. Chemistry **28** Nr. 5 S. 6—9. — Ref. in RJ Astr. Geod. UdSSR 1956 Nr. 5 S. 6.

2287. **G. Nebbia,** Un nuovo tipo di distillatore solare. Ric. Sci. **25** 1443—1446, mit 1 Fig. — Bau und Charakteristiken eines neuen Sonnendestillators werden beschrieben, und es werden die in den ersten Betriebsmonaten erzielten Ergebnisse mitgeteilt. Cester

2288. **F. Trombe,** Le grand four solaire de Mont-Louis. BSAF **69** 45—60, mit 10 Fig. — Ref. in Coelum **23** 119. — Die Sonnenstrahlung wird über einen 135 m^2 großen Planspiegel einem Parabolspiegel zugeleitet. Der Planspiegel besteht aus Glasscheiben von $500 \times 500 \times 6$ mm^3 und wird um eine horizontale und eine vertikale Achse lichtelektrisch nachgeführt. Der Parabolspiegel von 90 m^2 Fläche besteht ebenfalls aus einzelnen Facetten aus versilbertem Fensterglas von 350 cm^2 Fläche und 15 mm Dicke, denen mechanisch die nötige Krümmung verliehen wird. Im Fokus werden Temperaturen von 3000° erreicht. Die Leistung der Anordnung beträgt 70 kW. Bru.

2289. **F. Trombe,** L'utilisation de l'énergie solaire. La Nature **83** 438—445, mit 16 Fig.

2290. Applied Solar Energy Research. A Directory of World Activity and Bibliography of Significant Literature. Herausgegeben von E. J. Burda. Stanford, Calif., Stanford Research Institute, 1955. 9 + 298 S. — Besprechung in Nature **176** 804 (H. Heywood).

2291. Solar Energy Research. Herausgegeben von F. Daniels und J. A. Duffie. Madison, University of Wisconsin Press, 1955. 290 S. Preis $ 4.00 — Besprechung in Sky and Telescope **15** 31, 174—176 (J. Wolbach).

2292. Wisconsin solar energy project. Sky and Telescope **15** 74.

* * Weitere Zusatz- und Auswertgeräte siehe § **12**.

Photographie

2293. **P. E. Argyle,** The effective quantum efficiency in astronomical spectroscopy. J RAS Canada **49** 19—26, mit 4 Fig. = Contr. Dominion Astrophys. Obs. Victoria Nr. 42. — Abschätzungen über die absolute Empfindlichkeit der Kodak-Emulsion 103aO zeigen, daß sie noch um sieben Größenklassen unempfindlicher als eine ideale Emulsion der Quantenausbeute 1 ist. Eine Verbesserung in der Spektroskopie könnte durch Verwendung elektronischer Hilfsmittel erreicht werden. Versuche mit Bildwandlern werden beschrieben. Behr

2294. **E. A. Baker, M. J. Smyth,** Recent advances in the application of photography to astronomy. J. Photogr. Sci. (B) **3** 43—50. — Zusammenfassender Bericht über die Entwicklung der Photographie als Hilfsmittel der Astronomie seit 1938. Für präzise photometrische Arbeiten haben die lichtelektrischen Methoden die photographischen verdrängt, in der Spektralphotometrie jedoch und erst recht für Positionsmessungen wird die Emulsion weiterhin bevorzugt. Einzelne Abschnitte: Astrographen, Sonne, Sonnenspektren, Chromosphäre und Korona, Mond, Planeten, Meteore, Nachthimmelleuchten etc., Astrometrie, Zeit und Frequenz, Sternphotometrie, Doppelsterne, Sternspektren und Spektralphotometrie, Himmelskarten sowie Elektronenteleskope. Weidemann

2295. **I. I. Brejdo,** Untersuchung des Reziprozitätsgesetzes moderner photographischer Platten. Mitt. Astr. Hauptobs. Pulkowo **19** Nr. 6 (153) S. 112—121, mit 7 Abb. (russisch). — Für zahlreiche Plattensorten werden die Schwarzschild-Exponenten p und p' (Tab. 5) abgeleitet. Loh.

2296. **D. A. Campbell,** Astronomical photography on recording paper. Irish AJ **3** 185, mit 1 Tafel = Armagh Obs. Leaflet Nr. 32. — Ref. in Meteoor **11** 42—43. — Verf. diskutiert am Beispiel zweier Meteoraufnahmen die Vorteile und Anwendungsmöglichkeiten des Kathodenstrahl-Registrierpapiers Kodak

R. P. 30, das wegen seiner hohen Empfindlichkeit, seines kleinen Schwarzschild-Exponenten und seines geringen Preises für viele astronomische Zwecke geeignet erscheint, die nicht höchste Präzision verlangen. Hoppe

2297. **D. A. Campbell,** Paper negatives. JBAA **65** 316.

2298. **J. Eggert, R. von Wartburg,** Ein Sensitometer für Serienbestimmungen des Schwarzschild-Effektes (Reziprozitätsfehler) in weiten Bereichen. Z. Elektrochemie **59** 355—361, mit 20 Abb. — Ref. in Phys. Abstracts (A) **58** 1308.

2299. **M. G. Fracastoro,** Limiti della fotometria astronomica. Atti Fondazione G. Ronchi **10** 149—153. — Verf. gibt einen Überblick über die neueren Ergebnisse der photographischen und lichtelektrischen Photometrie und ihrer Grenzen. Für die Helligkeitsmessung der schwächsten Sterne kommt heute nur die lichtelektrische Photometrie in Frage. Leider sind dazu sehr lange Beobachtungszeiten erforderlich. Photographisch könnte man nur dann dasselbe erreichen, wenn die Emulsionen aus einer einzigen Schicht von strukturell und dimensionell identischen Körnern bestünden. Cester

22100. **K. Güssow,** Die spektrale Empfindlichkeit photographischer Platten. Mitt. AG 1954 S. 37. — Ref. AG.

22101. **K. Güssow,** Eine Apparatur zur Messung der spektralen Empfindlichkeit photographischer Emulsionen. ZfA **35** 233—236, mit 3 Abb. = Mitt. Univ.-Sternw. Jena Nr. 19. — Im Anschluß an die im Jahre 1951 veröffentlichten Untersuchungen der spektralen Empfindlichkeit photographischer Schichten, die in mancher Hinsicht mehr provisorischen Charakter hatten, wurde an der Universitäts-Sternwarte Jena eine Apparatur zusammengestellt, mit der derartige Messungen mit hoher Präzision durchgeführt werden können. Verf.

22102. **N. Hansson,** On the resolving power of the photographic image with special regard to the developer. Ark Astr **1** 531—542, mit 1 Fig.

22103. **W. I. Iwanikow,** Über die Wahl von Entwicklern für photographische Aufnahmen von Meteoren. Bull. Astr. Obs. Stalinabad Nr. 14 S. 12—13, mit 1 Abb. (russisch). — Drei der bekanntesten sowjetischen Entwickler wurden auf ihre Eignung für die Entwicklung von Meteoraufnahmen bezüglich Kontrastkoeffizient, Schleierdichte und Empfindlichkeit untersucht. Loh.

22104. **R. J. King,** Variation in contrast of photographic emulsions in the ultra-violet. J. photogr. Sci. **3** 150—152. — Ref. in Phys. Abstracts (A) **59** 869.

22105. **C. E. K. Mees,** The Theory of Photographic Process. New York, The Macmillan Company, 1954. Revised Edition. 1133 S. Preis $ 21.50. — Besprechung in J. Optical Soc. America **45** 777—778 (W. R. Brode).

22106. **H. Moser,** Über die photographische Wiedergabe von Spektrallinien. Optik **12** 362—376, mit 8 Fig. — Das von einem Spektrographen in der Bildebene entworfene Linienprofil wird bei photographischer Registrierung durch die Eigenschaften der photographischen Schicht verändert. Die Größe dieser photographischen Effekte wird durch Vergleich mit dem direkt photoelektrisch gemessenen Linienprofil ermittelt. Verf. (gekürzt)

22107. **G. A. Nassyrow,** Die Hypersensibilisierung mit Quecksilberdämpfen. Nachr. Akad. Wiss. Turkmen. Sowjetrepublik Nr. 3 S. 96 (russisch). — Ref. in RJ Astr. Geod. UdSSR 1956 Nr. 3 S. 27.

22107a. **J. Rösch,** Photographie analytique et photographie stéréoscopique. BSAF **69** 133—138, mit 3 Fig. — Ref. in Coelum **23** 146.

22108. **D. A. Roshkowskij,** Über ein Verfahren zur Ableitung der Schwärzungskurve. Astr Circ UdSSR Nr. 165 S. 12—14 (russisch). — Betrifft die Eichung mit einem Röhrenphotometer.

22109. **G. D. Roth,** Beiträge zur Astrophotographie II. Mitt. Planetenbeobachter 8 23—24.

22110. **K. P. Sinha, A. B. Biswas,** On the theory of photographic process. J. chem. Phys. **23** 404. — Ref. in Phys. Abstracts (A) **58** 547.

22111. **J. Sivadjian,** New sensitive layers for scientific use. Royal Photographic Society International Conference (London) S. 245—248. — Ref. in Phys. Abstracts (A) **58** 1307.

22112. **J. Texcrau, G. de Vaucouleurs,** Astrophotographie d'amateur. Vgl. AJB **54** Ref. **2290**. — Weitere Besprechung in J. Phys. Radium **16** 240 (R. Cayrel).

22113. **A. H. Turnbull,** A measurement of Schwarzschild's constant. Atomic Energy Res. Establ. (Harwell) Rep. GP/R1695, 1 S. — Ref. in Phys. Abstracts (A) **58** 1197.

22114. Progress in Photography (1951—54). II. London, The Focal Press; New York, American Photographic Book Publishing Company, 1955. 335 S. Preis $ 10.00. — Besprechung in J. Optical Soc. America **45** 585 (W. R. Brode).

22115. La fotografia analitica. Coelum **23** 87.

§ 23

Uhren, Chronographen, Zeitdienst, Sonnenuhren

2301. **L. Arbey,** La précision de la détermination astronomique de l'heure. BSAF **69** 299—307, mit 3 Fig. — Allgemeinverständliche Definition der Zeit und Beschreibung einiger Methoden zu ihrer Bestimmung mit Genauigkeitsangaben. Böh.

2302. **L. Arbey,** La détermination de l'heure à l'astrolabe de Danjon. Suisse Horlogère **70** Nr. 1 S. 13—16. — Ref. in RJ Astr. Geod. UdSSR 1956 Nr. 7 S. 16.

2303. **L. Arbey, B. Guinot,** La détermination de l'heure à l'astrolabe impersonnel de Danjon. Vgl. Ref. **1175**, daselbst S. 119—127, mit 7 Fig. — Beschreibung des Instruments und seiner Bedienung. Die den klassischen Astrolabien anhaftenden Nachteile sind beseitigt; das Instrument hat eine spezielle Anpeiltechnik und zeichnet sich durch Feinheit und Stabilität der Justierungen aus, der Beobachter arbeitet sitzend und schaut nach unten. Angaben über die durch den Zeitdienst der Pariser Sternwarte mit dem Instrument erhaltenen Resultate: Genauigkeit, Untersuchung von Restgliedern in Abhängigkeit von bestimmten physikalischen Eigenschaften. Verf.

2304. **L. Arbey,** Précision de la détermination astronomique de l'heure à deux types d'instruments Gautier et à l'astrolabe impersonnel de Danjon. Vgl. Ref. **1175**, daselbst S. 129—130. — Vergleich der bei Zeitbestimmungen an drei Instrumenten erzielten Genauigkeit. Mittlerer quadratischer Fehler einer Reihe: Großer Meridiankreis Gautier 0ˢ015, kleines Instrument Gautier 0ˢ020, unpersönliches Astrolabium Danjon 0ˢ009. Verf.

2305. **D. J. Belozerkowskij,** Les déterminations de temps étalon aux moments moyens des émissions de radiosignaux du service de l'heure en U.R.S.S. Vgl. Ref. **1175**, daselbst S. 173—176. — Beschreibung der von Pavlov stammenden und im Zeitdienst der UdSSR verwendeten Methode zur Berechnung einer einheitlichen Uhrzeit aus den empfangenen Funkzeitzeichen. Bei der Bestimmung der Einheitszeit wird der Effekt der Polschwankungen berücksichtigt. Ausführliche Angaben über die Genauigkeit der Zeitbestimmungen durch den sowjetischen Zeitdienst. Go.

2306. **A. Bertrand,** La chronométrie et ses applications industrielles. Ann. Françaises Chronométrie (2) **25** 35—40.

2307. **M. Bielicki,** O pewnej metodzie obliczania poprawki zegara z radiowych sygnałów rytmicznych 60/61 sek. Postępy Astr. **3** 133—138.

2308. **J. F. W. Bishop,** The physics of clocks and watches. J. Sci. Instruments **32** 289—293. — Ref. in Phys. Ber. **35** 10, Phys. Abstracts (A) **58** 987.

2309. **Z. Brkić, L. Mitić,** Déterminations de l'heure faites en 1952 et 1953. Bull. Astr. Obs. Beograd **19** Nr. 3 S. 4—9.

2310. **Z. M. Brkić, L. A. Mitić,** Déterminations de l'heure en 1954. Corrections de la pendule fondamentale et leurs écarts. Bull. Obs. Astr. Beograd **19** Nr. 4 S. 2—3.

2311. **E. Buchar,** Détermination de l'heure par la méthode des hauteurs égales, particulièrement au moyen d'un circumzénithal. Vgl. Ref. **1175**, daselbst S. 131—138, mit 2 Fig. — Bericht über Erfahrungen mit Methoden und Instrumenten zur Zeitbestimmung, die bei der Bestimmung geographischer Koordinaten des tschechoslowakischen geodätischen Netzes verwendet wurden. Als Verfahren wurde die Methode gleicher Sternhöhen angewandt; als Instrumente wurden das Zirkumzenital von Nušl-Frič und das Spiegelastrolab von Svoboda verwendet. Die Versuche haben die Eignung der Methode und der Geräte auch für höhere Genauigkeitsansprüche erwiesen. Go.

2312. **E. C. Bullard,** Definition of the second of time. Nature **176** 282.

2313. **A. W. Butkewitsch,** Une simplification de calcul dans la détermination de la correction d'un chronomètre d'après la méthode de W. K. Döllen. AJ UdSSR **32** 445—461, mit 3 Fig. (russisch mit französischer Zusammenfassung). — Zwei von Döllen entwickelte Methoden zur Bestimmung der Uhrkorrektion durch Beobachtung des Polarsterns und zweier südlicher Sterne werden untersucht und in der rechnerischen Durchführung vereinfacht. Schrick

2314. **M. Cavedon, A. Zerri,** Sulla termostatizzazione degli ambienti. Mem SA It (NS) **26** 57—63, mit 2 Fig. = Contr. Oss. Astr. Milano-Merate (NS) Nr. 57. — Nach einigen Betrachtungen über den Gang der Pendeluhren auf Grund von den durch viele Jahre gemachten Kontrollen werden die an der Sternwarte Brera zu Mailand aufgebauten Apparaturen beschrieben, um die Temperatur des Fundamentaluhrenraums und der thermostatischen Kästchen für die zu kontrollierenden Chronometer innerhalb des Zehntelgrades konstant zu halten. Cester

2315. **M. Cavedon, A. Zerri,** Un semplice «contatto-regolatore» per i pendoli. Mem SA It (NS) **26** 399—402, mit 1 Fig. = Contr. Oss. Astr. Milano-Merate (NS) Nr. 67. — Ein permanenter Magnet wurde am unteren Ende eines Pendelstabes angebracht, darunter eine Sprungfeder mit einem Metallplättchen, das, vom Magnet jede Sekunde angezogen, einen Kontakt schließt. Eine Schraube ermöglicht die Annäherung und die Entfernung des Plättchens, um den Gang des Pendels zu regulieren. Cester

2316. **M. Cavedon,** Orologi e Cronografi nel problema delle Longitudini. Contr. Oss. Astr. Milano-Merate (NS) Nr. 77.

2317. **B. Cester, A. Kranjc,** Registratore elettronico di segnali orari. Mem SA It (NS) **26** 3—6, mit 1 Fig. = Contr. Oss. Astr. Milano-Merate (NS)

Nr. 54. — Beschreibung einer Apparatur zur elektronischen Registrierung der Radiozeitzeichen mittels Thyratrons für astronomische Zwecke. Verf.

2318. **G. M. Clemence,** Definition of the second of time. Nature **176** 1230.

* * **J. F. Cox,** Sur les causes qui rendent non uniforme le temps universel; l'introduction du temps des éphémérides. Vgl. Ref. **13103.**

2319. **W. Djakonow,** Neue sowjetische Geräte zur Bestimmung und Bewahrung der genauen Zeit. Hochseeflotte Nr. 4 S. 8—10 (russisch). — Ref. in RJ Astr. Geod. UdSSR 1956 Nr. 6 S. 14.

2320. **G. Eiby,** Time and the earth. Southern Stars **16** 107—116, Berichtigung S. 142. — Vortrag vor der Wanganui Astr. Ges.

2321. **L. Essen, J. V. L. Parry,** An atomic standard of frequency and time interval. Nature **176** 280—282, mit 2 Fig. — Ref. in Phys. Ber. **35** 1208.

* * **M. Fluckiger,** Le chronographe de l'Observatoire de Lausanne. Vgl. Ref. **1236.**

2322. **L. C. González,** El manejo de un sistema de cronómetros en las operaciones geodésicas. Las Ciencias **20** 335—346, mit 1 Fig. und 1 Tafel.

2323. **A. Gougenheim,** Time determination on land and sea. Suisse Horlogère 1955 Nr. 1 S. 16—22, mit Bild des Autors und 7 Fig.

2324. **R. Guye,** Different types of signals and methods of distributing accurate time. Suisse Horlogère 1955 Nr. 1 S. 41—43, mit Bild des Autors.

2325. **R.-P. Guye,** Pour que l'heure soit connue? Suisse Horlogère **70** Nr. 1 S. 45—47. — Ref. in RJ Astr. Geod. UdSSR 1956 Nr. 6 S. 7.

2326. **E. Guyot,** Les causes d'erreurs dans la détermination de l'heure. Suisse Horlogère **70** Nr. 1 S. 3—4. — Ref. in RJ Astr. Geod. UdSSR 1956 Nr. 3 S. 8.

2327. **E. Guyot,** La détermination de l'heure avec la lunette zénithale photographique. Vgl. Ref. **1175,** daselbst S. 139—145, mit 4 Fig. — Konstruktion und Arbeitsweise des Photographischen Zenit-Teleskops der Sternwarte Neuchâtel. Das Instrument ist nach Angaben von Perfect, Greenwich, von der Firma Grubb-Parsons gebaut worden. Go.

2328. **J. v. d. Heide,** Zeitbestimmung und Fundamentalkatalog. Vgl. Ref. **1175,** daselbst S. 109—112, mit 1 Fig. — Zeitbestimmungen werden meist während des ganzen Jahres um die gleiche Tageszeit, kurz nach Sonnenuntergang gemacht. Dabei ist es nicht möglich, die systematischen Fehler der Fundamentalsterne $\Delta\alpha_\alpha$ von dem Effekt der ungleichförmigen Erdrotation zu trennen. Die Fehler $\Delta\alpha_\alpha$ des FK 3 sind zu bestimmen, wenn man in einer Nacht eine Reihe von Zeitbestimmungen durch möglichst viele Rektaszensions-Stunden hindurch macht. Solche Beobachtungen wurden vom Verf. in den Jahren 1951 bis 1953 mit dem gebrochenen Passageinstrument der Hamburger Sternwarte ausgeführt; durchschnittliche Beobachtungszeit 8 Stunden pro Nacht. Das Resultat ist eine geglättete Kurve der Korrektionen $\Delta\alpha_\alpha$ des FK 3. Weitere Diskussion und Vergleich mit N 30 zeigt, daß die gegenwärtigen Fehler des Fundamentalkatalogs im wesentlichen Auswirkungen nicht ganz richtiger Eigenbewegungen der Sterne sind. Go.

2329. **V. E. Hollinsworth,** A program machine for automatic operation of the Ottawa P. Z. T. Publ. Dominion Obs. Ottawa **15** 351—354, mit 2 Tafeln. — Beim Beobachten mit dem Photographic Zenith Telescope (PZT) ist es wichtig, die genauen Zeitpunkte des Beginns und Endes der einzelnen Expositionen einzuhalten. Da stets dieselben Zenitsterne beobachtet werden, die zeitliche Aufeinanderfolge der einzelnen Momente also in jeder Nacht gleich ist, kann der Ablauf eines Programms automatisch gesteuert werden. Dies geschieht durch ein von einem Synchronmotor bewegtes und entsprechend dem Programmablauf gelochtes Filmband, dessen Vorschub mit einer vom gleichen Motor betriebenen Uhr gekoppelt werden kann. Bo.

2330. **P. Hood,** How Time is Measured. New York, Oxford University Press, 1955. 63 S. mit zahlreichen Fig. Preis 8 s. 6 d. — Besprechung in JBAA **66** 36—37 (D. A. Campbell), Obs **75** 266 (W. G. Rickett).

2331. **A. J. Ischlinskij,** Le pendule de Poschechonow. AJ UdSSR **32** 462—468, mit 4 Fig. (russisch mit französischer Zusammenfassung). — In den Planetarien von Moskau und Stalingrad befindet sich als experimentelles Beweismittel für die Erddrehung je ein Pendel, dessen horizontale Schwingungsachse in einem um die Lotrechte drehbaren Rahmen gelagert ist. Verf. untersucht den Einfluß der Reibung in den Lagern auf die Winkelgeschwindigkeit der Schwingungsebene. Schrick

2332. **H. Spencer Jones,** Definition of the second of time. Nature **176** 669—670. — Es wird gezeigt, wie aufgrund der Definition der Ephemeridenzeit die Frequenznormale aus der Weltzeit abgeleitet werden muß. Auf die Bedeutung der physikalisch bestimmten Frequenznormalen zur Herleitung der saisonalen Rotationsschwankungen der Erde und zur Prüfung der Übereinstimmung zwischen der astronomischen und der physikalischen Zeitdefinition wird hingewiesen. T. L.

2333. **H. Spencer Jones,** The determination of time with the meridian telescope. Suisse Horlogère 1955 Nr. 1 S. 5—8, mit Bild des Autors.

2334. **A. Kranjc,** Un modello sperimentale di pendolo di precisione a scappamento elettronico. Mem SA It (NS) **26** 357—378, mit 5 Fig. = Contr. Oss. Astr. Milano-Merate (NS) Nr. **64**. — Es wird die Arbeitsweise einiger astronomischer Pendeluhren kritisch untersucht und ein vollkommen frei im Vakuum schwingendes Modell beschrieben, welches mit elektromagnetischer Hemmung und durch photoelektrische Impulse geregelt ist und eine Genauigkeit von der Ordnung von $0^s\!.01$ pro Tag besitzt. Verf.

* * **D.-K. Lo,** Time service works in Zi-Ka-Wei Observatory. Vgl. Ref. **1266**.

2335. **L. M. Loske,** La montre et la chronométrie au service de l'aviation. Suisse Horlogère **70** Nr. 2 S. 32—36. — Ref. in RJ Astr. Geod. UdSSR 1956 Nr. 6 S. 7.

2336. **W. F. Lubenzow,** Le service de l'heure de l'Union Soviétique. Vgl. Ref. 1175, daselbst S. 167—171. — Beschreibung der Organisation des gesamten Zeitdienstes in der Sowjetunion. Die astronomische Zeitbestimmung erfolgt regelmäßig an 15 Passageinstrumenten; die Sterndurchgänge werden photoelektrisch registriert. Die Zeitbewahrung erfolgt durch 10 Quarz- und 33 Pendeluhren, die zur Erhöhung der Genauigkeit zu Gruppen zusammengefaßt werden. Die Sendung der Zeitzeichen erfolgt achtmal täglich auf Langwelle und zehnmal täglich auf Kurzwelle. Go.

2337. **W. Markowitz,** The determination of universal time and ephemeris time at the U. S. Naval Observatory. Vgl. Ref. **1175**, daselbst S. 71—85, mit 3 Fig. — Darstellung der Methoden, die am U. S. Naval Observatory zur Zeitbestimmung verwandt werden. Weltzeit wird durch Beobachtungen an zwei Photographischen Zenitteleskopen, Ephemeridenzeit wird mit Hilfe der Mondkamera von Markowitz bestimmt. Angaben über Betrieb und Genauigkeit der Zenitteleskope, über die in Washington aufgestellten Uhren und über die mit der Mondkamera durchgeführten Programme. Go.

2338. **G. Masson,** Chronographe imprimant au millième de seconde, modèle 1955. Ann. Françaises Chronométrie (2) **25** 249—258, mit 5 Fig. —

Dieses Gerät hat den Zweck, Ein- und Ausschaltvorgänge von elektrischen Stromkreisen unter Verwendung von mechanischen Zahlentasten auf Papierstreifen zu übertragen. Da es vom technischen Standpunkt aus gesehen schwierig und vielfach unmöglich ist, derartige mechanische Tasten mit einer Geschwindigkeit bis zu 1/1000 Sekunde arbeiten zu lassen, wird die Aufzeichnung in zwei Einzelvorgängen ausgeführt. a) Genaue Aufzeichnung des gewünschten Vorganges unter Verwendung von trägheitslos arbeitenden elektrischen Anordnungen. b) Übertragung des gegenwärtig bestehenden elektrischen Zustands in einen der Zahlenfolge entsprechenden, der gleichzeitig mit den Erfordernissen der mechanischen Aufzeichnung vereinbar ist. Es handelt sich praktisch um eine Uhr, die einer Eichfrequenz von 1000 Hz unterliegt und mit Hilfe eines elektrischen Impuls-Zählverfahrens 1/1000 und 1/100 Sekunde anzeigt. Zur Messung eines gewünschten Schaltvorgangs bewirkt das Öffnen oder Schließen eines elektrischen Kreises das Anhalten des Impulszählers. In diesem Augenblick entspricht der Zustand der verschiedenen elektrischen Organe dem erhaltenen Meßwert. Es genügt daher, diesen vorgenannten Zustand der verschiedenen Organe auf ein Drucktastensystem zu übertragen, das den genauen Aufzeichnungszeitpunkt in eine Reihe von auf einen Papierstreifen gedruckten Zahlen umwandelt. Es werden hauptsächlich die neuen Verbesserungen dieses Geräts behandelt. Verf.

2339. **G. Masson, S. Savelieff,** Le nouvel émetteur de signaux horaires du Bureau International de l'Heure. Vgl. Ref. **1175**, daselbst S. 177—188, mit 7 Fig. — Technische Beschreibung des neuen Senders für automatische Zeitzeichen-Übertragung am Bureau International de l'Heure. Go.

2340. **J. S. McClements,** Post office quartz oscillators for use in time and frequency standardisation abroad. Post Office electr. Engineers J. **48** 26—28. — Ref. in Phys. Ber. **35** 706.

2341. **L. B. Meschtschanskij,** Die Zeitbestimmung aus der Beobachtung von Sternen im Meridian mit einem Universalinstrument. Sammelwerk Zentralinst. Geod. Luftbildaufnahme Kartographie Nr. 4 S. 19—21 (russisch). — Ref. in RJ Astr. Geod. UdSSR 1956 Nr. 4 S. 22.

2342. **Y.-J. Miao,** A method of determining time lag in radio signal receptions. Acta Astr. Sinica **3** 223—230, mit 7 Fig. (chinesisch mit englischem Ref.).

2343. **F. Moreau, J. Verbaandert,** La question de l'heure d'été. Vgl. Ref. **1175**, daselbst S. 231—233. — Historische Betrachtung über wahre und mittlere Sonnenzeit, Ortszeit, Eisenbahnzeit, Zonenzeit, Weltzeit. Gründe für die Einführung von Sommerzeit; Übersicht über den Gebrauch von Sommerzeit in den einzelnen Ländern. Diskussion über Vor- und Nachteile der Sommerzeit. Go.

2344. **T. Nicolini,** Alcune considerazioni sulla unità e sulla scala del tempo. Ist. Univ. Navale Napoli Ann. **24** 269—276 = Oss. Astr. Capodimonte-Napoli Contr. Astr. (2) **4** Nr. 15. — In seinen Betrachtungen über die Einheit der Zeit und die Zeitskala geht Verf. auf den Vorschlag der Ephemeridenzeit und die Verwendung von Atomuhren als Zeitnormale ein. Cester

2345. **K. Novák,** Über die Konstruktion eines Chronographen. RH **36** 208—210, mit 4 Abb. (tschechisch).

2346. **R. Payot,** L'émission du 1000 c/s de l'Observatoire de Neuchâtel. Rev. Internat. Horlog. Nr. 7 S. 5—10. — Ref. in RJ Astr. Geod. UdSSR 1956 Nr. 3 S. 19.

2347. **J. Pelgrims,** L'heure électronique. Ciel et Terre **71** 175—179, mit 5 Fig. — Beschreibung der von IBM entwickelten Geräte zur Synchronisation von Uhren durch eine Hauptuhr, die selbst wieder von Zeitsignalen gesteuert werden kann. Böh.

2348. **V. Ptáček,** Réception des signaux horaires au moyen d'un compteur électronique à la distance de 400—6000 km. Vgl. Ref. **1175**, daselbst S. 205—214. — Beschreibung der Instrumente, mit denen in Prag die internationalen Zeitsignale aufgenommen werden. Beide Apparaturen bestehen im Prinzip aus einem elektronischen Zählchronographen, einer Quarzuhr und einem Teil, der die zur Steuerung des Chronographen notwendigen Impulse ableitet. Die maximale Streuung bei Messung des 6-Punkte-Signals München beträgt ± 0.03 ms, bei Messung des 300-Punkte-Signals Rugby ± 0.2 ms. Go.

2349. **J. M. Ramberg,** Om införandet av borgerlig tid i Sverige och andra länder. PAT **36** 11—21. — Beschreibung der Entwicklung des Zeitsystems in Schweden. C. L. J.

2350. **L. Randić,** The modern clocks. Astr. Inst. Zagreb Univ. Commun. Nr. 2, 36 S. mit 22 Fig., 1954 (kroatisch).

2351. **J. Rösch,** Photographie analytique et photographie stéréoscopique. BSAF **69** 133—138, mit 3 Fig. — Ref. in Coelum **23** 146.

2352. **J. Rossel,** Chronométrie moléculaire et étalon du temps. Rev. Internat. Horlog. Nr. 10 S. 13—17, 1954. — Ref. in RJ Astr. Geod. UdSSR 1956 Nr. 2 S. 33—34, mit 1 Fig.

2353. **J. Rossel,** Molecular and atomic methods for time measuring and time keeping. Suisse Horlogère 1955 Nr. 1 S. 36—38, mit Bild des Autors.

2354. **A. Scheibe,** Die Quarzuhr als Frequenz- und Zeitnormal. Elektrotech. Z. (A) **76** 153—158, mit 14 Abb. — Ref. in Phys. Abstracts (A) **58** 667.

2355. **A. Scheibe, U. Adelsberger,** Synchronmotoren und Zeitkontakteinrichtungen in Quarzuhren. Elektrotech. Z. (A) **76** 843—846, mit 11 Abb.

2356. **P. Seligmann,** Quartz clocks. MN ASSA **14** 10—14, mit 3 Fig.

2357. **E. F. Skworzow,** Die Zeitmessung. Mitt. Pädagog. Inst. Krim **20** 176—202, 1954 (russisch). — Ref. in RJ Astr. Geod. UdSSR 1956 Nr. 1 S. 10.

2358. **H. M. Smith,** Precision measurement of time. J. Sci. Instruments **32** 199—204. — Ref. in Phys. Ber. **35** 10.

2359. **H. M. Smith,** Precision of quartz clocks. Suisse Horlogère 1955 Nr. 1 S. 27—35, mit Bild des Autors und 4 Fig.

2360. **H. M. Smith, R. H. Tucker,** Calibrage des étalons de fréquence quartz et atomique. Vgl. Ref. **1175**, daselbst S. 87—102. — Die Genauigkeit der Frequenznormale hat eine solche Höhe erreicht, daß die von den Ungleichförmigkeiten der Erdrotation herrührenden Schwankungen des astronomischen Zeitmaßes nicht mehr vernachlässigt werden dürfen. Um aus der astronomischen Zeit eine gleichförmige Zeitskala zu machen, die der genauen Frequenznormierung dienen kann, ist es notwendig, empirische Korrektionen anzubringen. Die Unregelmäßigkeiten der astronomischen Zeitskala und das in Abinger benutzte Verfahren zur Festlegung einer «Provisional Uniform Time» werden beschrieben. Angaben über die Gangleistung der Quarzuhren und über die bei der Verwendung von Atomfrequenznormen zu erwartende Genauigkeitssteigerung. Go.

2361. **L. A. Solowjewa,** Temperaturuntersuchungen astronomischer Pendeluhren. Leningrad, Metrol. Inst. UdSSR, 1955 (russisch). — Dissertationsreferat.

2362. **A. Stoyko,** La propagation des ondes radioélectriques d'après les signaux doublés directs et de superpropagation. Ann. Françaises Chronométrie (2) **25** 201—210, mit 5 Fig. — Die Bestimmung der scheinbaren Geschwindigkeit der radioelektrischen Wellen mit Hilfe des Empfangs eines Zeitzeichendoubles an einem Ort hängt nicht von der Verzögerung in den Empfangsgeräten ab. Die scheinbare Geschwindigkeit der direkten Wellen beträgt 273.300 km/sec, diejenige des Doubles 287.600 km/sec. Die Anzahl der empfangenen Zeitzeichen um $11^h 50^m$ aus Monte-Grande (LQC) in Paris steht mit der Sonnentätigkeit in Beziehung: sie nimmt ab, wenn die Sonnentätigkeit zunimmt (Korrelationskoeffizient $r = 0.77$). Einen besonderen Fall stellt der Empfang der Zeitsignale von Annapolis in Tokyo dar. Die direkten Signale treffen in Tokyo mit einer Verspätung ein, welche mit der Sonnentätigkeit zunimmt; die Hälfte ihres Weges geht über das Gebiet des Maximums des Polarlichts. Verf.

2363. **A. Stoyko,** La précision des services horaires de 30 observatoires en 1954. Bull hor (E) Nr. 12b S. 601—607, mit 1 Fig.

2364. **A. Stoyko,** L'heure définitive des signaux horaires en 1955 et l'influence du déplacement du pôle. Bull hor (F) Nr. 1 S. 1—6.

2365. **A. Stoyko,** L'influence du déplacement du pôle sur la détermination de l'heure de 1955.50 à 1956.00. Bull hor (F) Nr. 4 S. 91—93.

2366. **A. Stoyko,** Travaux soviétiques sur le service de l'heure. Nuovo Cimento Suppl. (10) **1** 323—346. — Ref. in Phys. Ber. **35** 175, RJ Astr. Geod. UdSSR 1956 Nr. 2 S. 21.

2367. **A. Stoyko,** International collaboration in the field of timekeeping, the Bureau International de l'Heure and the determination of world longitudes by wireless. Suisse Horlogère 1955 Nr. 1 S. 44—47, mit Bild des Autors und 2 Fig.

2368. **A. Stoyko,** Le développement du service international de l'heure. Vgl. Ref. **1175**, daselbst S. 147—158. — Überblick über die durch das Bureau International de l'Heure in den letzten Jahren erzielten Fortschritte. Hauptzweck des Instituts ist die Zentralisierung des Zeitdienstes der ganzen Welt und die Bildung einer definitiven Zeit aus den Einzelresultaten. Die Anzahl der beteiligten Zeitdienst-Institute ist von 7 im Jahre 1922 auf 26 im Jahre 1953 gestiegen. Verringerung der Fehler im gleichen Zeitraum: mittlere jährliche Abweichung eines Zeitdienstes von $0^s.027$ auf $0^s.009$, zufällige Fehler von $0^s.012$ auf $0^s.002$. Verf.

2369. **N. Stoyko,** Sur la détermination du temps universel dans les services horaires d'après les décisions de l'assemblée générale de l'U. A. I. à Dublin (1955). Bull hor (4) Nr. 4 S. 77—83.

2370. **N. Stoyko,** La précision des horloges mécaniques. Suisse Horlogère **70** Nr. 1 S. 27—30. — Ref. in RJ Astr. Geod. UdSSR 1956 Nr. 7 S. 16—17.

2371. **N. Stoyko,** Les signaux horaires classiques et les problèmes qui s'y rattachent. Vgl. Ref. **1175**, daselbst S. 159—166. — Die klassischen radioelektrischen Zeitsignale werden seit mehr als 40 Jahren benutzt. Sie sind von großer Wichtigkeit für das tägliche Leben und für wissenschaftliche Zwecke: Untersuchung der Fortpflanzung der radioelektrischen Wellen, Längenbestimmungen, Uhren-Untersuchungen und Arbeiten, die die Kenntnis der genauen Zeit erfordern. Die Zeit dieser Signale ist Weltzeit; die Korrektionen zur Transformation in quasi-gleichförmige Zeit müssen gesondert gegeben werden. Verf.

2372. **A. Suheyl-Unver,** Sur les cadrans solaires horizontaux et verticaux en Turquie. Arch. Internat. Histoire Sci. **7** 254—266. — Ref. in RJ Astr. Geod. UdSSR 1956 Nr. 2 S. 2.

2373. **G. Tiercy,** Sur les problèmes non résolus posés par l'étude de la marche des chronomètres. Publ. Obs. Genève (A) **6** Fasc. 3 (52), 11 S. mit 2 Fig. — Hinweis auf die Tatsache, daß trotz der Möglichkeit, den Gang von Chronometern in Abhängigkeit von Luftdruck und Temperatur befriedigend durch empirisch gewonnene Interpolationsformeln darzustellen, wir noch nichts darüber wissen, wie das empirische Verhalten einer Uhr physikalisch im einzelnen zu verstehen ist. Böh.

2374. **G. Tiercy,** Resultate der Chronometer-Kontrollstellen und Konkurrenzen der Schweizer Observatorien im Jahre 1954. J. Suisse Horlogère Bijouterie **80** 124—128. — Ref. in RJ Astr. Geod. UdSSR 1956 Nr. 2 S. 35.

2375. **G. Tiercy,** Errors in the distribution of time. Suisse Horlogère 1955 Nr. 1 S. 48—50, mit Bild des Autors.

2376. **G. Tiercy,** Les principales causes d'erreur entrant en jeu dans la diffusion de l'heure. Suisse Horlogère **70** Nr. 1 S. 52—54. — Ref. in RJ Astr. Geod. UdSSR 1956 Nr. 7 S. 13—14.

2377. **O. K. Uchowa,** Ein neues Verfahren zur Berechnung der Koinzidenzen von Zeitsignalen. Mitt. Astr. Hauptobs. Pulkowo **20** Nr. 1 (154) S. 104—129, mit 3 Abb. (russisch). — Es handelt sich um eine Verbesserung des Verfahrens von Prejpitsch (1933) und der Modifikation von Swerew (1943) nach einem Vorschlag von Pawlow (1941), das auf besonders zweckmäßige Art und Weise die besten Uhren und astronomischen Beobachtungen der Zeitdienste (der UdSSR) auszunützen erlaubt. Loh.

2378. **J. Verbaandert,** La détermination de l'heure par l'observation à la lunette méridienne. Suisse Horlogère **70** Nr. 1 S. 5—12. — Ref. in RJ Astr. Geod. UdSSR 1956 Nr. 6 S. 7.

2379. **T. Weimer,** Cadrans solaires. BSAF **69** 275—279, mit 2 Fig. — Anweisungen zum Bau von Sonnenuhren.

2380. «Britten's Watch and Clockmakers' Handbook, Dictionary and Guide». E. & F. N. Spon, Ltd. 15., von J. W. Player revidierte Auflage. Preis 63 s. — Besprechung in JBAA **66** 152—153 (D. A. Campbell).

2381. Le temps légal dans l'Union Française. Ann. Françaises Chronométrie (2) **25** 21—24.

2382. Documentation sur les radiosignaux horaires. Ann. Françaises Chronométrie (2) **25** 163—200. — Zusammenstellung sämtlicher ausgestrahlten Zeitzeichen mit ausführlichen sie kennzeichnenden Angaben. Böh.

2383. L'heure définitive des signaux horaires en 1955. Bull hor (F) Nr. 2 S. 35—61, Nr. 3 S. 63—90, Nr. 5 S. 119—143.

2384. Caractéristiques principales des émissions de fréquence étalon et de signaux horaires. Bull. Inform. Union Radio Sci. Internationale Nr. 87 S. 34—35, 1954. — Ref. in RJ Astr. Geod. UdSSR 1956 Nr. 1 S. 27.

2385. Time Service. Observations with reversible transit and wireless time signals 1942. Greenwich Astronomical Results 1942, A 15—A 31.
Desgl. für 1943 und 1944, A 13—A 32.
Desgl. für 1946, A 21—A 39.

2386. Tijdseinen. Hemel en Dampkring **53** 147, mit 2 Fig.

2387. New atomic clock. J. Franklin Inst. **259** 378—379. — Ref. in RJ Astr. Geod. UdSSR 1956 Nr. 7 S. 17.

2388. Et soluhr fra 1578. NAT 1955 S. 114—115, mit 1 Fig. — Kurze Beschreibung einer sich 3 km südlich von Itzehoe (Holstein) befindenden Sonnenuhr. Die Beschreibung ist einem Buche von J. Andersen über Rundfahrten in Holstein und Südschleswig entnommen. C. L. J.

2389. Avec les chronométriers français. Résumé des travaux. Rev. Internat. Horlog. Nr. 7 S. 11—16. — Ref. in RJ Astr. Geod. UdSSR 1956 Nr. 3 S. 25.

2390. Atomic time. South African J. Sci. **51** 226. — Ref. in RJ Astr. Geod. UdSSR 1956 Nr. 2 S. 35—36.

2391. Portable secondary frequency standard. Techn. News Bull. Nat. Bur. Standards **39** Nr. 7 S. 92—93. — Ref. in RJ Astr. Geod. UdSSR 1956 Nr. 10 S. 16.

2392. **Zeitsignale**

Regelmäßige Mitteilungen:

AN, Ann. Françaises Chronométrie, Astr Circ UdSSR, BAC, Bull. Astr. Obs. Beograd, Bull hor, Bull. Inform. U. R. S. I., Bull. US Naval Obs. Time Signals, Bull. Zeitdienst Astr. Hauptobs. Pulkowo, Bull. Zentralinst. Radiomessungen, Circ. Astr. Obs. Taschkent, South African J. Sci.

Sendezeiten:

Vgl. Ref. **2382**.
Bull hor (4) Nr. 2.
NAZvM 251, NAZ **9** 3, 9, 26, 32.
UAI Circ 1489, 1497, 1508, 1523.

§ 24

Beobachtungs- und Reduktionsmethoden

2401. **M. G. Adam,** Interferometric measurements of wave-lengths. III. A note on observational technique in the method of circular channels. MN **115** 422—426, mit 2 Fig. = Commun. Univ. Obs. Oxford Nr. 50. — Die benutzte Methode wird durch Abweichungen der Interferometerflächen von der Ebene beeinflußt. Durch kleine Verbesserungen in der Apparatur wird der Fehler in der absoluten Wellenlänge auf unter 0.001 Å herabgedrückt. Dv.

2402. **R. N. Bracewell,** Chord construction for correcting aerial smoothing. Australian J. Phys. **8** 200—205, mit 5 Fig. — Zur Entzerrung der gemessenen Intensitätsverteilung der kosmischen Radiofrequenzstrahlung sind schon eine Reihe von Verfahren angegeben worden. In vorliegender Arbeit beschreibt Verf. ein einfaches graphisches Verfahren, das die gestellten Genauigkeitsforderungen befriedigt. Henn

2403. **R. N. Bracewell,** Simple graphical method of correcting for instrumental broadening. J. Optical Soc. America **45** 873—876, mit 5 Fig. = Berkeley Repr. Nr. 92.

2404. **F. D. Kahn,** The correction of observational data for instrumental band width. Proc. Cambridge Phil. Soc. **51** 519—525. — Ref. in Math. Rev. **16** 1158—1159.

2405. **A. Kranjc,** Un semplice mezzo per aumentare l'altezza effettiva delle registrazioni ad un microfotometro tipo Moll. Mem SA It (NS) **26** 115—116.

2406. **A. Lallemand, M. Duchesne,** Sur la possibilité de découvrir les nébuleuses et étoiles faibles. CR **241** 360—362, mit 1 Fig. — Verf. zeigen, daß man mit einer Kombination elektronischer Bildwandler und Ultrafeinkornplatte noch weit schwächere Lichtkontraste als mit der klassischen Methode (höchstempfindliche Platten) auffinden kann. Die Belichtungszeiten verkürzen sich jedoch nicht wesentlich gegenüber der klassischen Methode. Mürle

2407. **J. N. Lipskij,** Eine polarisations-spektralphotometrische Methode zur Untersuchung des an matten Oberflächen gestreuten Lichts. Bote Univ. Moskau Nr. 9 S. 41—44, 1954 (russisch). — Ref. in RJ Astr. Geod. UdSSR 1956 Nr. 2 S. 91.

2408. **J. Loodts,** Le tracé d'une méridienne dans la cave du pavillon des séismographes à l'Observatoire Royal de Belgique. Commun. Obs. Roy. Belgique Nr. 88, 12 S. mit 4 Fig. — Es wird ein Verfahren beschrieben, nach welchem, ausgehend vom Meridian des Passageninstruments Bamberg, durch Theodolitmessungen die Meridianrichtung im Keller des etwa 90 m entfernten Seismographengebäudes festgelegt wurde. Bo.

2409. **J. Meurers,** Neigungsbestimmungen durch mikroskopische Messungen. Z. Vermessungswesen **80** 101—108, mit 6 Abb. = Mitt. Univ.-Sternw. Bonn.

2410. **I. P. Ogorodnik,** Die Ergebnisse des Vergleichs zweier Verfahren zur Bestimmung des Schraubenwertes eines Okularmikrometers. DAN Ukrain. Sowjetrepublik Nr. 3 S. 249—251 (ukrainisch mit russischer Zusammenfassung). — Ref. in RJ Astr. Geod. UdSSR 1956 Nr. 5 S. 12.

2411. Un utile accorgimento per l'esame delle lastre prese al telescopio. Coelum **23** 182—183, mit 2 Fig. — Verf. schlägt eine neue Methode vor, um den Kontrast auf Negativen zu erhöhen; er beobachtet das Negativ, nachdem er es auf ein weißes Glanzpapier oder auf eine aluminisierte Platte preßt. Diese Methode ist nicht so wirksam wie die gewöhnlichen chemischen und physikalischen Methoden, aber sie ist für eine vorläufige Prüfung des Materials sehr nützlich. Cester

§ 25

Systematische, Instrumentelle, Methodische Fehler

2501. **R. d'E. Atkinson,** On the flexure of meridian circles. MN **115** 427—442. — Darlegung der verschiedenen Methoden zur Bestimmung der Biegung von Meridiankreisen und Nachweis ihrer Unzulänglichkeit; strengere Analyse der Wirkung von Fehlern der Biegung und Refraktion auf Deklinationsbeobachtungen der Sonne und die daraus abgeleiteten Erdbahnelemente; Beschreibung einer neuen Methode, die alle Fourier-Koeffizienten der Biegungsfunktion zu bestimmen ermöglicht. Böh.

2502. **R. d'E. Atkinson,** On the flexure of meridian circles. Obs **75** 239—240. — Ref. RAS. — Vgl. vorstehendes Ref.

* * **R. Baillaud,** Les instruments des hauteurs égales pour la détermination de l'heure. L'œuvre des précurseurs. Les erreurs d'origine instrumentale ou personnelle. Vgl. Ref. **2102**.

2503. **G. Becq, J. Melchior,** Etude préliminaire des erreurs de division d'un cercle méridien à l'aide d'observations d'étoiles fondamentales. Bull. Cl. Sci. Acad. roy. Belgique (5) **41** 457—466, mit 3 Fig. = Commun. Obs. Roy. Belgique Nr. 83. — Aus den Beobachtungen von FK3-Sternen wurden die Teilungsfehler des Askania-Meridiankreises abgeleitet. Die auffällige 2°-Welle konnte durch die Herstellungsmethode erklärt werden. T. L.

* * **J. Delhaye,** Erreurs systématiques et précision interne des catalogues. Les fluctuations du système du General Catalogue dans la zone +30° . . . +40°. Vgl. Ref. **9102**.

2504. **I. P. Dsjuba,** Untersuchung der Teilungsfehler des Vertikalkreises des Astronomischen Hauptobservatoriums der Akademie der Wissenschaften der Ukrainischen Sowjetrepublik. Leningrad, Astr. Hauptobs., 1955 (russisch). — Dissertationsreferat.

2505. **J. Focke,** Die Realisierung der Herzbergschen Theorie der Fehler fünfter Ordnung in rotationssymmetrischen Systemen mit einer Anwendung auf das Schmidt'sche Spiegelteleskop. Wiss. Veröffentl. d. Zeißwerkes Jena 1951 S. 89—119. — Ref. in Phys. Ber. **35** 319.

2506. **S. G. Fonk,** Onderzoek naar de nauwkeurigheid van tijdschattingen. Meteoor **11** 39—40, mit 1 Fig. (mit englischer Zusammenfassung).

2507. **B. Guinot,** Astrolabe impersonnel. Réduction des observations. Etude des résultats. BA **18** 283—307, mit 9 Fig. — Eine Vorbereitungsarbeit gestattet die Beobachtungen gleicher Höhen sehr schnell zu berechnen. Einige Korrektionen, welche dem unpersönlichen Astrolabium eigen sind, werden eingeführt. Untersuchung der Ergebnisse. Abweichungen. Statistische Betrachtungen zeigen, daß zwischen den Resultaten und den Sterngrößen kein Zusammenhang besteht, ebenso wenig wie zwischen den Resultaten und den Sterntypen. Verf.

2508. **Itinose, Maeda,** Über den Kollimationsfehler des Sextanten bei der Winkelmessung. J. Nautical Soc. Japan Nr. 12 S. 1—4 (japanisch). — Ref. in RJ Astr. Geod. UdSSR 1956 Nr. 10 S. 13.

2509. **A. A. Jefimow,** Über die Laboratoriumsmethoden zur Untersuchung der astronomischen Biegung von Meridianinstrumenten. Leningrad, Astr. Hauptobs., 1955. — Dissertationsreferat (russisch).

* * **A. K. Korol,** Die systematische Veränderung der Biegung des Vertikalkreises im Laufe der Nacht. Vgl. Ref. **1222**.

2510. **S. G. Kulagin,** Über den systematischen Unterschied OW—WO in den Beobachtungen heller Zenitsterne. Astr Circ UdSSR Nr. 163 S. 11—13 (russisch). — Aus einer Analyse vorhandener Beobachtungen von δ Cas (Pulkowo) und α Per und η UMa (Poltawa) geht hervor, daß die OW—WO-Differenz von der Jahreszeit abhängt, genauer gesagt, vom jährlichen Temperaturwechsel. Loh.

2511. **J. Lévy,** Détermination des corrections de graduation des cercles divisés. BA **20** 35—78. — Es ist möglich, alle Kreisteilungsfehler mit derselben Genauigkeit, deren Wert man nach Belieben und klein festlegen kann, zu bestimmen. Die allgemeine Theorie der Methode, ihre Technik, ihre Anpassung an Spezialfälle sowie ihre Anwendung auf die Kreise des Meridianinstruments der Pariser Sternwarte wird dargelegt. Verf.

2512. **J. Meurers,** Die Zahl der Anhaltssterne beim Relativanschluß. AN **282** 265—270, mit 1 Fig. = Mitt. Univ.-Sternw. Bonn. — Der Einfluß der Anzahl der Anhaltssterne beim Relativanschluß auf die relativen Eigenbewegungen wird untersucht. Verf.

2513. **E. G. Reschetnjak,** Über die periodischen und fortschreitenden Fehler der Mikrometerschraube des Plattenmeßapparats MIR-12. Mitt. Astr. Hauptobs. Pulkowo **20** Nr. 1 (154) S. 132—138, mit 5 Abb. (russisch).

2514. **J. Rösch,** L'agitation des images télescopiques. Ciel et Terre **71** 205—221, mit 8 Fig. — Allgemeinverständliche, zusammenfassende Darstellung der verschiedenen Ursachen der Bildunruhe und der möglichen Vorkehrungen, sie zu reduzieren. Die auf dem Pic du Midi gesammelten Erfahrungen werden beschrieben. Fricke

2515. **J. Rösch,** Fluctuations de température dans le tube d'une lunette astronomique. J. Phys. Radium **16** 54 S. — 56 S.

2516. **K. Saito, S. Hata,** Effect of the earth's magnetic field on photomultiplier photometry in astronomy. Publ. Astr. Soc. Japan **7** 1—8, mit 8 Fig. = Tokyo Astr. Obs. Repr. Nr. 117. — Die bisher veröffentlichten Daten über den Einfluß des Erdmagnetfeldes auf die scheinbare Empfindlichkeit von Photomultipliern sind noch widerspruchsvoll. Untersuchungen an acht Multipliern 1P21 und 1P22 zeigen, daß beim Drehen im Erdmagnetfeld eine maximale Empfindlichkeitsabnahme von 0.25 % auftritt, wenn die Röhre vollständig entmagnetisiert wurde. Die meisten Multiplier zeigen aber oft erhebliche Magnetisierung der Metallteile im Innern der Röhre. Dann treten in den untersuchten Fällen Fehler bis zu 9 % auf. Damit können wahrscheinlich die bisherigen Widersprüche erklärt werden. Behr

2517. **G. Scheel,** Über die Exzentrizität von Teilkreisen. Deutsche Geod. Kommission Bayer. Akad. Wiss. (C) Veröff. Nr. 15, 91 S. mit 25 Fig.

2518. **F. P. Scott,** A source of systematic error in meridian declinations. AJ **60** 93—95. — Es wird der Einfluß der Vernachlässigung der Dampfdruckkorrektion bei der Reduktion von Deklinationsbeobachtungen untersucht. Es ergeben sich Korrektionen von der Größe 0"05 und vom Typ $\Delta\delta_\alpha$ und $\Delta\delta_\delta$. v. d. Heide

* * **N. Stoyko,** Rapport succinct sur les travaux russes d'astronomie fondamentale. Vgl. Ref. **3010**.

2519. **R. Szafraniec,** Empiryczny związek między granicami błędu w metodzie kalkowej i błędem średnim. Postępy Astr. **3** 31—35, mit 2 Fig. — Ref. Poln. Astr. Ges.

2520. **W. M. Wassiljew,** Allowance for the influence of temperature variations in the instrument on astronomical observations. AJ UdSSR **32** 292—301, mit 6 Fig. (russisch mit englischer Zusammenfassung). — Für Beobachtungen mit einem Passageninstrument wurde eine Methode ausgearbeitet, die Temperatureffekte zu berücksichtigen erlaubt und damit eine größere Genauigkeit der Messungen gewährleistet. Schrick

2521. **J. Xanthakis,** Le problème de déplacements apparents de l'étoile polaire. Praktika Acad. Athènes **28** 274—282, mit 3 Fig., 1953. — Verf. zeigt, daß die von Esclangon (vgl. AJB **31** Ref. **1708**) vorgeschlagene Formel für den Verlauf der Unterschiede der aus der aufeinanderfolgenden oberen und unteren Kulmination von Polaris bestimmten Azimute der Miren der Straßburger Sternwarte von den neueren Beobachtungen nicht erfüllt wird. Er schlägt eine andere Formel vor, die von der Gesamtheit der Beobachtungen erfüllt wird. Die Nutationsglieder der beiden Formeln unterscheiden sich voneinander nur in der Konstanten. Das bis jetzt als Doppelsternsystem-Bewegungsglied betrachtete zweite Glied der Esclangonschen Formel dagegen hat in der neuen Formel veränderliche Amplitude und Periode. Mawridis

2522. **S.-H. Yeh,** Variation of the azimuth error of the transit instrument at Zi-Ka-Wei Observatory. Acta Astr. Sinica **3** 197—216, mit 5 Fig. (chinesisch mit englischem Ref.).

2523. **S. Yumi,** Periodic, slight motions of the two rotation axes of the zenith telescope. Publ. Astr. Soc. Japan **7** 69—80, mit 6 Fig. — In den Beobachtungen der Station Mizusawa des Internationalen Breitendienstes 1950 Jul 6—Jul 23, 1951 Feb 1—Aug 3 werden tägliche, 1933.0—1949.0 jährliche Schwankungen der Abweichung der vertikalen Instrumentenachse von der Lotrichtung und der Neigung beider Instrumentenachsen gegeneinander nachgewiesen. Böh.

2524. **S. Yumi,** Periodic, slight motions of the vertical axis and the horizontal axis of the zenith telescope. Publ. Latitude Obs. Mizusawa **2** 50—66, mit 9 Fig. — Aus den Ablesungen der Libelle an der horizontalen Achse des Zenitteleskops von Mizusawa im Zeitraum von 1933—51 werden tägliche und jährliche Schwankungen dieser Achse gegen das Lot und zur Vertikalachse abgeleitet und analysiert. Eine Untersuchung des Einflusses aller Instrumentalfehler führt zu einer oberen Schranke dieser Fehler bei vorgegebenem Maximalfehler für die zu bestimmende Breite. Böh.

IV. Sphärische Astronomie. Chronologie

§ 30

Allgemeines, Tafeln

3001. **S. N. Blashko,** Lehrbuch der sphärischen Astronomie. Moskau, Technischer Staatsverlag, 1954. 2. Auflage. 332 S. mit 77 Fig. Preis 8 R. (russisch). — Besprechung in RH **36** 239, RJ Astr. Geod. UdSSR 1956 Nr. 7 S. 9.

3002. **X. Calvet,** Les tables de calcul de triangles sphériques rectangles. Navigation Paris **3** 176—182.

3003. **R. Doniol,** Table de point «Miniature» (hauteur et azimut). Navigation Paris **3** 183—197.

* * **K. Ferrari d'Occhieppo,** Direkte Relationen zwischen ekliptikalen, galaktischen und azimutalen Koordinaten. Vgl. Ref. **3108**.

3004. **H. C. Freiesleben,** Nouvelles tables de calcul simplifié de droites d'hauteur. Navigation Paris **3** 370—373.

* * **J. Jackson,** The need for observations in the older branches of astronomy, especially double stars. Vgl. Ref. **10114**.

3005. **O. E. Kádner,** Astrometry on new ways. RH **36** 6—10, mit 1 Fig. (tschechisch).

3006. **L. P. Lee,** Conventions and generalized formulae for the astronomical triangle. JBAA **65** 114—117, mit 1 Fig. — Die allgemeinen Formeln für das astronomische Dreieck gelten unabhängig davon, ob der Beobachter sich auf der Nord- oder der Südhalbkugel befindet und ob das Gestirn östlich oder westlich vom Meridian steht; das Azimut muß nur immer vom Nordpunkt aus nach Osten und der parallaktische Winkel von Norden aus nach Osten gezählt werden. T. L.

3007. **J. Madar,** Základy matematického zeměpisu. Prag, Pädagogischer Verlag. 116 S. mit 70 Fig. und 12 Beilagen. Preis Kčs. 10.20. — Besprechung in RH **36** 282.

3008. **A. Peřina,** Digressions of stars. RH **36** 250—254, 271—274, mit 2 Fig. (tschechisch).

3009. **E. F. Skworzow,** Ableitung der Hauptformeln der sphärischen Astronomie ohne Verwendung des Begriffes der Himmelskugel. Mitt. Pädagog. Inst. Krim **20** 169—175, 1954 (russisch). — Ref. in RJ Astr. Geod. UdSSR 1956 Nr. 1 S. 10.

3010. **N. Stoyko,** Rapport succinct sur les travaux russes d'astronomie fondamentale. Nuovo Cimento Suppl. (10) **1** 347—374. — Der Bericht betrifft Fundamentalkataloge, Beobachtungs- und Reduktionsmethoden, astronomische Instrumente und ihre Fehler, den Katalog schwacher Sterne als astrometrisches Problem, astronomische Konstanten und Polschwankung. Die abschließende Bibliographie enthält 309 Nummern. Loh.

§ 31

Astronomische Koordinaten und Konstanten, Ortsbestimmung

3101. **H. Bondi, T. Gold,** On the damping of the free nutation of the earth. MN **115** 41—46, mit 2 Fig. — Ref. in MN Geophys. Suppl. **7** 102. — Die Auffassung, daß für die Dämpfung der freien Nutation der Erde Relativbewegungen des flüssigen Erdkerns gegen den Erdmantel verantwortlich zu machen seien, wird als auf einem Irrtum beruhend nachgewiesen. Als Ursache wird nunmehr ein nicht-elastisches Verhalten des Erdmantels vermutet. Kdr.

3102. **H. Bondi, T. Gold,** On the damping of the free nutation of the earth. Obs **75** 89—91. — Ref. RAS. — Vgl. vorstehendes Ref.

3103. **W. Dieckvoss,** Differentielle Aberration aus photographischen Polaufnahmen. AN **282** 206—210, mit 1 Abb. = Mitt. Sternw. Hamburg-Bergedorf **10** Nr. 95. — Aufnahmen des Himmelspols mit dem AG-Astrographen 1949/50 ergaben, daß die Aberrationskonstante nicht vom Spektraltyp abhängt. Visuelle Durchgangsbeobachtungen von J. v. d. Heide haben das gleiche negative Ergebnis. Verf.

3104. **W. Dieckvoss,** Differentielle Aberration aus Polaufnahmen. Mitt. AG 1954 S. 44. — Ref. AG.

3105. **A. Dittrich,** Determination of the hivernal solstice of the year 1948 by an old chinese method. RH **36** 10—12, mit 2 Fig. (tschechisch).

3106. **J. Dobrzycki,** Stałe astronomiczne. Postępy Astr. **3** 106—107. — Bericht über die Arbeit von K. Kulikow, AJ UdSSR **31** 550—555 (vgl. AJB **54** Ref. **3113**). Perek

3107. **A. D. Dubjago,** Über die Berechnung der Dependenzen bei der Bearbeitung photographischer Aufnahmen. Astr Circ UdSSR Nr. 162 S. 5 (russisch).

3108. **K. Ferrari d'Occhieppo,** Direkte Relationen zwischen ekliptikalen, galaktischen und azimutalen Koordinaten. Sitzber. Österreich. Akad. Wiss. Math.-naturwiss. Kl. Abteilung II **164** 273—310 = Mitt. Univ.-Sternw. Wien 8. — Es werden die Formeln für folgende Aufgaben entwickelt: Umwandlung ekliptikaler und galaktischer Koordinaten in azimutale Koordinaten; Berechnung der Lage der Ekliptik und des galaktischen Äquators zum Horizont bei gegebener Polhöhe und Sternzeit; Berechnung der Sternzeit, in welcher ein gegebener Ekliptikpunkt oder ein gegebener Punkt des galaktischen Äquators eine bestimmte Höhe oder ein bestimmtes Azimut erreicht. Tabellen erleichtern diese Aufgaben; Tab. 1 gibt die wechselseitige Lage der Fundamentalebenen zwischen den Jahren −10000 und +2000. Gli.

3109. **E. P. Fjodorow,** Bestimmung der Nutationskonstanten aus Beobachtungen des internationalen Breitendienstes. Astr Circ UdSSR Nr. 164 S. 10—12 (russisch). — Aus dem sich über die Jahre 1900 bis 1934 erstreckenden Beobachtungsmaterial findet Verf. $N = 9\overset{''}{.}1976 \pm 0\overset{''}{.}0018$. Loh.

* * **I. Kazes, J.-L. Steinberg,** Étude du rayonnement radioélectrique solaire sur 9350 MHz, au voisinage du coucher et du lever du soleil. Vgl. Ref. **6533**.

3110. **A. König,** Bemerkungen über die photographische Bestimmung des Ortes eines Objekts mit zwei Anhaltssternen. AN **282** 91 = Mitt. Landessternw. Heidelberg Nr. 96. — Es wird auf die besondere Wichtigkeit bequemer Rechenkontrollen hingewiesen, die bei der in Heidelberg angewandten Methode im Gegensatz zu einigen anderen Verfahren stets gegeben sind. Dv.

3111. **J. de Kort,** The propagation of errors in the three star dependence method, the two star dependence method, the astrographic method and the position line method of photographic positions. Specola Astr. Vaticana Ric. Astr. **3** 286—312, mit 2 Fig. — Es werden Formeln abgeleitet, nach denen man bei photographischen Positionsbestimmungen den Einfluß fehlerhafter Örter der Anhaltssterne sowie von Fehlern der Meßkoordinaten auf den Ort eines Anschlußobjekts berechnen kann. Die Formeln werden zur Diskussion der günstigsten Wahl der Anhaltssterne und der Kurven gleichen Gewichts sowie zur Durchrechnung praktischer Fälle benutzt. Bo.

3112. **A. D. Kubičela,** Nomogram prividnog dnevnog kretanja Sunca. Vasiona **3** 91—94, mit 2 Fig. — Nomogramm zur Berechnung der scheinbaren täglichen Bewegung der Sonne. Loh.

* * **J. Loodts,** Déterminations astronomiques (latitude, longitude, azimut), effectuées en 1952 à l'Université libre de Bruxelles. Vgl. Ref. **13215.**

3113. **W. Markowitz, R. G. Hall, S. Edelson,** Ephemeris time from photographic positions of the moon. AJ **60** 171. — Ref. AAS.

3114. **H. Niemirski,** Kartonowe modele do ogólnych wiadomości z astronomii sferycznej. Urania Kraków **26** 276—281, mit 11 Fig.

3115. **D. H. Sadler,** Ephemeris time. J. Inst. Navigation 8 57—59.

3116. **D. W. Sagrebin, E. A. Mitrofanowa, G. M. Posnjak,** Bestimmung des Unterschieds zwischen Ephemeriden- und Weltzeit nach Beobachtungen von Sternbedeckungen. BIA **6** 57—65 (russisch). — Aus 49 beobachteten Sternbedeckungen des Jahres 1951 und 113 bzw. 32 der Jahre 1952 bzw. 1953 werden die Differenzen zwischen Ephemeriden- und Weltzeit abgeleitet. Das Beobachtungsmaterial entstammt sowjetischen Sternwarten und der Prager Sternwarte. Für 1951, 1952 bzw. 1953 ergeben sich $+28^{s}.8$, $+29^{s}.6$ bzw. $+30^{s}.9$ mit mittleren Fehlern bei $0^{s}.4$. Für das 20. Jahrhundert ist eine kompilierte Liste beigegeben. Loh.

3117. **G. Schindler,** Lage von Sonnennähe und Sonnenferne der Erde. Orion Schaffhausen **4** 359.

3118. **G. V. Simonow,** Long focus astrometry. J. Astr. Soc. Victoria 8 19—21. — Inhalt eines Vortrags.

* * **N. Stoyko,** Rapport succinct sur les travaux russes d'astronomie fondamentale. Vgl. Ref. **3010.**

3119. **K. Stumpff,** Geographische Ortsbestimmungen. Die Methoden der Orts- und Zeitbestimmung durch Beobachtung der Gestirne. Berlin, VEB Deutscher Verlag der Wissenschaften, 1955. Hochschulbücher für Physik Band 18. 12 + 232 S. mit 58 Abb. Preis DM 20.60.

3120. **R. W. Tanner,** Method and formulae used in P. Z. T. plate measurement. Publ. Dominion Obs. Ottawa **15** 345—349, mit 4 Fig. — Es werden Formeln entwickelt, nach denen Uhrstand und Zenitdistanz aus den Ausmessungen der vier, bei jedem Meridiandurchgang gewonnenen photographischen Aufnahmen eines Sterns berechnet werden können. Bo.

3121. **L. Wan,** A method for the reduction of photographic plates and the discussions on the results therefrom. Acta Astr. Sinica **3** 97—116, mit 1 Fig. (chinesisch mit englischer Zusammenfassung). — Ausführliche Zusammenstellung der Formeln zur Reduktion photographischer Himmelsaufnahmen nach verschiedenen Methoden. Als Beispiel für das Verfahren von Nechvile (Publ. Obs. Nat. Prague Nr. 10) wird eine Position von Eros aus der Opposition 1930—31 abgeleitet und mit den nach anderen Methoden erhaltenen verglichen. Böh.

Refraktion

3122. **N. A. Beljajew,** Sur la détermination de la réfraction astronomique. AJ UdSSR **32** 555—562 (russisch mit französischer Zusammenfassung). — Die Bestimmung der Refraktion beruht hier auf der Auswertung von Material, das durch Sonden erhalten wurde, und auf praktischen Untersuchungen über den Brechungsindex der Luft. Dabei lassen sich die Refraktionswerte bis zu Zenitdistanzen von 80° auf 0ʹ.01 genau berechnen. Schrick

3123. **M. Brünig,** Messungen und Gedanken zur Frage der Refraktionswerte bei großen Zenitdistanzen. Sterne **31** 172—176, mit 3 Fig. — Beobachtungen von Höhen auf- und untergehender Sterne auf der Insel Mallorca ergaben im Westen systematisch niedrigere Refraktionswerte als im Osten. Erklärungsmöglichkeiten für dieses Phänomen werden diskutiert. T. L.

3124. **P. Queney, L. Arbey,** Modifications de la réfraction astronomique par les facteurs météorologiques. CR **240** 551—553. — Die Abweichung der Luftschichtung von der Horizontalen verursacht einen zusätzlichen Refraktionseffekt auch auf die Zenitdistanz; dieser muß bei Messungen hoher Präzision berücksichtigt werden. T. L.

3125. **F. Schmeidler,** Über eine Störung der astronomischen Refraktion durch die abendliche Wärmestrahlung eines Gebäudes. Meteorol. Rundschau 8 Heft 1/2. — Die bereits in einer früheren Arbeit des Verf. untersuchte Störung der astronomischen Refraktion durch ein benachbartes Gebäude wird aus wesentlich vergrößertem Beobachtungsmaterial neu abgeleitet. Die Resultate über den Temperaturverlauf in der Nähe des Gebäudes während der Stunden nach Sonnenuntergang bestätigen das früher erhaltene Bild. Verf.

3126. **C. Sugawa,** On the numerical integration of astronomical refraction. Publ. Astr. Soc. Japan **7** 163—175, mit 1 Fig. — Aus den meteorologischen Beobachtungen von Sendai des Jahres 1948 mit Radiosonden wird die mittlere Dichte der Atmosphäre für jeden Monat im Intervall von 1 km bis in die Höhe von 20 km berechnet und mit diesen Werten die monatliche Refraktion für Zenitdistanzen von 5° bis 85° durch numerische Integration erhalten. Verf. vergleicht seine so gewonnenen Refraktionswerte mit denen von Hagihara und Radau und untersucht die jährliche Schwankung, stellt seine Werte für die differentielle Refraktion denen von Albrecht gegenüber und findet einen merklichen Einfluß der Sternfarbe. Böh.

3127. Czy poprawimy wartości paralaksy Słońca i stałej aberracji? Urania Kraków **26** 269—270.

§ 32

Finsternisse, Bedeckungen

3201. **G. van den Bergh,** Periodicity and variation of solar (and lunar) eclipses. Haarlem, H. D. Tjeenk Willink & Zonn N. V., 1955. Vol. **1** und **2**. 263 S. mit 13 Tafeln. Preis geb. 110 Gulden bzw. **$** 30.00. — Besprechung in Coelum **24** 154—155, Hemel en Dampkring **53** 209 (J. J. Raimond jr.), J RAS Canada **50** 44—45, Sterne **32** 214 (J. Schubart), Sky and Telescope **15** 31, 266—269 (P. W. Stevens). — Im ersten Teil von Band I werden die grundlegenden Finsternisperioden Saros und Inex und die aus diesen kombinierten Perioden eingehend behandelt. Im zweiten Teil werden die für das Eintreten zentraler und partieller Finsternisse maßgebenden Bedingungen untersucht. Teil III befaßt sich mit dem Zustandekommen der verschiedenen Finsternisarten, so z. B. mit dem Auftreten der Hybriden, ferner mit dem Verhältnis von ringförmigen zu totalen Finsternissen und dem sukzessiven Vorkommen von

Finsternisarten in Inex- und Sarosserien. In zwei Anhängen findet man Verzeichnisse der Oppolzerschen Sonnen- und Mondfinsternisse. Bei Band II handelt es sich um ein reichhaltiges Kartenwerk, in dem die Finsternisse des Oppolzerschen Canons nach bestimmten Gesichtspunkten (Saros-Inex-Schema) geordnet sind. Es soll durch diese Anordnung erreicht werden, daß der Benutzer die Stellung einer Finsternis im Zusammenhang mit den großen Perioden sofort erkennt und daß es ferner möglich ist, Aussagen über Finsternisse zu machen, die jenseits der durch den Canon festgelegten Zeitgrenzen liegen. U. Baehr

3202. **R. Cid Palacios,** Calculo de un eclipse central. Urania Barcelona **40** 149—158.

3203. **J. Dommanget,** La détermination précise des instants des premier et dernier contacts lors d'une éclipse de Soleil, basée sur la mesure micrométrique des cordes. Commun. Obs. Roy. Belgique Nr. 78, 20 S. mit 2 Fig. — Bei der Berechnung des Kontaktmoments aus Messungen von Sehnenlängen benutzt man im allgemeinen zur Ausgleichung eine lineare Beziehung zwischen dem Quadrat der Sehnenlänge und dem Zeitintervall zwischen Kontakt und Beobachtung. Diese Annahme der Linearität ist nicht streng richtig, man kann sie aber trotzdem machen, wenn man an die beobachteten Sehnenlängen Korrektionen anbringt. Die Formeln hierfür werden abgeleitet. Bo.

3204. **D. S. Evans,** Occultations and lunar mountains. AJ **60** 432—440, mit 5 Fig. — Ref. in Coelum **24** 86. — Nach einem Überblick über lichtelektrisch beobachtete Sternbedeckungen durch den Mond und Aufzählung der nach dieser Methode erzielbaren Ergebnisse werden die Verzerrung der Bedeckungskurven durch am Mondrand liegende Formationen und damit zusammenhängende Fragen untersucht. Die Arbeit enthält auch Tafeln zur Berechnung der Bedeckungskurven. Böh.

3205. **S. D. Gossner,** A correction to the time of maximum obscuration in solar eclipses. AJ **60** 383—384. — Bei großen Genauigkeitsansprüchen für den Zeitpunkt der größten Phase einer Sonnenfinsternis müssen die langsamen Änderungen der Radien von Umbra und Penumbra berücksichtigt werden. Verf. gibt eine Formel für diese Korrektion und Anweisungen zur Rechnung. Böh.

3206. **C. Luplau Janssen,** Totalitetens Længde ved Solformørkelser. Urania København **12** 41—42. — Als größtmögliche Dauer der Totalität werden $7^m\ 34^s$ angegeben. In einer Tabelle sind die Sonnenfinsternisse von 681 bis 2204 aufgeführt, deren Dauer 7^m übersteigt. C. L. J.

3207. **A. A. Kawerin,** Ergänzung zum Verzeichnis der Halbschattenfinsternisse 1955—2000. Astr Circ UdSSR Nr. 163 S. 32 (russisch).

3208. **A. A. Michajlow,** Theorie der Finsternisse. Moskau, Techn. Staatsverlag, 1954. 2. durchgesehene Auflage. 272 S. mit Abb. und Tafeln. Preis 14 R. 95 Kop. (russisch). — Besprechung in RH **36** 191, RJ Astr. Geod. UdSSR 1956 Nr. 6 S. 9 (D. W. Sagrebin).

3209. **H. Peter,** Die Sarosperiode. Orion Schaffhausen **4** 391—393, mit 3 Abb.

3210. **N. G. Polosowa,** Über die Vorausberechnung der Halbschattenmondfinsternisse. BIA **6** 202—218, mit 7 Abb. (russisch). — Nach Mitteilung des Berechnungsverfahrens wendet es Verf. auf die Finsternis vom 27. Okt. 1958 an. Ein Verzeichnis der Halbschattenfinsternisse von 1900 bis 1981 ist beigegeben. Loh.

3211. **C. H. Smiley, M. Quirk,** Solar eclipses of long duration of totality. J RAS Canada **49** 69—72. — Die Finsternis 1955 Juni 20 gehört zur dritten der vier Sarosfolgen zwischen 681 und 2204, die Finsternisse mit besonders langer Totalitätsdauer enthalten; die Angaben wurden nach Oppolzers Canon und Schochs Syzygientafeln gerechnet. T. L.

* * **G. E. Taylor,** The prediction of occultations of stars by minor planets. Vgl. Ref. 7516.

3212. **G. E. Taylor,** A semi-graphical method of predicting lunar occultations. JBAA **65** 290—293, mit 1 Fig. — Die in JBAA **65** 84 (vgl. Ref. 7516) beschriebene Methode wird auf die Bedeckung von Sternen und Kleinen Planeten durch den Mond angewendet. T. L.

3213. Rules for extension of occultation predictions. Bull. Obs. Astr. Beograd **19** Nr. 4 S. 6. — Es wird gezeigt, wie die Genauigkeit bei der Interpolation von Sternbedeckungs-Vorausberechnungen für die zwischen den Standardorten gelegenen Stationen gesteigert werden kann. T. L.

3214. Geodetic significance of the solar eclipse. J. Astr. Soc. Victoria 8 40.

3215. Solar eclipses of long duration of totality. JBAA **65** 316—317.

3216. How long totality? Sky and Telescope **14** 279—280, mit 4 Fig. — Es wird ausführlich erörtert, welche Faktoren die Dauer der totalen Phase einer Sonnenfinsternis bestimmen, wobei besonders auf die totale Sonnenfinsternis vom 20. Juni 1955 und deren Veränderung von Saros zu Saros Bezug genommen wird. H. M.

3217. Future long eclipses. Sky and Telescope **14** 466. — Verzeichnis von Finsternissen über 7 Minuten Dauer bis zum 26. Juli 2204.

§ 33

Chronologie, Kalenderwesen

3301. **E. Achelis,** Of Time and the Calendar. Hermitage House, 1955. 132 S. Preis $ 2.75. — Besprechung in Sky and Telescope **14** 292.

3302. **U. Baehr,** Tafeln zur Behandlung chronologischer Probleme. Teil I—III. Veröff. Astr. Rechen-Inst. Heidelberg Nr. 3, 76 S. — Besprechung in Byzantinische Z. **48** 491, Mitt. Inst. Österreich. Geschichtsforschung **64** 99—100 (K. Ferrari d'Occhieppo), Museum (Rev. Philol. Hist.) **61** 58—60 (W. E. van Wijk), Orientalia (NS) **25** 430—431 (A. Pohl), Orientalische Literaturzeitung 1956 Nr. 9/10 (F. Cornelius), Rivista di Studi Antichi anno 1955 fasc. 41 S. 155, Sterne **31** 150 (J. Schubart). — Die in Teil I enthaltenen «Neuen kurzen Tafeln zur Berechnung der jährlichen Auf- und Untergänge von Gestirnen» ermöglichen eine gegen das früher übliche Verfahren abgekürzte Berechnung der Sternphasen. Die Tafeln sind für jeden historischen Zeitpunkt verwendbar und durch Zusatztafeln erweitert. Teil II gibt die Positionen von 309 hellen Sternen für die Zeit von −4000 bis +2000. Diese in Ephemeridenform angelegten Tafeln treten an die Stelle der seit langem vergriffenen Sterntafeln von P. V. Neugebauer. Die Sternnamenliste in Teil III enthält etwa 500 meist arabische Namen von Sternen und Sterngruppen. Zwecks Identifizierung wurden weitgehend Verzerrungen der ursprünglichen Bezeichnungen aufgenommen. In den Erläuterungen zu dieser Liste findet man neben sachlichen Ergänzungen sprachliche Erklärungen und Literaturhinweise. U. Baehr

3303. **J. Birlé,** Réforme du calendrier. Ann. Françaises Chronométrie (2) **25** 70.

3304. **D. R. Blackman,** A more rational calendar. J. Astr. Soc. Victoria 8 8—9.

3305. **A. D. Bradley,** The day of the week for Gregorian dates. Scripta math. **21** 82—87. — Ref. in RJ Astr. Geod. UdSSR 1956 Nr. 3 S. 9.

3306. **K. Camp,** Notes on ancient calendars. J. Calendar Reform **25** 145—147. — Die siebentägige Woche ist das Überbleibsel einer in Assyrien und Palästina Jahrhunderte hindurch gebrauchten Jahreseinteilung in sieben Perioden von je 50 Tagen. Die Periode von 50 Tagen endete mit zwei aufeinander folgenden Sabbattagen. Der verbleibende Jahresrest bildete eine in ihrem Umfang durch den Eintritt der Ernte bestimmte Sabbatperiode. Diese mindestens bis 2000 v. Chr. zurückreichende Zeiteinteilung wurde erst sehr viel später durch die ununterbrochene Folge der Wochen zu sieben Tagen abgelöst. U. Baehr

3307. **Chauve-Bertrand,** Où en est la question de la réforme du calendrier? Vgl. Ref. **1175**, daselbst S. 273—278. — Verf. ist der Ansicht, der Kalender müsse geändert werden, um den Bedürfnissen des gegenwärtigen Lebens zu entsprechen. Besonders sei notwendig, daß eine Anpassung der Wochentage an die Monatsdaten erfolge. Go.

3308. **J. Feytis,** The world calendar. Rozhledy **34** 259—261 (tschechisch).

3309. **A. Fresa,** La stella dei magi e la cometa Finsler (1924 c). Coelum **23** 2—6, mit 1 Fig. = Oss. Astr. Capodimonte-Napoli Collezione Miscellanea **1** Nr. 12. — Auf Grund von chinesischen Annalen und dem Evangelium wird bewiesen, daß der Stern der Heiligen Drei Könige der Komet Finsler sein kann. Cester

3310. **J. H. McElderry,** The international date line. Irish AJ **3** 199—200.

3311. Report of the Calendar Reform Committee (Govt. of India). New Delhi, Council of Scientific and Industrial Research, 1955. 12 + 280 S. — Besprechung in Obs **76** 113.

3312. Progetto di riforma del calendario di Marco Mastrofini. Coelum **23** 181—182. — Es wird festgestellt, daß das Projekt des Abbé Mastrofini über die Reform des Kalenders nicht ganz genau mit dem übereinstimmt, das die World Calendar Association gewählt hat und Mastrofini zuschreibt. Cester

3313. The world calendar. Irish AJ **3** 226.

3314. U. S. government opposes calendar reform. Sky and Telescope **14** 375.

* * Journal of Calendar Reform 1955. — Enthält zahlreiche Beiträge allgemeinen, besonders wirtschaftlichen Charakters über die Bestrebungen einer Kalenderreform und über den Weltkalender.

V. Theoretische Astronomie

§ 40

Allgemeines, Tafeln

4001. **E. G. Barter,** Relativity and Reality. Vgl. AJB **53** Ref. **4001.** — Weitere Besprechung in Strolling Astronomer **10** 19 (D. L. Cyr).

4002. **F. B. Chanina,** Formeln und Tabellen zur Interpolation von Spezialkoordinaten und zur Berechnung der Geschwindigkeitskomponenten. BIA **6** 127—132 (russisch). — Von Verf. werden Interpolationsformeln und Tabellen zur Berechnung rechtwinkliger Koordinaten und Geschwindigkeitskomponenten eines Planeten für einen beliebigen Moment auf Grund der Tafeln «spezieller» Koordinaten gegeben, die durch Integration der Bewegungsgleichungen nach der Extrapolationsmethode erhalten wurden. Verf. (übersetzt)

4003. **J. F. Cox, F. H. van den Dungen,** Estimation de l'effet, sur le moyen mouvement de la terre, des pertes de masse éprouvées par le soleil. Bull. Cl. Sci. Acad. roy. Belgique (5) **41** 12—21 = Inst. Astr. Bruxelles (2) Nr. 101. — Es wird abgeschätzt, inwieweit Massenverluste der Sonne die mittlere Bewegung der Erde und damit die Länge des siderischen Jahres verändern. Der unter plausiblen Annahmen resultierende Effekt wäre größenordnungsmäßig feststellbar. T. L.

4004. **J. F. Cox, F. H. van den Dungen,** Pertes de masse éprouvées par le soleil, variations concomitantes du moyen mouvement de la terre et échelle des temps. Bull. Cl. Sci. Acad. roy. Belgique (5) **41** 426—432, mit 3 Fig. = Inst. Astr. Bruxelles (2) Nr. 104. — Bemerkungen und Zusätze zu der vorangehenden Arbeit unter Hinweis auf einen möglichen Zusammenhang mit den unregelmäßigen Fluktuationen der Tageslänge. T. L.

4005. **B. Gulotta,** Il problema di Bertrand, le stelle doppie e la legge di Newton. Atti Accad. Sci. Lettere Arti Palermo (4) **14** 1—26 = Pubbl. Oss. Astr. Palermo (NS) **10** Nr. 1, 1954. — Verf. gibt einen neuen Beweis des Lemmas von Halphen und findet dann die beiden Lösungen des Problems von Bertrand. Abschließend diskutiert er die Universalität des Newtonschen Gesetzes. Cester

4006. **E. E. Kühne,** Tafel für r^{-3} mit dem Argument r^2 (r^2 von 1—100). Vgl. AJB **53** Ref. **4004.** — Weitere Besprechung ZfMG **53** 135.

4007. **E. López,** Cosmodynamic Theory. Introducing a new concept of universal gravitation. Havana, 1955. Übersetzt von A. J. Albagli. Maschinenschriftvervielfältigung, 120 S. mit 18 Fig. — «Das Buch hat nur ein Ziel: zu versuchen zu zeigen, daß Massenanziehung nicht existiert».

4008. **A. J. Rutgers,** Estimation de l'effet, sur le moyen mouvement de la Terre, des pertes de masse éprouvées par le Soleil. Bull. Cl. Sci. Acad. roy. Belgique (5) **41** 373. — Verf. bestätigt mit seinen Rechnungen die von Cox und van den Dungen (vgl. Ref. **4003**) hergeleiteten Formeln.

4009. **K. N. Sawtschenko,** Einige Fragen der nichtklassischen Himmelsmechanik und Kosmogonie. Sammelwerk Math. Abt. Phys.-Math. Fakultät Univ. Odessa **5** 59—147, 1953 (russisch).

§ 41

Raum, Zeit, Licht, Gravitation, Relativitätstheorie, Kosmologie

4101. **S. Antunez de Mayolo,** La cause de la gravitation universelle d'après la physique nucleaire. Actas Acad. Nacional Ci. Exact. Fis. Nat. Lima **18** 83—94, mit 2 Fig.

4102. **B. Bertotti,** On the two-body problem in general relativity. Nuovo Cimento (9) **12** 226—232, 1954. — Ref. in Math. Rev. **17** 201.

4103. **H.-J. Binge,** Vulkanismus und Intrusionen als Folge der Zeitabhängigkeit von $\varkappa$ in der Jordanschen Kosmologie. Z. Naturforschung **10a** 900. — Aufsteigen von Magma in der Jetztzeit und in früheren geologischen Epochen wird versuchsweise zurückgeführt auf abnehmenden Druck im Erdkörper als Folge einer säkular abnehmenden Gravitationskonstanten. Dv.

4104. **D. Blanuša,** Teorija relativnosti. Zagreb, Skolska knjiga, 1955. 201 S. mit 48 Fig. Preis Din. 200. — Besprechung in Glasnik Mat.-Fiz. Astr. (2) **10** 118—119 (Z. Janković).

4105. **H. Bondi,** Theories of cosmology. Advancement Sci. **12** 33—38. — Ref. in ZfMG **65** 211.

4106. **H. Bondi, T. Gold,** The field of a uniformly accelerated charge, with special reference to the problem of gravitational acceleration. Proc. Roy. Soc. (A) **229** 416—424, mit 4 Fig. = Harv Repr Nr. 408. — Mehrere Fälle konstant beschleunigter Elementarladungen und der Entstehung von Ladungspaaren mit anschließender Bewegung werden behandelt, insbesondere die Frage der Entstehung von Strahlung durch die bewegte Ladung. Das Paradoxon, daß eine im Gravitationsfeld ruhende Ladung strahlen könnte, wird als physikalisch bedeutungslos aufgezeigt. Dv.

4107. **W. B. Bonnor,** The instability of the Einstein universe. MN **115** 310—322. — Nach der Besprechung älterer Untersuchungen wird das Einsteinsche Weltmodell mit Einschluß von Inhomogenitäten und passenden Grenzflächenbedingungen erweitert. Wenn die Materie im Universum einer Zustandsgleichung genügt, sind auch bei Inhomogenitäten stabile Weltmodelle möglich. Es werden weitere Einzelheiten über Kondensationen und Änderungen von Massen- oder Druckverteilung in ihrem Einfluß auf die behandelte Frage behandelt. Dv.

4108. **W. B. Bonnor,** The instability of the Einstein universe. Obs **75** 92—93. — Ref. RAS.

4109. **R. Bouigue,** Expansion de l'univers et mécanique classique. Ann. Obs. Astr. Mét. Toulouse **23** 51—53. — Das Newtonsche Gravitationspotential einer endlichen Gesamtzahl von Nebeln in der Welt wird betrachtet. Individuelle Nebel-Eigengeschwindigkeiten können nur klein gegen die gemessene Fluchtgeschwindigkeit sein. Diese Fluchtgeschwindigkeiten sind nicht reell; sie sind nur ein Zeugnis für das Wachsen des Parameters R im Linienelement der Relativitätstheorie. Der lineare Zusammenhang zwischen Entfernung und Geschwindigkeit nach Hubble ist nur eine erste Annäherung an die Wirklichkeit. Dv.

4110. **R. L. Brahmachary,** On the cosmological implication of galactic magnetic fields. Nuovo Cimento (10) **1** 953—954. — Ref. in Phys. Abstracts (A) **58** 867, Phys. Ber. **34** 2098.

4111. **R. L. Brahmachary,** On the cosmological implication of galactic magnetic fields. II. Nuovo Cimento (10) **2** 149—151. — Ref. in Phys. Abstracts (A) **58** 988, Phys. Ber. **34** 2282.

4112. **R. L. Brahmachary,** Axially symmetric solution in problems of galactic magnetic fields and a new type of red shift. Nuovo Cimento (10) **2** 850—853. — Ref. in Phys. Abstracts (A) **59** 372.

4113. **D. D. Crombie,** Proposal for a new aether drift experiment. Nature **175** 350—351, mit 1 Fig. — Furth hatte vorgeschlagen (vgl. AJB **54** Ref. **4129**), den Michelson-Morley-Versuch mit Mikrowellen zu wiederholen, indem man die Verstimmung eines Hohlraumresonators beim Drehen um 90° beobachtet. Verf. schlägt zur Steigerung der Genauigkeit vor, durch den rotierenden Hohlraumresonator eine Phasenverschiebung zu erzeugen und diese zu beobachten. Behr

4114. **G. Darmois,** La gravitation et la pensée d'Einstein. BSAF **69** 261—267, mit Bild.

4115. **H. Dingle,** Ciencia y cosmologia moderna. Astronomia Popular **1** Nr. 2 S. 15—25.

4116. **J. W. Dungey,** Deductions from the perfect cosmological principle. Proc. Cambridge Philos. Soc. **51** 532—535. — Ref. in Math. Rev. **16** 1162—1163, Phys. Abstracts (A) **58** 862, Phys. Ber. **34** 2282.

4117. **M. S. Eigenson,** Über die Kosmologie. Circ. Astr. Obs. Lwow Nr. 30 S. 1—12 (russisch).

4118. **M. S. Eigenson,** Einige strukturelle Eigenheiten des unendlichen Weltalls. Circ. Astr. Obs. Lwow Nr. 30 S. 13—32 (russisch).

4119. **M. S. Eigenson,** Über die Wechselbeziehungen zwischen Kosmologie und Kosmogonie. Circ. Astr. Obs. Lwow Nr. 30 S. 33—43 (russisch).

4120. **A. Einstein,** Das Wesen der Relativitätstheorie. Moskau, Verlag für ausländische Literatur, 1955. 160 S. mit Abb. Preis 7 R. 20 Kop. (russisch). — Besprechung in Priroda **45** Nr. 1 S. 123.

4121. **L. Essen,** A new aether-drift experiment. Nature **175** 793—794. — Es wird eine Wiederholung des Michelson-Morley-Versuchs mit Mikrowellen beschrieben, bei dem die Verstimmung eines Hohlraum-Resonators beim Drehen um 360° beobachtet wird. Die Genauigkeit sollte so sehr viel größer als bei optischen Versuchsbedingungen sein. Der gemessene Effekt betrug weniger als 1 % des Wertes der bei positivem Ausfall des Experimentes zu erwarten gewesen wäre. Auch dieser Rest kann noch erklärt werden als Folge der Magnetostriktion des Resonators beim Drehen im Erdmagnetfeld. Eine Verbesserung der zunächst noch provisorischen Apparatur würde noch eine wesentliche Genauigkeitssteigerung bringen. Behr

4122. **H. Fabre,** L'action photonique en gravitation et en cosmologie. CR **240** 158—160. — Diskutiert werden korrespondierende Eigenschaften der de Broglieschen Wellengleichung und der Feldgleichungen der allgemeinen Relativitätstheorie mit kosmologischem Glied im leeren und materieerfüllten Raum. Fricke

4123. **B. Finzi, G. Polvani, F. Zagar,** Il pensiero relativistico di Albert Einstein. Contr. Oss. Astr. Milano-Merate (NS) Nr. 78.

4124. **W. A. Fok,** Theorie des Raums, der Zeit und der Schwerkraft. Moskau, Staatsverlag für technisch-theoretische Literatur, 1955. 504 S. Preis 16 R. 85 Kop. (russisch). — Besprechung in Priroda **45** Nr. 5 S. 120.

4125. **G. Gamow,** La création de l'Univers. Übersetzung aus dem Englischen (vgl. AJB **53** Ref. **4124**) von G. Guéron. Paris, Dunod, 1954. 166 S. mit 40 Fig. und 11 Tafeln. Preis ffr 540. — Besprechung in Scientia **90** 143 (G. Abetti).

4126. **G. García,** Las ecuaciones de los campos gravitacional y cosmologico. Universo de contracción — Universo en expansión. Actas Acad. Nacional Ci. Exact. Fis. Nat. Lima **18** 1—82.

4127. **T. Gold,** The «horizon» of the steady-state universe. Nature **175** 382. — Bemerkungen zu einer Arbeit in Nature **175** 68 (vgl. Ref. **4199**). — Ref. in Phys. Abstracts (A) **58** 661—662, Phys. Ber. **35** 882.

4128. **S. Gupta,** The shrinking horizon in the steady-state theory of the expanding universe. Curr. Sci. **24** 263—264. — Ref. in Phys. Abstracts (A) **59** 450.

4129. **O. Heckmann, E. Schücking,** Bemerkungen zur Newtonschen Kosmologie I. ZfA **38** 95—109, mit 3 Abb. = Mitt. Sternw. Hamburg-Bergedorf **23** Nr. 251. — 1.) Im Rahmen der Newtonschen Mechanik und Gravitationslehre werden unendlich ausgedehnte homogene Verteilungen von inkohärenter Materie (Substrat) bei beliebigen linearen Strömungsfeldern $v_i = a_{ik}(t)x_k$ untersucht. Die allgemeine Lösungstheorie wird in drei Gleichungen gegeben. 2.) Jeder im Substrat mitschwimmende Beobachter kann die Newtonsche Mechanik unbeschränkt anwenden, obwohl irgendzwei von ihnen relativ zueinander beschleunigt sind. 3.) Zwei spezielle Lösungen des in 1.) aufgerollten allgemeinen Problems werden näher untersucht: a) eine statische bei Vorhandensein einer allgemeinen Rotation des Substrats. Diese steht in Analogie zu der Gödelschen Lösung der Allgemeinen Relativitätstheorie; b) ein Weltmodell, bei welchem eine allgemeine Rotation einer isotropen Expansion überlagert ist. Dieser Fall ist wichtig, weil er im Gegensatz zu den bisher bekannt gewordenen Weltmodellen der Newtonschen und der relativistischen Kosmologie eine unendliche Konzentration der Materie nicht mehr erlaubt. Verf.

4130. **V. Hlavatý,** The elementary basic principles of the unified theory of relativity. C_3. Applications II. J. rat. Mech. Analysis **3** 645—689, 1954. — Ref. in ZfMG **57** 430—431.

4131. **F. Hoyle,** The horizon of the steady-state universe. Nature **175** 808. — Ref. in Phys. Abstracts (A) **58** 862, Phys. Ber. **35** 882—883.

4132. **K. Hujer,** On the problems of physical reality in exposition of world systems. American J. Phys. **23** 309. — Ref. Am. Ass. Phys. Teacher.

4133. **L. Infeld,** On the motion of bodies in general relativity. Acta phys. Polon. **13** 187—204, 1954. — Ref. in ZfMG **57** 201.

4134. **L. Infeld,** Einige Bemerkungen über die Relativitätstheorie. Ann. Physik (6) **16** 229—240. — Es werden einige Untersuchungen des Verf. über die Bedeutung von Inertialsystemen in der allgemeinen Relativitätstheorie abgegrenzt gegenüber Untersuchungen von Fock und anderen. Verf.

4135. **L. Infeld,** Equations of motion of linear field-theories. Bull. Acad. Polon. Sci. (3) **3** 213—216. — Ref. in ZfMG **64** **446**.

4136. **L. Infeld,** Teorie grawitacji Newtona i Einsteina. Urania Kraków **26** 321—328.

4137. **G. F. Ittmann,** Een opmerkelijk elementair verband tussen de expansie en de dichtheid van het heelal. Nederl. T. Natuurk. **20** 319—322, 1954. — Ref. in RJ Astr. Geod. UdSSR **1956** Nr. 2 S. 105.

4138. **L. Jánossy,** Remark on the three observed effects of general relativity. Acta Physica Hungarica **5** 215—228.

4139. **P. Jordan,** Schwerkraft und Weltall. Grundlagen der theoretischen Kosmologie. Vgl. AJB **52** Ref. **4116**. — Weitere Besprechung in Math. Rev. **17** 1014—1015 (H. P. Robertson), Sterne **32** 37—38 (J. Schubart), ZfA **40** 278—282 (O. Heckmann), ZfMG **65** 207 (W. Urich).

4140. P. Jordan, Die Messung der historischen Zeit. Universitas **10** 165—170.

4141. K. Just, Neue Feldgleichungen zur Jordanschen Gravitations-Theorie. Z. Physik **140** 485—493. — Für die von Jordan und Ludwig entwickelte Theorie wurden vom Verf. (vgl. AJB **54** Ref. **4151**) neue Feldgleichungen vorgeschlagen, die hier noch allgemeiner begründet werden. Verf.

4142. K. Just, Zur Planetenbewegung bei veränderlicher Gravitationszahl. Z. Physik **140** 524—530. — Das von Heckmann, Jordan und Fricke (vgl. AJB **51** Ref. **4122**) gegebene Analogon der Schwarzschildschen Lösung für die von Jordan erweiterte Gravitationstheorie wird auf sämtliche der von Ludwig (AJB **51** Ref. **4129**) aufgestellten Systeme von Feldgleichungen ausgedehnt. Dabei zeigt sich strenge Übereinstimmung mit der Einsteinschen Formel der Periheldrehung nur in zwei Fällen (vgl. AJB **54** Ref. **4151**, AJB **55** Ref. **4141**), näherungsweise auch bei anderen, die jedoch das von Jordan vertretene Diracsche Prinzip, daß grundlegende Konstanten von der Größenordnung Eins seien, nicht erfüllen. Verf.

4143. K. Just, Zur Kosmologie mit veränderlicher Gravitationszahl. Z. Physik **140** 648—655. — Die Grundzüge der Jordanschen Kosmologie mit zeitabhängiger Gravitationszahl $\varkappa$ werden für diejenigen Systeme möglicher Feldgleichungen besprochen, die ein zeitlich linear expandierendes Weltmodell zulassen. Verf.

4144. K. Just, Jordansche Kosmologie mit neuen Feldgleichungen. Z. Physik **141** 592—603, mit 3 Fig. — In der Gravitationstheorie von Jordan und Ludwig wird das Prinzip von Dirac, nach dem grundlegende Naturkonstanten von der Größenordnung Eins sind, durch die Feldgleichungen erfüllt. Diese wurden in früheren Arbeiten (vgl. AJB **54** Ref. **4151**, AJB **55** Ref. **4141**, **4142**) begründet und auf die Planetenbewegung angewandt. Sie liefern hier ein neues Modell des «Materiekosmos» mit veränderlicher Gravitationszahl und damit verbundener Entstehung neuer Materie. Beim Vergleich mit den linear expandierenden Modellen (vgl. Ref. **4143**) zeigt sich, daß deren wesentlichste Mängel hier nicht auftreten; denn die Abweichungen des neuen Modells von der Einsteinschen Kosmologie beschränken sich auf äußerst frühe Weltepochen. Verf.

4145. K. Just, Hertzscher Dipol im expandierenden Raum. Z. Physik **142** 266—276. — Hier wird das Strahlungsfeld eines schwingenden Dipols für verschiedene Weltmodelle sowie für die Einsteinsche Kosmologie explizit aufgestellt, um die kosmischen Frequenz- und Intensitätsverschiebungen auch auf diesem Wege herzuleiten und auf alle Formen der Jordanschen Kosmologie zu erweitern. Verf. (gekürzt)

4146. K. Just, Zur Frage der Endlichkeit des Weltalls. Z. Physik **142** 387—395, mit 2 Fig. — Für die Einsteinsche Kosmologie und für das Weltmodell der erweiterten Gravitationstheorie von Jordan und Ludwig werden vier Methoden zur Bestimmung der Raumstruktur besprochen. Diese ermöglichen bisher nicht einmal die Lösung des qualitativen Problems (Entscheidung zwischen einem geschlossenen, euklidischen oder hyperbolischen Raum), können also erst recht nicht das quantitative Problem lösen (Bestimmung des heutigen Weltradius). Die erste Methode scheitert an der zu schlechten Kenntnis der Materiedichte, die zweite erfordert zu viel theoretische Hypothesen und die dritte ist praktisch noch undurchführbar. Am aussichtsreichsten erscheint die vierte, von Zwicky begründete Methode der Statistik der Nebelhaufen; doch würde auch diese neben vermehrten Beobachtungen noch eine tiefere Durchdringung ihrer theoretischen Grundlagen erfordern. Falls der fragliche Weltradius in der Größenordnung des Weltalters liegt, könnten einige dieser Schwierigkeiten vielleicht einmal überwunden werden. Daneben jedoch gibt es die

Möglichkeit, daß der Weltradius weitaus größer sein könnte als das Weltalter. In diesem Falle wäre es zweifelhaft, ob man jemals zu einer qualitativen oder gar quantitativen Lösung des Raumproblems gelangen kann. Verf.

4147. **K. Just,** Superpotentiale in der erweiterten Gravitationstheorie. Z. Physik **142** 493—502. — In vorliegender Arbeit beweist Verf. eine bei der Betrachtung der Planetenbewegung (vgl. Ref. **4142**) benutzte Darstellung der Feldgleichungen.

4148. **R. O. Kapp,** A new interpretation of gravitation. Brit. J. Philos. Sci. **5** 331—332. — Ref. in RJ Astr. Geod. UdSSR Nr. 11, 1955; Ref. Nr. **4997**.

4149. **J. M. J. Kooy,** On the possibility to determine the radius of curvature of intergalactic space and the rate of increase of this radius by astronomical observation. Simon Stevin **30** 144—155, 1954. — Ref. in RJ Astr. Geod. UdSSR 1956 Nr. 8 S. 64.

4150. **R. H. Kraichnan,** Special-relativistic derivation of generally covariant gravitation theory. Phys. Rev. (2) **98** 1118—1122. — Ref. in Phys. Ber. **35** 1493—1494.

4151. **A. Kratzer,** Fünfzig Jahre Relativitätstheorie. Math.-Phys. Semesterber. **4** 171—182.

4152. **P. Kustaanheimo,** Über die Versuche, ein logisch finites Weltbild aufzubauen. Actes congrès internat. Union internat. Phil. Sci. Zürich 1954 S. 60—66 = Sonderdruck Astr. Obs. Helsinki. — Die dreidimensionale endliche Geometrie endlich vieler Elemente wird entsprechend einer «dynamisch» genannten Auffassung durch eine Zeit im üblichen Sinn der Mechanik ergänzt. Die Theorie läßt die kosmologische Konsequenz zu, daß der Raum ständig expandiert, die Welt sich aber periodisch verhält, indem «unendlich groß» gewordene Nebel aus dem «Unendlich Kleinen» wieder auftauchen; damit wird die ständige Materieerzeugung nach Bondi, Gold und Hoyle umgangen. Dv.

4153. **P. Kustaanheimo,** Some remarks on the general relativity theory of Birkhoff. Soc. Sci. Fennica Comm. Phys.-Math. **17** Nr. 11, 15 S. = Sonderdruck Astr. Obs. Helsinki. — Für die Birkhoffsche Gravitationstheorie mit einer Raum-Zeit-Welt verschwindenden Krümmung wird ein neues Axiomensystem aufgestellt. Die Newtonsche Gravitation erscheint als Näherung. Die klassischen drei Prüfmöglichkeiten der Einsteinschen Relativitätstheorie werden wiedergefunden, teilweise mit willkürlich wählbaren Werten. Dv.

4154. **A. Lichnerowicz,** Théories relativistes de la gravitation et de l'électromagnétisme. Paris, Masson, 1955. 12 + 298 S. Preis fr. 2800. — Besprechung in Proc. Phys. Soc. (A) **68** 1205—1206, (B) **68** 979—980 (C. W. Kilmister).

4155. **D. E. Littlewood,** Conformal transformations and kinematical relativity. Proc. Cambridge Philos. Soc. **49** 90—96, 1953. — Ref. in RJ Astr. Geod. UdSSR 1956 Nr. 3 S. 104.

4156. **D. E. Littlewood,** The cosmological principle. Proc. Cambridge Phil. Soc. **51** 678—683. — Ref. in Phys. Abstracts (A) **59** 1, Phys. Ber. **35** 352, RJ Astr. Geod. UdSSR 1956 Nr. 9 S. 58.

4157. **G. Ludwig, K. Just,** Zur Jordanschen Theorie der Materie-Entstehung. Z. Physik **143** 472—476. — Für die Jordansche Theorie mit veränderlicher Gravitationszahl $\varkappa$ und damit verbundener Entstehung neuer Materie wird eine neue Form von Feldgleichungen vorgeschlagen. Diese sollen die übliche Quantisierung der Materiefelder ermöglichen und gleichzeitig eine möglichst große Einfachheit des grundlegenden Ansatzes bewahren. Macht man außerdem die Hypothese b = T, dann liefern die neuen Gleichungen für Planetenbewegung und Kosmologie qualitativ dasselbe wie der früher (vgl. Ref. **4141**) vertretene Ansatz. Verf. (gekürzt)

4158. **Q. Majorana,** Sulla cinematica relativistica. Rend. Accad. Nazionale Lincei, Cl. Sci. fis., mat., nat. (8) **18** 462—466. — Verf. will auf einige Tatsachen hinweisen, aus denen sich die Haltlosigkeit der Theorien von Einstein ergibt. In dieser Note betrachtet er nur den kinematischen Teil der speziellen Relativitätstheorie und zeigt, daß sich das Postulat von der Konstanz der Lichtgeschwindigkeit als unhaltbar erweist. Cester

4159. **Q. Majorana,** Su di nuova teoria della gravitazione. Rend. Accad. Nazionale Lincei, Cl. Sci. fis., mat., nat. (8) **19** 95—101. — Während Verf. die Theorie von Einstein kritisiert, nimmt er seine eigene schon dargestellte kosmogonische Theorie wieder auf. Zwei nahestehende Massen, die immer kleine Partikel, die Gravitonen, ausstrahlen, zeigen ein Phänomen gravitationeller Absorption. Durch diese Absorption wird ein aus der getroffenen Masse herauskommendes Graviton neutralisiert, verbunden mit einer Verminderung der Ausstrahlung in dieser Richtung. Die Massen neigen deswegen zu gegenseitiger Anziehung. Cester

4160. **W. H. McCrea,** On the significance of Newtonian cosmology. AJ **60** 271—274. — Radialsymmetrische Weltmodelle konstanter Dichte sind für endlichen, aber beliebig großen Radius in Newtonscher Mechanik möglich und sinnvoll. Nur die — nicht notwendige — Ausdehnung auf unendliche Systeme führt zu mathematischen Schwierigkeiten. Dv.

4161. **W. H. McCrea,** Newtonian cosmology. Nature **175** 466. — Ref. in Phys. Ber. **35** 351—352.

4162. **G. C. McVittie,** Relativity and the statistical theory of the distribution of galaxies. AJ **60** 105—115, mit 2 Fig. — Theoretische Betrachtungen mit dem Formalismus der Relativitätstheorie, die es gestatten werden, die Theorie von J. Neyman und anderen über Fluktuationen in der Verteilung der Nebel auf den der Wirklichkeit besser angepaßten Fall anzuwenden, daß die Nebel sich relativ zueinander bewegen und daß Raumkrümmung und Gravitation ins Spiel treten, während J. Neyman und seine Mitarbeiter nur zueinander in Ruhe befindliche Nebel betrachten. Dv.

4163. **G. C. McVittie,** Gravitational waves and onedimensional Einsteinian gasdynamics. J. rat. Mech. Analysis **4** 201—220. — Ref. in ZfMG **65** 208—209.

4164. **G. C. McVittie,** Why should an astronomer study relativity? Sky and Telescope **14** 318—320, mit 4 Fig.

4165. **M. A. Melvin,** Freundlich red-shift formula. Phys. Rev. (2) **98** 884—887, mit 2 Fig. — Auf Grund der Tatsache, daß für einen Stern vom Radius R der Beitrag des äußeren Strahlungsfeldes denjenigen in der Atmosphäre (Dicke l_0) durchschnittlich um einen Faktor $1000 = R/l_0$ übertrifft, untersucht Verf., ob eine entsprechend abgeänderte Freundlich-Formel bessere Ergebnisse liefert. Unter Berücksichtigung der Ausdehnung des Sternes und der Strahlungstransportbedingungen in der Photosphäre ergibt sich ein Ausdruck, der die Beobachtungen bei der Sonne bis nahe an den Rand wiedergibt, ohne mit Freundlich eine zusätzliche relativistische Verschiebung von einem Fünftel des erwarteten Wertes annehmen zu müssen. Jedoch wird das Anwachsen der Verschiebung am Rand auf den relativistischen Wert und darüberhinaus nicht erklärt; ebenso bleiben eine Reihe anderer Diskrepanzen bestehen, die Freundlichs Interpretation der Rotverschiebung entgegenstehen. Weidemann

4166. **A. Mercier,** Fifty years of the theory of relativity. Nature **175** 919—921.

4167. **S. N. Milford,** Observable tests on the nature of the cosmological red shift. ApJ **122** 13—23. — Ref. in Sky and Telescope **15** 74. — Ohne stärkere Beschränkung der Allgemeinheit wird für ein homogenes isotropes

Weltmodell die allgemeine Relativitätstheorie angewendet, um beobachtbare Effekte hoher Radialgeschwindigkeiten extragalaktischer Nebel zu diskutieren, die, wenn positiv ausfallend, für das Vorliegen von Dopplerverschiebung sprechen, wenn negativ, gegen Dopplerverschiebung oder Relativitätstheorie oder das Weltmodell sprechen können. Praktisch möglich scheint die Beobachtung des Gradienten im linearen Teil der Lichtabnahmekurve bei Supernovae vom Typus I nach Baade, wenn die größten Palomarinstrumente zum Aufsuchen und Verfolgen eingesetzt werden. Dv.

4168. **M. K. Munitz,** Creation and the «new» cosmology. Brit. J. Philos. Sci. 5 Nr. 17 S. 32—46, 1954. — Ref. in RJ Astr. Geod. UdSSR 1956 Nr. 3 S. 103.

4169. **H. Nariai,** On a new approach to the construction of a smoothed-out model of the universe. Publ. Astr. Soc. Japan **7** 144—160, mit 2 Fig. — Bei homogenen Weltmodellen führen die üblichen Gleichungen für das Anfangsstadium hoher Dichte zu Schwierigkeiten. Der Quotient aus Druck und Dichte wird als Funktion des Weltradius geschrieben; die relativistische Behandlung bleibt anwendbar. Einführung einer Polytropengleichung zur Verschmierung der Sternmaterie durch Homologietransformation läßt die Sternradien bis zur Homogenität der Dichte anwachsen. Konsequenzen einer solchen nicht nur begrifflichen Homogenisierung von Materie und Strahlung im Weltmodell werden so weit qualitativ behandelt, daß der Zustand des Universums mit kleinem Radius genau so gut verständlich wird wie sein jetziger Zustand. Es existiert ein Grenzradius zwischen «Lichtkosmos» (Anfangsstadium) und «Materiekosmos» (jetziges Stadium) von der Größenordnung des Milchstraßendurchmessers. Dv.

4170. **J. Neyman,** Sur la théorie probabiliste des amas de galaxies et la vérification de l'hypothèse de l'expansion de l'univers. Ann. Inst. H. Poincaré **14** 201—244. — Ref. in Math. Rev. **17** 420, Phys. Abstracts (A) **59** 189.

4171. **W. Nohl,** Kosmologische Lösungen eines homogenen Wirkungsprinzips. Commentarii Math. Helvet. **29** 338—350. — Ref. in ZfMG **65** 211.

4172. **M. Ovenden,** Cosmology and metagalaxy. Sci. Progr. **43** 58—66. — Ref. in RJ Astr. Geod. UdSSR 1956 Nr. 3 S. 103.

4173. **A. Papapetrou,** Fünfzig Jahre Relativitätstheorie. Forschungen und Fortschritte **29** 225—229.

4174. **F. A. E. Pirani,** On the perihelion motion according to Littlewood's equations. Proc. Cambridge Phil. Soc. **51** 535—537. — Ref. in Phys. Abstracts (A) **58** 988, Math. Rev. **16** 1165, RJ Astr. Geod. UdSSR 1956 Nr. 2 S. 18.

4175. **F. A. E. Pirani,** On the energy-momentum tensor and the creation of matter in relativistic cosmology. Proc. Roy. Soc. (A) **228** 455—462. — Ref. in Phys. Abstracts (A) **58** 438, Phys. Ber. **35** 883, ZfMG **65** 211.

4176. **A. Raychaudhuri,** Relativistic cosmology. I. Phys. Rev. (2) **98** 1123—1126. — Verf. untersucht das zeitliche Verhalten eines Gravitationssystems, das den Einsteinschen Feldgleichungen genügt, unter sehr allgemeinen Bedingungen. Insbesondere werden Anisotropien zugelassen. Es ergibt sich im wirbelfreien Fall jedoch keine Lösung der Schwierigkeiten, die von den isotropen Modellen her bekannt sind. Vgl. auch Phys. Ber. **35** 1494. Weidemann

4177. **A. Raychaudhuri,** Perturbed cosmological models. ZfA **37** 103—107. — Die Integration der Feldgleichungen für den Fall einer örtlichen Störung ergibt unter einigen vereinfachenden Annahmen, daß, in Eigenzeit ausgedrückt, inhomogene Massenverteilung vorkommt, daß aber Kondensationen erst in etwa 10^{11} Jahren entstehen können, so daß bei den heutigen Ansichten über das Weltalter das Entstehen der Nebel auf diese Weise nicht erklärt werden kann. Dv.

4178. **C. B. Rayner,** The effects of rotation of the central body on its planetary orbits, after the Whitehead theory of gravitation. Proc. Roy. Soc. (A) **232** 135—148, mit 1 Fig. — Für die Theorie von Whitehead wird der Gravitationstensor im Außenfeld einer endlichen, gleichförmig rotierenden Kugel abgeleitet und die Drehung des Perihels eines sich in ihrer Äquatorebene bewegenden Körpers berechnet. Bei Beschränkung auf die erste Potenz der Winkelgeschwindigkeit der Kugel ergibt sich sehr nahe Übereinstimmung mit dem Ergebnis von Lense und Thirring für Einsteins Gravitationsgesetz; unter der gemachten einschränkenden Annahme ist die Übereinstimmung für eine homogene Kugel vollständig. Böh.

4179. **C. B. Rayner,** Whitehead's law of gravitation in a space-time of constant curvature. Proc. Phys. Soc. (B) **68** 944—950, mit 2 Fig.

4180. **H. P. Robertson,** The theoretical aspects of the nebular redshift. Publ ASP **67** 82—98, mit 3 Fig. — Es wird ein Überblick über die verschiedenen kosmologischen Modelle gegeben, wobei besonders hervorgehoben wird, welche astronomischen Beobachtungen vorhanden oder möglich sind, um eine Entscheidung über die Wahrscheinlichkeit eines solchen Modells herbeizuführen, oder um wenigstens die Auswahl der Modelle einzuschränken. Betrachtet man schließlich allein die relativistischen Modelle, so findet man, daß auf Grund der heutigen Daten über das Alter der Welt und die Dichte im Universum nicht zu entscheiden ist, ob die Krümmung des Raumes positiv, negativ oder Null ist, während sich für die kosmologische Konstante zweifellos ein positiver Wert ergibt. H. M.

* * **A. R. Sandage,** A summary of the observational data concerning the apparent expansion of the universe. Vgl. Ref. **12424**.

4181. **W. Scherrer,** Berichtigung und Ergänzung «zur linearen Feldtheorie». Z. Physik **140** 160—163. — Eine numerische Angabe über das Weltalter (vgl. AJB **54** Ref. **4175**) wird korrigiert. Anschließend werden die allgemeinen Folgerungen über das Weltalter gezogen, welche die vorliegende Theorie gestattet. Verf.

4182. **W. Scherrer,** Zur linearen Feldtheorie. II. (Schwache Felder). Z. Physik **140** 164—180. — Für schwache Felder gilt ein System von Differentialgleichungen, welches eine Verallgemeinerung der Maxwellschen Vakuumsgleichungen darstellt. Eine spezielle Klasse bilden diejenigen schwachen Störungen, deren zugeordnete Gravitationspotentiale ungestört bleiben. Sie breiten sich mit Lichtgeschwindigkeit aus und haben genau die Struktur der elektromagnetischen Wellen. Verf.

4183. **W. Scherrer,** Zur linearen Feldtheorie III. (Die Gravitationsgleichungen). Z. Physik **141** 374—385.

4184. **A. Schlüter,** The cosmical constant and the classical limit of Einstein's field equations. AJ **60** 141—143. — Die Spezialisierung der Einsteinschen Feldgleichungen eines kugelsymmetrischen Weltmodells auf Newtonsche Näherung zeigt wieder, daß eine nicht verschwindende kosmologische Konstante einer radialen (Repulsiv-) Kraft äquivalent ist. Dv.

4185. **E. Schrödinger,** A thermodynamic relation between frequency-shift and broadening. Nuovo Cimento (10) **1** 63—69. — Ref. in ZfMG **64** 454, Phys. Abstracts (A) **58** 190, Phys. Ber. **34** 1037.

* * **E. H. Schröter,** Zur Deutung der Rotverschiebung im Sonnenspektrum. Vgl. Ref. **6427**.

4186. **D. W. Sciama,** Evolutionary process in cosmology. Advancement Sci. **12** 38—42. — Ref. in ZfMG **65** 211.

4187. **F. de Simoni,** Sulle equazioni di campo della teoria relativistica unitaria. Rend. Accad. Nazionale Lincei, Cl. Sci. fis., mat., nat. (8) **18** 297—304. — Ref. in ZfMG **64** 445.

4188. **G. Szekeres,** New formulation of the general theory of relativity. Phys. Rev. (2) **97** 212—223. — Ref. in Phys. Abstracts (A) **58** 196.

4189. **S. I. Tetelbaum,** Über den Kreislauf der Materie im unendlichen Weltall. Mitt. Polytechn. Inst. Kiew **16** 100—110 (russisch). — Ref. in RJ Astr. Geod. UdSSR 1956 Nr. 2 S. 103.

4190. **S. I. Tetelbaum,** Zur Frage der Intensität und der spektralen Zusammensetzung der metagalaktischen Strahlung. Nachr. Akad. Wiss. Ukrain. Sowjetrepublik Nr. 1 S. 57—62 (ukrainisch mit russischer Zusammenfassung). — Ref. in RJ Astr. Geod. UdSSR Nr. 8, 1955; Ref. Nr. 3456.

4191. **Y. Thiry,** Sur le caraetère statique d'un modèle d'univers stationnaire en théorie unitaire de Jordan-Thiry. CR **241** 691—692. — Der Satz von Levi-Civita über den durchweg statischen Charakter jedes stationären Modells des Universums mit asymptotisch euklidischem Verhalten, bei dem die Stromlinien der Materie mit den Zeitlinien zusammenfallen, wird für die fünfdimensionale unitarische Kosmologie von Jordan-Thiry erweitert und bewiesen. Böh.

4192. **G. Tiercy,** A propos d'un récent jubilé. Suisse Horlogère **70** Nr. 3 S. 33—36. — Ref. in RJ Astr. Geod. UdSSR 1956 Nr. 11 S. 2.

4193. **F. Zagar,** Modelli anisotropi nella cosmologia newtoniana. I. II. III. Rend. Accad. Nazionale Lincei, Cl. Sci. fis., mat., nat. (8) **18** 452—458, **19** 13—16, 217—221, mit 3 Fig. = Contr. Oss. Astr. Milano-Merate (NS) Nr. 76. — Verf. zeigt, daß die Bedingung der Isotropie für eine auf klassischer Grundlage beruhende Kosmologie nicht erforderlich ist. Auch ohne diese Hypothese können drei Arten von Lösungen erreicht werden. Die erste gilt in Übereinstimmung mit dem Phänomen einer Expansion und enthält als besonderen Fall die gleichförmige Expansion. Mit einem plausiblen Wert für die Dichte (10^{-29} gr cm^{-3}) erhält Verf. für das Alter des Universums den Maximalwert 2.8×10^{17} sec. Bei der zweiten Art besteht eine Anfangsphase der Expansion, der eine Phase von Kontraktion des Universums folgt. Der dritte Fall ergibt eine Expansion. In allen Fällen sind die Bahnen windschief, und ihre Projektionen auf die Koordinatenebenen sind Hyperbeln. Cester

4194. **E. J. Zimmermann,** Numerical coincidences in microphysics and cosmology. American J. Phys. **23** 136—141. — Ref. in Phys. Abstracts (A) **58** 555, RJ Astr. Geod. UdSSR 1956 Nr. 4 S. 81.

4195. Sobre la expansión del universo. Astronomia Popular **1** Nr. 2 S. 27.

4196. 50 Jahre Relativitätstheorie und die totale Sonnenfinsternis am 20. Juni 1955. Astr. Nachr. Berlin-Treptow **7** 1—2.

4197. Cuál es el origen del universo? El Universo Nr. 30 S. 10—20, mit Bild.

4198. New information about the expanding universe. J RAS Canada **49** 130.

4199. The age of the universe. Nature **175** 68—69, 382—383.

41100. The expanding universe. Nature **175** 246. — Ref. der in AJB **54** Ref. **4184** zitierten Arbeit von G. J. Whitrow.

41101. Time-scale of the universe. Nature **175** 759—760. — Ref. der in AJB **54** Ref. **4168** zitierten Arbeit von E. J. Öpik.

41102. En favor de la relatividad. Rev. Astr. Nr. 133 S. 84.

41103. Expanding universe data. Sky and Telescope **14** 191.

41104. Zašto je astronomu potrebna studija relativiteta. Vasiona **3** 34—37. — Vor der Astronomischen Gesellschaft in Cleveland anläßlich des Ablebens Albert Einsteins gehaltener Vortrag. Loh.

§ 42

Himmelsmechanik, Störungstheorie

4201. **C. Agostinelli,** Su una soluzione periodica del problema ristretto dei tre corpi più generale di quella di Hill. Univ. e Politec. Torino Rend. Sem. Mat. **13** 131—151, 1954. — Ref. in Math. Rev. **17** 418.

4202. **S. Aoki,** On the stability of the equilateral triangular equilibrium point solution. Publ. Astr. Soc. Japan **7** 105—113 = Tokyo Astr. Obs. Repr. Nr. 124. — Für die Bewegung um die äquilateralen Gleichgewichtspunkte des reduzierten Dreikörperproblems wird ein Stabilitätskriterium abhängig von Masse und Exzentrizität des störenden Körpers angegeben Böh.

* * **G. M. Bashenow,** Untersuchung der Entwicklung von Ausdrücken der Form $(1 - 2h \cos z + h^2)^{-n/2}$ in trigonometrische Reihen, wobei n ungerade ist. Vgl. Ref. 104.

4203. **J. W. Batrakow,** Periodische Lösungen vom Schwarzschildschen Typ im eingeschränkten Dreikörperproblem. BIA **6** 112—120 (russisch). — In der Arbeit werden periodische Lösungen des räumlichen eingeschränkten Dreikörperproblems erhalten, die den gewöhnlichen ebenen Schwarzschildschen Lösungen analog sind. Eine charakteristische Besonderheit der erhaltenen Lösungen ist die Bewegung der Knotenlinie. Zwischen Exzentrizität und Neigung der Ausgangslösung besteht ein Zusammenhang, der für die Kommensurabilität 3 : 1 im einzelnen unter Anführung numerischer Resultate untersucht wird. Verf. (übersetzt)

4204. **J. W. Batrakow,** Über die periodischen Lösungen dritter Sorte im allgemeinen Dreikörperproblem. BIA **6** 121—126, mit 1 Abb. (russisch). — Verf. diskutiert die Lösungen dritter Sorte im allgemeinen Dreikörperproblem, deren Perioden sich von den Perioden der Ausgangslösungen um Größen der Ordnung des kleinen Parameters μ unterscheiden. Ausführlicher und vollständiger als es bis heute geschehen ist werden die Gleichungen zur Bestimmung der Anfangsneigungen der periodischen Lösungen von den Ausgangslösungen zusammengestellt. Verf. (übersetzt)

4205. **N. A. Bochan,** Die Integration der Bewegungsgleichungen Kleiner Planeten an Lochkartenmaschinen. BIA **6** 162—165, mit 2 Tafeln (russisch). — Die Arbeit enthält eine kurze Beschreibung der Methode zur numerischen Integration der Bewegungsgleichungen mittels Lochkartenmaschinen. Verf. (übersetzt)

4206. **D. Brouwer,** The motions of the outer planets. MN **115** 221—235. — George Darwin Lecture. — Nach einem Überblick über die Ergebnisse der Neubearbeitung des Systems der Großen Planeten, die dabei erhaltenen Massen für die äußeren Planeten, wobei auf die Schwierigkeiten der Bestimmung der Masse Plutos und die ungeklärten Abweichungen der Uranusbeobachtungen von der Theorie hingewiesen wird, beschreibt Verf. die Vorteile, die die Verwendung rechtwinkliger Koordinaten bei der Herstellung einer neuen Planetentheorie, wie sie am Yale Observatory für Uranus, Neptun und Pluto begonnen worden ist, bietet. Verf. macht detaillierte Angaben über die bisherigen Versuche, für die Großen Planeten Theorien in trigonometrischer Form zu geben unter Hinweis auf die hierbei zu überwindenden Schwierigkeiten. Böh.

4207. **D. Brouwer,** The masses of the outer planets. Accuracy of the numerical integration orbits. Classical planetary theory in rectangular coordinates. Generalized planetary theory. Obs **75** 96—100. —Ref. RAS.

4208. **C. Cailliatte,** Sur la possibilité de perturbations mutuelles entre deux asteroïdes. JO **38** 321—334. — Verf. leitet die Bedingungen ab, unter denen die gegenseitigen Störungen zweier Planetoiden infolge einer stoßnahen Begegnung merkbar werden, wobei die durchschnittliche Masse eines Kleinen Planeten zu 10^{-12} angesetzt ist. Für 335 Roberta, dessen zunehmende B–R 1927—1953 von der Theorie des Verf. (JO **38** 65, vgl. Ref. **7504**) den Anlaß zu dieser Untersuchung gegeben haben, treffen diese Bedingungen nicht zu. Böh.

4209. **J. Chazy,** Mécanique céleste. Equations canoniques et variation des constantes. Vgl. AJB **53** Ref. **4207**. — Weitere Besprechung in Math. Rev. **16** 1159 (G. Lampariello), ZfMG **53** 188 (O. Volk).

* * **G. M. Clemence, D. Brouwer,** The accuracy of the coordinates of the five outer planets and the invariable plane. Vgl. Ref. **7005**.

4210. **E. P. Filjanskaja,** Über die Anwendung des eingeschränkten Dreikörperproblems veränderlicher Masse in der Kosmogonie. Odessa, Univ., 1955 (russisch). — Dissertationsreferat.

4211. **I. Földes,** Über die kosmogonische Theorie von O. J. Schmidt. Mat. Lapok **3** 221—236, 1952. — Ref. in Math. Rev. **16** 1160.

4212. **H. Gerstenkorn,** Über Gezeitenreibung beim Zweikörperproblem. ZfA **36** 245—274, mit 4 Abb. — Verf. vereinfacht Darwins Problemstellung zur Untersuchung der Gezeitenreibung dahin, daß nur zwei sich in Kreisbahnen um ihren Schwerpunkt bewegende Körper als vorhanden angenommen werden und die Reibung als schwach vorausgesetzt wird, löst die sich ergebende Differentialgleichung für das System Erde—Mond numerisch und diskutiert die Lösung in bezug auf einen monoton mit der Zeit wachsenden Parameter τ und die Zeit. Die Lösung für ein allgemeines System wird untersucht, als Anhang der Einfluß der Sonne abgeschätzt und der Fall nicht verschwindender Bahnexzentrizität betrachtet. Böh.

4213. **B. I. Kaminskij,** Über ein Differentialgleichungssystem im Dreikörperproblem. Abh. Tadshik. Univ. **4** 29—36 (russisch). — Ref. in RJ Astr. Geod. UdSSR 1956 Nr. 3 S. 11.

4214. **H. v. Lüde,** Über einen speziellen Fall des Dreikörperproblems. AN **282** 39—40, mit 4 Abb. — Zur Frage der Kommensurabilitäten wird die Bahn eines sich in der Hestialücke befindenden Kleinen Planeten mit Hilfe der numerischen Integration für einen Planetenumlauf berechnet. Die Ergebnisse sind in einer Tabelle zusammengestellt und graphisch aufgetragen. Verf.

* * **E. L. Martin,** Orbite anapsidali in sistemi binari di massa variabile. Vgl. Ref. **10011**.

4215. **A. Masotti,** Sopra una generalizzazione dei moti centrali. Ist. Lombardo Sci. Lett., Rend. Cl. Sci. mat. nat. **84** 448—460, 1951. — Ref. in ZfMG **54** 75.

4216. **J. Meffroy,** Contribution à l'étude de la stabilité du système solaire. BA **19** 1—224. — Die reinen säkularen Glieder, welche die Störungen dritter Ordnung in dem Ausdruck für die großen Achsen der oskulierenden Bahnen aufweisen, stellen die Stabilität des Sonnensystems in Frage. Verf. suchen einen klaren, unanfechtbaren Ausdruck für diese Glieder und beweisen ihre tatsächliche Existenz in den besonderen Fällen, wo die Neigungen Null, die Exzentrizitäten jedoch von Null verschieden, aber sehr klein sind. Verf.

4217. **J. Meffroy,** Sur les termes séculaires du développement des grandes axes par rapport aux masses. CR **240** 1054—1056. — Seine Arbeit in CR **236** 778 (vgl. AJB **53** Ref. **4220**) vervollständigend, beweist Verf. streng durch explizite Rechnung, daß die Störungen 3. Ordnung der großen Halbachsen im Dreikörperproblem bei hinreichend kleinen Exzentrizitäten und Neigungen der beiden Planeten und hinreichend kleinem Achsenverhältnis des gestörten zum störenden Planeten tatsächlich ein rein säkulares Zeitglied enthalten. Böh.

4218. **M. Mendes,** Démonstration d'une proposition de Jacobi. BA **18** 325—330. — Beweis des Lehrsatzes von Jacobi, daß die Koeffizienten der Entwicklung nach den exzentrischen Anomalien mittels 15 von ihnen durch lineare Rekursionsformeln ausgedrückt werden können.

4219. **G. A. Merman,** Ein neues Kriterium der hyperbolischen Bewegung im Dreikörperproblem. BIA **6** 69—72 (russisch). — Verf. gibt die Bedingungen an, unter denen sich die drei Körper bei nach unendlich gehender Zeit beliebig weit voneinander entfernen. Das angegebene Kriterium ist im Gegensatz zu bereits bekannten zur Untersuchung von Einfangproblemen sehr geeignet. Loh.

4220. **G. A. Merman,** Hyperbolische Annäherungen im Dreikörperproblem. BIA **6** 73—84 (russisch). — Die Arbeit enthält eine Methode zur Abschätzung der Ungenauigkeit, die durch den Ersatz der wahren Bewegung dreier Körper durch ein gewisses Näherungsschema dann entsteht, wenn sich zwei Körper mit hyperbolischer Geschwindigkeit annähern, der dritte sich aber in bedeutender Entfernung von beiden befindet. Die Ergebnisse dieser Arbeit erlauben die Aufstellung hinreichender Einfangbedingungen. Verf. (übersetzt)

4221. **G. A. Merman, N. G. Kotschina,** Anwendung des Abschätzungsverfahrens auf das Beispiel von O. J. Schmidt. BIA **6** 85—111 (russisch). — Die Arbeit enthält einen strengen Beweis für die Verwirklichung des Einfangs im Beispiel O. J. Schmidts auf Grund der Abschätzmethoden, die in vorhergegangenen Arbeiten von G. A. Merman entwickelt worden sind. Verf. (übersetzt)

4222. **D. Michailovitsch,** Geometric interpretation of partial gradients in the theory of planet perturbations. Bull. Soc. Math. Phys. Serbie **7** 73—84 (serbisch mit englischer Zusammenfassung). — Einige geometrische Sätze über die Gradienten der Störungsfunktion nach den von Milankovitsch eingeführten Vektorelementen. Böh.

4223. **D. Michailovitsch,** Eine Anwendung der Störungsgleichungen auf das Radsijewskijsche Dreikörperproblem. Bull. Soc. Math. Phys. Serbie **7** 223—228 (serbisch mit deutscher Zusammenfassung). — Behandlung zweier spezieller Störungsprobleme bei Verwendung der Vektorelemente von Milankovitsch und Bilimovitsch als gestörte Parameter. Böh.

4224. **D. Michailovitsch,** Eine Bemerkung über die Anwendungen der vektoriellen Elemente in der Theorie der säkularen Störungen. Bull. Soc. Math. Phys. Serbie **7** 229—232 (serbisch mit deutscher Zusammenfassung). — Aufstellung der Differentialgleichungen für die Säkularstörungen der Vektorelemente von Milankovitsch und Bilimovitsch und Ableitung einiger Beziehungen zwischen beiden Systemen. Böh.

* * **J. Moser,** Stabilitätsverhalten kanonischer Differentialgleichungssysteme. Vgl. Ref. **119**.

4225. **B. Popovitsch,** L'influence d'une rotation éventuelle du système solaire sur le mouvement des planètes. Bull. Soc. Math. Phys. Serbie 5 Nr. 1—2 S. 77—83, 1953 (serbisch mit französischer Zusammenfassung). — Verf. untersucht den Einfluß einer Drehung des Sonnensystems um eine Achse senkrecht zur invariablen Ebene auf die Säkularstörungen der Planeten, insbesondere auf die Elemente π, ☊ und i. Böh.

4226. **W. F. Proskurin,** Über kurzzeitige Einfänge im Dreikörperproblem. Wiss. Bull. Univ. Leningrad Nr. 33 S. 5—6 (russisch). — Ref. in RJ Astr. Geod. UdSSR Nr. 9, 1955; Ref. Nr. 3705.

4227. **O. Pylarinos,** On the problem of n bodies. Bull. Soc. Math. Grèce **25** 49—67, 1951 (griechisch). — Ref. in Math. Rev. **17** 542.

4228. **W. W. Radsijewskij,** Himmelsmechanik der strahlenden Körper (Probleme der photogravitativen Himmelsmechanik). Leningrad, Astr. Hauptobs., 1955 (russisch). — Dissertationsreferat.

4229. **A. E. Roy, M. W. Ovenden,** On the occurrence of commensurable mean motions in the solar system. II. The mirror theorem. MN **115** 296—309. — Teil I der in MN **114** 232 (vgl. AJB **54** Ref. **4229**) begonnenen Untersuchung zeigt das Vorhandensein nahezu erfüllter Kommensurabilitäten in den mittleren Bewegungen von J VI—XII zu der der als Jupitersatellit betrachteten Sonne. Von Japetus und Phoebe werden, was als Stütze für die Auffassung angesehen wird, nahezu erfüllte Kommensurabilitäten aus Stabilitätsgründen bevorzugt. In Teil II wird für das n-Körperproblem ein Spiegelungs- und ein Periodizitätssatz bewiesen mit anschließenden Betrachtungen über die Stabilität bestimmter Konfigurationen und deren Einfluß einer nahezu erfüllten Kommensurabilität in den mittleren Bewegungen zweier Körper. Die hier gemachten Überlegungen werden in Teil III an den Satellitensystemen von Saturn, Jupiter und Uranus zu stützen versucht und zu dem Symmetriesatz von Griffin in Beziehung gesetzt. Böh.

4230. **A. E. Roy, M. W. Ovenden,** On the occurence of commensurable mean motions in the solar system. II. The mirror theorem. Obs **75** 45—47. — Ref. RAS. — Vgl. vorstehendes Ref.

* * **S. G. Scharaf,** Theorie der Bewegung Plutos. Erster Teil. Die Störungen erster Ordnung in bezug auf die störenden Massen. Vgl. Ref. **7815**.

4231. **J. Schubart,** Zur Regularisierung des Zweierstoßes im Dreikörperproblem. AN **282** 262—264. — Nach einer einführenden Betrachtung wird speziell die Bewegung einer unendlich kleinen Masse im Kraftfeld zweier großer Massen, über deren Bewegung keine einschränkende Voraussetzung gemacht wird, betrachtet. Für den Zusammenstoß der kleinen mit einer der großen Massen werden Differentialgleichungen gegeben, in denen eine Singularität nicht mehr auftritt. Mit Hilfe dieser Gleichungen läßt sich die Bewegung auch nach dem Stoß definieren. Verf.

4232. **A. L. Skljanskij,** On trajectories of a double collision in the problem of three bodies interacting with forces proportional to the logarithms of the mutual distances. Ukrain. Math. J. **6** 349—362, 1954 (russisch). — Ref. in Math. Rev. **17** 198.

4233. **A. L. Skljanskij,** On the theory of pairwise collision in the generalized three-body problem. Ukrain. Math. J. **7** 160—166 (russisch). — Ref. in Math. Rev. **17** 542, RJ Astr. Geod. UdSSR **1956** Nr. **1** S. 19.

4234. **W. M. Smart,** Celestial Mechanics. Vgl. AJB **53** Ref. **4241**. — Weitere Besprechung in La Nature **83** 78, Urania København **13** 75.

4235. **A. Soudan,** Sur des systèmes de variables canoniques. BA **19** 225—326. — Nach ausführlichen allgemeinen Betrachtungen über kanonische Differentialgleichungssysteme und ihre Transformationstheorie werden im einzelnen drei von Andoyer (BA **30** 159, 1913) aufgestellte Systeme kanonischer Variabler der Himmelsmechanik untersucht und nach einer Methode von Jacobi sechs Systeme solcher Veränderlichen abgeleitet, wovon ein System neu ist. Böh.

4236. **J. F. Steffensen,** On the differential equations of Hill in the theory of the motion of the moon. Acta Math. **93** 169—177. — Die Differentialgleichungen von Hills parallaxenlosem restringiertem Dreikörperproblem werden integriert, indem die gegenüber Hill transformierten Koordinaten als Potenzreihen von arc cos $2\,l$ (l = Länge des Mondes im synodischen Achsenkreuz) angesetzt sind; angeschlossen ist eine Untersuchung über die Konvergenz dieser Entwicklungen. Als numerisches Beispiel verwendet Verf. die von ihm in Bull. Acad. roy. Danemark 1909, S. 320—323 berechnete Bahn. Böh.

4237. **K. Strubecker,** Über die Hüllkurven von Kepler-Bahnen fester Energie, welche eine feste Kepler-Bahn berühren. Elem. Math. **10** 81—86. — Ref. in Math. Rev. **17** 93.

4238. **M. A. Tomson,** Über die Untersuchung der Gebiete der Bahnstabilität. Angewandte (numerische) Mathematik und angewandte (numerische) Technik Nr. 2 S. 151—208 (russisch). — Ref. in Math. Rev. **17** 94, RJ Astr. Geod. UdSSR Nr. 11, 1955; Ref. Nr. 4729.

4239. **M. A. Tomson,** Über einen Fall der Untersuchung der Bahnstabilität der Lösungen eines Differentialgleichungssystems. Angewandte (numerische) Mathematik und angewandte (numerische) Technik Nr. 2 S. 209—229 (russisch). — Ref. in Math. Rev. **17** 94—95, RJ Astr. Geod. UdSSR Nr. 11, 1955; Ref. Nr. 4730.

4240. **R. Vernić,** Numerische Auflösung des allgemeinen Dreikörperproblems. Rad. Jugoslav. Akad. Znanosti Umjetnosti Zagreb **302** 45—76 (kroatisch mit deutscher Zusammenfassung). — Verf. zeigt, wie das nach Einführung der durch die Beziehung $dt = du/V$ (V = Potential) definierten Variablen u regularisierte allgemeine Dreikörperproblem numerisch gelöst werden kann, indem die Koeffizienten der Potenzreihen der Koordinaten in u durch sukzessive Näherungen und Verwendung von Rekursionsformeln ermittelt werden. Das Verfahren wird in dreistelliger Rechnung an dem Beispiel von J. Zumkley AN **272** 66 (AJB **43** Ref. **3224**) erprobt und hieraus auf seine Vorzüge selbst gegenüber den Methoden der numerischen Integration geschlossen. Verf. glaubt, mit dieser und seinen vorhergehenden Arbeiten die allgemeine und praktische Lösung des Dreikörperproblems gefunden zu haben und hält die Behauptung Belorizkys (CR **193** 314, AJB **33** Ref. **3229**) über die langsame Konvergenz der Sundmanschen Reihen für falsch. Böh.

4241. **A. Wilkens,** Über die Integral-Invarianten der Störungstheorie. Sitzber. Bayer. Akad. Wiss. Math.-naturw. Kl. 1955 S. 123—173, mit 1 Fig. — Aus den klassischen Differentialgleichungen der Störungstheorie für die elliptischen Elemente werden einige Integralinvarianten abgeleitet und nebenbei ihre Verwendung zur Kontrolle von Störungsrechnungen erläutert. Verf. stellt im weiteren Verlauf Integralinvarianten für Spezialfälle des allgemeinen Dreikörperproblems auf und gibt schließlich für die untersuchten Fälle Integralinvarianten an, aus denen die Störungsfunktion eliminiert ist. Böh.

4242. **F. Zdanowski,** Elementarne wyprowadzenie uogólnionego trzeciego prawa Keplera. Urania Kraków **26** 54—56, mit 2 Fig.

* * Himmelsmechanische Probleme des Raketenflugs siehe § **134**.

§ 43

Figur der Himmelskörper, Rotation, Gezeiten

4301. **C. Agostinelli,** Sulla compatibilità di una forma ellissoidale a tre assi per una massa fluida cosmica rotante, elettricamente conduttrice, immersa in un campo magnetico uniforme. Boll. Un. Mat. Ital. (3) **10** 17—23. — Ref. in Math. Rev. **17** 674.

* * **C. Agostinelli,** Oscillazioni magneto idrodinamiche in una massa fluida rotante di dimensioni cosmiche, di forma ellissoidale rotonda. Vgl. Ref. **5001**.

* * **C. Agostinelli,** Oscillazioni magneto idrodinamiche in una massa fluida cosmica uniformemente rotante dotata di un campo magnetico assiale e di un campo magnetico equatoriale rotante. Vgl. Ref. **5002**.

4302. **N. Bel,** Instabilité d'une masse fluide étendue. CR **241** 163—164 = Contr. Inst. d'Astrophys. Paris (A) Nr. 204. — Die Bedingungen für Gravitationsinstabilität in differentiell rotierender Materie konstanter Dichte bei konstantem Druck werden dreidimensional hergeleitet. Fricke

4303. **A. Gougenheim,** Marées océaniques et terrestres. BSAF **69** 237—241.

4304. **W. S. Jardetzky,** Theories of figures of celestial bodies. Trans. New York Acad. Sci. **17** 460—462. — Ref. in RJ Astr. Geod. UdSSR 1956 Nr. 1 S. 24.

4305. **R. Kippenhahn,** Untersuchungen über rotierende Sterne. I. Die Theorie nullter Ordnung. ZfA **38** 166—189, mit 1 Abb. = Kleine Veröff. Remeis-Sternw. Bamberg Nr. 10. — Es wird die Theorie nullter Ordnung aufgestellt, die das Rotationsgesetz extrem langsam rotierender Sterne bestimmt. Es zeigt sich, daß ein Stern nach hinreichend langer Zeit einem Rotationsgesetz zustrebt, das zwar wegen des ständigen Drehimpulsverlustes durch Strahlung nicht stationär ist, das aber vom Anfangsrotationsgesetz nicht mehr abhängt. Die Bestimmung dieses Gesetzes und die Frage, wie ein Stern aus einem beliebigen Anfangszustand heraus dieses Rotationsgesetz erreicht, führen unter vereinfachenden Annahmen (spezielle Vorschriften für den Ablauf der Sternentwicklung) auf ein Eigenwertproblem. Die Abschätzung der Eigenwerte beim Standardmodell zeigt, daß ein Stern bei hinreichend langsamer Rotation ein kugelsymmetrisches Rotationsgesetz anstrebt. Es wird ein numerisches Beispiel für einen nach dem Standardmodell aufgebauten B 4-Stern durchgerechnet. Man erhält ein Rotationsgesetz, bei dem die Winkelgeschwindigkeit im Zentrum etwa neunmal so groß ist als an der Oberfläche. Die Diskussion der Anwendbarkeit zeigt, daß fast alle Sterne für die Theorie nullter Ordnung zu rasch rotieren, so daß man für sie Theorien höherer Ordnung entwickeln muß, denen jedoch die hier dargestellte Theorie nullter Ordnung vorausgehen muß. Verf.

4306. **R. A. Lyttleton,** The Stability of Rotating Liquid Masses. Vgl. AJB **53** Ref. **4304**. — Besprechung in Publ ASP **68** 81—83 (G. Münch).

* * **P. J. Message,** The second-order theory of the figure of Jupiter. Vgl. Ref. **7612**.

4307. **V. Petr,** Beobachtungen der Gezeiten der Erdkruste in Březové Hory. BAC **6** 27—32, mit 1 Abb. (mit russischer Zusammenfassung).

4308. **E. Schatzman, N. Bel,** Instabilité d'une masse fluide étendue. CR **241** 20—22, mit 1 Fig. = Contr. Inst. d'Astrophys. Paris (A) Nr. 202. — Untersucht werden die Bedingungen für Gravitationsinstabilität in differentiell rotierender Materie konstanter Dichte bei konstantem Druck. Die Grundgleichungen und ihre Lösungen werden für das zweidimensionale Problem angegeben. Fricke

4309. **E. Schatzman,** Lois de conservation et origine du moment angulaire des étoiles. Vgl. Ref. **1169**, daselbst S. 628—633, mit 2 Fig. und Diskussion S. 684—687 = Contr. Inst. d'Astrophys. Paris (A) Nr. 207. — Verf. behandelt das Problem der Entstehung der hohen Rotationsgeschwindigkeiten der frühen Sterne. Hoppe

§ 44

Sternsysteme

4401. **T. A. Agekjan,** On fluctuations in the visual distributions of stars. AJ UdSSR **32** 416—424 (russisch mit englischer Zusammenfassung). — Zur Untersuchung der Schwankungen in der visuellen Verteilung der Galaxien und der Helligkeitsverteilung in unserer Galaxis wird eine Methode zufälliger Funktionen anstatt der bisher üblichen Methode der Verteilungsfunktionen eingeführt. Anhand eines allgemeinen Ausdrucks für die visuelle Verteilung der Galaxien lassen sich die optische Dicke von Dunkelwolken und ihre mittlere lineare Ausdehnung abschätzen. In der Verteilungsformel für extragalaktische Nebel von Hubble $\log N_k = \log N_0 - 0.6 \operatorname{cosec} b \cdot \omega$ wurden neu bestimmt: $\log N_0 = 2.236 \pm 0.021$ und $\omega = 0\overset{m}{.}458 \pm 0\overset{m}{.}015$. Schrick

4402. **B. I. Dawydow,** On the dynamics of the galaxy. AJ UdSSR **32** 239—243 (russisch mit englischer Zusammenfassung). — Die stationären Lösungen der Boltzmannschen Gleichung für die Verteilung der Sterne in der rotierenden Galaxis, die von den beiden bekannten Bewegungsintegralen abhängen, stehen mit den Beobachtungen nicht in Einklang. Allgemeine Lösungen kann man näherungsweise dadurch finden, daß man von den Gleichungen für die Momente der Geschwindigkeitsverteilung ausgeht. In erster Näherung ergaben sich vier Gleichungen für die vier Momente zweiter Ordnung. Die Verteilung der Massen und Winkelgeschwindigkeiten bleibt dabei willkürlich. Die Methode erlaubt die Berechnung höherer Näherungen. Verf. (übersetzt)

* * **R. M. Dsigwaschwili,** Untersuchung der galaktischen Bahnen und einige Gesetzmäßigkeiten in den Bewegungen der Sterne. Vgl. Ref. **12329**.

4403. **L. B. Dworkin,** Ein einfacher Beweis des Fessenkowschen Theorems für das dreiachsige Ellipsoid. Abh. Staatl. Pädagog. Inst. Saratow Nr. 19 S. 206—208 (russisch). — Ref. in RJ Astr. Geod. UdSSR 1956 Nr. 10 S. 36.

* * **J. E. Ejnasto,** Bestimmung der Dispersion der Geschwindigkeiten der Sterne aus radialen, tangentialen und räumlichen Geschwindigkeiten. Vgl. Ref. **12332**.

4404. **D. G. Ewart,** On the relation between the stream and the ellipsoid constants. MN **115** 47—56. — Sowohl auf der Grundlage der Zweistrom- wie auch nach der Ellipsoidtheorie werden die mittleren Geschwindigkeiten in der Stromrichtung und entgegengesetzt sowie in beiden Richtungen senkrecht dazu abgeleitet. Danach wird gezeigt, daß sich bei gleicher Sternzahl beider Ströme aus ihren relativen Geschwindigkeiten das Achsenverhältnis des Geschwindigkeitsellipsoids berechnen läßt. Das Ergebnis wird anhand vorliegender Bearbeitungen der beiden Boss-Kataloge und dreier Cape-Kataloge geprüft. Gü.

4405. **E. Finlay Freundlich, R. Kurth,** Über die Grundlagen, Ziele und Möglichkeiten einer mechanischen Theorie der Sternsysteme. Naturwissenschaften **42** 167—169. — Vergleich der gegenwärtigen methodischen Ansätze: Punktmechanik, Stellardynamik und statistische Mechanik. Die Voraussetzungen für die Anwendung der statistischen Mechanik sind nicht erfüllt. Auf dem Gebiet der Himmelsmechanik sind Kriterien zu erhoffen, die Aussagen über das Verhalten eines Systems im großen zu machen gestatten. Die Voraussetzungen der Stellardynamik, daß die realen Systeme nur der Gravitationskraft unterliegen, ist nur teilweise erfüllt. Ohne kosmogonische Hypothesen läßt sich die beobachtete, gegenwärtige Verteilung nicht erklären. Die Beobachtungen des gegenwärtigen Zustands sind zudem unzureichend, so daß auch eine Voraus- bzw. Zurückberechnung der Entwicklung erschwert ist. Weidemann

4406. **C. Gilbert,** The stability of a spherically symmetric cluster of stars describing circular orbits. Obs **75** 4—5. — Ref. RAS.

4407. **S. Kikuchi,** Space-mean-frequency of stellar velocities. II. Case of cone-form spatial extension. Sci. Reports Tôhoku Univ. (1) **39** 32—39 = Sendai Astr. Rap. Nr. 40. — Bei der Untersuchung der Geschwindigkeitsverteilung der Sterne tritt in der Praxis der Fall ein, daß Verteilungsfunktionen für Objekte hergeleitet werden, die sich nur in begrenzten Raumwinkeln der Sphäre befinden. Unter der Annahme, daß das beobachtete Himmelsareal in galaktischer Länge und Breite klein sei, wird gezeigt, daß bei ellipsoidischer Geschwindigkeitsverteilung die mittlere Strömungsgeschwindigkeit von der Kreisbahngeschwindigkeit abweicht und eine Vertexabweichung eintritt. Fricke

4408. **S. Kikuchi,** Space-mean-frequency of stellar velocities. III. Time-lag effect and Smart's correction. Sci. Reports Tôhoku Univ. (1) **39** 88—96 = Sendai Astr. Rap. Nr. 44. — Der Effekt, den die Laufzeit des Lichtes von Sternen verschiedener Entfernung auf Geschwindigkeitsverteilungen ausübt, wird untersucht und als spezielles Beispiel eine nichtstationäre ellipsoidische Verteilungsfunktion für einen kleinen Raumwinkel angegeben. Ferner werden die entsprechenden Korrektionen, die Smart für Apexbestimmungen der Sonne angegeben hat, neu diskutiert. Fricke

4409. **R. Kurth,** General theory of spherical self-gravitating star systems in a steady state. AN **282** 97—106 = Contr. Obs. Univ. St. Andrews Nr. 7. — Die Verteilungsfunktion der Massen-Geschwindigkeits-Dichte wird als Funktion der Energie- und Drehimpulsintegrale geschrieben. Es ist möglich, stabile Modelle endlicher Gesamtmasse zu verstehen, die innerhalb einer dem Modell angemessenen Zeit stabil sind und die auch einen endlichen Radius besitzen können. Dv.

4410. **R. Kurth,** Gibt es eine statistische Mechanik der Sternsysteme? Z. angew. Math. Phys. **6** 115—125. — Ref. in Math. Rev. **16** 1161, Phys. Abstracts (A) 58 865, ZfMG **64** 240.

4411. **B. Lindblad,** Star-streaming and spiral structure. Stockholms Obs. Ann. **18** Nr. 6, 20 S. mit 7 Fig. — Auf früheren Untersuchungen aufbauend (vgl. AJB **54** Ref. **12345**) werden die Bahnbewegungen von Partikeln galaktischer Stern- oder Gaswolken berechnet und diskutiert. In einem entsprechend gewählten, der galaktischen Rotation folgenden Koordinatensystem sind diese Bahnen symmetrisch geschlossene Kurven. Die Untersuchung des Geschwindigkeitsellipsoids zeigt, daß für einen der Sonne folgenden Beobachter die Vertexabweichung periodisch verläuft; die Hauptperiode ist nahezu gleich der halben Revolutionszeit des Systems. Ursprüngliche Wolkenkonzentrationen werden sich zu einer ringartigen Struktur entwickeln. Unter verschiedenen Bedingungen können sich nach Ansicht des Verf. solche Ringe zu Spiralen deformieren, die eine befriedigende Übereinstimmung mit der beobachteten Spiralstruktur einiger Systeme zeigen. Gli.

4412. **J. Neyman, E. L. Scott,** On the inapplicability of the theory of fluctuations to galaxies. AJ **60** 33—38, mit 1 Fig. = Lick Obs. Bull. Nr. 531. — Die üblicherweise in der Theorie der Fluktuationen von Anzahlen benutzte Formel für den Erwartungswert des Quadrats der Nebelzahl pro Flächeneinheit der photographischen Platte enthält einen Fehler, der für einige früher abgeleitete Ergebnisse über die Verteilung der Nebel eine Revision nötig macht. Dv.

4413. **J. Neyman,** Probabilistic theory of clustering of galaxies with particular reference to the hypothesis of an expanding universe. Proc. Internat. Congr. Math. 1954 **2** 298—299. — Ref. in RJ Astr. Geod. UdSSR 1956 Nr. 7 S. 39.

4414. **J. Neyman, E. L. Scott,** On the problem of expansion of clusters of galaxies. Studies Math. Mech., presented to R. von Mises, S. 336—345, 1954. — Ref. in ZfMG **57** 238.

* * **K. F. Ogorodnikow,** Das Untersystem der kurzperiodischen Cepheiden und die Relaxationszeit der Galaxis. Vgl. Ref. **11165**.

4415. **O. Onicescu,** L'application de quelques théorèmes de calcul de probabilités à la statistique stellaire. Rev. Univ. C. I. Parhon Politehn. București Ser. Şti. Nat. **4** Nr. 8 S. 35—38 (rumänisch mit russischer und französischer Zusammenfassung). — Ref. in Math. Rev. **17** 906.

4416. **A. Ramakrishnan,** On stellar statistics. ApJ **122** 24—31. — In Fortführung früherer Arbeiten (vgl. AJB **54** Ref. **12319**/20) wird nach der Methode der Wahrscheinlichkeitstheorie das Problem untersucht: 1.) Wie ist die Verteilung der Gesamthelligkeit einer Gruppe von Sternen. 2.) Welche Verteilung zeigen diese Sterne hinsichtlich ihrer Intensität. Die Untersuchung erfolgt einmal unter der Annahme, daß die interstellare Materie aus diskreten Wolken besteht, zum anderen, daß sie ein stark fluktuierendes Dichtefeld darstellt. Schai.

* * **M. Rudkjøbing,** On the determination of the mass of a spherically symmetric cluster. Vgl. Ref. **12146**.

4417. **D. W. Sciama,** On the formation of galaxies in a steady state universe. MN **115** 3—14. — In der Arbeit wird der Gedanke näher ausgeführt, daß in einem mit Galaxien angefüllten Universum durch die Anziehung dieser bereits existierenden Systeme im intergalaktischen Gas Verdichtungen entstehen, aus denen sich neue Galaxien bilden können. Hinsichtlich deren Masse, Größe, Abstand und Pekuliarbewegung findet Verf. größenordnungsmäßige Übereinstimmung mit der Beobachtung. Auch die resultierende Tendenz zur Haufenbildung widerspricht nicht dem empirischen Befund. Kdr.

4418. **U. van Wijk,** The interpretation of the anisotropy of stellar motions. AJ **60** 181. — Ref. AAS.

4419. **S. Zubrzycki,** O łańcuszkach gwiezdnych. Zastosow. mat. **1** 197—205, 1954. — Ref. in RJ Astr. Geod. UdSSR **1956** Nr. 4 S. 46—47.

§ 45

Bahnbestimmung

4501. **H. Bucerius,** Bahnbestimmung als Randwertproblem. V. AN **282** 107—121, mit 2 Abb. = Veröff. Sternw. München **4** Nr. 14. — Zum Abschluß der Untersuchungen über Bahnbestimmung als Randwertproblem wird in § 11 die Berechtigung der parabolischen Bahnbestimmung von Kometen in ihrem Verhältnis zu einer allgemeinen Methode erörtert. Hauptgegenstand ist aber die Untersuchung der Bahnformen in den Doppeldeutigkeitsgebieten A' und C, deren Verteilung auf die Gebiete A_1, A_2 bzw. C_1, C_2 und die Beziehung zu der als wahr angenommenen parabelnahen Bahn. Die dabei gefundenen Regeln werden theoretisch begründet. Der Begriff der Trajektorie der Charlierschen Räume eines Kometen als Objekt der Bahnbestimmung wird an einem Beispiel erläutert. Schließlich werden mögliche Ausnahmen von der Doppeldeutigkeit, die Schwierigkeiten für die Bahnbestimmung in der Nähe der singulären Fläche und unlösbare Fälle der Gaußschen Methode im Konjunktionshalbraum zur Sonne behandelt. In § 12 wird eine Methode der Gaußschen Bahnbestimmung mit Berücksichtigung von Störungen aus der Integralgleichung des Problems begründet und an einem Beispiel rechnerisch erprobt. In der Schlußbemerkung wird auf die Wichtigkeit dieser Untersuchungen in Anbetracht der künftigen Entwicklung der Bahnbestimmungspraxis hingewiesen. Verf.

4502. **H. Bucerius,** Über Bahnbestimmung im Planetensystem. Mitt. AG 1954 S. 41—42. — Ref. AG.

4503. **M. P. Candy,** Solution of Kepler's equation for large eccentricities. Obs **75** 79—80. — Zur Lösung der Keplerschen Gleichung für große Exzentrizitäten empfiehlt Verf., zu dem Argument E (für höchste Genauigkeitsansprüche im Intervall von 1°) eine Tafel der zugehörigen $M = E - e \sin E$ zu rechnen und zu dem gegebenen M das gesuchte E durch inverse Interpolation aus dieser Tafel zu bestimmen (bei dem oben angegebenen Intervall genügt die Mitnahme der 3. Differenzen). Das Verfahren wird an einem Beispiel der Theoria Motus erläutert. Böh.

4504. **R. S. Mitrinowitsch,** Die Bedeutung der Kreisbahn bei der Identifizierung Kleiner Planeten. Bull. Ges. Math. Phys. Volksrepublik Makedonien **4** 28—32, 1953 (serbisch mit französischer Zusammenfassung). — Ref. in RJ Astr. Geod. UdSSR 1956 Nr. 7 S. 10.

4505. **R. H. Wilson jr.,** A convenient procedure for computing preliminary planetary ephemerides. Publ ASP **67** 78—81. — Für die genäherte Ephemeridenrechnung wird (mit Darlegung an zwei Zahlenbeispielen) empfohlen, die rechtwinkligen heliozentrischen Koordinaten nach der Gleichung $r = a\,(\mathfrak{P}X + \mathfrak{Q}Y)$ zu berechnen, wobei X und Y die von Innes in Union Obs. Circ. Nr. 71 Appendix, 1927 (vgl. AJB **29** Ref. **901** a) tabulierten Größen bedeuten. Das Verfahren ist identisch mit dem von Stracke in Veröff. Astr. Rechen-Inst. Berlin-Dahlem Nr. 66, 1928 (vgl. AJB **30** Ref. **905**) angegebenen, wo obige Gleichung die Form hat: $r = mC + nS$ mit $C = X$, $S = Y$, $m = a\mathfrak{P}$, $n = a\mathfrak{Q}$. Böh.

4506. **H. Wood, M. P. Candy,** Kepler's problem for large eccentricities. Obs **75** 258—259.

* * Bahnbestimmung von visuellen Doppelsternen siehe § **101**.

VI. Theoretische Astrophysik

§ 50

Allgemeines

5001. **C. Agostinelli,** Oscillazioni magneto idrodinamiche in una massa fluida rotante di dimensioni cosmiche, di forma ellissoidale rotonda. Atti Accad. Sci. Torino Cl. Sci. Fis. Mat. Nat. **89** 41—58. — Ref. in Math. Rev. **17** 543.

5002. **C. Agostinelli,** Oscillazioni magneto idrodinamiche in una massa fluida cosmica uniformemente rotante dotata di un campo magnetico assiale e di un campo magnetico equatoriale rotante. Atti. Accad. Sci. Torino Cl. Sci. Fis. Mat. Nat. **89** 68—92. — Ref. in Math. Rev. **17** 543.

5003. **H. Alfvén,** Line currents in cosmic physics. Proc. Roy. Soc. (A) **233** 296—298. — Einleitend wird auf die Bedeutung von magnetohydrodynamischen Experimenten hingewiesen, wie sie vor allem mit Hilfe von Natrium durchgeführt worden sind. Für eine magneto-hydrodynamische Theorie wird allgemein die Existenz elektrischer Ströme über große Volumina vorausgesetzt, während die astronomischen Beobachtungen lediglich andeuten, daß elektrische Ströme auf Strombahnen konzentriert sind. Die Brücke zwischen Theorie und astronomischer Erfahrung bedarf weiteren Ausbaus. Fricke

5004. **L. H. Aller,** Astrophysics. Nuclear Transformations, Stellar Interiors, and Nebulae. Vgl. AJB **54** Ref. **5001**. — Weitere Besprechung in Astronomia Popular **1** Nr. 2 S. **36**, Mem SA It (NS) **27** 411—412.

5005. **D. Barbier,** Temperaturbegrepet i astrofysikken. Fra Fysikkens Verden 1955 S. 174—188. — Übersetzung des in AJB **53** Ref. **5001** zitierten Artikels.

5006. **E. S. Burxer,** Entstehung und Zerfall der Atome der chemischen Elemente im Kosmos. Bote Akad. Wiss. Ukrain. Sowjetrepublik Nr. 2 S. 15—19 (ukrainisch). — Ref. in RJ Astr. Geod. UdSSR **1956** Nr. 1 S. 14.

5007. **T. G. Cowling,** Magneto-hydrodynamic oscillations of a rotating fluid globe. Proc. Roy. Soc. (A) **233** 319—322. — Der Einfluß von Corioliskräften auf magneto-hydrodynamische Torsionsschwingungen in einer gravitierenden Flüssigkeitskugel wird untersucht. Während eine nicht rotierende Masse ein kontinuierliches Frequenzspektrum besitzt, weist eine rotierende Masse nur diskrete Frequenzen auf. Der Einfluß auf die Frequenzen dürfte groß sein in gleichförmigen Flüssigkeitsmassen, wahrscheinlich jedoch klein in wirklichen Sternen. Verf. (übersetzt)

5008. **W. M. Elsasser,** Hydromagnetism. I. A review. American J. Phys. **23** 590—609, mit 7 Fig. — Ref. in Phys. Abstracts (A) **59** 145.

5009. **R. H. Garstang,** Isotopes in astronomy. JBAA **65** 349—351, 371—378, mit Ergänzung in JBAA **66** 171. — Nach kurzer physikalischer Einführung wird zusammenfassend über folgende Gebiete berichtet: Terrestrische Häufigkeit von Isotopen, isotopische Effekte in der Spektroskopie, Isotope in Planetenatmosphären, in der Sonnenatmosphäre und in Sternatmosphären. Das Verhältnis C^{12}/C^{13} wird im Zusammenhang mit dem Kohlenstoff-Stickstoff-Zyklus betrachtet. Schließlich berichtet Verf. über das Auftreten des Elements Technetium in S-Sternen. Gli.

5010. **S. A. Kaplan,** Zur Theorie der Beschleunigung geladener Teilchen durch isotrope gasmagnetische turbulente Felder. J. Experim. Theor. Phys. **29** 406—416 (russisch). — Ref. in RJ Astr. Geod. UdSSR 1956 Nr. 8 S. 33.

5011. **A. Keane,** The gravitational compression of an elastic sphere. Australian J. Phys. **8** 167—175. — Modellrechnung über eine elastische Kugel im hydrostatischen Gravitationsgleichgewicht. Sie soll aus einem Material bestehen, dessen Kompressibilität K mit dem Druck variiert derart, daß $dK/dp = n =$ const. ist. Es ergibt sich für $n \leq 2$ eine obere Grenze für den Radius R, ferner für alle n eine untere Grenze für I/MR^2, wo I das Trägheitsmoment um einen Durchmesser und M die Masse ist. Für den Fall, daß n mit wachsendem Druck abnimmt mit $n \to 5/3$ für $p \to \infty$, ergibt sich $0.40 > I/MR^2 > 0.23$ und ein maximaler Radius von etwa 10^4 km. Priester

5012. **H. Lambrecht,** A new calculation of the interstellar radiation field. Vgl. Ref. **1169**, daselbst S. 562—570, mit **6** Fig. und Diskussion S. 583 = Mitt. Univ.-Sternw. Jena Nr. 18.

5013. **D. Layzer, M. Krook, D. H. Menzel,** Torsional oscillations and solar magnetic fields. Proc. Roy. Soc. (A) **233** 302—310, mit 2 Fig. = Harv Repr Nr. 429. — Untersucht werden die magneto-hydrodynamischen Torsionsschwingungen endlicher Amplitude in einem nichtstarr rotierendem Stern. Ein Paar linearer Wellengleichungen wird unter der Annahme erhalten, daß Rotations- und magnetische Energie klein sind gegenüber der Gravitationsenergie. Unter verschiedenen Annahmen über das Magnetfeld wird die Grundfrequenz der Schwingung berechnet. Die Periode der Sonnenvariabilität kann zahlenmäßig nicht verifiziert werden. Fricke

5014. **M. A. Melvin,** Radiation flux field outside of stars and spherical reactors. Phys. Rev. (2) **99** 371—375, mit 3 Fig. — Für den kugelsymmetrischen Fall werden Strahlungsstrom, -dichte und -druck a) außerhalb eines sphärischen Körpers, der gemäß dem Lambertschen Gesetz strahlt, $I =$ const., und b) außerhalb von Sternen und Reaktoren im Strahlungsgleichgewicht mit $I = f(\cos\Theta)$ berechnet. Im Fall b) werden dabei Glieder bis zu $\cos^2\Theta$ berücksichtigt. Numerische Werte der exakten Plazekschen Lösung des planparallelen Falles werden zur Verbesserung der analytischen Näherung herangezogen. Weidemann

5015. **M. A. Melvin,** Radiation flux field outside of stars and spherical reactors. Phys. Rev. (2) **99** 1663. — Ref. Am. Phys. Soc.

5016. **E. J. Öpik,** Cosmic sources of deep-sea deposits. Nature **176** 926—927 = Armagh Obs. Leaflet Nr. 36.

5017. **E. N. Parker,** Hydromagnetic dynamo models. ApJ **122** 293—314, mit 5 Fig. — Die Arbeit untersucht die Möglichkeiten der Verstärkung eines Magnetfeldes in einer leitenden Flüssigkeit. Nach den Vorstellungen des Verf. sind hierfür ungleichförmige Rotation und zyklonische Bewegungen notwendig. Der ersteren wird die Erzeugung eines toroidalen Feldes aus einem primären Dipolfeld zugeschrieben. Dieses toroidale Feld wird durch die Zyklonen deformiert und diese meridionalen Deformationen (loops) wachsen wieder zu einem — verstärkten — Dipolfeld zusammen. Kdr.

5018. **S. Piotrowski,** The diffusion of light through a scattering layer of great optical thickness. Bull. Acad. Polon. Sci. Cl. III **3** 303 — 306 = Astr. Obs. Warsaw Univ. Repr. Nr. 44. — Ref. in Math. Rev. **17** 543.

5019. **E. Schatzman,** Conclusions. Extrait de «Principes Fondamentaux de Classification Stellaire — Paris — 29 Juin 4 Juillet 1953» S. 187—188 = Contr. Inst. d'Astrophys. Paris (A) Nr. 182.

5020. **H. K. Sen,** Astrophysicist's concept of temperature. Nat. Bur. Standards Circ. Nr. 523 S. 123—126, 1954. — Ref. in RJ Astr. Geod. UdSSR 1956 Nr. 10 S. 19.

5021. **T. Y. Teng Fan,** The character of the instability of an incompressible fluid of constant kinematic viscosity and exponentially varying density. ApJ **121** 508—520, mit 6 Fig. — Im Anschluß an Untersuchungen von Chandrasekhar und von Hide (Proc. Cambridge Phil. Soc. **51** 162, 179) werden für eine Flüssigkeit unter den oben genannten Bedingungen die Gleichungen, die das Anwachsen horizontaler periodischer Störungen bestimmen, aufgestellt und gelöst. Kdr.

5022. **H. C. Urey,** The cosmic abundances of potassium, uranium and thorium and the heat balances of the Earth, the Moon and Mars. Proc. National Acad. Sci. USA **41** 127—144. — Nach früher entwickelten Theorien sind die radioaktiven Elemente am Aufbau der Planeten beteiligt. Durch radioaktiven Zerfall wird die Planetenmaterie aufgeheizt. Der Energievorrat und die Häufigkeit der an diesem Prozeß beteiligten Elemente bestimmen diese Wärmeerzeugung. Verf. gibt Gründe dafür an, warum die Häufigkeit der Elemente *K*, *U*, *Th* in Chondriten um einen Faktor 3.19 höher angenommen werden muß als ihre mittleren Häufigkeiten in den übrigen planetarischen Körpern. Mit der geringeren Häufigkeit lassen sich wohl die thermischen Bedingungen auf der Erde, die Oberflächenstrukturen des Mondes und das Fehlen eines Kerns beim Planeten Mars verstehen, zur Bildung der Meteorite müssen aber größere Häufigkeiten angenommen werden, um die erforderliche Wärme zum Schmelzen des meteoritischen Materials zur Verfügung zu haben. Verf. zieht zur Wärmeerzeugung noch andere Elemente heran, insbesondere soll Al^{26} wesentlich dazu beitragen. Henn

§ 51

Sternatmosphäre, Spektrum

5101. **L. H. Aller,** Astrophysics — The Atmospheres of the Sun and Stars. Vgl. AJB **53** Ref. **5101**. — Weitere Besprechung in Astronomia Popular **1** Nr. 2 S. 36, Mem SA It (NS) **27** 411—412.

5102. **A. Borsellino,** Su alcune identità che intervengono nella risoluzione della equazione di Chandrasekhar e Münch. Mem SA It (NS) **26** 189—192 = Contr. Oss. Astr. Milano-Merate (NS) Nr. 61. — Einige algebraische Identitäten, die in Verbindung mit der Auflösung der Gleichung von Chandrasekhar und Münch für die Helligkeitsschwankungen der Milchstraße stehen, werden abgeleitet und verallgemeinert. Ein Zusammenhang mit den aleph-Funktionen von Wronski wird bewiesen. Cester

5103. **P. Bouvier,** Une extension particulière de la méthode de Wiener-Hopf. Arch. Sci. Soc. Phys. Hist. Nat. Genève 8 87—93. — Ref. in Math. Rev. **16** 1162, RJ Astr. Geod. UdSSR 1956 Nr. 3 S. 46.

5104. **C. E. R. Bruce,** Atmospheric freezing and stellar pulsations. Obs **75** 82—84. — Verf. nimmt in Analogie zu Vorgängen in Gewitterwolken an, daß in den Atmosphären von Sternen der spätesten Spektraltypen bei absinkender Temperatur durch Ladungstrennung infolge des Ausfrierens von Molekülen starke elektrische Felder aufgebaut werden. Elektrische Entladungen werden als Ursache für das Auftreten von Emissionslinien und für die Wiederaufheizung der Atmosphäre betrachtet. O. G.

5105. **I. W. Busbridge,** Finite atmospheres with isotropic scattering. MN **115** 521—541 = Commun. Univ. Obs. Oxford Nr. 51. — Die von Chandrasekhar eingeführten *X*- und *Y*-Funktionen, durch welche die Gleichung der Strahlungsübertragung gelöst wird, werden auf etwas einfachere Weise abgeleitet. Mit der gefundenen Methode werden einige spezielle Probleme des Strahlungstransports gelöst. F. S.

5106. **I. W. Busbridge,** A mathematical verification of the principle of invariance as applied to completely non-coherent scattering and to interlocked multiplet lines. MN **115** 661—670. — Das auf Ambarzumjan zurückgehende Prinzip der Invarianz der diffusen Reflexion ist benutzt worden, um die Integration der Strahlungstransportgleichung bei nicht kohärenter Streuung oder für verkettete Multipletts zu behandeln. In der vorliegenden Arbeit wird gezeigt, daß diese Anwendung mathematisch berechtigt ist und auf die gleiche H-Funktion führt, wie die frühere Methodik. P. W.

* * **W. A. Fowler, G. R. Burbidge, E. M. Burbidge,** Nuclear reactions and element synthesis in the surfaces of stars. Vgl. Ref. **5209**.

5107. **B. N. Gerschman, W. L. Hinsburg,** Influence of magnetic field on convective instability in the atmospheres of stars and in the ionosphere of the earth. AJ UdSSR **32** 201—208 (russisch mit englischer Zusammenfassung). — Chandrasekhar hat in mehreren Arbeiten aus den Jahren 1952—1954 den Einfluß von Magnetfeldern auf das Auftreten von Konvektion in den Sternatmosphären bestimmt. Verf. zeigen, daß man hierbei die Richtungsanisotropie der elektrischen und der Wärmeleitfähigkeit nicht vernachlässigen darf. Weiter stellen Verf. fest, daß in der Ionosphäre der Einfluß des Erdmagnetfeldes durch die große Zahl vorhandener Moleküle unterdrückt wird. Oster

5108. **D. ter Haar,** On the use of grand ensembles in statistical mechanics: A new derivation of Saha's formula. American J. Phys. **23** 326—331. — Verf. gibt eine neue Herleitung der von Saha bei der Untersuchung des Ionisationsgleichgewichts in Sternatmosphären angewandten Formel (vgl. AJB **22** Ref. **3205** und AJB **23** Ref. **2812**). Henn

5109. **L. G. Henyey, W. Grasberger,** Near thermodynamic equilibrium. II. ApJ **122** 498—507 = Berkeley Repr. Nr. 94. — In einer früheren Arbeit (AJB **45** Ref. **3617**) hatte Henyey die Auswirkungen von Abweichungen vom strengen thermodynamischen Gleichgewicht unter Beschränkung auf Strahlungseffekte diskutiert. Diese Untersuchung wird nunmehr unter Berücksichtigung des Einflusses von Stößen fortgeführt. Kdr.

5110. **Y. Hosokawa,** The coefficient of darkening in main sequence stars. Sci. Reports Tôhoku Univ. (1) **39** 54—59, mit 2 Fig. = Sendai Astr. Rap. Nr. 42. — Verbesserte Berechnung des Randverdunklungskoeffizienten für verschiedene Wellenlängen für Hauptreihensterne von B 2 bis G 2, unter Benutzung einmal des Chandrasekharschen und zum andern des Rosselandschen Mittels. Es wird eine bessere Übereinstimmung mit den Beobachtungen bei Bedeckungsveränderlichen erreicht als bisher. Voigt

5111. **S.-S. Huang, O. Struve,** Study of Doppler velocities in stellar atmospheres: The spectrum of Alpha Cygni. ApJ **121** 84—101, mit 6 Fig. = Berkeley Repr. Nr. 79. — Verf. haben bereits früher (ApJ **116** 410, vgl. AJB **52** Ref. **5118**) ein Verfahren angegeben, das die Bestimmung der Radialgeschwindigkeiten von großen und kleinen Turbulenzelementen in Sternatmosphären zu bestimmen gestattet. In der vorliegenden Arbeit wird die praktische Anwendbarkeit des Verfahrens untersucht. Ferner werden weitere Methoden für die Ermittlung von Doppler-Geschwindigkeiten in Sternatmosphären angegeben; sie erfordern Kenntnis der Profile schwacher Absorptionslinien. Es wird gezeigt, daß die Neigung der Kurve: Linientiefe gegen Äquivalentbreite der Linien im Ursprung eine Funktion der Doppler-Geschwindigkeit ist. Der untere Grenzwert der Halbwertsbreite schwacher Linien läßt sich ebenfalls zur Bestimmung von Doppler-Geschwindigkeiten benutzen. Die Verfahren werden für Messungen auf einem Coudé-Spektrum von α Cygni, ferner ϱ Leonis und δ Canis majoris angewendet. Im Falle von α Cygni wird geschlossen, daß eine «Schichtung» der Doppler-Geschwindigkeit in der Atmosphäre des Sterns besteht. Micz.

5112. **K. Hunger,** Die Atmosphäre des A0-Sterns α Lyrae. Mitt. AG 1954 S. 25. — Ref. AG. — Vgl. nachstehendes Ref.

5113. **K. Hunger,** Die Atmosphäre des A0-Sternes Alpha Lyrae. ZfA **36** 42—97, mit 12 Abb., Berichtigung in ZfA **39** 273 = Sonderdruck Sternw. Kiel. — Sechs Spektren meist großer Dispersion (3 Å/mm) werden ausgemessen und zunächst nach den Methoden der «Grobanalyse» ausgewertet, um die mittleren Zustandsgrößen der Atmosphäre von Vega zu bestimmen. Diese Größen: $T = 9200°$, $\log p_e = 3.0$ und $\log g = 4.3$ bilden den Ausgangspunkt für die Konstruktion eines geeigneten Atmosphärenmodells. Da die Temperaturbestimmung in der Grobanalyse hier nicht sehr genau ist, werden insgesamt vier Modelle, (d. h. die Temperatur- und Druckschichtungen) mit den Parametern $\log g = 4.3$, $T_e = 8160$, 8660, 9000 und 9500° berechnet. (Die Modelle sind so eingerichtet, daß die nicht grau gerechneten Strahlungsströme ausreichend konstant bleiben). Für jedes Modell werden Balmer- und Paschensprung, Farbtemperatur, Gradient, Mitte-Rand-Variation des Kontinuums, die Linienkonturen von H_γ und H_δ sowie die Äquivalentbreiten von 80 Metallinien berechnet und mit der Beobachtung verglichen. Beste Übereinstimmung ergibt sich für ein Modell mit $T_e = 9500°\,K$ und $\log g = 4.4$. Unter Annahme dieser Zustandsgrößen werden am Schluß die Häufigkeiten der chemischen Elemente bei Berücksichtigung aller Schichtungseffekte ermittelt. Hunger

5114. **H. Inaba,** On the formation of stellar absorption lines by coherent and non-coherent scattering. Sci. Reports Tôhoku Univ. (1) **39** 60—72 = Sendai Astr. Rap. Nr. 43. — Theoretische Berechnung der Linienkontur bei gleichzeitiger kohärenter und nicht-kohärenter Streuung. Dabei wird die übliche Voraussetzung des Milne-Eddington-Modells fallen gelassen und die Tiefenabhängigkeit der Absorptionskoeffizienten und der Kirchhoff-Planck-Funktion voll berücksichtigt. Der Strahlungsstrom wird in geschlossener Form angegeben. Voigt

5115. **C. de Jager,** Classification stellaire et composition chimique des atmosphères stellaires. Extrait de «Principes Fondamentaux de Classification Stellaire», Paris, 29 juin—4 juillet 1953 S. 141—167, mit 3 Fig. = Sterrewacht «Sonnenborgh» Utrecht Overdruk Nr. 17. — Zunächst wird die Unsicherheit verschiedener Bestimmungen der chemischen Zusammensetzung der Sternatmosphären abgeschätzt. Dann wird untersucht, ob zwischen den Sternen verschiedener Spektraltypen, speziell zwischen den Sternen der Populationen I und II, Unterschiede in der chemischen Zusammensetzung bestehen. Es ergeben sich nur in Einzelfällen verbürgbare Unterschiede. F. S.

5116. **M. Johnson,** Problems of Stark broadening for experimental and astronomical spectra liable to self-absorption. MN **115** 15—22, mit 2 Fig. — Mit einem Spektrometer hoher Dispersion und einem Sekundärelektronen-Vervielfacher wird das Profil der Hα-Linie einer elektrodenlosen Ringentladung bestimmt, deren Plasma durch seine hohe Trägerkonzentration bei niedriger Spannung Bedingungen nahe kommt, wie sie in Sternatmosphären realisiert sein können. Durch einen Vergleich der nach der Holtsmarkschen Theorie von Verwey und Pannekoek berechneten Linienflügel mit den beobachteten wird die Selbstabsorption bestimmt. Es zeigt sich, daß sich mit einer dieser entsprechenden Korrektur die bisher mangelhafte Übereinstimmung zwischen Theorie und Beobachtung bei Annäherung an den Linienkern verbessern läßt. Die Konsequenzen für die Interpretation stellarer Linien werden diskutiert. Gü.

5117. **M. Johnson,** Some electromagnetic effects of eruption from ringed stars and Wolf-Rayet binaries. Obs **75** 68—71. — Verf. nimmt an, daß bei der Erzeugung veränderlicher Emissionen in Sternspektren elektrische Entladungen eine Rolle spielen. Er versucht, aus einem Vergleich verschiedener, aus der Literatur entnommener Modelle Anhaltspunkte dafür zu gewinnen, unter welchen Bedingungen bei Sternen mit Gasringen oder Gashüllen stärkere Entladungen auftreten können. O. G.

* * **D. S. Jones,** Note on Whitham's «The propagation of weak spherical shocks in stars». Vgl. Ref. **5215**.

5118. **J. I. F. King,** Radiative equilibrium of a line-absorbing atmosphere. I. ApJ **121** 711—719, mit 1 Fig. — Es wird nach der erweiterten Wick-Chandrasekharschen Methode der diskreten Ordinaten die Temperaturschichtung in einer nichtgrauen Sternatmosphäre — von speziellem Typus hinsichtlich des Frequenzverlaufes des Absorptionskoeffizienten — berechnet. Traving

5119. **M. Krook,** On the solution of equations of transfer. I. ApJ **122** 488—497 = Harv Repr Nr. 428. — Zur näherungsweisen Lösung der Strahlungstransportgleichungen wird eine Momentenmethode entwickelt und mit anderen zur Behandlung des Problems angewandten Methoden verglichen. Kdr.

* * **P. Ledoux, J. Grandjean,** Oscillations quasi-statiques dans l'atmosphère de η Aquilae. Vgl. Ref. **11164**.

5120. **C. A. Lundquist, H. G. Horak,** The transfer of radiation by an emitting atmosphere. IV. ApJ **121** 175—182, mit 3 Fig. — Die Strahlungsintensität in einer emittierenden plan-parallelen Atmosphäre wird für isotrope Streuung berechnet, wenn die Verteilung der Emissionsquellen als Funktion der optischen Tiefe durch ein beliebiges Polynom gegeben wird. Insbesondere wird die quadratische Quellenverteilung genauer behandelt. Kdr.

5121. **C. A. Lundquist,** The transfer of radiation by an emitting atmosphere. V. ApJ **121** 183—189. — Die Untersuchungen über den Strahlungstransport in emittierenden Atmosphären werden fortgeführt, und zwar für die Fälle $\varepsilon(\mu) = \mu^n$ und $\varepsilon(\tau, \mu) = \tau^n \mu^m$ (m und n positive ganze Zahlen) für die Emissionsquellenverteilung. Kdr.

5122. **A. Martini, A. Masani,** Sull'irraggiamento delle stelle. Mem SA It (NS) **26** 309—320, mit 3 Fig. = Contr. Oss. Astr. Milano-Merate (NS) Nr. 62. — Auf Grund einiger von Masani und Broglia abgeleiteten Formeln werden die Abhängigkeit der Sternstrahlung vom Elektronendruck (außer von der effektiven Temperatur) untersucht und die Erfahrungsergebnisse von Chalonge und Divan über den Balmer-Sprung und von Johnson und Morgan über die Farbenindizes interpretiert. Cester

5123. **A. Martini, A. Masani,** Sul gradiente adiabatico di un miscuglio di elio e radiazone. Rend. Accad. Nazionale Lincei, Cl. Sci. fis., mat., nat. (8) **19** 292—294, mit 1 Tafel. — Im Hinblick auf einige neu entdeckte He-Sterne wird der adiabatische Gradient für eine aus Helium zusammengesetzte Atmosphäre berechnet. Cester

5124. **J. K. McDonald,** Tables of the functions $M_0(\tau)$, $N_0(\tau)$, $\phi_2(\tau)$, $\phi_3(\tau)$, useful in equation of transfer problems. Publ. Dominion Astrophys. Obs. Victoria **10** 87—125. — Die genannten vier Funktionen, die vor allem für die Lösung von Problemen des Strahlungstransportes von Bedeutung sind, werden von $r = 0.001$ bis 1.000 im Intervall 0.001, von $r = 1.01$ bis 5.00 im Intervall 0.01 auf sieben Stellen gegeben. Die Berechnung erfolgte mit der elektronischen Rechenmaschine der Universität Toronto. H. M.

5125. **S. Miyamoto,** On the calculation of non-coherent contours. II. Publ. Astr. Soc. Japan **7** 27—39 = Contr. Inst. Astrophys. Univ. Kyoto Nr. 57. — In Arbeit I wurde zur Berechnung inkohärenter Konturen die mittlere Intensität im Linienzentrum «kohärent» abgeleitet. Die Genauigkeit dieser Näherung wird (unter Benutzung einer Stufenfunktion für den Absorptionskoeffizienten) untersucht, da kohärente und inkohärente Zentralintensität möglicherweise voneinander abweichen. Ergebnis: Die durch Inkohärenz (Kern-Flügel-Wechselwirkung) bedingte Abnahme der Zentralintensität wird durch Temperaturgradient, Fluoreszenz, Elektronenstöße etc. wieder aufgehoben. Die kohärente Berechnung scheint eine bessere Näherung für die Praxis darzustellen. Voigt

5126. **J. A. O'Keefe,** The Antares system. Vgl. Ref. **1169**, daselbst S. 223—236 und Diskussion S. 287—288. — Die von Evans auf Grund seiner Beobachtungen der Bedeckung des Antares durch den Mond aufgestellte Hypothese, daß die den Antares umgebenden Reflexionsnebel aus SiO_2 bestehen, wird diskutiert. Es zeigt sich, daß diese Vermutung nicht zu der Thermodynamik der Kondensation des SiO_2 und dessen optischen Eigenschaften in Widerspruch steht. K. H. Schmidt

5127. **C. Pecker,** Le calcul de la largeur équivalente des raies de Balmer. Application au cas solaire. CR **240** 1860—1862, mit 2 Fig. — Wachstumskurven werden für die Balmerlinien unter Berücksichtigung des Starkeffektes hergeleitet und mit Beobachtungsdaten von de Jager verglichen. Fricke

* * **J.-C. Pecker,** Le rôle des raies formées par diffusion dans l'effet de «blanketing». Vgl. Ref. **6111**.

5128. **J.-C. Pecker, H. van Regemorter,** La largeur équivalente des raies dans l'hypothèse d'un modèle Schuster-Schwarzschild. CR **240** 1857—1859, mit 1 Fig. = Contr. Inst. d'Astrophys. Paris (A) Nr. 196. — Aus dem allgemeinsten Ausdruck für die Äquivalentbreite einer Spektrallinie wird der für das Schuster-Schwarzschildsche Modell hergeleitet. Fricke

5129. **J.-C. Pecker,** La théorie du type spectral. Contr. Inst. d'Astrophys. Paris (A) Nr. 180, 25 S. mit 12 Fig. — Ausführliche Diskussion über den Zusammenhang zwischen den zur Klassifikation benutzten Kriterien (Größe und Lage des Balmersprungs und Zahl der getrennt beobachtbaren Balmerlinien) und den physikalischen Eigenschaften der Sterne (effektive Temperatur und Schwerebeschleunigung). Voigt

5130. **G. N. Plass, D. I. Fivel,** A method for the integration of the radiative-transfer equation. J. Meteorol. **12** 191—200. — Ref. in RJ Astr. Geod. UdSSR 1956 Nr. 10 S. 23.

5131. **W. Pogorzelski,** Problème du mouvement stationnaire dans une couche gazeuse rayonnante. Ann. Polon. Math. **1** 367—379. — Ref. in Math. Rev. **17** 674.

5132. **W. Priester,** Gestörte Multipletts in Sternatmosphären. Mitt. AG 1954 S. 25. — Ref. AG.

5133. **A. Przybylski,** A variational method for improving model stellar atmospheres. MN **115** 650—660. — Um der Bedingung zu genügen, daß der Nettofluß durch eine Modellatmosphäre nicht von der optischen Tiefe abhängt, muß die zunächst angenähert bekannte Temperaturverteilung verbessert werden. Setzt man diese Korrektion linear aus einer endlichen Zahl bekannter Funktionen mit unbekannten Koeffizienten zusammen, so können die Koeffizienten aus der Abweichung des Flusses vom Sollwert in einer entsprechenden Zahl von Schichten bestimmt werden. P. W.

5134. **W. Rauer,** Intensitäten gestörter Absorptionslinien in Sternatmosphären. ZfA **37** 1—46, mit 12 Abb. = Sonderdruck Sternw. Kiel. — Die Störung (Blendeffekt) einer Linie l durch den Flügel einer starken Linie L wird für eine Schar schematisierter Atmosphärenmodelle als Funktion der Intensität in der Linie L berechnet. Die Störung nimmt mit der Tiefe zu, in der die sich überlagernden Linien gebildet werden. Der Blendeffekt in einem M. E.-Modell stellt einen mittleren Fall dar, der in einem S. S.-Modell einen Grenzfall

(Minimum). Die für wahre Absorption durchgeführten Rechnungen werden in ihren Ergebnissen bei Berücksichtigung von Streuung in der Reemission im allgemeinen nur wenig geändert. Der Blendeffekt von 20 Metallinien in den Flügeln der Ca K- und H-Linien der Sonnenmitte wird gemessen. Die Berechnung des Blendeffekts der gemessenen Linien kann mit Hilfe der Gewichtsfunktionenmethode für ein von K. H. Böhm angegebenes Sonnenmodell ohne einschränkende Annahmen sehr einfach durchgeführt werden. Ein Vergleich von Beobachtung und Theorie ergibt eine auch anderweitig gefundene Erhöhung der Ionisationstemperaturen der oberen Photosphärenschichten. Abgesehen von drei Cr-Linien und einer Co-Linie lassen sich so die gemessenen Blendeffekte innerhalb der Fehlergrenzen gut darstellen. Verf. (gekürzt)

5135. **H. van Regemorter,** Les courbes de corrélation dans l'hypothèse Schuster-Schwarzschild. CR **240** 1968—1969 = Contr. Inst. d'Astrophys. Paris (A) Nr. 197. — Unter Benutzung der Minnaertschen Näherung für die Intensität einer Absorptionslinie haben Struve und Huang Korrelationskurven für das Schuster-Schwarzschild-Modell hergeleitet. Es wird gezeigt, daß sich bei strenger Rechnung andere Korrelationskurven ergeben, die eine Modifikation der Werte für Mikro- und Makroturbulenz mit sich bringen. Fricke

5136. **H. van Regemorter,** La température d'excitation des raies faibles et fortes. CR **240** 2053—2055 = Contr. Inst. d'Astrophys. Paris (A) Nr. 198. — Es ist nicht möglich, gemessene Anregungstemperaturen von starken Fraunhoferlinien in einfacher Weise physikalisch zu interpretieren. K. H. Böhm

5137. **E. Schatzman,** Les relations entre les problèmes de la classification stellaire et la structure interne et l'évolution des étoiles. Contr. Inst. d'Astrophys. Paris (A) Nr. 181, 3 S. — Kurze Notiz über den Zusammenhang zwischen Aufbau und Entwicklung der Sterne und ihrer Klassifikation. Es wird darauf hingewiesen, daß Veränderlichkeit eines Sternes kein Zeichen für Instabilität ist, sondern eine — teils frühe, teils späte — Entwicklungsphase und damit ein wesentliches Element der Klassifikation darstellt. Auf Grund der Veränderlichkeit sind eventuell Sterne verschiedenen Spektraltyps als eine Gruppe zu klassifizieren. Voigt

5138. **K. K. Sen,** An estimate of the optical thickness of a spherically symmetric, non-conservative scattering atmosphere. Proc. Nat. Inst. Sci. India (A) **21** 241—243. — Ref. in Phys. Ber. **35** 1698, RJ Astr. Geod. UdSSR 1956 Nr. 9 S. 26.

5139. **A. Skumanich,** Thermo-convection in a polytropic atmosphere. AJ **60** 179. — Ref. AAS.

5140. **A. Skumanich,** On thermal convection in a polytropic atmosphere. ApJ **121** 408—417, mit 3 Fig. — Unter Vernachlässigung von Viskosität und Wärmeleitung werden adiabatische Störungen in einer polytropen Atmosphäre mit starkem Dichteabfall von der unteren zur oberen Begrenzung untersucht. Die Gleichungen für den gestörten Zustand werden formuliert und daraus eine Differentialgleichung für die vertikale Geschwindigkeit abgeleitet, die für spezielle Werte numerisch integriert wird. Das Ergebnis, verglichen mit dem Fall einer homogenen Atmosphäre, zeigt ein Anwachsen der Entwicklungsgeschwindigkeit von Störungen mit abnehmender horizontaler Wellenlänge der Störungen. Die Konvektionszellen sind also um so instabiler, je kleiner sie sind, woraus bei der solaren Wasserstoffkonvektionszone auf ein Vorherrschen der kleinen Elemente geschlossen wird. Kdr.

5141. **S. G. Sljussarew,** On the relative content of hydrogen and helium in the atmospheres of the Wolf-Rayet stars. AJ UdSSR **32** 346—353 (russisch mit englischer Zusammenfassung). — Verf. wertet gemessene He II-Linienintensitäten in den beiden Wolf-Rayet Sternen HD 192163 und BD +35°4013 im Sinne der Modellvorstellungen eines Zentralsterns mit expandierender Hülle aus. Er setzt die Temperatur des Zentralsterns gleich der Elektronentemperatur der Hülle (80000°) und rechnet mit einer Verdünnung der Strahlung auf 10 %. Damit ergibt sich eine abnormal große He-Häufigkeit: gerechnet nach Atomzahlen wird He : H = 5 (HD 192163) bzw. 12 (BD +35°4013). Oster

5142. **G. Traving,** Die Atmosphäre des B0-Sternes τ Scorpii. ZfA **36** 1—41, mit 9 Abb. = Sonderdruck Sternw. Kiel. — Die quantitative chemische Analyse des B0-Sternes τ Sco mit Hilfe von Mittelwerten von T und log P_e durch *A*. Unsöld **1941/44** wird durch eine detaillierte Untersuchung aller Schichtungseffekte erweitert. Das erforderliche Modell der Atmosphäre wurde nach der Theorie des nichtgrauen Strahlungsgleichgewichts berechnet. Durch iterative Verbesserung einer angenommenen Temperaturschichtung unter Benutzung der tiefenabhängigen Abweichungen des Gesamtstrahlungsstromes von einem vorgegebenen konstanten Wert wird erreicht, daß dieser nach zwei Schritten auf ± 2.5 % konstant ist. Das kontinuierliche Spektrum wird unter anderem mit den Farbenindizes von J. Stebbins und A. F. Whitford verglichen. Die Berechnung des Linienspektrums — mit Ausnahme einiger He II-Linien und der Balmerlinien mit Hilfe von Gewichtsfunktionen und Wachstumskurven — bestätigen durchweg die von A. Unsöld gefundenen Elementhäufigkeiten. Insbesondere ergab sich eine He-Häufigkeit von 14.4 % (bezogen auf alle Elemente). Eine differentielle Änderung des Modells zur optimalen Anpassung aller berechneten Linienintensitäten an die beobachteten Daten liefern für τ Sco $T_e = 32800°$; log $g = 4.45$. Traving

5143. **S. Ueno,** The formation of absorption lines by coherent and non-coherent scattering. I. The solution of the equation of transfer by the Laplace transform method. Contr. Inst. Astrophys. Univ. Kyoto Nr. 58, 36 S. — Auf die Integralgleichung des Strahlungsaustausches wird die Laplace-Transformation angewendet. Die Ergiebigkeit wird in eine Potenzreihe nach der optischen Tiefe entwickelt. Es ergeben sich sehr umfangreiche Formeln. F. S.

5144. **A. Unsöld,** Physik der Sternatmosphären, mit besonderer Berücksichtigung der Sonne. Berlin-Göttingen-Heidelberg, Springer-Verlag, 1955. Zweite Auflage. 9 + 866 S. mit 257 Abb. Preis DM 168. — Besprechung in Ann d'Astrophys **18** 453 (D. Barbier), Phys. Blätter **12** 474—475 (A. Güttler), Ric. Sci. **25** 2976 (G. Godoli), Říše hvězd **36** 282, ZfA **39** 137—140 (M. Minnaert), Z. Naturforschung **11a** 886 (H. Siedentopf).

5145. **J. W. Warwick,** Formation of absorption lines. ApJ **121** 190—193 = Harv Repr Nr. 401. — Ref. in Ric. Sci. **25** 3195. — Die Transportgleichung für die Linienbildung im Fall von Streuung und thermischer Emission wird auf eine neue Form gebracht und diskutiert. Kdr.

5146. **R. v. d. R. Woolley, D. W. N. Stibbs,** The Outer Layers of a Star. Vgl. AJB **53** Ref. 5140. — Weitere Besprechung in ZfMG **53** 190 (R. Lüst).

* * Proceedings of the National Science Foundation Conference on Stellar Atmospheres. Vgl. Ref. **1174**.

§ 52

Sterninneres

5201. **G. Armellini,** Sopra un limite inferiore della densità massima di una massa gassosa ruotante. Rend. Accad. Nazionale Lincei, Cl. Sci. fis., mat., nat. (8) **19** 102—107. — Verf. erhält für eine gasförmige, rotierende Masse im polytropen Gleichgewicht eine partielle Differentialgleichung zweiter Ordnung, die als besonderen Fall die Emdensche Gleichung enthält, und kann daraus eine niedrigere Grenze der Maximaldichte herleiten. Cester

5202. **G. Bandyopadhyay,** Note on the possibility of polytropic stars with power law for opacity and subatomic energy generation. Bull. Calcutta Math. Soc. **46** 135—138, 1954. — Ref. in Phys. Abstracts (A) **58** **666**.

5203. **A. G. W. Cameron,** Origin of anomalous abundances of the elements in giant stars. ApJ **121** **144**—**160**, mit 1 Fig. — Es werden die nach Verbrauch des Wasserstoffs in den Zentralgebieten von Sternen großer Masse in Gang kommenden Reaktionen des He mit den anderen Partnern des C-N-Zyklus untersucht. Bemerkenswert ist der Prozeß $C^{13} + He^4 \rightarrow O^{16} + n^1$, der bei Temperaturen von 10^8 Grad und Dichten von 5×10^4 g cm^{-3} Neutronen liefert, die mit anderen Kernen in Reaktion treten, wodurch die relative Häufigkeit gewisser Elemente erhöht wird. Nimmt man eine mäßige Durchmischung der Materie zwischen Kern und Hülle des Sterns an, dann lassen sich auf diesem Wege die spektralen Besonderheiten einiger seltenen Sterntypen verständlich machen, zum Beispiel der S- und Ba II-Sterne. Insbesondere kann gezeigt werden, daß sich im weiteren Verlauf der Entwicklung ein C-Überschuß herausbildet, wie ihn die Spektren vom Typ R und N zeigen. Kdr.

5204. **A. G. W. Cameron,** Evolution of elemental abundances resulting from neutron capture in stars. Phys. Rev. (2) **99** 1653. — Ref. Am. Phys. Soc.

5205. **L. D. Chatterji,** Radial oscillations of a polytropic model of index 4. Proc. Nat. Acad. Sci. India (A) **21** 268—272, 1952. — Ref. in Math. Rev. **16** 183.

5206. **J. P. Cox,** The pulsational stability of models for red giant stars. ApJ **122** 286—292, mit 1 Fig. = Publ. Goethe Link Obs. Nr. 16. — Unter Verwendung der numerischen Integrationen von Epstein (AJB **50** Ref. 5208) diskutiert Verf. die Pulsationsstabilität eines typischen Modells für rote Riesen. Das Modell erweist sich als äußerst stabil, etwaige Pulsationen klingen in Zeiten von der Größenordnung 10^d ab. Wenn es für Cepheiden in Frage kommen soll, so muß die Ursache für die Pulsationen in den äußersten Schichten gesucht werden. Kdr.

5207. **J. Duquesne, E. Schatzman,** Sur l'interprétation des mesures de vitesse radiale des étoiles pulsantes. Ann d'Astrophys **18** 279—291, mit 5 Fig. = Contr. Inst. d'Astrophys. Paris (B) Nr. 141. — Bei der Ableitung des Radius von pulsierenden Sternen und seiner Änderungen aus der Radialgeschwindigkeitskurve solcher Objekte wird gewöhnlich in erster Näherung angenommen, daß das Verhältnis φ der gemessenen Radialgeschwindigkeit u, die einen Mittelwert über die Sternscheibe darstellt, zu der Geschwindigkeit w der Materie infolge der Pulsation konstant sei. In der vorliegenden Arbeit wird die Änderung von φ mit der Phase berechnet und gezeigt, daß sie nicht zu vernachlässigen ist. Anwendung der Theorie auf η Aqu ergibt eine neue Kurve der Radiusänderungen und einen neuen Wert für den Radius dieses Sterns. Kdr.

5208. **H. Elsen, P. Ledoux,** Sur l'application de la méthode de Rayleigh-Ritz à la détermination des fréquences d'oscillations radiales d'étoiles gazeuses à grande concentration massique. Bull. Soc. Roy. Sci. Liège 1955 Nr. 6—9 S. 239—253, mit 1 Fig. = Inst. d'Astrophys. Univ. Liège Mém. 8° Nr. 375. — Die Näherungsverfahren zur Lösung der Differentialgleichung, welche die radialen Oszillationen eines Sterns beschreibt, wurden bisher mit Erfolg nur auf Sternmodelle angewandt, für die das Verhältnis von Zentraldichte ϱ_c zu mittlerer Dichte $\bar{\varrho}$ klein ist (1 bis 50). In neuerer Zeit wurden nun Modelle berechnet, für die $\varrho_c/\bar{\varrho}$ zwischen 10^3 und 10^6 liegt. In der vorliegenden Untersuchung wird das Lösungsverfahren in mehreren Approximationen auf zwei dieser Modelle angewandt und gezeigt, daß sie recht gut zu den beobachteten Eigenschaften vor allem der RR Lyrae-Sterne passen. Oster

5209. **W. A. Fowler, G. R. Burbidge, E. M. Burbidge,** Nuclear reactions and element synthesis in the surfaces of stars. ApJ Suppl **2** 167—194. —

Ref. in ApJ **123** 183—184. — Die in «peculiar» A-Sternen mit Magnetfeldern beobachteten abnormal großen Häufigkeiten schwerer Elemente werden auf Kernreaktionen an der Sternoberfläche (Dichtebereich von 10^{-8} bis 10^{-7} g/cm^3) zurückgeführt. Hierzu wird angenommen, daß die Magnetfelder in Flecken mit einem Durchmesser von 10^9 bis 10^{10} cm lokalisiert sind und Maximalstärken von 10^5 bis 10^7 Gauß erreichen. Die Partikel sollen so durch einen betatronähnlichen Prozeß auf etwa 1 MeV beschleunigt werden. Mit diesen Grundannahmen werden zwei speziellere Modelle und ihre Beschleunigungs- und Energiemechanismen diskutiert. Hierbei ergeben sich vor allem nachprüfbare Aussagen über das Verhältnis H : D. Schließlich werden die allgemeinen Ergebnisse auf die «Apm-Sterne» α^2 CVn und HD 133029 angewandt und die beobachteten Häufigkeiten von Sr, Y, La und Pb plausibel gemacht. Oster

5210. **D. A. Frank-Kamenezkij,** Die Wasserstoffkurven in den Zustandsdiagrammen der Sterne. DAN **104** 30—33, mit 4 Abb. (russisch).

5211. **E. Gullón,** El problema de la estructura interna estelar. Scientia **90** 11—17.

5212. **R. Härm, J. Rogerson,** Apsidal motion for an early main-sequence model. ApJ **121** 439—444. — Für ein Cowlingsches Sternmodell, in dem die Opazität in den Außenschichten auf reiner Elektronenstreuung beruht und das einem frühen B-Stern entspricht, wird der die Apsidendrehung in engen Doppelsternen bestimmende effektive Polytropenindex zu $n = 2.63$ berechnet. Für ein entsprechendes Modell mit Kramersscher Opazität ergibt sich $n = 3.0$. Es wird geschlossen, daß die bei frühen B-Sternen beobachteten niedrigen Werte für n auf Elektronenstreuung als vorwiegender Opazitätsquelle in diesen Objekten hindeuten. Kdr.

5213. **R. Härm, M. Schwarzschild,** Inhomogeneous stellar models. IV. Models with continuously varying chemical composition. ApJ **121** 445—453, mit 1 Fig. — Zur Prüfung der Folgen, die bei inhomogenen Sternmodellen die idealisierende Annahme eines Sprungs im mittleren Molekulargewicht bedingt, werden neun Modelle berechnet, in denen sich μ in einer Zwischenzone kontinuierlich ändert bei einer Gesamtänderung vom Zentrum zur Oberfläche um einen Faktor 2.5. Ein Vergleich der Leuchtkräfte und Radien dieser Modelle mit entsprechenden diskontinuierlichen Modellen gleicher Masse und Zentraltemperatur sowie gleichen mittleren Wasserstoffgehalts zeigt, daß sich die Leuchtkräfte für beide Arten von Modellen nur wenig unterscheiden, daß dagegen die diskontinuierlichen Modelle zu große Radien ergeben, und zwar ist der Unterschied um so beträchtlicher, um je größere Sterne es sich handelt. Kdr.

5214. **R. Härm, M. Schwarzschild,** Numerical integrations for the stellar interior. ApJ Suppl **1** 319—430. — Ref. in ApJ **121** 558. — Die Resultate von umfangreichen numerischen Integrationen der Gleichungen des inneren Sternaufbaus sind in Tabellen von etwa 100 Seiten Umfang niedergelegt. Es sind insgesamt 15 Modelle gerechnet, welche Energietransport teils durch Strahlung und teils durch Konvektion voraussetzen. Im ersten Fall wird mit verschiedenen Opazitätsgesetzen gerechnet. F. S.

* * **L. G. Henyey, W. Grasberger,** Near thermodynamic equilibrium. II. Vgl. Ref. 5109.

5215. **D. S. Jones,** Note on Whitham's «The propagation of weak spherical shocks in stars». Proc. Cambridge Phil. Soc. **51** 476—485. — Ref. in Math. Rev. **16** 1117, Phys. Abstracts (A) **58** 1205, Phys. Ber. **34** 2281—2282, RJ Astr. Geod. UdSSR 1956 Nr. 2 S. 59.

5216. **G. Keller, R. E. Meyerott,** A table of the radiative opacities of a number of gas mixtures. ApJ **122** 32—42. — Die Rosselandschen Mittelwerte der Absorptionskoeffizienten im Temperaturbereich 10^5 bis 2×10^7 und in dem für die Theorie des Sterninnern wesentlichen Dichtebereich wurden berechnet. Die Rechnungen wurden für 13 verschiedene Elementmischungen durchgeführt. K. H. Böhm

5217. **R. Kippenhahn,** Ein Modell eines rasch rotierenden Sternes. Mitt. AG 1954 S. 24—25. — Ref. AG.

5218. **J. Kleczek,** Der Aufbau des Sterninneren. Časopis 5 73—82, mit 6 Fig. (tschechisch).

5219. **V. Kourganoff,** Sur les observations révélant dès processus de désintégration nucléaire dans certains astres. Travaux du Prof. V. A. Ambarcumjan. Nuovo Cimento Suppl. (10) **1** 273—294 = Contr. Labor. Astr. Lille Nr. 4. — Ref. in Phys. Ber. **35** 878—879, RJ Astr. Geod. UdSSR 1956 Nr. 2 S. 58—59.

5220. **W. S. Krogdahl,** Stellar pulsation as a limit-cycle phenomenon. ApJ **122** 43—51, mit 4 Fig. — Die Gleichungen, welche die Pulsation eines Sterns beschreiben, werden durch Einführung zusätzlicher Glieder erweitert, die einer postulierten Abweichung von der Adiabasie Rechnung tragen. Die Zusatzterme werden so gewählt, daß die Gleichgewichtslage instabil ist, sich aber für große Ausschläge eine Dämpfung ergibt. Die offensichtlich durch numerische Integration gewonnenen Lösungen werden in Diagrammen dargestellt und diskutiert. F. S.

5221. **R. S. Kushwaha,** Apsidal motion of early main sequence stars. AJ **60** 167. — Ref. AAS.

5222. **P. Ledoux, R. Simon, J. Bierlaire,** Sur les oscillations radiales des modèles stellaires à grande concentration massique. Ann d'Astrophys **18** 65—75 = Inst. d'Astrophys. Univ. Liège Coll. 4⁰ Nr. 57. — Die Theorie radialer Schwingungen von Sternen wird angewandt auf Modelle mit starker Dichtekonzentration, und zwar auf den Fall, daß die äußeren Schichten homogen sind oder sich im adiabatischen Gleichgewicht befinden. Die resultierenden Perioden stimmen mit den empirischen Werten für Cepheiden der Population I und mindestens zum Teil auch der Population II überein. Auch wird eine Näherungsformel für die Periode der Grundschwingung angegeben. Kdr.

5223. **P. Ledoux,** Sur les oscillations radiales de modèles stellaires à grande concentration massique. Ann d'Astrophys **18** 232—233 = Inst. d'Astrophys. Univ. Liège Coll. 4⁰ Nr. 61. — Für ein Sternmodell mit starker Dichtekonzentration und sehr ausgedehnter Konvektionszone wird ein Wert (0.543) des Verhältnisses der Perioden der Grundschwingung zu der der ersten Oberschwingung radialer Pulsationen abgeleitet, der wesentlich kleiner ist als der für das Standardmodell und andere Modelle. Das Ergebnis wird dahin gedeutet, daß das untersuchte Modell für die Kupplungstheorie der RR Lyrae-Sterne von Bedeutung sein könnte, die eine Kommensurabilität 2 : 1 zwischen den beiden Perioden verlangt. Kdr.

5224. **P. Ledoux,** La stabilité convective au centre des étoiles. Inst. d'Astrophys. Univ. Liège Mém. 8⁰ Nr. 369, 2 S. — Erfolgt die Energieerzeugung im Inneren eines Sternes im wesentlichen durch den Proton-Proton-Zyklus, so ist bei Aufstellung des Kriteriums für Konvektionsinstabilität das Vorhandensein eines Gradienten im Molekulargewicht zu berücksichtigen. Dieser vergrößert die Stabilität. K. H. Böhm

5225. **A. Masani,** La teoria delle stelle pulsanti. Rend. Sem. Mat. Fis. Milano **25** 41—72, mit 10 Fig. = Oss. Astr. Milano-Merate Contr. (NS) Nr. 69. — Das Problem der Eigenschwingungen einer gasförmigen sphärischen Masse wird im Hinblick auf die Deutung der an den Cepheiden beobachteten Erscheinungen eingehend untersucht. Verf. zeigt, daß einige Beobachtungsergebnisse mit der Theorie verträglich sind, wenn man die Ionisationstheorie, die Oberflächenkonvektionen und die Unstetigkeit der effektiven Schwerebeschleunigung der Sternatmosphären berücksichtigt. Cester

5226. **A. G. Massewitsch, W. P. Matwejewa, L. N. Tulenkowa,** Berechnung eines Sternmodells mit konvektivem Kern für verschiedene Absorptionsgesetze und seine Anwendung auf Sterne der Hauptreihe. Mitt. Astrophys. Inst. Alma-Ata **1** Nr. 1—2 S. 143—171, mit 9 Abb. (russisch). — Es wird ein allgemeines Absorptionsgesetz der Form $k = k_0 \varrho^\alpha T^{-\beta}$ zugrunde gelegt und insbesondere der Fall $\alpha = 0.875$, $\beta = 3.5$ behandelt. Das Modell mit konvektivem Kern kommt nur für Hauptreihensterne in Betracht. Die großen Radien der Riesen und Unterriesen kann es auch dann nicht erklären, wenn das Verhältnis der mittleren Molekulargewichte von Hülle und Kern variiert wird. Mögliche Entwicklungswege der heißen Riesen und der Hauptreihe werden diskutiert. Innerhalb der Hauptreihe kann k nicht konstant sein. Petri

5227. **G. C. McVittie, M. H. Rogers,** On the spherically symmetric non-adiabatic motion of a gas sphere. AJ **60** 374—379. — Ein Supernova-Ausbruch wird in folgender Weise schematisiert: Ein Stern beginnt in radialsymmetrischer Weise zu expandieren, und zwar so, daß die Expansionsgeschwindigkeit dem Abstand vom Sternmittelpunkt proportional ist. Aus den Gleichungen der Gasdynamik folgt dann, daß eine Expansion — ohne dauernde Energiezufuhr in jedes einzelne Volumenelement — nur möglich ist, wenn die Zentraltemperatur oberhalb eines bestimmten kritischen Wertes liegt. Dieser hängt stark von der ursprünglichen Dichteverteilung im Stern ab. K. H. Böhm

5228. **M. E. Nahmias,** Le neutrino et la formation de technétium dans certaines étoiles. J. Phys. Radium **16** 49 S.—50 S.

5229. **W. W. Porfirjew,** Der innere Aufbau eines rotierenden Sterns. Kiew, Univ., 1955. — Dissertationsreferat.

5230. **V. C. Reddish,** The masses of the stars of population II. MN **115** 32—40, mit 4 Fig. = Commun. Univ. London Obs. Nr. 21. — Ref. in Sky and Telescope **15** 307. — Für eine Anzahl der Population II angehörender Sterne wird versucht, auf Grund der Theorie des Sternaufbaus und der Sternentwicklung, bei Veränderlichen auch der Pulsationstheorie, zu Aussagen über die Massen zu gelangen. Für einige Objekte werden die Ergebnisse anderer Autoren übernommen. Die resultierenden Werte liegen etwa zwischen 0.7 und 1.0 Sonnenmassen, wobei sich der erste Wert auf hellere Zwerge in Kugelhaufen, der zweite auf rote Riesen, blaue Sterne, Veränderliche und Zentralsterne von planetarischen Nebeln bezieht. Kdr.

5231. **V. C. Reddish,** The masses of stars of population II. Obs **75** 100—101. — Ref. RAS. — Vgl. vorstehendes Ref.

5232. **P. H. Roberts,** The equilibrium of magnetic stars. ApJ **122** 508—512. — Es wird eine Rechenmethode zur Lösung des folgenden Problems vorgeschlagen: Ein Körper aus einem inkompressiblen, leitenden Medium liegt in einem Magnetfeld $\mathfrak{H}$. Es wird angenommen, daß das System symmetrisch um eine vorgegebene Achse ist und daß $\mathfrak{H}$ ganz in Meridianebenen liegt, die diese Achse enthalten. Gesucht ist die Gestalt der freien Oberfläche. Die Lösung wird in Form einer Reihenentwicklung gegeben. K. H. Böhm

5233. **A. E. Roy,** Note on a set of models for unmixed stars. MN **115** 396—397. — Ein Fehler in einer früheren Arbeit des Verf. (MN **112** 484, vgl. AJB **52** Ref. 5220) wird korrigiert und darauf festgestellt, daß die Änderung des Sternradius im Laufe der Entwicklung wesentlich kleiner ist, die Leuchtkraft jedoch stärker anwächst. Dadurch ändern die im HR-Diagramm in MN **112** gezeichneten Entwicklungswege ihren Verlauf wesentlich. Loh.

5234. **T. C. Roy,** Consideration of energy flow in the vibration of a stellar model. Bull. Calcutta Math. Soc. **46** 87—92, 1954. — Ref. in Phys. Abstracts (A) **58** 554, Math. Rev. **17** 199, ZfMG **57** 239.

5235. **E. E. Salpeter,** Nuclear reactions in stars. II. Protons on light nuclei. Phys. Rev. (2) **97** 1237—1244. — In dieser zweiten Arbeit über Kernreaktionen in Sternen (vgl. den ersten Teil AJB **52** Ref. **5223**) werden die thermischen Reaktionen von Protonen mit den verschiedenen leichten Kernen erörtert. Die berechneten Reaktionsgeschwindigkeiten beruhen zum Teil auf neuesten Messungen von Wirkungsquerschnitten. Alle Reaktionen mit den ganz leichten Kernen ($Z < 6$ außer H^1, He^3 und He^4), die zu ihrem völligen Abbau führen, verlaufen schon bei relativ niedrigen Temperaturen so rasch, daß sie bei der Energieerzeugung in jungen sich noch kontrahierenden Sternen eine Rolle spielen dürften. Aus dem Fehlen einzelner dieser Elemente, zum Beispiel in der Sonnenatmosphäre, läßt sich auf die Temperatur schließen, denen diese Materie ausgesetzt worden ist, die ihrerseits in Verbindung mit unserer Kenntnis vom inneren Aufbau der Sonne Aufschluß über die Dicke der Konvektionsschicht gibt (etwa 0.5 Sonnenradien). Von den etwas schwereren leichten Kernen werden nur O^{18} und F^{19} in den heißeren Hauptreihensternen umgewandelt. Bei sehr hohen Zentraltemperaturen und gleichzeitiger Abwesenheit von C und N besteht die Möglichkeit einer dem Bethe-Weizsäcker-Zyklus ähnlichen Reaktion mit Ne und Na. Traving

* * **E. Schatzman,** Les relations entre les problèmes de la classification stellaire et la structure interne et l'évolution des étoiles. Vgl. Ref. **5137**.

5236. **S. A. Shewakin,** Sur la théorie de la variabilité des étoiles (rôle de la convection). AJ UdSSR **32** 124—138, mit 3 Fig. (russisch mit französischer Zusammenfassung). — Berechnet man die Phasenbeziehungen zwischen der Helligkeit und der Radialgeschwindigkeit eines veränderlichen Sterns, dessen obere Schichten pulsieren und dessen untere ionisierte Schichten sich in konvektivem Gleichgewicht befinden, erhält man Ergebnisse, die den Beobachtungen der Veränderlichen des Riesenastes im HR-Diagramm widersprechen. Verf. schließt daraus, daß Sterne mit Konvektionszonen dieser Art Pulsationen nicht aufrecht erhalten können, so etwa die Sterne der Hauptsequenz. Damit in Übereinstimmung stehen Abschätzungen, die für Überriesen ein beträchtliches Überwiegen des Energietransports durch Strahlung gegenüber demjenigen durch Konvektion in der Zone doppelt ionisierten Heliums ergeben. Oster

5237. **R. Simon,** Etude de la propagation des ondes dans le modèle de Roche généralisé. Ann d'Astrophys **18** 92—99 = Inst. Theoret. Astrophys. Blindern-Oslo Reprint Nr. 11 = Inst. d'Astrophys. Univ. Liège Coll. 4° Nr. 58. — Für das verallgemeinerte Rochesche Modell wird die Ausbreitung von Wellen untersucht, die sich ausgehend von der Oberfläche des Kerns in der Hülle nach außen fortpflanzen, und zwar für den Fall, daß die durch die Störung bedingten Abweichungen vom Gleichgewichtszustand klein sind. Kdr.

5238. **K. Suda,** On the stellar models with the convective envelope. Sci. Reports Tôhoku Univ. (1) **39** 40—53, mit 5 Fig. = Sendai Astr. Rap. Nr. 41. — Berechnung chemisch homogener Sternmodelle mit einer äußeren konvektiven Hülle, einer mittleren Zone im Strahlungsgleichgewicht und einem konvektiven Kern, in dem die Energieerzeugung auf Grund des Kohlenstoff-Stickstoff-Zyklus stattfindet. Diskussion und Vergleich mit Modellen ohne äußere Konvektionszone. Letztere ist wichtig für die Oberflächenschwerkraft und die innere Struktur der Sterne. Voigt

5239. **M. S. Vardya,** The effect of exchange potential on the mass-radius relation for cold bodies. Proc. Nat. Inst. Sci. India **21** 70—81. — Ref. in Phys. Abstracts (A) **58** 984, Phys. Ber. **34** 1928, RJ Astr. Geod. UdSSR 1956 Nr. 6 S. 26.

§ 53

Nebel, Interstellare Materie

5301. **L. Biermann,** Mass exchange between stars and the interstellar gas. AJ **60** 149.

5302. **W. H. Bostick,** Hypothesis for the origin of the magnetic fields and angular rotations of stars and planets. Phys. Rev. (2) **100** 1007—1008, mit 1 Fig. — Gravitationskontraktion ionisierter Materie quer durch ein allgemeines, schwaches Magnetfeld soll zu einer Verstärkung des Feldes führen und der beteiligten Materie ein Drehmoment erteilen. Weidemann

5303. **B. Donn,** Some chemical problems of interstellar grains. Vgl. Ref. **1169**, daselbst S. 571—577, mit Diskussion S. 583. — Nach experimentellen Untersuchungen zeigen eine Reihe von atomaren Gasen und Radikalen eine starke Reaktionsträgheit bei tiefen Temperaturen. Verf. zeigt hieran, daß keineswegs alle nach thermodynamischen Überlegungen wahrscheinlichen Reaktionen in den interstellaren Partikeln aufzutreten brauchen. Es wird auf die Notwendigkeit der Durchführung zahlreicher Experimente hingewiesen, bei denen die Versuchsbedingungen den Bedingungen im interstellaren Raum möglichst weit angepaßt sind. Weigert

5304. **K. Eberlein,** Die He III—H II-Schichtung in planetarischen Nebeln. I. Das Wasserstoff-Helium-Modell. ZfA **38** 14—36, mit 6 Abb. = Mitt. Sternw. Hamburg-Bergedorf **22** Nr. 250. — Die Strömgrensche Theorie H II—H I-Ionisationsschichtung wird auf das Modell eines Wasserstoff-Helium-Nebels angewandt und die He III—H II-Schichtung berechnet. Für die Faktoren der optischen Verdünnung im Nebel durch Absorption der Sternstrahlung am H I und He II ergibt sich ein System nichtlinearer Differentialgleichungen, das in erster Näherung integriert wird. Es zeigt sich, daß durch die Wahl eines von der Anregungstemperatur T abhängigen effektiven kontinuierlichen Absorptionskoeffizienten das Radienverhältnis der He III- zur H II-Ionisationszone bis zu Temperaturen $T = 400000°$ kleiner als 1 ist, wenn die He-Häufigkeit relativ zu Wasserstoff größer als 0.1 bleibt. Die Radien der He III- und H II-Zonen und deren Verhältnis als Funktion der Sterntemperatur, der Elektronentemperatur und der He-Häufigkeit sowie der Dichte des Modellnebels werden diskutiert und mitgeteilt. Verf.

5305. **R. Ebert,** Temperatur des interstellaren Gases bei großer Dichte und das Problem der Sternentstehung. Mitt. AG 1954 S. 34—35. — Ref. AG.

5306. **R. Ebert,** Temperatur des interstellaren Gases bei großen Dichten. ZfA **36** 222—229, mit 1 Abb. — Die von L. Spitzer ausgeführten Rechnungen über die Temperaturen des interstellaren Gases für den Dichtebereich von 10^{-2} bis 10^{2} H-Atome/cm³ werden erweitert, um die Temperatur-Dichte-Beziehung einer H I-Region bis zu Dichten von 10^{6} H-Atomen/cm³ zu ermitteln. Es wird außerdem die Abhängigkeit der Temperatur von der Konzentration des im Gas eingebetteten Staubes bestimmt. Die Rechnung ergibt für ein Gas ohne Staub eine weitgehend konstante Temperatur von etwa 45° K für Dichten größer 1 H-Atom/cm³. Enthält das Gas Staub, so sinkt die Temperatur mit wachsender Gasdichte langsam auf die innere Temperatur der Staubteilchen ab. Verf.

5307. **R. Ebert,** Über die Verdichtung von H I-Gebieten. ZfA **37** 217—232, mit 5 Abb. — Es wird untersucht, wie weit H I-Gebiete durch den Druck sich ausdehnender H II-Gebiete verdichtet werden können. Die Verdichtung wird als erste Phase einer Sternentstehung aufgefaßt. Drei verschiedene Anfangsgestalten des H I-Gebietes werden betrachtet. Für eine kugelsymmetrische

H I-Wolke ergibt sich von einer bestimmten Verdichtung ab eine Instabilität. Ist die H II-Region in der Lage, die H I-Wolke bis zu dieser Instabilität zu verdichten, so erfolgt die Weiterverdichtung selbständig unter der Wirkung der Eigengravitation. Die nötige Verdichtung wird erreicht, wenn die Masse der H I-Wolke größer als eine bestimmte kleinste Masse ist. Es wird eine Abschätzung über die Energieausstrahlung während der Verdichtung gegeben. Ferner wird in einer ersten Näherung die selbständige Weiterverdichtung unter der Wirkung der Eigengravitation zu berechnen versucht. Verf.

5308. **G. A. Gursadjan,** The radiative pressure upon the interstellar gas. AJ UdSSR **32** 425—431 (russisch mit englischer Zusammenfassung). — Frühe F-Sterne können durch ihren Strahlungsdruck den sie umgebenden interstellaren Wasserstoff bis zu einer Entfernung von etwa 0.02 pc abstoßen. Die Zone der totalen Ionisation ist ebenfalls durch diesen Abstand gegeben, der allerdings bei heißen Sternen kleiner als der Radius der genannten Region ist. Mit Hilfe eines theoretischen Ausdrucks für die Größe der Abstoßungszone werden diese Überlegungen versuchsweise zur Erklärung des «leeren» zentralen Teils im großen Monoceros-Nebel herangezogen. Schrick

5309. **K. U. v. Hagenow,** Zum Problem rotierender kosmischer Gasmassen. Z. Naturforschung **10a** 631—640, mit 6 Abb. — Es werden die hydrodynamischen Gleichungen für eine rotierende, flache Gasscheibe mit zeitlich variabler zentraler Verdichtung unter folgenden vereinfachenden Annahmen über das Gravitationspotential gelöst: Als Anfangszustand werde eine starr rotierende ellipsoidische Dichteverteilung mit verschwindend kleiner Zentralmasse angenommen. Die durch Reibung bedingten Materieströme bewirken eine Zunahme der zentralen Verdichtung. Die Eigengravitation des Gases wird nach einer starre Rotation liefernden Verteilung bestimmt, deren Masse ebenfalls zeitlich variiert. Unter der Annahme, die Radialgeschwindigkeit bleibe klein gegen die Tangentialgeschwindigkeit, gelingt mit einem speziellen Ansatz für den Mischungsweg die geschlossene Integration der Gleichungen. Dabei zeigt sich, daß für ein größeres Zeitintervall die so errechnete Dichteverteilung von dem für die Gravitation gemachten Ansatz wesentlich nur im Einflußbereich der Zentralmasse abweicht. Es wird versucht, das Modell auf die Sternentstehung und auf den Andromeda-Nebel anzuwenden. Die Übereinstimmung ist in Anbetracht der der Rechung zugrunde liegenden starken Idealisierungen befriedigend. Verf.

5310. **H. C. van de Hulst,** Solid particles in interstellar space. Vgl. Ref. **1169**, daselbst S. 393—406, mit 3 Fig. und Diskussion S. 428—429. — Die Ergebnisse der Arbeiten (hauptsächlich von Oort und Verf.) über Wachstum und optisches Verhalten der interstellaren Partikel werden kurz dargestellt. Weigert

5311. **F. D. Kahn,** Solid grains and the balance of interstellar H_2 molecules. Vgl. Ref. **1169**, daselbst S. 578—582, mit Diskussion S. 583 = Astr. Contr. Univ. Manchester (3) Nr. 26. — Unter der Annahme, daß die durch Wolkenkollisionen auf etwa 4000° K erhöhte kinetische Temperatur interstellarer Gaswolken allein durch die Strahlung der H_2-Moleküle auf die beobachtete mittlere Temperatur von 100° K erniedrigt wird, werden Bildungswahrscheinlichkeit und Lebensdauer dieser Moleküle abgeschätzt. Weigert

5312. **S. A. Kaplan,** Structural, correlation and spectral functions of the interstellar gas turbulence. AJ UdSSR **32** 255—264, mit 2 Fig. (russisch mit englischer Zusammenfassung). — Diese Funktionen wurden auf Grund von Adams' Radialgeschwindigkeiten interstellarer Gaswolken berechnet und zeigen, daß die Bewegung des interstellaren Mediums durch die Theorie der isotropen und homogenen Turbulenz befriedigend beschrieben wird. Einige Turbulenzkonstanten wurden bestimmt. Die Anwendungsmöglichkeit der modernen Turbulenztheorie für diesen Fall wird diskutiert. Schrick

5313. **T. Kogure,** On the radiation field of a nebular envelope in accelerative expansion. Publ. Astr. Soc. Japan **7** 190—200, mit 5 Fig. = Contr. Inst. Astrophys. Univ. Kyoto Nr. 51. — Das Strahlungsfeld der He II-Linie λ 303.8 Å in einer expandierenden Nebelhülle aus ionisiertem He (Temperatur 31400°) wird untersucht. Die Expansionsgeschwindigkeit der Hülle wird von der inneren bis zur äußeren Begrenzung von Null bis V_* zunehmend vorausgesetzt. Numerische Rechnungen werden für die beiden Fälle, daß V_* zwei- und sechsmal so groß ist wie die thermische Geschwindigkeit, durchgeführt und die Ergebnisse mit denen für den statischen Fall verglichen.
Kdr.

5314. **J. H. Oort, L. Spitzer jr.,** Acceleration of interstellar clouds by O-type stars. ApJ **121** 6—23. — Ref. in Acta Astr. Sinica **4** 134—142 (chinesich), Coelum **23** 120, Irish AJ **3** 191—192. — Um den Ursprung der Bewegung interstellarer Wolken verständlich zu machen, diskutieren Verf. folgenden Mechanismus: eine dichte Wolke in der Nähe eines neugebildeten O-Sterns wird durch dessen UV-Strahlung von etwa 10^2 auf 10^4 Grad erwärmt, was infolge der damit verbundenen Drucksteigerung ein Ausströmen der Materie auf der dem Stern zugewandten Seite der Wolke bedingt und durch den Rückstoß der ausströmenden Gase zu einer Beschleunigung der Wolke führt, die vom Stern weggerichtet ist. Unter vereinfachenden Annahmen wird für drei verschiedene Fälle eine quantitative Abschätzung der zu erwartenden Effekte durchgeführt mit dem Ergebnis, daß der betrachtete Mechanismus das Auftreten sehr beträchtlicher Wolkengeschwindigkeiten, wie sie aus Beobachtungen an interstellaren Linien folgen, bewirken kann. Möglicherweise sind sogar alle zufälligen Wolkenbewegungen im interstellaren Medium in dieser Weise erklärbar.
Kdr.

5315. **W. Priester,** Über die Bewegungen im interstellaren Gas. Sterne **31** 212—217, mit 2 Abb. — Nach einem Überblick über die typischen Eigenschaften der H I- und H II-Regionen werden unsere heutigen Ansichten über die Herkunft der kinetischen Energie ihrer Pekuliarbewegungen dargelegt. Verf. bespricht die Untersuchungen von v. Weizsäcker (1948) und Spitzer und Savedoff (1950) und geht dann ausführlich auf die neueren Arbeiten von Oort und Spitzer (1955) ein. Oster

5316. **E. L. Russkol,** Physikalische Prozesse in einer dichten gasstaubförmigen Wolke, die zu ihrer Verdichtung führen. AJ UdSSR **32** 3—15, mit 2 Abb. (russisch). — In gas-staubförmigen Wolken wird eine Kontraktion in kosmogonischem Zeitmaß nur durch nichtelastische Zusammenstöße von Gasatomen mit Staubteilchen erklärt, wobei eine Abkühlung des Gases stattfindet. Durch eine Ausstrahlung der Staubteilchen im langwelligen Bereich ergibt sich ein Verlust an Gesamtenergie. Ein solcher Prozeß kann jedoch nur in genügend dichten und kompakten Wolken stattfinden. Bei Globulen, deren Durchmesser 0.02 bis 0.1 pc betragen, müßten Mindestmassen von 1 bis 10 $\odot$ angenommen werden. Die Berechnung ergibt eine verhältnismäßig geringe optische Dicke. Schrick

5317. **E. L. Russkol,** Contraction of a gaseous dust cloud as a result of inelastic collisions between its particles. AJ UdSSR **32** 244—254, mit 5 Fig. (russisch mit englischer Zusammenfassung). — Der Virialsatz ist auf ein sich schnell entwickelndes System nicht anwendbar, und die Lagrange-Jacobische Beziehung genügt nicht zur Beschreibung des Kontraktionsprozesses. Für eine nicht rotierende sphärische Wolke, die sich durch den Energieverlust infolge unelastischer Zusammenstöße von Gasatomen mit Stäubchen zusammenzieht, werden in der Eulerschen Form die Bewegungsgleichungen einer zähen, kompressiblen, gravitierenden Flüssigkeit abgeleitet. Zähigkeits- und Wärmeleitungseffekte stellen sich als vernachlässigbar klein heraus. Die Kontraktionsgleichungen werden dann in die Lagrangesche Form gebracht. Ihre numerische

Integration erfolgte für das durchsichtige Stadium der Kontraktion einer Wolke von 10 $M_\odot$, dem Anfangsradius 0.1 pc, dem Polytropenindex 2 und der relativen Masse des abkühlenden Staubs von 0.001. Sie ergab für die inneren Teile der Wolke eine Entwicklungsdauer von größenordnungsmäßig 10^5 Jahren. Die Temperatur des Gases erhöht sich dadurch praktisch nicht. Die Materie konzentriert sich stark zum Zentrum hin. Die Rechnungen können auf Globulen angewandt werden, sofern diese Massen von der Größenordnung einiger Sonnenmassen besitzen. Verf. (übersetzt)

5318. **M. P. Savedoff, J. Greene,** Expanding H II region. ApJ **122** 477—487, mit 2 Fig. — Es ist anzunehmen, daß sich in der Umgebung eines neu entstandenen O-Sterns, der in eine neutrale H I-Region eingebettet ist, eine ionisierte H II-Zone bilden wird. Temperatur und Druck in dieser Zone dürften etwa 200mal so groß sein wie in dem umgebenden H I-Gebiet. Die H II-Region wird folglich zu expandieren beginnen. In der vorliegenden Arbeit wird eine detaillierte gasdynamische Untersuchung dieser Expansion durchgeführt. Es ergibt sich, daß zwischen H II- und H I-Gebiet eine komprimierte Schicht aus neutralem H entsteht, die sich mit einer Geschwindigkeit von etwa 14 km/sec nach außen bewegt. Ihre Dichte wird auf das 200-fache derjenigen in der ungestörten H I-Region geschätzt. Sie ist nicht stabil, sodaß Zerfall in einzelne Wolken zu erwarten ist. Kdr.

5319. **G. A. Schajn,** On the non-stability and the disintegration of diffuse emission nebulae. AJ UdSSR **32** 209—214, mit 4 Tafeln (russisch mit englischer Zusammenfassung). — Beobachtungsbefunde zeigen in der Dichte heller Nebel Schwankungen, die vereinzelt einem Zerfall in mehrere Teile gleichzusetzen sind. Da in großen und kompakten Nebeln die anregenden Sterne (meistens O- und B0-Sterne) sich innerhalb, bei diffusen und amorphen Nebeln dagegen am Rande oder außerhalb dieser Gebilde befinden, ergeben sich im letzteren Falle Schlüsse über örtliche Zuordnungen von anregenden Sternen (unter anderem O-Assoziationen) und Gruppen diffuser Emissionsnebel. Schrick

5320. **E. Schatzman,** Étude physique de l'accrétion. Contr. Inst. d'Astrophys. Paris (A) Nr. 158, 13 S. — Das Problem des «Masse-Aufsammelns» eines Sternes, der sich relativ zu der ihn umgebenden interstellaren Materie in Ruhe befindet, wird erneut aufgegriffen und zwar — über frühere Arbeiten (Bondi, Hoyle) hinausgehend — unter Berücksichtigung der Strahlung. Ergebnis: Der Effekt wurde bisher offenbar stark überschätzt und besitzt in der Astrophysik nicht die oft angenommene Bedeutung. Voigt

5321. **E. Schatzman, F. D. Kahn,** On the motion of H I and H II regions. Contr. Inst. d'Astrophys. Paris (A) Nr. 159, 4 S. = Astr. Contr. Univ. Manchester (3) Nr. 15. — Vgl. Ref. **1165.** — Kurze Betrachtung über die Ausbreitung einer von einem O-Stern ausgehenden H II-Region in eine H I-Region. Der Grenzschicht voraus läuft eine Stoßwelle in das H I-Gebiet hinein. Berechnung und Vergleich der Fortschreitegeschwindigkeit der H II—H I-Grenzschicht und der Geschwindigkeit der Stoßwellenfront, die die Grenze zwischen dem komprimierten und dem ungestörten H I-Gebiet darstellt. Voigt

5322. **I. S. Schklowskij,** Possible observation of monochromatic radio-emission from interstellar molecules. Vgl. Ref. **1169,** daselbst S. 675—677, mit Diskussion S. 684—687. — Verf. berechnet die Frequenzen von drei im Dezimeterwellenbereich liegenden Linien der Moleküle OH, CH und SiH und schätzt ab, daß diese Linien vom interstellaren Gas in beobachtbarer Intensität emittiert werden müßten. Weigert

5323. **T. Schmidt,** Eine kurze Herleitung des Strömgrenradius. Naturwissenschaften **42** 555. — Aus der differentiellen Energiebilanz ergibt sich unter der Voraussetzung, daß jedes emittierte Photon durchschnittlich zu einer einfachen Ionisation führt, der Strömgrenradius s_0 aus der Bedingung $ds/dt = 0$. Im Innern der H II-Regionen muß ferner mit Absorption durch Dunkelmaterie gerechnet werden; dadurch wird s_0 einer transzendenten Beziehung entsprechend verkleinert. Weidemann

5324. **M. J. Seaton,** The kinetic temperature of the interstellar gas in regions of neutral hydrogen. Ann d'Astrophys **18** 188—205, mit 1 Fig. = Contr. Inst. d'Astrophys. Paris (B) Nr. 139. — Die Arbeit behandelt die Abkühlung des interstellaren Gases infolge Anregung niedriger Energieniveaus von C^+, Si^+ und Fe^+ durch Elektronenstöße. Es werden die Stoßquerschnitte für C^+ quantenmechanisch berechnet, für Si^+ und Fe^+ abgeschätzt. Die chemische Zusammensetzung des interstellaren Gases wird einer typischen stellaren Zusammensetzung ähnlich angenommen. Hierauf basierende Rechnungen erweisen den fraglichen Effekt als so wirksam, daß demgegenüber rein lokale, temperatursteigernde Prozesse wie z. B. Photo-Ionisation nicht ausreichen, um die aus Beobachtungen der 21 cm-Linie folgende Temperatur von 125° in H I-Gebieten zu erklären. Verf. greift daher den Vorschlag von Kahn (AJB **55** Ref. **1165**, daselbst S. 60—69, Ref. **5311**) auf, nach dem die zur Aufrechterhaltung der Temperatur im interstellaren Gas benötigte Energie durch Zusammenstöße von Gaswolken geliefert wird, und zeigt, daß damit eine befriedigende Interpretation der Beobachtungen zu erreichen ist. Kdr.

5325. **Y. Suzuki,** On the variations in form and brightness of the variable nebulae. Publ. Astr. Soc. Japan **7** 65—68. — Rechnerische Behandlung der Erleuchtung einer begrenzten, optisch dünnen Wolke durch einen kurz aufleuchtenden Stern veranschaulicht das Auftreten von scheinbaren Überlichtgeschwindigkeiten an solchen Stellen, wo die Front der sich ausbreitenden Lichtwirkung und die Begrenzung einer Wolke einander nahezu tangieren. Dv.

5326. **A. Weigert,** Der Ionisationszustand des interstellaren Gases. Mitt. AG 1954 S. 26. — Ref. AG.

* * Gas Dynamics of Cosmic Clouds. Herausgegeben von J. M. Burgers und H. C. van de Hulst. Vgl. Ref. **1165**.

§ 54

Kosmogonie der Himmelskörper

5401. **G. Contopoulos,** The evolution of stars. Bull. milit. georg. Amt 1955 S. 123—150, mit 3 Fig. = Publ. Laboratory Astr. Univ. Athen Nr. 2 (griechisch mit englischer Zusammenfassung). — Allgemeinverständlicher Artikel über einige neue Arbeiten auf dem Gebiet der Entstehung und Entwicklung der Sterne. Mawridis

5402. **A. Dauvillier,** L'origine des éléments chimiques et l'évolution de l'Univers. Rev. Sci. **91** 90—100, 1953. — Ref. in RJ Astr. Geod. UdSSR 1956 Nr. 3 S. 103.

5403. **R. Ebert,** The influence of dust on the equation of state of a contracting cloud and the formation of stars. Vgl. Ref. **1169**, daselbst S. 666—672, mit 3 Fig. und Diskussion S. 684—687. — Auch bei hohen Wasserstoffdichten (bis zu $n_H = 10^6\ cm^{-3}$) ergibt sich die kinetische Temperatur des interstellaren Gases als nahezu konstant 50° K. Die isotherme Kontraktion einer von H II-Gebieten umgebenen kugelförmigen H I-Wolke wird behandelt. Ist die Masse der H I-Wolke $\geq 200\ M_\odot$, so überwiegt die Gravitation den Gasdruck und es kann zur Bildung eines oder mehrerer Sterne kommen. Weigert

5404. **W. G. Fessenkow,** To the problem of stellar origin. AJ UdSSR **32** 314—325 (russisch mit englischer Zusammenfassung). — Die Existenz enger

Sternkettchen hat unausweichlich die Bedeutung einer erst unlängst erfolgten Entstehung der ihnen angehörenden Sterne. Hierzu wird ein Ausdruck für die Wahrscheinlichkeit einer zufälligen Entdeckung ähnlicher Kettchen in einem genügend dichten Sternfeld abgeleitet und gezeigt, daß diese Wahrscheinlichkeit in einer Reihe konkreter Fälle außerordentlich klein ist. Es werden auch weitere Kriterien für die physische Realität enger Sternkettchen angeführt. Die notwendige Bedingung für die Kondensation einer gas-staubförmigen Verdichtung wird betrachtet und gezeigt, daß die Existenz staubförmiger Teilchen zu ihrer schnellen Abkühlung führt und dadurch der Kondensationsprozeß beschleunigt wird. Das Endprodukt der Kondensation hängt vom Drehimpuls der Verdichtung ab. Ein einzelner Stern entsteht aus ihm nur dann, wenn sich die Bahndrehimpulse der einzelnen Teilchen der Verdichtung weitgehend kompensieren. Verf. (übersetzt)

5405. **W. A. Fowler, G. R. Burbidge, E. M. Burbidge,** Stellar evolution and the synthesis of the elements. ApJ **122** 271—285, mit 2 Fig. — Es wird der mehr qualitative Versuch gemacht, die Synthese der Elemente in Sternen unter Benutzung der neutronenliefernden (α, n) Reaktionen mit O^{17}, Ne^{21}, Mg^{25}, Mg^{26}, und C^{13} (nach Cameron) zu deuten. Ein mit dem vorgeschlagenen Prozeß des Aufbaues der Elemente konsistentes Schema der Sternentwicklung wird skizziert. Traving

5406. **S. G. Gordeladse,** Über die Natur der Protosterne. Bote Akad. Wiss. Ukrain. Sowjetrepublik Nr. 11 S. 37—43 (ukrainisch). — Ref. in RJ Astr. Geod. UdSSR 1956 Nr. 10 S. 5.

5407. **L. Gratton,** Punti di vista moderni del problema cosmogonico. I. II. Scientia **90** 115—124, 150—154.

5408. **L. G. Henyey, R. LeLevier, R. D. Levée,** The early phases of stellar evolution. Publ ASP **67** 154—160, mit 3 Fig. = Berkeley Repr. Nr. 95. — Darstellung der Ergebnisse umfangreicher, im einzelnen hier nicht gegebener Rechnungen über die Anfangsphase der Sternentwicklung: die Gravitationskontraktion der Anfangsmaterie. Die absolute Helligkeit des Sterns steigt mit abnehmendem Radius und wachsender Temperatur zunächst leicht an, erreicht dann ein Maximum und sinkt sehr schnell ab beim Einsetzen der Kernprozesse, die die weitere Kontraktion mehr und mehr behindern. Je nach Wahl der chemischen Zusammensetzung enden die Spuren der Sterne im Hertzsprung-Russell-Diagramm mehr oder weniger gut auf der Hauptreihe. Voigt

5409. **L. G. Henyey, R. LeLevier, R. D. Levée,** Evolution of Sirius. Publ ASP **67** 341—342. — Ref. ASP.

5410. **F. Hoyle, M. Schwarzschild,** On the evolution of type II stars. ApJ Suppl **2** 1—40, mit 5 Fig. — Ref. in ApJ **121** 776—778, mit 1 Fig. — Als Ausgangsmodell für die Entwicklung eines Sterns der Population II wird ein Stern mit teilweise degeneriertem, isothermem Helium-Kern und Wasserstoff-Hülle angenommen. Dieses Anfangsmodell repräsentiert einen Stern auf der Hauptreihe mit $M_{\text{vis}} = +4$. Während der Umwandlung von Wasserstoff in Helium wächst der Kern, und der Stern wandert in den Riesenast des Hertzsprung-Russell-Diagramms hinein. Die Hülle des Sterns nimmt an Ausdehnung zu. Photosphärische Grenzbedingungen und Wasserstoffkonvektionszone müssen berücksichtigt werden. Bei wachsender innerer Temperatur liefert der Kohlenstoffzyklus hinreichend Energie für die wachsende Leuchtkraft. Die aufeinander folgenden Entwicklungsphasen erklären den Riesenast des Hertzsprung-Russell-Diagramms von Kugelsternhaufen. An der Spitze des Riesenastes, an der der Helium-Kern auf 50 % der Sternmasse angewachsen ist, beginnt die Helium-Umwandlung im Kern. Dabei soll die Leuchtkraft ziemlich plötzlich stark absinken und den Stern auf den horizontalen Ast des Hertzsprung-Russell-Diagramms bringen. Fricke

5411. **C. de Jager,** Ontstaan en levensloop van sterren en planeten. Zutphen, W. J. Thieme, 1955. 154 S. mit 37 Fig. und 8 Tafeln. Preis fl. 5.50. — Besprechung in Hemel en Dampkring **54** 42.

5412. **M. Kopecký,** Die Entstehung der Sterne und Sternassoziationen. Rozhledy **34** 226—227 (tschechisch).

5413. **G. P. Kuiper,** On the origin of binary stars. Publ ASP **67** 387—396. — Ref. in Sky and Telescope **15** 394. — Es wird vorgeschlagen, die Entstehung aller Doppelsternsysteme durch Annahme zweier oder mehrerer Kondensationszentren innerhalb der Protosterne zu deuten. Letztere werden weitgehend mit Globulen identifiziert. Ob aus einem Protostern ein Einzelstern oder ein Doppelsternpaar entsteht, hängt vom Gesamtdrehimpuls des Protosterns ab. Die nach dieser Hypothese zu erwartende Häufigkeitsverteilung der großen Halbachsen der Doppelsternbahnen wird mit der beobachteten Verteilung verglichen.
K. H. Böhm

5414. **A. I. Lebedinskij,** Cosmic dust and the origin of stars. Vgl. Ref. **1169**, daselbst S. 678—681, mit Diskussion S. 684—687. — Verf. gibt eine Zusammenfassung einer Reihe seiner Arbeiten; er geht besonders auf die Rolle der festen interstellaren Partikel bei der Wechselwirkung zwischen Nebeln und Sternen ein. Weigert

5415. **A. G. Massewitsch,** The evolution of hot stars in the Pleiades. AJ UdSSR **32** 412—415, mit 1 Fig. (russisch mit englischer Zusammenfassung). — Verf. untersucht fünf B-Sterne in den Plejaden auf ihre mögliche Entwicklung und kommt zu dem Schluß, daß sie unter Verringerung ihrer Masse bei im wesentlichen konstanter Leuchtkraft von der Hauptsequenz des HR-Diagramms in Richtung auf einen späteren Spektraltyp abgewandert sind. Der Prozeß benötigt bis zur Erreichung der heutigen Stellung neben der Hauptsequenz $\approx 10^7$ Jahre. Die Alternative konstant bleibender Masse und Schatzmans Theorie, die auf 3.8×10^6 Jahre führt, werden diskutiert. Oster

5416. **A. G. Massewitsch,** On the evolution of early-type stars. AJ UdSSR **32** 498—502, mit 1 Fig. (russisch mit englischer Zusammenfassung). — Die Entwicklung früher Sterne scheint im wesentlichen in zwei Etappen vor sich zu gehen. Ein heißer, schnell rotierender, massiger Stern entwickelt sich entlang der Hauptreihe in verhältnismäßig kurzer Zeit (10^7—10^8 Jahre) zu einem späteren Typ, wobei sich seine Materie vermischt und seine Masse durch Korpuskularstrahlung geringer wird. Das weitere Stadium ist durch das «Ausbrennen» des Wasserstoffs nur im konvektiven Kern gekennzeichnet und beginnt bei Erreichung einer Endmasse von etwa $3\,M_\odot$. Der letztere Prozeß ist für die beiden Fälle weiter abnehmender bzw. konstanter Masse betrachtet. Schrick

5417. **A. G. Massewitsch,** Instationäre Sterne und ihre Rolle in der Kosmogonie. Priroda **44** Nr. 4 S. 68—71 (russisch). — Bericht über die vierte Kosmogonie-Tagung vom 26.—29. Oktober 1954 in Moskau, an der neben sowjetischen Astronomen auch ausländische teilnahmen. Loh.

5418. **L. Mestel,** On the decay of the magnetic field in a proto-star. AJ **60** 172. — Ref. AAS.

5419. **J. B. Oke,** The evolution of stars. J RAS Canada **49** 8—18, mit 5 Fig. — Es wird ein Überblick über theoretische und aus Beobachtungen resultierende Fortschritte auf dem Gebiet der Entwicklung der Sterne gegeben und erörtert, welche Folgerungen daraus für sonnennahe Sterne gezogen werden können.
H. v. Lüde

5420. **E. Öpik,** Star clusters as indicators of evolution and age; the origin of globular clusters. Irish AJ **3** 251—254 = Armagh Obs. Leaflet Nr. 41. — Bericht über Eigentümlichkeiten in Farbenhelligkeitsdiagrammen von Kugelhaufen und ihre Bedeutung als Altersparameter. Die absolute

Größe der Haufenveränderlichen ist vielleicht von Haufen zu Haufen verschieden. Der Gedanke, daß die Kugelhaufen unserer Milchstraße durch Kompression interstellarer Materie beim Zusammenstoß mit extragalaktischen Systemen entstanden sind, ist mit unserem heutigen Wissen verträglich. Dv.

5421. **T. Rootsmjaä,** Die kinematischen Merkmale und das Problem der Entwicklung der Überriesen. Abh. Univ. Tartu Nr. 37 S. 118—149 (russisch mit estnischer Zusammenfassung). — Ref. in RJ Astr. Geod. UdSSR 1956 Nr. 4 S. 48.

* * **E. L. Russkol,** Contraction of a gaseous dust cloud as a result of inelastic collisions between its particles. Vgl. Ref. **5317**.

5422. **E. L. Russkol,** Sur la contraction des nuages denses de gaz et de poussière. Vgl. Ref. **1169**, daselbst S. 650—665, mit 2 Fig. und Diskussion S. 684—687. — Es wird das Problem der Entstehung von Sternen aus gas- und staubförmiger Materie behandelt. Verf. läßt die Frage, ob die Globulen werdende Sterne sind, offen. Hoppe

* * **W. S. Safronow,** Die Materiedichte in Sonnenumgebung und das Problem der Sternbildung. Vgl. Ref. **12316**.

* * **E. E. Salpeter,** The luminosity function and stellar evolution. Vgl. Ref. **9719**.

* * **A. R. Sandage,** Axial rotation and stellar evolution. Vgl. Ref. **9802**.

5423. **A. Sandage,** The evolution of the stars. ASP Leaflet Nr. 308. 8 S. mit 1 Fig.

* * **M. P. Savedoff, J. Greene,** Expanding H II region. Vgl. Ref. **5318**.

* * **E. Schatzman,** Les relations entre les problèmes de la classification stellaire et la structure interne et l'évolution des étoiles. Vgl. Ref. **5137**.

* * **H. Shapley,** The Magellanic Clouds. XVI. Infrared stars and stellar evolution. Vgl. Ref. **12461**.

5424. **J. Široký,** On the origin of stars in the globular components of galaxies. RH **36** 135—136 (tschechisch).

5425. **B. Strömgren,** Dust and the origin and evolution of stars. Vgl. Ref. **1169**, daselbst S. 615—627, mit Diskussion S. 684—687. — Verf. gibt eine kurze Darstellung einiger Arbeiten und Probleme im Zusammenhang mit der Entstehung von Sternen aus interstellarer Materie. Weigert

5426. **O. Struve,** Die Entwicklung der Sterne. Moskau, Verlag für ausländische Literatur, 1954. 286 S. Preis 15 R. 20 Kop. (russisch). — Übersetzung des Buches «Stellar Evolution». Vgl. AJB **50** Ref. **5427**. — Ref. in RJ Astr. Geod. UdSSR 1956 Nr. 1 S. 131.

5427. **O. Struve,** Can we hope to detect evolutionary changes in single stars? Publ ASP **67** 29—33, mit 1 Fig. — Ref. in Coelum **23** 121, Sterne **32** 25—27, mit 1 Fig. — Die β Canis Majoris-Sterne nehmen im HR-Diagramm ein Gebiet ein, das bei sehr kurzen Perioden in der Hauptreihe beginnt und mit wachsenden Perioden nach größeren Helligkeiten abbiegt. Für einige β Canis Majoris-Sterne ist eine Zunahme der Periode von der Größenordnung $\Delta P = 1$ sec/Jahrhundert beobachtet worden. Falls diese ΔP als Zeichen einer entwicklungsmäßigen Änderung aufgefaßt werden dürfen, gibt die Beziehung $P\sqrt{\varrho} =$ const. die beste Übereinstimmung zwischen Beobachtung und Theorie für die Annahme, daß die Masse konstant bleibt und die Dichte abnimmt. O. G.

5428. **O. Struve,** The evolution of close binary stars. Sky and Telescope **15** 64—68, mit 9 Fig. — Überblick über die neuesten Untersuchungen und Vorstellungen von der Entwicklung sehr enger Doppelsterne. Insbesondere werden Huangs — teilweise noch spekulativen — Überlegungen dargestellt, auf Grund derer alle Novae enge Doppelsterne und nicht spätere Phasen von Einzelsternen darstellen. Voigt

* * **O. Struve,** Axial rotation and stellar evolution. Vgl. Ref. **9804.**

5429. **A. E. Whitford,** The age of the universe. American J. Phys. **23** 482. — Ref. Am. Ass. Phys. Teacher.

5430. **G. J. Whitrow,** La structure de l'univers. Übersetzt von G. de Vaucouleurs. Paris, Gallimard, 1955. 253 S. Preis ffr 650. — Besprechung in La Nature **83** 374.

* * Publikationen der dritten Konferenz über Fragen der Kosmogonie vom 14.—15. Mai 1953. Die Entstehung der kosmischen Strahlung. Vgl. Ref. **12742.**

5431. Fragen der Kosmogonie. Band 4. Moskau, Verlag Akad. Wiss. UdSSR, 1955. 304 S. mit zahlreichen Fig. Preis 13 R. 75 Kop. (russisch). — Inhalt: N. N. Parijskij, Über den Drehimpuls der Sonne, S. 5—33; S. M. Poloskow, Das Infrarotspektrum der Kometen, S. 34—45; A. J. Kipper, Das Leuchten der Gasnebel, S. 46—75; W. A. Ambarzumjan, Über die Natur der kometenförmigen Nebel, S. 76—86; W. S. Safronow, Der Strahlungsdruck auf Staub und Gas in der Umgebung von Sternen verschiedener Typen, S. 87—107; B. A. Woronzow-Weljaminow, Zerstreute Gruppen von Überriesen, S. 108—124; N. B. Diwari, Über die Elektronen des interplanetaren Raumes nach Beobachtungen des Zodiakallichts, S. 127—135; D. A. Frank-Kamenezkij, Die zentrale und periphere Pulsationstheorie der Cepheiden, S. 136—168; E. L. Feinberg, Die kosmische Strahlung, S. 169—196; E. Schatzman, Kritischer Überblick über die in Westeuropa und Amerika verbreiteten kosmogonischen Theorien, S. 197—274 (Relativitätstheorie und relativistische Kosmogonie, Entstehung der Elemente, Thermodynamik und Kosmogonie); W. S. Safronow, Die Tagung zur Erforschung der veränderlichen Sterne vom 24. bis 26. Mai 1954, S. 276; E. K. Charadse, Das internationale astrophysikalische Symposium in Lüttich vom 15. bis 17. Juli 1954, S. 277—288; N. P. Kukarkina, Die vierte Tagung über Fragen der Kosmogonie vom 26. bis 29. Oktober 1954, S. 289—303. Loh.

* * Cuál es el origen del universo? Vgl. Ref. **4197.**

5432. Origin of stellar systems and planets. Nature **176** 1199. — Ref. einer Arbeit von A. Dauvillier in La Revue Scientifique (1953).

5433. Evolutionary changes in single stars? Sky and Telescope **14** 325.

§ 55

Kosmogonie des Planetensystems

5501. **H. Alfvén,** On the Origin of the Solar System. Vgl. AJB **54** Ref. 5501. — Weitere Besprechung in J RAS Canada **50** 124—125 (J. A. Jacobs), Nature **176** 274 (T. Gold).

5502. **H. Alfvén,** Om solsystemets uppkomst. PAT **36** 81—92, mit 4 Fig. — Eine allgemeinverständliche Darstellung der vom Verf. in seinem 1954 erschienenen Buch entwickelten Kosmogonie. C. L. J.

5503. **N. P. Barabaschow,** Über die Entstehung der Erde und der anderen Himmelskörper. Moskau, Staatsverlag für Kultur und Erziehung, 1955. 107 S. mit Abb. Preis 1 R. 80 Kop. (russisch). — Besprechung in Priroda **45** Nr. 5 S. 120.

5504. **D. R. Blackman,** Accretion theory of the origin of comets. J. Astr. Soc. Victoria 8 59—60.

* * **H. Gerstenkorn,** Über Gezeitenreibung beim Zweikörperproblem. Vgl. Ref. 4212.

* * **C. de Jager,** Ontstaan en levensloop van sterren en planeten. Vgl. Ref. 5411.

5505. **N. L. Jones,** Planetary theory of comet origin. J. Astr. Soc. Victoria 8 84—85. — Auszug eines Vortrags von Jones.

* * **B. J. Lewin, E. A. Ljubimowa,** Die thermische Geschichte des Mondes. Vgl. Ref. 7315.

5506. **E. A. Ljubimowa,** Über die Erwärmung des Erdkerns im Bildungsprozeß der Erde. Nachr. Akad. Wiss. UdSSR (Geophys.) Nr. 5 S. 416—424 (russisch). — Ref. in RJ Astr. Geod. UdSSR 1956 Nr. 5 S. 50.

* * **Q. Majorana,** Radio-onde emesse dal pianeta Giove ed un'ipotesi cosmogonica. Vgl. Ref. 7610.

* * **A. G. Massewitsch,** Aufbau und Entwicklung der Sonne. Vgl. Ref. 6015.

* * **J. Meffroy,** Contribution à l'étude de la stabilité du système solaire. Vgl. Ref. 4216.

5507. **J. M. Mohr,** Revolutions- und Rotationsimpulsmomente der Planeten und deren Monde und ihre Bedeutung bei der Formulierung kosmogonischer Hypothesen. Prag, Sborník university Karlovy, 1955. — Verf. berechnet Revolutions- und Rotationsimpulsmomente der Planeten unter der Annahme homogener Planetenkugeln und mittlerer Dichten. Aus den Ergebnissen folgt, daß die Rotationsimpulsmomente der Planeten immer kleiner als ihre Revolutionsimpulsmomente sind. Auch die Revolutionsimpulsmomente der Monde sind immer kleiner als die Rotationsimpulsmomente ihrer Planeten, mit Ausnahme des Erdmondes. Monde, von denen man glaubt, daß sie eingefangene Kleine Planeten sind, haben gleiche oder kleinere Impulsmomente wie die Asteroiden gleichen Durchmessers. Alle Rechnungen können mit der Hypothese, daß die Planeten ihren Ursprung in der Sonne und die Monde in ihren Planeten haben, in Einklang gebracht werden. Verf.

5508. **E. J. Öpik,** The origin of meteorites and the constitution of the terrestrial planets. Irish AJ 3 206—225 = Armagh Obs. Leaflet Nr. 39. — Aus der Erscheinung der Widmannstättenschen Figuren wird geschlossen, daß die Meteoriten Bruchstücke eines größeren Körpers von rund 1000 km Durchmesser sind. Als Ursache der Zerstörung dieses Körpers wird Zusammenstoß mit einem anderen angesehen. Hingegen könnten Gezeitenkräfte einen Planeten nicht in so kleine Stücke zerreißen, wie es die Meteoriten sind. Schließlich folgt eine kritische Diskussion einer von Ramsey aufgestellten Theorie, nach der sich Kern und Hülle der inneren Planeten nicht in der chemischen Zusammensetzung, sondern durch Druck und Phase unterscheiden. Nach dieser Ansicht sind die Meteoriten Bruchstücke eines solchen Planeten, der durch innere Kräfte explodierte. Verf. vertritt demgegenüber die Ansicht, daß solche inneren Explosionen zu langsam vor sich gehen und zu wenig Energie entwickeln, um die Bildung von Meteoriten erklären zu können. F. S.

5509. **E. J. Öpik,** The origin of the moon. Irish AJ 3 245—248 = Armagh Obs. Leaflet Nr. 40. — Bericht über mehrere neuere Arbeiten, in denen die Entwicklung des Systems Erde-Mond behandelt wird. F. S.

5510. **C. Patterson, G. Tilton, M. Inghram,** Age of the earth. Science 121 69—75. — Ref. in Phys. Abstracts (A) 58 540.

5511. **R. D. Russell, D. W. Allan,** The age of the earth from lead isotope abundances. MN Geophys. Suppl. 7 80—101, mit 3 Fig. — Ref. in Sky and Telescope **15** 484. — Das Vorliegen neuer Isotopenanalysen des Bleis läßt eine Neubestimmung des Erdalters aussichtsreich erscheinen. Nach einer Diskussion der Grundgleichungen wird dies in mehreren Modifikationen durchgeführt. Aus den Isotopenverhältnissen von 80 Bleierzen ergibt sich ein Erdalter von 4.3×10^9 Jahren. Loh.

5512. **W. S. Safronow,** Die Änderung der Sonnenrotation durch das Auffallen von Materie auf Grund des Poynting-Robertson-Effekts. DAN **105** 1184—1187 (russisch). — Dieser Effekt kann eine wichtige Rolle in der Entwicklungsphase der protoplanetaren Wolke nur dann gespielt haben, wenn die Sonnenstrahlung zwei bis drei Größenordnungen größer war als heute. Das scheint aber recht fraglich zu sein. Loh.

5513. **W. W. Scharonow, N. N. Sytinskaja,** Role of meteoric matter in the process of surface formation of satellites and minor planets. Vgl. Ref. **1169**, daselbst S. 673—674, mit Diskussion S. 684—687. — Es wird nur die Zusammenfassung einer experimentellen Arbeit gegeben, in der gezeigt werden soll, daß die Oberflächenbeschaffenheit von kleinen Planeten und Satelliten beim Fehlen einer merklichen Atmosphäre wesentlich vom Meteoriteneinfall bestimmt wird. Weigert

5514. **O. Schmidt,** Rôle des particules solides dans la cosmogonie planétaire. Vgl. Ref. **1169**, daselbst S. 638—649, mit Diskussion S. 684—687. — Die von Kuiper und Fessenkow kritisierte Vorstellung des Verf., daß sich die Planeten aus festen Partikeln durch Zusammenballung gebildet haben, wird erneut dargelegt. Ein in allen Phasen begründeter Mechanismus der Zusammenballung kann heute noch nicht gegeben werden. Hoppe

5515. **O. J. Schmidt,** Entstehung und Frühentwicklung der Erde. Publ. Geophys. Inst. Akad. Wiss. UdSSR Nr. 26 S. 5—10 (russisch). — Ref. in RJ Astr. Geod. UdSSR 1956 Nr. 3 S. 99.

* * **H. A. Shillibeer, R. D. Russell,** The argon-40 content of the atmosphere and the age of the earth. Vgl. Ref. **7257**.

5516. **A. L. Vanselow,** Two theories of comet formation. J. Astr. Soc. Victoria 8 60—63. — Bericht über die Entstehung der Kometen nach der Kondensations- und nach der Explosionshypothese und ihre physikalischen Folgen. Böh.

5517. **T. T. Vescan,** Neue kosmogonische Theorien. Zum zweihundertjährigen Jubiläum der Kantschen Theorie. Natura Bukarest **7** Nr. 3 S. 28—36 (rumänisch). — Ref. in RJ Astr. Geod. UdSSR 1956 Nr. 6 S. 6.

5518. **S. K. Wsechswjatskij,** Questions of the origin of comets, meteoritic bodies and problems of the solar system. AJ UdSSR **32** 432—438 (russisch mit englischer Zusammenfassung). — Es werden die Argumente zusammengestellt, die eine Entstehung der kometen- und meteorähnlichen Mitglieder unseres Sonnensystems durch vulkanartige Tätigkeit sowohl der Großen Planeten (Jupiter, Saturn) wie der kleineren (Venus, Erde) und ihrer Satelliten (vor allem der Jupitermonde) wahrscheinlich erscheinen lassen. Insbesondere weisen die Beobachtungen an kurzperiodischen Kometen auf ihr relativ geringes Alter hin. Diskutiert wird weiter die Unhaltbarkeit der Einfanghypothese sowie das Auftreten von CH_4-NH_3-Eis in Kometen. Oster

* * Origin of stellar systems and planets. Vgl. Ref. **5432**.

5519. Nueva teoría sobre el origen del sistema planetario. Rev. Astr. Nr. 137 S. 83.

VII. Sonne

§ 60

Astrometrische Beobachtungen, Allgemeines

6001. Astrometrische Beobachtungen
Greenwich Astronomical Results 1942, A8—A10. Observed right ascensions, declinations and diameters.
Desgl. für 1943, A6—A9.
Desgl. für 1944, A6—A9.
Desgl. für 1946, A8—A10.

6002. **G. A. Aristow,** Die Sonne. Moskau, Staatl. techn. Verlag, 1954. 3. Auflage. 40 S. mit Abb. Preis 60 Kop. (russisch).

6003. **W. Braunbek,** Von der Physik der Sonne. Kosmos **51** 233—235, mit 4 Abb.

6004. **P. J. D. Gething,** Greenwich observations of the horizontal and vertical diameters of the sun. MN **115** 558—570, mit 4 Fig. — Eine sehr eingehende Diskussion der Greenwicher Messungen des Sonnendurchmessers zeigt: 1.) Relativ große Variationen sind meist durch persönliche Fehler bedingt. 2.) Es gibt keine verbürgte Beziehung zwischen Durchmesservariationen und der Sonnenaktivität. Dieses Ergebnis steht im Widerspruch zu einer Bearbeitung des gleichen Materials durch Gianuzzi (vgl. AJB **53** Ref. **6005**). U. Be.

6005. **P. J. D. Gething,** Greenwich observations of the horizontal and vertical diameters of the sun. Obs **75** 235—236. — Proc. RAS. — Vgl. vorstehendes Ref.

6006. **M. A. Gianuzzi,** Variazioni stagionali apparenti del raggio solare, dedotte dalle osservazioni di Greenwich. Rend. Accad. Nazionale Lincei, Cl. Sci. fis., mat., nat. (8) **18** 62—65, mit 1 Fig. = Oss. Astr. Roma Monte Mario Contr. Sci. (NS) Nr. 211. — Auf Grund der an der Sternwarte Greenwich ausgeführten täglichen Beobachtungen der Sonnendurchmesser erhielt Verf. die monatlichen Mittel von 1851 bis 1937 der horizontalen und der vertikalen Radien. Die abgeleiteten Kurven der monatlichen Änderung der beiden Radien zeigen ein Maximum zwischen Mai und Juli und ein Minimum im Dezember—Januar. Diese Schwankungen sollen der Änderung der Strahlung der irdischen Atmosphäre (in Verbindung mit der Meridianhöhe der Sonne und der relativen Feuchtigkeit) zugeschrieben werden. Cester

6007. **M. A. Giannuzzi,** Riduzione delle osservazioni dei diametri solari verticali, osservati a Greenwich dal 1851 al 1937 e conferma della oscillazione con periodo di 23 anni trovata al Campidoglio (Roma). Mem SA It (NS) **26** 447—454, mit 1 Fig. und 2 Tafeln = Oss. Astr. Roma Monte Mario Contr. Sci. (NS) Nr. 220. — Die in Greenwich zwischen 1851 und 1937 gemessenen vertikalen Sonnenhalbmesser wurden bearbeitet und daraus eine Hauptschwankung von 22—24 Jahren und eine wahrscheinlich von der Atmosphäre verursachte Nebenschwingung von ungefähr sieben Jahren abgeleitet. Cester

6008. **M. A. Giannuzzi,** Sulla variabilità del raggio solare. Rend. Accad. Nazionale Lincei, Cl. Sci. fis., mat., nat. (8) **19** 277—282, mit 2 Fig. — Verf. untersucht die Schwankung des Sonnendurchmessers, die nach den Ergebnissen der Auswertung von in Rom und Greenwich gemessenen Radien bestätigt wurde, und schlägt die Hypothese vor, die Pulsation der Sonne den Variationen des Magnetfeldes zuzuschreiben. Cester

6009. **N. D. Gluchow,** Über die Anwendung der photoelektrischen Photometrie auf die Beobachtung der Sonne. Leningrad, Pädagog. Inst., 1955 (russisch). — Dissertationsreferat.

6010. **R. H. Hardie, H. L. Giclas,** A search for solar variation. ApJ **122** 460—465, mit 1 Fig. — Die Photometrie von Uranus und Neptun zwischen 1949 und 1954 zeigt, daß die Helligkeit dieser Planeten in diesem Zeitraum weniger als $0^m.004$ schwankte. Aus einer Kombination mit früheren Beobachtungen wird geschlossen, daß die Sonnenstrahlung im sichtbaren Bereich weniger als 0.4 % variiert. U. Be.

6011. **P. Herget,** Solar coordinates 1800—2000. Washington, Astr. Papers prepared for the use of the American Ephemeris and Nautical Almanac, published by the Nautical Almanac Office, U.S. Naval Observatory. United States Government Printing Office, 1953. Vol. **14,** 11 + 735 S. Preis $ 5.00. — Auf der Grundlage von Newcombs Sonnentafeln (Astr. Papers Vol. **6,** 1) sind für den Zeitraum 1800—2000 von 4 zu 4 Tagen gegeben: heliozentrische Länge und Breite des Baryzentrums für Äquator und Ekliptik 1950.0, Radiusvektor des Baryzentrums, die rechtwinkligen Koordinaten des Baryzentrums für das Äquinox 1950.0, geozentrische Länge und Breite der Sonne für das mittlere Äquinox des Datums, Radiusvektor der Sonne, die rechtwinkligen Sonnenkoordinaten mit modifizierten zweiten Differenzen für das Äquinox 1950.0. Zusätzlich eingefügt sind obige Koordinaten des Baryzentrums für die ungeraden Zehner des Julianischen Datums. Die Bewegung des Perihels in Newcombs Tafeln ist um den von Clemence in AJ **53** 178 (vgl. AJB **48** Ref. **3103**) gegebenen Betrag korrigiert. Böh.

6012. **F. Kadavý,** The sun — the next star. RH **36** 34—37, mit 2 Abb. (tschechisch).

6013. **S. W. Krjagina,** Bestimmung der Sonnenhelligkeit. Mitt. Astrophys. Inst. Alma-Ata **1** Nr. 1—2 S. 85—105, mit 4 Abb. (russisch). — Mit Hilfe einer Vergleichslichtquelle in Verbindung mit einem Streuschirm und einem Rosenberg-Photometer wurde die Sonne an Polaris und Capella angeschlossen. Ihre Helligkeit ergab sich im internationalen photovisuellen System zu $-26^m.72 \pm 0.03$ unter Berücksichtigung der Werte früherer Autoren. Das entspricht einer absoluten Helligkeit von $+4^m.85$. Petri

6014. **A. Massewitsch,** Die Geschichte der Sonne. Verlag «Junge Garde», 1955. 183 S. mit Abb. Preis 1 R. 45 Kop. (russisch). — Besprechung in Priroda **45** Nr. 2 S. 123.

6015. **A. G. Massewitsch,** Aufbau und Entwicklung der Sonne. Leipzig, Urania-Verlag, 1955. 39 S. Preis DM 0.40. — Besprechung in Astr. Nachr. Berlin-Treptow **7** 83.

6016. **W. Mattig,** Die Sonne, unser nächster Fixstern. Wiss. und Fortschr. **5** 89—91. — Ref. in RJ Astr. Geod. UdSSR Nr. 11, 1955; Ref. Nr. 4698.

6017. **M. Minnaert,** Solen som källan till ljus och färg i naturen. PAT **36** 112—122, mit 4 Fig. — Allgemeinverständliche Darstellung der Kernprozesse im Innern der Sonne, der Sonnenstrahlung, der blauen Farbe des Himmels etc. C. L. J.

6018. **C. Nikolow,** Warum leuchtet und wärmt die Sonne? Priroda i Snanije Sofia **8** Nr. 10 S. 17—18 (bulgarisch).

* * **L. Poncelet,** A propos d'un parhélie exceptionnel. Vgl. Ref. **72234**.

6019. J. M. Šifrinová, Slunce zdroj přírodní energie. Prag, Verlag Naše vojsko. 116 S. mit 32 Fig. und 5 Tabellen. Preis Kčs. 6.40. Übersetzung aus dem Russischen. — Besprechung in RH **36** 263.

6020. M. Waldmeier, Ergebnisse und Probleme der Sonnenforschung. Leipzig, Akademische Verlagsgesellschaft Geest & Portig K.-G., 1955. 2. erweiterte Auflage. 11 + 389 S. mit 146 Fig. Preis DM 38. — Besprechung in AN **282** 284 (W. Mattig), Orion Schaffhausen **5** 126, RH **37** 47, Sky and Telescope **15** 556, Sterne **31** 251—252 (C. Hoffmeister), Weltraumfahrt **6** 127—128 (W. Schaub). — Inhalt: 1. Die Strahlung der Sonne. 2. Der innere Aufbau und die Energieerzeugung der Sonne. 3. Die Rotation der Sonne. 4. Die Photosphäre. 5. Das Linienspektrum der Sonne. 6. Die Sonnenflecken. 7. Die Sonnenfackeln. 8. Die Chromosphäre. 9. Die Protuberanzen. 10. Die Korona. 11. Die Radioemission der Sonne. 12. Die solar-terrestrischen Beziehungen. Anhang: Die wichtigsten sonnenphysikalischen Konstanten.

6021. M. Waldmeier, Sonne und Ionosphäre. Fortschritte Hochfrequenztechnik **3** 52—119, mit 41 Abb., 1954. — Inhaltsübersicht: 1.) Aufbau und Strahlung der Sonne; 2.) Sonnenaktivität; 3.) Die normale Ionosphäre; 4.) Die periodischen Veränderungen der Ionosphäre; 5.) Die Ausbreitung der elektromagnetischen Wellen über die Ionosphäre; 6.) Störungen der Ionosphäre; Schrifttum.

6022. W. Zonn, O rozmieszczeniu materii międzygwiazdowej w sąsiedztwie Słońca. Postępy Astr. **3** 36—39. — Ref. Poln. Astr. Ges.

6023. The Solar System. Vol. I. The Sun. Herausgegeben von G. P. Kuiper. Vgl. AJB **53** Ref. **6015**. — Weitere Besprechung in J. Atmosph. Terr. Phys. **6** 229—230 (W. M. H. Greaves), Nature **176** 5 (A. Hunter), Naturwissenschaften **42** 135 (H. H. Voigt).

6024. The sun. J RAS Canada **49** 201—202.

6025. Distorsion des Sonnenrandes. Orion Schaffhausen **4** 360—361.

* * Czy poprawimy wartości paralaksy Słońca i stałej aberracji? Vgl. Ref. **3127**.

6026. Solar coordinates for 1957, 1958 ephemerides. YC **1347** S. 6; **1348** S. 6.

§ 61

Theorie, Rotation, Magnetfeld

6101. G. O. Abell, A model for the internal structure of the sun. ApJ **121** 430—438, mit 1 Fig. — Verf. versucht ein Sonnenmodell unter der Annahme zu berechnen, daß die Proton-Proton-Reaktion die alleinige Energiequelle der Sonne sei. Ferner werden Homogenität der chemischen Zusammensetzung und Strahlungsgleichgewicht in der ganzen Sonne mit Ausnahme des innersten Kerns vorausgesetzt. Die Opazität wird mit Hilfe von Interpolationsformeln berechnet, in denen photoelektrische Ionisation der schweren Elemente, frei-frei Übergänge von H und He und Streuung durch freie Elektronen berücksichtigt sind. Damit ergibt sich jedoch keine mögliche Zusammensetzung (H-Gehalt über 100 %). Die Ursache dieses negativen Resultats wird in der Vernachlässigung des Verbrauchs von H im Zentralgebiet der Sonne und vor allem in der Annahme von Strahlungsgleichgewicht in den Außenschichten vermutet. Kdr.

6102. A. M. Cormack, Neutrinos from the sun. Phys. Rev. (2) **97** 137—139, mit 2 Fig. — Die thermischen Kernreaktionen in der Sonne verursachen einen erheblichen Neutrinofluß auch in Erdentfernung. Die Wärmewirkung unelastischer Stöße von Neutrinos mit den Elektronen im Erdinnern (Wechselwirkung der magnetischen Momente) wird als Funktion des magnetischen Moments n des Neutrinos berechnet und gezeigt, daß diese auf jeden Fall klein ist im Verhältnis zur Wärmeentwicklung durch natürliche Radioaktivität, wenn $10^7 \times n < 1$ Bohrsches Magneton ist. Dieser Wert ist als obere Grenze für n durch Versuche von C. L. Cowan und F. Reines gefunden worden. Es sind also die Sonne wie auch die Erde so transparent für Neutrinos, daß diese sie praktisch ohne Energieverlust verlassen bzw. durchdringen können. Traving

6103. **D. A. Frank-Kamenezkij,** Un modèle hydrogène-hélium du soleil. AJ UdSSR **32** 139—149, mit 2 Fig. (russisch mit französischer Zusammenfassung). — Ref. in Urania Kraków **26** 368. — Es wird ein Sonnenmodell berechnet, in dem nur Prozesse betrachtet werden, die im Wasserstoff und Helium ablaufen; der Einfluß schwerer Atome kann späterhin als Störung berücksichtigt werden. Die Integration des Modells erfolgte nach einem Iterationsverfahren. Temperatur und chemische Zusammensetzung der zentralen Zone der Sonne im reinen H-He-Modell sind 12.41×10^6 Grad und 18.1 % He. Die Einbringung schwerer Elemente kann nur die Zentraltemperatur und den Heliumgehalt erhöhen. Die Haupteigenschaften des Modells sind gegenüber Änderungen der chemischen Zusammensetzung wenig empfindlich, so daß das H-He-Modell als gute Annäherung an die Wirklichkeit betrachtet werden kann. Verf. (übersetzt)

6104. **D. A. Frank-Kamenezkij,** On solar models with proton reaction as energy source. AJ UdSSR **32** 326—337 (russisch mit englischer Zusammenfassung). — Verf. berechnet ein Wasserstoff-Helium-Modell der Sonne, für dessen Opazität die unter AJB **54** Ref. **9705** zitierten Rechnungen zu Grunde gelegt werden und der Photoeffekt vernachlässigt wird. Kleine Beimengungen an schwereren Elementen, die auf die Opazität im Zentrum fast ohne Einfluß sind, erhöhen die Opazität der äußeren Schichten jedoch wesentlich. Die Parameter des Modells werden mit denen von Kosyrew, Epstein-Motz, Reiz und Naur verglichen. Es zeigt sich, daß Zentraltemperatur und Tempo der Energieerzeugung der chemischen Zusammensetzung gegenüber wenig empfindlich sind. Je nach dem Aufbau liegt die Zentraltemperatur zwischen 12.3 und 14.2×10^6 Grad. Loh.

6105. **S.-M. Kung,** Nuclear reactions and the internal structure of the sun. Acta Astr. Sinica **3** 21—34 (chinesisch mit englischer Zusammenfassung).

6106. **C. I. Macris,** Die Sonne wird dauernd heißer. Bull. Milit. Geogr. Amt 1955, 16 S. = Monographie Griech. Astr. Ges. Nr. 2 (griechisch mit französischer Zusammenfassung). — Artikel über die verschiedenen Theorien der Energieerzeugung in der Sonne und den Sternen. Mawridis

6107. **K. Milošević,** Nouvelle détermination de la vitesse angulaire de rotation du Soleil. CR **240** 731—733, mit 1 Fig. — Aus Positionsmessungen (Meudon, 1953/54) von 338 kleinen chromosphärischen Fackeln, die zwei bis drei Tage verfolgt werden konnten, wird die Winkelgeschwindigkeit der Sonne zwischen Äquator und 80° heliographischer Breite bestimmt: $\xi = 10\overset{\circ}{.}10 - 3\overset{\circ}{.}23\ \varphi^2$. Gli.

6108. **K. Milošević,** Détermination de la vitesse de rotation du Soleil au moment du maximum de 1948. CR **241** 590—592, mit 1 Fig. — Auf Spektroheliogrammen K_3, die 1948/49 in Meudon erhalten wurden, sind die Positionen von 371 kleinen chromosphärischen Fackeln vermessen worden. Diese Fackeln waren zwei, in seltenen Fällen drei Tage sichtbar. Die Beobachtungen geben als Rotationsgesetz für die Sonne in dieser Maximumszeit die Formel $\xi = 14\overset{\circ}{.}18 - 3\overset{\circ}{.}05\ \varphi^2$, ein Wert, der nur in der Größenordnung der Meßfehler vom Gesetz in der Minimumszeit (vgl. vorstehendes Ref.) abweicht. In Breiten über 50° sind die Messungen selten und liefern daher dort unsichere Werte. Gli.

* * **W. S. Safronow,** Die Änderung der Sonnenrotation durch das Auffallen von Materie auf Grund des Poynting-Robertson-Effekts. Vgl. Ref. 5512.

6109. **E. L. Schodo,** Über die Rotation der Sonne während des Zyklus von 1933 bis 1944. Astr Circ UdSSR Nr. 161 S. 9 (russisch). — Aus in Odessa aufgenommenen Platten leitete Verf. für den angegebenen Zeitraum $\xi = 14.38 - 3.60 \sin^2 \varphi$ ab. Der Koeffizient von $\sin^2 \varphi$ ist relativ groß. Loh.

Theorie der Atmosphäre

6110. **K.-H. Böhm,** Deviations from local thermodynamic equilibrium in the upper solar photosphere. Publ ASP **67** 20—21. — Zusammenfassung der in AJB **54** Ref. **6113** zitierten Arbeit.

6111. **J.-C. Pecker,** Le rôle des raies formées par diffusion dans l'effet de «blanketing». Ann d'Astrophys **18** 145—146. — Verf. zeigt, daß unter der Voraussetzung isotroper Streuung der Streukoeffizient bis zur 2. Näherung der Temperaturschichtung nach dem Λ-Iterationsverfahren keine Rolle spielt und daher die durch Streuung gebildeten Fraunhoferlinien zum Blanketing-Effekt praktisch nichts beitragen. Gü.

6112. **H. H. Plaskett,** Interpretation of Fraunhofer-line profiles. MN **115** 256—269 = Commun. Univ. Obs. Oxford Nr. 46. — Bei der Deutung der Profile der Fraunhofer-Linien ist eine Integration der Transportgleichung durchzuführen. Für diese Gleichung hat man bisher meist eine vereinfachte Form angenommen, die auf der Voraussetzung begründet ist, daß für die Bildung der Linien wahre Absorption verantwortlich ist. Diese Annahme ist für die Sonnenphotosphäre nicht gerechtfertigt, wie die Randverdunklungsfunktion von schwachen Linien und von den Flügeln der D-Linien zeigt. Aus diesem Grunde wird hier in Fortsetzung einer früheren Untersuchung eine neue Methode entwickelt, nach der die exakte Transportgleichung in verhältnismäßig einfacher Weise numerisch integriert werden kann. H. M.

6113. **I. S. Schklowskij,** Über den Lithium-, Beryllium- und Deuteriumgehalt der Sonnenatmosphäre. DAN **105** 931—934 (russisch). — Li und Be sind in der primären kosmischen Strahlung relativ häufig. Wie vielfach angenommen wird, vergrößert sich diese Häufigkeit noch im Ergebnis von Zusammenstößen von kosmischen Kernen mit Atomen und Molekülen der Erdatmosphäre. Demnach sollte es auch denkbar sein, daß die bei großen und kleinen Eruptionen auf der Sonne emittierten Partikel der kosmischen Strahlung mit Atomen der Sonnenatmosphäre Zusammenstöße erleiden, die zur Bildung von Li und Be führen. Verf. vermutet, daß diese Möglichkeit einen Weg zur Erklärung der beobachteten (großen) Häufigkeit dieser Elemente nicht nur in der Sonne sondern auch in den Sternen mit großer Aktivität weist. Das dürfte sich dann besonders auf die Li-Sterne WZ Cas, WX Cyg und T Ara beziehen. Da der Nachweis von D im Sonnenspektrum sehr schwierig ist, schlägt Verf. vor, Spektren von Eruptionen bei Sonnenfinsternissen dafür zu verwenden, weil dann die Nachweisbedingungen infolge der Schärfe der Emissionslinien viel besser sind. Loh.

6114. **M. S. Uberoi,** Investigation of turbulence in the solar atmosphere. ApJ **121** 400—403, mit 2 Fig. und 1 Tafel. — Von einer Mt. Wilson-Granulationsaufnahme wurden zwei vergrößerte identische Reproduktionen hergestellt und unter geringer Verschiebung gegeneinander zusammengelegt. In einem hinreichend großen Gebiet wurde die fluktuierende Transparenz dieser Doppelplatte gemessen und daraus Korrelation und Spektrum der Granulen abgeleitet und mit den Ergebnissen anderer Autoren verglichen. Kdr.

6115. **W. Unno, K. Kawabata,** On the acoustic noise in the solar atmosphere. Publ. Astr. Soc. Japan **7** 21—26, mit 3 Fig. = Tokyo Astr. Obs. Repr. Nr. 119. — Auf Grund von Lighthills Theorie und Vitenses Modell der Konvektionszone wird der akustische Energietransport in der Photosphäre berechnet. Die Schallwellen entstehen in einer etwa 100 km dicken Schicht an der Oberfläche der Konvektionszone, ca. 500 km unter der Oberfläche der Photosphäre und werden in der Chromosphäre in Stoßwellen umgewandelt, deren Bahn als «spicules» sichtbar wird. Die Energie wird für die Aufheizung der Korona verantwortlich gemacht. Voigt

* * **A. Unsöld,** Physik der Sternatmosphären mit besonderer Berücksichtigung der Sonne. Vgl. Ref. **5144**.

6116. J. Warzée, L'équation intégrale de l'assombrissement du centre au bord du Soleil. Bull. Cl. Sci. Acad. roy. Belgique (5) **41** 106—137, mit 2 Fig. = Commun. Obs. Roy. Belgique Nr. 81. — Die exakte Lösung der Ergiebigkeit im Falle einer grauen Atmosphäre im Strahlungsgleichgewicht wird durch $B(\tau) = a_0 + a_1 \tau - \alpha_1 e^{-\tau} - \alpha_2 e^{-2\tau} - \alpha_3 e^{-3\tau} - \ldots$ für $\tau > 0.2$ und $B(\tau) = a_0 + a_1 \tau - \beta_0 - \beta_1 \tau \log \tau - \beta_1 (\tau \log \tau)^2 - \ldots$ für $0 \leq \tau \leq 0.2$ approximiert und dann die dazugehörige Mitte-Rand-Variation ausgerechnet. Labs

6117. J. Warzée, Les fonctions intégro-exponentielles et l'équation intégrale de l'assombrissement du centre au bord du Soleil. Bull. Cl. Sci. Acad. roy. Belgique (5) **41** 643—652 = Commun. Obs. Roy. Belgique Nr. 87. — Die exakte Lösung der Ergiebigkeit einer grauen Atmosphäre im Strahlungsgleichgewicht wird im ganzen Bereich $0 \leq \tau \leq \infty$ durch $B(\tau) = a_0 + a_1 \tau - a_2 E_2(\tau) - a_3 E_3(\tau) - \ldots$, wo $E_n(\tau)$ die a-te Integral-Exponential-Funktion bedeutet, approximiert und dann die dazugehörige Mitte-Rand-Variation ausgerechnet. Labs

6118. V. Weidemann, Neuere Untersuchungen über Struktur und Zusammensetzung der Sonnenatmosphäre. Mitt. AG 1954 S. 31. — Ref. AG.

6119. V. Weidemann, Metallhäufigkeiten, Druckschichtung und Stoßdämpfung in der Sonnenatmosphäre. ZfA **36** 101—144, mit 12 Abb. = Sonderdruck Sternw. Kiel. — Zunächst wird unter Zugrundelegung des Böhmschen Modells eine (partielle) «Feinanalyse» der Sonne durchgeführt. Das Verhältnis Wasserstoff : Metalle ergibt sich zu 20000 : 1 im Gegensatz zu dem von Claas gefundenen Wert 8900 : 1. Als Folge hiervon wird der Elektronendruck herab- und der Gasdruck heraufgesetzt. Mit Hilfe eines mathematisch einfachen Verfahrens wird die Druckschichtung neu berechnet. Um die Theorie der Dämpfung zu überprüfen (Berechnung der van der Waalsschen Stoßverbreiterung mittels wasserstoffähnlich berechneter Wechselwirkungskonstanten), werden die Flügelstärken starker Fraunhoferlinien unter Verwendung der neuen Druckschichtung berechnet (hierzu erweist es sich als praktisch, Wachstumskurven für Linieneinsenkungen zu konstruieren). Die Übereinstimmung mit der Beobachtung ist bei Elementen mit Einelektronensystemen sehr gut. Bei Komplexspektren dagegen ist die beobachtete Dämpfung systematisch um einen Faktor 5, und zwar unabhängig von dem Anregungspotential, größer als theoretisch zu erwarten. Hunger

Magnetfeld

6120. H. W. Babcock, H. D. Babcock, The sun's magnetic field, 1952—1954. ApJ **121** 349—366, mit 4 Fig. und 6 Tafeln. — Ref. in Coelum **23** 171—172, Ric. Sci. **25** 2972—2973, Sterne **31** 234—238, mit 1 Fig. — Mit der von einem der Verf. früher beschriebenen Meßanordnung (ApJ **118** 387, AJB **53** Ref. **2203**) wurden über 450 Magnetogramme der Sonnenoberfläche erhalten, welche Verteilung, Stärke und Polarität schwacher Magnetfelder (> 0.3 Gauß) zeigen. Die Magnetogramme wurden zwischen August 1952 und November 1954 erhalten und schließen die Zeit eines Fleckenminimums ein. Ein allgemeines Feld mit Dipolcharakter und durchschnittlicher Feldstärke von etwa 1 Gauß bestand während des Beobachtungszeitraums. Seine Existenz beschränkte sich gewöhnlich auf heliographische Breiten $> |55°|$. Struktur, Intensität und Ausdehnung unterlagen merklichen Änderungen. Rotations- und magnetische Pole schienen zusammenzufallen. Der Gesamtfluß wird auf etwa 10^{22} Maxwell geschätzt. Bipolare Magnetfelder wurden überwiegend in niedrigen Breiten beobachtet, sie folgen Hales Polaritätsregel für Flecken, ohne daß Flecken erkennbar zu sein brauchen. Die Entwicklung solcher Felder wird beschrieben. Unipolare Felder wurden gelegentlich beobachtet. Ein besonders starkes mit $\gtrsim$ 3 Gauß Feldstärke war über mehrere Monate nachweisbar und wahrscheinlich für terrestrische Magnetstürme verantwortlich, die mit 27^d Periode rekurrierten. Unipolare Felder sind vielleicht mit den «M-Regionen» (Bartels) identisch. Lokale Felder unterliegen raschen Schwankungen ihrer Feinstruktur und Intensität. Die Beobachtungen bestärken die Hypothese, daß Magnetfelder entscheidende Bedeutung für zahlreiche Strukturelemente der Sonnenatmosphäre, wie Flecken, Protuberanzen, sowie der Chromosphäre und Korona einschließlich der Zonen starker Radioemission haben. Verf. postulieren dazu neutrale Ströme ionisierten Materials, die in Regionen mit Turbulenz und begleitenden Magnetfeldern aus der Sonnenoberfläche ausgestoßen werden. Ein hydrodynamisches Modell des Mechanismus wird skizziert. Micz.

6121. **H. W. Babcock, H. D. Babcock,** The sun's magnetic field and corpuscular emission. Nature **175** 296. — Ref. in Urania Kraków **26** 231—232. — Die Ergebnisse einer zweijährigen Sonnenüberwachung mit einem Magnetographen werden beschrieben. In heliographischen Breiten $> |55°$ sind Anzeichen eines allgemeinen Magnetfeldes mit der Polfeldstärke von etwa 1 Gauß vorhanden. In niederen Breiten dominieren stärkere lokale bipolare und unipolare Felder, die in Zusammenhang mit Flecken, Fackelgebieten und Protuberanzen zu stehen scheinen. Unipolare Felder werden als Reste alter bipolarer Felder angesehen und versuchsweise als Bartels'sche M-Regionen, das heißt als Quellgebiete von Korpuskularstrahlung identifiziert. Behr

* * **A. Dauvillier,** Le magnétisme des corps célestes. Tome I. Magnétisme solaire et stellaire, couronne solaire et lumière zodiacale. Vgl. Ref. **9807**.

6122. **J. W. Dungey,** Solar electrodynamics. J. Atmosph. Terr. Phys. **6** 88—90. — Ref. in Phys. Abstracts (A) **58 439**, Phys. Ber. **34** 2097.

6123. **R. M. Kulsrud,** Effect of magnetic fields on generation of noise by isotropic turbulence. ApJ **121 461**—**480**, mit 2 Fig. — Es wird gezeigt, daß die Erzeugung von Schallwellen durch isotrope Turbulenz in der Wasserstoffkonvektionszone der Sonne durch turbulente Magnetfelder wesentlich gesteigert wird. Wenn außerdem noch ein konstantes Magnetfeld vorhanden ist, entstehen statt der Schallwellen hydromagnetische Wellen, und zwar drei Arten. Für die erste Art, die modifizierte Schallwelle, folgt ein ähnlicher Effekt wie im Fall des Fehlens des konstanten Feldes. Die beiden anderen Arten, die Alfvén- und modifizierte Alfvén-Welle, tragen nur dann zur Schallerzeugung bei, wenn die magnetische Energiedichte die kinetische Energiedichte der Turbulenz übersteigt. Der Betrag der erzeugten Schallenergie wird abgeschätzt und die Bedeutung des Effekts für die Aufheizung der Chromosphäre und Korona diskutiert. Kdr.

* * **D. Layzer, M. Krook, D. H. Menzel,** Torsional oscillations and solar magnetic fields. Vgl. Ref. **5013**.

6124. **S. B. Pikelner, S. M. Poloskow,** Über die Möglichkeit einer Abschätzung des Magnetfeldes im Sonnensystem in Zusammenhang mit der Erforschung der Materiebewegung in den Gasschweifen der Kometen. AJ UdSSR **32** 45—47, mit 1 Abb. (russisch). — Aus der Tatsache, daß ein in einem magnetischen Feld bewegter Ladungsträger eine ablenkende Kraft erfährt, wird in Übertragung auf die Bewegungen in einem Kometenschweif-Plasma die obere Grenze der Stärke des interstellaren und allgemeinen Magnetfeldes der Sonne in der Entfernung einer astronomischen Einheit abgeschätzt: $H < 3 \times 10^{-6}$ Gauß. Abschließend werden die freien Weglängen für Elektron-Elektron- bzw. Elektron-Ion-Zusammenstöße zu 5×10^{9} bzw. 10^{13} cm ermittelt. Loh.

6125. **C. Plumpton, V. C. A. Ferraro,** On toroidal magnetic fields in the sun and stars. ApJ **121** 168—174. — In der Arbeit werden Torsionsschwingungen einer Flüssigkeitskugel unendlich hoher elektrischer Leitfähigkeit untersucht, wenn außerdem in der Kugel noch ein permanentes achsensymmetrisches Magnetfeld vorhanden ist. Derartige Schwingungen werden mit einem kontinuierlichen Frequenzspektrum als möglich nachgewiesen. Mit ihnen sind toroidale Magnetfelder verbunden, deren Kraftlinien die Achse des permanenten Feldes ringförmig umschließen. Sie sind an der Sternoberfläche nicht zu beobachten, doch können Störungen dieser Felder eventuell für die Theorie der Sonnenflecken von Bedeutung sein. Kdr.

6126. **M. Waldmeier,** Das Magnetfeld der Sonne. Naturwissenschaften **42** 149—151, mit 9 Fig. — Ref. in Phys. Abstracts (A) **58** 985.

§ 62

Sonnenfinsternisse

6201. **G. van den Bergh,** Nogmaals: De totale zonsverduistering van 17 Juni 1433. «De laatste totale zonsverduistering in ons land». Hemel en Dampkring **53** 92—93, mit 1 Fig.

* * **W. J. G. Beynon,** Solar eclipses and the ionosphere. Vgl. Ref. **1178**.

6202. **G. Godoli,** Le tre spedizioni di Arcetri per le eclissi del 1936, 1952 e 1954. Coelum **23** 43—48, 83—85.

6203. **S. D. Gossner,** Solar eclipses, 1960—1963. US Naval Obs. Circ. Nr. 59, 8 S.

6204. **J. Mergentaler,** Zaćmieniowe kłopoty astronomów. Urania Kraków **26** 74—79, mit 2 Tafeln. — Allgemein gehaltener Erfahrungsbericht und Richtlinien zur Organisierung und Durchführung von Sonnenfinsternisbeobachtungen. Loh.

6205. **W. Stoffregen,** Variation of fEs during solar eclipses. Nature **176** 610. — Ref. in Phys. Abstracts (A) **59** 84.

6206. **Sonnenfinsternis 1887 August 19**

W. Dziewulski, Całkowite zaćmienie słońca w dniu 19 sierpnia 1887 r. Urania Kraków **26** 60—61.

6207. **Sonnenfinsternis 1936 Juni 19**

L. Netowitsch, Meine Reise nach Griechenland zur Beobachtung der totalen Sonnenfinsternis vom 19. Juni 1936. Nauka i Priroda **8** Nr. 3 S. 131—138 (serbisch). — Ref. in RJ Astr. Geod. UdSSR 1956 Nr. 9 S. 7.

6208. **Sonnenfinsternis 1945 Juli 9**

I. Bonsdorff, R. A. Hirvonen, Determination of the inner contact moments from the 1945 solar eclipse pictures. Vgl. Ref. **731**, daselbst S. 201—208, mit 2 Fig.

P. Kalaja, The solar eclipse measurements by the Finnish Geodetic Institute in 1945. Vgl. Ref. **731**, daselbst S. 177—180, mit 2 Fig.

P. Kalaja, Time service by the Finnish Geodetic Institute's 1945 solar eclipse expeditions. Vgl. Ref. **731**, daselbst S. 181—190, mit 4 Fig.

H. Kristenson, Results from observations of the total solar eclipse of 1945 July 9. IV. Chromospheric and photospheric emission gradients. Stockholms Obs. Ann. **18** Nr. 5, 19 S. mit 11 Fig. — Mit dem Spektro-Kinematographen wurden 85 Aufnahmen in der Zeit von 10 sec vor dem zweiten bis 10 sec nach dem dritten Kontakt erhalten. Diese werden zur Bestimmung der Gradienten von Linienintensitäten und der Kontinuumsintensität verwendet. Für die Balmer-Serie wird ein logarithmischer Gradient von $\beta = 1.09 + 0.055$ n (n Hauptquantenzahl) in guter Übereinstimmung mit Messungen von Wjasanizyn bei der Finsternis von 1941 erhalten. In drei Bereichen im UV erweist sich der Gradient niedriger als im Sichtbaren. Er fällt dort rasch mit der Wellenlänge ab. Bru.

T. J. Kukkamäki, Aerial photographing of the moon's shadow on the earth's surface. Vgl. Ref. **731**, daselbst S. 209—214, mit 3 Fig.

U. Pesonen, Determination of the outer contact moments from the 1945 solar eclipse pictures. Vgl. Ref. **731**, daselbst S. 191—199, mit 1 Fig.

6209. Sonnenfinsternis 1948 Mai 9

T. Nagata, Y. Nakata, T. Rikitake, I. Yokoyama, Effect of solar eclipse in the lower parts of the ionosphere and the geomagnetic field. Rep. Ionosphere Res. Japan **9** Nr. 3 S. 121—135. — Ref. in Phys. Abstracts (A) **59** 863.

6210. Sonnenfinsternis 1948 November 1

R. d'E. Atkinson, C. A. Murray, Cinematography of partial solar eclipses. III. Analysis of the observations made at Mombasa, 1948 November 1. MN **115** 60—100, mit 8 Fig. und 1 Tafel. — Verf. beschreiben die Ausmessung der Filmaufnahmen, die Bestimmung des Nullpunktes des Positionswinkels und die Berücksichtigung des Mondprofils. Weiter werden die Normalgleichungen in einer zweckmäßigen Form abgeleitet und grundsätzlich wichtige Korrektionen angegeben. Schließlich werden noch die mittlere Differenz zwischen den Positionswinkeln nach den Mondprofilen von Watts und denen der vorliegenden Untersuchung (0°.03), die wahrscheinlichen «geodätischen» Fehler parallel zu beiden Richtungen der Fundamentalebene (± 34 und 45 m) und die sich hiermit ergebenden Fehler der Örter von Sonne und Mond ermittelt. Gü.

R. d'E. Atkinson, C. A. Murray, Cinematography of partial solar eclipses. III. Analysis of the observations of 1948 November 1. Obs **75** 5—8. — Ref. RAS. — Vgl. vorstehendes Ref.

6211. Sonnenfinsternis 1951 September 1

J. Bouška, J. Náprstková, Über die nördliche Grenzkurve der ringförmigen Sonnenfinsternis vom 1. September 1951. BAC **6** 15—16, mit 1 Abb. (mit russischer Zusammenfassung).

6212. Sonnenfinsternis 1952 Februar 25

M. K. Aly, Preliminary note on measures of coronal emission lines observed at the total solar eclipse, February 25, 1952, by B. Lyot and M. K. Aly. ApJ **122** 438—444, mit 1 Fig. und 2 Tafeln. — Bericht und Ergebnisse (Wellenlängen von Koronalinien zwischen 3471 und 6777 Å) der ägyptischen Expeditionsgruppe zur Finsternis von Khartum 1952 werden gegeben. U. Be.

M. K. Aly, Preliminary note on the measures of emission coronal lines at the total solar eclipse of 25 February 1952 observed by Dr. B. Lyot and Dr. M. K. Aly. Bull. Inst. Egypte **36** 237—252, mit 3 Fig. und 1 Tafel. — Es werden Beobachtungen an 138 Koronalinien zwischen λ 3300 Å und 6900 Å mitgeteilt, die bei der Sonnenfinsternis 1952 Febr. 25 zu Khartum gewonnen wurden. Die kreisförmigen, zum Sonnenmittelpunkt zentrischen Spalte gestatten, den Verlauf der Intensität einer Linie zwischen +60° und −60° heliographischer Breite in einem Abstand von etwa 2′ vom Sonnenrand zu verfolgen. Die mitgeteilten Beobachtungen beziehen sich auf den Westrand der Sonne und enthalten neben den Wellenlängen hauptsächlich Angaben über Ausdehnung und Stärke der Linien. Von 16 Linien sind frühere Beobachtungen nicht bekannt. Neckel

R. G. Athay, W. O. Roberts, Coronal line intensities at the Khartoum eclipse. ApJ **121** 231—240, mit 2 Fig. und 1 Tafel. — Auf spaltlosen Spektralaufnahmen, erhalten während der totalen Sonnenfinsternis 1952 Februar 25 in Khartum, wurde die Intensität der Koronalinien λ 5303, λ 6374 und λ 7892 sowie die des Kontinuums an 15 Punkten um den Sonnenrand herum gemessen. Die relative Intensität von Linien und Kontinuum unterliegt erheblichen Schwankungen von Ort zu Ort. In einer aktiven Zone wurden auch die gelbe Koronalinie λ 5694, ferner λ 6702 und λ 7060 beobachtet. Linien hohen Ionisationspotentials waren von maximaler, Linien niedrigen Ionisationspotentials von minimaler Intensität in dieser Zone. Das als hoch angenommene Ionisationspotential der gelben Koronalinie wird dadurch bestätigt. Die Intensitätsabhängigkeit einiger Linien wurde ebenfalls gemessen. Die Temperatur nimmt in Gegenden, in denen die gelbe Linie auftritt, mit der Höhe ab, wächst jedoch in anderen mit ihr. Micz.

A. A. Goldstein, On the reduction of photoelectric observations of a total solar eclipse. Georgetown Obs. Monograph Nr. 3, 108 S. mit 3 Fig. — Bei der totalen Sonnenfinsternis vom 25. Februar 1952 sind auf vier Stationen in Afrika und zwei in Arabien, die alle nahe der Zentrallinie gelegen sind, mit einem photoelektrischen Photometer Gesamtintensitäten der Sonne um die Zeit der totalen Phase in Abständen von 1 Sekunde gemessen worden, wobei die Zeit durch gleichzeitige Aufnahme von Radio-Signalen sehr genau festgelegt ist. Es wird die Methode entwickelt, aus diesen Daten die Flächenhelligkeit der Sonne in Abhängigkeit vom Abstand vom Zentrum der Sonnenscheibe, also die Randverdunklungsfunktion $J(\varrho)$ zu gewinnen unter gleichzeitiger Verbesserung gewisser als bekannt vorausgesetzter Parameter, wie die Zeit der Mitte der Totalität für den betreffenden Erdort, der Abstand der Zentren von Sonnen- und Mondscheibe sowie die Differenz ihrer Halbmesser. Die Daten für die vier afrikanischen Stationen werden aufgeführt und in der besprochenen Weise ausgewertet, wobei sich für die Funktion $J(\varrho)$ befriedigende Übereinstimmung zwischen den Resultaten der einzelnen Stationen ergibt. H. M.

N. Hepburn, A photometric study of the solar corona. ApJ **122** 445—459, mit 12 Fig. und 1 Tafel. — Eine Photometrie der Korona bis $r = 2.5\, r_\odot$ vom 25. 2. 1952 wird durchgeführt. Folgende Punkte werden ausführlich diskutiert: Isophoten; Elliptizität; Intensität und Elektronendichte als Funktion des Radius am Pol und am Äquator; Intensität in Koronastrahlen; Vergleich der K-Korona mit der Emissionskorona. U. Be.

W. A. Krat, Über die Gradienten chromosphärischer Linien nach Beobachtungen der totalen Sonnenfinsternis vom 25. Februar 1952. Mitt. Astr. Hauptobs. Pulkowo **19** Nr. 6 (153) S. 31—39, mit 2 Abb. und 1 Tafel (russisch). — Von den Linien H_β, H_γ, H_δ, H_8, H_9, K, He 4471 und D_3 ermittelt Verf. aus Finsternisbeobachtungen die Intensitätsgradienten und vergleicht sie mit Ergebnissen früherer Finsternisse und anderer Autoren: 1932 Menzel und Cillié, 1941, 1945 Wjasanizyn. Merkliche Unterschiede existieren nur bei H_8, H_9 und He 4471, deren Gradienten im Gegensatz zu früher um einen Faktor zwei kleiner sind. Loh.

N. N. Michelson, Photometrie der Sonnenkorona am 25. Februar 1952. Mitt. Astr. Hauptobs. Pulkowo **19** Nr. 6 (153) S. 57—67, mit 20 Abb. und 1 Tafel (russisch). — Mit Hilfe seines Kompensationsisophotometers (vgl. AJB **53** Ref. **1236**) entwirft Verf. Isophoten der Korona und bestimmt den Helligkeitsabfall in zahlreichen Positionswinkeln sowohl graphisch als auch numerisch für die ganze und die äußere Korona. Loh.

C. M. Minnis, Ionospheric behaviour at Khartoum during the eclipse of 25th February 1952. J. Atmosph. Terr. Phys. **6** 91—112, mit 14 Fig. und einer Berichtigung in Vol. **7** 172. — Ref. in Phys. Abstracts (A) **58** 542, Phys. Ber. **34** 2103, **35** 1913.

G. M. Nikolskij, Untersuchung der am 25. Februar 1952 und 30. Juni 1954 beobachteten Sonnenkorona. Kiew, Univ., 1955 (russisch). — Dissertationsreferat.

P. N. Polupan, Photometrie der Sonnenkorona in der grünen Linie λ 5303 Å. AJ UdSSR **32** 72—78, mit 4 Abb. (russisch). — Aus photographischen Finsternisaufnahmen wurden Isophoten der Koronalinie 5303 Å für die westliche Koronaseite gezeichnet und mit Messungen anderer Herkunft verglichen und ergänzt. Die Intensität der Linie wurde in verschiedenen Positionswinkeln in Abhängigkeit von der radialen Entfernung ermittelt und graphisch dargestellt. Sie erreicht im Abstand 30″—40″ ein Maximum. Loh.

N. W. Steschenko, Untersuchung der Sonnenchromosphäre aus Spektrogrammen der Finsternisse vom 25. Februar 1952 und 30. Juni 1954. Leningrad, Astr. Hauptobs., 1955 (russisch). — Dissertationsreferat.

M. A. Waschakidse, Untersuchung der Polarisation der Strahlung der Sonnenkorona aufgrund von Beobachtungen der totalen Sonnenfinsternis vom 25. Februar 1952. Mitt. Akad. Wiss. Georg. Sowjetrepublik **15** 663—669, 1954 (russisch). — Ref. in RJ Astr. Geod. UdSSR 1956 Nr. 3 S. 84—85.

6213. Sonnenfinsternis 1954 Juni 30

A. Abrami, B. Cester, Osservazioni fotografiche dell'eclisse solare del 30 giugno 1954. Oss. Astr. Trieste Nr. 263, 20 S. mit 2 Fig. und 1 Tafel. — Aus 49 Aufnahmen der Sonnenfinsternis vom 30. Juni 1954 wurden die Zeiten der Kontakte nach verschiedenen Meßmethoden abgeleitet. Cester

M. C. Ballario, G. Godoli, Determinazione dell'oscuramento al bordo durante l'eclisse di sole del 30 giugno 1954. Mem SA It (NS) **26** 73—83, mit 6 Fig. = Oss. e Mem. Oss. Astrofis. Arcetri Nr. 70. — Um die Randverdunklung für $0.98 \leq \sin \vartheta \leq 1$ abzuleiten, wurden 36 Spektrogramme des Sonnenrandes am Sonnenturm von Arcetri während der partiellen Finsternis vom 30. Juni 1954 aufgenommen. Die abgeleiteten Resultate bestätigen die vom Jahre 1951, und zwar das Randverdunklungswachstum mit abnehmender Wellenlänge und die Abweichung derselben von den Ergebnissen, die ten Bruggencate 1949 im letzten Viertel vom Hundertstel des Sonnenradius erhielt. Cester

E. Białoborski, Refleksje pozaćmieniowe. Postępy Astr. **3** 54—56. — Einige Fehler, die in den Veröffentlichungen über die Sonnenfinsternis vom 30. Juni 1954 vorkamen, wurden berichtigt. Perek

K. Bibl, F. Delobeau, Résultats préliminaires d'observations ionosphériques de l'éclipse de Soleil du 30 juin 1954. CR **239** 1658—1660, mit 3 Fig.

K. Bibl, F. Delobeau, Die Ionosphäre während der totalen Sonnenfinsternis vom 30. 6. 1954. Phys. Verhandlungen **6** 89. — Ref. Deutsche Geophys. Ges.

K. Bibl, F. Delobeau, Ionosphärische Beobachtungen während der totalen Sonnenfinsternis vom 30. Juni 1954. Z. Geophysik **21** 215—228, mit 5 Abb.

D. E. Blackwell, A study of the outer corona from a high altitude aircraft at the eclipse of 1954 June 30. MN **115** 629—649, mit 12 Fig. — Eine Anordnung wird beschrieben, mit der aus einem Flugzeug in 10000 Meter Höhe die Korona bei der Finsternis von 30. Juni 1954 photographiert wurde. Es wurden gleichzeitig acht Aufnahmen erhalten und zur Bestimmung der Helligkeit und der Polarisation der Korona benutzt. Ihre Helligkeit wird bis zu $R/R_{\odot} = 55$ und ihr Polarisationsgrad bis zu $R/R_{\odot} = 20$ bestimmt. Die Ergebnisse werden mit Zodiakallichtbeobachtungen kombiniert. Die Interpretation ist in einer späteren Untersuchung angekündigt. U. Be.

D. E. Blackwell, A study of the outer corona from a high altitude aircraft at the eclipse of 1954 June 30. I. Observational data. Obs **75** 241—243. — Ref. RAS.

C. M. Botley, Thermographic records made during the solar eclipse. JBAA **65** 346—347. — Ref. BAA.

P. Bourge, L'éclipse totale de soleil du 30 juin 1954. BSAF **69** 384—385, mit 1 Fig.

J. Bouška, Observation of the solar eclipse of 1954, June 30 in the USSR. RH **36** 25—30, 59—62, mit 5 Abb. (tschechisch). — Bericht über die tschechoslowakische Sonnenfinsternisexpedition.

J. Bouška, Tschechoslowakische Sonnenfinsternisexpedition 1954. Sterne **31** 10—11.

H. Brzeska, A. Stawikowski, Przebieg zmian temperatury podczas całkowitego zaćmienia słońca w dniu 30 czerwca 1954 r. w Wiżajnach (w pow. suwalskim). Urania Kraków **26** 216.

E. Buchar, L'éclipse partielle du soleil, observée le 30 juin 1954. BAC **6** 5—6 (mit russischer Zusammenfassung).

J. Budějický, Observation of the partial eclipse of the sun on June 30th, 1954 by means of a radio telescope. BAC **6** 97—100, mit 4 Fig. (mit russischer Zusammenfassung). — In Ondrejov wurde die Intensitätsvariation auf $\lambda = 56$ cm gemessen. Aus der Finsterniskurve wird geschlossen, daß die Korona radioastronomisch als abgeplattetes Rotationsellipsoid betrachtet werden kann. 70 % der Strahlung kommen hierbei aus einem Bereich mit den Hauptachsen 1.4 bzw. 1.0 $R_\odot$. Bru.

C. P. Butler, L. E. Salanave, Photoelectric measurements of shadow bands at the total solar eclipse of June 30, 1954, on South Koster Island. Publ ASP **67** 16—17.

Y. C. Chang, C.-S. Kuo, Photometric observations of the total solar eclipse of June 30, 1954, made in Caucasus. Acta Astr. Sinica **3** 121—122 (chinesisch).

Commerell, Sonnenfinsternis-Expedition 1954 nach Schweden. Aus der Arbeit der Stuttgarter Sternwarte 1950—1954 S. 12—14, mit 1 Abb.

P. Coupiac, M. Laffineur, B. Vauquois, Observations radioélectriques de l'éclipse totale de soleil du 30 juin 1954. Ann d'Astrophys **18** 271—278, mit 7 Fig. und 1 Tafel = Contr. Inst. d'Astrophys. Paris (B) Nr. 142. — Bericht über die radioastronomische Beobachtung der Sonnenfinsternis vom 30. Juni 1954 in Hogby (Schweden) 8 km nördlich der Zentrallinie (Frequenz 545 MHz) und in Meudon (Frequenz 545 MHz und 255 MHz). Beschreibung der Empfangseinrichtung und der Auswertung unter Berücksichtigung folgender Korrektionen: Empfindlichkeitsfunktion des Empfängers, zeitliche Änderung der Empfängerempfindlichkeit, Bodenreflexionen, Strahlung der als Vergleichsquelle benutzten Himmelsregion. Minimums-Intensität in Hogby 14.7 %, in Meudon auf beiden Wellenlängen 42 %. Daene

A. E. Covington, W. J. Medd, G. A. Harvey, N. W. Broten, Radio brightness distribution of the sun at a wave-length of 10.7 centimetres June 30, 1954. J RAS Canada **49** 235—247, mit 6 Fig. — Die Radiofrequenzstrahlung (λ 10.7 cm) der Sonne wurde während der partiellen Finsternis am 30. Juni 1954 registriert, um die Helligkeitsverteilung der Radio-Sonne zu ermitteln. Die Beobachtung wurde mit einem Parabolspiegel durchgeführt. Nach der Finsternis wurde die Strahlung in Nord-Süd-Streifen von $^1/_8{}^\circ$ Breite mit einer 150-Fuß Hohlleiter-Antenne gemessen. Es konnte nachgewiesen werden, daß die Helligkeitsverteilung nicht radialsymmetrisch ist. Ausgeprägte helle Bereiche zeigten sich am Ost- und Westrand der Sonne an den gleichen Stellen, von denen die äquatorialen Koronastrahlen ausgingen, die während der Verfinsterung beobachtet wurden. Fricke

H. Daene, Über Messungen der Hochfrequenzstrahlung der Sonne während der Finsternis am 30. Juni 1954. Mitt. AG 1954 S. 33. — Ref. AG.

F. Dröge, W. Priester, Messung der partiellen Sonnenfinsternis vom 30. Juni 1954 in Kiel bei $\lambda = 1.5$ m. Mitt. AG 1954 S. 33—34. — Ref. AG.

N. I. Dsjubenko, Absolute Photometrie der inneren Sonnenkorona am 30. Juni 1954. Astr Circ UdSSR Nr. 161 S. 3—4 (russisch). — Aus Aufnahmen am Maxutow-Meniskusphotoheliographen der Sternwarte Kiew wurden Korona-isophoten im Blauen und der in verschiedenen Positionswinkeln und Entfernungen geltende Exponent des Helligkeitsverlaufs in der Korona abgeleitet. Im Gebiet $1.03 \leq r \leq 1.23$ beträgt das Verhältnis der Integralhelligkeiten $E_K/E_\odot = 0.52 \times 10^{-6}$. Loh.

J. Egedal, N. Ambolt, The effect on geomagnetism of the solar eclipse of 30 June 1954. J. Atmosph. Terr. Phys. 7 40—48, mit 4 Fig. — Nach einem kurzen Überblick über die Ergebnisse früherer Untersuchungen prüfen Verf. die Beobachtungen von elf Observatorien innerhalb der Totalitätszone für die Finsternis vom 30. Juni 1954. Es wird gezeigt, daß der beobachtete magnetische Effekt in engem Zusammenhang mit dem Verlauf der Finsternis steht. Henn

G. Eriksen, Ø. Hauge, E. Tandberg-Hanssen, Radiofrequency observations of the solar eclipse of June 30, 1954. Astrophys. Norvegica 5 131—152, mit 17 Fig. — Die solare Radiostrahlung wurde bei der Sonnenfinsternis 1954 Juni 30 bei 500 MHz (60 cm) und 200 MHz (1.5 m) in der Totalitätszone in Vesteroya und bei 200 MHz in Harestua gemessen. Die beobachtete Reststrahlung bei maximaler Verfinsterung war beziehentlich 18, 27 und > 20%. Es werden für beide Frequenzen Mitte-Rand-Variationen der Radiosonne für den Poldurchmesser und den Äquatordurchmesser angegeben, die eine gute Darstellung der beobachteten Intensitätsvariation erlauben. Priester

G. Eschenhagen, Gegenstandsschatten während der Sonnenfinsternis am 30. 6. 1954. Sterne **31** 104—105, mit 2 Abb.

R. Fogelquist, Solförmörkelsen den 30 Juni 1954. NAT 1955 S. 21—23, mit 2 Fig. — Bericht über die Arbeiten einer privaten Expedition nach Kragenäs. C. L. J.

T. Gold, The symmetry of the corona of 1954 June 30. MN **115** 340—342, mit 1 Tafel. — Es wird die von der Greenwicher Sonnenfinsternisexpedition nach Syd Koster in Schweden gewonnene Koronaaufnahme vorgelegt und beschrieben. Entsprechend der Finsterniszeit genau im Minimum der Sonnentätigkeit hat die Korona eine elliptische Form mit dem Sonnenäquator als große Achse; oberhalb von 60° Breite schließt sich das Gebiet der sehr ausgeprägten Polarstrahlen an, die den magnetischen Kraftlinien folgen. Es werden Betrachtungen darüber angestellt, durch welchen Mechanismus dieses Bild zustandekommen kann. Es ist wahrscheinlich, daß in den Äquatorgegenden Materie nach außen strömt, die das dazugehörige magnetische Feld mitnimmt. H. M.

R. Graczyk, Obserwacje nad zachowaniem się niektórych gatunków ptaków i zwierząt ssących podczas całkowitego zaćmienia słońca w dniu 30. VI. 1954 r. nad jeziorem Wigry. Postępy Astr. **3** 82.

W. Groubé, L'éclipse partielle de soleil du 30 juin 1954. BSAF **69** 210.

A. Hamon, L'éclipse totale de soleil du 30 juin 1954. BSAF **69** 28—33, mit 7 Fig.

N. N. Jarosslawzew, Beobachtung infraroter Strahlung während der Sonnenfinsternis am 30. Juni 1954 in Taschkent. Bull. Acad. Sci. U. R. S. S. Sér. Géophys. 1955, S. 185—186.

A. H. Jarrett, H. v. Klüber, Interferometric measurements of the green corona line during the total solar eclipse of 1954 June 30. MN **115** 343—362, mit 9 Fig. — Es wird ein erfolgreicher Versuch beschrieben, mit Hilfe eines Fabry-Perot Interferometers während einer Sonnenfinsternis das Interferenzringsystem der grünen Koronalinie bei 5303 Å zu photographieren. Der Hauptzweck dieser Methode ist weniger, die grüne Linie mit möglichst großer Auflösung zu erhalten, als vielmehr mit einer einzigen Aufnahme die grüne Linie an vielen Stellen der Korona gleichzeitig zu bekommen. Die Einzelheiten der Versuchsanordnung werden sehr ausführlich dargelegt und diskutiert. Während der totalen Sonnenfinsternis vom 30. Juni 1954 wurden auf diese Weise in Syd Koster eine Reihe von Aufnahmen erhalten, bei denen das Interferenzringsystem zum Teil zentrisch zur Sonnenmitte orientiert ist, zum Teil auch exzentrisch, was sich besonders bewährt hat. Die Auswertung der Aufnahmen läßt erkennen, daß die Breite der Linie mit wachsendem Abstand vom Sonnenrand abnimmt. Macht man die plausible Voraussetzung, daß die Linienbreite allein durch die Temperatur bedingt ist, so kommt man auf Temperaturen von 2.2 bis 5 Millionen Grad bei einem Abstand von 1.05 bis 1.3 Sonnenradien vom Zentrum. H. M.

H. Kaminski, Sonnenfinsternis 1954 Juni 30. Sterne **31** 103—104, mit 2 Abb. — Beobachtung und Registrierung von Temperatur und Luftfeuchtigkeit in der Zone totaler Verfinsterung.

A. N. Karpow, Veränderung der Stärke von Radiosignalen während der Sonnenfinsternis vom 30. Juni 1954. Priroda **44** Nr. 5 S. 113, mit 1 Abb. (russisch). — Die Empfangsstärke des Moskauer Senders nahm bei der Wellenlänge 25 m in Stalingrad mit dem Einsetzen der Finsternis ab und mit einer geringen Phasenverschiebung nach der Totalität von fast null auf ihren früheren Betrag wieder zu. Loh.

G. Karský, Photographische Beobachtung der Sonnenfinsternis vom 30. Juni 1954. RH **36** 46 (tschechisch).

S. A. A. Kazmi, K. A. Wienert, Magnetic observations during the total sun eclipse of 30th June 1954, at the Magnetic Observatory of Quetta. Vgl. Ref. **6825**.

E. Klier, P. Kostecký, Beobachtung der Sonnenfinsternis vom 30. Juni 1954 auf der Volkssternwarte in Pilsen. RH **36** 213—215, mit 1 Fig. (tschechisch).

H. von Klüber, Die Sonnenfinsternis vom 30. Juni 1954. Naturwissenschaften **42** 3—8, mit 6 Abb. = Cambridge Obs. Repr. Nr. 8. — Bericht über die Finsternisexpeditionen vom 30. 6. 1954 mit Aufzählung der verschiedenen Beobachtungsstationen, Programme, Ausrüstung, Teilnehmer und der vorläufigen Ergebnisse. U. Be.

E. Mädlow, Die Isophoten der Sonnenkorona vom 30. 6. 1954. Mitt. Planetenbeobachter **8** 46—47, mit 1 Tafel.

E. Mädlow, Sonnenfinsternis 30. Juni 1954. Sterne **31** 15—17.

M. Mietelski, Obserwacje w czasie zaćmienia słońca w dniu 30 czerwca 1954 roku. Urania Kraków **26** 123—124, mit 1 Fig.

M. Migeotte, B. Rosen, L'observation de l'éclipse solaire du 30 juin 1954. Ciel et Terre **71** 288—298, mit 2 Fig. = Inst. d'Astrophys. Univ. Liège Mém. 8⁰ Nr. 374. — Ref. in Coelum **24** 55.

M. G. J. Minnaert, De zonsverduistering van 30 juni 1954 en de nederlandse expeditie naar Gotland. Verslag, Koninkl. nederl. akad. wetensch. Afd. natuurkunde **63** 164—166, 1954. — Ref. in RJ Astr. Geod. UdSSR 1956 Nr. 2 S. 83.

R. Mühleisen, Luftelektrische Beobachtungen während der Sonnenfinsternis am 30. 6. 1954. Geofis. pura appl. **30** 106—112, mit 3 Fig. — Die Registrierungen von Potentialgradienten und Kleinionendichte am 29. und 30. 6. 1954 an der Westküste Südschwedens zeigen auffällige Abweichungen während und nach der Finsternis. Sie werden im Zusammenhang mit den inhomogenen Verhältnissen an der Küste als Folge der Brandung und des Sprungs der Kleinionenkonzentration von See zu Land diskutiert. Verf.

E. R. Mustel, W. W. Witkewitsch, Physik der Sonne. (Vorläufige Ergebnisse der Beobachtungen der totalen Sonnenfinsternis vom 30. Juni 1954.) Bote Akad. Wiss. UdSSR Nr. 2 S. 25—32 (russisch). — Ref. in RJ Astr. Geod. UdSSR 1956 Nr. 2 S. 82—83.

J. A. Nadubowitsch, Photometrie der Sonnenkorona am 30. Juni 1954 im roten Licht. Astr Circ UdSSR Nr. 161 S. 4—6 (russisch). — Aus dem am Koronographen der Kiewer Expedition in Koselez bei Kiew aufgenommenen Beobachtungsmaterial (λ_{eff} = 6400 Å) wurden Koronaisophoten gezeichnet und der Exponent des Helligkeitsverlaufs in zwei radialen Intervallen abgeleitet. Für die Integralhelligkeit ergab sich $E_K/E_\odot = 0.8 \times 10^{-6}$. Loh.

A. T. Nesmjanowitsch, Absolute Photometrie der Korona am 30. Juni 1954. Astr Circ UdSSR Nr. 161 S. 6—8 (russisch). — Aus dem am Koronographen der Kiewer Expedition nach Koselez bei Kiew aufgenommenen Material (λ_{eff} =

5900 Å) wurden Isophoten und der Exponent des Helligkeitsverlaufs in der Korona abgeleitet. Für die Integralhelligkeit der Korona ergab sich $E_K/E_\odot = 0.8 \times 10^{-6}$. Loh.

G. M. Nikolskij, Untersuchung der am 25. Februar 1952 und 30. Juni 1954 beobachteten Sonnenkorona. Kiew, Univ., 1955 (russisch). — Dissertationsreferat.

H.-J. Nitschmann, Die Sonnenfinsternis vom 30. Juni 1954. Sterne **31** 103. — Verf. berichtet über Beobachtungen der Sonnenfinsternis vom 30. Juni 1954 in der Städtischen Sternwarte zu Bautzen. Neben visuellen und photographischen Beobachtungen der Phase wurde die Einwirkung des Strahlungsausfalls auf die Wolkenbildung (Vesperalisform), auf Temperatur und Feuchte der Luft festgestellt. Der Verlauf der durch die Bewölkung etwas gestörten Helligkeitsschwankung während der Finsternis wurde mit Hilfe eines Radiometers gemessen. Hoppe

N. S. Orlowa, Photographische Integralphotometrie der Sonnenkorona vom 30. Juni 1954. Astr Circ UdSSR Nr. 165 S. 4—5 (russisch). — Die auf photographischem Wege erhaltenen und mittels eines photographischen Illuminometers von Sytinskaja standardisierten Aufnahmen ergeben im Mittel mit Beobachtungen anderer ein Helligkeitsverhältnis Korona : Sonne von 7.0 bzw. 6.0×10^{-7} im Gelb-Roten bzw. Blau-Grünen. Die Farbe der Korona liegt zwischen der von Sonne und Mond. Loh.

V. Oskanjan, Observations photo-électriques de l'éclipse de Soleil le 30 juin 1954. Bull. Obs. Astr. Beograd **19** Nr. 4 S. 12—18, mit 6 Fig. — Der Verlauf der partiellen Sonnenfinsternis vom 30. Juni 1954 wird nach einer genau beschriebenen Methode in zwei völlig getrennten Spektralbereichen mit den Schwerpunkten bei 12700 Å und bei 4400 Å photoelektrisch gemessen. Die Messungen sind durch zum Teil wolkigen Himmel beeinträchtigt, und die Korrektion wegen der Extinktion stellt die größte Unsicherheit dar. Es wird versucht, aus den dadurch weniger beeinflußten Messungen im Infraroten die Randverdunklungsfunktion der Sonne abzuleiten; die Übereinstimmung mit früheren Werten von Abbot erscheint in Anbetracht der wetterbedingten Schwierigkeiten befriedigend. H. M.

A. G. Pacholczyk, Polarization of the solar corona during the total solar eclipse of June 30, 1954. Bull. Acad. Polon. Sci. (3) **3** 591—594, mit 2 Fig. (russisch) = Astr. Obs. Warsaw Univ. Repr. Nr. 45. — Aus den vom Verf. durchgeführten Polarisationsmessungen geht hervor, daß der Polarisationsgrad am Äquator größer ist als am Pol. Im ersten Fall erstrecken sich die Messungen von 10′ bis 33′ Abstand vom Sonnenrand, im zweiten von 11′ bis 22′. Am Äquator nimmt der Polarisationsgrad zunächst zu, dann wieder ab, am Pol setzt sofort eine Abnahme ein. Loh.

H. K. Paetzold, R. Mühleisen, Die Sonnenfinsternisexpedition 1954 des Max-Planck-Instituts in Weißenau. Sterne **31** 11—15, mit 4 Abb.

L. Peterson, Solförmörkelseexpeditionerna till Gotland. NAT 1955 S. 16—20, mit 4 Fig. — Bericht über die Arbeiten der nach Holmhällar auf Gotland gereisten belgischen, holländischen und schwedischen Expeditionen. C. L. J.

S. B. Pikelner, Bericht über die Beobachtung des Koronaspektrums vom 30. Juni 1954. Mitt. Astrophys. Obs. Krim **13** 111 (russisch). — Eine mit Einprismenspektrograph von 36 Å/mm bei Hγ in Nowomoskowsk durch Wolken hindurch gemachte Aufnahme der inneren Korona zeigt in 2′ Distanz vom Sonnenrande Äquivalentbreiten der Fe X-Linie 6374 Å von 5.4 bzw. 5.6 Å am West- bzw. Ostrande. Diese Linie war auch in der Polgegend erkennbar. Alle anderen Koronaemissionslinien fehlten. Ihre Äquivalentbreiten müssen < 0.5 Å gewesen sein. Das läßt auf sehr niedrige Koronatemperatur entsprechend dem tiefen Aktivitätsminimum jener Tage schließen. Petri

W. Priester, F. Dröge, Über die Mitte-Rand-Variation der solaren Radiofrequenzstrahlung von 198 MHz während der Finsternis 1954 Juni 30. ZfA **37** 132—142, mit 5 Abb. = Sonderdruck Sternw. Kiel. — An der Kieler Radiosternwarte wurde die Intensitätsvariation der 198 MHz-Strahlung während der Finsternis gemessen. Aus der Finsterniskurve wurde unter Annahme elliptischer Radioisophoten die Mitte-Rand-Variation abgeleitet. Es wird ein Achsenverhältnis von 1.25 und eine Temperatur von 915000° im Scheibenzentrum gefunden. Die möglichen Ursachen einer kleinen Asymmetrie der Finsterniskurve werden diskutiert. Bru.

L. N. Radlowa, Die Sonnenfinsternis von 1954. Priroda **44** Nr. 3 S. 70—75, mit 4 Abb. und 1 Tafel (russisch).

G. Righini, L. Berti, P. Maffei, G. Godoli, M. Rigutti, M. G. Fracastoro, L'eclisse di Sole del 30 giugno 1954. Ric. Sci. **25** 2759—2777, mit 10 Fig. = Oss. Astrofis. Arcetri. Contr. Nr. 2. — Die Expedition der Sternwarte Arcetri, die sich auf die Insel Öland begab, hatte den Zweck, das chromosphärische Spektrum im Gebiet 3200—4800 Å und das Koronaspektrum im Violetten, Sichtbaren und im nahen Infrarot, und außerdem direkte Photographien der Korona mit drei Filtern aufzunehmen. Es wird über die Organisation und die Wahl des Beobachtungsortes und die Einstellung der Geräte (Righini), den Spektrographen für die Chromosphäre (Righini, Maffei), über einen automatischen Antrieb für die Verschiebung der Platten (Berti), über die zwei Spektrographen für das Studium der Korona (Godoli, Rigutti) und über die dreifache Kamera für die Aufnahmen der Korona (Fracastoro) berichtet. Cester

M. Rigutti, M. Liguori, Sulla determinazione della funzione di oscuramento al bordo del sole. Mem SA It (NS) **26** 85—96, mit 4 Fig. = Oss. e Mem. Oss. Astrofis. Arcetri Nr. 70. — Die Sonnenfinsternis vom 30. Juni 1954 wurde in zwei Wellenlängen (6400 und 7200 Å) am Refraktor von Arcetri photographiert und dann mikrophotometriert, um die Diffusionsfunktion aus den photometrischen Profilen des Mondes abzuleiten. Die beobachteten Sonnenrandkurven wurden dann verbessert. Die Methode erlaubt gute Resultate bis zu $\sin\vartheta \leq 0.99$. Cester

S. F. Rodionow, E. D. Scholochowa, Untersuchung der Himmelshelligkeit im Gebiet von 1 μ während der Sonnenfinsternis vom 30. Juni 1954. DAN **105** 676—679, mit 2 Abb. (russisch).

K. Rudnicki, O celowości ekspedycji lotniczych dla badania zaćmienia słońca. Postępy Astr. **3** 98—104. — Aus einem Flugzeug wurde in der Höhe von 5200 m in der Gegend von Suwalki die Finsternis vom 30. Juni 1954 beobachtet. Fliegende Schatten wurden auf einer Reihe von Aufnahmen der weißen Fläche der Flügel nicht festgestellt. Eine Farbzeichnung der inneren Teile der Korona ergab, daß in einem Flugzeug gute Bedingungen für diese Art von Beobachtungen vorhanden sind. Die Beobachtung des Mondschattens auf der Erde ergab, daß man die Grenze des Schattens mit einer Genauigkeit bestimmen könnte, die schon von astrometrischem Interesse wäre. Perek

A. Rükl, Beobachtung der Sonnenfinsternis vom 30. Juni 1954 auf der Volkssternwarte in Prag. RH **36** 188 (tschechisch).

E. Rybka, Polskie ekspedycje dla obserwacji całkowitego zaćmienia słońca 30 czerwca 1954 r. Postępy Astr. **3** 109—114. — Das vielseitige Programm der drei Expeditionen in Polen und einer Expedition in Naltschik am Kaukasus konnte wegen schlechter Witterungsbedingungen an allen Beobachtungsstellen nur teilweise durchgeführt werden. Die Ergebnisse liegen noch nicht vor. Perek

R. Sagot, J. Leclerc, L'éclipse totale de soleil du 30 juin 1954. BSAF **69** 21—27, mit 6 Fig.

W. A. Samanjan, G. A. Jersnkanjan, Beobachtungen der Radiostrahlung der Sonne während der Sonnenfinsternis vom 30. Juni 1954 in Bjurakan. DAN Armen. Sowjetrepublik **20** 161—164 (russisch mit armen. Zusammenfassung). — Ref. in RJ Astr. Geod. UdSSR 1956 Nr. 2 S. 71.

G. Schubert, Meteorologische Beobachtungen in Mecklenburg während der Sonnenfinsternis am 30. Juni 1954. Sterne **31** 56—59, mit 3 Abb.

C. L. Seeger, 400 Mc/s partial eclipse observations on 30 June 1954. BAN **12** 273—283, mit 6 Fig. — Unter Benutzung eines «Würzburg-Gerätes» mit einer

Öffnung von 7.5 m wird in der Nähe von Den Haag die Sonnenstrahlung der Frequenz 400 MHz während der partiellen Sonnenfinsternis vom 30. Juni 1954 registriert. Neben einer ausführlichen Beschreibung der Aufnahmeapparatur und der Anlage der Beobachtungen werden besonders die möglichen Fehlerquellen diskutiert, unter denen vor allem die wechselnden Störungen von der nahe gelegenen Stadt die Genauigkeit der Messungen einschränken. Im übrigen zeigt die erhaltene Intensitätskurve einen glatten Verlauf, und eine Asymmetrie gegenüber der Kurve der geometrischen Finsternis läßt sich leicht erklären, wenn man für die Sonnenstrahlung bei dieser Frequenz bei symmetrischer Verteilung in den äquatorialen Gebieten größere Intensität annimmt als in den polaren, was plausibel erscheint. Sonst sind keine Stellen auf der Sonne nachzuweisen, die verstärkte Strahlung aussenden, was im Einklang mit den optischen Beobachtungen steht. H. M.

T. Skandera, J. Vilčinský, Beobachtung der Sonnenfinsternis vom 30. Juni 1954 auf der Volkssternwarte in Vestín. RH **36** 88—90 (tschechisch).

G. Skeib, Die Sonnenfinsternis am 30. Juni 1954. Berlin, Akademie-Verlag, 1955. Veröff. Meteorol. Hydrolog. Dienst der DDR Nr. 16. 32 S. Preis DM 4.00. — Besprechung in Sky and Telescope **15** 31, Sterne **31** 252.

A. P. Stephanow, P. J. Suchoiwanenko, Photographische Bestimmung der Integralhelligkeit der Sonnenkorona am 30. Juni 1954. Astr Circ UdSSR Nr. 156 S. 6—8 (russisch). — Die Integralhelligkeit der Korona lag 1954 etwa um einen Faktor 2.5—4 unter der des Jahres 1952. Loh.

N. W. Steschenko, E. N. Semanek, Untersuchung der Profile chromosphärischer Linien des Wasserstoffs, Heliums und ionisierten Kalziums. Astr Circ UdSSR Nr. 165 S. 6—8 (russisch). — Mitteilung über das Verhalten der Profile der Linien $H\beta$, $H\delta$, D_3, H und K. Aus der von Selbstabsorption freien D_3-Linie ergab sich unter Annahme einer kinetischen Temperatur der Chromosphäre von 6000° im Höhenintervall 2200—7000 km eine Turbulenzgeschwindigkeit von 16 km/sec. Von den übrigen Linien wurden Profile unter Annahme verschiedener Atomgeschwindigkeiten berechnet und mit den beobachteten verglichen. Loh.

N. W. Steschenko, Untersuchung der Sonnenchromosphäre aus Spektrogrammen der Finsternisse vom 25. Februar 1952 und 30. Juni 1954. Leningrad, Astr. Hauptobs. 1955 (russisch). — Dissertationsreferat.

R. M. Sutton, An unusual observation of the moon's limb during partial eclipse of the sun. Publ ASP **67** 185—187, mit 1 Fig. — Vom Flugzeug aus wurde die partiell verfinsterte Sonne im Aufgang beobachtet. Eine etwa zwei Minuten lang sichtbare helle Einkerbung am Rand des verfinsterten Teils ist wahrscheinlich auf eine lokale Refraktionsanomalie in höheren Schichten der Erdatmosphäre zurückzuführen. O. G.

N. N. Sytinskaja, Vorläufige Ergebnisse der Integralphotometrie der Sonnenkorona am 30. Juni 1954. Astr Circ UdSSR Nr. 161 S. 8—9 (russisch). — Für die Integralhelligkeit fand Verf. im Photographischen $6.2 \times 10^{-7} \odot$, im Photoroten $7.2 \times 10^{-7} \odot$ und im gesamten panchromatischen Gebiet $6.8 \times 10^{-7} \odot$. Loh.

E. Szeligiewicz, Obserwacje meteorologiczne w czasie całkowitego zaćmienia słońca w dniu 30 czerwca 1954 r. Urania Kraków **26** 184—186, mit 2 Fig.

P. Tempesti, Osservazione fotografica dell'eclisse di sole del 30 giugno 1954. Mem SA It (NS) **26** 485—488 = Oss. Astrofis. Catania Pubbl. (NS) Nr. 5. — Mittels der auf photographischen Sonnenbildern gemessenen Sehnen werden unter Anwendung einer von N. Missana abgeleiteten Formel die Zeiten des ersten und letzten Kontaktes der Sonnenfinsternis vom 30. Juni 1954 bestimmt. Verf.

R. Tomaschek, Tidal gravity measurements in the Shetlands. Effect of the total eclipse of June 30, 1954. Nature **175** 937—939, mit 2 Fig.

R. Tomaschek, Schwerkraftbeobachtungen während der totalen Sonnenfinsternis am 30. Juni 1954. Phys. Verhandlungen **6** 91. — Ref. Deutsche Geophys. Ges.

J. Tuominen, J. Riihimaa, K. Tuori, The solar eclipse of June 30, 1954 as observed in Helsinki on wavelength 3.7 meters. Ann d'Astrophys **18** 147—150, mit 2 Fig. = Repr. Radio Astr. Station Univ. Helsinki Nr. 3. — Mitteilung über die radioastronomische Beobachtung der Sonnenfinsternis am 30. Juni 1954 in Helsinki (max. Bedeckung $\approx 90\,\%$ des Sonnendurchmessers), Wellenlänge 3.7 m (81.5 MHz). Die Apparatur bestand aus einem phasengeschalteten Interferenzsystem (14 λ Abstand). Die Auswertung der 20 Meßpunkte wird mit der Intensitätsverteilung nach O'Brien verglichen. Restintensität und Intensität beim ersten Kontakt (für den letzten Kontakt liegen keine Beob. vor) liegen unter den nach O'Brien zu erwartenden Werten. Daene

M. Waldmeier, Ergebnisse der Zürcher Sonnenfinsternisexpedition 1954. I. Vorläufige Photometrie der Korona. ZfA **36** 275—292, mit 6 Abb. = Astr. Mitt. Sternw. Zürich Nr. 191. — Die Korona vom 30. Juni 1954 zeigt eine bisher unbekannte Form, die sich von dem bisherigen Typ der Minimumskorona wesentlich unterscheidet. Sie ist charakterisiert durch je einen Äquatorstrahl am Ost- und Westrand. Diese 2-Strahl-Korona ist die wahre Form der ungestörten Korona. Ihr besonderer Charakter kommt auch in dem extrem hohen (a + b)-Wert von 0.39 zum Ausdruck. Der Übergang von der K- zur F-Komponente, welcher 1952 zwischen R = 1.9 und 4.2 erfolgte, liegt 1954 zwischen 1.6 und 3.2 und zeigt damit an, daß die Helligkeit der K-Komponente in diesem Intervall um rund einen Faktor 1.7 abgenommen hat. Verf.

M. Waldmeier, H. Bachmann, Ergebnisse der Zürcher Sonnenfinsternisexpedition 1954. II. Ultrarot-Photometrie der Korona. ZfA **38** 125—141, mit 6 Abb. = Astr. Mitt. Sternw. Zürich Nr. 195. — Es werden drei photometrisch kalibrierte Ultrarotaufnahmen der Korona bearbeitet. Die Brennweite der verwendeten Kamera betrug 50 cm, die effektive Wellenlänge 7500 Å. Die Messungen wurden korrigiert bezüglich des in der Atmosphäre zerstreuten Koronalichtes. Das Resultat wird in Form eines Isophotenbildes dargestellt. Aus diesem folgen für die Koronaform die Koeffizienten $a = 0.07$, $b = 0.20$, $a + b = 0.27$. Am Äquator ist die innere Korona etwa 3mal, die äußere etwa 1.2mal heller als am Pol. Minimale Helligkeit und Dichte treten bei etwa $b = 65°$ auf. Der Helligkeitsgradient folgt der Intensität der inneren Korona: er zeigt ein breites Maximum von $b = -30°$ bis $b = +30°$, ein Minimum bei 62° und ein sekundäres Maximum am Pol. Die Aufnahmen wurden gemacht, um zusammen mit den später zu bearbeitenden Aufnahmen im grünen Spektralbereich den Farbenindex der Korona zu bestimmen. Verf.

S. K. Wsechswjatskij, G. M. Nikolskij, The structure of the solar corona on June 30, 1954. AJ UdSSR **32** 354—358, mit 2 Fig. und 1 Tafel (russisch mit englischer Zusammenfassung). — Beschreibung und Deutung von Aufnahmen, die mit mehreren Koronographen bei verschiedenen Brennweiten und in verschiedenen Spektralbereichen erhalten wurden. Schrick

C. Zahn, Temperatur, Himmelshelligkeit und Bewölkung während der Sonnenfinsternis vom 30. Juni 1954 in Zürich. Orion Schaffhausen **4** 394—396, mit 2 Abb.

BSAF **69** 345—348, 385—386, 426, mit 3 Fig. L'éclipse partielle de soleil du 30 juin 1954.

BSAF **69** 386—387, mit 2 Fig. A propos de l'éclipse totale de soleil du 30 juin 1954.

Indian J. Meteorol. Geophys. **5** 278—279, 1954. The eclipse of 30 June 1954. — Ref. in RJ Astr. Geod. UdSSR 1956 Nr. 1 S. 102.

Mitt. AG 1954 S. 105—106. Die Sonnenfinsternisexpedition der Hamburger Sternwarte nach Öland (Schweden). G. Thiessen.

Orion Schaffhausen **4** 489. Astronomische Fernsehübertragungen.

Orion Schaffhausen **4** 490. Télévision.

PAT **36** 72, mit 1 Fig. Flygfoto av månskuggan vid förmörkelsen den 30 juni 1954.

UAI Circ **1486**. The total solar eclipse on 1954, June 30. J. Gadomski,

A. Piaskowski, L. Zajdler. — Beobachtungen im Distrikt Warschau. Urania Kraków **26** 267—268. Lotnicze obserwacje zaćmienia słońca z dn. 30. VI. 1954 r.

6214. Sonnenfinsternis 1954 Dezember 25

MN ASSA **14** 6—7. The annular eclipse. J. Siemenhoff, I. Weinberg.

6215. Sonnenfinsternis 1955 Juni 20

J. M. Chamberlain, O. Gingerich, Eclipse in Ceylon. Sky and Telescope **14** 452—455, 466, mit 10 Fig. — Ref. in Coelum **24** 55.

T. Hatanaka, K. Akabane, F. Moriyama, H. Tanaka, T. Kakinuma, A model for the solar enhanced region at centimeter range derived from partial eclipse observations. Rep. Ionosphere Res. Japan **9** Nr. 4 S. 195—204. — Vgl. Ref. **6530**.

C. Hoffmeister, Berichte von der totalen Sonnenfinsternis 1955 Juni 20. Sterne **31** 145—146.

L. Křivský, Klima-Voraussage für die Zone der totalen Sonnenfinsternis am 20. 6. 1955. BAC **6** 12—15, mit 1 Abb. (mit russischer Zusammenfassung). — Vorschau.

V. Marasigan, «Diamond ring» eclipse phase. Philippine Studies **3** 213. — Ref. in RJ Astr. Geod. UdSSR 1956 Nr. 9 S. 6—7.

R. Michard, M. Trellis, Observations aériennes de l'éclipse de soleil du 20 juin 1955. CR **241** 22—23. — Verf. unternehmen es, von einem Militärflugzeug aus in 8000 m Höhe während der Sonnenfinsternis am 20. Juni 1955 photographische Beobachtungen der Sonnenkorona anzustellen mit dem Ziel einer Photometrie und Polarimetrie der Korona und des Zodiakallichtes in drei Farben (5500, 6400 und 8000 Å). Labs

G. M. Nikolskij, Prognose für die Form der Sonnenkorona am 20. Juni 1955. Astr Circ UdSSR Nr. 160 S. 11—12, mit 1 Abb. (russisch).

R. O. Redman, British astronomers at the total solar eclipse of June 20. Nature **175** 1018—1019. — Bericht über das geplante Beobachtungsprogramm.

M. de Saussure, La fausse couronne, la lumière zodiacale et la grande éclipse du 20 juin 1955. BSAF **69** 163—164. — Vorschau.

Astr. Nachr. Berlin-Treptow **7** 1—2. 50 Jahre Relativitätstheorie und die totale Sonnenfinsternis am 20. Juni 1955.

Astr. Nachr. Berlin-Treptow **7** 44. Totale Sonnenfinsternis 1955 Juni 20.

Coelum **23** 86—87. L'eclisse di sole del 20 giugno 1955. — Vorschau.

Hemel en Dampkring **53** 78. De totale zonsverduistering op 20 Juni. — Vorschau.

Hemel en Dampkring **53** 144. De expeditie naar Ceylon had tegenslag.

Indian J. Meteorol. Geophys. **6** 255—260. Total solar eclipse of 20 June 1955. — Ref. in RJ Astr. Geod. UdSSR 1956 Nr. 10 S. 45—46.

JBAA **65** 137—138. Total solar eclipse 1955 June 20. — Vorschau.

NAT 1955 S. 68. Total solformørkelse den 20. juni. — Vorschau.

Orion Schaffhausen **4** 396. Totale Sonnenfinsternis 1955. — Vorschau.

Sky and Telescope **14** 87, 101. Travel plans to a seven-minute eclipse. — Zur Beobachtung der besonders günstigen totalen Sonnenfinsternis vom 20. Juni 1955 wird ein Reiseplan vorgelegt, der bei einer Gesamtdauer der Reise von $2^1/_2$ Wochen einen Aufenthalt von $5^1/_2$ Tagen in Manila, inmitten der Zentralzone der Finsternis, vorsieht. Wegen der nicht allzu vielversprechenden Witterungsbedingungen zu jenem Zeitpunkt wird vorgeschlagen, bei genügender Beteiligung die Finsternis aus einem Flugzeug in großer Höhe zu betrachten. H. M.

Sky and Telescope **14** 142—143, mit 2 Fig. The long eclipse — June 20, 1955. — Vorschau. — Ref. in Sterne **31** 131.

Sky and Telescope **14** 219. Notes on the eclipse. — Vorschau.

Sky and Telescope **14** 263, 292. More eclipse notes.

Sky and Telescope **14** 403, 406. June eclipse observers partly successful.

Sky and Telescope **14** 448—451, mit 6 Fig. Eclipse in the Philippines. — Berichte von Liebhabern. — Ref. in Coelum **24** 55.

Strolling Astronomer **9** 42—43, mit 2 Fig. An observation in the Philippines of the total solar eclipse on June, 20, 1955.

YC 1309 S. 1—2, mit 1 Fig. Expedition of the solar eclipse of June 20, 1955. — Vorschau.

YC 1326 S. 8. Observations of solar eclipse of June 20, 1955 at Sendai and Taiwan (Formosa). Y. Murakami, C. H. Tsai, J. A. Lin, Y. T. Ting, C. Chang.

6216. **Sonnenfinsternis 1955 Dezember 14**

YC 1348 S. 1—2. Solar eclipse of December 14, 1955.

6217. **Sonnenfinsternis 1961 Februar 15**

V. Alessio, M. Cavedon, M. Fracassini, Elementi per l'Italia dell'eclisse solare totale 15 febbraio 1961. Mem SA It (NS) **26** 403—408, mit 1 Fig. = Contr. Oss. Astr. Milano-Merate Nr. 68. — Mitteilung der Besselschen Elemente und des Verlaufs der Totalitätszone in Italien.

L. Santomauro, Dati climatologici per la fascia di totalità dell'eclisse di sole del 15 febbraio 1961. Mem SA It (NS) **26** 461—484, mit 2 Fig. = Contr. Oss. Astr. Milano-Merate (NS) Nr. 73. — Betrifft Daten der italienischen Zone der Finsternis.

Coelum **23** 177—178, mit 1 Fig. L'eclisse totale di sole del 15 febbraio 1961. — Vorschau.

§ 63

Flecke, Fackeln

6301. **K. D. Abhyankar, A. S. Ramanathan,** Equivalent widths of atomic lines in sunspot spectra. ApJ **121** 739—749, mit 3 Fig. = Sonderdruck Kodaikanal Obs. — Wachstumskurven von CrI, FeI und TiI führen zu Anregungstemperaturen von 4030°, 4200° bzw. 3800° in Sonnenflecken. Diese Temperaturen liegen etwas höher als die, die früher von anderen Autoren abgeleitet wurden. U. Be.

6302. **N. Arriaga,** Relations between solar activity and the center of gravity of the planetary system. J. Geophys. Res. **60** 535—536. — Die Frage nach den planetarischen Einflüssen auf die Sonnenfleckentätigkeit wird erneut aufgegriffen. Für den Zeitraum von 1870 bis 1960 wird die Stellung von Jupiter-Saturn und Uranus-Neptun mit der Sonnentätigkeit verglichen. Die Fleckenmaxima fallen mit relativen Konjunktionen des Gravitationszentrums mit dem Sonnenmittelpunkt zusammen. Eine ausführliche Darstellung ist angekündigt. U. Be.

6303. **M. d'Azambuja, J. Rösch,** Premières manifestations importantes d'activité du nouveau cycle solaire. BSAF **69** 1—6, mit 4 Fig. — Ref. in Coelum **23** 122.

6304. **M. d'Azambuja,** Sur l'identification des taches solaires à l'aide des facules chromosphériques. CR **241** 592—594. — Beobachtungen des Verhaltens chromosphärischer Fackeln geben eine Möglichkeit an die Hand, die Entwicklung der sich daraus bildenden Aktivitätszentren zu studieren und vorherzusagen. Im besonderen läßt sich der Entstehungszeitpunkt auf weniger als 0.5 Tage festlegen. Labs

6305. **M. d'Azambuja,** Sur la dissymétrie Est/Ouest de la formation de nouvelles taches solaires. CR **241** 1712—1714, mit 1 Fig. — Es bilden sich etwa zweimal soviel Aktivitätszentren auf der Ostseite der Sonnenscheibe wie auf der Westseite. Erstere sind im Mittel dauerhafter. Diese Feststellung trifft Verf. nach Untersuchungen in Meudon. Labs

6306. E. Balli, Étude des variations courtes dans la fréquence des taches solaires. Ann d'Astrophys **18** 118—126, mit Berichtigung S. 378. — Untersuchung der kurzzeitigen Abweichungen der beobachteten Sonnenflecken-Relativzahlen von ihren gewogenen Mitteln in den 17 Zyklen zwischen 1755 und 1944 unter Benutzung der Gaußschen Fehlerverteilung, der «run»-Bedingung von Kermack und McKendrick für die Zufälligkeit auf- und absteigender Folgen und des Gleissbergschen Kriteriums für die Zufälligkeit von Vorzeichenfolgen bestätigen übereinstimmend die Existenz einer 80jährigen Periode der Sonnenaktivität. Gü.

6307. U. Becker, Das Rotationsgesetz der Sonnenfleckenherde. Mitt. AG 1954 S. 29. — Ref. AG.

6308. U. Becker, Untersuchungen über die Herdbildung der Sonnenflecken. ZfA **37** 47—66, mit 13 Abb. = Mitt. Fraunhofer Inst. Nr. 24. — Die rund 12000 Sonnenfleckengruppen der Zyklen 12—17 (1879—1941) der Greenwich Photoheliographic Results dienen zur Untersuchung von Sonnenfleckenherden. Unter einem Herd wird ein Gebiet auf der Sonne verstanden, in dem über einen längeren Zeitraum immer wieder Flecken gebildet werden. Das Ausgangsmaterial wird mit Schablonen gewonnen, die Auswertung erfolgt durch Vergleich von theoretischer und beobachteter Streuung in Prüffeldern, die in geeigneter Weise die Sonne lückenlos überdecken. Es wird ein Katalog von 46 langlebigen Herden gegeben. Die Entwicklung der Herde und ihre Größe wird untersucht, ebenso die Verteilung der Herde nach heliographischer Länge und Breite. Für die 46 Herde wird ein Rotationsgesetz abgeleitet. Die Herde rotieren etwa 2—3° pro Rotation schneller als die Sonnenflecken und gehören wie diese noch dem differentiell rotierenden Niveau der Sonne an. Verf.

* * **A. Bruzek,** Über die Beziehungen der Korona-Emissionsgebiete zu Sonnenflecken und Fackeln. Vgl. Ref. **6704**.

* * **A. Bruzek,** Die Korona-Emissionsgebiete und ihre Beziehungen zu Sonnenflecken und Fackeln. Vgl. Ref. **6705**.

6309. E. J. Chernosky, Relationship of the length of solar cycles to the secular variation of activity. Publ ASP **67** 117—119, mit 1 Fig. — Aus Rechnungen mit den jährlichen Mittelwerten der Relativzahlen behauptet der Autor: Die Zykluslänge ist kürzer als 11.3 Jahre während der Zeit der säkularen Zunahme der Relativzahl und kürzer als 11.3 Jahre bei säkularer Abnahme und bei säkularen Minima der Relativzahlen. U. Be.

6310. P. Djurković, Activité solaire. Annuaire de notre ciel pour l'an 1956. Beograd 1955 S. 130—135, mit 7 Fig. (serbisch).

* * **P. M. Djurković,** Positions héliographiques des planètes dans le système de Carrington et l'activité des taches solaires. Vgl. Ref. **7007**.

6311. M. S. Eigenson, Neue Methode einer sehr frühen Prognose der Höhe des Maximums des bevorstehenden 11-jährigen Zyklus der Sonnenaktivität. Circ. Astr. Obs. Lwow Nr. 29 S. 25—27 (russisch). — Auf Grund der vom Autor zusammen mit T. L. Mandrykina gefundenen Korrelation ($r = +0.73$) zwischen dem größten mittleren Jahreswert der Wolfschen Relativzahl W_M und der größten heliographischen Breite der Flecken zur Zeit des vorausgehenden Minimums φ_M wird anläßlich der Auffindung einer ersten bipolaren Gruppe des neuen Zyklus in $\varphi = +52°$ in den U.S.A. eine größte mittlere Jahresrelativzahl von mindestens 200 vorausgesagt. Der laufende säkulare Zyklus dürfte dem des 18. Jahrhunderts ähnlich sein, welcher einen langen, hohen Anstieg und einen steilen Abfall zu Beginn des 19. Jahrhunderts hatte. Petri

6312. M. S. Eigenson, T. L. Mandrykina, Der neue Index der Sonnenaktivität. II. Circ. Astr. Obs. Lwow Nr. 29 S. 33—42, mit 1 Abb. (russisch). —

Außer dem früher eingeführten Index a, der die mittlere Lebensdauer der Fleckengruppen ausdrückt, wird ein neuer Index $\overline{S_M}$ vorgeschlagen, der das Jahresmittel der Flächen der Fleckengruppen darstellt. Bei wiederkehrenden Gruppen wird dabei jede Erscheinung gesondert gewertet. Diese Zahl kann nach Ablauf des Jahres sofort berechnet werden, während man für den Index a erst noch eine etwaige Wiederkehr von Gruppen abwarten muß. Die Beträge des neuen Index sind für die Jahre 1900—1952 — getrennt nach Hemisphären und auch zusammengelegt — in Kurven dargestellt, welche ausführlich diskutiert werden. Danach wird durch die $\overline{S_M}$ besonders deutlich der säkulare Zyklus, der 1901 eingesetzt hat, hervorgehoben. Auch die hemisphärische Asymmetrie der Sonnenaktivität und der 22jährige Hale-Zyklus kommen gut zum Ausdruck. Die Extreme der $\overline{S_M}$ verlaufen im wesentlichen phasengleich mit denen der Wolfschen Relativzahlen. Petri

6313. T. Fortini, La fase decrescente dell'ultimo ciclo solare, secondo misure effetuate nell'Osservatorio Astronomico di Roma. I. II. Rend. Accad. Nazionale Lincei, Cl. Sci. fis., mat., nat. (8) **19** 131—136, 272—276, mit 3 Fig. und 3 Tafeln. — Verf. betrachtet die monatlichen Mittel der Fleckenrelativzahlen für die Periode 1948—1954 und zieht daraus einige günstige Schlüsse über die atmosphärischen Bedingungen in Monte Mario im Hinblick auf Sonnenbeobachtungen. Die Flächen der Flecken werden mit denen von Washington verglichen. Cester

6314. W. Gleissberg, Die Asymmetrie der Sonnenfleckenkurve. Mitt. AG 1954 S. 29. — Ref. AG.

6315. W. Gleissberg, Vorläufige Bestimmung der mittleren Länge des 80jährigen Sonnenfleckenzyklus. Naturwissenschaften **42** 410. — Kurze Mitteilung. — Ref. in Phys. Abstracts (A) **59** 2.

6316. W. Gleissberg, Die Persistenz des 80jährigen Sonnenfleckenzyklus durch 16 Jahrhunderte. Publ. Istanbul Univ. Obs. Nr. 57, 9 S. — Auf Grund einer von Schove (vgl. Ref. **6340**) veröffentlichten Liste der Jahre maximaler Sonnentätigkeit, die seit dem Jahre 290 n. Chr. nur wenige Lücken aufweist, und einer von Fritz stammenden Liste von Jahresmitteln der Sonnenfleckenrelativzahlen für die Jahre 1700—1748 gelang es Verf., den 80jährigen Sonnenfleckenzyklus in den Epochen der Maxima bis zum Jahre 300 n. Chr. und in den Ordinaten der Minima und Maxima bis zum Jahre 1700 zu verfolgen. Als Ergebnis sind in Tabelle 4 der Untersuchung die säkular ausgeglichenen Minima und Maxima der Sonnenflecken zusammengestellt.

6317. W. Gleissberg, Der Rhythmus der Zonenwanderung der Sonnenflecken. ZfA **37** 108—113. — Die Epochen, zu denen der mittlere Äquatorabstand der Flecken 15° beträgt, folgen einander zwar mit größerer Regelmäßigkeit als die Epochen der Häufigkeitsmaxima der Flecken; aber auch in ihrer Folge scheint sich der 80jährige Fleckenzyklus bemerkbar zu machen. Verf.

6318. H. Haupt, R. Kern, Die Reduktion der Wiener Sonnenflecken-Beobachtungen auf die Züricher Skala. Linzer Sternenbote **8** Nr. 1 S. 1—3, 1954 = Mitt. Sonnenobs. Kanzelhöhe Nr. 5.

6319. B. N. Himmelfarb, Über die Ost-West-Asymmetrie der Verteilung der entstehenden und verschwindenden Sonnenfleckengruppen. Astr Circ UdSSR Nr. 159 S. 32 (russisch). — Kritische Bemerkung zu der in Astr Circ UdSSR Nr. 150 S. 9—13, 1954 (vgl. AJB **54** Ref. **6344**) veröffentlichten Mitteilung von W. F. Tschistjakow.

6320. M. Hotinli, Note on the foreshortening of sunspots. Publ. Istanbul Univ. Obs. Nr. 56, 2 S. (mit türkischer Zusammenfassung). — Antwort auf eine Kritik von Kopecký und Mayer (AJB **54** Ref. **6324**) an der bekannten Sichtbarkeitsfunktion des Verf. U. Be.

6321. **E. Jensen, J. Nordø, T. S. Ringnes,** Variations in the structure of sunspots in relation to the sunspot cycle. Astrophys. Norwegica 5 167—205, mit 22 Fig. — Es wird das Verhältnis *q* von Gesamtfläche: Umbra an 653 regelmäßigen Einzelflecken mit einer Fläche > 50×10^{-6} der Sonnenhemisphäre untersucht und eine dem Fleckenzyklus parallel laufende zeitliche Variation festgestellt. Ferner zeigt auch die Abhängigkeit von *q* von der Fleckengröße starke zeitliche Variationen. Bru.

6322. **E. Jensen,** Litt om strukturen av solflekker og solflekkmagnetisme. Fra Fysikkens Verden 1955 S. 145—160, mit 11 Fig. = Inst. Teoret. Astrofys. Blindern-Oslo Småtrykk Nr. 13.

6323. **M. Kopecký,** Graphical determination of the number of originating sun-spot groups and their average lifetimes. BAC **6** 17—19, mit 2 Fig. (mit russischer Zusammenfassung). — Verf. ergänzt seine früheren Untersuchungen durch zwei Nomogramme, aus denen man aus Beobachtungen von Sonnenflecken in der Nähe des Zentralmeridians sofort auf die mittlere Lebensdauer und die Gruppenzahlen schließen kann. U. Be.

6324. **M. Kopecký,** Über die Verteilung der Flecken auf der Sonnenscheibe. Časopis 5 43—45, mit 3 Fig. (tschechisch). — Abfall der Flecken am Sonnenrand und Ursachen der Ost-West-Asymmetrie der Sonnenflecken. J. B.

6325. **M. Kopecký,** Approaching of new maximum of sun-spots. RH **36** 149—150 (tschechisch).

6326. **T. L. Mandrykina,** Der Wert des ā-Indexes für die Jahre 1948—1953. Circ. Astr. Obs. Lwow Nr. 29 S. 31—32, mit 1 Abb. (russisch). — Die in einer Tabelle enthaltenen Werte beruhen für 1948—1950 auf dem Katalog des Sonnendienstes der UdSSR und für 1951—1953 auf Mitteilungen von R. S. Gnewyschew. Ein Schaubild zeigt die Werte des Indexes ā zusammen mit den Relativzahlen *W* für die Zeit von 1875 bis 1953. Petri

6327. **O. A. Melnikow, S. S. Shurawlew,** Spektrophotometrie ausgewählter Absorptionslinien im Spektrum der Sonnenflecken. Bote Univ. Leningrad Nr. 8 S. 87—95 (russisch). — Ref. in RJ Astr. Geod. UdSSR 1956 Nr. 6 S. 43—44.

6328. **D. H. Menzel, D. Layzer, M. Krook,** The origin and evolution of sunspots. AJ **60** 171—172. — Ref. AAS.

* * **J. Mergentaler, J. Paciorkówna,** Rozbłyski chromosferyczne i pola magnetyczne plam słonecznych. Vgl. Ref. **6630**.

6329. **W. A. Miller,** Intensity variation in sunspots. Nature **175** 557—558, mit 1 Fig. — Aus kurzzeitigen Veränderungen kinematographischer Aufnahmen von Sonnenflecken im Integrallicht schließt Verf. auf vorübergehende Aufhellungen am Rande der Umbra und auf Bewegungen der Penumbrastruktur bis zu 50000 km/sec. Behr

* * **C. M. Minnis,** A new index of solar activity based on ionospheric measurements. Vgl. Ref. **72109**.

6330. **O. N. Mitropolskaja,** Die Konturen der Wasserstofflinien H_α und H_β in den Fackeln und der Photosphäre. Mitt. Astrophys. Obs. Krim **15** 130—135, mit 2 Abb. (russisch). — Die Konturen dieser Linien einiger Fackeln und der benachbarten Photosphäre wurden lichtelektrisch bestimmt. Die Unterschiede in den Konturen der Fackeln und der Photosphäre haben gegensätzliche Vorzeichen. Sie erreichen den größten absoluten Wert am Rand der Sonnenscheibe und verschwinden im Zentrum fast. Das Verhalten der Linienkonturen bestätigt die Hypothese über die Existenz einer heißeren Oberflächenschicht der Fackeln und einer kälteren tieferen Schicht. Loh.

* * **E. R. Mustel,** Die Chromosphäre über Sonnenflecken. Vgl. Ref. **6632**.

6331. **A. M. Naqvi, J. N. Tandon,** The very long lived M-regions near the sunspot minimum of 1933. Indian J. Meteorol. Geophys. **6** 251—253. — Ref. in RJ Astr. Geod. UdSSR **1956** Nr. 9 S. 45—46.

6332. **H. W. Newton,** The twenty-five largest sunspots, 1874—1954. JBAA **65** 225—231, mit 2 Fig. und 3 Tafeln. — Ref. in Coelum **23** 172—173.

6333. **H. W. Newton, A. S. Milsom,** Note on the observed differences in spottedness of the sun's northern and southern hemispheres. MN **115** 398—404, mit 5 Fig. — Die Verteilung von Sonnenflecken auf der Nord- und Südhälfte der Sonnenscheibe ist nicht zufällig. Der oft behauptete Zusammenhang mit dem 22jährigen Zyklus (sogenannter magnetischer Zyklus) besteht nicht. Es scheint aber ein Zusammenhang mit der Höhe des Relativzahlmaximums in den einzelnen Zyklen zu bestehen. U. Be.

6334. **H. W. Newton, A. S. Milsom,** Note on the observed differences in spottedness of the sun's northern and southern hemispheres. Obs **75** 234—235. — Ref. RAS. — Vgl. vorstehendes Ref.

6335. **S. B. Nicholson,** Short-period fluctuations in solar activity. AJ **60** 174. — Ref. AAS.

6336. **M. Ogawara, K. Tomatsu,** A prediction for the next maximum of sunspot numbers. Papers Meteorol. Geophys. **5** 212—216. — Ref. in RJ Astr. Geod. UdSSR **1956** Nr. 8 S. 52.

6337. **E. N. Parker,** The formation of sunspots from the solar toroidal field. ApJ **121** 491—507, mit 4 Fig. — In einer elektrisch leitenden Atmosphäre erleidet eine horizontale Röhre magnetischen Kraftflusses einen Auftrieb, da wegen des zusätzlichen magnetischen Drucks in der Röhre bei gleicher Temperatur innerhalb und außerhalb die Dichte innen kleiner sein muß als außen. Es wird abgeschätzt, daß dieser Auftrieb, angewandt auf das toroidale Magnetfeld der Sonne, groß genug ist, dieses gelegentlich bis an die Oberfläche zu bringen. Die Querschnitte der Röhre mit der Photosphäre werden mit den Sonnenflecken identifiziert, eine Vorstellung, die geeignet erscheint, eine Anzahl der bei den Flecken beobachteten Phänomene zu erklären. Insbesondere werden die linearisierten Gleichgewichtsbedingungen für eine magnetische Kraftröhre aufgestellt und mit ihrer Hilfe die Bildung von Flecken und die Entwicklung von Fleckengruppen erörtert. Kdr.

6338. **W. I. Sajko,** Der Zusammenhang zwischen der Fleckenzahl in einer Gruppe und ihrer Fläche und die zyklischen Veränderungen dieses Zusammenhangs. Circ. Astr. Obs. Lwow Nr. 29 S. 21—24, mit 1 Abb. (russisch). — Die Untersuchung der ersten je 50 bzw. 100 Fleckengruppen eines jeden Jahres von 1938 bis 1951 ergibt eine enge statistische Verknüpfung zwischen der Zahl der Einzelflecken (n) und der Gesamtfläche (S) einer Fleckengruppe. Der Korrelationskoeffizient ist zu Zeiten großer Sonnenaktivität besonders groß. Petri

6339. **L. Schmied,** About solar activity. RH **36** 79—80, mit 1 Fig. (tschechisch).

6340. **D. J. Schove,** The sunspot cycle, 649 B.C. to A.D. 2000. J. Geophys. Res. **60** 127—146, mit 1 Fig. — Aus den Fleckenbeobachtungen seit 1700, den beobachteten Maxima und Minima seit 1610 und den Polarlichtbeobachtungen seit 300 n. Chr. wird die Reihe der Sonnenfleckenzyklen (Maximumjahr, Minimumjahr und Maximumintensität) seit 650 v. Chr. extrapoliert. Neben dem 11- und 78jährigen Zyklus scheint nach den Polarlichtbeobachtungen noch ein irregulärer Zyklus von rund 200 Jahren zu existieren. U. Be.

* * **P. Simon,** Activité géomagnétique et taches solaires. Vgl. Ref. **6844**.

* * **A. Stoyko,** La propagation des ondes radioélectriques d'après les signaux doublés directs et de superpropagation. Vgl. Ref. 2362.

6341. **B. Szczepkowski,** Klasyfikacja magnetyczna plam słonecznych. Urania Kraków **26** 25—29, mit 9 Fig.

* * **E. Tandberg-Hanssen,** On the correlation between radio-frequency radiation from the sun and solar activity. Vgl. Ref. **6547**.

6342. **B. Thüring,** Eine einparametrige Formel der Sonnenfleckenhäufigkeit. AN **282** 33—38. — Von möglichst weitgefaßten physikalischen Vorstellungen ausgehend, wird eine einparametrige Formel des primären Verlaufs der Sonnenfleckenhäufigkeit deduktiv ermittelt. Ihre konstanten Parameter werden an Hand der Fleckenstatistik numerisch bestimmt. Ein Vergleich der Formel mit den Ergebnissen der Fleckenstatistik wird durchgeführt. Verf.

6343. **W. F. Tschistjakow,** Einige Besonderheiten des Sonnenzyklus in der Nähe des Minimums. Astr Circ UdSSR Nr. 158 S. 22—24, mit 1 Fig. (russisch). — Entgegen den Voraussagen war das Fleckenminimum Anfang 1954 sehr tief, etwa so tief wie 1902 und 1913. Verf. untersuchte deshalb alle Minima näher, indem er die mittleren Fleckenrelativzahlen in der Zeit zwölf Monate vor und zwölf Monate nach jedem Minimum bildete. Der zeitliche Verlauf dieser beiden Kurven ist dem der mittleren Fleckenrelativzahlen in den Jahren der Maxima sehr ähnlich. Loh.

6344. **J. Tuominen,** The latitude drift of sunspot groups. ZfA **37** 145—148, mit 1 Fig. = Repr. Radio Astr. Station Univ. Helsinki Nr. 2. — Das vom Verf. schon früher benutzte Material zur Untersuchung der Eigenbewegung in Breite von Sonnenflecken wird neu diskutiert, um die Frage nach einer 11- oder 22-jährigen Periode zu entscheiden. Verf. nimmt die 22-jährige Periode als gesichert an. U. Be.

6345. **B. Valníček,** Classification of sun-spots. RH **36** 124—127, mit 1 Fig. (tschechisch).

* * **B. Vauquois,** Influence de l'âge des centres d'activité radioélectrique sur leur rayonnement en ondes centimétriques. Vgl. Ref. **6550**.

6346. **M. Waldmeier,** Polare Fackeln. Mitt. AG **1954** S. 30. — Ref. AG. — Vgl. nachstehendes Ref.

6347. **M. Waldmeier,** Polare Fackeln. ZfA **38** 37—54, mit 6 Abb. = Astr. Mitt. Sternw. Zürich Nr. 194. — In den Jahren 1951—54 sind in großer Zahl polare Fackeln aufgetreten. Der mittlere Durchmesser dieser Gebilde beträgt 2300 km, ihre Lebensdauer wenige Minuten bis zu mehreren Tagen. Die mittlere heliographische Breite der polaren Fackeln beträgt 66° und zeigt eine jährliche Periode, welche mit der Achsenneigung der Sonne zusammenhängt. Diese polare Zone ist jedoch nur durch die Sichtbarkeitsfunktion vorgetäuscht, welche bei Abständen von 55° bis 70° vom Zentrum der Sonnenscheibe ein breites Maximum hat und bei größeren Abständen stark abfällt. Die wahre Verteilung der Fackelpunkte ist für $b > 68°$ nahezu gleichförmig, während in niedrigeren Breiten ihre Dichte stark abfällt. Die mit Fackeln bedeckte Polarkalotte scheint mit dem allgemeinen Magnetfeld der Sonne und den Polarstrahlen der Korona in Beziehung zu stehen. Verf.

6348. **J. W. Warwick,** Magnetic intensification and the sunspot curve of growth. ZfA **35** 245—251, mit 4 Fig. = Harv Repr Nr. 399. — In Weiterführung der Untersuchung von Hubenet (vgl. AJB **54** Ref. **6321**) wird der anormale Zeemaneffekt diskutiert. (Annahme: Magnetfeld konstant mit der Tiefe im Fleck). Die magnetische Verstärkung wird mit der Wachstumskurve verglichen. Unter Berücksichtigung einer Turbulenz von 2 km/sec besteht Übereinstimmung zwischen Theorie und Beobachtung. U. Be.

6349. Royal Greenwich Observatory. Sunspot and geomagnetic-storm data derived from Greenwich observations 1874—1954. London, Her Majesty's Stationery Office, 1955. 8 + 106 S. mit 2 Tafeln. Preis £ 1 5 s. — Besprechung in JBAA **66** 176—177 (F. J. Sellers), J. Geophys. Res. **61** 135 (W. E. Scott), Sky and Telescope **15** 362—363 (H. L. Bondy), ZfA **39** 62—63 (A. Unsöld). — Enthält: Mean daily areas of sunspots and faculae 1874—1954, S. 1—20. Mean heliographic latitudes of sunspots 1874—1954, S. 21—38. Catalogue of the larger sunspots 1874—1954, S. 39—68. Catalogue of geomagnetic storms 1874—1954, S. 69—106.

6350. The 25 largest sunspots. Sky and Telescope **14** 503.

6351. Beobachtungen von Sonnenflecken

Acta Astr. Sinica **3** 153—161, mit 2 Fig. (chinesisch). Observations of sunspots at the Purple Mountain Observatory and its stations at Zô-Sè and Kun-Ming (1954). Y.-L. Chang, C.-Y. Chen, S.-H. Yeh.

Acta geophys. polon. **3** 43—48. Obserwacje plam słonecznich. J. Mergentaler.

AJ **60** 236. Summary of sunspot observations at Mount Holyoke College, 1954. A. H. Farnsworth.

Bol. Astr. Obs. Madrid **4** Nr. 8 S. 45—77, mit 1 Fig. Observaciones de manchas solares. I. Números relativos de Wolf. E. Gullón. — Beobachtungen 1954.

Bol. Astr. Obs. Madrid **4** Nr. 8 S. 79—101, mit 4 Fig. Observaciones de manchas solares. II. Estadística de manchas y superficie de las mismas. E. Gullón, M. López Arroyo. — Beobachtungen 1954.

Bol. Mensual Obs. Cartuja Granada. Observaciones astronómicas y sísmicas. Enero a Diciembre de 1954. J. A. Burgos, A. Due. — Rotationen Nr. 1342—1355.

Bol. Obs. Ebro **41**, 35 S. Heliofísica 1953.

Boll. Accad. Gioenia Sci. nat. Catania (4) **3** 74—83, mit 3 Fig. = Oss. Astrofis. Catania Contr. Astrofis. Nr. 79. L'attività del Sole nel 1953. S. Cristaldi.

BSAF **69** 7—9, 81—82, 109, 161, 235—236, 286, 343, 370, 437—438, 470, mit 14 Fig. L'activité solaire. M. d'Azambuja. — Rotationen Nr. 1352—1365.

BSAF **69** 76—77, 145, 194, 233—234, mit 1 Fig. Soleil.

BSAF **69** 162. Nombres relatifs de Wolf pour l'année 1954. M. Waldmeier.

Bull. Obs. Astr. Beograd **19** Nr. 4 S. 3—4, mit 1 Fig. Activité des taches solaires en 1954, observées à Beograd. M. Protitch.

Ciel et Terre **71** 47, 115, 200—201, 274, 356. Activité solaire — résumés. — Rotationen Nr. 1352—1362.

Ciel et Terre Suppl. 1955 Nr. 1—12, mit Fig. Observations des taches solaires. Observations photosphériques et chromosphériques. P. Bourgeois, R. Coutrez. — Rotationen Nr. 1352—1364.

Circ. Astr. Obs. Gorkij-Staatsuniv. Charkow Nr. 13 S. 15—44 (russisch). Die Aktivität der Sonnenphotosphäre und -chromosphäre vom 1. Juli bis 31. Dezember 1951. R. M. Rapota.

Circ. Astr. Obs. Gorkij-Staatsuniv. Charkow Nr. 14 S. 9—18 (russisch). Die Sonnenaktivität vom 1. Januar bis 30. Juni 1952. R. M. Rapota.

Circ. Astr. Obs. Gorkij-Staatsuniv. Charkow Nr. 14 S. 19—40 (russisch). Die Sonnenaktivität vom 1. Juli bis 31. Dezember 1952. L. I. Krissenko, R. M. Rapota.

Circ. Astr. Obs. Taschkent Nr. 274—279. Die Sonnenaktivität 1954 Nov.—1955 Feb. J. M. Slonim, K. Kuleschowa.

Coelum **23** 25—26, 51—52, 85—86, 115—116, 140—141, 169—170, mit 8 Fig. Fenomeni solari dei mesi di ottobre 1954—settembre 1955.

DOB **8** Nr. 11 Fasc. 4, Nr. 12 Fasc. 3, 8 S. mit 2 Fig. Documents pour l'observation du Soleil. H. Haupt.

Greenwich Photo-heliographic Results 1946. Results of measures made at the Royal Observatory, Greenwich, of photographs of the Sun, taken at Greenwich, the Cape and Kodaikanal in the year 1946. London, Her Majesty's Stationery Office, 1955. C1—C135.

Desgl. für 1947. CI—VII, C1—231.

Hemel en Dampkring **53** 20, 44, 64, 88, 108, 128, 152, 174, 176, 196, 212, 232. Zonnevlekkengetallen. — November 1954—Oktober 1955.

Indian J. Meteorol. Geophys. **5** 284—285, 373—374, 1954. Kodaikanal solar, geomagnetic and ionospheric data January—March, April—June, 1954. A. K. Das.

Indian J. Meteorol. Geophys. **6** 77—79, 193—196, 264—273, 349—357. Kodaikanal solar, geomagnetic and ionospheric data July 1954—March 1955, April—June 1955. A. K. Das, S. L. Malurkar.

J. Astr. Soc. Victoria **8** 81. Sunspots.

J. Geophys. Res. **60** 108, 225, 355, 528. Provisional sunspot-numbers. M. Waldmeier. — 1954 Okt.—1955 Sept.

J. Geophys. Res. **60** 349—351, mit 1 Fig. Final relative sunspot-numbers for 1954. M. Waldmeier.

J RAS Canada **49** 253—254. Large sun-spots.

Mem SA It (NS) **26** 221—229 = Oss. Astr. Roma Monte Mario Contr. Sci. (NS) Nr. 217. Area, posizione eliografica e classifica delle macchie solari durante l'anno 1954, secondo i rilievi fotografici giornalieri dell'Osservatorio Astronomico die Roma. M. Cimino, T. Fortini.

Mem SA It (NS) **26** 297—307, mit 5 Fig. = Oss. Astrofis. Catania Pubbl. (NS) Nr. 3. L'attività del Sole nel 1954. S. Cristaldi.

Mitt. Archenhold-Sternw. Berlin Nr. 42, 10 S. Bericht über die Auswertung von Sonnenbeobachtungen 1954. G. Schirdewahn.

MN **115** 577—580. Mean daily areas and heliographic latitudes of sunspots in the years 1953 and 1954.

Obs **75** 37—38. Solar activity and geomagnetic storms, 1954. H. W. Newton, H. F. Finch.

Orion Schaffhausen **4** 360. Provisorische Sonnenfleckenrelativzahlen für Januar —Dezember 1954. M. Waldmeier.

Orion Schaffhausen **4** 397, 445, 491. Provisorische Sonnenfleckenrelativzahlen Januar—September 1955. M. Waldmeier.

Orion Schaffhausen **4** 397. Definitive Sonnenfleckenrelativzahlen für 1954. M. Waldmeier.

Orion Schaffhausen **4** 397. Jahresmittel der Sonnenfleckenrelativzahlen 1947—1954.

Orion Schaffhausen **4** 400—401. Soleil.

PAT **36** 153—155, mit 1 Fig. Den stora solfläcksgruppen i juni 1955.

Publ ASP **67** 49—50, 122—123, 187—188, 263—264, 357—358, 422—423. Summary of Mount Wilson magnetic observations of sunspots.—1954 Sept.—1955 Aug.

Publ ASP **67** 99—101, mit 1 Fig. Solar activity in 1954. T. A. Cragg.

Publ. Astr. Hauptobs. Pulkowo. Katalog der Sonnentätigkeit von 1952 bis 1953. R. S. Gnewyschewa.

Publ. Istanbul Univ. Obs. Nr. 55, 4 S. (mit türkischer Zusammenfassung). Observations des taches solaires en 1954. E. Balli.

Publ. Eidgen. Sternw. Zürich **10** 61—74, mit 13 Abb. Heliographische Karten der Photosphäre für das Jahr 1954. M. Waldmeier.

Quarterly Bull. Solar Activity Nr. 107—109. Published by the Eidgen. Sternwarte in Zürich. — 1954 Juli—1955 März.

Rep. Ionosphere Res. Japan **9** 51. Solar activity and geomagnetic K-index at sunspot minimum. T. Hatanaka, Z. Suemoto, A. Tsuchiya.

Rev. geofís. **13** 104—112, 189—197, 343—359, 1954. Nota relativa a la actividad solar y geomagnetica. J. O. Cardus.

Rev. geofís. **14** 71—80, 173—181, 363—372. Nota relativa a la actividad solar y geomagnetica. J. O. Cardus.

RH **36** 111 (tschechisch). Definitive Sonnenfleckenrelativzahlen im Jahre 1954. J. Bouška.

Sky and Telescope **14** 121, 167, 207, 252, 306, 350, 393, 436, 485, 526, **15** 45—46, 99. Sunspot numbers.

Sky and Telescope **14** 252. Sunspot cycle notes. H. L. Bondy.

Sonnendaten 1954. Nr. 1—3. Tägliche Karten der Sonne (russisch). — 1954 Juli—Dez.

Sonnendaten 1955. Nr. 1—3. Tägliche Karten der Sonne (russisch). — 1955 Jan.—Juni.

Sterne **31** 102. Sonnenfleckenzahlen für 1954 der Eidgenössischen Sternwarte Zürich. M. Waldmeier.

Sterne **31** 177—179, mit 3 Abb. Die Sonnentätigkeit im ersten Halbjahr 1955. R. Müller.

Tellus **7** 501—508 = Stockholms Obs. Medd. Nr. 86. Sunspot areas, flares and filaments observed at the Stockholm Observatory and at its station in Anacapri in the years 1952 and 1953. Y. Öhman, L. O. Lodén.

Tokyo Astr. Obs. Bull. Solar Phenomena **6** 45—62, **7** 1—52, mit Fig. — 1954 Okt.—1955 Sept.

Urania Kraków **26** 176—178, mit 1 Fig. Aktywność słońca w roku 1954. J. Mergentaler.

US Naval Obs. Circ. Nr. 55, 56, 58, 60, 61, 62, 63. 35 S. Positions, areas, and counts of sunspots, September 1954—September 1955. W. S. Cameron.

US Naval Obs. Circ. Nr. 57, 8 S. Solar summary for 1954.

Vega **2** Nr. 28 S. 2. Solar activity, March, April and May, 1955.

Vega **2** Nr. 29 S. 1—2. Colour in sunspots.

Veröff. Fraunhofer-Inst. Freiburg. Sonnen-Zirkular 1954 Okt.—1955 März. 82 S. mit Fig.

VJS Naturf. Ges. Zürich **100** 114—130, mit 3 Abb. = Astr. Mitt. Sternw. Zürich Nr. 193. Die Sonnenaktivität im Jahre 1954. M. Waldmeier.

YC 1342 S. 4, 1346 S. 5. Provisional sunspot-relative numbers for October 1955 to November 1955.

Z. Meteorol. **8** 255, 1954. Provisorische Züricher Sonnenflecken-Relativzahlen für das zweite Vierteljahr 1954.

Z. Meteorol. **9** 93. Endgültige Sonnenflecken-Relativzahlen für 1954. M. Waldmeier.

§ 64

Photosphäre, Spektrum

6401. **M. G. Adam,** Interferometric measurements of wave-lengths. II. Measurements at 6500 Å and a general discussion of the solar red shift. MN **115** 405—421, mit 7 Fig. = Commun. Univ. Obs. Oxford Nr. 49. — Wellenlängenverschiebungen durch Stöße mit neutralem Wasserstoff in der Sonnenatmosphäre sind nur ungenau bekannt. Nur für Resonanzlinien (es wird die sehr schwache Calcium-Linie 4 ^{1}S—4 ^{3}P^0 bei 6572.8 Å benutzt) ist eine Rotverschiebung zu erwarten, die den gesuchten relativistischen Effekt verstärken sollte, während die Beobachtungen hier die bisher kleinste Rotverschiebung ergeben. Verantwortlich dafür ist eine allgemeine, von der Linienstärke abhängige Wellenlängenänderung gegenüber den Laboratoriumsergebnissen. Eigene Messungen und Messungen des Allegheny Observatoriums — Bureau of Standards werden gemeinsam wegen dieses Effektes diskutiert. Dv.

6402. **M. G. Adam,** Interferometric measurements of wave-lengths. II. Measurements at 6500 Å and a general discussion of the solar red shift. Obs **75** 102—104. — Ref. RAS. — Vgl. vorstehendes Ref.

* * **E. Böhm-Vitense,** Hydrogen in the solar chromosphere and photosphere. Vgl. Ref. **6607**.

6403. P. ten Bruggencate, R. Lüst-Kulka, H.-H. Voigt, Methodisches zur Berechnung von Fraunhoferlinien im Sonnenspektrum. Nachr. Akad. Wiss. Göttingen Math.-Phys. Kl. (2a) Jahrgang 1955 Nr. 3 S. 43—69, mit 10 Abb. = Veröff. Univ.-Sternw. Göttingen Nr. 110. — Die Methoden zur Berechnung der Konturen und Äquivalentbreiten von Fraunhofer-Linien bei reiner Absorption werden insbesondere in Hinblick auf die Benutzung elektronischer Rechenmaschinen erweitert. Die dabei sich ergebenden «Beitragskurven», die die Beiträge der einzelnen Schichten zu der betreffenden Größe charakterisieren, erlauben weitere Einblicke in die physikalischen Zusammenhänge. Anwendung der Methode auf starke Eisenlinien mit 4.4 eV Anregungsenergie. Voigt

6404. E. E. Dubow, Über die Häufigkeit des Lithiums auf der Sonne. Astr Circ UdSSR Nr. 159 S. 11—13, mit 2 Abb. (russisch). — Die Auswertung mehrerer photoelektrischer Registrierungen des Sonnenspektrums bei λ 6708 in Simeïs ergab für die Halbwertsbreite der Li I-Linie λ 6708.11 schätzungsweise 1.74 mÅ und hieraus in Anlehnung an Greenstein und Richardson (vgl. AJB **51** Ref. **6106**) eine Gesamthäufigkeit des Li I und Li II von 2.7×10^{12} Atomen pro Gramm Sonnenmaterie in der optischen Tiefe 0.25. Loh.

6405. G. Elste, Mitte-Rand-Variation von Linienkonturen schwacher bis mittelstarker Fraunhoferlinien. Mitt. AG 1954 S. 32. — Ref. AG.

6406. G. Elste, Die Mitte-Rand-Variation schwacher bis mittelstarker Fraunhoferlinien auf der Sonnenscheibe. ZfA **37** 184—213, mit 16 Abb. = Veröff. Univ.-Sternw. Göttingen Nr. 111. — In Kapitel A werden die Beobachtungen einer Anzahl schwacher bis mittelstarker Fraunhoferlinien verschiedener Elemente und Anregungsenergien mit einem Lummerplatten-Interferometer hoher Auflösung und ihre Auswertung beschrieben. In Kapitel B werden die Konturen der beobachteten Linien theoretisch berechnet unter Annahme thermodynamischen Gleichgewichts und wahrer Absorption für den Strahlungsaustausch. In Kapitel C wird ein Vergleich der beobachteten und berechneten Mitte-Rand-Variationen der Zentraltiefen, Halbbreiten und Äquivalentbreiten sowie ein Vergleich der Linienform durchgeführt und diskutiert. Verf. (gekürzt)

6407. F. N. Frenkiel, M. Schwarzschild, Additional data for turbulence spectrum of solar photosphere at long wave lengths. ApJ **121** 216—223, mit 2 Fig. — Aus 8000 Intensitätsmessungen auf einer außergewöhnlich guten Granulationsaufnahme des Mt. Wilson-Sonnenprogramms konnte ein Turbulenzspektrum photosphärischer Intensitäten abgeleitet werden. Nach Korrektur wegen endlicher Auflösung der Platte zeigt dieses Spektrum nahezu Konstanz im Bereich zwischen 2000 und 30000 km. Es ähnelt einem früher gewonnenen Turbulenzspektrum der Geschwindigkeiten, zeigt jedoch nicht den dort festgestellten Abfall von 15000 bis 4000 km. Kdr.

6408. D. M. Gates, C. C. Shaw, Infrared spectral solar measurements by balloon from ground level to 102000 feet. J. Optical Soc. America **45** 899. — Ref. Optical Soc. America.

6409. J. Genard, J. Weinard, Das CN-Molekül im Spektrum der Sonne. Neuidentifizierung durch Vergleich der violetten Cyanbanden mit den Wellenlängen des Sonnenspektrums nach «Rowlands Preliminary Table». Ann d'Astrophys **18** 329—333. — Verf. standen zur Ausmessung der violetten CN-Banden im Bereich der Gruppe 0—2, 0—1, 0—0 und 0—1 eigene Aufnahmen und Aufnahmen von C. C. Kiess zur Verfügung. Die Messungen wurden mit Rowlands Preliminary Table verglichen. In fünf Tabellen sind die Neuidentifizierungen sowie die von den ungewissen als sicher erkannten CN-Linien gegeben. Insgesamt enthalten die Tabellen 481 CN-Werte und 24 CN ?-Werte.

6410. **L. Goldberg,** Infrared solar spectrum. American J. Phys. **23** 203—222, mit 19 Fig. — Verf. gibt einen Bericht über Ergebnisse von Untersuchungen des ultraroten Sonnenspektrums. Er behandelt für diesen Wellenlängenbereich das kontinuierliche Spektrum sowie das solare und terrestrische Absorptionsspektrum. Henn

6411. **W. R. Hindmarsh,** An interferometric investigation of the effect of hyperfine structure on solar line profiles. MN **115** 270—278, mit 4 Fig. und 1 Tafel = Commun. Univ. Obs. Oxford Nr. 47. — Es wird dargelegt, daß bei gewissen Linien im Sonnenspektrum die Hyperfeinstruktur das Linienprofil beeinflußt. Die praktische Untersuchung erstreckt sich auf drei Manganlinien, bei denen eine ziemlich ausgeprägte Hyperfeinstruktur zu erwarten ist, während zum Vergleich und zur Ermittlung des Absorptionskoeffizienten eine Eisenlinie ohne Hyperfeinstruktur hinzugenommen wird, wobei man einzig die hier gerechtfertigte Annahme macht, daß die Eisenlinie wie die Manganlinien im gleichen Niveau der Sonnenatmosphäre entstehen. Die Linienprofile werden durch Kombination des Oxforder großen Spektrographen mit einem Fabry-Perot-Interferometer gewonnen. Der Vergleich der beobachteten Profile mit den nach obigen Voraussetzungen berechneten ist recht gut und zeigt, daß man den Einfluß der Hyperfeinstruktur keineswegs vernachlässigen darf. H. M.

6412. **W. R. Hindmarsh,** An interferometric investigation of the effect of hyperfine structure on solar line profiles. Obs **75** 240—241. — Ref. RAS. — Vgl. vorstehendes Ref.

6413. **N. H. Kiess,** The presence of a faint CH band in the solar spectrum. AJ **60** 166. — Ref. AAS.

6414. **C. Macris, D. Elias,** Sur une variation du nombre des granules photosphériques en fonction de l'activité solaire. Ann d'Astrophys **18** 143—144, mit 1 Fig. — Anhand von Integralaufnahmen der Photosphäre von Janssen und Lyot finden Verf. eine Zunahme der Zahl der Granulen mit der Sonnenfleckenrelativzahl sowie eine erhöhte Helligkeit und Deutlichkeit derselben im Fleckenmaximum. Gü.

6415. **C. Macris,** The possible variation of photospheric granules. Obs **75** 122—123. — Es wird die Frage aufgeworfen, ob die zum Teil verschiedenen Ergebnisse über die Zahl der Granulen in der Photosphäre, ihr Kontrast und ihre mittlere Lebensdauer durch eine Abhängigkeit dieser Größen vom 11-jährigen Zyklus bedingt sein können. U. Be.

6416. **R. R. McMath, O. C. Mohler, A. K. Pierce,** Doppler shifts in solar granules. ApJ **122** 565—566, mit 2 Tafeln. — Photometerkurven von Fraunhoferlinien werden reproduziert, die Dopplerverschiebungen bis zu 1 km/sec in den einzelnen Granulen zeigen. Die Aufnahmen sind mit dem neuen Vakuumspektrographen gewonnen; auf einige sich ergebende Konsequenzen wird hingewiesen. U. Be.

6417. **J. Mergentaler,** Ruchy gazów fotosferze. Postępy Astr. **3** 105—106. — Bericht über die Arbeiten von H. H. Plaskett, MN **112** 414—424 (vgl. AJB **52** Ref. **6426**), T. D. Kinman, MN **112** 425—444 (vgl. AJB **52** Ref. **6310**) und MN **113** 613—634 (vgl. AJB **53** Ref. **6327**) und A. B. Hart, MN **114** 17—38 (vgl. AJB **54** Ref. **6405**). Perek

6418. **M. Migeotte, L. Neven, J. Swensson,** Contribution à l'étude du spectre infra-rouge du soleil. Nuovo Cimento Suppl. (10) **2** 805—806. — Ref. in RJ Astr. Geod. UdSSR **1956** Nr. **9** S. 42—43.

* * **O. N. Mitropolskaja,** Die Konturen der Wasserstofflinien Hα und Hβ in den Fackeln und der Photosphäre. Vgl. Ref. **6330**.

6419. **O. C. Mohler,** A Table of Solar Spectrum Wave Lengths 11984 Å to 25578 Å. Ann Arbor, The University of Michigan Press, 1955. 83 S. — Besprechung in Obs **76** 112 (R. H. Garstang), ZfA **39** 63—64 (A. Unsöld).

6420. **O. Mohler,** Observations of the K line in the solar spectrum. AJ **60** 173. — Ref. AAS.

6421. **A. A. Nikitin,** Über die Möglichkeit des Auftretens von Absorptionslinien des ionisierten Heliums im Spektrum der Sonnenscheibe. Bull. Kommission Sonnenforschung Nr. 10 S. 18—21, 1954 (russisch). — Ref in RJ Astr. Geod. UdSSR 1956 Nr. 1 S. 84.

6422. **B. E. J. Pagel,** Centre-limb variations in the equivalent widths of some infra-red Fraunhofer lines. MN **115** 493—520, mit 9 Fig. — Da die Mitte-Rand-Variationen der Fraunhoferlinien ein geeignetes Mittel darstellen, den Aufbau der Photosphäre zu studieren, werden die Äquivalentbreiten von neun im Infraroten bei 15500 Å gelegenen Eisenlinien aus Registrierungen vom McMath-Hulbert Observatory für verschiedene Abstände vom Zentrum der Sonnenscheibe, $\cos \vartheta = 1.0$ bis $\cos \vartheta = 0.2$, ermittelt. Die beobachteten Werte werden mit den auf Grund von verschiedenen Sonnenmodellen berechneten Werten verglichen. Bei starken Linien ergibt sich die beste Übereinstimmung mit dem Modell von de Jager, bei schwachen mit denen von Aller und Pierce sowie Michard; nahe am Rand zeigen sich besonders bei den letzten Modellen stärkere Diskrepanzen zwischen Theorie und Beobachtung. Auf Grund der hier vorliegenden Beobachtungen wird ein neues Modell für die Temperaturverteilung abgeleitet, das für die tieferen Schichten nahe mit dem von Michard übereinstimmt und für die höheren Schichten einen noch steileren Temperaturgradienten ergibt, als de Jager angenommen hatte; dabei setzt die Inversion des Temperaturgradienten in den höchsten Schichten der Photosphäre bei der optischen Tiefe $\tau = 0.015$ ein, und für die Grenztemperatur ergibt sich 4210°. Es scheint, daß dieses Modell sowohl die Intensität des Kontinuums vom äußersten Sonnenrand, als auch das Verhalten der Fraunhoferlinien zu erklären vermag. H. M.

* * **C. Pecker,** Le calcul de la largeur équivalente des raies de Balmer. Application au cas solaire. Vgl. Ref. **5127**.

6423. **R. Peyturaux,** Etude du fond continu du spectre solaire. I. — Introduction. Ann d'Astrophys **18** 25 = Contr. Inst. d'Astrophys. Paris (B) Nr. 133. — Ref. in Ric. Sci. **25** 3191. — Kurze Begründung der Notwendigkeit einer Neubehandlung des Problems mit Angaben über Ziel und Gliederung der Untersuchung. Kdr.

6424. **R. Peyturaux,** Etude du fond continu du spectre solaire. IV. — L'assombrissement centre-bord du soleil entre 3190 Å et 23130 Å. Ann d'Astrophys **18** 34—41, mit 7 Fig. = Contr. Inst. d'Astrophys. Paris (B) Nr. 133. — Als erstes Ergebnis der Neubearbeitung des Problems des kontinuierlichen Untergrundes des Sonnenspektrums werden Randverdunklungsmessungen mitgeteilt, die in 25 Wellenlängen zwischen λ 3190 Å und λ 23130 Å an 18 Punkten zwischen Mitte und Rand der Sonnenscheibe durchgeführt wurden. Die Messungen werden mit denen anderer Autoren verglichen und ferner wird der Balmer-Sprung in Abhängigkeit vom Abstand von der Scheibenmitte bestimmt. Kdr.

6425. **J. Rösch,** Données morphologiques nouvelles sur la granulation photosphérique solaire. CR **240** 1630—1632. — Aufnahmen der Sonnengranulation unter besten atmosphärischen Bedingungen auf dem Pic du Midi mit einem 23 cm/6 m Refraktor zeigen in der Sonnenmitte deutliche kontrastreiche Elemente von 1′ bis 0.′5. Auf den besten Aufnahmen ist in den äußeren Partien der Sonnenscheibe eine Verlängerung der Granulen parallel zum Sonnenrand zu beobachten. Labs

6426. **H. Scheffler,** Der Intensitätsabfall am Sonnenrand im Ultraviolett und die Temperaturschichtung in der Sonnenatmosphäre. AN **282** 49—71, mit 10 Abb. = Mitt. Astrophys. Obs. Potsdam Nr. 40. — Aus

Aufnahmen, die während einer partiellen Sonnenfinsternis erhalten wurden, wird die scheinbare Intensitätsverteilung am äußersten Sonnenrand für einen endlichen Spektralbereich von rund 200 Å Breite um λ 3760 Å abgeleitet und mit Hilfe der aus dem Intensitätsprofil des Mondrandes bestimmten Verzerrungsfunktion in die wahre Verteilung übergeführt. In dem genannten Spektralbereich wird die Intensitätsverteilung des kontinuierlichen Sonnenspektrums durch die sich überlagernden Flügel der hohen Glieder der Balmerserie sowie die sehr zahlreichen starken und schwachen Fraunhoferlinien erheblich modifiziert, so daß die beobachtete Randverdunkelung nicht unwesentlich durch deren Mitte-Rand-Variation mitbestimmt ist. Es werden deshalb die Gesamtabsorptionsbeträge und die Mitte-Rand-Variation der verschiedenen Liniengruppen abgeleitet und mit ihrer Hilfe, in Verbindung mit der gefundenen Spektralempfindlichkeitsfunktion, die beobachtete Randverdunkelung auf diejenige des ungestörten Kontinuums reduziert. Unter Voraussetzung des de Jager-Voigtschen bzw. des neuen de Jagerschen Modells für die tieferen Schichten liefert die erhaltene Randverdunkelung für $\tau < 0.5$ zwei etwas verschiedene Temperaturverteilungen, die zwischen $\tau = 0.02$ und $\tau = 0.15$ nahe am neuen de Jagerschen Verlauf liegen. Charakteristisch für beide Schichtungen ist eine Verkleinerung des Temperaturgradienten zwischen $\tau = 0.10$ und $\tau = 0.15$, die allerdings nicht als endgültig verbürgt angesehen werden kann. Die Extrapolation beider Verteilungen führt auf Grenztemperaturen von 4300 bzw. 4200°, die durch Berücksichtigung der Schichtkrümmung und der Refraktion in der Sonnenatmosphäre eventuell noch verkleinert werden könnten. Verf.

6427. **E. H. Schröter,** Zur Deutung der Rotverschiebung im Sonnenspektrum. Naturwissenschaften **42** 623—624, mit 1 Fig. — Vorläufige Mitteilung.

6428. **J. A. Scrimger, D. M. Hunten,** The intensity at the bottom of the Fraunhofer D lines. Canadian J. Phys. **33** 780—784, mit 3 Fig. — Die Linienprofile wurden mit einem Photomultiplier in der 2. Ordnung eines 21 ft-Gitters gemessen. Verglichen wurde mit einer künstlichen Natrium-Absorptionslinie, deren Restintensität Null war. Als Restintensitäten der solaren Na-D-Linien wurde erhalten: Für D_1 (5.0 ± 0.6) %, für D_2 (4.8 ± 0.6) % in Einheiten des Nachbarkontinuums. Die Übereinstimmung mit den an der Sternwarte Göttingen 1953 mit einer Lummerplatte erhaltenen Resultaten wird als recht befriedigend bezeichnet. Priester

6429. **A. B. Sewerny,** Spektroskopischer Nachweis des Deuteriums auf der Sonne. DAN **97** 789—792, mit 4 Abb., 1954 (russisch). — Die vorliegende Arbeit ist eine ausführlichere Mitteilung als die unter AJB **54** Ref. **6441** zitierte zum Problem des Nachweises von Deuterium auf der Sonne. In Ergänzung des dortigen Ref. muß in Anlehnung an C. de Jager noch die Schlußfolgerung mitgeteilt werden, daß die obere Grenze des Deuteriumgehaltes der Sonnenatmosphäre bei 0.1 % liegt. Loh.

6430. **A. Skumanich,** On bright-dark symmetry of solar granulation. ApJ **121** 404—407, mit 1 Tafel. — Eine statistische Auswertung von Isophotenzeichnungen der Granulation auf Grund von Direktaufnahmen der ruhenden Sonne hinsichtlich Zahl und Größe der ein- und zweifach zusammenhängenden Gebiete zeigt, daß höchstens ein geringer Überschuß an hellen Gebieten vorhanden sein kann. Es wurden dabei die Isophoten verwandt, die 20 % und 80 % der Gesamtfläche helleres Gebiet von 80 % bzw. 20 % dunklerem Gebiet abgrenzen. Kdr.

6431. **G. Thiessen,** Zur Sonnengranulation. Mitt. AG 1954 S.28. — Ref. AG. — Vgl. nachstehendes Ref.

6432. **G. Thiessen,** Zur Sonnengranulation. ZfA **35** 237—244, mit 1 Abb. = Mitt. Sternw. Hamburg-Bergedorf **22** Nr. 245. — Es werden neuere Beobachtungsergebnisse zur Sonnengranulation dargelegt. Visuelle Beobachtungen mit

60 cm Fernrohröffnung zeigen, daß die klassische 1′—2′ Granulation wirklich existiert, und zwar mit ausgesprochen polygonaler Granulenbegrenzung. Im Mittel sind die Granulen 35% heller als das Untergrundgebiet bei 5650 Å. Die Turbulenzgeschwindigkeit der beobachtbaren Granulation ergibt sich nach angemessener Korrektur wegen Streulichtes aus der Arbeit von Richardson und Schwarzschild (1950) zu ± 1.85 km/sec. Die Granulation erzeugt einen starken Limb-Effekt für die Wellenlängen solarer Spektrallinien, eine Violettverschiebung, die von 0.34 km/sec in der Mitte der Sonnenscheibe auf Null am Sonnenrand abnimmt. Verf.

6433. **M. S. Uberoi,** On the solar granules. ApJ **122** 466—476, mit 6 Fig. — Nach Entwicklung der Theorie wird an Hand von Mt. Wilson-Aufnahmen festgestellt, daß «Korrelation» und «Spektrum» der Granulation praktisch gänzlich instrumentell bedingt sind. Um die wahre Granulation zu erhalten, müßte das instrumentelle Auflösungsvermögen erheblich gesteigert werden. Bru.

6434. **H. H. Voigt,** Restintensitäten starker Eisenlinien auf der Sonne. Mitt. AG 1954 S. 31. — Ref. AG.

6435. **K. Wegener,** Die Registrierung der Energie-Verteilung im Sonnen-Spektrum. Geofis. pur. appl. **26** 191—197, 1953. — Ref. in Phys. Ber. **35** 1695—1696.

6436. La granulación del Sol. Rev. Astr. Nr. 133 S. 84.

6437. Izveštaj Komisije o fotosferiskim pojavama. Vasiona **3** 66—67. — Zusammenfassung des Berichtes vom L. d'Azambuja in Dublin über die Fortschritte der Erforschung photosphärischer Erscheinungen von 1952 bis 1954. Loh.

§ 65

Strahlung

6501. **C. G. Abbot,** Periodic solar variations. AJ **60** 149. — Ref. AAS.

6502. **C. G. Abbot,** Periodic solar variation. Smithsonian Inst. Publ. Nr. 4213, 20 S. mit 5 Fig. — Verf. gibt eine Gruppe von 64 Perioden in der Solarkonstanten an, die alle exakt Unterperioden einer 273-Monate-Periode sind. Mitglieder dieser Periodengruppe finden sich auch in Wetterelementen der USA. Aus der Überlagerung von 31 Perioden konstruiert Verf. eine synthetische Kurve der Solarkonstanten. U. Be.

6503. **F. S. Johnson,** The solar constant. J. Meteorol. **11** 431—439, 1954. — Ref. in Phys. Abstracts (A) **58** 658, RJ Astr. Geod. UdSSR 1956 Nr. 1 S. 109.

6504. **R. V. Karandikar,** Luminance of the sun. J. Optical Soc. America **45** 483—488, mit 2 Fig. — Es wird die Intensität der Sonnenstrahlung im Visuellen (das heißt, die an der Erdoberfläche durch die Sonne hervorgerufene Beleuchtungsstärke) unter Benutzung geeigneter Filter und im Anschluß an eine Bandlampe bekannter Leuchtdichte lichtelektrisch bestimmt. Da hierbei ein von einer automatischen Linse entworfenes Sonnenbild über einen Spalt vor der Zelle geführt wird, kann gleichzeitig die Randverdunklung gemessen werden. Die Extinktion wird durch Extrapolation der als Funktion der Luftmasse linear verlaufenden Registrierkurven eliminiert. Die Leuchtdichte der Sonne im Zentrum ergibt sich zu 242900, im Mittel für die ganze Sonne zu 193000 Stilb, die Beleuchtungsstärke außerhalb der Atmosphäre zu 132000 Lux. Die Randverdunklungskurve fällt bis $\sin \vartheta = 0.75$ etwas langsamer ab als nach den Messungen von Abbot und Raudenbusch, zum Rand hin wird die Übereinstimmung gut. Bo.

6505. **C. Popovici,** Despre temperatura soarelui. Rev. Univ. «C. I. Parhorn» Politehn. București (nat.) 1953 Nr. 2 S. 50—56 (mit russischer und französischer Zusammenfassung). — Ref. in RJ Astr. Geod. UdSSR 1956 Nr. 11 S. 48.

6506. **W. Schüepp,** Bemerkungen zu Georgi's meteorologischer Solarkonstanten. Geofis. pura appl. **30** 179—181. — Es wird bewiesen, daß die Linkesche Begriffsbestimmung der «subzonalen» Solarkonstante sich am besten den Problemen der Meteorologen anpaßt. Die «meteorologische» Solarkonstante von Georgi vergißt in der Biologie und in der atmosphärischen Heizung sehr wichtige Wellenbereiche. Die «astrophysikalische» Solarkonstante verlangt eine weitere Kenntnis der Röntgen-Strahlen, und der Radio- und korpuskularen Strahlung.
J. Georgi, Entgegnung zu den vorstehenden Bemerkungen. Geofis. pura appl. **30** 182—184. — Das Problem der UV- und UR-Korrektionen der Solarkonstante des Astroph. Obs. der Smithsonian Inst. scheint ohne direkte Verbindungen mit der Sternwarte unlösbar zu sein. Verf. schlägt vor, daß die Subkommission für Absolut-Pyrheliometrie wieder ins Leben gerufen wird. In seinen Veröffentlichungen brauchte Verf. das Bouguer-Lambertsche Gesetz hauptsächlich als «formales» Prinzip zur Extrapolation bis zu Luftmasse Null, wie schon Wundt und andere behaupteten. Es ist selbstverständlich, daß andere Extrapolations-Formen in Verbindung mit den Charakteristiken der Strahlung eingeführt werden können. Cester

Solare UV- und Röntgenstrahlung

6507. **H. Friedman,** The solar spectrum below 2000 angstroms. Ann. Géophys. **11** 174—180, mit 1 Fig. — Verf. berichtet über seine seit 1949 durchgeführten Untersuchungen des Sonnenspektrums im UV und im langwelligen Röntgengebiet in den Wellenlängenbereichen 1450—1500 Å, 1100—1300 Å und 10—100 Å. Er benutzte dabei spezielle Photonenzähler, die durch Raketen in die hohe Atmosphäre gebracht wurden. Henn

6508. **H. Friedman, T. A. Chubb,** Solar X-ray emission and the height of D layer during radio fade-out. Physics of the Ionosphere S. 58—62. — Ref. in Phys. Abstracts (A) **58** 741.

6509. **C. de Jager,** The ultra-violet and X-ray spectrum of the sun. Ann. Géophys. **11** 330—352, mit 11 Fig. = Sterrewacht «Sonnenborgh» Utrecht Overdruk 4^0 Nr. 2. — Im ersten Teil dieser Arbeit wird ein Überblick über unsere Kenntnis der Struktur der Sonnenatmosphäre gegeben, wie sie aus Beobachtungsergebnissen abgeleitet werden kann. Im zweiten Teil werden Berechnungen der Strahlungsintensität im UV und Röntgengebiet zusammengefaßt. Nacheinander werden behandelt: das nahe UV-Spektrum, $\lambda > 1500$ Å; das kontinuierliche Spektrum zwischen 912 und 1350 Å; die Intensität und das Profil von Ly α; die kontinuierliche Emission der Korona zwischen 10 und 900 Å; die Linienemission der Korona in diesem Gebiet und die variable Komponente der Röntgenemission. Im letzten Teil werden diese Untersuchungen zusammengefaßt und versucht, das Spektrum der Sonne für $\lambda < 3000$ Å anzugeben. Verf. (übersetzt)

6510. **C. de Jager,** De ultra-violette en röntgenstraling van de zon. Hemel en Dampkring **53** 153—167, mit 13. Fig. = Sterrewacht «Sonnenborgh» Utrecht Overdruk Nr. 22. — Gemeinverständlicher Bericht über den Aufbau der Ionosphäre und die Erforschung des kurzwelligen Sonnenspektrums mit Hilfe von Raketenaufstiegen mit Spektralaufnahmen, Phosphoren und Zählrohren. Gü.

6511. **F. S. Johnson, H. H. Malitson, J. D. Purcell, R. Tousey,** Emission lines in the solar ultraviolet spectrum. AJ **60** 165—166. — Ref. AAS.

6512. **F. S. Johnson, H. H. Malitson,** Emission line spectrum of the sun in the extreme ultraviolet. J. Optical Soc. America **45** 900. — Ref. Optical Soc. America.

6513. **A. S. Jursa, F. J. LeBlanc, Y. Tanaka,** Results of a recent attempt to record the solar spectrum in the region of 900—3000 Å. J. Optical Soc. America **45** 1085—1086, mit 1 Fig. — Bei einem Aerobee-Aufstieg am 29. 3. 1955 wurden mit einem Gitterspektrographen — 40 cm, 6000 Striche/cm 41.5 Å/mm — zwischen 94 und 112 km Höhe sieben Spektren aufgenommen. Beobachtet wurden: starke Absorptionslinien bei λ 1848, 1851, 1932 und 1937 Å; Lyman α sowie zwei starke Linien bei 1807.8 und 1816.9 Å in Emission; unterhalb 2090 Å fällt die Kontinuumsintensität steil ab. Weidemann

6514. **S. Kato,** On the solar Lyman Beta radiation and the ionosphere. J. Geomagn. Geoelect. **6** 153—156, 1954. — Ref. in Phys. Abstracts (A) **59** 83.

6515. **F. Link,** Raketová spektroskopie. Časopis **5** 4—8, mit 2 Fig. (tschechisch). — Raketen und Studium des kurzwelligen Bereiches im Sonnenspektrum. J. B.

6516. **C. M. Minnis,** Brightening of the solar limb in the far ultraviolet. Nature **176** 652—653. — Die geringe Aktivität während der Finsternis vom 30. Juni 1954 gestattete, aus Messungen der Elektronendichte der E- und F_1-Schicht auf die Verteilung der Quellen der ionisierenden UV-Strahlung auf der Sonne rückzuschließen. Danach lieferte die gleichförmig strahlende Scheibe nur 92 % der Intensität, während der Rest einem schwachen Fleck und einer Randerhellung von etwa 5 % am Äquator, sowie einer Randverdunklung von etwa 3 % am Pol — ähnlich Christiansen und Warburton für das 21 cm-Rauschen — zugeschrieben werden. Weidemann

6517. Een dertigtal nieuwe lijnen ondekt in het ver-ultraviolette zonnespektrum. Hemel en Dampkring **53** 208.

6518. Ultraviolet solar spectrum. Sky and Telescope **14** 412. — Ref. AAS.

Solare Radiostrahlung

6519. **I. Alon, J. Arsac, J.-L. Steinberg,** Observations interférométriques du rayonnement solaire sur 9350 MHz. CR **240** 595—598, mit 3 Fig. — Bei 9350 MHz wird der Mitte-Rand-Kontrast der Sonne mit einer Interferometer-Anordnung vermessen. Verf. glauben, aus ihren Beobachtungen auf eine aufgehellte Randzone schließen zu können. Labs

6520. **J. Arsac,** Nouveau réseau pour l'observation radioastronomique de la brillance sur le soleil à 9350 Mc/s. CR **240** 942—945, mit 2 Fig. — Es wird eine Antennen-Gitteranordnung für 9350 MHz theoretisch diskutiert. Die Daten der praktischen Ausführung sind angegeben, und es ist der Intensitätsverlauf bei einem Sonnenvorübergang graphisch dargestellt. Labs

6521. **W. N. Christiansen, J. A. Warburton,** The distribution of radio brightness over the solar disk at a wavelength of 21 centimetres. III. The quiet sun—two-dimensional observations. Australian J. Phys. 8 474—486, mit 11 Fig. und 2 Tafeln = Commonwealth Sci. Industrial Res. Organization, Australia, Division Radiophys. — Die Helligkeitsverteilung der 21cm-Strahlung über die Sonnenscheibe wurde aus Beobachtungen der Jahre 1952—1954 für die ruhige Sonne abgeleitet. Die Beobachtungen wurden mit einem Vielelement-Interferometer gemacht, bei dem 32 Spiegel äquidistant in Ost-West-Richtung und 16 Spiegel in Nord-Süd-Richtung aufgestellt sind. Die für verschiedene Positionswinkel abgeleiteten eindimensionalen Mitte-Rand-Variationen wurden zu einem zweidimensionalen Modell der 21 cm-Helligkeitsverteilung zusammengesetzt mit merklicher Randaufhellung in der Äquatorzone, ohne Aufhellung in den Polbereichen. Priester

6522. **W. N. Christiansen, J. A. Warburton,** The sun in two-dimensions at 21 cm. Obs **75** 9—10, mit 1 Fig. = Commonwealth Sci. Industrial Res. Organization, Australia, Division Radiophys. — Mit zwei voneinander unabhängigen Antennensystemen hoher Auflösung in der O-W- bzw. N-S-Richtung wurde die Intensitätsverteilung auf 21 cm über die Sonnenscheibe gemessen. Das Ergebnis ist in einer Figur mit Isophoten dargestellt. Es ergab sich beidseits des Äquators bis zu 60 Grad Breite eine Randerhellung mit einer Maximalintensität vom 2.2 fachen der Intensität im Scheibenmittelpunkt. Bru.

6523. **J. Firor,** Brightness distribution of the sun at 1.45 m. AJ **60** 161. — Ref. AAS.

6524. **W. Gordy, S. J. Ditto, J. H. Wyman, R. S. Anderson,** Three-millimeter wave radiation from the sun. Phys. Rev. (2) **99** 1905. — Es gelang, in einem Fenster der Sauerstoffbanden zwischen $\lambda = 2.5$ und 5 mm bei $\lambda = 3.2$ mm bei günstigen Wetterverhältnissen mit nur geringem instrumentellem Aufwand — einem angepaßten Scheinwerferreflektor — Sonnenstrahlung zu registrieren. Weidemann

6525. **R. E. Gussejnow,** Einige theoretische Deutungen der radiostrahlenden Eigenschaft der Sonne. Publ. Aserbajdshan. Univ. (Phys.-Math.) Nr. 4 S. 74—85, 1954 (russisch mit aserbajdshan. Zusammenfassung). — Ref. in RJ Astr. Geod. UdSSR 1956 Nr. 2 S. 71—72.

6526. **T. R. Hartz,** A solar noise outburst of January 15, 1955. Nature **175** 908—909. — Verf. berichtet über eine solare Radiofrequenzemission (outburst) bei 50 MHz, die an den folgenden Tagen von ionosphärischen Störungen und Nordlichterscheinungen begleitet war. Behr

6527. **T. Hatanaka, S. Suzuki, A. Tsuchiya,** Observation of the polarization of solar radio bursts at 200 Mc/sec. AJ **60** 162. — Ref. AAS.

6528. **T. Hatanaka, S. Suzuki, A. Tsuchiya,** Observations of polarization of solar radio bursts. Proc. Japan Acad. **31** 81—87, mit 4 Fig. = Tokyo Astr. Obs. Repr. Nr. 113. — Das neue 10 m-Radiopolarimeter des Astronomischen Observatoriums Tokyo für 200 MHz wird beschrieben. Methode und Ergebnisse der Beobachtungen von Bursts vom Typ I werden mitgeteilt. Es wurde festgestellt, daß die Bursts im allgemeinen aus einer unpolarisierten und einer elliptisch polarisierten Komponente bestehen. Die Elliptizität der Polarisation hängt von der Position der Quelle auf der Scheibe ab. Bru.

6529. **T. Hatanaka, K. Akabane, F. Moriyama, H. Tanaka, T. Kakinuma,** Solar radio spot and calcium plage. Publ. Astr. Soc. Japan **7** 161—162, mit 1 Fig. = Tokyo Astr. Obs. Repr. Nr. 128. — Die 3000 MHz-Isophoten einer aktiven Region auf der Sonnenscheibe wurden aus Beobachtungen bei der partiellen Finsternis 1955 Juni 20 abgeleitet. Der Vergleich mit optischen Beobachtungen zeigt eine Übereinstimmung mit der Kalzium-Fackelfläche, die die Fleckengruppe umgab. Priester

6530. **T. Hatanaka, K. Akabane, F. Moriyama, H. Tanaka, T. Kakinuma,** A model for the solar enhanced region at centimeter range derived from partial eclipse observations. Report Ionosph. Res. Japan **9** 195—204, mit 7 Fig. = Tokyo Astr. Obs. Repr. Nr. 129. — Während der partiellen Sonnenfinsternis am 20. Juni 1955 wurde die Gesamtstrahlung der Sonne bei 3000 und 3750 MHz registriert. Außerdem wurden gleichzeitig Interferometerbeobachtungen bei 4000 MHz durchgeführt. In Kagoshima und Toyokawa bedeckte der Mond eine große Sonnenfleckengruppe. Während dieser Bedeckung wurde eine beträchtliche Abnahme der Gesamtstrahlung gemessen. In Tokyo wurde die Fleckengruppe nicht bedeckt; die Abnahme der Gesamtstrahlung war nur gering. Aus den Interferometerbeobachtungen wurde der Anteil der gestörten Strahlung an der Gesamtstrahlung ermittelt. Das hierzu benötigte Modell der ungestörten Strahlungsverteilung wurde so bestimmt, daß es zusammen mit der gestörten Strahlung auch den beobachteten Verlauf der Gesamtstrahlung möglichst gut darstellte. Aus den Messungen der Gesamtstrahlung in Kagoshima und Tokyo wurde ebenfalls ein Modell für die ungestörte Sonne abgeleitet. Ferner wurden Angaben über Lage und Intensitätsverteilung der Störquelle gewonnen. Die Ergebnisse beider Meßmethoden stimmen gut miteinander überein. A. Böhme

6531. **J. S. Hey,** On outbursts of radio emission from solar flares. Obs **75** 62—65. — Ref. RAS.

6532. **M. Jorand,** Contribution à l'étude des orages radioélectriques solaires. Ann d'Astrophys **18** 180—187, mit 3 Fig. — In Erweiterung einer früheren Untersuchung des Verf. (vgl. AJB **53** Ref. **6323**) werden aus der Mitte-Rand-Variation der von Sonnenflecken herrührenden verstärkten Radiostrahlung unter Zugrundelegung von Beobachtungen verschiedener Autoren bei 62, 80, 100, 140, 160, 175, 180 und 200 MHz die scheinbaren Höhen r_0 der Emissionszentren über dem Sonnenmittelpunkt abgeleitet. Die sich ergebende Frequenzabhängigkeit von r_0 paßt gut zu der Vorstellung von Plasmaschwingungen als Ursache der Radiostürme. Der Einfluß von Schwankungen der Elektronendichte und der damit verbundenen Streuung radiofrequenter Strahlung, wie sie für die äußerste Korona aus Beobachtungen der Bedeckung der Taurusquelle erwiesen ist, wird diskutiert und gestattet eine Abschätzung des Quotienten aus Schwankungsquadrat der Elektronendichte und Größe der Turbulenzelemente, wenn dieser unabhängig von der Höhe angenommen wird. Die für einige Höhen r_0 gewonnenen Beträge stimmen bis auf etwa eine Größenordnung mit den von Hewish für $r = 10\ R_\odot$ ermittelten überein. Scheffler

6533. **I. Kazes, J.-L. Steinberg,** Étude du rayonnement radioélectrique solaire sur 9350 MHz, au voisinage du coucher et du lever du soleil. CR **240** 493—495, mit 2 Fig. — On décrit des observations du rayonnement radioélectrique solaire sur 3.2 cm de longueur d'onde qui ont permis de mettre en évidence au voisinage de l'horizon la réfraction et l'absorption atmosphérique ainsi qu'un phénomène de scintillation. Verf.

6534. **R. Lüst,** Zur Entstehung von Kurzwellenstrahlung auf der Sonne. Mitt. AG 1954 S. 32—33. — Ref. AG.

6535. **P. A. O'Brien, E. Tandberg-Hanssen,** Distribution of radio-frequency brightness across the solar disk at a wavelength of 60 cm. Obs **75** 11—13, mit 3 Fig. — Interferometrische Messungen der Mitte-Rand-Variation der 60 cm-Strahlung der Sonne ergaben eine Intensitätszunahme vom Mittelpunkt der Scheibe bis gegen 0.6 Sonnenradien und einen nachfolgenden raschen Abfall. Das Intensitätsmaximum in der Äquatorrichtung ist erheblich höher als im Meridian, die Intensitätsverteilung also nicht zirkularsymmetrisch. Bru.

6536. **M. W. Ovenden,** The radio brightness of the quiet sun. Sci. Progr. **43** 446—454. — Ref. in RJ Astr. Geod. UdSSR 1956 Nr. 4 S. 53.

6537. **G. Reber,** Fine structure of solar radio transients. Nature **175** 132. — Ref. in Sterne **31** 131—132, Urania Kraków **27** 181—182. — Die Beobachtung solarer Radiofrequenzbursts bei 480, 160 und 51 MHz hat gezeigt, daß diese stets aus einer großen Zahl einzelner Strahlungsimpulse geringer Bandbreite zusammengesetzt sind. Die mittlere Dauer eines einzelnen Impulses in Sekunden ist etwa gleich der Wellenlänge in Metern. Vergleiche bei 156 und 160 MHz zeigen, daß größere Impulse gleichzeitig in beiden Wellenlängen auftreten, dagegen besteht keine Korrelation mehr zwischen den Beobachtungen bei 160 und 205 MHz. Behr

6538. **H. K. Sen,** Nonlinear theory of space-charge wave in moving, interacting electron beams with application to solar radio noise. Phys. Rev. (2) **97** 849—855, mit 3 Fig. — Die Ausbreitung stetiger Raumladungswellen wird in einem Medium untersucht, das aus zwei relativ zueinander bewegten und sich gegenseitig durchdringenden (unendlich ausgedehnten) Plasmastrahlen besteht. Allgemein ist die Periode der Raumladungswelle eine Funktion ihrer Amplitude sowie der Phasengeschwindigkeit. Für kleine Amplituden erhält man die bekannte Dispersionsformel des linearen Problems. Mit anwachsender Amplitude werden die Schwingungen zunehmend anharmonisch. Bei Erreichung eines Grenzwertes schließlich, der eine Funktion der Phasengeschwindigkeit ist, wird die Wellenform unstetig. Die Fourieranalyse der anharmonischen Schwingungen liefert die bei Radiofrequenz-«outbursts» auf der Sonne beobachtete erste Oberwelle (darüberhinaus aber auch die zweite etc.). Verf. versucht, auf der Basis der Antennentheorie die beobachtete Intensität der Radiofrequenzstrahlung zu erklären. Hunger

6539. **A. B. Sewerny,** Über eine Gegenüberstellung von Einzelerscheinungen in der Radiostrahlung der Sonne bei $\lambda = 1.5$ m mit optischen Prozessen auf der Sonne. Mitt. Astrophys. Obs. Krim **15** 111—120, mit 7 Abb. (russisch). — Eine Gegenüberstellung einzelner «Ereignisse» der sporadischen Radiostrahlung bei $\lambda = 1.5$ m mit optischen, in H_α beobachteten Erscheinungen zeigt eine Verbindung des Schwankens der Radiostrahlung mit schnellen Veränderungen und Bewegungen in Eruptionen und Filamenten an. Verf. (übersetzt)

6540. **W. W. Shelesnjakow,** Über die Polarisation der mit den Sonnenflecken verbundenen Radiostrahlung. AJ UdSSR **32** 33—44, mit 4 Abb. (russisch). — Unter der Voraussetzung, daß die mit Sonnenflecken zusammenhängende Radiostrahlung durch relativistische Elektronen bedingt ist, die sich im Magnetfeld dieser Flecken bewegen, wird die Polarisation dieser Strahlung theoretisch untersucht. Auf der Grundlage eines unipolaren Modells von Flecken lassen sich in Abhängigkeit von der Wellenlänge, dem Ausmaß der Flecken, der Spannung der magnetischen Feldstärke und dem Energiespektrum der relativistischen Elektronen Schlüsse auf das Intensitätsverhältnis der polarisierten und nichtpolarisierten Welle ziehen. Verf. (übersetzt)

6541. **W. M. Sinton,** Observations of solar and lunar radiation at 1.5 millimeters. J. Optical Soc. America **45** 975—979, mit 7 Fig. — Die Beobachtungen wurden bei großer Bandbreite mit einer Golayschen Infrarotzelle in einem Scheinwerferspiegel gemacht. Die gemessene atmosphärische Extinktion ist größer, als auf Grund der von van Vleck berechneten Wasserdampfabsorption zu erwarten war. Durchlässigkeiten einiger Materialien (Paraffin, Glas, Polystyrol etc.) wurden bestimmt. Weidemann

6542. **S. F. Smerd,** Non-linear plasma oscillations and bursts of solar radio emission. Nature **175** 297, mit 1 Fig. = Commonwealth Sci. Industrial Res. Organization, Australia, Division Radiophys. — Zur Deutung der Beobachtungen bei solaren Radioausbrüchen (zeitliche Abnahme der Frequenz und Auftreten einer Oberschwingung mit fast doppelter Frequenz und etwa gleicher Intensität) werden longitudinale, nicht-lineare Plasmaschwingungen untersucht, ohne Berücksichtigung von Magnetfeld- und Temperatureffekten. In bestimmten Fällen ergeben sich gerade und ungerade Oberschwingungen mit hoher Amplitude. Wenn diese Schwingungen für die Radioemission verantwortlich sind, sollten höhere Oberschwingungen vorhanden und beobachtbar sein. Voigt

6543. **A. Strzałkowski,** Promieniowanie radiowe i emisja szybkich naładowanych cząstek ze słońca. Postępy Astr. **3** 86—87, mit 2 Fig. — Bericht über die Arbeiten von J. P. Wild, Australian J. Sci. Res. (A) Phys. Sci. **3** 399—408 (vgl. AJB **50** Ref. **6532**), J. P. Wild, J. D. Murray, W. C. Rowe, Nature **172** 533—534 (vgl. AJB **53** Ref. **6534**), R. Payne-Scott, A. G. Little, Australian J. Sci. Res. (A) Phys. Sci. **5** 32—46 (vgl. AJB **52** Ref. **6526**), J. P. Wild, J. A. Roberts, J. D. Murray, Nature **173** 532—534 (vgl. AJB **54** Ref. **6534**). Perek

6544. **A. Strzałkowski,** Radiowe promieniowanie słońca. Z zagadnień radioastronomii (III). Urania Kraków **26** 138—147, mit 6 Fig.

6545. **G. Swarup, R. Parthasarathy,** Solar brightness distribution at a wavelength of 60 centimetres. I. The quiet sun. Australian J. Phys. 8 487—497, mit 8 Fig. — Commonwealth Sci. Industrial Res. Organization, Australia, Division Radiophys. — Das 32-Element-Interferometer in Sydney wurde zur Beobachtung einer eindimensionalen Helligkeitsverteilung über die Sonne bei 60 cm Wellenlänge in den Positionswinkeln 60° bis 90° benützt. Die Beobachtungen stimmen gut mit der zweidimensionalen Helligkeitsverteilung von O'Brien und Tandberg-Hanssen überein, jedoch nicht mit den früheren Messungen von Stanier, bei denen keine Randerhellung erhalten wurde. Priester

6546. **G. Swarup, R. Parthasarathy,** Evidence of limb-brigthening of the sun at 60 cm wavelength. Obs **75** 8—9, mit 1 Fig. = Commonwealth Sci. Industrial Res. Organization, Australia, Division Radiophys. — Ref. in Sterne **31** 193—194, mit 1 Fig. — Mit dem 32-teiligen Radio-Interferometer von Christiansen wurde die Intensitätsverteilung der 60 cm-Strahlung längs des Sonnenäquators untersucht und, im Gegensatz zu Staniers Ergebnis, eine Randerhellung von etwa 50% gefunden. Bru.

6547. **E. Tandberg-Hanssen,** On the correlation between radio-frequency radiation from the sun and solar activitiy. ApJ **121** 367—375, mit 7 Fig. = Inst. Theoret. Astrophys. Blindern-Oslo Reprint Nr. 10. — Ref. in Sterne **32** 207—208, mit 1 Fig. — Es werden Korrelationen zwischen der Intensität der Radiostrahlung der Sonne für fünf Frequenzen zwischen 80 MHz und 2800 MHz mit der Sonnenaktivität untersucht. Die Enge der Korrelation mit der Fleckenrelativzahl bzw. der Größe der von Flecken bedeckten Fläche wächst mit der Frequenz; die Korrelation verschwindet für Frequenzen < 600 MHz. Bei Frequenzen < 600 MHz besteht eine starke Abhängigkeit des Einflusses der Flecken auf die Intensität der Radiostrahlung vom Abstand der Flecken vom Zentrum der Sonnenscheibe. Verf. erklärt die beobachteten Unterschiede im Verhalten der Strahlung verschiedener Frequenz durch die Reflektionsverhältnisse in der Sonnenatmosphäre. Es wird auf zwei Arten von Flecken, radioaktive und radioinaktive, aufmerksam gemacht. Beziehungen der solaren Radiostrahlung zur Protuberanzentätigkeit und geomagnetischen Aktivität werden kurz gestreift. Micz.

6548. **H. H. Theissing, P. J. Caplan,** Atmospheric attenuation of solar millimeter wave radiation. Phys. Rev. (2) **99** 624. — Ref. Am. Phys. Soc.

6549. **B. Vauquois,** Remarques sur le rayonnement radioélectrique solaire sur 10 cm. CR **240** 1862—1864, mit 2 Fig. — Aus Radio-Beobachtungen der Stationen Ottawa (2800 MHz), Osaka (3260 MHz) und Nagoya (3750 MHz) wird versucht, die Mitte-Rand-Variation abzuleiten, die durch das Wandern der Sonnenflecken (mit denen die Radiostrahlung dieser Frequenz korreliert ist) über die Scheibe verursacht wird. Labs

6550. **B. Vauquois,** Influence de l'âge des centres d'activité radioélectrique sur leur rayonnement en ondes centimétriques. CR **241** 739—740, mit 1 Fig. — Eine statistische Untersuchung ergibt eine Korrelation zwischen dem Alter eines Aktivitätszentrums auf der Sonne und dessen Radiostrahlung im 10 cm-Gebiet. Während in den ersten 15 Tagen Fleckenfläche und Radiostrahlung einander weitgehend proportional sind, nimmt später die sichtbare Fläche stärker ab als die Intensität der 10.7 cm Strahlung. Labs

6551. **B. Vauquois,** The slowly varying component on decimetre wavelengths. Obs **75** 259—260, mit 2 Fig. — Verf. macht eine statistische Analyse der täglichen Beobachtungen der solaren Radiostrahlung von 10.7 cm Wellenlänge durch Covington aus den Jahren 1947—1954. Abgeleitet wird die Mitte-

Rand-Variation der Strahlung aus den Aktivitätszentren (Koronakondensationen). Die Strahlung fällt bei Änderung des Positionswinkels von 0° auf 90° von I = 1 auf etwa I = 0.22 ab. Sie verschwindet bei 110°. Ferner wird gezeigt, daß die Strahlungsquelle langlebiger ist als der zugehörige Sonnenfleck. Die Strahlung ist durchschnittlich in den ersten 15 Tagen der Fleckenfläche proportional, nimmt dann aber langsamer ab als die Fleckenfläche. Sie bleibt auch noch einige Zeit nach dem Verschwinden des Flecks meßbar. Die Strahlung ist enger mit den Fackelgebieten als mit der Entwicklung der Sonnenflecke korreliert. Priester

6552. **M. Waldmeier,** Die Variation der solaren radiofrequenten Strahlung bei λ = 10.7 cm im 11-jährigen Sonnenzyklus. ZfA **36** 181—193, mit 4 Abb. = Astr. Mitt. Sternw. Zürich Nr. 190. — Entsprechend einer früheren Erklärung des Verf. für die variable Komponente der solaren Radioemission bei λ = 10 cm werden für diese die koronalen Kondensationen verantwortlich gemacht. Nach der äußerlichen Unterscheidung zwischen Kondensationen mit und ohne Flecken steigt der Betrag der ersteren von 0 auf 65, derjenige der letzteren von 0 auf 48, falls die Sonnenfleckenrelativzahl von 0 auf 150 zunimmt. Die ungestörte Strahlungsintensität der kondensationsfreien Sonne beträgt 57 Einheiten. Verf.

6553. **W. W. Witkewitsch,** Der monochromatische Charakter plötzlicher Radiostrahlungsausbrüche. DAN **101** 229—231, mit 4 Abb. (russisch). — Das Vorkommen von Sonnenflecken erhöht die Intensität der solaren Radiostrahlung, wobei einmal zeitlich langsam verlaufende Intensitätsänderungen vorkommen, zum anderen aber auch kurzzeitige Ausbrüche kleiner Amplitude (10 bis 100% der Intensität der ruhigen Sonne). Zu letzteren teilt Verf. vorläufige Beobachtungsergebnisse über die Bandbreite des Spektrums im Meterwellengebiet mit, aus denen hervorgeht, daß die einzelnen Eruptionen («Pitschki») monochromatischen Charakter besitzen. Loh.

* * La radio-astronomie en 1955. Vgl. Ref. **1395**.

6554. **Beobachtung der Radiostrahlung**

Acta Astr. Sinica **3** 163—165, mit 3 Fig. (chinesisch). Observations of solar radiations at the Zô-Sè Observatory (1954). Y.-L. Chang.

Quarterly Bull. Solar Activity Nr. 107—109. Published by the Eidgen. Sternwarte in Zürich. — 1954 Juli—1955 März.

Tokyo Astr. Obs. Bull. Solar Phenomena **6** 45—62, **7** 1—52, mit Fig. — 1954 Okt.—1955 Sept.

* * Beobachtungen der solaren Radiostrahlung bei Finsternissen siehe § **62**.

Solare Korpuskularstrahlung

* * **H. W. Babcock, H. D. Babcock,** The sun's magnetic field and corpuscular emission. Vgl. Ref. **6121**.

* * **O. W. Dobrowolskij,** Korpuskulare Strahlung der Sonne als eine wahrscheinliche Ursache der Halobildung in Kometen. Vgl. Ref. **8006**.

6555. **R. C. Jennison,** Corpuscular streams. Obs **75** 125—126. — Zur Erklärung der magnetischen Stürme und der Polarlichter müssen nicht unbedingt Korpuskularströme mit vollständigem Materialtransport von der Sonne zur Erde angenommen werden. Wenn keine scharfe Diskontinuität in der Dichte besteht, könnten sich Stoßwellen aus dem Niveau der Chromosphäre in die äußerste Korona bis über die Erde hinaus fortpflanzen. Verf. zeigt, daß eine Stoßfront, die sich mit einer Geschwindigkeit von 1500 km/sec vorwärts bewegt, die beobachteten Erscheinungen hervorrufen würde. O. G.

6556. **K. Kawabata,** The motion of the ionized cloud in the magnetic field and its application to the escape of the corpuscular stream from the sun. Publ. Astr. Soc. Japan **7** 40—47 = Tokyo Astr. Obs. Repr. Nr. 120. — Die Bewegung einer vollständig ionisierten, aber als ganzes neutralen Wolke durch ein Magnetfeld wird unter Vernachlässigung der Stöße zwischen Ionen und Elektronen untersucht. Das Ergebnis wird auf das Entweichen von Korpuskularströmen von der Sonne, die die magnetischen Stürme auf der Erde hervorrufen, angewandt. Es wird gezeigt, daß der Einfluß eines eventuell vorhandenen Sonnenmagnetfeldes sehr gering ist. Voigt

6557. **E. R. Mustel,** On the corpuscular emission of the sun. AJ UdSSR **32** 177—191, mit 2 Fig. (russisch mit englischer Zusammenfassung). — Ref. in Urania Kraków **26** 367. — Die Arbeit ist eine Erwiderung auf die Kritik von Wsechswjatskij und Mitarbeitern (vgl. Ref. **6561**) an der unter AJB **53** Ref. **6504** zitierten Arbeit des Verf. Wenn Wsechswjatskij usw. recht hätten, müßten die Koronalinien oft aufgespalten sein. Das ist aber nicht der Fall. Ferner steht die neue Hypothese mit der durch Beobachtungen erhärteten Tatsache über die Enge der Öffnungswinkel der Korpuskelströme in Widerspruch. Nach neueren Untersuchungen ist die Protonendichte in Erdnähe $\approx 1/cm^3$. Aus all dem folgt, daß die seinerzeit abgeschätzte obere Grenze des jährlichen Materieverlustes der Sonne bei 6×10^{17} gr/Jahr bleibt. Loh.

6558. **A. I. Ohl,** Über die Flugzeit solarer Korpuskel bis zur Erde. Sonnendaten 1954, 1955 Nr. 1 S. 79—83 (russisch). — Ref. in RJ Astr. Geod. UdSSR 1956 Nr. 1 S. 83.

6559. **J.-C. Pecker, W. O. Roberts,** Solar corpuscles responsible for geomagnetic disturbances. J. Geophys. Res. **60** 33—44, mit 6 Fig. — Ref. in Ric. Sci. **25** 2974—2975. — Die Hypothese von C. W. Allen (MN **104** 13, AJB **45** Ref. **4803**) über die ablenkende und fokusierende Wirkung der Fleckenfelder auf die Korpuskularstrahlung der Sonne und deren Auswirkung auf die erdmagnetischen Störungen wird weiter entwickelt. Bru.

6560. **W. I. Tscherednitschenko,** Über die Konzentration der Teilchen der solaren Korpuskularstrahlung. Sonnendaten Nr. 1 S. 83—87 (russisch). — Ref. in RJ Astr. Geod. UdSSR 1956 Nr. 9 S. 51.

6561. **S. K. Wsechswjatskij, G. M. Nikolskij, E. A. Ponomarjow, W. I. Tscherednitschenko,** On corpuscular emission of the sun. AJ UdSSR **32** 165—176, mit 1 Fig. (russisch mit englischer Zusammenfassung). — Ref. in Urania Kraków **26** 367. — In einer unter AJB **53** Ref. **6504** zitierten Arbeit hat Mustel abgeschätzt, daß der Materieabfluß von der Sonne 6×10^{17} gr/Jahr nicht überschreitet. Verf. zeigen demgegenüber unter der Annahme, daß die Korona eine Gesamtheit geoaktiver Ströme (Koronastrahlen) ist, daß die obere Grenze der Materieabgabe viel höher liegt, nämlich bei 10^{20} gr/Jahr. Die Struktur der Koronalinie begründet die obige Annahme. Die Konzentration geoaktiver Protonen beträgt in Erdnähe eher $10^3/cm^3$ als nur $0.6/cm^3$, wobei der letzte Wert auf einer Abschätzung von Schklowskij (DAN **81** 167, 1951) beruht. Loh.

Solare kosmische Strahlung

6562. **D. D. Krassilnikow, A. I. Kusmin, J. G. Schafer,** Ein Intensitätsausbruch der kosmischen Strahlung. Publ. Jakut. Filiale Akad. Wiss. UdSSR (Phys.) Nr. 1 S. 42—47 (russisch). — Ref. in RJ Astr. Geod. UdSSR 1956 Nr. 11 S. 34—35.

6563. **W. L. Kraushaar,** High latitude impact zones for solar cosmic rays. Progr. Theoret. Phys. **14** 78—79. — Ref. in RJ Astr. Geod. UdSSR 1956 Nr. 10 S. 29.

* * **A. I. Kusmin, G. W. Skripin,** The effect of lunar-tidal oscillation of the atmosphere on the intensity of the hard component of cosmic rays. Vgl. Ref. **12712**.

6564. **M. A. Pomerantz,** Cosmic-ray observations at very high altitudes during periods of intense solar activity. J. Franklin Inst. **260** 547—548. — Ref. in RJ Astr. Geod. UdSSR 1956 Nr. 11 S. 35.

6565. **J. A. Simpson, H. W. Babcock, H. D. Babcock,** Association of a «unipolar» magnetic region on the sun with changes of primary cosmic-ray intensity. Phys. Rev. (2) **98** 1402—1406, mit 4 Fig. — Bei sieben aufeinanderfolgenden Rotationen des Jahres 1953 beobachteten Verf. eine ausgeprägte Korrelation des Durchgangs einer Region mit einem unipolaren Magnetfeld durch den Zentralmeridian mit den Zeitpunkten maximaler Intensität der Primärkomponente der Ultrastrahlung und mit den 27tägigen geomagnetischen Störungen 3 — 4 Tage später. Die unipolare Region, die auf den Babcockschen Registrierungen der schwachen Photosphärenfelder erkennbar ist, ist dadurch gekennzeichnet, daß das Vorzeichen der Feldstärke nicht wechselt und keine Rückkehr des magnetischen Flusses — von etwa 10^{21} Maxwell — feststellbar ist. Es wird vermutet, daß die Verstärkung der Intensität auf einer Modulation schon vorhandener Ultrastrahlung beruht. Weidemann

§ 66

Chromosphäre, Flares, Protuberanzen

6601. **R. G. Athay,** The helium chromosphere. AJ **60** 150—151. — Ref. AAS.

6602. **R. G. Athay, R. N. Thomas,** The thermodynamic state of the outer solar atmosphere. IV. Self-absorption and the population of the second quantum level. ApJ Suppl **1** 491—504, mit 3 Fig. — Ref. in ApJ **121** 775—776. — Will man die beobachteten Höhengradienten der Balmerlinienemission im Flashspektrum mit Hilfe von Selbstabsorption erklären, so wird man auf eine Skalenhöhe von 2000 km für die Besetzung des zweiten Quantenzustandes, dagegen auf nur 500 km für die höheren Zustände geführt, während sich die optische Dicke in der Linienmitte von H 11 tangential zu 19 ergibt (Höhe: 1500 km über der Photosphäre). Diese Daten passen so schlecht zu den übrigen Ergebnissen (Balmer-Kontinuum), daß man Zweifel an der Richtigkeit eines sphärisch symmetrischen Chromosphärenmodells hegen muß. Oster

6603. **R. G. Athay, D. H. Menzel, J.-C. Pecker, R. N. Thomas,** The thermodynamic state of the outer solar atmosphere. V. A model of the chromosphere from the continuum emission. ApJ Suppl **1** 505—519, mit 4 Fig. — Ref. in ApJ **121** 775—776. — Aus den Daten der Finsternis 1952, und zwar den Messungen der Balmer-Linien und des Kontinuums, wird ein Modell für die Elektronentemperatur und Elektronendichte in der Chromosphäre im Höhenbereich zwischen −120 und 6000 km abgeleitet. Oberhalb 2500 km ergeben sich nach außen hin wachsende Drucke, welche offensichtlich Abweichungen von gleichförmiger Schichtung und von thermischem Gleichgewicht anzeigen. Oster

6604. **R. G. Athay, R. N. Thomas,** Temperature gradients in the chromosphere. Publ ASP **67** 339—340. — Ref. ASP.

6605. **L. d'Azambuja,** Les protubérances du Soleil et leur évolution. Scientia **90** 309—315.

* * **M. d'Azambuja,** Sur l'identification des taches solaires à l'aide des facules chromosphériques. Vgl. Ref. **6304**.

6606. **D. E. Billings, H. Zirin,** The temperature of prominences in active solar regions. AJ **60** 155. — Ref. AAS.

6607. **E. Böhm-Vitense,** Hydrogen in the solar chromosphere and photosphere. Publ ASP **67** 21. — Aus den chromosphärischen Hα-Hδ-Linien wird eine Temperatur von 5200° (0 km Höhe) bezw. 3900° (4800 km Höhe) abgeleitet. Mit den de Jagerschen Messungen zusammen kann man so zu Aussagen über die starke Mitte-Rand-Variation der Balmer-Linien kommen. U. Be.

6608. **E. Böhm-Vitense,** Die Sonnenchromosphäre. ZfA **36** 145—180, mit 11 Abb. = Sonderdruck Sternw. Kiel. — Es werden rein empirisch die Druck- und Temperaturschichtungen der Sonnenchromosphäre bestimmt. Dabei wird im wesentlichen von den Messungen von Cillié und Menzel (1935) Gebrauch gemacht. Es zeigt sich, daß die Dichte in mittleren und höheren Chromosphärenschichten mit einer Äquivalenthöhe von etwa 1000 km abnimmt. Während die Strahlungstemperaturen der Metalle etwa 4000° sind, liegen die Ionisationstemperaturen rund 1000° höher. Das neue Chromosphärenmodell wird in seinen Konsequenzen diskutiert und mit den Beobachtungen verglichen. Es ergibt sich gute Übereinstimmung. Verf.

6609. **A. Bruzek,** Beziehungen zwischen Protuberanzen und monochromatischer Korona. ZfA **35** 265—275, mit 5 Abb. = Mitt. Fraunhofer-Inst. Freiburg Nr. 23. — Es zeigt sich, daß isolierte stationäre Filamente während ihrer ganzen Lebensdauer von einem Koronagebiet mäßig erhöhter Intensität der grünen Linie λ 5303 eingeschlossen sind. Die Ausdehnung dieser grünen Korona-Emissionsgebiete in heliographischer Breite beträgt bis etwa 50°. Die Maximalintensitäten befinden sich entlang dem Filament und hatten in den Jahren 1943/44 im Mittel Werte von 10—15 Einheiten der Wendelstein-Schätzungsskala. In der Nähe von Fleckengruppen und fleckenlosen Fackelgebieten treten diese schwachen grünen Emissionsgebiete der Filamente nicht in Erscheinung. Am Ort der Filamente (Protuberanzen) selbst erscheint die grüne Koronalinie häufig abgeschwächt, wodurch in den Emissionsgebieten der Filamente ein enges Intensitätsdoppelmaximum auftritt. Verf. (gekürzt)

6610. **A. Bruzek,** Die Mitte-Rand-Variation der H_α-Linienbreite, der Hα-Zentralintensität und der Flächen der Eruptionen. ZfA **38** 1—13, mit 4 Abb. = Mitt. Fraunhofer-Inst. Freiburg Nr. 26. — Die Mitte-Rand-Variation der effektiven Linienbreite und der Zentralintensität von H_α in Eruptionen und normalen Fackelflocculi sowie der Flächen der Eruptionen wird statistisch untersucht. Die Resultate sind: 1.) Die Mitte-Rand-Variation der Zentralintensität ist in allen gestörten Gebieten ungefähr gleich der MRV der Restintensität von H_α im ungestörten Untergrund. Es besteht also eine Randverdunklung, welche etwas schwächer ist als jene des benachbarten Kontinuums. Sie ist qualitativ durch die Absorptionswirkung kühler Schichten um oder über den Eruptionen zu deuten. 2.) Die effektiven Linienbreiten nehmen gegen den Sonnenrand zu, und zwar um so stärker, je größer die «wahre», im Zentrum der Scheibe gemessene Linienbreite ist. Dieser Effekt kann auf die mit sec ϑ wachsende, wirksame optische Dicke der Eruption und auf die Randverdunklung des Kontinuums zurückgeführt werden. Die Eruptionen beginnen in umso tieferem Niveau, je größer ihre Linienbreite ist. 3.) Die korrigierten Flächen der Eruptionen nehmen mit wachsendem Abstand vom Scheibenzentrum etwas zu. Verf.

6611. **H. W. Dodson,** Center-to-limb effects in solar flare observations. AJ **60** 158. — Ref. AAS.

6612. **E. E. Dubow,** Isotrope Turbulenz und Energiedissipation in ruhenden Protuberanzen. Mitt. Astrophys. Obs. Krim **15** 121—129, mit 3 Abb. und 1 Tafel (russisch). — Aus Helligkeitsfluktuationen wird die Turbulenz in ruhenden Protuberanzen untersucht. Die Existenz einer isotropen Turbulenz mit einer Energiedissipation von größenordnungsmäßig 5×10^8 erg/Grad sec wird bestätigt. Offensichtlich geht die Dissipation im wesentlichen auf Kosten Joulescher Verluste in magneto-hydrodynamischen Wellen vor sich, nicht aber auf Kosten der Viskosität. Verf. (übersetzt)

* * **V. C. A. Ferraro,** Geophysical aspects of solar flares. Vgl. Ref. **6821**.

6613. M. N. Gnewyschew, R. S. Gnewyschewa, Das Leuchten der Koronalinie 5302.8 Å in der Sonnenchromosphäre. DAN **101** 627, mit 1 Tafel (russisch). — Beobachtungen auf der Bergstation der Sternwarte Pulkowo zeigten, daß die Koronalinie 5302.8 Å auch noch in der Chromosphäre wahrnehmbar ist. Diese Tatsache wird dadurch erklärt, daß die Chromosphäre nicht als gewöhnliche Gasschicht, sondern als eine Zone mehr oder weniger zusammengedrängter Protuberanzen aufgefaßt werden muß, wobei die Zwischenräume von Koronamaterie im koronalen Zustand ausgefüllt werden. Loh.

* * **J. W. Graham, S. E. Forbush,** Solar flare and magnetic storm effects in cosmic-ray intensity near the geomagnetic N pole. Vgl. Ref. **6823**.

6614. H. Haupt, Eine ungewöhnliche Spektralaufnahme einer Protuberanz am Koronographen. Sitzber. Österreich. Akad. Wiss. Math.-naturwiss. Kl. Abteilung II **164** 267—271, mit 2 Fig. = Mitt. Sonnenobs. Kanzelhöhe Nr. 6. — In der Aufnahme einer ruhenden Protuberanz vom 11. 9. 1948 wurden zwischen 5160 und 5530 Å 22 Emissionslinien gefunden und identifiziert. Die Cr-Linie 5409.79 Å, die hellste Linie eines bisher unvollständig beobachteten Multipletts, wurde erstmals beobachtet. Weiterhin werden Linien einer Protuberanz vom 13. 2. 1955 mitgeteilt. Loh.

6615. K. Hermann-Otavský, Beobachtung der chromosphärischen Formationen im Refraktor. Časopis **5** 41—42, mit 9 Abb. (tschechisch). — Erfahrungen mit der Beobachtung chromosphärischer Formationen im Koronographen einfacher Bauart. J. B.

6616. J. S. Hey, V. A. Hughes, The east-west asymmetry of solar flares and their radio emission. MN **115** 605—616, mit 9 Fig. — Die von den Autoren schon 1947 gefundene O-W-Asymmetrie in der Intensität der solaren Bursts auf $\lambda = 4.1$ m wird weiter diskutiert und mit den Eruptionen und deren O-W-Asymmetrie sowie dem Verhalten der erdmagnetischen Störungen verglichen. Verf. glauben, für die Asymmetrie eine unsymmetrische Struktur der Elektronenverteilung über der Eruption verantwortlich machen zu können. U. Be.

* * **J. S. Hey,** On outbursts of radio emission from solar flares. Vgl. Ref. **6531**.

6617. G. M. Idliss, M. G. Karimow, A. B. Delone, S. O. Obaschew, Bestimmung der magnetischen Feldstärke in Protuberanzen aus den Bewegungen ihrer Knoten in der Bildebene. DAN **102** 707—710 (russisch). — Unter der Voraussetzung, daß sich die einzelnen Knoten von Protuberanzen entlang magnetischer Kraftlinien bewegen, leitet Verf. in Anlehnung an Chandrasekhar und Fermi (vgl. AJB **53** Ref. **12529**) eine Formel zur Berechnung der Feldstärke innerhalb einer koronalen Protuberanz aus ihren beobachteten Bewegungen, dem Ionisationsgrad, der Dichte und den kinetischen Temperaturen von Protuberanz und Korona ab. Die Anwendung auf fünf am 9. Juli 1953 in Alma-Ata beobachtete Protuberanzen ergibt unter der Annahme einer Dichte von etwa 2×10^{-14} gr/cm^3 in den Protuberanzen für die Feldstärke in 70—90° heliographischer Breite und 45000 km Höhe 5 bis 10 Gauß. Loh.

6618. A. A. Ismailow, Helle Sonnenflocculi in der K-Linie (Ca II). Nachr. Akad. Wiss. Aserbajdshan. Sowjetrepublik Nr. 8 S. 11—15 (russisch mit aserbajdshanischer Zusammenfassung). — Ref. in RJ Astr. Geod. UdSSR 1956 Nr. 7 S. 44—45.

6619. G. S. Iwanow-Cholodny, Spektralphotometrische Untersuchung des Wasserstoffs und Heliums in Protuberanzen. I. Experimenteller Teil. Mitt. Astrophys. Obs. Krim **13** 112—154, mit 4 Abb. und 2 Tafeln (russisch). — Auf Grund eines reichen Beobachtungsmaterials aus den Jahren 1951 und 1952 werden 20 Protuberanzen eingehend untersucht, wobei solche mit großen Geschwindigkeiten und starken sichtbaren Veränderungen ausgeschlossen wurden. Die Reduktion der Beobachtungen, insbesondere die Berücksichtigung der Apparatekontur, wird ausführlich besprochen. Ein Katalog enthält: Laufende Nummern und Bezeichnungen der Protuberanzen, Knoten und spektrographische Schnitte, Angabe der Linie (Balmer, H und K, Helium: D_3, 10830 Å und gelegentlich 3888.6 Å), korrigierte halbe Linienbreiten bei 70, 50 und 20% der Gesamtintensität, deren Mittelwert (gebildet im Verhältnis der Gewichte 2:2:1) in Einheiten der Apparatekontur und in Å, Äquivalentbreite S in Å (bezogen auf Kontinuum der Sonnenmitte) und Maximalintensität I_m (gleichfalls bezogen auf die Mitte der Sonnenscheibe). Die Protuberanzen erweisen sich als Gebilde, die nicht nur von Fall zu Fall, sondern auch in sich selbst physikalisch recht inhomogen sind. Systematisches Anwachsen der Äquivalentbreiten der Wasserstofflinien mit der Balmerseriennummer läßt auf Nicht-Dopplereffekte schließen. Petri

6620. **G. S. Iwanow-Cholodny,** Spektralphotometrische Untersuchung des Wasserstoffs und Heliums in Protuberanzen. II. Mitt. Astrophys. Obs. Krim **15** 69—94, mit 3 Abb. (russisch). — Die Linienkonturen der Protuberanzen werden im wesentlichen durch Doppler-Effekt bestimmt. Die jedoch in den Flügeln beobachteten Verbreiterungen lassen sich durch molekularen Stark-Effekt erklären, aus dem sich die mittlere Elektronendichte berechnen läßt: $\bar{n}_e = 8 \times 10^{12}$ cm^{-3}. Aus einem Vergleich der Breiten der H- und He-Linien ergeben sich $\overline{T}_{kin} = 11800°$, $\bar{v}_t = 7.1$ km/sec. Die Verteilung der H-Atome auf die Anregungsniveaus zeigt zwei Anomalien, die durch den Anregungsmechanismus erklärt werden. Aus der Zunahme des Rekombinationsleuchtens mit wachsender Elektronendichte folgt: 1.) Die effektive Dicke der strahlenden Schicht einer Protuberanz = 10^4 cm; 2.) Die mittlere H-Dichte = 3×10^{13}; 3.) Der Ionisationsgrad des H ändert sich in den Grenzen 1.00 bis 0.02. 4.) Die Anregung des zweiten Quantenzustands erfolgt durch Elektronenstoß. Der He-Gehalt macht nicht weniger als 10% des H-Gehalts aus. Die Ionisation des He unterliegt stärkeren Änderungen als die des H. Die verschiedenen beobachteten und berechneten physikalischen Parameter unterscheiden sich nicht nur von Protuberanz zu Protuberanz, sondern auch noch innerhalb ein und derselben. Loh.

6621. **J. T. Jefferies,** The high temperature excitation of helium. Australian J. Phys. 8 335—346. — Die relativen Besetzungszahlen beim Helium wurden für den Grundzustand, die Singulett- und Triplett-Zustände der Hauptquantenzahlen 2 und 3 sowie für den ionisierten Zustand berechnet für eine isotherme Atmosphäre mit kinetischen Temperaturen im Bereich 10^4 bis 10^5 °K. Aus Beobachtungen der D_3-Linie der Sonnenchromosphäre schließt Verf., daß die mittlere kinetische Temperatur in der unteren Chromosphäre sehr wahrscheinlich im Bereich 10^4 bis 1.25×10^4 °K liegt. Priester

6622. **J. T. Jefferies,** The Hα emission of prominences. MN **115** 617—628, mit 5 Fig. — Ein wesentlicher Teil der Hα-Strahlung der Protuberanzen ist rückgestreutes Hα-Licht der Sonnenscheibe, das bei der Interpretation der Protuberanzenstrahlung berücksichtigt werden muß. Die Beobachtungen an stabilen Protuberanzen werden befriedigend durch eine Temperatur zwischen 10^4 und 2×10^4 Grad und einer Elektronenkonzentration zwischen 10^{10} und 5×10^{10} cm^{-3} dargestellt. U. Be.

6623. **W. A. Krat, T. W. Krat,** Über die Konturen der Spektrallinien der Sonnenchromosphäre. Mitt. Astr. Hauptobs. Pulkowo **19** Nr. 6 (153) S. 1—30, mit 18 Abb. und 1 Tafel (russisch). — Nach einer Beschreibung des 1953 in Dienst gestellten Spektrographen, mit dem die Beobachtungen durchgeführt wurden, berichtet Verf. über die Bestimmung der Intensitäten chromosphärischer

Linien, die Berücksichtigung der Szintillation des Sonnenbildes und der zirkumsolaren Aureole, die Konturen der Wasserstofflinien Hα, Hγ, Hδ, Hε, H_8 und H_9, die H- und K-Linien, die D_3-Linie, die Doppler-Geschwindigkeiten chromosphärischer Fasern und die Chromosphärentemperatur, die Intensitätsgradienten chromosphärischer Linien und die Selbstabsorption. Loh.

6624. **L. I. Krissenko, W. A. Fedorez, R. M. Rapota,** Photographische Photometrie chromosphärischer Gebilde. Circ. Astr. Obs. Gorkij-Staatsuniv. Charkow Nr. 14 S. 3—7, mit 1 Abb. und 2 Tafeln (russisch). — Aus der Auswertung Charkower Spektroheliogramme ziehen Verf. folgende Schlüsse: 1.) Die Intensitätserhöhung eines Flocculus geht fast immer der Vergrößerung der Zahl der Flecke einer Gruppe voraus. 2.) Beim Anwachsen der Fläche der Flocculi beobachtet man oft eine Verringerung ihrer Intensität. 3.) Zwischen der Fläche der Fleckengruppen und der Intensität der Flocculi besteht kaum eine Beziehung. 4.) Die Intensität eines Flocculus hängt nicht von seiner Ausdehnung ab. 5.) Die intensivsten Flocculi sind in der Regel die kompaktesten. — Eine Liste der Beobachtungen ist beigegeben. Loh.

6625. **M. Krook, D. Layzer, D. H. Menzel,** Mechanisms in prominence activity. AJ **60** 166—167. — Ref. AAS.

6626. **S. L. Lippincott,** A preliminary investigation of the small changes in the chromospheric structure. Ann d'Astrophys **18** 113—117, mit 1 Tafel. — Auf Hα-Aufnahmen der Chromosphäre mit Lyot-Filter werden die Veränderungen der dunklen «Fibrillen» in Aktivitätszentren untersucht. Ihre Enden verschieben sich auf der Scheibe mit einer mittleren Geschwindigkeit von 2 km/sec. Die Bestimmung der Lebensdauer stößt wegen des häufigen vorübergehenden Verschwindens auf Schwierigkeiten, wobei es noch unklar ist, ob es sich hierbei um einen reellen Effekt handelt. Jedenfalls wurde in der mittleren Orientierung der Fibrillen in einem Gebiet von 25000 km^2 eines Aktivitätszentrums innerhalb von 45 Minuten keine merkliche Veränderung gefunden. Gü.

6627. **S. L. Lippincott,** Changes in chromospheric fine structure from films taken by Lyot at the Pic du Midi. AJ **60** 168—169. — Ref. AAS.

6628. **S. L. Lippincott,** Sur les changements rapides de la structure fine de la chromosphère, au voisinage d'un centre d'activité. CR **240** 593—595, mit 1 Fig. — Nach kinematographischen Aufnahmen (von B. Lyot) aus dem Jahre 1942 durch ein Hα-Polarisationsfilter von 1.5 Å Breite werden die Bewegungen, die Lebensdauern und die Dimensionen der chromosphärischen Feinstrukturelemente in der Umgebung eines Aktivitätszentrums untersucht. Labs

6629. **S. Matsushima,** The thermodynamic state of the outer solar atmosphere. III. Analysis of the Balmer decrement observed at the 1932 and 1952 eclipses. ApJ Suppl **1** 479—490, mit 4 Fig. — Ref. in ApJ **121** 775—776. — Verf. erweitert die frühere Analyse von Thomas (vgl. AJB **50** Ref. **6627**) der Finsternismessungen von 1932 (Cillié und Menzel) über das Balmerdekrement im Flashspektrum und vergleicht sie mit den Ergebnissen der Harvard-Gruppe von 1952. Es zeigt sich, daß die Skalenhöhe für die Besetzung des zweiten Quantenzustandes von Wasserstoff merklich größer ist als diejenige für die höheren Quantenzustände. Abweichungen vom thermischen Gleichgewicht werden diskutiert. Oster

6630. **J. Mergentaler, J. Paciorkówna,** Rozbłyski chromosferyczne i pola magnetyczne plam słonecznych. Postępy Astr. **3** 22—23. — Ref. Poln. Astr. Ges.

6631. **R. Michard, G. Laborde,** Spectrophotométrie des raies d'émission intenses de la chromosphère solaire. La raie Hα. Rend. Accad. Nazionale Lincei, Cl. Sci. fis., mat., nat. (8) **19** 283—291, mit 3 Fig. und 2 Tafeln = Contr. Oss. Astrofis. Arcetri Nr. 3. — Aus einigen in Arcetri aufgenommenen Sonnenspektrogrammen werden folgende Ergebnisse erhalten: Die Linie Hα der Spikulen zwischen 4200 und 6200 km hat eine Breite von 0.70 Å (dieser Wert ist wahrscheinlich eine obere Grenze); die Spikulen zeigen Dopplereffekte in einer Gauß-Verteilung von wenigstens 0.5 Å Halbbreite; die allgemeine Strahlung der Chromosphäre in Hα ist wahrscheinlich nur durch das Darübersetzen der Spikulen hervorgerufen. In der höheren Chromosphäre entspricht der Abnahme von Hα eine Abnahme der Zahl von Spikulen. Die Ergebnisse für Hβ sind den oben erwähnten ähnlich; die D_3-Linie zeigt keine Spur spikularischer Struktur. Die Linie He 5876 sollte vorläufig nicht den Spikulen zugeschrieben werden. Cester

* * **K. Milošević,** Détermination de la vitesse de rotation du Soleil au moment du maximum de 1948. Vgl. Ref. **6108**.

6632. E. R. Mustel, Die Chromosphäre über Sonnenflecken. Mitt. Astrophys. Obs. Krim **13** 96—102, mit 1 Tafel (russisch). — Das Verhalten der H- und K-Linien, insbesondere ihre Umkehr und Einschnürung über Flecken, wird eingehend diskutiert. Danach ist die Anzahl der Atome des Kalziums und wohl auch der anderen Elemente über Flecken geringer als über den benachbarten Teilen der Sonnenoberfläche. Das stimmt mit der bekannten Erniedrigung der Chromosphäre über Sonnenflecken überein, welche durch Evershed-Effekt erklärt wird. In den unteren Schichten der Chromosphäre ändert sich die Temperatur, die der des Fleckes nahezu gleich ist, nur wenig. Der von S. Miyamoto zur Deutung der H_2-, K_2-, H_3- und K_3-Konturen herangezogenen inkohärenten Streuung wird nur zweitrangige Bedeutung beigemessen. Petri

6633. E. R. Mustel, Über den Ursprung des kontinuierlichen Spektrums chromosphärischer Eruptionen. Mitt. Astrophys. Obs. Krim **15** 54—68, mit 1 Abb. (russisch). — Nach Meinung des Verf. wird infolge der großen Erstreckung chromosphärischer Eruptionen in Höhe auch die Photosphäre in Mitleidenschaft gezogen. Die dort einsetzende Temperatursteigerung bewirkt eine Intensitätserhöhung des Kontinuums. Loh.

6634. E. R. Mustel, Über die Materieejektion aus chromosphärischen Eruptionen. Mitt. Astrophys. Obs. Krim **15** 95—103, mit 1 Abb. (russisch). — Der Massenverlust der Sonne über chromosphärischen Eruptionen ist nach den hier durchgeführten Rechnungen nicht größer als der auf Grund anderer Faktoren berechnete (vgl. AJB **53** Ref. **6504** und AJB **55** Ref. **6557**), ist also zwei Größenordnungen kleiner als dem Äquivalent des (Wellen-) Strahlungsverlustes entspricht. Auf die Schwierigkeiten, die beim Versuch einer Erklärung des Ejektionsmechanismus von Korpuskeln auftreten, wird näher eingegangen. Loh.

6635. S. Nagasawa, Electrical conductivity of the lower chromosphere of the sun. Publ. Astr. Soc. Japan **7** 9—20 = Tokyo Astr. Obs. Repr. Nr. 118. — Die elektrische Leitfähigkeit eines Gasgemisches aus neutralen Atomen, Ionen und Elektronen wird nach der Methode von Enskog-Chapman berechnet (2. Approx.). Der numerische Wert beträgt in der unteren Chromosphäre: 10^{12} bis 10^{13} el. st. E. Am Boden der Chromosphäre ist die Leitfähigkeit halb so groß wie bei Vernachlässigung der neutralen Atome; in Höhen über 2×10^3 km verschwindet der Unterschied. Voigt

6636. O. Namba, The absolute intensity scale for flash spectrum lines. Mem. Osaka Univ. Liberal Arts Education (B) Natural Sci. Nr. 3 S. 37—42, mit 2 Fig., 1954 = Contr. Inst. Astrophys. Univ. Kyoto Nr. 59. — Die Kalibration der Mitchell-Intensitäten im Flashspektrum wurde mit Absolutmessungen neu bestimmt. Das Ergebnis wird in Abbildungen dargestellt. U. Be.

6637. Y. Öhman, On the possible existence of low temperature prominences. Ark Astr **2** 1—7, mit 1 Fig. = Stockholms Obs. Medd. Nr. 85. — Im Anschluß an Beobachtungen des Verf., die auf die Existenz von sehr kühlen und dadurch fast unsichtbaren Protuberanzen hinweisen, wird gezeigt, wie durch Auswürfe kühler Gase aus dem Photosphärenniveau und anschließender adiabatischer Abkühlung solche Protuberanzen entstehen können. Es wird plausibel gemacht, daß sie in der Hauptsache aus H_2-Molekülen zusammengesetzt sind, wodurch ihre Widerstandskraft gegen die auflösende Wirkung von Sonnen- und Flare-Strahlung ganz wesentlich erhöht wird. Es erscheint nicht unvernünftig anzunehmen, daß auch die normalen Protuberanzen einen solchen kühlen Kern enthalten, der von heißeren Gasen eingehüllt ist. Ein derartiges Protuberanzenmodell wird weiter erörtert. H. M.

6638. **L. Oster,** Photometrie von Protuberanzen mit dem Koronographen. ZfA **36** 212—221, mit 6 Abb. = Mitt. Fraunhofer-Inst. Freiburg Nr. 25.— Eine Anordnung wurde entwickelt, die das Aufbringen von Schwärzungsmarken auf den Protuberanzenfilm an der Stelle der abgedeckten Sonnenscheibe gleichzeitig mit der Protuberanzenaufnahme ermöglicht. Es wird die von der Protuberanz in Hα emittierte Intensität bestimmt. Gemessen in Äquivalentbreiten (bezogen auf das Kontinuum der Sonnenmitte in der Nachbarschaft von Hα), ergeben sich Werte zwischen 3.5 und 85 mÅ. An Hand der Isophotenbilder dreier Protuberanzen wird die Anwendung des Verfahrens gezeigt und der Einfluß verschiedener Fehlerquellen diskutiert. Verf.

6639. **J. M. Parker,** The rotational temperature of the lower solar chromosphere. ApJ **121** 731—738, mit 1 Fig. und 1 Tafel. — Die Analyse der (0,0)- und (0,1)-Banden des C_2 führt auf eine Temperatur der Chromosphäre von 4610 $\pm$ 400 Grad. Die Spektren wurden nicht während einer Finsternis aufgenommen. U. Be.

6640. **J.-C. Pecker, R. G. Athay,** CN bands in the chromosphere. ApJ **121** 391—399, mit 6 Fig. — Ref. in Ric. Sci. **25** 2974—2975. — Im Spektrum der Chromosphäre sind bei Sonnenfinsternissen wiederholt CN-Banden in Emission zwischen dem photosphärischen Sonnenrand und einer Höhe von 750 km beobachtet worden. Die vorliegende Arbeit beschäftigt sich mit der Bestimmung der Dichte und der Rotationstemperatur der unteren Chromosphäre aus Intensitätsmessungen der CN-Bande $^2\Sigma \rightarrow {}^2\Sigma$ (0,0) bei λ 3883. Die benutzten, spaltlos aufgenommenen Spektren wurden bei der totalen Finsternis 1952 in Khartum erhalten. In einer Höhe von 100 km ergab sich die Rotationstemperatur zu $\approx$ 4500°. Aus Bestimmungen in anderen Höhen geht hervor, daß die Rotationstemperatur mit der Höhe wächst. Die beobachtete absolute Intensität der Bande ist etwa 20mal so groß wie Werte, die mit Hilfe verschiedener Photosphären- und Chromosphärenmodelle berechnet werden können. Die Unstimmigkeit wird auf unzureichende Kenntnis des Absorptionskoeffizienten zurückgeführt, der aus den Profilen von Absorptionslinien im Utrechter Sonnenatlas von den Verf. bestimmt wird. Micz.

6641. **I. A. Prokofjewa,** Über die Struktur der Sonnenchromosphäre in Hα. Mitt. Astr. Hauptobs. Pulkowo **19** Nr. 6 (153) S. 40—56, mit 10 Abb. (russisch). — In der vorliegenden Arbeit werden früher begonnene Untersuchungen (vgl. AJB **54** Ref. **6619**) fortgesetzt. Aus dem im Jahr 1953 erhaltenen und photometrisch ausgewerteten Material folgt erneut, daß in der Chromosphäre reelle Abweichungen vom exponentiellen Dichteabnahmegesetz existieren. Loh.

6642. **M. Rigutti,** Un notevole centro di attività solare. Mem SA It (NS) **26** 549—553, mit 2 Tafeln = Oss. e Mem. Oss. Astrofis. Arcetri Nr. 70. — Nachdem die Radialgeschwindigkeit einer bedeutenden Randprotuberanz spektroskopisch gemessen wurde, wurde die Entwicklung eines Aktivitätszentrums der Sonnenscheibe zwischen dem 10. und 23. Juni 1955 auf einigen am Sonnenturm von Arcetri aufgenommenen Spektroheliogrammen untersucht. Cester

6643. **W. O. Roberts, D. E. Billings,** A hypothesis for the origin of solar flares. AJ **60** 176—177. — Ref. AAS.

6644. **G. N. Rodionow,** Über die Breitenverteilung der Protuberanzen. Circ. Astr. Obs. Lwow Nr. 29 S. 28—30, mit 2 Abb. (russisch). — Im Gegensatz zu früheren, auf die mittlere Fläche der Protuberanzen in verschiedenen Breiten gestützten Arbeiten von J. Barocas (ApJ **89** 486, 1939, vgl. AJB **41** Ref. **4304**) und G. Bocchino (Publ. Astroph. Obs. Arcetri Nr. 51, 1933) wird hier für die Jahre 1906—1922 und 1933—1947 (nach Beobachtungen von Zô-Sè bzw. Taschkent) die mittlere tägliche Anzahl der Protuberanzen in 10° breiten Zonen untersucht. Während das Bild in niedrigen Breiten recht kompliziert ist, zeigen sich in höheren Breiten eingipflige Maxima, die mit einer durchschnittlichen Geschwindigkeit von 10° pro Jahr polwärts wandern. Petri

6645. **J. B. Rogerson jr.,** A statistical analysis of spectroheliograms. ApJ **121** 204—215, mit 5 Fig. — Ref. in Ric. Sci. **25** 3191. — Auf Mt. Wilson-Spektroheliogrammen der ungestörten Sonne im Lichte der $H\alpha$-Linie (λ 6563) und der K-Linie (λ 3934) des Ca wurden Intensitäten gemessen, und zwar an äquidistanten Punkten entlang gerader Linien über die Sonnenbilder. Dieses Material von je 5820 Messungen in beiden Wellenlängen wurde einer statistischen Analyse unterworfen und unter der Voraussetzung, daß die Intensitätsschwankungen zweidimensional isotrop sind, ein zweidimensionales Spektrum dieser Schwankungen abgeleitet. Für $H\alpha$ ergab sich daraus eine Skalenlänge der Schwankungen hauptsächlich im Bereich 5000—30000 km, für K im Bereich 25000—70000 km. Kdr.

6646. **L. W. Ross,** Accuracy of solar-flare observations. J. Atmosph. Terr. Phys. **7** 344—345.

6647. **K. Rothschild, J.-C. Pecker, W. O. Roberts,** The prominence of July 25, 1951. ApJ **121** 224—230, mit 4 Fig. und 2 Tafeln. — Auf fortlaufenden Filmaufnahmen einer großen Protuberanz (1951 Juli 25) im Licht von $H\alpha$ wurden Geschwindigkeiten von 49 knotenähnlichen Strukturelementen gemessen. 17 dieser Elemente besaßen veränderliche Beschleunigungsvektoren, jedoch kann über die Dynamik der Bewegungen nichts ausgesagt werden; ein kohärentes Kraftfeld ist mit den Beobachtungen schwer verträglich. Auch Beschleunigungen durch die Schwerkraft scheinen keine Rolle zu spielen. Micz.

6648. **A. B. Sewerny, E. R. Mustel,** Untersuchung der chromosphärischen Eruption vom 13. Juni 1950. Mitt. Astrophys. Obs. Krim **13** 82—95, mit 9 Abb. und 2 Tafeln (russisch). — Von einer Eruption der Stärkeklasse 2—2.5 wurden 27 Spektrogramme gewonnen und gleichzeitig kinematographische Aufnahmen durch ein enges Interferenzpolarisationsfilter gemacht. Für zwei Gebiete wird der zeitliche Verlauf von Intensität und Flächeninhalt dargestellt. Die Intensität der Wasserstoffabsorptionslinien nimmt von $H\alpha$ bis $H\zeta$ im Fleckenspektrum erheblich schneller zu als im Spektrum der ungestörten Photosphäre. Daher kann die beobachtete auffallende Verbreiterung und Vertiefung der $H\varepsilon$-Linie über dem Fleck zum Teil als Kontrasterscheinung verstanden werden. Wenn die Kalziumemission in H und K in der Eruption über dem Fleck stärker hervortritt als außerhalb des Fleckes, so ist dies wohl ebenfalls durch Kontrastwirkung zu erklären. Auffallend ist das unterschiedliche Verhalten der Kalzium- und Heliumlinien. Während H und K auf geringe Turbulenz ($<$ 10 km/sec) bei einer Boltzman-Temperatur von 5180° führen, ist die D_3-Kontur nur durch viel größere Turbulenzgeschwindigkeiten (22 km/sec) oder eine kinetische Temperatur von rund 100000° zu erklären. Petri

6649. **A. B. Sewerny,** Die Randeruption vom 16. August 1952 und die Frage der Durchsichtigkeit und des Mechanismus der Strahlung chromosphärischer Eruptionen. Mitt. Astrophys. Obs. Krim **13** 103—110, mit 2 Abb. und 1 Tafel (russisch). — Von der um $8^h\,6^m\!.5$ aufleuchtenden Eruption wurden mit einem $H\alpha$-Filter von 0.5 Å Bandbreite kinematographische Aufnahmen gemacht. Um $8^h\,13^m\!.5$ kam eine eruptive Protuberanz hinzu, die um $8^h\,33^m$ abgeklungen war. Danach setzte eine zweite Entwicklungsphase ein, bei der die Eruption über den Sonnenrand hinausragte und die Gestalt einer «leuchtenden Spinne» annahm. Die Hα- Intensität der Eruption auf der Sonnenscheibe und außerhalb derselben sowie ihre Flächengröße und die chromosphärische Helligkeit der Umgebung werden in ihrem zeitlichen Verlauf von $8^h 5^m$ bis $9^h 1^m$ graphisch dargestellt. Während der beiden Phasen verschoben sich die Grenzen des Areals der Erscheinung mit Geschwindigkeiten von 30 bzw. 180 km/sec. Dadurch wird der Zusammenhang zwischen maximaler Helligkeit und Ausbreitungsgeschwindigkeit von Eruptionen bestätigt. Zur Zeit der größten Intensität nahm auch die chromosphärische Helligkeit der Umgebung — nicht aber der etwas entfernten Protuberanz — zu. Die ausgestrahlte Energie wird auf 10^6 erg/cm² sec Å geschätzt, sie ist vergleichbar dem Betrage, der von der Sonne im Kontinuum nahe Hα ausgestrahlt wird. Die optische Tiefe war sehr gering: $\tau = 0.8$. Als Energiequelle werden Atomkernumwandlungen innerhalb der Sonnenatmosphäre vermutet. Petri

6650. **W. M. Sobolew,** Untersuchung der Anregung des Wasserstoffs und Heliums in den Sonnenprotuberanzen. Leningrad, Astr. Hauptobs., 1955 (russisch). — Dissertationsreferat.

6651. **P. J. Treanor,** Interference photography of the chromospheric spectrum. Nature **176** 1166—1167, mit 1 Fig. — Nachdem bisher Perot-Fabry-Interferometer mit Erfolg zum Studium der Fraunhoferlinien und des Flash- und Koronaspektrums bei Finsternissen eingesetzt wurden, sind hier die Ergebnisse bei der Anwendung auf das Flashspektrum außerhalb von Finsternissen mitgeteilt. Die Arbeiten wurden an dem neuen 35 m-Sonnenturm des Observatoriums Oxford mit einem Sonnenbild von 32 cm durchgeführt. Der Spalt wird senkrecht zum Sonnenrand gestellt und gestattet das Studium der Chromosphäre bis etwa 5800 km über der Photosphäre. Das Perot-Fabry-Interferometer hat ein theoretisches Auflösungsvermögen von 260000. Es wurden Hα, Hβ, D_3 und Ca II H und K bei Belichtungszeiten von 1 bis 2 Minuten beobachtet. Zur Standardisierung wurden die Platten noch mit dem Fraunhoferspektrum der Sonnenmitte und dem Spektrum einer Cd-Entladung versehen. Die ersten Ergebnisse bestätigen die große Breite der D_3-Linie. Öster

6652. **J. Veldkamp, J. G. Scholte,** Some remarks on the equatorial electrojet, as revealed by the analysis of solar flare effects. Indian J. Meteorol. Geophys. **5** 203—212 (special number), 1954. — Ref. in RJ Astr. Geod. UdSSR 1956 Nr. 11 S. 50.

6653. **C. S. Warwick,** Flare height and association with SID's. ApJ **121** 385—390, mit 2 Fig. = Harv Repr Nr. 404. — Auf Aufnahmen der Sonnenoberfläche im Licht von Hα wurde die Ausdehnung und Höhe von 39 Flares gemessen, welche am Sonnenrand erschienen. Die Verteilungsfunktion der gemessenen Höhen stimmt mit der von J. W. Warwick auf andere Weise (vgl. Ref. **6554**) abgeleiteten überein. Plötzliche ionosphärische Störungen wurden nur beobachtet, wenn die Höhe der Flares 15000 km über dem im Licht von Hα beobachteten Sonnenrand lag. Daraus wird geschlossen, daß die plötzlichen ionosphärischen Störungen wahrscheinlich durch Lyman-Strahlung und nicht durch weiche Röntgenstrahlung ausgelöst werden; der erwähnte Grenzwert entspricht etwa der Höhe über der Photosphäre (11000 km), bei der die optische Tiefe für Lyman-α sich in Piddingtons Chromosphärenmodell dem Wert 1 nähert. Der Zusammenhang zwischen dem Ort der Flares auf der Sonnenscheibe und der Häufigkeit von ihnen ausgelöster plötzlicher ionosphärischer Störungen ist mit der Annahme einer zur Auslösung erforderlichen Minimalhöhe verträglich. Micz.

6654. **J. W. Warwick,** Heights of solar flares. ApJ **121** 376—384, mit 8 Fig. = Harv Repr Nr. 403. — In der Arbeit wird versucht, die Höhe der im Licht von Hα auf der Sonne beobachteten Flares zu ermitteln. Die Verteilungsfunktion der von den Flares bedeckten Fläche in Abhängigkeit ihres Abstandes von der

Mitte der Sonnenscheibe wird zur Bestimmung ihrer mittleren Höhe herangezogen. Das Beobachtungsmaterial besteht aus Aufnahmen von 419 Flares, die auf dem Sacramento Peak in New Mexico erhalten worden sind und von denen Fläche und Form gemessen wurden. Verf. entwickelt Vorstellungen über Form und Abmessungen der Flares. Für die Verteilung der Flares in Höhe wird eine Exponentialformel abgeleitet. Micz.

6655. **W. P. Wjasanizyn,** Untersuchung der Sonnenchromosphäre. Leningrad, Astr. Hauptobs. Akad. Wiss. UdSSR, 1955 (russisch). — Dissertationsreferat.

6656. Origin of solar flares. Sky and Telescope **14** 321, 324. — Ref. AAS.

6657. **Beobachtungen der Chromosphäre, Flares und Protuberanzen**

Ann. Geofis. 8 325—329, mit 3 Tafeln. Numeri caratteristici dei flocculi di idrogeno e di calcio e dei filamenti d'idrogeno per l'anno 1954. G. Godoli.

Bol. Obs. Ebro **41**, 35 S. Heliofísica 1953.

Bol. Astr. Obs. Madrid **4** Nr. 8 S. 1—44, mit 5 Fig. Protuberancias solares. Resumen de las observaciones realizadas durante el año 1954. E. Gullón, M. López Arroyo, J. Febrer.

Boll. Accad. Gioenia Sci. nat. Catania (4) **3** 74—83, mit 3 Fig. = Oss. Astrofis. Catania Contr. Astrofis. Nr. 79. L'attività del Sole nel 1953. S. Cristaldi.

BSAF **69** 7—9, 81—82, 109, 161, 235—236, 286, 343, 370, 437—438, 470, mit 14 Fig. L'activité solaire. M. d'Azambuja. — Rotationen Nr. 1352—1365.

BSAF **69** 76—77. Soleil.

Bull. Astrophys. Obs. Abastumani Nr. 19 S. 25—131 (russisch). Spektroheliοskopische Beobachtungen auf dem Kanobili 1951—1953. T. S. Rasmadse.

Cartes synoptiques de la chromosphère solaire et catalogue des filaments de la couche supérieure. Obs. Paris, Section d'Astrophys. Meudon. Vol. **1** Fasc. 10, années 1931 à 1944. L. d'Azambuja, M. Dizer.

Ciel et Terre **71** 47, 115, 200—201, 274, 356. Activité solaire—résumés. — Rotationen Nr. 1352—1362.

Ciel et Terre Suppl. 1955 Nr. 1—12, mit Fig. Observations des taches solaires. Observations photosphériques et chromosphériques. P. Bourgeois, R. Coutrez. — Rotationen Nr. 1352—1364.

Circ. Astr. Obs. Gorkij-Staatsuniv. Charkow Nr. 13 S. 15—44 (russisch). Die Aktivität der Sonnenphotosphäre und -chromosphäre vom 1. Juli bis 31. Dez. 1951. R. M. Rapota.

Circ. Astr. Obs. Gorkij-Staatsuniv. Charkow Nr. 14 S. 9—18 (russisch). Die Sonnenaktivität vom 1. Januar bis 30. Juni 1952. R. M. Rapota.

Circ. Astr. Obs. Gorkij-Staatsuniv. Charkow Nr. 14 S. 19—40 (russisch). Die Sonnenaktivität vom 1. Juli bis 31. Dezember 1952. L. I. Krissenko, R. M. Rapota.

Circ. Astr. Obs. Taschkent Nr. 274—279. Die Sonnenaktivität 1954 Nov.—1955 Feb. J. M. Slonim, K. Kuleschowa.

Coelum **23** 25—26, 51—52, 85—86, 115—116, 140—141, 169—170, mit 8 Fig. Fenomeni solari dei mesi di ottobre 1954—settembre 1955.

DOB **8** Nr. 11 Fasc. 4, Nr. 12 Fasc. 3, 8 S. mit 2 Fig. Documents pour l'observation du Soleil. H. Haupt.

Greenwich photo-heliographic results 1946. Results of measures made at the Royal Observatory, Greenwich, of photographs of the Sun, taken at Greenwich, the Cape and Kodaikanal in the year 1946. London, Her Majesty's Stationery Office, 1955. C 137—C 151.

Desgl. für 1947. CI—VII, C 1—231.

Indian J. Meteorol. Geophys. **5** 284—285, 373—374, 1954. Kodaikanal solar, geomagnetic and ionospheric data January—March, April—June, 1954. A. K. Das.

Indian J. Meteorol. Geophys. **6** 77—79, 193—196, 264—273, 349—357. Kodaikanal solar, geomagnetic and ionospheric data July 1954—March 1955, April—June 1955. A. K. Das, S. L. Malurkar.

J. Geophys. Res. **60** 105—111, 219—227, mit 1 Fig., 349—358, mit 1 Fig., 525—530. Geomagnetic and solar data. J. Bartels, J. Veldkamp, M. Waldmeier, J. B. Campbell.

Kodaikanal Obs. Bull. Nr. 140 S. 1—7, mit 2 Fig. Summary of prominence observations for the first half of 1953. A. K. Das.

Mem SA It (NS) **26** 201—206, mit 2 Fig. = Oss. e Mem. Oss. Astrofis. Arcetri Nr. 70. Osservazioni di protuberanze e della cromosfera solare eseguite nel 1954. M. Rigutti.

Mem SA It (NS) **26** 297—307, mit 5 Fig. = Oss. Astrofis. Catania Pubbl. (NS) Nr. 3. L'attività del Sole nel 1954. S. Cristaldi.

Publ ASP **67** 256—257, mit 2 Fig. An extra-solar prominence trajectory. E. Pettit.

Publ. Astr. Hauptobs. Pulkowo. Katalog der Sonnentätigkeit von 1952 bis 1953. R. S. Gnewyschewa.

Publ. Istanbul Univ. Obs. Nr. 54, 7 S. mit 1 Fig. (mit türkischer Zusammenfassung). Observations des protubérances faites à l'Observatoire de Kandilli —Istanbul en 1954. M. Dizer.

Quarterly Bull. Solar Activity Nr. 107—109. Published by the Eidgen. Sternwarte in Zürich. — 1954 Juli—1955 März.

Rev. geofís. **13** 104—112, 189—197, 343—359, 1954. Nota relativa a la actividad solar y geomagnetica. J. O. Cardus.

Rev. geofís. **14** 71—80, 173—181, 363—372. Nota relativa a la actividad solar y geomagnetica. J. O. Cardus.

Sky and Telescope **15** 206, mit 2 Fig. A simple case of solar activity. — Ref. AAS.

Sonnendaten 1954. Nr. 1—3. Tägliche Karten der Sonne (russisch). — 1954 Juli—Dez.

Sonnendaten 1955. Nr. 1—3. Tägliche Karten der Sonne (russisch). — 1955 Jan.—Juni.

Tellus **7** 501—508 = Stockholms Obs. Medd. Nr. 86. Sunspot areas, flares and filaments observed at the Stockholm Observatory and at its station in Anacapri in the years 1952 and 1953. Y. Öhman, L. O. Lodén.

Tokyo Astr. Obs. Bull. Solar Phenomena **6** 45—62, **7** 1—52, mit Fig. — 1954 Okt. — 1955 Sept.

Urania Barcelona **40** 239—245, mit 5 Fig. Protuberancias solares. Resumen de las observaciones realizadas en el Observatorio de Madrid durante el año 1954. Altura de la cromosfera en el mismo año. E. Gullón.

Veröff. Fraunhofer-Inst. Freiburg. Sonnen-Zirkular 1954 Okt.—1955 März. 82 S. mit Fig.

§ 67

Korona

6701. W. N. Abbott, Variation of the absolute surface brightness in the corona with the solar cycle. Ann d'Astrophys **18** 81—91, mit 7 Fig. = Contr. Inst. d'Astrophys. Paris (B) Nr. 126. — Aus den bei den totalen Sonnenfinsternissen 1914, 1929, 1937, 1941 und 1945 gewonnenen Isophoten und Gesamthelligkeiten der Korona werden jeweils die Flächenhelligkeiten der von den Isophoten eingeschlossenen Koronaflächen in Vollmondhelligkeiten bestimmt. Für sieben so kalibrierte Isophoten wird die zyklische Variation ihres Abstandes vom Sonnenrand untersucht. Die Isophoten verschieben sich am stärksten bei Entfernungen von 1 bis 2 Sonnenradien vom Sonnenrand, dicht über der Chromosphäre dagegen nur wenig. Die zyklische Variation der Flächenhelligkeit verschwindet in einem Abstand von 3.8 Sonnenradien (Innenrand der F-Korona), bei Annäherung an den Sonnenrand nimmt sie stark zu und erreicht dicht über der Chromosphäre den Faktor 3.5. Diese Koronapulsation scheint auch durch Radiobeobachtungen bestätigt zu werden. Gü.

6702. **W. Abbott,** Etude de la variation des brillances absolues dans la couronne avec le cycle solaire. CR **240** 729—731, mit 1 Fig. = Contr. Inst. d'Astrophys. Paris (A) Nr. 190. — Die mittlere Entfernung bestimmt vorgegebener Flächenhelligkeiten ist in der Korona zur Zeit des Minimums (Maximums) am kleinsten (größten). Loh.

6703. **D. E. Billings, C. M. Varsavsky,** Absolute calibration of the Climax intensity scale for coronal lines. ZfA **38** 160—165. — Es wird die Methode beschrieben, mit der man die in Climax in einer willkürlichen Skala gegebenen Intensitätsmessungen der Koronalinien in Äquivalentbreiten umwandeln kann. Als Ergebnis dieser Untersuchung werden zwei Tabellen veröffentlicht, in denen man für die Linien 5303 und 6374 Å bei gegebener Intensität in der Climax-Skala für verschiedene Werte der Himmelshelligkeit direkt die Äquivalentbreite findet. Schließlich wird ein Vergleich mit den Messungen vom Pic du Midi und vom Wendelstein durchgeführt, wobei die noch vorhandenen Abweichungen sich teilweise durch die verschiedene Art der Anlage der Beobachtungen an den drei Observatorien erklären lassen. H. M.

6704. **A. Bruzek,** Über die Beziehungen der Korona-Emissionsgebiete zu Sonnenflecken und Fackeln. Mitt. AG 1954 S. 30—31. — Ref. AG.

6705. **A. Bruzek,** Die Korona-Emissionsgebiete und ihre Beziehungen zu Sonnenflecken und Fackeln. ZfA **35** 213—232, mit 15 Abb. = Mitt. Fraunhofer-Inst. Freiburg Nr. 22. — Es wird festgestellt, daß sich die Fackelgebiete isolierter Fleckengruppen und die zugehörigen Korona-Emissionsgebiete parallel entwickeln und gleiche Lebensdauer haben. Ferner wird eine enge lineare Beziehung zwischen «grüner» Koronaintensität und Fackelstärke gefunden. Bei den kleineren Fleckengruppen besteht eine gute Korrelation zwischen Fleckenzahl und Koronaintensität, bei den großen jedoch nicht mehr. Über sehr großen Flecken ist die Koronaintensität meist wieder schwächer als über den kleineren, und oft befindet sich direkt über einem großen Fleck ein ausgesprochenes Intensitätsminimum. Es scheinen demnach die (photosphärischen und chromosphärischen) Fackeln eine Verstärkung, die Flecken dagegen, zumindest die großen, eine Abschwächung der Emission der grünen Linie zu bewirken. Bei der roten Linie λ 6374 Å ist der abschwächende Einfluß der Flecken wesentlich geringer. Verf. (gekürzt)

* * **A. Bruzek,** Beziehungen zwischen Protuberanzen und monochromatischer Korona. Vgl. Ref. **6609**.

6706. **E. J. Bugoslawskaja,** Über die Elektronendichte der Sonnenkorona. Astr Circ UdSSR Nr. 157 S. 8—9 (russisch). — In Anlehnung an das von Bogorodskij und Chinkulowa (vgl. AJB **50** Ref. **6701**) entwickelte Verfahren über die Bestimmung der Elektronendichte in der Korona führt Verf. analoge Berechnungen für verschiedene Gebiete der Korona am 21. 9. 1941 und 8. 8. 1914 durch. Loh.

6707. **A. Dollfus,** Dispositif pour observer les émissions monochromatiques faibles de la couronne solaire avec le filtre polarisant. CR **241** 1717—1719, mit 1 Tafel. — Es wird eine Polarisationsfilter-Anordnung beschrieben, die es gestattet, die schwachen Koronastrahlen auch auf der Sonnenscheibe bei 5303 und 6374 Å zu beobachten und Formen, Bewegungen und Entwicklungen zu verfolgen. Labs

6708. **H. Elsässer,** Fraunhoferkorona und Zodiakallicht. ZfA **37** 114—124, mit 2 Abb. = Mitt. Astr. Inst. Univ. Tübingen Nr. 19. — Nach einem aus den

Zodiakallichtmessungen von Behr und Siedentopf gewonnenen Modell der Staubverteilung im Planetensystem wird die Helligkeit der Fraunhoferkorona berechnet. Der beobachtete Helligkeitsverlauf läßt sich bei einem Potenzgesetz $n(a) = c\,a^{-\alpha}$ für die Häufigkeitsfunktion der Partikelradien a mit $\alpha = 2.0 \pm 0.2$ am besten darstellen. Für die Anzahl n der Staubteilchen im Kubikzentimeter ergeben sich Werte bei $n = 5 \times 10^{-15}$. Abschätzungen über die Albedo aus dem Vergleich der F-Korona- und Zodiakallichthelligkeit zeigen, daß die Staubpartikel im Planetensystem vorwiegend metallisch sein müssen. Die Berechnung des Farbenexzesses der Korona mit diesen Staubdichten und den aus der Interpolation zwischen Zodiakallicht und Sonnenkorona folgenden Elektronendichten der äußeren Korona führt innerhalb der Meßfehler zu dem von Blackwell 1952 beobachteten Wert. Verf.

6709. **M. N. Gnewyschew, R. S. Gnewyschewa,** Einige Ergebnisse von Koronabeobachtungen außerhalb von Finsternissen. DAN **101** 1017—1018, mit 2 Fig. und 1 Tafel. — Nach Beobachtungen auf der Bergstation der Sternwarte Pulkowo erfolgte Mitte 1954 ein starker Anstieg der über dem Sonnenrand gemessenen Gesamtintensität der roten Koronalinie (6374.5 Å), dem die Intensität der grünen Koronalinie in viel geringerem Maße nachfolgte. Die Fleckentätigkeit hatte im ersten Halbjahr 1954 ihr Minimum erreicht. Die Intensitäten der vom August bis November 1954 beobachteten D_3-Linie in der Korona sind mit denen der roten Koronalinie eng korreliert. Erstere konnte bis 4′ Abstand vom Sonnenrand wahrgenommen werden. Gelegentlich wurde auch die Linie 4685.8 Å des ionisierten Heliums schwach gesehen. Loh.

6710. **N. Hepburn,** A photometric study of the solar corona. AJ **60** 163. — Ref. AAS.

6711. **A. Hewish,** The irregular structure of the outer regions of the solar corona. Proc. Roy. Soc. (A) **228** 238—251, mit 8 Fig. — Die zeitliche Änderung der Intensität der Radioquelle Taurus A bei $\lambda = 3.7$ m und $\lambda = 7.9$ m wurde bei verschiedenen Bedeckungen durch die äußere Sonnenkorona gemessen. Der gefundene Intensitätsverlauf läßt sich nicht als Folge von Absorption und Brechung der Radiostrahlung in der äußeren Korona deuten. Er wird jedoch verständlich, falls es in der Korona irreguläre Schwankungen der Elektronendichte gibt. Dann würde nämlich eine zusätzliche Streuung der Radiostrahlung an diesen Irregularitäten auftreten. Die möglichen Ursachen einer solchen Dichteverteilung werden diskutiert. K. H. Böhm

6712. **W. A. Krat,** Über die Dissipation der Sonnenkorona. AJ UdSSR **32** 90—92 (russisch). — Bemerkungen zu einer Arbeit von G. M. Nikolskij und E. A. Ponomarew (vgl. AJB **54** Ref. **6714**), die nach Meinung des Verf. eine Reihe elementarer Fehler enthällt, auf die er näher eingeht. Loh.

6713. **J. I. Kumsischwili,** Radiometrie der Sonnenkorona. Astr Circ UdSSR Nr. 156 S. 5—6 (russisch). — Es wird das Vorhandensein eines Infrarotexzesses in der Korona untersucht und eine Bestimmung der Integralstrahlung der Korona vorgenommen. Die Messungen wurden mit einer bereits von 1941 bis 1952 verwandten radiometrischen Apparatur durchgeführt. Relativ zur Sonnenstrahlung ergab sich für die Integralstrahlung der Sonnenkorona 1.43×10^{-6}. Der Farbenexzeß der Korona beträgt $0^m\!.16$. Loh.

6714. **D. Layzer,** The yellow emission line of the solar corona. Nature **175** 647—648, mit 1 Fig. — Mit verbesserten quantenmechanischen Rechnungen (genauere Berücksichtigung der Störung der Terme) wird die noch angezweifelte Identifikation der Koronalinien 5694 und 5445 mit Ca XV $^3P_1$—$^3P_0$ und $^3P_2$—$^3P_1$ bestätigt. Die bisherigen Differenzen von 200 bzw. 65 Å zwischen beobachteter und berechneter Wellenlänge verringern sich auf 44 bzw. 11 Å und liegen damit unterhalb der in diesem Fall erreichbaren Rechengenauigkeit. Voigt

6715. **R. Müller,** Zur Statistik der Koronastrahlen. ZfA **38** 212—216, mit 2 Abb. = Forschungsber. Obs. Wendelstein Nr. 14. — Die Beobachtungen der monochromatischen Korona (λ 5303 Å) auf dem Wendelstein für die Zeit 1943—1955 sind in einem Koronastrahlen-Diagramm dargestellt. Es kann gezeigt werden, daß die Hauptzone der Koronastrahlen bereits etwa 1 Jahr vor dem Fleckenminimum bei 55° heliographischer Breite beginnt. Etwa zur gleichen Zeit nimmt von der gleichen Breite aus die Polarzone ihre Polwärts-Bewegung auf. Verf.

6716. **A. M. Naqvi, S. P. Talwar,** An identification of the coronal line λ 5694. ApJ **121** 287—289. — In der Notiz wird darauf aufmerksam gemacht, daß nach Ansicht des Verf. die gelbe Koronalinie λ 5694 dem Ar XV, möglicherweise aber auch dem Cl XIII zugehört. Frühere Identifizierungen mit Ca XV werden auf Grund von Extrapolationen zur Bestimmung der zu erwartenden Wellenlänge als unwahrscheinlich angesehen. Micz.

6717. **W. Petri,** Unterschiedliches Verhalten der Fe X- und Fe XIV-Emission in der Minimum-Korona. Naturwissenschaften **42** 119. — Ref. in Phys. Ber. **35** 349.

6718. **M. S. Selzer,** Der infrarote Exzeß und die Integralstrahlung der Sonnenkorona 1952. Bull. Kommission Sonnenforschung Nr. 10 S. 67—71, 1954 (russisch). — Ref. in RJ Astr. Geod. UdSSR 1956 Nr. 1 S. 99.

6719. **B. Vauquois,** Variation de la couronne monochromatique de 1947 à 1954. CR **240** 495—497, mit 1 Fig. = Contr. Inst. d'Astrophys. Paris (A) Nr. 192. — On étudie la variation de la couronne sur 5303 Å au cours de huit années d'observations (février 1947 à décembre 1954). La courbe d'intensité met en évidence un rapport 10 entre les périodes de maximum et de minimum d'activité. Verf.

6720. **M. Waldmeier,** Die Minimumsstruktur der Sonnenkorona. ZfA **37** 233—260, mit 14 Abb. = Astr. Mitt. Sternw. Zürich Nr. 192. — Die Minimumskorona zeigt zwei verschiedene Teile: die Polarstrahlen und den Äquatorwulst, welche durch ein Gebiet niedriger Helligkeit und Dichte bei etwa 65°—70° heliographischer Breite getrennt sind. Es ist erstmals gelungen, die Polarstrahlen außerhalb von Finsternissen und im monochromatischen Licht zu beobachten. Die Lebensdauer der meisten Polarstrahlen beträgt 10—20 Stunden, bei einem Mittelwert von 15 Stunden. Ein erster Blick auf die zonale Struktur der Korona scheint zu zeigen, daß die vor dem Minimum vorhandene Polarzone in die Hauptzone des neuen Zyklus übergegangen ist. Eine eingehende Diskussion zeigt aber, daß die Polarzone über das Minimum der Sonnenaktivität hinweg bestehen bleibt und an ihrer Seite die neue Hauptzone entsteht. Es werden Beobachtungen mitgeteilt, welche zu zeigen scheinen, daß aus der Hauptzone Materie ausströmt und über die Filamente hinweg nach der Polarzone fließt. Verf.

6721. **M. Waldmeier,** Wie sieht die Korona vor der Sonnenscheibe aus? ZfA **38** 143—159, mit 6 Abb. = Astr. Mitt. Sternw. Zürich Nr. 196. — Aus dem beobachteten Intensitätsabfall der koronalen Emissionslinien in der innersten Korona wird gefolgert, daß diese Linien durch Elektronenstoß angeregt werden. Die Emission ist deshalb proportional dem Quadrat der Elektronendichte. Das Integral über N_e^2 wird für zahlreiche Sehstrahlen berechnet. Da dieses Integral auch für die Radioemission maßgebend ist, ergeben diese Rechnungen auch die Form der Radio-Korona, in guter Übereinstimmung mit den Beobachtungen. Aus Beobachtungen der Korona am Sonnenrand wird das Aussehen der Korona vor der Sonnenscheibe abgeleitet, speziell für Tage, an welchen Sonnenfinsternisse stattgefunden haben. Die Korona zeigt einen hellen östlichen und westlichen Rand, schwache Intensität am Pol und auf dem zentralen Teil der Sonnenscheibe. Verf.

6722. W. W. Witkewitsch, On propagation of radiowaves through solar corona. AJ UdSSR **32** 150—164, mit 17 Fig. (russisch mit englischer Zusammenfassung). — Ref. in Urania Kraków **26** 368. — Die Bedeckung eines Radiostrahlers durch die Sonnenkorona erlaubt Rückschlüsse auf deren Eigenschaften. Nachdem infolge einer solaren Störung Beobachtungen im Jahre 1951 bei 4 m Wellenlänge zunächst erfolglos blieben, gelang es 1952 und 1953 mittels eines See-Interferometers, die Strahlungsintensität des Krabben-Nebels bei 3.5 m über den 11-tägigen Bedeckungszeitraum zuverlässig zu verfolgen. Danach übt die Sonne bereits im Abstand von 7—8 Sonnenradien einen merklichen Einfluß auf die Richtung der Radiowellen des Nebels aus. Analoge Beobachtungen bei λ 6.0 m erbrachten in 12—15 Sonnenradien ähnliches. Wenn in der Sonnenkorona eine Refraktion der Radiostrahlung stattfinden soll, dann muß ihr Einfluß doch unbedeutend sein. Den Beobachtungen nach zu urteilen, muß in der Korona eine gewisse Streuung der Radiowellen stattfinden. Der Krabbennebel sollte bei λ 6.0 m bzw. λ 3.5 m einen Winkeldurchmesser von 27′ bzw. 18′ haben. Loh.

6723. W. W. Witkewitsch, Beobachtungsergebnisse der Streuung von Radiowellen an Irregularitäten der Elektrondichte in der Sonnenkorona. DAN **101** 429—432, mit 3 Abb. (russisch). — Messungen der Intensität der Radiostrahlung des Krabben-Nebels bei 6 m und 3.5 m Wellenlänge im Juni 1953, also zur Zeit der Bedeckung des Nebels durch die Sonnenkorona, erwiesen eine Schwächung der Nebelstrahlung, die bereits vier Tage vor und noch vier Tage nach der Bedeckung merkbar war. Die Beobachtungen bei 6 m wurden mit einer interferometrischen Anordnung bei einem Antennenabstand von 670 m durchgeführt, diejenigen bei 3.5 m mit einem See-Interferometer, dessen Antenne sich 228 m über der See befand. Die maximale Abschwächung betrug bei 6 bzw. 3.5 m etwa 65 bzw. 50 %. Im ersten Fall macht sich der Einfluß der Korona noch in 12—15 Sonnenradien, im zweiten in 9—10 bemerkbar. Nach weiteren Beobachtungen im Juni 1954 folgert Verf., daß die Radiostrahlung des Krabben-Nebels an Irregularitäten der Elektrondichte in der Korona gestreut wird, daß sich also auch hieraus Hinweise auf die strukturellen, wohl dynamisch bedingten Besonderheiten der Korona ergeben. Loh.

6724. H. Zirin, Coronal line at 4412 Å. Obs **75** 221—222. — Diese von Lyot und Dollfus bei der Finsternis 1952 entdeckte Linie wird dem Ar XIV zugeschrieben, während die von Edlén dem Ar XIV zugeschriebene Koronalinie λ 4359 auf Grund der bei dieser Finsternis gemachten Aufnahmen einem anderen Element zuzuschreiben ist. Bo.

* * **H. Zirin,** Spin-orbit parameters for the p^2 configuration, with special reference to the yellow coronal line. Vgl. Ref. **286**.

6725. Koronabeobachtungen

Publ. Astr. Hauptobs. Pulkowo. Katalog der Sonnentätigkeit von 1952 bis 1953. R. S. Gnewyschewa.

Quarterly Bull. Solar Activity Nr. 107—109. Published by the Eidgen. Sternwarte in Zürich. — 1954 Juli—1955 März.

Sonnendaten 1954. Nr. 1—3. Tägliche Karten der Sonne (russisch). — 1954 Juli—Dez.

Sonnendaten 1955. Nr. 1—3. Tägliche Karten der Sonne (russisch). — 1955 Jan.—Juni.

Tokyo Astr. Obs. Bull. Solar Phenomena **6** 45—62, **7** 1—52, mit Fig. — 1954 Okt.—1955 Sept.

Veröff. Fraunhofer-Inst. Freiburg. Sonnen-Zirkular 1954 Okt.—1955 März. 82 S. mit Fig.

* * Koronabeobachtungen während Sonnenfinsternissen siehe § **62**.

§ 68

Sonnentätigkeit in Beziehung zu terrestrischen Erscheinungen

6801. **J. Aarons,** Relations entre les variations de basse fréquence du champ magnétique terrestre et les autres phénomènes terrestres et solaires. Ann. Univ. Paris **24** 586—587, 1954. — Ref. in RJ Astr. Geod. UdSSR 1956 Nr. 7 S. 48.

6802. **C. G. Abbot,** Sixty-year weather forecasts. Smithsonian Miscellaneous Collections **128** Nr. 3, 22 S. mit 11 Fig. = Smithsonian Inst. Publ. 4211. — An den Niederschlägen von St. Louis der letzten 100 Jahre zeigt Verf., daß es möglich ist, aus den Periodenfamilien der Schwankungen der Solarkonstante sehr langfristige Prognosen über die Niederschläge zu machen. U. Be.

6803. **C. G. Abbot,** Washington, D. C., precipitation of 1954 and 1955. Smithsonian Inst. Publ. Nr. 4210, 3 S. mit 1 Fig.

* * **C. G. Abbot,** Periodic solar variation. Vgl. Ref. **6501**/02.

6804. **A. Adel,** The cyclical variations and the non-periodic fine structure of ERTOR, effective radiation temperature of the ozone region. AJ **60** 149—150. — Ref. AAS.

6805. **H. Alfvén,** On the electric field theory of magnetic storms and aurorae. Tellus **7** 50—64, mit 10 Fig. — Ref. in Phys. Abstracts (A) **58** 970—971.

6806. **W. Attmannspacher,** Chromosphärische Eruptionen und Temperaturen in Höhe der 15 mb-, 41 mb- und 96 mb-Fläche. Meteorol. Rundschau 8 Heft 1/2, mit 2 Abb. — Für das Jahr 1951 werden die reduzierten Monatssummen der Sonneneruptionen mit den über Berlin gemessenen Monatsmitteltemperaturen bzw. den Monatsmitteln der Abweichungen der Einzeltemperaturwerte vom jährlichen Gang in 96 mb, 41 mb und 15 mb verglichen. In beiden Fällen ist kein Zusammenhang erkennbar. Die für das Jahr 1951 und das erste Halbjahr 1952 bestimmten 24stündigen Temperaturänderungen in Höhe der drei Isobarenflächen vor und nach Sonneneruptionen lassen erkennen, daß die von Eruptionen hervorgerufene Erwärmung der unteren Stratosphäre unter Abschwächung und zeitlicher Verzögerung von oben nach unten wirkt. Der Effekt scheint von der Lage der Eruption auf der Sonnenscheibe und von ihrer Stärke und Zeitdauer abhängig zu sein. Verf.

6807. **M. S. Babuschnikow, M. S. Eigenson,** Mittlere und summarische Merkmale der geomagnetischen Stürme von 1878 bis 1953. Circ. Astr. Obs. Lwow Nr. 29 S. 1—13, mit 36 Abb. (russisch).

6808. **L. Baillaud, Y. Courtot,** Temps et rythmes chez les végétaux. Ann. Françaises Chronométrie (2) **25** 87—102, mit 2 Fig. — An ausgewählten Beispielen wird gezeigt, daß das Wachstum in der Pflanzenwelt teils säkular, teils mit dem Tag, dem Monat oder dem Jahr periodisch abläuft; auch die Frage der Altersbestimmung wird berührt. Böh.

6809. **U. Becker,** Ein Zusammenhang zwischen der Fällung von Wismutoxychlorid (anorganischer Test von Piccardi) und der Sonnentätigkeit. Archiv Meteorol. Geophys. Bioklimatol. (B) **6** 511—516, mit 6 Abb. = Mitt. Fraunhofer-Inst. Freiburg Nr. 27. — Es wird nachgewiesen, daß die Fällungsgeschwindigkeit von Wismutoxychlorid in sehr engem Zusammenhang mit der Sonnenfleckentätigkeit steht (Korrelationskoeffizient etwa 0.9). Ferner zeigen die Werte der nicht durch einen Faradaykäfig abgeschirmten Fällungen nach chromosphärischen Eruptionen einen Anstieg von mehr als 20%. Verf.

6810. **B. Bednářová,** Entwicklung des Studiums der Sonnenaktivität und ihrer Einflüsse auf den Erdmagnetismus. Vesmír **34** 192—195, mit 6 Abb. (tschechisch).

6811. **A. Beiser,** Solar-terrestrial time delays. J. Geophys. Res. **60** 161—164. — Der Zeitunterschied von 24 Stunden zwischen der Ursache auf der Sonne (Eruption usw.) und der erdmagnetischen Wirkung (Magnetsturm, Nordlicht) wird durch die magnetische Ablenkung des Partikelstroms verursacht. Bei Ablenkung durch das allgemeine Dipolfeld der Sonne entspräche das einem magnetischen Moment der Sonne zwischen 6×10^{27} und 10^{29} Gauß cm^3; bei Ablenkung durch das interplanetare Feld hätte dieses eine Feldstärke von 4×10^{-8} Gauß.
U. Be.

6812. **V. Bumba,** Einfluß der großen Meteorströme auf die Charaktervariationen der geomagnetischen Tätigkeit. BAC **6** 1—5, mit 3 Abb. (mit russischer Zusammenfassung). — Es werden die Änderungen des internationalen «C» Index der geomagnetischen Tätigkeit während der Tätigkeit der großen Meteorströme untersucht. Verf.

6813. **A. K. Das,** Solar radiation in the far ultraviolet and some related geophysical phenomena. Indian J. Meteorol. Geophys. **5** 141—152 (special number), 1954 = Sonderdruck Kodaikanal Obs. — Ref. in RJ Astr. Geod. UdSSR 1956 Nr. 5 S. 43.

6814. **A. A. Dmitrijew, T. W. Bontschkowskaja, T. A. Kalinina,** Die Temperatur- und Druckänderungen während einer totalen Sonnenfinsternis. DAN **103** 597—600 (russisch). — In Übereinstimmung mit den Beobachtungen läßt sich durch meteorologische Überlegungen und Rechnungen zeigen, daß der Einfluß einer Sonnenfinsternis auf die Lufttemperatur merklich, die Auswirkungen auf den Luftdruck aber bedeutungslos sind. Loh.

6815. **M. S. Eigenson,** Über die solare Natur der starken Anomalie der allgemeinen Zirkulation der Erdatmosphäre 1954. Circ. Astr. Obs. Lwow Nr. 29 S. 14—20 (russisch).

6816. **M. S. Eigenson,** Die feste Erde und die Sonnenaktivität. Geolog. Sammelwerk Geolog. Ges. Lwow Nr. 1 S. 252—270 (russisch). — Ref. in RJ Astr. Geod. UdSSR 1956 Nr. 3 S. 88.

6817. **M. A. Ellison,** The Sun and Its Influence. London, Routledge and Kegan Paul Ltd.; New York, Macmillan Co., 1955. 12 + 235 S. mit 54 Fig. und 9 Tafeln. Preis 21 s. bzw. $ 4.50. — Besprechung in BSAF **70** 251, Irish AJ **3** 227, JBAA **66** 278—279 (D. W. Dewhirst), Obs **76** 33 (P. A. Wayman), Sky and Telescope **15** 270, 405—407 (H. W. Dodson), Strolling Astronomer **10** 18—19 (V. W. Killick), Urania København **13** 49—50. — Inhalt: I. The sun and its radiation. II. The sun's activity. III. The sun's atmosphere. IV. The ionosphere. V. Solar flares and their terrestrial effects. VI. The sun and the earth's magnetism. VII. The aurora. VIII. Radio waves from the sun. IX. Cosmic rays. Appendix.

6818. **J. W. Evans,** Solar influence on the earth. Annual Report Smithsonian Inst. for 1954 S. 189—200 = Smithsonian Inst. Publ. Nr. 4192. — Populäre Darstellung der Auswirkungen von Strahlungsausbrüchen (UV- bzw. Korpuskel-Strahlung) auf der Sonne auf die Ionosphäre und der damit verbundenen beobachtbaren Erscheinungen, wie Nordlicht, Mögel-Dellinger-Effekt. Beschreibung der für die Strahlungsausbrüche verantwortlichen Aktivitätszentren. Neckel

6819. **F. D. Farthing,** A possible relationship between the solar corona and weather conditions in the Central Midwest. Bull. Amer. Meteorol. Soc. **36** 427—435. — Ref. in RJ Astr. Geod. UdSSR 1956 Nr. 10 S. 46.

6820. **V. C. A. Ferraro,** The origin of magnetic storms and aurorae. Ann. Géophys. **11** 284—304, mit 11 Fig. — Die verschiedenen Theorien über den Ursprung von magnetischen Stürmen und Polarlichterscheinungen stimmen in der Ansicht überein, daß sie Vorgänge in der Sonnenoberfläche als Ursache der genannten Erscheinungen betrachten. Verf. gibt in vorliegender Arbeit einen Bericht über die von ihm und Chapman entwickelte Theorie, die als primäre Ursache einen von der Sonne ausgehenden Partikelstrom ansieht, der beim Eindringen in das Erdmagnetfeld in einen elektrischen Ringstrom übergeht. Die Erweiterung der Theorie durch Martyn wird kurz behandelt. Eine Diskussion der Theorie von Alfvén beschließt die Arbeit. Henn

6821. **V. C. A. Ferraro,** Geophysical aspects of solar flares. Nature **175** 242—244. — Bericht über das Geophysikalische Kolloquium der Royal Astronomical Society, November 1954.

6822. **S. E. Forbush,** On the absence of meteorological effects on the world-wide sunspot variation in cosmic-ray ionization. Phys. Rev. (2) **100** 958. — Ref. Am. Phys. Soc.

6823. **J. W. Graham, S. E. Forbush,** Solar flare and magnetic storm effects in cosmic-ray intensity near the geomagnitic N pole. Phys. Rev. (2) **98** 1348—1349, mit 1 Fig. — Beobachtungen der Eruption am 25. 7. 1946 in Thule, 88° N, zeigen das gleiche Verhalten wie in Godhavn, 80° N, insbesondere einen ähnlichen Anstieg der Intensität der kosmischen Ultrastrahlung. Dieser ist nach der Theorie von Schlüter und Firor (Phys. Rev. (2) **94** 1017, AJB **54** Ref. **12715**) nicht zu erwarten, sodaß angenommen werden muß, daß die geladenen Teilchen nicht allein durch das magnetische Dipolfeld der Erde beeinflußt werden. Weidemann

6824. **O. Hachenberg,** Sonnentätigkeit und Ausbreitung der elektrischen Wellen in der Erdatmosphäre. Leipzig, Urania-Verlag, 1955. 28 S. Preis DM 0.40. — Besprechung in Astr. Nachr. Berlin-Treptow **7** 83.

6825. **S. A. A. Kazmi, K. A. Wienert,** Magnetic observations during the total sun eclipse of 30th June 1954, at the Magnetic Observatory of Quetta. J. Geophys. Res. **60** 95—96, mit 2 Fig. — Die magnetischen Registrierungen um die Zeit der optischen und korpuskularen Finsternis am 30. 6. 1954 in Quetta (Pakistan) werden diskutiert. Es wird keine Erscheinung beobachtet, welche sicher auf die Finsternis zurückgeführt werden könnte. Bru.

6826. **H. I. Leighton, D. E. Billings,** Solar Hα filaments and geomagnetic disturbances. J. Atmosph. Terr. Phys. **7** 349—350, mit 1 Fig. — Zur Prüfung einer von Kiepenheuer aus statistischen Untersuchungen gefolgerten Hypothese (vgl. AJB **47** Ref. **4512**) haben Verf. in der gleichen Weise wie Roberts und Trotter (vgl. Ref. **6837**) die Flächen von Filamenten bestimmt. Aus ihren Ergebnissen folgt, wenigstens für den betrachteten Zeitraum, keine Bestätigung der genannten Hypothese. Henn

6827. **F. Link,** Variations séculaires des climats et de l'activité solaire dans les quatre derniers millénaires. BAC **6** 122. — Vorläufige Mitteilung über den Zusammenhang von säkularen Klimaschwankungen mit der Sonnentätigkeit in den letzten 4000 Jahren. Grundlage der Diskussion bilden unter anderem eine 400jährige Periode der Nordlichtbeobachtungen und eine 400- und 1600jährige Periode der Zahl der Kometenentdeckungen. U. Be.

6828. **F. Link,** Variations du climat et de l'activité solaire dans le passé. Météorologie Nr. 39 S. 257—273. — Ref. in RJ Astr. Geod. UdSSR 1956 Nr. 11 S. 52.

6829. **L. Mawridis,** The mean monthly air temperatures in Prague and Berlin during the periods of solar activity. Praktika Acad. Athènes **29** 97—107, mit 4 Fig., 1954. — Es werden die Änderungen des Jahresganges der Lufttemperatur in den obigen zwei Stationen von einem Sonnenfleckenzyklus zum anderen mit Hilfe der Methode von Xanthakis (vgl. Ref. 6847) untersucht. Es zeigt sich dabei, daß merkwürdige Änderungen stattfinden, die zu den von Xanthakis in anderen Stationen Europas gefundenen analog sind. Verf.

6830. **A. M. Naqvi, B. N. Bhargava,** Recurrence tendency of geomagnetic activity during the current sunspot minimum. Indian J. Meteorol. Geophys. **5** 195—202 (special number), 1954. — Ref. in RJ Astr. Geod. UdSSR 1956 Nr. 7 S. 48.

6831. **H. W. Newton,** On the general character of the geophysical effects of solar flares. Obs **75** 61—62. — Ref. RAS.

6832. **J. Nordø,** A comparison of secular changes in terrestrial climate and sunspot activity. Inst. Weather Climate Res. Oslo Rapport Nr. 5, 14 S. mit 12 Fig. — Zunächst wird als ein neuer Indikator für die Sonnenaktivität das Verhältnis *q* des Radius der Umbra eines Sonnenflecks zum Radius seiner Penumbra diskutiert. Dieser Parameter *q* variiert mit der Phase der Sonnenaktivität, und er wird als ein Maß für die konvektive Instabilität der Sonne angesehen, da man die Penumbra als aus Konvektionszellen gebildet betrachten kann, während im Fleckenkern die Konvektion unterdrückt ist. Des weiteren werden langperiodische Klimaschwankungen der letzten 200 Jahre, wie sie sich in der mittleren Temperatur der Sommer und Winter in Nord- und Mitteleuropa zeigen, zur Sonnenaktivität in Beziehung gesetzt. Eine darauf basierende Prognose sagt für die nächste Zeit in Europa zunehmende Häufigkeit kalter Winter voraus, während die Häufigkeit warmer Sommer die gleiche bleibt wie in den letzten Jahrzehnten. H. M.

6833. **M. Notuki, Y. Nakagomi, M. Fukatsu,** Solar corona and geomagnetism. Report Ionosph. Res. Japan **9** 215—221, mit 3 Fig. = Tokyo Astr. Obs. Repr. Nr. 133. — Der Zusammenhang zwischen Koronaaktivität und Erdmagnetik verläuft meist gleichsinnig, wenn auch in Minimumsjahren eine negative Korrelation besteht. Die heliographische Breite der Koronaaufhellung ist von Bedeutung für die erdmagnetische Wirksamkeit (je näher im scheinbaren Sonnenmittelpunkt, um so wirksamer). Aus den Laufzeiten der Partikel werden Annahmen über Vorgänge in der Korona diskutiert. U. Be.

* * **J.-C. Pecker, W. O. Roberts,** Solar corpuscles responsible for geomagnetic disturbances. Vgl. Ref. **6559**.

6834. **G. Peisino,** Attività solare, Eliofania e precipitazione differenziale (diurno-notturno) a Collurania nel trentennio 1925—1954. Annuario Collurania-Teramo 1956 S. 46—54, mit 2 Fig.

6835. **S. K. Pramanik, M. K. Ganguli,** Sunspots and geomagnetic variation. Indian J. Meteorol. Geophys. **5** 161—178 (special number), 1954. — Ref. in RJ Astr. Geod. UdSSR 1956 Nr. 7 S. 47.

6836. **S. Rangarajan,** Solar influence on barometric pressure. Indian J. Meteorol. Geophys. **5** Nr. 3, 2 S. mit 2 Fig., 1954 = Sonderdruck Kodaikanal Obs.

6837. **W. O. Roberts, D. E. Trotter,** Solar prominences and geomagnetic disturbance. J. Atmosph. Terr. Phys. **6** 282—283, mit 1 Fig. — Verf. untersuchen die mittlere Protuberanzengröße am Sonnenrand. Sie finden keinen Zusammenhang zwischen der mittleren Größe der Protuberanzen und den Störungen des geomagnetischen Feldes. Henn

6838. **J. H. Rush,** A semi-annual periodicity in the beginnings of recurrent magnetic storm series. Nature **175** 517—518, mit 1 Fig. — Aus einer statistischen Bearbeitung der erdmagnetischen Charakterzahlen C in den

Jahren abnehmender Sonnenaktivität im Zeitraum von 1884 bis 1954 findet Verf., daß Serien von magnetischen Stürmen mit 27tägiger Wiederholungstendenz vorzugsweise im Juli und Januar beginnen. Es wird vermutet, daß dies mit der Tatsache zusammenhängen könnte, daß die Erde am 6. Juni und 7. Dezember in der Sonnenäquatorebene steht. Behr

6839. **A. E. Sandström,** On the correlation between geomagnetic activity and the diurnal variation of cosmic rays. Tellus **7** 204—214, mit 10 Fig. — Ref. in Phys. Abstracts (A) **58** 1253.

6840. **R. N. Sedra, I. B. Hazzaa,** Effect of radiation from solar flares on the ionosphere and the earth's magnetic field. Phys. Rev. (2) **99** 1070—1072, mit 3 Fig. — Zur Bestimmung der Beziehung zwischen Ionendichte in der F_1-Schicht und der Intensität der magnetischen Störungen wurden beide Größen bei neun Eruptionen registriert. Die Intensität der UV-Strahlung vor Eintritt in die Atmosphäre wurde zu 2.8×10^{-3} erg cm^{-2} sec^{-1} bestimmt. Daraus ergibt sich die Relation $n^+ = 1.9 \times 10^9 F$ (F: magnetische Feldstärke). Die Temperatur der F_1-Schicht: 580° K. Weidemann

6841. **Y. Sekido, M. Wada, I. Kondoh, K. Kawabata,** Correlation among magnetic storms, solar phenomena and cosmic-ray storms. Rep. Ionosphere Res. Japan **9** Nr. 3 S. 174—180. — Ref. in Phys. Abstracts (A) **59** 822.

6842. **P. K. Sen Gupta,** Magnetic storms and solar M-regions. Indian J. Meteorol. Geophys. **5** 179—188 (special number), 1954. — Ref. in RJ Astr. Geod. UdSSR 1956 Nr. 7 S. 48.

6843. **P. Simon,** Activité géomagnétique et taches solaires. CR **240** 940—942, mit 2 Fig. — Gruppiert man die Sonnenflecken nach ihrer radioastronomischen Aktivität, so zeigt sich, daß diese Trennung für die erdmagnetische Wirksamkeit besser ist, als wenn man die «Eruptionsfreudigkeit» der Sonnenfleckengruppen betrachten würde. U. Be.

6844. **P. Simon,** Éruptions chromosphériques particulièrement importantes et activité géomagnétique. CR **240** 1056—1058, mit 2 Fig. — Die Wirkung der Eruptionen auf das Erdmagnetfeld wird unter Berücksichtigung der Frage untersucht, ob die Eruptionen in einer radioastronomisch aktiven oder inaktiven Gruppe aufgeleuchtet sind. Eindeutige Effekte werden gefunden. U. Be.

* * **J. A. Simpson,** The cosmic radiation and solar-terrestrial relationships. Vgl. Ref. **12729**.

* * **A. Strzałkowski,** Promieniowanie radiowe i emisja szybkich naładowanych cząstek ze słońca. Vgl. Ref. **6543**.

6845. **S. W. Visser,** De invloed van de zonnevlekken op het weer. Hemel en Dampkring **53** 71—77, mit 5 Fig. — Die Abweichungen der an 28 Stationen im Westen der USA 1947 beobachteten maximalen Tagestemperaturen vom mittleren Jahresgang lassen einen systematischen periodischen Gang mit der Phase der 27-tägigen Sonnenrotation erkennen, wenn man deren Anfang mittels der höchsten in diesem Zeitraum beobachteten Sonnenflecken-Relativzahl festlegt. Vergleicht man damit das Verhalten weiter ostwärts gelegener Stationen, so machte sich in diesem Jahre hoher Sonnenaktivität deutlich die dortige Wasserscheide als Grenze bemerkbar. Bei ähnlichen Untersuchungen 1953, nunmehr nahe dem Sonnenfleckenminimum, erscheint diese Grenze nach Osten verschoben. Weiter werden für diese Vergleiche der Temperaturverlauf europäischer Stationen und die Störungen der F_2-Schicht in beiden Jahren herangezogen. Gü.

* * **C. S. Warwick,** Flare height and association with SID's. Vgl. Ref. **6653**.

6846. **A. M. van Wijk,** Magnetic effects during solar eclipses. J. Geophys. Res. **60** 297—298, mit 2 Fig. — Magnetogramme, in Hermanus aufgenommen, werden mitgeteilt.

6847. **J. Xanthakis,** New relations between the mean monthly air temperatures. Thessaloniki, Universitätsverlag, 1953. 47 S. mit 13 Fig. — Verf. gibt zunächst neue Formeln für den mathematischen Ausdruck des Jahresganges der Lufttemperatur in den gemäßigten Zonen. Mit Hilfe dieser Formeln untersucht er die Änderungen des Jahresganges der Lufttemperatur an sechs Stationen der nördlichen gemäßigten Zone von einem Sonnenfleckenzyklus zum anderen. Er findet, daß es einige einfache Funktionen der Monatsmitteltemperaturen gibt, die merkwürdige Änderungen von einem Sonnenfleckenzyklus zum anderen zeigen. Mawridis

6848. **J. Xanthakis,** Study of the mean monthly air temperatures during the successive sunspot cycles. Ann. Faculté Sci. Univ. Thessalonique **7**, 35 S. mit 13 Fig. = Publ. Astr. Department Univ. Thessaloniki Nr. 1. — In einer früheren Arbeit (vgl. Ref. **6847**) hatte Verf. gezeigt, daß es einige einfache Funktionen der Monatsmittel der Lufttemperatur gibt, die merkwürdige Änderungen von einem Sonnenfleckenzyklus zum anderen aufweisen. Ein eingehenderes Studium zeigt jetzt, daß die Änderungen der Mittelwerte dieser Größen für 13 Stationen Europas und 13 Stationen in den Vereinigten Staaten in sehr enger Korrelation zu den entsprechenden Änderungen der Sonnenfleckenrelativzahlen stehen (Korrelationskoeffizienten 0.91 ± 0.02 bzw. 0.89 ± 0.02). Das merkwürdigste ist, daß zwischen den Änderungen der Mittelwerte dieser Größen für die betrachteten Stationen in Europa und den Vereinigten Staaten eine Phasendifferenz von einer Sonnenfleckenperiode besteht. Mawridis

6849. **J. Xanthakis,** Expression de la radiation solaire en fonction de la longitude du Soleil en 11 stations de l'hémisphère Nord. Praktika Acad. Athènes **28** 299—309, 1953. — Verf. findet zwei Beziehungen zwischen den Monatsmitteln der Sonnenstrahlung an der Erdoberfläche und der entsprechenden geozentrischen Länge der Sonne, die von den Beobachtungen in elf Stationen der nördlichen gemäßigten Zone mit befriedigender Genauigkeit erfüllt werden. Mit Hilfe dieser Beziehungen werden die Monatsmittel der Sonnenstrahlung als Funktionen der geozentrischen Länge der Sonne und sechs Konstanten ausgedrückt. Mawridis

6850. Bursts of radio emission. Nature **175** 586—587. — Ref. der in AJB 54 Ref. **6814** zitierten Arbeit von R. D. Davies.

6851. **Solar-terrestrische Beobachtungen**

Indian J. Meteorol. Geophys. **5** 284—285, 373—374, 1954. Kodaikanal solar, geomagnetic and ionospheric data January—March, April—June, 1954. A. K. Das.

Indian J. Meteorol. Geophys. **6** 77—79, 193—196, 264—273, 349—357. Kodaikanal solar, geomagnetic and ionospheric data July 1954—March 1955, April—June 1955. A. K. Das, S. L. Malurkar.

J. Geophys. Res. **60** 105—111, 219—227, mit 1 Fig., 349—358, mit 1 Fig., 525—530. Geomagnetic and solar data. J. Bartels, J. Veldkamp, M. Waldmeier, J. B. Campbell.

Obs **75** 37—38. Solar activity and geomagnetic storms, 1954. H. W. Newton, H. F. Finch.

Rep. Ionosphere Res. Japan **9** 51. Solar activity and geomagnetic K-index at sunspot minimum. T. Hatanaka, Z. Suemoto, A. Tsuchiya.

Rev. geofís. **13** 104—112, 189—197, 343—359, 1954. Nota relativa a la actividad solar y geomagnetica. J. O. Cardus.

Rev. geofís. **14** 71—80, 173—181. Nota relativa a la actividad solar y geomagnetica. J. O. Cardus.

Rev. geofís. **14** 363—372. Nota relativa a la actividad solar y geomagnetica (julio—septiembre 1955). J. O. Cardus.

Veröff. Fraunhofer-Inst. Freiburg. Sonnen-Zirkular 1954 Okt.—1955 März. 82 S. mit Fig.

VIII. Planeten und Monde

§ 70

Sonnensystem, Allgemeines

7001. **F. J. Acfield,** Daylight observations of planets and stars. Sky and Telescope **14** 165.

7002. **W. A. Ambarzumjan,** Über die Streuung des Lichtes durch die Atmosphären der Planeten. Vgl. AJB **46** Ref. **5102**. Von V. Kourganoff ins Französische übersetzt in Contr. Labor. Astr. Lille Nr. 3 S. 15—28.

* * **N. Arriaga,** Relations between solar activity and the center of gravity of the planetary system. Vgl. Ref. **6302**.

7003. **B. S. Balshinowa,** Versuch zur Bestimmung der Rektaszensionen einiger Großer Planeten aus visuellen Beobachtungen am Passageninstrument und photographischen Beobachtungen am Normalastrographen in Taschkent. Taschkent, Mittelasiatische Universität, 1955. — Dissertationsreferat (russisch). — Ref. in RJ Astr. Geod. UdSSR 1956 Nr. 1 S. 26.

7004. **A. Beiser,** On an interplanetary magnetic field. J. Geophys. Res. **60** 155—159. — Aus dem Verhalten der kosmischen Strahlung kann man auf die Existenz eines interplanetarischen Magnetfeldes schließen. Nach der Theorie ergibt sich für dessen Feldstärke ein Wert $< 5 \times 10^{-8}$ Gauß. U. Be.

7005. **G. M. Clemence, D. Brouwer,** The accuracy of the coordinates of the five outer planets and the invariable plane. AJ **60** 118—126. — Zur durchgreifenden Kontrolle der durch numerische Integration erhaltenen Koordinaten der äußeren Planeten in Astr. Papers Am. Eph. **12** (vgl. AJB **51** Ref. **7604**) werden für fünf Zeitpunkte die drei Flächenintegrale und das Energieintegral für das aus der Sonne und diesen Planeten bestehende System ausgewertet. Die Abweichungen von der Konstanz liegen weit unterhalb der letzten gedruckten Dezimale in den Koordinaten. Zum Schluß werden die Elemente der invariablen Ebene des Systems und ihre Abhängigkeit von der Unsicherheit der Massenwerte angegeben. Böh.

7006. **J. P. Combaz,** Photographies planétaires obtenues à la lunette de 215 mm de l'observatoire de la Société. BSAF **69** 155—156, mit 2 Fig.

* * **L. Davis jr.,** Interplanetary magnetic fields and cosmic rays. Vgl. Ref. **12702**, **12703**.

7007. **P. M. Djurković,** Positions héliographiques des planètes dans le système de Carrington et l'activité des taches solaires. Bull. Soc. Math. Phys. Serbie **6** 258—262, mit 1 Fig., 1954 (serbisch mit französischer Zusammenfassung). — Die heliographischen Längen der großen Planeten einschließlich Saturn werden für das Jahr 1953 gebildet. Es wird untersucht, ob die Bildung von größeren Sonnenflecken bevorzugt zu Zeiten spezieller Stellungen der Planeten eintritt. F. S.

7008. **M. S. Eigenson,** Über die solare Steuerung durch physikalische Prozesse bei den Mitgliedern des Sonnensystems. Circ. Astr. Obs. Lwow Nr. 29 S. 43—47 (russisch). — Gedanken über den «Puls der Sonne», das heißt die rhythmischen Schwankungen ihrer aktiven Strahlung, dienen zum Anlaß, einen planetaren Überwachungsdienst zu fordern, der synchrone Schwankungen der physikalischen Erscheinungen auf den Planetenoberflächen feststellen soll. Besonderes Gewicht sei auf die «kritischen Breiten» um $\pm 35°$ zu legen, wo die Tropohydrosphäre am tiefsten ist. Daneben werden auch kritische Meridiane vermutet, die sich durch besondere tektonische Aktivität auszeichnen und mit Unregelmäßigkeiten der Rotation und Figur der Planeten, zum Beispiel der Erde, in Zusammenhang stehen sollen. Petri

7009. **J. E. Focas,** Photographische Planetenbeobachtungen an der Nationalen Sternwarte Athen. Astr. Nachr. Athen **6** 23—26, 57—62, mit 2 Fig. (griechisch). — Ausführlicher Bericht über die äußerst günstigen Wetterverhältnisse in Athen, die erfolgreiche photographische Beobachtungen der Planeten ermöglichen. Mawridis

* * **N. A. Kosyrew,** Über die Existenz eines nicht identifizierten Moleküls der Venusatmosphäre in der Atmosphäre der Erde und anderer Planeten. Vgl. Ref. **7124**.

7010. **W. L. Kraushaar,** The magnetic field in the vicinity of the solar system. Progr. Theoret. Phys. **14** 77. — Ref. in RJ Astr. Geod. UdSSR 1956 Nr. 10 S. 28.

7011. **G. P. Kuiper,** The Atmospheres of the Earth and Planets. Vgl. AJB **52** Ref. **7012**. — Weitere Besprechung in Naturwissenschaften **42** 24 (P. ten Bruggencate).

7012. **D. K. Kulikow,** Die Verwendung von Lochkartenmaschinen zur Berechnung heliozentrischer Koordinaten der Großen Planeten. BIA **6** 166—191 (russisch). — In der Abhandlung wird auf allgemeinerer Basis die Berechnung der Koordinaten der Großen Planeten für 1954—1960 mit Lochkartenmaschinen vom Kollektiv der wissenschaftlichen Mitarbeiter der Abteilung «Astronomisches Jahrbuch der UdSSR» unter Leitung des Autors durchgeführt. Eine kurze Beschreibung der Aufstellung von Tabellen der Bewegung der Großen Planeten, der Prinzipien zur Erstellung der Tabellengrundlagen auf Karten und der Methodik zur Berechnung heliozentrischer Koordinaten der Planeten unter Verwendung von Lochkarten wird gegeben. Verf. (übersetzt)

7013. **W. Löbering,** Über die zeichnerische Darstellung der Planetenoberflächen und Positionsbestimmungen von Flecken, insbesondere am Jupiter. Sterne **31** 87—90, mit 1 Abb. — Verf., der als bildender Künstler aus der Epoche des Naturalismus stammt, hat seine Fähigkeit der objektiven Darstellung in den Dienst der Planetographie gestellt. Er berichtet nicht nur über seine eigenen Erfahrungen, sondern gibt überzeugende Grundsätze für die zeichnerische Wiedergabe geschauter Einzelheiten auf den Oberflächen der Planeten. Zum Problem der Positionsbestimmung markanter Oberflächengebilde werden alle wesentlichen Gesichtspunkte hervorgehoben, soweit sie in den Rahmen der zeichnerischen Darstellung fallen. Hoppe

7014. **E. Marquardt,** Bemerkungen zum Problem der Planetenatmosphären. Mitt. AG 1954 S. 47. — Ref. AG.

7015. **B. G. Marsden,** Close planetary conjunctions. JBAA **65** 308. — Von 1855 bis 1955.

7016. **B. G. Marsden,** Satellite nomenclature. JBAA **65** 308—310. — Ref. in Coelum **24** 27.

* * **J. Meffroy,** Contribution à l'étude de la stabilité du système solaire. Vgl. Ref. **4216**.

7017. **M. Minnaert,** Dust in the interplanetary space. Introductory report. Vgl. Ref. **1169**, daselbst S. 15—34, mit 7 Fig. und Diskussion S. 186—190 = Sterrewacht «Sonnenborgh» Utrecht Overdruk Nr. 21. — Verf. gibt eine Übersicht über Beobachtungsergebnisse und Theorien der durch interplanetare Materie hervorgerufenen Erscheinungen: Zodiakallicht, äußere Korona und Meteore. Mit der Frage nach der Entstehung der interplanetaren Staubpartikel wird auch die Herkunft des interplanetaren Gases und die Natur der festen Partikel diskutiert. Hoppe

7018. **P. Moore,** Guide to the Planets. London, Eyre and Spottiswoode, 1955. 222 S. mit 33 Fig. und 29 Tafeln. Preis 21 s. — Vgl. AJB **54** Ref. **7013**. — Weitere Besprechung in Astronomia Popular **1** Nr. 2 S. 35, BSAF **69** 400, Endeavour **14** 160 (H. Spencer Jones), Irish AJ **3** 159—160, JBAA **65** 313—314 (M. B. B. Heath), La Nature **83** 204, NAT 1956 S. 37—39, PAT **36** 77—78, Urania Barcelona **40** 254—255, Weltraumfahrt **6** 64.

7019. **I. A. Parschin,** Über den Einfluß der photographischen Irradiation auf die Phase eines Gestirns. Astr Circ UdSSR Nr. 158 S. 10—11 (russisch). — Bei der photographischen Bestimmung der Phase eines Gestirns treten infolge der photographischen Irradiation Fehler auf. Verf. berichtet dazu über entsprechende Versuche der photographischen Aufnahme von Planetenmodellen und die Untersuchung von Aufnahmen der Venus mit verschiedenen Expositionszeiten und in drei Spektralbereichen am Taschkenter Normalastrographen. Bei den Venusbeobachtungen ergab sich eine lineare Beziehung zwischen der gemessenen Phase und dem Logarithmus der Belichtungszeit. Loh.

7020. **R. S. Richardson,** New moons. ASP Leaflet Nr. 316, 8 S. — Übersetzung in Urania København **13** 7—12 (C. Luplau Janssen), Ref. in J RAS Canada **50** 141—142, Sky and Telescope **15** 159.

* * **A. E. Roy, M. W. Ovenden,** On the occurrence of commensurable mean motions in the solar system. II. The mirror theorem. Vgl. Ref. **4229**, **4230**.

7021. **J. Široký,** Die Monde im Sonnensystem. Rozhledy **34** 68—73, mit 8 Fig. (tschechisch).

7022. **G. P. Swetschnikowa, M. A. Swetschnikow,** Über den Einfluß der photographischen Irradiation auf den scheinbaren Durchmesser und die Randhelligkeit einer Planetenscheibe. Wiss. Bull. Univ. Leningrad Nr. 33 S. 8—12 (russisch). — Ref. in RJ Astr. Geod. UdSSR Nr. 10, 1955; Ref. Nr. 4438.

7023. **G. A. Tichow,** Is life possible on other planets ? JBAA **65** 193—204. — Ref. in Irish AJ **3** 258—259.

7024. **J. Weenen,** Gesleept door de Zon. Baarn, Bosch en Keuning, 1953. Vgl. AJB **53** Ref. **549**. — Weitere Besprechung in Meteoor **11** 8—9 (H. van Woerden).

7025. **K. Wurm,** Welche Elemente sind in den Planetenatmosphären entdeckt ? Priroda Sofia **4** Nr. 6 S. 84—86 (bulgarisch).

7026. Calcolo del tempo di caduta d'un pianeta sul sole. Coelum **23** 87—88.

7027. Możliwość radarowego pomiaru odległości planet. Urania Kraków **26** 209—210, mit 1 Fig.

§ 71

Merkur, Venus

7101. **Merkur. Physische Beobachtungen**

Mitt. Planetenbeobachter 8 14, mit 1 Abb. Merkur, Januar/Februar 1955. W. Sandner.

Mitt. Planetenbeobachter 8 30—32. Merkur, Mai 1955. W. Sandner.

Strolling Astronomer **9** 131—132, mit 1 Fig. Summary of work on Mercury, 1951—56. O. C. Ranck.

Zprávy Okr. lid. hvězdárny Prostějově **2** Nr. 7 S. 1—3. Pozorování c večerní a ranní dichotomie planet Venuše a Merkura v letech 1954 a 1955. D. Kaláb. — Ref. in RJ Astr. Geod. UdSSR 1956 Nr. 9 S. 52.

7102. **H. P. Bhatt,** Planetary tables. I. Tables of Mercury. B. J. Institute of Learning and Research, Gujarat Vidya Sadha, Ahmedabad (India). Preis 2 R. — Besprechung in JBAA **65** 120 (W. H. Julian).

7103. **R. R. Brownlee, J. P. Mutschlecner,** Photographic observations of the November 14, 1953 transit of Mercury. AJ **60** 370—373 = Publ. Goethe Link Obs. Nr. 15. — Beschreibung der bei der photographischen Beobachtung des Merkurdurchgangs 1953 Nov. 14 angewandten Methode, Mitteilung der Ergebnisse und Vergleiche mit visuellen Beobachtungen. Böh.

7104. **R. R. Brownlee, J. P. Mutschlecner,** Photographic observations of the November 14, 1953, transit of Mercury. Publ ASP **67** 18. — Aus 103 Platten vom Vorübergang des Merkur vor der Sonne konnten die Zeiten der Konjunktionen in Länge und Rektaszension und die zugehörigen Differenzen in Breite und Deklination mit hohem Gewicht bestimmt werden. O. G.

7105. **J. Gadomski,** Pod niebem innych planet. I. Merkury i Wenus. Urania Kraków **26** 129—134, mit 1 Fig.

7106. **P. Moore,** Mercury — the barren planet. J. Astronautics **2** 145—148, mit 3 Fig.

7107. **P. Muller,** A propos du diamètre de Mercure. BSAF **69** 82—83. — Ref. in Coelum **23** 121—122, Orion Schaffhausen **4** 444. — Kurze Angaben über die mit Doppelbild-Mikrometern 1947—1953 erhaltenen Werte für den Durchmesser Merkurs. Böh.

7108. **Y. Öhman,** A tentative explanation of the negative polarization in diffuse reflection. Vgl. Ref. **261**.

7109. **W. Sandner,** Reise nach Spanien zur Beobachtung des Merkurdurchgangs 1953 Nov. 14. Sterne **31** 81—87, mit 4 Abb.

7110. Tránsito de Mercurio del 14 de Noviembre. Rev. Astr. Nr. 133 S. 54—58, mit 2 Fig. — Bericht über die visuellen und photographischen Beobachtungen der Kontakte in Buenos Aires und La Plata; Vergleich der beobachteten Zeiten mit den Vorausberechnungen. T. L.

7111. Fotograficzna mapa Merkurego. Urania Kraków **26** 233.

7112. **Venus. Astrometrische Beobachtungen**

Greenwich Astronomical Results 1942, A 13. Observed right ascensions, declinations and diameters.

Desgl. für 1943 und 1944, A 10.

Desgl. für 1946, A 18.

7113. Venus. Physische Beobachtungen

Astr Circ UdSSR Nr. **161** S. 12—13 (russisch). Visuell-kolorimetrische Beobachtungen von Venus 1954. W. Scharonow. — Relativ zur Sonne ergab sich zwischen Mai und Juli ein Farbenindex von im Mittel $0^m\!.09$. Loh.

BSAF **69** 77—78. Planètes.

Mitt. Planetenbeobachter **8** 15. Bericht über die Beobachtung des Planeten Venus 1954/55. E. Rohde.

Zprávy Okr. lid. hvězdárny Prostějově **2** Nr. 7 S. 1—3. Pozorování c večerní a ranní dichotomie planet Venuše a Merkura v letech 1954 a 1955. D. Kaláb. — Ref. in RJ Astr. Geod. UdSSR 1956 Nr. 9 S. 52.

7114. **G. Armellini,** Sopra le bande e la rotazione di Venere. Rend. Accad. Nazionale Lincei, Cl. Sci. fis., mat., nat (8) **18** 140—144 = Oss. Astr. Roma Monte Mario Contr. Sci. (NS) Nr. 214. — Nach einer Aufzählung der Beobachter, die eine Rotation der Venus abschätzten, bemerkt Verf., daß die ersten Beobachtungen von Parallelstreifen auf Venus von P. Muller und dem Verf. selbst schon früher als von Kuiper ausgeführt wurden. Cester

7115. **J. C. Bartlett jr.,** The radial markings of Venus and their modern resurrection. Strolling Astronomer **9** 2—8, mit 4 Fig. — Aus einer Diskussion physischer Beobachtungen verschiedener Herkunft zieht Verf. folgende Schlüsse: 1.) Es existieren sicher lineare Markierungen auf der Venusscheibe; 2.) Es kommen verwaschene, dunklere Flecken vor, von denen sich die meisten nur durch kleine Unterschiede in Farbe und Albedo von der Umgebung abheben; 3.) Wenigstens einige der Vertreter beider Klassen sind permanent; 4.) Je nach seiner Farbenempfindlichkeit nimmt der Beobachter bevorzugt die eine oder andere Art von Zeichnungen wahr. Loh.

7116. **R. M. Baum,** The radial markings of Venus: A rejoinder. Strolling Astronomer **9** 82—91. — Nach einem allgemeinen Überblick über die Problematik der auf Venus beobachteten Streifen und Flecke weist Verf. auf Experimente im Laboratorium und auf photographische Aufnahmen der Venus im Ultravioletten von Ross (1927) hin, die für die Realität des Speichensystems sprechen. Loh.

7117. **N. Boneff,** Über die Rotation der Venus. Bull. Astr. Geod. Ges. UdSSR Nr. 15 S. 41—46, 1954 (russisch). — Ref. in RJ Astr. Geod. UdSSR 1956 Nr. 3 S. 100.

7118. **A. Dollfus,** Etude visuelle et photographique de l'atmosphère de Vénus. BSAF **69** 413—425, mit 7 Fig. — Ref. in Coelum **24** 86. — Die Gesamtheit der vom Verf. innerhalb von sechs Jahren erhaltenen visuellen und photographischen Beobachtungen von Venus wird diskutiert. Es wurden verschiedene Instrumente mit Öffnungen zwischen 5 und 60 cm verwendet. Aus den dunklen Schattierungen auf der Planetenscheibe wird auf eine Rotationsdauer geschlossen, die der Umlaufszeit von 225 Tagen gleich ist. Die Details erscheinen in drei Spektralbereichen (gelb, blau und ultraviolett) im wesentlichen gleich. F. S.

7119. **M. B. B. Heath,** Theoretical and visual dichotomy of Venus. JBAA **66** 33—35, mit 1 Fig. — Aus Beobachtungen vor und nach der Elongation wurden die Zeiten der Dichotomie (geradliniger Terminator) bestimmt. Es ergaben sich die bekannten Abweichungen von den theoretischen Werten. T. L.

7120. **P. Herget,** Coordinates of Venus 1800—2000. Washington, Astr. Papers prepared for the use of the American Ephemeris and Nautical Almanac, published by the Nautical Almanac Office, U. S. Naval Observatory. United States Government Printing Office, 1955. Vol. **15** part III, S. (10) + 217—523. Preis $ 2.50. — Der Band enthält für den Zeitraum 1800—2000 im Intervall von vier Tagen die heliozentrische Länge und Breite sowie die Reduktion auf die Bahnebene für das momentane Äquinoktium (auf 0ʳ01) und heliozentrische Länge und Breite, Radiusvektor und die heliozentrischen rechtwinkligen Koordinaten für das Normaläquinoktium 1950.0 (auf 0°00001 und 10^{-7} a. E.); für Störungsrechnungen sind die letzten sechs Größen auch für die ungeraden Zehner des Julianischen Datums gegeben. Die Zahlen bilden ein homogenes System, beruhend auf Newcombs Tables of Venus (Astr. Pap. Am. Eph. **6**, 3) und sind aus diesen mit dem Automaten IBM-602-A hergeleitet worden. Böh.

7121. **J. Houtgast,** Indication of a magnetic field of the planet Venus. Nature **175** 678—679, mit 1 Fig. = Sterrewacht «Sonnenborgh» Utrecht Overdruk Nr. 18. — Ref. in Irish AJ **3** 160—161. — Wenn Venus, ähnlich wie die Erde, ein magnetisches Feld besitzt, muß sie bei unteren Konjunktionen den solaren Korpuskularstrom zur Erde stören. Statistische Untersuchungen der internationalen erdmagnetischen Charakterzahlen C scheinen tatsächlich eine Abnahme der erdmagnetischen Aktivität bei unteren Konjunktionen der Venus anzudeuten. Behr

7122. **J. Houtgast,** On the suspected influence of Venus on the magnetic activity on earth. Sterrewacht «Sonnenborgh» Utrecht Overdruk 4° Nr. 3. — Der beobachtete Einfluß von Venus in der Nähe der unteren Kulmination auf die Stärke der erdmagnetischen Aktivität läßt sich durch die Ablenkung der solaren Korpuskularstrahlen im Magnetfeld von Venus erklären. Unter bestimmten Annahmen kann man z. B. errechnen, daß ein Magnetfeld von der vierfachen Stärke des irdischen eine merkbare Verminderung der erdmagnetischen Aktivität etwa sieben Tage vor der unteren Kulmination zur Folge hat. Bo.

7123. **C. Luplau Janssen,** Venus Rotationsforhold. Urania København **12** 13—16. — Allgemeinverständliche Darstellung der Untersuchung G. P. Kuipers am McDonald Observatorium von 1950—54 über die Lage der Rotationsachse der Venus. C. L. J.

7124. **N. A. Kosyrew,** Über die Existenz eines nicht identifizierten Moleküls der Venusatmosphäre in der Atmosphäre der Erde und anderer Planeten. Mitt. Astrophys. Obs. Krim **15** 160—168, mit 2 Abb. und 1 Tafel (russisch). — Im Spektrum der sich in geringer Höhe über dem Horizont befindlichen Sonne wurden bei 4382 und 4109 Å Intensitätssprünge entdeckt, die schon früher vom Verf. im Venusspektrum gefunden worden waren. Es wird vermutet, daß es sich hierbei um Banden eines noch unbekannten Moleküls der Erd- und Venusatmosphäre handelt, das in der Erdatmosphäre hauptsächlich in einer Schicht in etwa 9 km Höhe vorkommen sollte. Die mit V_1 und V_2 bezeichneten Banden wurden auch im Spektrum von Vega in Horizontnähe festgestellt, nicht aber im Mars- und Jupiterspektrum. Loh.

7125. **D. Kotsakis,** Die Rotationsperiode der Venus. Astr. Nachr. Athen **6** 6—8 (griechisch).

7126. **M. Larrieu,** The satellite of Venus. Vega **2** Nr. 30 S. 1. — Zusammenstellung der Beobachtungen eines vermeintlichen Venusmondes für die Zeit 1645—1884. Böh.

7127. **D. H. Menzel, F. L. Whipple,** The case for H_2O clouds on Venus. Publ ASP **67** 161—168 = Harv Repr Nr. 421. — Ref. in Coelum **23** 173. — In einer Diskussion der Argumente, die für und gegen die Annahme von Staubwolken statt Wasserdampfwolken in der Venusatmosphäre sprechen, zeigen Verf., daß folgende Annahmen allen Beobachtungen am besten entsprechen: Die Oberfläche der Venus ist vollständig mit Wasser bedeckt, die Wolken sind Wasserdampfwolken, das beobachtete CO_2 ist vulkanischen Ursprungs. O. G.

7128. **P. Moore,** Beneath the clouds of Venus. J. Astronautics **2** 7—8, mit 1 Fig.

7129. **P. Moore,** The «polar caps» of Venus. JBAA **65** 232—235, mit 1 Tafel. — Ref. in Urania Kraków **27** 78—79. — Überblick über die vom Verf. und anderen vertretenen Anschauungen über die Natur der Polkappen der Venus. Loh.

7130. **P. Moore,** The radial markings of Venus: another point of view. Strolling Astronomer **9** 50—51, 54, 112—113. — Verf. äußert Zweifel an der Realität des von verschiedenen Beobachtern wahrgenommenen dunklen Speichenmusters, nicht aber an der Existenz von Streifen überhaupt, die seiner Meinung nach allerdings keine permanenten Gebilde sind. Loh.

7131. **E. Öpik,** Do the clouds of Venus consist of water? Irish AJ **3** 192—193. — Die von W. Sinton kürzlich festgestellte niedrige Temperatur der strahlenden Oberfläche der Venus von –39° C, und zwar sowohl im beleuchteten als auch im unbeleuchteten Teil, spricht gegen die Annahme, die obersten Wolkenschichten wären Wasserwolken. Loh.

7132. **E. Pettit, S. B. Nicholson,** Temperatures on the bright and dark sides of Venus. Publ ASP **67** 293—303, mit 5 Fig. — Die Technik der Strahlungsmessungen, wie sie vor allem in den Jahren 1923—1928 für Temperaturbestimmungen der Venus benutzt wurde, wird beschrieben. Als Strahlungsempfänger dienten verschiedene Thermoelemente, als Filter (zur Trennung von sichtbarem und infrarotem Licht) ein (Mikroskop-) Deckglas. Nach einer Schilderung des Reduktionsverfahrens werden Tabellen mit den Temperaturen für die helle (Tag-) und die dunkle (Nacht-)Seite der Venus angegeben. Beide liegen im Mittel bei etwa 240° K. K. H. Böhm

7133. **R. S. Richardson,** Observations of Venus made at Mount Wilson in the winter of 1954—55. Publ ASP **67** 304—314, mit 2 Fig. und 1 Tafel. — Ref. in Coelum **24** 56. — Am Coudé- bzw. Cassegrainfokus des 100 inch-Teleskops wurden Filmkameraaufnahmen der Venus im Ultravioletten gemacht. (Benutzt wurde ein Filter Wratten 18 A, das für 3100 Å $< \lambda <$ 4000 Å durchlässig ist). Die Oberflächenerscheinungen («Bänder») werden beschrieben. Die von Richardson bestimmte Lage des Rotationspols der Venus unterscheidet sich um 29° von der von Kuiper (vgl. AJB **54** Ref. **7127**) angegebenen. Die Intensitätsverteilung auf der Scheibe wird untersucht. K. H. Böhm

7134. **E. Rohde, G. D. Roth,** Zur Lage der Rotationsachse der Venus. Mitt. Planetenbeobachter 8 15—17, mit 4 Abb.

7135. **W. Sandner,** On the rotation of the planet Venus. Vega **2** Nr. 30 S. 2. — Nachtrag zu Teil 1 (Bestimmungen der Rotationsperiode; Vega **1** Nr. 10). Ferner Teil 3: Liste von 15 Bestimmungen der Achsenneigung 1727—1954. T. L.

* * **W. W. Scharonow,** Über die Frage der Priorität Lomonossows bei der Entdeckung der Venusatmosphäre. Vgl. Ref. **1350**.

7136. **W. P. Zessewitsch,** Über die Richtung der Rotationsachse der Venus. Astr Circ UdSSR Nr. 158 S. 15—18 (russisch).

7137. **W. P. Zessewitsch,** Über die Rotation der Venus um ihre Achse. Priroda **44** Nr. 7 S. 82—83 (russisch). — Ref. der unter AJB **54** Ref. **7127** zitierten Arbeit von G. P. Kuiper mit der Bemerkung, daß die radiometrischen Beobachtungen von Coblentz und Lampland aus dem Jahre 1924 das Kuipersche Ergebnis bestätigen. Loh.

7138. **W. P. Zessewitsch,** Über die Rotation der Venus um ihre Achse. Priroda Sofia **4** Nr. 6 S. 86—87 (bulgarisch). — Ref. in RJ Astr. Geod. UdSSR 1956 Nr. 7 S. 54.

7139. La inclinacion del eje de Venus. Astronomia Popular **1** Nr. 1 S. 22—23.

7140. I poli di rotazione di Venere. Coelum **23** 86.

7141. The pole of rotation of Venus. J RAS Canada **49** 129.

7142. The night-sky spectrum of Venus. J RAS Canada **49** 202—203. — Referat einer Arbeit Kosyrews ohne biliographische Angaben.

7143. Bestimmung der Lage der Rotationsachse der Venus. Orion Schaffhausen **4** 382.

7144. Venus y su atmósfera. Rev. Astr. Nr. 137 S. 82.

7145. The pole of rotation of Venus. Sky and Telescope **14** 131, 141. — Ref. der in AJB **54** Ref. **7127** zitierten Arbeit von G. P. Kuiper. — Vgl. auch Postępy Astr. **4** 32.

7146. Occultation of a star by Venus. Sky and Telescope **14** 167. — Vorschau zu der Bedeckung von π Cap am 8. März 1955.

7147. Magnetic field of Venus. Sky and Telescope **14** 419.

7148. Da li je Venera pokrivena oblacima H_2O ? Vasiona **3** 46. — Nach einer Mitteilung im AJ.

7149. Mt. Wilson studies of Venus. Vega **2** Nr. 28 S. 2.

7150. Magnetic field of Venus. Vega **2** Nr. 29 S. 2.

§ 72

Erde

Allgemeines

* * **E. C. Abendanon,** De buitenkant van de maan. III. De buitenkanten van de aarde en de maan. Vgl. Ref. **7302**.

7201. **G. Bacsák,** A pliocén és a pleisztocén az égi mechanika megvilá tasában. Föld. közl. **85** Nr. 1 S. 70—105 (mit deutscher und russischer Zusammenfassung). — Ref. in RJ Astr. Geod. UdSSR Nr. 11, 1955; Ref. Nr. 4750.

7202. **W. W. Beloussow,** Innerer Aufbau und Entwicklung der Erde im Hinblick auf geotektonische Daten. Publ. Geophys. Inst. Akad. Wiss. UdSSR Nr. 26 S. 51—60 (russisch). — Ref. in RJ Astr. Geod. UdSSR 1956 Nr. 7 S. 29—30.

7203. **P. Bernard,** Changements saisonniers dans la variation undécennale de la composante horizontale H du champ magnétique terrestre. BA **20** 27—34, mit 5 Fig. — An Hand monatlicher Mittelwerte für eine Reihe von Jahren wurde die elfjährige Änderung von H für mehrere Beobachtungsstationen berechnet. Die jahreszeitlichen Änderungen seiner Amplitude wurden mit denjenigen der Windgeschwindigkeit in den Höhen verglichen, in welcher die Elektronen, vor den Ionen, sich nicht mehr senkrecht zum magnetischen Feld bewegen können. Es wird gezeigt, daß es möglich ist, die elfjährige Änderung von H diesen Winden zuzuschreiben. Verf.

7204. **S. Chandrasekhar, D. D. Elbert,** The Illumination and Polarization of the Sunlit Sky on Rayleigh Scattering. Transactions of the American Philosophical Society (NS) **44**, Teil 6, 1954. Preis $ 2.00. — Weitere Besprechung in J. Optical Soc. America **45** 892—893 (F. E. Roach).

7205. **A. Dauvillier,** Le magnétisme des corps célestes. Tome II. Variations et origine du géomagnétisme. Vgl. AJB **54** Ref. **7205**. — Weitere Besprechung in Ann. Géophys. **11** 255 (P. Bernard), La Nature **83** 165, Scientia **90** 269 (G. Abetti).

7206. **W. Dieminger,** Erdmagnetismus und Ionosphäre. Phys. Verhandlungen **6** 87—89. — Ref. Deutsche Geophys. Ges.

7207. **A. Due Rojo,** Actualidad geofísica de las regiones polares. Urania Barcelona **40** 7—16.

7208. **H. Griem, S. F. Singer,** Geomagnetic albedo at rocket altitudes at the equator. Phys. Rev. (2) **99** 608. — Ref. Am. Phys. Soc.

7209. **W. I. Gromow,** Aus der Vergangenheit der Erde. Moskau, Militärverlag, 1955. 72 S. mit Abb. Preis 1 R. 10 Kop. (russisch).

7210. **H. Heckert,** Zum Problem kosmischer Einflüsse auf terrestrische Vorgänge. VdS Nachrichtenblatt **4** 29—34. — Verf. zitiert verschiedene Untersuchungen, die Beziehungen zwischen kosmischen Vorgängen und den meteorologischen Verhältnissen nicht ausgeschlossen erscheinen lassen. T. L.

* * **J. Houtgast,** On the suspected influence of Venus on the magnetic activity on earth. Vgl. Ref. **7122.**

7211. **D. R. Inglis,** Theories of the earth's magnetism. Rev. Modern Phys. **27** 212—248, mit 26 Fig.

7212. **J. A. Jacobs,** Inside the earth. J RAS Canada **49** 97—113, mit 7 Fig. — Über die mechanischen Eigenschaften des Erdinnern geben im wesentlichen nur seismische Daten Aufschluß. Verschiedene Theorien über die Zusammensetzung und die thermischen Verhältnisse der festen Erde werden aufgeführt. Schließlich werden die Probleme des Geomagnetismus erörtert. T. L.

7213. **J. A. Jacobs, D. W. Allan,** Temperature and heat flow within the earth. Trans. Roy. Soc. Canada (4) **48** 33—39, 1954. — Ref. in RJ Astr. Geod. UdSSR 1956 Nr. 2 S. 59.

7214. **H. Jeffreys,** The Earth, its Origin, History and Physical Constitution. Vgl. AJB **53** Ref. **7211.** — Weitere Besprechung in Naturwissenschaften **42** 24—25 (J. Bartels).

7215. **W. M. Kasatschewskij,** Bestimmung des Reflexionsvermögens der Erdkugel. Mitt. Astrophys. Inst. Alma-Ata **1** Nr. 1—2 S. 56—84, mit 6 Abb. (russisch). — Nach einem visuellen Verfahren von W. G. Fessenkow wurde die sphärische Albedo der Erdkugel auf Grund von Beobachtungen des aschgrauen Mondlichtes mit Hilfe eines Spezialphotometers ermittelt. Aus 34 Beobachtungsreihen ergab sich $A = 0.42 \pm 0.003$ bei einem mittleren Fehler einer Einzelmessung von ± 0.02. Petri

7216. **L. LaPaz,** C. Tombaugh's systematic search for nearby terrestrial satellites. JBAA **65** 118.

7217. **B. J. Lewin,** Der Aufbau der Erde. Publ. Geophys. Inst. Akad. Wiss. UdSSR Nr. 26 S. 11—38 (russisch). — Ref. in RJ Astr. Geod. UdSSR 1956 Nr. 3 S. 99—100.

* * **F. Link, Z. Linková,** Evidences cométaires des variations des climats. Vgl. Ref. **8011.**

7218. **B. L. Litschkow,** Konferenz über Probleme der Astrogeologie. Mitt. Geograph. Ges. UdSSR **87** 561—565 (russisch). — Ref. in RJ Astr. Geod. UdSSR 1956 Nr. 8 S. 4.

7219. **E. A. Ljubimowa,** Über den Wärmehaushalt der Erde. Publ. Geophys. Inst. Akad. Wiss. UdSSR Nr. 26 S. 39—50 (russisch). — Ref. in RJ Astr. Geod. UdSSR 1956 Nr. 7 S. 29.

7220. **I. J. Melik-Gajkasjan,** Über den Aufbau des Erdkerns. Publ. Geophys. Inst. Akad. Wiss. UdSSR Nr. 26 S. 117—120. — Ref. in RJ Astr. Geod. UdSSR 1956 Nr. 4 S. 40.

7221. **H. Miki,** Temperature distribution within the earth. J. Phys. Earth **2** 1—3, 1954. — Ref. in RJ Astr. Geod. UdSSR 1956 Nr. 4 S. 40.

* * **C. Patterson, G. Tilton, M. Inghram,** Age of the earth. Vgl. Ref. **5510**.

* * **P. Queney, L. Arbey,** Modifications de la réfraction astronomique par les facteurs météorologiques. Vgl. Ref. **3124**.

7222. **R. Sawada, B. Haurwitz,** The lunar air tide. Ann. Géophys. **11** 145—147. — Ref. in Phys. Abstracts (A) **58** 1302.

7223. **K. Stumpff,** Die Erde als Planet. Berlin-Göttingen-Heidelberg, Springer-Verlag, 1955. Zweite, verbesserte und erweiterte Auflage. 42. Band aus «Verständliche Wissenschaft». 4 + 176 S. mit 57 Abb. Preis DM 7.80.

7224. **J. G. Vaeth,** The future evolution of high altitude research. Astronautics **2** 74—75. — Ref. Am. Astronaut. Soc.

7225. **J. G. Vaeth,** 200 Miles Up. Ronald Press, 1955. 2. Auflage. 261 S. Preis $ 5.00. — Besprechung in Sky and Telescope **15** 176.

7226. **H. Wörner,** Messungen der Himmelspolarisationen bei Sonnenfinsternissen. Z. Meteorol. **9** 143—150. — Ref. in RJ Astr. Geod. UdSSR 1956 Nr. 4 S. 62—63.

7227. The Solar System. Vol. II. The Earth as a Planet. Herausgegeben von G. P. Kuiper. Vgl. AJB **54** Ref. **7220**. — Weitere Besprechung in La Nature **83** 246, Proc. Phys. Soc. (B) **69** 1062—1064 (K. Hide).

7228. Heeft de aarde twee meteorieten buitgemaakt? Hemel en Dampkring **53** 38.

7229. Pickering's search for minor terrestrial satellites. JBAA **65** 249.

* * Advances in Geophysics. Vol. 2. Herausgegeben von H. E. Landsberg. Vgl. Ref. **639**.

7230. Earth satellites. BAA Circ **359**.

7231. Atmospheric lunar tides. Sky and Telescope **14** 191.

7232. Ring of electricity around the earth? Sky and Telescope **14** 237.

7233. Other satellites of the earth. Sky and Telescope **14** 334, 354.

* * Mondphasen und Luftdruck. Vgl. Ref. **7339**.

Atmosphäre

7234. **E. V. Ashburn,** The altitudes of the luminous layers in the earth's atmosphere. J. Atmosph. Terr. Phys. **6** 67. — Ref. in Phys. Abstracts (A) **58** 543, Phys. Ber. **34** 2100.

7235. **N. A. Beljajew,** Réfraction du rayonnement radioélectrique extra - terrestre dans l'atmosphère. AJ UdSSR **32** 359—372, mit 4 Fig. (russisch mit französischer Zusammenfassung). — Für den Fall einer ungestörten Ionosphäre werden zu radioastronomischen Zwecken Fragen der Refraktion von extraterrestrischer Radiostrahlung theoretisch behandelt. In mittleren Breiten ist nach Angabe des Autors die Atmosphäre für solche Strahlung nachts bei Frequenzen ab 9 MHz im Zenit und ab 50 MHz über dem Horizont praktisch durchsichtig. Die Refraktionsschwankungen für die Ultrakurzwellenstrahlung können, selbst an Tagen mit ungestörter Ionosphäre, 20 bis 25 % und mehr betragen. Schrick

7236. **W. Benesch, M. Migeotte, L. Neven,** Note sur les déterminations d'abondances du CO et du N_2O telluriques. Actes Congrès Luxembourg 72e Session Assoc. Française Advancement Sci. (Juillet 1953) S. 81—84, mit 2 Fig. = Inst. d'Astrophys. Univ. Liège Mém. 8° Nr. 373 = Commun. Obs. Roy. Belgique Nr. 89. — Verf. haben in den Jahren 1950—1953 auf dem Jungfraujoch (3580 m) den Gehalt der Erdatmosphäre an CO und N_2O bestimmt. Sie benützten dabei Aufnahmen des Sonnenspektrums mit terrestrischen Banden bei 4.7 μ (CO) und 2.16 μ (N_2O). Der CO-Gehalt oberhalb 3850 m ließ sich hieraus zu 0.017 bis 0.075 atmo-cm (äquivalente Schichtdicke in cm bei Normaldruck) entsprechend 0.025 bis 0.11 atmo-cm für die gesamte Atmosphäre bestimmen, wenn man ein exponentielles Verteilungsgesetz annimmt. Gesichert sind weiter tägliche Variationen und zwar bis zu 40 % in $2^1/_2$ Stunden. Für die N_2O-Bestimmung wurde zunächst im Laboratorium der Einfluß des Gesamtdrucks auf die Bandengestalt gemessen. Der atmosphärische Gehalt am Meeresniveau wurde sodann im Mittel zu 0.32 atmo-cm bestimmt. Alle Ergebnisse passen gut zu früheren Messungen. Oster

7237. **J. Bouška,** Rockets and earth's atmosphere. RH **36** 225—226, mit 1 Abb. (tschechisch).

* * **D. Brunt,** Exploration of the earth's upper atmosphere using high-altitude rockets. Vgl. Ref. **13405**.

7238. **E. T. Byram, T. A. Chubb, H. Friedman,** Dissociation of oxygen in the upper atmosphere. Phys. Rev. (2) **98** 1594—1597, mit 6 Fig. — Durch Beobachtung der atmosphärischen Transmission bei $\lambda\lambda$ 1425—1500 Å als Funktion der Höhe bei einem Raketenaufstieg bis 130 km Höhe wurde der O_2-Gehalt bestimmt. Es ergab sich ein unerwartet großer Wert von 10^{10} Molek./cm^3 bei 130 km entsprechend einem undissoziierten Anteil von 12 %. Weidemann

7239. **L. Casertano,** Applicazione della teoria di Chandrasekhar alle misure di polarizzazione atmosferica. Geofis. pura e appl. **30** 170—178. — Verf. berechnet den Mittelwert der optischen Dichte der Atmosphäre als Funktion der meteorologischen Bodenelemente. Ein Vergleich der theoretischen Kurven der Polarisation des Lichts mit den an der Vesuv-Sternwarte beobachteten zeigt, daß Theorie und Beobachtung nicht gut übereinstimmen. Cester

7240. **D. Chalonge,** Exploration de l'atmosphère terrestre au moyen des éclipses de Lune. BSAF **69** 319—336, mit 10 Fig. = Contr. Inst. d'Astrophys. Paris (A) Nr. 201. — Ref. in Coelum **24** 54. — Die spektralphotometrische Untersuchung des Lichtes der Mondoberfläche während einer Finsternis erlaubt unter anderem Aussagen über die Verteilung des Ozons in der Erdatmosphäre und über allgemeine atmosphärische Absorptionsphänomene, da durch Refraktion des Sonnenlichtes in der Erdatmosphäre der verfinsterte Mond aufgehellt wird. Nach einer anschaulichen methodischen Einführung werden die Beobachtungsergebnisse anläßlich der Mondfinsternis vom 29./30. Januar 1953 beschrieben. Die Spektren kleiner Dispersion wurden am Observatoire de Haute Provence gewonnen. Fricke

* * **D. Deirmendjian, Z. Sekera,** The global radiation in a Rayleigh atmosphere. Vgl. Ref. 213.

7241. **T. M. Donahue, A. Foderaro,** The effect of resonance absorption on the determination of the height of airglow layers. J. Geophys. Res. **60** 75—86, mit 5 Fig.

7242. **W. L. Godson,** The computation of infrared transmission by atmospheric water vapor. J. Meteorol. **12** 272—284. — Ref. in RJ Astr. Geod. UdSSR 1956 Nr. 11 S. 30.

* * **J. S. Greenhow, E. L. Neufeld,** The diffusion of ionized meteor trails in the upper atmosphere. Vgl. Ref. **8219**.

7243. **J. S. Greenhow, E. L. Neufeld,** Diurnal and seasonal wind variations in the upper atmosphere. Phil. Mag. (7) **46** 549—562, mit 6 Fig. = Astr. Contr. Univ. Manchester (2) Jodrell Bank Repr. Nr. 112.

7244. **T. R. Kaiser, S. Evans,** Upper atmospheric data from meteors. Ann. Géophys. **11** 148—152, mit 3 Fig. — Ref. in Phys. Abstracts (A) **58** 1300.

7245. **H. Kantus,** Untersuchungen über den optisch-meteorologischen Reinheitsgrad der Atmosphäre in Südafrika. Mitt. AG 1954 S. 45—46. — Ref. AG.

7246. **M. G. Karimow,** Untersuchung des atmosphärischen Ozons. Mitt. Astrophys. Inst. Alma-Ata **1** Nr. 1—2 S. 214—218 (russisch). — Aus Aufnahmen des Sonnenspektrums bis 3000 Å mit einem Quarzspektrographen im August 1945 auf einer Höhe von 1350 m wurde eine effektive Dicke der Ozonschicht von 0.305 cm abgeleitet. Petri

7247. **A. N. Lowan,** On the cooling of the upper atmosphere after sunset. J. Geophys. Res. **60** 421—429, mit 2 Fig. — Die Abkühlung der Erdatmosphäre zwischen 100 und 380 km Höhe nach Sonnenuntergang wird unter folgenden Annahmen untersucht: in 380 km Höhe ist der Temperaturgradient Null, die Temperatur in 100 km bleibt konstant, und es tritt nur Wärmeleitung auf. Resultierender Temperatur-, Dichte- und Druckverlauf werden diskutiert. U. Be.

7248. **M. S. Malkewitsch,** On the vertical distribution of temperature in the atmosphere. Nachr. Akad. Wiss. UdSSR (Geophys.) 1955 S. 166—177 (russisch). — Ref. in Math. Rev. **17** 543.

7249. **F. Mariani,** Chapman's photoionization theory in a nonisothermal atmosphere. Ann. Geofis. **8** 59—73 (italienisch). — Ref. in Phys. Abstracts (A) **58** 972.

7250. **H. S. W. Massey,** The nature of the upper atmosphere. Annual Report Smithsonian Inst. for 1954 S. 179—188, mit 4 Fig. = Smithsonian Inst. Publ. Nr. 4191.

7251. **H. E. Newell jr.,** Rocket data on atmospheric pressure, temperature, density, and winds. Ann. Géophys. **11** 115—144, mit 18 Abb. und 2 Tafeln. — Ref. in Phys. Abstracts (A) **58** 1300, Phys. Ber. **35** 1287.

7252. **M. Nicolet,** The aeronomic problem of nitrogen oxides. J. Atmosph. Terr. Phys. **7** 152—169. — Ref. in Phys. Abstracts (A) **59** 445.

7253. **M. Nicolet,** Nitrogen oxides and the airglow. J. Atmosph. Terr. Phys. **7** 297—309, mit 5 Fig. — Ref. in Phys. Abstracts (A) **59** 938.

* * **E. J. Öpik,** Meteors and the upper atmosphere. Vgl. Ref. 8257.

7254. **H. K. Paetzold,** New experimental and theoretical investigations on the atmospheric ozone layer. J. Atmosph. Terr. Phys. **7** 128—140, mit 8 Fig. — Ref. in Phys. Abstracts (A) **59** 445, Phys. Ber. **35** 1916.

7255. **E. W. Pjaskowskaja-Fessenkowa,** Einige Daten über die Streuung des Lichts in der Atmosphäre. Mitt. Astrophys. Inst. Alma-Ata **1** Nr. 1—2 S. 188—202, mit 5 Abb. (russisch).

7256. **E. W. Pjaskowskaja-Fessenkowa,** Die Abhängigkeit zwischen dem Streuungskoeffizienten des Lichts für verschiedene Winkel und der optischen Dicke der Atmosphäre. Mitt. Astrophys. Inst. Alma-Ata **1** Nr. 1—2 S. 203—213, mit 8 Abb. (russisch).

7257. **H. A. Shillibeer, R. D. Russell,** The argon-40 content of the atmosphere and the age of the earth. Geochim. Cosmochim. Acta **8** 16—21. —Verf. gehen von der Annahme aus, daß alles radiogene A^{40} der Erdatmosphäre frei gesetzt wurde bei der Bildung der Kontinente aus flüssigem, vulkanischem Material. Unter dieser Voraussetzung wird aus dem A^{40}-Gehalt der Atmosphäre das Alter der Erde berechnet. Aus Abschätzungen des Gehaltes an Kalium in der Kruste, dem Volumen der Kontinente und dem A^{40}-Gehalt der Erdatmosphäre ergibt sich das Alter der Erde zu 5.3×10^9 Jahren in guter Übereinstimmung mit dem bekannten Alter für das Universum. Schai.

7258. **R. Sloan, J. H. Shaw, D. Williams,** Infrared emission spectrum of the atmosphere. J. Optical Soc. America **45** 455—460, mit 4 Fig. — Die Emission der Atmosphäre zwischen 3 μ und 15.5 μ wurde mit einer Apparatur bestimmt, bei welcher die durch ein NaCl-Prisma zerlegte und mit Thermoelement gemessene Strahlung der Atmosphäre mit der Strahlung eines schwarzen Körpers bei der Siedetemperatur von flüssigem Stickstoff verglichen wird. Bei klarem Himmel liegen die Emissionsgebiete genau bei den Wellenlängen, bei denen im Sonnenspektrum atmosphärische Absorptionen von H_2O, CO_2 und O_3 sind. Der Unterschied zwischen Tag- und Nachtmessungen ist nicht groß, wohl aber zwischen Tagen mit verschiedener Luftfeuchtigkeit und für verschiedene Zenitdistanzen. Bei bedecktem Himmel strahlt die Atmosphäre fast wie ein schwarzer Strahler. Bo.

7259. **A. Strzałkowski,** Investigations on the scattering of radiation in the earth's atmosphere. AA(c) **5** 95—177, mit 7 Fig. — Ziel der Arbeit ist, aus Messungen mit Selenzelle in zwei λ-Bereichen in verschiedenen Zenitdistanzen und Azimuten bei wolkenlosem Himmel die Streufunktion abzuleiten. Die Auswertung der Messungen erfolgte nach Formeln von Piotrowski und ließ erkennen, daß die Streufunktion asymmetrisch ist, indem die Vorwärtsstreuung die Rückwärtsstreuung stark überwiegt, im Roten mehr als im Blauen. Die Streudiagramme variieren von Tag zu Tag und auch mit der Zenitdistanz der Sonne. Ebenso zeigen sich Unterschiede zwischen den Beobachtungen in der Stadt Krakau und dem Tatra-Gebirge. Bo.

* * **H. H. Theissing, P. J. Caplan,** Atmospheric attenuation of solar millimeter wave radiation. Vgl. Ref. **6548**.

7260. **T. P. Toropowa,** Bestimmung des Wasserdampfgehalts der Atmosphäre. Mitt. Astrophys. Inst. Alma-Ata **1** Nr. 1—2 S. 219—226, mit 7 Abb. (russisch). — Der im Infrarot spektroskopisch bestimmte Wasserdampfgehalt entsprach Schichten flüssigen Wassers von 0.2 bis 2.2 cm Stärke. Für $\lambda = 1.01\ \mu$ wurden die trockene und die feuchte Komponente der optischen Dicke der Atmosphäre getrennt. Während der Beobachtungsperiode haben trockene Aerosole an der Schwächung der Strahlungsenergie der Sonne wesentlichen Anteil gehabt. Petri

7261. **G. F. Walton,** Atmospheric scattering and absorption of ultraviolet sunlight. Phil. Mag. (7) **46** 281—292. — Verf. untersucht die Streuung von unpolarisiertem Sonnenlicht in einer ebenen, geschichteten Atmosphäre unter Berücksichtigung der Polarisation des gestreuten Lichtes und der optischen Anisotropie der Luftmoleküle. Auch die durch atmosphärisches Ozon stattfindende Absorption wird berücksichtigt. Die Intensitäten für ein-, zwei- und dreifach gestreutes Licht an irgendeiner Stelle der Atmosphäre werden hergeleitet. Henn

* * Rocket Exploration of the Upper Atmosphere. Herausgegeben von R. L. F. Boyd, M. J. Seaton, H. S. W. Massey. Vgl. Ref. **13449**.

7262. The upper atmosphere. BAC **6** 76—82 (mit russischer Übersetzung). — Bei den Untersuchungen der Hochatmosphäre werden optische und elektrische Beobachtungsverfahren angewandt: Photometrie des Helligkeitsverlaufs im Erdschatten zur Zeit einer Mondfinsternis, Untersuchung der Dämmerungserscheinungen und Beobachtung der Meteore sowie die Bestimmung der Wolkenstruktur in den E- und F-Schichten mit Hilfe der bekannten Methode der Grenzfrequenz. Theoretische Untersuchungen liegen zu den einzelnen Problemen vor. Hoppe

7263. Meteoric particles in the atmosphere. Nature **175** 377. — Ref. der in AJB **54** Ref. **7249** zitierten Arbeit von Z. Švestka.

7264. Undersökning av jordatmosfären vid månförmörkelser. PAT **36** 155—158, mit 3 Fig.

Dämmerungserscheinungen

7265. **T. M. Donahue, R. Resnick,** Resonance absorption of sunlight in twilight layers. Phys. Rev. (2) **98** 1622—1625, mit 4 Fig. — Verf. berechnen die Streuung und Absorption der Sonnenstrahlung beim Dämmerungsleuchten, um aus der zeitlichen Änderung der Intensität der D-Linien Rückschlüsse auf die Dicke der wirksamen absorbierenden Schicht zu ziehen. Dabei wird die Tatsache berücksichtigt, daß die Sonnenstrahlung, bevor sie die Zone der beobachteten Leuchterscheinung erreicht, infolge der Erdkrümmung zumindestens einmal ganz durch die absorbierende Schicht hindurchgehen muß. Es ergibt sich, daß die Abschwächung der Intensität bei Schichten mit mehr als 10^9 Atomen/cm^2 zu groß ist, um eine Berechnung der Schichtdicke unter Vernachlässigung der Mehrfachprozesse durchzuführen. Weidemann

7266. **D. M. Hunten,** Seasonal intensity variation of twilight sodium emission. Phys. Rev. (2) **99** 1637. — Ref. Am. Phys. Soc.

7267. **R. V. Karandikar,** Search for discontinuities in the brightness of the twilight sky. J. Optical Soc. America **45** 389—392, mit 3 Fig. — Die von verschiedenen Beobachtern festgestellten Diskontinuitäten im zeitlichen Verlauf der Zenithelligkeit während der Dämmerung, deren Ursache das verschiedene Streuvermögen bestimmter Atmosphärenschichten sein soll, werden nach einem neuen Verfahren untersucht. Es wird in drei λ-Bereichen der Helligkeitsunterschied zwischen zwei Punkten der Sphäre, die im Vertikal der Sonne symmetrisch zum Zenit in gegenseitigem Abstand von 12° liegen, lichtelektrisch gemessen. Die so entstehende Registrierkurve müßte zwei sicher feststellbare Unstetigkeiten zu den Zeiten aufweisen, in denen die Schattengrenze eine streuende Schicht in diesen beiden Punkten schneidet. Das Meßergebnis vieler klarer Nächte 1952 und 1953 in Ottawa und Umgebung war negativ: die Registrierkurven zeigten keine Anzeichen von Unstetigkeiten. Bo.

7268. **E. D. Scholochowa, M. S. Frisch,** Die Helligkeit des Dämmerungshimmels im Gebiet von einem Mikron. DAN **105** 1218—1220, mit 2 Abb. (russisch).

Extinktion

7269. **W. C. Braun,** A quantitative method for determining and specifying astronomical «seeing». Strolling Astronomer **9** 134—135.

7270. **D. Deirmendjian,** The optical thickness of the molecular atmosphere. Archiv Meteorol. Geophys. Bioklimatol. (B) **6** 452—461, mit 1 Fig. — Rayleighs ursprünglicher Ausdruck für den Extinktionskoeffizienten wird so abgeändert, daß er auch auf eine geschichtete Atmosphäre Anwendung finden kann, in der zwei oder mehr Gase in einem Verhältnis gemischt sind, das mit der Höhe variiert. Unter Benutzung eines auf den neuesten Raketenaufstiegen beruhenden Modells für die Rayleigh-Atmosphäre werden Zahlenwerte des Extinktionskoeffizienten für drei verschiedene Wellenlängen als Funktion der Höhe mitgeteilt. Durch Integration dieser Werte über die Höhe wird die normale optische Schichtdicke der Atmosphäre für verschiedene Niveaus bis auf 30 km berechnet und der Einfluß der jahreszeitlichen Schwankungen der Dichte der Atmosphäre auf die optische Schichtdicke ebenfalls bestimmt. Es zeigt sich, daß der in dieser Weise berechnete Ausdruck für den Massenextinktionskoeffizienten hinsichtlich der Höhe in einer geschichteten, molekularen Atmosphäre nahezu konstant sein muß. Verf. (gekürzt)

7271. **E. Fichera,** Sopra due problemi riguardanti la estinzione atmosferica. Stazione Astr. Internazionale Latitudine Carloforte Contr. Sci. (NS) Nr. 1, mit 2 Fig., 1953. — Verf. untersucht den Einfluß des atmosphärischen Wasserdampfes auf die Extinktion und bestimmt dann an Hand von Beobachtungen in Catania, Collurania, Potsdam und auf dem Säntis für verschiedene Wellenlängen die atmosphärischen Höhen, in denen die Absorption eintritt. Die Höhen sind für einen ziemlich weiten Bereich konstant. Cester

7272. **M. G. Fracastoro,** La natura del seeing e la sua influenza sulle osservazioni astronomiche. Contr. Ist. Nazionale Ottica **10** 492—499 = Oss. Astrofis. Catania Contr. Astrofis. Nr. 80. — Titel in Contr. Ottica: Influenza dell'atmosfera terrestre sulle osservazioni astronomiche.

7273. **J. S. Hall,** Astronomical seeing. Vgl. Ref. **1166**, daselbst S. 28.

7274. **G. S. Liwschiz,** Eine «kurze» Methode zur Bestimmung des Transmissionskoeffizienten der Erdatmosphäre aus der Himmelshelligkeit bei Schneebelag. DAN **100** 251—253 (russisch). — Die von Pjaskowskaja-Fessenkowa vorgeschlagene und erprobte Methode (vgl. AJB **52** Ref. **7271**) zur schnellen Ermittlung des Transmissionskoeffizienten wird zur Anwendung bei Schneebelag durch Einfügung eines Zusatzgliedes in die Formel für den Transmissionskoeffizienten modifiziert und praktisch erprobt, wobei sich eine gute Übereinstimmung mit den nach dem Bouguerschen Verfahren ermittelten Koeffizienten ergibt. Loh.

7275. **G. S. Liwschiz,** Bestimmung des Transmissionskoeffizienten der Erdatmosphäre aus der Himmelshelligkeit bei Schneebedeckung. Mitt. Astrophys. Inst. Alma-Ata **1** Nr. 1—2 S. 232—238 (russisch). — Ein 28 cm langes Rohr, auf dessen Boden sich eine Selen-Sperrschichtzelle befand, diente auf einer Theodolitmontierung zur Messung der Himmelshelligkeit. Die Lichteintrittsöffnung betrug 1°, mit Vignettierung 5°. Die Sonnenhelligkeit wurde indirekt durch Photometrierung eines aus Gips und Kohle hergestellten Grauschirms bestimmt. Die bei verschiedenen Wetterlagen im Winter erhaltenen Koeffizienten der atmosphärischen Durchsicht stimmten mit den unter Berücksichtigung des Streudiagramms einer Schneefläche theoretisch erwarteten Werten gut überein und lassen auch den Einfluß einer unterhalb des Beobachtungsplatzes lagernden Dunstschicht erkennen. Petri

7276. **E. W. Pjaskowskaja-Fessenkowa,** On determination of atmospheric transparency coefficient from sky brightness. AJ UdSSR **32** 527—544, mit 8 Fig. (russisch mit englischer Zusammenfassung). — Einige Methoden zur Bestimmung des Transmissionskoeffizienten durch Helligkeitsmessungen am wolkenlosen Himmel sind vom Autor vorgeschlagen und beschrieben worden. Gegenüber der direkten Methode von Bouguer, die eine längere Konstanz der Durchsicht erfordert, erwiesen sich die hier erwähnten indirekten Möglichkeiten zur Bestimmung momentaner Durchsichtsverhältnisse als besonders günstig. Bei schlechter Durchsicht finden Korrektionen wegen Lichtstreuung höherer Ordnung Berücksichtigung. Schrick

7277. **J. Stebbins,** On atmospheric extinction. Vgl. Ref. **1166**, daselbst S. 27—28.

7278. **F. Volz,** Wellenlängenabhängigkeit von Extinktions- und Streufunktion. Mitt. AG 1954 S. 43—44. — Ref. AG.

Himmelshelligkeit

7279. **D. R. Barber,** Changes in brightness, polarization, and colour of the zenith day sky accompanying geomagnetic activity. J. Atmosph. Terr. Phys. **7** 170—172. — Ref. in Phys. Abstracts (A) **59** 85, Phys. Ber. **35** 1916.

7280. **O. E. Berg,** Day sky brightness to 220 km. J. Geophys. Res. **60** 271—277, mit 5 Fig. — Mittels zweier in die Nutzlastspitze einer Rakete eingebauter Kameras wurde die Tageshimmelshelligkeit in den höheren Schichten der Erdatmosphäre bestimmt. Benutzt wurde weiterhin eine Farbfilter-Polaroid-Kombination. Bei einer effektiven Belichtungszeit von $^1/_{20}$ sec wurden 4.8 Bilder pro Sekunde aufgenommen. Es ergab sich, daß die Tageshimmelshelligkeit in Höhen oberhalb 80 km weniger als 0.002 % der Werte am Erdboden beträgt und damit durch Rayleigh-Streuung allein erklärt werden kann. Ferner sind in diesen Höhen keine Wolken vorhanden. Ältere Messungen scheinen durch die von den Raketen ausgestoßenen Treibstoffgase verfälscht zu sein. Oster

7281. **W. G. Fessenkow,** On the theory of diurnal sky brightness in the case of a spherical earth. AJ UdSSR **32** 265—281, mit 3 Fig. (russisch mit englischer Zusammenfassung). — Da die heute geltenden Theorien über die Helligkeit des Tageshimmels wegen der Voraussetzung einer ebenen Erde schon bei niedrigem Sonnenstand nicht mehr anzuwenden sind, wird in dieser Arbeit bei vorgegebenen Annahmen eine allgemeine Theorie für eine kugelförmige Erde entwickelt, wobei die Höhe eines Beobachtungsorts über dem Meeresniveau Berücksichtigung findet. Bei stabilen atmosphärischen Verhältnissen stimmen die Beobachtungen gut mit dieser Theorie überein. Schrick

7282. **W. G. Fessenkow,** Über die Helligkeit des wolkenlosen Tageshimmels bei sphärischer Erde. DAN **101** 845—847 (russisch).

Internationales Geophysikalisches Jahr

7283. **L. Arbey,** L'année géophysique internationale (1957—1958). BSAF **69** 197—200, mit 1 Fig.

7284. **S. Chapman,** The International Geophysical Year, 1957—58. Nature **175** 55—56.

7285. **S. Chapman,** Scientific programme of the International Geophysical Year 1957—58. Nature **175** 402—406, mit 1 Fig.

7286. **A. Laroche,** L'année géophysique internationale 1957—1958. La Nature **83** 389—391, mit 1 Fig.

7287. **V. V. Michkovitch,** L'année géophysique internationale 1957—58. Annuaire de notre ciel pour l'an 1956. Beograd 1955 S. 154—166, mit 1 Fig. (serbisch).

7288. **J. Paton,** The international geophysical year, 1957—58. JBAA **65** 368—370.

7289. **A. J. Zaehringer,** Aus der Raketenentwicklung. Weltraumfahrt **6** 109—114, mit 5 Abb. — Die Arbeit berichtet unter anderem über den Einsatz von Raketen während des Internationalen Geophysikalischen Jahres. Das Meßprogramm sieht folgende Teilgebiete vor: Magnetfeld der Erde in großen Höhen; elektrische Ströme in der Ionosphäre; Partikel der Aurora; Zusammensetzung der Atmosphäre in großen Höhen; Intensität der kosmischen Strahlung; Messung der ultravioletten Strahlung der Sonne. Henn

7290. International geophysical year, 1957—1958. J RAS Canada **49** 200—201.

7291. Radiative balance in the atmosphere. Royal Society discussion. Nature **176** 635—636.

Ionosphäre

7292. **E. V. Appleton, W. J. G. Beynon,** An ionospheric attenuation equivalence theorem. J. Atmosph. Terr. Phys. **6** 141—148, mit 2 Fig. — Ref. in Phys. Ber. **34** 2102.

7293. **E. Appleton, A. J. Lyon, A. G. Turnbull,** Distortion of the E layer of the ionosphere by electrical currents flowing in it. Nature **176** 897—899, mit 1 Fig. — Die Chapmansche Theorie wird unter Heranziehung zahlreicher Echo-Daten überprüft. Aus der täglichen Asymmetrie der E-Schicht wird der Rekombinationskoeffizient bestimmt. Die großen Schwankungen legen eine andere Ursache nahe. Unter Berücksichtigung vertikaler Driftbewegungen, die durch die von der Variation des Erdmagnetfeldes bekannten S_q-Ströme hervorgerufen werden dürften, lassen sich die Beobachtungen, auch hinsichtlich ihrer Breitenänderung, verstehen. Weidemann

7294. **E. V. Appleton, W. R. Pigott,** Storm phenomena and the solar cycle variations of the F 2 layer ionization at noon. Physics of the Ionosphere S. 219—228. — Ref. in Phys. Abstracts (A) **58** 742—743.

7295. **S. S. Baral,** Studies on the sunrise effect in regions E and F. J. Atmosph. Terr. Phys. **6** 160—170, mit 3 Fig. — Es werden ausführliche Beobachtungen des Einsetzens der Tagesionisierung (Sonnenaufgangseffekt) in der E- und F-Schicht aus den Jahren **1947**—**52** mitgeteilt. Der Aufgangseffekt ist in der E-Schicht 45, in der F-Schicht ca. 70 Minuten gegenüber dem geometrischen (visuellen) Sonnenaufgang für diese Schichten verspätet. Diese Erscheinung wird damit erklärt, daß für das Einsetzen der Ionisierung nicht der visuelle Sonnenaufgang, sondern der Aufgang über der auf der Tagseite bereits vorhandenen ionosphärischen Schicht maßgebend ist. Bru.

* * **W. J. G. Beynon,** Solar eclipses and the ionosphere. Vgl. Ref. **1178**.

7296. **O. Burkard,** Statistische Untersuchungen über die Ionisationsschwankungen der F2-Schicht. Phys. Verhandlungen **6** 90. — Ref. Deutsche Geophys. Ges.

7297. **J. H. Chapman, K. Davies, C. A. Littlewood,** Radio observations of the ionosphere at oblique incidence. Canadian J. Phys. **33** 713—722, mit 12 Fig. — Ref. in Phys. Abstracts (A) **59** 84.

7298. **E. Chvojková,** Methode der ionosphärischen Prognosen. Rozpravy Českosl. Akad. Věd **65** Nr. 11 S. 1—54, mit 7 Fig. (tschechisch mit russischer und deutscher Zusammenfassung) = Českosl. Akad Věd Astr. Ústav Publ. Nr. 26.

7299. **F. Delobeau,** Marées lunaires dans la couche ionosphérique F_2 au-dessus de Dakar. CR **240** 222—224. — Eine harmonische Analyse der stündlichen Messungen 1950—1953 von $f_0\,F_2$ und $h'\,F_2$ nach der Stellung des Mondes zeigt, ausgenommen während des Sommers, ein Überwiegen der Periode eines halben Mondtages. Während der saisonale Gang der Phasen der einzelnen Komponenten dem in Canberra beobachteten entspricht, ist der Effekt für die Amplituden dort umgekehrt. T. L.

72100. **R. Eyfrig, E. Harnischmacher, K. Rawer,** Informations obtenues à l'aide des cartes d'ionisation. CR **240** 446—448.

* * **B. N. Gerschman, W. L. Hinsburg,** Influence of magnetic field on convective instability in the atmospheres of stars and in the ionosphere of the earth. Vgl. Ref. **5107**.

72101. **E. Harnischmacher,** Sur une influence lunaire relative à l'ionisation maximum de la couche ionosphérique E. CR **240** 553—555. — Après avoir dissocié l'influence saisonnière et l'activité solaire ainsi que l'équation du temps on obtient une influence lunaire de 1 % centrée sur la pleine lune. Verf.

* * **T. R. Hartz,** Radio star scintillations and the ionosphere. Vgl. Ref. **12643, 12644**.

72102. **J. A. Harvey,** Movement of sporadic E ionization. Australian J. Phys. 8 523—534, mit 9 Fig. und 1 Tafel. — Die horizontalen Bewegungen von

Bereichen mit sporadischer E-Schicht-Ionisation am Tage in 110—120 km Höhe wurden mit einem System von drei getrennt aufgestellten Impulssendern und gemeinsamem Empfänger untersucht. Die Sender arbeiten bei 5.8 MHz (Impulsdauer 30 μsec, Wiederholungsfrequenz 50 Hz, Spitzenleistung 1 kW). Die Bewegungsrichtungen waren vorzugsweise Norden und Westen mit Geschwindigkeiten zwischen 40 und 80 m/sec. Diese Bewegungen haben andere Richtung und nur halbe Geschwindigkeit wie die gleichzeitig beobachteten Störungen der F-Schicht. Priester

72103. **J. Heading,** The reflexion of vertically-incident long radio waves from the ionosphere when the earth's magnetic field is oblique. Proc. Roy. Soc. (A) **231** 414—435, mit 8 Fig.

72104. **R. E. Jones,** The development of an E-region model consistent with long wave phase path measurements. J. Atmosph. Terr. Phys. **6** 1—17, mit 10 Fig. — Ref. in Phys. Ber. **34** 2101—2102.

* * **S. Kato,** On the solar Lyman Beta radiation and the ionosphere. Vgl. Ref. **6514.**

72105. **G. Lange-Hesse,** Erdmagnetische Unruhe und Durchschnittsabweichungen der F_2-Schicht-Tagesgrenzfrequenzen in verschiedenen geomagnetischen Breiten. J. Atmosph. Terr. Phys. **7** 49—60, mit 10 Fig. — Ref. in Phys. Abstracts (A) **58** 1301, Phys. Ber. **35** 1910—1911.

72106. **C. G. Little,** High latitude ionospheric observations using extraterrestrial radio waves. U.R.S.I. Inform. Bull. Nr. 94 S. 36—41. — Ref. in Phys. Abstracts (A) **59** 863.

72107. **C. A. Littlewood, J. H. Chapman,** A measurement at Ottawa of the change in height with lunar time of the E region of the ionosphere. Canadian J. Phys. **33** 11—16, mit 2 Fig. — Ref. in Phys. Abstracts (A) **58** 302.

72108. **A. Maxwell,** Investigation of F region drift movements by observations of radio star fading. The Physics of the Ionosphere — Report of 1954 Cambridge Conference S. 166—171, mit 2 Fig. = Astr. Contr. Univ. Manchester (2) Jodrell Bank Repr. Nr. 115. — Verf. gibt eine Zusammenfassung der in Jodrell Bank mit Hilfe von Registrierungen der Fadings von Radiosternen durchgeführten Messungen der Driftbewegungen der F-Schicht. Die Korrelation dieser Driftbewegungen mit Störungen des erdmagnetischen Feldes wird diskutiert. Weiterhin wird das Vorhandensein von Turbulenz in der F-Schicht als Ursache für das beobachtete Fading erörtert. Henn

72109. **C. M. Minnis,** A new index of solar activity based on ionospheric measurements. J. Atmosph. Terr. Phys. **7** 310—321, mit 4 Fig. — Ref. in Phys. Abstracts (A) **59** 872.

72110. **A. P. Mitra,** The lunar semi-diurnal oscillation in the ionospheric absorption of 150 kc/s radio waves. J. Atmosph. Terr. Phys. **7** 99—100, mit 2 Fig. — Ref. in Phys. Abstracts (A) **59** 83, Phys. Ber. **35** 1914.

72111. **A. Omholt,** The recombination coefficient in the E-layer during aurorae. J. Atmosph. Terr. Phys. **7** 345—346.

* * **J. L. Pawsey,** Radio star scintillations due to ionospheric focusing. Vgl. Ref. **12656.**

72112. **H. R. Pfeiffer, A. P. Mitra,** The effect of vertical ion transport on the night-time E-region. J. Atmosph. Terr. Phys. **6** 291—303, mit 10 Fig. — Ref. in Phys. Ber. **35** 888.

72113. **W. Pfister, J. C. Ulwick, R. J. Marcou,** Further remarks on bifurcation in the E-layer. Phys. Rev. (2) **97** 1183—1184. — Ref. in Phys. Ber. **35** 180.

72114. **K. R. Ramanathan, K. M. Kotadia,** The ionospheric F_2 layer over India in minimum sunspot year 1953. Indian J. Meteorol. Geophys. **5** 117—122 (special number), 1954. — Ref. in RJ Astr. Geod. UdSSR 1956 Nr. 6 S. 49.

72115. **K. Rawer,** Die Ionosphäre. Ihre Bedeutung für Geophysik und Radioverkehr. Vgl. AJB **52** Ref. **7289.** — Weitere Besprechung in Naturwissenschaften **42** 544 (W. Dieminger).

72116. **K. Rawer,** Einige Ergebnisse von Routine-Beobachtungen der «sporadischen E-Schicht» der Ionosphäre. Phys. Verhandlungen **6** 90. — Ref. Deutsche Geophys. Ges.

72117. **J. C. Seddon, J. E. Jackson,** L'application des fusées à l'étude de l'ionosphère. Ann. Géophys. **11** 169—172, mit 2 Fig. — Ref. in Phys. Ber. **35** 1484—1485.

72118. **J. C. Seddon, J. E. Jackson,** Absence of bifurcation in the E-layer. Phys. Rev. (2) **97** 1182—1183, mit 1 Fig. — Ref. in Phys. Ber. **35** 180.

72119. **C. A. Shain, F. J. Kerr,** A note on factors affecting the interpretation of observations of transient echoes from the ionosphere. J. Atmosph. Terr. Phys. **6** 280—281, mit 1 Fig. = Commonwealth Sci. Industrial Res. Organization, Australia, Division Radiophys. — Ref. in Phys. Ber. **35** 709.

72120. **C. A. Shain,** Changes in the absorption of cosmic noise observed during two ionospheric disturbances. J. Atmosph. Terr. Phys. **7** 347—348, mit 1 Fig. = Commonwealth Sci. Industrial Res. Organization, Australia, Division Radiophys.

72121. **P. Simon,** Relations entre la fréquence critique de la couche F_2 de l'ionosphère à Freiburg i. Br. et les centres d'activité solaire pendant les années 1948—1951. CR **240** 1192—1193, mit 2 Fig. — Die Beeinflussung der Ionosphäre (F_2-Schicht) durch radioastronomisch aktive Flecken wird mit Hilfe eines neuen Maßes untersucht und eine typische Ionosphärenstörung als Folge dieser Fleckengruppenwirkung erkannt. U. Be.

72122. **M. Spencer,** The shape of irregularities in the upper ionosphere. Proc. Phys. Soc. (B) **68** 493—503, mit 5 Fig. — Aus Untersuchungen der Szintillationen von Radiosternen bei 38 MHz mit drei räumlich getrennten Empfängern ergibt sich, daß die Struktur der Irregularitäten in der Ionosphäre (angenommene Höhe 400 km) in hohem Maße anisotrop ist. Die typische Gestalt solcher Störungen — in Richtung des erdmagnetischen Feldes gestreckte Ellipsoide, Achsenverhältnis > 5 — könnte aus der Anisotropie der Ionendiffusion im Erdmagnetfeld verstanden werden. Die Bestimmung der Driftgeschwindigkeit und Richtung ist erschwert. Traving

72123. **E. Theissen,** L'influence du cycle solaire sur le facteur de transmission (M 3000) F_2. J. Atmosph. Terr. Phys. **6** 243—249, mit 6 Fig. — Verf. untersucht den Einfluß des Sonnenzyklus auf die Höhe der F_2-Schicht.

72124. **J. A. Thomas, A. C. Svenson,** Lunar tide in sporadic E at Brisbane. Australian J. Phys. 8 554—556, mit 1 Fig. und 1 Tafel. — Ref. in Phys. Abstracts (A) **59** 680.

* * **M. Waldmeier,** Sonne und Ionosphäre. Vgl. Ref. **6021.**

* * The Physics of the Ionosphere. Vgl. Ref. **1173.**

72125. **Beobachtungen der Ionosphäre**

Service de Prévision Ionosphérique Militaire. SPIM — O — 91 F bis 94 F. Observations ionosphériques. Station de Fribourg. — Messungen von Jan. 1954 bis April 1954.

SPIM 1955. — Beobachtungen in Kerguelen, Freiburg/Br.

Veröff. Fraunhofer-Inst. Freiburg. Sonnen-Zirkular 1954 Okt.—1955 März. 82 S. mit Fig.

Leuchtende Nachtwolken

72126. **N. I. Grischin,** Über das Spektrum der leuchtenden Nachtwolken. Astr Circ UdSSR Nr. 159 S. 27—30, mit 2 Abb. (russisch).

72127. **N. I. Grischin,** Die leuchtenden Nachtwolken im dritten internationalen geophysikalischen Jahr (1957—1958). Astr Circ UdSSR Nr. 161 S. 19—21 (russisch).

72128. **N. I. Grischin,** Über die Struktur der leuchtenden Nachtwolken. Bull. Astr.-Geod. Ges. UdSSR Nr. 16 S. 3—6 (russisch). — Ref. in RJ Astr. Geod. UdSSR 1956 Nr. 2 S. 90.

72129. **N. I. Grischin,** Die meteorologischen Bedingungen für das Auftreten leuchtender Nachtwolken. Publ. Akad. Wiss. Tadshik. Sowjetrepublik **20** 134—144 (russisch). — Ref. in RJ Astr. Geod. UdSSR 1956 Nr. 2 S. 91.

72130. **L. Meier,** Bearbeitung einer Erscheinung von leuchtenden Nachtwolken am 12. Juli 1953. Sterne **31** 230—234, mit 4 Abb.

72131. **L. Pajdušáková-Mrkosová,** The nightglows. RH **36** 269—271 (slowakisch). — Mitteilung über die am 25. Juni 1955 auf der Sternwarte Lomnický štít beobachteten leuchtenden Nachtwolken. J. B.

72132. **G. Schubert,** Beobachtung leuchtender Nachtwolken in Mecklenburg am 7./8. Juli 1955. Sterne **31** 251.

72133. **W. G. Teufel,** Reduktionskoeffizienten für photometrische Beobachtungen leuchtender Nachtwolken. Astr Circ UdSSR Nr. 159 S. 25—27 (russisch).

72134. O powstawaniu świecących obłoków nocnych. Urania Kraków **26** 83—84.

Licht des Nachthimmels

72135. **P. S. Amand,** Instrumentation for nightglow research. Ann. Géophys. **11** 435—449, mit 6 Fig. und 2 Tafeln. — Die Arbeit enthält Vorschläge von geeigneten Instrumenten zum Gebrauch während des Geophysikalischen Jahres.

72136. **P. S. Amand,** Some possible relations between the nightglow and the ionosphere. Ann. Géophys. **11** 450—460, mit 6 Fig. — Verf. führt einen Vergleich der Intensitäten der grünen und roten Nachthimmellinien des [OI] mit ionosphärischen Daten durch. Die Intensitätsschwankungen der grünen Linie λ 5577 zeigen eine Korrelation mit den täglichen Höhenänderungen der F-Schicht, die entsprechenden Schwankungen für die roten [OI]-Linien scheinen mit Änderungen der Elektronendichte in der F-Schicht korreliert zu sein. Henn

72137. **P. S. Amand, H. B. Pettit, F. E. Roach, D. R. Williams,** On a new method of determining the height of the nightglow. J. Atmosph. Terr. Phys. **6** 189—197. — Ref. in Phys. Abstracts (A) **58** 746, Phys. Ber. **34** 2283.

72138. **D. Barbier,** Analyse du spectre du ciel nocturne. Ann. Géophys. **11** 181—208, mit 4 Fig. und 1 Tafel = Contr. Inst. d'Astrophys. Paris (B) Nr. 123.

— Verf. gibt eine ausführliche Beschreibung des Spektrums des Nachthimmelleuchtens mit zahlreichen Literaturangaben. Die vorgeschlagenen Identifikationen für die einzelnen Linien und Bandensysteme werden diskutiert. Eine Abhängigkeit der spektralen Zusammensetzung von der geographischen Breite ist im allgemeinen nicht vorhanden, nur das negative System des N_2^+ weist in der Nordlichtzone eine beträchtliche Intensitätszunahme auf. Henn

72139. **D. R. Bates,** Collisional deactivation and the night airglow. J. Atmosph. Terr. Phys. **6** 171—172. — Ref. in Phys. Abstracts (A) **58** 659, Phys. Ber. **34** 2100—2101.

72140. **P. Berthier,** Variations saisonnières de l'intensité des bandes de molécules OH et O_2 atmosphérique dans la luminescence du ciel nocturne. CR **240** 1796—1798, mit 1 Fig.

72141. **P. Berthier,** Variations d'intensité post-crépusculaires et nocturnes des bandes de OH et O_2 du proche infrarouge. CR **240** 1919—1921, mit 1 Fig.

72142. **J.-E. Blamont, G. Courtès,** Nouveau procédé d'étude photométrique des émissions monochromatiques du ciel nocturne. Ann. Géophys. **11** 252—254, mit 2 Fig. und 1 Tafel. — Ref. in Phys. Abstracts (A) **59** 84, Phys. Ber. **35** 1284.

72143. **J. Cabannes, J. Dufay,** Nouvelles mesures de la longueur d'onde des radiations rouges $^1D_2 \rightarrow {}^3P_2$ et $^1D_2 \rightarrow {}^3P_1$ de l'atome neutre d'oxygène dans la lumière du ciel nocturne. CR **240** 573—576, mit 1 Fig. — Verf. bestimmen die genauen Wellenlängen der verbotenen roten OI-Linien zu **6300.308** $\pm$ 0.004 Å ($^1D_2$—$^3P_2$) und **6363.790** $\pm$ 0.0045 Å ($^1D_2$—$^3P_1$). Zur Verfügung standen 40 photographische Aufnahmen mit Hilfe eines Perot-Fabry-Interferometers, die in den Jahren 1950 bis 1952 am Observatorium St. Michel aufgenommen wurden. Oster

72144. **J. Cabannes, J. Dufay,** Mesures interférentielles des longueurs d'onde des raies interdites de OI dans le ciel nocturne et crépusculaire. J. Phys. Radium **16** 129 S.—130 S.

72145. **G. Cario, U. Stille,** Über das Auftreten der Natrium-D-Linien im Nachthimmelleuchten und im Nordlicht. Abh. Braunschweig. wiss. Ges. **6** 62—67, 1954. — Ref. in Phys. Abstracts (A) **58** 543, Phys. Ber. **35** 708.

72146. **J. W. Chamberlain,** The ultraviolet airglow spectrum. ApJ **121** 277—286, mit 3 Fig. und 1 Tafel. — Ein Nachthimmelspektrum hoher Dispersion (23 Å/mm) und hohem Auflösungsvermögen wurde vom Verf. mit einem Gitterspektrographen erhalten. Die Rotationsstruktur, die mit Ausnahme der Umgebung der Bandenköpfe aufgelöst erscheint, zeigt, daß die Banden zumeist dem verbotenen Herzberg-System ($A^3\,\Sigma_u^+ \rightarrow X^3\Sigma_g^-$) des O_2 angehören. Auf der langwelligen Seite von λ 3600 wird das von Sternlicht herrührende Kontinuum merklich und verbirgt im Blauen die O_2-Emission. Die relativen Bandenintensitäten, der Anregungsgrad der oberen Zustände und die Rotationstemperatur ($\leq 200°$ K) in der emittierenden Schicht sowie die Rolle von Stößen, die angeregte Zustände entleeren, werden erörtert. Micz.

72147. **J. W. Chamberlain, F. L. Roesler,** The OH bands in the infrared airglow. ApJ **121** 541—547, mit 2 Fig. — Verf. haben mit 70 Å/mm Dispersion Spektren der im Infraroten gelegenen OH-Banden ($v' = 8$ und 9) des Nachthimmels erhalten, um genaue Wellenlängen zu messen. Ein Vergleich der gemessenen Wellenlängen der Köpfe der (6—2)- und (5—1)-Banden des Nachthimmels mit Laboratoriumsdaten zeigt, daß die neuen Messungen frei von systematischen Fehlern sind. Es werden die Schwingungskonstanten des $X^2\Pi$-Zustandes abgeleitet, und zur Darstellung der Energieniveaus wird eine Potenzreihe bis zum 5. Glied entwickelt. Ferner wird auf die Möglichkeit hingewiesen, daß die Nachthimmelbanden des OH mit den [O II]-Linien der Nordlichter im Infraroten Blends bilden können. Micz.

72148. **N. B. Diwari,** Über die Abhängigkeit des Nachthimmellichts vom Azimut. Mitt. Astrophys. Inst. Alma-Ata **1** Nr. 1—2 S. 172—175, mit 1 Abb. (russisch). — Bei Beobachtungen am See Issyk-Kul ($\varphi = 42{,}^{\circ}4$) im September 1949 war die erdatmosphärische Komponente des Nachthimmellichts im Süden stärker als im Norden. Dies spricht gegen eine Zunahme der Helligkeit dieser Komponente mit der geographischen Breite, aber für die Hypothese eines Gasschweifes der Erde. Daneben wird auch eine rein ionosphärentheoretische Erklärung versucht. Petri

72149. **N. B. Diwari,** Der Fluoreszenzauslöschungseffekt in der Helligkeit des Nachthimmels. Mitt. Astrophys. Inst. Alma-Ata **1** Nr. 1—2 S. 176—178 (russisch). — Auslöschung der grünen Polarlichtlinie (5577 Å) durch Stöße zweiter Art ist dann zu erwarten, wenn die Zeit zwischen zwei Zusammenstößen kleiner ist als die mittlere Lebensdauer des Sauerstoffatoms im $^1S_0$-Zustand, nämlich 0.5 sec. Dies tritt in 300 km Höhe oberhalb $T = 960°$ ein. Durch die sehr großen Temperaturunterschiede in dieser Schicht zwischen Tag und Nacht wird das Verschwinden der Linie in der Dämmerung verständlich. Petri

72150. **B. N. Diwari,** Eine neue Methode zur Trennung der Komponenten des Nachthimmellichts. Mitt. Astrophys. Inst. Alma-Ata **1** Nr. 1—2 S. 179—187, mit 8 Abb. (russisch). — Beobachtungen des gleichen Himmelsgebietes bei verschiedenen Zenitdistanzen ergaben, daß die effektive Höhe der leuchtenden Schicht mit der der F-Schicht zusammenfällt. Die erdatmosphärische Komponente des Nachthimmellichts unterliegt im Laufe der Nacht kleinen Intensitätsschwankungen, die am Pol stets besonders gering sind. Petri

72151. **M. Dufay, J. Dufay,** Contribution à l'étude du spectre du ciel nocturne dans le violet et le proche ultraviolet. Ann. Géophys. **11** 209—213. — Verf. geben eine eingehende Untersuchung der in Spektren des Nachthimmelleuchtens auftretenden Bandensysteme. Sie betrachten dabei den Wellenlängenbereich von 3400 Å (160 Å/mm) bis 4000 Å (300 Å/mm). Henn

72152. **J. Dufay, M.-L. Tcheng,** Sur l'altitude des couches atmosphériques émettant les raies [OI] 5577 Å, [OI] 6300 Å et NaI 5892 Å. Ann. Géophys. **11** 387—398, mit 4 Fig. — Die früheren Beobachtungen der Verf. über die Höhen der Emissionsgebiete für die [OI]-Linien $\lambda = 6300 - 6364$ Å und das Natrium D-Dublett werden in entsprechender Weise wie früher für die grüne Nachthimmellinie korrigiert. Außerdem unterziehen Verf. ihre gesamten Beobachtungen des Nachthimmelspektrums einer erneuten Diskussion. Nach Anbringung von Korrektionen (Berücksichtigung von Absorption und Streuung) erhalten sie für die grüne und die gelbe Linie ungefähr gleiche Emissionshöhen (170—200 km), während die Emissionsschichten für die roten Linien in größeren Höhen (250—280 km) liegen. Henn

72153. **L. M. Fischkowa,** Die Intensitätsschwankungen des Nachthimmellichts im nahen Infrarot. Bull. Astrophys. Obs. Abastumani Nr. 19 S. 3—23, mit 21 Fig. (russisch mit georgischer Zusammenfassung).

72154. **W. Galbraith, J. V. Jelley,** Light-pulses from the night sky and Čerenkov radiation. J. Atmosph. Terr. Phys. **6** 250—262, mit 4 Fig. — Die Ergebnisse einer Expedition auf den Pic du Midi werden beschrieben, um die Natur des Lichtes bei Einfall von kosmischen Strahlungsteilchen zu klären. Aus der Polarisation des Lichtes wird geschlossen, daß es sich im wesentlichen um Čerenkov-Strahlung handeln muß. Diese Ansicht wird durch die Farbe und durch Richtungseigenschaften des Lichts gestützt. U. Be.

72155. **H. P. Gush, A. V. Jones,** Infrared spectrum of the night sky from 1.0 μ to 2.0 μ. J. Atmosph. Terr. Phys. **7** 285—291, mit 6 Fig. — Ref. in Phys. Abstracts (A) **59** **446**.

72156. **L. Herman, R. Herman,** Le spectre du ciel nocturne dans le rouge. I. Structure de la bande (6,1) du système de vibration — rotation de la molécule OH. CR **240** **1413**—**1414**. — Es werden die ersten Ergebnisse einer Untersuchung des Nachthimmelspektrums zwischen 5700 und 6500 Å mitgeteilt, die am Observatorium Haute Provence mit einem neuen Spektrographen (Plangitter mit 80 Strichen pro mm und Beobachtung in der 35. bis 40. Ordnung) durchgeführt wurden. So konnte vor allem die angegebene Bande aufgelöst werden. Die beobachteten Wellenlängen stimmen gut mit Rechnungen nach Laboratoriumsmessungen überein. Oster

72157. **P. Herrinck,** Observations photométriques du ciel nocturne et observations de rayonnement solaire et de températures au plateau des Bianos (Congo belge). Mém. Inst. Roy. Colon. belge (Sci. Natur. Méd.) **23** Nr. 2, 55 S., 1953. — Ref. in RJ Astr. Geod. UdSSR 1956 Nr. 11 S. 53.

72158. **D. M. Hunten,** Excitation of the sodium D lines in the night-glow. Phys. Rev. (2) **97** 1178. — A. Foderaro und T. M. Donahue (AJB **53** Ref. 72107) hatten vorgeschlagen, das Natriumdublett im Nachthimmelleuchten als durch eine mehrfache Resonanzstreuung in der höheren Atmosphäre von der Tageslichtseite der Erde «herübergeleitetes» Sonnenlicht aufzufassen. Dieser Vorschlag wird kritisiert: Einmal würde durch eine mehrfache Resonanzstreuung das Intensitätsverhältnis D_2/D_1 sehr groß werden (> 2), während $D_2/D_1 = 1.98$ beobachtet wurde, zum anderen ist die beobachtete Schichtdicke (10^9 bzw. 2.8×10^9 Na Atome/cm² Säule) wesentlich kleiner als die für die Wirksamkeit der mehrfachen Resonanzstreuung erforderlichen 10^{11} Atome/cm². Traving

72159. **M. Huruhata, H. Tanabe, T. Nakamura,** Photoelectric studies of the night sky light (IV). Report Ionosph. Res. Japan **9** 136—147, mit 15 Fig. = Tokyo Astr. Obs. Repr. Nr. 122. — An zwei Stationen, die 1100 km voneinander entfernt waren, wurden 1953 bis 1954 photoelektrische Messungen des Nachthimmellichtes durchgeführt. Hierzu wurde eine Fläche des Himmels von 3°8 Durchmesser abgebildet, wobei durch Interferenzfilter von je etwa 50 Å Halbwertsbreite zwei Spektralbereiche um λ 5200 (Kontinuum) und λ 5577 (grüne Nordlichtlinie) ausgesondert und zusammen registriert wurden. Die Apparatur war mit einer automatischen Führung ausgestattet, die in 16 Minuten die ganze Sphäre abtastet, und zwar mit 96 festen Einstellungen (6 Höhen und 16 Azimute). Die bisherigen Messungen bestätigen frühere Ergebnisse über Driftbewegungen leuchtender Wolken und machen eine Höhe von 300 km für die emittierenden Schichten wahrscheinlich. Oster

72160. **J. V. Jelley, W. Galbraith,** Light pulses from the night sky and Čerenkov radiation. II. J. Atmosph. Terr. Phys. **6** 304—312, mit 5 Fig. — Ref. in Phys. Ber. **85** 886—887.

72161. **A. V. Jones,** Infra-red spectrum of the night sky near 10000 Å. Nature **175** 950—951, mit 1 Fig. — Photographische Aufnahmen des infraroten Nachthimmelspektrums zwischen 9300 Å und 11000 Å werden beschrieben. Fast alle beobachteten Linien können sicher als Linien der (5.2), (4.1), (3.0), (9.5) und (8.4) OH-Rotations-Schwingungsbanden identifiziert werden. Behr

72162. **A. V. Jones,** Infrared spectrum of the night sky near 10000 Å. Phys. Rev. (2) **99** 1637. — Ref. Am. Phys. Soc.

72163. **H. B. Pettit, E. Manring,** Intensity variations of [OI] 5577 and sodium D in the nightglow. Ann. Géophys. **11** 377—386, mit 5 Fig. — Während 28 Nächten von August 1953 bis Januar 1955 wurden in Sacramento

Peak mit Hilfe eines automatischen, photoelektrischen Photometers die Emissionslinien des [OI] λ 5577 und Natrium-D des Nachthimmels beobachtet. Die täglichen und jährlichen Intensitätsänderungen werden diskutiert. Weiterhin wird durch Vergleich mit den Ergebnissen anderer Beobachtungsstationen auf Längen- und Breitenabhängigkeit hin untersucht. Henn

72164. **F. E. Roach,** A review of observational results in airglow photometry. Ann. Géophys. **11** 214—231, mit 17 Fig. — Ref. in Phys. Abstracts (A) **58** 1302, Phys. Ber. **35** 1284—1285.

72165. **F. E. Roach, A. B. Meinel,** The height of the nightglow by the van Rhijn method. ApJ **122** 530—553, mit 13 Fig. — Die Ergebnisse einer lichtelektrischen Photometrie des Nachthimmels in vier Spektralbereichen mit Interferenzfiltern (um λλ 5300, 5577, 5893 und 6300 Å) werden nach der Methode von van Rhijn ausgewertet. Nach Korrektur wegen Extinktion, Streulicht und beschränktem Gesichtsfeld zeigt sich, daß ein Einschichtmodell den Beobachtungen nicht gerecht wird. Als Ursache wird Überlagerung extraterrestrischer Strahlung (Sternlicht, galaktisches Licht und Zodiakallicht) angenommen. Diese wird mit zwei verschiedenen Methoden eliminiert. Bei der «Zweifarben-Methode» wird die 5300-Intensität von den übrigen abgezogen und der jeweilige Rest als reine Emission betrachtet. Bei der «Einfarben-Methode» wird eine zweite emittierende Schicht im Unendlichen angesetzt. Für die mittlere Höhe der Emissionen werden folgende Werte gefunden: 5300 (78, 43 km), 5577 (104, 62 km), 5893 (129, 108 km), 6300 (143, 116 km) je nach Wahl des Extinktionskoeffizienten. Bru.

72166. **F. E. Roach, A. B. Meinel,** Nightglow heights: A reinterpretation of old data. ApJ **122** 554—558, mit 4 Fig. — Messungen von Abadie, A. und E. Vassy werden nach der in der vorangehenden Arbeit angewandten Methode (Abtrennung eines extraterrestrischen Anteils) ausgewertet. Bru.

72167. **M. J. Seaton,** Theories of the airglow spectrum. Ann. Géophys. **11** 232—248 = Contr. Inst. d'Astrophys. Paris (B) Nr. 118. — Im Zusammenhang mit einer Untersuchung der verschiedenen Anregungsmechanismen für das Nachthimmelleuchten diskutiert Verf. das Höhenproblem der das Nachthimmelleuchten erzeugenden Emissionsschichten. Außer für die roten [OI]-Linien kommen Emissionshöhen über 100 km kaum in Betracht. Für die atmosphärischen Banden des OH, Na und O_2 müssen sogar noch geringere Höhen angenommen werden. Henn

72168. **A. Strzałkowski,** Elektrofotometryczne obserwacje świecenia nocnego nieba w Krymskim Obserwatorium Astrofizycznym. Postępy Astr. **3** 43. — Ref. der in Mitt. Astrophys. Obs. Krim **10** 54, 1953 (vgl. AJB **53** Ref. **72123**) erschienenen Arbeit von K. K. Tschuwajew.

72169. **H. H. Voigt,** Das Kontinuum des Nachthimmellichts. Sterne **31** 72—73. — Verf. diskutiert drei Arbeiten über das Spektrum des Nachthimmellichtes, von Hoffmeister, Barbier und Meinel. Während Hoffmeister aus seinen Beobachtungen findet, daß der Hauptanteil des Nachthimmelleuchtens gestreutes und direktes Sternlicht und reflektiertes Sonnenlicht sei, betrachtet Barbier den Hauptteil des Nachthimmellichtes als Rekombinationsleuchten der Moleküle der Hochatmosphäre. Neuere Untersuchungen von Meinel bestätigen im wesentlichen die Ansicht Hoffmeisters, insbesondere seine Feststellung, daß das Spektrum des Nachthimmels mit F 5 von früherem Typ ist als die Sonne. Nach Meinel soll eine Verstärkung des Kontinuums des Nachthimmelspektrums durch Flügel von Molekülbanden praktisch keine Rolle spielen. Hoppe

72170. **D. Q. Wark, J. M. Stone,** Measurement of the Doppler width of the λ 5577 line in the night sky. Nature **175** 254—255, mit 2 Fig. = Berkeley Repr. Nr. 81. — Mit einem Fabry-Perot-Interferometer mit dielektrischer Zwischenschicht wurden Aufnahmen der grünen Nachthimmellinie λ 5577 und zum Vergleich dazu auch der Hg 198-Linie λ 5461 gemacht. Je nachdem, ob bei der Entzerrung der beobachteten Linienkonturen als Apparatefunktion (a) eine Gaußkurve, oder (b) eine Resonanzkurve angenommen wurde, ergaben sich Halbwertsbreiten von (a) 0.0148 Å und (b) 0.0125 Å, als Dopplerverbreiterung gedeutet, einer Temperatur von (a) 231° K und (b) 155° K entsprechend. Damit stehen die Ergebnisse mit der neueren Annahme von Roach in Übereinstimmung, daß die emittierende Schicht in einer Höhe von 100 km liegt. Behr

72171. **D. Q. Wark, J. M. Stone,** Measurement of the Doppler width of the λ 5577 line in the night sky. Publ ASP **67** 18—19. — Aus Himmelsaufnahmen mit einem Fabry-Perot-Interferometer mit dielektrischen Mehrfachschichten wird eine Dopplerbreite entsprechend einer Temperatur von 231° bzw. 155° K erhalten. Bru.

Polarlicht

72172. **P. S. Amand, E. V. Ashburn,** The frequency distribution of the intensity of aurorae and the night airglow for 5577 [OI]. J. Geophys. Res. **60** 112—113, mit 1 Fig. — Ref. in Phys. Abstracts (A) **58** 858.

72173. **E. V. Ashburn,** Measurements of the specific intensities of the auroral green line at College, Alaska. J. Atmosph. Terr. Phys. **6** 57—60, mit 1 Fig. — Ref. in Phys. Abstracts (A) **58** 544, Phys. Ber. **34** 2100.

72174. **E. V. Ashburn,** Photometry of the aurora. J. Geophys. Res. **60** 205—212, mit 8 Fig. — Gleichzeitige Messungen der Linien 5577 Å und 3914 Å von Polarlichtern werden diskutiert. Bemerkenswert ist das Pulsieren der Linie 3914 Å mit einer Periode von 1—2 sec neben dem gewöhnlichen langsamen Pulsieren eines Nordlichtes. U. Be.

72175. **B. A. Bagarjazkij, N. I. Fjodorowa,** Das Spektrum der Polarlichter im Gebiet 9000—10500 Å. DAN **103** 1009—1011, mit 1 Tafel (russisch). — Mitteilung von Beobachtungen und ihrer Diskussion. Loh.

72176. **D. R. Bates,** Theory of the auroral spectrum. Ann. Géophys. **11** 253—278, mit 7 Fig.

72177. **R. C. Bless, C. W. Gartlein, D. S. Kimball,** East-west motions in the aurora. ApJ **122** 205—206. — Einige historische Bemerkungen zum E-W-Bewegungsproblem der Polarlichter werden gemacht, anschließend folgt die Analyse von 40000 Filmbildern, die zeigen, daß zu Beginn der Nacht eine W-Bewegung, am Ende der Nacht eine E-Bewegung herrscht. Um Mitternacht ist die Bewegungsrichtung unbestimmt. U. Be.

72178. **L. Block,** Model experiments on aurorae and magnetic storms. Tellus **7** 65—86, mit 20 Fig. — Ref. in Phys. Abstracts (A) **58** 971.

72179. **K. Bullough, T. R. Kaiser,** Radio reflections from aurorae. II. J. Atmosph. Terr. Phys. **6** 198—214, mit 16 Fig. und 2 Tafeln = Astr. Contr. Univ. Manchester (2) Jodrell Bank Repr. Nr. 110. — Ref. in Meteoor **11** 48. — Die Häufigkeitsverteilung der in den Jahren 1949—53 erhaltenen Nordlichtechos im Laufe des Tages und des Jahres werden untersucht. Im Tagesgang sind drei Zeiträume zu unterscheiden: a) 6—13 Uhr: kein Echo, b) 13—21 Uhr: diffuse Echos mit systematischer Westdrift der reflektierenden Schicht, und — nach einem Häufigkeitsminimum zwischen 21 und 22 Uhr — c) Echos mit ausgesprochen diskreter Struktur und systematischer Ostdrift. Die Driftgeschwindigkeiten betragen in beiden Richtungen im Mittel 600 m/sec. Zwischen Radio-Echos, visuellen Nordlichtern und magnetischer Aktivität besteht eine gute Korrelation. Bru.

72180. **V. Černý,** Polar light and geomagnetic phenomena. RH **36** 169—172, 205—208, mit 1 Abb. (tschechisch).

72181. **J. W. Chamberlain,** Auroral rays as electric-discharge phenomena. ApJ **122** 349—350. — Es wird versucht, die beobachteten Nordlichtstrahlen zu erklären, die im Gegensatz zu den Bögen nicht direkt durch einfallende Protonen erzeugt werden. Es erscheint möglich, daß eine ionosphärische Entladung eine derartige Helligkeitserscheinung hervorruft, wenn sich das elektrische Feld nicht zu stark mit der Höhe ändert. K. H. Schmidt

72182. **S. A. Colgate,** Prediction of auroral gamma rays. Phys. Rev. (2) **99** 665. — Ref. Am. Phys. Soc.

72183. **B. W. Currie, J. T. Weaver,** Vertical extent of auroral arcs and bands. Canadian J. Phys. **33** 611—617, mit 2 Fig. — Ref. in Phys. Abstracts (A) **59** 85.

72184. **B. W. Currie,** Auroral heights over West-Central Canada. Canadian J. Phys. **33** 773—779, mit 2 Fig. — Ref. in Phys. Abstracts (A) **59** 85.

72185. **A. Dauvillier,** Le magnétisme des corps célestes. III. Les aurores polaires et la luminescence nocturne. Vgl. AJB **54** Ref. **72150**. — Weitere Besprechung in La Nature **83** 204.

72186. **R. B. Dyce,** Auroral echoes observed north of the auroral zone on 51.9 Mc/sec. J. Geophys. Res. **60** 317—323, mit 3 Fig.

72187. **C. Y. Fan,** Is helium a component of auroral particles? ApJ **122** 350—351, mit 1 Tafel. — Hinweis auf die geglückte künstliche Anregung von He^+-Linien mit Dopplerverschiebung bei 10^{-4} mm Hg mit Hilfe eines 30 kV Ionenbeschleunigers und kurze Diskussion der Möglichkeit, diesen Dopplereffekt auch in Polarlichtspektren nachzuweisen. U. Be.

* * **V. C. A. Ferraro,** The origin of magnetic storms and aurorae. Vgl. Ref. **6820**.

72188. **N. C. Gerson,** Radio observations of the aurora. J. Atmosph. Terr. Phys. **6** 263—267, mit 1 Fig. — Ref. in Phys. Ber. **35** 708.

72189. **N. C. Gerson,** Diurnal variation in auroral activity. Proc. Phys. Soc. (B) **68** 408—414, mit 3 Fig. — Die Schwankungen des ionisierten Polarlichts weisen einen täglichen Gang auf, wie die Analyse einer dreijährigen Beobachtungsreihe zeigt. Die verstärkte Polarlichtaktivität beginnt gegen 13^h00 Ortszeit. Das Maximum wird um 21^h00 erreicht. Hunger

72190. **D. M. Hunten,** Some photometric observations of auroral spectra. J. Atmosph. Terr. Phys. **7** 141—151, mit 2 Fig. — Ref. in Phys. Abstracts (A) **59** 446, Phys. Ber. **35** 1912.

72191. **S. I. Issajew,** Polarlichter. Priroda **44** Nr. 9 S. 19—27, mit 4 Abb. und 2 Tafeln (russisch).

72192. **A. V. Jones, A. W. Harrison,** Rotational temperatures of the auroral N_2^+ bands. J. Atmosph. Terr. Phys. **6** 336—343, mit 5 Fig. — Ref. in Phys. Ber. **35** 886.

72193. **T. R. Kaiser, K. Bullough,** Radio echoes from aurorae. Ann. Géophys. **11** 279—283, mit 3 Fig. und 1 Tafel.

72194. **B. C. Landseer-Jones,** The significance of a nonterrestrial magnetic field in neutral stream theories of the aurora. J. Atmosph. Terr. Phys. **6** 215—226. — Ref. in Phys. Abstracts (A) **58** 748.

72195. **A. G. McNamara,** Double-Doppler radar investigations of aurora. J. Geophys. Res. **60** 257—269, mit 7 Fig.

72196. **J. H. Meek,** The location and shape of the auroral zone. J. Atmosph. Terr. Phys. **6** 313—321, mit 7 Fig. — Ref. in Phys. Ber. **35** 886.

72197. **J. H. Meek,** Motions of auroral light forms. Phys. Rev. (2) **99** 1637. — Ref. Am. Phys. Soc.

72198. **A. B. Meinel,** Systematic auroral motions. ApJ **122** 206—208, mit 1 Fig. — Bemerkung zu der Notiz von Bless, Gartlein und Kimball (vgl. Ref. 72177) mit der Anregung, in Nordlichtern regelmäßig die Dopplerverschiebung zu messen, um damit zu einem objektiven Maß der Bewegung zu kommen. U. Be.

72199. **L. H. Meredith, M. B. Gottlieb, J. A. van Allen,** Direct detection of soft radiation above 50 kilometers in the auroral zone. Phys. Rev. (2) **97** 201—205, mit 4 Fig. — Ref. in Phys. Abstracts (A) **58** 304, Phys. Ber. **35** 522.

72200. **N. J. Oliver,** Aurora and airglow observations during the International Geophysical Year. J. Optical Soc. America **45** 900. — Ref. Optical Soc. America.

72201. **A. Omholt,** Intensity measurements of the second positive band system of nitrogen in high-latitude aurorae. J. Atmosph. Terr. Phys. **6** 61—63. — Ref. in Phys. Abstracts (A) **58** 544, Phys. Ber. **34** 2100.

72202. **A. Omholt,** The auroral E-layer ionization and the auroral luminosity. J. Atmosph. Terr. Phys. **7** 73—79, mit 2 Fig. — Ref. in Phys. Abstracts (A) **58** 1303, Phys. Ber. **35** 1912.

72203. **A. Omholt, L. Harang,** Measurements of the mean lifetime of the metastable ^{1}S-state of the oxygen atom in the upper atmosphere during auroral displays. J. Atmosph. Terr. Phys. **7** 247—253, mit 2 Fig. und 1 Tafel = Inst. Theoret. Astrophys. Blindern-Oslo Reprint Nr. 13. — Der theoretische Wert der mittleren Lebensdauer des metastabilen ^{1}S-Zustands des O I von 0.75 sec läßt erwarten, daß in schnellveränderlichen Nordlichtern die Intensitätsänderungen der grünen O I-Linie bei 5577 Å den Änderungen der N-Bande bei 4278 Å (mittlere Lebensdauer des oberen Zustands 10^{-8} sec) mit einer bestimmten zeitlichen Verzögerung folgen. Es werden Messungen mitgeteilt, die diese Erwartung bestätigen und für die mittlere Lebensdauer des ^{1}S-Zustands des O I in der oberen Atmosphäre Werte zwischen 0.45 und 0.75 sec ergeben. Kdr.

72204. **L. Owren,** Het poollicht. Hemel en Dampkring **53** 197—198, mit 1 Tafel.

72205. **J. L. Perdrix,** Auroral displays in the earth's atmosphere. J. Astr. Soc. Victoria **8** 48—51, 64—66.

72206. **G. G. Shepherd, D. M. Hunten,** On the measurement of rotational temperature from unresolved auroral nitrogen bands. J. Atmosph. Terr. Phys. **6** 328—335, mit 5 Fig. — Ref. in Phys. Ber. **35** 886.

72207. **C. Störmer,** The Polar Aurora. Oxford, Clarendon Press; New York, Oxford University Press, 1955. 17 + 403 S. mit 216 Fig. und 16 Tafeln. Preis 55 s. bzw. $ 8.80. — Besprechung in JBAA **66** 113 (M. A. Ellison), NAT 1955 S. 145—146, Obs **76** 201 (A. H. Jarrett), PAT **37** 78—79 (L. Block), Phys. Abstracts (A) **59** 363—364, Phys. Blätter **12** 86—87 (E. Brüche), Sky and Telescope **15** 221, 363 (C. T. Elvey).

72208. **L. Vegard, G. Kvifte, A. Omholt, S. Larsen,** Studies of the twilight sodium lines from observations at Oslo and Tromsø, and results of auroral spectrograms from Oslo. Geofys. Publ. **19** Nr. 3, 21 S. — Ref. in Phys. Abstracts (A) **58** 745—746.

72209. **L. Vegard,** Intensity variations of auroral hydrogen lines and the influence of the solar proton radiation on the auroral luminescence. Geofys. Publ. **19** Nr. 4, 9 S. — Ref. in Phys. Abstracts (A) **58** 747.

72210. Observation for the aurora at the 1954 total eclipse. J RAS Canada **49** 127.

72211. **Polarlichtbeobachtungen**

Astr Circ UdSSR Nr. **163** S. 33 (russisch). Polarlicht in Kiew. S. Wsechswjatskij. — 1955 Juli 11—12.

Obs **75** 39. Auroral activity 1954. J. Paton, B. McInnes.

Priroda **44** Nr. 3 S. 123 (russisch). Polarlicht im Stalingrader Gebiet. A. P. Popow. — Beobachtung 1954 Sept. 14.

Priroda **44** Nr. 6 S. 116 (russisch). Polarlicht bei Kotlas. N. D. Bendizkij. — Beobachtung 1954 Nov. 23.

Szintillation

72212. **H. E. Butler,** Observations of stellar scintillation. Quart. J. Roy. Meteorol. Soc. **80** 241—245, 1954. — Ref. in RJ Astr. Geod. UdSSR 1956 Nr. 5 S. 21.

72213. **M. A. Ellison,** Location, size and speed of refractional irregularities causing scintillation. Quart. J. Roy. Meteorol. Soc. **80** 246—248, 1954. — Ref. in RJ Astr. Geod. UdSSR 1956 Nr. 5 S. 21.

72214. **R. Fürth,** Statistical analysis of star scintillations as a means for investigating atmospheric disturbances. Physics of the Ionosphere (Cambridge) S. 140—149. — Ref. in Phys. Abstracts (A) **58** 753.

72215. **F. Gifford jr., H. Johnson, A. Wilson,** Heights of scintillation layers in the earth's atmosphere. AJ **60** 161. — Ref. AAS.

72216. **F. Gifford jr.,** The height of scintillation-producing disturbances. Bull. American Meteorol. Soc. **36** 35—36. — Ref. in RJ Astr. Geod. UdSSR Nr. 10, 1955; Ref. Nr. 4310.

72217. **R. Hosfeld,** Scintillation, stellar shadow bands and winds aloft. AJ **60** 164. — Ref. AAS.

72218. **J. van Isacker,** La scintillation des étoiles. Inst. Roy. Météor. Belgique, 1953. 110 S. — Vgl. AJB **53** Ref. **72160**. — Besprechung in J. Phys. Radium **16** 168 (J. L. Rigal).

72219. **J. van Isacker,** The analysis of stellar scintillation phenomena. Quart. J. Roy. Meteorol. Soc. **80** 251—254, 1954. — Ref. in RJ Astr. Geod. UdSSR 1956 Nr. 5 S. 20—21.

* * **I. Kazes, J.-L. Steinberg,** Etude du rayonnement radioélectrique solaire sur 9350 MHz, au voisinage du coucher et du lever du soleil. Vgl. Ref. **6533**.

72220. **G. Keller,** Relation between the structure of stellar shadow band patterns and stellar scintillation. J. Optical Soc. America **45** 845—851, mit 3 Fig. — Der zwischen den momentanen Schattenbildern am Objektiv eines Teleskopes und der beobachteten Gesamtoszillation bestehende Zusammenhang läßt sich erfassen, wenn ein Diaphragma mit zwei Öffnungen von variablem Abstand benutzt wird. Mit Hilfe dieser Anordnung läßt sich das Fourierspektrum und die Autokorrelationsfunktion des Schattenbildes ableiten. Charakteristische Beispiele sind angegeben. Weidemann

72221. **R. A. McIntosh,** Jumping stars. Vega Nr. 25 S. 1.

72222. **E. C. S. Megaw,** Interpretation of stellar scintillation. Quart. J. Roy. Meteorol. Soc. **80** 248—251, 1954. — Ref. in RJ Astr. Geod. UdSSR 1956 Nr. 5 S. 21.

72223. **A. H. Mikesell,** Stellar scintillation and meteorological phenomena. AJ **60** 172. — Ref. AAS.

72224. **A. H. Mikesell,** The scintillation of starlight. Publ. US Naval Obs. **17** 137—191, mit 28 Fig. und 1 Tafel. — Die Szintillation des Sternlichts (hier nur im Sinne von Helligkeitsschwankungen) wurde photometrisch an verschiedenen Instrumenten gemessen. Die Analyse erstreckte sich auf den Bereich von 0.1 bis 1000 Hz. Untersucht wurde die Abhängigkeit von den Eigenschaften des Instruments, von den meteorologischen Verhältnissen (insbesondere der Windgeschwindigkeit) und von der Zenitdistanz des Sterns. T. L.

72225. **W. M. Protheroe,** Preliminary report on stellar scintillation. Contr. Perkins Obs. (2) Nr. 4, 10 + 127 S. mit 86 Fig. — Bericht über Szintillationsuntersuchungen. Aus lichtelektrischen Registrierungen werden durch harmonische Analyse Frequenzspektren abgeleitet. 400 Beobachtungen aus dem Zeitraum eines Jahres werden nach den Parametern Zenitdistanz, Fernrohröffnung, Durchmesser der Lichtquelle, Wetterlage und Spektralgebiet diskutiert. Ebenso werden Tag- und Nachtbeobachtungen gegenübergestellt. Zahlreiche Diagramme werden gegeben, aus denen bei vorgegebenen Beobachtungsbedingungen die zu erwartende Szintillation entnommen werden kann. Behr

72226. **W. M. Protheroe,** Determination of shadow band structure from stellar scintillation measurements. J. Optical Soc. America **45** 851—855, mit 6 Fig. — Autokorrelationsfunktionen auf Grund von Beobachtungen in zwei Nächten des März 1954 zeigen, daß die Strukturen des Schattenbildes über einen beträchtlichen Abstand, mindestens bis zum maximal beobachteten Abstand von 28 cm, korreliert waren. Der Durchmesser der Einzelelemente variiert zwischen 12 und 25 cm, die Gestalt ist in Bewegungsrichtung der Schatten verlängert. Die Bewegung entspricht nach Geschwindigkeit und Richtung den Windverhältnissen im 200-mb-Niveau. Weidemann

72227. **H. Scheffler,** Astronomische Szintillation und atmosphärische Turbulenz. AN **282** 193—205, mit 2 Abb. = Mitt. Astrophys. Obs. Potsdam Nr. 42. — Unter den Voraussetzungen, daß die Korrelationsfunktion der Schwankungen des Brechungsindex in den störenden Atmosphärenschichten genähert durch eine Gaußsche Kurve dargestellt werden kann und die Höhen der betrachteten Schichten ein Mehrfaches ihrer Dicke betragen, werden — im Anschluß an Arbeiten von A. M. Obuchow und G. Keller — einfache Ausdrücke für die zur statistischen Beschreibung der Szintillationsphänomene erforderlichen Korrelationsfunktionen und Schwankungsgrößen auf vollständig wellenoptischer Grundlage abgeleitet und ihre Anwendung auf Beobachtungen der Helligkeits- und Richtungsschwankungen des Sternlichtes sowie der «fliegenden Schatten» diskutiert. Die Formeln gestatten unter anderem eine gute Darstellung der Butlerschen Beobachtungen der Helligkeitsszintillation in Abhängigkeit von der Zenitdistanz bis $Z = 80°$, wenn man für die obere Begrenzung der optisch wirksamen Turbulenz einen Effektivwert von rund 11 km und mittlere Lineardimensionen der optischen Luftschlieren von 7 cm annimmt. Die Widerspruchsfreiheit dieses Resultats gegenüber früheren Befunden über die Schichthöhen wird nachgewiesen. Nach einer kritischen Erörterung bisheriger Deutungen der Farbszintillation wird abschließend die Theorie auf die Szintillation isolierter kosmischer Radiostrahlungsquellen angewandt. Nimmt man an, daß die störende ionosphärische Schicht effektiv zwischen 300 und 400 km Höhe liegt (F_2-Schicht) und die Elektronendichte dort auf Abmessungen von ca. 4 km um 1 % schwankt, so lassen sich die Beobachtungen von C. G. Little und A. Maxwell sowie von M. Ryle und A. Hewish mit befriedigender Genauigkeit darstellen. Verf.

Sonstige Erscheinungen

72228. **W. R. Brooks,** A lunar red light. Vega **2** Nr. 28 S. 2. — Abdruck einer Beobachtung von Lichtreflexen des aufgehenden Mondes in Wolken (1884 Dez. 5). T. L.

72229. **R. Cornu,** Arc-en-ciel lunaire. BSAF **69** 308. — Beobachtung am 4. 6. 1955.

72230. **M. Davies-Scourfield,** Anti-solar rays. JBAA **65** 118—119.

72231. **J. Franz,** Beobachtung des Grünen Strahls. NAZ **9** 32. — 1955 Sept. 23.

72232. **W. Groubé,** Deux observations d'un rayon bleu. CR Soc. Sci. nat. phys. Maroc **20** 205, 1954. — Ref. in RJ Astr. Geod. UdSSR 1956 Nr. 3 S. 45—46.

72233. **H. Hill,** An unusual sky phenomenon seen over Abbeylakes, near Wigan, Lancashire on July 8d. 20h. 30. to 55m. 1954. Vega Nr. 25 S. 1.

72234. **L. Poncelet,** A propos d'un parhélie exceptionnel. Ciel et Terre **71** 9—14.

72235. **A. D. Thackeray,** A rainbow after sunset. MN ASSA **14** 10. — Beobachtung am 13. 2. 1955 in Pretoria.

72236. **S. W. Visser,** De omgeschreven halo. Hemel en Dampkring **53** 136—138, mit 1 Fig. — Vergleich der Sonnenhalo-Beobachtungen 1952 Mai 21 in ganz Holland in Beziehung zur Sonnenhöhe. Gü.

72237. **Beobachtungen**

Astr. Nachr. Berlin-Treptow **7** 45. Halo-Beobachtungen in Berlin. W. Henze.

Astr. Nachr. Berlin-Treptow **7** 76—77. Beobachtung einer Sonnen-Halo-Erscheinung, 1955 August 23. F. Reeg.

Astr. Nachr. Berlin-Treptow **7** 88. Halo-Beobachtungen. G. Stemmler, H. Ulbricht.

Astr. Nachr. Berlin-Treptow **7** 89. Beobachtung des «Grünen Strahls». J. Franz.

Gaz astr **37** 24—25. Observation de deux beaux phénomènes de halo au printemps de 1954. W. Sandner.

Hemel en Dampkring **53** 1—5, mit 6 Fig. Een volledig stelsel halo's in Engeland. — Wiedergabe und Beschreibung eines 1954 März 2 von M. A. Ellison in Edinburgh aufgenommenen vollständigen Sonnenhalosystems. Gü.

Hemel en Dampkring **53** 17—18, mit 1 Fig. Het fotograferen van halo's. F. C. Rose. — Nach einem Bericht über eine 1954 April 24 von B. Zwart in Zaandam aufgenommene farbige Sonnenhaloerscheinung werden Ratschläge für solche Aufnahmen gegeben. Gü.

Priroda **44** Nr. 11 S. 114, mit 1 Abb. (russisch). Ein komplizierter Halo seltener Formen. A. P. Moissejew. — Beobachtung in Moskau am 18. 3. 1954.

§ 73

Mond

7301. **Astrometrische Beobachtungen**

Greenwich Astronomical Results 1942, A 11—A 12. Observed right ascensions, declinations and diameters.

Desgl. für 1946, A 11—A 17.

TAB (2) Nr. 74 S. 733—738. Meridian observations of the right ascensions of the moon and planets during the year 1954. S. Nakano, H. Yasuda, R. Fukaya, H. Hara.

Allgemeines

7302. **E. C. Abendanon,** De buitenkant van de maan. III. De buitenkanten van de aarde en de maan. 's-Gravenhage, C. Blommendaal N.V., 1953. 14 + 635 S. mit 3 Fig. und 1 Tafel. — Vgl. AJB **53** Ref. **7302**. — Besprechung in Hemel en Dampkring **54** 151—152 (A. J. M. Wanders).

7303. **K. Akabane,** Lunar radiation at 3.000 Mc/s. Proc. Japan Acad. **31** 161—165, mit 3 Fig. = Tokyo Astr. Obs. Repr. Nr. 115. — Bei 3000 MHz wurde mit einem 10 m-Reflektor die Strahlung des Mondes gemessen und folgende Resultate erhalten: Maximale Temperatur am Äquator einige Tage nach Vollmond 390° K (± 50°), etwa 100° höher als Piddingtons bei 24000 MHz gemessener Wert, minimale Temperatur am Äquator 240° K (± 50°). Traving

7304. **D. W. G. Arthur,** Contributions to Selenography No. 4: Selenographic Positions from Photographs. Published by the author, 1955. — Besprechung in JBAA **65** 366 (B. J. Harris).

7305. **H. Bassow,** Photographing the moon. Sky and Telescope **15** **43**.

7306. **R. Baum,** Japanese predictions of lunar meteoric showers for 1955. Vega Nr. 26 S. 1—2.

7307. **Z. Baziková,** Radioechos vom Mond. Rozhledy **34** 121—124, mit 2 Fig. (tschechisch).

7308. **M. Collin,** An amateur photographs the moon. Sky and Telescope **14** 390—391, mit 3 Fig.

7309. **J. Dubois,** La variation de brillance de la lumière cendrée de la lune au cours du dernier cycle solaire. BSAF **69** 242—246, mit 3 Fig. — Ref. in Coelum **23** 172. — Mitgeteilt werden die Ergebnisse von Messungen des aschgrauen Lichtes (des nicht beleuchteten Teils des Mondes) für die Zeit von 1940 bis 1954. Die Intensität ändert sich mit dem Sonnenfleckenzyklus, wobei bei Minimumsaktivität der Sonne maximale Intensität des aschgrauen Lichtes erreicht wird. Fricke

* * **B. Elsmore, G. R. Whitfield,** Lunar occultation of a radio star and the derivation of an upper limit for the density of the lunar atmosphere. Vgl. Ref. **12640**.

7310. **G. Friberg,** Lite selenografi. Urania København **12** 35—37. — Kurzgefaßte allgemeinverständliche Übersicht über einige Probleme der Selenographie. C. L. J.

7311. **R. A. Gallant,** Exploring the Moon. Garden City, 1955. 63 S. Preis $ 2.00. — Besprechung in Sky and Telescope **15** 83.

7312. **A. A. Jakowkin,** Baryzentrische Koordinaten des Mondkraters Mösting A. Abh. Lenin-Staatsuniv. Kasan **115** Nr. 13 (Astr.) S. 3—20 (russisch) = Mitt. Astr. Engelhardt-Obs. Nr. 29 S. 3—20. — Unter Berücksichtigung früherer Arbeiten des Verf. über die Figur des Mondes werden baryzentrische Koordinaten von Mösting A abgeleitet. Die selenographische Breite des Kraters ist wegen Figureneigentümlichkeiten des Mondes merklich kleiner als bis heute angenommen wurde. Böh.

7313. **W. Jeserskij, W. Fedorez,** Versuch einer photographischen Spektralphotometrie der Mondoberfläche. Astr Circ UdSSR Nr. 159 S. 18—20 (russisch). — Mittels Zölostaten und Dreiprismenspektrographen wurden in Charkow zahlreiche Spektralaufnahmen von Mondgebieten erhalten und diese paarweise miteinander verglichen. Die sich auf den Bereich 4400—6400 Å erstreckenden Vergleiche lassen auf reelle Unterschiede im Reflexionsvermögen verschiedener Gebiete schließen. Loh.

7314. **J. Klepešta, F. Fischer,** Povrch Měsíce. Prag, Pädagogischer Verlag. 1 Karte, 4 S. mit 8 Beilagen. Preis Kčs. 7.40. — Besprechung in RH **36** 282.

7315. **B. J. Lewin, E. A. Ljubimowa,** Die thermische Geschichte des Mondes. Priroda **44** Nr. 10 S. 81—84, mit 4 Abb. (russisch). — Verf. skizziert die Wärmebilanz des Mondes im Laufe seiner Entwicklung unter Berücksichtigung der Erwärmung der Mondmaterie während des Entstehungsprozesses und der nachfolgenden Erwärmung durch radioaktive Elemente. Loh.

7316. **K. E. McCorkle, W. C. Lambert,** Flares on the moon? Sky and Telescope **15** 45.

7317. **J. Mietelski,** O pewnych interesujących własnościach powierzchni księżyca. Urania Kraków **26** 43—48.

7318. **P. Moore,** A Guide to the Moon. Vgl. AJB **53** Ref. **7321**. — Weitere Besprechung in Urania Barcelona **40** 255 (A. Paluzíe), Weltraumfahrt **6** 62 (H. K. Kaiser).

7319. **P. Moore,** What shall we find on the moon. Astronautics **2** 47—49, mit 2 Fig.

7320. **P. Moore,** Life on the moon? Irish AJ **3** 133—137.

7321. **A. A. Nefedjew,** Die aus den Heliometer-Beobachtungen A. W. Krassnows abgeleiteten Konstanten der physischen Libration des Mondes. Abh. Lenin-Staatsuniv. Kasan **115** Nr. 13 (Astr.) S. 21—111 (russisch) = Mitt. Astr. Engelhardt-Obs. Nr. 29 S. 21—111.

* * **Y. Öhman,** A tentative explanation of the negative polarization in diffuse reflection. Vgl. Ref. **261**.

7322. **E. J. Öpik,** The density of the lunar atmosphere. Irish AJ **3** 137—143 = Armagh Obs. Leaflet Nr. 29. — Ref. in Irish AJ **3** 233, NAT 1956 S. 34.

7323. **N. S. Orlowa,** Die Streuungscharakteristik der Mondoberfläche. Astr Circ UdSSR Nr. 156 S. 19—21 (russisch). — Es wurde versucht, aus den Beobachtungsunterlagen von Fedorez und Sytinskaja-Scharonow die Helligkeitskoeffizienten für verschiedene i und ε der Meere und Länder des Mondes zu bestimmen. In der Form der Streucharakteristiken für Meere und Länder existieren keine wesentlichen Unterschiede. Loh.

7324. **G. Patfoort,** Hoe ziet een waarnemer op de maan de sterrenhemel? Hemel en Dampkring **53** 89—91, mit 1 Fig. — Anläßlich der Frage nach dem Anblick des Sternenhimmels für einen Beobachter auf dem Mond wird der Einfluß des Streulichtes und der Adaption des Auges auf die Sichtbarkeit der Sterne erläutert. Gü.

7325. **G. D. Roth,** Die Mondkarte von H. P. Wilkins. Sterne **31** 180—184, mit 3 Abb. — Der Aufsatz enthält ein Verzeichnis visueller und photographischer Mondkarten.

7326. **W. W. Scharonow,** Neue visuelle Mondfarbenbestimmung. Astr Circ UdSSR Nr. 157 S. 19—20 (russisch). — Im Frühjahr 1954 hat Verf. kolorimetrische Beobachtungen des integralen Mondlichts mit einem Rosenbergschen Blaukeilphotometer durchgeführt. In Übereinstimmung mit früheren Ergebnissen des Verf. und anderer Autoren ergab sich relativ zur Sonne ein Farbüberschuß von $0^{m}.332$, dem ein Farbtemperaturunterschied von 1825° und ein Spektraltypunterschied von 0.8 Spektralklassen entspricht. Loh.

7327. **W. W. Scharonow,** Kolorimetrische Untersuchungen des Mondes. I. Visuelle Kolorimetrie des integralen Mondlichtes. Bote Univ. Leningrad Nr. 11 S. 113—120 (russisch). — Ref. in RJ Astr. Geod. UdSSR 1956 Nr. 9 S. 53.

7328. **G. Schrutka-Rechtenstamm,** Zur physischen Libration des Mondes. Anzeiger Österreich. Akad. Wiss. Math.-naturw. Kl. **92** 55, Sitzber. Österreich. Akad. Wiss. Math.-naturwiss. Kl. Abteilung II **164** 323—385 = Mitt. Univ.-

Sternw. Wien 8. — Die Heliometerbeobachtungen von Mösting A in Bamberg und Kasan zur Bestimmung der physischen Libration des Mondes werden unter weitgehender Verwendung der bereits veröffentlichten Daten zusammenfassend neu bearbeitet, wobei für 1883—1922 die mittlere Länge des Mondes nach Newcomb berichtigt worden ist (so daß sie mit der den scheinbaren Koordinaten im Naut. Almanac zugrunde gelegten übereinstimmt), und die Nichtlinearität der B—R als Funktion von Verbesserungen der Größe f durch ein abgeändertes Ausgleichungsverfahren berücksichtigt wird. Die Bearbeitung führt auf neue Werte für die Konstanten der physischen Libration I, λ, β, h und ergibt $f = 0.625$. Böh.

* * **W. M. Sinton,** Observations of solar and lunar radiation at 1.5 millimeters. Vgl. Ref. **6541**.

* * **J. F. Steffensen,** On the differential equations of Hill in the theory of the motion of the moon. Vgl. Ref. **4236**.

7329. **W. S. Troizkij, M. R. Selinskaja,** Determination of certain properties of surface layers of the moon from its radiowave emission at 3.2 cm wavelength. AJ UdSSR **32** 550—554, mit 1 Fig. (russisch mit englischer Zusammenfassung). — Mit Hilfe eines parabolischen 4 m-Spiegels wurde bei $\lambda = 3.2$ cm die mittlere Radiotemperatur des Mondes zu 170° K erhalten. Dabei blieb die relative Änderung der Radiostrahlung in Abhängigkeit von der Phase in den Grenzen $\pm$ 7 %. Aus Vergleichen mit irdischen Stoffen ergab sich der Koeffizient der Wärmeleitfähigkeit der Mondoberfläche zu $k = 1.1 \times 10^{-4}$ cal · cm^{-2} · sec^{-1}. Schrick

7330. **F. Vaughn jr.,** A note on lunar changes. Strolling Astronomer **9** 110—112, mit 1 Fig.

7331. **B. Warner,** Flashing lunar mountain. Strolling Astronomer **9** 130—131. — Mit einem siebenzölligen Spiegel wurde im Januar 1956 am östlichen Rand des Mondkraters Cavendish ein plötzlich aufblitzender Lichtschein beobachtet. Er verschwand unter Schwankungen nach etwa 10 Minuten. F. S.

7332. **C. B. Watts,** A new method of measuring the inclination of the moon's equator. AJ **60** 443—445. — Nach einer Methode, die frei ist von den Unregelmäßigkeiten des Mondrandes, wird aus photographischen Beobachtungen in rund 270 Nächten 1947—1954 die Neigung I des Mondäquators gegen die Ekliptik bestimmt. Als Korrektion des Wertes von Hayn ergibt sich $\Delta I = +0.^\circ029 \pm 0.^\circ005$ w. F Böh.

7333. **T. Weimer,** La Lune. BSAF **69** 139—143, mit 1 Tafel.

7334. **H. P. Wilkins,** Our Moon. Vgl. AJB **54** Ref. **7318**. — Weitere Besprechung in Sky and Telescope **15** 129—130, Urania Barcelona **40** 255—256, Weltraumfahrt **6** 26—27 (H. K. Kaiser).

7335. L'atmosphère de la lune. BSAF **69** 383.

7336. Documents pour l'observation des phénomènes météoriques lunaires. DOB 8 Fasc. Suppl., 2 S. mit 6 Fig.

7337. Beobachtungsbericht über einen «Lunar Flash». Mitt. Planetenbeobachter 8 41. — Beobachtung von F. C. Wykes am 24. 4. 1955.

7338. Recent lunar research. Nature **176** 239—240. — Ref. der in AJB **54** Ref. **7319** zitierten Arbeit von H. P. Wilkins.

7339. Mondphasen und Luftdruck. Orion Schaffhausen **4** 399.

7340. The lunar atmosphere. Sky and Telescope **14** 460. — Ref. in Coelum **24** 54—55, NAT 1955 S. 114. — Ref. einer Arbeit von Öpik im Irish AJ.

7341. Colongitude — an aid to lunar observers. Sky and Telescope **14** 518—519.

7342. Moving bright objects seen against the moon. Strolling Astronomer **9** 95—96, mit 2 Fig. — Wahrnehmung am 27. 9. 1955, bei der es sich vielleicht um ein Mondmeteor gehandelt hat.

7343. Possible satellites of the moon. Strolling Astronomer **9** 118—119.

7344. Concerning possible charged lunar dust particles. Strolling Astronomer **9** 142.

7345. A lunar flare. A possible lunar Lyrid meteorite? Vega **2** Nr. 26 S. 2.

7346. Danish lunar meteor search. Vega **2** Nr. 28 S. 2.

Mondfinsternisse

* * **D. Chalonge,** Exploration de l'atmosphère terrestre au moyen des éclipses de lune. Vgl. Ref. **7240**.

7347. M. Fluckiger, Mesures de l'agrandissement de l'ombre de la terre lors des éclipses de lune de 1953 et 1954. DOB Circ Nr. 4, 2 S.

7348. S. M. Kosik, Die Kontur des Erdschattens bei Mondfinsternissen. DAN **104** 828—829 (russisch). — Aus sechs günstig zu beobachteten Mondfinsternissen (497 Kontakte) berechnet Verf. die Kontur des Erdschattens und insbesondere seine Vergrößerung gegenüber dem geometrischen. Die Vergrößerungen sind von Fall zu Fall verschieden, sie wachsen mit der Entfernung Erde—Mond. Loh.

7349. Eclipses totales de luna. El Universo Nr. 30 S. 21. — Vorschau von 1956 bis 1982.

* * Undersökning av jordatmosfären vid månförmörkelser. Vgl. Ref. **7264**.

7350. Mondfinsternis 1953 Januar 29

M. Fluckiger, Observation des éclipses de lune. Orion Schaffhausen **4** 471—475, mit 1 Fig. (mit deutscher Zusammenfassung).

7351. Mondfinsternis 1954 Januar 19

G. Armellini Conti, Posizioni di pianeti e pianetini ed occultazioni lunari osservate a Monte Mario nel 1954. Mem SA It (NS) **26** 193—200 = Oss. Astr. Roma Monte Mario Contr. Sci. (NS) Nr. 215.

M. Cimino, T. Fortini, M. A. Giannuzzi, Contributo al problema della luminescenza del suole lunare per la radiazione ultravioletta solare nell'eclisse totale di Luna del 18—19 gennaio 1954. Rend. Accad. Nazionale Lincei, Cl. Sci. fis., mat., nat. (8) **18** 173—179, mit 4 Fig. = Oss. Astr. Roma Monte Mario Contr. Sci. (NS) Nr. 216. — Die Mondfinsternis vom 18.—19. Januar 1954 wurde photographiert und daraus auf Grund der Theorie von Link über die Lumineszenz der Mondscheibe die Leuchtdichtekurve der Penumbra abgeleitet. Cester

J. Dobrzycki, I. Domiński, Filmowanie zaćmienia Księżyca. Urania Kraków **26** 241—242, mit 3 Fig.

M. Fluckiger, Observation des éclipses de lune. Orion Schaffhausen **4** 471—475, mit 1 Fig. (mit deutscher Zusammenfassung).

M. Golay, Observation de l'éclipse totale de lune du 18—19 janvier 1954. Publ. Obs. Genève (A) **6** 15—18, mit 1 Fig. — Ref. in Nature **176** 817. — Aus einigen Aufnahmen des verfinsterten Mondes im Wellenlängenbereich von 5600—6100 Å wird durch Photometrierung eines bestimmten rechteckigen Streifens der Heftigkeitsabfall vom Mondrand aus nach dem Mondinnern zu bestimmt. Der Verlauf dieser Kurve ist am steilsten, wenn sich der Mondrand sehr nahe an der Grenze des Erdschattens befindet. Die Einstufung dieser Mondfinsternis nach ihrer allgemeinen Helligkeit in die Skala von Danjon bestätigt den Zusammenhang zwischen Helligkeit des verfinsterten Mondes und Sonnenaktivität. H. M.

7352. **Mondfinsternis 1954 Juli 15—16**

G. Armellini Conti, Posizioni di pianeti e pianetini ed occultazioni lunari osservate a Monte Mario nel 1954. Mem SA It (NS) **26** 193—200 = Oss. Astr. Roma Monte Mario Contr. Sci. (NS) Nr. 215.

M. Fluckiger, Observation des éclipses de lune. Orion Schaffhausen **4** 471—475, mit 1 Fig. (mit deutscher Zusammenfassung).

T. Fortini, Fotometria fotografica della penombra durante l'eclisse di luna del 15—16 luglio 1954 e luminescenza del suolo lunare. Rend. Accad. Nazionale Lincei, Cl. Sci. fis., mat., nat. (8) **18** 65—69, mit 2 Fig. = Oss. Astr. Roma Monte Mario Contr. Sci. (NS) Nr. 210. — Die Mondfinsternis vom 15.—16. Juli 1954 wurde mit der gleichen Technik photographiert wie jene in den Jahren 1953 und 1954, um eine homogene Reihe von Mondfinsternisbeobachtungen zu erhalten. Damit soll die Theorie von Link auch in Bezug auf die Sonnenaktivität geprüft werden. Cester

E. Geneslay, Eclipse partielle de lune des 15—16 juillet 1954. BSAF **69** 487, mit 1 Fig.

W. Groubé, L'éclipse partielle de lune des 15—16 juillet 1954. BSAF **69** 125—126, mit 1 Fig.

P. D. Kubičela, Delimično pomračenje Meseca 16 jula 1954. Vasiona **3** 47 (serbisch). — Beobachtungen.

BSAF **69** 348—349, mit 2 Fig. Eclipse partielle de lune des 15—16 juillet 1954.

7353. **Mondfinsternis 1955 November 29**

J. Bouška, Die Mondfinsternis vom 29. November 1955. RH **36** 256—258, mit 1 Fig. (tschechisch).

Astr. Nachr. Berlin-Treptow **7** 96. Mondfinsternis 1955 November 29. J. Franz.

Sternbedeckungen

7354. **P. Darnell,** Fotoelektriske observationer af måneokkultationer. NAT 1955 S. 32—33. — Verf. berichtet über den Inhalt eines Artikels im Scientific American 1955 S. 96, in dem eine Apparatur zur photoelektrischen Beobachtung von Sternbedeckungen durch den Mond beschrieben wird. Der amerikanische Kartendienst der Armee fordert zur Beobachtung nach dieser Methode auf, um verschiedenen Schwierigkeiten bei Verwendung eines Zenitteleskops zu entgehen. Bemerkungen über die ziemlich hohen Kosten beschließen die Notiz. C. L. J.

7355. **D. S. Evans,** A note on occultation phenomena. MN ASSA **14** 32—33. — Notiz über zu erwartende Erscheinungen und zu klärende Probleme bei der lichtelektrischen Beobachtung von Sternbedeckungen durch den Mond. Böh.

7356. **K. Kordylewski,** 33 lata obserwacji zakryć gwiazd przez Księżyc w Krakowie. Postępy Astr. **3** 20—22. — Ref. Poln. Astr. Ges.

* * **D. W. Sagrebin, E. A. Mitrofanowa, G. M. Posnjak,** Bestimmung des Unterschieds zwischen Ephemeriden- und Weltzeit nach Beobachtungen von Sternbedeckungen. Vgl. Ref. **3116**.

7357. Badanie powierzchni gwiazd. Urania Kraków **26** 307—308.

7358. **Vorausberechnungen**

Beilage zum Astronomischen Jahrbuch der UdSSR für das Jahr 1958. Die im Jahre 1956 in Abastumani, Irkutsk, Kasan, Kiew, Kitab, Leningrad, Lwow (Lemberg), Moskau, Odessa, Riga, Stalinabad, Taschkent, Tomsk und Charkow sichtbaren Sternbedeckungen. Vgl. Ref. 406.

Bull. Obs. Astr. Beograd **19** Nr. 4 S. 4—6. Predictions for 1957 of occultations of stars by the moon visible at Beograd.

Hemel en Dampkring **53** 41, 146, 192, 229. Werkgroep bedekkingen. P. de Bruijn.

NAT 1955 S. 100—101. Måneokkultationer 1956, beregnet for København.

Rocznik Astronomiczny Obserwatorjum Krakowskiego 1955. Suppl. Internationale Nr. 26 S. 75—77. Occultationes de stellas per luna. — Vorausberechnungen für Poznania, Wrocławia, Torunia, Krakowa und Warszawy.

Sky and Telescope **14** 119, 166, 209, 254, 394, 435, 482, 523, **15** 95. Occultations predictions.

TACL 1291 S. 5, 1296 S. 1—3. Predictions of occultations during lunation 60397, 60398.

YC 1303 S. 1—3, 1306 S. 5—7, 1311 S. 3, 1315 S. 1, 1321 S. 1—2, 1328 S. 5—6, 1333 S. 2—3, 1339 S. 5—6, 1343 S. 7—8, 1347 S. 4—5. Predictions of occultations during lunation 60399—60408.

7359. Bedeckungen von Planeten

Merkur

Astr Circ UdSSR Nr. 162 S. 13 (russisch). Beobachtungen der Bedeckung Merkurs durch den Mond in Taschkent am 18. Juli 1955. W. P. Schtscheglow.

Venus

Greenwich Astronomical Results 1943, B 2. E. Martin.

Mars

Sky and Telescope **14** 350. Mars occultation. E. M. Brewer, S. W. Bieda jr.

7360. Beobachtungen und Reduktionen

AA(c) **5** 57—73. Occultations of stars by the moon, observed at the Astronomical Observatory of the Cracow University 1933—1951. K. Kordylewski.

AA(c) **5** 83—84. Beobachtungen der Sternbedeckungen an der Sternwarte Warschau — im Zeitraume: 1938 Juli 7 — 1942 Sept. 18. L. Leoniak.

AA(c) **5** 196—197 = Repr. Inst. Astr. Geod. Ecole Polytechn. Varsovie. Occultations of stars by the moon. W. Opalski. — Beobachtungen in Warschau 1950—1953.

Acta Astr. Sinica **3** 347—348. (chinesisch). Occultations observed at the Observatory of Zô-Sè. T.-G. Chow, L. Wan, S.-S. Chang.

AJ **60** 315—316. Discussion of occultations observed in 1951 and 1952. F. M. Sadler.

AJ **60** 400. Occultations of stars by the moon observed during 1954 with the 8-inch equatorial at South Hadley, Mass. A. H. Farnsworth, J. C. Johanson.

Astr Circ UdSSR Nr. 156 S. 23—24 (russisch). Beobachtungen von Sternbedeckungen am Astrophysikalischen Observatorium Abastumani im Jahre 1954. E. K. Charadse, T. A. Kotschlaschwili, W. P. Dshapiaschwili.

Astr Circ UdSSR Nr. 156 S. 24 (russisch). Beobachtungen von Sternbedeckungen am Astronomischen Observatorium Charkow. K. N. Kusmenko, W. C. Plushnikow. — 1954 Juni—Dez.

Astr Circ UdSSR Nr. 157 S. 22 (russisch). Beobachtungen von Sternbedeckungen in Taschkent. B. Tirnstein, K. F. Kuleschowa, A. M. Kalmykow, S. M. Kosik.

Astr Circ UdSSR Nr. 158 S. 24, Nr. 162 S. 13 (russisch). Beobachtungen von Sternbedeckungen am Astronomischen Observatorium der Metschnikow-Staatsuniversität Odessa. L. F. Tschernijew. — 1954 Okt. — Dez., 1955 Febr. — Juni.

Astr Circ UdSSR Nr. 158 S. 25 (russisch). Beobachtungen von Sternbedeckungen am Städtischen Astronomischen Observatorium der Shdanow-Staatsuniversität Irkutsk. A. A. Kawerin. — 1954 April.

Astr Circ UdSSR Nr. 158 S. 25 (russisch). Beobachtungen von Sternbedeckungen am Astronomischen Observatorium der Shdanow-Staatsuniversität Irkutsk. I. D. Kupo. — 1954 April.

Astr Circ UdSSR Nr. 160 S. 14 (russisch). Beobachtungen von Sternbedeckungen am Astronomischen Observatorium der Schewtschenko-Staatsuniversität Kiew. A. K. Ossipow. — 1954 Dez. — 1955 April.

Astr Circ UdSSR Nr. 162 S. 14 (russisch). Beobachtungen von Sternbedeckungen. S. Kosik. — Taschkent, 1955 Jan.—Juni.

Astr Circ UdSSR Nr. 164 S. 22—23 (russisch). Beobachtungen von Sternbedeckungen am Astronomischen Observatorium Stalinabad. I. I. Gussew. — 1955 Juli—Sept.

Astr Circ UdSSR Nr. 165 S. 21—22 (russisch). Beobachtungen von Sternbedeckungen am Astrophysikalischen Observatorium Abastumani. E. K. Charadse, W. P. Dshapiaschwili.

BAC **6** 24—27 (russisch mit englischer Zusammenfassung). Observations of occultations made at the People's Observatory Prague-Petřín in the years 1950—53. V. Černý.

BAC **6** 107. Observations of occultations in the years 1953 and 1954. K. Novák.

BAC **6** 112—117 (russisch mit englischer Zusammenfassung). Observation of occultations at Skalnaté Pleso Observatory during the years 1950—1953. V. Guth.

BSAF **69** 194. Occultation de τ Tauri.

Bull. Astr. Obs. Beograd **19** Nr. 3 S. 9—10. Occultations d'étoiles par la lune observées à l'Observatoire de Belgrade en 1954.

Japan Astr. Study Ass. The report of occultation observations in 1954. 10 S. R. Hata, S. Itoh.

Japan Astr. Study Ass. Circ. Nr. 135.

Greenwich Astronomical Results 1942 B 2. E. Martin. — Beobachtung der Bedeckung von BD −19°5312.

Greenwich Astronomical Results 1943, B 1—B 2. P. Rickerby, W. Witchell. — Beobachtung der Bedeckung von α Tau und α Leo.

J. Proc. Roy. Soc. N. S. Wales **89** 37—38. Occultations observed at Sydney Observatory during 1954. K. P. Sims. — Ref. in RJ Astr. Geod. UdSSR 1956 Nr. 10 S. 15.

Mem SA It (NS) **26** 193—200 = Oss. Astr. Roma Monte Mario Contr. Sci. (NS) Nr. 215. Posizioni di pianeti e pianetini ed occultazioni lunari osservate a Monte Mario nel 1954. G. Armellini Conti.

NAT 1955 S. 20. Observationer af okkultationer af stjerner ved månen. — 22 Beobachtungen zwischen dem 11. Febr. und 5. Okt. 1954 von sieben verschiedenen Beobachtern. C. L. J.

NAZ **9** 6, 21. Sternbedeckungen. W. Malsch. — Beobachtung in Karlsruhe.

NAZ **9** 13—14. Sternbedeckungen. Beobachtungen der Schwäbischen Sternwarte Stuttgart. D. Rietheimer, R. Schneider, E. Übelacker.

NAZ **9** 28. Sternbedeckungen. Beobachtungen an der Remeissternwarte Bamberg. W. Reim.

NAZ **9** 28. Sternbedeckungen. Beobachtungen an der Volkssternwarte München.

Obs. Astr. Córdoba Contr. Nr. 1 S. 12. Ocultaciones de estrellas por la Luna observadas durante el año 1953 en el Observatorio Astronómico de Córdoba. A. Puch.

Publ. Latitude Obs. Mizusawa **2** 67—69. Occultations of stars by the moon. C. Sugawa. — 1951 Jan. — 1954 Okt.

Rev. Astr. Nr. 135 S. 131—135. Observación de ocultaciones de estrellas por la Luna. F. P. Huberman, A. J. Camponovo.

Stuttgart, Schwäbische Sternwarte e. V., 1955. Aus der Arbeit der Stuttgarter Sternwarte 1950—1954 S. 15—17. Sternbedeckungen. Schneider. — Beobachtungen von Nov. 1949 bis April 1954.

TAB (2) Nr. 76 S. 743—754. Occultation observations in Japan during 1953. H. Wakabayashi.

TACL 1290 S. 4. Observations of occultations. A. Horiuchi.

TACL 1293 S. 8—19. Observations and reductions of occultations of stars by the moon made by members O. A. A. in 1953. I. Hasegawa.

YC 1306 S. 3. Occultation observed. J. Hirukawa. — Beobachtung der Bedeckung von 20 H^2 Ari, 1955 März 26.

YC 1306 S. 8—10. Observations of occultations. Y. Dômoto.

YC 1311 S. 4, 1328 S. 4, 1344 S. 6. Observations of occultations. J. Hirukawa.

YC 1312 S. 3 Observations of occultations during April and May, 1955. K. Huzimori.

YC 1327 S. 4. Observations of occultations. — Beobachtung der Bedeckung von 19 Sco, 1955 Juli 29.

YC 1332 S. 9. Observations of occultations. A. Horiuti, H. Kodama.

YC 1334 S. 3—4. Observations of occultations. K. Fujimori, M. Oumi, A. Hirukawa.

YC 1334 S. 4. Occultations of π Sagittarii. M. Oumi, T. Nomura, T. Yamada, N. Sigehisa, K. Hirano, H. Hishinuma. — Beobachtung 1955 Sept. 25.

YC 1336 S. 1—2. Observations of occultations. K. Fujimori.

YC 1343 S. 6. Observation of occultation. M. Oumi.

YC 1350 S. 2. Occultation. M. Oumi.

Mondformationen

7361. **D. Alter,** Nature of the lunar rays. Publ ASP **67** 237—245, mit 8 Tafeln. — Ref. in Coelum **24** 23. — Verf. hebt in einer Beschreibung verschiedener Strahlensysteme auf Grund von Aufnahmen charakteristische Eigenschaften der Strahlen hervor, die gegen die Annahme sprechen, daß die Strahlen Ablagerungen von aus den Zentralkratern ausgestoßenen Staubwolken sind. Es wird ein ursächlicher Zusammenhang der Strahlen mit nicht direkt sichtbaren Spalten vermutet. O. G.

7362. **D. Alter, P. E. Roques,** The limb of the moon. Publ ASP **67** 246—247, mit 4 Tafeln. — An einigen Beispielen wird die Eignung der photographischen Mondgloben von Wright zum Studium der Randpartien des Mondes gezeigt. Bei diesen Globen ist die Entzerrung durch geeignete Projektion von Negativen auf eine mit photographischer Emulsion versehene Glaskugel erreicht worden. O. G.

7363. **N. P. Barabaschew, A. T. Tschekirda,** Über die Farbe der hellen Strahlen der Krater Tycho, Kopernikus und Kepler. Circ. Astr. Obs. Gorkij-Staatsuniv. Charkow Nr. 13 S. 3—13, mit 15 Abb. (russisch). — Die Grundlage der Untersuchung bilden photographische Aufnahmen mit der Charkower Mond-Sonne-Kamera in verschiedenen Farben zwischen 3650 und 8400 Å. Die drei Systeme besitzen trotz gewisser Ähnlichkeiten der Farbänderungen wesentliche Unterschiede, die ihre Herkunft offensichtlich der Entstehung der Krater und der sie umgebenden Formationen verdanken. Die Farben der kraterinneren Materie und der Strahlen stehen miteinander in Beziehung. Bei Tycho sind die Strahlen bis zu einer bestimmten Entfernung rötlich, und gleichzeitig spielt die Farbe des Kraterinneren sehr ins Rötliche. Bei Kopernikus, dessen Rötlichkeit weniger ausgeprägt ist, endet die rötliche Farbe der Strahlen schon in größerer Nähe zum Zentrum. Die Strahlen des weißlichen Kepler-Kraters sind kaum rötlich getönt. Loh.

7364. **C. A. Cross,** The geometry of crater shadows. JBAA **65** 72—81, mit 3 Fig. — In Fortführung einer früheren Untersuchung (vgl. AJB **54** Ref. **7347**) werden die allgemeinen Formeln für die Schattenkurven kegelförmiger Krater aufgestellt und Hilfsmittel zur graphischen Lösung gegeben. Von 117 untersuchten Mondkratern waren 61 nicht von Rotationsparaboloiden zu unterscheiden, 30 ellipsoidisch und 12 hyperboloidisch. T. L.

7365. **R. Fenaroli,** Sui fenomeni luminosi delle raggiere lunari. Coelum **23** 102—107, mit 1 Fig. — Nach einer kurzen Betrachtung der Theorien zur Entstehung der Strahlenkränze um die Mondkrater behauptet Verf., daß die letzten vom Fall riesiger Kleiner Planeten verursacht wurden, deren Fragmente den gezähnten Rand, die eventuellen Kegel und die Strahlen bildeten. Eine fragmentarische Struktur der Strahlen kann ihre größere Helligkeit bei Vollmond erklären, indem sie keinen sichtbaren Schatten bei jener Phase werfen. Cester

7366. **T. Gold,** The lunar surface. MN **115** 585—604, mit 6 Fig. und 2 Tafeln. — Nach einer Betrachtung über den zeitlichen Ablauf der Vorgänge, die die Mondoberfläche formten, wird folgende Theorie aufgestellt: die Krater entstanden durch Aufsturz von Meteoriten bei Überschallgeschwindigkeit. Die Wirkung eines solchen Aufsturzes ist die einer Oberflächenexplosion mit starker Entwicklung heißer Gasmassen, durch die vom Aufschlagort aus nach allen Seiten das Material des Mondbodens fortgeschleudert und zum Kraterwall aufgetürmt wird. Unmittelbar unter der Aufschlagstelle wird das Material nicht zur Seite geschleudert; es bildet zusammen mit dem Restmeteoriten den Zentralberg. Die Mare waren ursprünglich tiefer gelegene Gegenden, die sich im Laufe der Zeit, nachdem die Mehrzahl der Krater entstanden war, mit den durch eine Art Erosion — gedacht ist in erster Linie an Einwirkungen von außen, wie Sonnenstrahlung — entstandenen staubförmigen Trümmerprodukten gefüllt haben. Die Mare-Krater entstanden später durch Einschlag von Meteoriten in dieses Staubmaterial, dessen tiefere Schichten sich wieder verfestigt haben. Lavaergüsse brauchen nicht angenommen zu werden. Die heutige Figur des Mondes ist keine Gleichgewichtsfigur, sondern nur bedingt durch die Plastizität des Mondmaterials. Bo.

7367. **T. Gold,** The lunar surface. Obs **75** 236—239. — Ref. RAS. — Vgl. vorstehendes Ref.

7368. **I. W. Iwanowa,** Über die Meteoritenhypothese der Entstehung der Mondformationen. Bull. Astr.-Geod. Ges. UdSSR Nr. 16 S. 23—24 (russisch). — Ref. in RJ Astr. Geod. UdSSR 1956 Nr. 1 S. 116.

7369. **G. P. Kuiper,** The lunar surface — further comments. Proc. National Acad. Sci. USA **41** 820—823. — Verf. bestreitet an einzelnen Stellen der Arbeit von Urey (vgl. Ref. **7373**) die Richtigkeit von dessen Kritik und bemüht sich vor allem um eine scharfe Abgrenzung beider Standpunkte. Böh.

7370. **A. Paluzíe-Borrell,** Formación de los cráteres lunares. Vgl. AJB **53** Ref. **7371**. — Besprechung in JBAA **65** 313 (P. Moore).

7371. **I. Ruud,** Experiments concerning lunar formations. Sky and Telescope **14** 415—417, mit 6 Fig. — Verf. beschreibt einige Experimente zur Theorie der Entstehung der Mondformationen durch Kontraktion. Behr

7372. **P. F. Sabanejew,** Über die Entstehung der kleinen Krater auf der Mondoberfläche. Bull. Astr.-Geod. Ges. UdSSR Nr. 16 S. 19—22 (russisch). — Ref. in RJ Astr. Geod. UdSSR 1956 Nr. 1 S. 115—116.

7373. **H. C. Urey,** Some criticisms of «On the origin of the lunar surface features» by G. P. Kuiper. Proc. National Acad. Sci. USA **41** 423—428. — Ausführliche Kritik an Kuipers Vorstellungen über die Entstehung der Mondformationen (vgl. AJB **54** Ref. **7350**). Als Hauptergebnis kommt Verf. zu dem Schluß, daß Kuipers Annahme, der Mond habe sich vor Bildung der Formationen infolge radioaktiver Aufheizung im geschmolzenen Zustand befunden, nicht richtig sein kann. Böh.

7374. **H. P. Wilkins, P. Moore,** The Moon. A Complete Description of the Surface of the Moon, containing the 300-inch Wilkins Lunar Map. London, Faber & Faber Ltd.; New York, Macmillan Co., 1955. 388 S.

mit zahlreichen Fig. und 16 Tafeln. Preis 63 s. bzw. $ 12.00. — Besprechung in Irish AJ **4** 32—33, JBAA **66** 177—179 (K. W. Abineri, D. W. G. Arthur), J. British Interplanetary Soc. **15** 124 (A. Coleman), Mem SA It (NS) **27** 413 (A. Fresa), Sky and Telescope **15** 176, 265—266, Sternenbote **8** 24, Urania Barcelona **41** 71—72 (A. Romañá), Urania København **13** 20.

7375. **H. P. Wilkins,** Recent research on the moon — 2. Bubbles and streaks. J. British Interplanetary Soc. **14** 133—136, mit 2 Fig. — Ref. in Nature **176** 447—448.

7376. Lunar mountain heights. Sky and Telescope **15** 3.

7377. **Mitteilungen über Mondformationen**

Coelum **23** 18—19, mit 4 Fig. Sul dibattito circa il «ponte lunare». U. Ranzi. — Aus einigen am 13. und 14. Okt. 1954 ausgeführten Beobachtungen des Mondes findet Verf. zwei kleine Krater an der Stelle, wo O'Neill und Wilkins die «Brücke» festgestellt haben. Cester

Coelum **23** 20—21, mit 3 Fig. Appunti intorno alla zona compresa fra il mare Crisium e la Palus Somnii — Il ponte lunare. L. Chincarini. — Verf. zeigt drei zwischen August und Oktober ausgeführte Zeichnungen der Gegend um die «Brücke» des Mondes; er behauptet, daß zwei kleine unvollständige Krater die Figur der Bogen einer Brücke hervorbringen könnten. Cester

Coelum **23** 21—24, mit 2 Fig. Paesaggi lunari obliqui visti di fronte. — Verf. gibt eine Vereinfachung des Verfahrens von Delmotte, um den Perspektiveeffekt der nicht in der Mitte der Mondscheibe sich befindenden Gegenden zu beseitigen. Er zeigt eine Aufnahme des «Mare Crisium» nach dieser Methode. Cester

Coelum **23** 39—43, mit 1 Tafel. Nuove osservazioni sul «ponte lunare». G. Ruggieri.

Coelum **23** 111—115, mit 3 Fig. Ombre e fenomeni sulla luna. G. de Mottoni.

Hemel en Dampkring **53** 5—8, mit 4 Fig. De maanbrug. H. de Meyer. — Beobachtungen des Verf. beweisen die Richtigkeit der von H. B. Brenske vorgeschlagenen Deutung der «Mondbrücke» im Mare Crisium als Täuschung durch eine beschattete Terrasse. Gü.

JBAA **65** 83—84. Moretus. K. W. Abineri, A. P. Lenham.

JBAA **65** 160—166, mit 1 Fig. und 1 Tafel. Lunar banded craters. K. W. Abineri, A. P. Lenham.

JBAA **65** 167—169, mit 2 Fig. Observation of two lunar formations: Licetus and the Rheita Valley. K. W. Abineri, A. P. Lenham.

JBAA **65** 204—206, mit 1 Fig. The relation between Herodotus and Schröter's Valley. A. P. Lenham, P. Moore.

JBAA **65** 232, mit 1 Tafel. Schickard. A. P. Lenham, K. W. Abineri.

JBAA **65** 241—246, mit 7 Fig. The Copernicus ray system. A. P. Lenham.

JBAA **65** 305. The lunar formation Wilhelm Humboldt. A. N. Neate.

JBAA **65** 347—348. Banded lunar craters. E. A. Whitaker. — Ref. BAA.

JBAA **66** 25—26, mit 1 Tafel. Bailly. A. P. Lenham, K. W. Abineri.

JBAA **66** 26—31, mit 1 Tafel. A study of the valley system radial to Mare Imbrium. G. Fielder.

Mitt. Planetenbeobachter **8** 17—18. Das Objekt «Mondbrücke». H. Oberndorfer.

Mitt. Planetenbeobachter **8** 48, mit 1 Fig. Objekt «Mondbrücke». H. Oberndorfer.

Mitt. Planetenbeobachter **8** 48, 52 mit 1 Fig. Der Schattenbogen im Mare Crisium. H. B. Brenske.

Orion Schaffhausen **4** 480—484, mit 5 Fig. Le «pont» lunaire. S. Cortesi.

Sky and Telescope **14** 221—223, 239 mit 4 Fig. Three riddles of Plato. J. T. Carle. — Ref. in Coelum **23** 144.

Sky and Telescope **14** 254. A reported lunar change.

Sky and Telescope **14** 518, mit 1 Fig. A drawing of the lunar Straight Wall. C. F. Capen jr.

Sky and Telescope **14** 520, mit 2 Fig. Lady in the moon. B. H. Freeland.
Sterne **31** 59—62, mit 5 Abb. Das Problem der «Mondbrücke». H. Oberndorfer.
Strolling Astronomer **9** 11—12. On a reported marking in Piccolomini. J. R. Smith.
Strolling Astronomer **9** 22—24, 46—48, 95—96, 118—120, 142—144, mit 6 Fig. Observations and comments.
Strolling Astronomer **9** 34—35, mit 1 Fig. The Straight Wall fault-scarp. C. F. Capen jr.
Strolling Astronomer **9** 54—57, mit 5 Fig. Object Beta: a case of identity. J. C. Bartlett jr.
Strolling Astronomer **9** 71—72, mit 1 Fig. The children of Copernicus? H. G. Allen.
Strolling Astronomer **9** 96. Schiller.
Strolling Astronomer **9** 119. The «dark line» in Piccolomini.
Strolling Astronomer **9** 120. Linné.
Strolling Astronomer **9** 120. Longomontanus, Bohnenberger, Cepheus, Sacrobosco, and Eratosthenes.
Strolling Astronomer **9** 120. Wargentin.
Strolling Astronomer **9** 142—143. Gassendi.
Strolling Astronomer **9** 143. Messala, Geminus, Cleomedes, Vieta and Burckhardt.
Strolling Astronomer **9** 143—144, mit 1 Fig. Unusual appearance in Aristarchus.
Strolling Astronomer **9** 144, mit 1 Fig. Archimedes.
Strolling Astronomer **9** 144. Bullialdus.
Urania Barcelona **40** 226—238, mit 10 Fig. Observaciones lunares.
VdS Nachrichtenblatt **4** 46—47. Die Spalten im Vendelinus. H. B. Brenske.
Vega **2** Nr. 27 S. 1—2, mit 1 Fig. On a remarkable French lunar discovery. R. Baum.
Vega **2** Nr. 29 S. 2. An apparent twilight in the lunar formation Copernicus.

§ 74

Mars

7401. Astrometrische Beobachtungen

Greenwich Astronomical Results 1944, A10. Observed right ascensions, declinations and diameters.
Desgl. für 1946, A18.
Rend. Accad. Sci. Fis. Mat. Soc. Nazionale Sci. Lettere Arti Napoli (4) **22**, 8 S. = Oss. Astr. Capodimonte-Napoli Oss. **1** Nr. 3. Determinazione meridiane di ascensioni rette di pianeti e pianetini. R. Barbatelli.
TAB (2) Nr. 74 S. 733—738. Vgl. Ref. **7301**.

7402. Physische Beobachtungen

El Universo Nr. 30 S. 33—38, mit Bild und 5 Fig. Areografía mexicana. E. López López, F. J. Escalante.
Gaz astr **37** 1—7, mit 2 Fig. Observations de Mars en 1954. W. Sandner.
Irish AJ **3** 153—156. Observing the planet Mars in South Africa. A. P. Fitz-Gerald.
Mitt. Planetenbeobachter **8** 2—6, mit 6 Fig. Mars 1954. W. Carnuth.
Mitt. Planetenbeobachter **8** 18—19. Mars-Auslandsberichte. W. Carnuth.
Rev. Astr. Nr. 135 S. 126—130, mit 6 Fig. Observación de Marte en su última oposición. J. L. Sersic.

Rev. Astr. Nr. 135 S. 162. mit 1 Fig. Marte.
RH **36** 87—88, mit 1 Abb. (tschechisch). Die Beobachtung des Planeten Mars im Jahre 1954. P. Sommer.
RH **36** 254—256, mit 1 Abb. (tschechisch). Photographic results of observation of Mars at the opposition 1954. J. Klepešta.
Sterne **31** 74. Mars 1954. A. Neckař.
Strolling Astronomer **9** 8—11, mit 2 Fig. Mars, 1954 — 5 areas of interest. D. P. Avigliano.
Strolling Astronomer **9** 35—42, mit 36 Fig. Mars 1954 — report on colors. D. P. Avigliano.
Strolling Astronomer **9** 73—81, mit 36 Fig. Mars, 1954 — Report Nr. 2, part 1. D. P. Avigliano.
Strolling Astronomer **9** 101—110, mit zahlreichen Fig. Mars, 1954 — Report Nr. 2, part 2. D. P. Avigliano.
Urania Kraków **26** 373—375. Niektóre wyniki barwnych obserwacji Marsa 1954 uzyskane przez Ludowe Obserwatorium w Prościejowie (Č. S. R.).
Vega 26 S. 2. Mars, 1954. Mount Wilson Observatory studies. R. Baum.
Zprávy Okr. lid. hvězdarny Prostějově **2** Nr. 6 S. 1—3. Pozorování planety Marsu v letech 1950—1954 na Okresní lidové hvězdárně v Prostěiově. — Ref. in RJ Astr. Geod. UdSSR 1956 Nr. 9 S. 52.

7403. **R. Barker,** The ash theory of Martian features. JBAA **65** 235—236. — Es werden gegen die McLaughlinsche Theorie der Erklärung der Mare Bedenken geäußert. Besonders wird hervorgehoben, daß das im Frühling mit dem Rückgang der Polkappe einsetzende und äquatorwärts gerichtete Dunklerwerden nur im Rahmen der Vegetationstheorie verstanden werden kann. Es ist ferner unrealistisch anzunehmen, daß die Vulkane — deren Existenz wegen der Glätte der Marsoberfläche sowieso fraglich ist — von Jahr zu Jahr so tätig sind, wie es zur Aufrechterhaltung des Maremusters erforderlich ist. Loh.

7404. **J. Bobone,** Oposiciones de Marte. Rev. Astr. Nr. 135 S. 98—102, mit 2 Fig.

7405. **W. Büdeler,** Mars. Murnau, Verlag Sebastian Lux, 1954. 56 S. mit Abb. — Besprechung in Weltraumfahrt **6** 65 (H. K. Kaiser).

7406. **M. Daisomont,** Que savons nous des Martiens? Ostende, Selbstverlag, 1955. 12 S. mit 1 Fig. Preis bfr 12. — Besprechung in Ciel et Terre **71** 111—112, Gaz astr **37** 14, Orion Schaffhausen **4** 368—369.

7407. **A. P. FitzGerald,** Mars. S. African J. Sci. **51** 180—186. — Allgemeinverständlicher Aufsatz mit Marsaufnahmen aus den Jahren 1939 und 1941.

7408. **J. Gadomski,** Pod niebem innych planet. Posuwamy się dalej w głąb systemu planetarnego. Mars. Urania Kraków **26** 161—164, mit 3 Fig. und 1 Tafel.

7409. **J. Grandjean, R. M. Goody,** The concentration of carbon dioxide in the atmosphere of Mars. ApJ **121** 548—552. — Ref. in Coelum **23** 173. — Ältere Beobachtungen von Kuiper der bei 1.575 μ und 1.605 μ gelegenen Rotationsschwingungsbanden des Kohlendioxyds der Marsatmosphäre werden erneut diskutiert. Es wird der Volumenanteil des Gases unter Berücksichtigung der Feinstruktur der Banden und der Profile der Rotationslinien ermittelt. Unter der Annahme, daß der Atmosphärendruck an der Marsoberfläche 100 mb beträgt, wird gefunden, daß der Volumenanteil des Kohlendioxyds 50mal größer als in der Erdatmosphäre ist. Micz.

7410. **P. Guérin,** Les indices de vie végétale sur Mars. La Nature **83** 194—197, mit 3 Fig.

7411. **R. Hosfeld,** Photoelectric isophotes of Mars. AJ **60** 164. — Ref. AAS.

7412. **P. James,** Martian vegetation. J. British Interplanetary Soc. **14** 290—291. — Brief an die Schriftleitung über die Erzeugung und den Verbrauch von Sauerstoff und den vermuteten Assimilationsprozeß. Loh.

7413. **H. L. Johnson, A. J. Gardiner,** The magnitude and color of Mars during the 1954 opposition. Publ ASP **67** 74—77, mit 3 Fig. — Ref. in Sky and Telescope **14** 406. — Lichtelektrische Beobachtungen im U, B, V-System ergaben nach Anbringen der Phasenkorrektion einen Rotationslichtwechsel mit etwa $0^{m}_{.}1$ Amplitude und mit gleichzeitiger Änderung des Farbenindex. O. G.

7414. **N. A. Kosyrew,** Erklärung der Farbe von Mars aus spektralen Eigenschaften seiner Atmosphäre. Mitt. Astrophys. Obs. Krim **15** 147—152, mit 3 Abb. (russisch). — Im Sommer 1954 hat Verf. mit dem 50-Zöller des Astrophys. Obs. Krim Spektrogramme von Syrtis Major und des ihm im Westen benachbarten Landes aufgenommen und diese spektralphotometrisch an die Sonne angeschlossen. Danach besitzt auch das Mare eine rote Farbe und erscheint nur im Kontrast mit dem Land grünlich. Der physikalische Hauptunterschied zwischen beiden ist unterschiedliches Reflexionsvermögen, ihre Färbung ist eine Folge der spektralen Eigenschaften der Atmosphäre. Nur Dank einer großen Stauberfüllung der Atmosphäre erhält ein Oberflächenteil eine rötliche Tönung. Loh.

7415. **I. Kowal,** Einige Ergebnisse von Marsbeobachtungen während der Opposition 1954. Astr Circ UdSSR Nr. 159 S. 9—11 (russisch). — Aus dem Beobachtungsmaterial der Jahre 1939, 1952 und hauptsächlich 1954 mit der Mond-Sonne-Kamera am 20 cm-Refraktor von Charkow (Äquivalentbreite 25 m) wurde der Glättekoeffizient der Mare bestimmt: $q = 0.5$. Da für die Länder $q = 1.0$ ist, muß zwischen den Oberflächen der beiden Formationen ein wesentlicher Unterschied ihrer physikalischen Eigenschaften bestehen. Loh.

7416. **G. P. Kuiper,** On the Martian surface features. Publ ASP **67** 271—282, mit 1 Tafel. — Dänische Übersetzung von K. A. Thernöe in NAT 1956 S. 19—29, mit 1 Fig., Ref. in Coelum **24** 55—56, Southern Stars **17** 15. — Im Zusammenhang mit der kommenden günstigen Opposition des Mars werden die bisherigen Beobachtungen der Marsoberfläche sowie die betreffenden Hypothesen einer kritischen Revision unterzogen. Hunger

7417. **I. M. Levitt,** Mars clock and calendar. J. Calendar Reform **25** 117—119. — Eine von der Hamilton Watch Company konstruierte Uhr zeigt den Zeitablauf gleichzeitig für Erde und Mars nach Jahr, Monat und Tag. Das 668.6 Marstage dauernde Marsjahr ist in Parallele zum irdischen Jahr in zwölf Marsmonate zu 56 und 55 Tagen eingeteilt. Zu Vorführungszwecken kann der Ablauf der Uhr auf das 2000fache des normalen Zeitablaufs beschleunigt werden. U. Baehr

7418. **D. B. McLaughlin,** Changes on Mars, as evidence of wind deposition and volcanism. AJ **60** 261—270, mit 9 Fig. — Ref. in Coelum **24** 24. — Gewisse Veränderungen auf der Marsoberfläche werden zurückgeführt auf die Wirkung monsunartiger Winde, andere auf Vulkanausbrüche. Beispiele werden angeführt und gezeigt, daß die Vulkanhäufigkeit nicht wesentlich größer ist als auf der Erde. Verschiebungen der Grenzen der Mare werden erklärt als Folge von Niederschlägen von Wüstenstaub oder Vulkanasche, wobei teilweise eine jahreszeitliche Umkehr der Windrichtungen eine Rolle spielt. Fricke

7419. **D. B. McLaughlin,** Additional evidence of volcanism on Mars. Bull. Geol. Soc. America **66** 769—772. — Ref. in RJ Astr. Geod. UdSSR 1956 Nr. 1 S. 114.

7420. **D. B. McLaughlin,** Changes on Mars, interpreted as evidence of volcanism. Publ ASP **67** 15—16. — Verf. hatte früher(vgl. AJB **54** Ref. **7423**) Oberflächeneinzelheiten des Mars als Ablagerungen von dunkler vulkanischer

Asche im Zusammenhang mit der Annahme eines bestimmten Windsystems in der Marsatmosphäre erklärt. Er zeigt jetzt, daß einige der auf Mars beobachteten Änderungen nach dieser Hypothese leicht zu verstehen sind. O. G.

7421. **P. Moore,** The planet Mars. J. British Interplanetary Soc. **14** 65—84, mit 5 Fig. — Allgemeinverständlicher Vortrag vor der BIS.

7422. **G. de Mottoni,** Le opposizioni di Marte e la loro importanza per gli studi areografici. Coelum **23** 80—81, 107—111, mit 1 Fig. — Verf. betrachtet folgende Elemente, die die «Güte» einer Marsopposition beeinflussen: die Höhe, der scheinbare Durchmesser, die Beobachtungsdauer. Indem er jedem einen Leistungsfaktor zuschreibt, kann man aus der Gesamtheit derselben ein besseres Urteil über jede Opposition abgeben. Cester

7423. **G. de Mottoni,** Osservazioni del pianeta Marte durante l'opposizione dell'anno 1952. Mem. Ist. Lombardo Sci. Lettere Cl. Sci. Mat. Nat. (3) **15** 125—172, mit 4 Tafeln = Pubbl. Oss. Astr. Milano-Merate (NS) Nr. 8. — Ref. in BSAF **70** 352. — Bericht über die Beobachtungen von Mars während der Opposition im Jahre 1952.

7424. **G. de Mottoni,** Sulla grande opposizione di Marte del 1956. Mem SA It (NS) **26** 351—353. — Betrachtungen über günstige Beobachtungsmöglichkeiten von Mars für Italien während seiner Opposition 1956; diese wird annähernd die Opposition 1877 wiederholen, als Schiaparelli seine ersten denkwürdigen Beobachtungen ausführte. Cester

7425. **Nelson,** There is Life on Mars. London, Werner Laurie, 1955. Preis 12s. 6d. — Besprechung in Spaceflight **1** 43—44 (A. E. Slater).

7426. **I. A. Parschin,** Konferenz über die bevorstehenden Mars-Beobachtungen während der großen Opposition 1956. Bote Univ. Leningrad Nr. 11 S. 153—154 (russisch). — Ref. in RJ Astr. Geod. UdSSR 1956 Nr. 6 S. 53.

7427. **E. Pettit, R. S. Richardson,** Observations of Mars made at Mount Wilson in 1954. Publ ASP **67** 62—73, mit 3 Fig. — Ref. in Coelum **23** 144—145. — Mit einer Filmkamera wurden Aufnahmeserien im Cassegrain-Fokus des 60 inch- und im Coudé-Fokus des 100 inch-Teleskops erhalten. Verf. beschreiben die Aufnahmetechnik und teilen Ergebnisse aus den besten Aufnahmen mit. Sieben bekannte Kanäle waren zeitweise zu erkennen. Für eine neue dunkle Region und für beobachtete Wolken werden Lage und Begrenzung angegeben. Das Aufklaren im Blauen fiel wie in früheren Jahren nahe mit dem Datum der Opposition zusammen. O. G.

7428. **T. Saheki,** Martian phenomena suggesting volcanic activity. Sky and Telescope **14** 144—146, mit 6 Fig. und einem Nachwort von D. B. McLaughlin. — Ref. in Coelum **23** 119, NAT 1955 S. 68—69. —Nach der Beschreibung japanischer Beobachtungen von grauen Wolken und Aufblitzungen auf dem Mars wird in einer kurzen Stellungnahme zur Erklärung des Blitzphänomens vulkanischer Ursprung plausibel gemacht; anderen Deutungsmöglichkeiten stellen sich Schwierigkeiten entgegen. Loh.

7429. **W. Scharonow,** Versuch eines direkten visuellen kolorimetrischen Vergleichs des Mars mit der Sonne. Astr Circ UdSSR Nr. 161 S. 13—14 (russisch). — Nach einem vom Verf. früher angegebenen Verfahren (vgl. AJB **53** Ref. **7023**) wurde Mars in der Opposition 1954 kolorimetrisch verfolgt. Zwei methodisch etwas unterschiedliche Serien ergaben für Juni bis Anfang Juli relativ zur Sonne im Mittel einen Farbenindex von $0^{m}_{.}74$, für Mitte Juli $0^{m}_{.}96$. Loh.

7430. **W. M. Sinton,** New findings about Mars. Sky and Telescope **14** 360—363, mit 7 Fig. — Ref. in Coelum **24** 23—24, BSAF **69** 441—442, Vasiona **3** 67—68. — Es wird darüber berichtet, in welcher Weise die internationale Zusammenarbeit organisiert war, um die günstige Marsopposition vom Jahre 1954 beobachtungsmäßig möglichst auszunutzen. Einige auffallende Änderungen auf der Oberfläche des Planeten werden an Hand von Aufnahmen aus dieser und aus früheren Oppositionen vor Augen geführt und erörtert. Während Gelb- und Rotaufnahmen die Struktur der Marsoberfläche erkennen lassen, zeigen Blauaufnahmen meist nur Gebilde in der Marsatmosphäre, und auf solchen konnte man das Entstehen und Vergehen von Wolken studieren. Auch Temperaturmessungen wurden durchgeführt. Der Vorteil der internationalen Zusammenarbeit einer Anzahl von möglichst gleichmäßig in Länge über die Erde verteilten Observatorien wird besonders in Hinblick auf die Marsopposition vom Jahre 1956 dargelegt. H. M.

7431. **A. E. Slater,** The volcanic theory of Martian green areas. J. British Interplanetary Soc. **14** 319—323. — Verf. berichtet über einige Arbeiten McLaughlins zur Entstehung und Erklärung der dunklen Flächen auf dem Mars durch Ablagerungen der von Windströmungen mitgeführten Absonderungen vulkanischer Herkunft, nachdem sich auch gezeigt hat, daß der Vegetationshypothese gewisse Schwierigkeiten erwachsen sind. Ergänzend weist Verf. darauf hin, daß die McLaughlinsche Theorie im allgemeinen zwar mit dem Befund polarimetrischer Messungen verträglich ist, daß aber eine Beobachtung Lyots (1926) übersehen worden ist, nach der eine Fläche um das Mare Chronium eine Polarisation zeigt, die einem Belag mit in vertikaler Richtung verlängerten Objekten eigen ist. Loh.

7432. **E. C. Slipher,** New light on the changing face of Mars. Nat. Geogr. Mag. **108** 427—436. — Ref. in RJ Astr. Geod. UdSSR 1956 Nr. 8 S. 6.

7433. **R. de Terwangne,** La planète Mars, notre voisine actuelle. Gaz astr **37** 41—44.

7434. **K. A. Thernöe,** De fysiske forhold på Mars. NAT 1955 S. 2—15, mit 2 Fig. — Zusammenfassende Darstellung der neueren Ergebnisse der Marsforschung. Verf. stützt sich im wesentlichen auf die Arbeiten und Übersichten von Kuiper, McLaughlin und de Vaucouleurs. C. L. J.

* * **G. A. Tichow,** Is life possible on other planets? Vgl. Ref. **7023.**

7435. **G. de Vaucouleurs,** Physics of the Planet Mars. Vgl. AJB **54** Ref. **7439.** — Weitere Besprechung in Astronomia Popular **1** Nr. 2 S. 35, Endeavour **15** 103—104 (H. Spencer Jones), Hemel en Dampkring **54** 207—208 (A. J. M. Wanders), Obs **76** 30—31 (M. W. Ovenden), Strolling Astronomer **9** 113 (W. E. Shawcross).

7436. **Å. Wallenquist,** Planeten Mars. Stockholm, Almqvist & Wiksell, 1955. 104 S. Preis Schw. Kr. 13. — Besprechung in NAT 1955 S. 146—147, PAT **37** 79, Urania København **13** 20.

7437. **Å. Wallenquist,** Planeten Mars. En översikt av dess fysiska förhållanden. PAT **36** 93—111, mit 16 Fig. — Allgemeinverständliche Darstellung der Ergebnisse der Marsforschung. C. L. J.

7438. **W. A. Webb,** Analysis of the Martian canal network. Publ ASP **67** 283—292, mit 1 Fig. — Die auf den Marskarten von Trumpler und Lowell eingezeichneten Netze von Kanälen werden einer statistischen Analyse unterworfen. Es zeigt sich, daß diese Netze in gewisser Hinsicht Ähnlichkeiten mit dem Eisenbahnnetz in den U. S. A. besitzen. Hunger

7439. **R. v. d. R. Woolley, K. Gottlieb, W. Heintz, A. de Vaucouleurs,** Monochromatic magnitudes of Mars in 1954. MN **115** 57—59, mit 1 Fig. — In 40 Nächten wurden 1954 wieder monochromatische Helligkeiten des Planeten Mars für sieben Wellenlängen zwischen 4050 und 6360 Å aus Spektralaufnahmen bestimmt und hieraus die monochromatischen Phasenkoeffizienten und die Werte der sphärischen Albedo berechnet. Während die neuen Phasenkoeffizienten bis zu 38 % unter den 1952 gefundenen liegen, steigt die Albedo im genannten Spektralbereich wieder von 0.038 auf 0.24. Gü.

7440. Rotaciones de Marte y la Tierra. Rev. Astr. Nr. 133 S. 84.

7441. Martian observations from a balloon. Sky and Telescope **14** 101. — Ref. in Coelum **23** 122—123.

7442. Schroeter's observations of Mars. Sky and Telescope **14** 140, mit 1 Fig.

7443. Photoelectric mapping of Mars. Sky and Telescope **14** 370, mit 1 Fig. — Ref. AAS.

7444. Zmiany południowej czapy polarnej Marsa w opozycji 1954. Urania Kraków **26** 312—313, mit 1 Fig.

7445. Opet o Marsu. Vasiona **3** 88.

§ 75

Kleine Planeten

7501. Ephemeriden Kleiner Planeten für das Jahr 1956. Herausgegeben vom Institut für Theoretische Astronomie der Akademie der Wissenschaften der UdSSR. Moskau-Leningrad, Verlag Akad. Wiss. UdSSR, 1955. 178 S. (russisch). — Inhalt: 1. Elemente von 1608 Kleinen Planeten; 2. Oppositionsdaten; 3. Ephemeriden von 1210 Kleinen Planeten, die 1956 in Opposition kommen; 4. Ephemeriden zur physischen Beobachtung heller Kleiner Planeten; 5. Tabellen über den Stand der Beobachtungen Kleiner Planeten; 6. Verzeichnis von Kleinen Planeten, deren Beobachtung 1956 besonders erwünscht ist. Loh.

* * **N. A. Bochan,** Die Integration der Bewegungsgleichungen Kleiner Planeten an Lochkartenmaschinen. Vgl. Ref. **4205**.

7502. C. Cailliatte, De l'effet cylindrique sur la période de rotation photométrique de l'astéroïde (433) Éros. CR **240** 489—491. — En discutant les observations de minimum d'éclat d'Éros pendant les oppositions de 1930 à 1952, on trouve que la durée photométrique de la période de rotation de la planète dépend, non seulement de la variation de position du méridien astrographique origine, mais aussi de celle des différences d'ascension droite et de déclinaison érocentriques du soleil et de la terre. Verf.

7503. C. Cailliatte, Essai de détermination des éléments physiques de quelques astéroïdes. CR **241** 1025—1027. — Für die Planeten 4 Vesta, 7 Iris, 15 Eunomia, 39 Laetitia und 44 Nysa werden aus den lichtelektrischen Messungen Kuipers und seiner Mitarbeiter sowie anderen photometrischen Beobachtungen die Elemente des Lichtwechsels und die Lage des Rotationspols abgeleitet. Böh.

7504. C. Cailliatte, Théorie des astéroïdes caractéristiques (II). Application à une commensurabilité d'ordre deux. Etude de (335) Roberta. JO **38** 65—84. — Verf. wendet seine Integrationsmethode (JO **30** 62, AJB **47** Ref. **3204** und JO **34** 74, AJB **51** Ref. **7507**) auf die Hestia-Gruppe an und gibt als Beispiel eine genäherte Theorie des Planeten 335 Roberta. Böh.

7505. W. Jahn, Bericht über Helligkeitsbeobachtungen Kleiner Planeten. Mitt. Planetenbeobachter **8** 6—8.

7506. **E. E. Kühne,** Verbesserte Bahnelemente für den Kleinen Planeten (1221) Amor. AN **282** 89—90 = Mitt. Astr. Recheninst. Deutsch. Akad. Wiss. Berlin. — Aus den Erscheinungen des Amor in den Jahren 1932, 1940 und 1948 werden unter Berücksichtigung der Störungen von Venus bis Saturn nach der Polarkoordinatenmethode (Hansen) neue Elemente abgeleitet, die die Beobachtungen innerhalb der Beobachtungsfehler befriedigend darstellen. Verf.

7507. **V. V. Michkovitch,** Découvertes des planétoides. Annuaire de notre ciel pour l'an 1956. Beograd 1955 S. 136—140, mit 2 Fig. (serbisch).

* * **R. S. Mitrinowitsch,** Die Bedeutung der Kreisbahn bei der Identifizierung Kleiner Planeten. Vgl. Ref. **4504**.

7508. **R. S. Mitrinowitsch,** Identifying of a minor planet. Bull. Soc. Math. Phys. Serbie **5** Nr. 3—4 S. 121—125, 1953 (serbisch mit englischer Zusammenfassung).

7509. **P. Naur,** Notes on the observing of 51 Nemausa during 1955—56. Copenhagen Observatory, September 1955. 2 S. mit 1 Karte (angezeigt in UAI Circ 1522).

7510. **S. S. Provin jr.,** Preliminary observations of the polarization of asteroids. Publ ASP **67** 115. — Ref. ASP.

7511. **H. Rantaseppä,** Genaue photographische Positionen Kleiner Planeten. Ann. Univ. Turku (A) **20** Nr. 2, 33 S. = Astr.-Opt. Inst. Univ. Turku Informo Nr. 12. — Enthält etwa 500 genaue Positionen von in Turku bis 1938 entdeckten Kleinen Planeten.

7512. **W. G. Rijwes,** Photometrische Beobachtungen Kleiner Planeten von 1950 bis 1954. Publ. Astr. Obs. Tartu **33** Nr. 1 S. 62—69 (russisch). — Für 79 Kleine Planeten werden aus photographischen Beobachtungen zum Teil in zwei Oppositionen die absoluten Helligkeiten abgeleitet. Auf die Veränderlichkeit einiger Kleiner Planeten wird aufmerksam gemacht. Loh.

7513. **N. S. Samojlowa-Jachontowa,** Bericht über die Arbeiten an Kleinen Planeten 1953. BIA **6** 1—7 (russisch).

7514. **N. S. Samojlowa-Jachontowa,** Die Kleinen Planeten 1954. BIA **6** 157—161 (russisch). — Bericht über die Ergebnisse der Beobachtungs- und Ephemeridenarbeit nebst kurzer Literaturübersicht. Verf. (übersetzt)

7515. **E. W. Sandakowa,** Über die Farbenindizes der Kleinen Planeten. Astr Circ UdSSR Nr. 163 S. 3—7 (russisch). — Zusammenstellung der Farbenindizes und der Größe g_0 folgender Kleiner Planeten: 2*, 3*, 4, 6*, 7, 8, 9*, 10*, 11*, 12, 13, 14, 16, 17, 18, 19, 20, 23, 27*, 28, 29, 30, 31, 32, 39, 40*, 41, 44*, 45, 52, 53, 60, 63, 79, 81, 85, 97, 115*, 124, 130, 134, 135, 185, 194, 216*, 234, 247, 270, 337, 354, 356, 372, 416, 532, 737, 779. Bei den mit * versehenen Kleinen Planeten ist auch der Phasenkoeffizient angegeben. Die Asteroiden sind umso röter, je kleiner sie sind. Die Helligkeitsschwankungen entstehen durch die unregelmäßige Form der Planetoiden. Loh.

7516. **G. E. Taylor,** The prediction of occultations of stars by minor planets. JBAA **65** 84—90, mit 3 Fig. — Nach einer numerisch-graphischen Methode wird der Verlauf der Zone auf der Erdoberfläche, für die ein Stern von einem Kleinen Planeten bedeckt wird, bestimmt. T. L.

7517. Photometrie der Kleinen Planeten. Astr. Nachr. Athen **6** 13 (griechisch). — Ref. über die lichtelektrischen Untersuchungen des Lichtwechsels der Kleinen Planeten von Kuiper und Mitarbeitern. Mawridis

7518. Los Troyanos. Astronomia Popular **1** Nr. 2 S. 32—33, mit 1 Fig.

7519. Ricerche di G. P. Kuiper sugli asteroidi. Coelum **23** 136—139, mit 4 Fig.

7520. Ephémérides physiques pour 1955 des petites planètes Ceres, Pallas, Junon. DOB Circ Nr. **6** S. 4.

7521. Documents pour l'étude physique des petites planètes. DOB 8 Nr. 1, Fasc. 2, 4 S., Nr. 2 Fasc. 2, 4 S., Nr. 3, Fasc. 2, 4 S., Nr. 4, Fasc. 2, 4 S., Nr. 5, Fasc. 1, 8 S., Nr. 6, Fasc. 1, 4 S., Nr. 7, Fasc. 2, 4 S., Nr. 8, Fasc. 2, 4 S., Nr. 9/10, Fasc. 2, 8 S., Nr. 11, Fasc. 2, 4 S., Nr. 12, Fasc. 1, 4 S. mit 43 Fig.

7522. Vesta bedekte een ster. Hemel en Dampkring **53** 122. — Notiz über die Bedeckung von BD +19°945 durch Vesta 1954 Dez. 22, beobachtet in Californien. Gü.

7523. Rotation of asteroids. Irish AJ **3** 161—162.

7524. «Lost» planet «found» by electronic brain. J. Franklin Inst. **259** 181—182. — Betrifft 152 Atala.

7525. Asteroid photometry. Sky and Telescope **14** 192. — Ref. in NAT 1955 S. 67.

7526. Zmiany blasku planetoid. Urania Kraków **26** 270.

7527. Kako je pronadena planeta «Srbija». Vasiona **3** 53—56. — Bericht über die Entdeckungsgeschichte des Kleinen Planeten 1564 Srbija. Loh.

7528. Bright asteroids. YC 1350 S. 3—4. — Verzeichnis und zwei Ephemeriden.

7529. **Meridiankreisbeobachtungen Kleiner Planeten**

Greenwich Astronomical Results 1942 A 14, 1944 A 11, 1946 A 20. — Vesta.

Rend. Accad. Sci. Fis. Mat. Soc. Nazionale Sci. Lettere Arti Napoli (4) **22**, 8 S. = Oss. Astr. Capodimonte-Napoli Oss. 1 Nr. 3. Determinazione meridiane di ascensioni rette di pianeti e pianetini. R. Barbatelli. — Ceres und Vesta.

TAB (2) Nr. 73 S. 731—732. Meridian observations of the right ascension of minor planets during the year 1954. S. Nakano, H. Yasuda, H. Hara. — Ceres, Pallas, Juno, Vesta.

7530. Nachweis der Beobachtungen und Berechnungen Kleiner Planeten

Außer dieser Liste ist noch die Zusammenstellung von H. Rantaseppä mit etwa 500 genauen Positionen Kleiner Planeten (vgl. Ref. **7511**) einzusehen.

Zeichenerklärung:

* = genäherter Ort, Id = identisch, Eph = Ephemeride, El = Elemente

Abkürzung des Beobachtungsortes

Abastumani	Aba	Kasan	Kas	Pulkowo	Pul
Algier	Alg	Kiel	Kil	Richmond Hill	RiH
Alma Ata	AlA	Kiew	Kiw	Rom	Rom
Arcetri	Arc	Kitab	Kit	Rostow	Ros
Athen	Ath	Kobe	Kob	Rutherford	Rut
Babelsberg	Bab	Kodaikanal	Kod	San Fernando (Cadiz)	SFe
Barcelona	Bar	Königsberg	Kön	Santiago	San
Belgrad	Bel	Kopenhagen	Kop	Saragossa	Sar
Bergedorf	Bgf	Krakau	Kra	Saratow	Saw
Berkeley	Bky	Kutschino	Kut	Sarreguemines	Sag
Besançon	Bes	Kyoto	Kyo	Schwäbisch-Hall	SHa
Blaye	Bla	Lagny	Lag	Seto-Mura	SMu
Bloemfontein	Blf	La Plata	LaP	Simada	Sia
Bloomington	Blo	Leiden	Lei	Simeïs	Sim
Bordeaux	Bor	Leipzig	Lzg	Sizuoka	Siz
Bosque Alegre	BoA	Lemberg (Lwow)	Lem	Skalnaté Pleso	SPl
Budapest	Bud	Lissabon	Lis	Sonneberg	Son
Buenos Aires	BAi	London	Lon	Spetsai	Spe
Bukarest	Buk	Madrid	Mad	Stalinabad	Sta
Cambridge, Engl.	CaE	Mailand	Mai	Stuttgart	Stu
Cambridge, Mass.	CaM	Moskau	Mos	Suma	Sum
Cape of Good Hope	Cap	Mt. Hamilton	MtH	Sydney	Syd
Castel Gandolfo	CaG	Mt. Palomar	MtP	Tacubaya	Tac
Charkow	Chŵ	Mt. Stromlo	MtS	Tartu	Tar
Charlottesville	Cha	Mt. Wilson	MtW	Taschkent	Tkt
Cordoba	Cor	München	Mün	Teramo	Ter
Düsseldorf	Düs	Nanking	Nan	Tokyo	Tok
Eva Peron	EVA	Neapel	Nap	Tomsk	Tom
Flagstaff	Fla	New Haven	NHv	Toulouse	Tou
Fort Davis	FtD	Nizza	Niz	Triest	Tri
Frauenfeld	Fra	Northfield	Nor	Tucson	Tuc
Golossejewo	Gol	Oak Ridge	Oak	Turin	Tui†)
Greenwich	Gre	Odessa	Oda	Turku	Tuk
Hamburg	Ham	Ohte	Oht	Uccle	Ucc
Headley	Hea	Okayama	Oka	Utrecht	Utr
Heidelberg	Hei	Ottawa	Ott	Warschau	War
Hyderabad	Hyd	Oxford	Oxf	Washington	Was
Innsbruck	Inn	Padua	Pad	Wien	Wie
Istanbul	Ist	Palermo	Pal	Wiesbaden	Wis
Johannesburg	Joh	Paris	Par	Williams Bay	WiB
Joh. Hartebeespoort	JoH	Pittsburgh	Pit	Wilna	Wil
Joh. Yale-Columbia	JoY	Poznań	Poz	Würzburg	Wür
Juvisy	Juv	Prag	Pra	Zô-Sè	ZoS
Karlsruhe	Kar	Pretoria	Pre		

†) In den Jahrgängen AJB **51** S. 218, **52** S. 205 und **53** S. 218 ist in der Tabelle der Sternwarten anstatt Tor für die Abkürzung von Torino Tui zu lesen.

1 Ceres
49: Pulkowo Mitt. Nr. 154 S. 97 Pul. — 51: Kiew Publ. Nr. 6 S. 93 Kiw. Acta Astr. Sinica **2** Nr. 1 Nan. — 52: AN **282** 92 Kar. Astr Circ UdSSR Nr. 158 Kiw. Astr Circ UdSSR Nr. 159 Kut. BAN **12** 267 Lei. Pulkowo Mitt. Nr. 154 S. 90 Pul. TAB (2) Nr. 75 S. 740 Tok*. — 53: Besançon Ann. **4** Fasc. 3 Bes. Córdoba Contr. Nr. 1 Cor. Astr Circ UdSSR Nr. 158 Kiw. Astr Circ UdSSR Nr. 159 Kut. BAN **12** 267 Lei. Pulkowo Mitt. Nr. 154 S. 90, 91 Pul. — 54: MPC 1191 Alg. MPC 1173 Bar. Beograd Bull. **19** Nr. 3, MPC 1205 Bel. Córdoba Contr. Nr. 1 Cor. MPC 1189 Kar*. AN **282** 239 Kar. København Publ. Nr. 165, MPC 1261 Kop. Astr Circ UdSSR Nr. 159 Kut. Acta Astr. Sinica **3** Nr. 1 Nan. Napoli Oss. **1** Nr. 3 Nap (nur α). Mem SA It (NS) **26** 197 = Roma Monte Mario Contr. Nr. 215 Rom. TAB (2) Nr. 73 S. 731 Tok (nur α). Acta Astr. Sinica **2** Nr. 2 ZoS. — 55: MPC 1286 San
Eph (1955) Sky and Telescope **14** 306, Urania Kraków **26** 192, 224[1]), 256, 288

2 Pallas
51: Kiew Publ. Nr. 6 S. 93 Kiw. Acta Astr. Sinica **2** Nr. 1 Nan. Pulkowo Mitt. Nr. 154 S. 91 Pul. — 52: Astr Circ UdSSR Nr. 159 Kut. BAN **12** 267, 268 Lei. Pulkowo Mitt. Nr. 154 S. 91 Pul. — 53: MPC 1191 Alg. Córdoba Contr. Nr. 1 Cor. Acta Astr. Sinica **2** Nr. 2 ZoS. — 54: MPC 1191 Alg. MPC 1205 Bel. Córdoba Contr. Nr. 1 Cor. Astr Circ UdSSR Nr. 159 Kut. Mem SA It (NS) **26** 197 = Roma Monte Mario Contr. Nr. 215 Rom. MPC 1240 San. TAB (2) Nr. 73 S. 732 Tok (nur α). Acta Astr. Sinica **2** Nr. 2 ZoS. — 55: MPC 1272 Alg*. MPC 1292 Bel. MPC 1261 Rom. MPC 1286, 1287 San
Eph (1955) Astr. Nachr. Berlin-Treptow **7** 8, Sky and Telescope **14** 306, Urania Kraków **26** 160, 192

3 Juno
41: Astr Circ UdSSR Nr. 159 Mos. — 50: Astr Circ UdSSR Nr. 159 Kut. Pulkowo Mitt. Nr. 154 S. 98 Pul. — 51: Kiew Publ. Nr. 6 S. 93 Kiw. Astr Circ UdSSR Nr. 159 Kut. Acta Astr. Sinica **2** Nr. 1 Nan. — 52: Astr Circ UdSSR Nr. 159 Kut. BAN **12** 268 Lei. — 53: MPC 1191 Alg. Córdoba Contr. Nr. 1 Cor. Astr Circ UdSSR Nr. 159 Kut. MPC 1240 San. Acta Astr. Sinica **2** Nr. 2 ZoS. — 54: MPC 1192 Alg. MPC 1172 Bar. MPC 1205 Bel. Córdoba Contr. Nr. 1 Cor. AN **282** 239, MPC 1189 Kar. Astr Circ UdSSR Nr. 159 Kut. Mem SA It (NS) **26** 197 = Roma Monte Mario Contr. Nr. 215 Rom. MPC 1240 San. TAB (2) Nr. 73 S. 732 Tok (nur α). Acta Astr. Sinica **2** Nr. 2 ZoS. — 55: MPC 1272 Alg*. MPC 1292 Bel. MPC 1273 Mad*. MPC 1267, 1287 San. MPC 1258 Ucc
Eph (1955) Astr. Nachr. Berlin-Treptow **7** 8, TACL 1299

4 Vesta
42: Greenwich Astr. Results 1942 A 14 Gre. — 44: Greenwich Astr. Results 1944 A 11 Gre. — 46: Greenwich Astr. Results 1946 A 20 Gre. — 50: Pulkowo Mitt. Nr. 154 S. 91 Pul. — 51: Kiew Publ. Nr. 6 S. 93 Kiw. Pulkowo Mitt. Nr. 154 S. 91 Pul. — 52: AN **282** 92 Kar. Pulkowo Mitt. Nr. 154 S. 91 Pul. TAB (2) Nr. 75 S. 739 Tok*. — 53: Córdoba Contr. Nr. 1 Cor. BAN **12** 268 Lei. Acta Astr. Sinica **2** Nr. 2 Nan. MPC 1239, 1240 San. Acta Astr. Sinica **2** Nr. 2 ZoS. — 54: MPC 1271 Bar. Beograd Bull. **19** Nr. 4, MPC 1205 Bel. Córdoba Contr. Nr. 1 Cor. AN **282** 239, MPC 1189, 1190 Kar. MPC 1251 Kyo*. MPC 1285 Lon. Napoli Oss. **1** Nr. 3 Nap (nur α). Mem SA It (NS) **26** 197 = Roma Monte Mario Contr. Nr. 215, MPC 1181 Rom. MPC 1233 SFe. TAB (2) Nr. 73 S. 732 Tok (nur α). — 55: MPC 1292 Bel. MPC 1285 Lon. MPC 1265 San
Eph (1955) Astr. Nachr. Berlin-Treptow **7** 9, TACL 1298, Urania Kraków **26** 32, 64, 96

5 Astraea
51: Kiew Publ. Nr. 6 S. 93 Kiw. Acta Astr. Sinica **2** Nr. 1 Nan. — 54: MPC 1173 Bar. MPC 1205 Bel. Mem SA It (NS) **26** 197 = Roma Monte Mario Contr. Nr. 215 Rom. Acta Astr. Sinica **2** Nr. 2 ZoS. — 55: MPC 1310 Blo*

6 Hebe
49: Astr Circ UdSSR Nr. 159 Kut. — 51: Kiew Publ. Nr. 6 S. 93 Kiw. — 52: Astr Circ UdSSR Nr. 164 AlA*. Astr Circ UdSSR Nr. 159 Kut. Pulkowo Mitt. Nr. 154 S. 91 Pul. — 53: AN **282** 92 Kar. Astr Circ UdSSR Nr. 158 Kiw. Acta Astr. Sinica **2** Nr. 2 Nan. BAC **6** 122 SPl*. Acta Astr. Sinica **2** Nr. 2 ZoS. — 54: Beograd Bull. **19** Nr. 4, MPC 1205 Bel. MPC 1285 Lon. — 55:

[1]) Irrtümlich als 2 Ceres bezeichnet.

MPC 1191 Alg*. MPC 1292 Bel. MPC 1318 Kyo*. MPC 1321 Niz*. MPC 1261 Rom. MPC 1265 San. MPC 1215 Ucc
Eph (1955) Astr. Nachr. Berlin-Treptow **7** 7, Sky and Telescope **14** 121, Urania Kraków **26** 32, 64

7 Iris
52: TAB (2) Nr. 75 S. 739 Tok*. — 53: Acta Astr. Sinica **2** Nr. 2 Nan. Sydney Obs. Papers Nr. 22 Syd. Acta Astr. Sinica **2** Nr. 2 ZoS. — 54: MPC 1270 Bar. Beograd Bull. **19** Nr.3, MPC 1205 Bel. MPC 1190 Kar*. AN **282** 239, MPC 1190 Kar. Madrid Bol. **4** Nr. 8, MPC 1207 Mad*. Acta Astr. Sinica **3** Nr. 1 Nan*. MPC 1231 SFe*[2]). MPC 1231 SFe. TACL 1260 Tok*. Astr Circ UdSSR Nr. 156 Wil*. Acta Astr. Sinica **3** Nr. 1 ZoS
El Astr Circ UdSSR Nr. 163

8 Flora
51: Kiew Publ. Nr. 6 S. 94 Kiw. Acta Astr. Sinica **2** Nr. 1 Nan. — 53: TAB (2) Nr. 75 S. 741, 742 Tok*. Acta Astr. Sinica **2** Nr. 2 ZoS. — 54: MPC 1173 Bar. Beograd Bull. **19** Nr. 3, MPC 1205 Bel. Acta Astr. Sinica **2** Nr. 2 ZoS
Eph (1955) Urania Kraków **26** 384

9 Metis
51: Kiew Publ. Nr. 6 S. 94 Kiw. Acta Astr. Sinica **2** Nr. 1 Nan. — 54: MPC 1172 Bar. MPC 1205 Bel. Mem SA It (NS) **26** 197 = Roma Monte Mario Contr. Nr. 215 Rom[3]). — 55: MPC 1272 Alg*. MPC 1226 Blo*. MPC 1273 Mad*. MPC 1261 Rom. MPC 1287 San
Eph (1955) Astr. Nachr. Berlin-Treptow **7** 8, Sky and Telescope **14** 252

10 Hygiea
51: Kiew Publ. Nr. 6 S. 94 Kiw. Acta Astr. Sinica **2** Nr. 1 Nan. — 52: Astr Circ UdSSR Nr. 164 AlA*. TAB (2) Nr. 75 S. 740 Tok*. — 54: MPC 1172, 1173 Bar. Acta Astr. Sinica **3** Nr. 1 Nan. Astr Circ UdSSR Nr. 160 Saw*. Acta Astr. Sinica **2** Nr. 2 ZoS. — 55: MPC 1292 Bel. MPC 1210 JoH. MPC 1261 Rom. MPC 1267 San
Eph (1955) Astr. Nachr. Berlin-Treptow **7** 7, Sky and Telescope **14** 211, Urania Kraków **26** 128

11 Parthenope
51: Kiew Publ. Nr. 6 S. 94 Kiw. — 53: Acta Astr. Sinica **2** Nr. 2 Nan. TAB (2) Nr. 75 S. 741, 742 Tok*. — 54: Beograd Bull. **19** Nr. 3, MPC 1205 Bel
Eph (1955) Sky and Telescope **15** 49

12 Victoria
53: Acta Astr. Sinica **2** Nr. 2 Nan. — 54: MPC 1271 Bar. Acta Astr. Sinica **3** Nr. 1 Nan*

13 Egeria
51: Kiew Publ. Nr. 6 S. 94 Kiw. Acta Astr. Sinica **2** Nr. 1 Nan. — 53: Acta Astr. Sinica **2** Nr. 2 Nan. Sydney Obs. Papers Nr. 22 Syd. Acta Astr. Sinica **2** Nr. 2 ZoS. — 55: MPC 1292 Bel. MPC 1261 Rom
Eph (1954/55) Sky and Telescope **14** 121
Eph (1955) Astr. Nachr. Berlin-Treptow **7** 7

14 Irene
51: Kiew Publ. Nr. 6 S. 94 Kiw. Acta Astr. Sinica **2** Nr. 1 Nan. — 53: Acta Astr. Sinica **2** Nr. 2 Nan. Acta Astr. Sinica **2** Nr. 2 ZoS. — 55: MPC 1272 Alg*. MPC 1292 Bel. MPC 1273 Mad*. MPC 1261 Rom. MPC 1287 San. MPC 1258 Ucc. Acta Astr. Sinica **3** Nr. 2 ZoS
Eph (1955) Astr. Nachr. Berlin-Treptow **7** 8, Sky and Telescope **14** 252, Urania Kraków **26** 128, 160

15 Eunomia
51: AN **282** 92 Kar. — 52: AN **282** 92 Kar. — 53: Sydney Obs. Papers Nr. 22 Syd. TAB (2) Nr. 75 S. 742 Tok*. — 54: MPC 1301 LaP
Eph (1955) Sky and Telescope **14** 523, Urania Kraków **26** 256, 288, 320, 352, 384

16 Psyche
52: TAB (2) Nr. 75 S. 739 Tok*. — 53: Sydney Obs. Papers Nr. 22 Syd. Acta Astr. Sinica **2** Nr. 2 ZoS. — 54: MPC 1270 Bar. Beograd Bull. **19** Nr. 3, MPC 1205 Bel. Madrid Bol. **4** Nr. 8, MPC 1207 Mad*. MPC 1231 SFe. Acta Astr. Sinica **3** Nr. 1 ZoS
Eph (1955) Sky and Telescope **15** 49, Urania Kraków **26** 352

17 Thetis
54: MPC 1270 Bar. MPC 1205 Bel. MPC 1248 Kyo*. Madrid Bol. **4** Nr. 8, MPC 1207, 1208 Mad*. Acta Astr. Sinica **3** Nr. 1 Nan*. Mem SA It (NS) **26** 197 = Roma Monte Mario Contr. Nr. 215, MPC 1181 Rom. MPC 1231 SFe. Astr Circ UdSSR Nr. 163 Tar. Astr Circ UdSSR Nr. 156 Wil*. Acta Astr. Sinica **3** Nr. 1 ZoS

18 Melpomene
52: Astr Circ UdSSR Nr. 164 AlA*. — 53: Acta Astr. Sinica **2** Nr. 2 Nan. BAC **6** 122 SPl*. Sydney Obs. Papers Nr. 22 Syd. — 55: MPC 1191 Alg*. MPC 1300 Tuk*.

[2]) Berichtigung in MPC 1400.

[3]) Statt Jan 12 lies Jan 15.

MPC 1215, 1216 Ucc
Eph (1955) Astr. Nachr. Berlin-Treptow **7** 7, Sky and Telescope **14** 167

19 Fortuna
51: Kiew Publ. Nr. 6 S. 95 Kiw. Acta Astr. Sinica **2** Nr. 1 Nan. — 53: Acta Astr. Sinica **2** Nr. 2 Nan. TAB (2) Nr. 75 S. 740, 741 Tok*. — 54: MPC 1173 Bar. Madrid Bol. **4** Nr. 8 Mad. Astr Circ UdSSR Nr. 156 Wil*
Eph (1955) Sky and Telescope **14** 393

20 Massalia
51: Kiew Publ. Nr. 6 S. 95 Kiw. Acta Astr. Sinica **2** Nr. 1 Nan. — 53: Acta Astr. Sinica **2** Nr. 2 Nan. Acta Astr. Sinica **2** Nr. 2 ZoS. — 55: MPC 1292 Bel. MPC 1216 Blo*. MPC 1209, NAZ **9** 34 Hei*. MPC 1273 Mad*. MPC 1261 Rom. MPC 1259 Ucc*
Eph (1955) Astr. Nachr. Berlin-Treptow **7** 7, Sky and Telescope **14** 211, Urania Kraków **26** 96

21 Lutetia
51: Kiew Publ. Nr. 6 S. 95 Kiw. Acta Astr. Sinica **2** Nr. 1 Nan. — 53: TAB (2) Nr. 75 S. 742 Tok*. — 54: MPC 1270 Bar. Madrid Bol. **4** Nr. 8, MPC 1207 Mad*. MPC 1231 SFe. Acta Astr. Sinica **3** Nr. 1 ZoS

22 Kalliope
51: Kiew Publ. Nr. 6 S. 95 Kiw. Acta Astr. Sinica **2** Nr. 1 Nan. — 53: TAB (2) Nr. 75 S. 741 Tok*. — 54: MPC 1173 Bar. Astr Circ UdSSR Nr. 156 Wil*

23 Thalia
53: MPC 1174 EVA. — 54: MPC 1271 Bar. MPC 1196 Blo*. MPC 1301 LaP

24 Themis
53: TAB (2) Nr. 75 S. 742 Tok*. — 55: MPC 1311, 1312, 1315 Blo*

25 Phocaea
53: Sydney Obs. Papers Nr. 22 Syd. — 54: MPC 1192 Alg. MPC 1270 Bar. Beograd Bull. **19** Nr. 4, MPC 1205 Bel. MPC 1195 Blo*. Madrid Bol. **4** Nr. 8, MPC 1208 Mad*. Acta Astr. Sinica **3** Nr. 1 Nan*. Mem SA It (NS) **26** 197 = Roma Monte Mario Contr. Nr. 215, MPC 1181 Rom. MPC 1232 SFe. Astr Circ UdSSR Nr. 163 Tar. MPC 1299 Tuk*. Acta Astr. Sinica **3** Nr. 1 ZoS

26 Proserpina
53: Sydney Obs. Papers Nr. 22 Syd. — 54: MPC 1270 Bar. MPC 1194, 1196 Blo*. Acta Astr. Sinica **3** Nr. 1 Nan*. MPC 1300 Tuk*

27 Euterpe
53: Acta Astr. Sinica **2** Nr. 2 Nan. Acta Astr. Sinica **2** Nr. 2 ZoS. — 55: MPC 1191 Alg*. MPC 1292 Bel. MPC 1318 Kyo*. MPC 1285 Lon. MPC 1261 Rom. MPC 1265, 1266 San. MPC 1300 Tuk*
Eph (1955) Astr. Nachr. Berlin-Treptow **7** 7, Sky and Telescope **14** 121, Urania Kraków **26** 32, 64

28 Bellona
51: Kiew Publ. Nr. 6 S. 95 Kiw. Acta Astr. Sinica **2** Nr. 1 Nan. — 53: Sydney Obs. Papers Nr. 22 Syd. — 54: Mem SA It (NS) **26** 197 = Roma Monte Mario Contr. Nr. 215, MPC 1181 Rom. MPC 1233 SFe*

29 Amphitrite
51: Kiew Publ. Nr. 6 S. 95 Kiw. — 52: TAB (2) Nr. 75 S. 739, 740 Tok*. — 53: Sydney Obs. Papers Nr. 22 Syd. Acta Astr. Sinica **2** Nr. 2 ZoS. — 54: MPC 1271 Bar. Beograd Bull. **19** Nr. 4, MPC 1205 Bel. MPC 1190 Kar*. AN **282** 239, MPC 1190 Kar. MPC 1250 Kyo*. Madrid Bol. **4** Nr. 8, MPC 1209 Mad*. Mem SA It (NS) **26** 197 = Roma Monte Mario Contr. Nr. 215, MPC 1181 Rom. MPC 1233 SFe[2]). — 55: MPC 1285 Lon

30 Urania
51: Kiew Publ. Nr. 6 S. 95 Kiw. — 53: Acta Astr. Sinica **2** Nr. 2 Nan. MPC 1323 Niz. Acta Astr. Sinica **2** Nr. 2 ZoS. — 54: Madrid Bol. **4** Nr. 8 Mad. Mem SA It (NS) **26** 197 = Roma Monte Mario Contr. Nr. 215 Rom. Astr Circ UdSSR Nr. 160 Saw*. Acta Astr. Sinica **2** Nr. 2 ZoS. — 55: MPC 1272 Alg*. MPC 1210 JoH. MPC 1267 San. Acta Astr. Sinica **3** Nr. 2 ZoS

31 Euphrosyne
51: Kiew Publ. Nr. 6 S. 95 Kiw. — 54: MPC 1204 Syd

32 Pomona
51: Acta Astr. Sinica **2** Nr. 1 Nan. — 53: Sydney Obs. Papers Nr. 22 Syd. — 54: MPC 1270 Bar. Beograd Bull. **19** Nr. 4, MPC 1205 Bel. MPC 1169, NAZ **9** 5 Hei*. Acta Astr. Sinica **3** Nr. 1 Nan*. MPC 1321 Niz*. MPC 1233 SFe. Astr Circ UdSSR Nr. 163 Tar. MPC 1177 Ucc
Id mit 1949 SH, MPC 1277, NAZ **9** 28

33 Polyhymnia
51: Kiew Publ. Nr. 6 S. 95 Kiw. Acta Astr. Sinica **2** Nr. 1 Nan. — 55: MPC 1225 Blo*

34 Circe
49: MPC 1274 Blo*. — 54: MPC 1249 Kyo*. MPC 1300 Tuk*

35 Leukothea
55: MPC 1311 Blo*
Eph (1950) MPC 1167

36 Atalante
51: Acta Astr. Sinica **2** Nr. 1 Nan

37 Fides
54: MPC 1270 Bar. MPC 1190 Kar*. AN **282** 239 Kar. MPC 1249 Kyo*. Madrid Bol. **4** Nr. 8, MPC 1208 Mad*. Mem SA It (NS) **26** 197 = Roma Monte Mario Contr. Nr. 215, MPC 1181 Rom. MPC 1232 SFe. MPC 1171 Ucc

38 Leda
53: Sydney Obs. Papers Nr. 22 Syd. — 54: MPC 1197 Blo*. Madrid Bol. **4** Nr. 8, MPC 1208 Mad*. MPC 1232 SFe. MPC 1299 Tuk*. MPC 1170 Ucc

39 Laetitia
49: Pulkowo Mitt. Nr. 154 S. 98 Pul. — 50: Astr Circ UdSSR Nr. 159 Kut. — 51: Pulkowo Mitt. Nr. 154 S. 92 Pul. — 52: Acta Astr. Sinica **2** Nr. 2 Nan. Pulkowo Mitt. Nr. 154 S. 92 Pul. TAB (2) Nr. 75 S. 739 Tok*. — 53: Astr Circ UdSSR Nr. 158 Kiw. Astr Circ UdSSR Nr. 159 Kut. Pulkowo Mitt. Nr. 154 S. 92 Pul. TAB (2) Nr. 75 S. 742 Tok*. — 54: MPC 1173 Bar. Beograd Bull. **19** Nr. 3, MPC 1205 Bel. København Publ. Nr. 165, MPC 1261, 1262 Kop. Madrid Bol. **4** Nr. 8 Mad. Acta Astr. Sinica **2** Nr. 2, **3** Nr. 1 ZoS
Eph (1955) Sky and Telescope **14** 485, Urania Kraków **26** 288, 320, 352

40 Harmonia
51: Kiew Publ. Nr. 6 S. 95 Kiw. — 53: AN **282** 92 Kar. Acta Astr. Sinica **2** Nr. 2 Nan. BAC **6** 122 SPl*. Acta Astr. Sinica **2** Nr. 2 ZoS. — 55: MPC 1272 Alg*. MPC 1261 Rom. MPC 1267, 1268 San
Eph (1955) Sky and Telescope **14** 211

41 Daphne
53: Acta Astr. Sinica **2** Nr. 2 Nan. — 54: MPC 1191 Alg*. MPC 1270 Bar. Beograd Bull. **19** Nr. 4, MPC 1205 Bel. MPC 1195, 1197 Blo*. København Publ. Nr. 165, MPC 1262 Kop. Madrid Bol. **4** Nr. 8, MPC 1207 (?), 1208 Mad*. MPC 1231, 1232 SFe
Id mit 1949 TG, MPC 1277, NAZ **9** 28

42 Isis
51: Kiew Publ. Nr. 6 S. 95 Kiw. — 54: Acta Astr. Sinica **2** Nr. 2 ZoS. — 55: MPC 1272 Alg*. MPC 1292 Bel. MPC 1273 Mad*. MPC 1268, 1288 San

43 Ariadne
53: Acta Astr. Sinica **2** Nr. 2 Nan. BAC **6** 122 SPl*. — 55: MPC 1216 Blo*. MPC 1209, NAZ **9** 34 Hei*
Eph (1955) Astr. Nachr. Berlin-Treptow **7** 7

44 Nysa
51: Kiew Publ. Nr. 6 S. 95, 96 Kiw. — 53: Acta Astr. Sinica **2** Nr. 2 Nan. BAC **6** 122 SPl*. — 55: MPC 1309 Blo*. MPC 1258 Ucc
Eph (1955) Astr Circ UdSSR Nr. 156, Astr. Nachr. Berlin-Treptow **7** 8
El Astr Circ UdSSR Nr. 156

45 Eugenia
51: Kiew Publ. Nr. 6 S. 96 Kiw. Acta Astr. Sinica **2** Nr. 1 Nan. — 53: BAC **6** 122 SPl*. — 55: MPC 1230 Mad*. MPC 1322 Niz*. MPC 1300, 1301 Tuk*

46 Hestia
51: Acta Astr. Sinica **2** Nr. 1 Nan. — 53: Sydney Obs. Papers Nr. 22 Syd. — 54: MPC 1270 Bar. MPC 1250 Kyo*. Madrid Bol. **4** Nr. 8, MPC 1208, 1209 Mad*. MPC 1233 SFe

47 Aglaja
55: MPC 1317 Blo*

48 Doris
51: Kiew Publ. Nr. 6 S. 96 Kiw. Acta Astr. Sinica **2** Nr. 1 Nan. — 54: Madrid Bol. **4** Nr. 8 Mad. Acta Astr. Sinica **3** Nr. 1 Nan. — 55: MPC 1310 Blo*

49 Pales
41: RI 2242 Ucc*[4]). — 52: TAB (2) Nr. 75 S. 739 Tok*. — 53: MPC 1174 EVA
Id mit 1950 XJ, MPC 1277[5]), NAZ **9** 28
Id mit 1954 MF, MPC 1178
Eph (1955) Sky and Telescope **14** 485

50 Virginia
52: TAB (2) Nr. 75 S. 740 Tok*. — 55: MPC 1258 Ucc

51 Nemausa
51: Kiew Publ. Nr. 6 S. 96 Kiw. — 53: Astr Circ UdSSR Nr. 158 Kiw. BAN **12** 268 Lei. MPC 1217, 1218 San. Sydney Obs. Papers Nr. 22 Syd. — 54: MPC 1270 Bar. Beograd Bull. **19** Nr. 3, 4, MPC 1205 Bel. MPC 1195, 1197 Blo*. København Publ. Nr. 165, MPC 1262, 1263 Kop. MPC 1285 Lon. Madrid Bol. **4** Nr. 8, MPC 1208, 1209 Mad*. MPC 1263, 1264 San. MPC 1231, 1232, 1233 SFe. Anzeiger Österreich. Akad. Wiss. Math.-naturw. Kl. **92** 116 = Wien Mitt. **7** 235 Wie[6]). Acta Astr. Sinica **3** Nr. 1 ZoS. — 55: MPC 1229 Mad*

[4]) Berichtigung in NAZ **9** 36.
[5]) Berichtigung in MPC 1308.
[6]) Nr. 9, 2. Position: statt Sep 9.98514 lies Sep 3.98514.

Id mit 1949 HC_1, MPC 1277, NAZ **9** 28
Eph (1955/56) MPC 1279, 1280, NAZ **9** 35, UAI Circ 1522

52 Europa
51: Kiew Publ. Nr. 6 S. 96 Kiw. Acta Astr. Sinica **2** Nr. 1 Nan. — 53: Acta Astr. Sinica **2** Nr. 2 Nan. Sydney Obs. Papers Nr. 22 Syd. — 54: MPC 1271 Bar. Beograd Bull. **19** Nr. 4, MPC 1205 Bel. MPC 1249 Kyo*. Madrid Bol. **4** Nr. 8, MPC 1208 Mad*. MPC 1232 SFe

53 Kalypso
51: Kiew Publ. Nr. 6 S. 96 Kiw. — 54: MPC 1271 Bar

54 Alexandra
52: Astr Circ UdSSR Nr. 164 AlA*. — 55: MPC 1230 Mad*
Id mit 1950 BT, MPC 1277, NAZ **9** 28

55 Pandora
54: MPC 1270 Bar. Madrid Bol. **4** Nr. 8, MPC 1207 Mad*. MPC 1319 Niz*. MPC 1231 SFe

56 Melete
53: Acta Astr. Sinica **2** Nr. 2 ZoS. — 54: MPC 1250 Kyo*

57 Mnemosyne
52: Astr Circ UdSSR Nr. 164 AlA*. — 54: MPC 1270 Bar. Beograd Bull. **19** Nr. 3, MPC 1205 Bel. MPC 1231 SFe. MPC 1298 Tuk*. Astr Circ UdSSR Nr. 156 Wil*

58 Concordia
55: MPC 1313, 1314 Blo*

59 Elpis
54: MPC 1191 Alg*. MPC 1271 Bar. MPC 1196 Blo*. — 55: MPC 1301 LaP

60 Echo
51: Kiew Publ. Nr. 6 S. 96 Kiw. — 53: Acta Astr. Sinica **2** Nr. 2 Nan. BAC **6** 122 SPl*. — 55: MPC 1272 Alg*. MPC 1225, 1226, 1309 Blo*. MPC 1273 (?) Mad*

61 Danaë
53: Acta Astr. Sinica **2** Nr. 2 Nan

62 Erato
53: Sydney Obs. Papers Nr. 22 Syd. — 54: MPC 1194, 1196 Blo*. MPC 1299 Tuk*. MPC 1170 Ucc

63 Ausonia
51: Kiew Publ. Nr. 6 S. 96 Kiw. Acta Astr. Sinica **2** Nr. 1 Nan. — 53: TAB (2) Nr. 75 S. 740 Tok*. — 54: MPC 1173 Bar. Acta Astr. Sinica **3** Nr. 1 Nan. Astr Circ UdSSR Nr. 156 Wil*. Acta Astr. Sinica **2** Nr. 2 ZoS

64 Angelina
51: Kiew Publ. Nr. 6 S. 96 Kiw. Acta Astr. Sinica **2** Nr. 1 Nan. — 53: Acta Astr. Sinica **2** Nr. 2 Nan. TAB (2) Nr. 75 S. 741 Tok*. Acta Astr. Sinica **2** Nr. 2 ZoS

65 Cybele
51: Kiew Publ. Nr. 6 S. 96 Kiw. Acta Astr. Sinica **2** Nr. 1 Nan. — 52: Astr Circ UdSSR Nr. 164 AlA*. — 53: BAC **6** 122 SPl*

66 Maja
55: MPC 1229 Mad*

67 Asia
51: Acta Astr. Sinica **2** Nr. 1 Nan. — 54: Madrid Bol. **4** Nr. 8 Mad. — 55: MPC 1272 Alg*. MPC 1210 JoH. MPC 1273 Mad*. MPC 1258 Ucc

68 Leto
Eph (1955) Sky and Telescope **14** 485

69 Hesperia
51: Kiew Publ. Nr. 6 S. 97 Kiw. — 54: MPC 1173 Bar. Acta Astr. Sinica **3** Nr. 1 Nan. Astr Circ UdSSR Nr. 156 Wil*. — 55: Acta Astr. Sinica **3** Nr. 2 ZoS

70 Panopaea
51: Kiew Publ. Nr. 6 S. 97 Kiw[7]). — 53: TAB (2) Nr. 75 S. 741 Tok*. — 54: MPC 1173 Bar. MPC 1177 Syd. Astr Circ UdSSR Nr. 156 Wil*

71 Niobe
51: Kiew Publ. Nr. 6 S. 97 Kiw

72 Feronia
51: Kiew Publ. Nr. 6 S. 97 Kiw. — 54: MPC 1270 Bar. Beograd Bull. **19** Nr. 3, MPC 1205 Bel. MPC 1194 Blo*. Madrid Bol. **4** Nr. 8, MPC 1207 Mad*. MPC 1170 Ucc
Id mit 1950 LJ, MPC 1277, NAZ **9** 28

73 Klytia
53: TAB (2) Nr. 75 S. 741 Tok*. — 54: MPC 1177 Syd
Id mit 1949 HE_1, MPC 1277, NAZ **9** 28

74 Galatea
54: Beograd Bull. **19** Nr. 3, MPC 1205 Bel. MPC 1301 LaP. Madrid Bol. **4** Nr. 8 Mad

75 Eurydike
54: MPC 1250 Kyo*. Madrid Bol. **4** Nr. 8, MPC 1209 Mad*. MPC 1233 SFe

77 Frigga
54: MPC 1271 Bar. MPC 1250 Kyo*. Madrid Bol. **4** Nr. 8, MPC 1209 Mad*

78 Diana
52: TAB (2) Nr. 75 S. 739 Tok*. — 53: Sydney Obs. Papers Nr. 22 Syd. — 54: MPC 1271 Bar*. Madrid Bol. **4** Nr. 8, MPC 1207 Mad*. MPC 1231 SFe. Astr Circ UdSSR Nr. 163 Tar. Acta Astr. Sinica **3** Nr. 1 ZoS

[7]) Für Okt 26 lies Nov 26.

79 Eurynome
51: Kiew Publ. Nr. 6 S. 97 Kiw. Acta Astr. Sinica **2** Nr. 1 Nan. — 53: Sydney Obs. Papers Nr. 22 Syd
Eph (1955) Sky and Telescope **15** 49

80 Sappho
51: Kiew Publ. Nr. 6 S. 97 Kiw. — 55: MPC 1316 Blo*
Eph (1955) Sky and Telescope **14** 439

81 Terpsichore
51: Kiew Publ. Nr. 6 S. 97 Kiw. — 53: TAB (2) Nr. 75 S. 742 Tok*. — 54: MPC 1301 LaP

82 Alkmene
51: Kiew Publ. Nr. 6 S. 97 Kiw. — 54: MPC 1177, 1204 Syd

83 Beatrix
52: Astr Circ UdSSR Nr. 164 AlA*. — 54: MPC 1271 Bar. MPC 1250 Kyo*. Madrid Bol. **4** Nr. 8, MPC 1208 Mad*

84 Klio
54: Madrid Bol. **4** Nr. 8 Mad. — 55: MPC 1210 JoH. MPC 1274 Syd

85 Io
51: Kiew Publ. Nr. 6 S. 97 Kiw. Acta Astr. Sinica **2** Nr. 1 Nan. — 55: MPC 1272 Alg*. MPC 1292 Bel. MPC 1273 Mad*. Acta Astr. Sinica **3** Nr. 2 ZoS

86 Semele
53: BAC **6** 122 SPl*. — 54: MPC 1272 Alg*. — 55: MPC 1322 (?) Niz*. MPC 1300, 1301 Tuk*

87 Sylvia
55: MPC 1223 Blo*

88 Thisbe
51: Acta Astr. Sinica **2** Nr. 1 Nan. — 54: MPC 1320 Niz*. MPC 1232 SFe. MPC 1299 Tuk*

89 Julia
54: MPC 1173 Bar. Acta Astr. Sinica **3** Nr. 1 Nan. Acta Astr. Sinica **2** Nr. 2 ZoS. — 55: MPC 1274, 1326 Syd

90 Antiope
53: TAB (2) Nr. 75 S. 742 (?) Tok*. — 54: Beograd Bull. **19** Nr. 3, MPC 1205 Bel. Madrid Bol. **4** Nr. 8 Mad

91 Aegina
49: MPC 1274 Blo*. — 51: Kiew Publ. Nr. 6 S. 97 Kiw. — 53: Sydney Obs. Papers Nr. 22 Syd. Acta Astr. Sinica **2** Nr. 2 ZoS

92 Undina
51: Kiew Publ. Nr. 6 S. 98 Kiw. — 53: Acta Astr. Sinica **2** Nr. 2 Nan. Sydney Obs. Papers Nr. 22 Syd. — 54: MPC 1233 SFe

93 Minerva
54: Madrid Bol. **4** Nr. 8, MPC 1208 Mad*. MPC 1232 SFe

94 Aurora
51: Kiew Publ. Nr. 6 S. 98 Kiw. — 53: TAB (2) Nr. 75 S. 740 Tok*

95 Arethusa
53: Acta Astr. Sinica **2** Nr. 2 Nan. BAC **6** 122 SPl*

96 Aegle
52: TAB (2) Nr. 75 S. 740 Tok*. — 54: MPC 1301 LaP. MPC 1177 Syd

97 Klotho
53: Sydney Obs. Papers Nr. 22 Syd. — 55: MPC 1223, 1224 Blo*. MPC 1300 Tuk*
Eph (1955) Astr. Nachr. Berlin-Treptow **7** 7

98 Ianthe
54: Beograd Bull. **19** Nr. **4**, MPC 1205 Bel. Acta Astr. Sinica **3** Nr. 1 Nan*. MPC 1299, 1300 Tuk*

99 Dike
55: MPC 1258 Ucc[8])

100 Hekate
53: TAB (2) Nr. 75 S. 742 Tok*. — 54: MPC 1205 Bel

101 Helena
51: Kiew Publ. Nr. 6 S. 98 Kiw. — 54: MPC 1173 Bar. MPC 1205 Bel. Acta Astr. Sinica **2** Nr. 2 ZoS. — 55: MPC 1301 LaP
Eph (1955) Sky and Telescope **14** 393

103 Hera
51: Kiew Publ. Nr. 6 S. 98 Kiw. Acta Astr. Sinica **2** Nr. 1 Nan. — 52: Astr Circ UdSSR Nr. 164 AlA*. — 53: Acta Astr. Sinica **2** Nr. 2 Nan. Acta Astr. Sinica **2** Nr. 2 ZoS. — 55: MPC 1230 Mad*. MPC 1322 Niz*. Astr Circ UdSSR Nr. 163 Tar. MPC 1300, 1301 Tuk*. Acta Astr. Sinica **3** Nr. 2 ZoS

104 Klymene
54: Astr Circ UdSSR Nr. 160 Saw*. — 55: MPC 1273 (?) Mad*. MPC 1224 Blo*. MPC 1258 Ucc

105 Artemis
51: Kiew Publ. Nr. 6 S. 98 Kiw. Acta Astr. Sinica **2** Nr. 1 Nan. — 55: MPC 1272 Alg*. MPC 1292 Bel. Astr Circ UdSSR Nr. 163 Tar
Eph (1955) Astr. Nachr. Berlin-Treptow **7** 8

106 Dione
53: Acta Astr. Sinica **2** Nr. 2 Nan. BAC **6** 122 SPl*. — 55: MPC 1200 Blo*

---
[8]) Berichtigung in MPC 1344.

107 Camilla
51: Kiew Publ. Nr. 6 S. 98 Kiw. — 53: BAC **6** 122 SPl*. Acta Astr. Sinica **2** Nr. 2 ZoS. — 55: MPC 1191 Alg*
Id mit 1949 HD_1, MPC 1277, NAZ **9** 28

108 Hecuba
55: MPC 1301 Tuk*

109 Felicitas
53: Sydney Obs. Papers Nr. 22 Syd. — 55: MPC 1301 Tuk*

110 Lydia
51: Kiew Publ. Nr. 6 S. 98 Kiw. Acta Astr. Sinica **2** Nr. 1 Nan. — 53: Acta Astr. Sinica **2** Nr. 2 Nan. Sydney Obs. Papers Nr. 22 Syd. — 55: MPC 1209, NAZ **9** 20 Hei*. MPC 1229 (?) Mad*

111 Ate
54: MPC 1248 Kyo*. MPC 1319, 1320 Niz*. MPC 1232 SFe

112 Iphigenia
53: MPC 1174 EVA. — 54: MPC 1250 Kyo*

113 Amalthea
53: BAC **6** 122 SPl*. — 55: MPC 1191 Alg*. MPC 1223 Blo*. MPC 1318 Kyo*. MPC 1215 Ucc

114 Kassandra
53: Acta Astr. Sinica **2** Nr. 2 Nan. — 54: Madrid Bol. **4** Nr. 8, MPC 1207 Mad*

115 Thyra
52: Astr Circ UdSSR Nr. 164 AlA*. — 54: Acta Astr. Sinica **3** Nr. 1 Nan. — 55: MPC 1326 Syd

116 Sirona
52: Astr Circ UdSSR Nr. 164 AlA*. — 54: MPC 1195 Blo*. Madrid Bol. **4** Nr. 8 (?), MPC 1208 Mad*

117 Lomia
51: Kiew Publ. Nr. 6 S. 98 Kiw. — 54: MPC 1195 Blo*. Madrid Bol. **4** Nr. 8, MPC 1208 Mad*. Acta Astr. Sinica **3** Nr. 1 Nan*. MPC 1320 Niz*. MPC 1232 SFe. Astr Circ UdSSR Nr. 163 Tar. MPC 1299 Tuk*

118 Peitho
52: Astr Circ UdSSR Nr. 164 AlA*. — 54: Beograd Bull. **19** Nr. 4, MPC 1205 Bel. MPC 1249 Kyo*. MPC 1320 Niz*. Astr Circ UdSSR Nr. 163 Tar. MPC 1171, 1177 Ucc

119 Althaea
53: Acta Astr. Sinica **2** Nr. 2 ZoS. — 54: Madrid Bol. **4** Nr. 8 Mad. Acta Astr. Sinica **3** Nr. 1 Nan. — 55: MPC 1224 Blo*. MPC 1210 JoH. MPC 1273 Mad*. MPC 1258 Ucc. Acta Astr. Sinica **3** Nr. 2 ZoS

121 Hermione
51: Kiew Publ. Nr. 6 S. 98 Kiw. — 53: TAB (2) Nr. 75 S. 740, 741 Tok*. — 55: MPC 1259, NAZ **9** 34 Hei*

122 Gerda
54: MPC 1249 Kyo*. MPC 1320, 1321 Niz*

124 Alkeste
53: Acta Astr. Sinica **2** Nr. 2 Nan. Sydney Obs. Papers Nr. 22 Syd. — 54: MPC 1271 Bar. MPC 1250 Kyo*. Madrid Bol. **4** Nr. 8, MPC 1208, 1209 Mad*. MPC 1233 SFe

125 Liberatrix
53: Acta Astr. Sinica **2** Nr. 2 ZoS. — 54: MPC 1194, 1197 Blo*. MPC 1299 Tuk*. MPC 1170 Ucc
Id mit 1949 SM, MPC 1277, NAZ **9** 28

126 Velleda
54: MPC 1205 Bel. — 55: MPC 1310 Blo*
Id mit 1950 BD_1, MPC 1277, NAZ **9** 28

127 Johanna
52: Astr Circ UdSSR Nr. 164 AlA*. — 53: Acta Astr. Sinica **2** Nr. 2 Nan. — 54: MPC 1270 Bar. Beograd Bull. **19** Nr. 4, MPC 1205 Bel. MPC 1195, 1197 Blo*. MPC 1248 Kyo*. Acta Astr. Sinica **3** Nr. 1 Nan*

128 Nemesis
51: Kiew Publ. Nr. 6 S. 98 Kiw. — 53: Sydney Obs. Papers Nr. 22 Syd. — 54: MPC 1250 Kyo*. MPC 1233 SFe. MPC 1177 Ucc

129 Antigone
51: Kiew Publ. Nr. 6 S. 98 Kiw. — 52: Astr Circ UdSSR Nr. 133 AlA*. — 54: MPC 1250 Kyo*

130 Elektra
51: Kiew Publ. Nr. 6 S. 98 Kiw. — 53: Acta Astr. Sinica **2** Nr. 2 Nan. Sydney Obs. Papers Nr. 22 Syd. Acta Astr. Sinica **2** Nr. 2 ZoS. — 55: MPC 1229 Mad*

131 Vala
54: MPC 1250 Kyo*. MPC 1177 Ucc

132 Aethra
55: MPC 1291 Ucc

133 Cyrene
41: RI 2242 Ucc*[4]). — 53: Sydney Obs. Papers Nr. 22 Syd. — 54: MPC 1320 Niz*. MPC 1299 Tuk*

134 Sophrosyne
51: Kiew Publ. Nr. 6 S. 99 Kiw. Acta Astr. Sinica **2** Nr. 1 Nan. — 53: Acta Astr. Sinica **2** Nr. 2 Nan. TAB (2) Nr. 75 S. 741, 742 Tok*

135 Hertha
51: Kiew Publ. Nr. 6 S. 99 Kiw. Acta Astr. Sinica **2** Nr. 1 Nan. — 53: TAB (2) Nr. 75 S. 741, 742 Tok*. — 54: Madrid Bol. **4** Nr. 8 Mad. Acta Astr. Sinica **3** Nr. 1 Nan. Acta Astr. Sinica **2** Nr. 2 ZoS
Eph (1955) DOB **8** Nr. 11 Fasc. 2

136 Austria
51: Kiew Publ. Nr. 6 S. 99 Kiw. Acta Astr. Sinica **2** Nr. 1 Nan. — 53: TAB (2) Nr. 75 S. 741 Tok*. — 54: MPC 1177 Syd

138 Tolosa
51: Acta Astr. Sinica **2** Nr. 1 Nan

140 Siwa
51: Kiew Publ. Nr. 6 S. 99 Kiw. — 53: TAB (2) Nr. 75 S. 741 Tok*. — 54: Acta Astr. Sinica **3** Nr. 1 Nan

141 Lumen
51: Kiew Publ. Nr. 6 S. 99 Kiw. — 53: TAB (2) Nr. 75 S. 741 Tok*

143 Adria
53: Acta Astr. Sinica **2** Nr. 2 Nan. — 55: MPC 1313, 1315, 1316 Blo*

144 Vibilia
51: Kiew Publ. Nr. 6 S. 99 Kiw. — 53: Sydney Obs. Papers Nr. 22 Syd. — 54: MPC 1177 Ucc

145 Adeona
51: Kiew Publ. Nr. 6 S. 99 Kiw

146 Lucina
51: Kiew Publ. Nr. 6 S. 99 Kiw

147 Protogeneia
54: MPC 1198 Blo*. MPC 1249 Kyo*. MPC 1300 Tuk*. MPC 1171 Ucc

148 Gallia
51: Kiew Publ. Nr. 6 S. 99 Kiw. — 53: BAC **6** 122 SPl*. — 54: MPC 1233 SFe

149 Medusa
55: MPC 1311, 1315 Blo*

150 Nuwa
54: Madrid Bol. **4** Nr. 8 Mad. — 55: MPC 1301 Tuk*. MPC 1215 Ucc

151 Abundantia
54: MPC 1197 Blo*. MPC 1299 Tuk*. MPC 1170 Ucc

153 Hilda
54: MPC 1169, NAZ **9** 5 Hei*. MPC 1177 Ucc. — 55: MPC 1321 Niz*

154 Bertha
52: Astr Circ UdSSR Nr. 164 AlA*. — 53: MPC 1174 EVA. Sydney Obs. Papers Nr. 22 Syd. — 54: MPC 1248, 1249 Kyo*. MPC 1204 Syd

156 Xanthippe
54: MPC 1205 Bel. MPC 1301 LaP. — 55: MPC 1311, 1312, 1315 Blo*

159 Aemilia
55: MPC 1309, 1310 Blo*

160 Una
53: Acta Astr. Sinica **2** Nr. 2 Nan. — 55: MPC 1315, 1317 Blo*

161 Athor
54: Madrid Bol. **4** Nr. 8, MPC 1208 Mad*. Acta Astr. Sinica **3** Nr. 1 Nan*

163 Erigone
54: MPC 1270 Bar. Beograd Bull. **19** Nr. 4, MPC 1205 Bel. MPC 1195, 1197 Blo*. Madrid Bol. **4** Nr. 8, MPC 1208 Mad*. MPC 1232 SFe

165 Loreley
53: Acta Astr. Sinica **2** Nr. 2 Nan. — 54: MPC 1196, 1197 Blo*. MPC 1231 SFe. MPC 1298, 1299 Tuk*

167 Urda
54: MPC 1250 Kyo*. MPC 1321 Niz*. MPC 1177 Ucc

168 Sibylla
51: Kiew Publ. Nr. 6 S. 99 Kiw. — 53: TAB (2) Nr. 75 S. 741 Tok*. — 54: Acta Astr. Sinica **3** Nr. 1 Nan

169 Zelia
52: Astr Circ UdSSR Nr. 164 AlA*

170 Maria
55: MPC 1210 JoH

171 Ophelia
55: MPC 1272 Alg*. MPC 1230 Mad*. MPC 1300, 1301 Tuk*. Acta Astr. Sinica **3** Nr. 2 ZoS

172 Baucis
52: Astr Circ UdSSR Nr. 164 AlA*. — 54: Acta Astr. Sinica **2** Nr. 2 ZoS

173 Ino
54: MPC 1271 Alg. Beograd Bull. **19** Nr. 3, MPC 1205 Bel. Madrid Bol. **4** Nr. 8. MPC 1207 Mad*. MPC 1231 SFe. Astr Circ UdSSR Nr. 156 Wil*
Eph (1955/56) MPC 1271, 1272
El MPC 1271, 1272

174 Phaedra
53: TAB (2) Nr. 75 S. 742 (?) Tok*

175 Andromache
55: MPC 1191 Alg*. MPC 1223 Blo*. MPC 1318 Kyo*

176 Iduna
53: MPC 1174 EVA. — 54: Madrid Bol. **4** Nr. 8 Mad. — 55: MPC 1292 Bel

178 Belisana
53: MPC 1174 EVA. — 54: MPC 1191 Alg*. MPC 1270 Bar. MPC 1194, 1196, 1199 Blo*. MPC 1300 Tuk*. MPC 1170 Ucc

179 Klytaemnestra
54: MPC 1169, NAZ **9** 5 Hei*. MPC 1250, 1251 Kyo*

180 Garumna
55: MPC 1259, NAZ **9** 34 Hei*

181 Eucharis
54: MPC 1233 SFe

182 Elsa
53: TAB (2) Nr. 75 S. 741, 742 Tok*. — 55: MPC 1311 Blo*
Id mit 1950 HY, MPC 1277, NAZ **9** 28

183 Istria
55: MPC 1309, 1310 Blo*

184 Dejopeja
53: Sydney Obs. Papers Nr. 22 Syd. — 54: Madrid Bol. **4** Nr. 8, MPC 1207 Mad*. MPC 1319 Niz*

185 Eunike
51: Kiew Publ. Nr. 6 S. 99 Kiw. — 55: MPC 1272 Alg*. MPC 1230 Mad*. MPC 1322 Niz*. Astr Circ UdSSR Nr. 163 Tar. MPC 1300, 1301 Tuk*

186 Celuta
54: Astr Circ UdSSR Nr. 164 AlA*

187 Lamberta
41: RI 2242 Ucc*[4])
Eph (1955) Astr Circ UdSSR Nr. 156
El Astr Circ UdSSR Nr. 156

190 Ismene
55: MPC 1311 Blo*
Id mit 1951 DB, NAZ **9** 31

191 Kolga
54: Acta Astr. Sinica **2** Nr. 2 ZoS. — 55: MPC 1272 Alg*

192 Nausikaa
52: Acta Astr. Sinica **2** Nr. 1 Nan. — 53: Acta Astr. Sinica **2** Nr. 2 Nan. TAB (2) Nr. 75 S. 740, 741 Tok*. — 54: MPC 1173 Bar. Astr Circ UdSSR Nr. 156 Wil*
Eph (1955) Sky and Telescope **14** 393, Urania Kraków **26** 224, 256, 288

193 Ambrosia
53: Acta Astr. Sinica **2** Nr. 2 Nan. MPC 1323 Niz. — 55: MPC 1210 JoH

194 Prokne
51: Kiew Publ. Nr. 6 S. 100 Kiw. — 54: Madrid Bol. **4** Nr. 8 Mad. Acta Astr. Sinica **2** Nr. 2 ZoS. — 55: MPC 1230 Mad*. MPC 1215 Ucc. Acta Astr. Sinica **3** Nr. 2 ZoS

195 Eurykleia
54: MPC 1170 Hei. MPC 1248 Kyo*
Id mit 1949 QB_2, MPC 1277[5]), NAZ **9** 28

196 Philomela
51: Kiew Publ. Nr. 6 S. 100 Kiw. Acta Astr. Sinica **2** Nr. 1 Nan. — 53: Acta Astr. Sinica **2** Nr. 2 Nan. Acta Astr. Sinica **2** Nr. 2 ZoS. — 55: MPC 1209, NAZ **9** 20 Hei*. MPC 1229 Mad*. Acta Astr. Sinica **3** Nr. 2 ZoS

197 Arete
55: MPC 1272 Alg*

198 Ampella
52: Acta Astr. Sinica **2** Nr. 2 Nan. — 53: Acta Astr. Sinica **2** Nr. 2 Nan

200 Dynamene
51: Acta Astr. Sinica **2** Nr. 1 Nan. — 52: TAB (2) Nr. 75 S. 740 Tok*

201 Penelope
53: Sydney Obs. Papers Nr. 22 Syd. — 54: MPC 1233 SFe

202 Chryseïs
52: Astr Circ UdSSR Nr. 164 AlA*. — 54: MPC 1270 Bar. MPC 1302 LaP. MPC 1319 Niz*. Acta Astr. Sinica **3** Nr. 1 ZoS
Eph (1955) DOB 8 Nr. 11 Fasc. 2

204 Kallisto
54: MPC 1250, 1251 Kyo*

206 Hersilia
51: Kiew Publ. Nr. 6 S. 100 Kiw. — 54: MPC 1205 Bel. — 55: MPC 1309, 1310 Blo*

207 Hedda
53: TAB (2) Nr. 75 S. 741 Tok*

208 Lacrimosa
55: MPC 1223, 1224 Blo*. MPC 1321 Niz*. MPC 1300 Tuk*

209 Dido
52: Astr Circ UdSSR Nr. 164 AlA*. — 55: MPC 1273 Mad*

210 Isabella
51: Acta Astr. Sinica **2** Nr. 1 Nan

211 Isolda
51: Acta Astr. Sinica **2** Nr. 1 Nan. — 55: MPC 1223, 1224 Blo*

212 Medea
52: TAB (2) Nr. 75 S. 739 Tok*. — 54: MPC 1319 Niz*

213 Lilaea
53: TAB (2) Nr. 75 S. 742 Tok*. — 54: MPC 1302 LaP. Madrid Bol. **4** Nr. 8 Mad. MPC 1177 Syd
Id mit 1950 TE_3, MPC 1277, NAZ **9** 28

214 Aschera
53: Sydney Obs. Papers Nr. 22 Syd

216 Kleopatra
51: Kiew Publ. Nr. 6 S. 100 Kiw. — 52: Astr Circ UdSSR Nr. 164 AlA*. AN **282** 92 Kar. — 54: MPC 1173 Bar. MPC 1302 LaP. — 55: MPC 1272 Alg*. MPC 1210 JoH

218 Bianca
54: Astr Circ UdSSR Nr. 163 Tar

219 Thusnelda
52: Astr Circ UdSSR Nr. 164 AlA*. — 55: MPC 1210 JoH. MPC 1273 Mad*. MPC 1258 Ucc

221 Eos
51: Acta Astr. Sinica **2** Nr. 1 Nan. — 53: Acta Astr. Sinica **2** Nr. 2 ZoS. — 55: MPC 1292 Bel. MPC 1200, 1223 Blo*. MPC 1318 Kyo*. MPC 1321, 1322 Niz*

222 Lucia
55: MPC 1225, 1309 Blo*. MPC 1259, NAZ **9** 34 Hei*

223 Rosa
53: MPC 1174 EVA

224 Oceana
51: Kiew Publ. Nr. 6 S. 100 Kiw. — 55: MPC 1292 Bel. Astr Circ UdSSR Nr. 163 Tar. MPC 1216 Ucc

225 Henrietta
51: Kiew Publ. Nr. 6 S. 100 Kiw. Acta Astr. Sinica **2** Nr. 1 Nan

226 Weringia
54: MPC 1302 LaP

227 Philosophia
53: TAB (2) Nr. 75 S. 742 Tok*

228 Agathe
54: Beograd Bull. **19** Nr. 4, MPC 1206 Bel. MPC 1299 Tuk*

229 Adelinda
53: MPC 1323 (?) Niz. — 55: MPC 1318 Kyo*. MPC 1209, NAZ **9** 20 Hei*. MPC 1216 Ucc

230 Athamantis
51: Kiew Publ. Nr. 6 S. 100 Kiw. Acta Astr. Sinica **2** Nr. 1 Nan. — 52: Astr Circ UdSSR Nr. 164 AlA*. — 54: MPC 1173 Bar. Acta Astr. Sinica **3** Nr. 1 Nan. — 55: MPC 1309, 1310 Blo*. MPC 1259, NAZ **9** 34 Hei*

231 Vindobona
55: MPC 1209, NAZ **9** 20 Hei*. MPC 1318 Kyo*. MPC 1216 Ucc

233 Asterope
54: MPC 1250 Kyo*. Acta Astr. Sinica **3** Nr. 1 Nan*. MPC 1320 Niz*. MPC 1233 SFe. MPC 1177 Ucc

234 Barbara
55: MPC 1215 Ucc

235 Carolina
53: TAB (2) Nr. 75 S. 741 Tok*. — 54: MPC 1206 Bel

236 Honoria
53: TAB (2) Nr. 75 S. 740 Tok*. — 54: MPC 1206 Bel. — 55: MPC 1272 Alg*. MPC 1309 Blo*. MPC 1273 Mad*

238 Hypatia
54: MPC 1249 Kyo*. Acta Astr. Sinica **3** Nr. 1 Nan*. MPC 1233 SFe

240 Vanadis
54: MPC 1197, 1198 Blo*. MPC 1249 Kyo*. Acta Astr. Sinica **3** Nr. 1 Nan*. MPC 1233 SFe. MPC 1171 Ucc*

241 Germania
53: Acta Astr. Sinica **2** Nr. 2 Nan. Sydney Obs. Papers Nr. 22 Syd. — 54: MPC 1169, NAZ **9** 5 Hei*. MPC 1250, 1251 Kyo*. Madrid Bol. **4** Nr. 8, MPC 1209 Mad*. MPC 1233 SFe

242 Kriemhild
54: MPC 1302 LaP

243 Ida
52: Astr Circ UdSSR Nr. 164 AlA*. TAB (2) Nr. 75 S. 740 Tok*. — 55: MPC 1305 Blo*

245 Vera
54: MPC 1197 Blo*. MPC 1232 SFe

246 Asporina
55: MPC 1191 Alg*

247 Eukrate
51: Kiew Publ. Nr. 6 S. 100 Kiw

248 Lameia
55: MPC 1310 Blo*

249 Ilse
54: MPC 1177 Syd

250 Bettina
53: Acta Astr. Sinica **2** Nr. 2 Nan. Acta Astr. Sinica **2** Nr. 2 ZoS. — 55: MPC 1272 Alg*. MPC 1225 Blo*. MPC 1318 Kyo*. MPC 1258 Ucc. Acta Astr. Sinica **3** Nr. 2 ZoS

252 Clementina
53: MPC 1323 (?) Niz

253 Mathilde
49: MPC 431 (?) Blo[9])
Id mit 1949 OL_1, MPC 1277, NAZ **9** 28

254 Augusta
55: MPC 1291 Ucc

255 Oppavia
54: MPC 1206 Bel

256 Walpurga
55: MPC 1315 Blo*

[9]) Irrtümlich zugeordnet, 1949 OD_1 zugehörig, MPC 1278, NAZ **9** 28.

257 Silesia
54: Beograd Bull. **19** Nr. 3, MPC 1206 Bel. MPC 1248 Kyo*. MPC 1302 LaP. Astr Circ UdSSR Nr. 163 Tar

258 Tyche
51: Kiew Publ. Nr. 6 S. 100 Kiw. — 53: TAB (2) Nr. 75 S. 742 Tok*. — 54: MPC 1173 Bar
Eph (1955) DOB 8 Nr. 11 Fasc. 2

259 Aletheia
53: Sydney Obs. Papers Nr. 22 Syd

260 Huberta
55: MPC 1272 Alg*
El BIA **6** 151

261 Prymno
52: Astr Circ UdSSR Nr. 164 AlA*. — 54: MPC 1169, NAZ **9** 5 Hei*. MPC 1250, 1251 Kyo*. Acta Astr. Sinica **3** Nr. 1 Nan*

264 Libussa
54: MPC 1173 (?) Bar. MPC 1206 Bel. MPC 1326 Syd

266 Aline
51: Kiew Publ. Nr. 6 S. 100 Kiw. — 53: Sydney Obs. Papers Nr. 22 Syd. — 54: MPC 1299, 1300 Tuk*

267 Tirza
55: MPC 1223 Blo*. MPC 1321 Niz*

268 Adorea
54: MPC 1320 Niz*

269 Justitia
41: RI 2242 Ucc*[4])

270 Anahita
54: Acta Astr. Sinica **2** Nr. 2 ZoS. — 55: MPC 1309 Blo*

271 Penthesilea
54: Madrid Bol. **4** Nr. 8, MPC 1207 Mad*

273 Atropos
55: MPC 1273 (?) Mad*. MPC 1258 Ucc

274 Philagoria
41: RI 2242 Ucc*[4]). — 54: MPC 1320 Niz*

275 Sapientia
53: Sydney Obs. Papers Nr. 22 Syd. — 54: Madrid Bol. **4** Nr. 8 (?), MPC 1207 (?) Mad*

276 Adelheid
51: Kiew Publ. Nr. 6 S. 100 Kiw. — 53: MPC 1174 EVA. TAB (2) Nr. 75 S. 742 Tok*. — 54: Madrid Bol. **4** Nr. 8 (?) Mad

278 Paulina
54: MPC 1250 Kyo*

279 Thule
55: MPC 1258 Ucc

282 Clorinde
55: MPC 1311 Blo*

283 Emma
54: MPC 1177 Syd. — 55: MPC 1311 Blo*

284 Amalia
51: Kiew Publ. Nr. 6 S. 100 Kiw. — 54: MPC 1206 Bel

285 Regina
54: MPC 1177, 1204 Syd

286 Iclea
55: MPC 1216 Ucc*

287 Nephthys
54: MPC 1319, 1320 Niz*. MPC 1231 SFe. Astr Circ UdSSR Nr. 156 Wil*. Acta Astr. Sinica **3** Nr. 1 ZoS

289 Nenetta
51: Kiew Publ. Nr. 6 S. 101 Kiw. — 55: MPC 1310 Blo*
Id mit 1949 HF_1, MPC 1277, NAZ **9** 28

291 Alice
54: MPC 1194, 1196 Blo*. MPC 1170 Ucc

293 Brasilia
54: MPC 1302 LaP

294 Felicia
55: MPC 1223, 1224 Blo*. MPC 1321 Niz*

296 Phaëtusa
55: MPC 1322 Niz*

297 Caecilia
55: MPC 1223 Blo*

298 Baptistina
54: MPC 1302 LaP

300 Geraldina
53: MPC 1174 EVA. — 54: MPC 1250 Kyo*

301 Bavaria
52: Astr Circ UdSSR Nr. 164 AlA*. — 55: MPC 1318 Kyo*. MPC 1215 Ucc

303 Josephina
54: MPC 1204 Syd. — 55: MPC 1317 Blo*

304 Olga
52: Astr Circ UdSSR Nr. 164 AlA*. — 55: MPC 1301 Tuk*. MPC 1258 Ucc

305 Gordonia
54: MPC 1194, 1196 Blo*. MPC 1248 Kyo*. MPC 1170 Ucc

306 Unitas
53: Acta Astr. Sinica **2** Nr. 2 Nan. — 54: Beograd Bull. **19** Nr. 4, MPC 1206 Bel. MPC 1249 Kyo*. Madrid Bol. **4** Nr. 8, MPC 1208 Mad*

307 Nike
54: MPC 1251 Kyo*. — 55: MPC 1215 Ucc

308 Polyxo
51: Kiew Publ. Nr. 6 S. 101 Kiw. Acta Astr. Sinica **2** Nr. 1 Nan. — 54: Madrid Bol. **4** Nr. 8 Mad. Acta Astr. Sinica **3** Nr. 1 Nan. — 55: MPC 1272 Alg*. MPC 1273 Mad*. Astr Circ UdSSR Nr. 163 Tar. MPC 1258 Ucc

310 Margarita
55: MPC 1210 JoH. MPC 1274 Syd

311 Claudia
54: MPC 1206 Bel

313 Chaldaea
52: Acta Astr. Sinica **2** Nr. 2 Nan. — 54: MPC 1271 Bar. MPC 1233 SFe

316 Goberta
54: MPC 1249 Kyo*. MPC 1300 Tuk*

317 Roxane
54: MPC 1251 Kyo*. — 55: MPC 1215 Ucc

318 Magdalena
54: MPC 1319 Niz*

319 Leona
54: MPC 1300 Tuk*

320 Katharina
54: MPC 1249 Kyo*. MPC 1320 Niz*. MPC 1171 Ucc

321 Florentina
54: MPC 1302 LaP

322 Phaeo
51: Kiew Publ. Nr. 6 S. 101 Kiw. Acta Astr. Sinica **2** Nr. 1 Nan. — 55: MPC 1273 Mad*
El NAZ **9** 30

323 Brucia
53: MPC 1174 EVA

324 Bamberga
51: Acta Astr. Sinica **2** Nr. 1 Nan. — 53: Acta Astr. Sinica **2** Nr. 2 Nan. TAB (2) Nr. 75 S. 740, 741 Tok*. — 54: MPC 1302 LaP

325 Heidelberga
55: MPC 1301 Tuk*. MPC 1215 Ucc

326 Tamara
52: Astr Circ UdSSR Nr. 164 AlA*

327 Columbia
54: MPC 1249 Kyo*. MPC 1299 Tuk*. MPC 1171 Ucc

328 Gudrun
54: MPC 1302 LaP. — 55: MPC 1313, 1314, 1316 Blo*. MPC 1291 Ucc

329 Svea
51: Acta Astr. Sinica **2** Nr. 1 Nan. — 55: MPC 1309, 1310 Blo*

331 Etheridgea
52: Astr Circ UdSSR Nr. 164 AlA*. — 55: MPC 1224 Blo*[10]). MPC 1258 Ucc

332 Siri
54: MPC 1320 Niz*. MPC 1300 Tuk*

334 Chicago
54: MPC 1270 Bar. Beograd Bull. **19** Nr. 4, MPC 1206 Bel. MPC 1195, 1197 Blo*. MPC 1248 Kyo*

335 Roberta
54: Madrid Bol. **4** Nr. 8, MPC 1207 Mad*. MPC 1319 Niz*. Astr Circ UdSSR Nr. 156 Wil*
El JO **38** 78, 335

336 Lacadiera
53: MPC 1209 Mad. — 55: MPC 1216 Ucc

337 Devosa
51: Kiew Publ. Nr. 6 S. 101 Kiw

340 Eduarda
54: MPC 1302 LaP

341 California
54: Madrid Bol. **4** Nr. 8, MPC 1208 Mad*. MPC 1320 Niz*

342 Endymion
54: MPC 1169, NAZ **9** 5 Hei*

345 Tercidina
51: Kiew Publ. Nr. 6 S. 101 Kiw. — 54: MPC 1173 Bar. MPC 1206 Bel. MPC 1302 LaP. — 55: MPC 1310 Blo*

347 Pariana
54: MPC 1302 LaP

348 May
53: MPC 1322 Niz. — 55: MPC 1223 Blo*. MPC 1318 Kyo*. MPC 1321 Niz*
El NAZ **9** 30

349 Dembowska
54: MPC 1206 Bel. Acta Astr. Sinica **3** Nr. 1 Nan
Eph (1955) Astr. Nachr. Berlin-Treptow **7** 8

352 Gisela
53: Sydney Obs. Papers Nr. 22 Syd. — 55: MPC 1216 Ucc

354 Eleonora
51: Kiew Publ. Nr. 6 S. 101 Kiw. — 53: Acta Astr. Sinica **2** Nr. 2 ZoS. — 54: MPC 1172 Bar. København Publ. Nr. 165, MPC 1263 Kop. Astr Circ UdSSR Nr. 160 Saw*. Acta Astr. Sinica **2** Nr. 2 ZoS. — 55: MPC 1272 Alg*. MPC 1292 Bel. Acta Astr. Sinica **3** Nr. 2 ZoS

355 Gabriella
54: Astr Circ UdSSR Nr. 164 (?) AlA*

356 Liguria
51: Kiew Publ. Nr. 6 S. 101 Kiw

357 Ninina
55: MPC 1272 Alg*
El BIA **6** 134

358 Apollonia
54: MPC 1270 Bar. Madrid Bol. **4** Nr. 8, MPC 1207 Mad*. Acta Astr. Sinica **3** Nr. 1 Nan*
Id mit 1949 OG_1, MPC 1277, NAZ **9** 28

[10]) Berichtigung in MPC 1260.

359 Georgia
53: Sydney Obs. Papers Nr. 22 Syd

360 Carlova
55: MPC 1292 Bel. MPC 1200 Blo*. MPC 1318 Kyo*. MPC 1321 Niz*

362 Havnia
51: Kiew Publ. Nr. 6 S. 101 Kiw. — 55: MPC 1200 Blo*. Acta Astr. Sinica **3** Nr. 2 ZoS

363 Padua
52: TAB (2) Nr. 75 S. 739 Tok*. — 54: MPC 1231 SFe. MPC 1204 Syd

364 Isara
54: MPC 1197 Blo*

365 Corduba
52: TAB (2) Nr. 75 S. 740 Tok*. — 54: MPC 1206 Bel

366 Vincentina
54: MPC 1206 Bel. Acta Astr. Sinica **2** Nr. 2 ZoS

367 Amicitia
53: Sydney Obs. Papers Nr. 22 Syd. — 54: MPC 1321 Niz*. MPC 1177 Ucc

369 Aëria
54: MPC 1204 Syd

370 Modestia
Id mit 1949 JD, MPC 1277, NAZ **9** 28

372 Palma
51: Kiew Publ. Nr. 6 S. 101 Kiw. — 52: TAB (2) Nr. 75 S. 740 Tok*. — 53: Sydney Obs. Papers Nr. 22 Syd

374 Burgundia
54: MPC 1250 Kyo*

375 Ursula
51: Kiew Publ. Nr. 6 S. 102 Kiw. — 53: Sydney Obs. Papers Nr. 22 Syd

376 Geometria
52: TAB (2) Nr. 75 S. 740 Tok*. — 54: Madrid Bol. **4** Nr. 8 Mad

377 Campania
54: Madrid Bol. **4** Nr. 8, MPC 1207 Mad*
El JO **38** 84

378 Holmia
55: MPC 1272 Alg*. MPC 1216 Ucc

379 Huenna
55: MPC 1215 Ucc

380 Fiducia
54: MPC 1250, 1251 Kyo*

381 Myrrha
53: Sydney Obs. Papers Nr. 22 Syd. — 54: MPC 1248, 1249 Kyo*. MPC 1204 Syd

383 Janina
47: MPC 2, 3 Fla*[11])

384 Burdigala
55: MPC 1258 Ucc

385 Ilmatar
53: Sydney Obs. Papers Nr. 22 Syd. — 54: Beograd Bull. **19** Nr. 4, MPC 1206 Bel. Astr Circ UdSSR Nr. 163 Tar. MPC 1299 Tok*. MPC 1300 Tuk*. Acta Astr. Sinica **3** Nr. 1 ZoS

386 Siegena
53: Acta Astr. Sinica **2** Nr. 2 Nan
El BIA **6** 46

387 Aquitania
53: TAB (2) Nr. 75 S. 742 Tok*. — 54: Beograd Bull. **19** Nr. 3, MPC 1206 Bel. Madrid Bol. **4** Nr. 8, MPC 1207 Mad*

388 Charybdis
54: MPC 1249 Kyo*. Madrid Bol. **4** Nr. 8, MPC 1208 Mad*

389 Industria
51: Kiew Publ. Nr. 6 S. 102 Kiw. — 53: TAB (2) Nr. 75 S. 741 Tok*. — 54: MPC 1173 Bar. Madrid Bol. **4** Nr. 8, MPC 1207 Mad*. Madrid Bol. **4** Nr. 8 Mad. MPC 1231 SFe. MPC 1178 Syd

390 Alma
55: MPC 1274, 1326 Syd

391 Ingeborg
54: MPC 1196, 1197 Blo*. MPC 1202 Blo. MPC 1320, 1321 Niz*. Astr Circ UdSSR Nr. 163 Tar

393 Lampetia
54: Acta Astr. Sinica **3** Nr. 1 Nan*. MPC 1320 Niz*. Astr Circ UdSSR Nr. 163 Tar. MPC 1300 Tuk*

394 Arduina
53: Sydney Obs. Papers Nr. 22 Syd. — 54: MPC 1321 Niz*

395 Delia
54: MPC 1300 Tuk*

396 Aeolia
55: MPC 1224 Blo*. MPC 1300 Tuk*

399 Persephone
54: MPC 1173 Bar. MPC 1206 Bel. MPC 1302 LaP

401 Ottilia
55: MPC 1223 Blo*. MPC 1321 Niz*

402 Chloë
52: TAB (2) Nr. 75 S. 739 Tok*
Id mit 1949 OC_1, MPC 1277, NAZ **9** 28

403 Cyane
54: Acta Astr. Sinica **3** Nr. 1 Nan*. — 55: MPC 1230 Mad*

[11]) Irrtümlich zugeordnet. Vorläufige Bezeichnung 1947 LP, MPC 203. Berichtigung in MPC 1212.

404 Arsinoë
54: MPC 1302 LaP

405 Thia
52: Acta Astr. Sinica **2** Nr. 2 Nan. TAB (2) Nr. 75 S. 739 Tok*. — 53: Acta Astr. Sinica **2** Nr. 2 Nan. — 54: MPC 1194, 1196 Blo*. MPC 1299 Tuk*

406 Erna
55: MPC 1313, 1316 Blo*

407 Arachne
50: MPC 637 Blo*[12]). — 54: MPC 1231 SFe
Id mit 1950 UG, MPC 1277, NAZ **9** 28

408 Fama
53: TAB (2) Nr. 75 S. 741 Tok*. — 54: MPC 1302 LaP

409 Aspasia
51: Kiew Publ. Nr. 6 S. 102 Kiw. Acta Astr. Sinica **2** Nr. 1 Nan. — 53: Acta Astr. Sinica **2** Nr. 2 ZoS. — 55: MPC 1210 JoH. MPC 1274 Syd

410 Chloris
51: Kiew Publ. Nr. 6 S. 102 Kiw. — 55: MPC 1200 Blo*

411 Xanthe
54: MPC 1302 LaP. Acta Astr. Sinica **3** Nr. 1 ZoS

412 Elisabetha
53: Sydney Obs. Papers Nr. 22 Syd. — 54: Beograd Bull. **19** Nr. 4, MPC 1206 Bel. MPC 1302 LaP. Madrid Bol. **4** Nr. 8, MPC 1208 Mad*. MPC 1204 Syd

414 Liriope
55: MPC 1318 Kyo*

415 Palatia
54: Madrid Bol. **4** Nr. 8 (?), MPC 1207 (?) Mad*. Madrid Bol. **4** Nr. 8 Mad

Eph (1955) Astr Circ UdSSR Nr. 157, Sky and Telescope **14** 523
El Acta Astr. Sinica **2** Nr. 2, Astr Circ UdSSR Nr. 157

417 Suevia
54: MPC 1192 Alg. MPC 1194, 1196 Blo*. MPC 1202 Blo. MPC 1299 Tuk*
El BIA **6** 46

418 Alemannia
54: Madrid Bol. **4** Nr. 8, MPC 1207 Mad*. Madrid Bol. **4** Nr. 8 Mad

419 Aurelia
41: RI 2242 Ucc*[4]). — 53: TAB (2) Nr. 75 S. 741 Tok*. — 54: MPC 1173 Bar*. MPC 1173 Bar. Madrid Bol. **4** Nr. 8 Mad. Acta Astr. Sinica **3** Nr. 1 Nan. MPC 1178 Syd

420 Bertholda
54: MPC 1199 Blo*
El BIA **6** 135

422 Berolina
55: MPC 1225 Blo*

423 Diotima
54: Acta Astr. Sinica **3** Nr. 1 ZoS

424 Gratia
55: MPC 1314 Blo*

425 Cornelia
54: MPC 1320, 1321 Niz*. MPC 1300 Tuk*
Id mit 1951 BC, NAZ **9** 31

426 Hippo
54: MPC 1206 Bel. MPC 1302 LaP

427 Galene
54: Beograd Bull. **19** Nr. 4, MPC 1206 Bel. MPC 1249 Kyo*

428 Monachia
55: MPC 1224 Blo*

430 Hybris
54: MPC 1299 Tuk*
El BIA **6** 46

431 Nephele
51: Acta Astr. Sinica **2** Nr. 1 Nan. — 52: TAB (2) Nr. 75 S. 740 Tok*. — 55: MPC 1272 Alg*. MPC 1301 Tuk*

432 Pythia
53: TAB (2) Nr. 75 S. 741 Tok*. — 54: MPC 1173 Bar. Beograd Bull. **19** Nr. 3, MPC 1206 Bel. MPC 1178 Syd. Astr Circ UdSSR Nr. 156 Wil*

433 Eros
49: MPC 536 San[13]). — 51: Kiew Publ. Nr. 6 S. 102 Kiw. Acta Astr Sinica **2** Nr. 1 Nan. — 53: MPC 1192 Alg. — 54: MPC 1192 Alg

434 Hungaria
54: MPC 1302 LaP. — 55: MPC 1313 Blo*

435 Ella
52: Astr Circ UdSSR Nr. 164 AlA*. TAB (2) Nr. 75 S. 740 Tok*. — 54: MPC 1206 Bel. — 55: MPC 1310 Blo*

437 Rhodia
54: MPC 1177 Ucc

438 Zeuxo
41: RI 2242 Ucc*[4]). — 53: TAB (2) Nr. 75 S. 740, 741 Tok*. — 54: MPC 1302 LaP

440 Theodora
54: MPC 1198 Blo*. MPC 1171 Ucc

441 Bathilde
54: Beograd Bull. **19** Nr. 4, MPC 1206 Bel. Acta Astr. Sinica **3** Nr. 1 Nan*. MPC 1299, 1300 Tuk*

[12]) Irrtümlich zugeordnet, MPC 1278, NAZ **9** 28. Vorläufige Bezeichnung 1950 UO, MPC 1278.

[13]) Berichtigung in MPC 1220.

442 Eichsfeldia
53: TAB (2) Nr. 75 S. 742 Tok*. — 54: MPC 1270 Bar. MPC 1302 LaP. MPC 1319 Niz*

443 Photographica
55: MPC 1191 Alg*

444 Gyptis
51: Kiew Publ. Nr. 6 S. 102 Kiw. Acta Astr. Sinica **2** Nr. 1 Nan. — 53: TAB (2) Nr. 75 S. 741 Tok*. — 54: Acta Astr. Sinica **2** Nr. 2 ZoS. — 55: MPC 1292 Bel. MPC 1309 Blo*. Acta Astr. Sinica **3** Nr. 2 ZoS
Id mit 1950 HB_1, MPC 1277, NAZ **9** 28

447 Valentine
53: TAB (2) Nr. 75 S. 742 Tok*. — 54: MPC 1178 Syd

448 Natalie
41: RI 2242 Ucc*[4]). — 54: MPC 1302 LaP
El NAZ **9** 30

449 Hamburga
54: MPC 1206 Bel. Acta Astr. Sinica **3** Nr. 1 Nan. — 55: MPC 1310 Blo*

450 Brigitta
55: MPC 1326 Syd

451 Patientia
52: Astr Circ UdSSR Nr. 164 AlA*. — 54: MPC 1172 Bar. Madrid Bol. **4** Nr. 8 Mad. Acta Astr. Sinica **3** Nr. 1 Nan. — 55: MPC 1272 Alg*. MPC 1273 Mad*. Astr Circ UdSSR Nr. 163 Tar. MPC 1258 Ucc

452 Hamiltonia
Id mit 1940 EF, MPC 1182
Eph (1955) MPC 1182
El MPC 1182

453 Tea
55: MPC 1200 Blo*. MPC 1230 (?) Mad*

454 Mathesis
51: Kiew Publ. Nr. 6 S. 102 Kiw. — 53: MPC 1323 Niz. — 55: MPC 1200, 1223 Blo*

458 Hercynia
55: MPC 1258 Ucc

459 Signe
El MPC 1214

460 Scania
49: MPC 1274 Blo*. — 54: MPC 1250 Kyo*. MPC 1320 Niz*. MPC 1177 Ucc

461 Saskia
49: MPC 1274 Blo*

463 Lola
52: TAB (2) Nr. 75 S. 740 Tok*

464 Megaira
55: MPC 1311, 1312 Blo*

466 Tisiphone
54: Beograd Bull. **19** Nr. 4, MPC 1206 Bel

469 Argentina
54: MPC 1319 (?) Niz*

470 Kilia
54: MPC 1319 Niz*

471 Papagena
51: Acta Astr. Sinica **2** Nr. 1 Nan. — 54: Acta Astr. Sinica **3** Nr. 1 Nan. — 55: MPC 1272 Alg*. MPC 1273 Mad*. Acta Astr. Sinica **3** Nr. 2 ZoS

472 Roma
54: Madrid Bol. **4** Nr. 8 (?), MPC 1207 (?) Mad*. MPC 1231 SFe
Id mit 1944 DO, NAZ **9** 31

474 Prudentia
55: MPC 1215 Ucc

476 Hedwig
55: MPC 1321 Niz*. MPC 1323 Niz[14])

477 Italia
54: MPC 1250 Kyo*. Acta Astr. Sinica **3** Nr. 1 Nan*

478 Tergeste
54: MPC 1250 Kyo*

480 Hansa
52: TAB (2) Nr. 75 S. 740 Tok*. — 53: BAC **6** 122 SPl*. — 54: MPC 1197, 1198, 1199 Blo*. MPC 1233 SFe. MPC 1171, 1177 Ucc

481 Emita
Id mit 1954 NH, MPC 1188, NAZ **9** 2

483 Seppina
55: MPC 1311 Blo*

484 Pittsburghia
55: MPC 1311 Blo*

485 Genua
54: MPC 1196 Blo*. MPC 1248, 1249 Kyo*. MPC 1302 LaP. Madrid Bol. **4** Nr. 8, MPC 1208 Mad*. MPC 1319, 1320 Niz*. MPC 1232 SFe

486 Cremona
54: Acta Astr. Sinica **3** Nr. 1 Nan*
El Astr Circ UdSSR Nr. 156

487 Venetia
54: Madrid Bol. **4** Nr. 8 Mad

488 Kreusa
51: Acta Astr. Sinica **2** Nr. 1 Nan. — 53: Acta Astr. Sinica **2** Nr. 2 Nan. Sydney Obs. Papers Nr. 22 Syd

489 Comacina
51: Kiew Publ. Nr. 6 S. 102 Kiw

490 Veritas
54: MPC 1199 Blo*. MPC 1250 Kyo*

491 Carina
54: Beograd Bull. **19** Nr. 4, MPC 1206 Bel. MPC 1302

[14]) Berichtigung in MPC 1374.

LaP. Madrid Bol. **4** Nr. 8, MPC 1208 Mad*. MPC 1204 Syd

492 Gismonda
55: MPC 1216 Ucc

494 Virtus
41: RI 2242 Ucc*[4]). — 54: MPC 1177 Ucc

495 Eulalia
55: MPC 1216 Ucc

496 Gryphia
53: MPC 1174 EVA. — 54: MPC 1194, 1196 Blo*. MPC 1299 Tuk*. MPC 1170 Ucc

497 Iva
Eph (1955) Acta Astr. Sinica **3** Nr. 1[15]), Astr Circ UdSSR Nr. 157[15])
Eph (1957) Acta Astr. Sinica **3** Nr. 1[15])
El Acta Astr. Sinica **3** Nr. 1[15]), Astr Circ UdSSR Nr. 157[15])

498 Tokio
54: MPC 1250, 1251 Kyo*. Acta Astr. Sinica **3** Nr. 1 Nan*

500 Selinur
55: MPC 1309 Blo*. MPC 1210 JoH

502 Sigune
51: TAB (2) Nr. 51 S. 399 Tok*

503 Evelyn
51: Kiew Publ. Nr. 6 S. 102 Kiw. — 53: Acta Astr. Sinica **2** Nr. 2 Nan. — 54: MPC 1302 LaP. MPC 1178 Syd. — 55: MPC 1291 Ucc

504 Cora
55: MPC 1225, 1226 Blo*. MPC 1258 Ucc

505 Cava
51: Acta Astr. Sinica **2** Nr. 1 Nan. — 54: MPC 1302 LaP

507 Laodica
53: TAB (2) Nr. 75 S. 741 Tok*

508 Princetonia
54: MPC 1302 LaP. MPC 1178 Syd

509 Iolanda
53: Acta Astr. Sinica **2** Nr. 2 Nan

510 Mabella
54: Beograd Bull. **19** Nr. 3, MPC 1206 Bel. MPC 1319 Niz*

511 Davida
52: Acta Astr. Sinica **2** Nr. 2 Nan. TAB (2) Nr. 75 S. 739 Tok*. — 53: Acta Astr. Sinica **2** Nr. 2 Nan. — 54: Beograd Bull. **19** Nr. 3, MPC 1206 Bel. Madrid Bol. **4** Nr. 8 Mad. MPC 1178 Syd. Acta Astr. Sinica **2** Nr. 2 ZoS. — 55: MPC 1288 San

514 Armida
55: MPC 1310 Blo*. MPC 1326 Syd

515 Athalia
55: MPC 1199, 1200, 1223 Blo*. MPC 1246 Blo
El MPC 1283

516 Amherstia
52: TAB (2) Nr. 75 S. 740 Tok*. — 54: Acta Astr. Sinica **3** Nr. 1 Nan. Astr Circ UdSSR Nr. 160 Saw*. — 55: MPC 1311, 1312, 1315 Blo*

517 Edith
54: MPC 1321 Niz*

519 Sylvania
54: MPC 1197 Blo*

521 Brixia
41: RI 2242 Ucc*[4]). — 53: Acta Astr. Sinica **2** Nr. 2 Nan. — 54: Madrid Bol. **4** Nr. 8 Mad

522 Helga
55: MPC 1310 Blo*

524 Fidelio
55: MPC 1223 Blo*. MPC 1318 Kyo*. MPC 1321 Niz*

526 Jena
53: TAB (2) Nr. 75 S. 741 Tok*. — 55: MPC 1310 Blo*

527 Euryanthe
54: Madrid Bol. **4** Nr. 8 Mad. MPC 1319 Niz*

528 Rezia
41: RI 2242 Ucc*[4]). — 53: TAB (2) Nr. 75 S. 740 Tok*. — 55: MPC 1326 Syd

529 Preziosa
54: MPC 1199 Blo*. MPC 1300 Tuk*

530 Turandot
55: MPC 1209, NAZ **9** 20 Hei*. MPC 1318 Kyo*. MPC 1216 Ucc

532 Herculina
51: Acta Astr. Sinica **2** Nr. 1 Nan. — 52: Astr Circ UdSSR Nr. 164 AlA*. — 53: Acta Astr. Sinica **2** Nr. 2 Nan. Acta Astr. Sinica **2** Nr. 2 ZoS. — 54: MPC 1172 Bar. Madrid Bol. **4** Nr. 8 Mad. Astr Circ UdSSR Nr. 160 Saw*. — 55: MPC 1272 Alg*. MPC 1292 Bel. MPC 1268, 1288 San. MPC 1259 Ucc*. MPC 1258, 1259 Ucc
Eph (1955) Astr. Nachr. Berlin-Treptow **7** 8, Sky and Telescope **14** 306, Urania Kraków **26** 160

533 Sara
55: MPC 1272 Alg*. MPC 1301 Tuk*. MPC 1215 Ucc

537 Pauly
53: MPC 1174 EVA

[15]) Berichtigung in Beiblatt zu Acta Astr. Sinica **4** Nr. 1 (1956).

538 Friederike
54: MPC 1178 Syd. — 55: MPC 1313, 1314 Blo*

539 Pamina
54: Beograd Bull. **19** Nr. 3, MPC 1206 Bel. MPC 1298 Tuk*

540 Rosamunde
54: Madrid Bol. **4** Nr. 8, MPC 1208 Mad*

541 Deborah
55: MPC 1326 Syd

543 Charlotte
55: MPC 1210 JoH

544 Jetta
54: MPC 1197 Blo*. Madrid Bol. **4** Nr. 8, MPC 1208 Mad*. MPC 1298, 1299 Tuk*. MPC 1170 Ucc

545 Messalina
54: MPC 1302 LaP

546 Herodias
54: MPC 1204 Syd

549 Jessonda
54: MPC 1303 LaP

550 Senta
53: Sydney Obs. Papers Nr. 22 Syd. — 54: Madrid Bol. **4** Nr. 8, MPC 1209 Mad*

553 Kundry
54: MPC 1321 Niz*

554 Peraga
51: Kiew Publ. Nr. 6 S. 102 Kiw. Acta Astr. Sinica **2** Nr. 1 Nan. — 54: MPC 1173 Bar. MPC 1303 LaP. Madrid Bol. **4** Nr. 8, MPC 1207 Mad*. Madrid Bol. **4** Nr. 8 Mad. MPC 1178 Syd

555 Norma
54: MPC 1320, 1321 Niz*

556 Phyllis
53: Sydney Obs. Papers Nr. 22 Syd. — 54: MPC 1271 Bar. MPC 1250 Kyo*. Madrid Bol. **4** Nr. 8, MPC 1208 Mad*

557 Violetta
55: MPC 1225, 1226 Blo*. MPC 1259, NAZ **9** 34 Hei*. MPC 1258 Ucc

558 Carmen
55: MPC 1272 Alg*. MPC 1224, 1225 Blo*. MPC 1318 Kyo*. MPC 1242 Tok*. MPC 1301 Tuk*. MPC 1258 Ucc

560 Delia
55: MPC 1191 Alg*

561 Ingwelde
53: MPC 1322 (?) Niz

562 Salome
41: RI 2242 Ucc*[4])

565 Marbachia
54: MPC 1303 LaP. — 55: MPC 1310 Blo*

566 Stereoskopia
41: RI 2242 Ucc*[4]). — 53: Acta Astr. Sinica **2** Nr. 2 Nan. TAB (2) Nr. 75 S. 742 Tok*. — 54: Madrid Bol. **4** Nr. 8 Mad. — 55: MPC 1305 Blo*

567 Eleutheria
55: MPC 1326 Syd

569 Misa
55: Astr Circ UdSSR Nr. 163 Tar. MPC 1216 Ucc

570 Kythera
54: MPC 1303 LaP. — 55: MPC 1309 Blo*
Id mit 1952 BE, NAZ **9** 31 El BIA **6** 136

573 Recha
55: MPC 1301 Tuk*. MPC 1215 Ucc

575 Renate
54: MPC 1248, 1249 Kyo*. MPC 1320 Niz*

576 Emanuela
55: MPC 1274 Syd

577 Rhea
54: MPC 1270 Bar. MPC 1303 LaP

579 Sidonia
51: Acta Astr. Sinica **2** Nr. 1 Nan. — 54: Acta Astr. Sinica **2** Nr. 1 ZoS. — 55: Acta Astr. Sinica **3** Nr. 2 ZoS

583 Klotilde
53: TAB (2) Nr. 75 S. 742 Tok*

584 Semiramis
52: Astr Circ UdSSR Nr. 164 AlA*. — 54: MPC 1173 Bar. MPC 1206 Bel. MPC 1303 LaP. — 55: Acta Astr. Sinica **3** Nr. 2 ZoS

586 Thekla
54: Astr Circ UdSSR Nr. 164 AlA*

588 Achilles
53: TAB (2) Nr. 75 S. 740 Tok*

593 Titania
55: MPC 1273 Mad*

595 Polyxena
52: Acta Astr. Sinica **2** Nr. 2 Nan. — 53: Sydney Obs. Papers Nr. 22 Syd. — 54: MPC 1249 Kyo*. Madrid Bol. **4** Nr. 8, MPC 1208 Mad*. MPC 1171 Ucc

596 Scheila
54: MPC 1169, NAZ **9** 6 Hei*. MPC 1250, 1251 Kyo*

597 Bandusia
51: Kiew Publ. Nr. 6 S. 102 Kiw. — 54: MPC 1303 LaP. — 55: MPC 1314 Blo*

598 Octavia
54: MPC 1303 LaP. MPC 1204 Syd

599 Luisa
53: Acta Astr. Sinica **2** Nr. 2 Nan. Sydney Obs. Papers Nr. 22 Syd

601 Nerthus
55: MPC 1258 Ucc
El MPC 1327 [16]), NAZ **9** 25 [16])

602 Marianna
55: MPC 1272 Alg*

603 Timandra
55: MPC 1301 Tuk*

604 Tekmessa
54: Beograd Bull. **19** Nr. 3, MPC 1206 Bel. MPC 1248 Kyo*. MPC 1303 LaP. Madrid Bol. **4** Nr. 8, MPC 1207 Mad*. MPC 1204 Syd. Astr Circ UdSSR Nr. 163 Tar

606 Brangäne
52: TAB (2) Nr. 75 S. 740 Tok*

607 Jenny
54: MPC 1298 Tuk*

611 Valeria
54: Madrid Bol. **4** Nr. 8 Mad

613 Ginevra
53: TAB (2) Nr. 75 S. 741 Tok*

615 Roswitha
55: MPC 1223 Blo*. MPC 1318 Kyo*

618 Elfriede
55: MPC 1226, 1309 Blo*. MPC 1258 Ucc

620 Drakonia
55: MPC 1311 Blo*

622 Esther
51: Acta Astr. Sinica **2** Nr. 1 Nan

623 Chimaera
53: TAB (2) Nr. 75 S. 740 Tok*. — 54: MPC 1303 LaP. — 55: MPC 1311 Blo*

624 Hektor
53: TAB (2) Nr. 75 S. 740 Tok*. — 54: MPC 1192 Alg. — 55: MPC 1272 Alg*

626 Notburga
52: Acta Astr. Sinica **2** Nr. 2 Nan. — 54: MPC 1303 LaP

627 Charis
54: MPC 1170 Ucc

628 Christine
54: Madrid Bol. 4 Nr. 8, MPC 1207 Mad*

631 Philippina
53: TAB (2) Nr. 75 S. 741 Tok*. — 54: Madrid Bol. **4** Nr. 8 Mad

633 Zelima
55: MPC 1311, 1312, 1315 Blo*

635 Vundtia
El BIA **6** 137

636 Erika
54: MPC 1195 Blo*. MPC 1248 Kyo*

639 Latona
54: Madrid Bol. 4 Nr. 8, MPC 1207 Mad*

642 Clara
55: MPC 1272 Alg*. MPC 1300, 1301 Tuk*

643 Scheherezade
El BIA **6** 138

644 Cosima
55: MPC 1300 Tuk*

645 Agrippina
55: MPC 1209, NAZ **9** 20 Hei*. MPC 1318 Kyo*. MPC 1216 Ucc

646 Kastalia
55: MPC 1321 Niz*

648 Pippa
55: MPC 1210 JoH

652 Jubilatrix
55: MPC 1309 Blo*

653 Berenike
54: MPC 1303 LaP

655 Briseïs
54: MPC 1251 Kyo*. — 55: MPC 1191 Alg*

656 Beagle
53: TAB (2) Nr. 75 S. 741 Tok*. — 54: MPC 1303 LaP
Id mit 1954 HJ. MPC 1178

657 Gunlöd
55: MPC 1210 JoH. MPC 1274 Syd

660 Crescentia
51: Kiew Publ. Nr. 6 S. 102 Kiw. — 54: MPC 1231 SFe. Astr Circ UdSSR Nr. 156 Wil*

661 Cloelia
55: MPC 1209, NAZ **9** 20 Hei*. MPC 1318 Kyo*. MPC 1215, 1216 Ucc

662 Newtonia
54: MPC 1177 Ucc

664 Judith
54: MPC 1194, 1196 Blo*. MPC 1299 Tuk*

668 Dora
54: MPC 1303 LaP. — 55: MPC 1291 Ucc

674 Rachele
51: Acta Astr. Sinica **2** Nr. 1 Nan. — 53: Acta Astr. Sinica **2** Nr. 2 Nan. — 55: MPC 1292 Bel. Astr Circ UdSSR Nr. 163 Tar

675 Ludmilla
53: Sydney Obs. Papers Nr. 22 Syd. — 54: MPC 1231 SFe. MPC 1170 Ucc. Astr Circ UdSSR Nr. 156 Wil*

676 Melitta
54: Beograd Bull. **19** Nr. 3, MPC 1206 Bel. MPC 1248

[16]) Berichtigung in MPC 1470, NAZ **10** 14.

Kyo*. Madrid Bol. **4** Nr. 8, MPC 1207, 1208 Mad*. MPC 1303 LaP

677 Aaltje
55: Acta Astr. Sinica **3** Nr. 2 ZoS

679 Pax
53: MPC 1174 EVA

680 Genoveva
53: TAB (2) Nr. 75 S. 741 Tok*

683 Lanzia
54: Beograd Bull. **19** Nr. 4, MPC 1206 Bel

684 Hildburg
53: TAB (2) Nr. 75 S. 740 Tok*. — 54: MPC 1303 LaP

686 Gersuind
54: MPC 1303 LaP. — 55: MPC 1291 Ucc

687 Tinette
54: Beograd Bull. **19** Nr. 4, MPC 1206 Bel. MPC 1194, 1195, 1196 Blo*. MPC 1202, 1203 Blo. MPC 1319 Niz*

690 Wratislavia
54: Acta Astr. Sinica **3** Nr. 1 Nan*. MPC 1233 SFe*

693 Zerbinetta
54: MPC 1320 Niz*

695 Bella
55: MPC 1191 Alg*

696 Leonora
54: Beograd Bull. **19** Nr. 3, MPC 1206 Bel. MPC 1298, 1299 Tuk*

697 Galilea
52: TAB (2) Nr. 75 S. 740 Tok*. — 55: MPC 1224 Blo*. MPC 1210 JoH

702 Alauda
53: TAB (2) Nr. 75 S. 741 Tok*. — 54: MPC 1303 LaP. — 55: MPC 1326 Syd

704 Interamnia
53: Acta Astr. Sinica **2** Nr. 2 Nan. — 55: MPC 1191 Alg*. MPC 1292 Bel

705 Erminia
53: MPC 1174 EVA [17]). — 54: MPC 1303 LaP

706 Hirundo
54: MPC 1303 LaP. — 55: MPC 1311, 1313 Blo*

708 Raphaela
55: MPC 1216 Ucc

709 Fringilla
54: Acta Astr. Sinica **3** Nr. 1 Nan*

710 Gertrud
55: MPC 1215 Ucc

712 Boliviana
51: Acta Astr. Sinica **2** Nr. 1 Nan. — 53: TAB (2) Nr. 75 S. 742 Tok*. — 55: MPC 1291 Ucc

713 Luscinia
El BIA **6** 139

714 Ulula
55: MPC 1210 JoH

715 Transvaalia
54: MPC 1249 Kyo*. MPC 1300 Tuk*

716 Berkeley
Id mit 1936 FR, MPC 1293 [18])

717 Wisibada
55: MPC 1326 Syd

718 Erida
54: MPC 1194, 1196, 1199 Blo*. MPC 1170 Ucc

720 Bohlinia
55: MPC 1291 Ucc

721 Tabora
El BIA **6** 140

722 Frieda
55: MPC 1258 Ucc

723 Hammonia
55: MPC 1318 Kyo*. MPC 1216 Ucc

725 Amanda
55: MPC 1225 Blo*

726 Joëlla
54: MPC 1303 LaP. — 55: MPC 1210 JoH

727 Nipponia
53: TAB (2) Nr. 75 S. 740 Tok*

728 Leonisis
54: MPC 1201 (?) Blo

729 Watsonia
53: TAB (2) Nr. 75 S. 741 Tok*

733 Mocia
El BIA **6** 141

734 Benda
55: MPC 1326 Syd

735 Marghanna
El BIA **6** 46

736 Harvard
54: Beograd Bull. **19** Nr. 3, MPC 1206 Bel

737 Arequipa
52: TAB (2) Nr. 75 S. 739 Tok*. — 53: Acta Astr. Sinica **2** Nr. 2 Nan. BAC **6** 122 SPl*

738 Alagasta
54: MPC 1169, NAZ **9** 6 Hei*. MPC 1250, 1251 Kyo*

740 Cantabia
54: MPC 1250, 1251 Kyo*

741 Botolphia
53: TAB (2) Nr. 75 S. 741 Tok*

742 Edisona
53: BAC **6** 122 SPl*

[17]) Berichtigung in MPC 1182.

[18]) Als 1952 FA bezeichnet. (Vgl. MPC 770).

743 Eugenisis
55: MPC 1216 Ucc

744 Aguntina
55: MPC 1312 Blo*

747 Winchester
51: Acta Astr. Sinica **2** Nr. 1 Nan. — 54: MPC 1172 Bar. Madrid Bol. **4** Nr. 8 Mad. Acta Astr. Sinica **3** Nr. 1 Nan. Astr Circ UdSSR Nr. 160 Saw*. — 55: MPC 1226 Blo*. MPC 1273 Mad*. Astr Circ UdSSR Nr. 163 Tar. MPC 1258 Ucc

748 Simeïsa
55: MPC 1310 Blo*

749 Malzovia
54: MPC 1303 LaP

750 Oskar
55: MPC 1258 Ucc
Id mit 1940 LN, MPC 1214
El MPC 1214 [19])

751 Faïna
51: Acta Astr. Sinica **2** Nr. 1 Nan. — 53: TAB (2) Nr. 75 S. 741 Tok*. — 54: Madrid Bol. **4** Nr. 8 Mad

753 Tiflis
52: Astr Circ UdSSR Nr. 164 AlA*

754 Malabar
53: MPC 1174 EVA

757 Portlandia
55: MPC 1312 Blo*

758 Mancunia
51: Kiew Publ. Nr. 6 S. 102 Kiw. — 53: Sydney Obs. Papers Nr. 22 Syd. — 54: Acta Astr. Sinica **3** Nr. 1 Nan*. MPC 1232 SFe

764 Gedania
47: MPC 10 Niz* [20]). — 55: MPC 1191 Alg*. MPC 1215 Ucc

768 Struveana
52: TAB (2) Nr. 75 S. 740 Tok*

769 Tatjana
54: MPC 1199 Blo*
El BIA **6** 142

770 Bali
41: RI 2242 Ucc* [4])

772 Tanete
53: MPC 1174 EVA. — 54: MPC 1250 Kyo*. MPC 1177 Ucc

774 Armor
54: Madrid Bol. **4** Nr. 8, MPC 1207 Mad*. Madrid Bol. **4** Nr. 8 Mad. MPC 1231 SFe. — 55: MPC 1315, 1317 Blo*

776 Berbericia
51: Kiew Publ. Nr. 6 S. 103 Kiw. Acta Astr. Sinica **2** Nr. 1 Nan. — 54: Acta Astr. Sinica **3** Nr. 1 Nan. — 55: MPC 1226 Blo*. MPC 1273 Mad*. MPC 1258 Ucc

777 Gutemberga
55: MPC 1210 JoH

778 Theobalda
54: MPC 1303 LaP

779 Nina
51: Kiew Publ. Nr. 6 S. 103 Kiw. Acta Astr. Sinica **2** Nr. 1 Nan. — 53: TAB (2) Nr. 75 S. 741 Tok*. — 54: MPC 1303 LaP

780 Armenia
55: MPC 1311, 1312 Blo* [21])

781 Kartvelia
55: MPC 1318 Kyo*. MPC 1215, 1216 Ucc

782 Montefiore
54: MPC 1249 Kyo*

784 Pickeringia
53: MPC 1174 EVA. — 54: Acta Astr. Sinica **3** Nr. 1 Nan*. MPC 1299 Tuk*. MPC 1170 Ucc

785 Zwetana
53: BAC **6** 122 SPl*

786 Bredichina
53: TAB (2) Nr. 75 S. 741 Tok*

787 Moskva
51: Kiew Publ. Nr. 6 S. 103 Kiw

788 Hohensteina
54: MPC 1194 Blo*. Acta Astr. Sinica **3** Nr. 1 Nan*. MPC 1319, 1320 Niz*. MPC 1170 Ucc

789 Lena
54: MPC 1319 Niz*

791 Ani
54: Acta Astr. Sinica **3** Nr. 1 Nan*. MPC 1321 Niz*

792 Metcalfia
53: TAB (2) Nr. 75 S. 740 Tok*

795 Fini
51: Kiew Publ. Nr. 6 S. 103 (?) Kiw [22])

796 Sarita
55: MPC 1258 Ucc

797 Montana
54: MPC 1194, 1195, 1196 Blo*. MPC 1171 Ucc*. MPC 1170 Ucc

798 Ruth
55: MPC 1314 Blo*

800 Kressmannia
55: MPC 1317 Blo* [23])

804 Hispania
53: TAB (2) Nr. 75 S. 741 Tok*

---

[19]) Berichtigung in MPC 1260.
[20]) Irrtümlich zugeordnet. Vorläufige Bezeichnung 1947 BJ, MPC 41. Berichtigung in MPC 77, 1212.
[21]) Berichtigung in MPC 1470.
[22]) In MPC 784 als 1951 UR bezeichnet.
[23]) Berichtigung in MPC 1365.

805 Hormuthia
55: MPC 1272 (?) Alg*

806 Gyldenia
55: MPC 1224 Blo*

807 Ceraskia
54: MPC 1303 LaP

808 Merxia
55: MPC 1312 Blo*

810 Atossa
31: AN **243** 369, BZ **13** 45, RI 459 Hei*[24]). Heidelberg Sternw. Veröff. **16** Hei[24]). — 47: MPC 2, 3 Fla*[25])
Id mit 1931 PF, MPC 1182
Id mit 1934 NB, MPC 1183, 1188, NAZ **9** 1
Eph (1954/55) MPC 1183
El MPC 1183

814 Tauris
54: MPC 1303 LaP. MPC 1204 Syd

816 Juliana
54: MPC 1303 (?) LaP

817 Annika
55: MPC 1309 Blo*

820 Adriana
55: MPC 1258 Ucc

823 Sisigambis
54: MPC 1169, NAZ **9** 5 Hei*

824 Anastasia
55: MPC 1315 Blo*. MPC 1291 Ucc

825 Tanina
54: MPC 1177 Ucc*

828 Lindemannia
55: MPC 1310 Blo*

830 Petropolitana
51: Kiew Publ. Nr. 6 S.103 Kiw
Id mit 1949 KW, MPC 1277, NAZ **9** 28

832 Karin
55: MPC 1317 Blo*

839 Valborg
54: MPC 1196 Blo*. Madrid Bol. **4** Nr. 8, MPC 1208 Mad*. MPC 1298, 1299 Tuk*. MPC 1170 Ucc

841 Arabella
55: MPC 1292 (?) Bel. MPC 1200, 1223 Blo*

844 Leontina
Id mit 1953 FL_1, MPC 1176

846 Lipperta
54: MPC 1319 Niz*

848 Inna
54: MPC 1199 Blo*

849 Ara
53: Acta Astr. Sinica **2** Nr. 2 Nan. BAC **6** 122 SPl*. Acta Astr. Sinica **2** Nr. 2 ZoS. — 54: MPC 1249 Kyo*. Madrid Bol. **4** Nr. 8, MPC 1208 Mad*. MPC 1299 Tuk*. MPC 1171 Ucc

850 Altona
54: MPC 1304 LaP

851 Zeissia
54: MPC 1249 Kyo*. MPC 1300 Tuk*

852 Wladilena
53: MPC 1322 Niz

863 Benkoela
54: MPC 1304 LaP

866 Fatme
54: MPC 1199 Blo*. MPC 1177 Ucc
Id mit 1950 DF_1, MPC 1277, NAZ **9** 28

867 Kovacia
Id mit 1942 XF, MPC 1294

868 Lova
54: MPC 1304 LaP

870 Manto
53: BAC **6** 122 SPl*. — 55: MPC 1200, 1223 Blo*

872 Holda
54: MPC 1319 Niz*

873 Mechthild
55: MPC 1225 Blo*. MPC 1318 Kyo*. MPC 1258 Ucc

877 Walküre
54: MPC 1304 LaP. Madrid Bol. **4** Nr. 7 (?), MPC 1207 (?) Mad*

881 Athene
55: MPC 1311 Blo*

883 Matterania
54: MPC 1197, 1198 (?) Blo*

890 Waltraut
55: MPC 1216 Ucc

891 Gunhild
54: MPC 1250, 1251 Kyo*

892 Seeligeria
54: MPC 1319 Niz*. — 55: MPC 1291 Ucc*

893 Leopoldina
54: Acta Astr. Sinica **2** Nr. 2 ZoS

895 Helio
54: MPC 1321 Niz*

896 Sphinx
55: MPC 1215 Ucc

897 Lysistrata
54: MPC 1178 Syd

905 Universitas
54: MPC 1319 Niz*

908 Buda
55: MPC 1258 Ucc

909 Ulla
55: MPC 1310 Blo*
Id mit 1949 OF_1, 1949 PW, MPC 1277, NAZ **9** 28
El BIA **6** 143

[24]) Irrtümlich zugeordnet, MPC 1188, NAZ **9** 2. Vorläufige Bezeichnung 1931 OE, MPC 1226.

[25]) Irrtümlich zugeordnet, MPC 1188, NAZ **9** 2. Vorläufige Bezeichnung 1947 LQ, MPC 1226.

910 Anneliese
55: MPC 1225, 1226 Blo*

911 Agamemnon
53: TAB (2) Nr. 75 S. 741 Tok*. — 55: MPC 1210 JoH

912 Maritima
51: Acta Astr. Sinica **2** Nr. 1 Nan. — 54: MPC 1304 LaP. — 55: MPC 1315 Blo*. MPC 1291 Ucc*

914 Palisana
53: MPC 1174 EVA. — 54: MPC 1321 Niz*. MPC 1299 Tuk*

916 America
54: MPC 1304 LaP

920 Rogeria
53: MPC 1322 Niz

924 Toni
54: MPC 1319 Niz*

925 Alphonsina
54: Acta Astr. Sinica **3** Nr. 1 Nan*

926 Imhilde
54: Astr Circ UdSSR Nr. 163 Tar

928 Hildrun
53: TAB (2) Nr. 75 S. 740 Tok*

931 Whittemora
53: TAB (2) Nr. 75 S. 740 Tok*

938 Chlosinde
54: MPC 1320 Niz*. MPC 1300 Tuk*

940 Kordula
El BIA **6** 145

941 Murray
55: MPC 1224, 1225 Blo*. MPC 1318 Kyo*. MPC 1242 Tok*

942 Romilda
54: MPC 1249 Kyo*

943 Begonia
53: MPC 1174 EVA

947 Monterosa
55: MPC 1310 (?) Blo*

949 Hel
54: MPC 1194 Blo*. MPC 1320 Niz*

950 Ahrensa
55: MPC 1291 (?) Ucc

951 Gaspra
41: RI 2242 Ucc*[4]). — 55: MPC 1310 Blo*

952 Caia
52: Astr Circ UdSSR Nr. 164 AlA*. — 55: MPC 1225 Blo*. MPC 1318 Kyo*. MPC 1242 Tok*

953 Painleva
54: MPC 1304 LaP. MPC 1178 Syd

954 Li
54: MPC 1178, 1204 Syd

955 Alstede
54: MPC 1304 LaP

962 Aslög
55: MPC 1312 Blo*

967 Helionape
54: MPC 1249 Kyo*

968 Petunia
55: MPC 1322 Niz

970 Primula
55: MPC 1321 (?) Niz*

973 Aralia
53: MPC 1174 EVA. — 54: MPC 1194, 1196 Blo*. MPC 1248 Kyo*. MPC 1170 Ucc

974 Lioba
55: MPC 1309 Blo*. MPC 1259, NAZ **9** 34 Hei*

975 Perseverantia
41: RI 2242 Ucc*[4]). — 55: MPC 1321 Niz*. MPC 1323 Niz. MPC 1300 Tuk*
Id mit 1950 CK, MPC 1277, NAZ **9** 28

977 Philippa
55: MPC 1225, 1226 Blo*. MPC 1301 Tuk*. MPC 1258 Ucc

978 Aidamina
52: Astr Circ UdSSR Nr. 164 AlA*

979 Ilsewa
55: MPC 1225 Blo*. MPC 1274, 1326 Syd

980 Anacostia
53: Acta Astr. Sinica **2** Nr. 2 Nan. — 55: MPC 1292 Bel

983 Gunila
55: MPC 1326 Syd
Id mit 1949 JB, MPC 1277, NAZ **9** 28

984 Gretia
54: MPC 1178 Syd. — 55: MPC 1313, 1315, 1316 Blo*. MPC 1291 Ucc

987 Wallia
53: MPC 1174 EVA. — 55: MPC 1314, 1316 Blo*. MPC 1291 Ucc

989 Schwassmannia
54: MPC 1304 LaP

993 Moultona
55: MPC 1313, 1314 Blo*

994 Otthild
53: MPC 1323 Niz

996 Hilaritas
El BIA **6** 146

997 Priska
54: MPC 1194 (?), 1195 (?), 1196 (?) Blo*. MPC 1202 (?) Blo

1001 Gaussia
55: MPC 1210 JoH. MPC 1274 Syd

1002 Olbersia
54: Astr Circ UdSSR Nr. 164 AlA*. — 55: MPC 1326 Syd

1003 Lilofee
53: TAB (2) Nr. 75 S. 741 Tok*

1004 Belopolskya
54: MPC 1319 Niz*

1005 Arago
55: MPC 1274, 1326 Syd

1007 Pawlowia
54: MPC 1194 Blo*. MPC 1248, 1249 Kyo*. MPC 1304 LaP

1010 Marlene
55: MPC 1200 Blo*

1011 Laodamia
54: MPC 1201 Blo

1014 Semphyra
55: MPC 1313, 1314, 1316 Blo*

1017 Jacqueline
55: MPC 1314 Blo*

1018 Arnolda
54: MPC 1206 Bel. MPC 1195 Blo*. MPC 1248 Kyo*. Madrid Bol. **4** Nr. 8, MPC 1207 Mad*. MPC 1204 Syd. Astr Circ UdSSR Nr. 163 Tar. Astr Circ UdSSR Nr. 156 Wil*

1019 Strackea
54: MPC 1304 LaP

1020 Arcadia
49: MPC 1274 Blo*. MPC 1274 Blo. — 54: MPC 1170 Ucc

1021 Flammario
54: MPC 1271 Bar. MPC 1250 Kyo*

1027 Aesculapia
54: MPC 1304 LaP
Id mit 1942 DH, MPC 1277

1029 La Plata
55: MPC 1291 Ucc

1031 Arctica
55: MPC 1210 JoH. MPC 1274 Syd

1032 Pafuri
53: MPC 1322 Niz

1034 Mozartia
55: MPC 1310 Blo*

1036 Ganymed
54: MPC 1192 Alg. MPC 1304 LaP

1039 Sonneberga
54: MPC 1194 Blo*

1040 Klumpkea
54: MPC 1304 LaP. — 55: MPC 1310 (?) Blo*

1043 Beate
54: MPC 1320 Niz*

1044 Teutonia
54: MPC 1299 Tuk*. MPC 1170 Ucc

1045 Michela
55: MPC 1226 (?), 1309 (?) Blo*

1046 Edwin
54: MPC 1204 Syd

1048 Feodosia
53: TAB (2) Nr. 75 S. 741 Tok*

1053 Vigdis
54: MPC 1304 (?) LaP

1055 Tynka
54: MPC 1206 Bel. MPC 1195 Blo*. MPC 1248 Kyo*. Madrid Bol. **4** Nr. 8, MPC 1207 Mad*

1058 Grubba
54: MPC 1304 LaP

1062 Ljuba
53: TAB (2) Nr. 75 S. 741 Tok*. — 54: MPC 1304 LaP

1067 Lunaria
55: MPC 1314 Blo*. MPC 1291 Ucc

1068 Nofretete
54: MPC 1304 LaP

1069 Planckia
55: MPC 1321 Niz*. MPC 1300 Tuk*

1071 Brita
54: MPC 1319 Niz*

1072 Malva
54: MPC 1319 Niz*

1074 Beljawskya
53: TAB (2) Nr. 75 S. 741 Tok*

1076 Viola
55: MPC 1300 Tuk*

1078 Mentha
53: MPC 1322 (?) Niz. — 55: MPC 1225 Blo*. MPC 1301 Tuk*

1080 Orchis
55: MPC 1321 (?) Niz*

1081 Reseda
54: MPC 1194, 1195 Blo*

1083 Salvia
54: MPC 1304 LaP

1084 Tamariwa
54: MPC 1319 Niz*

1085 Amaryllis
55: MPC 1312 Blo*

1086 Nata
54: MPC 1178 Syd

1088 Mitaka
Nicht id. mit 1905 RY, MPC 1186, NAZ **9** 1

1089 Tama
55: MPC 1225 Blo*

1093 Freda
54: MPC 1250 Kyo*. MPC 1177 Ucc*. MPC 1177 Ucc

1094 Siberia
55: MPC 1225 Blo*. MPC 1258 Ucc

1096 Reunerta
54: MPC 1169, NAZ **9** 5 Hei*. MPC 1250, 1251 Kyo*

1097 Vicia
54: MPC 1194, 1196, 1197 Blo*. Acta Astr. Sinica **3** Nr. 1 Nan*. MPC 1299 Tuk*. MPC 1170 Ucc
El MPC 602[26])

1100 Arnica
55: MPC 1200, 1223 Blo*

1101 Clematis
Nicht id. mit 1934 UA, MPC 1214

1102 Pepita
54: MPC 1206 Bel. MPC 1170 Ucc

1103 Sequoia
54: MPC 1304 LaP

1104 Syringa
El BIA **6** 147

1108 Demeter
33: MPC 1180 Hei

1109 Tata
54: MPC 1320 Niz*

1110 Jaroslawa
54: MPC 1304 LaP

1115 Sabauda
53: MPC 1174 EVA. — 54: MPC 1204 Syd

1116 Catriona
54: MPC 1304 LaP

1118 Hanskya
54: MPC 1304 LaP

1126 Otero
54: MPC 1304 LaP. MPC 1178 Syd. — 55: MPC 1317 Blo*

1128 Astrid
54: MPC 1194, 1196 Blo*. MPC 1248 Kyo*. MPC 1171 Ucc*

1129 Neujmina
55: MPC 1311, 1312 Blo*

1135 Colchis
54: JO **39** 29, MPC 1192 Alg[27]). MPC 1178 Syd. — 55: MPC 1291 Ucc

1138 Attica
54: MPC 1304 LaP

1139 Atami
53: MPC 1322 Niz. — 55: MPC 1225 Blo*
Eph (1955) Jap. Astr. Ass. Circ. 130
Eph (1956) Jap. Astr. Ass. Circ. 130
El Jap. Astr. Ass. Circ. 130

1140 Crimea
53: TAB (2) Nr. 75 S. 741 Tok*

1142 Aetolia
55: MPC 1291 (?) Ucc

1143 Odysseus
53: TAB (2) Nr. 75 S. 741 Tok*

1144 Oda
55: MPC 1312 Blo*

1145 Robelmonte
52: TAB (2) Nr. 75 S. 739 Tok*. — 53: MPC 1322 Niz

1150 Achaia
55: MPC 1313, 1314, 1316 Blo*. MPC 1291 Ucc

1151 Ithaka
55: MPC 1291 Ucc

1152 Pawona
54: MPC 1304 LaP

1154 Astronomia
54: MPC 1178 Syd

1162 Larissa
El BIA **6** 148

1163 Saga
55: MPC 1309, 1310 Blo*

1164 Kobolda
37: MPC 1244, NAZ **9** 6 Hei

1169 Alwine
55: MPC 1315, 1317 Blo*

1171 Rusthawelia
55: MPC 1216 Ucc

1172 Äneas
54: MPC 1197, 1199 Blo*

1176 Lucidor
54: MPC 1305 LaP
Nicht id. mit 1925 QF, NAZ **9** 25
El NAZ **9** 25

1177 Gonnessia
54: MPC 1192 Alg

1181 Lilith
54: MPC 1305 LaP

1184 Gaea
55: MPC 1216 (?) Ucc

1185 Nikko
55: MPC 1199 (?) Blo*. MPC 1215 Ucc

1187 Afra
54: MPC 1305 LaP

1189 Terentia
55: MPC 1314 Blo*. MPC 1291 Ucc

1190 Pelagia
53: YC 1315 Kyo
Id mit 1953 VB, YC 1315

1192 Prisma
53: MPC 1174 EVA

1194 Aletta
55: MPC 1191 Alg*

1196 Sheba
54: MPC 1251 Kyo*

1197 Rhodesia
55: MPC 1210 JoH

1199 Geldonia
53: MPC 1323 Niz. — 55: MPC 1272 Alg*

---

[26]) Berichtigung in MPC 1180.

[27]) Irrtümlich 1415 Malautra zugeordnet, MPC 1324.

1202 Marina
54: MPC 1194, 1195 Blo*. MPC 1202 Blo

1207 Ostenia
54: Astr Circ UdSSR Nr. 164 AlA*

1209 Pumma
55: MPC 1200, 1225 Blo*

1212 Francette
El BIA **6** 148

1218 Aster
54: MPC 1197 (?) Blo*

1219 Britta
55: MPC 1300 Tuk*

1221 Amor
Eph (1955/56) MPC 1253, 1273
El AN **282** 89

1224 Fantasia
54: MPC 1305 LaP. — 55: MPC 1316 Blo*

1229 Tilia
54: Acta Astr. Sinica **3** Nr. 1 Nan*

1231 Auricula
51: MPC 1244, NAZ **9** 6 Hei. — 53: MPC 1322 Niz. — 55: MPC 1215 (?) Ucc

1237 Geneviève
52: Astr Circ UdSSR Nr. 164 AlA*. TAB (2) Nr. 75 S. 740 Tok*

1240 Centenaria
54: MPC 1299 Tuk*

1241 Dysona
55: MPC 1274, 1326 Syd

1242 Zambesia
53: TAB (2) Nr. 75 S. 740 Tok*. — 55: MPC 1326 Niz

1244 Deira
53: TAB (2) Nr. 75 S. 741 Tok*

1245 Calvinia
55: MPC 1318 Kyo*. MPC 1321 Niz*
Id mit 1950 CP, MPC 1277, NAZ **9** 28

1246 Chaka
54: MPC 1199 Blo*

1247 Memoria
54: MPC 1319 Niz*

1248 Jugurtha
54: MPC 1305 LaP

1249 Rutherfordia
53: TAB (2) Nr. 75 S. 740 Tok*

1251 Hedera
54: MPC 1250 Kyo*. Acta Astr. Sinica **3** Nr. 1 Nan*

1252 Celestia
55: MPC 1200, 1223 Blo*. MPC 1215 Ucc

1254 Erfordia
54: MPC 1305 LaP

1258 Sicilia
54: MPC 1305 LaP. — 55: MPC 1313, 1315, 1316 Blo*

1259 Ógyalla
55: MPC 1209, NAZ **9** 20 Hei*. MPC 1318 Kyo*. MPC 1216 Ucc

1261 Legia
55: MPC 1200 Blo*

1262 Sniadeckia
52: TAB (2) Nr. 75 S. 740 Tok*

1263 Varsavia
53: MPC 1174 EVA. — 55: MPC 1309 Blo*. MPC 1258 Ucc

1266 Tone
54: MPC 1305 LaP. — 55: MPC 1314 Blo*
El BIA **6** 149

1267 Geertruida
54: MPC 1195 Blo*. MPC 1248 Kyo*

1269 Rollandia
54: MPC 1197 Blo*. MPC 1170 Ucc

1270 Datura
33: MPC 1244, NAZ **9** 6 Hei

1271 Isergina
55: MPC 1209, NAZ **9** 19 Hei*

1272 Gefion
54: MPC 1170 Ucc

1275 Cimbria
54: MPC 1321 Niz*

1276 Ucclia
53: MPC 1174 (?) EVA

1277 Dolores
55: MPC 1274 Syd
Id mit 1942 JA (?), MPC 1294

1278 Kenya
55: MPC 1225, 1226 Blo*. MPC 1301 Tuk*. MPC 1258 Ucc

1282 Utopia
55: MPC 1311, 1312 Blo*

1283 Komsomolia
54: MPC 1320 (?) Niz*

1286 Banachiewicza
54: MPC 1194 Blo*

1289 Kutaïssi
55: MPC 1191 Alg*

1290 Albertine
54: MPC 1305 LaP

1291 Phryne
53: MPC 1322 Niz. — 54: MPC 1248 Kyo*

1292 Luce
54: MPC 1177 Ucc

1296 Andrée
53: TAB (2) Nr. 75 S. 740, 741 Tok*. — 55: MPC 1311, 1313[28]) Blo*

1297 Quadea
55: MPC 1321 Niz*

1298 Nocturna
53: MPC 1174 EVA

1300 Marcelle
54: MPC 1305 LaP

1303 Luthera
53: MPC 1174 EVA. Sydney Obs. Papers Nr. 22 Syd

1305 Pongola
54: MPC 1305 LaP

1311 Knopfia
54: MPC 1169, NAZ **9** 6 Hei*

1313 Berna
54: MPC 1201 Blo

1315 Bronislawa
54: MPC 1305 LaP

1316 Kasan
55: MPC 1310 Blo*

1317 Silvretta
55: MPC 1259, NAZ **9** 34 Hei*

1318 Nerina
55: MPC 1210 JoH

1319 Disa
55: MPC 1309 Blo*. MPC 1326 Syd

1321 Majuba
54: MPC 1305 LaP. — 55: MPC 1316 Blo*

1325 Inanda
54: MPC 1305 LaP

1326 Losaka
55: MPC 1258, 1259 Ucc

1327 Namaqua
55: MPC 1321 (?) Niz*

1331 Solvejg
55: MPC 1291 Ucc

1333 Cevenola
55: MPC 1321 (?) Niz*. MPC 1323 (?)[14]) Niz

1337 Gerarda
54: MPC 1305 LaP

1346 Gotha
55: MPC 1258 (?) Ucc

1347 Patria
54: MPC 1305 (?) LaP. — 55: MPC 1259 (?), NAZ **9** 34 (?) Hei*

1356 Nyanza
55: MPC 1223 Blo*

1358 Gaika
54: MPC 1305 LaP
Id mit 1954 GJ (?), MPC 1178[17])
Nicht id. mit 1954 GJ, MPC 1308

1362 Griqua
53: MPC 1174 EVA

1363 Herberta
54: MPC 1201 Blo. — 55: MPC 1291 Ucc

1365 1928 RK
55: MPC 1313 Blo*[28])

1366 Piccolo
54: Astr Circ UdSSR Nr. 164 AlA*. — 55: MPC 1326 Syd

1367 1934 NA
38: MPC 1244, NAZ **9** 6 Hei. — 51: Kiew Publ. Nr. 6 S. 103 (?) Kiw*

1369 Ostanina
55: MPC 1216 (?) Ucc

1372 Haremari
37: BZ **19** 5, RI 1525 Alg*[29])[30]). JO **21** 123 Alg[29])[30]). — 44: RI 2553 Hei*[29])[31]). Madrid Publ. Nr. 29, MPC 1172 Hei[29])[31]). — 51: MPC 638 Blo*[29])[32]). Madrid Publ. Nr. 29, MPC 1172 Blo[29])[32]). — 53: MPC 1027, 1038 Blo*[29])[33]). MPC 1093 Blo[29])[33])
Nicht id. mit 1928 DX, Madrid Publ. Nr. 29, MPC 1172, 1227, 1231
El Madrid Publ. Nr. 29, MPC 1172, 1231

1373 1935 QN
35: AJ **45** 98, RI 1251 WiB[34]). — 49: MPC 296 MtH[35])
El MPC 1246[10])

1374 Isora
55: MPC 1326 Syd

1375 Alfreda
54: MPC 1195 Blo*. MPC 1320 Niz*

1379 Lomonosowa
Benennung MPC 1252

1384 Kniertje
53: TAB (2) Nr. 75 S. 740 Tok*

1390 Abastumani
53: MPC 1174 EVA. — 54: MPC 1248, 1249 Kyo*

1396 Outeniqua
53: MPC 1175 EVA
Id mit 1949 HG_1, MPC 1277, NAZ **9** 28

1397 Umtata
54: MPC 1197 Blo*. MPC 1299 Tuk*. MPC 1170 Ucc
El MPC 1247, NAZ **9** 12

---

[28]) Berichtigung in MPC 1339.
[29]) Irrtümlich zugeordnet, Madrid Publ. Nr. 29, MPC 1172, 1231.
[30]) Vorläufige Bezeichnung 1937 BD, MPC 1226.
[31]) Vorläufige Bezeichnung 1944 QK, MPC 1226.
[32]) Vorläufige Bezeichnung 1951 EW_1, MPC 1176.
[33]) Vorläufige Bezeichnung 1953 OM, MPC 1176.
[34]) Berichtigung in MPC 1247.
[35]) Berichtigung in MPC 1245.

1403 Idelsonia
Benennung MPC 1252
El Turku Informo Nr. 11

1407 Lindelöf
53: MPC 1175 EVA

1409 Isko
Id mit 1951 GN, NAZ **9** 31

1410 Margret
54: MPC 1173 (?) Bar

1412 Lagrula
52: TAB (2) Nr. 75 S. 740 Tok*. — 55: MPC 1311, 1312, 1313, 1314 Blo*

1415 Malautra
54: JO **39** 29, MPC 1192 Alg[36]). MPC 1178 Syd[37]). — 55: MPC 1315 Blo*

1416 Renauxa
55: MPC 1312 Blo*

1418 Fayeta
El MPC 1167[38])

1419 Danzig
55: MPC 1224 Blo*

1420 Radcliffe
54: MPC 1171 Ucc

1424 Sundmania
55: MPC 1224, 1225 Blo*. MPC 1318 Kyo*. MPC 1242 Tok*

1428 Mombasa
52: TAB (2) Nr. 75 S. 740 Tok*

1429 Pemba
54: MPC 1199 (?) Blo*
Id mit 1949 JK (?), NAZ **9** 39

1430 1937 NK
53: MPC 1175 EVA

1433 Geramtina
55: MPC 1311 Blo*
Id mit 1951 XH, NAZ **9** 31

1438 Wendeline
54: MPC 1198 Blo*

1440 Rostia
54: MPC 1198 (?) Blo*

1441 Bolyai
54: MPC 1199 Blo*

1442 Corvina
55: MPC 1311 Blo*

1449 1938 DO
55: MPC 1309 Blo*

1450 1938 DP
55: MPC 1200[39]), 1225 Blo*

1452 1938 DZ_1
El MPC 1284

1453 Fennia
39: MPC 1181 Tuk. — 43: MPC 1181 Tuk. — 44: MPC 1181 Tuk. — 47: MPC 1181 Tuk. — 51: MPC 1181 Tuk. — 54: MPC 1305 LaP
El AN **282** 233, MPC 1184[40])

1456 1937 NG
54: MPC 1305 LaP

1457 Ankara
54: MPC 1305 LaP. — 55: MPC 1291 Ucc

1458 Mineura
54: MPC 1170 Ucc

1461 1937 YL
53: MPC 1323 Niz. — 55: MPC 1322 Niz*. MPC 1323 Niz

1463 1938 CB
53: MPC 1323 Niz

1466 Mündleria
42: MPC 1244, NAZ **9** 6 Hei

1469 Linzia
55: MPC 1291 Ucc

1470 Carla
49: MPC 1274 (?) Blo*. MPC 1274 (?) Blo. — 54: MPC 1274 Blo. MPC 1305 LaP

1472 1938 UQ
54: MPC 1201 Blo

1473 1938 UT
54: MPC 1202 Blo. MPC 1170 Ucc

1475 Yalta
51: MPC 1181 Blo
Nicht id. mit 1946 WA, MPC 1185
Eph (1955) MPC 1185
El MPC 1185

1476 1936 RA
53: MPC 1175 EVA
Eph (1956) MPC 1325
El NAZ **9** 30

1482 Sebastiana
53: MPC 1175 EVA. — 54: MPC 1201 Blo. MPC 1305 LaP

1484 Postrema
54: MPC 1199 Blo*
Benennung MPC 1252

1485 Isa
54: MPC 1194 Blo*

1487 Boda
54: MPC 1321 (?) Niz*

1488 1938 XE
55: MPC 1300 Tuk*

1490 Limpopo
54: MPC 1201 Blo

1491 1938 EJ
53: MPC 1322 (?) Niz. — 55: MPC 1223, 1224 Blo*

1496 1938 SA_1
48: MPC 184 Tuk*[41]). — 54: MPC 1305 LaP
Eph (1955/56) MPC 1284
El MPC 1284

[36]) Irrtümlich zugeordnet, 1135 Colchis zugehörig, MPC 1324.
[37]) Berichtigung in MPC 1275.
[38]) Berichtigung in MPC 1221.
[39]) Berichtigung in MPC 1226.
[40]) Berichtigung in MPC 1324.
[41]) Berichtigung in MPC 380. Irrtümlich zugeordnet, MPC 1284. Vorläufige Bezeichnung 1948 UG, MPC 1365.

1498 1938 SK_1
54: MPC 1202 (?) Blo

1499 1938 UF
55:MPC1259,NAZ **9** 34 Hei*

1500 1938 UH
Eph (1955/56) MPC 1285
El MPC 1285

1503 1938 XD
54: MPC 1298 Tuk*

1505 Koranna
54: MPC 1169, NAZ **9** 6 Hei*

1508 1938 UO
Id mit 1935 FA, NAZ **9** 26
El NAZ **9** 25

1509 Esclangona
55: MPC 1310 Blo*

1510 1939 DC
54: MPC 1194 Blo*. MPC 1319 (?) Niz*

1511 Daléra
54: MPC 1201 Blo. — 55: MPC 1315 (?) Blo*. MPC 1291 (?) Ucc

1514 Ricouxa
55: MPC 1321 Niz*

1516 1938 BG
55: MPC 1300 Tuk*

1519 1938 UB
54: MPC 1306 LaP

1520 1938 UY
54: MPC 1299 Tuk*

1522 1938 WO
38: MPC 728 Tuk[10])

1523 1939 BC
54: MPC 1320 Niz*. MPC 1323 Niz

1524 1939 SB
55: MPC 1311, 1312 Blo*

1528 Conrada
55: MPC 1200 Blo*. MPC 1321 Niz*
El MPC 1283

1531 1938 SH
53: MPC 1175 EVA. — 55: MPC 1312, 1313, 1316 Blo*

1533 1939 BD
55: MPC 1200[39]), 1225 Blo*

1535 1939 RC
55: MPC 1309 Blo*

1537 1940 QA
55: MPC 1309 (?) Blo*

1539 1940 UB
55: MPC 1310 Blo*

1540 1938 WK
55: MPC 1225, 1226, 1309 Blo*

1541 1939 CK
55: MPC 1314, 1317 Blo*

1543 1941 SJ
54: MPC 1197 (?) Blo*. MPC 1299 Tuk*

1547 1929 CZ
29: Madrid Publ. Nr. 30, MPC 1221 Ucc
El Madrid Publ. Nr. 30, MPC 1221

1549 Mikko
Id mit 1949 YV, MPC 1277, NAZ **9** 28

1551 1938 DC_1
54: MPC 1306 LaP. MPC 1204 Syd

1553 Bauersfelda
55: MPC 1321 (?) Niz*

1554 1940 RE
40: Urania Barcelona **40** 161 Bel. — 48: Urania Barcelona **40** 161 Niz. — 52: Urania Barcelona **40** 161 Blo, Niz
Id mit 1932 YA (?), Urania Barcelona **40** 162
Nicht id. mit 1936 UH (?), Urania Barcelona **40** 162
El MPC 1294, Urania Barcelona **40** 160

1555 Dejan
54: MPC 1202 Blo. MPC 1306 LaP
Id mit 1950 TJ_2 (?), NAZ **9** 39

1556 Wingolfia
Benennung Astr. Nachr. Berlin-Treptow **7** 45, MPC 1221, NAZ **9** 21

1560 Strattonia
53: MPC 1175 EVA
Benennung MPC 1255, Sky and Telescope **15** 79

1561 1941 CG
55: MPC 1317 Blo*

1563 Noël
53: MPC 1175 EVA

1565 1948 WA
55: MPC 1310 Blo*

1566 Icarus
54: MPC 1220 Pre
Eph (1955) MPC 1243

1567 1941 HN
54: MPC 1306 LaP

1568 Aisleen
55: MPC 1223 Blo*

1569 Evita
53: MPC 1175 EVA. — 54: MPC 1306 LaP. MPC 1204 Syd

1570 Brunonia
55: MPC 1223, 1224 Blo*. MPC 1321 Niz*

1572 Posnania
53: MPC 1175 EVA. — 54: MPC 1306 LaP

1573 1949 UA
54: MPC 1306 LaP

1574 Meyer
55: MPC 1191, 1272 Alg*

1575 Winifred
55: MPC 1315 Blo*. MPC 1257 Blo

Eph (1955) MPC 1257
El MPC 1257

1576 1948 SA
54: MPC 1250, 1251 Kyo*

1577 1949 BA
54: MPC 1202 Blo. MPC 1306 LaP

1578 Kirkwood
54: MPC 1201 (?) Blo

1579 1948 SB
54: MPC 1194, 1196 Blo*. MPC 1202 Blo

1580 Betulia
Eph (1955) MPC 1256
El MPC 1256

1581 Abanderada
Id mit 1943 EK, MPC 1294

1582 Martir
55: MPC 1225, 1226 Blo*. MPC 1258 Ucc

1583 Antilochus
54: MPC 1306 LaP

1584 1927 CR
53: MPC 1175 EVA. — 54: MPC 1202 Blo. MPC 1323 Niz

1586 1939 CJ
55: MPC 1309 Blo*

1587 1933 FS_1
53: TAB (2) Nr. 75 S. 741 Tok*. — 55: MPC 1311 Blo*

1588 Descamisada
55: MPC 1224 Blo*

1589 Fanatica
53: MPC 1175 EVA. — 54: MPC 1195, 1197 Blo*. MPC 1202, 1203 Blo

1594 1949 WA
55: MPC 1272 Alg*. MPC 1226, 1309 Blo*. MPC 1258 Ucc

1596 1951 EV
54: MPC 1199 Blo*

1597 1949 EB
54: MPC 1192 Alg. AJ **60** 440 = LOB Nr. 536 S. 178 MtH

1598 Paloque
54: MPC 1192 Alg. — 55: MPC 1313, 1316 Blo*
Benennung MPC 1221

1599 Giomus
53: MPC 1175 EVA. MPC 1179 Hei. — 55: MPC 1311, 1312, 1313, 1315 Blo*
Benennung MPC 1221

1602 Indiana
Benennung MPC 1171

1604 1931 FH
54: MPC 1192 Alg. MPC 1194, 1195, 1197 Blo*. MPC 1202 Blo

1605 1936 GA
54: MPC 1192 Alg. MPC 1196 Blo*. MPC 1203 Blo. MPC 1306 LaP

1606 1950 RH
54: MPC 1192 Alg. MPC 1201 Blo
Numerierung MPC 1187
Eph (1955/56) MPC 1243
El MPC 1186

1607 1950 RA
54: MPC 1202 Blo. MPC 1210 EVA. MPC 1306 LaP
Numerierung MPC 1210
El MPC 1210

1608 1951 RZ
54: MPC 1210 EVA. MPC 1306 LaP
Numerierung MPC 1211
El MPC 1211

1609 1951 NL
55: MPC 1309, 1310 Blo*. MPC 1259, NAZ **9** 34 Hei*
Numerierung MPC 1227
Id mit 1934 JB, 1947 WB, MPC 1227
Eph (1955) MPC 1228
Eph (1956/57) MPC 1228
El MPC 1227

1610 1928 RT
Numerierung MPC 1244
El MPC 1244, NAZ **9** 12

1611 1950 DJ
Numerierung MPC 1252
Eph (1954/55) MPC 1229
El MPC 1247, NAZ **9** 12, 30

1612 1950 BJ
55: MPC 1209, NAZ **9** 20 Hei*
Numerierung MPC 1281
El MPC 1281, NAZ **9** 25 [42])

1613 1950 SD
54: MPC 1201 (?) Blo [43])
Numerierung MPC 1281
Id mit 1929 CL, Bull. Soc. Math. Phys. Serbie **5** Nr. 3—4 S. 123
El Bull. Soc. Math. Phys. **5** Nr. 3—4 S. 121. MPC 1281, NAZ **9** 20

1614 1952 HA
54: MPC 1195, 1197 (?) Blo*. MPC 1202 Blo
Numerierung MPC 1282
Id mit 1928 SA, MPC 1282, NAZ **9** 26
Eph (1955/56) MPC 1245
El NAZ **9** 25

1615 1950 BW
54: MPC 1169, NAZ **9** 6 Hei*
Numerierung MPC 1325
Id mit 1948 TG, NAZ **9** 39
Eph (1956) MPC 1325
El MPC 1325, NAZ **9** 38

1904 OP
El MPC 1247, NAZ **9** 12

1905 RY Vgl. 1088 Mitaka
Id mit 1924 QQ, MPC 1242
El MPC 1186, NAZ **9** 1

[42]) Berichtigung in NAZ **9** 39.

[43]) Irrtümlich zugeordnet, MPC 1282, NAZ **9** 20. Vorläufige Bezeichnung 1954 OE, MPC 1276, 1282.

1906 SV
El MPC 1186, NAZ **9** 1

1906 UO
Id mit 1937 TG, MPC 1187

1906 UX, UY
06: MPC 1244, NAZ **9** 6 Hei

1906 VV
El MPC 1186

1907 XX
Id mit 1912 OH, 1933 QD, MPC 1189, NAZ **9** 2

1907 ZV, AW
El MPC 1186

1908 EG
El MPC 1247, NAZ **9** 12

1909 FT
09: MPC 1308, NAZ **9** 20 Hei

1912 OH = 1907 XX

1916 YX
Id mit 1951 MG, 1951 NF, Jap. Astr. Ass. Circ. 138

1923 OD
55: MPC 1317 Blo*[44])
Eph (1955) MPC 1254

1923 PC
Id mit 1953 GH, MPC 1189, NAZ **9** 2

1924 QQ = 1905 RY

1924 QW
54: MPC 1201 (?) Blo. — 55: MPC 1314, 1317 Blo*
Eph (1955) MPC 1245

1924 SH
Nicht id. mit 1948 NE, NAZ **9** 39

1925 QA
Eph (1955/56) MPC 1255

1925 QF Vgl. 1176 Lucidor

1926 ED
Id mit 1950 SL, MPC 1189, NAZ **9** 2

1926 GS
Id mit 1942 JG (?), MPC 1294

1926 PE
Eph (1955) MPC 1168

1926 RR
Id mit 1953 TA, MPC 1276

1926 TD
26: MPC 1171 Ucc

1926 TM
Id mit 1949 QS_1 (?), Jap. Astr. Ass. Circ. 115

1928 DX Vgl. 1372 Haremari, **RT** Vgl. 1610

1928 SA
Id mit 1952 HA, MPC 1282, NAZ **9** 26

1928 TJ
Id mit 1951 RM_1, NAZ **9** 39

1928 TK
Id mit 1939 TB (?), Jap. Astr. Ass. Circ. 115

1929 CL
Id mit 1941 SR, Turku Informo Nr. 11
Id mit 1950 SD, Bull. Soc. Math. Phys. Serbie **5** Nr. 3—4 S. 123
Eph (1955/56) MPC 1245

1929 EC
Id mit 1951 AM, Jap. Astr. Ass. Circ. 137

1929 WG
Id mit 1929 WC_1, NAZ **9** 32
Eph (1955) MPC 1212

1929 WC_1 = 1929 WG

1930 DQ
Id mit 1941 BC (?), MPC 1295
Id mit 1941 BC, NAZ **9** 39
Eph (1955/56) MPC 1295

1930 HB
30: MPC 1179 Hei

1930 OG
Id mit 1937 YC, MPC 1294
El NAZ **9** 25

1930 OJ
Id mit 1930 PA, NAZ **9** 32

1930 OK
El NAZ **9** 25

1930 OL
El NAZ **9** 30

1930 PA = 1930 OJ

1930 RB
El NAZ **9** 25

1930 SK
Eph (1955) MPC 1254
El MPC 1186

1930 SO, SY, SZ, SB_1
El NAZ **9** 30

1930 YK
Id mit 1931 AX, NAZ **9** 32

1931 AO
Id mit 1953 TA (?), MPC 1276

1931 AX = 1930 YK

1931 AD_1
Id mit 1935 CK (?), Jap. Astr. Ass. Circ. 138
El Jap. Astr. Ass. Circ. 128

1931 AF_1
El Jap. Astr. Ass. Circ. 128

1931 BM
Id mit 1931 BO, NAZ **9** 32

1931 BO = 1931 BM

1931 FJ
El Jap. Astr. Ass. Circ. 128

[44]) Berichtigung in MPC 1396.

1931 OE
31: AN **243** 369, BZ **13** 45, RI 459 Hei*[45]). Heidelberg Sternw. Veröff. **16** Hei[45])

1931 PF = 810 Atossa

1931 TB
Id mit 1931 TN_2, NAZ **9** 32

1931 TL
Eph (1955) MPC 1168

1931 TQ
Id mit 1953 GE, MPC 1189, NAZ **9** 2

1931 TS
Id mit 1949 KA, NAZ **9** 13

1931 TT_1
Id mit 1954 UP_2, Jap. Astr. Ass. Circ. 138

1931 TN_2 = 1931 TB

1931 TB_4, VJ_1, VK_1, XO
El Jap. Astr. Ass. Circ. 128

1932 CE_1
Id mit 1938 EP, 1953 VO_2, Jap. Astr. Ass. Circ. 138

1932 RL
Id mit 1942 TC, MPC 1294

1932 YA = 1554 1940 RE (?)

1933 OE
El MPC 1215

1933 OJ
Eph (1955) MPC 1254
El MPC 1186

1933 OK
55: MPC 1228 WiB
Eph (1955) MPC 1168

1933 QD = 1907 XX

1933 UE_1
Id mit 1939 HG, 1953 PA, Bull. Soc. Math. Phys. Serbie **7** Nr. 1—2 S. 103, MPC 1188, NAZ **9** 2

1933 WB
Id mit 1949 GK, NAZ **9** 9

1934 CS
Id mit 1940 FC, MPC 1172
Eph (1955/56) MPC 1296

1934 JB = 1609 1951 NL, **NB** = 810 Atossa, **UA**
Vgl. 1101 Clematis

1935 BD
Eph (1955) MPC 1229

1935 CK = 1931 AD_1 (?)

1935 CY
Id mit 1935 EP, NAZ **9** 32

1935 EA
El Turku Informo Nr. 11

1935 EP = 1935 CY, **FA** = 1508 1938 UO

1935 FD, FL
El Jap. Astr. Ass. Circ. 115

1935 JE
Nicht id. mit 1936 UB, MPC 1214

1935 JF
54: MPC 1195 Blo*. MPC 1202 Blo
Eph (1955/56) MPC 1255

1935 KC
Id mit 1935 ML, NAZ **9** 32

1935 ML = 1935 KC

1935 OJ
55: MPC 1309 Blo*[46])
Eph (1955) MPC 1203

1935 QP
55: MPC 1309 Blo*
Eph (1955) MPC 1212

1935 RF
Eph (1952) Jap. Astr. Ass. Circ. 115

1935 US
55: MPC 1313, 1314 Blo*
Eph (1955) MPC 1254

1936 AB
36: RI 1331, UC **4** 322 Joh*[47]). RI 1311 Kra*[47])
Id mit 1952 DA, MPC 1276

1936 BD
54: Astr Circ UdSSR Nr. 164 AlA*
Eph (1955) MPC 1229

1936 BE
36: RI 1331, UC **4** 322 Joh*[48]). RI 1311 Kra*[48])

1936 DD
El Turku Informo Nr. 11

1936 DK
Id mit 1936 FA_1, NAZ **9** 32[4])

1936 FP, FR = 716 Berkeley
El Turku Informo Nr. 11

1936 FS, FT, FU, FV, FW
El Jap. Astr. Ass. Circ. 115

1936 FX
El Turku Informo Nr. 11

1936 FA_1 = 1936 DK

1936 PB, QD, QJ
El Jap. Astr. Ass. Circ. 130

1936 QO
Eph (1955) MPC 1168

1936 QQ, QA_1, QF_1
El Jap. Astr. Ass. Circ. 130

1936 RC
El Jap. Astr. Ass. Circ. 131

---

45) Irrtümlich 810 Atossa zugeordnet, MPC 1188, NAZ **9** 2. Vorläufige Bezeichnung MPC 1226.
46) Berichtigung in MPC 1337.
47) Irrtümlich zugeordnet, MPC 1276. Vorläufige Bezeichnung 1936 BE, MPC 1365.
48) Irrtümlich 1936 AB zugeordnet, MPC 1276. Vorläufige Bezeichnung MPC 1365.

1936 TE
El Jap. Astr. Ass. Circ. 130

1936 UB Vgl. 1935 JE

1936 UC
El Turku Informo Nr. 11

1936 UH Vgl. 1554 1940 RE (?)

1937 BD
37: BZ **19** 5, RI 1525 Alg*[49]). JO **21** 123 Alg[49])

1937 CJ
Id mit 1939 TC, 1944 DF (?), NAZ **9** 13

1937 FA
El Turku Informo Nr. 11

1937 QH
Id mit 1939 BG, Turku Informo Nr. 11

1937 RA
El Turku Informo Nr. 11

1937 RO
Id mit 1951 RM_1, NAZ **9** 39

1937 TG = 1906 UO
55: MPC 1225[50]), 1309 Blo*. MPC 1259, NAZ **9** 34 Hei*
Eph (1955) MPC 1203
El MPC 1186

1937 TL
El Jap. Astr. Ass. Circ. 130

1937 VM
Id mit 1937 XB, NAZ **9** 32[4])

1937 WG
Id mit 1937 YJ, MPC 1241, NAZ **9** 8

1937 XB = 1937 VM, **YC** = 1930 OG

1937 YD
37: MPC 1246 Bud. — 38: MPC 1246 Bud
El NAZ **9** 25

1937 YJ = 1937 WG

1938 CK
Id mit 1938 EW, Jap. Astr. Ass. Circ. 138

1938 DV
El Turku Informo Nr. 11

1938 DW_1
El NAZ **9** 38

1938 DB_2
Id mit 1938 GL, NAZ **9** 32[4])

1938 EG
Id mit 1942 DJ, MPC 1294
Id mit 1952 UQ, MPC 1242
Eph (1955) MPC 1242

1938 EP = 1932 CE_1, **EW** = 1938 CK

1938 GC, GG
El Turku Informo Nr. 11

1938 GK
Id mit 1953 JA, MPC 1276, Turku Informo Nr. 11
El Turku Informo Nr. 11

1938 GL = 1938 DB_2

1938 JA
Id mit 1942 CH, Turku Informo Nr. 11

1938 SR
Id mit 1948 SE, 1948 TG, 1953 TW_2, NAZ **9** 9

1938 UJ_1
El Jap. Astr. Ass. Circ. 134

1938 UL_1
El Jap. Astr. Ass. Circ. 122/123

1938 WN
El Jap. Astr. Ass. Circ. 129

1938 WP
El Jap. Astr. Ass. Circ. 134

1939 BF
El Jap. Astr. Ass. Circ. 128, Turku Informo Nr. 11

1939 BG = 1937 QH
Eph (1955) MPC 1242
El Turku Informo Nr. 11

1939 BM
Id mit 1939 CE_1, NAZ **9** 39

1939 BS
El Jap. Astr. Ass. Circ. 128

1939 CD
53: MPC 1194 (?) Blo*. MPC 1201 Blo[51])
El MPC 1227

1939 CE_1 = 1939 BM, **HG** = 1933 UE_1

1939 SF, SG, TB = 1928 TK (?), **TC** = 1937 CJ, **TG, UA, UB, UC**
El Turku Informo Nr. 11

1939 VC
Id mit 1948 WE, MPC 1172

1940 EE
El Jap. Astr. Ass. Circ. 115[52])

1940 EF = 452 Hamiltonia
El Jap. Astr. Ass. Circ. 115

1940 FC = 1934 CS

1940 FD
El Jap. Astr. Ass. Circ. 115

1940 GE
El Jap. Astr. Ass. Circ. 118

1940 GO
Id mit 1949 MP, MPC 1214

1940 LN = 750 Oskar

---

[49]) Irrtümlich 1372 Haremari zugeordnet, Madrid Publ. Nr. 29, MPC 1172, 1231. Vorläufige Bezeichnung MPC 1226.
[50]) Berichtigung in MPC 1259.
[51]) Berichtigung in MPC 1212, 1227.
[52]) Statt $\mu = 0{,}^\circ 2824$ lies $\mu = 0{,}^\circ 2842$, briefliche Mitt.

1940 RG, RJ
El Turku Informo Nr. 11

1940 RK
El Jap. Astr. Ass. Circ. 115. Turku Informo Nr. 11

1940 RL
El Turku Informo Nr. 11

1940 RM
El Jap. Astr. Ass. Circ. 115, Turku Informo Nr. 11

1940 RO
El Turku Informo Nr. 11

1940 YE, YF
El Jap. Astr. Ass. Circ. 129

1940 YH
El Jap. Astr. Ass. Circ. 129, Turku Informo Nr. 11

1940 YJ
Id mit 1953 TA, MPC 1214, Turku Informo Nr. 11
El Turku Informo Nr. 11

1940 YK
Id mit 1953 TA (?), Jap. Astr. Ass. Circ. 135
El Jap. Astr. Ass. Circ. 129

1940 YL
El Turku Informo Nr. 11

1941 BC = 1930 DQ

1941 BJ
Id mit 1954 AC, MPC 1214

1941 BP
Nicht id. mit 1948 PB, MPC 1193, NAZ **9** 20

1941 CB
El Jap. Astr. Ass. Circ. 130[53])

1941 FC, FD
41: BZ **23** 49, RI 2242 Ucc*[4])

1941 FR
El Turku Informo Nr. 11

1941 FS
El Jap. Astr. Ass. Circ. 130, Turku Informo Nr. 11

1941 HA
El Jap. Astr. Ass. Circ. 130

1941 HH
Id mit 1952 FB, MPC 1276

1941 HL
El Jap. Astr. Ass. Circ. 130

1941 QD
El Jap. Astr. Ass. Circ. 131, Turku Informo Nr. 11

1941 SB
El Turku Informo Nr. 11

1941 SG
El Jap. Astr. Ass. Circ. 129

1941 SR = 1929 CL
El Jap. Astr. Ass. Circ. 129, Turku Informo Nr. 11

1941 SS
El Turku Informo Nr. 11

1941 ST
El Jap. Astr. Ass. Circ. 129

1941 SW, SK$_1$
El Jap. Astr. Ass. Circ. 129, Turku Informo Nr. 11

1941 SL$_1$
El Turku Informo Nr. 11

1941 SO$_1$
Id mit 1941 UA, NAZ **9** 32
El Jap. Astr. Ass. Circ. 129

1941 SP$_1$
El Jap. Astr. Ass. Circ. 129

1941 UA = 1941 SO$_1$

1941 UJ, UL, UM
El Jap. Astr. Ass. Circ. 130, Turku Informo Nr. 11

1941 UN
El Jap. Astr. Ass. Circ. 130

1941 UO
El Turku Informo Nr. 11

1941 UV, UX
El Jap. Astr. Ass. Circ. 130

1941 VA
El Jap. Astr. Ass. Circ. 130, Turku Informo Nr. 11

1941 WA
El Jap. Astr. Ass. Circ. 130

1942 CH = 1938 JA
El Turku Informo Nr. 11

1942 DH = 1027 Aesculapia

1942 DJ = 1938 EG

1942 EC
55: MPC 1226[5]), 1309 Blo*. MPC 1228 WiB[5])
Eph (1955) MPC 1213
Eph (1956) MPC 1298
El Turku Informo Nr. 11

1942 EK$_1$
Id mit 1942 FK, NAZ **9** 32

1942 FK = 1942 EK$_1$

1942 GH
Id mit 1952 DA, MPC 1294

1942 JA = 1277 Dolores (?), **JG** = 1926 GS (?)

1942 LC
Id mit 1953 GG (?), MPC 1188, NAZ **9** 2

1942 RK
Id mit 1947 NG, 1953 RB, MPC 1189, NAZ **9** 2

1942 RQ
El Turku Informo Nr. 11

1942 RX
Id mit 1953 VB$_3$, Beograd Bull. **19** Nr. 3, MPC 1189, NAZ **9** 2

1942 TB
El Turku Informo Nr. 11

---
[53]) Statt Id mit 1941 DP (?) lies Id mit 1941 DD (?).

1942 TC = 1932 RL

1942 VN
Id mit 1951 QE, MPC 1189, NAZ **9** 2

1942 XA
El Turku Informo Nr. 11

1942 XF = 867 Kovacia

1942 XQ
Id mit 1951 RM_1, NAZ **9** 39

1943 DF
El Turku Informo Nr. 11

1943 EK = 1581 Abanderada

1943 EY
Nicht id. mit 1950 OE, NAZ **9** 39

1944 DF = 1937 CJ (?), **DO** = 472 Roma

1944 DP
El Jap. Astr. Ass. Circ. 129

1944 QK
44: RI 2553 Hei*[54]). Madrid Publ. Nr. 29, MPC 1172 Hei[54])

1946 FB, SF
El Jap. Astr. Ass. Circ. 137

1946 UB
Id mit 1954 AC, NAZ **9** 13

1946 WA Vgl. 1475 Yalta

1947 BG
Id mit 1947 EB, NAZ **9** 32

1947 CF
47: MPC 74 Kyo*[55])

1947 EB = 1947 BG, **FB, GE**
El Jap. Astr. Ass. Circ. 138

1947 GG
El Jap. Astr. Ass. Circ. 118

1947 LP
47: MPC 2, 3 Fla*[56])

1947 LQ
47: MPC 2, 3 Fla*[57])

1947 NG = 1942 RK

1947 RB
El Jap. Astr. Ass. Circ. 138

1947 RJ
47: MPC 10 Niz*[58])

1947 TD
Id mit 1947 VA, NAZ **9** 32

1947 VA = 1947 TD, **WB** = 1609 1951 NL

1948 EL
Id mit 1948 GG, NAZ **9** 32

1948 GG = 1948 EL

1948 HB
Id mit 1948 JG, NAZ **9** 32

1948 JG = 1948 HB

1948 JO
Id mit 1948 KA, NAZ **9** 36

1948 KA = 1948 JO

1948 NE Vgl. 1924 SH
Eph (1956) MPC 1296

1948 NF
Id mit 1951 AK, Jap. Astr. Ass. Circ. 127[59])
Eph (1954) Jap. Astr. Ass. Circ. 128, MPC 1176
El Jap. Astr. Ass. Circ. 127[59]), NAZ **9** 38

1948 PB Vgl. 1941 BP
Nicht id. mit 1949 SB, MPC 1193, NAZ **9** 20

1948 RA_1
Id mit 1948 TH, NAZ **9** 36

1948 SE = 1938 SR

1948 TG = 1938 SR
Id mit 1950 BW, NAZ **9** 39

1948 TH = 1948 RA_1

1948 TP
Id mit 1948 VC, NAZ **9** 36

1948 UG
48: MPC 184 Tuk*[60])

1948 VC = 1948 TP

1948 WE = 1939 VC
Eph (1955) MPC 1228

1949 AC
49: MPC 247 Niz*[61])

1949 FQ
Id mit 1949 FY, NAZ **9** 36

1949 FY = 1949 FQ

1949 GF
Id mit 1949 HN, NAZ **9** 36

1949 GG
Id mit 1949 HL, NAZ **9** 36

1949 GK = 1933 WB, **HL** = 1949 GG, **HN** = 1949 GF

1949 HT
Id mit 1949 JG, MPC 1278, NAZ **9** 36

[54]) Irrtümlich 1372 Haremari zugeordnet, Madrid Publ. Nr. 29, MPC 1172, 1231. Vorläufige Bezeichnung MPC 1226.
[55]) Berichtigung in MPC 204, 1212.
[56]) Irrtümlich 383 Janina zugeordnet. Vorläufige Bezeichnung MPC 203. Berichtigung in MPC 1212.
[57]) Irrtümlich 810 Atossa zugeordnet, MPC 1188, NAZ **9** 2. Vorläufige Bezeichnung MPC 1226.
[58]) Irrtümlich 764 Gedania zugeordnet. Vorläufige Bezeichnung MPC 41. Berichtigung in MPC 77, 1212.
[59]) Irrtümlich als 1948 NE bezeichnet.
[60]) Berichtigung in MPC 380. Irrtümlich 1496 1938 SA_1 zugeordnet, MPC 1284. Vorläufige Bezeichnung MPC 1365.
[61]) Berichtigung in MPC 445, MPC 1212.

1949 HC_1 = 51 Nemausa, **HD_1** = 107 Camilla, **HE_1** = 73 Klytia, **HF_1** = 289 Nenetta, **HG_1** = 1396 Outeniqua, **JB** = 983 Gunila, **JD** = 370 Modestia

1949 JE
Id mit 1949 KH, MPC 1278, NAZ **9** 36

1949 JG = 1949 HT, **JK** = 1429 Pemba (?), **KA** = 1931 TS

1949 KC
Id mit 1949 KY, MPC 1278, NAZ **9** 36

1949 KH = 1949 JE, **KW** = 830 Petropolitana, **KY** = 1949 KC

1949 MN
Id mit 1949 MQ, MPC 1278, NAZ **9** 36

1949 MP = 1940 GO, **MQ** = 1949 MN

1949 OC_1 = 402 Chloë
49: MPC 1173 Blo*

1949 OD_1
49: MPC 431 Blo[62])

1949 OF_1 = 909 Ulla, **OG_1** = 358 Apollonia, **OL_1** = 253 Mathilde

1949 PH
Id mit 1949 SL, NAZ **9** 36
El NAZ **9** 38

1949 PJ
El Jap. Astr. Ass. Circ. 80[63])

1949 PK
49: MPC 1179 Hei
Id mit 1949 SK, NAZ **9** 36

1949 PM
49: MPC 1179 Hei

1949 PN
El NAZ **9** 38

1949 PP
49: MPC 1179 Hei

1949 PT
El Jap. Astr. Ass. Circ. 80[64])

1949 PU
49: MPC 1180 Hei

1949 PW = 909 Ulla

1949 QL
49: MPC 1180 Hei

1949 QJ_1
49: MPC 355 Blo[65])
Id mit 1949 QN_1, MPC 1256

1949 QN_1 = 1949 QJ_1
49: MPC 355 Blo[65])

1949 QS_1 = 1926 TM (?), **QB_2** = 195 Eurykleia

1949 SB Vgl. 1948 PB
55: MPC 1209 (?) Hei*[66])
Eph (1955) MPC 1168, 1193
El MPC 1193, NAZ **9** 20

1949 SE
49: MPC 339 Hei*[35])

1949 SH = 32 Pomona, **SK** = 1949 PK, **SL** = 1949 PH, **SM** = 125 Liberatrix

1949 SJ_1, SK_1, SL_1, SM_1, SN_1, SO_1
49: MPC 1274 Blo*

1949 TG = 41 Daphne

1949 UQ
Id mit 1949 UX, MPC 1278, NAZ **9** 36

1949 UX = 1949 UQ

1949 YV = 1549 Mikko

1950 BA
Eph (1956) MPC 1293
El MPC 1293

1950 BJ Vgl. 1612

1950 BK
55: MPC 1209, NAZ **9** 19 Hei*. MPC 1215 (?) Ucc

1950 BT = 54 Alexandra

1950 BW Vgl. 1615

1950 BD_1 = 126 Velleda, **CK** = 975 Perseverantia, **CP** = 1245 Calvinia

1950 DD
Eph (1955) MPC 1171[67])

1950 DE
Eph (1956) MPC 1325

1950 DF, DG
El Jap. Astr. Ass. Circ. 115

1950 DH
Eph (1955) MPC 1203
El NAZ **9** 30

1950 DJ Vgl. 1611

1950 DK
El Jap. Astr. Ass. Circ. 115

1950 DL
Eph (1955) MPC 1254

1950 DO
55: MPC 1216 (?) Blo*. MPC 1226 Blo
Eph (1955) MPC 1168

1950 DP
Eph (1955) MPC 1203

1950 DT
El Jap. Astr. Ass. Circ. 118

1950 DF_1 = 866 Fatme

1950 EA
Eph (1955) MPC 1192

[62]) Irrtümlich 253 Mathilde zugeordnet, MPC 1278, NAZ **9** 28.
[63]) Irrtümlich 1949 PT gelesen.
[64]) Irrtümlich 1949 PT gelesen, 1949 PJ zugehörig.
[65]) Berichtigung in MPC 1256.
[66]) Irrtümlich zugeordnet, 1955 FF zugehörig. MPC 1259.
[67]) Berichtigung in MPC 1212.

1950 GB
Id mit 1950 HF, 1950 JM (?), NAZ **9** 36

1950 HB
Id mit 1950 HA_1, NAZ **9** 36
El Jap. Astr. Ass. Circ. 118

1950 HC
El Jap. Astr. Ass. Circ. 118

1950 HF = 1950 GB

1950 HJ
Eph (1955) MPC 1213

1950 HY = 182 Elsa, **HA_1** = 1950 HB, **HB_1** = 444 Gyptis

1950 JB
El Jap. Astr. Ass. Circ. 122/123

1950 JK
50: MPC 470 Blo*[68])

1950 JM = 1950 GB (?)
50: MPC 470 Blo*[69])

1950 KB
50: MPC 1179 Hei
El Jap. Astr. Ass. Circ. 118

1950 KC
50: MPC 1179 Hei
El Jap. Astr. Ass. Circ. 118, MPC 1186

1950 LJ = 72 Feronia

1950 NE
Id mit 1950 NO, NAZ **9** 36

1950 NO = 1950 NE

1950 NV
Id mit 1950 QM, NAZ **9** 36

1950 NA_1
Eph (1955) MPC 1212

1950 NG_1
Id mit 1950 OQ, MPC 1278, NAZ **9** 36

1950 OD
Eph (1955) MPC 1255
El MPC 1247, NAZ **9** 12

1950 OE Vgl. 1943 EY

1950 OO
Id mit 1952 BD, NAZ **9** 9

1950 OQ = 1950 NG_1

1950 QE
Id mit 1950 RE, NAZ **9** 36
Id mit 1950 RQ, MPC 1278, NAZ **9** 36

1950 QM = 1950 NV

1950 RA Vgl. 1607

1950 RE = 1950 QE
50: MPC 497 Tuk*[70])
El Jap. Astr. Ass. Circ. 118

1950 RH Vgl. 1606

1950 RN
50: MPC 497 Tuk*[71])

1950 RQ = 1950 QE

1950 SD Vgl. 1613

1950 SH
Id mit 1950 TK, NAZ **9** 36

1950 SK
50: BAB 4 92, MPC 484 Ucc[72]). — 55: MPC 1313, 1315, 1316 Blo*
Eph (1955) MPC 1245
El MPC 1247, NAZ **9** 12

1950 SL = 1926 ED
Eph (1955) MPC 1229

1950 TA, TB, TC, TD, TE[73])
El Jap. Astr. Ass. Circ. 118

1950 TF, TK = 1950 SH
El Jap. Astr. Ass. Circ. 122/123

1950 TN
El Jap. Astr. Ass. Circ. 118

1950 TJ_2 = 1555 Dejan (?), **TE_3** = 213 Lilaea

1950 TX_3, UC
50: MPC 1201 Blo

1950 UG = 407 Arachne

1950 UO
50: MPC 637 Blo*[74])

1950 VC
El Jap. Astr. Ass. Circ. 118

1950 XJ = 49 Pales

1951 AA
51: MPC 1244, NAZ **9** 6 Hei

1951 AB
51: MPC 1244, NAZ **9** 6 Hei
El NAZ **9** 30

1951 AE, AF, AG
El Jap. Astr. Ass. Circ. 125

1951 AJ, AK = 1948 NF, **AL, AM** = 1929 EC
El Jap. Astr. Ass. Circ. 122/123

1951 BC = 425 Cornelia

1951 CA
El Jap. Astr. Ass. Circ. 127

1951 DB = 190 Ismene

1951 EA
El Jap. Astr. Ass. Circ. 127

1951 EB, EC, EL_1
El Jap. Astr. Ass. Circ. 137

[68]) Beob. Mai 13 irrtümlich zugeordnet. Vorläufige Bezeichnung 1950 JM, MPC 1180.
[69]) Irrtümlich 1950 JK zugeordnet. Vorläufige Bezeichnung MPC 1180.
[70]) Berichtigung in MPC 815. Beob. Okt 5 irrtümlich zugeordnet, 1950 RN zugehörig, MPC 1331, NAZ **9** 36.
[71]) Berichtigung in MPC 815. Beob. Okt 5 irrtümlich 1950 RE zugeordnet, MPC 1331, NAZ **9** 36.
[72]) Berichtigung in MPC 1177.
[73]) Statt ☊ = 362.95 lies ☊ = 342.95. Briefl. Mitt.
[74]) Irrtümlich 407 Arachne zugeordnet, MPC 1278, NAZ **9** 28. Vorläufige Bezeichnung MPC 1278.

1951 EQ$_1$
Eph (1955) MPC 1213

1951 ES$_1$, ET$_1$
El Jap. Astr. Ass. Circ. 127

1951 EW$_1$
51: MPC 638 Blo*[75]). Madrid Publ. Nr. 29, MPC 1172 Blo[75])

1951 GB
El Jap. Astr. Ass. Circ. 127

1951 GN = 1409 Isko

1951 JA
51: MPC 1173 MtW*

1951 MG = 1916 YX
Eph (1955) MPC 1213

1951 NF = 1916 YX
Eph (1954) JAMPC 4
Eph (1955) JAMPC 4

1951 NL Vgl. 1609

1951 OA
Eph (1955) MPC 1192

1951 PD
El Jap. Astr. Ass. Circ. 127

1951 QA
Eph (1953) MPC 1278
Eph (1954) MPC 1278
Eph (1955/56) MPC 1295
El MPC 1295, NAZ **9** 30

1951 QE = 1942 VN
55: MPC 1225 (?) Blo*
Eph (1955) MPC 1213

1951 RA
54: AJ **60** 440 = LOB Nr. 536 S. 178 MtH
Eph (1955) MPC 1280, 1281

1951 RB
El Jap. Astr. Ass. Circ. 137, NAZ **9** 25

1951 RD
El Jap. Astr. Ass. Circ. 127, NAZ **9** 25

1951 RE, RF
El Jap. Astr. Ass. Circ. 117

1951 RJ
Eph (1955) MPC 1203

1951 RL
El Jap. Astr. Ass. Circ. 127, NAZ **9** 25

1951 RO
El Jap. Astr. Ass. Circ. 127

1951 RP
El Jap. Astr. Ass. Circ. 117

1951 RQ
55: MPC 1313, 1315, 1316 Blo*
Eph (1955) MPC 1229

1951 RR, RS
El Jap. Astr. Ass. Circ. 128

1951 RT
El Jap. Astr. Ass. Circ. 117

1951 RU
Eph (1955) MPC 1229

1951 RV, RY
El Jap. Astr. Ass. Circ. 117

1951 RZ Vgl. 1608

1951 RM$_1$ = 1928 TJ, 1937 RO, 1942 XQ

1951 SC
54: MPC 1201 Blo

1951 SM
Id mit 1951 VB, NAZ **9** 36

1951 TE
55: MPC 1314, 1316 Blo*
Eph (1955) MPC 1254
El MPC 1247, NAZ **9** 12

1951 UK
Id mit 1951 WG, NAZ **9** 36

1951 UR
51: Kiew Publ. Nr. 6 S. 103 Kiw[76])

1951 VB = 1951 SM, **WG** = 1951 UK, **XH** = 1433 Geramtina

1951 XJ, XK
51: MPC 1256 FtD
El MPC 1256

1952 BD = 1950 OO, **BE** = 570 Kythera

1952 BP
Id mit 1952 DT, NAZ **9** 36

1952 DA = 1936 AB, 1942 GH
53: MPC 1175 EVA

1952 DF
El Jap. Astr. Ass. Circ. 137

1952 DT = 1952 BP

1952 EA
55: MPC 1199, 1200 Blo*

1952 FB = 1941 HH
53: MPC 1175 EVA

1952 FO, FP
El Jap. Astr. Ass. Circ. 131

1952 FT (= A_{40})
52: Astr Circ UdSSR Nr. 164 AlA*
Vorläufige Bezeichnung MPC 1365

1952 HA Vgl. 1614

1952 HO
Id mit 1952 HD$_1$, NAZ **9** 36

1952 HS, HD$_1$ = 1952 HO, **HP$_1$**
El Jap. Astr. Ass. Circ. 131

1952 HX$_1$ (= A_{41})
52: Astr Circ UdSSR Nr. 164 AlA*
Vorläufige Bezeichnung MPC 1365

1952 JB
Eph (1955/56) MPC 1213

[75]) Irrtümlich 1372 Haremari zugeordnet, Madrid Publ. Nr. 29, MPC 1172, 1231. Vorläufige Bezeichnung MPC 1176.

[76]) Als 795 Fini (?) bezeichnet. (Vgl. MPC 784.)

1952 JD
El Jap. Astr. Ass. Circ. 131

1952 KA
Id mit 1953 TX_2, Bull. Soc. Math. Phys. Serbie **7** Nr. 1—2 S. 103, NAZ **9** 9

1952 MB, MC
El Jap. Astr. Ass. Circ. 131

1952 OZ
Eph (1956) MPC 1325

1952 OA_1 (= A_{42})
52: Astr Circ UdSSR Nr. 164 AlA*
Vorläufige Bezeichnung MPC 1365

1952 QJ, QL
El Jap. Astr. Ass. Circ. 131

1952 QX
Id mit 1952 TJ, NAZ **9** 36

1952 SA
Eph (1956) MPC 1297

1952 SX
Id mit 1952 UW, NAZ **9** 36

1952 SP_1
Eph (1955) MPC 1213

1952 TG, TH
El Jap. Astr. Ass. Circ. 134

1952 TJ = 1952 QX

1952 UQ = 1938 EG
El Jap. Astr. Ass. Circ. 134

1952 UW = 1952 SX

1952 UH_1, VG[77])
El Jap. Astr. Ass. Circ. 134

1953 AA, AB
El TACL 1297

1953 AD, AE
El Jap. Astr. Ass. Circ. 125

1953 CA
El TACL 1297

1953 CJ
El Jap. Astr. Ass. Circ. 136

1953 CK
El TACL 1297

1953 ED
El Jap. Astr. Ass. Circ. 131

1953 EE
El TACL 1297

1953 EH
Id mit 1953 FE, NAZ **9** 36

1953 EO, EP
El Jap. Astr. Ass. Circ. 131

1953 ES
Id mit 1953 FN_1 (?), MPC 1176

1953 EX[78]), **EK_1**
El Jap. Astr. Ass. Circ. 136

1953 EM_1
53: MPC 1175 EVA

1953 EN_1 (= Tokyo 1953 A), **EO_1** (= Tokyo 1953 B)
53: TAB (2) Nr. 75 S. 742
Vorläufige Bezeichnung MPC 1469

1953 FE = 1953 EH

1953 FG, FH, FJ, FK, FL[79]), **FM, FN, FG_1**
El Jap. Astr. Ass. Circ. 125

1953 FH_1
Id mit 1953 GY, NAZ **9** 36

1953 FJ_1
El Jap. Astr. Ass. Circ. 136

1953 FL_1 = 844 Leontina

1953 FN_1 = 1953 ES (?)

1953 GA
54: AJ **60** 440 = LOB Nr. 536 S. 178 MtH. — 55: MPC 1315, 1317 Blo*
Eph (1955) MPC 1245

1953 GB
El Jap. Astr. Ass. Circ. 131

1953 GE = 1931 TQ
53: MPC 1179 Hei
Id mit 1953 GR_1, MPC 1227
El YC 1311

1953 GF
53: MPC 1179 Hei
Eph (1955) MPC 1255
El MPC 1186, YC 1311

1953 GG = 1942 LC (?)
53: Astr Circ UdSSR Nr. 148 AlA*[80]). Astr Circ UdSSR Nr. 148 AlA[80]). MPC 1179 Hei
El YC 1311

1953 GH = 1923 PC
53: MPC 1179 Hei
Id mit 1953 GN_1, MPC 1227, NAZ **9** 36
Eph (1955) MPC 1254 [5])
El YC 1326

1953 GJ
53: MPC 1179 Hei
El YC 1326

1953 GK
53: MPC 1179 Hei

1953 GL
53: MPC 1179 Hei
El YC 1326

1953 GM
53: MPC 1179 Hei
Eph (1955/56) MPC 1255
El MPC 1186, YC 1326

1953 GN
53: MPC 1179 Hei
El MPC 1186, YC 1326

1953 GO
53: MPC 1179 Hei
Eph (1955) MPC 1254
El MPC 1186

[77]) Irrtümlich als 1952 VY bezeichnet. Briefliche Mitt.
[78]) Irrtümlich als 1953 EX_1 bezeichnet.
[79]) Berichtigung in Jap. Astr. Ass. Circ. 129.
[80]) Irrtümlich 1953 GN_1 zugeordnet, MPC 1331, NAZ **9** 36.

1953 GP
53: MPC 1179 Hei
El Jap. Astr. Ass. Circ. 136

1953 GQ
53: MPC 1179 Hei
Id mit 1953 GP_1, MPC 1227
El Jap. Astr. Ass. Circ. 136

1953 GR
53: MPC 1179 Hei
El Jap. Astr. Ass. Circ. 136

1953 GS
53: MPC 1175 (?) EVA
El Jap. Astr. Ass. Circ. 136

1954 GX
El Jap. Astr. Ass. Circ. 131

1953 GY = 1953 FH_1
El Jap. Astr. Ass. Circ. 131

1953 GZ, GE_1
El TACL 1297

1953 GN_1 = 1953 GH
53: Astr Circ UdSSR Nr. 148 AlA*[81]). Astr Circ UdSSR Nr. 148 AlA[81])

1953 GP_1 = 1953 GQ, GR_1 = 1953 GE

1953 JA = 1938 GK
53: MPC 1175 EVA
Eph (1955/56) MPC 1296

1953 JE
El Jap. Astr. Ass. Circ. 131

1953 JN
53: MPC 1175 EVA

1953 KB
53: MPC 1175 EVA
El Jap. Astr. Ass. Circ. 136

1953 NA, NB
Eph (1956) MPC 1297

1953 NC
53: MPC 1324 Niz
El Jap. Astr. Ass. Circ. 131, MPC 1324

1953 NE
Id mit 1953 PG, NAZ **9** 36

1953 NF
Id mit 1953 PH, NAZ **9** 36

1953 NG, OA
El Jap. Astr. Ass. Circ. 131

1953 OC
53: MPC 1322 Niz
El Jap. Astr. Ass. Circ. 131

1953 OM
53: MPC 1027, 1038 Blo*[82]). MPC 1093 Blo[82])
El Jap. Astr. Ass. Circ. 136

1953 ON
53: MPC 1322 Niz

1953 PA = 1933 UE_1
53: AJ **60** 440 = LOB Nr. 536 S. 178 MtH

1953 PB
El Jap. Astr. Ass. Circ. 131

1953 PC
53: MPC 1322 Niz

1953 PE
El Jap. Astr. Ass. Circ. 136

1953 PF
Id mit 1953 QT, MPC 1278, NAZ **9** 36
El Jap. Astr. Ass. Circ. 136, MPC 1251

1953 PG = 1953 NE, **PH** = 1953 NF

1953 PK
El Jap. Astr. Ass. Circ. 136

1953 PM
El MPC 1251, TACL 1297

1953 PO
El Jap. Astr. Ass. Circ. 136

1953 PR
Id mit 1953 QF, NAZ **9** 36
El YC 1311

1953 PV, PW
El YC 1311

1953 QF = 1953 PR

1953 QG
El YC 1304

1953 QH
El Jap. Astr. Ass. Circ. 136, MPC 1251

1953 QK
53: MPC 1180 Hei

1953 QT = 1953 PF

1953 RA
El MPC 1169[38]), NAZ **9** 1, Rev. Astr. **25** 84

1953 RB = 1942 RK
Eph (1955/56) MPC 1255

1953 RD
El Jap. Astr. Ass. Circ. 136, MPC 1251

1953 RF
Id mit 1953 TA_2, NAZ **9** 36

1953 RG
El Jap. Astr. Ass. Circ. 136

1953 RH, RJ, RK, RL
El YC 1304

1953 RV, RW
El YC 1311

1953 TA = 1926 RR, 1931 AO (?), 1940 YJ, 1940 YK (?)
53: MPC 1183 Kyo. — 55: MPC 1224, 1225 Blo*. MPC 1318 Kyo*. YC 1313 Kyo. MPC 1242 Tok*. MPC 1243 Tok
Eph (1955) MPC 1184
El MPC 1184, NAZ **9** 12, YC 1317

1953 TC
Eph (1956) MPC 1298

[81]) Beob. Apr 16 irrtümlich zugeordnet, 1953 GG zugehörig, MPC 1331, NAZ **9** 36.

[82]) Irrtümlich 1372 Haremari zugeordnet, Madrid Publ. Nr. 29, MPC 1172, 1231. Vorläufige Bezeichnung MPC 1176.

1953 TJ, TK
El Jap. Astr. Ass. Circ. 137, MPC 1282

1953 TM, TN
53: MPC 1322 Niz

1953 TO
53: MPC 1322 Niz
El Jap. Astr. Ass. Circ. 137, MPC 1282

1953 TA_1, TC_1
Eph (1956) MPC 1298

1953 TD_1
Eph (1956) MPC 1296

1953 TF_1, TG_1
Eph (1956) MPC 1297

1953 TH_1
El YC 1311

1953 TO_1
El Jap. Astr. Ass. Circ. 137, MPC 1282

1953 TQ_1
Eph (1956) MPC 1298

1953 TT_1
El YC 1311

1953 TA_2 = 1953 RF

1953 TG_2
Eph (1956) MPC 1297

1953 TJ_2
El YC 1304

1953 TM_2, TN_2
El YC 1311

1953 TO_2
53: MPC 1323 Niz

1953 TP_2, TR_2, TV_2
El YC 1311

1953 TW_2 = 1938 SR
Eph (1956) MPC 1297

1953 TX_2 = 1952 KA
Eph (1956) MPC 1298

1953 TZ_2
El YC 1311

1953 TA_3
Id mit 1953 VG_3, NAZ **9** 36

1953 TD_3
53: MPC 1201 Blo[83]. —
55: MPC 1200 Blo*
Eph (1955) MPC 1168
Eph (1956) MPC 1297
El MPC 1167

1953 TE_3
53: MPC 1175 EVA

1953 TG_3
53: MPC 1322 Niz

1953 UA, UB, UC
53: MPC 1322 Niz

1953 UQ
El YC 1304

1953 UR
El YC 1326

1953 VB = 1190 Pelagia

1953 VM
53: MPC 1322 Niz

1953 VT
El YC 1304

1953 VU
El Jap. Astr. Ass. Circ. 137, MPC 1282

1953 VV, VB_1, VD_1, VL_1, VM_1
El YC 1304

1953 VW_1, VF_2, VL_2
El Jap. Astr. Ass. Circ. 137, MPC 1282

1953 VO_2 = 1932 CE_1, **VQ_2, VR_2, VS_2, VU_2, VV_2, VY_2, VZ_2**
El YC 1311

1953 VB_3 = 1942 RX
Eph (1956) Beograd Bull. **19** Nr. 3, MPC 1326

1953 VC_3, VD_3, VE_3, VF_3
53: MPC 1323 Niz

1953 VG_3 = 1953 TA_3
53: MPC 1194 Blo*

1953 VH_3, VJ_3, VK_3, VL_3, VM_3
53: MPC 1322 Niz

1953 VN_3, VO_3, VP_3, VQ_3
53: MPC 1323 Niz

1953 XC
El YC 1304

1953 XX, XZ, XA_1, XB_1
53: MPC 1323 Niz

1953 YA
El YC 1311

1953 YB, YC, YJ
53: MPC 1323 Niz

1954 AC = 1941 BJ, 1946 UB
Id mit 1954 CE, MPC 1173
Eph (1955) MPC 1212
El MPC 1186, NAZ **9** 1

1954 AF
El Jap. Astr. Ass. Circ. 131, MPC 1251, YC 1333

1954 AM
54: MPC 1306 LaP

1954 CE = 1954 AC

1954 DE
54: MPC 1324 Niz
El MPC 1251, 1324

1954 EK
El Jap. Astr. Ass. Circ. 137

1954 ER
54: MPC 1210 EVA, MPC 1306 LaP
Eph (1955) MPC 1211
El MPC 1211

1954 EU, EV, EW
54: MPC 1306 LaP

[83]) 1939 CD zugehörig. Berichtigung in MPC 1212, 1227.

1954 FB (= A_{43})
54: Astr Circ UdSSR Nr. 164 AlA*
Vorläufige Bezeichnung MPC 1365

1954 GJ Vgl. 1358 Gaika

1954 GK
54: MPC 1307 LaP

1954 HC
54: MPC 1201 Blo

1954 HH
54: MPC 1307 (?) LaP

1954 HJ = 656 Beagle

1954 JP, JQ, JR, JS, JT, KK, KL, KM
54: MPC 1307 LaP

1954 LA
El Jap. Astr. Ass. Circ. 137

1954 LG
Id mit 1954 MA, MPC 1173
El Jap. Astr. Ass. Circ. 137

1954 MA = 1954 LG

1954 MF = 49 Pales

1954 MM
El Jap. Astr. Ass. Circ. 131

1954 MN
54: MPC 1319 Niz*. MPC 1323 Niz
El Jap. Astr. Ass. Circ. 134, MPC 1251, YC 1311[84])

1954 NH = 481 Emita

1954 NL
54: MPC 1319 Niz*

1954 NQ
54: Madrid Bol. 4 Nr. 8, MPC 1207 Mad*

1954 NR, NS
54: MPC 1307 LaP

1954 NT, NU
54: MPC 1323 Niz

1954 OD
54: MPC 1319 Niz*

1954 OE
54: MPC 1201 Blo[85])

1954 PF
54: MPC 1307 LaP

1954 PG, PH, PJ, PK, PL, PM, PN
54: MPC 1319 Niz*

1954 QC, QD
54: MPC 1195 (?) Blo*
El Jap. Astr. Ass. Circ. 138

1954 QH
Id mit 1954 SF, MPC 1246

1954 QJ
54: MPC 1299 (?) Tuk*

1954 QK
54: Madrid Bol. 4 Nr. 8, MPC 1207 Mad*

1954 QL, QM, QN, QO, QP, QQ
54: MPC 1307 LaP

1954 QR, QS, QT
54: MPC 1319 Niz*

1954 RA
El YC 1333

1954 RG
Id mit 1954 RN, NAZ **9** 36

1954 RH
54: MPC 1195 (?) Blo*
El Jap. Astr. Ass. Circ. 138

1954 RJ
54: MPC 1307 LaP

1954 RN = 1954 RG

1954 RO, RP
54: MPC 1307 LaP

1954 SA
54: MPC 1195 Blo*

1954 SB
54: MPC 1170 Ucc

1954 SC, SD
54: MPC 1194 Blo*

1954 SE
54: MPC 1194, 1195 (?) Blo*
El Jap. Astr. Ass. Circ. 136

1954 SF = 1954 QH
54: MPC 1194 Blo*

1954 SG
54: MPC 1194, 1196 (?) Blo*

1954 SH
54: MPC 1194, 1195 Blo*

1954 SJ, SK
54: MPC 1194 Blo*

1954 SL
54: MPC 1194, 1195 Blo*

1954 SM
54: MPC 1194 Blo*

1954 SN
54: MPC 1194, 1196 Blo*
El Jap. Astr. Ass. Circ. 136

1954 SO, SP
54: MPC 1194 Blo*

1954 SQ, SR, SS, ST, SU
54: MPC 1195 Blo*

1954 SV
54: MPC 1195, 1197 Blo*

1954 SW, SX, SY, SZ, SA_1, SB_1, SC_1, SD_1, SE_1, SF_1, SG_1, SH_1
54: MPC 1195 Blo*

1954 SJ_1, SK_1
54: MPC 1319 Niz*

1954 SL_1
54: MPC 1320 Niz*

[84]) Irrtümlich als 1953 MN bezeichnet.

[85]) Irrtümlich 1950 SD zugeordnet, MPC 1282, NAZ **9** 20. Vorläufige Bezeichnung MPC 1276, 1282.

1954 TA
54: MPC 1170 Ucc
El Jap. Astr. Ass. Circ. 134

1954 TB
54: MPC 1299 Tuk*. MPC 1170 Ucc
Id mit 1954 UB_2, MPC 1246
El Jap. Astr. Ass. Circ. 134

1954 TC
54: MPC 1299 Tuk*

1954 TD, TE, TF, TG, TH
54: MPC 1307 LaP

1954 TJ, TK, TL, TM, TN, TO, TP, TQ
54: MPC 1320 Niz*

1954 UA, UB, UC
54: MPC 1169, NAZ **9** 5 Hei*
El YC 1326, 1333

1954 UD
54: MPC 1198 Blo*. MPC 1171 Ucc

1954 UE, UF, UG
54: MPC 1195 Blo*

1954 UH, UJ
54: MPC 1196 Blo*

1954 UK
54: MPC 1196 Blo*. MPC 1203 Blo

1954 UL, UM, UN, UO, UP, UQ, UR, US, UT, UU, UV, UW, UX, UY, UZ, UA_1, UB_1, UC_1, UD_1, UE_1, UF_1, UG_1
54: MPC 1196 Blo*

1954 UH_1, UJ_1, UK_1, UL_1, UM_1, UN_1, UO_1, UP_1, UQ_1, UR_1, US_1, UT_1, UU_1, UV_1, UW_1, UX_1, UY_1, UZ_1, UA_2
54: MPC 1197 Blo*

1954 UB_2 = 1954 TB
54: MPC 1197 Blo*

1954 UC_2, UD_2
54: MPC 1197 Blo*

1954 UE_2
54: MPC 1198 Blo*

1954 UF_2
54: MPC 1198 Blo*
El YC 1333

1954 UG_2
54: MPC 1198 Blo*

1954 UH_2
54: MPC 1198 Blo*
El YC 1333

1954 UJ_2
54: MPC 1198 Blo*
El Jap. Astr. Ass. Circ. 136[86])

1954 UK_2
54: MPC 1198 Blo*
El Jap. Astr. Ass. Circ. 136

1954 UL_2
54: MPC 1198 Blo*

1954 UM_2
54: MPC 1198, 1199 Blo*
El Jap. Astr. Ass. Circ. 136[87])

1954 UN_2
54: MPC 1198, 1199 Blo*
El Jap. Astr. Ass. Circ. 136

1954 UO_2
54: MPC 1198[88]), 1199 Blo*
El Jap. Astr. Ass. Circ. 138

1954 UP_2 = 1931 TT_1
54: MPC 1198 Blo*
El Jap. Astr. Ass. Circ. 138

1954 UQ_2
54: MPC 1198 Blo*[89])
El YC 1333

1954 UR_2
54: MPC 1198 Blo*

1954 US_2
54: MPC 1198 Blo*
Id mit 1954 WG, NAZ **9** 36

1954 UT_2
54: MPC 1300 Tuk*

1954 UU_2, UV_2, UW_2, UX_2, UY_2
54: MPC 1320 Niz*

1954 WA
54: MPC 1198 Blo*
Id mit 1954 WJ, NAZ **9** 36

1954 WB
54: MPC 1198 Blo*

1954 WC, WD
54: MPC 1198, 1199 Blo*
El YC 1333

1954 WE
54: MPC 1198, 1199 Blo*

1954 WF
54: MPC 1198 Blo*
El YC 1333[90])

1954 WG = 1954 US_2, **WH, WJ** = 1954 WA, **WK**
54: MPC 1198 Blo*

1954 WL, WM, WN, WO
54: MPC 1199 Blo*

1954 WP
54: MPC 1321 Niz*

1954 XA
54: NAZ **9** 1 MtP*

1954 XB, XC, XD, XE, XF, XG
54: MPC 1169, NAZ **9** 5 Hei*

1954 XH
54: MPC 1199 Blo*

1954 XJ
54: MPC 1199 Blo*
El YC 1333

[86]) Statt $\mu = 0\overset{\circ}{.}43625$ lies $\mu = 0\overset{\circ}{.}21843$. Briefliche Mitt.
[87]) Statt $\mu = 0\overset{\circ}{.}55190$ lies $\mu = 0\overset{\circ}{.}14650$. Briefliche Mitt.
[88]) Beob. Nov 16 irrtümlich 1954 UQ_2 zugeordnet, MPC 1400.
[89]) Beob. Nov 16 irrtümlich zugeordnet, 1954 UO_2 zugehörig, MPC 1400.
[90]) Irrtümlich als 1954 WE bezeichnet.

1954 XK
54: MPC 1199 Blo*

1954 XL
54: MPC 1199 Blo*
El YC 1333

1954 XM, XN
54: MPC 1199 Blo*

1954 XO
54: MPC 1321 Niz*

1954 YA, YB, YC, YD, YE
54: MPC 1199 Blo*

1955 AA
55: MPC 1257 WiB

1955 BA, BB, BC
55: MPC 1199 Blo*

1955 BD
55: MPC 1200 Blo*

1955 BE
55: MPC 1209, NAZ **9** 20 Hei*

1955 BF
55: MPC 1209, NAZ **9** 20 Hei*. MPC 1318 (?) Kyo*

1955 BG (= PO 1)
55: Acta Astr. Sinica **3** Nr. 1, Astr Circ UdSSR Nr. 163, MPC 1260 Nan
Eph (1955) Acta Astr. Sinica **3** Nr. 1
Eph (1956) Acta Astr. Sinica **3** Nr. 2, Astr Circ UdSSR Nr. 163, MPC 1260
El Acta Astr. Sinica **3** Nr. 1, Nr. 2[15]), Astr Circ UdSSR Nr. 163, MPC 1260
Vorläufige Bezeichnung MPC 1260

1955 BH, BJ, BK, BL, BM
55: MPC 1321 Niz*

1955 CA
55: MPC 1200 Blo*

1955 CB
55: MPC 1200 Blo*
El YC 1333

1955 DA, DB, DC, DD, DE, DF, DG, DH, DJ, DK, DL, DM
55: MPC 1200 Blo*

1955 DN
55: MPC 1216 Ucc

1955 DO, DP
55: MPC 1223 Blo*

1955 DQ
55: MPC 1300 Tuk*

1955 EA, EB, EC, ED
55: MPC 1223 Blo*

1955 EE
55: MPC 1223, 1224 Blo*

1955 EF
55: MPC 1224 Blo*

1955 EG, EH
55: MPC 1224 Blo*
El YC 1333

1955 EJ, EK, EL, EM, EN
55: MPC 1224 Blo*

1955 EO, EP
55: MPC 1321 Niz*

1955 FA, FB
55: MPC 1210 JoH

1955 FC
55: MPC 1216, 1225, 1309 Blo*. MPC 1222 Blo
Eph (1955) MPC 1223

1955 FD, FE
55: MPC 1216 Blo*

1955 FF
55: MPC 1216, 1225 Blo*. MPC 1222, 1226 Blo. MPC 1209, 1259, NAZ **9** 34 Hei*[91])

1955 FG
55: MPC 1222 SPl
Eph (1955) MPC 1222
El MPC 1222

1955 FH
55: MPC 1224 Blo*

1955 FJ
55: MPC 1224 Blo*
El YC 1333

1955 FK, FL, FM, FN, FO, FP, FQ, FR, FS
55: MPC 1224 Blo*

1955 FT
55: MPC 1224 Blo*. MPC 1242 Tok*
El Jap. Astr. Ass. Circ. 138

1955 FU
55: MPC 1224, 1225 Blo*

1955 FV
55: MPC 1225 Blo*

1955 FW
55: MPC 1242 Tok*
El Jap. Astr. Ass. Circ. 138

1955 FX
55: MPC 1318 Kyo*

1955 FY, FZ
55: MPC 1322 Niz*. MPC 1323 Niz

1955 FA_1, FB_1, FC_1
55: MPC 1322 Niz*

1955 GA, GB
55: MPC 1225, 1226 Blo*
El YC 1333

1955 HA
55: MPC 1225, 1226 Blo*. MPC 1222, 1226 Blo

1955 HB, HC, HD, HE
55: MPC 1225 Blo*

1955 HF
55: MPC 1226, 1309 Blo*

1955 HG, HH, HJ
55: MPC 1226 Blo*

[91]) Beob. Mrz 14 irrtümlich 1949 SB zugeordnet, MPC 1259.

1955 HK
55: MPC 1226, 1309 Blo*

1955 HL, HM
55: MPC 1258 Ucc

1955 HN, HO
55: MPC 1259, NAZ 9 34 Hei*

1955 KA, KB, KC
55: MPC 1309 Blo*

1955 MA, MB
55: MPC 1309, 1310 Blo*

1955 MC, MD, ME, MF
55: MPC 1309 Blo*

1955 MG, MH, MJ, MK, ML, MM, MN, MO, MP, NA
55: MPC 1310 Blo*

1955 OA, OB
55: MPC 1259, NAZ 9 34 Hei*

1955 OC, OD, OE, QA, QB, QC, QD, QE, QF, QG, QH
55: MPC 1311 Blo*

1955 QJ, QK, QL
55: MPC 1311, 1312, 1315 Blo*

1955 QM, QN, QO, QP, QQ, QR
55: MPC 1311 Blo*

1955 QS, QT, QU, QV, QW, QX, QY, QZ, QA_1, QB_1, QC_1, QD_1, QE_1, QF_1, QG_1, QH_1, QJ_1, QK_1, QL_1, QM_1
55: MPC 1312 Blo*

1955 QN_1
55: MPC 1312, 1313 Blo*

1955 RA
55: MPC 1312, 1315 Blo*

1955 RB
55: MPC 1312 Blo*

1955 RC
55: MPC 1312, 1315 Blo*

1955 RD, RE, RF
55: MPC 1312 Blo*

1955 RG
55: MPC 1313 Blo*

1955 RH
55: MPC 1313, 1315 Blo*

1955 RJ, RK
55: MPC 1313 Blo*

1955 RL
55: MPC 1313, 1314 Blo*

1955 RM
55: MPC 1313 Blo*

1955 RN
55: MPC 1313, 1315 Blo*

1955 RO, RP, RQ
55: MPC 1313 Blo*

1955 RR, RS, RT
55: MPC 1313, 1314 Blo*

1955 RU
55: MPC 1313 Blo*

1955 RV, RW, RX
55: MPC 1313, 1314 Blo*

1955 RY
55: MPC 1313 Blo*

1955 RZ
55: MPC 1313, 1315 Blo*

1955 RA_1
55: MPC 1313 Blo*

1955 RB_1
55: MPC 1313, 1315 Blo*

1955 RC_1
55: MPC 1313, 1315, 1316 (?) Blo*

1955 RD_1
55: MPC 1313, 1316 Blo*

1955 RE_1
55: MPC 1313, 1315 Blo*

1955 RF_1
55: MPC 1313 Blo*

1955 SA, SB, SC
55: MPC 1291 Ucc

1955 SD, SE
55: MPC 1313 Blo*

1955 SF, SG, SH, SJ, SK, SL, SM, SN
55: MPC 1314 Blo*

1955 SO, SP
55: MPC 1314, 1316 Blo*

1955 SQ, SR, SS, ST, SU, SV, SW, SX, SY, SZ, SA_1, SB_1, SC_1
55: MPC 1314 Blo*

1955 SD_1, SE_1, SF_1, SG_1, SH_1, SJ_1, SK_1, SL_1, SM_1, SN_1, SO_1, SP_1, SQ_1, SR_1, SS_1, ST_1, SU_1, SV_1, SW_1
55: MPC 1315 Blo*

1955 SX_1, SY_1, TA, TB, TC, TD, TE, TF, TG, TH, TJ, TK
55: MPC 1316 Blo*

1955 TL, TM
55: MPC 1316, 1317 Blo*

1955 TN, TO, TP, TQ, UA
55: MPC 1316 Blo*

1955 UB, UC, UD, UE, UF, UG, UH, UJ, UK, UL, UM, UN, UO, UP, UQ, UR, US, UT, UU, UV, UW, UX, UY, UZ, UA_1, UB_1, UC_1, UD_1, UE_1, UF_1, UG_1, UH_1, UJ_1, UK_1, UL_1, UM_1, UN_1, UO_1
55: MPC 1317 Blo*

7531. **Kleine Planeten. Verzeichnis der Beobachter und Berechner**

W. Abalakin
G. O. Abell
I. Alanija
H. Alikoski
S. Arend
G. Armellini Conti
N. W. Aschkowa
H. Barton
R. Barbatelli
O. N. Bartenewa
G. van Biesbroeck
K. Blackwell
J. Bobone
S. Böhme
L. Boyer
J. R. Bravo
G. Bruns
J. A. Bruwer
E. J. Bugoslawskaja
F. F. Bulatowa
C. Cailliatte
R. Carrasco
Č. Čepinac
C.-H. Chang
H.-S. Chang
J. C. Chang
S.-S. Chang
Y. C. Chang
F. B. Chanina
E. Charadse
N. A. Chinkulowa
T.-G. Chow
J. Claver
Codina
K. Demidow
M. Dirikis
W. Dshapiaschwili
A. Dshintschwelej-schwili
P. G. Duchnowskij
J. Ejnasto
J. Feinstein
W. P. Fjodorowitsch
R. Flamini
J. de la Fuente
N. W. Gamalej
R. H. Garstang
G. A. Gawrilow
A. Gehrels
I. Groeneveld
J. K. Gulak
E. A. Gurtowenko
A. Gutiérrez
H. Hara
I. Hasegawa
H. Haupt
S. Herrick
C. G. Hilton
H. Hirose
W. P. Hirst
T.-C. Ho
Hoffmann
E. Høg
C. J. van Houten
K. Hurukawa
T.-C. Hwo
M. Itzigsohn
H. M. Jeffers
F. Jeffries
J. I. Jefremow
N. Kalandadse
S. Kanda
D. K. Karimowa
S. W. Karjagina
W. M. Kasatschewskij
E. Kataja
H. Kataja
S. Kaulinja
O. Kippes
I. G. Koltschinskij
A. König
P. W. Konoplewa
T. A. Kotschlaschwili
L. Kresák
M. Kresák
E. E. Kühne
N. E. Kurotschkin
G. Kwirkwelija
J. Larink
M. Laugier
P. Laurie
S. M. Laustsen
P. L. Lin
A. M. Losinskij
J. v. B. Lourens
H. v. Lüde
N. Magalaschwili
V. Maitre
W. Malsch
A. Martinez
G. L. Matlin
K. Mayrhofer
T. Megrelischwili
K. Milošević
I. T. Mitani
R. Mitrinović
H. Moreno
K. Mori
M. Mündler
Muñoz
P. Musen
S. Nakano
P. Naur
A. G. Obornewa
A. B. Onegina
M. Ōnishi
M. M. Onoprijenko
J. J. de Orús
L. Oterma
I. Ozsváth
A. Paroubek
M. de Pascual
A. Patry
G. Pels
H. A. Pels-Kluyver
T. P. Pereshogina
E. V. Petersen
V. Planelles
R. Podstanicka
I. Pólit
P. N. Polupan
B. Popović
M. B. Protitch
A. Puch
A. Purgathofer
E. Rabe
E. Raimond
C. K. Raudsaar
H. Rantaseppä
K. Reinmuth
Rigamonti
F. Rigaux
W. H. Robertson
E. Roemer
C. E. Rogati
G. Roland
F. Rutlland
E. W. Sandakowa
Sargiotti
R. Šášky
M. J. Scherman
E. Scheuer
J. Schubart
P. Sconzo
T. Seki
E. N. Semanek
A. N. Sergejewa
Y.-C. Shang
I. G. Shdanowa
M. L. Siegrist
K. P. Sims
W. Sipola
W. W. Siwolobow
J. A. Skljarow
H. Sørensen

N. W. Steschenko
W. Strobel
S. Suomalainen
A. P. Swjatocha
B. Takase
G. Tewsadse
A. D. Thackeray
H. Thorson
K. Tomita
A. F. Torondshadse
J. M. Torroja
W. I. Tscheredni-tschenko
T. S. Tschernowa
R. I. Tschuprina
Y. Väisälä
A. Velez
M. Vozárová
L. Wan
M. Waschakidse
G. Wells
L. Werzan
P. W. Wjuschkow
H. Wood
T. Yamada
I. Yamamoto
H. Yasuda

§ 76

Jupiter

7601. Astrometrische Beobachtungen

Greenwich Astronomical Results 1943, A 11. Observed right ascensions, declinations and diameters.

Desgl. für **1944**, A 10.

Desgl. für 1946, A 19.

JO **37** 12, 1954 = Ann. Obs. Besançon Astr. Geophys. (NS) **4** Fasc. 3. V. Maître.

Mem SA It (NS) **26** 193—200 = Oss. Astr. Roma Monte Mario Contr. Sci. Nr. 215. Posizioni di pianeti e pianetini ed occultazioni lunari osservate a Monte Mario nel 1954. G. Armellini Conti.

Rend. Accad. Sci. Fis. Mat. Soc. Nazionale Sci. Lettere Arti Napoli (4) **22**, 8 S. = Oss. Astr. Capodimonte-Napoli Oss. **1** Nr. 3. Determinazione meridiane di ascensioni rette di pianeti e pianetini. R. Barbatelli.

TAB (2) Nr. 74 S. 733—738. Vgl. Ref. **7301**.

7602. Physische Beobachtungen

BAA Circ 360, 371. Jupiter.

Coelum **23** 33—39, mit 1 Tafel = Oss. Astrofis. Arcetri Contr. Nr. 1. Osservazioni di pianeti in Arcetri. G. Ruggieri.

Coelum **23** 76—79 = Oss. Astrofis. Arcetri Contr. Nr. 4. Osservazioni di pianeti in Arcetri. G. Ruggieri.

Mitt. Planetenbeobachter **8** 19—21, mit 2 Abb. Jupiter-Opposition 1954/1955. D. Wattenberg.

Mitt. Planetenbeobachter **8** 52—54. Italienischer Beitrag zur Jupiterbeobachtung.

Mitt. Planetenbeobachter **8** 54, mit 1 Fig. Bericht aus der Arbeit des Referates für Jupiter.

NAZ **9** 2. Der große rote Fleck auf Jupiter. W. Löbering.

NAZ **9** 9. Jupiter. W. Löbering. — Beobachtung 1955 Feb. 11.

Orion Schaffhausen **4** 401. Jupiter.

Orion Schaffhausen **4** 427—431, mit 1 Fig. Observations de Jupiter: présentation 1953—1954. S. Cortesi.

RH **36** 20—22, mit 2 Abb. (tschechisch). Observation of Jupiter during the opposition of 1953. D. Kaláb.

RH **36** 281, mit 1 Fig. (tschechisch). Die Beobachtung des Planeten Jupiter in der Opposition 1955. D. Kaláb.

Sterne **31** 184—186, mit 1 Abb. Jupiterbeobachtungen 1954—55. W. Löbering.

Strolling Astronomer **9** 30—34, mit 10 Fig. Jupiter in 1954—55: First interim report. R. G. Brookes.

Strolling Astronomer **9** 58—63, mit 11 Fig. Jupiter in 1954—55: second interim report. R. G. Brookes.

Strolling Astronomer **9** 64—67, mit 5 Fig. Major S. E. B. disturbances on Jupiter and an apparent clue to the true rotation of the giant planet. — Ref. und Bemerkung in Sterne **32** 168—169 (G. D. Roth).

Strolling Astronomer **9** 123—129, mit 12 Fig. Jupiter in 1954—55: Final report. R. G. Brookes.

Urania Kraków **26** 375. Obserwacje Jowisza. A. Biskupski.

YC 1306 S. 12—16, 1332 S. 4—9. Report on Jupiter (Interim, 2nd interim report).

YC 1334 S. 6—8. On peculiar phenomena in the great red spot region of Jupiter in 1954—55. K. Komoda.

YC 1343 S. 3—6, mit 2 Fig. On some phenomena relating to the white marking on Jupiter's red-spot area in the apparition of 1954/1955. T. Sato.

7603. **J. Bartsch,** Beobachtungen von Jupiter und Sirius mit blossem Auge vor Sonnenuntergang. Sterne **31** 29—30.

7604. **B. F. Burke, K. L. Franklin,** Observations of a variable radio source associated with the planet Jupiter. J. Geophys. Res. **60** 213—217, mit 3 Fig. — Ref. in Irish AJ **3** 254—255. — Eine variable Radioquelle auf 22.2 MHz wird mit Jupiter identifiziert. Die Beobachtungen wurden von Januar bis März 1955 ausgeführt. Es besteht keine Beziehung zur Rotationsperiode von Jupiter oder zur Sonnenaktivität. Die Hauptradiostrahlung stammt aus dem Bereich < 38 MHz. U. Be.

7605. **W. G. Fessenkow,** Auf Jupiter beobachtete Erscheinungen. Die Entstehung der dunklen Streifen. Mitt. Astrophys. Inst. Alma-Ata **1** Nr. 1—2 S. 239—251 (russisch). — Unter Diskussion des umfangreichen insgesamt vorliegenden Beobachtungsmaterials und der Arbeiten zahlreicher früherer Autoren wird die Hypothese entwickelt, daß in den äußeren Schichten des Jupiter die Kondensation auf verschiedenen Niveaus erfolgt. Hierbei spielt die scharfe zonale Struktur der atmosphärischen Zirkulation eine wichtige Rolle. In Gebieten stark erhöhter turbulenter Durchmischung wird heiße Materie emporgetragen, so daß dort Stoffe in Erscheinung treten, die sonst in größerer Tiefe kondensieren und normalerweise — zum Beispiel am Äquator — von anderen, weiter außen zustandekommenden Kondensationsprodukten anderer Farbe, insbesondere Ammoniakwolken, überdeckt sind. Im Rahmen dieser Gedanken sind die dem Äquator parallellaufenden Streifen als eine Vielzahl einzelner Turbulenzelemente und -knoten anzusehen, die schnellen zeitlichen Veränderungen unterliegen. Petri

7606. **J. Gadomski,** Pod niebem innych planet. III. Pozostałe planety układu słonecznego. Jowisz. Urania Kraków **26** 199—206, mit 4 Fig. und 2 Tafeln.

7607. **C. E. Gartly,** Occultation of a star by Jupiter. J. Astr. Soc. Victoria 8 54—55. — Bemerkungen zu dem erfolglosen Versuch, die Bedeckung von BD +21°1730 durch Jupiter 1955 Mai 27 zu beobachten. Böh.

7608. **O. Gingerich,** King of the planets. Canad. Nature **17** 27—28. — Ref. in RJ Astr. Geod. UdSSR Nr. 8, 1955; Ref. Nr. 3137.

7609. **A. A. Kawerin,** Konjunktion von Jupiter und Uranus am 10. Mai 1955. Astr Circ UdSSR Nr. 158 S. 6 (russisch). — Vorschau.

7610. **Q. Majorana,** Radio-onde emesse dal pianeta Giove ed un'ipotesi cosmogonica. Rend. Accad. Nazionale Lincei, Cl. Sci. fis., mat., nat. (8) **18** 577—580. — Nach einer schon vom Verf. formulierten Hypothese sollte Jupiter eine höhere Oberflächentemperatur haben, als bisher angenommen wurde. Die Mitteilung des Empfangs von Radiowellen von jenem Planeten könnte die Hypothese der inneren Wärmeerzeugung bestätigen. Cester

7611. **Q. Majorana,** Sulla grande importanza delle radio-onde emesse dal pianeta Giove. Rend. Accad. Nazionale Lincei, Cl. Sci. fis., mat., nat. (8) **19** 17—22, mit 1 Fig. — Nach der Mitteilung des Empfangs von Radiowellen von Jupiter behauptet Verf., daß diese Emissionen nicht von atmosphärischen Störungen herrühren; er nimmt an, daß die Oberflächentemperatur etwa 300° beträgt und die innere Temperatur viel höher ist. Die Theorie einer Eisschicht auf Jupiter muß fallen gelassen werden. Die Emissionen rühren von herausgeworfener Materie her. Cester

7612. **P. J. Message,** The second-order theory of the figure of Jupiter. MN **115** 550—557. — Die hydrostatische Theorie zweiter Ordnung eines rotierenden Planeten von Jeffreys wird auf die vier von Ramsey und Miles vorgeschlagenen Modelle der Massenverteilungen des Jupiter angewendet. K. H. Schmidt

7613. **P. Muller,** Observation de la conjonction Jupiter-Uranus. BSAF **69** 344.

7614. **B. M. Peek,** Eclipses of the sun as seen from Jupiter. JBAA **65** 109—113. — Ref. in Sterne **31** 133—135.

7615. **E. Schoenberg, W. D. Heintz,** Über Breitenänderungen der dunklen Jupiterstreifen. AN **282** 85—88, mit 2 Abb. = Veröff. Sternw. München **4** Nr. 13. — Ref. in Sterne **31** 133, Urania Kraków **27** 218. — Im Anschluß an neuere Erkenntnisse über die Struktur der Jupiteratmosphäre werden neue Breitenmessungen der Streifen mitgeteilt, mit älteren Daten zusammengestellt und auf Periodizitäten untersucht. Zahlenmäßig gesicherte Schlüsse sind wegen des spärlichen Materials noch kaum möglich. Verf.

7616. **C. A. Shain,** Location on Jupiter of a source of radio noise. Nature **176** 836—837, mit 2 Fig. = Commonwealth Sci. Industrial Res. Organization, Australia, Division Radiophys. — Die Untersuchung von Messungen aus den Jahren 1950 und 1951 bei 18.3 MHz hat die Entdeckung der Radio-Emission von Jupiter durch Burke und Franklin bestätigt. Aus diesen Messungen folgt weiterhin, daß die Radiostrahlung 1951 von einem lokalisierten Bereich des Planeten kam. Henn

7617. **F. G. Smith,** A search for radiation from Jupiter at 38 Mc/s and at 81.5 Mc/s. Obs **75** 252—254. — Im Anschluß an die Entdeckung der Radiostrahlung vom Jupiter bei 22 MHz durch Burke und Franklin wurde am Cavendish-Laboratorium in Cambridge nach Jupiter-Strahlung bei 38 MHz und 81.5 MHz systematisch gesucht. Es konnte bei 38 MHz keine Strahlung stärker als 10^{-24} Watt/m^2 Hz, bei 81.5 MHz keine Strahlung stärker als 3×10^{-26} Watt/m^2 Hz beobachtet werden. Daraus folgt für das Spektrum ein Intensitätsverlauf $J \sim \nu^{-n}$ mit $n > 5$ zwischen 22 und 81.5 MHz und $n > 5.5$ zwischen 22 und 38 MHz. Priester

7618. Jupiter, emisor de ondas de radio. Astronomia Popular **1** Nr. 1 S. 24.

7619. Jupiter. BAA Circ 368.

7620. Une émission radioélectrique nous vient de Jupiter. BSAF **69** 255.

7621. Une émission radio nous vient de Jupiter. BSAF **69** 279.

7622. Radiostraling van Jupiter. Hemel en Dampkring **53** 193.

7623. Jupiter is a radio source. J RAS Canada **49** 174.

7624. L'émission d'ondes radioélectriques par Jupiter. La Nature **83** 485.

7625. Radio emission from Jupiter. Nature **175** 1074. — Im April 1955 wurde in Maryland die Radio-Emission des Jupiter entdeckt. Es wurden einzelne kurze «Bursts» beobachtet. Die Intensität dieser Ausbrüche war wesentlich größer als der Emission eines schwarzen Körpers bei 160° K (Oberflächentemperatur des Jupiter) entspricht. Es wird angenommen, daß diese «Bursts» von gewitterähnlichen Störungen in der Jupiter-Atmosphäre herrühren. Henn

7626. Über die Rotation des Jupiterkerns. Orion Schaffhausen 4 361.

7627. Jupiter. Rev. Astr. Nr. 135 S. 161. — Betrifft die Bedeckung von σ Ari am 20. 11. 1952.

7628. Radio noise from Jupiter. Sky and Telescope 14 324. — Ref. AAS. — Ref. in Coelum **23** 174—175.

7629. Solar eclipses seen from Jupiter. Sky and Telescope **14** 374.

7630. Odszukanie zagubionego Księżyca. Urania Kraków **26** 302—303.

7631. On occultation of BD +22°1706 by Jupiter. YC 1301 S. 1—2, 1303 S. 3—4. — Vorausberechnung für 5 Orte in Japan.

7632. Jupiter approaches to Regulus. YC 1342 S. 3, mit 1 Fig.

Jupitermonde

7633. **R. G. Brookes,** Mutual occultations involving the Jovian satellites. Strolling Astronomer **9** 100—101.

7634. **S. Kosik,** Bedeckungen von Jupitermonden. Astr Circ UdSSR Nr. 163 S. 10—11 (russisch). — Mitteilung aus Taschkent über Beobachtungen der Jupitermonde I bis IV zwischen 1954 Aug. 22 und 1955 Jan. 2.

7635. **E. A. Moissejenko,** Photometrie der Jupitermonde. Wiss. Bull. Univ. Leningrad Nr. 33 S. 7—8 (russisch). — Ref. in RJ Astr. Geod. UdSSR Nr. 9, 1955; Ref. Nr. 3947.

7636. **C. Sugawa,** Observations of eclipses of Jupiter's satellites. Publ. Latitude Obs. Mizusawa **2** 70. — 1953 Okt. — 1954 Nov.

7637. Jupiter's satellites. J. Astr. Soc. Victoria 8 82—83. — Vorschau für 1956.

7638. Jupiter's satellites. J RAS Canada **49** 174—175.

7639. Diámetro de algunos satélites. Rev. Astr. Nr. 137 S. 82.

7640. **Jupitermond I**

TACL 1290 S. 4. Observations of eclipses of Jupiter's satellites. A. Horiuchi.

7641. **Jupitermond II**

TACL 1290 S. 4. Observations of eclipses of Jupiter's satellites. A. Horiuchi.

7642. **Jupitermond V**

G. van Biesbroeck, Observations of Jupiter's fifth satellite. AJ **60** 275—276.

7643. **Jupitermond VI**

W. F. Proskurin, Die Sonnengleichung in der Bewegung des VI. Jupitermondes. BIA **6** 25—45, mit 1 Abb. (russisch). — Reihenentwicklungen werden angegeben, die den Einfluß der Sonne auf die Bewegung des VI. Jupitermondes zu berechnen gestatten. Es werden Formeln gebracht, die die Methodik der Benutzung dieser Entwicklungen für die Vorausberechnung des Satellitenortes illustrieren. Verf. (übersetzt)

7644. **Jupitermond VIII**

D. K. Kulikow, Ephemeride des VIII. Jupitermondes 1955—1956. Astr Circ UdSSR Nr. **165** S. 3 (russisch).

BSAF **69** 192. Satellite perdu et retrouvé.

Orion Schaffhausen **4** **444**. Wiederauffindung des Jupiter-Trabanten VIII nach 14 Jahren.

Sky and Telescope **14** 281. Lost satellite recovered. — Ref. in Coelum **23** 175.

7645. **Jupitermond IX**

G. van Biesbroeck, Observations of the outer satellites of Jupiter with the 82-inch reflector of the McDonald Observatory. AJ **60** 38.

S. Herrick, C. G. Hilton, G. L. Matlin, J. Bishin, 1955—56 ephemerides of Jupiter's ninth and twelfth satellites. Publ ASP **67** 421—422.

AJ **60** 441 = LOB Nr. 536. — Örter.

7646. **Jupitermond X**

G. van Biesbroeck, Observations of the outer satellites of Jupiter with the 82-inch reflector of the McDonald Observatory. AJ **60** 38.

7647. **Jupitermond XI**

G. van Biesbroeck, Observations of the outer satellites of Jupiter with the 82-inch reflector of the McDonald Observatory. AJ **60** 38.

7648. **Jupitermond XII**

G. van Biesbroeck, Observations of the outer satellites of Jupiter with the 82-inch reflector of the McDonald Observatory. AJ **60** 38.

S. Herrick, C. G. Hilton, G. L. Matlin, J. Bishin, 1955—56 ephemerides of Jupiter's ninth and twelfth satellites. Publ ASP **67** 421—422.

§ 77

Saturn

7701. **Astrometrische Beobachtungen**

Greenwich Astronomical Results 1943, A 11. Observed right ascensions, declinations and diameters.

Desgl. für 1944, A 10.

Desgl. für 1946, A 19.

Mem SA It (NS) **26** 193—200. Vgl. Ref. **7601**.

Rend. Accad. Sci. Fis. Mat. Soc. Nazionale Sci. Lettere Arti Napoli (4) **22**, 8 S. = Oss. Astr. Capodimonte-Napoli Oss. **1** Nr. **3**. Determinazione meridiane di ascensioni rette di pianeti e pianetini. R. Barbatelli.

TAB (2) Nr. 74 S. 733—738. Vgl. Ref. **7301**.

7702. **Physische Beobachtungen**

JBAA **65** 156—159. Saturn in 1953—54. M. B. B. Heath.

Mitt. Planetenbeobachter 8 21—23, mit 3 Abb. Saturn 1954 (Schlußbericht). W. Carnuth.

Mitt. Planetenbeobachter 8 54—56. Saturn 1954/55. — Beobachtungsschlußbericht. W. Carnuth.

Strolling Astronomer **9** 26—29, mit 4 Fig. Saturn in 1954. T. A. Cragg.

7703. **J. R. Botham,** Saturn photographs. Sky and Telescope **15** 50.

7704. **W. H. Haas,** An unusual opportunity to estimate the brightnesses of the satellites of Saturn. Strolling Astronomer **9** 138—142, mit 3 Fig.

7705. **Y. Kozai,** A note on the motion of Saturn's satellites — Enceladus and Dione. Proc. Japan Acad. **31** 341—345 = Tokyo Astr. Obs. Repr. Nr. 121. — Verf. gibt in zusammenfassender Form eine neue Theorie für die Saturnsatelliten, die Glieder höherer Ordnung und höheren Grades berücksichtigt als diejenigen von H. Struve, G. Struve und Jeffreys, und leitet aus den säkularen Bewegungen der Perihel- und Knotenlängen von Enceladus und Dione neue Werte für die Massen dieser Trabanten und aus denselben Bewegungen für Mimas, Enceladus, Tethys, Dione, Rhea und Titan Zahlen für die Figur Saturns charakterisierende Größen ab. Böh.

7706. **Y. Kozai,** On the motion of the inner satellites of Saturn. Publ. Astr. Soc. Japan **7** 176—189 = Tokyo Astr. Obs. Repr. Nr. 130. — In den Differentialgleichungen für die säkularen Bewegungen der vier inneren Saturnmonde werden, über andere Autoren hinausgehend, Glieder höherer Ordnung und höheren Grades eingeschlossen. Die Integration führt auf neue Werte für die Bewegung der Apsiden- und Knotenlinien, auf neue Werte der Massen von Enceladus und Dione sowie auf die Figur Saturns charakterisierende Zahlen. Böh.

7707. **J. Lecoq,** Le système de Saturne et quelques problèmes d'astrophysique planétaire. La Nature **83** 306—312, mit 16 Fig.

7708. **E. López López,** El mundo de Saturno. El Universo Nr. 30 S. 1—2, mit Bild.

7709. **J. Sadil,** Rings of Saturn. RH **36** 73—78, mit 1 Fig. (tschechisch).

7710. **W. Scharonow,** Integralkolorimetrie von Saturn im Jahre 1954. Astr Circ UdSSR Nr. 159 S. 20 (russisch). — Die in Ejsk mit einem Rosenbergschen Blaukeil-Astrophotometer durchgeführten Farbenmessungen ergaben relativ zur Sonne einen Farbenindex von $+0^{m}_{\cdot}18$. Loh.

7711. La masse de Saturne. BSAF **69** 83—84.

7712. Sobre la masa de Saturno. Rev. Astr. Nr. 137 S. 82.

7713. Mass of Saturn. Sky and Telescope **14** 136. — Ref. in Coelum **23** 123, Vasiona **3** 45.

7714. 12 pierścieni Saturna. Urania Kraków **26** 335, mit 1 Tafel.

§ 78

Uranus, Neptun, Pluto, Transpluto

7801. **Uranus. Astrometrische Beobachtungen**

Greenwich Astronomical Results 1943, A 11. Observed right ascensions, declinations and diameters.

Desgl. für 1944, A 10.

JO **37** 12, 1954 = Ann. Obs. Besançon Astr. Geophys. (NS) **4** Fasc. 3. V. Maître.

Mem SA It (NS) **26** 193—200. Vgl. Ref. **7601**.

Rend. Accad. Sci. Fis. Mat. Soc. Nazionale Sci. Lettere Arti Napoli (4) **22**, 8 S. = Oss. Astr. Capodimonte-Napoli Oss. **1** Nr. 3. Determinazione meridiane di ascensioni rette di pianeti e pianetini. R. Barbatelli.

TAB (2) Nr. 74 S. 733—738. Vgl. Ref. **7301**.

7802. **Uranus. Physische Beobachtungen**

J. Astr. Soc. Victoria **8** 81. Uranus.

Strolling Astronomer **9** 46—48, mit 3 Fig. Observations and comments.

Strolling Astronomer **9** 119. Uranus.

* * **R. H. Hardie, H. L. Giclas,** A search for solar variation. Vgl. Ref. **6010.**

7803. **F. M. Holborn,** The visual magnitude of Uranus. JBAA **65** 284—285. — Verf. erhält aus 12 Schätzungen 1953—54 als mittlere visuelle Helligkeit des Planeten Uranus in mittlerer Opposition $5^{m}.47$. Gli.

* * **A. A. Kawerin,** Konjunktion von Jupiter und Uranus am 10. Mai 1955. Vgl. Ref. **7609.**

* * **P. Muller,** Observation de la conjonction Jupiter-Uranus. Vgl. Ref. **7613.**

7804. **A. V. Nielsen,** The visual magnitude of Uranus. JBAA **65** 283—284. — 43 Schätzungen der visuellen Helligkeit des Uranus von S. Kierulff in den Jahren 1937—1950 geben als mittlere Helligkeit, reduziert auf mittlere Opposition, $5^{m}.53 \pm 0^{m}.015$ (m. F.). Mittlere Beobachtungszeit ist 1942.98. Gli.

7805. **R. S. Richardson,** Photometry of the disk of Uranus. Publ ASP **67** 355—356. — Aufnahmen des Uranus mit dem 100-Zöller im integrierten Licht werden photometriert und mit ähnlichen Aufnahmen des Jupiter im blauen und gelben Licht verglichen. Der Intensitätsverlauf entlang der Äquatorstreifen ist bei beiden Planeten praktisch identisch, die Kontraste der Streifen senkrecht zur Äquatorrichtung sind bei Jupiter im blauen Licht weit größer als im gelben. H. M.

7806. **J. H. Robinson,** A note on the magnitude of Uranus, 1955. JBAA **66** 24—25. — Bericht über Helligkeitsschätzungen 1955 Jan. 10 bis Mai 11. Vergleichssterne waren 85 Gem, 79 Gem und Jupitermonde. T. L.

7807. **Neptun. Astrometrische Beobachtungen**

Greenwich Astronomical Results 1946, A 19. Observed right ascensions, declinations and diameters.

Mem SA It (NS) **26** 193—200. Vgl. Ref. **7601.**

Rend. Accad. Sci. Fis. Mat. Soc. Nazionale Sci. Lettere Arti Napoli (4) **22,** 8 S. = Oss. Astr. Capodimonte-Napoli Oss. **1** Nr. 3. Determinazione meridiane di ascensioni rette di pianeti e pianetini. R. Barbatelli.

TAB (2) Nr. 74 S. 733—738. Vgl. Ref. **7301.**

7808. **O. Günther,** Der Rotationslichtwechsel des Neptun. AN **282** 1—14, mit 14 Abb. = Mitt. Univ.-Sternw. Münster Nr. 5. — Ref. in Irish AJ **3** 255, Sterne **31** 135—136. — Für die Rotationsperiode des Neptun wird gewöhnlich der spektrographisch bestimmte Wert $15^{h}.8$ angenommen. Ein Rotationslichtwechsel ist wenigstens zeitweise vorhanden. Die photometrisch von M. Hall, genauer von E. Öpik und R. Livländer abgeleitete Periode ist zu kurz. Aus Helligkeitsmessungen von J. Brouet wird die Rotationsperiode zu $0^{d}.53020$ ($12^{h}\ 43^{m}\ 29^{s}$) abgeleitet. Mit dieser Periode lassen sich auch die älteren Beobachtungen und Beobachtungen aus neuester Zeit darstellen. Der spektrographisch erhaltene Wert kommt dem photometrisch bestimmten genügend nahe, wenn der von G. P. Kuiper gemessene Neptundurchmesser verwendet wird. Einzelheiten der gut gesicherten Lichtkurven lassen sich durch die Annahme von dunklen und hellen Flecken nicht befriedigend erklären, deshalb wird nach einer von P. Guthnick in anderem Zusammenhang aufgestellten Hypothese die Mitwirkung spiegelnder Reflexion angenommen. Verf.

7809. **O. Günther,** Beobachtungen der Helligkeit des Neptun in der Opposition 1953. AN **282** 247—251, mit 2 Fig. = Mitt. Univ.-Sternw. Münster Nr. 6. — Aus 234 Aufnahmen erhaltene Helligkeiten des Neptun werden mitgeteilt. Sie zeigen, mit der in einer vorhergehenden Arbeit abgeleiteten Rotationsperiode reduziert, einen Rotationslichtwechsel von geringer Amplitude. Verf.

* * **R. H. Hardie, H. L. Giclas,** A search for solar variation. Vgl. Ref. **6010.**

7810. Rotation of Neptune. Sky and Telescope **14** 459. — Ref. in Coelum **24** 56.

7811. **Pluto. Astrometrische Beobachtungen**
TAB (2) Nr. 75 S. 739, 740, 741. — α, δ.

7812. **J. Kordylewski,** Prédiction des occultations d'étoiles par la planète Pluton. BSAF **69** 368—370, mit 1 Fig. — Ref. in Sky and Telescope **15** 159, YC 1364 S. 4. — Hinweis im allgemeinen auf die Bedeutung von Sternbedeckungen durch Pluto und im besonderen auf die Konjunktion Plutos mit NGC 3162 am 25. März 1956. Böh.

7813. **K. Kozieł,** Czy nazwa planety Pluton jest «słuszna»? Urania Kraków **26** 257—258.

* * **J. M. Mohr,** 25th anniversary of Pluto's discovery. Vgl. Ref. **1342**.

7814. **E. Öpik,** Period of rotation of Pluto. Irish AJ **3** 255—256.

7815. **S. G. Scharaf,** Theorie der Bewegung Plutos. Erster Teil. Die Störungen erster Ordnung in bezug auf die störenden Massen. Publ. Inst. Theoret. Astr. Nr. **4** S. 3—131, mit 1 Abb. (russisch). — Inhalt: Die Entwicklung der Störungsfunktion, S. 9—30; Die Störungen der Koordinaten, S. 31—38; Die Jupiterstörungen erster Ordnung, S. 39—57; Die Saturnstörungen erster Ordnung, S. 58—64; Die Uranusstörungen erster Ordnung, S. 65—74; Die Neptunstörungen, S. 75—78; Die Verbesserung der Plutoelemente, S. 79—94; Anhang, S. 95—130; Literatur, S. 131. Loh.

7816. **M. F. Walker, R. Hardie,** A photometric determination of the rotational period of Pluto. Publ ASP **67** 224—231, mit 3 Fig. — Ref. in Coelum **24** 25, JBAA **66** 80—81, Orion Schaffhausen **5** 41, PAT **36** 158—159, Sky and Telescope **15** 121, Vega **2** Nr. 31 S. 1, YC 1311 S. 4. — Aus lichtelektrischen Helligkeitsmessungen von 1955 in Verbindung mit solchen von 1953 und 1954 wird die Rotationsperiode zu $6^{d}.390 \pm 0^{d}.003$ abgeleitet. Die Amplitude der Helligkeitsschwankungen beträgt $0^{m}.1$. Die Tatsache, daß die Beobachtungen aus drei Jahren in eine Lichtkurve passen, spricht dafür, daß nicht eine Wolkenschicht sondern die wirkliche Oberfläche beobachtet wird. O. G.

7817. Uranus-bevoegelsen og Plutos masse. NAT 1955 S. 111—113. — Referat des Vortrages von D. Brouwer vor der Royal Astronomical Society am 6. 4. 1955. Vgl. Ref. **4206**. C. L. J.

7818. Magnitud de Plutón. Rev. Astr. Nr. 137 S. 82.

Transpluto

7819. **R. A. Naef,** Hypothetische Elemente eines Transpluto. Orion Schaffhausen **4** 484. — Bezugnehmend auf eine Kometenfamilie von acht periodischen Kometen, deren Bahnen weit über die Bahn des Pluto hinausreichen, sind von H. H. Kritzinger die Bahnelemente eines hypothetischen transplutonischen Planeten abgeleitet worden. H. M.

IX. Kometen. Meteore. Meteorite. Zodiakallicht

§ 80

Kometen im allgemeinen

8001. **P. B. Babadshanow,** Untersuchung der Geschwindigkeiten der Materieejektion aus Kometenkernen. Akad. Wiss. Tadshik. Sowjetrepublik Publ. Tom **38**, 70 S. mit 7 Abb. = Publ. Astr. Obs. Stalinabad **5** (russisch). — Das Ziel dieser Monographie ist neben der Klärung des im Titel angegebenen Problems auch eine Erklärung der den Ejektionen zu Grunde liegenden und sich im Inneren der Kometen abspielenden Prozesse. Loh.

8002. **M. Beyer,** Physische Beobachtungen von Kometen. IX. AN **282** 145—167, mit 5 Abb. = Mitt. Sternw. Hamburg-Bergedorf **9** Nr. 91. — Der vorliegende Bericht enthält die Beobachtungen von 14 Kometen aus der Zeit 1949 Juli 23 bis 1953 Juni 3. Zur Charakteristik der Entwicklung der Gesamthelligkeit m_t der einzelnen Kometen mit der Entfernung r von der Sonne wurden unter Zugrundelegung der Beziehung $m_t = H_0 + 2.5\, n \log r$ die Werte H_0 und n bestimmt, die den Verlauf der Erscheinungen jedoch nicht immer befriedigend darstellen. Außerdem wurden gemäß einem Vorschlag von B. Lewin (1943), die Helligkeitsentwicklung unter der Annahme eines Verdampfungsvorgangs durch den Ausdruck $m_t = A + B\sqrt{r}$ mit dem physikalisch deutbaren Parameter $B = 1.086\, L/RT_0$ (L = Verdampfungswärme, R = Gaskonstante, T_0 = Temperatur) darzustellen, die neuen Parameter A und B gesondert bestimmt; sie stellen jedoch die Beobachtungen in keinem Falle besser dar als die Parameter H_0 und n. Die in den beiden vorhergehenden Berichten (VII und VIII) nachgewiesenen Beziehungen zwischen den sekundären Schwankungen der Gesamthelligkeit und der Sonnentätigkeit treten in den neuen Beobachtungsreihen weniger deutlich hervor. Photometrische Messungen von Kernhelligkeiten zeigen in mehreren Fällen erhebliche sekundäre Schwankungen, die beweisen, daß die beobachteten sternartigen Kerne nicht mit den festen Zentralkörpern identisch sind. Verf. (gekürzt)

8003. **M. Beyer,** Statistische Untersuchungen an Kometen. Mitt. AG 1954 S. 43. — Ref. AG.

8004. **M. Beyer,** Statistische Untersuchungen an Kometen. Sterne **31** 33—41, mit 2 Abb. = Mitt. Sternw. Hamburg-Bergedorf **22** Nr. 247. — Verf. lehnt auf Grund seiner Erfahrungen die Möglichkeit eines einheitlichen Kometenmodells ab. Diese Ansicht wird durch das verschiedenartige Verhalten der Kometen hinsichtlich der reduzierten Helligkeiten und der Länge und Richtung der Schweife gestützt. Bei den Untersuchungen werden sorgfältig die Einflüsse der verwandten optischen Systeme, der Himmelsgrundhelligkeit usw. berücksichtigt. Verf. glaubt durch Aufnahmen mit Hilfe von wenigstens zwei geeigneten Filtern die Frage nach der Zusammensetzung der verschiedenen Schweife aus Gas und Staub beantworten zu können. Hoppe

* * **H. Bucerius,** Bahnbestimmung als Randwertproblem. V. Vgl. Ref. 4501.

8005. **J. I. Chanin, O. I. Judin,** On radiowave emission by the comets. AJ UdSSR **32** 439—444, mit 3 Fig. (russisch mit englischer Zusammenfassung). — Die thermische Radiostrahlung eines Kometenkopfes hat nach Berechnung im Zentimeterbereich eine größere Intensität als die galaktische Strahlung in diesen Wellenlängen. Bei Voraussetzung eines Sichtwinkels von 30′ bis 2′ für den Kern, dessen Durchmesser etwa 10^{10} cm sei, könnte wegen der errechneten Elektronendichte von 5×10^6 cm^{-3} seine 10 cm-Strahlung mit modernen Empfangsanlagen beobachtet werden. Jedoch wäre monochromatische Strahlung bei $\lambda = 18.3$ cm (OH) und $\lambda = 9.45$ cm (CH) wegen zu geringer Konzentration der Moleküle für eine Beobachtung zu schwach. Vor allem ist die Gesamtstrahlung entfernter Kometen zu unbedeutend, um damit die allgemeine galaktische Strahlung erklären zu können, wie es von Menzel versucht wurde. Schrick

8006. **O. W. Dobrowolskij,** Korpuskulare Strahlung der Sonne als eine wahrscheinliche Ursache der Halobildung in Kometen. AJ UdSSR **32** 514—517, mit 1 Abb. (russisch mit deutscher Zusammenfassung). — Die Korrelation von Halobildung in Kometen und erdmagnetischen Störungen scheint durch elastische Streuung solarer Protonen in der Kometenatmosphäre und die dadurch in ihr verursachte Erhöhung der kinetischen Temperatur erklärt werden zu können. Beobachtungen ergeben zwischen der Ausdehnungsgeschwindigkeit v_0 des Halo und der Entfernung r des Kometen von der Sonne die Beziehung $v_0 = \text{const} \times r^{-2/3}$, wobei unter der Annahme einer Protonendichte von 800/cm^3 bei solaren Ausbrüchen in der Entfernung von 1 A.E. die Konstante gleich 0.56 km/sec gesetzt ist. Schrick

8007. **A. Fresa,** Sulla provenienza delle comete e loro orbite. Oss. Astr. Capodimonte-Napoli Contr. Fuori Serie.

8008. **L. Haser,** La conservation des radicaux libres à basse température et la structure des noyaux de comètes. CR **241** 742—743 = Inst. d'Astrophys. Univ. Liège Coll. 4° Nr. 62. — Der experimentelle Befund (Pimentel und Porter), daß es möglich ist, bei tiefen Temperaturen freie Radikale für mehrere Stunden auch innerhalb einer Materie aus ihren Muttermolekülen zu «konservieren», wird auf das Problem der Kometenspektren angewandt. Bei Annäherung des Kometenkernes an die Sonne dampfen neben den Molekülen auch diese freien Radikale ab und sind so im Schweif vorhanden, ohne daß eine Photodissoziation notwendig wäre. Labs

8009. **L. A. Katassjow,** Einige Gesetzmäßigkeiten in Kometen, Meteoren und Kleinen Planeten. Bull. Astr. Obs. Stalinabad Nr. 14 S. 5—11, mit 2 Abb. (russisch). — Von 80 bekannten sporadischen Meteorbahnen entwirft Verf. das Häufigkeitsbild der großen Achsen und vergleicht es mit dem von 63 kurzperiodischen Kometen und dem der Asteroiden. Dasselbe geschieht mit den Exzentrizitäten und tabellarisch auch mit den Neigungen. Im ersten Fall überdecken die Meteore einen weiteren Bereich als die Kometen und Asteroiden. Im zweiten Fall liegen die Verteilungsmaxima der Asteroiden, Kometen und Meteore bei kleinen, mittleren und größeren Exzentrizitäten. Im dritten Fall ähnelt die Verteilung der Meteore der kometarischen. Je zwei Meteore besitzen dieselben Bahnelemente wie Apollo bzw. Amor. Nach einer Bemerkung über physische Gemeinsamkeiten und Unterschiede wird der Schluß gezogen, daß die Meteore sowohl dem Charakter ihrer Bewegungen als auch ihrer Natur nach gewisse Ähnlichkeiten mit den Kometen und Asteroiden besitzen und daß in ihrer Herkunft etwas Gemeinsames gesehen werden müßte. Loh.

8010. **E. N. Kramer,** Kometenradianten. Publ. Inst. Phys. Geophys. Akad. Wiss. Turkmen. Sowjetrepublik **1** 5—72 (russisch). — Ref. in RJ Astr. Geod. UdSSR 1956 Nr. 4 S. 72.

8011. **F. Link, Z. Linková,** Evidences cométaires des variations des climats. BAC **6** 6—12, mit 4 Fig. (mit russischer Zusammenfassung). — Ref.

in Coelum **23** 119—120, Nature **176** 1152—1153. — Ausgehend von einer früheren Entdeckung der Autoren, daß die Zahl der jährlich festgestellten Kometen einen Gang mit der Sonnenfleckenperiode zeigt, wird für den Zeitabschnitt von 1755 bis 1953 diese Beziehung weiter analysiert. Es wird wahrscheinlich gemacht, daß die Entdeckungshäufigkeit der Kometen durch drei Faktoren beeinflußt wird, durch einen kosmischen, einen klimatischen und einen sozialen.
Hoppe

8012. **G. Lucas, R. Herman,** Étude de la distribution d'intensité des bandes du système ($A^3\Pi_g$ — $X^3\Pi_u$) de C_2 excité par recombinaison radiative. Ann d'Astrophys **18** 211—231, mit 7 Fig. und 1 Tafel. — Auf Grund von theoretischen Rechnungen und Laboratoriumsmessungen an gewissen Linien des C_2-Moleküls wird auf die Möglichkeit hingewiesen, daß die Bedingungen für die Ausstrahlung dieser Linien in Kometenkernen erfüllt sein könnten.
F. S.

* * **A. W. Makagon,** Die Bewegungsgleichungen eines Teilchens im Strahlungsfeld einer strahlenden schwarzen Kugel. Vgl. Ref. 249.

8013. **S. M. Poloskow,** Die Identifizierung des infraroten Spektrums der Kometen. DAN **100** 639—642 (russisch). — Von Swings und Page wurden die in den Spektren der Kometen 1947k, 1947n und 1948l gefundenen Banden bei 7906 und 8106 Å dem roten System des CN zugeschrieben. Verf. hält das nicht für richtig und zeigt, daß es sich aller Wahrscheinlichkeit nach um das von Meinel (vgl. AJB **51** Ref. **72127**) im Nordlichtspektrum gefundene Resonanzsystem $A^2\Pi$ — $X^2\Sigma$ des N_2^+-Moleküls handelt. Loh.

8014. **J. G. Porter,** Comets and Meteor Streams. Vgl. AJB **52** Ref. 8012. — Weitere Besprechung in J. Optical Soc. America **45** 231—233 (L. LaPaz).

8015. **J. G. Porter,** Comets. MN **115** 190—198. — Fortschrittsbericht. — Die darin aufgeführten Kometen sind in § **81** enthalten.

8016. **N. B. Richter,** Statistik und Physik der Kometen. Vgl. AJB **54** Ref. 8024. — Weitere Besprechung in JBAA **66** 182—183 (M. B. B. Heath), Meteoor **11** 8, Říše hvězd **36** 144, ZfA **40** 79—80 (W. Dieckvoss).

8017. **F. J. Sigel,** Die Kometen. Moskau, Staatsverlag für technisch-theoretische Literatur, 1955. 2. Auflage. 71 S. mit Abb. Preis 1 R. 5 Kop. (russisch). — Besprechung in Priroda **45** Nr. 4 S. 122.

8018. **K. A. Steins,** De l'influence perturbatrice des étoiles sur le mouvement des comètes. AJ UdSSR **32** 282—291, mit 1 Fig. (russisch mit französischer Zusammenfassung). — Das Problem des störenden Einflusses von Sternen auf die Elemente der Kometenbahnen wird vom Standpunkt zweier unbeweglicher Gravitationszentren aus behandelt. Solche Störungen können eine große Dichte bei Kometen mit geringer Periheldistanz hervorrufen, genügen jedoch nicht zur Erklärung der Verteilung der Perihelrichtungen. Die Änderung der Periheldistanz nach einem bzw. nach zwei Umläufen wird in Abhängigkeit von den gestellten Anfangsbedingungen dargestellt.
Schrick

* * **A. L. Vanselow,** Two theories of comet formation. Vgl. Ref. 5516.

* * **F. L. Whipple,** A comet model. III. The zodiacal light. Vgl. Ref. 8411.

8019. **C. Whitney,** Comet outbursts. ApJ **122** 190—195 = Harv Repr Nr. 419. — Unter der Annahme, daß die plötzliche Helligkeitssteigerung bei Kometen allein auf den Abstoß eines Staubhalos zurückzuführen ist, werden die dazu benötigten Staubmassen und Energien berechnet. Besonders betrachtet wird der Komet 1925 II; in diesem Fall erscheint die Erklärung der beobachteten Halohelligkeiten schwierig, wenn man annimmt, daß der Ausbruch durch solare Protonenströme hervorgerufen wird. Weigert

8020. **K. Wurm,** Die Kometen. Vgl. AJB **54** Ref. 8031. — Weitere Besprechung in La Nature **83** 293, Meteoor **11** 8.

8021. **W. Zonn,** Fizyka komet. Urania Kraków **26** 15—19, mit 1 Tafel.

8022. Zeszłoroczne komety. Urania Kraków **26** 267.

8023. Zaginione komety. Urania Kraków **26** 335—336.

§ 81

Einzelne Kometen

8101. **R. Baum,** A lost «comet». Vega Nr. 26 S. 1. — Bemerkungen zur Anzeige der visuellen Entdeckung eines Kometen in unmittelbarer Nachbarschaft Jupiters 1955 Mai 13 durch R. A. McIntosh (Neu-Seeland). Das nicht bestätigte Objekt muß aus verschiedenen Gründen als ein vom Bild Jupiters verursachter «Geist» angesehen werden. Böh.

8102. **J. Hopmann, H. Krumpholz, O. Franz, A. Purgathofer,** Beobachtungen der Kometen Mrkos (1955e), Bakharev (1955f), Honda (1955g). Sitzber. Bayer. Akad. Wiss. Math.-naturwiss. Kl. 1955 S. 266—271.

8103. **E. M. Lindsay,** Comets Mrkos 1955e, Bakharev-Macfarlane-Krienke 1955f and Honda 1955g. Irish AJ **3** 201, mit 1 Tafel = Armagh Obs. Leaflet Nr. 37.

8104. **E. López López,** El gran cometa a 1910. El Universo Nr. 31 S. 65—70, mit Bild.

8105. **M. B. Protitch,** Découvertes et observations de comètes. Annuaire de notre ciel pour l'an 1956. Beograd 1955 S. 141—144 (serbisch).

8106. **A. S. Yamamoto,** Preliminary General Catalogue of Comets, with 3 Appendices, containing all comets with known orbital elements, to 1954. YC **1343** S. 6. — Kurzer Hinweis auf diesen Katalog.

8107. Endgültige Bezeichnungen von Kometen. Astr. Nachr. Berlin-Treptow **7** 24.

8108. Definitive Bezeichnung von Kometen. NAZ **9** 12, UAI Circ 1490, 1493, 1533, MN **115** 195.

Kometen. Gruppe (1)[1]

8109. **Ashbrook-Jacksonscher Komet (1955 c = 1948 IX)**

Auffindung: G. van Biesbroeck, Fort Davis, 1955 April 24.

Astr Circ UdSSR Nr. 157 S. 3 (El), Nr. 160 S. 4 (An, O, H). BAA Circ 362 (An, H). Harv Card 1295 (An, O, H, El). NAZ **9** 19 (An, O, H, El). UAI Circ 1487 (El, Eph), 1495 (Eph), 1498 (An, O, H), 1499 (El), 1512 (O, H), 1529 (Eph). YC 1317 (El), 1346 (Eph).

8110. **Erster Borrellyscher Komet (1954 b = 1932 IV)**

AJ **60** 57—64 (O, H), **60** 440—442 (O, H) = LOB Nr. 536. MN **115** 190—198 (H, El).

[1]) Vgl. AJB **48** S. 210 Anmerkung.

8111. **Zweiter Brooksscher Komet (1953 b = 1946 IV)**
AJ **60** 57—64 (O, H). MN **115** 190—198 (H). Rev. Astr. Nr. 133 S. 81 (An, O, H).

8112. **Comas-Soláscher Komet (1951 h = 1944 II)**
AJ **60** 57—64 (O, H).

8113. **Enckescher Komet (1953 f = 1950 e)**
AJ **60** 57—64 (O, H). MN **115** 190—198 (H). Rev. Astr. Nr. 133 S. 82 (Not). M. Beyer. Vgl. Ref. 8002, daselbst S. 152.

S. G. Makower, Der Komet Encke-Backlund. Erste Mitteilung: Die Bewegung von 1937 bis 1951. Publ. Inst. Theoret. Astr. Nr. 4 S. 133—204 (russisch). — Inhalt: Kurzer historischer Abriß, S. 137—145; Über die Möglichkeit einer Bestimmung der Merkurmasse aus den Beobachtungen des Kometen, S. 146—148; Vorläufige Bearbeitung der Erscheinungen 1937—1951, S. 149—180; Endgültige Bearbeitung der Erscheinungen 1937—1951, S. 181—187; Schluß, S. 188—202; Literatur, S. 203—204. Loh.

I. L. Thomsen, Magnitude estimates of comets, 1954. Southern Stars **16** 119—122 = Carter Obs. Repr. Nr. 23.

A. Wilkens, Untersuchungen zur Beschleunigung des Enckeschen Kometen. Sitzber. Bayer. Akad. Wiss. Math.-naturwiss. Kl. 1955 S. 285—302. — Aus vorliegenden Untersuchungen folgt, daß die Ursache der Anomalie der Bewegung des Enckeschen Kometen nicht mehr in der Gravitation der bekannten Massen des Sonnensystems, sondern bisher unbekannter Massen und nur solcher, die nur auf diesen Kometen wirksam sind, zu suchen ist, weil bisher bei keinem anderen der bekannten 35 periodischen Kometen eine analoge Anomalie beobachtet worden ist. Deshalb verstärkt unsere Untersuchung eine Hypothese Backlunds, daß die Beschleunigung des Enckeschen Kometen durch die Anziehung von Meteorströmen in Sonnennähe herbeigeführt werden könnte, da der Enckesche Komet unter allen periodischen Kometen den bei weitem geringsten Sonnenabstand erreicht. Verf. (gekürzt)

8114. **Fayescher Komet (1954 e = 1947 IX)**
AJ **60** 440—442 (O, H) = LOB Nr. 536. Astr Circ UdSSR Nr. 157 S. 2 (Eph). BAA Circ 359 (Not). Harv Card 1286 (El, Eph). MN **115** 190—198 (H, El). TACL 1292 (Not). UAI Circ 1486, mit Berichtigung in 1487 und 1490 (Eph), 1512 (Eph).

8115. **Finlayscher Komet (1953 i = 1926 V)**
AJ **60** 57—64 (O, H), **60** 440—442 (O, H) = LOB Nr. 536. MN **115** 190—198 (H). Rev. Astr. Nr. 133 S. 83 (An, H).

8116. **Forbesscher Komet (1948 VIII = 1942 III)**
Astr Circ UdSSR Nr. 156 S. 2 (Eph). UAI Circ 1501 (Eph).

8117. **Giacobini-Zinnerscher Komet (1946 V = 1940 I)**
MN **115** 190—198 (El).

J. W. Jewdokimow, Über den Zusammenhang des Kometen Giacobini-Zinner mit den Draconiden. Astr Circ UdSSR Nr. 159 S. 21—24 (russisch). — Vorläufige Mitteilung.

J. W. Jewdokimow, Der Zusammenhang des Kometen Giacobini-Zinner mit den Draconiden. Kasan, Univ. 1955 (russisch). — Dissertationsreferat.

8118. **Grigg-Skjellerupscher Komet (1952 IV = 1947 II)**
TAB (2) Nr. 75 S. 740 (O, H).

8119. **Halleyscher Komet (1910 II = 1835 III)**

M. Kamieński, Kometa Halleya, 2320 p. n. e. — 1910 n. e. Urania Kraków **26** 8—15, mit 2 Fig. und 1 Tafel.

DOB 8 Nr. 10 Fasc. 1, 4 S. mit 3 Fig. Relations géométriques entre l'orbite de la comète de Halley et l'orbite de la Terre.

8120. **Honda-Mrkos-Pajdusakovascher Komet (1954a = 1948 XII)**

AJ **60** 57—64 (O, H), **60** 440—442 (O, H) = LOB Nr. 536. MN **115** 190—198 (H, El).

8121. **Kopffscher Komet (1951 VII = 1945 V)**

F. Kępiński, Übersicht über die Untersuchungen der Bewegung des periodischen Kometen 1906 IV (Kopff). Bull. Acad. Polon. Sci. Cl. III **3** 477—479 (russisch). — Ref. in RJ Astr. Geod. UdSSR 1956 Nr. 8 S. 12.

E. Kępiński, A statement concerning researches on the motion of the P/Comet 1906 IV (Kopff). Bull. Acad. Polon. Sci. Cl. III **3** 483—485. — Aufzählung der bisher veröffentlichten Arbeiten des Verf. über die Bahn des Kometen 1906 IV (Kopff) und Angaben über die gemeinsam mit Bielicki unternommenen zur Vorausberechnung der Erscheinung 1957/58. Böh.

F. Kępiński, Apparition de la comète périodique 1906 IV (Kopff) en 1951. AA(c) **5** 186—188, mit 1 Fig.

8122. **Olbersscher Komet (1887 V)**

Astr Circ UdSSR Nr. 156 S. 3 (Eph), Nr. 162 S. 11 (El, Eph), Nr. 165 S. 2 (Eph, H). NAZ **9** 7—8 (El, Eph). UAI Circ 1505 (El, Eph), 1525 (Eph), 1532 (Eph).

8123. **Otermascher Komet (1950 III = 1942 VII)**

AJ **60** 57—64 (O, H), **60** 440—442 (O, H) = LOB Nr. 536. Astr Circ UdSSR Nr. 159 (Eph). BAAH 1955 (Eph). UAI Circ 1491 (Eph).

8124. **Perrine-Mrkosscher Komet (1955i = 1909 III)**

Auffindung: A. Mrkos, Skalnaté Pleso, 1955 Okt. 19. L. Pajdušáková, Skalnaté Pleso, 1955 Okt. 20.

Astr Circ UdSSR Nr. 162 S. 12 (Eph)[2]), Nr. 165 S. 1 (An, O, H, El). BAA Circ 370 (An, H, Eph), 371 (Eph). Harv Card 1314 (An, O, H), 1315 (O, H), 1316 (O, Eph). NAZ **9** 33 (An, O, H), **9** 37 (El). Orion Schaffhausen **4** 494 (An, Eph). UAI Circ 1488 (El, Eph)[2]), 1505 (Eph)[2]), 1526 (An, O, H), 1527 (O, El, Eph), 1529 (O, Eph), 1530 (O, El), 1531 (Eph), 1533 (O, H, Eph), 1534 (O, El, Eph). YC 1340 (O, H), 1341 (Eph), 1342 (O, H, Eph).

8125. **Pons-Brooksscher Komet (1953c = 1884 I)**

AJ **60** 57—64 (O, H, Lk), **60** 440—442 (O, H) = LOB Nr. 536. BAA Circ 359 (Not). MN **115** 190—198 (H, El). Rev. Astr. Nr. 133 S. 81 (An, H, El).

G. van Biesbroeck, Variaciones de luminosidad del cometa periódico Pons-Brooks. Rev. Astr. Nr. 135 S. 82—84, mit 1 Fig. — Anhand der Lichtkurve bis April 1954 werden die auch bei der Erscheinung 1953 wieder beobachteten Lichtschwankungen des Kometen beschrieben. Dazu Musens Ephemeride bis Oktober 1954. Gü.

O. W. Dobrowolskij, Der Pons-Brookssche Komet 1812—1884 I—1953 c. Bull. Astr. Obs. Stalinabad Nr. 13 S. 10—22, mit 2 Abb. und 1 Tafel (russisch). — Die Helligkeit des Kometen nimmt pro Umlauf etwa $1^{m}.0$ ab. Eine Diskussion spektroskopischer Daten zeigt, daß die Helligkeitsausbrüche des Kometen allem Anschein nach der Ejektion gas- und staubförmiger Materie aus dem

---

[2]) Als Perrinescher Komet (1896 VII = 1909 III) bezeichnet.

Kern zu verdanken sind. Als wahrscheinlichste Ursache dafür kommen Wärmeeffekte in der Oberflächenschicht des Kerns oder die Einwirkung solarer Korpuskelströme in Frage. Eine Gegenüberstellung der Ausbrüche mit der Sonnenaktivität widerspricht nicht der Vorstellung, daß zwischen ihnen ein Zusammenhang besteht. Loh.

W. Strubell, Der Komet Pons-Brooks. Sterne **31** 91—94. — Der zur Neptunfamilie gehörende langperiodische Komet Pons-Brooks ist seit seiner Entdeckung im Jahre 1812 dreimal durchs Perihel gegangen. Er zeigte in jeder Sonnennähe starke Helligkeitsschwankungen, die durch Einwirkung solarer Strahlung erklärt werden. Die Frage, welcher Art diese Strahlung ist, bleibt offen. Hoppe

I. L. Thomsen, Magnitude estimates of comets, 1954. Southern Stars **16** 119—122 = Carter Obs. Repr. Nr. 23.

8126. **Zweiter Reinmuthscher Komet (1953d = 1947 VII)**

AJ **60** 57—64 (O, H), **60** 440—442 (O, H) = LOB Nr. 536. MN **115** 190—198 (H). Rev. Astr. Nr. 133 S. 81 (An, O, H).

8127. **Schaumassescher Komet (1952 III = 1943 V)**

TAB (2) Nr. 75 S. 739 (O, H).

M. Beyer. Vgl. Ref. 8002, daselbst S. 157.

8128. **Erster Schwassmann-Wachmannscher Komet (1941 VI = 1925 II)**

AJ **60** 57—64 (O, H), **60** 440—442 (O, H) = LOB Nr. 536. NAZ **9** 7 (Not). UAI Circ 1489 (Eph), 1533 (Eph).

8129. **Zweiter Schwassmann-Wachmannscher Komet (1954g = 1948 VII)**

Acta Astr. Sinica **3** Nr. 1 S. 169 (O), S. 171 (VS). AJ **60** 440—442 (O, H) = LOB Nr. 536. Astr Circ UdSSR Nr. 157 S. 2 (Eph), Nr. 158 S. 1—2 (O, H, Eph), Nr. 159 S. 1 (O, H), Nr. 160 S. 2—3 (O, H, VS). BAA Circ 359 (Eph), 361 (Not). BAAH 1955 (Eph). Harv Card 1287 (El, Eph). MN **115** 190—198 (H, El). NAZ **9** 7 (Eph), **9** 11 (Eph). Publ ASP **67** 419 (O). UAI Circ 1486, mit Berichtigungen in 1487 und 1490 (Eph), 1490 (Not), 1492 (Eph). YC 1315 (O, H).

8130. **Zweiter Tempelscher Komet (1951d = 1946 III)**

BAAH 1955 (El, Eph). UAI Circ 1532 (Eph).

8131. **Tuttle-Giacobini-Kresakscher Komet (1951 IV = 1907 III)**

M. Beyer. Vgl. Ref. 8002, daselbst S. 155.

8132. **Whipplescher Komet (1955d = 1933 IV)**

Auffindung: E. Roemer, Mt. Hamilton, 1955 Mai 25.

Astr Circ UdSSR Nr. 160 S. 3 (An, Eph). BAA Circ 363 (An, H). BAAH 1955 (El, Eph). Harv Card 1307 (O, H). NAZ **9** 25 (An, O, H). UAI Circ 1490 (Eph), 1500 (An, O, H). YC 1346 (El, Eph).

8133. **Wirtanenscher Komet (1954j = 1947 XIII)**

AJ **60** 440—442 (O, H) = LOB Nr. 536. BAA Circ 359 (Not). MN **115** 190—198 (H, El). UAI Circ 1486, mit Berichtigung in 1487 (Eph).

8134. **Erster Wolfscher Komet (1950e = 1942 VI)**

MN **115** 190—198 (El).

8135. **Wolf-Harringtonscher Komet (1952 II = 1924 IV)**

TAB (2) Nr. 75 S. 739[3]) (O, H).

W. Wiśniewski übernimmt die Bahnbestimmung des Kometen. UAI Circ 1493.

---

[3]) Mit Komet Harrington (1951 k) bezeichnet.

Kometen. Gruppe (2)[4])

8136. Komet 1908 III (= 1898d) Morehouse

O. W. Dobrowolskij, Die Beschleunigungen in den Schweifen der Kometen 1908 III Morehouse und 1943 I Whipple-Fedtke-Tewsadse. Bull. Astr. Obs. Stalinabad Nr. 12 S. 3—9 (russisch). — Nach der Theorie des Autors wird die ionisierte Materie in den Kometenschweifen durch von der Sonne ausgehende Korpuskularstrahlung in einer Weise beschleunigt, die der sichtbaren Helligkeit einer Schweifwolke direkt, ihrer sichtbaren Oberfläche aber umgekehrt proportional ist. Die Beobachtungen zeigen, daß die wolkenförmigen Gebilde in den Kometenschweifen mit zunehmender Entfernung vom Kern allgemein ausgedehnter, aber auch lichtschwächer werden. Demnach ist zu erwarten, daß die Beschleunigung in den Wolken um so geringer ist, je größer die Entfernung vom Kern ist. Dieser Gang wird durch die für zwei Kometen (nach M. Wolf bzw. C. Hoffmeister) tabulierten Werte der Beschleunigung a_0 und Kerndistanz s bestätigt. Eine von W. B. Pikelner und S. M. Poloskow vermutete Bremsung der ionisierten Materie durch interplanetare Magnetfelder dürfte bei dem beobachteten Effekt nicht merklich mitwirken. Petri

8137. Komet 1924 II (= 1924c) Finsler

A. Fresa, La stella dei magi e la cometa Finsler (1924c). Vgl. Ref. **3309**.

8138. Komet 1925 I (= 1924d) Wolf 2

A. Przybylski, Definitive orbit of comet 1925 I (Wolf 2). AA(c) **5** 178—185.

8139. Komet 1925 III (= 1925b) Reid[5])

S. Wierzbiński, Orbite définitive de la comète 1925 III (Reid). Contr. Wrocław Astr. Obs. Nr. 10, 48 S.

8140. Komet 1930 III (= 1930c) Wilk

MN **115** 190—198 (El).

8141. Komet 1930 VI (= 1930d) Schwassmann-Wachmann 3 (P)

MN **115** 190—198 (El).

8142. Komet 1932 V (= 1932k) Peltier-Whipple

MN **115** 190—198 (El).

8143. Komet 1943 I (= 1942g) Whipple-Fedtke-Tevsadse

O. W. Dobrowolskij, Die Beschleunigungen in den Schweifen der Kometen 1908 III Morehouse und 1943 I Whipple-Fedtke-Tewsadse. Bull. Astr. Obs. Stalinabad Nr. 12 S. 3—9 (russisch). — Vgl. Ref. **8136**.

8144. Komet 1944 III (= 1944c) Du Toit 1

Córdoba Contr. Nr. 1 (O, El, Eph).

J. Bobone, Próximo retorno del cometa Du Toit. Obs. Astr. Córdoba Contr. Nr. 1, 6 S.

8145. Komet 1945 II (= 1945c) Du Toit 2 (P)

Astr Circ UdSSR Nr. 164 S. 1—2 (Eph). DOB Circ Nr. 3 (El, Eph), Nr. 4 (Not). UAI Circ 1487 (Eph), 1520 (Eph). YC 1346 (Eph).

[4]) Vgl. AJB **48** S. 210 Anmerkung.
[5]) In Publ. Kwasan Obs. **1** Nr. 4 mit 1925 IV bezeichnet.

8146. **Komet 1947 XII (= 1947n) Southern Comet**
G. Guigay, Étude sur la dissociation du noyau de la comète 1947 XII. JO **38** 189—216, mit 5 Fig. — Zum Verständnis des Vorganges bei der Auflösung von Kometen ist es wichtig, die Geschwindigkeit zu kennen, mit der einzelne Teile ausgestoßen werden, und gerade darüber gehen die Ansichten weit auseinander. Zur Prüfung dieser Frage wird der Komet 1947 XII herangezogen, dessen Kern sich im Dezember 1947 nahe dem Periheldurchgang verdoppelte. Aus den Beobachtungen zwischen dem 10. Dezember 1947 und dem 20. Januar 1948 werden für beide Kerne getrennt Kepler-Bahnen berechnet, woraus dann für jeden Kern die Geschwindigkeit für den Zeitpunkt abgeleitet wird, zu dem der gegenseitige Abstand beider Kerne ein Minimum ist. Daraus ergibt sich für die Geschwindigkeit des Teilkerns in bezug auf den Hauptkern, also für die Ejektionsgeschwindigkeit, ein Betrag von einigen Metern pro Sekunde, wobei der Ejektionsgeschwindigkeitsvektor gegen die Bahnebene des Kometen einen Winkel von rund 10° bildet. Die hier gefundene Ejektionsgeschwindigkeit steht in Übereinstimmung mit dem Resultat von Whipple. H. M.

8147. **Komet 1948 XI (= 1948l) Eclipse Comet**
MN **115** 190—198 (El).

8148. **Komet 1949 II (= 1949d) Johnson**
BAAH 1955 (El, Eph). UAI Circ 1532 (Eph). YC 1346 (El, Eph).

8149. **Komet 1949 IV (= 1949c) Bappu-Bok-Newkirk**
M. Beyer. Vgl. Ref. 8002, daselbst S. 148.

8150. **Komet 1949 VI (= 1949e) Schajn-Schaldach (P)**
Astr Circ UdSSR Nr. 164 S. 2—3 (El, Eph). UAI Circ 1533 (Eph).
M. Beyer. Vgl. Ref. 8002, daselbst S. 150.

8151. **Komet 1950 I (= 1949a) Johnson**
M. Beyer. Vgl. Ref. 8002, daselbst S. 147.

8152. **Komet 1950 VII (= 1951b) Arend-Rigaux (P)**
M. Beyer. Vgl. Ref. 8002, daselbst S. 155.

8153. **Komet 1951 I (= 1950b) Minkowski**
AJ **60** 57—64 (O, H).
M. Beyer. Vgl. Ref. 8002, daselbst S. 151.

8154. **Komet 1951 II (= 1951a) Pajdusakova**
M. Beyer. Vgl. Ref. 8002, daselbst S. 153.

8155. **Komet 1951 IX (= 1952a) Harrington-Wilson (P)**
Rev. Astr. Nr. 133 S. 83 (Not, Id mit 1916 I vermutet).

8156. **Komet 1951 X (= 1951 j) Arend (P)**
NAZ **9** 11 (O). UAI Circ 1492 (O).

8157. **Komet 1952 I (= 1951i) Wilson-Harrington**
TAB (2) Nr. 75 S. 739 (O, H).
M. Beyer. Vgl. Ref. 8002, daselbst S. 156.

8158. **Komet 1952 V (= 1952c) Mrkos**
M. Beyer. Vgl. Ref. 8002, daselbst S. 159.

8159. **Komet 1952 VI (= 1952d) Peltier**

M. Beyer. Vgl. Ref. 8002, daselbst S. 160.

8160. **Komet 1952e Harrington**

AJ **60** 57—64 (O, H). Córdoba Contr. Nr. 1 (O). TAB (2) Nr. 75 S.740 (O, H).
M. Beyer. Vgl. Ref. 8002, daselbst S. 161.

8161. **Komet 1952f Mrkos**

AJ **60** 57—64 (O, H). Córdoba Contr. Nr. 1 (O). TAB (2) Nr. 75 S.740 (O, H).

8162. **Komet 1953a Mrkos-Honda**

AJ **60** 57—64 (O, H). BAN **12** 267—270 (O). MN **115** 190—198 (Not). Rev. Astr. Nr. 133 S. 81 (An, O, El).
M. Beyer. Vgl. Ref. 8002, daselbst S. 163.

8163. **Komet 1953e Harrington (P)**

AJ **60** 57—64 (O, H). MN **115** 190—198 (Not). Rev. Astr. Nr. 133 S. 82 (An, O, H, El).

8164. **Komet 1953g Abell**

AJ **60** 57—64 (O, H), **60** 440—442 (O, H) = LOB Nr. 536. AN **282** 239 (O, H). BAA Circ 359 (Not). Harv Card 1304 (O, El, Eph). Japan Astr. Study Ass. Circ. Nr. 136 S. 71 (El, Eph). MN **115** 190—198 (H, El). NAZ **9** 11 (O). Rev. Astr. Nr. 133 S. 82 (An, El). UAI Circ 1492 (O), 1511 (El, Eph), 1513 (El, Eph).
F. D. Miller, Photometry of comet Abell (1953g). AJ **60** 173. — Ref. AAS.
I. L. Thomsen, Magnitude estimates of comets, 1954. Southern Stars **16** 119—122 = Carter Obs. Repr. Nr. 23.
J RAS Canada **49** 34. A double-tailed comet.

8165. **Komet 1953h Pajdusakova**

AJ **60** 57—64 (O, H). Córdoba Contr. Nr. 1 (O), Nr. 1 (El, Eph). MN **115** 190—198 (Not). Rev. Astr. Nr. 133 S. 82 (An, El).

8166. **Komet 1954c Harrington**

AJ **60** 440—442 (O, H) = LOB Nr. 536. Japan Astr. Study Ass. Circ. Nr. 138 S. 75 (El). MN **115** 190—198 (H, El). UAI Circ **1496** (Not).

8167. **Komet 1954d Kresak-Peltier**

AJ **60** 57—64 (O, H), **60** 440—442 (O, H) = LOB Nr. 536. BAA Circ 359 (Not). MN **115** 190—198 (H, El).
I. L. Thomsen, Magnitude estimates of comets, 1954. Southern Stars **16** 119—122 = Carter Obs. Repr. Nr. 23.

8168. **Komet 1954f Vozarova**

AJ **60** 440—442 (O, H) = LOB Nr. 536. AN **282** 239 (O). BAA Circ 359 (Not). DOB Circ Nr. 3 (El, Eph). MN **115** 190—198 (H, El). UAI Circ 1486 (El, Eph). YC 1306 (O).
I. Hasegawa übernimmt die definitive Bahnbestimmung des Kometen 1954f. UAI Circ 1486, YC 1305.

8169. **Komet 1954h Baade**

AJ **60** 440—442 (O, H) = LOB Nr. 536. Astr Circ UdSSR Nr. 157 S. 1 (El, Eph), Nr. 158 S. 2 (Eph). BAA Circ 359 (Eph), 361 (H, Eph), 366 (Eph), 371 (H, Eph). Harv Card 1284 (El, Eph), 1285 (Eph). MN **115** 190—198 (H, El). UAI Circ 1488 (El, Eph), 1489 (El), 1491 (Eph).

8170. **Komet 1954i Van Biesbroeck (P)**

AJ **60** 440—442 (O, H) = LOB Nr. 536. BAA Circ 359 (Not). MN **115** 190—198 (H, El). NAZ **9** 38 (Not). UAI Circ 1528 (Not).

8171. **Komet 1954k Haro-Chavira**

AJ **60** 440—442 (O, H) = LOB Nr. 536. Astr Circ UdSSR Nr. 157 S. 1 (An, O, H), Nr. 160 S. 5—6 (El, Eph). BAA Circ 359 (An, O, H), 360 (H, Not), 371 (H). Harv Card 1282 (O, H), 1283 (El, Eph), 1292 (El, Eph), 1303 (Eph). Kop Akt Medd 371 (An, H, Not). MN **115** 190—198 (H, El). NAZ **9** 1 (An, O, H), **9** 5 (O, H). Publ ASP **67** 419 (O). UAI Circ 1488 (O, H), 1489 (El, Eph), 1497 (El, Eph). YC 1307 (O, H).

8172. **Komet 1955a Harrington-Abell**

Entdeckung: G. O. Abell, R. G. Harrington, Mt. Palomar, 1955 März 22.

Astr Circ UdSSR Nr. 158 S. 1 (An, O, H), Nr. 160 S. 5 (El, Eph). BAA Circ 361 (An, H), 362 (H, Not). Harv Card 1289 (An, O, H), 1293 (O, H, El, Eph), 1294 (Eph). Kop Akt Medd 372 (An, H, Not). NAZ **9** 11 (An, O, H). UAI Circ 1494 (An), 1497 (El, Eph). Vega Nr. 25 S. 2 (Not).

8173. **Komet 1955b Abell**

Entdeckung: G. O. Abell, Mt. Palomar, 1955 April 13.

Astr Circ UdSSR Nr. 160 S. 4 (An, El). BAA Circ 362 (An, H, Not). Harv Card 1290 (An, O, H), 1291 (O, H), 1296 (El, Eph), 1304 (O, El, Eph). Kop Akt Medd 372 (An). NAZ **9** 19 (An, O, H). UAI Circ 1496 (An, O, H), 1497 (O, H), 1498 (El, Eph), 1506 (O, El, Eph), 1516 (Not). YC 1334 (Eph).

Sky and Telescope **14** 375. Comet Abell.

8174. **Komet 1955e Mrkos**

Entdeckung: A. Mrkos, Skalnaté Pleso, 1955 Juni 12.

Astr Circ UdSSR Nr. 160 S. 1 (An, O, H), Nr. 161 S. 1—2 (O, H, El, Eph), Nr. 162 S. 7—11 (O, H), Nr. 164 S. 4—7 (H). Astr. Nachr. Athen **6** 64 (Au). Astr. Nachr. Berlin-Treptow **7** 43—44 (H), **7** 63 (H). BAA Circ 363 (An, O, H), 364 (El, Eph), 365 (H, Not), 366 (H, Eph), 368 (Eph), 371 (Not). BAV-Rundbrief **4** Nr. 3 S. 20 (H). BSAF **69** 247 (Au, H, Eph), 342 (H), 353 (H), 377—378(H). Coelum **23** 150 (Au). Harv Card 1299 (An, O, H), 1300 (O, H), 1301 (O, H), 1302 (O, H, El, Eph). Irish AJ **4** 201 (Au). JBAA **65** 344—346 (H, Au). Kop Akt Medd 373 (An, O, H), 374 (El, Eph), 375 (Eph), 377 (Eph). NAZ **9** 23—24 (An, O, H), 27 (O), 30 (H), 38 (O). NAZvM Nr. 259 (O, El, Eph). Publ ASP **67** 360 (Au). Sky and Telescope **14** 480 (Au), **15** 43 (H). UAI Circ 1502 (An, O), 1503 (O, H, El, Eph), 1504 (O, H, El), 1505 (O, H, Eph), 1506 (O), 1508 (O), 1509 (O), 1511 (O), 1512 (O, Eph), 1514 (O, H), 1516 (O, Eph), 1517 (O, H), 1520 (O), 1524 (O). YC 1317 (O, H, El, Eph), 1319 (H, El, Eph), 1320 (O, H, Eph), 1321 (Eph), 1322 (El), 1323 (O, H, Not), 1326 (O), 1338 (O, H).

C. Bertaud, La comète Mrkos (1955e). BSAF **69** 247—248, mit 1 Fig.

J. Bouška, Die Spektren der Kometen 1955e und 1955f. RH **36** 259—260, mit 1 Fig. (tschechisch). — Vorläufige Auswertung von zwei Spektralaufnahmen.

R. R. Fink, W. G. Konig, Photographing comet Mrkos. Sky and Telescope **14** 480—481, mit 4 Fig.

R. Herman, H. Rojas, Spectre d'émission de la comète Mrkos 1955. Identification dans le rouge d'un nouveau système de bandes de la molécule C_3. CR **241** 362—364. — Es wird gezeigt, daß die im Spektrum des Kometen Mrkos 1955e (120 cm Reflektor des Obs. Haute-Provence, Glas-Prismenspektrograph 300 Å/mm bei 6500 Å) erkennbare rote Bande bei 6620 Å und wahrscheinlich auch eine gelbe bei 5978 Å ebenso dem C_3 Molekül zuzuordnen ist wie die bekannten Banden bei 4051 Å. Traving

J. Hopmann, H. Krumpholz, O. Franz, A. Purgathofer. Vgl. Ref. 8102.

E. M. Lindsay. Vgl. Ref. 8103.

F. D. Miller, The spectrum of comet Mrkos (1955e). Publ ASP **67** 402—406, mit 1 Tafel. — Von dem Kometen Mrkos (1955e) wurden mit dem Curtis-Schmidt-Teleskop zwischen dem 25. und 26. Juni mehrere Objektivprismenaufnahmen gemacht. Einige Banden von NH_2, CN, C_2, C_3 und CO^+ konnten im Wellenlängenbereich λ 3900—8800 Å identifiziert werden. Die Dispersion variiert zwischen 70 Å/mm bei λ 3900 und 970 Å/mm bei λ 8800. Hunger

Sky and Telescope **14** 436, mit 1 Fig. The new comet Mrkos.

8175. **Komet 1955f Bacharew-Macfarlane-Krienke**

Entdeckung: A. M. Bacharew, Stalinabad, 1955 Juli 13. Unabhängig entdeckt von L. Macfarlane, K. Krienke, Washington, 1955 Juli 14.

Astr Circ UdSSR Nr. 162 S. 1—6 (An, O, H, El, Eph), Nr. 165 S. 2—3 (O). BAA Circ 365 (An, O, H), 366 (H, El, Eph), 368 (Eph), 369 (Eph), 371 (H). BAV-Rundbrief **4** Nr. 3 S. 21 (H). BSAF **69** 308 (H), 376 (Au), 379 (H). Coelum **23** 150 (Au). Harv Card 1305 (An, O, H), 1306 (O, H), 1307 (O, H), 1308 (El, Eph). Irish AJ **4** 201 (Au). JBAA **65** 379 (H). Kop Akt Medd 375 (An, O, H), 376 (El, Eph), 378 (Eph). NAZ **9** 23 (An, O, H), **9** 27 (O), **9** 30 (H), **9** 38 (O). UAI Circ 1507 (An, O, H), 1508 (An, O, H), 1509 (O, H), 1510 (O, El, Eph, Berichtigung zu 1508 und 1509), 1511 (O), 1512 (O, H, El), 1513 (O, Eph), 1514 (O, H), 1517 (Eph), 1519 (O, El, Eph), 1524 (O, H, Eph), 1528 (Eph). VdS Nachr. Nr. 9 S. 69 (H). YC 1322 (O, H, El, Eph), 1323 (O, H, El, Eph), 1326 (O), 1327 (El, Eph), 1333 (Eph), 1338 (O, H), 1339 (Eph), 1341 (O, H).

J. Bouška, Die Spektren der Kometen 1955e und 1955f. Vgl. Ref. 8174.

J. Hopmann, H. Krumpholz, O. Franz, A. Purgathofer. Vgl. Ref. 8102.

D. Kaláb, Beobachtungen der Kometen 1955f und 1955g auf der Volkssternwarte in Prostějov. RH **36** 261—262 (tschechisch). — Visuelle Helligkeiten, Komadurchmesser.

E. M. Lindsay. Vgl. Ref. 8103.

K. M. Yoss, The spectrum of comet Bakharev (1955f). Publ ASP **67** 407—411, mit 1 Fig. — Drei Objektivprismenspektren vom Kometen 1955f wurden mit dem 24—36 inch Curtis-Schmidt-Teleskop der University of Michigan aufgenommen. Die Dispersion betrug 263 Å/mm bei Hγ. Zur Zeit der Aufnahmen war der Komet 1.42 A.E. von der Sonne entfernt. Unter anderem wurde das Intensitätsverhältnis der CN-Bande (λ 3883) zur C_3-Bande (λ 4050) registriert und mit den entsprechenden Größen bei den Kometen Mrkos, Schaumasse und Abell verglichen. Die einzigen Abweichungen zeigen sich bei Mrkos. Es scheint, als ob die Intensität der C_3-Bande mit wachsender Entfernung des Kometen von der Sonne zunimmt. Hunger

Sky and Telescope **14** 447, 451, mit 1 Abb. Comet 1955f.

8176. **Komet 1955g Honda**

Entdeckung: M. Honda, Kwasan, 1955 Juli 29.

Astr Circ UdSSR Nr. 162 S. 6—7 (An), Nr. 163 S. 1 (An, H), Nr. 164 S. 1 (El), S. 7—8 (H). Astr. Nachr. Berlin-Treptow **7** 73 (H, Eph, Not), 79—80 (O, H), 84 (H). BAA Circ 367 (An, H, El, Eph), 369 (H, Eph), 371 (H). BSAF **69** 376 (H). Harv Card 1309 (An, O, H), 1310 (O, H), 1311 (O, H, El, Eph), 1312 (Eph). JBAA **66** 18 plate I (Au). Kop Akt Medd 377 (An, O, H), 378 (El, Eph), 379 (Eph), 380 (Eph). NAZ **9** 27 (An, O, H), **9** 29 (H), **9** 33 (H), **9** 37 (O). NAZvM Nr. 266 (El, Eph), Nr. 268 (Eph), Nr. 271 (H), Nr. 272 (Not). Orion Schaffhausen **4** 479 (Not). Sky and Telescope **14** 520 (H). UAI Circ 1512 (An, O, H), 1513 (O, H, El, Eph), 1514 (O, H, Eph), 1516 (O, H), 1517 (O), 1518 (O, H, El,

Eph), 1519 (H), 1520 (O, H), 1521 (O, H, Eph), 1523 (O, H), 1524 (O, H), 1525 (O, H, Eph), 1526 (O, H), 1528 (H), 1531 (O). VdS Nachr. Nr. 10 S. 76 (H). YC 1325 (El, Eph, Ka, Lk, Not), 1327 (O, H), 1328 (O, H, Eph), 1329 (O, H), 1330 (O, H), 1333 (O, H), 1334 (O, H, Eph), 1337 (O, H), 1339 (O, H), 1341 (O, H, Eph).

J. Hopmann, H. Krumpholz, O. Franz, A. Purgathofer. Vgl. Ref. 8102.

D. Kaláb, Beobachtungen der Kometen 1955f und 1955g auf der Volkssternwarte in Prostějov. — Vgl. Ref. 8175.

E. M. Lindsay. Vgl. Ref. 8103.

L. Tartois, Observations de la comète Honda (1955g). BSAF **69** 438—439.

8177. **Objekt Renner 1955h**

Entdeckung: C. J. Renner, Castalia, Ohio, 1955 Aug. 16.

Astr. Circ UdSSR Nr. 164 S. 1 (Not, Objekt nicht aufgefunden). BAA Circ 368 (An, O, H), 369 (Beobachtung nicht bestätigt). Harv Card 1313 (O, H). NAZ **9** 27 (An, O, H). UAI Circ 1515 (An, O, H).

8178. **Weitere Mitteilungen über Kometen**

Astr. Nachr. Berlin-Treptow **7** 3, 6, 18—21, 23—24, 34, 39, 45, 62—63, 65—69, 70—71, 73—74, 78—80, 84—86.

BAV-Rundbrief **4** 20.

BSAF **69** 39. Une année riche en comètes.

BSAF **69** 126, 146, 211, 308, 317—318, 342—343, 353—354, 376—379, 392, 399, 487, mit 13 Fig.

Coelum **23** 149—150, 156, mit 2 Fig.

DOB **8** Nr. 2 Fasc. 1, 4 S. mit 4 Fig. Résultats de l'observation photométrique des comètes.

DOB **8** Nr. 7 Fasc. 1

DOB Circ Nr. 3

El Universo Nr. 33 S. 138—140.

Gaz astr **37** 10—12. Les comètes de 1954.

Gaz astr **37** 26—28, 48—49. Les comètes de 1955.

J. Astr. Soc. Victoria **8** 22, 55—56, 69, 77. Comet notes.

JBAA **65** 318—319, 378—380, **66** 40—41, mit 3 Fig. Comet notes.

NAT 1955 S. 32, 66—67, 110—111, 144.

NAZvM Nr. 242, 243, 244, 245, 246, 247, 248, 249, 250, 251, 252, 254, 255, 256, 257, 258, 259, 261, 262, 263, 264, 265, 266, 267, 269, 270, 271, 272, 273, 274, 275, 276, 277.

Obs **75** 37, 88, 133—134, 183—184, 268. Comet notes.

Orion Schaffhausen **4** 36, 145, 217—219, 255, 260, 399, 447, 494, 496.

Orion Schaffhausen **4** 476—478. Kometensegen im Sommer 1955. E. Leutenegger.

PAT **36** 71—72, 151—153. Kometer.

Publ ASP **67** 359—361, 424—426, mit 1 Tafel. Comet notes. E. Roemer.

Rev. Astr. Nr. 133 S. 81—83, Nr. 135 S. 158—160, Nr. 137 S. 79—81. Noticiario astronómico.

Sky and Telescope **14** 481—482, 520.

Sterne **31** 147—148, mit 2 Abb.

TACL Nr. 1251—1300.

Urania Barcelona **40** 159.

Urania Kraków **26** 231, 301—302.

Vasiona **3** 70.

Vasiona **3** 80—82. Posmatrane komete tokom 1954 godine.

Vega **2** Nr. 27 S. 2, Nr. 28 S. 2.

YC 1301—1350.

8179. **Kometen. Verzeichnis der Beobachter und Berechner**

G. O. Abell
G. Adamopoulos
G. E. D. Alcock
M. Aoki
S. Arend
G. Armellini
I. S. Astapowitsch
P. B. Babadschanow
A. M. Bacharew
K. Bahner
K. A. Barchatowa
W. E. Beart
J. J. Bennett
C. Bertaud
G. van Biesbroeck
J. Bobone
J. Bouška
H. B. Brenske
J. A. Bruwer
F. F. Bulatowa
M. P. Candy
Catalá
S. T. Chabibullin
E. K. Charadse
D. H. Christ
L. E. Cunningham
V. Dahlkamp
A. N. Deutsch
E. Dibaj
C. Dinwoodie
Dobrzycki
Y. Domoto
Dörr
R. M. Dsigwaschwili
A. D. Dubjago
D. P. Elias
J. Febrer
W. P. Fedorowitsch
Font
J. T. Foxell
J. Franz
O. Franz
S. Fukui
J. Gadomski
P. J. D. Gething
E. C. Gibbons
Gigel
I. Groeneveld
R. G. Harrington
B. Harris
I. Hasegawa
U. Haug
P. Herget
T. Higami
H. Hirose
W. P. Hirst
J. Hirukawa
W. Hishinuma
C. Hoffmeister
M. Honda
N. Hujii
Hukui
K. Hurukawa
R. Innes
N. A. Jakowkin
H. M. Jeffers
W. H. Julian
D. Kaláb
D. Kalnina
M. Kamieński
S. Kanda
A. A. Kawerin
F. Kępiński
S. Kibé
R. I. Kiladse
A. Kizilirmak
K. Komaki
A. König
L. Kresák
M. Kresáková
K. Krienke
G. W. Kuklin
I. D. Kupo
M. Kutscher
L. W. Larenkowa
W. S. Lasarewskij
S. M. Laustsen
W. W. Lawdowskij
R. Luss
L. Macfarlane
E. Mädlow
W. Malsch
D. J. Martynow
W. S. Matjagin
D. McLeish
G. Merton
H. Mielke
I. T. Mitani
A. G. Mowbray
A. Mrkos
J. Müller
C. A. Murray
P. Musen
G. A. Nasartschuk
P. Naur
H. Neckel
R. L. Newburn
G. M. Nikolskij
Nogacevsky
L. Oterma
L. Pajdušáková-Mrko-[sová
S. N. Parschin
G. Pels
E. Penzel
J. Pesch
E. V. Petersen
E. Pohl
J. G. Porter
A. Puch
J. A. Pupyschew
A. Purgathofer
R. Rach
H. Q. Rasmusen
K. Reinmuth
C. J. Renner
Ricicar
F. Rigaux
E. Roemer
M. Rudkjøbing
R. Rudolf
R. Rudolph
A. P. Sawruchin
N. M. Schachowskoj
O. Schneider
H. Schrutka-Rechten-[stamm
J. Schubart
H. Schumacher
T. Seki
W. Shane
R. Sommer
W. A. Steavenson
V. Stephanie
G. E. Stone
E. P. Strelkowa
M. Sumner
L. Tartois
L. M. Theakstone
K. Tomita
C. G. Torres
F. K. Usmanowa
S. Vasilevskis
G. Vergara
J. Vetterlein
M. Vozarova
A. A. Wachmann
R. L. Waterfield
W. Wenzel
B. O. Wheel
C. A. Wirtanen
W. Wiśniewski
T. W. Wodopjanowa
A. Wróblewski
S. K. Wsechswjatskij
S. Yagi
H. Yamada
I. Yamamoto
K. M. Yoss
W. P. Zessewitsch

§ 82

Meteore

8201. **I. S. Astapowitsch,** Die Spektren von Meteoren der Sowjetunion. Nachr. Akad. Wiss. Turkmen. Sowjetrepublik Nr. 5 S. 95—96 (russisch). — Ref. in RJ Astr. Geod. UdSSR **1956** Nr. 4 S. 76.

8202. **A. M. Bacharew,** Radianten teleskopischer Meteore nach Beobachtungen in der UdSSR. Bull. Astr. Obs. Stalinabad Nr. 12 S. 10—27, mit 6 Abb. (russisch). — Nach kurzer historischer und theoretischer Einleitung werden unter Angabe von Beobachtungszeit, Grenzen der scheinbaren Helligkeit, Zahl der Meteore und Namen der Beobachter die Radianten folgender Ströme in Tabellenform mitgeteilt: Lyriden, Polariden, Perseiden, Orioniden, Leoniden, Bootiden, Draconiden, Pisciden A, Sigma-Aquariden, Scorpioniden und einige vereinzelte Beobachtungen. Bei den Polariden ist auch das — nach der Theorie konstante — Verhältnis von Bahnlänge zu Abstand des Bahnbeginns vom Radianten (λ/ψ) in Bogenmaß und bei den Perseiden die Länge der Sonne angegeben. Petri

8203. **A. M. Bacharew,** Über Anzahl und Masse der Telemeteore verschiedener Helligkeit. Bull. Astr.-Geod. Ges. UdSSR Nr. 16 S. 37—38 (russisch). — Ref. in RJ Astr. Geod. UdSSR 1956 Nr. 3 S. 95.

8204. **E. R. Billam, I. C. Browne,** Observations of polarization effects in radio echoes from meteor trails. «Meteors», Special Suppl. J. Atmosph. Terr. Phys. Nr. 2 S. 73—77, mit 3 Fig. und 2 Tafeln = Astr. Contr. Univ. Manchester (2) Jodrell Bank Repr. Nr. 127. — Zur Messung des Polarisationseffektes von Meteorechos bei 55 MHz wurde ein Antennensystem bestehend aus zwei Yagi-Antennen benutzt. Die vorläufigen Ergebnisse zeigen zwar eine qualitative Übereinstimmung mit der nach der Theorie von Kaiser und Closs (vgl. AJB **52** Ref. **8214**) gegebenen Beschreibung der Plasma-Resonanzeffekte; die für Kurzzeitechos beobachteten Werte sind aber systematisch größer als die vorhergesagten. Die für die Übergangszone zwischen Lang- und Kurzzeitechos (lineare Elektronendichte $\alpha \approx 10^{12}$ Elektronen/cm) beobachteten Polarisationseffekte können bisher theoretisch nicht gedeutet werden. Henn

8205. **V. Bumba,** Eine Bemerkung über die Sonnentätigkeit und die Meteore. BAC **6** 139—141, mit 2 Abb. (mit russischer Zusammenfassung). — Auf Grund allerdings noch sehr unvollkommenen Beobachtungsmaterials wird versucht, zwischen den Höhen des Aufleuchtens und Erlöschens und der geozentrischen Geschwindigkeit schwacher Meteore einerseits und der Sonnentätigkeit anderseits Beziehungen aufzustellen. K. H. Schmidt

8206. **V. Bumba,** Eine Ergänzung zur Bemerkung über die Sonnentätigkeit und die Meteore. BAC **6** 141—142, mit 2 Abb. (mit russischer Zusammenfassung). — Die Beziehungen zwischen der Sonnentätigkeit und den Höhen des Aufleuchtens und Erlöschens schwacher Meteore werden auf die Änderung des Zustandes der höheren Schichten der Erdatmosphäre mit der Sonnenaktivität geschoben. Ferner wird festgestellt, daß bei den Perseiden die geozentrische Geschwindigkeit nicht von der Sonnentätigkeit abhängt. K. H. Schmidt

8207. **Z. Ceplecha,** The meteor velocity and the new Hoppe theory. BAC **6** 123—128, mit 3 Fig. (mit russischer Zusammenfassung). — Es werden verschiedene Berechnungsmöglichkeiten der ursprünglichen Geschwindigkeit und des atmosphärischen Dichtegradienten angegeben. Mit Hilfe der Theorie von Hoppe werden diese Größen bestimmt. Ferner wird der Einfluß des Geschwindigkeitsexponenten in den Fundamentalgleichungen auf die Berechnung der ursprünglichen Geschwindigkeit diskutiert. Es zeigt sich, daß die Gültigkeit der Hoppeschen Theorie heute noch nicht experimentell geprüft werden kann. K. H. Schmidt

8208. **A. Chanberdyjew,** Über anomale Meteore. Nachr. Akad. Wiss. Turkmen. Sowjetrepublik Nr. 4 S. 95—96 (russisch). — Ref. in RJ Astr. Geod. UdSSR 1956 Nr. 3 S. 96.

8209. **R. Chotinok,** Über die Fehler bei der Bestimmung der Flugdauer von teleskopischen Meteoren. Astr Circ UdSSR Nr. 158 S. 19—21 (russisch). — Um einen Anhalt über die Beziehungen zwischen der geschätzten Flugdauer τ' eines Telemeteors und der wahren Flugdauer τ zu bekommen, wurden unter der Annahme, daß $\tau = k\tau' + c$ gesetzt werden kann, die Konstanten k und c aus der Schätzung der von einem Helfer regulierten Leuchtdauer eines Neonlämpchens bestimmt. Nur durch längere Übung im Beobachten kann man $k = 1.0$ und $c = 0.0$ erreichen. Loh.

8210. **A. F. Cook,** On the constants of the physical theory of meteors. AJ **60** 156—157. — Ref. AAS.

8211. **A. F. Cook,** The nature of meteoric radiation. «Meteors»; Special Suppl. J. Atmosph. Terr. Phys. Nr. 2 S. 8—15, mit 1 Fig. = Harv Repr (2) Nr. 73. — Die vorhandenen spektroskopischen Daten der Meteore werden diskutiert. Es zeigt sich, daß Ionisation und Anregung mit der Geschwindigkeit und dem Verhältnis des Meteordurchmessers zur mittleren freien Weglänge eines abgeschlagenen Meteoratoms zunehmen. Weiterhin wird eine Beschreibung von Methoden der absoluten Meteorspektrophotometrie als Anregung für künftige Untersuchungen gegeben. K. H. Schmidt

8212. **A. Due Rojo,** Datos sobre Astronomía meteorica. Urania Barcelona **40** 164—174.

8213. **C. D. Ellyett, G. J. Fraser,** The influence of noise on radar meteor observations. Australian J. Phys. **8** 273—278, mit 2 Fig. — Ref. in Phys. Abstracts (A) **58** 1086, Phys. Ber. **35** 1481.

8214. **R. Eshleman, L. A. Manning,** Radio communication by scattering from meteoric ionization. Proc. Inst. Radio Engineers **42** 530—536, 1954. — Ref. in RJ Astr. Geod. UdSSR 1956 Nr. 6 S. 40.

8215. **V. R. Eshleman, P. B. Gallagher, A. M. Peterson,** Continuous radar echoes from meteor ionization trails. Proc. Inst. Radio Engineers **43** 489. — Ref. in RJ Astr. Geod. UdSSR 1956 Nr. 7 S. 42—43.

8216. **S. Evans, J. E. Hall,** Meteor ionizing and luminous efficiencies. «Meteors», Special Suppl. J. Atmosph. Terr. Phys. Nr. 2 S. 18—22, mit 2 Fig. = Astr. Contr. Univ. Manchester (2) Jodrell Bank Repr. Nr. 126. — Um die beim Verdampfungsprozeß von Meteoren ablaufenden Vorgänge aufzuklären, gibt Verf. eine Zusammenfassung von Erkenntnissen, die aus kürzlich in Jodrell Bank durchgeführten Radiobeobachtungen von Meteoren folgen. Henn

8217. **S. Evans,** Atmospheric pressures and scale heights from radio echo observations of meteors. «Meteors», Special Suppl. J. Atmosph. Terr. Phys. Nr. 2 S. 80—91, mit 7 Fig. = Astr. Contr. Univ. Manchester (2) Jodrell Bank Repr. Nr. 128.

8218. **P. A. Forsyth, E. L. Vogan,** Forward-scattering of radio waves by meteor trails. Canadian J. Phys. **33** 176—188, mit 7 Fig. — Ref. in Phys. Abstracts (A) **58** 663, Phys. Ber. **35** 1482, RJ Astr. Geod. UdSSR 1956 Nr. 3 S. 70.

8219. **J. S. Greenhow, E. L. Neufeld,** The diffusion of ionized meteor trails in the upper atmosphere. J. Atmosph. Terr. Phys. **6** 133—140, mit 6 Fig. und 1 Tafel = Astr. Contr. Univ. Manchester (2) Jodrell Bank Repr. Nr. 107. — Die Variation der Echodauer von ionisierten Meteorschweifen mit der Höhe wird auf den Wellenlängen 8.27 und 4.35 m untersucht. Die Dauer der Echos an Schweifen niedriger Elektronendichte ($\alpha < 10^{12}$ Elektronen/cm) fällt zwischen 80 und 100 km annähernd exponentiell ab, wie dies auf Grund der Diffusionstheorie zu erwarten ist. Schweife mit höheren Elektronendichten zeigen keine einfache Variation der Echodauer mit der Höhe. Bru.

8220. **J. Grygar,** Radar and meteors. RH **36** 193—196, 227—228, mit 5 Fig. (tschechisch).

8221. **V. Guth,** Katalog fotografovaných stop meteorů. Prag, Akademie-Verlag, 1954. 38 S. mit 1 Fig. und 10 Beilagen. Preis Kčs. 7.20. — Katalog der in der Tschechoslowakei in den Jahren 1885—1930 photographierten Meteore. J. B.

8222. **W. L. Hartsfield,** Observations of distant meteor-trail echoes followed by ground scatter. J. Geophys. Res. **60** 53—56, mit 3 Fig. — Beobachtungen von Meteor-Rückstreuungen im 13.7 MHz-Band werden mitgeteilt. Auf ihre Bedeutung für das Verständnis von Ausbreitungsbedingungen in diesem Frequenzbereich wird hingewiesen. U. Be.

8223. **C. O. Hines, P. A. Forsyth, E. L. Vogan, R. E. Pugh,** The dependence of meteoric forward-scattering on antenna patterns and orientations. Canadian J. Phys. **33** 609—610, mit 3 Fig. — Kurzer Bericht.

8224. **C. O. Hines, P. A. Forsyth, E. L. Vogan,** Diurnal variations in the rate of meteor detection by forward-scattering. Phys. Rev. (2) **99** 1638. — Ref. Am. Phys. Soc.

8225. **C. Hoffmeister,** Die tägliche Variation der Meteore und das Problem der hyperbolischen Bahnen. AN **282** 15—24, mit 5 Abb. — Die bisher aus der täglichen Variation abgeleiteten statistischen Geschwindigkeiten sind zu hoch infolge Nichtberücksichtigung eines physiologischen Effekts, der genauer untersucht worden ist. Beobachtungen unter sehr günstigen Umständen erlaubten erstmalig eine Bestimmung der Form der Variationskurven für kurze Zeitabschnitte. Die Kurven werden gedeutet als aus zwei Teilkurven entstehend: der unter Annahme isotroper Verteilung der ursprünglichen Richtungen beobachteten Kurve der sporadischen Meteore und dem Anteil der permanenten Ekliptikalströme. Auch nach Berücksichtigung jenes physiologischen Effekts bleibt die dem ersten Anteil entsprechende Geschwindigkeit noch hyperbolisch. Sie wird bestätigt durch Bestimmungen nach unabhängigen Methoden, und es gelingt nicht, die Diskrepanz zum Ergebnis der elektrophysikalischen Beobachtungen aufzuklären. Die Lösungsmöglichkeiten werden erörtert. Es wird erkennbar, daß sich astronomische und elektrophysikalische Beobachtungen nicht hinreichend nahe auf dasselbe Phänomen beziehen. Endlich weist Verf. darauf hin, daß ein Überwiegen parabolischer Bahnen nicht unbedingt im Sinne planetarischer Herkunft gedeutet werden darf. Verf.

8226. **C. Hoffmeister,** Zur Deutung der neueren Bestimmungen von Meteorgeschwindigkeiten. Mitt. AG 1954 S. 42—43. — Ref. AG.

8227. **C. Hoffmeister,** Bemerkung über die elektrophysikalische Bestimmung der Geschwindigkeiten von Meteoren. Naturwissenschaften **42** 458. — Kurze Mitteilung. — Ref. in Phys. Ber. **35** 1697.

8228. **C. Hoffmeister,** Zählungen der Meteore in Südwestafrika 1937—1938. Veröff. Sternw. Sonneberg **2** 249—278. — Von der Bedeutung der Täglichen Variation der Sternschnuppenhäufigkeit für die Frage nach der kosmischen Stellung der Meteore ausgehend, behandelt Verf. das Problem der heliozentrischen Geschwindigkeit der Meteorite. Im Vordergrunde steht der auch heute noch nicht befriedigend geklärte Gegensatz zwischen der Methode der Täglichen Variation und der «Rocking-Mirror»-Methode einerseits und den Radarbeobachtungen andererseits. Da der Versuch, den bestehenden Widerspruch durch die Annahme einer Unvollständigkeit der Theorie der Täglichen Variation zu beseitigen, fehlgeschlagen ist, bleibt bei Voraussetzung, daß die Radarmethode einwandfrei ist, nur die Möglichkeit übrig, daß die durch beide Methoden erfaßten Meteore nicht im vollen Umfange identisch sind. Verf. hat durch Vergleich visueller und Radarbeobachtungen gezeigt, daß diese Möglichkeit für einen Teil der Antapex-Meteore zutrifft und damit die auch heute noch bestehende Bedeutung visueller Meteorbeobachtungen erwiesen. Hoppe

8229. **A. Hruška,** On the annual variation of frequencies of sporadic meteors. BAC **6** 103—107, mit 4 Fig. (mit russischer Zusammenfassung). — Auf Grund eines umfangreichen, sich über drei Jahre erstreckenden Beobachtungsmaterials wird die Frage nach der jährlichen Variation der Fallhäufigkeit sporadischer Meteore untersucht. Verf. kommt zum Ergebnis, daß wahrscheinlich eine jährliche Variation existiert, daß diese aber von zahlreichen, nicht erwarteten Anomalien überlagert wird. Hoppe

8230. **A. Hruška,** Bearbeitung einfacher Meteorbeobachtungen. Časopis 5 8—12, mit 3 Fig. (tschechisch). — Graphische und numerische Berechnung der Häufigkeiten.

8231. **U. Iljassow,** Beobachtungen von Telemeteorspektren. Nachr. Akad. Wiss. Turkmen. Sowjetrepublik Nr. 2 S. 95—96 (russisch). — Ref. in RJ Astr. Geod. UdSSR 1956 Nr. 7 S. 56.

8232. **L. Jacchia,** Measurements of progressive fragmentation in meteors. AJ **60** 165. — Ref. AAS.

8233. **L. G. Jacchia,** The physical theory of meteors. VIII. Fragmentation as cause of the faint-meteor anomaly. ApJ **121** 521—527, mit 3 Fig. = Harv Repr Nr. 405. — Während die beobachteten negativen Beschleunigungen und Lichtkurven heller Meteore in guter Übereinstimmung mit einer einfachen ballistischen Theorie sind, trifft dies für schwache Meteore, die mit Super-Schmidt-Kameras beobachtet wurden, nicht zu. Die beobachtete Leuchtdauer ist kürzer und das Anwachsen der negativen Beschleunigung schneller als nach der Theorie zu erwarten ist, wenn man die Masse aus einer Integration der Lichtkurve in ähnlicher Weise ableitet, wie es für die hellen Meteore geschieht. Verf. macht erhöhte Zerbrechlichkeit und schnell fortschreitenden Zerfall der kleineren Meteore für die Diskrepanzen verantwortlich. Die Vorstellung eines kleinen Meteors, bestehend aus einem einzigen Körper, ist durch die Annahme einer Ansammlung von kleinen zerfallenden Fragmenten zu ersetzen. Micz.

* * **T. R. Kaiser, S. Evans,** Upper atmospheric data from meteors. Vgl. Ref. **7244**.

8234. **T. R. Kaiser, M. J. Seaton,** Interplanetary dust and physical progresses in the earth's upper atmosphere. Vgl. Ref. **1169**, daselbst S. 48—54 und Diskussion S. 186—190 = Astr. Contr. Univ. Manchester (2) Jodrell Bank Repr. Nr. 113. — Die in der Ionosphäre festgestellten physikalischen Prozesse werden mit den zu erwartenden Vorgängen verglichen, die durch interplanetare Staubmassen ausgelöst werden, die in den Bereich der irdischen Hochatmosphäre eindringen. Auf Grund quantitativer Abschätzungen gelangen Verf. zu dem Schluß, daß der interplanetare Anteil an diesen Prozessen von untergeordneter Bedeutung ist. Hoppe

8235. **T. R. Kaiser,** The incident flux of meteors and the total meteoric ionization. «Meteors», Special Suppl. J. Atmosph. Terr. Phys. Nr. 2 S. 119—130, mit 4 Fig. = Astr. Contr. Univ. Manchester (2) Jodrell Bank Repr. Nr. 125. — Auf Grund von theoretischen Überlegungen leitet Verf. den Zusammenhang zwischen der Zahl der mit Hilfe von Radioechos registrierten Meteore und dem einfallenden Meteorstrom $\varphi(\alpha_z)$ her. Weiterhin wird die Gesamtzahl der erzeugten Ionen als Funktion von $\varphi(\alpha_z)$ für beliebige Höhen berechnet. Experimentelle Ergebnisse für sporadische und Schauermeteore werden diskutiert. Der Beitrag der Meteore zur Ionisation der E-Schicht wird erörtert. Henn

8236. **T. R. Kaiser,** The interpretation of radio echoes from meteor trails. «Meteors», Special Suppl. J. Atmosph. Terr. Phys. Nr. 2 S. 55—64, mit 7 Fig. = Astr. Contr. Univ. Manchester (2) Jodrell Bank Repr. Nr. 129. — Verf. gibt eine Zusammenfassung der Theorie der Reflexion von Radiowellen an Meteorschweifen. Besondere Beachtung findet dabei der Einfluß von Winden in der hohen Atmosphäre. Die Effekte der Diffusion und Rekombination werden untersucht. In einem letzten Abschnitt wird der Zusammenhang zwischen der linearen Ionisationsdichte und der visuellen Größe des Meteors diskutiert. Henn

8237. **J. Karachanow,** Bestimmung der relativen Höhen von Meteoren aus visuellen Beobachtungen. Nachr. Akad. Wiss. Turkmen. Sowjetrepublik Nr. 2 S. 96 (russisch). — Ref. in RJ Astr. Geod. UdSSR 1956 Nr. 7 S. 56.

8238. **J. J. Kavanagh,** The stars that fall — and Mr. Manalo. Philippine Studies **3** 289—296. — Ref. in RJ Astr. Geod. UdSSR 1956 Nr. 10 S. 4—5.

8239. **E. Kramer,** Über ein Ausmessungsverfahren von Meteorphotographien. Astr Circ UdSSR Nr. 163 S. 20—22 (russisch). — Das qualitativ vorgeschlagene Verfahren hat Verf. zur Genauigkeitssteigerung der Ausmessungen von Meteorphotographien an Weitwinkelkameras ausgedacht, wobei als Prinzip die Umkehrbarkeit des Weges der Lichtstrahlen in der benutzten Optik zu Grunde gelegt worden ist. Loh.

8240. **L. Kresák,** The direction distribution of telescopic meteors. Contr. Astr. Obs. Skalnaté Pleso **1** 9—39, mit 11 Fig. (mit russischer und tschechischer Zusammenfassung). — Es wird eine Methode zur Bestimmung der Richtungsverteilung teleskopischer Meteore entwickelt. Auf Grund des umfangreichen Beobachtungsmaterials von Skalnaté Pleso werden zahlreiche wichtige Ergebnisse gewonnen. Hoppe

8241. **M. Kresáková, L. Kresák,** On the activity of telescopic meteors and some related problems. Contr. Astr. Obs. Skalnaté Pleso **1** 40—81, mit 13 Fig. (mit russischer und tschechischer Zusammenfassung). — Die Bearbeitung der fast 4000 in Skalnaté Pleso gewonnenen teleskopischen Meteorspuren führte zu einer Reihe überraschender Ergebnisse. Die schwach ausgeprägte tägliche Variation liefert eine effektive Geschwindigkeit $c = 3.9$, die jährliche Variation ist in Einklang mit der von C. Hoffmeister festgestellten. Die großen visuellen Meteorströme sind relativ arm an teleskopischen Mitgliedern; ihr Maximum ist etwas verlagert. Beides ist verständlich als Auswirkung des Poynting-Robertson-Effektes. Hoppe

8242. **B. J. Lewin,** Densité spatiale des particules interplanétaires et distribution selon leurs dimensions. Vgl. Ref. **1169,** daselbst S. 114—124 und Diskussion S. 186—190. — Verf. betrachtet die Möglichkeiten, aus Beobachtungen der Meteore und des Zodiakallichtes die Dichte der interplanetaren Staubwolke und die Häufigkeitsverteilung der Partikeldurchmesser zu gewinnen. Er findet, daß die heute vorliegenden Beobachtungen und ihre theoretische Deutung nur wenig zuverlässige Werte liefern. Hoppe

8243. **B. J. Lewin,** Die physikalische Theorie der Meteore und die meteorische Materie im Sonnensystem. Moskau, Geophys. Inst. Akad. Wiss. UdSSR, 1955 (russisch). — Dissertationsreferat.

8244. **F. Link,** Sur le rôle des poussières météoriques dans l'atmosphère terrestre. Vgl. Ref. **1169,** daselbst S. 35—47, mit 3 Fig. und Diskussion S. 186—190. — Es werden zahlreiche Phänomene behandelt, die durch das Eindringen von meteoritischen Staubpartikeln in die Erdatmosphäre entstehen. Hierzu gehört die Änderung der Durchsichtigkeit der Atmosphäre im Zusammenhang mit Dämmerungserscheinungen und Veränderungen des Erdschattens bei Mondfinsternissen. Hoppe

8245. **A. C. B. Lovell,** Meteor Astronomy. Vgl. AJB **54** Ref. **8238.** — Weitere Besprechung in J. Atmosph. Terr. Phys. **7** 109—110 (D. W. R. McKinley), J RAS Canada **50** 126—127, Nature **176** 135—136 (J. S. Hey).

8246. **L. A. Manning,** Meteoric radio echoes. Trans. Inst. Radio Engineers AP-2 Nr. 2 S. 82—90, 1954. — Ref. in RJ Astr. Geod. UdSSR 1956 Nr. 5 S. 47.

8247. **H. S. W. Massey, D. W. Sida,** Collision processes in meteor trails. Phil. Mag. (7) **46** 190—198, mit 2 Fig. — Aus Meteorbeobachtungen kann die Wahrscheinlichkeit dafür abgeleitet werden, daß ein verdampftes Meteoratom einen ionisierenden Stoß ausführt, bevor sich thermisches Gleichgewicht mit der umgebenden Atmosphäre eingestellt hat. Bei bekanntem Verlustquerschnitt für elastische Stöße kann aus diesen Daten der Ionisationsquerschnitt berechnet werden. Als rohe Annäherung für den Stoß zwischen Meteoratom und Gasmolekül wird der Verlustquerschnitt für Ca- und Ne-Atome statistisch abgeleitet. Durch Verwendung dieser Ergebnisse wird dann der Ionisationsquerschnitt bestimmt und ein Vergleich mit theoretisch gewonnenen Werten von Bates und Massey durchgeführt. Abschließend wird die Diffusion der Ionisation in einem Meteorschweif diskutiert. Henn

8248. **R. C. Mauve,** De meest waarschijnlijke meteoorbaan. Meteoor **10** 50—83, mit 14 Fig. — Als wahrscheinlichster Ort eines gleichzeitig von drei Punkten der Erdoberfläche beobachteten Meteors wird der Mittelpunkt des von den sechs Ebenen durch die drei Verbindungslinien der Beobachtungsorte und die drei Sehlinien gebildeten unregelmäßigen Hexaeders betrachtet. Dieser Mittelpunkt wird als Diagonalenschnittpunkt gefunden und berechnet. Ein Vergleich der daraus zu ermittelnden erwartungsgemäßen Sehlinien mit den beobachteten kann zur Beurteilung der Zuverlässigkeit der Beobachtungen dienen. Weiter wird der wahrscheinlichste Schnittpunkt der Meteorbahn mit einer beliebigen horizontalen Ebene bestimmt, womit dann auch Anfangspunkt und Radiant der Bahn bestimmbar werden. Gü.

8249. **R. E. McCrosky,** Fragmentation of faint meteors. AJ **60** 170. — Ref. AAS.

8250. **P. M. Millman,** Meteor news. J RAS Canada **49** 31—32, 117—118, 169—173, 205—206, mit 1 Fig.

8251. **P. M. Millman,** Photographic meteor spectra (appendix 3). J RAS Canada **49** 169—170. — In Ergänzung zu früheren Veröffentlichungen werden weitere Fälle von photographisch beobachteten Meteorspektren mitgeteilt. F. S.

8252. **T. Murakami,** On the annual variation of sporadic meteors. I. II. Publ. Astr. Soc. Japan **7** 49—57, 58—64, mit 5 Fig. — Im ersten Teil wird das Beobachtungsmaterial von fünf Jahren diskutiert, indem die Strommeteore so gut wie möglich eliminiert wurden. Es ergibt sich eine jährliche Variation der sporadischen Meteore, wonach im April ein Minimum und im August ein Maximum zu beobachten ist. Im zweiten Teil der Arbeit wird der Einfluß der Meteorströme auf die jährliche Variation betrachtet. K. H. Schmidt

8253. **C. P. Olivier,** Meteor rates, 1953 August 1 to 20. Meteoritics **1** 370—372.

8254. **E. J. Öpik,** The masses of meteors. Vgl. Ref. **1169**, daselbst S. 125—146 und Diskussion S. 186—190 = Contr. Armagh Obs. Nr. 14. — Aus den auf Grund visueller Meteorbeobachtungen abgeleiteten Beziehungen zwischen Aufleuchthöhen, Helligkeiten, Geschwindigkeiten und Bahnneigungen zieht Verf. den Schluß, daß die Meteore keine festen Körper, sondern Staubbällchen sind, die bei einem aerodynamischen Druck von 10^4 dyn/cm^2 zerbröckeln. Hoppe

8255. **E. J. Öpik,** The distribution of meteor stream intensity over the celestial sphere. Vgl. Ref. **1169**, daselbst S. 147—173, mit 4 Fig. und Diskussion S. 186—190 = Contr. Armagh Obs. Nr. 15. — Verf. hat die geozentrische Verteilung der sporadischen Meteore aus Beobachtungen der Arizona-Station abgeleitet und den Versuch gemacht, eine schematische Aufteilung in mehrere Komponenten durchzuführen. Die hyperbolische Komponente soll 23—25 % aller sporadischen Meteore umfassen. Hoppe

8256. **E. J. Öpik,** Meteor radiation, ionization and atomic luminous efficiency. Proc. Roy. Soc. (A) **230** 463—501 = Contr. Armagh Obs. Nr. 16. — Die Meteorstrahlung ist durch ein vorherrschendes Emissionslinienspektrum charakterisiert. Für diese überwiegend durch Stoßanregung und nur zu einem geringen Teil durch Rekombination bewirkte Ausstrahlung leitet Verf. getrennt nach Eisen- und Steinmeteoriten Werte für die Lichtausbeute ab. Die erhaltenen Werte nehmen mit wachsender Geschwindigkeit ab und liegen im Bereich von 0.005 bis 0.097. Hoppe

8257. **E. J. Öpik,** Meteors and the upper atmosphere. Irish AJ **3** 165—181 = Armagh Obs. Leaflet Nr. 30. — Ref. in J. British Interplanetary Soc. **15** 40. — Die Diskrepanz zwischen den aus Meteorbeobachtungen berechneten und den aus direkten Messungen mit Hilfe von Raketen gewonnenen Werten für die Dichte der Hochatmosphäre veranlaßt Verf. zu dem Schluß, daß die in der klassischen Meteortheorie vorausgesetzte Dichte der meteoritischen Körper zu groß ist und die gewöhnlichen Sternschnuppen Staubbälle sind. Hoppe

8258. **E. J. Öpik,** Impending revolution in meteor photography? Irish AJ **3** 185—186 = Armagh Obs. Leaflet Nr. 32. — Die von Campbell beschriebene Verwendung des Registrierpapiers Kodak R. P. 30 wird vom Verf. hinsichtlich der verschiedenen Anwendungsmöglichkeiten dargelegt. Das blauempfindliche Registrierpapier, das in einer Breite von 120 mm geliefert wird, scheint geeignet, auf den Arbeitsgebieten der Himmelsphotographie, wo man mit möglichst kurzen Belichtungszeiten auskommen muß, bisher unerreichte Möglichkeiten zu eröffnen. Hoppe

8259. **E. J. Öpik,** Meteor excitation, ionization, and atomic luminous efficiency. (Summary). «Meteors», Special Suppl. J. Atmosph. Terr. Phys. Nr. 2 S. 29—32 = Armagh Obs. Leaflet Nr. 35. — Für die bei Stoßanregung der hauptsächlich beim Meteorleuchten in Frage kommenden Atome und Ionen leitet Verf. Werte der Lichtausbeute ab. Die mitgeteilten Werte beziehen sich auf normale sowie für das langwellige Gebiet sensibilisierte Platten und auf die Empfindlichkeitsfunktion der Netzhautelemente des menschlichen Auges. Hoppe

8260. **E. J. Öpik,** The masses and structure of meteors. (Summary). «Meteors», Special Suppl. J. Atmosph. Terr. Phys. Nr. 2 S. 33—35 = Armagh Obs. Leaflet Nr. 35. — Unter Verwendung eines umfangreichen Beobachtungsmaterials und auf Grund theoretischer Überlegungen gelangt Verf. zu dem Ergebnis, daß die meisten gewöhnlichen Meteorite nicht feste Eisen- oder Steinkörper sein können, sondern leichte Staubbälle oder flüssige Körper sind. Auf diese Körper soll die «klassische» Meteortheorie nicht mehr anwendbar sein. Hoppe

8261. **H. Pettersson,** Magnetische Kügelchen und Meteore. Naturwissenschaften **42** 387—388. — Kurze Mitteilung.

8262. **W. E. Schtepan,** Zum Problem der Erforschung der teleskopischen Meteore. Bull. Astr.-Geod. Ges. UdSSR Nr. 16 S. 39—42 (russisch). — Ref. in RJ Astr. Geod. UdSSR 1956 Nr. 3 S. 95—96.

8263. **W. E. Schtepan,** Katalog teleskopischer Meteore. Publ. Inst. Phys. Geophys. Akad. Wiss. Turkmen. Sowjetrepublik **1** 73—99 (russisch). — Ref. in RJ Astr. Geod. UdSSR 1956 Nr. 5 S. 48.

8264. **K. P. Stanjukowitsch,** Bestimmung der Flugbahn von Meteoren in der Erdatmosphäre. Bull. Astr.-Geod. Ges. UdSSR Nr. 16 S. 7—14 (russisch). — Ref. in RJ Astr. Geod. UdSSR 1956 Nr. 1 S. 120.

8265. **A. K. Terentjewa,** Einige Ergebnisse von Beobachtungen teleskopischer Meteore in Aschchabad im Jahre 1954. Nachr. Akad. Wiss. Turkmen. Sowjetrepublik Nr. **6** S. 94—95 (russisch). — Ref. in RJ Astr. Geod. UdSSR 1956 Nr. 9 S. 56.

8266. **R. N. Thomas,** Heat transfer and the ablation process in meteors. «Meteors», Special Suppl. J. Atmosph. Terr. Phys. Nr. 2 S. 1—7 = Harv Repr (2) Nr. 70. — Es wird eine Zusammenfassung der Versuche gegeben, die Daten von Meteorbeobachtungen und Laboruntersuchungen an künstlichen Meteoren zu vergleichen, um den Wärmeübergang und die Massenabnahme bei Meteoren zu bestimmen. K. H. Schmidt

8267. **B. Valníček,** Spectra of meteors. RH **36** 31—34, mit 2 Abb. (tschechisch). — Die vorläufigen Ergebnisse von acht Meteorspektren, die im Jahre 1953 auf der Sternwarte Ondřejov aufgenommen wurden, werden mitgeteilt. J. B.

8268. **A. A. Weiss,** Diffusion coefficients from the rate of decay of meteor trails. Australian J. Phys. **8** 279—288, mit 6 Fig. — Ref. in Phys. Abstracts (A) **58** 1086, Phys. Ber. **35** 1481—1482.

8269. **F. L. Whipple,** On the mass-luminosity relation for meteors. AJ **60** 182—183. — Ref. AAS.

8270. **F. L. Whipple,** The physical theory of meteors. VII. On meteor luminosity and ionization. ApJ **121** 241—249, mit 4 Fig. = Harv Repr Nr. 400. — An Hand von photographischen Meteorbeobachtungen des Verf. und Radiobeobachtungen von McKinley in Ottawa wird gezeigt, daß bis zu Geschwindigkeiten $V \approx 50$ km/sec das Verhältnis der prozentualen Häufigkeiten von Radiometeoren und photographischen Meteoren etwa proportional zu V^2 zunimmt. Radiometeore mit Geschwindigkeiten über 60 km/sec kommen dagegen wesentlich seltener vor, als dieser Beziehung entspricht, aus der auf eine stark geschwindigkeitsabhängige, ionisierende Wirkung ($\sim V^5$) der Meteore geschlossen werden kann. Die Beziehung zwischen der mittleren Höhe hellerer Radiometeore und ihrer Geschwindigkeit spricht dagegen für schwache Veränderlichkeit oder sogar Konstanz der Ionisierung durch Meteore. Verf. versucht, diesen Befund auf der Basis starker V-Abhängigkeit der ionisierenden Wirkung der Meteore zu deuten, indem er annimmt, daß in größeren Höhen schnelle Diffusion der Elektronen in den Meteorspuren, in geringeren Höhen schnelle Rekombination die Beobachtbarkeit der Meteore beeinflußt und dadurch die Höhe-Geschwindigkeits-Beziehung modifiziert wird. Kdr.

8271. **F. L. Whipple, R. F. Hughes,** On the velocities and orbits of meteors, fireballs, and meteorites. «Meteors», Special Suppl. J. Atmosph. Terr. Phys. Nr. 2 S. 149—156, mit 3 Fig. = Harv Repr (2) Nr. 71. — Es werden die Geschwindigkeiten und Bahnen verschiedenen extraterrestrischen Materials betrachtet. Dabei ergibt sich, daß sich die Verteilung der geozentrischen Geschwindigkeiten in der Reihenfolge photographische Meteore, kometarische Meteore und Radiometeore zur unteren Geschwindigkeitsgrenze verschiebt. Meteorite bewegen sich hauptsächlich in kleinen Bahnen niederer Exzentrizität und geringer Neigung. K. H. Schmidt

8272. **F. L. Whipple,** Meteors. Publ ASP **67** 367—386, mit 6 Fig. und 4 Tafeln. — Ref. in Coelum **24** 87—88. — Eine Übersicht über den gegenwärtigen Stand der Erforschung der sämtlichen Erscheinungsformen der interplanetaren und interstellaren Materie, wie sie sich im wesentlichen durch Berücksichtigung der Beobachtungsergebnisse mit der Baker-Super-Schmidt-Meteor-Kamera und der Radio-Teleskope ergibt, wird für einen größeren Leserkreis gegeben. Fragen der Beziehungen zwischen Meteoriten, Kometen, Asteroiden und Zodiakallichtpartikeln werden diskutiert. Hoppe

8273. **H. van Woerden,** Meteors. MN ASSA **14** 2—6. — Wiedergabe eines Vortrags vor dem Transvaal Centre.

8274. **A. F. Wydrin,** Die jährliche Variation der scheinbaren Weglänge eines Meteores. Nachr. Akad. Wiss. Turkmen. Sowjetrepublik Nr. 3 S. 95 (russisch). — Ref. in RJ Astr. Geod. UdSSR 1956 Nr. 2 S. 97.

8275. Request for reports of bright meteors. JBAA **65** 92. — Aufruf.

* * Meteoric particles in the atmosphere. Vgl. Ref. **7263**.

* * Photographischer Meteor-Registrierapparat. Vgl. Ref. **2139**.

8276. Meteors and geomagnetic activity. Sky and Telescope **14** 325.

8277. Fragmentation of meteors. Sky and Telescope **14** 413—414. — Ref. AAS.

Meteorströme

8278. **J. Bouška,** Determination of elements of meteoric swarm. RH **36** 163—164 (tschechisch).

* * **V. Bumba,** Einfluß der großen Meteorströme auf die Charaktervariationen der geomagnetischen Tätigkeit. Vgl. Ref. **6812**.

8279. **C. D. Ellyett, K. W. Roth,** The radar determination of meteor showers in the southern hemisphere. Australian J. Phys. **8** 390—401, mit 5 Fig. — Am Canterbury University College in Christchurch (New Zealand) wurde 1953 eine Radar-Untersuchung der Meteor-Aktivität durchgeführt. Für eine Reihe von Meteorschauern wurden die Radianten abgeleitet. Auffällig ist eine Verschiebung der Richtung der Meteor-Aktivität mit fortschreitendem Datum bei den einzelnen Schauern. Der größte Teil der Radianten liegt nahe der Ekliptik in einem Streifen von $\pm 10°$ Breite. Priester

8280. **P. A. Forsyth, C. O. Hines, E. L. Vogan,** Diurnal variations in the number of shower meteors detected by the forward-scattering of radio waves. II. Experiment. Canadian J. Phys. **33** 600—606, mit 4 Fig. — Ref. in Phys. Abstracts (A) **59** 91.

8281. **C. O. Hines,** Diurnal variations in the number of shower meteors detected by the forward-scattering of radio waves. I. Theory. Canadian J. Phys. **33** 493—503, mit 8 Fig. — Ref. in Phys. Abstracts (A) **58** 1086.

8282. **A. Hruška,** A note on the reduction of visual observations of meteoric streams. BAC **6** 100—103 (mit russischer Zusammenfassung). — Es wird eine Methode angegeben, wie man aus visuellen Beobachtungen kometarischer Meteore die Gesamtzahl und Gesamtmasse der zur Erde gefallenen Körper bestimmen kann, deren Einzelmassen oberhalb eines bestimmten Grenzwertes liegen. Die Methode wird auf zehn bekannte Meteorströme angewandt. Hoppe

8283. **K. W. Kostylew,** Radar-Versuchsbeobachtungen von Meteoren am Astronomischen Engelhardt-Observatorium. Astr Circ UdSSR Nr. 163 S. 17—20, mit 3 Abb. (russisch). — Bericht über die ersten Beobachtungen mit einem im Frühjahr 1955 am Engelhardt-Observatorium aufgestellten Radargerät. Vom 23. bis 25. Juni wurden die δ-Aquariden und Arietiden erfaßt. Die Meteore traten oft in kompakten, aber kleinen Gruppen auf. Loh.

8284. **P. M. Millman,** A provisional supplementary list of meteor showers. J RAS Canada **49** 171—173.

8285. **M. Plavec,** Ejection theory of the meteor shower formation. I. Orbit of an ejected meteor. BAC **6** 20—23, mit 2 Fig. (mit russischer Zusammenfassung). — Unter der Voraussetzung, daß ein Meteorstrom durch Auswurf meteoritischer Körper aus dem Kometenkern entsteht, werden Formeln für die Änderung der Bahnelemente abgeleitet. Die verschiedenen Auswirkungen der dabei sich abspielenden Vorgänge in Abhängigkeit von den anfänglichen Bahnelementen werden am Beispiel von drei Meteorströmen gezeigt. Hoppe

8286. **M. Plavec,** On the perturbations of the meteor streams by the earth I. Theory. BAC **6** 33—40, mit 3 Fig. (mit russischer Zusammenfassung). — Verf. entwickelt eine Methode zur Bestimmung der Störungen, welche die Erde beim Durchgang durch einen Meteorstrom auf dessen Einzelkörper ausübt. Ausgehend von der Änderung des Vektors der heliozentrischen Geschwindigkeit des einzelnen Meteors infolge der Anziehungswirkung der Erde, wird die Auswirkung auf die große Halbachse der Bahnellipse des Stromes sowie dessen allmähliche Zerstreuung festgestellt. Hoppe

8287. **A. A. Weiss,** Radio echo observations of meteors in the southern hemisphere. Australian J. Phys. 8 148—166. — Radiobeobachtungen der Meteor-Aktivität wurden bei 67 MHz und 26.8 MHz in Adelaide (Australien) in der Zeit von Juni 1952 bis Dez. 1953 gemacht. Die Radianten und die Aktivität von sechs großen Meteorströmen (Geminiden, Arietiden, ζ Perseiden, δ Aquariden, Corona Australiden und Orioniden) wurden gemessen und für drei Ströme die Massenverteilung diskutiert. Jahreszeitliche und tägliche Variation der Aktivität der sporadischen Meteore wurde unter Berücksichtigung der Antennencharakteristik untersucht. Die Höhen-Verteilung für drei Meteorströme wurde abgeleitet. Die Maxima liegen bei 90 ± 5 km Höhe. Die tägliche Variation in der Höhen-Verteilung der sporadischen Meteore ist um etwa 6 Stunden phasenverschoben gegenüber der auf Grund der Erdbewegung zu erwartenden Verteilung. Priester

8288. Documents sur les courants météoriques. DOB 8 Nr. 1 Fasc. 1, 4 S., Nr. 3 Fasc. 1, 4 S., Nr. 7 Fasc. 1, 8 S., Nr. 10 Fasc. 1, 4 S., Nr. 11 Fasc. 1, 4 S., Nr. 12 Fasc. 2, 4 S. mit 14 Fig.

8289. Documents sur les courants météoriques et section d'étude des corps interplanètaires. DOB 8 Nr. 4 Fasc. 1, 4 S. mit 4 Fig.

8290. Documents pour l'étude physique des courants météoriques. DOB 8 Nr. 8 Fasc. 1, 4 S. mit 2 Fig.

8291. Sterrenregens in 1955. Meteoor **11** 9—10. H. van Woerden.

8292. Vuurwerk in de zoeker van de Franklin Adams camera. Meteoor **11** 20 (mit englischer Zusammenfassung). H. van Woerden. — Beobachtung eines Meteorschauers am 6. Mai 1954.

8293. Meteoric shower. YC 1329 S. 2. K. Komaki. — Beobachtung 1955 August 21.

8294. **Andromediden**

A. Pacholczyk, Andromedydy. Urania Kraków **26** 341.
TACL 1280.

8295. **Aquariden**

D. W. R. McKinley, Radio determination of the orbit of the Eta Aquarid meteors. ApJ **122** 513—519, mit 4 Fig. — Aus Radio-Echo-Beobachtungen der η-Aquariden vom Mai 1949 werden Werte für die Geschwindigkeit und für die Lage des Radianten abgeleitet, die als Grundlage für eine Bahnbestimmung des Meteorstroms dienen. Kdr.

YC 1319 S. 4, mit 1 Fig. Predictions of lunar meteors from δ Aquarids. K. Kôno.

8296. **Capricorniden**

F. W. Wright, L. G. Jacchia, F. L. Whipple, Photographic α-Capricornid meteors. AJ **60** 183. — Ref. AAS.

BSAF **69** 441. Les météores Alpha Capricornides.

Sky and Telescope **14** 412, mit 1 Fig. Alpha Capricornid meteors. — Ref. AAS.

8297. **Cygniden**

V. Letfus, The orbits of the Virginids and ϰ Cygnids. BAC **6** 143—146, mit 2 Fig. (mit russischer Zusammenfassung). — Die Bahnen von drei zu den Virginiden und von vier zu den ϰ Cygniden zählenden Meteoren werden berechnet. Die Abweichung der großen Halbachse eines Virginiden von den übrigen wird diskutiert. K. H. Schmidt

8298. **Draconiden**

L. J. Ananjewa, J. W. Jewdokimow, Radarbeobachtungen der Draconiden vom 8.—10. Oktober 1955. Astr Circ UdSSR Nr. 165 S. 16 (russisch). — Im Verlauf von 40 Stunden wurden in Kasan nur 44 Meteore festgestellt, also nur die gewöhnliche Zahl sporadischer Meteore. Loh.

J. W. Jewdokimow. Vgl. Ref. 8117.

8299. **Geminiden**

H. Araki, Observations of Geminid meteors. YC 1350 S. 1, mit 1 Fig.

J. D. Buddhue, Meteoritic dust from the Geminid shower of 1949. Meteoritics **1** 347—348.

P. M. Millman, Orionid and Geminid observations at Montreal. J RAS Canada **49** 170—171.

C. E. Worley, The visual radiant and activity of the Geminid meteor stream. Meteoritics **1** 341—346, mit 2 Fig.

82100. **Giacobiniden**

J. G. Davies, A. C. B. Lovell, The Giacobinid meteor stream. MN **115** 23—31, mit 6 Fig. — Bericht über Radarbeobachtungen des Giacobinidenstromes 1952 Okt. 9, der wie 1933 und 1946 wieder 3^h andauerte. Die Erde erreichte damals den Knoten der Bahn des Kometen Giacobini-Zinner 193^d vor demselben. Obwohl sie sich im Oktober 1953 nur 172^d nach dem Kometen dort befand, blieb der Strom aus. Verf. führen dies auf Störungen zurück, welche die Periheldistanz der vor dem Kometen laufenden Meteorkörper gegenüber den Nachläufern vergrößert haben. Danach wird die Wahrscheinlichkeit für eine Wiederkehr des Stromes 1959 und 1960 diskutiert. Schließlich wird aus den visuellen, photographischen und Radar-Beobachtungen 1946 auf eine Auftrennung des Stromes nach Massen geschlossen, wobei ein Erklärungsversuch mit Hilfe des Poynting-Robertson-Effektes auf Schwierigkeiten stößt. Gü.

J. G. Davies, A. C. B. Lovell, The Giacobinid meteor stream. Obs **75** 43—45. — Ref. RAS. — Vgl. vorstehendes Ref.

82101. **Hydraiden**

S. Kanda, On the November meteors from Hydra. YC 1347 S. 3.

82102. **Leoniden**

H. Araki, Reports of observations of Leonid meteors. YC 1346 S. 11—12, mit 1 Fig.

A. Pacholczyk, Leonidy. Urania Kraków **26** 341.

82103. **Lyriden**

W. W. Martynenko, J. W. Plachow, W. G. Teufel, Die Lyriden 1942. Bull. Astr.-Geod. Ges. UdSSR Nr. 16 S. 28—33 (russisch). — Ref. in RJ Astr. Geod. UdSSR 1956 Nr. 3 S. 96.

L. Peeters, Fotografische waarneming van de Lyriden 1955 in Belgie. Meteoor **11** 18.

P. F. Tschugajnow, I. S. Gorban, A. G. Woronkowa, Die Lyriden im Jahre 1950. Bull. Astr.-Geod. Ges. UdSSR Nr. 16 S. 25—26 (russisch). — Ref. in RJ Astr. Geod. UdSSR 1956 Nr. 1 S. 122.

YC 1306 S. 7, mit 1 Fig. Predictions of lunar meteors from Lyrid swarm. K. Kôno.

YC 1307 S. 3. Lyrid and other meteors. K. Komaki.

82104. Orioniden

A. M. Bacharew, Teleskopische Beobachtungen der Orioniden 1954. Astr Circ UdSSR Nr. 158 S. 21 (russisch).

A. M. Bacharew, Die tägliche Radiantenverschiebung und Ephemeride der Orioniden. Astr Circ UdSSR Nr. 161 S. 17—19 (russisch). — Aus zahlreichen näher angegebenen Quellen ergibt sich eine mittlere tägliche Verschiebung des Orionidenradianten von $+0\overset{\circ}{.}88 \pm 0\overset{\circ}{.}06$ in α und $+0\overset{\circ}{.}03 \pm 0\overset{\circ}{.}02$ in δ. Für die Zeit vom 15. Okt. bis 25. Okt. 1955 wird daraus unter der Annahme, daß der Radiant zur Zeit des Maximums am 21. Okt. die Koordinaten $\alpha = 93\overset{\circ}{.}0$, $\delta = +15\overset{\circ}{.}0$ hat, eine Ephemeride gerechnet. Loh.

P. M. Millman, Orionid and Geminid observations at Montreal. J RAS Canada **49** 170—171.

82105. Perseiden

V. Bumba, B. Valníček, The meteor spectra of the Perseid shower 1953. I. BAC **6** 108—111, mit 6 Fig. und 1 Tafel (mit russischer Zusammenfassung). — Im Rahmen der photographischen Beobachtungen der Perseiden im Jahre 1953 wurden von den Verf. acht Meteorspektren gewonnen. Die Aufnahmeapparatur bestand aus vier Spezialkameras mit Objektivprismen. Als Plattenmaterial wurde AGFA ISS verwendet. Überraschend ist die große Ausbeute von acht Spektren auf nur 17 belichteten Platten. Die Dispersionskurve wurde mit Hilfe der Balmerlinien gleichzeitig aufgenommener Fixsterne ermittelt. Bei der Dispersion von 400 Å/mm war es möglich, sowohl Linien der verdampften meteoritischen Stoffe, als auch die der atmosphärischen Gase zu identifizieren. Es werden weitere Spektraluntersuchungen in Aussicht gestellt. Hoppe

R. Chotinok, Die Perseiden 1955 nach Beobachtungen in Moskau. Astr Circ UdSSR Nr. 165 S. 18—19 (russisch). — Mitteilung von Zählungen am 13. und 14. August.

A. F. Cook, P. M. Millman, Photometric analysis of a spectrogram of a Perseid meteor. ApJ **121** 250—270, mit 6 Fig. und 1 Tafel = Contr. Dominion Obs. Ottawa **2** Nr. 16 = Harv Repr Nr. 402. — Ref. in Sterne **32** 76—77. — Von einem hellen Meteor des Perseidenstroms, das gleichzeitig visuell und durch Radar beobachtet wurde, wurde ein Gitterspektrogramm (810 Å/mm Dispersion in der ersten Ordnung) erhalten, das photometrisch ausgewertet werden konnte. Die Lichtkurve des Meteors ergab sich aus dem Spektrum nullter Ordnung. Die auffälligsten Linien des Spektrums gehören dem H I, Na I, Mg I, Si I, Si II, Ca I, Ca II, Fe I und Fe II an. Die Intensitätsverteilung im Kontinuum kann durch Überlagerung einer 7000° entsprechenden Planck-Kurve und den nicht aufgelösten Banden $B^3\,\Pi_g \rightarrow A^3\,\Sigma_u^+$ im Roten und $C^3\,\Pi_u \rightarrow B^3\,\Pi_g$ im Blauvioletten erklärt werden. Die Häufigkeit einiger Atome in verschiedenen Anregungszuständen wird ermittelt. Da das Meteor seine Höhe nicht erheblich änderte, kann über die Abhängigkeit des Spektrums von der Höhe nichts ausgesagt werden, jedoch scheint sich die relative Intensität zweier Linien mit der Helligkeit des Meteors zu ändern. Aus den Radarbeobachtungen wurde die Elektronendichte berechnet. Micz.

M. A. Dīriķis, T. O. Jansone, Die Beobachtungen der Perseiden durch die Rigaer Abteilung der WAGO im Jahre 1952. Bull. Astr.-Geod. Ges. UdSSR Nr. 16 S. 34—35 (russisch). — Ref. in RJ Astr. Geod. UdSSR 1956 Nr. 3 S. 96.

M. Maltschewa-Popowa, A. D. Bonow, Der Perseidenstrom 1953. Nachr. Bulgar. Akad. Wiss. Phys.-Math. Abteilung (Phys.) **4** 269—291 (bulgarisch mit russischer und französischer Zusammenfassung). — Ref. in RJ Astr. Geod. UdSSR **1956** Nr. 4 S. 76.

P. M. Millman, Visual observations of Perseid meteors, 1954. J RAS Canada **49** 31—32. — Kurze Mitteilung der in Montreal, Westview, B. C., und Hemmingford, Que., durchgeführten Beobachtungen und Zählungen. Loh.

J. W. Plachow, Die Perseiden 1950. Bull. Astr.-Geod. Ges. UdSSR Nr. 16 S. 27 (russisch). — Ref. in RJ Astr. Geod. UdSSR **1956** Nr. 3 S. 96.

A. P. Sawruchin, Die Aktivität der Perseiden 1955. Astr Circ UdSSR Nr. 165 S. 17—18 (russisch). — Nach Beobachtungen in Aschchabad trat das Maximum in der Nacht vom 12. zum 13. August ein. Da die Häufigkeit dann verhältnismäßig langsam abnahm, wird vermutet, daß die Erde während der diesjährigen Erscheinung durch einen relativ breiten Teil des Stroms ging. Loh.

G. R. Thompson, H. Povenmire, Some amateur photographs of Perseid meteors. Sky and Telescope **15** 94, mit 2 Fig.

O. B. Wassiljew, A. N. Korotkowa, Beobachtungen der Perseiden 1952. Bull. Astr.-Geod. Ges. UdSSR Nr. 16 S. 36 (russisch). — Ref. in RJ Astr. Geod. UdSSR **1956** Nr. 3 S. 96.

82106. **Quadrantiden**

H. Hirose, K. Tomita, The photographic Quadrantid meteors. TAB (2) Nr. 77 S. 755—762, mit 2 Fig.

TACL 1289 S. 4. Quadrantids. — Beobachtung Jan. 4.

TACL 1290 S. 1. Quadrantid meteors. K. Komaki. — Beobachtung Jan. 4.

TACL 1293 S. 6—7. Observations of Quadrantid meteors. T. Seki.

Urania Kraków **26** 22. Kwadrantydy.

82107. **Tauriden**

J. van Diggelen, De Tauriden 1954. Meteoor **11** 1—2 (mit englischer Zusammenfassung).

A. Pacholczyk, Taurydy. Urania Kraków **26** 341.

DOB Circ Nr. 3. Note sur l'activité de l'essaim des Taurides en 1954.

TACL 1299 S. 1—8. Report of recent apparitions of Taurid meteors. K. Komaki, K. Nishikawa.

82108. **Ursiden**

A. M. Bacharew, Die Ursiden im Jahre 1954. Astr Circ UdSSR Nr. 157 S. 21 (russisch).

82109. **Virginiden**

V. Letfus, The orbits of the Virginids and $\varkappa$ Cygnids. Vgl. Ref. 8297.

Einzelne Meteore

82110. **Beobachtungen und Mitteilungen**

Astr. Nachr. Berlin-Treptow **7** 75. Helle Feuerkugel 1955 Aug. 11.

Astr. Nachr. Berlin-Treptow **7** 80. Helle Feuerkugel. Penzel. — 1955 Juli 22.

Astr. Nachr. Berlin-Treptow **7** 92. Feuerkugel über Jena. H. Wolf. — 1955 Nov. 7.

Astr. Nachr. Berlin-Treptow **7** 97. Mitteilung über eine Meteorbeobachtung. D. Schuster. — 1955 Dez. 11.

BAA Circ 361. The fireball of 1955 March 24.

BSAF **69** 12, 78, 108, 235, 478—479. Bolides, étoiles filantes.

Coelum **23** 27. Altri bolidi.
Coelum **23** 26, 59, 124, 155—156. Bolidi.
CR **241** 1533—1534. Le météore du 17 novembre 1955. A. Danjon.
El Universo Nr. 30 S. 3. Un bólido notable. F. G. Soler. — 1955 März 16.
Irish AJ **3** 185, mit 1 Tafel = Armagh Obs. Leaflet Nr. 32. Astronomical photography on recording paper. D. A. Campbell. — Vgl. Ref. **2296**.
Irish AJ **3** 185—186 = Armagh Obs. Leaflet Nr. 32. Impending revolution in meteor photography? E. J. Öpik. — Vgl. Ref. **8258**.
Japan Astr. Study Ass. Circ. Nr. 137. Photographic observations of meteors.
J. Astr. Soc. Victoria **8** 80—81. Telescopic observation of bright meteor.
Meteoor **11** 29—32, 40.
Meteoor **11** 33. Een schitterende vuurbol, tot in Denemarken en Zwitserland gezien! C. de Jager. — 1955 Sept. 21.
Meteoritics **1** 382—383. Fireball of 1953 November 23: A. M. S. No. 3553. C. P. Olivier.
«Meteors», Special Suppl. J. Atmosph. Terr. Phys. Nr. 2 S. 162—167, mit 2 Fig. = Werkgroep Meteoren Med. Nr. 38 = Sterrewacht «Sonnenborgh» Utrecht Overdruk 4⁰ Nr. 1. On some recently observed fireballs. J. van Diggelen, C. de Jager.
Nachr. Akad. Wiss. Turkmen. Sowjetrepublik Nr. 3 S. 96 (russisch). Der Schallbolid vom 9. August 1951 nach Beobachtungen im südlichen Turkmenien. R. L. Chotinok.
Orion Schaffhausen **4** 400. Meteorbeobachtung vom 11. Februar 1955. P. Jakober.
Priroda **44** Nr. 4 S. 86—87 (russisch). Heller Bolid. — Beobachtungen in der Ukraine 1954 Juni 30.
Priroda **44** Nr. 9 S. 115 (russisch). Helle Feuerkugel. N. A. Pankewitsch. — 1953 Dez. 27.
Priroda **44** Nr. 9 S. 115 (russisch). Helle Feuerkugel. A. M. Kropatschew. — 1954 Dez. 16.
Sky and Telescope **14** 101. Star falls on Alabama. — Ref. in Coelum **23** 122. — 1954 Nov. 30.
Sky and Telescope **14** 238. Fireball over Alberta. — 1954 Dez. 19.
Sky and Telescope **14** 484. Fireball observation. D. P. Cruikshank. — 1955 Juni 15.
Urania Kraków **26** 148—150. Bolidy obserwowane w okresie od października 1953 do października 1954 roku. Z. A. Pacholczyk. — Enthält Beobachtungen von 31 Boliden.
Urania Kraków **26** 150, 179, 311, 372—373. Meteory. Z. A. Pacholczyk.
Urania Kraków **26** 180. Obserwacje radiantów meteorów.
YC 1315 S. 2. Fireball. — 1955 Juni 16.
YC 1317 S. 5. Bright meteor. T. Seki. — 1955 Juni 25.
YC 1320 S. 4, mit 1 Fig. Meteor notes. — 1955 Juli 10.
YC 1323 S. 6. Meteors. — 1955 Juli 13 und 20.
YC 1330 S. 4. Observations of meteors.
YC 1330 S. 4. Bright meteors. Y. Yabu. — Beobachtungen 1955 Juli und August von 7 Meteoren.
YC 1332 S. 10, mit 1 Fig. Fire-ball. — 1955 Aug. 15.
YC 1334 S. 2. Bright meteor. — 1955 Sept. 19.
YC 1334 S. 5. Bright meteor. — 1954 Mai 7.
YC 1335 S. 4. Fireball. — 1955 Aug. 9.
YC 1336 S. 2. Bright meteor. — 1955 Sept. 21.
YC 1344 S. 4. Two bright meteors. — 1955 Sept. 11 und Okt. 15.
YC 1344 S. 6. Notes on meteor observations.
YC 1347 S. 3. Bright meteor. — 1955 Dez. 12.

82111. Elemente von Feuerkugeln

1913 Febr. 9 Meteoritics **1** 360—361. A preliminary report on U.S. observations of the great fireball procession of 1913 February 9. A. D. Mebane.

1936 Aug. 16 Meteoritics **1** 372—373. Fireball of 1936 August 16: A.M.S. No. 2338. C. P. Olivier.

1938 Jan. 19/20 Meteoritics **1** 373—374. Fireball of 1938 January 19/20: A.M.S. No. 2340, No. 3529. C. P. Olivier.

1945 Mai 3/4 Meteoritics **1** 374—376. Bolide of 1945 May 3/4: A.M.S. No. 2335. C. P. Olivier.

1947 Aug. 29 Meteoritics **1** 376—378. Fireballs of 1947 August 29: A.M.S. No. 2339 and No. 3554. C. P. Olivier.

1948 Juni 28 Meteoritics **1** 378—379. Oregon fireballs of 1948 June 28: A. M. S. No. 2333 and No. 3551. C. P. Olivier.

Sept. 24 Meteoritika Nr. 12 S. 14—28, mit 4 Fig. (russisch). Die Feuerkugel mit heller Spur vom 24. September 1948. W. W. Fedynskij. — Die Feuerkugel wurde von zahlreichen Stellen im Wolgabogen westlich von Kujbyschew beobachtet, so daß ihre Elemente abgeleitet werden konnten. Die Spur blieb längere Zeit sichtbar. Loh.

1950 Aug. 7/8 Astr Circ UdSSR Nr. 165 S. 20—21 (russisch). Noch eine Photographie des Meteors vom 7. bis 8. August. E. Simakina.

Aug. 8 Astr Circ UdSSR Nr. 156 S. 21—22 (russisch). Photographie des Meteors vom 8. August 1950. E. Simakina.

Aug. 11 Meteoritics **1** 379—381. Washington fireball of 1950 August 11: A.M.S. No. 2336. C. P. Olivier.

1952 Sept. 27 Proc. Iowa Acad. Sci. **60** 492—494, 1954. The path and orbit of the South Dakota detonating meteor of September 27, 1952. C. C. Wylie, G. E. Collins.

1953 Juli 31 Meteoritics **1** 381—382. Oregon fireball of 1953 July 31: A. M. S. No. 2334. C. P. Olivier.

1954 März 6 Astr Circ UdSSR Nr. 165 S. 19—20 (russisch). Weg und Bahn des Meteoriten Nikolskoje. I. T. Sotkin.

Mai 15 Meteoritics **1** 336—340. The fireball of 1954 May 15. J. A. Russell.

Okt. 22 Astr Circ UdSSR Nr. 164 S. 21—22 (russisch). Beobachtung eines hellen Meteoriten in Turkmenien auf einer 482 km langen Basis. R. L. Chotinok.

Okt. 25 Časopis **5** 1—2 (tschechisch). Das große Meteor vom 25. Oktober 1954. B. Holubová, M. Plavec. — Helligkeit, Masse und Bahn des Meteors, das in mehr als 100 Orten der Tschechoslowakei beobachtet wurde. J. B.

Okt. 27 Meteoritics **1** 383—384. Fireball of 1954 October 27: A.M.S. No. 2337. C. P. Olivier.

Dez. 15 Meteoor **11** 22—29, mit 5 Fig. (mit englischer Zusammenfassung). De vuurbol van 15 December 1954. J. van Diggelen.

Meteoor **11** 36—38, mit 3 Fig. (mit englischer Zusammenfassung). De vuurbol van 15 December 1954 (II). J. van Diggelen.

Dez. 21 TACL 1289 S. 3. Fireball of December 21, 1954. O. Kobayashi, K. Komaki.

1955 Jan. 17 Ciel et Terre **71** 180—187, mit 7 Fig. = Werkgroep Meteoren Med. Nr. 37. Le bolide du 17 janvier 1955. J. van Diggelen.

§ 83

Meteorite

8301. **J. D. Buddhue,** The preparation of a spherical specimen of meteoritic iron. Meteoritics **1** 315—317.

8302. **J. D. Buddhue,** Meteorites that have struck people or places. Meteoritics **1** 359—360. — Verf. berichtet über die Umstände des wohl ersten und voll verbürgten Meteoritenfalls am 30. Nov. 1954, bei dem eine Frau verletzt wurde. Von den in einer Liste angeführten Fällen von Einschlägen in Häuser, Bäume, Wege, Menschen, Tiere, Flüsse und Felsen werden die sieben Treffer auf Menschen bezweifelt. Loh.

8303. **J. Dąbrowska,** Wyznaczanie wieku meteorytów zelaznych metodą helowa. Postępy fiz. **5** 96—100, 1954.

8304. **T. van Dijk,** Een poging tot het opsporen van een meteoriet. Meteoor **11** 34—36, mit 8 Fig. (mit englischer Zusammenfassung).

8305. **G. Edwards, H. C. Urey,** Determination of alkali metals in meteorites by a distillation process. Geochim. Cosmochim. Acta **7** 154—168, mit 2 Fig. — Da der Beitrag zur radioaktiven Aufheizung der Planeten durch K^{40} von der gleichen Größenordnung ist wie der von Uran, ist es von großem Interesse, genauere Abschätzungen über die Häufigkeit von Kalium zu haben. Verf. beschreiben eine Methode zur Abschätzung des Gehaltes an Alkalimetallen in Meteoriten und vergleichen ihre Werte mit den von anderen Autoren auf spektroskopischem Wege gefundenen. Henn

8306. **G. Edwards,** Sodium and potassium in meteorites. Geochim. Cosmochim. Acta **8** 285—294, mit 2 Fig. — Unter Verwendung der von Urey und Edwards (vgl. Ref. **8305**) beschriebenen Methode bestimmt Verf. den Natrium- und Kaliumgehalt für eine Reihe von Meteoriten. Er findet für die Chondrite einen Natriumgehalt von 0.60—0.76%, für Kalium einen Gehalt von 0.072—0.096%. Natrium- und Kaliumgehalt der Achondrite sind variabel. Henn

8307. **G. Edwards,** Isotopic composition of meteoritic hydrogen. Nature **176** 109—111. — Ref. in Meteoor **11** 48, Phys. Abstracts (A) **58** 1086, Phys. Ber. **35** 1482.

8308. **W. G. Fessenkow,** Über die Mikrometeorite. Meteoritika Nr. 12 S. 3—13, mit 2 Fig. (russisch). — Jedes meteoritische Teilchen, das sich in der Erdatmosphäre erhitzt, erreicht eine gewisse Maximaltemperatur und kühlt sich dann wieder ab. Für sehr kleine Teilchen, also Mikrometeorite, kann diese Temperatur wesentlich unter der Schmelztemperatur liegen. In diesem Fall wird die ursprüngliche Beschaffenheit eines solchen Teilchens nicht verändert. Unklar bleibt, in welcher Weise derartige Kleinstkörper in der Natur verbreitet sein können. Loh.

8309. **W. Gentner, J. Zähringer,** Argon- und Heliumbestimmungen in Eisenmeteoriten. Z. Naturforschung **10a** 498—499, mit 1 Abb. — Durch Einwirkung kosmischer Strahlung wird in Eisenmeteoriten während ihres Fluges durch den Weltenraum He gebildet. Massenspektrometrische Analysen von Eisenmeteoriten zeigten, daß das Verhältnis A^{36}/He^3 in den untersuchten Proben etwa konstant war (der Meßbereich umfaßte zwei Zehnerpotenzen). Daraus muß man schließen, daß A^{36} in Meteoriten ebenfalls durch Verdampfung von Eisenkernen entsteht. Unterstützt wird diese Annahme durch den Befund, daß das Verhältnis $A^{36}:A^{38}$ in Meteoriten bei 1 : 1.7 liegt, während sich im Luftargon hierfür nur 1 : 0.187 ergibt. Hunger

8310. **E. K. Gerling, K. G. Rik,** Bestimmung des Alters von Steinmeteoriten nach der Argon-Methode. DAN **101** 433—435 (russisch). — Für 18 Meteorite (Chondrite) fanden Verf. Alter zwischen 650 und 4500 Millionen Jahren. Loh.

8311. **R. L. Handy, D. T. Davidson,** On the curious resemblance between fly ash and meteoritic dust. Proc. Iowa Acad. Sci. **60** 373—379, 1954.

8312. **J. F. Heard,** Meteorites large and small. J RAS Canada **49** 49—63. —Präsidentialansprache auf der Jahrestagung der RAS Canada am 14. Januar 1955. Inhalt: Einleitung, das Suchen von Meteoriten, die größten Meteorite, die Herkunft der Meteorite, das Material von Meteoren, Mikrometeorite, das Sammeln meteoritischen Staubes, der mögliche terrestrische Ursprung der Schwarzen Kugeln, andere Methoden zur Entdeckung von Mikrometeoriten, die Herkunft der Mikrometeorite, Schlußfolgerung.

8313. **W. Herr, E. Merz,** Eine neue Methode zur Altersbestimmung von Rhenium-haltigen Mineralien mittels Neutronenaktivierung. Z. Naturforschung **10a** 613—615, mit 1 Abb. — Es wird eine Methode zur Altersbestimmung beschrieben, die auf dem Zerfall von ^{187}Re in ^{187}Os beruht. Der Re-Gehalt des Erzes wird durch Aktivierungsanalyse bestimmt. Die Os-Menge ergibt sich spektralphotometrisch über den Os-Thioharnstoffkomplex. Der ^{187}Os-Gehalt wird aus dem Defizit der mit Neutronen induzierten Os-Aktivität ermittelt. Bei günstigem Re-Gehalt kann die Altersbestimmung noch an 1 g Mineral exakt durchgeführt werden. Verf.

8314. **A. A. Jawnel,** Gesetzmäßigkeiten der Zusammensetzung von Eisenmeteoriten und das Problem der Entstehung der Meteorite. DAN **102** 477—480, mit 1 Abb. (russisch). — Die Häufigkeitsverteilung der Eisenmeteorite nach ihrem Nickelgehalt in Anlehnung an die Angaben im Meteoritenkatalog von Prior und Hey (London, 1953) und einiger späterer Arbeiten zeigt Gruppencharakter. Sehr deutlich heben sich zwei Gruppen bei 5 % bzw. 8 % Nickelgehalt ab, leidlich eine Gruppe bei etwa 15 %. Zwei weitere Gruppen zwischen 22—38 und 44—66 % sind sehr zweifelhaft. Verf. schließt, daß die Ursache einer solchen Differenzierung in der Bildung der Meteorite in wenigstens fünf Himmelskörpern oder Himmelskörpergruppen zu sehen ist. Loh.

8315. **I. A. Judin,** Die Meteoritensammlung des Uraler Geologischen Museums des Swerdlowsker Bachruschew-Bergbauinstituts. Meteoritika Nr. 12 S. 122—123 (russisch).

8316. **A. Kizilirmak,** Preliminary report on the amounts of iron dust which daily fall on the surface of the earth. Commun. Faculté Sci. Univ. Ankara (A) **6** 186—192, mit 3 Fig., 1954. (mit türkischer Zusammenfassung) = Commun. Department Astr. Ankara Univ. Nr. 3. — Verf. berichtet über seine Beobachtungen an aufgefangenen Staubpartikeln, unter denen sich zahlreiche Fe-Partikel mit Längen zwischen 0.1—0.001 mm befanden. Die Frage der Herkunft ist noch nicht endgültig entschieden. Eine jahreszeitliche Schwankung der Häufigkeit ist mit einem Minimum im Februar und einem Maximum im Juli festgestellt worden. Hoppe

8317. **E. A. Kreiken,** Frequency curves of meteorites. Commun. Faculté Sci. Univ. Ankara (A) **7** 272—303, mit 6 Fig. (mit türkischer Zusammenfassung) = Commun. Department Astr. Ankara Univ. Nr. 7. — Verf. entwickelt eine Theorie der Auffangshäufigkeit meteoritischer Körper auf der Erdoberfläche als Grundlage für die Auswertung der Ergebnisse der Beobachtung der Fallhäufigkeit von Fe-Staub. Es werden jahreszeitliche Häufigkeitskurven aufgestellt für die drei Fälle, daß 1.) die meteoritischen Körper interstellaren Ursprungs sind, 2.) daß sie als Mitglieder des Planetensystems zur Ekliptik bzw. 3.) zum Sonnenäquator konzentriert erscheinen. Hoppe

8318. **E. L. Krinow,** Himmelssteine. Leipzig, Urania-Verlag, 1954. 14 Abb. Preis DM 1.00. — Besprechung in Astr. Nachr. Berlin-Treptow **7** 95.

8319. **E. L. Krinow,** Grundlagen der Meteoritik. Moskau, Staatsverlag für technisch-theoretische Literatur, 1955. 392 S. mit Abb. Preis 14 R. 80 Kop. (russisch). — Besprechung in Priroda **45** Nr. 2 S. 122—123.

8320. **W. G. Kusnezowa,** Die Meteoritensammlung des Leningrader Bergbaumuseums beim Leningrader Bergbauinstitut. Meteoritika Nr. 12 S. 83—93 (russisch).

8321. **F. C. Leonard,** Some terrestrial relations and minerals of meteorites. Meteoritics **1** 317—324.

8322. **F. C. Leonard,** Mineral formulas, the classificational sequence, and the Aouelloul crater. Meteoritics **1** 324—327.

8323. **F. C. Leonard,** A large tektite from the Philippines. Meteoritics **1** 357—358, mit 1 Fig.

* * **K. P. Massalskaja,** Das Pallas-Eisen. Die Entstehung der wissenschaftlichen Meteoritik. Vgl. Ref. **1339**.

8324. **P. M. Millman,** Here and there in meteoritics. J RAS Canada **49** 205—206, mit 1 Fig.

8325. **H. L. Morrison, W. A. Allen,** New surface area formed by a projectile striking limestone particles. Meteoritics **1** 328—336, mit 4 Fig. — Bericht über die Ergebnisse von Versuchen, bei denen Geschosse mit verschiedener Spitzenform in lockeres, aus Sandsteinkörnern bestehendes Material geschossen wurden. Aus der Vergrößerung der Gesamtoberfläche der Körner infolge Zertrümmerung und der bekannten kinetischen Energie der Geschosse wird errechnet, daß etwa 34 bis 40 % dieser Energie zur Zertrümmerung verwandt werden; der Rest wird zur Deformation des Geschosses verbraucht bzw. in Wärme umgewandelt. Bo.

8326. **H. Onishi, E. B. Sandell,** Geochemistry of arsenic. Geochim. Cosmochim. Acta **7** 1—33, mit 5 Fig.

8327. **H. Onishi, E. B. Sandell,** Notes on the geochemistry of antimony. Geochim. Cosmochim. Acta **8** 213—221, mit 1 Fig.

* * **E. J. Öpik,** The origin of meteorites and the constitution of the terrestrial planets. Vgl. Ref. **5508**.

* * **E. J. Öpik,** Cosmic sources of deep-sea deposits. Vgl. Ref. **5016**.

8328. **K. K. Orwiku,** Die Meteoritensammlung des Geologischen Instituts der Akademie der Wissenschaften der Estnischen Sowjetrepublik in Tartu. Meteoritika Nr. 12 S. 94—102 (russisch).

8329. **F. A. Paneth, G. R. Martin, S. J. Thomson,** Origin and age of meteorites. Nature **175** 1003—1004. — Bemerkungen zu einer Arbeit von H. C. Urey (vgl. Ref. **8349**).

8330. **C. C. Patterson,** The Pb^{207}/Pb^{206} ages of some stone meteorites. Geochim. Cosmochim. Acta **7** 151—153. — Verf. bestimmt den Gehalt für die aus drei Steinmeteoriten isolierten Bleiisotope. Aus dem Verhältnis für Pb^{207}/Pb^{206} wird das Alter der Meteorite zu 4.5×10^9 Jahren berechnet. Dieser Wert ist in guter Übereinstimmung mit einem von Wasserburg und Hayden (vgl. Ref. **8353**) abgeleiteten. Aus den Verhältnissen für die Bleiisotope werden weitere Schlüsse über den Uran- und Thoriumgehalt der Steinmeteorite gezogen. Henn

8331. **J. Pokrzywnicki,** Co to są tektyty? Urania Kraków **26** 345—346.

8332. **P. Reasbeck, K. I. Mayne,** The ages and origin of meteorites. Nature **176** 186—188. — Ref. in J RAS Canada **49** 254—255. — Ein Vergleich der Altersbestimmungen für die Steinmeteorite nach der Helium- und Argonmethode ergab in weitgehender Übereinstimmung ein Alter von 2 bis 4 × 10^9 a. Für die Eisenmeteorite dagegen wird bei Anwendung der gleichen Heliummethode das geringe Alter von 2 bis 4 × 10^8 a (Nature **172** 1168) bestätigt. Verf. schließen, daß die Steinmeteorite in ihrer Entwicklung mindestens zehnmal früher eine Phase erreicht haben, in der nur noch wenig radio- und kosmogenes Helium verloren wird, als die Eisenmeteorite. Dies begünstigt die Hypothese der Bildung des Meteoreisens im Innern ausgedehnter Körper und damit der planetarischen Entstehung. Weidemann

8333. **P. Reasbeck, K. I. Mayne,** Cosmic radiation effects in meteorites. Nature **176** 733—734. — Ref. in Phys. Ber. **35** 1483.

8334. **H. R. Scultetus,** Meteoritenreste im Tiefseeschlamm: Eine neue Zeitskala für die Geschichte der Erde und des Sonnensystems. Sterne **31** 94—97, mit 2 Abb. — Verf. berichtet über Ergebnisse der in den Jahren 1947/48 durchgeführten Albatros-Expedition, die der Erforschung der Tiefseeablagerungen galt. Mit Hilfe akustischer Methoden sind im Pazifik Ablagerungsmächtigkeiten bis zu 200 m gemessen worden, deren unterste Schichten im Kambrium (5 × 10^8 Jahre) gebildet wurden. Der Nickelgehalt des Schlammes, der etwa dreimal so groß ist wie der festländischer Gesteine, deutet auf Beimengung extraterrestrischer Materie hin. Eine auf Grund dieser Ergebnisse gemachte Abschätzung des Massenzuwachses der Erde aus dem Kosmos führt auf 4.5 × 10^4 g/sec, während Watson den Massenzuwachs durch Meteorite auf nur 60 g/sec angibt. Hoppe

8335. **R. Šimon,** On the origin of moldavits. RH **36** 121—124, mit 1 Abb. (tschechisch).

8336. **E. S. Sinegub,** Die Meteoritensammlung des Mineralogischen Museums des Moskauer Geologischen Ordshonikidse-Schürfinstituts. Meteoritika Nr. 12 S. 112—116 (russisch).

8337. **F. Smits, J. Zähringer,** Ein Massenspektrometer für kleinste Gasmengen. Z. angewandte Phys. **7** 313—316, mit 6 Abb. — Verf. beschreiben ein Massenspektrometer, das zur Bestimmung großer Isotopenverhältnisse an sehr kleinen Gasmengen geeignet ist. Zur Anwendung werden Mengenbestimmungen für atmosphärisches und radiogenes Argon durchgeführt, sowie eine Messung des Isotopenverhältnisses $He^3 : He^4$ in Meteoriten angegeben. Henn

8338. **R. Stair,** Tektites and the lost planet. Annual Report Smithsonian Inst. for 1954 S. 217—230, mit 4 Fig.

8339. **R. Stair,** The spectral-transmissive properties of some of the tektites. Geochim. Cosmochim. Acta **7** 43—50, mit 9 Fig. — Verf. untersucht die Durchlässigkeit der Tektite in einzelnen Spektralbereichen (UV, visueller Bereich, nahes Infrarot). Die Meßergebnisse sollen zur Klärung von Fragen über Entstehung und Entwicklung der Tektite sowie ihren vermuteten meteoritischen Ursprung beitragen. Henn

8340. **T. L. Stisson,** Die Meteoritensammlung der Rigaer Staatsuniversität. Meteoritika Nr. 12 S. 120—121 (russisch).

8341. **T. L. Stisson,** Die Meteorite einiger kleiner Sammlungen der UdSSR. Meteoritika Nr. 12 S. 124—127 (russisch).

8342. **P. I. Suschizkij,** Die Meteoritensammlung des Meteoritenkomitees der Akademie der Wissenschaften der Ukrainischen Sowjetrepublik in Kiew. Meteoritika Nr. 12 S. 103—105 (russisch).

8343. **T. A. Tefanowa,** Die Meteoritensammlung des Geologisch-Mineralogischen Museums der Kasaner Uljanow-Lenin-Staatsuniversität. Meteoritika Nr. 12 S. 117—119 (russisch).

8344. **S. J. Thomson, K. I. Mayne,** The ages of three stony meteorites and a granite. Geochim. Cosmochim. Acta **7** 169—176, mit 1 Fig. — Unter Benutzung des Verhältnisses A^{40}/K^{40} haben Verf. das Alter von drei Steinmeteoriten bestimmt. Sie finden Werte zwischen 2.3 und 4.4×10^9 Jahren. Henn

8345. **A. W. Trofimow, G. K. Rik,** Über die Isotopen des meteoritischen Argons. DAN **102** 911—914 (russisch). — Für sieben Steinmeteorite (Chondrite) mit hohem Argongehalt wurden die Häufigkeitsverhältnisse A^{36}/A^{40} und A^{36}/A^{38} sowie der Gehalt der Isotopen A^{40}, A^{36} und A^{38} pro Gramm Meteoritenmaterie bestimmt. Die Häufigkeitsverhältnisse weichen mehr oder weniger vom erdatmosphärischen ab. Als Ursache dafür wird vermutet, daß A^{38} und A^{36} in den Meteoriten durch Kernumwandlungen unter Einwirkung der kosmischen Strahlung entstanden sind, oder daß ein Teil dieser Isotopen im normalen Verhältnis ($A^{36}/A^{38} = 5.3$) von den Meteoriten aus der gasförmigen Phase bei der Verfestigung einverleibt wurde und sich der A^{38}-Überschuß erst später unter Einwirkung der kosmischen Strahlung ausbildete. Man kann auch damit rechnen, daß einige Meteorite die aus der Atmosphäre adsorbierten Argonreste für immer an sich binden konnten. In diesem Fall erfordern die Altersbestimmungen von Gerling und Rik eine kleine Korrektur, nach deren Anbringung sich Alter von 2.9 bis 4.4 Milliarden Jahren ergeben. Loh.

8346. **N. Tschuchrowa, K. Komiserko,** Die Meteoritensammlung des Geologisch-Mineralogischen Museums der Moskauer Landwirtschaftlichen Timirjasew-Akademie. Meteoritika Nr. 12 S. 106—111 (russisch).

8347. **H. H. Uhlig,** Contribution of metallurgy to the origin of meteorites. II. The significance of Neumann bands in meteorites. Geochim. Cosmochim. Acta **7** 34—42, mit 2 Fig. und 6 Tafeln. — Verf. setzt seine metallographischen Untersuchungen der Meteorite durch das Studium der Neumannschen Linien fort. Diese zeigen, daß die Meteorite nach der Bildung der Widmanstättenschen Strukturen heftigen Stoßwellen ausgesetzt gewesen sein müssen, wonach dann eine Abkühlung eintrat. Wie aus der Untersuchung weiterhin folgt, muß die Entstehung der Linien erfolgt sein, bevor eine Kollision zwischen Meteorit und Erde stattfand. Die Stoßwellen, denen die Entstehung der Neumannschen Linien zugeschrieben wird, müssen daher aus dem interplanetaren oder dem interstellaren Raum stammen. Henn

8348. **H. C. Urey,** Distribution of elements in the meteorites and the earth and the origin of heat in the earth's core. Ann. Géophys. **11** 65—72. — Auf Grund von Vergleichen thermochemischer Berechnungen mit der tatsächlich beobachteten Verteilung von Elementen in Meteoriten findet Verf. für eine Reihe von Elementen ungefähre Übereinstimmung. Aus den Rechnungen ergibt sich weiter, daß Titan, Uran und Thorium in beobachtbaren Mengen nur in Silikatmeteoriten vorkommen können. Da Uran und Thorium im Erdkern wahrscheinlich nicht vorhanden sein dürften, will Verf. die radioaktive Aufheizung des Erdkerns dem Kalium zuschreiben. Henn

8349. **H. C. Urey,** Origin und age of meteorites. Nature **175** 321—323. — Ref. in Phys. Ber. **35** 706.

8350. **H. C. Urey,** On the origin of tektites. Proc. National Acad. Sci. USA **41** 27—31. — Verf. erörtert die Möglichkeit einer Entstehung der Tektite auf dem Mond und lehnt, im Gegensatz zu Kuiper (vgl. AJB **54** Ref. **7350**), diese Hypothese ab, da die Zusammensetzung der Tektite zu sehr derjenigen terrestrischer Sedimente ähnelt und andererseits keine Möglichkeit besteht, die Verbreitung in begrenzten Gebieten der Erde astronomisch zu erklären. Weidemann

8351. **G. J. Wasserburg, R. J. Hayden,** A^{40}—K^{40} dating. Geochim. Cosmochim. Acta **7** 51—60, mit 3 Fig. — Verf. beschreiben eine Methode zur geologischen Altersbestimmung, die von den Verf. auch zur Bestimmung des Alters von Meteoriten herangezogen wird. Henn

8352. **G. J. Wasserburg, R. J. Hayden,** Time interval between nucleogenesis and the formation of meteorites. Nature **176** 130—131. — Ref. in Meteoor **11** 48, Phys. Abstracts (A) **58** 1086, Phys. Ber. **35** 1482.

8353. **G. J. Wasserburg, R. J. Hayden,** Age of meteorites by the A^{40}—K^{40} method. Phys. Rev. (2) **97** 86—87. — Aus dem massenspektrometrisch gemessenen Verhältnis A^{40}/K^{40} wurde das Alter zweier Steinmeteorite bestimmt. Für die Zerfallskonstante des K^{40} wurde $\lambda = 0.55 \times 10^{-9} a^{-1}$, für das Verhältnis von K-Einfang zu β-Zerfall $\lambda_K/\lambda_\beta = 0.085$ angenommen. Das Alter ergab sich damit zu 4.82×10^9 und 4.58×10^9 Jahren. Hunger

8354. **G. J. Wasserburg,** The branching ratio of K^{40} and the age of meteorites. Phys. Rev. (2) **98** 250. — Ref. Am. Phys. Soc.

* * **F. L. Whipple, R. F. Hughes,** On the velocities and orbits of meteors, fireballs, and meteorites. Vgl. Ref. 8271.

* * **W. C. White,** Ablation from aluminum ultraspeed pellets. Vgl. Ref. 282.

* * A Bibliography on Meteorites. Herausgegeben von H. Brown. Vgl. Ref. 713.

8355. Le poids des météorites authentiquement repérées sur la terre. BSAF **69** 156.

8356. Five billion years age of meteorites. Chemistry **28** Nr. 8 S. 17. — Ref. in RJ Astr. Geod. UdSSR 1956 Nr. 8. S. 61.

8357. Los meteoritos y el peso de la Tierra. Rev. Astr. Nr. 133 S. 85.

8358. 500 tons of meteorites. Sky and Telescope **14** 136. Vasiona **3** 45.

8359. Origin of Tektites. Sky and Telescope **14** 281.

8360. Statystyka meteorytów. Urania Kraków **26** 337—338.

Einzelne Meteorite

8361. **T. van Dijk, J. de Metter,** De radioactiviteit van de meteoriet van Monze (II). Meteoor **11** 10—13, mit 4 Tafeln (mit englischer Zusammenfassung).

8362. **F. Dojčák,** The meteorite of Podkamennaya Tunguska. RH **36** 80—82, mit 1 Abb. (slowakisch).

8363. **F. Dojčák,** Meteorit of Sikhote-Aline. RH **36** 196—199 (slowakisch).

8364. **W. G. Fessenkow,** Bemerkung zur Bewegung des Sichoté-Aliner Meteoriten in der Atmosphäre. Meteoritika Nr. 12 S. 72—74 (russisch). — Die vorliegende Notiz ist eine Ergänzung und Verbesserung früher erhaltener Ergebnisse des Autors (vgl. AJB **51** Ref. 8349). Letztere bleiben zwar in Bezug auf Geschwindigkeit und Bahn des Meteoriten im wesentlichen dieselben, Anfangs- und Endmasse müssen aber halbiert werden. Loh.

8365. **K. P. Florenzkij,** Einige Eindrücke über den heutigen Zustand des Fallgebietes des Tungusischen Meteoriten des Jahres 1908. Meteoritika Nr. 12 S. 62—71, mit 3 Fig. (russisch).

8366. **L. F. Herzog, W. H. Pinson jr.,** Sr and Rb abundances, elemental and isotopic, and a minimum age for the Homestead meteorite. AJ **60** 163. — Ref. AAS.

8367. **A. A. Jawnel,** Bestimmung der Spannungen in Bruchstücken des Sichoté-Aliner Meteoriten. Mitt. Astrophys. Inst. Alma-Ata **1** Nr. 1—2 S. 252—262, mit 4 Abb. (russisch). — Die Spannungen in den aus 94 % Fe, 5.27 % Ni und 0.47 % Co bestehenden Stücken erreichen 13 t/cm². Die daraus abgeleitete Auftreffgeschwindigkeit des Meteors auf die Erdoberfläche von mindestens 600 m/sec entspricht den Erwartungen. Petri

8368. **E. L. Krinow,** Morphologische Untersuchung der Steinmeteorite der letzten Niederfälle. Meteoritika Nr. 12 S. 29—53, mit 30 Fig. (russisch). — 1950 und 1951 fielen in der UdSSR drei Meteorite nieder: bei Wengerowo, Jelenowka und Manytsch. Verf. untersucht diese morphologisch unter Verwendung einer Binokularlupe mit 30—45 facher Vergrößerung. Zahlreiche Photographien der Oberflächenstrukturen sind beigegeben. Loh.

8369. **L. LaPaz,** A preliminary report on the Pinto Mountains, Riverside County, California, chondrite (CN = 1161,337:). Meteoritics **1** 295—299, mit 1 Fig.

8370. **F. C. Leonard,** The recovery of a fifth member of the Cape York, West Greenland, sideritic fall (CN = 0670,760:). Meteoritics **1** 305—308, mit 1 Fig.

8371. **T. Monod,** The problem of the Chinguetti (French West Africa) meteorite (CN = 0127,202:). Meteoritics **1** 308—314.

8372. **S. Murayama,** The Kasamatsu and Kochi meteorites, which struck buildings in Japan. Meteoritics **1** 300—305, mit 4 Fig.

8373. **J. Pokrzywnicki,** O meteorycie Rózana i zjawiskach towarzyszących jego przelotowi w atmosferze. Acta geophys. polon. **3** 62—77. — Ref. in RJ Astr. Geod. UdSSR 1956 Nr. 2 S. 100.

8374. **J. Pokrzywnicki,** O niektórych mało znanych polskich meteorytach. Acta geol. polon. **5** 427—438. — Ref. in RJ Astr. Geod. UdSSR 1956 Nr. 11 S. 59.

8375. **J. Pokrzywnicki,** O meteorytach naszych ziem zachodnich. Urania Kraków **26** 165—172, mit 3 Tafeln.

8376. **G. W. Reed, A. Turkevich,** Uranium content of two iron meteorites. Nature **176** 794—795. — Auf Anregung von Urey wurde der Urangehalt der Meteorite Tamagural und Thunda nach der Methode der Neutronenaktivierung bestimmt. Die Proben wurden im Inneren eines Reaktors mehrere Tage mit 10^{13} n/s cm² bestrahlt und mit einem gleich behandelten Stück des Mock-Meteoriten verglichen. Es ergab sich aus der Analyse der Neptunium-239-Aktivität, daß der Urangehalt jedenfalls kleiner als 5×10^{-10} g/g sein muß und damit mindestens eine Größenordnung geringer, als nach den Bestimmungen von Dalton und anderen, die ein Alter von nur einigen 10^8 a zur Folge gehabt hätten. Weidemann

8377. **R. Rost,** Der Hexaedrit von Opava (CSR). Meteoritika Nr. 12 S. 54—61, mit 6 Fig. (russisch). — Beschreibung und Mitteilung des Ergebnisses der chemischen Analyse dieses 1925 auf dem Gilschwitzer Berg in Troppau gefundenen Eisenmeteoriten. Loh.

8378. **P. I. Suschizkij,** Der Fall des Steinmeteoriten in Swonkowe am 2. September 1955. Geolog. J. **15** Nr. 4 S. 92—93 (ukrainisch). — Ref. in RJ Astr. Geod. UdSSR 1956 Nr. 10 S. 58.

8379. Another meteorite find. Sky and Telescope **14** 191. — Fundort: Marlow, Okla.

Meteoritenkrater

8380. **J. van Eeghem,** Struktuuronderzoek der meteorieten Canon Diablo en Mount Joy. Meteoor **11** 2—6, mit 9 Fig. (mit englischer Zusammenfassung).

8381. **G. E. Foster,** A siderite found inside the Barringer meteorite crater. Meteoritics **1** 358—359.

8382. Ill wind at meteor crater. Sky and Telescope **14** 418.

8383. Dwa nowe kratery kosmiczne. Urania Kraków **26** 22—23, mit 1 Tafel.

§ 84

Zodiakallicht, Gegenschein

8401. **D. Barbier,** Sur les variations d'intensité de la lumière zodiacale. Vgl. Ref. **1169**, daselbst S. 55—71, mit 5 Fig. und Diskussion S. 186—190 = Contr. Inst. d'Astrophys. Paris (A) Nr. 205. — Die in zahlreichen visuellen, photographischen und lichtelektrischen Messungen des Zodiakallichtes schon seit Jahren zum Ausdruck kommenden raschen Veränderungen der Leuchtintensität werden vom Verf. auf Grund neuen Beobachtungsmaterials als nicht reell erwiesen. Hoppe

8402. **N. B. Diwari,** Über die Veränderungen in der Helligkeitsverteilung des Zodiakallichts. AJ UdSSR **32** 79—89, mit 16 Abb. (russisch). — Aus der Bearbeitung photometrischer Beobachtungen des Zodiakallichts im Visuellen ergab sich, daß im Zodiakallicht ein Leuchtexzeß am Horizont vorhanden ist. Seine Intensität fällt rasch mit der Entfernung vom Horizont, und fern vom Vertikal der Sonne fehlt er. Dieses Leuchten zeigt jahreszeitliche Variationen, nimmt ab im Winter und vergrößert sich im Herbst und Frühling. Ein jahreszeitlicher Gang steckt auch in den Helligkeitsänderungen des Zodiakallichts, das nicht von der Wirksamkeit des Exzeßleuchtens gestört wird. Diese Änderungen besitzen einen dem Exzeßleuchten entgegengesetzten Gang. Die Helligkeit des Abendzodiakallichts hat ein Maximum im Januar. Verf. (übersetzt)

8403. **N. Donitch,** Nouvelles études sur la position de la lumière zodiacale dans l'espace. BA **20** 15—26, mit 3 Fig. — Vier Aufenthalte in Tamanrasset ermöglichten 43 photographische Aufnahmen des Zodiakallichtes. Die Aufnahmen gestatten seine Lage im Raum zu bestimmen. Über die ganze Zeit blieb die Neigung zur Ekliptik unverändert +1°45!2; der aufsteigende Knoten hingegen zeigte Schwankungen von 33°. Verf.

* * **H. Elsässer,** Fraunhoferkorona und Zodiakallicht. Vgl. Ref. **6708**.

8404. **C. Hoffmeister,** On some peculiar aspects of the zodiacal light. Vgl. Ref. **1169**, daselbst S. 72—79, mit 4 Fig. und Diskussion S. 186—190. — Es werden Fragen der Zugehörigkeit des Gegenscheins zum interplanetaren Phänomen des Zodiakallichtes behandelt. Verf. kommt zu dem Schluß, daß die Zweikörperhypothese den Beobachtungstatsachen am besten gerecht wird. Hoppe

8405. **H. C. van de Hulst,** On the polarization of the zodiacal light. Vgl. Ref. **1169**, daselbst S. 89—95, mit 1 Fig. und Diskussion S. 186—190. — Es wird gezeigt, daß die Polarisation des Zodiakallichtes in zwei Komponenten aufgespalten werden kann: die der festen Staubpartikel und die der freien Elektronen. Die daraus resultierende Elektronendichte liegt in Erdentfernung zwischen 300—800 El/cm^3. Hoppe

8406. **C. de Jager,** The capture of zodiacal dust by the earth. Vgl. Ref. **1169**, daselbst S. 174—182 und Diskussion S. 186—190 = Werkgroep Meteoren Med. Nr. 39 = Sterrewacht «Sonnenborgh» Utrecht Overdruk Nr. 20. —

Es wird die Diskrepanz zwischen den aus verschiedenem Beobachtungsmaterial abgeleiteten Niederschlagsmengen extraterrestrischen Staubes dargelegt und eine Beziehung zwischen der Raumdichte (Partikel/cm³) und der Fallmenge hergeleitet. Hoppe

8407. **H. K. Kallmann,** Quantitative estimate of frequency and mass distribution of dust particles causing the zodiacal light effect. Vgl. Ref. **1169**, daselbst S. 100—113, mit 4 Fig. und Diskussion S. 186—190. — Es wird versucht, ausgehend von visuellen und Radarbeobachtungen, die Häufigkeitsverteilung der Partikeldurchmesser und der Massen der Meteoriten und der Teilchen des Zodiakallichtes abzuleiten. Das Ergebnis ist sehr unsicher, da es weitgehend von den noch keineswegs gesicherten Annahmen, die in die Theorien eingehen, abhängt. Hoppe

8408. **V. H. Regener,** Recordings of the zodiacal light. ApJ **122** 520—529, mit 4 Fig. und 1 Tafel. — Ref. in Coelum **24** 88. — Die Intensität des Zodiakallichtes wurde lichtelektrisch gemessen. Für die Intensität in Abhängigkeit vom Sonnenabstand und der Entfernung von der Ekliptik wurde ein analytischer Ausdruck gefunden. K. H. Schmidt

8409. **H. Siedentopf,** Observations of the zodiacal light at Jungfraujoch and theoretical comments. Vgl. Ref. **1169**, daselbst S. 96—99, mit 1 Fig. und Diskussion S. 186—190. — Aus photoelektrischen Registrierungen der Helligkeit und Polarisation des Zodiakallichtes wird unter der Voraussetzung, daß feste Staubteilchen und freie Elektronen am Leuchten beteiligt sind, eine Vorstellung über die Anordnung und Dichte der lichtstreuenden Materie sowie über die Größe und Häufigkeit der Staubkomponente gewonnen. Hoppe

8410. **H. Siedentopf,** Zur optischen Deutung des Gegenscheins. ZfA **36** 240—244, mit 2 Abb. = Mitt. Astr. Inst. Univ. Tübingen Nr. 18. — Der Gegenschein wird als Analogon zu der meteorologisch-optischen Erscheinung der Glorie gedeutet. Diese Deutung erlaubt Abschätzungen für die Verteilungsfunktion der Radien, für die Albedo und für die Anzahlen der interplanetarischen Staubpartikel, die in guter Übereinstimmung mit anderen Abschätzungen dieser Größen stehen. Verf.

8411. **F. L. Whipple,** A comet model. III. The zodiacal light. ApJ **121** 750—770, mit 1 Fig. = Harv Repr Nr. 413. — Ref. in Meteoor **11** 48. — Der Verlust der das Zodiakallicht und die Fraunhofer-Korona verursachenden Staubwolke an meteoritischen Teilchen infolge des Poynting-Robertson-Effekts wird auf etwa eine Tonne pro sec geschätzt. Verf. untersucht auf Grund seines in Teil I und II entwickelten Kometenmodells, ob dieser Verlust durch kometarisches Material ausreichend ersetzt werden kann. Es ergibt sich, daß die Kometen rund 30 Tonnen/sec meteoritische Teilchen zum Zodiakallicht beitragen können, ein Wert, der aber aus verschiedenen Gründen, vor allem wegen der störenden Wirkung Jupiters, wesentlich reduziert werden muß. Ferner werden der Einfluß von Zusammenstößen der Partikel auf die Verteilung der Partikelgrößen sowie die eventuelle Bedeutung solarer Korpuskularstrahlung für den Poynting-Robertson-Effekt erörtert. Kdr.

8412. **F. L. Whipple,** On the origin of the zodiacal particles. Vgl. Ref. **1169**, daselbst S. 183—184 und Diskussion S. 186—190. — Verf. führt die Aufrechterhaltung der Zodiakallichtwolke, die durch den Poynting-Robertson-Effekt dauernd abgebaut wird, auf einen Materiestrom von etwa 10^6 g/s zurück, der den Zodiakallichtkörpern aus den in Auflösung befindlichen Kometen zufließt. Hoppe

8413. **Beobachtungen des Zodiakallichts**

Sterne **31** 71—72, mit 2 Abb. Photographische Aufnahmen des Zodiakallichtes. H. U. Sandig.

TACL 1291 S. 3 mit 1 Fig. Zodiacal lights. I. Yamamoto.

YC 1348 S. 5. Zodiacal light.

X. Sterne

§ 90

Allgemeines

* * **F. J. Acfield,** Daylight observations of planets and stars. Vgl. Ref. **7001**.

* * **J. Bartsch,** Beobachtungen von Jupiter und Sirius mit bloßem Auge vor Sonnenuntergang. Vgl. Ref. **7603**.

9001. **J. Gadomski,** Pod niebem innych planet. IV. W układach innych słońc. Urania Kraków **26** 225—227, mit 1 Tafel.

§ 91

Positionen, Kataloge, Fundamentalsystem, Karten

9101. **T. P. Bhaskaran,** Revised values of the constants of plates taken for the Astrographic Catalogue, zones +39° to +36°. Publ. Nizamiah Obs. **13** part 1, 15 S., 1945.

9102. **J. Delhaye,** Erreurs systématiques et précision interne des catalogues. Les fluctuations du système du General Catalogue dans la zone +30° . . . +40°. BA **18** 309—324, mit 7 Fig. — Der (noch nicht veröffentlichte) Katalog Par_1 50 der Anhaltssterne der Zonen +33° und 36° der CdC wird auf seine systematischen Fehler untersucht. Dabei zeigt sich, daß der Anschluß an den FK3 befriedigend gelungen ist, daß jedoch die systematischen Beziehungen zum GC bei verschiedener Auswahl der gemeinsamen Sterne nach der Helligkeit andere werden, womit eine Inhomogenität des GC nach der scheinbaren Helligkeit als Argument nachgewiesen wäre. Böh.

9103. **J. Dick,** Ergänzungen zu Abteilung I der Geschichte des Fixsternhimmels. AN **282** 240. — Betrifft die Sterne BD −0°4334, −0°4346, Sj 9159.

9104. **W. Dieckvoss, H. Kox,** Neue Positionen von 76 Sternen des AGK2A im Gebiet um den offenen Sternhaufen M 35. AN **282** 217—220 = Mitt. Sternw. Hamburg-Bergedorf **10** Nr. 97. — Es werden astrographische Positionen in einem $1^h\!.5 \times 5°$ großen Feld mitgeteilt, die aus zwei Platten mit je sieben einander in RA halb überdeckenden Feldern von 5° × 5° Größe ohne spezielle Meridianbeobachtungen abgeleitet sind. Verf.

9105. **S. W. Drosdow,** Programm der schwachen Zenitsterne und Zenitpaare und Beobachtungen nach diesem Programm in Poltawa von 1940.2 bis 1941.7. Publ. Gravimetr. Obs. Poltawa **5** 79—146 (russisch). — Ein Programm von Zenitbeobachtungen wurde mit 77 Sternpaaren und 49 Einzelsternen durchgeführt. Positionen und Helligkeiten sind dem Bonner AG-

Katalog entnommen. Etwa 4000 Beobachtungen kamen bei der Bearbeitung zur Verwendung. Der mittlere Fehler einer Beobachtung beträgt etwa ± 0''20. Die nach der Reduktion zum Zentrum des Systems verbleibenden Restbeträge sind für jedes Sternpaar und für jeden Einzelstern, zeitlich geordnet, aufgeführt.
Schrick

9106. **S. W. Drosdow,** Vorläufiger Katalog der Deklinationen von 204 Sternen des Poltawaer Zenitprogramms. Publ. Gravimetr. Obs. Poltawa **5** 147—159 (russisch).

9107. **B. Guinot,** Sur les erreurs systématiques des ascensions droites en fonction de la déclinaison ($\Delta\alpha_\delta$) des catalogues d'étoiles FK 3 et N 30. CR **241** 1386—1387. — Durch eine Beobachtungsreihe verschiedener Beobachter 1953—55 mit dem «Astrolabe Impersonnel» von A. Danjon werden die systematischen Werte $\Delta\alpha_\delta$ für die Kataloge FK 3 und N 30 hergeleitet. Beim ersten Katalog steigt der Wert gegen den Pol hin auf $+0^s\!.03$ an, während N 30 für die Epoche der Beobachtung von einer solchen Korrektion frei ist. Genäherte Werte $\Delta\delta_\delta$ zeigen für beide Kataloge geringe Abweichungen der Beobachtungsdaten.
A. Kopff

9108. **O. Heckmann,** La troisième observation des étoiles des catalogues de l'Astronomische Gesellschaft. Commun. Obs. Roy. Belgique Nr. 85 S. 3—5.

* * **J. v. d. Heide,** Zeitbestimmung und Fundamentalkatalog. Vgl. Ref. **2328**.

9109. **G. van Herk,** A catalogue of declinations of stars in the zone +24° to +32°. Ann. Sterrewacht Leiden **18**, Derde Stuk, 52 S. mit 2 Fig.

9110. **J. Jackson, R. H. Stoy,** Cape Photographic Catalogue for 1950.0. Zone −52° to −56°. Ann. Cape Obs. **19**, 38 + 195 S.

9111. **G. G. Jermolajew,** Sur l'étude des déclinaisons d'étoiles de la zone équatoriale de Nicolaiev. AJ UdSSR **32** 373—380, mit 3 Fig. (russisch mit französischer Zusammenfassung). — Beim Vergleich mehrerer Kataloge zur Bestimmung von Eigenbewegungen stellten sich beim Yale-Katalog von I. Barney systematische Fehler in $\Delta\delta_\delta$ und $\Delta\delta_\alpha$ heraus. Eine Helligkeitsgleichung $\Delta\delta_m$ tritt nur im GC auf; sie beträgt darin zwischen $5^m\!.0$ und $9^m\!.5$ etwa 0''35.
Schrick

9112. **A. Kopff, H. Nowacki,** Der Einfluß der Zusatzsterne auf das System des FK 3. NAZ **9** 15—18. — Vergleich des FK 3 mit dem Katalog N 30 nach Deklination für 1930.0. Der Einfluß der Zusatzsterne auf das Gesamtsystem des FK 3 ist in Kurven dargestellt. Darnach bilden das System der Auwers-Sterne und das System der Zusatzsterne ein einheitliches System.

9113. **H.-J. Kung, D.-K. Lo, S.-H. Yeh, T.-Y. Shen,** Observations of transit of stars at the Observatory at Zi-Ka-Wei. Acta Astr. Sinica **3** 177—182, mit 2 Fig. (chinesisch).

9114. **H.-J. Kung, D.-K. Lo, S.-H. Yeh, T.-Y. Shen,** Observations of transit of stars at the Observatory of Zi-Ka-Wei. Acta Astr. Sinica **3** 349—355, mit 2 Fig. (chinesisch).

9115. **H. Li, L. Wan,** Les catalogues stellaires et le catalogue des étoiles faibles entrepris par les astronomes de l'U.R.S.S. Acta Astr. Sinica **3** 253—273, mit 2 Fig. (chinesisch mit französischem Ref.).

9116. **V. Maître,** Deuxième catalogue de l'Observatoire de Besançon rapporté à l'équateur et à l'équinoxe de 1950.0 contenant les observations de 1386 étoiles de repère de la zone +33°—+36° de déclinaison. Ann. Obs. Besançon Astr. Géophys. (NS) **4** Nr. 4, 62 S.

* * **A. A. Nemiro,** Fehler des FK 3 in $\Delta\alpha_\alpha$ und ihr Einfluß auf die Bestimmung der Ungleichmäßigkeit der Rotation der Erde. Vgl. Ref. **13111**.

9117. **E. Paloque,** Quatrième catalogue de Toulouse. Positions et mouvements propres des étoiles de repère de la zone +4°, +12° pour l'époque et l'équinoxe 1900.0. Ann. Obs. Astr. Mét. Toulouse **23** 5—13.

9118. **D. D. Poloshenzew,** Aufstellung eines fundamentalen Deklinationssystems nach der Methode von W. G. Schaposchnikow. Leningrad, Astr. Hauptobs., 1955. — Dissertationsreferat (russisch). — Ref. in RJ Astr. Geod. UdSSR 1956 Nr. 1 S. 26.

9119. **B. Sticker, O. Wachtl,** Katalog von 255 Zusatzsternen zum dritten Fundamentalkatalog (FK3) des Berliner Astronomischen Jahrbuchs. Veröff. Univ.-Sternw. Bonn Nr. 42, 13 S.

* * **N. Stoyko,** Rapport succinct sur les travaux russes d'astronomie fondamentale. Vgl. Ref. **3010**.

9120. **K. Tuzi,** Meridian observation of right ascension of equatorial stars made with Repsold transit instrument. Preliminary results No. 8. TAB (2) Nr. 72 S. 697—730.

9121. Omicron Cygni. JBAA **66** 40. — Richtigstellung irrtümlicher Bezeichnungen in einzelnen Sternkatalogen für 30 o^1, 31 o^2 und 32 Cygni. T. L.

9122. Katalog von 3356 schwachen Sternen für das Äquinoktium 1950, beobachtet an den Meridiankreisen der Sternwarten Hamburg-Bergedorf und Heidelberg-Königstuhl von J. Larink, A. Bohrmann, H. Kox, I. Groeneveld, H. Klauder. Hamburg-Bergedorf, Verlag der Sternwarte, 1955. 21 + 69 S.

9123. Melbourne Astrographic Catalogue, 1900. Vol. 4. Zones −71° and −72°. Rectangular coordinates and diameters of star images from photographs taken and measured under the direction of R. L. J. Ellery and P. Baracchi. Revised and prepared for publication under the supervision of J. M. Baldwin. Published under the auspices of the International Astronomical Union. Paris, 1955. 15 + 257 S.

9124. Astrographic Catalogue 1900.0. Sydney Section. Dec. −51° to −65°. From photographs taken at the Sydney Observatory, New South Wales, Australia. Vol. **33**. R.A. 0^h to 6^h Dec. −59° to −61°. Plate Centres Dec. −60°. Sydney, 1955. 3 + 20 S.

Desgl. Vol. **36**. R.A. 18^h to 24^h Dec. −59° to −61°. Plate Centres Dec. −60°. Sydney, 1955. 3 + 19 S.

Desgl. Vol. **37**. R.A. 0^h to 6^h Dec. −60° to −62°. Plate Centres Dec. −61°. Sydney, 1955. 3 + 17 S.

9125. Geschichte des Fixsternhimmels, enthaltend die Sternörter der Kataloge des 18. und 19. Jahrhunderts. Abteilung II. Der südliche Sternhimmel. Band **13**. 12^h Rektaszension. Herausgegeben von J. Haas. Karlsruhe, Kommissionsverlag G. Braun, 1955. 11 + 441 S. Preis DM 30.

Sternkarten

9126. **R. Baum,** The great exploration. Vega **2** Nr. 29 S. 1. — Mitteilung über die große Himmelsüberwachung an der Palomar-Sternwarte.

9127. **F. Becker,** Die neue Ausgabe der Bonner Durchmusterung. Mitt. AG S. 19—20. — Ref. AG.

9128. **A. Bečvář,** Atlas Coeli Skalnaté Pleso 1950.0. Vgl. AJB **51** Ref. **9123**. — Weitere Besprechung in Sterne **32** 80 (C. Hoffmeister).

9129. **V. de Callataÿ,** Atlas du Ciel. Vorwort von E. Delporte. Bruxelles, Les Editions de Visscher, 1955. 160 S. mit 36 + 45 Karten und 12 Tafeln. Preis bfrs 450. — Besprechung in Coelum **24** 60, Endeavour **15** 222 (H. Spencer Jones), Gaz astr **37** 52—54, Hemel en Dampkring **54** 207 (J. J. Raimond jr.), Obs **76** 112 (W. H. Steavenson), Sky and Telescope **15** 364, Sterne **32** 250.

9130. **W. M. Lindley,** A note on Argelander's B.D. JBAA **65** 305—307. — Katalog und Sternkarte der BD wurden von Argelander und seinen Mitarbeitern 1852 mit dem Ziel angefertigt, dem Beobachter eine schnelle und sichere Orientierungsmöglichkeit in die Hand zu geben. Bei dem Umfang des Materials wurde diese Aufgabe in erstaunlich kurzer Zeit bewältigt. Positions- und Helligkeitsangaben des Katalogs sind außerdem von solcher Güte, daß sie häufig zur Überforderung des Katalogs verleiten. 1903 brachte Schönfeld eine zweite Auflage der BD mit geringfügigen Korrektionen und 727 zusätzlich aufgenommnen Sternen heraus. U. Baehr

9131. Drehbare Sternkarte «Sirius». Nach Angaben von M. Schürer berechnet und gezeichnet von H. Suter. Bern, Verlag der Schweizerischen Astronomischen Gesellschaft, 1955. Preis Kl. Modell Sfr. 7.50, Gr. Modell Sfr. 33.00. — Besprechung in Orion Schaffhausen **4** 497, Sternenbote **7** 108.

9132. Sternatlas. Astr. Nachr. Berlin-Treptow **7** 89. — Mitteilung über den in Kürze erscheinenden Sternatlas von O. Kohl.

9133. Nuevo Atlas Celeste Fotográfico. El Universo Nr. 32 S. 125. — Kurze Mitteilung über den Mount Palomar-Atlas.

9134. Completing the atlas of the universe. J. Astr. Soc. Victoria 68—69.

9135. Atlas Estelar. Rev. Astr. Nr. 137 S. 82. — Kurze Mitteilung über den Stand des Unternehmens auf Mt. Palomar.

9136. Palomar sky atlas. Sky and Telescope **14** 503. — Ref. in Coelum **24** 57—58.

9137. Najveći atlas neba. Vasiona **3** 87 (serbisch). — Bericht über den Mount Palomar-Atlas nach einem Artikel von I. S. Bowen im National Geographic Magazine, Aug. 1955 Milošević

§ 92

Eigenbewegung, Radialgeschwindigkeit

9201. **H. Berthomieu,** Statistiques préliminaires à l'étude des mouvements propres de Toulouse. Ann. Obs. Astr. Mét. Toulouse **23** 41—43, mit 1 Fig. — Im Bereich $\alpha = 0^h$ bis 6^h, $\delta = +4°$ bis $+12°$ werden die Kurven $f(\alpha) = (N_1—N_2)/(N_1+N_2)$ für die drei Kataloge 1.) General Catalogue (Boss), 2.) Quatrième Catalogue de Toulouse und 3.) Mouvements propres des étoiles des Catalogues photographiques de Toulouse miteinander verglichen. Dabei ist N_1 die Zahl der Sterne mit $\mu_\alpha > 0$ und N_2 die mit $\mu_\alpha < 0$. Gli.

* * **A. N. Deutsch, W. W. Lawdowskij, N. W. Fatschichin,** Katalog von 1508 außergalaktischen Nebeln in 157 Himmelsfeldern der Zone von +90° bis −5° Deklination zur Bestimmung der Eigenbewegungen von Sternen. Vgl. Ref. **12410**.

9202. **R. B. Dunn, H. S. Hughes, W. J. Luyten,** New stars with proper motions exceeding 0.″5 annually. AJ **60** 274.

9203. **J. Gallo,** Movimientos propios de las estrellas contenidas entre las 0^h y 6^h de ascención recta y entre los 12° y 14° de declinación sur. Univ. Nacional Mexico. Obs. Astr. Nacional Tacubaya Nr. 1, 28 S., 1944.

9204. **J. Gallo,** Movimientos propios de las estrellas contenidas entre las 6^h y 12^h de ascención recta y entre los 12° y 14° de declinación sur. Univ. Nacional Mexico. Obs. Astr. Nacional Tacubaya Nr. 2, 35 S. 1946.

* * **G. W. Jefimowa,** Untersuchung der Eigenbewegungen von Sternen im Gebiet der Orion-Assoziation. Vgl. Ref. **12369.**

9205. **S. I. Kadla,** Bestimmung und Untersuchung der Eigenbewegungen von Sternen im Gebiet von η Cygni. Mitt. Astr. Hauptobs. Pulkowo **20** Nr. 1 (154) S. 47—83 (russisch). — Die Arbeit enthält einen Katalog absoluter Eigenbewegungen von 1746 Sternen im Gebiet um η Cyg. Ihr mittlerer Fehler beträgt $\pm 0\overset{''}{.}0056$. Die am Normalastrographen von Taschkent aufgenommenen Platten haben eine Epochendifferenz von 41 Jahren. Der Versuch, die interstellare Absorption im sogenannten parabolischen Dunkelnebel zu ermitteln, führte zu keinen konkreten Ergebnissen. Loh.

9206. **V. Nechvile,** Mouvements propres des étoiles dans la région de la nébuleuse M 57 de la Lyre (Suite). JO **38** 32—36.

* * **E. Paloque,** Quatrième catalogue de Toulouse. Positions et mouvements propres des étoiles de repère de la zone +4°, +12° pour l'époque et l'équinoxe 1900.0. Vgl. Ref. **9117.**

9207. **E. Paloque,** Mouvements propres supérieurs à 10′ par siècle dans la région comprise entre 0 heure et 6 heures d'ascension droite, +4° et +12° de déclinaison. Ann. Obs. Astr. Mét. Toulouse **23** 15—35.

9208. **P. J. van Rhijn, L. Plaut,** Proper motions of stars in the Selected Areas at the equator derived from plates taken at the Alger Observatory. Publ. Kapteyn Astr. Laboratory Groningen Nr. 56, 100 S.

9209. **P. Sawizkij,** Sterne mit großer Eigenbewegung im Gebiet des galaktischen Haufens NGC 6705. Astr Circ UdSSR Nr. 159 S. 13—14 (russisch). — Aus vier am Normalastrographen von Taschkent aufgenommenen Plattenpaaren aus den Jahren 1896 und 1941 bzw. 1951 wurden von 19 Sternen Eigenbewegungen von mehr als $0\overset{''}{.}035$/Jahr abgeleitet. Das Verzeichnis ist beigefügt. Loh.

9210. **A. N. Vyssotsky,** Concerning the use of the Cape proper motions of faint stars. Obs **75** 180. — Kritische Bemerkung zur Apexbestimmung von Ewart aus den Eigenbewegungen der Cape-Zonen (vgl. AJB **54** Ref. **12340**). Da zur Umwandlung der relativen in absolute Eigenbewegungen die parallaktische Bewegung der Anhaltssterne mit einem angenommenen Wert für den Apex berechnet werden muß, ist das Ergebnis nicht unabhängig, sondern durch diese Annahme stark beeinflußt. Bo.

9211. **N. Wieth-Knudsen,** On the relative proper motion of a faint white star in the region of the cluster NGC 1647. JO **38** 273—276. — Zur Prüfung der Vermutung von Hertzsprung, daß der Stern Hzg 190 im offenen Sternhaufen NGC 1647, der stark aus der Hauptreihe des Farben-Helligkeits-Diagramms dieses Haufens herausfällt, ein weißer Zwerg ist, werden Aufnahmen dieser Gegend gemacht und mit alten Platten verglichen. Die aus dem Intervall von 39 Jahren ermittelten Eigenbewegungen machen es wahrscheinlich, daß es sich bei diesem Stern um einen weit entfernten, nicht zum Haufen gehörenden Hintergrundstern handelt. H. M.

9212. Errata au catalogue de mouvements propres des étoiles des catalogues photographiques de Toulouse pour la région comprise entre 0 heure et 6 heures d'ascension droite, +4° et +12° de déclinaison. Ann. Obs. Astr. Mét. Toulouse **23** 44.

9213. Eigenbewegungen einzelner Sterne

BD 49° 1204 M. A. Danilowa, F. S. Mussina, Eigenbewegungen der Sterne BD 49° 1204 und BD 46° 1670. Abh. Univ. Kasan **115** Nr. 7 S. 39—40 (russisch). — Ref. in RJ Astr. Geod. UdSSR 1956 Nr. 10 S. 31.

BD 46° 1670 M. A. Danilowa, F. S. Mussina. Vgl. BD 49° 1204.

Radialgeschwindigkeiten

9214. M. Barbier, C. Fehrenbach, Discussion de la mesure des vitesses radiales au prisme-objectif. JO **38** 180—187, mit 3 Fig. und 4 Tafeln. — Es werden die Objektivprismenspektren einiger Sterne teils auf derselben Platte, teils auf verschiedenen Platten nach der früher besprochenen Methode ausgemessen, und die gefundenen Radialgeschwindigkeiten ausführlich diskutiert. Für Sterne vom Spektraltyp G bis M liegt der wahrscheinliche Fehler des Mittels aus drei Platten je nach der Güte der Aufnahmen wischen 2.5 und 6.8 km/sec. Es zeigt sich, daß die Fehler nicht durch die Messung, sondern durch die Aufnahme selbst bestimmt sind, wobei wahrscheinlich geringe Schichtverzerrungen die Hauptrolle spielen. H. M.

9215. M. Duflot, C. Fehrenbach, Dépouillement des clichés de vitesses radiales avec le spectrocomparateur. JO **38** 176—179, mit 1 Fig. — Es wird ausführlich das Verfahren auseinandergesetzt, wie die Objektivprismenspektren mit dem vorher beschriebenen Spektrokomparator vermessen und wie die Messungen reduziert werden. H. M.

9216. M. W. Feast, A. D. Thackeray, A. J. Wesselink, Radial velocities of southern B stars determined at the Radcliffe Observatory. Paper I. Mem RAS **67** 51—96, mit 2 Fig. — Ref. in MN **115** 217—218, mit 2 Fig. = Commun. Radcliffe Obs. Nr. 30. — Es werden die Radialgeschwindigkeiten von 185 südlichen B-Sternen veröffentlicht, die mit dem 74′ Radcliffe-Reflektor bestimmt wurden. 38 Sterne gestatten den Anschluß der Radcliffe-Beobachtungen an die IAU-Standardsterne. Für die 147 Sterne, deren Radialgeschwindigkeit erstmals bestimmt ist, wurden zugleich Spektral- und Leuchtkraftklasse im MKK-System geschätzt. Spektrograph und Methode werden erläutert. Eine kurze Diskussion der Messungen zeigt den galaktischen Rotationseffekt in den Radialgeschwindigkeiten der Sterne und der interstellaren Linien. Gli.

9217. C. Fehrenbach, M. Duflot, La mesure des vitesses radiales stellaires au prisme objectif à champ normal. CR **241** 647—649. — Nach einer bereits beschriebenen Methode (vgl. AJB **47** Ref. **7209/10**, AJB **48** Ref. **2404**), die inzwischen verbessert wurde, sind die Radialgeschwindigkeiten von 46 Sternen 5.—10. photogr. Größe in einem Feld der Coma Berenice gemessen worden. Die Werte werden mit Spaltspektrographmessungen verglichen, wobei sich keine systematischen Differenzen zeigen. Die Ergebnisse mit dem größten Gewicht haben gegenüber den Katalogwerten eine mittlere absolute Differenz von 2.8 km/sec. Gli.

9218. C. Fehrenbach, La mesure des vitesses radiales au prisme objectif. JO **38** 165—166. — Als Einleitung zu einer Reihe von Arbeiten über die Messung von Radialgeschwindigkeiten mit einem Objektivprisma weist Verf. auf die Vorzüge der von ihm benutzten Methode hin, bei der ein gradsichtiges Prisma in Anwendung kommt, das aus einem Flint- und zwei Kron-Barium-Prismen zusammengesetzt ist und ein verzerrungsfreies Feld liefert. Nach dem Umkehrverfahren erhält man durch Drehung des Prismas um 180° zwei übereinanderliegende Spektren, die man differentiell ausmessen kann. Auf die Schwierigkeiten bei anderen Methoden, insbesondere bei einer ähnlichen von L. A. Panaiotow, wird eingegangen. H. M.

9219. **L. A. Panaiotow,** Determination of stellar radial velocities by means of short-focus double astrograph. AJ UdSSR **32** 305—308, mit 4 Fig. (russisch mit englischer Zusammenfassung). — Der Bestimmung von Radialgeschwindigkeiten diente die Ausmessung von Sternspektren, die mit einem Geradsichtprisma (Beschreibung in Mitt. Astr. Hauptobs. Pulkowo **19** Nr. 152, 1954, vgl. AJB **54** Ref. **2414**) erhalten wurden. Der mittlere quadratische Fehler der Differenz zwischen den Resultaten dieser Ausmessung und den Katalogangaben betrug für 19 Sterne auf vier Platten ± 7.8 km/sec. Schrick

9220. **N. G. Roman,** New radial velocities for faint stars with large tangential motions. Publ. David Dunlap Obs. **2** 95—104. — Es wurden die Radialgeschwindigkeiten von insgesamt 45 Sternen gemessen, die auf Grund großer Tangentialgeschwindigkeiten vermutlich Schnelläufer sein könnten. Die Werte werden zugleich mit den U, B, V-Helligkeiten und dem MK-Spektraltyp tabuliert. Eine weitere Tabelle gibt die Eigenbewegung, spektroskopischen Parallaxen, die Raumgeschwindigkeiten und die Elemente der galaktischen Bahnen dieser Sterne. Auf vier sehr schnell bewegte A-Zwerge wird besonders hingewiesen. Gli.

9221. **A. B. Underhill,** On the radial-velocity variations of $\varkappa$ Draconis. Publ. Dominion Astrophys. Obs. Victoria **10** 79—86, mit 2 Fig. und 1 Tafel. — Zur Prüfung verschiedener, sich widersprechender Ergebnisse über die Veränderlichkeit der Radialgeschwindigkeit von $\varkappa$ Draconis werden 60 mit dem 72-Zöller aufgenommene Spektren dieses Sternes aus den Jahren 1953 und 1954 ausgemessen. Keine der früher gefundenen Perioden kann bestätigt werden, und überhaupt ist gar keine Veränderlichkeit der Radialgeschwindigkeit zu verbürgen. Eine sorgfältige Diskussion der früheren Ergebnisse läßt erkennen, daß die scheinbare Veränderlichkeit auf die große Streuung der Messungen infolge der sehr diffusen Linien zurückgeführt werden kann. Es wird damit im wesentlichen das Resultat von O. Struve bestätigt. H. M.

§ 93

Parallaxe

9301. **W. D. Heintz,** Über mittlere Parallaxen und ihre Abhängigkeit von Helligkeit und galaktischen Koordinaten. AN **282** 221—232 = Veröff. Sternw. München **4** Nr. 17. — An Hand der McCormick-Kataloge und ergänzender Auswahlfelder aus den Cape-Katalogen werden mittlere Parallaxen für Sterne 8. bis 13. Größe und verschiedener Spektraltypen aus den Streuungen der EB abgeleitet. Die von Schmeidler untersuchte Veränderlichkeit der Parallaxen mit galaktischer Länge bestätigt sich, die Befunde van de Kamps und Vyssotskys über ein Minimum in galaktischen Breiten $\pm 20°$ und eine Asymmetrie auf den Hemisphären hingegen nicht. Das bisherige Material an Streuungsparallaxen wird in einer Interpolationsformel zusammengefaßt und für systematische Abweichungen von Säkularparallaxen eine Erklärung durch Einfluß der galaktischen Rotation nahegelegt. Verf.

* * **J. Jackson,** The need for observations in the older branches of astronomy, especially double stars. Vgl. Ref. **10114**.

9302. **P. van de Kamp,** Stars nearer than five parsecs. Sky and Telescope **14** 498—499 = Repr. Sproul Obs. Nr. 90. — Ref. in Coelum **24** 56—57. — Es werden in einer Tabelle die 42 innerhalb 5 Parsec bekannten Sterne mit ihren

Komponenten zusammengestellt und folgende Daten gegeben: Sternbezeichnung, Ort für 1950, Parallaxe, Bewegungskomponenten, visuelle scheinbare und absolute Helligkeit, Spektraltyp und die visuelle Leuchtkraft der Sterne in Einheiten der Sonnenleuchtkraft. Gli.

9303. **T. Kiang,** Parallax measurement with a recording microphotometer. Obs **75** 227—228, mit 1 Fig. — Es wird über Versuche berichtet, photographische Platten mit Hilfe eines Registrierphotometers zu vermessen. Die von den Sternen herrührenden Ausschläge auf dem Registrierstreifen werden mit einem einfachen Maßstab gegenüber den von künstlichen Strichen auf einer gleichzeitig mitregistrierten Referenzplatte hervorgerufenen Ausschlägen gemessen. Das Übersetzungsverhältnis von Platten- zu Streifengeschwindigkeit ist 1 : 150. Das Verfahren ist zwar zeitraubender, dafür aber bequemer und mindestens ebenso genau wie direkte Messungen im Meßapparat. Bo.

9304. **W. Renkawitz,** Tafel zur Umrechnung der jährlichen Parallaxe in Parsec und Lichtjahre. Sterne **31** 7—10, mit 1 Abb.

9305. **C. Sugawa,** On the mean parallax of the latitude stars. Publ. Latitude Obs. Mizusawa **2** 77—93, mit 2 Fig. — Für jede Beobachtungsperiode des Breitendienstes von Mizusawa werden die mittleren Parallaxen jeder Gruppe bestimmt, wobei für einen Teil der Sterne die gemessenen trigonometrischen Parallaxen aus dem Katalog von Jenkins, für die übrigen die nach van Rhijns Formel berechneten benutzt wurden. Böh.

9306. **Parallaxen einzelner Sterne**

η Cas P. van de Kamp, E. Flather, Parallax and mass-ratio of η Cassiopeiae from photographs taken with the 24-inch Sproul refractor. AJ **60** 448—453 = Repr. Sproul Obs. Nr. 92.

ζ Her A. A. Wyller, Parallax and mass-ratio of ζ Herculis from photographs taken with the 24-inch Sproul refractor. AJ **60** 39—42 = Repr. Sproul Obs. Nr. 88.

Σ 1785 D. Duke. Vgl. Ref. **10135**.

§ 94

Helligkeit, Farbe

9401. **W. A. Baum,** Photometry of faint objects. Vgl. Ref. **1166**, daselbst S. 24—25. — Ref. in Sterne **31** 197.

9402. **M. Beyer,** Visuelle Helligkeiten von 167 Sternen schwächer als $7^m.5$ innerhalb 12.5 Parsec. AN **282** 211—216 = Mitt. Sternw. Hamburg-Bergedorf **10** Nr. 96. — Eine Liste von 167 sonnennahen Sternen mit visuellen Helligkeiten zwischen $7^m.5$ und $13^m.7$. Jeder Stern ist in zehn Nächten mit einem Graffschen Keilphotometer gemessen und an die Polfolge angeschlossen worden. Die Ergebnisse für 50 Sterne sind den lichtelektrisch gemessenen, photovisuellen Helligkeiten von Eggen, Johnson-Morgan und Yates gegenübergestellt. Verf.

* * **E. S. Brodskaja,** Katalog der Spektralklassen, Helligkeiten und Farbenindizes von 5752 Sternen im Milchstraßenfeld mit dem Zentrum $\alpha = 23^h 25^m$, $\delta = 61° 30'$. Vgl. Ref. **9512**.

* * **A. D. Code,** Wide- and narrow-band spectrophotometry. Vgl. Ref. **9520**.

9403. **O. J. Eggen,** Magnitudes and colors for 833 northern and southern stars. AJ **60** 65—92, mit 3 Fig. = Lick Obs. Bull. Nr. 532. — Lichtelektrische Beobachtungen des Verf. aus den Jahren 1948—1953 werden in einem Katalog zusammengefaßt. Es wird untersucht, ob die in verschiedenen Zeitabschnitten an der Lick-Sternwarte und auf dem Mt. Stromlo ausgeführten Beobachtungen ohne Verlust an Genauigkeit kombiniert werden können. Als Standards wurden neun Sterne der Polsequenz verwendet, deren Helligkeiten und Farben von Stebbins, Whitford und Johnson gemessen worden sind. Die mit anderen genauen Beobachtungsreihen gemeinsamen Sterne erlauben eine Prüfung der Skala und die Ableitung äußerer mittlerer Fehler. O. G.

9404. **T. Elvius,** Photometric and spectrophotometric measurements of stars in Kapteyn's Selected Areas. Second catalogue (812 stars in Selected Areas Nos. 3, 4, and 5). Stockholms Obs. Ann. **18** Nr. 7, 32 S. — In einem Katalog, der die Fortsetzung eines früher veröffentlichten Katalogs (vgl. AJB **51** Ref. **9412**) bildet, werden für weitere drei Eichfelder die Ergebnisse mit ausführlicher Erklärung zusammengestellt. Eine Diskussion des Materials soll folgen. O. G.

* * **A. H. Farnsworth,** Stellar spectra and colors in a milky way region in Cassiopeia. Vgl. Ref. **9527**.

9405. **M. Golay,** Remarques sur le terme Q de la photométrie en trois couleurs de Johnson et Morgan. Publ. Obs. Genève (A) **6** 19—20. — Es wird gezeigt, daß der Wert von Q in der Drei-Farben-Photometrie von Johnson und Morgan im linearen Zusammenhang mit der von Barbier und Chalonge eingeführten Größe D des Balmer-Sprunges steht, wobei die letztere Größe aber schärfer definiert ist. H. M.

9406. **M. Golay,** Détermination de l'indice de couleur B−V à l'aide de la discontinuité de Balmer pour les étoiles de types B0 à A0. Publ. Obs. Genève (A) **6** 21—23. — Unter Benutzung eines Materials von 19 Sternen vom Typ B0 bis A0, von denen Farbenindizes gemäß der Johnson-Morganschen Drei-Farben-Photometrie bestimmt sind, von denen die Größe des Balmer-Sprunges D bekannt ist, und die wenig oder gar nicht interstellar verfärbt sind, wird eine sehr enge lineare Beziehung zwischen den Farbenindizes B−V bzw. U−B einerseits und D andererseits abgeleitet. H. M.

9407. **M. Golay,** Remarques sur le système photométrique de H. L. Johnson et W. W. Morgan et sur la photométrie en six couleurs de J. Stebbins et A. E. Whitford. Mem SA It (NS) **26** 489—497, mit 3 Fig. = Publ. Obs. Genève (A) **6** 41—49.

9408. **J. S. Hall,** Differential and a. c. methods. Vgl. Ref. **1166**, daselbst S. 26.

* * **D. L. Harris III,** Photometry of the Lacerta aggregate. Vgl. Ref. **12367**.

9409. **D. L. Harris III,** Color-magnitude arrays and color-system relations. Vgl. Ref. **1166**, daselbst 19—20.

9410. **W. A. Hiltner, B. Iriarte,** Photometric and spectroscopic studies of early-type stars between galactic longitude $l = 338°$ and $l = 33°$. ApJ **122** 185—189, mit 2 Fig. = Contr. McDonald Obs. Nr. 258. — Von 78 Sternen früher Spektraltypen in dem galaktischen Längenbereich $l = 338°$ bis $l = 33°$ werden Farbenindizes im (U, B, V)-System und Spektraltypen im MK-System mitgeteilt. Die Entfernungen einzelner Gruppen werden bestimmt und die Zugehörigkeit zu den Spiralarmen betrachtet. K. H. Schmidt

9411. **H. L. Johnson,** A photometric system. Ann d'Astrophys **18** 292—316, mit 3 Fig. — In eingehender Kritik des internationalen Helligkeitssystems wird darauf hingewiesen, daß die NPS kein eindeutiges Standardsystem für eine genaue Photometrie definiert. Als fundamentales photometrisches System wird das

U, B, V-System von Johnson und Morgan empfohlen. Es wird ein Katalog von Standardsternen dieses Systems veröffentlicht. Farben-Helligkeits-Diagramme von einigen Sternhaufen werden gezeigt. Auf Grund eigener Erfahrungen gibt Verf. praktische Hinweise für die Arbeiten im U, B, V-System. Gli.

9412. **H. L. Johnson,** Magnitudes and magnitude systems. Vgl. Ref. **1166**, daselbst S. 19.

9413. **I. King,** Photoelectric magnitudes in some of the Harvard E regions. AJ **60** 391—398, mit 1 Fig. = Harv Repr (2) Nr. 76. — In den Harvard Standard Regions E4, 5, 6, 7, 8, 9 und C10 werden photoelektrische Skalen abgeleitet. Die Beobachtungen erfolgten mit einer Zelle 1P21, zwei versilberten Spiegeln und den Filtern Corning 5551 und 3385. Farbgleichungen zur Reduktion der Meßergebnisse auf das internationale System wurden bestimmt, die Beobachtungen selbst sind im Originalsystem und im reduzierten System veröffentlicht. Behr

9414. **F. Lenouvel, J. Ring,** Observations photoélectriques d'étoiles avec un filtre interférentiel en coin. CR **240** 276—278, mit 2 Fig. — Orientierende photoelektrische Messungen mit einem Interferenzfilter von 70 Å Bandbreite und 80% Transmission, dessen Durchlaßbereich sich über einer Keillänge von 18 cm von 4000—6000 Å ändert, werden beschrieben und monochromatische Helligkeiten von elf Sternen in graphischer Darstellung gegeben. Traving

9415. **W. J. Luyten, E. F. Carpenter,** First report on a systematic survey for faint blue stars. AJ **60** 429—431. — Ref. in Coelum **24** 89. — Als vorläufiges Ergebnis einer systematischen Suche nach schwachen blauen Sternen in hohen galaktischen Breiten wird eine Liste von 35 Sternen aus 45 Selected Areas veröffentlicht. Es handelt sich um Sterne der scheinbaren Größen $m_{pg} = 14.4$ bis $m_{pg} = 17.3$, deren Eigenbewegungen sich als vernachlässigbar klein erwiesen. Es wird angenommen, daß es sich um Sterne der Population II handelt, die der galaktischen Korona angehören. Behr

9416. **P. W. Merrill,** Red stars. Publ ASP **67** 199—213, mit 2 Fig. — Verf. gibt einen Überblick über die Entwicklung und den heutigen Stand der Kenntnisse von den Sternen mit niedrigsten Temperaturen (einschließlich langperiodisch Veränderliche) unter besonderem Eingehen auf spektrographische Untersuchungen. Hinweise auf ungelöste Probleme geben Anregungen zu weiteren Untersuchungen, für die zum Teil direkte Vorschläge gemacht werden. O. G.

9417. **L. Münch, V. M. Blanco,** Red star near η Carinae. AJ **60** 174. — Ref. AAS.

9418. **P. Naur,** Magnitudes and colors of bright F stars. ApJ **122** 182—184 = Contr. McDonald Obs. Nr. 257. — Für 103 helle F-Sterne werden die Helligkeiten und Farbenindizes im (U, B, V)-System mitgeteilt. K. H. Schmidt

9419. **P. T. Oosterhoff,** Note on the photoelectric photometry at the Leiden Southern Station. BAN **12** 271—272. — Für ein noch laufendes Programm lichtelektrischer Helligkeits- und Farbmessungen von südlichen δ Cephei-Sternen war bisher die Skala nicht genügend genau bekannt. Durch Messung einer Anzahl Sterne aus den E-Regionen 8 und 9 konnte ein Vergleich mit dem 1953S-System der Kap-Sternwarte durchgeführt werden. O. G.

* * **D. A. Roshkowskij,** Absolute Photometrie ausgewählter Milchstraßenfelder. Vgl. Ref. **12314**.

9420. **M. Schwarzschild, L. Searle, R. Howard,** On the colors of subdwarfs. ApJ **122** 353—356. — Untersuchung der Farben von Zwergen und Unterzwergen bei Berücksichtigung des Blanketing-Effekts. Danach liegen die Unterzwerge nur etwa 1^m unter der Hauptreihe im Hertzsprung-Russell-Diagramm. Weigert

9421. **J. Stock, W. H. Wehlau,** Photographic photometry at the galactic pole. AJ **60** 180—181. — Ref. AAS.

9422. **O. Struve,** Some photoelectric problems. Sky and Telescope **14** 186—188, 192, mit 4 Fig., Übersetzung in NAT 1955 S. 40—49, mit 4 Fig. — Statistische Behandlung des Problems, bis zu welcher Grenzgröße Sterne photographisch und photoelektrisch noch nachgewiesen werden können. Da ein Stern zum eindeutigen Nachweis mindestens etwa 15% der Intensität des Himmelshintergrundes besitzen muß, kommt man mit dem 200'-Teleskop photographisch nicht über die 24. Größe hinaus. Voigt

9423. **S.-K. Wang,** On method of «effective wavelength» in two colour stellar photographic photometry as applied to space reddening and other problems. Acta Astr. Sinica **3** 35—57, mit 7 Fig. (chinesisch mit englischer Zusammenfassung). — Die Grundgrößen in der photographischen Stellarphotometrie werden unter folgenden Voraussetzungen formuliert: 1.) Die Sternstrahlung kann durch ein Schwarzkörperäquivalent dargestellt werden, 2.) innerhalb der Grenzen eines einfachen photometrischen Empfängers kann die Beziehung zwischen Intensität und Wellenlänge der Strahlung als linear angenommen werden. Die Grundlagen und die Anwendbarkeit dieser Annahmen werden geprüft. Auf Grund dessen wird die photometrische Seite des Problems der Raumrötung usw. diskutiert. Im einzelnen wurde die Verwendung effektiver Wellenlängen durch die Objektivgittermethode in der Sternphotometrie betrachtet. Es wurde gezeigt, daß es mit einer passenden photometrischen Technik und einer rechten Gitterwahl möglich ist, in einer Zweifarbenphotometrie Ergebnisse mit demselben Genauigkeitsgrad zu erhalten wie in einer Dreifarbenphotometrie. Verf. (übersetzt)

9424. **B. Westerlund,** Red magnitudes of 466 stars north of $\delta = +86°$. Ark Astr **1** 567—587, mit 9 Fig. = Uppsala Astr. Obs. Medd. Nr. 113. — Zur Bestimmung von Rothelligkeiten in der Nähe des Nordpols hat Verf. Aufnahmen mit dem Schmidt-Väisälä-Teleskop mit vorgesetztem Objektivgitter unter Ausnutzung des spektralen Empfindlichkeitsverlaufs der benutzten Platten (Eastman 103) verwendet. Die Skala hat er durch ein Halbfilter gewonnen. In der Arbeit werden Vergleiche mit Helligkeiten von Sternen der Praesepe und der Polsequenz durchgeführt. Im Katalog werden außer den Rothelligkeiten auch Farbenindizes (gelb-rot und blau-rot) angegeben. O. G.

9425. **K. M. Yoss,** Photored magnitude sequences in the North Polar Sequence and Selected Area 61. AJ **60** 338—340, mit 1 Fig. — Aus Objektivgitteraufnahmen durch Vergleich von Zentralbild und Seitenbild erster Ordnung wird in der Polsequenz und in Selected Area 61 je eine Größenklassenskala im roten Spektralbereich abgeleitet. Die Kombination Kodak 103a-E Platte und Wrattenfilter W 22 ergibt eine effektive Wellenlänge des Systems von $\lambda = 6200$ Å. Die Grenzgröße liegt bei m = 16.5. Behr

9426. Sequenza polare (Nord). Coelum **23** 151—154, mit 3 Fig.

9427. Documents sur les séquences photométriques. DOB 8 Nr. 1, Fasc. 3, 4 S., Nr. 2, Fasc. 3, 4 S., Nr. 3, Fasc. 3, 4 S. mit 6 Fig.

9428. Photoelectric magnitudes and colours for 138 southern stars. MN ASSA **14** 14—15.

9429. Photoelectric magnitudes and colours for 168 southern stars. MN ASSA **14** 34—35.

9430. Photoelectric magnitudes and colours for 92 southern stars. MN ASSA **14** 82—83.

§ 95

Spektrum

* * Spektren von Veränderlichen Sternen siehe § **111** und § **112**.

9501. **Y. Andrillat,** Étude spectrophotométrique de seize étoiles de Wolf-Rayet de la séquence de l'azote dans l'infrarouge photographique. CR **241** 1028—1030. — Zur sichereren Klassifizierung der Sterne der WN-Sequenz werden Intensitätsverhältnisse von Emissionslinien im Bereich 6500—8000 Å herangezogen und mit Hilfe der Bealsschen Kriterien geeicht. 16 Sterne der Typen WN5, WN6, WN7 und WN8 werden untersucht. Gli.

9502. **M. K. V. Bappu, S. D. Sinvhal,** Spectrophotometry of Wolf-Rayet binary systems. AJ **60** 152—153. — Ref. AAS.

9503. **D. Barbier,** Introduction à l'idée d'une classification spectrale stellaire fondée sur la grandeur et la position de la discontinuité de Balmer. Contr. Inst. d'Astrophys. Paris (A) Nr. 178, 8 S. mit 3 Fig. — Begründung, Beschreibung und Beobachtungstechnik der zweidimensionalen Klassifikation nach Lage und Größe des Balmersprungs. Bestimmung des Spektraltyps und der absoluten Helligkeit aus diesen Größen. Anwendung der Klassifikation. Voigt

9504. **R. A. Bartaja,** Absolute spektroskopische Helligkeiten von 137 B8- und B9-Sternen in hohen galaktischen Breiten. Bull. Astrophys. Obs. Abastumani Nr. 18 S. 3—14, mit 2 Abb. (russisch mit georgischer Zusammenfassung). — Die Aufnahmen wurden mit einem 15°5-Prisma vor einer Kamera f:5 von 20 cm Öffnung mit Belichtungszeiten nicht über 8 Minuten auf Ilford-Zenith-Platten gemacht. Als Kriterium der absoluten Helligkeit dienten die Gesamtabsorptionen der Balmerlinien H_γ, H_δ und H_ε. Die Spaltbreite des Meßapparates entsprach im Mittel 18 Å. In einigen Fällen wurde von der HD-Klassifikation abgewichen. Im Katalog (Tabelle II) sind diese Sterne durch * bezeichnet. Ferner sind dort die Spektraltypen und die darauf beruhenden absoluten Helligkeiten nach dem Zettelkatalog des Sternberg-Instituts mit Angabe von Gewichten angeführt. Es folgen die absoluten visuellen Helligkeiten (Abastumani), deren wahrscheinliche Fehler und die Zahl der zugrundeliegenden Beobachtungen. Einige weitere Sterne (A0 bis B9) enthält Tabelle III. Vergleich mit Werten anderer Autoren zeigt die Brauchbarkeit des Verfahrens. Die relativ großen Abweichungen gegenüber dem Sternberg-Katalog sind durch dessen uneinheitliches und meist älteres Quellenmaterial zu erklären. Petri

9505. **J. Berger, D. Chalonge, A.-M. Fringant,** Observations spectrophotométriques des fonds continus stellaires. III. Etude de trois étoiles F. Remarques générales sur la structure du fond continu et l'échelle des gradients visibles pour les étoiles des types O et F. JO **38** 100—105, mit 3 Fig. = Contr. Inst. d'Astrophys. Paris (B) Nr. 129. — Als weiteres Teilergebnis der spektralphotometrischen Untersuchungen des Institut d'Astrophysique werden für drei F-Sterne Ort und Größe des Balmersprunges sowie die visuellen und ultravioletten Gradienten auf Grund der Photometrierung des Kontinuums zwischen 3299 und 6113 Å gegeben. Bei der Photometrierung wurden die F-Sterne an einen O-Stern oder einen B-Stern angeschlossen; hierbei zeigt sich eine kleine Unstetigkeit im Sternkontinuum in der Gegend der Grünlücke der photographischen Platte. Es läßt sich nachweisen, was einer späteren Publikation vorbehalten bleibt, daß diese Unstetigkeit dem Kontinuum der O- und B-Sterne zuzuschreiben ist, daß sie bei den A-Sternen nach verstärkt auftritt, hingegen bei den F-Sternen verschwindet. H. M.

9506. **J. Berger, A.-M. Fringant,** Observations spectrophotométriques des fonds continus stellaires. V. Etude de trois étoiles naines de type A. JO **38** 348—351, mit 3 Fig. = Contr. Inst. d'Astrophys. Paris (B) Nr. 138. — Die Spektren von drei A-Sternen werden im dreidimensionalen System von Chalonge und Divan klassifiziert. F. S.

9507. **W. P. Bidelman,** Spectral classification of southern stars of high luminosity. Publ ASP **67** 120—121.

9508. **W. P. Bidelman, K.-H. Böhm,** Spectral classification of some peculiar A stars. Publ ASP **67** 179—180. — Klassifikation von 18 weiteren «peculiar A-stars» auf Grund von Spaltspektrogrammen. Die Tabelle enthält vermutlich alle südlichen «A-pec-Sterne» heller als $5^m.5$. Voigt

9509. **M. Blaha,** Sterne mit hellen Spektrallinien. Časopis **5** 53—61, mit 12 Fig. (tschechisch).

9510. **V. M. Blanco, L. Münch,** Estrellas rojas entre Popa y Cruz. Bol. Obs. Tonantzintla y Tacubaya Nr. 12 S. 17—29, mit 3 Fig. (mit englischer Zusammenfassung). — Aus einer Serie von 21 Spektralaufnahmen (Dispersion 1700 Å/mm bei der A-Bande), die Anfang Februar 1955 mit dem Schmidt-Spiegel des Tonantzintla-Observatoriums von dem Gebiet zwischen $202^\circ.5$ und $269^\circ.0$ galaktischer Länge entlang dem galaktischen Äquator aufgenommen wurden, suchen Verf. alle Sterne vom Spektraltyp M, C und S heraus. Die Ergebnisse sind in Tabellenform angegeben und werden ausführlich diskutiert. Insbesondere wird die Verteilung der einzelnen Spektraltypen über dem betrachteten Bereich der Milchstraße untersucht und mit anderen Angaben verglichen. Oster

9511. **K. H. Böhm,** A spectrophotometric analysis of the Herbig-Haro objects. Publ ASP **67** 338—339. — Ref. ASP.

9512. **E. S. Brodskaja,** Katalog der Spektralklassen, Helligkeiten und Farbenindizes von 5752 Sternen im Milchstraßenfeld mit dem Zentrum $\alpha = 23^h 25^m$, $\delta = 61^\circ 30'$. Mitt. Astrophys. Obs. Krim **14**, 139 S. mit 6 Abb. (russisch). — Es wurde das Gebiet $22^h 48^m$ bis $0^h 0^m$, $+58^\circ$ bis $+65^\circ$ bis zur Grenzgröße von etwa $13^m.5$ erfaßt. Bei den Sternen G5 bis K werden Riesen und Zwerge unterschieden. Die Spektren wurden mit einem $9^\circ.9$-Prisma am 40 cm-Astrographen bei 250 Å/mm (H_δ) auf Eastman 103 AO und Astro-Platten 30 × 30 cm aufgenommen. Die Klassifikation erfolgte im Harvard-System. Sie stimmt im Kapteyn-Eichfeld 19 mit den Werten von T. Elvius (vgl. AJB **51** Ref. **9412**) befriedigend überein, weniger gut dagegen mit der Bergedorfer Spektraldurchmusterung für das gleiche Gebiet. Für die Bestimmung der photographischen Helligkeiten und der Farbenindizes diente ein dem Astrographen aufgesetztes Dogmar-Objektiv von 16.7 cm Durchmesser und 75 cm Brennweite mit panchromatischen Astroplatten 13 × 18 cm. Der Katalog enthält auch die genäherten Koordinaten für 1950 und — soweit vorhanden — BD-Nummern. Petri

9513. **E. M. Burbidge, G. R. Burbidge,** Complex structure in the hydrogen emission lines of μ Centauri. Obs **75** 256—257, mit 1 Fig. — Aufnahmen der Balmer-Linien von μ Cen mit hoher Dispersion zeigen vierfache Emissionslinien. Das schwächere, innere Paar (Trennung ≈ 35 km/sec) stammt aus einem Äquatorgürtel, der den Stern umgibt und etwa viermal so weit außen liegt wie die inneren Gebiete, aus denen die normale Hauptemission stammt. Voigt

* * **G. R. Burbidge, E. M. Burbidge,** An analysis of the magnetic variable α^2 Canum Venaticorum. Vgl. Ref. **9805**.

9514. **G. R. Burbidge, E. M. Burbidge,** A search for americium in magnetic stars. Obs **75** 116—119. — Verf. haben vermutet, daß an den Oberflächen von Sternen mit starken veränderlichen Magnetfeldern schwere Elemente durch Neutroneneinfang aufgebaut werden können. Das Element Am sollte spektroskopisch relativ leicht nachweisbar sein, es wurde aber nicht eindeutig in den untersuchten Spektren gefunden. Ebenso gelang noch kein Nachweis von Am im Spektrum eines S-Sterns, für den Verf. vermuten, daß schwere Elemente im Kern aufgebaut und durch Mischung an die Oberfläche gebracht werden. O. G.

9515. **W. Buscombe,** Line intensities in the spectra of cool carbon stars. II. R and N stars in the yellow. ApJ **121** 312—317. — Auf Coudé-Spektrogrammen von sechs Sternen mit Spektraltypen R und N wurden vom Verf. Äquivalentbreiten von 75 Absorptionslinien im Bereich λ 5600—λ 6000 gemessen. Zum Vergleich werden auch Äquivalentbreiten dieser Linien im Spektrum der Sonne und zweier K-Riesen mitgeteilt. Es wird darauf hingewiesen, daß die Opazität dieser Sterne, insbesondere derer vom Typ N, im gelben Spektralbereich sehr niedrig ist. Micz.

9516. **D. M. Cameron, J. J. Nassau,** Classification of late M-type stars from low-dispersion spectra in the near infrared. ApJ **122** 177—181, mit 1 Tafel. — Es wird vorgeschlagen, zur Klassifikation später M-Sterne (M6—M10) die Vanadiumoxyd-Absorptionen bei 7400 und 7900 Å sowie die TiO-Banden im Gebiet um 8300 Å zu benutzen. K. H. Böhm

9517. **C. Chadeau,** Sur la courbe de croissance de Alpha Cygni. Ann d'Astrophys **18** 100—112, mit 10 Fig. = Contr. Inst. d'Astrophys. Paris (B) Nr. 136. — Anhand des photometrischen Atlasses von Hiltner und Williams werden erneut Wachstumskurven für die Linien des TiII, CrII, FeII und FeI von α Cyg bestimmt, wobei für die Oszillatorenstärken einmal theoretische Werte von Russell und Goldberg, zum anderen solche aus der Wachstumskurve der Sonne benutzt werden. Ergebnisse: Anregungstemperatur zwischen 6500 und 7000° K, Mikroturbulenz aus der Stufenhöhe der Wachstumskurve: 10—15 km/sec, aus der Linienbreite dreier schwacher Linien: 17.4—18.5 km/sec, Makroturbulenz also schwach. Stoßdämpfung sicher sehr schwach, da Dämpfung nur dreimal so groß wie die klassische Strahlungsdämpfung. Elementhäufigkeiten log NH durch Vergleich mit der Sonne: MgI: 17.0, TiII: 16.86, CrII: 16.69, FeI: 16.27, FeII: 20.20 oder 20.37. Zum Teil befriedigende Übereinstimmung mit Buscombe. Gü.

9518. **D. Chalonge,** Classification à deux ou trois paramètres définis applicable aux étoiles des premiers types spectraux. Contr. Inst. d'Astrophys. Paris (A) Nr. 179, 9 S. mit 2 Fig. — Um die Zweideutigkeit der Barbierschen Klassifikation nach der Größe D und der Lage λ des Balmer-Sprungs zu beheben, wird — für die O bis F8-Sterne — als dritter Parameter der absolute Gradient φ, der die Farbtemperatur des Kontinuums zwischen 4600 und 3800 Å definiert, vorgeschlagen. Die Spektraltypen ordnen sich auf einer gekrümmten Fläche im D, λ, φ-Raum an. Die Projektionen auf die Dλ-, Dφ- und $\lambda\varphi$-Fläche werden im einzelnen diskutiert. Voigt

9519. **D. Chalonge,** Observations spectrophotométriques des fonds continus stellaires. I. Introduction. JO **38** 85—92, mit 3 Fig. = Contr. Inst. d'Astrophys. Paris (B) Nr. 127. — Es wird über das Ziel und die Art der Anlage einer Reihe von Arbeiten berichtet, die vom Institut d'Astrophysique durchgeführt werden und in Fortführung und Ergänzung früherer Untersuchungen die kontinuierliche Strahlung der Sterne verschiedener Spektraltypen und Leuchtkraftklassen behandeln. Insbesondere wird auf die dadurch ermöglichte Klassifikation der Sterne nach drei Parametern, Ort und Betrag des Balmer-Sprungs und Blau-Violett-Gradient, und den engen Zusammenhang dieser Klassifikation mit der von Morgan und Keenan hingewiesen. Da es sich um ein sehr unfangreiches Arbeitsprogramm handelt, werden Teilergebnisse in der Folgezeit laufend veröffentlicht werden. H. M.

9520. **A. D. Code,** Wide- and narrow-band spectrophotometry. Vgl. Ref. **1166**, daselbst S. 20—21.

9521. **R. Danitsch,** Die Spektralanalyse in der Astronomie. Vasiona **3** 25—29, mit 2 Tafeln (serbisch). — Allgemeinverständliche Einführung.

9522. **A. J. Deutsch,** Spectrum variation in 21 Comae Berenices. Publ ASP **67** 342—345, mit 1 Fig. und 1 Tafel. — Ref. ASP.

9523. **L. Divan,** Observations spectrophotométriques des fonds continus stellaires. II. Etude de quelques étoiles O et B. JO **38** 93—99, mit 4 Fig. = Contr. Inst. d'Astrophys. Paris (B) Nr. 128. — Als Teilergebnis der umfangreichen spektralphotometrischen Untersuchungen des Institut d'Astrophysique werden für neun Sterne vom Spektraltyp O7 bis B5, deren Strahlung, nach ihrem Farbenindex zu schließen, nur sehr wenig durch interstellare Absorption verfälscht ist, aus der Photometrie des Kontinuums zwischen 3129 und 6113 Å Ort und Größe des Balmer-Sprungs, der absolute Gradient und der Betrag der absorbierenden interstellaren Materie abgeleitet. Der absolute Gradient ist dabei nur zu bestimmen, wenn die interstellare Verfärbung verschwindend klein ist. H. M.

9524. **L. Divan, C. Menneret,** Observations spectrophotométriques des fonds continus stellaires. IV. Etude de trois étoiles F2. Influence de la classe de luminosité. JO **38** 345—347, mit 1 Fig. = Contr. Inst. d'Astrophys. Paris (B) Nr. 130. — Der Parameter φ_b, der in der dreidimensionalen Klassifikation von Chalonge und Divan eine Rolle spielt, erweist sich für Sterne des Spektraltyps F2 als unabhängig von der Leuchtkraft. F. S.

9525. **M. W. Dolidse,** Spektralphotometrie einer Reihe von Wolf-Rayet-, Be- und P Cygni-Sternen. Leningrad, Astr. Hauptobs., 1955 (russisch). — Dissertationsreferat.

9526. **M. W. Dolidse,** Spektralphotometrie einiger Sterne früher Klassen. Nachr. Akad. Wiss. UdSSR (phys.) **19** Nr. 1 S. 23 (russisch). — Ref. in RJ Astr. Geod. UdSSR 1956 Nr. 3 S. 30—31.

* * **T. Elvius,** Photometric and spectrophotometric measurements of stars in Kapteyn's Selected Areas. Second catalogue (812 stars in Selected Areas Nos. 3, 4, and 5). Vgl. Ref. **9404**.

9527. **A. H. Farnsworth,** Stellar spectra and colors in a milky way region in Cassiopeia. ApJ Suppl **2** 123—140, mit 5 Fig. — Ref. in ApJ **122** 360. — Für 1000 Sterne, heller als $m_{phot.} = 12.4$, werden Spektraltyp, scheinbare photographische Helligkeit und Blau-Rot-Farbenindex gegeben. Das Feld von 11.3 Quadratgrad, mit LF5 bezeichnet, liegt mit dem Zentrum bei AR = 1^h 40^m, Dekl. = +60°2 (1945). Die Beziehung der Spektralklassifikation zu der des HD und der HDE wird untersucht. Schai.

9528. **M. W. Feast,** On spectra of K-type dwarfs in the region of H and K. Obs **75** 91—92. — Ref. RAS.

* * **Y. Fujita,** On the red carbon stars. Vgl. Ref. **111102**.

9529. **P. J. Gathier,** Low dispersion spectra of 27 F and G type stars. Rech. Astr. Obs. Utrecht **13** Part 2, 95 S. mit 38 Fig. — Die Spektren von 27 F- und G-Sternen, die mit einer Dispersion von 40 Å/mm aufgenommen worden waren, wurden an Hand von Mikrophotometerregistrierungen genau analysiert. Die ausgewählten Sterne überdecken in ihrer absoluten Leuchtkraft den weiten Bereich von −7 bis +6, so daß besonders das Verhalten der Linien in Abhängigkeit von der Leuchtkraft studiert werden konnte. Die beobachteten Äquivalentbreiten geeigneter Liniengruppen, wobei es sich bei der geringen Dispersion meist um Blends handelt, wurden mit theoretisch berechneten verglichen. Die Übereinstimmung bei den Metall-Linien ist gut, wenn man noch eine gewisse Mikroturbulenz einführt. Bei den Wasserstofflinien erweist es sich als notwendig, Makroturbulenz zu berücksichtigen, d. h. das Aufsteigen und Absinken großer

Turbulenzelemente, wodurch bei gleicher optischer Tiefe ganz verschiedene Temperatur bewirkt werden kann. Dieser Effekt spielt bei den Wasserstofflinien eine große Rolle, da sie sehr temperaturempfindlich sind, bei den metallischen Linien ist er von geringerer Bedeutung, doch wird auch hier dadurch die Übereinstimmung zwischen Beobachtung und Rechnung verbessert. Als Ergebnis dieser Arbeit kann mit Hilfe der diskutierten Kriterien für diese 27 Sterne, und ganz entsprechend auch für andere ähnliche, effektive Temperatur, Schwerebeschleunigung, Mikroturbulenz und bis zu einem gewissen Grade auch Makroturbulenz bestimmt werden. H. M.

9530. **A. Gennaro,** Ricerche spettrofotometriche sulle stelle Be. XVI. Studio della stella *o* Cassiopeiae. Mem SA It (NS) **26** 207—220, mit 1 Fig. und 2 Tafeln = Contr. Oss. Astrofis. Asiago Nr. 57. — Aus neun an der dritten Kamera des Spektrographen von Asiago aufgenommenen Spektren wird der Stern *o* Cas nach der Unsöldschen Methode untersucht und die H- und He-Häufigkeit, die Elektronendichte, der Elektronendruck und die Schwerebeschleunigung werden abgeleitet. Die Ergebnisse sind: log Ne (aus den Balmer-Linien) 13.66 und (aus der Formel von Ingliss und Teller) 13.74; log P_e = 2.03; log H/He = 1.55; log g = 3.15; T = 15500°. Cester

* * **M. Golay,** Détermination de l'indice de couleur B−V à l'aide de la discontinuité de Balmer pour les étoiles de types B0 à A0. Vgl. Ref. **9406**.

9531. **Graciela Gonzáles, Guillermina Gonzáles,** Gigantes azules en las longitudes galácticas 280° a 330°. Bol. Obs. Tonantzintla y Tacubaya Nr. 13 S. 3—5, mit 1 Fig. (mit englischer Zusammenfassung). — Verzeichnis von 95 Sternen, die nach Schmidt-Spiegel-Aufnahmen als OB-Sterne klassifiziert wurden, mit aufgenommenen Suchkärtchen für 21 dieser Sterne. Gü.

9532. **Guillermina Gonzáles, Graciela Gonzáles,** Gigantes azules en las longitudes galácticas de 103° a 180°. Bol. Obs. Tonantzintla y Tacubaya Nr. 13 S. 5—11, mit 5 Fig. (mit englischer Zusammenfassung). — Verzeichnis weiterer 201 Sterne, die nach Schmidt-Spiegel-Aufnahmen als OB-Sterne klassifiziert wurden, darunter 43 Sterne mit Hα-Emission. Reproduktion von 83 Aufnahmen als Suchkärtchen für 103 Sterne. Gü.

* * **I. M. Gordon,** Physikalische Prozesse bei Novaausbrüchen, in den Hüllen der Wolf-Rayet-Sterne, P Cygni, und die Herkunft der kosmischen Strahlung. Vgl. Ref. **11303**.

9533. **W. M. H. Greaves, E. A. Baker, R. Wilson,** Spectrophotometric measurements of early type stars. Obs **75** 93—95. — Ref. RAS. — Vgl. nachstehendes Ref.

9534. **W. M. H. Greaves, E. A. Baker, R. Wilson,** Spectrophotometric measurements of early type stars. 2. Results for stars of type B1. Publ. Roy. Obs. Edinburgh **1** 115—149, mit 4 Fig. und 1 Tafel. — Ref. in MN **115** 338. — Die Veröffentlichung schließt sich an eine frühere Arbeit (AJB **49** Ref. **9505**) an, in der die Methoden entwickelt und auf Oe5-Sterne angewendet wurden. Für 28 Linien in Spektren von sieben B1-Sternen wurden Äquivalentbreiten bestimmt und der Einfluß von Blends untersucht. Die Äquivalentbreiten der meisten Linien zeigen den erwarteten Gang mit der Leuchtkraft, die Linien von H und He werden gesondert diskutiert. Bei β Cep wurden Hα deutlich, Hβ und Hγ schwach veränderlich gefunden. Durch Überlagerung der Spektren von fünf Sternen wurde ein mittleres B1-Spektrum erhalten und sein Helligkeitsverlauf gegen ein mittleres Oe5-Kontinuum von λ 4110 bis λ 6830 in Abbildungen wiedergegeben. O. G.

9535. **P. Guérin,** Sur l'obtention d'enregistrements de spectres stellaires et la détermination de gradients au moyen d'un spectrophotomètre photoélectrique. CR **240** 2484—2486 = Contr. Inst. d'Astrophys. Paris (A) Nr. 200. — Mit einem lichtelektrischen Spektralphotometer am 81 cm-Teleskop des Observatoriums Haute Provence sind Registrierungen von Spektren hellerer Sterne gewonnen worden. Messungen von Gradienten und Balmer-Sprung sind mit hoher Genauigkeit möglich. Fricke

9536. **K. Gyldenkerne,** Preliminary list of photoelectric classification indices for 234 bright northern G and K stars. ApJ **121** 38—42 = Publ. Københavns Obs. Nr. 165. — Es wird ein Katalog von 234 helleren G- und K-Sternen des Nordhimmels mitgeteilt, für die Verf. lichtelektrisch Indizes gemessen hat, die Spektraltyp und Leuchtkraftklassen zu bestimmen erlauben. Einzelheiten des Verfahrens, bei dem Interferenzfilter angewandt sind, werden in einer späteren Arbeit von Strömgren und Gyldenkerne mitgeteilt werden (Ref. **9564**). Micz.

9537. **M. Hack,** Lo spettro di ζ Tauri. Nota III. Mem SA It (NS) **26** 41—55, mit 4 Fig. = Contr. Oss. Astr. Milano-Merate (NS) Nr. 56. — Die Resultate aus acht am Spektrographen von Asiago erhaltenen Spektrogrammen werden mit den früher gewonnenen verglichen. Die Zentraltiefen der Balmer-Linien sind von 0.65 (Nov. 1951) auf 0.87 (März 1954) gewachsen. Aus den FeII- und OII-Linien wurden die Hüllen- und Atmosphären-Äste der Wachstumskurve und daraus die Turbulenzgeschwindigkeit abgeleitet. Cester

9538. **M. Hack,** Ricerche sulle stelle a righe metalliche. ξ Cephei. Rend. Ist. Lombardo Sci. Lettere Cl. Sci. Mat. Nat. (3) **88** 87—151, mit 8 Fig. und 1 Tafel = Oss. Astr. Milano-Merate (NS) Nr. 60. — In Merate wurden einige Spektren des Metallsterns ξ Cep aufgenommen. Die Äquivalentbreiten stimmen gut mit denen von Greenstein für τ UMa überein. Aus den FeI-Linien wurde die Anregungstemperatur relativ zur Sonne abgeleitet. Für den Elektronendruck ergeben sich 2.6 dyn/cm². Die Messung der Flügel von $H\beta$, $H\gamma$ und $H\delta$ geben $\Theta = 0.67$; die Zahl der H-Atome ist dreimal so groß wie in der Sonne. Trotz der absoluten Größe $+2\overset{m}{.}3$ besitzt der Stern eine Reihe von Riesen-Merkmalen: beträchtliche Turbulenz, niedriger Elektronendruck, geringe Opazität und kleine Dämpfungskonstante. Cester

9539. **M. Hack,** Ricerche sulle stelle a righe metalliche. Θ Cephei e ι Pegasi. Rend. Ist. Lombardo Sci. Lettere **88** 800—822, mit 6 Fig. = Contr. Oss. Astr. Milano-Merate (NS) Nr. 65. — Fortsetzung der Untersuchungen von Atmosphären der Metalliniensterne. Θ Cep zeigt ein Metallinienspektrum eines Überriesen vom Typ F5. Die Linie K führt dagegen auf den Spektraltyp A5. ι Peg ist ein normaler Zwergstern. Für Θ Cep ergeben die H-Linien eine Leuchtkraft in Übereinstimmung mit dem Wert, welcher sich mit dem aus der trigonometrischen Parallaxe bestimmten ergibt. Die Ergebnisse werden unter der Annahme einer Atmosphäre, in welcher die Metallinien entstehen, gedeutet. Cester

9540. **M. Hack,** Ricerche sulle stelle a righe metalliche: ζ Lyrae A e confronto con le stelle normali δ Cassiopeiae, β Cassiopeiae e 41 Cygni. Mem SA It (NS) **26** 499—521, mit 8 Fig. = Contr. Oss. Astr. Milano-Merate (NS) Nr. 74. — Mit dem Spektrographen von Merate wurde das Programm der Beobachtung von Metalliniensternen fortgesetzt. Die Ergebnisse bestätigen diejenigen der früheren Untersuchungen: das Spektrum von ζ Lyr A zeigt die Kennzeichen von Überriesen, sehr ähnlich zu denen von 41 Cyg (hohe Turbulenz; Dämpfungskonstante, Elektronendruck, Opazität sind klein). Die Flügel der Wasserstofflinien aber geben $\log g = 4$, ein Kennzeichen der Zwerge, in Übereinstimmung mit der aus der trigonometrischen Parallaxe abgeleiteten Helligkeit. Die Häufigkeit des Wasserstoffs ist viermal größer als auf der Sonne; da dies in allen Metalliniensternen gefunden wurde, ist es möglich, daß die Hypothese, diese Sterne und die Sonne würden demselben Modell folgen, unrichtig ist. Cester

9541. **W. A. Hiltner, B. Iriarte,** Four faint Wolf-Rayet stars. ApJ **121** 556, mit 1 Tafel = Contr. McDonald Obs. Nr. 251. — Es werden photoelektrisch im (B, V)-System gemessene Farben und Helligkeiten sowie Spektraltypen von vier Wolf-Rayet-Sternen mitgeteilt, von denen zwei bisher unbekannt waren. Micz.

* * **W. A. Hiltner, B. Iriarte,** Photometric and spectroscopic studies of early-type stars between galactic longitude $l = 338°$ and $l = 33°$. Vgl. Ref. 9410.

* * **S.-S. Huang, O. Struve,** Study of Doppler velocities in stellar atmospheres: The spectrum of Alpha Cygni. Vgl. Ref. 5111.

9542. **J. Humblet, G. Mannino,** Observations des bandes de Merrill-Sanford dans les étoiles carbonées. Ann d'Astrophys **18** 321—328 = Inst. d'Astrophys. Univ. Liège Coll. 4⁰ Nr. 66. — Es werden spektrale Beobachtungen von zehn Kohlenstoffsternen mitgeteilt, die 1953 bis 1955 in Asiago und McDonald gewonnen wurden. Aus etwa 75 Spektrogrammen ergeben sich einige qualitative Resultate besonders bezüglich der noch unidentifizierten Banden zwischen 4800 Å und 5000 Å von Merrill und Sanford. Ferner wurden für verschiedene Mischungsverhältnisse H : C : N die Häufigkeiten des C_2- und C_3-Moleküls in Abhängigkeit von der Temperatur theoretisch berechnet. Kdr.

* * **K. Hunger,** Die Atmosphäre des A0-Sternes Alpha Lyrae. Vgl. Ref. 5113.

9543. **B. Iriarte, E. Chavira,** Gigantes azules entre $l = 330°$ y $l = 35°$. Bol. Obs. Tonantzintla y Tacubaya Nr. 13 S. 12—18, mit 4 Fig. (mit englischer Zusammenfassung). — Verzeichnis von 110 Sternen in der Umgebung des galaktischen Äquators, die hier als OB-Überriesen klassifiziert wurden, darunter 27 Sterne mit Hα-Emission. Als Suchkärtchen wurden 71 Aufnahmen reproduziert. Gü.

9544. **B. Iriarte, E. Chavira,** Nuevas estrellas de tipos espectrales tempranos con Hα en emisión entre $l = 338°$ y $l = 33°$. Bol. Obs. Tonantzintla y Tacubaya Nr. 13 S. 19—22, mit 2 Fig. (mit englischer Zusammenfassung). — Verzeichnis von 79 Sternen in der Umgebung des galaktischen Äquators mit neu bestimmten, teilweise provisorischen Spektraltypen OB, B und A und Hα-Emission. Als Suchkärtchen für 56 derselben werden 40 Aufnahmen reproduziert. Gü.

9545. **J. Kubikowski,** O klasyfikacji widmowej. Urania Kraków **26** 289—294.

9546. **P. Maffei,** Le molecole nelle atmosfere stellari. Coelum **23** 13—18. — Verf. weist auf die verschiedenen Möglichkeiten hin, nach denen die Anwesenheit von Molekülen in den Sternatmosphären nachgewiesen werden kann; eine Übersicht der auf der Sonne und auf den Sternen gefundenen Verbindungen und einige Betrachtungen darüber beschließen die Untersuchung. Cester

9547. **G. Mannino, J. Humblet,** Observations spectroscopiques de quelques étoiles Of (I). Ann d'Astrophys **18** 237—258 = Inst. d'Astrophys. Univ. Liège Coll. 4° Nr. 65. — Die Spektren einiger Of-Sterne werden untersucht und die Äquivalentbreiten einer Reihe von Linien, meist von H und He bestimmt. Die Absorptionslinien und zum Teil auch die Emissionslinien zeigen langsame Veränderungen. Weitere Untersuchungen sollen den Anregungsmechanismus der Emissionslinien klären. F. S.

9548. **G. Mannino,** Osservazioni e misure di spettri di stelle peculiari. Mem SA It (NS) **26** 165—182, mit 2 Fig. = Contr. Oss. Astrofis. Asiago Nr. 56. — Die Spektren von «peculiar-Sternen» werden untersucht und beschrieben: BD +59°2829, HD 15963, 33232, 50138, 168957, 220300 und γ UMi. Für HD 15963 und γ UMi wurden Wellenlängen und die Zentralintensitäten der Linien bestimmt. Die Unsöldsche Methode wurde auf γ UMi, HD 168957 und 220300 angewandt. Cester

9549. **S. W. McCuskey,** Stellar spectra in milky way regions. III. A region in Cepheus-Lacerta. ApJ Suppl **2** 75—122, mit 13 Fig. — Ref. in ApJ **122** 359—360. — In einem 16.9 Quadratgrad großen Feld, bezeichnet LF 4, mit dem Zentrum bei AR = $22^h\,22^m$, Dekl. = +53°8 (1945) werden für 4222 Sterne Spektrum und scheinbare photographische Helligkeit bestimmt. Für 1764 Sterne frühen Spektraltyps werden Blau-Rot-Farbenindizes gegeben. Schai.

9550. **A. McKellar, E. H. Richardson,** Relative spectral gradients of several cool carbon stars in the blue and violet regions. Vgl. Ref. **1169**, daselbst S. 256—275, mit 3 Fig., 1 Tafel und Diskussion S. 287—288 = Contr. Dominion Astrophys. Obs. Victoria Nr. 39. — Die relativen Gradienten von λ 4900 bis λ 3900 in den Spektren von zehn N-Sternen werden bestimmt, wobei α Lyrae als Anschlußstern dient. Der Vergleich mit Laboratoriumsmessungen von Phillips und Brewer führt zu dem Schluß, daß die C_3-Bande bei λ 4050 wesentlich zur starken UV-Absorption bei den N-Sternen beiträgt. K. H. Schmidt

* * **P. W. Merrill,** Red stars. Vgl. Ref. **9416**.

9551. **L. W. Mirsojan,** Photometrische Untersuchung des kontinuierlichen Spektrums von zehn heißen Sternen. Mitt. Obs. Bjurakan Nr. 16 S. 41—52 (russisch mit armenischer Zusammenfassung). — Bei einer Dispersion von 150 Å/mm bei Hγ wurden mit einem Spektrographen O- und B-Sterne der Sternassoziation Cepheus II untersucht. Ein Vergleich der Beträge des Balmer-Sprungs und spektralphotometrischer Gradienten mit Ergebnissen von Barbier, Chalonge und Divan zeigt gute Übereinstimmung. Schrick

9552. **E. R. Mustel, L. S. Galkin,** Untersuchung der A- und F-Sterne mit anomalen Intensitäten der Metallinien. Mitt. Astrophys. Obs. Krim **13** 9—22, mit 4 Abb. (russisch). — Ein Vergleich der Linien Hβ, Hγ, Hδ von α Gem B mit den entsprechenden Linien je zweier Riesen- und Hauptreihensterne lehrt, daß α Gem B der Leuchtkraftklasse III näher steht als der Klasse V. Für 26 Sterne, die nach Zuverlässigkeit ihrer trigonometrischen Parallaxen in zwei Gruppen getrennt sind, werden einerseits die auf Grund der meisten Metall-Linien (Fe . .), andererseits die auf Grund der Kalzium-H- und K-Linien bestimmten Spektraltypen mitgeteilt und zu beiden je die entsprechenden absoluten Helligkeiten, die weiter mit der aus der trigonometrischen Parallaxe bestimmten Absoluthelligkeit verglichen werden. Die «Ca-Klassifikation» ergibt ausschließlich A-, die «Fe . .-Klassifikation» dagegen fast nur F-Typen. Die von den Autoren bevorzugte Einreihung in Klasse F bedeutet, daß die untersuchten Sterne im M_V-Sp-Diagramm eine enge gleichförmige Folge bilden, die sich bei mittleren A-Typen von der Hauptreihe trennt und fast horizontal verlaufend sich dem Riesenast immer mehr annähert. Spektrale Kriterien, die auf eine noch größere Leuchtkraft hinweisen, werden durch besonders große Ausdehnung der Atmosphären gedeutet, welche vielleicht durch Prozesse ähnlich wie in den Sonnenprotuberanzen zustandekommt. Petri

9553. **E. R. Mustel, L. S. Galkin,** Untersuchung von A- und F-Sternen mit anomalen Intensitäten der Metallinien. III. Spektralphotometrie von Castor B. Mitt. Astrophys. Obs. Krim **15** 136—139, mit 1 Abb. (russisch). — Verf. bestimmen im Spektrum des Metallinien-Sterns α Gem B Äquivalentbreiten zahlreicher Linien zwischen 3934 und 4586 Å und vergleichen diese mit denen von β Tri (A 5 III). Die festgestellten Unterschiede sind klein und haben zudem wechselndes Vorzeichen. Die Unterschiede der chemischen Zusammensetzung der Sternatmosphären sollten daher auch klein sein. Loh.

9554. **J. J. Nassau, D. A. MacRae,** Spectral and luminosity classification of the bright sequence stars in the C regions. ApJ **121** 32—37, mit 1 Fig. — Verf. haben auf Objektivprisma-Aufnahmen die Spektraltypen und Leuchtkraftklassen der Standardsterne der Harvard C-Regionen im System des Yerkes-Atlas bestimmt und teilen die Ergebnisse in einem Katalog mit. Micz.

9555. **J. B. Oke,** The luminosity classification of late-type stars using microphotometer tracings. AJ **60** 174. — Ref. AAS.

9556. **W. Priester,** Gestörte Multipletts in Sternatmosphären. ZfA **36** 230—239, mit 3 Abb. = Sonderdruck Sternw. Kiel. — Es wird empirisch gezeigt, daß bei Sternen mit «normalen» Spektren die selektive Fluoreszenz, die durch die Verkettung der Termschemata verschiedener Elemente hervorgerufen wird, keinen merklichen Einfluß auf die Besetzung der betreffenden Niveaus hat, d. h. bei der quantitativen Analyse der Spektren nicht berücksichtigt zu werden braucht. Der gleiche Befund ergibt sich auch für die Sonnenchromosphäre. Anhand der Spektren der Sonnenphotosphäre und -chromosphäre sowie von 15 Sternen der Spektraltypen A bis M wurde bei fünf Koinzidenzfällen von Spektrallinien nach Fehlbesetzungen der betreffenden Niveaus gesucht. Systematische Effekte wurden nicht festgestellt; sie liegen bei allen untersuchten Sternen sicherlich unter 25 %. Verf.

9557. **H. Rojas, R. Herman,** Sur une méthode de classification des étoiles B. CR **240** 727—729, mit 1 Fig. — Die Lage eines B-Sterns in einem Diagramm W/R_c (W = Äquivalentbreite, R_c = Zentraltiefe der Linien der Balmerserie) gestattet die Spektral- und die Leuchtkraftklassifikation des B-Sterns. Die Methode wird bei 18 Sternen (Aufnahmen mit dem Prismenspektrographen am 120 cm-Teleskop des Observatoire de Haute-Provence) angewendet, deren Werte bei $H\gamma$, $H\delta$, und $H\varepsilon$ gemessen wurden. Die theoretischen Grundlagen dieses Verfahrens werden kurz erörtert. Gli.

9558. **A.-M. Rozis-Saulgeot,** Classification de quelques étoiles dans Monoceros. JO **38** 352—353 = Contr. Inst. d'Astrophys. Paris (B) Nr. 132. — Für acht O- und B-Sterne im Monoceros werden nach Chalonge und Divan die eine Spektralklassifikation gestattenden Parameter λ_1 und D gegeben. Ebenfalls werden mit Hilfe bekannter Werte von S Mon die absoluten Gradienten φ_b und φ_{uv} dieser Sterne bestimmt. Schai.

9559. **M. Rudkjøbing,** Om todimensional spektralklassifikation. NAT 1955 S. 50—54, mit 2 Fig. — Populäre Beschreibung der Klassifikation von Morgan, Keenan und Kellman. C. L. J.

9560. **J. Sahade,** The spectrum of the southern Wolf-Rayet star γ_2 Velorum. Publ ASP **67** 348. — Ref. ASP.

9561. **U. Sinnerstad,** Preliminary report on an investigation of luminosity criteria for early type stars. Ark Astr **1** 561—565, mit 4 Fig. — Es werden die Äquivalentbreiten und Zentralintensitäten der Balmer-Linien $H\beta$ bis $H\zeta$ von 29 Sternen der Spektraltypen O 9 bis A 3 mitgeteilt (Messungen mit einem Spaltspektrographen von 75 Å/mm bei $H\gamma$ im Cassegrainfokus des 40″ Reflektors, Kalibrierung durch an einem Drahtgitter abgebeugte Vergleichsspektren). Die Totalintensitäten stimmen mit den Messungen von Günther befriedigend überein, die Linientiefen sind vergleichsweise kleiner. In einem Diagramm — Äquivalentbreite über Linientiefe — trennen sich die Sterne wegen der unterschiedlichen Starkeffektverbreiterung in zwei deutlich unterscheidbare Gruppen: Leuchtkraftklasse Ia, Iab, Ib und II einerseits und IIIg, IV, Vd andererseits. Traving

9562. **A. Slettebak,** The spectra and rotational velocities of the bright stars of Draper types A3—G0. ApJ **121** 653—669, mit 5 Fig. und 1 Tafel. — Ref. in Coelum **23** 174. — Aus einer Gruppe von 215 A3- bis G0-Sternen wurde erneut der bekannte Sachverhalt abgeleitet, daß längs der Hauptreihe die Rotationsgeschwindigkeit von den mittleren A- bis zu den späten F- und frühen G-Sternen abnimmt. Weiter ergab sich, daß die mittlere Rotationsgeschwindig-

keit innerhalb einer Spektralklasse eine Funktion der Leuchtkraft ist. Bei B1- bis A2-Sternen rotieren die Hauptreihensterne schneller als die mit größerer Leuchtkraft, während es bei den Spektraltypen F0 bis G0 umgekehrt ist.
Zimmermann

* * **S. G. Sljussarew,** On the relative content of hydrogen and helium in the atmosphere of the Wolf-Rayet stars. Vgl. Ref. **5141**.

9563. **H. J. Smith,** Southern Wolf-Rayet stars. AJ **60** 180. — Ref. AAS.

9564. **B. Strömgren, K. Gyldenkerne,** Spectral classification of G and K stars through photoelectric photometry with interference filters. ApJ **121** 43—50, mit 2 Fig. — Ref. in Sterne **31** 139—140. — Strömgren hat bereits früher ein lichtelektrisches Verfahren entwickelt, um Intensitätsverhältnisse in Sternspektren unter Verwendung von Interferenzfiltern zu messen und daraus Spektraltypen und Leuchtkraftklassen abzuleiten. Die vorliegende Veröffentlichung diskutiert die Ergebnisse der Messungen von G- und K-Sternen; der Katalog der Daten wurde bereits früher publiziert (vgl. Ref. **9536**). Als Typ- und Leuchtkraftindikatoren wurden die Stärke der K-Linie, die Diskontinuität bei der G-Bande und die Stärke der Cyanabsorption benutzt. Vergleiche der Resultate mit der Spektralklassifizierung der Sterne im System des Yerkes-Atlas und lichtelektrischen Farbenindizes werden gemacht. Ferner wird der Einfluß der interstellaren Rotverfärbung auf die Kriterien erörtert. Die erreichte Genauigkeit ist hoch, ein wahrscheinlicher Fehler von 0.02 Spektralklassen kann mit einer Bestimmung erzielt werden.
Micz.

9565. **O. Struve,** Dust and related phenomena in stars. Vgl. Ref. **1169**, daselbst S. 193—222, mit 1 Fig., 5 Tafeln und Diskussion S. 287—288 = Berkeley Repr. Nr. 74. — Es werden einige spezielle Probleme besprochen, bei denen die Beobachtungen sich durch die Annahme von Wolken kleiner fester Teilchen in der unmittelbaren Umgebung der Sterne interpretieren lassen. Derartige Wolken dürften etwa als Teilursache für die Veränderlichkeit der langperiodischen Variablen in Frage kommen. Insbesondere spricht bei Mira Ceti die mit der Umlaufsperiode synchrone Veränderlichkeit der B-Komponente für die Anwesenheit absorbierenden Materials in diesen Systemen. Selektive Absorption durch mehratomige Moleküle, wahrscheinlich C_3, finden wir im Falle der N-Sterne, in deren Atmosphären wahrscheinlich aber auch Wolken fester C-Partikel zu vermuten sind. Ausführlich wird das System α Sco behandelt, in dessen Spektrum das Auftreten von Fe II in Emission bemerkenswert ist, während H-Emissionslinien fehlen. Diesen Befund erklärt Verf. versuchsweise durch die Annahme einer Wolke meteoritisch, Fe-haltiger Teilchen um α Sco A, aus denen in Nähe des B Typ-Begleiters Fe verdampft, das die Emissionslinien des Fe II verursacht.
Kdr.

9566. **S. Taffara,** Ricerche spettrofotometriche sulle stelle Be. XV. Studio della stella β Piscium (B 5—8 Ve). Mem SA It (NS) **26** 7—18, mit 6 Fig. = Contr. Oss. Astrofis. Asiago Nr. 55. — Aus drei an der III. Kamera des Spektrographen von Asiago aufgenommenen Spektren werden nach der Unsöldschen Methode folgende Daten erhalten: $\log N_e = 14.14$, $\log P_e = 2.47$; $\log NH(H) = 22.59$; $\log NH(HeI) = 21.15$; $\log H/He = 1.79$; $\log g_{eff} = 4.19$. Nach der Zanstraschen Methode werden Temperatur (14600°) und relative Intensitäten der Balmer-Emissionslinien berechnet.
Cester

9567. **P. Tempesti,** Studio spettrofotometrico di 6 stelle di classe spettrale Be. Mem SA It (NS) **26** 409—427, mit 6 Fig. = Oss. Astrofis. Catania Pubbl. (NS) Nr. 4. — Aus einigen mit dem Schmidt-Teleskop «A. Colacevich» der Sternwarte Arcetri erhaltenen Objektivprismenaufnahmen, deren Dispersion 185 Å/mm bei Hγ beträgt, wurden die Äquivalentbreiten von Wasserstoff- und Heliumlinien der Be-Sterne 120 Tau, 55 Cyg, BD +46°3111, f_1 Cyg, 60 Cyg und 6 Cep gemessen. Mit Hilfe dieser Äquivalentbreiten, der Zahl der getrennt beobachtbaren Balmer-Linien und des von anderen Autoren bestimmten Balmersprungwertes, außerdem unter Annahme der Kuiper-Unsöld-Temperaturskala, wurden log NH (H), log NH (He), log P_e und log g_{eff} gerechnet mit dem Ergebnis einer guten Übereinstimmung mit den für 19 B-Sterne an der Sternwarte Asiago erhaltenen Werten. Das Häufigkeitsverhältnis Helium zu Wasserstoff ergibt aber eine Abweichung von den Asiagoer Ergebnissen: die Autoren von Asiago finden den durchschnittlichen Wert log He/H = –1.20 direkt aus den Helium- und Wasserstoffhäufigkeiten und log He/H = –0.94 aus den Verhältnissen der Äquivalentbreiten der benachbarten Linienpaare $H\gamma$, 2^3P — 4^3D und $H\delta$, 2^3P — 5^3D nach den Formeln von Unsöld. Die hiesigen Ergebnisse lauten dagegen: log He/H = –1.05 nach der ersten Methode und log He/H = –0.50 aus den Äquivalentbreiten der oben erwähnten Linienpaare. Die Ursache dieser Abweichung, auch in Hinsicht auf die von M. Hack und von H. Voigt für 55 Cyg erhaltenen Ergebnisse, wird diskutiert. Verf.

9568. **H. Tomasik,** Poszukiwanie kryteriów populacji z widm małej dyspersji. Postępy Astr. **3** 35. — Ref. Poln. Astr. Ges.

* * **G. Traving,** Die Atmosphäre des B0-Sternes τ Scorpii. Vgl. Ref. **5142.**

9569. **A. B. Underhill,** 48 Librae — a stellar curiosity. ASP Leaflet Nr. 310, 8 S. — Ref. in Sterne **31** 191—192; Übersetzung in NAT 1955 S. 94—99, mit 1 Fig.

9570. **A. B. Underhill,** Some observations of CIII emission in the O stars. J RAS Canada **49** 27—29, mit 1 Fig. = Contr. Dominion Astrophys. Obs. Victoria Nr. 43. — Die CIII-Linie λ 5696 wurde in einigen O-Überriesen beobachtet. Die Emission tritt auch in den Spektren der Of-Sterne, nicht aber im Spektrum des B1-Überriesen HD 190429 N auf. Behr

9571. **A. B. Underhill,** Some observations of CIII emission in the O-type stars. Publ ASP **67** 23. — Die CIII Linie $3^1P_1^0$—3^1D_2 λ 5695.8 wurde erstmalig in drei späteren O-Sternen (Übergiganten) beobachtet. Diese Beobachtungen sowie die derselben Emissionslinie in zwei Of-Sternen — es sind bereits mehrere mit CIII-Emissionen bekannt — werden beschrieben und diskutiert. Traving

9572. **P. Wellmann,** Ein Vergleich der Spektren von α Canis minoris und 110 Herculis. ZfA **36** 194—211, mit 7 Abb. = Mitt. Sternw. Hamburg-Bergedorf **22** Nr. 246. — Um einen Beitrag zur Klärung der physikalischen Hintergründe der von Miss Roman eingeführten Klassifikation der F5- bis K1-Sterne zu liefern, sind die Spektren von α CMi (F5 IV st) und 110 Her (F5 IV wk) bei größerer Dispersion miteinander photometrisch verglichen worden. Im Vergleich zu α CMi ist in 110 Her die CH-Absorption um einen Faktor 2 verstärkt, und die Linien der neutralen und ionisierten Metalle sind um 10—12 % intensiver. $H\gamma$ ist in beiden Spektren nach Form und Äquivalentbreite gleich. Verf.

9573. **R. Wilson,** Emission lines in O stars. Obs **75** 222—224. — Die Untersuchung der Linie λ 5696 des C III in 16 O- und 10 B-Sternen zeigt, daß sie bis B0 in Emission auftreten kann, ihre Intensität aber mit der absoluten Leuchtkraft zu variieren scheint, was besonders bei einer Gruppe von sieben O9.5-Sternen zu erkennen ist. Eine sorgfältige Festlegung des Verlaufs des Kontinuums läßt außerdem schwache und breite Emissionen von HeII und NIII erkennen, auch in O-Sternen, die nicht als Of klassifiziert wurden. Bo.

9574. **K. M. Yoss,** Objective prism spectrophotometry of high and low velocity stars. AJ **60** 183—184. — Ref. AAS.

9575. Heliumsterne. Priroda Sofia **4** Nr. 6 S. 102 (bulgarisch).

* * Principes fondamentaux de classification stellaire. Vgl. Ref. **1164.**

§ 96

Temperatur, Strahlung

9601. **G. Cayrel-de Strobel, D. Chalonge, L. Divan,** Evaluation des brillances monochromatiques et des températures superficielles stellaires. Application à la composante brillante d'Algol. Mem SA It (NS) **26** 257—266, mit 2 Fig. = Contr. Oss. Astrofis. Asiago Nr. 60 = Contr. Inst. d'Astrophys. Paris (B) Nr. 134. — Eine Methode zur Bestimmung der Oberflächentemperatur und der mittleren monochromatischen Helligkeit für Sterne der Typen B, A und F unter Benutzung der Farbtemperatur und der Zentraltiefe der ersten Balmerlinien wird vorgeschlagen. Es ist dann leicht, den scheinbaren Durchmesser des Sterns und die Mitte-Rand-Verdunklung einer Scheibe in verschiedenen Wellenlängen des Kontinuums abzuleiten. Als Probe wird eine Anwendung auf Algol A gegeben. Cester

9602. **O. A. Melnikow,** Präzisierung der Skala der spektralphotometrischen Gradienten und Temperaturen der Sterne mittels der Cepheiden. Astr Circ UdSSR Nr. 161 S. 14—16 (russisch). — Die vom Verf. früher bestimmten absoluten Gradienten von δ Cep und η Aql (vgl. AJB **50** Ref. **11154**) werden über die Sechsfarbenphotometrie von Stebbins und Whitford in den Gradienten φ des A0-Sterns transformiert. Für den Bereich 4220 bis 7190 Å ergibt sich so $\varphi = 1.16 \pm 0.03$, die Farbtemperatur zu $15400° \pm 660°$. Die Übereinstimmung mit den von Kienle und Mitarbeitern 1941 erhaltenen Werten ist gut. Loh.

9603. **L. W. Mirsojan,** Über die spektralphotometrischen Temperaturen der B-Sterne. DAN Armen. Sowjetrepublik **20** 3—7 (russisch mit armenischem Ref.). — Ref. in RJ Astr. Geod. UdSSR 1956 Nr. 1 S. 41.

9604. **O. Obůrka,** Temperatures of stars and their determinations. RH **36** 217—220, mit 1 Fig. (tschechisch).

§ 97

Leuchtkraft, Durchmesser, Masse, Zustandsdiagramme

* * **R. A. Bartaja,** Absolute spektroskopische Helligkeiten von 137 B 8- und B 9-Sternen in hohen galaktischen Breiten. Vgl. Ref. **9504**.

* * **V. M. Blanco,** The M-type supergiants in h and χ Persei. Vgl. Ref. **12104**.

* * **J. A. Crawford,** On the subgiant components of eclipsing binary systems. Vgl. Ref. **11108**.

9701. **E. R. Dyer jr., G. S. Mumford III,** Star near GC 3121 not a white dwarf: II. Publ ASP **67** 47—48.

9702. **O. J. Eggen,** The color-luminosity array for stars near the sun. AJ **60** 401—407, mit 2 Fig., Berichtigung in AJ **61** 360 = Lick Obs. Bull. Nr. 538. — Es werden Helligkeiten und Farben im $(P, V)_E$-System (vgl. Ref. **9403**) von 205 Sternen innerhalb 20 pc mitgeteilt, deren Spektraltyp K 5 und früher ist, wobei weiße Zwerge und Doppelsterne mit Helligkeitsdifferenzen unter drei Größenklassen ausgeschlossen bleiben. Ferner werden diese Daten für 32 M-Sterne innerhalb 13.5 pc angegeben. In einem Farben-Leuchtkraft-Diagramm dieser Sterne wird die Hauptreihe und die Lage einiger Unterzwerge diskutiert. Gli.

9703. **O. J. Eggen,** The masses of the subgiants. Publ ASP **67** 315—322, mit 1 Fig. — 20 Unterriesen mit bekannter trigonometrischer Parallaxe und einem Spektraltyp später als F 5 werden in einem Farben-Helligkeits-Diagramm zusammengestellt. Macht man die plausiblen Annahmen, daß die Unterriesen sich aus der Hauptreihe entwickeln oder auch umgekehrt in die Hauptreihe hinein, und zwar entlang den Bahnen, wie sie in dem offenen Sternhaufen M 67 angezeigt sind, und daß ferner dieser Entwicklungsprozeß keine merkliche Massenänderung mit sich bringt, so führt dies zu einer Masse der Unterriesen von rund 1.25 Sonnenmassen. Daß dieser Wert für die Masse richtig ist, wird durch die ausführliche Diskussion einiger Doppelsterne, visuelle Paare, spektroskopische Paare und Bedeckungsveränderliche, erhärtet. H. M.

9704. **J. E. Ejnasto,** Über die kinematische Struktur der Hauptreihe. Tartu, Univ., 1955 (russisch). — Dissertationsreferat.

9705. **D. S. Evans,** An occultation of Antares observed at the Union Observatory. MN **115** 468—472, mit 3 Fig. und 1 Tafel. — Die photoelektrische Verfolgung des Austritts von Antares hinter der Mondscheibe am 8. März 1953 erbrachte für den Winkeldurchmesser des Hauptsterns 0ʺ039. Instrumentarium und Beobachtungsumstände werden näher beschrieben. Loh.

9706. **A. H. Farnsworth, S. W. McCuskey,** Variations in the stellar luminosity function. VII. A region in Cassiopeia. ApJ **121** 643—652, mit 3 Fig. — Innerhalb eines Gebietes von 11.3 Quadratgrad in Cas wurden für 1113 Feldsterne Spektraltyp und Farbenindex bestimmt. Für die interstellare Absorption ergab sich, daß diese nahe der Sonne einsetzt und bis zu einer Entfernung von 1500 pc auf etwa 2^m ansteigt, dann aber nur noch langsam weiterwächst (bei 3000 pc etwa $2^m\!.5$). Der Verlauf der Dichtefunktion der verschiedenen Spektraltypen zeigte: die B 8—A 0-Sterne besitzen im Abstand von 100 bis 500 pc von der Sonne ein relatives Maximum, bei den F-Sternen sinkt die Raumdichte zunächst, bei etwa 400 pc liegt ein Zwischenmaximum. Die späten Riesen sind zwischen 200 und 500 pc häufiger als in Sonnennähe.
Zimmermann

9707. **W. Gliese,** Das Hertzsprung-Russell-Diagramm der Sterne innerhalb 20 Parsec. Mitt. AG 1954 S. 20—21, mit 2 Abb. — Ref. AG.

* * **K. Gyldenkerne,** Preliminary list of photoelectric classification indices for 234 bright northern G and K stars. Vgl. Ref. **9536**.

9708. **I. Halliday,** Luminosity function and space motions of G 8—K 1 stars derived from spectroscopic parallaxes. ApJ **122** 222—234, mit 2 Fig. = Commun. David Dunlap Obs. Nr. 37. — Das Beobachtungsmaterial bestand aus 227 Sternen der Spektraltypen G 8 bis K 1 mit einer maximalen Entfernung von 300 pc von der Sonne. Die Spektren mit einer Dispersion von 33 Å/mm wurden mittels eines Oszillographen-Mikrophotometers nach Hossack klassifiziert. Die abgeleiteten Leuchtkraftfunktionen besitzen im Bereich der Unterriesen ein ausgesprochenes Minimum, das bei den späten G-Sternen tiefer als bei den frühen K-Sternen ist. Dieser Effekt scheint reell zu sein. Unter den untersuchten Sternen wurde eine Anzahl mit großen Raumgeschwindigkeiten gefunden, doch sind diese Bestimmungen weniger zuverlässig. Zimmermann

* * **D. L. Harris III,** Color-magnitude arrays and color-system relations. Vgl. Ref. **9409**.

9709. **M. Kopecký,** About two parts of main branch of spectrum-luminosity diagram. RH **36** 199—201 (tschechisch).

9710. **I. M. Kopylow,** Untersuchung der Struktur der weiß-blauen Reihe im Spektrum-Leuchtkraft-Diagramm. Mitt. Astrophys. Obs. Krim **13** 46—75, mit 4 Abb. (russisch). — Auf Grund statistischer Untersuchungen der galaktischen Verteilung und der Leuchtkraftdaten wird festgestellt, daß die von B. A. Woronzow-Weljaminow entdeckte «weiß-blaue Reihe» keine Entwicklungslinie darstellt, sondern rein phänomenologischen Charakter hat. Wolf-Rayet-Sterne, rekurrierende und typische Novae, blaue und weiße Zwerge sind durchaus verschiedener Herkunft. Sie entwickeln sich vielleicht parallel, aber sehr ungleich schnell. Das Endstadium ist noch in keinem einzigen Falle bekannt. Wohl aber besteht eine gewisse Ähnlichkeit in räumlicher Verteilung und morphologischen Kennzeichen zwischen Novae im Minimum und den Kernen planetarischer Nebel. Die Gesamtzahl der planetarischen Nebel in der Milchstraße wird auf 9500 und ihre durchschnittliche Lebensdauer auf 20000 Jahre geschätzt. Da in der Milchstraße aber jährlich rund 50 Novae auftreten, ist der Übergang derselben in planetarische Nebel — falls es ihn gibt — in nur 1% der Fälle anzunehmen. Petri

* * **S. L. Lippincott,** The star of smallest known mass. Vgl. Ref. **10118.**

9711. **W. J. Luyten,** New white dwarfs and degenerate stars. NAZ **9** 3 (vgl. AJB **54** Ref. **9710**).

9712. **W. J. Luyten,** Star near GC 3121 not a white dwarf: I. Publ ASP **67** 46.

9713. **W. W. Morgan, A. D. Code, A. E. Whitford,** Studies in galactic structure. II. Luminosity classification for 1270 blue giant stars. ApJ Suppl **2** 41—74. — Ref. in ApJ **122** 359. — Für 1152 OB-Sterne nördlich −20° und 118 südlichere OB-Sterne werden Positionen (1900.0) und MK-Typ tabuliert. Für die Mehrzahl der Sterne wird auch die scheinbare visuelle Helligkeit gegeben. Bei 71% der Sterne liegen photoelektrische Farbenindizes im C_1-System von Stebbins, Huffer und Whitford vor. Der Katalog enthält die Mehrzahl aller Sterne frühen Typs, die bisher im MK-System klassifiziert sind. Die Helligkeiten gehen bis zur 11. Größe. Gli.

9714. **J. Náprstková,** Russell-Hertzsprung diagram. RH **36** 131—134, mit 2 Fig. (tschechisch).

* * **J. J. Nassau, D. A. MacRae,** Spectral and luminosity classification of the bright sequence stars in the C regions. Vgl. Ref. **9554.**

9715. **R. M. Petrie,** Tests of the Victoria spectroscopic absolute magnitudes for the B stars. AJ **60** 176. — Ref. AAS.

9716. **K. Pilowski,** Über das Zustandsdiagramm der Sterne. ZfA **37** 149—183, mit 15 Abb. — Das vorhandene Beobachtungsmaterial hoher Genauigkeit an Farbenindizes und Helligkeiten von offenen Sternhaufen und der nahen Feldsterne und weiterhin der Massen und Radien der vollständig bestimmten Bedeckungsveränderlichen wird einer geschlossenen Bearbeitung unterzogen und das Zustandsdiagramm in der Form des Farben-Helligkeits-Diagramms und des Masse-Radius-Diagramms abgeleitet. Die Kugelsternhaufen sind in die Untersuchung nicht einbezogen, so daß sie sich praktisch auf die Population I bezieht. Mit nur wenigen Ausnahmen passen sich alle Sterne des gegenwärtig zur Verfügung stehenden Materials größter Genauigkeit den bisher bekannten Zustandsreihen und weiteren sich neu ergebenden mit praktisch verschwindenden Abweichungen an. Um einen vollständigen Überblick über das Verhalten der physikalischen Zustandsgrößen Masse, Radius, bolometrische Leuchtkraft, effektive Temperatur für die Sterne der Population I zu geben, wird für diese Sterne das vollständige System der zweidimensionalen Zustandsdiagramme entwickelt. Verf. (gekürzt)

* * **V. C. Reddish,** The masses of the stars of population II. Vgl. Ref. **5230/31.**

9717. **W. Renkawitz,** Berechnung der absoluten Helligkeit der Sterne aus Parallaxe und scheinbarer Helligkeit. Sterne **31** 244—247. — Es wird eine kleine Tabelle gegeben, aus der zum Argument Parallaxe = π der Ausdruck 5 + 5 log π zu entnehmen ist, so daß man mit ihrer Hilfe aus gegebener Parallaxe und scheinbarer Helligkeit fast ohne Rechnung die absolute Helligkeit findet. H. M.

9718. **M. Rigutti,** Le «nane bianche». Coelum **23** 68—76.

9719. **E. E. Salpeter,** The luminosity function and stellar evolution. ApJ **121** 161—167, mit 2 Fig. — Unter der Voraussetzung, daß die Sterne nach Verbrennung von rund 12 % ihres anfänglichen Wasserstoffgehalts von der Hauptreihe abwanderten und die Sternbildung in Sonnennähe während der letzten 5 Milliarden Jahre gleichförmig erfolgt sei, versucht Verf., aus der heute beobachteten Leuchtkraftfunktion einige kosmogonische Schlüsse zu ziehen. Kdr.

9720. **A. S. Scharow,** Über die Struktur der Hauptreihe des Farben-Helligkeits-Diagramms der Sterne in Sonnennähe. Astr Circ UdSSR Nr. 165 S. 8—9 (russisch). — 1953—1954 wurden mit dem am 30 cm-Refraktor des Engelhardt-Obs. Kasan angebrachten Elektrophotometer Helligkeiten und Farben von Sternen gemessen, deren Parallaxen wahrscheinliche Fehler von weniger als 10 % besitzen. Danach zeigt die Hauptreihe keine Feinstruktur, und ihre natürliche Dispersion ist nicht kleiner als $0^m\!.4$. Sterne mit verschiedenen Raumgeschwindigkeiten, spektroskopischen Besonderheiten und Rotationsgeschwindigkeiten zeigen in ihrer Lage zur Hauptreihe keine Unterschiede. Loh.

9721. **A. S. Scharow,** Das Farben-Helligkeitsdiagramm der Sterne in Sonnenumgebung. Moskau, Staatsuniv., 1955 (russisch). — Dissertationsreferat.

* * **M. Schwarzschild, L. Searle, R. Howard,** On the colors of subdwarfs. Vgl. Ref. **9420.**

* * **U. Sinnerstad,** Preliminary report on an investigation of luminosity criteria for early type stars. Vgl. Ref. **9561.**

* * **B. Strömgren, K. Gyldenkerne,** Spectral classification of G and K stars through photoelectric photometry with interference filters. Vgl. Ref. **9564.**

9722. Extremes in stars. J RAS Canada **49** 129—130.

§ 98

Rotation, Magnetfeld

9801. **G. H. Herbig, J. F. Spalding jr.,** Axial rotation and line broadening in stars of spectral types F 0 — K 5. ApJ **121** 118—143, mit 1 Fig. = Contr. Lick Obs. (2) Nr. 56. — Ref. in Coelum **23** 121, Ric. Sci. **25** 3194. — Zur Bestimmung von Rotationsgeschwindigkeiten (v · sin i) wurde die Breite von schwachen Linien im Spektrum von 656 Sternen mit Spektraltypen F 0–K 5 gemessen. Die Dispersion der Spektrogramme betrug 11 Å/mm. Um die Linienbreiten in Rotationsgeschwindigkeiten überführen zu können, wurden für eine Reihe von Sternen des Spektraltyps F 5—G 0 Linienprofile photometrisch ermittelt und diese mit einem Satz für verschiedene v · sin i berechnete Profile verglichen; ausgegangen wurde dabei vom Prcfil schwacher Sonnenlinien. Die mittlere Rotationsgeschwindigkeit der untersuchten Sterne verringert sich mit fortschreitendem Typ innerhalb der Spektralkasse F. Mit Ausnahme zweier Doppelsterne wurden keine Sterne später als G 5 mit Rotationsverbreiterung der Linien gefunden. Sterne der Leuchtkraftklassen III und IV und zwischen F 0 und G 0 rotieren schneller als solche der Leuchtkraftklasse V. Überriesen des Typs Ia weisen stärkere Linienverbreiterung auf als die des Typs Ib. Zwischen Sternen mit kräftigen und schwachen Linienspektren scheinen keine Unterschiede in bezug auf die mittlere Rotationsgeschwindigkeit zu bestehen. Micz.

9802. **A. R. Sandage,** Axial rotation and stellar evolution. ApJ **122** 263—270, mit 4 Fig. — Es wird untersucht, inwieweit die von Slettebak empirisch bestimmten Rotationsgeschwindigkeiten der Riesensterne mit der heutigen Theorie der Entwicklung dieser Sterne verträglich sind. Das Ergebnis führt auf keine Widersprüche zu den von M. Schwarzschild und Mitarbeitern berechneten Entwicklungssequenzen. K. H. Böhm

9803. **A. Slettebak, R. F. Howard,** Axial rotation in the brighter stars of Draper types B 2—B 5. ApJ **121** 102—117, mit 4 Fig. und 1 Tafel = Contr. Perkins Obs. (1) Nr. 40. — Ref. in Coelum **23** 120, Ric. Sci. **25** 3192—3193. — Von allen Sternen heller als $5^m.51$ und nördlich von −20° Dekl., welche im Henry Draper-Katalog als B 2—B 5 klassifiziert sind, wurden Rotationsgeschwindigkeiten (v · sin i) bestimmt. Die benutzte Methode bestand aus Vergleichen der beobachteten Profile der He I-Linie λ 4471 mit einem Satz für verschiedene Rotationsgeschwindigkeiten berechneter Profile (Verfahren von Shajn und Struve). Für alle 185 Sterne wurden auch Spektraltypen und Leuchtkraftklassen im System des Yerkes-Atlas ermittelt. Die mittlere wahre Rotationsgeschwindigkeit der untersuchten Hauptreihensterne ist mit 201 km/sec etwas höher als für B 8—A 2-Sterne. Das Geschwindigkeitsmaximum scheint im Bereich B 5—B 7 aufzutreten. Sterne des Typs B 2—A 2 oberhalb der Hauptreihe rotieren schneller als Hauptreihensterne. Im Verlauf der Diskussion wird der Einfluß der verbotenen He I-Linie λ 4470 auf die Ergebnisse erörtert. Verf. geht ferner auf einige Fälle von synchroner Rotation und Bahnbewegung bei spektroskopischen Doppelsternen ein. Abschließend wird der Zusammenhang zwischen Rotation und Stellung im Hertzsprung-Russell-Diagramm mit Hilfe der von Schwarzschild und Sandage entwickelten Vorstellungen über Sternentwicklung betrachtet. Micz.

* * **A. Slettebak,** The spectra and rotational velocities of the bright stars of Draper types A 3—G 0. Vgl. Ref. **9562**.

9804. **O. Struve,** Axial rotation and stellar evolution. Sky and Telescope **15** 17—19, 50, mit 7 Fig. — Bericht über die neueren Arbeiten zur Rotation der Fixsterne. Der deutliche Unterschied in der Rotationsgeschwindigkeit zwischen Sternen früher und späterer Spektraltypen wird auf die Bildung von Planetensystemen bei späteren Spektraltypen zurückgeführt. Der Drehimpuls des gesamten Systems, bei früheren Typen des Einzel- oder Doppelsterns, bleibt bei der zeitlichen Entwicklung im wesentlichen erhalten. Behr

Magnetfeld

9805. **G. R. Burbidge, E. M. Burbidge,** An analysis of the magnetic variable α^2 Canum Venaticorum. ApJ Suppl **1** 431—477, mit 5 Fig. = Contr. McDonald Obs. Nr. 248. — Ref. in ApJ **121** 774—775. — Durch genaue Messungen an zahlreichen Linien im Spektrum von α^2 CVn wird die Häufigkeit vieler Elemente analysiert. Mehrere Möglichkeiten zur Erklärung der beobachteten Veränderlichkeit werden diskutiert. F. S.

9806. **E. M. Burbidge, G. R. Burbidge,** Relative abundances and atmospheric conditions in the magnetic star HD 133029. ApJ **122** 396—408, mit 2 Fig. = Contr. McDonald Obs. Nr. 260. — Aus neun Coudé-Spektrogrammen mittlerer Dispersion (18 Å/mm), aufgenommen am McDonald-Observatorium im Frühjahr 1953, leiten Verf. die Äquivalentbreiten einer Reihe von Metallinien für den A0p-Stern HD 133029 ab, welcher nach Beobachtungen von Babcock unter anderem ein variables Magnetfeld von maximal 10500 Gauß mit einer säkularen Variation und Fluktuationen mit einer Periode von ungefähr $1^1/_2$ Tagen besitzt. Verf. finden für die Dauer der Beobachtungsperiode (2 Wochen) keine signifikanten Änderungen in den Linienintensitäten und Radialgeschwindigkeiten und keine Abweichungen zwischen den aus verschiedenen Elementen abgeleiteten Radialgeschwindigkeiten. Die Analyse ergibt, daß Si, Cr, Sr und Zr um Faktoren zwischen 10 und 40, La und die seltenen Erden um einen Faktor 400 zu häufig sind, während Ca 20 mal zu selten vorkommt. Oster

9807. **A. Dauvillier,** Le magnétisme des corps célestes. Tome I. Magnétisme solaire et stellaire, couronne solaire et lumière zodiacale. Vgl. AJB **54** Ref. **9805**. — Weitere Besprechnug in La Nature **83** 165, Scientia **90** 269 (G. Abetti).

9808. **A. J. Deutsch,** The electromagnetic field of an idealized star in rigid rotation in vacuo. Ann d'Astrophys **18** 1—10, mit 2 Fig. — Zur Prüfung der Theorie des «schiefen Rotators» für die periodische Veränderlichkeit magnetischer Sterne wird eine vollkommen leitende Kugel mit scharf definierter Oberfläche betrachtet, die starr im Vakuum rotiert. Es wird gezeigt, daß die elektromagnetischen Feldgleichungen die Existenz «eingefrorener» magnetischer Felder im Stern mit ziemlich allgemeiner Struktur zulassen, darunter auch Felder, die um eine gegen die Rotationsachse geneigte Achse symmetrisch sind. Für einen Spezialfall wird dann das Feld im Außenraum des Sterns berechnet. Bei hinreichend kleiner Dichte können in diesem Felde Ionen sehr stark beschleunigt werden. Doch erscheint es zweifelhaft, ob die Bedingungen bezüglich der Dichte im interstellaren Raum erfüllt sind. Kdr.

9809. **E. Jensen,** On tubes of magnetic force embedded in stellar material. Ann d'Astrophys **18** 127—140 = Inst. Theoret. Astrophys. Blindern-Oslo Reprint Nr. 12. — Es wird gezeigt, daß in röhrenförmigen — zylindrischen oder toroidalen — Magnetfeldern im Sterninnern bei Druckgleichgewicht mit der Umgebung eine Druckdepression zu erwarten ist. Daraus ergibt sich ein oberer Grenzwert für die magnetische Feldstärke in solchen Feldern. Ferner werden die Änderungen der Feldstärke und der Dicke derartiger magnetischer Röhren berechnet bei Verschiebung im Sterninnern und dementsprechender Änderung der physikalischen Bedingungen in ihrer Umgebung. Bei Berücksichtigung der Gravitation findet Verf., daß magnetische Kraftröhren eine Tendenz zum Aufsteigen an die Oberfläche besitzen. Kdr.

9810. **R. Lüst, A. Schlüter,** Drehimpulstransport durch Magnetfelder und die Abbremsung rotierender Sterne. ZfA **38** 190—211, mit 4 Abb. — Zur Erklärung der beobachteten Korrelation zwischen dem Spektraltyp eines Sterns und seiner axialen Rotation soll eine magnetische Abbremsung eines rotierenden Sternes behandelt werden. Der Drehimpulsdichtetensor für ein Magnetfeld wird abgeleitet, um zu untersuchen, unter welchen Bedingungen durch ein Magnetfeld Drehimpuls transportiert werden kann. Für rotationssymmetrische Felder werden die notwendigen Regularitätsforderungen diskutiert. Es kann gezeigt werden, daß drehmomentfreie Magnetfelder Drehimpuls transportieren können. Das einfachste Feld dieser Art wird angegeben und genauer untersucht. Ob bei kraftfreien Magnetfeldern ein Transport von Drehimpuls möglich ist, konnte nicht entschieden werden. In der Anwendung der Ergebnisse wird der heutige Drehimpulsverlust der Sonne wie auch der Verlust während der Lebensdauer eines Sternes abgeschätzt. Es zeigt sich, daß dieser Mechanismus effektiv genug ist, um auch schnell rotierende Sterne abzubremsen. Verf.

* * **C. Plumpton, V. C. A. Ferraro,** On toroidal magnetic fields in the sun and stars. Vgl. Ref. **6125**.

* * **A. Poveda,** La polaridad de las estrellas magneticas. Vgl. Ref. **2231**.

* * **P. H. Roberts,** The equilibrium of magnetic stars. Vgl. Ref. **5232**.

XI. Doppelsterne

§ 100

Allgemeines

10001. **W. H. van den Bos,** Note on Dr. Wilson's specific procedure for the measurement of close double stars with the filar micrometer. AJ **60** 363. — Als Kritik zu einem Beitrag von R. H. Wilson (AJ **59** 256, AJB **54** Ref. **10135**) über ein Verfahren zur Messung von engen Doppelsternen mit dunklen Fäden wird bemerkt, daß es sich bei der von Wilson angewandten Beobachtungstechnik um ein altbekanntes und oft geübtes Verfahren handelt. Güntzel-Lingner

10002. **R. A. Brooker, T. W. Olle,** Apsidal-motion constants for polytropic models. MN **115** 101—106 = Astr. Contr. Univ. Manchester (3) Nr. 28. — Für 14 Werte des Polytropenindex zwischen n = 0 und n = 5 wird durch simultane Integration der Clairaut- und Emden-Gleichung mit Hilfe der elektronischen Rechenmaschine Mk II der Universität Manchester die Konstante der Apsidendrehung in engen Doppelsternen auf sieben Dezimalen genau berechnet. Kdr.

10003. **J. Dommanget,** Critère de non-périodicité du mouvement relatif d'un couple stellaire visuel. BA **20** 1—14 = Commun. Obs. Roy. Belgique Nr. 91. — Ausgehend vom Energieintegral des Zweikörperproblems, und unter Benützung der Masse-Leuchtkraft-Beziehung, finden Verf. ein Kriterium zur Feststellung des nicht geschlossenen bzw. nichtperiodischen Charakters der relativen Bewegung der beiden Komponenten eines Doppelsternpaares, vorausgesetzt, daß die Parallaxe bekannt und die relative Geschwindigkeit des Paares merklich ist. Dieses Kriterium ermöglicht es in zahlreichen Fällen, einen visuellen Doppelstern in die Klasse der nicht in sich geschlossenen (parabolischen, hyperbolischen oder geradlinigen) relativen Bewegungen einzureihen, und damit in die Klasse der rein optischen Doppelsterne. Verf.

10004. **V. Farský,** On the resolving of the close binary stars. RH **36** 13—18 (tschechisch).

10005. **O. Günther,** Bahnen bewegter Gasmassen in Doppelsternsystemen. Mitt. AG 1954 S. 23. — Ref. AG.

10006. **U. Güntzel-Lingner,** Erkenntnisse, Ziele und Wege der Doppelsternforschung. Sterne **31** 153—162, mit 1 Abb. — Der Aufsatz enthält eine Liste der Systemkonstanten von 23 repräsentativen visuellen Doppelsternen.

10007. **U. Güntzel-Lingner,** Ein Informations-Zirkular für die Doppelsternforschung. Sterne **31** 194—197.

* * **R. Härm, J. Rogerson,** Apsidal motion for an early main-sequence model. Vgl. Ref. **5212**.

10008. **G. H. Herbig,** HD 224869: an optical companion to WZ Cassiopeiae. Publ ASP **67** 181—183. — Sowohl die verschiedenen Radialgeschwindigkeiten der Sterne WZ Cas und HD 224869 als auch die relativen Bewegungen dieser Himmelskörper zeigen an, daß sie nur ein optisches Doppelsternsystem bilden. Beyer

10009. **O. Jones,** Invisible worlds. Southern Stars **16** 116—119.

10010. **Z. Kopal,** The classification of close binary systems. Ann d'Astrophys **18** 379—430, mit 5 Fig. (mit russischer Zusammenfassung). — Ref. in Sterne **32** 242—243. — Eine kritische Betrachtung der spektroskopisch-photometrischen Doppelsterne mit zwei beobachteten Spektren hinsichtlich Masse, Radius, Leuchtkraft und der zugehörigen beobachtbaren Größen gestattet eine Einteilung in drei Gruppen, die von natürlichem Charakter zu sein scheinen. Die erste Gruppe (detached systems) zeigt beide Komponenten als zur Hauptreihe gehörig, und ihre Mitglieder haben eindeutige Beziehungen zwischen Masse-Leuchtkraft und Masse-Radius. Die A-Komponenten der zweiten Gruppe (semi-detached systems) gehören der Hauptreihe an, während die B-Komponenten Subgiganten sind. Die dritte Gruppe umfaßt die Kontakt-Systeme (W UMa-Typus), und ihre Mitglieder zeigen keine Beziehung zwischen Masse und Leuchtkraft. Als charakteristischer Parameter wird die Roche-Konstante für die Mitglieder aller drei Gruppen angegeben, womit die Gruppeneinteilung der extrem engen Doppelsterne eine Bedeutung für die Kosmogonie der engen Doppelsterne gewinnt. Güntzel-Lingner

10011. **E. L. Martin,** Orbite anapsidali in sistemi binari di massa variabile. Rend. Accad. Nazionale Lincei, Cl. Sci. fis., mat., nat. (8) **19** 449—452 = Oss. Astr. Trieste Nr. 267 I. — Untersuchung einer Bewegungsform ohne Drehung der Apsidenlinie in einem Doppelsternsystem veränderlicher Masse. Böh.

10012. **W. Martinetz,** Über das sechsfache Sternsystem des Castor. Orion Schaffhausen **4** 358—359.

10013. **P. Muller,** La grande famille des étoiles doubles. BSAF **69** 61—65. 103—106, mit 1 Fig.

10014. **J. N. Pike,** On the apsidal motion of stars with constant opacity. ApJ **122** 202—205. — Es wird eine Potenzreihenentwicklung für die Lösung von Radaus Differentialgleichung bei $r = R$ für den Fall angegeben, daß die Opazität konstant ist. Daraus berechnet sich in bekannter Weise die Bewegung der Apsidenlinie eines Doppelsternpaares. K. H. Böhm

10015. **K. Walter,** Die Hypothese des Energiegleichgewichtes in der Bahn für enge Doppelsternsysteme. AN **282** 122—140, mit 2 Abb. — Es wird versucht, die Zusammenhänge zwischen den Bahnformen der engen Doppelsternsysteme und den Rotationseigenschaften ihrer Komponenten durch eine Hypothese zu erfassen, in der die Einflüsse der differentiellen Rotation und der Gezeitenschwingungen der Komponenten auf die Bahn berücksichtigt werden. Die Gleichungen werden aufgestellt, welche die Bahnformen und die differentielle Rotation der Komponenten bestimmen, und es wird das Verhalten der Systeme bei verschiedenen Distanzen der Komponenten untersucht. Mit den Beobachtungen ergibt sich gute Übereinstimmung, wenn für die Hauptreihensterne die Existenz rotationsaufspaltender Kräfte angenommen wird. Die Hypothese scheint auch einen Beitrag zum Problem der Gasströme liefern zu können. Verf.

10016. Prva planeta iz stranog zvezdanog sistema. Vasiona **3** 85 (serbisch). — Mitteilung der Existenz eines planetaren Satelliten des Doppelsterns 61 Cyg nach den Untersuchungen von K. A. Strand. Milošević

10017. Double stars. J. Astr. Soc. Victoria **8** 43—46. — Bericht über eine Vorlesung von G. V. Simonow am 7. Juni vor der Gruppe Victoria der British Astronomical Association.

§ 101

Visuelle Doppelsterne

10101. **R. M. Aller,** Sobre medidas de ángulos de posición en las estrellas dobles. Las Ciencias **20** 13—18.

10102. **R. Baillaud,** Sur les étoiles doubles dont les coordonnées ont été déduites des données du Catalogue photographique du Ciel. Ann. Obs. Besançon Astr. Géophys. (NS) **4** Nr. 3, 2 S. — Unter Verwendung der Arbeit von Florsch (vgl. Ref. **10107**) wird auseinandergesetzt, daß der größte Teil der im Catalogue de 3016 étoiles doubles du Catalogue photographique du Ciel de la zone d'Alger von Baillaud angezeigten Doppelsterne reell ist. Böh.

10103. **P. Baize,** Étoiles doubles remarquables dans la constellation de la Baleine. BSAF **69** 148—153.

10104. **D. Belorizky,** Sur le calcul des coordonnées dans les orbites quasi-paraboliques. JO **38** 265—272. — Zur Ortsbestimmung in parabelnahen Ellipsen führt Verf. eine neue Veränderliche w durch die Beziehung $E = \sqrt{\lambda}\, w$ ein, wobei $\lambda = 2\ (1-e)/e$ ist, und zeigt, daß damit die Rechnung einfacher und sicherer wird als nach den klassischen Methoden; das Verfahren wird auch auf den Fall parabelnaher Hyperbeln übertragen. Böh.

10105. **O. J. Eggen,** Application of photometry to the problem of orbit determination of certain visual binaries. Publ ASP **67** 169—172. — Bei Doppelsternen mit nahe gleich hellen Komponenten kommen Fälle mit zwei möglichen Lösungen vor, von denen eine etwa die doppelte Periode der anderen hat. Zur Entscheidung zwischen den Lösungen wird die Übereinstimmung zwischen dynamischer und photometrischer Parallaxe geprüft. O. G.

10106. **C. M. Finzi, M. A. Giannuzzi,** Sul sistema binario λ Ophiuci (A. D. S. 10087). Rend. Accad. Nazionale Lincei, Cl. Sci. fis., mat., nat. (8) **19** 125—131. — Aus 19 Normalörtern 1825—1945 des Systems λ Oph werden neue Bahnelemente abgeleitet, mit denen eine Ephemeride für 1950—1970 gerechnet ist. Nach der Methode von Russell und Moore wird die dynamische Parallaxe des Systems und die Gesamtmasse berechnet. Den Schluß bilden Angaben über die Radialgeschwindigkeit des Begleiters um die Hauptkomponente in den beiden Knoten der Bahn. Böh.

10107. **A. Florsch,** Remarque sur les étoiles doubles extraites du Catalogue Photographique du Ciel d'Alger. JO **38** 282—284 = Ann. Obs. Besançon Astr. Géophys. (NS) **4** Nr. 3. — Neben einigen kritischen Bemerkungen über den Wert und den Gültigkeitsbereich von Angaben über Doppelsterne, die direkt aus den Koordinaten der photographischen Himmelskarte gewonnen werden, wird als erstes Ergebnis eines Vergleiches des auf diese Weise aus den Algier-Zonen erhaltenen Doppelsternkataloges von Baillaud mit dem Katalog von Aitken und mit später entdeckten anderweitig veröffentlichten Doppelsternen eine Liste von Sternpaaren aufgeführt, die beiden Katalogen gemeinsam sind. H. M.

10108. **A. Florsch,** Notes sur les étoiles doubles extraites du Catalogue Photographique du Ciel zone d'Alger. Ann. Obs. Besançon Astr. Géophys. (NS) **4** Nr. 3, 4 S. mit 2 Fig. — Untersuchung über die Frage, wieviele der im Catalogue de 3016 étoiles doubles du Catalogue photographique du Ciel de la zone d'Alger von Baillaud enthaltenen Doppelsterne reell sind. Böh.

10109. **O. Franz,** Ephemeriden der Radialgeschwindigkeiten von 59 visuellen Doppelsternen. Anzeiger Österreich. Akad. Wiss. Math.-naturw. Kl. **92** 139—148 = Mitt. Univ.-Sternw. Wien **7** Nr. 18. — Wie Rambaut seit langem gezeigt hat, kann man die Parallaxen von visuellen Doppelsternen, deren Bahn bekannt ist, hypothesenfrei ableiten, wenn man die Radialgeschwindigkeiten beider Komponenten kennt. Um die Anwendung dieser wichtigen Methode der Entfernungsbestimmung den Beobachtern schmackhaft zu machen, sind die lohnenden Paare tabellarisch zusammengestellt worden. Es handelt sich um 59 visuelle Doppelsterne nördlich von −10° Deklination mit einem Helligkeitsunterschied der Komponenten von weniger als eine Größenklasse, deren relative Radialgeschwindigkeiten in den nächsten Jahren schätzungsweise größer als 5 km/sec sind. Die wichtigsten Daten für diese Paare sind aufgeführt. H. M.

10110. **O. Franz,** Strahlungsenergetische Parallaxen von 400 Doppelsternen. Sitzber. Österreich. Akad. Wiss. Math.-naturwiss. Kl. Abteilung II **164** 35—142, mit 8 Fig. = Mitt. Univ.-Sternw. Wien 8. — Nach einer Darlegung der Grundlagen der Methode der strahlungsenergetischen Parallaxen und der bisherigen Anwendungen wird eine ausführliche Untersuchung und Diskussion des gesamten für die vorliegende Arbeit verfügbaren Materials vorgenommen. Aus den Komponenten der bestuntersuchten visuellen und spektroskopischen Doppelsterne wird die für die Parallaxenberechnung nach dem strahlungsenergetischen Verfahren grundlegende Funktion $\log k\sqrt{\varepsilon} = F(\mathfrak{M})$ abgeleitet. Neben der Berechnung der Parallaxen von 48 spektroskopisch-photometrischen Doppelsternen werden die strahlungsenergetischen Parallaxen, die Massen, Radien und mittleren Dichten für 323 visuelle Doppelsterne abgeleitet und diskutiert. Die Beziehung zwischen den Massen und den absoluten visuellen Helligkeiten der Doppelsternkomponenten weist eine sehr geringe Streuung auf. Das Hertzsprung-Russell-Diagramm der visuellen und spektroskopischen Doppelsterne zeigt, daß sich diese in ihrem Verhalten in keiner Weise von normalen Einzelsternen unterscheiden. Verf. (gekürzt)

10111. **U. Güntzel-Lingner,** Verzeichnis von 222 hellen visuellen Doppelsternen zur Beobachtung mit kleinen Refraktoren. Sonderdruck aus dem Kalender für Sternfreunde 1956 (vgl. Ref. **438**), 20 S.

* * **U. Güntzel-Lingner,** Erkenntnisse, Ziele und Wege der Doppelsternforschung. Vgl. Ref. **10006**.

10112. **J. Hopmann, O. Franz,** Zur Farben-Helligkeitsverteilung visueller Doppelsterne. Mitt. AG 1954 S. 38. — Ref. AG.

10113. **J. Hopmann,** Zur Statistik der visuellen Doppelsterne. Sitzber. Österreich. Akad. Wiss. Math.-naturwiss. Kl. Abteilung II **164** 399—441, mit 1 Abb. = Mitt. Univ.-Sternw. Wien 8. — Die Bahnelemente und Systemkonstanten von 350 visuellen Doppelsternen werden einer umfassenden Statistik unterzogen, wobei die einfache Abzählmethode und die Methode der Mehrfachkorrelationen zur Anwendung gelangen. Unter den zahlreichen Ergebnissen sind folgende von besonderer Bedeutung: Keiner der dynamischen Parameter a, P, e und $\mathfrak{M}_A + \mathfrak{M}_B$ ist mit einem der anderen statistisch nachweisbar verkoppelt. Selbst P und e zeigen keine Verknüpfung, wie mehrfach behauptet wurde (Aitken, Bonnet). Die Exzentrizitäten e sind für alle Werte zwischen 0.0 und 1.0 gleich wahrscheinlich. Die Flächenkonstante c^2 der visuellen Paare ist im Durchschnitt 100mal größer als die der spektroskopischen Paare. Die Beziehung zwischen π und μ ist nicht ausreichend scharf, um mit μ individuelle Parallaxen abzuleiten. Der Erfolg der Statistik leidet vorerst noch an der geringen Zahl der Systeme mit gut bekannten Bahnen und am Vorhandensein von Auswahleffekten, die durch die Beobachtungen selbst bedingt sind. Güntzel-Lingner

10114. **J. Jackson,** The need for observations in the older branches of astronomy, especially double stars. MN **115** 204—215.

10115. **W. Kümmritz,** Ein Rechenschema zur Bahnbestimmung von visuellen Doppelsternen. Sterne **31** 167—171, mit 3 Abb. — Aufstellung eines Rechenschemas für die Methode von Kowalsky und Anwendung auf den Doppelstern ADS 2616 = 7 Tau.

10116. **S. Leone,** Sul rapporto di massa di una binaria visuale. III. Pubbl. Oss. Astr. Palermo (NS) **9** Nr. 18 S. 1—6, 1953. — Betrachtungen über eine schon früher abgeleitete Beziehung, die das Massenverhältnis eines visuellen Doppelsterns als exponentielle Funktion der Differenz der beiden visuellen Größen gibt; es wird die Möglichkeit angedeutet, diese Beziehung zur Bestimmung der Einzelmassen zu verwenden. Cester

10117. **S. L. Lippincott,** The astrometric binary, Ross 614 A, B, — visual resolution and masses of the components. AJ **60** 379—382, mit 3 Fig. = Repr. Sproul Obs. Nr. 91. — Auf Anregung des Verf. wurde der bisher als untrennbar bekannte Doppelstern Ross 614 (astrometric binary) von W. Baade am 23. März 1955 mit dem 200-inch Hale-Teleskop photographisch getrennt. Aus drei Aufnahmen dieser Epoche und der photozentrischen Bahn von S. L. Lippincott (AJ **55** 236, vgl. AJB **51** Ref. **10128**) gelingt die Ableitung der absoluten Systemdimensionen dieses Doppelsternes mit den extrem kleinen Massen von 0.14$_\odot$ und 0.08$_\odot$. Güntzel-Lingner

10118. **S. L. Lippincott,** The star of smallest known mass. Sky and Telescope **14** 364—365, mit 4 Fig. = Repr. Sproul Obs. Nr. 89. — Ref. in Orion Schaffhausen **4** 492—493, Sterne **31** 197—198, Vasiona **3** 68—69. — Bericht über Ross 614 B.

10119. **P. Muller,** Orbites nouvelles. Circ. Inf. Comm. 26 UAI Nr. 5 S. 1—2, Nr. 6 S. 1, Nr. 7 S. 1—2.

10120. **P. Muller,** Couples prioritaires. Circ. Inf. Comm. 26 UAI Nr. 5 S. 2—3, Nr. 6 S. 1—4, Nr. 7 S. 2—3.

10121. **A. Opolski,** Paralaksy spektrofotometryczne 43 gwiazd wizualnie podwójnych. Postępy Astr. **3** 23. — Ref. Poln. Astr. Ges.

10122. **J. Pensado,** Distribución de los períodos y excentricidades y relación período-excentricidad en las binarias visuales. Las Ciencias **20** 311—334, mit 6 Fig. = Publ. Sem. Astr. Geod. Univ. Madrid Nr. 28. — An Hand eines Materials von 334 visuellen Doppelsternbahnen werden die Häufigkeitsfunktionen der Perioden und Exzentrizitäten sowie die Beziehung zwischen beiden untersucht. Die Häufigkeitsfunktion von log P ist etwa eine Gauß-Kurve mit Maximum bei $P = 70^a$, e hat ein Maximum bei $e = 0.52$. Eine Korrelation zwischen P und e ist kaum vorhanden, die geringe Zunahme von e bei großen P-Werten dürfte durch Auswahleffekte vorgetäuscht sein. Bo.

10123. **M. B. Protitch,** Orbite de l'étoile double UV Ceti. Bull. Soc. Math. Phys. Serbie **6** 263—266, 1954 (serbisch mit französischer Zusammenfassung). — Der als Flackerstern bekannte Veränderliche UV Cet ist zugleich ein visueller Doppelstern von 2″ Distanz. Verf. gibt eine provisorische Erstbahnbestimmung des visuellen Paares aus einem 45° in P umfassenden Bahnbogen. Güntzel-Lingner

10124. **R. A. Rossiter,** Catalogue of southern double stars. Publ. Obs. Univ. Michigan **11**. — Der Katalog ist zugleich Messungsliste und enthält 29157 Doppelsternmessungen von 7368 neu entdeckten und 270 bereits bekannten Paaren zwischen +1° Deklination und dem Südpol. Neben R. A. Rossiter (Rst) haben H. F. Donner (Don) und M. K. Jessup (Jsp) an den Beobachtungen am 27.5 inch-Refraktor des Lamont-Hussey Observatory zwischen 1924 und 1952 teilgenommen. Güntzel-Lingner

10125. **R. A. Saakjan,** Die aus statistischen Daten abgeleitete Verteilungsfunktion der Doppelsterne nach den Helligkeitsunterschieden der Komponenten. DAN Armen. Sowjetrepublik **19** 129—136, 1954 (russisch mit armen. Ref.). — Ref. in RJ Astr. Geod. UdSSR 1956 Nr. 1 S. 68—69.

10126. **C. J. Smith,** The visibility of the companion of Sirius in ordinary telescopes. Strolling Astronomer **9** 133—134.

10127. **O. Struve, K. L. Franklin,** Spectrographic observations of visual double stars. ApJ **121** 337—348, mit 4 Fig. = Berkeley Repr. Nr. 82. — Ref. in Coelum **23** 173. — Von den Komponenten von 51 Doppelsternen wurden Rotationsgeschwindigkeiten aus Linienbreiten geschätzt und Spektraltypen bestimmt. Die Daten werden zusammen mit anderweitig gemessenen Helligkeitsdifferenzen der Komponenten diskutiert. Verf. schließen, daß die beiden Komponenten der Systeme vom gleichen Alter sind, die Systeme selbst jedoch nicht. In den jüngeren Doppelsternsystemen liegen beide Komponenten auf der «ursprünglichen» Hauptreihe des Hertzsprung-Russell-Diagramms, die nur wenig von der der Einzelsterne der Leuchtkraftklasse V abweicht. Die Hauptkomponenten der Systeme mittleren Alters sind Unterriesen der Leuchtkraftklasse IV mit Rotationsgeschwindigkeiten, die durchschnittlich größer sind als die der Begleiter. In den ältesten Systemen mit Unterriesen späten Spektraltyps als Hauptkomponenten übersteigen die Rotationsgeschwindigkeiten der Begleiter die der Hauptkomponenten. Die gefundene Beziehung zwischen Helligkeits- und Farbdifferenz der Komponenten wird durch das Radienverhältnis der Komponenten erklärt. Es wird darauf aufmerksam gemacht, daß die Hauptkomponenten vieler Doppelsterne zu hell für ihre Masse sind, wenn man die Masse-Leuchtkraft-Beziehung anwendet. Micz.

10128. **O. Struve, K. Franklin, C. Stableford,** A spectrophotometric study of five visual double stars. ApJ **121** 670—676, mit 3 Fig. und 5 Tafeln = Berkeley Repr. Nr. 84. — Untersuchung von fünf Doppelsternen im Hinblick auf die chemische Zusammensetzung ihrer Atmosphären und die Übereinstimmung von Farbenindizes nach Spektraltypen und beobachteten Werten. Es zeigt sich, daß die chemische Zusammensetzung für die Komponenten etwa gleich ist. Dagegen treten Differenzen zwischen beobachteten und aus den Spektraltypen zu erwartenden Farben auf. K. H. Schmidt

10129. **W. G. Tifft,** Discussion of the binary star BD $-12°2918$. AJ **60** 144. — Der Stern BD $-12°2918$ = Cin 20.533 = Ross 440 mit großer Parallaxe und Eigenbewegung wurde 1942 von G. P. Kuiper (vgl. AJB **45** Ref. **7204**) als visuelles Paar der Spektraltypen M4 und M4 mit $\Delta m = 0$ entdeckt und gemessen. Eine photozentrische Bahnbestimmung aus den Parallaxenplatten vom Leander McCormick- und Van Vleck-Observatory scheiterte. Die visuellen Messungen deuten auf eine Bahn von großer Exzentrizität und Neigung mit der Periode von 1730 oder 3460 Tagen. Güntzel-Lingner

10130. **E. Vidal Abascal,** Cálculo de órbitas de estrellas dobles visuales. Vgl. AJB **53** Ref. **10121**. — Weitere Besprechung in ZfMG **53** 188—189 (O. Volk).

10131. **W. H. Wehlau,** A spectroscopic study of the double star Delta Equulei. ApJ **121** 77—83, mit 2 Fig. = Berkeley Repr. Nr. 78. — δ Equ ist ein visueller Doppelstern mit gut bekannter Bahn ($P = 5^a72$); beide Komponenten haben den Spektraltyp F8V. Auf einem Spektrogramm hoher Dispersion wurden die Äquivalentbreiten von etwa 500 Linien im Wellenlängenbereich λ 3850—λ 4626 beider Komponenten gemessen und mit Hilfe von FeI-Linien Wachstumskurven aufgestellt. Die Parameter beider Kurven sowie die Häufigkeit der chemischen Elemente erweisen sich als gleich, und dasselbe gilt für Anregungs- und Ionisationstemperaturen. Schließlich wird darauf hingewiesen, daß die Wahrscheinlichkeit eines Systems mit so ähnlichen Komponenten äußerst gering ist, wenn man für seine Entstehung Vereinigung zweier nach dem Zufall ausgewählter Feldsterne annimmt. Micz.

* * **A. A. Wyller,** Parallax and mass-ratio of ζ Herculis from photographs taken with the 24-inch Sproul refractor. Vgl. Ref. **9306**.

10132. Estrellas dobles. Rev. Astr. Nr. 133 S. 83.

10133. Beobachtungen visueller Doppelsterne

A. Ali, Catalogue of 1192 photographic doubles in the Hyderabad Astrographic Zones +36° to +39°. Publ. Nizamiah Obs. **13** Part 2, 6 + 59 S.

G. Armellini, Osservazioni ed orbite di stelle binarie. Mem SA It (NS) **26** 151—163 = Oss. Astr. Roma Monte Mario Contr. Sci. (NS) Nr. 213. — Betrifft: ADS 61, 671, 755, 1081, 1615, 1860 AB, 1860 AC, 2257, 3823, 4002, 5400, 5586, 6175, 6993, 7071, 7307, 8539, 8801, 8949, 9031, 9182, 9343, 9617, 9626, 9701, 9969, 9979, 10157, 10312, 10418, 10424, 10526, 11483, 11640, 12061, 14158, 14259, 14360, 14592, 15007, 15050, 16389, 16979.

P. Couteau, Mesures d'étoiles doubles faites au réfracteur de 38 cm de l'Observatoire de Nice. JO **38** 1—16.

P. Couteau, Mesures d'étoiles doubles effectuées au réfracteur de 38 cm de l'Observatoire de Nice. JO **38** 238—251.

P. M. Djurković, Mesures micrométriques d'étoiles doubles, faites au réfracteur de 0.65 m d'ouverture. Bull. Obs. Astr. Beograd **19** Nr. 3 S. 2.

W. S. Finsen, New double stars (VII). MN ASSA **14** 23.

W. S. Finsen, New double stars. Obs **75** 133.

E. Guyot, Mesures d'étoiles doubles faites au réfracteur Zeiss de 30 cm. de l'Observatoire de Neuchâtel. JO **38** 252—253.

C. Luplau Janssen, Mesures micrométriques d'étoiles doubles. JO **38** 106—108.

R. Jonckheere, Mesures d'étoiles doubles effectuées au télescope de 80 cm. de l'Observatoire de Marseille. JO **38** 254—263.

P. Muller, Mesures d'étoiles doubles faites à Strasbourg en 1954. JO **38** 221—237.

J. Voûte, Measures of double stars, war series, made at the Bosscha Observatory Lembang (Java). JO **38** 109—163.

R. H. Wilson jr., Double star observations in 1954. AJ **60** 446—448.

10134. Mitteilungen über einzelne visuelle Doppelsterne

44 i Boo	Sky and Telescope **14** 370, mit 1 Fig. 44 i Bootis. — Ref. AAS.
α CMi	Rev. Astr. Nr. 135 S. 161. Procyón.
ε Cet	Rev. Astr. Nr. 137 S. 81—82. Epsilon Ceti.
45 Gem	Sky and Telescope **14** 118, mit 1 Fig. Double star 45 Geminorum.
γ Leo	W. H. Wehlau, Spectrophotometry of γ Leonis. AJ **60** 182. — Ref. AAS.
13 Vul	Sky and Telescope **15** 50. 13 Vulpeculae, a new double star.
CPD −66° 3506	= h 5221.
h 5221	J. v. B. Lourens, h 5221 = CPD −66° 3506. MN ASSA **14** 82.
Krüger 60	Rev. Astr. Nr. 135 S. 161. Krüger 60.

10135. Massenverhältnisse von visuellen Doppelsternen

η Cas	P. van de Kamp, E. Flather. Vgl. Ref. **9306**.
ζ Her	A. A. Wyller. Vgl. Ref. **9306**.
Σ 1785	D. Duke, The mass ratio and parallax of Σ 1785. AJ **60** 44—47.

10136. Elemente visueller Doppelsterne

P. Baize, Eléments orbitaux de vingt étoiles doubles visuelles. JO **38** 37—57. — Betrifft: I. ADS 148 = β 1026; ADS 1737 = Σ 234; 10 UMa = Kuiper; ADS 8032 = A 1590; ADS 10585 = A 351; ADS 12889 = Σ 2576; ADS 12961 = A 1658; ADS 13944 = A 1675; ADS 14775 = A 883; ADS 15300 = A 1223. II. ADS 2173 = A 1281; ADS 2768 = Hu 546; ADS 5949 = A 2855; ADS 6354 = Hu 1247; ADS 6851 = Hu 716; ADS 8705 = A 1092; ADS 11574 = A 2988; ADS 13850 = A 730; ADS 14412 = A 751; ADS 16591 = A 2298.

P. Brosche, Bahnbestimmung des visuellen Doppelsternes ADS 48. Sterne **31** 162—167, mit 2 Fig.

P. Couteau, Eléments linéaires de huit couples optiques. JO **38** 27—32. — Betrifft: ADS 7253 = h 2489; ADS 7266 = Σ 1329; ADS 7899 = β 913; ADS 8556 = Σ 1644; ADS 8684 = Σ 1682; ADS 8723 = Σ 1703; ADS 9296 = h 2727 = ϱ Bootis; ADS 9613 = Σ 3093.

W. S. Finsen, The orbit of Φ 312 = ε Ceti. MN ASSA **14** 84.

A. Florsch, Orbites de deux étoiles doubles. JO **38** 277—279, mit 1 Fig. = Ann. Obs. Besançon Astr. Géophys. (NS) **4** Nr. 3. — Betrifft: ADS 7677 = A 2146 und ADS 17030 = A 424.

A. Florsch, Orbites de trois étoiles doubles. JO **38** 280—281 = Ann. Obs. Besançon Astr. Géophys. (NS) **4** Nr. 3. — Betrifft: ADS 822 = A 1903; ADS 974 = A 655; ADS 1796 = Hu 425.

M. A. Giannuzzi, Orbita della stella binaria A.D.S. 10188. I. II. Rend. Accad. Nazionale Lincei, Cl. Sci. fis., mat., nat. (8) **18** 280—283, 501—504 = Oss. Astr. Roma Monte Mario Contr. Sci. (NS) Nr. 218.

U. Güntzel-Lingner, Bahnbestimmung von drei Doppelsternen mit großer Parallaxe (ADS 48, 7251 und 11632). AN **282** 183—189, mit 3 Fig. = Mitt. Astrophys. Obs. Potsdam Nr. 41. — Betrifft: ADS 48 = BDS 12740 = OΣ 547; ADS 7251 = BDS 4972 = Σ 1321 und ADS 11632 = BDS 8798 = Σ 2398.

U. Güntzel-Lingner, Die Bahnbewegungen im vierfachen System Zeta Cancri. Sterne **31** 119—126, mit 6 Fig. — ζ Cnc = ADS 6650 = Σ 1196.

U. Güntzel-Lingner, Neue Bahnbestimmungen für die visuellen Doppelsterne Castor und σ Coronae Borealis. Sterne **31** 223—228, mit 6 Fig. — Betrifft: α Gem = ADS 6175 = Σ 1110 und σ CrB = ADS 9979 = Σ 2032.

J. Hopmann, Eine provisorische Bahnbestimmung von Antares. Anzeiger Österreich. Akad. Wiss. Math.-naturwiss. Kl. **92** 234—236 = Mitt. Univ.-Sternw. Wien 8.

W. Kümmritz. Vgl. Ref. **10115**.

P. Muller, Orbites de neuf étoiles doubles visuelles. JO **38** 17—26. — Betrifft: ADS 1126 = A 939; ADS 2524 = A 2909 AB; ADS 8573 = β 28; ADS 9186 = Hu 138; ADS 9643 = A 1120; ADS 10561 = A 2244; ADS 12033 = Hu 940 = Ho 635; ADS 16393 = OΣ 484 AB; ADS 16819 = Hu 298.

P. Muller, Eléments orbitaux de neuf étoiles doubles visuelles. JO **38** 58—64. — Betrifft: ADS 999 = β 1100; ADS 2765 = OΣ 62; ADS 8189 = OΣ 234; ADS 8884 = A 2489; ADS 9165 = β 224; ADS 14396 = A 750; ADS 15378 = A 889; ADS 16539 = A 1238; ADS 16700 = Hu 95.

J. Pensado, Orbita de la estrella doble ADS 746 = OΣ 20. Bol. Astr. Obs. Madrid **4** Nr. 8 S. 111—117, mit 1 Fig.

M. B. Protitch. Vgl. Ref. **10123**.

K. A. Strand, The orbital motion of Σ 1785. AJ **60** 42—44. — Betrifft: ADS 9031 = Σ 1785.

§ 102

Spektroskopische Doppelsterne

10201. **R. Bouigue,** Binaires spectroscopiques. 3me catalogue complémentaire. Ann. Obs. Astr. Mét. Toulouse **23** 45—49.

10202. **I. A. Daube (Kurzemniece),** The spatial distribution and kinematics of spectral binaries. AJ UdSSR **32** 338—345 (russisch mit englischer Zusammenfassung). — Im Rahmen einer größeren Arbeit, die sich mit der Gesamtheit der spektroskopischen Doppelsterne als möglichem Untersystem der Galaxis befaßt, sind hier 476 solcher Doppelsterne mit gut bekannten Bahnelementen untersucht worden. Die räumlichen und kinematischen Verhältnisse ergaben, daß Gruppen spektroskopischer Doppelsterne mit verschiedenen Massen und verschiedener räumlicher Verteilung auch unterschiedliche kinematische Eigenschaften besitzen. Für den oberen Teil der Hauptreihe O bis B9, und wahrscheinlich auch für A0 bis F5, sind diese Charakteristika denen der entsprechenden Einzelsterne gleich. Die spektrale Einstufung der Doppelsterne richtete sich dabei nach dem Spektrum der Hauptkomponente. Schrick

10203. **I. A. Daube (Kurzemniece),** Some statistical relations in spectral binaries. AJ UdSSR **32** 518—526, mit 1 Fig. (russisch mit englischer Zusammenfassung). — Im Gegensatz zu Schajn und Tschudowitschew, die in geringen galaktischen Breiten vorwiegend zum galaktischen Äquator parallele Bahnebenen bei konstanten Massen annahmen, werden hier größere Massen zur Hauptebene hin gefunden, wobei die Beträge der Bahnneigungen keine Abhängigkeit von der Breite aufweisen. Doppelsterne mit den größten Massen sind auch die relativ engsten Systeme, obwohl bei späteren Typen die durchschnittliche Größe der Halbachsen abnimmt. Eine Beziehung der mittleren Periode zum Spektraltypus wurde nicht festgestellt. Schrick

* * **O. Franz,** Strahlungsenergetische Parallaxen von 400 Doppelsternen. Vgl. Ref. **10110**.

10204. **M. Karpowicz, W. Zonn,** On the distribution and some kinematic characteristics of spectroscopic binaries. AA(c) **5** 78—82, mit 3 Fig. — Eine Untersuchung von spektroskopischen Doppelsternen der Spektralklassen B0 bis A9 in bezug auf räumliche Verteilung und Teilnahme an der galaktischen Rotation ergab keine verbürgten Unterschiede gegenüber Einzelsternen der gleichen Spektralklassen. Daraus schließen Verf. auf gemeinsamen Ursprung der untersuchten Doppelsterne und Einzelsterne. O. G.

* * **E. A. Kreiken,** Some remarks on the relation $P\sqrt{\varrho}$ for spectroscopic binaries and eclipsing binaries. Vgl. Ref. **11125**.

10205. **N. L. Magalaschwili,** Drei nicht als Bedeckungsveränderliche erwiesene spektroskopische Doppelsterne. VS Bull **10** 334—335 (russisch). — Betrifft BD +40°4615, +31°2397, +23°4675.

10206. **O. Struve, K. D. Abhyankar,** The spectrum of ν Eridani. ApJ **122** 409—416, mit 3 Fig. = Berkeley Repr. Nr. 93. — Beobachtungen in den Jahren 1953—1954 zeigen, daß die Spektrallinien des β Canis Majoris-Sterns ν Eri am schärfsten auf dem ansteigenden Teil der Radialgeschwindigkeitskurve nahe dem Minimum sind, am breitesten auf dem absteigenden Teil nahe dem Maximum. Neben den beiden Perioden $P_1 = 0.1779$ Tage, $K_1 < 8$—10 km/sec bzw. $P_2 = 0.1735089$ Tage, $K_2 = 24.5$ km/sec scheint eine dritte Periode $P_3 = 0.064$ Tage mit $K_3 = 5$ km/sec zu existieren. Traving

10207. **I. L. Thomsen, H. A. Abt, G. E. Kron,** «Distortions» in the light-variation of the spectroscopic binary HD 22124. Publ ASP **67** 412—415, mit 1 Fig. — Dieser Doppelstern zeigt, obwohl er kein Bedeckungsveränderlicher ist, periodische Intensitätsschwankungen von etwa $0^m\!.02$ im blauen und gelben Licht. Diese Schwankungen sind von der gleichen Art wie die kleinen «Verzerrungen», die in den Lichtkurven von Bedeckungsveränderlichen beobachtet werden. Sie lassen sich vermutlich als Folge von Gezeitenwirkungen und Reflexionseffekten bei engen Doppelsternsystemen deuten. K. H. Böhm

10208. Doble espectroscópica de órbita muy excéntrica. Rev. Astr. Nr. 133 S. 83—84. — Betrifft HD 37756.

10209. **Elemente spektroskopischer Doppelsterne**

R. Bouigue, J.-L. Chapuis, Sur l'orbite de la binaire spectroscopique H.D. 218154. Ann. Obs. Astr. Mét. Toulouse **23** 37—40, mit 3 Fig.

J. F. Heard, O. Boshko, The orbital elements of the hydrogen-poor spectroscopic binary HD 30353. AJ **60** 162—163. — Ref. AAS.

XII. Veränderliche Sterne. Novae

§ 110

Ephemeriden, Allgemeines

11001. **R. Bajcár,** Searching of new variable stars. RH **36** 145—148, mit 1 Fig. (slowakisch).

11002. **R. Bajcár,** Observe variable stars. RH **36** 246—250 (slowakisch).

11003. **B. W. Kukarkin, P. P. Parenago, J. I. Jefremow, P. N. Cholopow,** Siebenter Nachtrag zur ersten Ausgabe des Generalkatalogs Veränderlicher Sterne. Moskau, Verlag Akad. Wiss. UdSSR, 1955. 72 S. (russisch). — Der Katalog enthält Angaben über 261 im Jahre 1955 benannte Veränderliche und ausführliche Mitteilungen über 358 früher benannte Veränderliche.

11004. **B. W. Kukarkin,** Variable stars. RH **36** 63—66, 83—86, 153—156, 176—179, mit 7 Fig. (tschechisch).

11005. Rocznik Astronomiczny Obserwatorjum Krakowskiego 1955. Suppl. Internationale Nr. 26. S. 2—71. — Enthält Ephemeriden 1955 von 589 Bedeckungsveränderlichen.

§ 111

Veränderliche Sterne

* * Veränderliche in kugelförmigen Sternhaufen siehe auch § **121**, in außergalaktischen Nebeln § **124**.

Bedeckungsveränderliche

11101. **A. Abrami, B. Cester,** Ricerche fotometriche. II. Osservazioni fotoelettriche della variabile ad eclisse CW Cep = HD 218066 = BD +62°2163. Oss. Astr. Trieste Nr. 266, 12 S. mit 4 Fig. — Nach einer Beschreibung der benutzten Filter und der Beobachtungsmethoden mit dem neuen lichtelektrischen Photometer werden die Lichtelemente des Bedeckungsveränderlichen CW Cep gegeben: Min I = J.D. 2435373.437 + 2.729131 E. Cester

11102. **A. Alksnis,** Die räumliche Verteilung und einige statistische Gesetzmäßigkeiten der Bedeckungsveränderlichen. VS Bull **10** 141—151, mit 4 Abb. (russisch). — Verf. untersucht die Verteilung der verschiedenen Typen von Bedeckungsveränderlichen, ihre Spektralklassen, die Verteilung der Perioden, die Verteilung in galaktischer Breite und Länge sowie die Verteilung im Raum. Loh.

11103. **L. Binnendijk,** The light variation and orbital elements of 44 i Bootis. AJ **60** 355—363, mit 3 Fig. — Für das spektroskopisch-photometrische Doppelsternsystem 44 i Boo B = ADS 9494 wird mit Verwendung neuester photoelektrischer Beobachtungen eine neue photometrische Bahnbestimmung durchgeführt. Für das System, das vom Typus W Ursae maioris ist, finden sich Elemente, die nahe an der Grenze der dynamischen Stabilität liegen. Durch Verwendung der spektroskopischen Elemente von Popper (1943) werden die absoluten Systemdimensionen abgeleitet. Für die absoluten Systemdimensionen des visuellen Systems AB werden die Elemente von Strand (1937) und die trigonometrische Parallaxe des Yale-Catalogue (1952) herangezogen. Die Verbindung beider Elementsysteme liefert die Gesamtmasse 2.41☉.

Güntzel-Lingner

11104. **P. Broglia, M. G. Fracastoro, A. Masani,** Osservazioni fotoelettriche della binaria ad eclisse RZ Comae. Mem SA It (NS) **26** 65—71, mit 1 Fig. = Contr. Oss. Astr. Milano-Merate (NS) Nr. 58. — Lichtelektrische Beobachtungen in zwei Spektralbereichen und Lichtkurven, zwei Epochen der beobachteten Hauptminima und die verbesserte Periode des Bedeckungsveränderlichen RZ Com (W UMa-Typ) werden gegeben. Cester

11105. **P. Broglia, A. Masani, E. Pestarino,** Studio fotometrico in due colori della variabile a eclisse SZ Herculis. Mem SA It (NS) **26** 321—347, mit 5 Fig. = Contr. Oss. Astr. Milano-Merate (NS) Nr. 63. — Aus 303 (4260 Å) und 321 (5260 Å) lichtelektrischen Beobachtungen des Bedeckungsveränderlichen SZ Her (EA-Typ) wurden die Licht- und CI-Kurve abgeleitet. Die Periodenänderung wird bestätigt. Die photometrischen Elemente mittels der Russell-Merrill-Methode und die Differenz zwischen der Randverdunklung in den zwei Farben wurden berechnet. Eine Methode zur Bestimmung der monochromatischen Ergiebigkeitsfunktion wird vorgeschlagen und ihre Anwendung auf die Bedeckungsveränderlichen diskutiert. Cester

* * **G. Cayrel-de Strobel, D. Chalonge, L. Divan,** Evaluation des brillances monochromatiques et des températures superficielles stellaires. Application à la composante brillante d'Algol. Vgl. Ref. **9601**.

11106. **G. Cayrel-de Strobel,** Variation de la profondeur des raies de Balmer et de la raie K pendant l'éclipse primaire d'Algol et de RZ Cassiopeiae. Mem SA It (NS) **26** 267—274, mit 1 Fig. = Contr. Oss. Astrofis. Asiago Nr. 61 = Contr. Inst. d'Astrophys. Paris (B) Nr. 135. — Die Tiefe der ersten Balmer- und der K-Linie des Hauptsterns der zwei Bedeckungsveränderlichen Algol und RZ Cas wurde auf einigen am Spektrographen von Asiago aufgenommenen Spektren für verschiedene Phasen gemessen. Die Tiefe wächst etwas vor dem Beginn der Finsternis und dauert nach ihrem Ende etwas an. Die Beobachtungen lassen die Existenz einer ziemlich ausgedehnten Atmosphäre um den Begleiter oder zwischen den zwei Komponenten vermuten.

Cester

11107. **G. Chiş,** Observatii fotografice ale stelei variabile de eclipsă VY Lacertae. Bul. stiinţ. Acad. R. P. Române (Mat. Fiz.) **7** 795—801. — Ref. in RJ Astr. Geod. UdSSR 1956 Nr. 11 S. 21.

11108. **J. A. Crawford,** On the subgiant components of eclipsing binary systems. ApJ **121** 71—76, mit 2 Fig. = Berkeley Repr. Nr. 77. — Eine der beiden Komponenten von Bedeckungsveränderlichen des Algoltyps ist häufig ein Unterriese, und es ist bekannt, daß die Leuchtkraft dieser Sterne nicht nur von ihrer Masse, sondern auch vom Massenverhältnis beider Komponenten des Systems abhängt. Verf. diskutiert diese Sterne, soweit sie in einer Liste von Parenago aufgeführt sind. Es wird gezeigt, daß das Massenverhältnis der Systeme bestimmt wird vom Radius der Nullgeschwindigkeitsfläche durch den inneren Lagrange-Punkt L1, welcher zugleich die obere Grenze für den Radius der betreffenden Komponenten setzt. Aus den photometrischen Daten wird auf einen oberen Grenzwert für die Masse der Unterriesen von 1 $\mathfrak{M}_\odot$ geschlossen, und alle Sterne mit Massen unter diesem Wert erweisen sich als anomal im oben erwähnten Sinn. Sie besitzen nahezu den maximal möglichen Durchmesser. Abschließend wird ein Mechanismus skizziert, der zur Entwicklung solcher anomaler Unterriesen in Doppelsternsystemen führen kann. Micz.

11109. **A. N. Dadajew,** Ergänzungstafeln zur Berechnung der Elemente von Bedeckungssystemen mit unterschiedlichen Elliptizitäten der Komponenten. II. Partielle Bedeckung. Mitt. Astr. Hauptobs. Pulkowo **19** Nr. 6 (153) S. 122—126 (russisch). — Fortsetzung der unter AJB **51** Ref. 11102 zitierten Arbeit des Verf. für die U- und D-Hypothese. Loh.

11110. **K. Ferrari d'Occhieppo,** Ein bisher unbeachtetes Algolminimum des Jahres 1784. Anzeiger Österreich. Akad. Wiss. Math.-naturw. Kl. **92** 56—59 = Mitt. Univ.-Sternw. Wien **7** Nr. 16. — Es wird über eine bisher nicht beachtete Beobachtung eines Algolminimums aus dem Jahre 1784 von Friedrich von Beitler, Astronom in Mitau in Kurland berichtet. Die beobachtete Zeit paßt gut in die Interpolationsformel des Verf. H. M.

11111. **T. Fortini,** Sopra la BM Orionis. Rend. Accad. Nazionale Lincei, Cl. Sci. fis., mat., nat. (8) **18** 505—510 = Oss. Astr. Roma Monte Mario Contr. Sci. (NS) Nr. 219. — Verf. behauptet, daß die Rotverschiebung, die O. Struve in den Spektren des Veränderlichen BM Ori gefunden hat, nicht dem Einstein-Effekt zuzuschreiben ist. Damit wäre seine zweite Hypothese einer Bewegung dieses Sterns durch den Nebel anzunehmen. Cester

11112. **S. Gaposchkin,** The bright double-lined eclipsing variable CV Vel. MN **115** 391—395, mit 1 Fig. — Das von Feast als spektroskopischer Doppelstern angezeigte Objekt ist ein Algolveränderlicher mit einer Periode von $6^{d}892$ und einer photographischen Amplitude von $0^{m}67$. 252 Helligkeitsschätzungen auf Harvard-Platten liefern eine sehr zuverlässige Lichtkurve und gestatten in Verbindung mit den spektralen Untersuchungen die Ableitung der Elemente und der absoluten Dimensionen des Systems. Bemerkenswert sind die relativ kleinen Massen der beiden Komponenten (B 2.8 und B 3.2), die das Vorhandensein einer Gruppe von Sternen mit geringeren Massen bestätigen, die unterhalb der Hauptreihe liegen. Beyer

11113. **K. C. Gordon,** Peculiarities in the photoelectric light curves of RT Andromedae. AJ **60** 422—429, mit 3 Fig. = Lick Obs. Bull. Nr. 537. — Lichtelektrische Messungen des Bedeckungsveränderlichen bestätigen den bereits früher gefundenen Wechsel in der Gestalt der Lichtkurve. Diese Unregelmäßigkeiten erschweren die Ableitung von befriedigenden Elementen des Lichtwechsels und der physischen Daten des aus zwei F8V-Zwergen bestehenden Doppelsternsystems. Wahrscheinlich sind die rasch verlaufenden Unregelmäßigkeiten auf einen Lichtwechsel der bedeckenden Komponente zurückzuführen. Im übrigen ist die Eigenart der Lichtkurve nur zu verstehen, wenn man eine abnorme Helligkeitsverteilung auf der Oberfläche des Hauptsterns annimmt. Tabellen der Hauptpunkte für die Minima, der beobachteten Epochen der Hauptminima, der genäherten Systemkonstanten sowie mehrere Lichtkurven und Diagramme vervollständigen die sehr gründliche Untersuchung. Beyer

11114. **H.-G. Groth,** Die tieferen Atmosphärenschichten der K-Komponente im System ζ Aurigae. Mitt. AG 1954 S. 45. — Ref. AG. — Vgl. nachstehendes Ref.

11115. **H.-G. Groth,** Die tieferen Atmosphärenschichten der K-Komponente im System ζ Aurigae. ZfA **37** 261—287, mit 5 Abb. = Mitt. Sternw. Hamburg-Bergedorf **22** Nr. 249. — Aus zwölf Spektren der K-Komponente des Systems ζ Aur werden die Äquivalentbreiten von 256 Linien bestimmt und mit 130 Linien die Wachstumskurve konstruiert. Aus dieser ergibt sich: eine Turbulenz von $\pm$ 14.5 km/sec, eine Anregungstemperatur der Metalle von 3700° $\pm$ 600° und für die Dämpfung $2 \times 10^{8} \leq \gamma_{eff} \leq 4.5 \times 10^{8}$ sec^{-1}. Für Ca I, Ca II, Fe I, Cr I, Mg I und den zweiquantigen Wasserstoff werden die Atomzahlen berechnet. Zur Darstellung der Atomzahlen von Ca I, Ca II und des zweiquantigen Wasserstoffs wurden theoretische Werte für ein Modell berechnet, welches die Temperaturschichtung und den Dichteabfall in der Atmosphäre berücksichtigt.

Die Beobachtungen werden am besten dargestellt, wenn T ($\tau = 2/3$) = 3600° und P_e ($\tau = 2/3$) = 0.01 dyn/cm² angenommen wird. Der theoretische Dichtegradient stimmt dann auch nahe mit dem aus der beobachteten Turbulenz berechneten überein. Eine Überanregung der Balmerlinien ist nicht vorhanden. Das Häufigkeitsverhältnis des Wasserstoffs zu den Metallen ist größer als bei anderen Sternen. Verf.

11116. **O. Günther,** Beobachtungen und Bemerkungen zu den Veränderlichen RX Herculis, V 451 Ophiuchi und AU Pegasi. AN **282** 271—272 = Mitt. Univ.-Sternw. Münster Nr. 7. — RX Her hat neben dem Bedeckungslichtwechsel vielleicht kleine unregelmäßige Helligkeitsschwankungen. Bei V 451 Oph werden Unstimmigkeiten zwischen früheren photographischen und neuen lichtelektrischen Beobachtungen besprochen. Die Periode von AU Peg wird etwas verbessert. Verf.

11117. **K. Gyldenkerne,** Nyt minimum for Epsilon Aurigae. NAT 1955 S. 55—59, mit 2 Fig. — Allgemeinverständliche Übersicht über die bisher von Kuiper über ε Auriga erhaltenen Resultate. C. L. J.

11118. **C. Hoffmeister,** Über die Veränderlichkeit der Lichtkurven von raschwechselnden Pulsations- und Bedeckungssternen. (Ergebnisse der Beobachtungen in Südwestafrika 1952—1953. II.) AN **282** 257—261, mit 2 Fig. — Zu den bereits bekannten Störungen der Lichtkurven von RR Lyrae-Sternen, für die einige neue Fälle mitgeteilt werden, kommt ein neuer Typus, bei dem die Störung sich über die ganze Kurve erstreckt, die Änderungen aber nicht periodisch, sondern rasch vom einen zum anderen Zyklus auftreten. Im zweiten Teil wird gezeigt, daß auch bei raschwechselnden Bedeckungssternen von Typus β Lyrae und W Ursae Majoris häufig Störungen der Lichtkurven vorkommen, wobei besonders eine Art auffällt, bei der die Minima gerader Zählung ungestört verlaufen, diejenigen ungerader Zählung jedoch abnorme Streuung der Beobachtungen in der aus zahlreichen Zyklen erlangten mittleren Lichtkurve aufweisen. Verf.

11119. **A. R. Hogg, G. E. Kron,** Photoelectric light-curves of the eclipsing star TT Herculis. AJ **60** 100—103, mit 2 Fig. = Lick Obs. Bull. Nr. 533. — Aus 560 Doppelbeobachtungen im blauen und gelben Spektralbereich, die in 16 Nächten zwischen 1953 Mai 26 und Juli 26 erhalten sind, wird eine sehr zuverlässige Lichtkurve für jede Farbe abgeleitet. Der Veränderliche besteht wahrscheinlich aus einem Stern vom Spektraltyp A, der von einem kleineren, kühleren Begleiter umkreist wird. Beyer

11120. **Y. Hosokawa,** Auxiliary tables for the analysis of eclipsing binary light curves. Sci. Reports Tôhoku Univ. (1) **39** 110—127 = Sendai Astr. Rap. Nr. 46. — Es ist die Aufgabe dieser 20 Tafeln, eine beobachtete Lichtkurve zweier ellipsoidaler Bedeckungskomponenten mit auftretender Randverdunklung auf ein Modell zweier sphärischer Komponenten zu reduzieren. Die zu eliminierenden «Störungen» werden für folgende Fälle tabuliert: 1.) Die größere Komponente bedeckt die kleinere. 2.) die kleinere Komponente bedeckt die größere a) partiell, b) ringförmig. Die Tafeln Kopals werden durch diese Tafeln in eine für den praktischen Gebrauch geeignetere Form gebracht. Gli.

11121. **C. M. Huffer, Z. Kopal,** Studies of the darkening coefficient in three wave lengths. AJ **60** 164—165. — Ref. AAS. — Betrifft AR Cas.

11122. **C. M. Huffer,** A two-color minimum of RZ Cassiopeiae. ApJ **121** 677—681, mit 1 Fig. — Lichtelektrische Messungen des Hauptminimums 1952 Dez. 15 in den beiden Farbbereichen 5410 und 4280 Å sind in Tabellen und als Lichtkurven wiedergegeben. Die aus den Beobachtungen abgeleiteten Elemente des Doppelsternsystems werden mit früheren Ergebnissen von Huffer und Kopal (vgl. AJB **51** Ref. **11112**) verglichen. Beyer

11123. **Z. Kopal,** On the possible role of solid particles in the system of Epsilon Aurigae. Vgl. Ref. **1169,** daselbst S. 241—250 und Diskussion S. 287—288 = Astr. Contr. Univ. Manchester (3) Nr. 25. — Nach kritischer Betrachtung älterer Theorien über den Lichtwechsel von ε Aurigae gibt Verf. eine neue Erklärungsmöglichkeit. Danach wird das tiefe Minimum durch einen Staubring um die zweite Komponente hervorgerufen. Die Partikel des Staubrings sollen groß gegen die Wellenlänge des Lichtes sein. K. H. Schmidt

11124. **J. de Kort,** Photometric elements and orbital eccentricity of HD 163708. Specola Astr. Vaticana Ric. Astr. **2** 277—281, mit 1 Fig. — Aus zahlreichen, am Riverview Coll. Obs. gewonnenen Aufnahmen wurde die Periode abgeleitet. Für die Exzentrizität ergibt sich 0.417, so daß man diesen Bedeckungsveränderlichen mit zu denen größter Bahnexzentrizität rechnen muß. Cester

11125. **E. A. Kreiken,** Some remarks on the relation $P\sqrt{\varrho}$ for spectroscopic binaries and eclipsing binaries. ZfA **37** 96—102, mit 3 Fig. = Commun. Department Astr. Ankara Univ. Nr. 4. — Die Umlaufszeiten der spektroskopischen Doppelsterne und Bedeckungsveränderlichen werden durch die Beziehung $\log P = -0.5 \log \varrho_t - 0.225$ bestimmt, wenn ϱ_t die Dichte der weniger kondensierten Komponente des Doppelsterns darstellt. Diese Beziehung entspricht dem 3. Keplerschen Gesetz. Die für die Veränderlichen V Crt und TU Mus aus photometrischen Elementen abgeleiteten Dimensionen führen jedoch zu Widersprüchen. Beyer

11126. **M. I. Lawrow,** Einige statistische Gesetzmäßigkeiten der Bedeckungsveränderlichen und ihre physikalische Deutung. Abh. Lenin-Staatsuniv. Kasan **115** Nr. 11 S. 3—64, mit 23 Abb. = Bull. Astr. Engelhardt-Obs. Nr. 31 S. 3—64, mit 23 Abb. (russisch). — Die nach vielen Richtungen hin durchgeführte Arbeit hat folgende Ergebnisse: Die Bedeckungsveränderlichen sind zur Milchstraße stärker konzentriert als alle Sterne: wahrscheinlich ist dies jedoch ein Auswahleffekt. Die Verteilungsmaxima fallen in galaktischer Länge mit der Richtung zum galaktischen Zentrum und dem Lokalen System zusammen. Die Bedeckungsveränderlichen mit bekannten Spektraltypen der integral helleren Komponenten der Systeme sind in galaktischer Breite genauso verteilt wie die Einfachsterne derselben Typen. Die Verteilung der Bahnebenen scheint dem Zufall zu gehorchen. Zwei statistische Beziehungen kommen durch Auswahleffekte zustande: die zwischen Periode und Dichte der weniger dichten Komponenten und die zwischen $k = r_b/r_f$ und $1/r_b$. Die Größe $|e \cdot \cos w|$ wächst mit der Periode. Die effektiven Temperaturen Kopals sind bei frühen Spektralklassen wahrscheinlich zu niedrig. Loh.

11127. **R. A. Losowskaja,** Bestimmung der Bahnelemente des Bedeckungsveränderlichen VW Cygni. Publ. Polytechn. Inst. Nowotscherkask **28** 27—31 (russisch). — Ref. in RJ Astr. Geod. UdSSR 1956 Nr. 9 S. 21.

11128. **A. Novák,** Epsilon Aurigae — an interesting variable star. RH **36** 54—58, mit 2 Fig. (tschechisch).

11129. **H. M. Pillans,** Peculiar features in the spectrum of Epsilon Aurigae. Publ ASP **67** 340—341. — Ref. ASP.

11130. **D. M. Popper,** The eclipsing binary V 356 Sagittarii. ApJ **121** 56—70, mit 6 Fig. und 1 Tafel = Astr. Papers Univ. California Nr. 16. — Ref. in Irish AJ **3** 192. — Der Bedeckungsveränderliche V 356 Sgr ist ein bemerkenswertes System, in dessen Spektrum beide Komponenten sichtbar sind. Verf. hat spektroskopische und photoelektrische Beobachtungen des Systems ausgeführt; die Helligkeitsmessungen wurden im gelben und blauen Spektralbereich erhalten. Die beiden Komponenten des Systems sind vom Spektraltyp A 2 II und B 3 V. Die A-Komponente ist durch Gezeitenkräfte merklich deformiert, die B-Komponente dagegen nahezu kugelförmig. Es können nur genäherte

Bahnelemente aus der Lichtkurve abgeleitet werden, da diese stark gestört und mit den üblichen Methoden nicht rektifizierbar ist. Das Kosinusgesetz der Randverdunklung ist nicht erfüllt. Während das Verhältnis der Oberflächenhelligkeiten der beiden Komponenten und ihre Farbdifferenz den Spektraltypen entsprechen, ist der A-Stern ein ungewöhnliches Objekt, da er etwa zwei Größenklassen oberhalb der Masse-Leuchtkraftbeziehung für Hauptreihensterne liegt. Micz.

11131. **J.-L. Rigal,** Propriétés spatio-temporelles d'étoiles du type W Ursae Majoris. CR **240** 50—52 = Contr. Inst. d'Astrophys. Paris (A) Nr. 188. — Aus den Raumgeschwindigkeiten von 16 W Ursae Majoris-Sternen werden Sonnenbewegung und ein Geschwindigkeitsellipsoid hergeleitet. Die auf Grund des geringen Materials unsicheren Werte (Apexlänge = 56°; Vertex: $l = 344°$, $b = -8°$) zeigen keine wesentlichen Abweichungen von den Werten der dF- und dG-Sterne bei Strömberg (ApJ **104** 12, AJB **45** Ref. **9047**). Gli.

11132. **K. C. Saidow,** Über die Veränderung der hellen Helium-Linien im Spektrum von β Lyrae. Astr Circ UdSSR Nr. 158 S. 12—15 (russisch). — Auf 239 Objektivprismenspektren aus dem Sommer und Herbst 1953 wurde das Verhalten der beiden Emissionslinien des He I, λ 5875.6 und λ 3888.6, in β Lyr über den Lichtwechsel hinweg untersucht. Die Intensitäten beider Linien sind auf verschiedene Weise veränderlich. Die Hülle von β Lyr ist nur für die gelbe Linie durchsichtig. Loh.

11133. **H. Schmidt, K. W. Schrick,** Lichtelektrische Untersuchungen an W Ursae Majoris-Sternen. Mitt. AG 1954 S. 24. — Ref. AG.

11134. **H. Schmidt, K. W. Schrick,** Untersuchungen an W Ursae Majoris-Sternen. I. Lichtelektrische Beobachtungen von VW Cephei. ZfA **37** 73—95, mit 6 Abb. = Mitt. Univ.-Sternw. Bonn. — Mit Hilfe eines lichtelektrischen Photometers mit einem Sekundärelektronenvervielfacher der Type RCA 1 P 21 sind Messungen an dem W UMa-Veränderlichen VW Cephei bei den Wellenlängen λ 450 und 580 mμ durchgeführt worden. Es ergeben sich kurzzeitige Änderungen der Lichtkurven und Farbenindizes. Ein Vergleich mit älteren Beobachtungen läßt eine systematische Variation der Lichtkurve und Periode des Lichtwechsels mit der Zeit erkennen. Die Möglichkeiten einer Deutung der verschiedenen Phänomene werden diskutiert und ein Arbeitsmodell für das System VW Cephei entwickelt. Gasströme in der engeren Umgebung der Doppelsternkomponenten spielen dabei eine wesentliche Rolle. Verf.

11135. **H. Schneller,** Weiße Zwergsterne als Bedeckungsveränderliche. Sterne **31** 192—193.

11136. **K. Serkowski,** Najważniejsze wyniki badań gwiazd zaćmieniowych (1952—54). Postępy Astr. **3** 141—147, mit 3 Fig. — Ein Bericht über den Report der I. A. U. Kommission 42 für 1952—1955. Perek

11137. **A. W. Solowjow,** Der Bedeckungsveränderliche UW Capricorni. Bull. Astr. Obs. Stalinabad Nr. 13 S. 23—27, mit 2 Abb. (russisch). — Kurze Mitteilung über Vergleichssterne, Lichtkurve und die neu bestimmte Periode nebst Tabelle der Beobachtungen. Loh.

11138. **M. A. Swetschnikow,** Untersuchung der Periodenänderungen einiger Bedeckungsveränderlicher. VS Bull **10** 262—282, mit 8 Abb. (russisch mit englischer Zusammenfassung). — Verf. untersucht die Periodenänderungen von U Cep, U Sge, RZ Cas und AR Lac, bei denen es sich um Systeme handelt, die an der Grenze der dynamischen Stabilität liegen. Es wird dazu versucht, die Periodenänderungen durch Gasmassenejektionen einer Komponente zu erklären. Loh.

11139. **R. Szafraniec,** Epsilon Aurigae — najbardziej intrygujący układ gwiazdy podwójnej zaćmieniowej. Postępy Astr. **3** 40—42. — Ein Bericht über die heutigen Kenntnisse über diesen Stern. Perek

11140. **A. Szczepanowska,** The eclipsing variables Y Cam, FH Ori, Z Per and the variations of their periods. AA(b) **2** 134—169, mit 12 Fig. — Eine zusammenfassende Bearbeitung aller seit 1924 in Krakau erhaltenen Beobachtungen dieser Sterne liefert verbesserte Elemente des Lichtwechsels und den Nachweis von Periodenänderungen. Tabellen der Vergleichssterne, der Phasenhelligkeiten, der Normalminima sowie bildliche Darstellungen der Lichtkurven und Periodenänderungen sind wiedergegeben. Beyer

* * **I. L. Thomsen, H. A. Abt, G. E. Kron,** «Distortions» in the light-variation of the spectroscopic binary HD 22124. Vgl. Ref. **10207**.

11141. **U. van Wijk, J. B. Rogerson, A. Skumanich,** The eclipsing variable GL Carinae. AJ **60** 95—100. — Lichtelektrische Beobachtungen (538 Messungen im blauen und 213 im gelben Spektralbereich), die 1951 Jan. bis Mai am 60-zölligen Reflektor der Boyden Station erhalten wurden, bestätigen die 1938 von Swope und Shapley gefundene rasche Apsiden-Bewegung. Der Koeffizient der Randverdunklung ist ungewöhnlich klein. Beyer

11142. **F. B. Wood,** Eclipsing variables. Vgl. Ref. **1166**, daselbst S. 18.

11143. **C. E. Worley,** The eclipsing binary Delta Orionis. Publ ASP **67** 330—333, mit 2 Fig. — Ref. ASP.

11144. **K. O. Wright,** Pre-eclipse observations of ε Aurigae. J RAS Canada **49** 221—230, mit 4 Fig. = Contr. Dominion Astrophys. Obs. Victoria Nr. 46. — Seit 1946 werden Spektrogramme mit hoher Dispersion aufgenommen, um die spektralen Veränderungen vor dem Beginn der Verfinsterung 1955 Juni 5 zu untersuchen. Während dieser Zeit nahm die Breite der Hα-Absorption gegenüber der an beiden Rändern übergreifenden Emission des Wasserstoffs ständig zu. Rasche Änderungen in der Gestalt der feineren Linien lassen auf eine erhebliche Turbulenz in der Atmosphäre des Hauptsterns schließen. Anfang 1954 traten bereits die ersten Linien der Chromosphäre des Begleiters auf. Die Arbeit enthält zahlreiche bildliche Darstellungen von Spektren aus dem Zeitabschnitt 1946—55. Beyer

11145. Ein veränderlicher Stern von besonderem Interesse. Astr. Nachr. Athen **6** 27—28 (griechisch). — Notiz über ε Aur.

Cepheiden

11146. **K. D. Abhyankar,** A study of the spectrum of ν Eridani. Publ ASP **67** 336—337. — Ref. ASP.

11147. **H. A. Abt,** Spectroscopic observations of the cluster-type variable VZ Cancri. ApJ **122** 390—395, mit 2 Fig. = Contr. McDonald Obs. Nr. 259. — 92 Spektrogramme, die mit dem Coudé-Spektrographen des 82-zölligen McDonald-Spiegels erhalten wurden, zeigen Radialgeschwindigkeiten, die in Übereinstimmung mit den lichtelektrischen Beobachtungen von W. S. Fitch (vgl. Ref. **11158**) auf zwei Perioden schließen lassen. Die größten Schwankungen der Radialgeschwindigkeiten fallen mit den maximalen Helligkeitsamplituden zusammen. Im Lichtmaximum hat der Stern ein Spektrum, das je nach Helligkeit A 7 bis A 9 erreicht. Im Minimum entspricht es der Klasse F 1 bis F 2. Die Beobachtungen sind in einer Tabelle und in zahlreichen Geschwindigkeitskurven wiedergegeben. Beyer

11148. **H. C. Arp,** Cepheids of period greater than one day in globular clusters. AJ **60** 1—17, mit 32 Fig. — Ref. in Sterne **32** 172—173, mit 1 Fig. — Gelegentlich einer photographischen Durchmusterung von sechs Kugelhaufen wurden 13 Delta Cephei-Veränderliche bzw. RV Tauri-Sterne mit Perioden zwischen 1.5 und 67 Tagen gefunden. Die in zwei Farbbereichen beobachteten Lichtkurven sowie die Spektren, Farbenindizes und absoluten Helligkeiten entsprechen den typischen Merkmalen der Population II. Unter Einbeziehung älterer Beobachtungen von sechs Delta Cephei-Veränderlichen des Kugelhaufens ω Centauri wird ein Periode-Leuchtkraft-Diagramm entworfen, das einige interessante Aufschlüsse liefert. Beyer

11149. **W. Becker,** Bemerkungen über den Delta Cephei-Veränderlichen der Population II, W Virginis. ZfA **35** 210—212 = Mitt. Astr. Meteorol. Anstalt Univ. Basel (Astr.) Nr. 3. — Die von H. A. Abt in ApJ Suppl. **1** 63 (AJB **54** Ref. **11151**) aus Lichtkurven, Farbkurven und Radialgeschwindigkeitskurven für W Vir bestimmten Durchmesserschwankungen von 75% erscheinen reichlich hoch. Unter Zugrundelegung der an Delta Cephei-Veränderlichen empirisch gewonnenen Beziehungen zwischen der Farbtemperatur und Strahlungstemperatur errechnet Verf. Schwankungen von nur 50%. Beyer

11150. **P. Broglia, A. Masani,** Risultati delle osservazioni fotoelettriche e problemi relativi alla variabile DY Herculis. Mem SA It (NS) **26** 379—391, mit 2 Fig. = Contr. Oss. Astr. Milano-Merate (NS) Nr. **66**. — Nach einer Betrachtung der vorhergehenden Beobachtungen werden die Vergleichssterne, die Beobachtungen in vier Farben und die Lichtwechselelemente (Max = = J. D. 2433439.4878 + 0.14863112 · E) gegeben. Es wird auf eine wahrscheinliche Periodenänderung um das Jahr 1952 hingewiesen. Die Ephemeride wird nach diesem Datum gegeben. Das Verhalten des Sternes im UV an Hand der U-B-Spektrum-Beziehung von Johnson und Morgan wird gedeutet. Cester

11151. **P. Broglia, E. Pestarino,** Studio fotometrico in due colori della variabile RV Arietis. Mem SA It (NS) **26** **429**—**446**. mit 3 Fig. = Contr. Oss. Astr. Milano-Merate (NS) Nr. 71. — 293 (λ 4260) und 276 (λ 5260) lichtelektrische Beobachtungen des RR Lyrae-Sterns RV Ari zeigen große Schwankungen sowohl in Amplitude, als auch in Form und Periode. Vergleichssterne, Karte und Lichtwechselelemente werden gegeben (Max = J. D. 2435017^{d}5154 + 0^{d}09312819 E). Cester

11152. **R. Canavaggia, J. C. Pecker,** Sur le rayonnement des Céphéides. Ann d'Astrophys **18** 151—179, mit 6 Fig. = Contr. Inst. d'Astrophys. Paris (B) Nr. 137. — Verf. erörtern an Hand der von ihnen berechneten Atmosphärenmodelle (AJB **52** Ref. **5108**, **53** Ref. **5107**) die Ergebnisse der Sechs-Farben-Photometrie für δ Cep und η Aqu (AJB **45** Ref. **84108**, **52** Ref. **11172**) und gelangen dabei zu dem Ergebnis, daß das Baadesche Kriterium für die Pulsationstheorie der Cepheiden noch nicht als verifiziert angesehen werden kann, sodaß dieses Problem noch als offen zu betrachten ist. Kdr.

11153. **R. Canavaggia,** Les Céphéides; rougissements relatifs donnés par la photométrie en six couleurs. Contrôle de la variation des rayons. Ann d'Astrophys **18** 431—449, mit 4 Fig. (mit russischer Zusammenfassung). — Ein δ Cephei-Stern gibt uns die Möglichkeit, die Änderungen des Farbenindex eines Überriesen mit wechselnder Temperatur aber konstanter interstellarer Verfärbung zu bestimmen. Ein Diagramm der Farbenindizes von δ Cephei, das die Ergebnisse lichtelektrischer Messungen in sechs Farben für alle Phasen des Lichtwechsels wiedergibt, bietet die Möglichkeit, die relative interstellare Verfärbung anderer δ Cephei Sterne und unveränderlicher Überriesen vom Typ F—G abzuleiten und unsere Anschauungen über die Durchmesser-Schwankungen der δ Cephei Sterne zu prüfen. Beyer

11154. **R. Canavaggia,** Les Céphéides, rougissement et variation du rayon. CR **240** 2051—2053, mit 1 Fig. — Es wird ein modifiziertes System der Sechs-Farbenmessungen von Stebbins benutzt, um die Verfärbung von η Aql relativ zu δ Cep herzuleiten und um Supergiganten der Klassen F I und G I mit der Verfärbung von δ Cep zu vergleichen. Mit Hilfe von vier Messungen von Polaris (1944) wird auf graphischem Wege die Verfärbung von δ Cep bestimmt. Bei Anwendung der Grundhypothese von Wesselink — hat ein δ Cep-Stern in zwei Zuständen den gleichen Farbenindex, so hat er in beiden auch die gleiche Leuchtkraft — zeigt die relative Variation der Radien von δ Cep und η Aql, daß die von Stebbins gemessenen Helligkeiten I—U in Übereinstimmung mit der Methode der Modelle sind, jedoch mit der klassischen Methode unverträglich sind. Gli.

11155. **R. Canavaggia, J.-C. Pecker,** Exemple d'utilisation de modèles pour l'interprétation des mesures expérimentales de δ Cephei. Contr. Inst. d'Astrophys. Paris (A) Nr. 183, 5 S. mit 2 Fig. — Verf. versuchen nachzuweisen, daß die beobachteten monochromatischen Helligkeiten von δ Cephei und ihre Absolutwerte zu Temperaturen und Dichtewerten führen, die gut in den Rahmen der von ihnen gerechneten Atmosphärenmodelle gelber Riesen passen. Beyer

11156. **L. Detre,** A rövid periódusú cepheidák periódusváltozásairóle. Magyar. tud. akad. Mat. fiz. oszt. közl. **5** 137—143. — Ref. in RJ Astr. Geod. UdSSR 1956 Nr. 11 S. 22.

* * **J. Duquesne, E. Schatzman,** Sur l'interprétation des mesures de vitesse radiale des étoiles pulsantes. Vgl. Ref. 5207.

11157. **K. Ferrari d'Occhieppo,** Die Massen der Delta Cephei- und RR Lyrae-Sterne. Sitzber. Österreich. Akad. Wiss. Math.-naturwiss. Kl. Abteilung II **164** 387—397, mit 1 Fig. = Mitt. Univ.-Sternw. Wien 8. — Es wird gezeigt, daß die seinerzeit von W. Becker gefundene Korrelation zwischen Periodenlänge und Radius der δ Cephei-Sterne einer gewissen Verbesserung bedarf, dann aber auch die RR Lyrae-Sterne mit umfaßt. Zusammen mit der bekannten Perioden-Dichte-Beziehung, für die der von I. Epstein für Riesensternmodelle errechnete Wert der Konstanten benutzt wird, findet man, daß die Masse der Wurzel aus der Periodenlänge proportional ist. Die daraus leicht ableitbare Masse-Leuchtkraft-Beziehung der Pulsationsveränderlichen mit einem von der Temperatur abhängigen Zusatzglied stimmt nahe mit jener überein, die für normale Sterne gleicher absoluter Helligkeit angenommen wird. Verf.

11158. **W. S. Fitch,** The cluster-type variable VZ Cancri. ApJ **121** 690—710, mit 5 Fig. — 1449 lichtelektrische Beobachtungen aus der Zeit Dez. 1950—Apr. 1954 zeigen, daß der primäre Lichtwechsel mit $P = 0^{d}.17836376$ von einer sekundären Welle mit $P = 0^{d}.716292$ überlagert ist. Neben den Originalbeobachtungen sind mittlere Lichtkurven für verschiedene Zeitabschnitte in Tabellen und bildlich wiedergegeben. Am Schluß wird an Hand der Ergebnisse für 12 Haufenveränderliche gezeigt, daß das Verhältnis der sekundären zur primären Periode bei Sternen mit $P < 0^{d}.20$ sehr viel kleiner ist als bei solchen mit $P > 0^{d}.35$. Schon früher hatten gewisse Merkmale der Lichtkurven gezeigt, daß sich bei $P = 0^{d}.25$ zwei Untergruppen trennen. Beyer

11159. **I. Guman,** VZ Cancri, ein RR Lyrae-Stern mit sehr kurzer sekundärer Periode. Mitt. Sternw. Ungar. Akad. Wiss. Budapest-Szabadsághegy Nr. 36, 16 S. mit 4 Abb. — 1236 lichtelektrische Beobachtungen, die in 24 Nächten zwischen 1951 Apr. und 1954 Febr. am 60 cm-Spiegel der Budapester Sternwarte erhalten sind, zeigen periodisch verlaufende Veränderungen der Helligkeitsamplituden zwischen den Grenzen $0^{m}.45$ und $0^{m}.95$. Die sekundäre Periode $P_s = 0^{d}.71633$ ist 4.016mal so groß wie die Hauptperiode $P_0 = 0^{d}.178364$. Die Verhältnisse liegen hier ganz ähnlich wie bei SX Phe und AI Vel. Sämtliche Originalbeobachtungen, 26 Maximumepochen sowie zahlreiche Lichtkurven und Diagramme sind wiedergegeben. Beyer

11160. **M. Hack,** Studio dell'atmosfera della cefeide FF Aquilae. Mem. Accad. Nazionale Lincei, Cl. Sci. fis., mat., nat. (8) **4** 221—308, mit 9 Fig. = Contr. Oss. Astr. Milano-Merate (NS) Nr. 70. — Verf. analysiert zwei Spektrogramme des Cepheiden FF Aql, aufgenommen im Minimum- und Maximumlicht. Eine sehr schwache Veränderlichkeit des Linienspektrums wird gefunden.

Die Größe der Turbulenz und die Dämpfungskonstante werden angegeben. Die Linien des Fe I gestatten eine Bestimmung der Anregungstemperatur relativ zur Sonne. Die atmosphärische Opazität relativ zur Sonne wird unter der Annahme abgeleitet, daß Stern und Sonne gleiche chemische Zusammensetzung haben. Die für FF Aql gefundenen Werte werden mit bekannten Angaben für α Per und γ Cyg verglichen. Es zeigt sich, daß der physikalische atmosphärische Zustand des Cepheiden dem eines normalen Supergiganten vom Spektraltyp F 7 oder F 8 entspricht. Schai.

11161. **R. H. Hardie,** A study of RR Lyrae in three colors. ApJ **122** 256—262, mit 3 Fig. — Eine vollständige Wiedergabe von 1048 lichtelektrischen Messungen in den drei Farbbereichen V, B, U von Morgan und Johnson. Die Beobachtungen umfassen zwölf Zyklen der primären und einen Zyklus der sekundären Periode. Eine bildliche Darstellung der Lichtkurven läßt deutlich die von Epoche zu Epoche fortschreitenden Veränderungen erkennen. Beyer

* * **C. Hoffmeister,** Über die Veränderlichkeit der Lichtkurven von rasch-wechselnden Pulsations- und Bedeckungssternen. Vgl. Ref. **11118.**

11162. **A. H. Joy,** Radial velocities of 15 RR Lyrae variables. Publ ASP **67** 420. — Publikation einer Liste der (normalen) Radialgeschwindigkeiten von 15 RR Lyrae-Veränderlichen (Mt. Wilson Aufnahme; 110 Å/mm). Traving

11163. **I. M. Kopylow, R. N. Kumajgorodskaja,** Die Parameter der Untersysteme und die absoluten Größen der langperiodischen Cepheiden. Mitt. Astrophys. Obs. Krim **15** 169—189, mit 6 Abb. (russisch). — Das vom Verf. angegebene Verfahren zur Bestimmung der absoluten Helligkeiten der Cepheiden besteht in der Umkehrung der Methode, aus der Entfernung, also aus m und M, die galaktischen Dichtegradienten G_R und G_Z einer bestimmten Sterngruppe zu ermitteln. Die Umkehrung wird dadurch möglich, daß zwischen G_R und G_Z eine bestimmte Beziehung besteht, und daß das Verhältnis beider eine gewisse Funktion der scheinbaren Verteilung der Sterne ist. Zwischen den sich ergebenden absoluten Größen der Cepheiden der Population I und II besteht ein großer Unterschied, und zwar sind erstere rund $2^m\!.7$ heller als letztere. Die Periode-Helligkeitsbeziehungen sind in den Tabellen 3 und 5 tabuliert und in Abb. 6 illustriert. Für die absolute Helligkeit der RR Lyrae-Sterne folgt $+0^m\!.65$. Loh.

* * **W. S. Krogdahl,** Stellar pulsation as a limit-cycle phenomenon. Vgl. Ref. **5220.**

11164. **P. Ledoux, J. Grandjean,** Oscillations quasi-statiques dans l'atmosphère de η Aquilae. Bull. Cl. Sci. Acad. roy. Belgique (5) **41** 1010—1028, mit 6 Fig. = Inst. d'Astrophys. Univ. Liège Mém. 8° Nr. 372. — Lagrangesche Dichteänderungen, die der Kontinuitätsgleichung genügen, führen in hydrostatischen Atmosphärenmodellen auf einen Geschwindigkeitsverlauf mit der Tiefe, der dem Beobachtungsbefund an η Aquilae entspricht. Zur Deutung der geringen effektiven Schwerkraft in der Atmosphäre wird angenommen, daß starke Konvektionsströme in der Wasserstoffionisationszone einen beträchtlichen Impulsstrom durch die Photosphäre erzeugen. Fricke

11165. **K. F. Ogorodnikow,** Das Untersystem der kurzperiodischen Cepheiden und die Relaxationszeit der Galaxis. VS Bull **10** 135—140, mit 1 Abb. (russisch). — Das Vorhandensein eines relativen Überschusses an entweichenden Sternen in der Galaxis bedeutet, daß die Relaxationszeit wenigstens vier Größenordnungen kleiner ist, als man in der Stellardynamik im allgemeinen bis jetzt angenommen hat. Eine einfache, sich auf die Anwendung des Poissonschen Gesetzes stützende Rechnung zeigt, daß dann, wenn die Relaxationszeit vier Größenordnungen größer wäre als hier gefunden (10^9 Jahre), mit nahezu völliger Sicherheit zu erwarten ist, daß man bis $m = 12$ keinen entweichenden Stern finden sollte. Loh.

11166. **A. Opolski,** Rozmiary Cefeid i ich wielkości absolutne. Postępy Astr. **3** 24. — Ref. Poln. Astr. Ges.

11167. **P. P. Parenago,** Untersuchung verschiedener Gesetzmäßigkeiten bei den Cepheiden. VS Bull **10** 193—235, mit 11 Abb. (russisch mit englischer Zusammenfassung). — An Hand des heute vorliegenden Beobachtungsmaterials diskutiert Verf. folgende Punkte: 1.) Die Periode-Spektrum-Beziehung; 2.) Die mit der photographischen Amplitude zusammenhängenden Beziehungen; 3.) Die Beziehungen zwischen absoluter Größe, Temperatur und Spektrum; 4.) Die Formeln zur genäherten Bestimmung der Radien der Cepheiden aus den Radialgeschwindigkeiten; 5.) Die Temperaturskala der Cepheiden; 6.) Die Formel der Periode-Leuchtkraft-Beziehung; 7.) Der Nullpunkt der Periode-Leuchtkraft-Beziehung aus trigonometrischen Parallaxen und Eigenbewegungen; 8.) Der Endwert von ΔM; Verf. erhält $\Delta M = -0.5 \pm 0.2$. Die Verbesserung des Nullpunkts der Periode-Leuchtkraft-Beziehung (Shapley 1930) beträgt damit $-1\overset{m}{.}0$ und nicht $-1\overset{m}{.}5$, wie in letzter Zeit oft geltend gemacht worden ist. Loh.

11168. **P. Pişmiş,** On the period-luminosity relation in cluster-type Cepheids. Publ ASP **67** 253—255, mit 2 Fig. — Die mit Verwendung photographischer Helligkeiten gefundene Periode-Helligkeit-Beziehung wird durch einen Gang des mittleren Farbenindex mit der Periode verdeckt, wenn von photovisuellen Helligkeiten ausgegangen wird. Bei Verwendung bolometrischer Helligkeiten tritt die Periode-Helligkeit-Beziehung besonders deutlich hervor. O. G.

11169. **V. C. Reddish,** The period-luminosity relation in population II. MN **115** 480—486, mit 4 Fig. — Verf. zeigt, daß sich die von Arp (vgl. Ref. **11148**) vertretene Auffassung, es existiere eine Aufspaltung der Periode-Leuchtkraft-Beziehung der Population II-Sterne in drei einzelne, nicht aufrecht erhalten läßt. Verf. findet $M_{\text{bol}} = -0.07 - 2.67 \log P$. Die den Rechnungen zu Grunde liegenden Daten sind tabuliert. Loh.

11170. **V. C. Reddish,** The absolute magnitudes of the RR Lyrae variables. Obs **75** 124—125. — Kritische Bemerkungen zu einer in AJ **59** 422 (vgl. AJB **54** Ref. **12127**) veröffentlichten Arbeit von W. A. Baum. Nach Reddish dürfte der Mittelwert der absoluten Helligkeit für die Gesamtheit aller RR Lyrae-Sterne bei 0^{m} liegen. Die mittleren Absoluthelligkeiten innerhalb individueller Systeme (Kugelhaufen, Kerngebiete der Spiralnebel und andere) können bis zu einer Größenklasse darunter oder darüber liegen. Beyer

11171. **G. Romano,** Osservazioni fotografiche delle variabili V, Z, RR ed X Lacertae. Mem SA It (NS) **26** 19—39, mit 5 Fig. — 103 mittels eines Astrographen der Privatsternwarte zu Treviso erhaltene Aufnahmen erlaubten das gleichzeitige Studium von vier Cepheiden. Für die drei ersten wurden die früheren Elemente bestätigt, für X Lac wurden die Periode und Epoche des Maximums verbessert. Die Spektrum-Helligkeit-Beziehung paßt befriedigend. Es wird versucht, die Entfernung der Sterne unter Berücksichtigung der interstellaren Absorption abzuleiten. Cester

11172. **M. Sauer,** Der Nachweis sekundärer Helligkeitsschwankungen in den Lichtkurven von RR Lyrae-Sternen. AN **282** 178—182, mit 3 Abb. = Veröff. Sternw. München **4** Nr. 16. — In den Lichtkurven von sechs RR Lyrae-Sternen nach vorliegenden visuellen und eigenen lichtelektrischen Beobachtungen wird die Existenz von sekundären Helligkeitsschwankungen kleiner Amplitude nachgewiesen. Im Mittel entfallen sechs sekundäre Wellen auf die Grundperiode. Die Amplitude der Wellen scheint im blauen Spektralbereich größer zu sein. Eine Deutung der sekundären Schwankung als Oberschwingung der Pulsation ergibt sich als unwahrscheinlich. Verf.

11173. **A. W. Solowjow,** Über einige Feineffekte in der Lichtkurve von TW Capricorni. Bull. Astr. Obs. Stalinabad Nr. 13 S. 3—9, mit 2 Abb. und

1 Tafel (russisch). — Der Lichtkurve dieses Cepheiden von 28ᵈ6 Periodenlänge überlagern sich im absteigenden Teil der Lichtkurve sekundäre Wellen wechselnder Stärke und Lage, die der Lichtkurve von Periode zu Periode ein verändertes Aussehen verleihen. Lichtelektrische Beobachtungen sind erwünscht. Loh.

11174. **D. W. N. Stibbs,** The intrinsic colours of galactic cepheid variables. MN **115** 323—337, mit 4 Fig. = Commun. Univ. Obs. Oxford Nr. 48. — Verf. beschreibt eine sich auf das Parenagosche Absorptionsgesetz stützende Methode zur Bestimmung der wahren Farbenindizes der Cepheiden aus den Eggenschen Beobachtungen. Die Ergebnisse $(P—V)_{wahr} = a + b \log P$ für Maximum und Minimum der Eggenschen Typen A, B, und C unterscheiden sich von den von Eggen erhaltenen Resultaten. Zwischen Entfernung und Periode besteht keine Korrelation mehr. Die wahren Farbenindizes im Maximum stimmen mit denen der Cepheiden der Kleinen Magellanschen Wolke ziemlich gut überein. Mit dem Baadeschen Nullpunkt der Periode-Helligkeitsbeziehung und der mittleren Absorption von 2^m/kpc einer Gruppe naher Cepheiden ergibt sich die Oortsche Konstante A = 20 km/sec/kpc. Loh.

11175. **D. W. N. Stibbs,** Radial velocities of cepheid variable stars in the southern hemisphere. MN **115** 363—390, mit 8 Fig. = Commun. Radcliffe Obs. Nr. 32. — 830 Radialgeschwindigkeitsmessungen von 55 südlichen δ Cephei-Sternen zeigen die Geschwindigkeitskurven dieser Sterne und geben ihre mittlere Radialgeschwindigkeit. Die Aufnahmen wurden mit dem Cassegrain-Spektrograph des 74' Radcliffe-Reflektors gemacht bei einer Dispersion von 49 Å/mm bei Hγ. Die gemessenen Werte zeigen befriedigende Übereinstimmung mit den Geschwindigkeiten im Licksystem. Die photographischen Maximalhelligkeiten der untersuchten Sterne liegen zwischen $4^m_.5$ und $9^m_.6$, die Perioden zwischen $2^d_.5$ und 39 Tagen. Gli.

* * **O. Struve, K. D. Abhyankar,** The spectrum of ν Eridani. Vgl. Ref. **10206.**

11176. **O. Struve,** Discontinuité dans les variations du spectre de RR Lyrae. Ciel et Terre **71** 1—6, mit 9 Fig. — Spektren von RR Lyrae von 50 Å/mm Dispersion, die über einen Zeitraum von 41 Tagen aufgenommen sind (in der Arbeit abgebildet), zeigen, daß während des Helligkeitsanstiegs eine Aufspaltung der Absorptionslinien eintritt, wobei gleichzeitig am violetten Ende der Linien für kurze Zeit eine Emission erscheint. Die Emission entsteht in dem Augenblick, wo die aufsteigende, expandierende Hülle auf eine kontrahierende trifft. Fricke

11177. **O. Struve,** The remarkable variable AI Velorum. Sky and Telescope **14** 407—409, mit 5 Fig. — Übersetzung in NAT 1955 S. 127—133, mit 5 Fig. — Bericht über die lichtelektrischen Untersuchungen des Sternes AI Velorum von T. Walraven, der eine sehr umfangreiche Analyse des Lichtwechsels gegeben hat. Behr

11178. **O. Struve,** Some unusual short-period variables. Sky and Telescope **14** 461—463, mit 4 Fig. — Nach den Arbeiten von Walraven (Leiden) und Smith (Harvard) über einige RR Lyrae-Sterne besonders kurzer Periode wird es wahrscheinlich, daß diese Sterne (SX Phe, CY Aqr, DQ Cep und vielleicht VZ Cnc, AI Vel und δ Sct) zu einer neuen Gruppe Veränderlicher, den sogenannten Zwerg-Cepheiden mit einer mittleren absoluten Größe von $+2^m_.0$ gehören. Behr

11179. **P. Swings, G. Lemaître, J. F. Cox,** Rapport sur le mémoire de M. J. Grandjean: «Vitesses différentielles dans l'atmosphère de η Aquilae et de ζ Geminorum». Bull. Cl. Sci. Acad. roy. Belgique (5) **41** 861—862.

11180. **Å. Wallenquist,** Note on the zero point correction of the period-luminosity relation. Ark Astr **1** 543—544. — Wenn die in den Magellanschen Wolken aufgefundenen vier Delta Cephei-Sterne mit stark abweichenden mittleren Helligkeiten der Population II angehören, ist der Nullpunkt der Periode-Helligkeits-Beziehung um $-1^m_.1$ zu korrigieren. Beyer

11181. **T. Walraven,** The pulsations of AI Velorum, SX Phoenicis and RR Lyrae. BAN **12** 223—265, mit 16 Fig. — Lichtelektrische Beobachtungen am 16-zölligen Refraktor der Leiden-Station in Johannisburg lieferten sehr zuverlässige Lichtkurven. Eine sorgfältige Analyse dieser Kurven gibt in Verbindung mit den beobachteten Radialgeschwindigkeiten wertvolle Aufschlüsse über die Entstehung der Unregelmäßigkeiten ihres Verlaufs. Beyer

11181a. **O. P. Wassiljanowskaja,** Der Cepheid TU Cassiopeiae. Bull. Astr. Obs. Stalinabad Nr. 13 S. 28—29, mit 1 Abb. (russisch). — Mitteilung von Helligkeiten, Elementen, Vergleichssternen und der Lichtkurve. Loh.

11182. **W. Wenzel,** Die Pulsationen von RR Lyrae-Sternen. Sterne **31** 187—188, mit 1 Abb.

11183. **C. Whitney,** Note on the discontinuous velocity-curves of population II Cepheids. Ann d'Astrophys **18** 375—377 = Inst. d'Astrophys. Univ. Liège Coll. 4° Nr. 64. — Es werden die Parameter α = Beschleunigung der Partikel/Schwerkraft und β = Ausdehnung der Atmosphäre/Wellenlänge der Pulsation in der Atmosphäre für δ Cep, RR Lyr und W Vir berechnet. Die in den beiden letzten Sternen beobachteten Diskontinuitäten in den Radialgeschwindigkeitskurven treten bei Wachstum von α und β auf, insbesondere wenn β von der Größenordnung 1 wird. Klassische Cepheiden mit Perioden über 30 Tagen könnten ebenfalls diese Diskontinuitäten zeigen. Gli.

11184. **C. Whitney,** The radii of δ Cephei and η Aquilae. ApJ **121** 682—689, mit 1 Fig. = Harv Repr Nr. 412. — Die Radien werden mit Hilfe der Methoden von A. J. Wesselink und von R. Canavaggia und J. C. Pecker bestimmt. Die nach dem zweiten Verfahren aus der Periode-Leuchtkraft-Beziehung und den Ergebnissen monochromatischer Helligkeitsmessungen abgeleiteten Halbmesser stehen in guter Übereinstimmung mit der theoretischen und empirischen Periode-Dichte-Beziehung. Die Wesselinksche Methode führt zu weniger befriedigenden Ergebnissen. Tabellen und bildliche Darstellungen der Radiusschwankungen beider Sterne sind beigefügt. Beyer

11185. **C. Whitney,** The radii of δ Cephei and η Aquilae. II. ApJ **122** 385—389 = Harv Repr Nr. 424. — Die nach verschiedenen Methoden bestimmten Halbmesser von δ Cephei-Sternen führen zu stark abweichenden Ergebnissen. Diese Unterschiede werden vermindert, wenn man die Störung des Kontinuums durch die Linienabsorption berücksichtigt. Es zeigt sich, daß dann auch die Wesselinksche Methode zum Ziele führt. Aus den abgeleiteten effektiven Temperaturen und den Radien wird eine Nullpunktskorrektion der Periode-Leuchtkraft-Beziehung von $\Delta M_r = -1\overset{m}{.}65 \pm 0\overset{m}{.}3$ bestimmt. Beyer

11186. Due nuove stelle Cefeidi scoperte con lo specchio a tasselli dell'Osservatorio Astronomico di Bologna. Coelum **23** 178—180, mit 2 Fig. — Zwei neue Cepheiden wurden auf den mit dem Mosaik-Teleskop der Sternwarte Bologna aufgenommenen Platten entdeckt. Für den ersten, VB 10 werden folgende Elemente gegeben: Max = J. D. 2435103.15 + 9.77 E; Lichtwechsel: ungefähr eine Größe. Für den zweiten, VB 19: Max = J. D. 2434530.458 + 0.62017 E; M = 14.1; m = 14.6. Cester

11187. Cepheid variables and galactic structure. MN ASSA **14** 38—39. — Bericht über einen von J. B. Irwin gehaltenen Vortrag.

11188. Dwarf cepheids. Sky and Telescope **14** 321. — Ref. AAS.

11189. Spektrum und Radialgeschwindigkeit von W Virginis. Sterne **31** 28, mit 1 Abb. — Ref. der in AJB **52** unter Ref. **11168** zitierten Arbeit von R. F. Sanford.

Sonstige Veränderliche

11190. **H. A. Abt,** Studies of RV Tauri stars. I. U Monocerotis. ApJ **122** 72—88, mit 4 Fig. und 1 Tafel = Contr. Lick Obs. (2) Nr. 57. — Im Winter 1952—53 wurden in etwa zehntägigen Abständen 21 Spektrogramme von hoher Dispersion mit dem Mills-Spektrographen des 36zölligen Refraktors der Lick-Sternwarte erhalten. Stellt man die gemessenen Radialgeschwindigkeiten den gleichzeitig beobachteten visuellen Helligkeiten des Sterns gegenüber, so findet man zu den Zeiten der Lichtmaxima eine Diskontinuität der Radialgeschwindigkeitskurve. Etwa eine Woche vor dem Verlöschen der stark verschobenen Absorptionen treten diese Linien auch mit geringen Verschiebungen auf. Die maximale Expansion von etwa 55×10^6 km tritt etwa zehn Tage nach den visuellen Minima ein. Die beobachteten Erscheinungen werden an Hand ausführlicher Tabellen und zahlreicher Diagramme dargestellt, gedeutet und mit denjenigen verwandter Sterne verglichen. Beyer

11191. **W. A. Ambarzumjan,** El fenomeno de la emision continua y las fuentes de la energia estelar. Astronomia Popular **1** Nr. 2 S. 3—14. — Übersetzung der in AJB **54** Ref. **11179** zitierten Arbeit des Verf.

11192. **R. Bajcár, I. Bajcárová,** The variable T Cas and its subgroup. Contr. Astr. Obs. Skalnaté Pleso **1** 82—120, mit 30 Fig. (russisch mit englischer und tschechischer Zusammenfassung). — Die Bedeutung der Mirasterne für die Untersuchung unserer Milchstraße verlangt eine sehr sorgfältige Gliederung der Untergruppen dieser langperiodischen Veränderlichen. Als Vertreter einer solchen Untergruppe, deren Lichtkurven sekundäre Maxima aufweisen, wird T Cas herangezogen, der seit über 80 Jahren beobachtet werden konnte. Neben einer Mitteilung der Untersuchungsergebnisse wird noch gezeigt, welche statistischen Unterschiede zwischen den Mirasternen der Spektralgruppen M6e—M8e mit und ohne sekundäre Maxima bestehen. Beyer

11193. **W. P. Bidelman, K.-H. Böhm,** U Lacertae — a distant variable star with an unusual spectrum. Publ ASP **67** 119—120. — Nach Lick-Spektrogrammen von 1954 Nov. 19 und 23 gehört U Lacertae zu den seltenen Doppelsternen vom Typ VV Cephei. In diesen Systemen umkreist ein B-Stern einen M-Riesen von großer Leuchtkraft, wobei beide Sterne in einen Nebel eingebettet sind, der sich durch starke verbotene Emissionslinien ionisierter Elemente im Spektrum des Sterns verrät. Die absolute Helligkeit $-5\overset{m}{.}3$ führt angesichts der scheinbaren visuellen Helligkeit $9\overset{m}{.}0$ unter Berücksichtigung der interstellaren Absorption auf eine Entfernung von rund 4600 pc. Beyer

11194. **M. Bloch, M.-L. Tcheng,** Le spectre de Z Andromedae en août 1954 et janvier 1955. CR **241** 1105—1107. — Z And wurde während verschiedener Epochen von 1946 bis Jan. 1955 am Observatoire de Haute Provence beobachtet, und es werden speziell die Ergebnisse der letzten Aufnahmen (Aug. 1954 und Jan. 1955) mitgeteilt. In dieser Zeit wurde erstmals [Ca VII] in starker Emission bei 5619 Å beobachtet. Während die Farbtemperatur 1946—1954 von 5300° auf 3500° abnahm, wurden 1948—1954 steigende Elektronentemperaturen gemessen. Gli.

11195. **C. E. R. Bruce,** Combination spectra in long-period variable stars. Phil. Mag. (7) **46** 1123—1131. — Verf. glaubt, die zusammengesetzten Spektren langperiodisch veränderlicher Sterne durch hypothetische elektrische Entladungen zwischen Wolken von TiO und ZrO erklären zu können. Die Ladungstrennung soll durch einen Mechanismus bewirkt werden, der dem in irdischen Sand- und Staubstürmen wirksamen analog ist. Bisher werden diese Sterne meist als unaufgelöste Doppelsterne betrachtet; die hochangeregten Linien wären dann auf den heißeren Begleiter zurückzuführen. Traving

11196. **E. M. Burbidge, G. R. Burbidge,** Paschen and Balmer series in spectra of Chi Ophiuchi and P Cygni. ApJ **122** 89—94 = Contr. McDonald

Obs. Nr. 255. — Auf Aufnahmen mit dem Coudé-Gitterspektrographen des McDonald-Observatoriums sind die Intensitäten der Paschen- und Balmer-Emissionen und für P Cygni auch die Breiten der Absorptionen gemessen worden. Die Ergebnisse werden verglichen und diskutiert. Beyer

11197. **G. R. Burbidge, E. M. Burbidge,** Surface energy sources in the flaring dMe and the T Tauri stars. Obs **75** 212—215. — Als Ursache für das Aufleuchten der Flare- und T Tauri-Sterne wird die Umwandlung magnetischer Energie in kinetische in bestimmten Oberflächengebieten dieser Sterne angenommen. Die Folge ist eine lokale Erhöhung von Temperatur und Ausstrahlung, ohne daß dabei Kernprozessen Bedeutung zukommen dürfte. Der Unterschied zwischen den beiden Sterntypen soll darin bestehen, daß es sich bei den Flare-Sternen um Vorgänge in der Materie des Sterns selbst handelt, wobei Konvektion eine Rolle spielt, bei T Tauri-Sternen aber um magneto-hydrodynamische Wechselwirkungen zwischen Sternen und interstellarer Materie. Bo.

11198. **L. Campbell,** Studies of Long-Period Variables. Cambridge, Mass., American Association of Variable Star Observers, 1955. 247 S. Preis $ 6.00. — Besprechung in J RAS Canada **50** 185, Publ ASP **68** 174—175 (A. H. Joy), Sky and Telescope **15** 221—222, 269—270 (S. Gaposchkin).

11199. **J. A. Crawford, R. P. Kraft,** An interpretation of AE Aquarii. Publ ASP **67** 337—338. — Ref. ASP.

111100. **O. J. Eggen,** Intrinsic variable stars. Vgl. Ref. **1166**, daselbst S. 21—22.

111101. **M. W. Feast,** The spectra of AM Cen and GP Ori, and the opacity in the violet region of N-type stars. Vgl. Ref. **1169**, daselbst S. 280—286, mit 1 Fig., 1 Tafel und Diskussion S. 287—288 = Radcliffe Obs. Repr. Nr. 4. — Die Spektren der Sterne GP Ori und AM Cen, die ihrem C/O-Verhältnis nach zwischen den Typen N und S liegen, werden betrachtet. Es erscheint unmöglich, daß die starke UV-Depression vom Kohlenstoff herrührt. Als absorbierende Substanz wird NaH in Erwägung gezogen. K. H. Schmidt

111102. **Y. Fujita,** On the red carbon stars. Proc. Japan Acad. **31** 76—80, mit 4 Fig. = Tokyo Astr. Obs. Repr. Nr. 114. — Eine kurze Untersuchung der Anregungsverhältnisse in roten Kohlenstoffsternen an Hand von McDonald-Spektren. Aus der Intensität der Kaliumlinie λ 7699 folgt für den C9-Stern (Klassifikation nach Keenan-Morgan) WZ Cas die extrem niedrige Temperatur von 1600° K. Traving

111103. **Y. Fujita,** Comparative study of five carbon stars: RY Dra, V Aql, U Hya, U Cyg and WZ Cas in the visual and infrared regions. Vgl. Ref. **1169**, daselbst S. 276—279, mit 2 Fig. und Diskussion S. 287—288. — Die Spektren von fünf Kohlenstoffsternen werden im roten und infraroten Spektralbereich untersucht. Es zeigt sich, daß die Linienintensität-Anregungspotential-Beziehung mit fortschreitender Spektralklasse innerhalb des Typs C steiler wird. Ferner scheint die Linie KI 7699 sehr temperaturempfindlich zu sein. K. H. Schmidt

111104. **S. Gaposchkin,** BD +1°1522 (HV 11110). — An interesting new variable star. Bol. Obs. Tonantzintla y Tacubaya Nr. 13 S. 39—42, mit 1 Fig. — Nach Entdeckung der spektralen Veränderlichkeit wurden die Helligkeiten von BD +1°1522 auf 585 Harvard-Platten aus der Zeit J. D. 2414666—34743 geschätzt. Die Ergebnisse sind in Form einer Tabelle und auch als Lichtkurve dargestellt. Es sind mehrere plötzliche Helligkeitsänderungen größeren Umfangs festzustellen, die, falls es sich um einen Flare-Stern handelt, infolge der langen Belichtungszeiten der Überwachungsplatten stark gedämpft erscheinen. Grenzen des photographischen Lichtwechsels: $10^{m}.12$ und $11^{m}.14$, Farbenindex: $+0^{m}.90$. Beyer

111105. **J. Gauzit,** Le spectre de AX Persei et ses variations. Ann d'Astrophys **18** 354—374, mit 1 Fig. = Inst. d'Astrophys. Univ. Liège Coll. 4° Nr. 63. — Zehn Spektrogramme des McDonald Observatory von 1947 Okt. und 1950 Okt. werden sorgfältig analysiert und miteinander sowie mit früheren Ergebnissen verglichen. Nach zunächst nur geringfügigen Änderungen erfolgte zwischen 1948 und 1950 eine völlige Umwandlung des Spektrums. Sämtliche Linien der hochionisierten Atome sowie die TiO-Banden verschwanden. An ihre Stelle traten Emissionen des H, He I, Ca II, Fe I, Fe II. Es zeigt sich, daß mit abnehmender Dichte der Gashülle auch die Ionisation geringer wird, gleichzeitig aber die Intensität der durch Fluoreszenz erzeugten Linien ansteigt. Die neuen Beobachtungsergebnisse schließen die früher vertretene Ansicht aus, daß AX Persei ein System darstellt, in dem ein kühler Stern mit einem sehr heißen Begleiter innerhalb einer gemeinsamen Nebelhülle liegt. Verf. glaubt, daß hier ein M-Stern von einer Korona umgeben ist, ähnlich wie unsere Sonne, aber mit dem Unterschied, daß jene von AX Persei etwa 100—1000 mal dichter ist und infolge gewaltiger Protuberanzen starken Veränderungen unterliegt. Beyer

111106. **J. Gauzit,** Corrélations remarquables dans les variations du spectre de AX Persei. CR **241** 741—742. — Es werden die Beobachtungsergebnisse von Swings und Struve vom Sept. 1939—Jan. 1943 (Contr. McDonald Obs. Nr. 22, 37, 42, 56, 64, 72, 103) diskutiert. Dabei zeigt sich, daß eine Verminderung des Druckes die Anregung durch Fluoreszenz begünstigt, aber im allgemeinen von einer weniger starken Ionisation begleitet ist. Dieses Ergebnis wird kurz erläutert. Gli.

111107. **J. Gauzit,** Sur la nature physique des étoiles variables à spectre composite, en particulier de AX Persei. CR **241** 793—794. — Ausgehend von den Ergebnissen einer früheren Untersuchung (vgl. Ref. **111105**) versucht Verf. das Verhalten des Veränderlichen AX Persei durch folgende Hypothese zu erklären: AX Persei ist ein K- oder M-Stern, der — ähnlich wie die Sonne — von einer Korona umgeben ist, die jedoch sehr viel leuchtstärker ist. Diese Hypothese wird erläutert und es wird auf die Unterschiede zwischen der Sonnenkorona und der hypothetischen Korona des Veränderlichen hingewiesen. Gli.

111108. **W. Götz,** Photographische Beobachtungen von Veränderlichen in der Tauruswolke. Sterne **31** 73—74, mit 1 Abb. — Vorläufige Mitteilung über einige Ergebnisse der Bearbeitung von photographischen Aufnahmen der Sternwarte Sonneberg. Ein Diagramm zeigt die abweichende Beziehung zwischen den Spektren und Farbenindizes, die bei elf Veränderlichen mit Emissionsspektren hervortritt und auf einen Überschuß an Blauhelligkeit schließen läßt. Beyer

111109. **G. Haro,** Las estrellas «Rafaga» y las nubes de material interestelar. Astronomia Popular **1** Nr. 1 S. 3—9, mit 3 Fig.

111110. **G. Haro, E. Chavira,** Nuevas estrellas rafaga y la relacion espectro — rapidez de la variacion. Bol. Obs. Tonantzintla y Tacubaya Nr. 12 S. 3—16, mit 8 Fig. (mit englischer Zusammenfassung). — Verf. untersuchen an Hand von 138 Platten, die sie im Herbst 1954 mit dem Schmidt-Spiegel des Tonantzintla-Observatoriums aufgenommen haben, die Gegend der Dunkelwolke im Taurus (Zentrum bei AR $4^h\,29^m$, Dekl. = +24°) auf Veränderliche vom Typ UV Ceti. Es wurden sieben neue Exemplare dieser Flare-Sterne entdeckt und bestätigt, daß ihr Auftreten mit der Existenz von Dunkelwolken und T Tauri-Sternen zusammenhängt. Der Vergleich mit ähnlichen Objekten im Orion und in der Nachbarschaft der Sonne zeigt eine Abhängigkeit der Dauer des Aufflammens vom Spektraltyp in der Weise, daß die mittlere Flaredauer bei Sternen vom Spektraltyp M 5 etwa 20, bei M 0 etwa 60 und bei K 5 etwa 110 Minuten beträgt. Möglicherweise stellen die Gruppen im Taurus, im Orion und in der Nachbarschaft der Sonne entwicklungsgeschichtlich verschieden alte Assoziationen dar. Oster

111111. **G. Haro, G. H. Herbig,** The unusual brightness in the ultraviolet of certain T Tauri-type stars. Bol. Obs. Tonantzintla y Tacubaya Nr. 12 S. 33—44, mit 5 Fig. — Auf photographischen Filteraufnahmen mit der Tonantzintla-Schmidt-Kamera in den Farbbereichen Gelb, Blau und Ultraviolett wurden in den Regionen des Orion-Nebels und des Nebels NGC 2264 zahlreiche Sterne mit ungewöhnlich großer UV-Helligkeit gefunden, die fast alle den durch Emissionslinien ausgezeichneten T Tauri-Veränderlichen angehören. Manche dieser Sterne haben eine Ultraviolett-Helligkeit, wie sie sonst nur bei den weißen Zwergen beobachtet wird. Von 42 Sternen dieses Typs werden die Spektren einzeln beschrieben und gemeinsame Merkmale herausgestellt. Der Ultraviolett-Exzeß läßt sich weder durch Wasserstoff-Emissionen noch durch überlagernde Absorptionen erklären. Vielleicht wird bei diesen Sternen durch eine sehr heiße Strahlungsquelle geringer Größe, die sich dicht unter der Oberfläche befindet, in Verbindung mit der Sternatmosphäre eine ungewöhnliche Energieverteilung vorgetäuscht. Beyer

111112. **S.-S. Huang, O. Struve,** A microphotometric study of the spectrum of Sigma Scorpii. ApJ **122** 103—121, mit 8 Fig. = Berkeley Repr. Nr. 86. — Auf 13 Platten hoher Dispersion (4.5 Å/mm) werden die Änderungen der Linienprofile während einer Periode des β Canis Majoris-Sternes σ Scorpii untersucht. Die Äquivalentbreiten bleiben praktisch konstant, dagegen ändern sich mit der Phase die Linienbreiten beträchtlich. Auf dem absteigenden Zweig der Radialgeschwindigkeitskurve spalten sich die Linien in zwei Komponenten auf. Die verursachenden Gasströmungen müssen wegen der konstanten Äquivalentbreite großräumig sein; die Aufspaltung wird auf zwei nebeneinander auf der Sternscheibe befindliche Gasströme zurückgeführt. Traving

111113. **S.-S. Huang,** Variation of the spectrum of Sigma Scorpii. Publ ASP **67** 22. — Von dem β Canis Majoris-Veränderlichen σ Sco wurden während eines Zyklus 13 Spektren hoher Dispersion (4.5 Å/mm) aufgenommen. Während die Äquivalentbreiten der Linien von der Phase unabhängig sind, variieren die Profile der Linien beträchtlich (mit abnehmender Radialgeschwindigkeit spalten sich die Linien in zwei Komponenten auf). Dies deutet auf makroskopische Bewegungen hin. Hunger

111114. **J. A. Hynek,** The star Φ Persei: classic puzzle in astrophysics. Scientia **90** 93—98, mit 1 Fig.

111115. **C. de Jager,** La pulsation des étoiles du type β Canis Majoris. Sterrewacht «Sonnenborgh» Utrecht Overdruk Nr. 19, 11 S. mit 5 Fig. — Nach Zusammenstellung der wichtigsten Eigenschaften der β CMa-Sterne wird für 12 Lac, 16 Lac und γ Eri an Hand ihrer Licht-, Farb- und RG-Kurven nachzuweisen versucht, daß ihre Pulsationen mit der klassischen Pulsationstheorie in Einklang stehen. Eine Berechnung des Radius dieser Objekte führt nur unter der Annahme, daß abnehmender Strahlungstemperatur ansteigende Farbtemperatur entspricht, zu einem annehmbaren Resultat. Kdr.

111116. **I. M. Kopylow, A. A. Bojartschuk,** Das Spektrum von γ Cassiopeiae im August—September 1954. Mitt. Astrophys. Obs. Krim **15** 190—194, mit 4 Abb. (russisch). — Aus 11 Spektrogrammen von γ Cas im August und September 1954 wurden die Konturen von 24 Absorptions- und Emissionslinien abgeleitet. Seit 1953 äußerten sich die Änderungen im Spektrum des Sterns nur durch eine im allgemeinen geringe Verkleinerung der Äquivalentbreiten der Emissions- und Absorptionslinien. Für die Rotationsgeschwindigkeit ergaben sich 310 ± 25 km/sec. Wie aus einem Vergleich der vorliegenden Ergebnisse mit den unter AJB **54** Ref. **111100, 11195** zitierten hervorgeht, sind die Veränderungen im Zustand der Atmosphäre des Sterns zur Zeit relativ klein. Loh.

111117. **E. N. Kramer,** Über die Veränderung des Farbenindex der Mira-Sterne. Astr Circ UdSSR Nr. 156 S. 11—15 (russisch). — Eine Untersuchung der Farbenindizes einzelner Mira-Sterne erlaubt die Schlußfolgerung, daß bei ein und demselben Stern die Beziehungen zwischen Farbenindexkurve und Lichtkurve verschieden sein können. Der Einfluß der TiO-Banden auf die Farbenindexänderungen wird abgeschätzt. Die Temperaturverhältnisse in den Atmosphären der langperiodisch Veränderlichen lassen sich dadurch besser verstehen. Loh.

111118. **E. A. Kreiken,** Auto correlation analysis of the light curve of Z Ursa Majoris. Commun. Faculté Sci. Univ. Ankara (A) **6** 174—185, mit 3 Fig., 1954 (mit türkischer Zusammenfassung) = Commun. Department Astr. Ankara Univ. Nr. 5. — Eine Anwendung der von M. C. Kendall entwickelten Autokorrelationsmethode bei der Analyse der Lichtkurve von Z UMa. Neben der Hauptperiode von 195 Tagen werden sekundäre Schwankungen von etwa 100 und 70 Tagen abgeleitet, deren Realität aber nicht gesichert ist. Beyer

111119. **E. A. Kreiken,** Some remarks on the analysis of light curves with the autocorrelation method. Commun. Faculté Sci. Univ. Ankara (A) **7** 253—271, mit 4 Fig. (mit türkischer Zusammenfassung) = Commun. Department Astr. Ankara Univ. Nr. 6. — Die Brauchbarkeit der von M. C. Kendall entwickelten Autokorrelationsmethode zur Analyse der aus mehreren Schwingungen zusammengesetzten Lichtkurven der zyklischen Veränderlichen (μ Cephei-Art und andere) wird kritisch untersucht. Während die Methode sich als sehr nützlich und praktisch erweist, liefert die Fourier-Entwicklung der Autokorrelations-Funktion, das sogenannte «Power-Spektrum», Perioden von Oberschwingungen, denen kaum noch eine physikalische Bedeutung zukommt. Beyer

111120. **A. Kruszewski, J. Smak,** Gwiazdy rozbłyskowe. Urania Kraków **26** 101—106, mit 1 Fig. und 1 Tafel.

111121. **A. Masani, P. Broglia, E. Pestarino,** Osservazioni della stella HD 234677. Mem SA It (NS) **26** 183—184 = Contr. Oss. Astr. Milano-Merate (NS) Nr. 59. — Ein verdächtiger Flare-Stern wurde drei Nächte lang lichtelektrisch beobachtet und keine Änderung seines Lichtes bemerkt. Cester

111122. **M. W. Mayall,** Note on the predicted light-curve of R Geminorum. Publ ASP **67** 346—348, mit 2 Fig. — Ref. ASP.

111123. **A. McKellar,** The λ 10500 absorption in the spectra of late M-type stars. J RAS Canada **49** 73—75, mit 1 Fig. = Contr. Dominion Astrophys. Obs. Victoria Nr. 44. — Im Spektrum von R Cas (M 7e) und R Leo (M 8e) wurde eine etwa 300 Å breite Absorption bei 10500 Å entdeckt, deren Zentralintensität nur 65 % bzw. 25 % des benachbarten Kontinuums beträgt. In der Absorption lassen sich sechs Banden erkennen, für deren Identifikation die Laboratoriumsunterlagen allerdings noch nicht zur Verfügung stehen. Loh.

111124. **D. H. McNamara, A. D. Williams,** The colors of the Beta Canis majoris stars. ApJ **121** 51—55, mit 1 Fig. und 1 Tafel = Berkeley Repr. Nr. 76. — Die veränderlichen Sterne des Typs β Canis majoris oder β Cephei treten nur im Spektralbereich B 1—B 2 auf. Nach Farbenindexmessungen der Verf. besteht eine enge Korrelation zwischen Periode des Lichtwechsels und Farbenindex für Perioden <5 Stunden. Für Sterne mit P $>5^h$ scheint der Farbenindex konstant zu sein. Micz.

111125. **D. H. McNamara, O. Struve, F. C. Bertiau,** A spectrographic study of BW Vulpeculae. ApJ **121** 326—336, mit 6 Fig. = Berkeley Repr. Nr. 83. — BW Vulpeculae ist ein kurzperiodischer Veränderlicher vom Typ β Canis Majoris. Verf. haben Radialgeschwindigkeiten in 77 Spektren mit 10 Å/mm bzw. 32 Å/mm Dispersion, die in sechs verschiedenen Nächten erhalten worden waren, gemessen. Die Amplitude der Geschwindigkeitsvariation ist nur wenig

veränderlich. Die Breite der Spektrallinien variiert mit der Periode des Lichtwechsels, sie erreicht ihren Maximalwert auf dem absteigenden Ast der Radialgeschwindigkeitskurve. Die Wasserstofflinien zeigen zu einer bestimmten Phase für etwa 15 Minuten von den übrigen Linien abweichende Wellenlängenverschiebungen; sie besitzen gleichzeitig asymmetrische Profile.
Micz.

111126. **D. H. McNamara,** The Beta Canis Majoris stars Gamma Pegasi, Delta Ceti, and Xi_1 Canis Majoris. ApJ **122** 95—102, mit 4 Fig. = Berkeley Repr. Nr. 85. — In den Jahren 1952—53 wurden am 36zölligen Refraktor der Lick-Sternwarte 156 Beobachtungen von Radialgeschwindigkeiten erhalten, die in drei Tabellen mitgeteilt sind. Die Perioden der Geschwindigkeitskurven entsprechen dem Lichtwechsel, wobei das Helligkeitsmaximum mit größter Kontraktion zusammenfällt. Die Amplituden der Geschwindigkeitskurven scheinen mit den Perioden korreliert zu sein. Sie sind bei diesen drei Sternen konstant, ganz im Gegensatz zu den Feststellungen von O. Struve, der kürzlich bei sieben anderen Sternen dieses Typs erhebliche Amplitudenschwankungen fand. Auch die von ihm festgestellten Änderungen in den Linienprofilen sind bei den obigen Sternen nicht nachzuweisen. Beyer

111127. **D. H. McNamara, A. D. Williams,** The period-color relation of the Beta Canis Majoris stars. Publ ASP **67** 21—22. — Nach lichtelektrischen Messungen am 36-zölligen Crossley-Reflektor sind bei den β Canis Majoris-Sternen mit Perioden <5 Stunden die Farben mit den Perioden eng korreliert. Bei Perioden zwischen 5 und 6 Stunden scheint jedoch die Färbung konstant zu bleiben. Beyer

111128. **L. W. Mirsojan,** Einige Bemerkungen über die Strahlung des Veränderlichen BD 67°922. DAN **105** 928—930, mit 1 Abb. (russisch). — Der 1954 als veränderlich erkannte G-Stern BD +67°922 besitzt ein ungewöhnliches Spektrum, auf dessen Emissionen 1953 bereits Roman (vgl. AJB **53** Ref. **9555**) aufmerksam machte. Der Stern wurde von 1954 bis 1955 in Bjurakan spektralphotometrisch im Bereich $\lambda\lambda$ 3750—4950 untersucht. Die Energieverteilung des Kontinuums wurde relativ zu HD 145 258 (A0) bestimmt. Im Bereich $1/\lambda = 2.25$ und 2.50 wurden zwischen Februar und Juni 1955 starke Veränderungen festgestellt. Gleichzeitig änderten sich auch die Äquivalentbreiten einiger Emissionslinien. Das Balmer-Dekrement ähnelt dem der planetarischen Nebel. Der Stern erinnert in seinen Eigenschaften und seinem Verhalten trotz einer Reihe von Besonderheiten an die T Tauri-Sterne. Loh.

111129. **L. Münch, G. Münch,** BD +1°1522 (HV 11110). — Una posible estrella «rafaga» de tipo K 2. Bol. Obs. Tonantzintla y Tacubaya Nr. 13 S. 36—38, mit 2 Fig. (mit englischer Zusammenfassung). — Dieser K2V-Zwerg zeigte auf einer Objektivprismenaufnahme von 1948 Febr. 27 119 ungewöhnlich helle Emissionslinien, die sonst nicht vorhanden waren. Die näheren spektralen Untersuchungen lassen vermuten, daß BD +1°1522 zu den Flare-Sternen gehört. Zwei Spektren des Sterns und Registrierkurven sind bildlich wiedergegeben.
Beyer

111130. **J. G. Phillips,** A study of the ZrO bands in the spectrum of the S-type star R Geminorum. Publ ASP **67** 19—20. — Die relativen Intensitäten und Profile der ZrO-Banden im Spektrum von R Gem wurden mit den entsprechenden Größen in einem im Laboratorium erzeugten und lichtelektrisch ausgemessenen Spektrum verglichen, das wiederum mit der Emission eines schwarzen Körpers von gleicher Temperatur verglichen wurde. Die relativen Intensitäten der Banden entsprechen den Intensitäten im Vergleichsspektrum bei 2700° K. Zwischen 5300 Å und 6500 Å erreichen im Sternspektrum bei einer Dispersion von 10 Å/mm die Punkte maximaler Intensität nur etwa $^1/_4$ der Intensität des wahren Kontinuums. O. G.

111131. **G. Romano,** Osservazioni fotografiche di stelle variabili in Cassiopeia (KR, KL, IY, TU, UW, HI, GZ, HH Cassiopeiae). Mem SA It (NS) **26** 529—548, mit 4 Fig. und 1 Tafel. — Beschreibung der benützten Instrumente (die Astrographen Voigtländer 80 mm und Dallmeyer 110 mm F/3.5). Die Angaben für die Veränderlichen siehe § **112**.

111132. **P. E. Roques,** A search for flare stars. Publ ASP **67** 34—38, mit 1 Fig. — Ref. in Ric. Sci. **25** 3194. — Einem ausführlichen Bericht über Beobachtungen von Flare-Sternen ist eine Lichtkurve für den Stern BD +19°5116 beigefügt. Es folgt eine Liste der zur Zeit bekannten 12 Veränderlichen dieses Typs mit ihren Positionen, Helligkeiten, Amplituden und Spektren. Die bei diesen Sternen besonders auffällige Entwicklung von Wasserstoff-Emissionen im Normallicht gibt eine Möglichkeit, andere Flare-Sterne auf Grund ihrer Spektren und geringen absoluten Helligkeiten aufzufinden. Eine Liste von fünf verdächtigen Sternen ist beigefügt. Beyer

111133. **L. Rosino, F. Nobili,** Osservazioni fotografiche ed elementi di alcune stelle variabili. III. Pubbl. Oss. Astr. Univ. Bologna **6** Nr. 15 S. 26—32, mit 6 Fig. — Die Helligkeiten der Veränderlichen RZ, AA, WW, RW, SS Gem, U und BQ Ori wurden auf rund 100 Platten geschätzt, die in den Jahren 1951—53 mit dem 142 mm-Astrographen der Sternwarte Bologna erhalten waren. Alle Helligkeiten sind mit den Beobachtungszeiten und den Phasen des Lichtwechsels in einer Tabelle zusammengestellt. Für RZ, WW, RW, AA und SS Gem sind mittlere Lichtkurven und verbesserte Elemente, für BQ Ori eine graphische Darstellung der Helligkeiten und für BQ und U Ori fünf bzw. vier Maximumepochen mitgeteilt. Beyer

111134. **W. S. Safronow,** Kinematik des Untersystems der Mira-Sterne. VS Bull **10** 236—252, mit 4 Abb. (russisch mit französischer Zusammenfassung). — Die Heranziehung eines umfangreichen Materials an Eigenbewegungen und eine sorgfältige Berücksichtigung der galaktischen Rotation bei der Ableitung säkularer Parallaxen ergibt für die Mira-Sterne eine Periode-Leuchtkraft-Beziehung, nach der diese Sterne $0^{m}_{.}5$ bis $0^{m}_{.}7$ schwächer sind, als bisher angenommen wurde. Die Mira-Sterne bilden kein einheitliches Untersystem; die mit Perioden zwischen 150 und 200 Tagen ordnen sich in einem fast sphärischen Raum an, besitzen eine große Geschwindigkeitsdispersion und eine nur langsame galaktische Rotation. Die übrigen Sterne ordnen sich in einem teils intermediären, teils flachen Untersystem an; zu letzterem gehören die mit großen Perioden. Die innere Inhomogenität der Gruppe der Mira-Sterne in kinematischer und physikalischer Hinsicht — teils mit, teils ohne Emissionslinien — läßt auch unterschiedliche Entwicklungstendenzen und -stadien erwarten. Loh.

111135. **R. F. Sanford,** The velocity and spectrum of AC Herculis from Coudé spectrograms. ApJ **121** 318—325, mit 2 Fig. und 1 Tafel. — AC Herculis ist ein Veränderlicher vom Typ RV Tauri mit $P = 75^{d}$. 24 Radialgeschwindigkeiten, gemessen auf Coudé-Spektrogrammen, ergeben eine zur Lichtkurve spiegelbildliche Radialgeschwindigkeitskurve und eine langperiodische Variation von etwa 1240^{d} Länge sowie 22 km/sec Amplitude. Linien verschiedenen Anregungspotentials besitzen systematische Unterschiede der Geschwindigkeitskurven. Zeitweilig tritt Verdopplung zahlreicher Linien auf. Die Emissionslinien des Wasserstoffs und Ca II (H und K) ändern ihre Intensität mit der Phase; auch für sie werden Radialgeschwindigkeitskurven mitgeteilt. Verf. hat ferner auch die Phasenbeziehungen zwischen Lichtkurve, Änderung des Farbenindex und Spektraltyps, bestimmt auf seinen Spektrogrammen, ermittelt. Micz.

111136. **N. M. Schachowskoj,** MS Aquilae. Bull. Astr. Obs. Stalinabad Nr. 12 S. 30—33, mit 2 Abb. (russisch). — Der Stern ist vermutlich dem Typ RW Aurigae zuzuordnen. Seine Helligkeit schwankt zwischen $11^{m}_{.}1$ und $11^{m}_{.}9$ unregelmäßig und sehr rasch — bis um $0^m\!.5$ in einer Stunde. Es werden in einer Tabelle sämtliche photographischen Beobachtungen mitgeteilt, ferner eine Auffindungskarte mit Helligkeiten von Vergleichssternen und ein Diagramm der statistischen Verteilung der Helligkeitsschätzungen. Weitere visuelle Beobachtungen sind für die sichere Einordnung des Sterns unerläßlich. Petri

111137. **H. J. Smith,** Low-luminosity intrinsic variables with periods less than 0.2 day. AJ **60** 179—180. — Ref. AAS.

111138. **E. P. Strelkowa,** Untersuchung der Veränderung der Farbenindizes der Mira-Sterne. Astr Circ UdSSR Nr. 156 S. 9—11 (russisch). — Ein Vergleich der Farbenindexkurven mit den Lichtkurven von Mira-Sternen unter Verwendung des Odessaer Beobachtungsmaterials führte zur Unterscheidung von fünf Typen: I. Farbenindex und Helligkeit sind in Phase, der Stern ist im Minimum also röter als im Maximum; II. Es ist das Gegenteil der Fall; III. Die Farbenindexkurve ist in Phase merklich verschoben; IV. Die Farbenindexkurve hat zwei Wellen, die Amplituden können verschieden sein; V. Der Farbenindex ändert sich nur wenig. Loh.

111139. **O. Struve, D. H. McNamara, V. Zebergs,** The radial velocity of Sigma Scorpii. ApJ **122** 122—133, mit 7 Fig. = Berkeley Repr. Nr. 87. — Die Grundperiode des β Canis Majoris-Sterns σ Scorpii ($P_2 = 0^d\!.246844$) wächst, wie festgestellt wurde, um etwa 2.3 Sekunden im Jahrhundert an. Eine Variation der Minimalgeschwindigkeiten mit einer Periode von 34 Tagen wird als Doppelsternbewegung gedeutet. Traving

111140. **O. Struve, V. Zebergs,** The velocity-curve of 12 DD Lacertae. ApJ **122** 134—138, mit 4 Fig. = Berkeley Repr. Nr. 88. — 53 Spektralaufnahmen mit dem Coudé-Spektrographen des 100 zölligen Mount Wilson-Spiegels bestätigen im November 1954 das Vorhandensein mehrerer, nebeneinander bestehender Perioden in den Schwankungen der Radialgeschwindigkeiten. In mehreren Tabellen sind die Spektrallinien und in einigen Diagrammen die zu verschiedenen Zeiten erhaltenen Radialgeschwindigkeiten wiedergegeben. Auf dem absteigenden Ast dieser Kurven tritt in der Abnahme der Radialgeschwindigkeiten des Wasserstoffs eine ähnliche Verzögerung auf, wie sie schon bei β Canis Majoris, 16 Lacertae und BW Vulpeculae beobachtet wurde. Beyer

111141. **O. Struve,** An interesting group of pulsating stars. Publ ASP **67** 135—153, mit 8 Fig. und 2 Tafeln = Berkeley Repr. Nr. 89. — Kurze Monographie der β Canis Majoris-Sterne mit der Abbildung einiger Spektren, der Wiedergabe von Lichtkurven in verschiedenen Farbbereichen, Geschwindigkeitskurven sowie einem Farben-Helligkeits-Diagramm für die gegenwärtig bekannten zehn Sterne dieser Veränderlichen-Gruppe. Beyer

111142. **O. Struve,** The van Hoof effect in Beta Canis Majoris stars. Publ ASP **67** 173—176, mit 1 Fig. = Berkeley Repr. Nr. 90. — Das 1953 von A. van Hoof bei β Canis Majoris entdeckte Zurückbleiben der Radialgeschwindigkeitskurve für H gegenüber denjenigen der anderen Elemente ist auch bei den β Canis Majoris-Sternen 16 Lac, BW Vul, σ Sco und 12 DD Lac nachgewiesen worden. Verf. versucht eine Deutung dieser auf einen Pulsationsvorgang hinweisenden Erscheinung. Beyer

111143. **P. Swings, J. Swensson,** Le spectre de l'étoile variable BF Cygni. Inst. d'Astrophys. Univ. Liège Mém. 8° Nr. 370, 2 S. — Ein kurzer Bericht über den Stand der spektralen Untersuchungen des eigenartigen Veränderlichen BF Cyg (Spektrum Bep, Periode = 754^d, Grenzen des Lichtwechsels: $9^m\!.3$—$13^m\!.4$, halbregelmäßig). Fünf Spektren aus dem Jahr 1947, die den Bereich zwischen 3174 und 6590 Å überdecken, sind bereits analysiert. Die den langperiodischen Veränderlichen eigentümlichen Emissionen sind nicht vorhanden. Beyer

111144. **M.-L. Tcheng, M. Bloch,** Le spectre de Z Andromedae en 1952 et 1954—1955. Ann d'Astrophys **18** 450—452, mit 1 Fig. — Sechs Spektrogramme, die im Okt. 1952, im Aug. 1954 und im Jan. 1955 mit dem Einprismen-Spektrographen des 120 cm-Reflektors der Haute Provence Sternwarte erhalten wurden, zeigen 1954 erhebliche Veränderungen. Besonders auffällig ist die Entwicklung einer kräftigen Emission bei 5619 Å [Ca VII], die bei diesem Stern bisher noch nicht beobachtet wurde. Während die Intensität der Nebellinien [O III] seit 1948 ein ständiges Steigen der Elektronentemperatur anzeigt, läßt das Kontinuum ein Sinken der Farbtemperatur erkennen.
Beyer

111145. **M.-L. Tcheng, M. Bloch,** Changements observés dans le spectre de BF Cygni en 1955. CR **241** 164—165. — Fünf Spektrogramme von BF Cygni zwischen 30. Mai und 5. Juni 1955 (Observatoire de Haute Provence) zeigen im Vergleich mit Beobachtungen von 1940—1952 bemerkenswerte Veränderungen im Spektrum dieses Sterns. Im Emissionsspektrum fehlt die Mehrzahl der bisher beobachteten Elemente, insbesondere [O III] und Fe [III], während das Spektrum des ionisierten Eisens stark entwickelt ist. Das Absorptionsspektrum vom M-Typ ist sehr schwach. Gli.

111146. **P. Tempesti,** Ricerche sulla variabile BT Lacertae. Mem SA It (NS) **26** 125—149, mit 7 Fig. = Pubbl. Oss. Astr. Univ. Bologna **6** Nr. 11. — Aus photographischen Beobachtungen (1946 bis 1954) ergibt sich, daß der Veränderliche BT Lac zwei Perioden besitzt: eine regelmäßige Oszillation von $20^{d}.25$ (mit einer mittleren Weite von 1.5 Größen) und eine zweite von 654^{d}, die eine Änderung der mittleren Größe von 13.8 auf 15.2 verursacht. Die Lichtwechselelemente der kurzperiodischen Schwingung werden gegeben. Da die Minima zweierlei Art sind (wechselweise heller und schwächer), gilt die photometrische Periode $40^{d}.50$. Der Stern wird der AI Sco-Gruppe der RV Tau-Klasse zugeschrieben. Die Lichtkurve von 1948 bis 1954, die mittleren photovisuellen, photoroten und FI-Kurven werden gegeben. Cester

111147. **N. Wagman,** Flare star. Harv Card 1314 = NAZ **9** 40. — Betrifft die B-Komponente des Sterns Luyten 726—8 (UV Ceti).

111148. **W. Wenzel,** Veränderliche Sterne geringer Leuchtkraft. Sterne **31** 22—23, mit 1 Abb. — Es wird über ein Schmidt-Spiegel-Programm der Sternwarte Sonneberg, eine photographische Drei-Farben-Photometrie der unregelmäßigen Veränderlichen in den Dunkelwolken im Taurus und nördlich von λ Ori berichtet. Neben der Feststellung eventueller Abweichungen der Intensitätsverteilung im Kontinuum des Spektrums der Veränderlichen gegenüber der Verteilung im Spektrum unverfärbter Sterne des gleichen Spektraltyps wird die Untersuchung auch einen Beitrag zur Feinstruktur des Hertzsprung-Russell-Diagramms liefern. Hoppe

111149. **E. B. Weston, L. H. Aller,** Short period changes in the spectrum of T Tauri. Vgl. Ref. 1169, daselbst S. 251—255, mit 1 Fig. und Diskussion S. 287—288. — Die Beobachtungen zeigen, daß im Spektrum von T Tau zeitweise Schwankungen innerhalb von 24 Stunden auftreten. Kleinere Änderungen scheinen in kurzen Abständen von fünf Stunden zu erfolgen. Es wird vermutet, daß die Änderungen auf den Einfall interstellarer Materie zurückzuführen sind.
K. H. Schmidt

111150. **T. Widorn,** Die Entfernung des Veränderlichen Sternes R Coronae austrinae. Anzeiger Österreich. Akad. Wiss. Math.-naturw. Kl. **92** 11—15, mit 2 Fig. = Mitt. Univ.-Sternw. Wien **7** Nr. 12. — Es wird prinzipiell die Frage untersucht, wie man aus der Ausbreitung eines Lichtscheines um Novae oder Veränderliche, der durch die Beleuchtung einer den Stern umgebenden Nebelhülle entsteht, die Entfernung des Sternes bestimmen kann. Es wird besonders darauf hingewiesen, daß die Ausbreitung des Lichtscheines je nach der Lage des Nebels mit größerer Geschwindigkeit als Lichtgeschwindigkeit erfolgen kann. Die Methode wird auf den Veränderlichen R CrA angewandt und ergibt eine Entfernung von 115 pc. H. M.

111151. **A. D. Williams, O. Struve,** The phase relation of the velocity and light of Sigma Scorpii. Publ ASP **67** 250—252, mit 1 Fig. — Nach gleichzeitigen lichtelektrischen und spektrographischen Beobachtungen liegt das Minimum der Helligkeit 0ᵖ20 nach dem Minimum der Radialgeschwindigkeit. Diese Phasenbeziehung paßt zu Beobachtungen an anderen β Canis Majoris-Veränderlichen. Levée hatte aus nicht-gleichzeitigen Beobachtungen für σ Sco ein Zusammenfallen der beiden Minima erhalten. O. G.

111152. **W. P. Zessewitsch,** Über eine statistische Gesetzmäßigkeit der halbregelmäßig Veränderlichen. Astr Circ UdSSR Nr. 157 S. 13—15 (russisch). — Im Generalkatalog Veränderlicher Sterne hat Verf. 40 Sterne gefunden, die sich ähnlich wie μ Cep verhalten und von denen der Spektraltyp bekannt ist. 28 dieser Veränderlichen sind M-Sterne, die übrigen gehören zu den Klassen K 5, R 5 und N. Bei den M-Sternen schreitet der Spektraltyp anfänglich mit dem Zyklus voran, von M 2 mit 20^d auf M 5.6 mit 90^d, und bleibt dann bis 340^d etwa konstant M 5.6. Loh.

111153. **E. Zinner,** Zwei besondere Arten von veränderlichen Sternen. AN **282** 72. — Nach den Untersuchungen des Verf. sind die von ihm als «Algolähnlich» bezeichneten Sterne, die nur gelegentlich Helligkeitsänderungen zeigen, scharf zu trennen von den «vermißten Sternen», die sprunghafte Lichtschwankungen größeren Ausmaßes aufweisen. Beispiele beider Gruppen werden mitgeteilt. Beyer

111154. Les étoiles variables à cataclysmes du type U Geminorum. BSAF **69** 246.

111155. Documents pour l'étude des étoiles variables. DOB 8 Nr. 9 Fasc. 1, 12 S. mit 20 Fig.; Nr. 11 Fasc. 3, 4 S.

111156. Nuevas estrellas con destellos. Rev. Astr. Nr. 135 S. 160.

111157. Nuevo tipo de estrellas variables. Rev. Astr. Nr. 135 S. 161. — Betrifft Veränderliche der Art WX UMa, AE Aqr und AD Leo.

§ 112

Listen veränderlicher Sterne, Einzelbeobachtungen

11201. **J. Gadomski,** Obserwacje gwiazd zmiennych Warszawskiego Koła PTMA. Urania Kraków **26** 183—184.

11202. **S. I. Gaposchkin,** 285 veränderliche Sterne in Richtung des galaktischen Kerns. Astr Circ UdSSR Nr. 160 S. 13 (russisch). — Auf 135 von Baade am 100-Zöller des Mt. Wilson aufgenommenen Platten vom Kerngebiet der Galaxis hat Verf. die Helligkeiten von 285 Veränderlichen geschätzt und ihren Typ ermittelt. Er fand: 113 kurzperiodische Cepheiden, 19 Mira-Sterne, 30 sonstige langperiodische Veränderliche, 41 Halbregelmäßige, 28 Unregelmäßige, 46 Bedeckungsveränderliche und 8 sonstige Veränderliche. Der Anteil der Bedeckungsveränderlichen ist relativ hoch. Loh.

11203. **E. Geyer, R. Kippenhahn, W. Strohmeier,** Mitteilungen über 68 neue veränderliche Sterne. Kleine Veröff. Remeis-Sternw. Bamberg Nr. 9.

11204. **E. Geyer, R. Kippenhahn, W. Strohmeier,** 47 neue Veränderliche. Kleine Veröff. Remeis-Sternw. Bamberg Nr. 11, 7 S. mit 25 Fig. — Von 47 Veränderlichen werden Amplitude, Helligkeit, Karte, Ort und Typ gegeben.

11205. **W. Götz,** Photographische Beobachtungen von Veränderlichen auf Überwachungsaufnahmen. MVS Nr. 192. — Betrifft die Sterne: KO Cas, KR Cas; S: 4705, 4706, 4713, 4786, 4789.

11206. **W. Götz,** Photographische Beobachtungen von Veränderlichen in der Taurus-Wolke. MVS Nr. 192. — Betrifft die Sterne: SVS 1073; Tau: CX, DE, DF, DG, DH, DJ, DK, DL.

11207. **C. Hoffmeister,** Elemente südlicher Veränderlicher. MVS Nr. 185—186. — Betrifft die Sterne: VX Aps; 117.1907 Ara; SX Lup; Z Mic; RT TrA; S: 3287, 3289, 3304, 3311, 3322, 4793, 4794, 4798, 4808, 4811, 4816—18, 4832, 4842, 4843, 4846, 4848, 4875, 4876, 4879, 4884, 4892, 4911, 4925, 4940, 4946, 4956, 4968, 4974, 4975, 4978, 4980, 4981, 4990, 4995, 4998, 4999, 5007, 5011, 5019—21, 5025, 5051, 5053, 5056, 5076, 5086, 5088, 5098, 5105, 5108, 5110, 5118, 5119, 5125—27, 5130, 5133, 5140, 5146, 5148, 5154, 5158, 5159, 5162, 5165, 5167.

11208. **G. Horn-d'Arturo, G. B. Lacchini,** Variazioni luminose di quattro stelle, scoperte fotograficamente con lo specchio a tasselli. Pubbl. Oss. Astr. Univ. Bologna **6** Nr. 7 S. 9—16, mit 5 Fig. — Auf 191 am Mosaik-Teleskop von Bologna aufgenommenen Platten wurden vier Lichtwechsel zeigende Sterne gefunden (VB 1, 3, 9 und 10); der letzte ist ein Cepheid mit der Periode von 9.77 Tagen. Cester

11209. **G. Horn-d'Arturo, G. B. Lacchini,** Variazioni luminose di altre sette stelle fotografate con lo specchio a tasselli. Pubbl. Oss. Astr. Univ. Bologna **6** Nr. 13 S. 1—14, mit 6 Fig. — Für die in Bologna entdeckten 12 Veränderlichen VB 4, 5, 7, 11, 12, 13, 14, 15, 16, 17, 18, 19 sind Aufsuchungskarten und photographische Helligkeitsbeobachtungen gegeben. VB 19 erwies sich als ein RR Lyrae-Stern mit der Periode von $0^d_.62017$. Für VB 19 und den in Pubbl. Oss. Bologna **6** Nr. 7 behandelten VB 9 sind auch Lichtkurven dargestellt. Beyer

11210. **H. Huth,** Photographische Beobachtungen von Mirasternen. MVS Nr. 200—202. — Betrifft die folgenden Sterne: R, T, U, SV And; R, T, V, W, RR, RW Aqr; R, S, X, RR, RU, RV, TU Aql; U Ari; X Aur; R, S, Z, RR Boo; R, S, X Cam; R, V Cnc; R, V Cas; T Cep; X, Z, *o* Cet; R Com; S, W CrB; RT, χ Cyg; R, T Del; R, SV Dra; R, S Gem; S, T, U, W, RT, RU, RY, RZ, SS, SY, UZ Her; S Hya; R Leo; S LMi; S Lyn; W Lyr; SY Mon; RU, RY, SS Oph; V Ori; S, X, RW Peg; R, U Per; W Sge; R Ser; V Tau; R Tri; R, S, T, RU UMa; T, U UMi; R, U, V, SU, SV Vir; R Vul.

11211. **A. F. Jones,** Observations of some U Geminorum variable stars. DOB Circ Nr. 5 S. 1—3, mit 1 Fig. — Betrifft die Sterne BV Cen, MU Cen, V 442 Cen, VW Hyi, WW Sgr, FQ Sco, CU Vel, KVVS 1244, KVVS 2282.

11212. **S. Kanda, S. Sakuma,** Observed max. and min. of long period and irregular variables for 1954. Japan Astr. Study Ass. Circ. Nr. 132—133, 3 S. — Betrifft folgende Veränderliche: R, T And; R, Y, RR Aqr; R Aql; X Aur; R, S, V Boo; R, V Cnc; S CMi; T Cap; R, T, SS Cas; T Cen; S, T Cep; T, U, W, X, *o* Cet; S, W CrB; R Crv; W, Z, SS Cyg; Z Del; R, TX Dra; R Gem; S, T, U, W, RS, RY, AC Her; S, X Hya; R Leo; S LMi; R Lep; W Lyr; U, X Mon; R, Z, RU Oph; U Ori; S Peg; R Per; S PsA; R, T Sgr; RR Sco; R Scl; R Sct; R, U Ser; R Tri; R, T, RS UMa; R, S UMi; R, S Vir; RU Vul.

11213. **R. Kippenhahn,** Mitteilungen über 45 verdächtige und veränderliche Sterne. AN **282** 73—77, mit 7 Abb. = Veröff. Remeis-Sternw. Bamberg **5** Nr. 1. — Betrifft die Sterne: BH And, HL Aur, WX Cnc, WY Cnc,

V 728 Cyg, V 337 Her, RX Lyn, V 350 Ori, V 371 Ori, WY UMa, BD +44° 128, S 4722, Pr 104, Pr 2614, BD −5° 1588, BD +7° 1367, BD +55° 1109, BD +42° 1811, BD +17° 1773, Pr 3134, BD +31° 1838, BD +21° 1896, S 4756, BD +54° 1327, BD +44° 1927, BD +44° 2243, BD +30° 3044, BD −7° 4508, BD +28° 2934, BD −5° 4861, BD +15° 3765, Nr. 5238, Nr. 5438, S 4785, SVS 969, Pr 5827, Pr 100, 1900: $7^h 11^m 52^s$ +30° 48!1, BD +10° 235, BD +10° 2007, BD +10° 2344, BD +10° 2345, 1900: $\alpha = 8^h 32^m 22^s$, $\delta = +20° 44'$, 1900: $\alpha = 8^h 34^m 47^s$, $\delta = +23° 38'$, 1900: $\alpha = 17^h 31^m 55^s$, $\delta = +30° 36'$.

11214. **N. E. Kurotschkin,** Veränderliche Sterne im Selected Area 110. VS Bull **10** 171—174, mit 1 Abb. (russisch). — Mitteilung von Ort, Typ, Vergleichssternen, Karten und Beobachtungen.

11215. **M. W. Mayall,** Variable star notes. American Association of Variable Star Observers. J RAS Canada **49** 37—41, 93—96, 119—123, 165—168, 211—215, mit 4 Fig.

11216. **W. J. Miller,** VV 21—25 and the Vatican variable-star program. AJ **60** 173. — Ref. AAS.

11217. **A. V. Nielsen,** Oversigt over Astronomisk Selskabs Observationer af foranderlige Stjerner indsendt i Tiden 1. August 1953—31. Juli 1955. NAT 1955 S. 106—107.

11218. **A. V. Nielsen,** Summary of observations of variable stars, made by members of the Scandinavian Astronomical Society («Astronomisk Selskab»). Publ. Københavns Obs. Nr. 167, 29 S. mit 2 Fig. — Betrifft folgende Veränderliche: R, SZ, TU And; R Aql; T Ari; S, Z, SY Aur; R, V, RR, RT Boo; S, RU Cam; R CVn; R, T, V, W, RY, SS, SV, WY Cas; RV, RY, SZ, AX Cep; RS, RT, RU, TU, CD, CN Cyg; R, Y, RT, RV, YZ, ZZ, AA Dra; RT Gem; S, U, CF Her; W Lac; S LMi; W Lyn; W Lyr; SV Mon; U, RR Ori; AK, DL Peg; RX Psc; R, S, T Tri; Z, RU UMa; R, S UMi; V, W Vir; RU, SV Vul.

11219. **S. Ninger-Kosibowa,** Eleven new variable stars in Centaurus. Travaux Soc. Sci. Lettres Wrocław (B) Nr. 57, 24 S. mit 8 Fig. = Contr. Wrocław Astr. Obs. Nr. 9. — (1875.0): $11^h 40^m 8^s$, −45° 32′; $11^h 44^m 38^s$, −44° 15′; $11^h 56^m 20^s$, −45° 41′; $11^h 56^m 43^s$, −39° 58′; $12^h 3^m 40^s$, −42° 13′; $12^h 4^m 23^s$, −46° 26′; $12^h 18^m 18^s$, −42° 49′; $12^h 18^m 41^s$, −42° 50′; $12^h 19^m 38^s$, −41° 5′; $12^h 22^m 13^s$, −48° 1′; $12^h 25^m 25^s$, −46° 21′.

11220. **D. J. K. O'Connell,** Photographic light curves of five Cepheid variables in Carina and Centaurus. Specola Astr. Vaticana Ric. Astr. **3** 257—276, mit 4 Fig. — Betrifft die Veränderlichen GX Car, GZ Car, HK Car, V 419 Cen, CPD −60° 4739.

11221. **E. Pohl,** Beobachtungsergebnisse der Berliner Arbeitsgemeinschaft für Veränderliche Sterne (BAV). AN **282** 235—238. — Enthält die Ergebnisse der Beobachtungen von Mitgliedern der BAV aus den Jahren 1952 und 1953 (Helligkeit, Maxima, Minima, Typ). Die Zusammenstellung umfaßt folgende Sterne: R, XZ And; R, S, AA, V 346, η Aql; SW Aqr; T Ari; RS Aur; R, V, RS Boo; X, SV Cam; R CMa; R, T, U, RX, RZ, TV, TW, AB Cas; T, U, VW, δ Cep; RS, SS, TY, XZ, DM, χ Cyg; R Del; R, T, TW, UZ, WW Dra; R, U Gem; S, W, RS, SS, TX, AK Her; S Lac; R, S, ST, UV Leo; R Lyn; EZ, β Lyr; EH Lib; U Ori; AT, DH, DY Peg; R, U, Y, β Per; R Ser; R, X Tri; R, S, T, W, RS, TU, TX UMa; S UMi; U, V, AH Vir.

11222. **J. Ponsen,** Thirty new short-period variable stars in a region around CPD −31° 5547. Ann. Sterrewacht Leiden **20** 383—397, mit 2 Fig. — Enthält: Amplitude, Lichtwechselelemente, Karte, Lichtkurve, Ort, Periode, Typ und Vergleichssterne.

11223. **J. Ponsen,** Discussion of fifty long-period variable stars in a region around CPD −31° 5547. Ann. Sterrewacht Leiden **20** 398—418, mit 1 Fig. — Enthält: Amplitude, Helligkeiten, Karte, Ort, Periode, Typ und Vergleichssterne.

11224. **A. Szczepanowska,** Minima of eclipsing variables (1948—1951). AA(c) **5** 74—78. — Betrifft TW And, XZ And, Y Cam, RZ Cas, TV Cas, ZZ Cas, AB Cas, XY Cep, ZZ Cep, TX Cet, RW CrB, SW Cyg, WZ Cyg, ZZ Cyg, Z Dra, RR Dra, RZ Dra, SX Dra, TW Dra, TZ Eri, SZ Her, TU Her, BO Her, CC Her, CT Her, GL Her, Y Leo, TY Lib, TZ Lyr, UZ Lyr, RW Mon, SW Oph, SX Oph, EQ Ori, ER Ori, FF Ori, FH Ori, U Peg, TY Peg, ST Per, Y Psc, SY Sge, AC Sct, AK Ser, AO Ser, AC Tau, V Tri, RW UMa, TX UMa, W UMi, UW Vir, AH Vir, BD Vir.

11225. **T. A. Uranowa,** Neue Veränderliche bei S Monocerotis. Astr Circ UdSSR Nr. 156 S. 17—18 (russisch). — Im Gebiet $6^h\,34^m\,10^s$ bis $6^h\,39^m\,23^s$ und 9° 9′ bis 10° 17′ (1900) wurden 33 neue Veränderliche entdeckt, die die Bezeichnung SVS 1169—1201 erhielten. Mit einer Ausnahme sind die Amplituden angegeben. Loh.

11226. **W. Wenzel,** Feld β Cassiopeiae. MVS Nr. 174—175. — Von den nachfolgenden Veränderlichen werden zumeist Ort, Typ, Elemente und Amplitude gegeben: Cas: TY, BG, KQ, LP, LQ; BD +60.2613, 62.2363; S: 4651—58, 4660—66, 4668—87, 4689—94; SVS 1035; Zi 12; 18.1920, 50.1926, 406.1934, 420.1937, 423.1937, 473—475.1937, 479.1937. Identität: DZ Cas = SVS 836 = 216.1940 = 475.1937.

11227. **W. Wenzel,** Veränderliche in NGC 2264. MVS Nr. 190, 193. — Betrifft Amplitudenmessungen von Sternen mit Hα-Emissionen, die Herbig in ApJ **119** 483 (vgl. AJB **54** Ref. **9539**) behandelt hat.

11228. **W. Wenzel,** Veränderliche in NGC 2264. MVS Nr. 212. — Ein Verzeichnis von 27 Veränderlichen in NGC 2264, das als Fortsetzung der Listen MVS 190 und 193 die Identifizierung mit Sternen der Herbigschen Liste in Lick Contr. Ser. II Nr. 52 = ApJ **119** 483 sowie die in Sonneberg beobachteten Grenzen des Lichtwechsels enthält. Beyer

11229. Liste d'identification des étoiles B. D. variables. Troisième liste: zones de déclinaisons +17° à −22°. DOB Circ Nr. 6 S. 1—3.

11230. Observations d'étoiles variables à longues périodes ou irrégulières, effectuées par les membres de l'Association Française d'Observateurs d'Etoiles variables et reçues durant les années 1946 à 1952 à l'Observatoire de Lyon. JO **38** 285—320. — Betrifft folgende Sterne: R, T, W, X, RV, RX, SZ, TV, VZ And; R, S, V, RT, SV Aql; R, T, Z Aqr; R, T, V Ari; R, U, X, Z, SS, AE Aur; R, S, V, RX Boo; R, S, T, U, V, X, Z, RS, ST Cam; RT Cap; R, S, T, U, V, W, X, RR, RV, SS, γ Cas; S, T, X, Y, Z, RR, RU Cep; R, S, U, W, o Cet; W, Z CMa; R, S, U, V CMi; R, V, X, RS Cnc; R Com; R, S, V, W CrB; R Crv; R, T, Y CVn; R, V, W, Z, RS, RT, RU, RV, RZ, SS, TU, UX, AB, AF, χ Cyg; S, T Del; R, S, V, W, X, Y, TX, UU, WW Dra; Z Eri; R, S, T, U, W, X, TW, ζ Gem; R, S, T, U, W, X, RS, RU, RV, RY, RZ, SS, TV, AL, FR Her; R, S, T, U, V Hya; R, X Leo; R, S, T Lep; RS Lib; R LMi; R, S Lyn; R, W Lyr; R, U, V, X, RV Mon; R, X, Z, RS, XX Oph; T, U, W, RS, BL, BQ Ori; R, S, W, RU Peg; R, S, T, V, W, Y, RR, RZ, TX, XX Per; R Psc; R Sct; R Ser; R, V Sge; R, T Sgr; R, S, T, X, Y, RR, RV, SU Tau; R Tri; R, S, T, Z, RS, RX, RZ, ST UMa; R, S, T, U, V UMi; R, S, U, V, Y, Z, RS, RU, SS, SU, SW Vir; RT Vul.

11231. Nachweis der Beobachtungen und Bearbeitungen Veränderlicher

Außer dieser Liste sind noch die vorhergehenden Tabellen von Beobachtungen und § **111** einzusehen.

Andromeda

R	BAV-Rundbrief **4** 23	H
	J RAS Canada **49** 165	H
	Urania Kraków **26** 310	Ka, Not, VS
Z	Acta Astr. Sinica **3** 59	Sp, T
RT	Astr Circ UdSSR Nr. 163 S. 15	B, E
RU	J RAS Canada **49** 165	Am
RX	J RAS Canada **49** 93	Not
	J RAS Canada **49** 165	H, P, Typ
SZ	Astr Circ UdSSR Nr. 163 S. 15	B, E
TT	AA(c) **5** 189	B
UZ	J RAS Canada **49** 165	H
WZ	AA(c) **5** 193	B
XY	Astr Circ UdSSR Nr. 156 S. 15	E, H
XZ	AA(c) **5** 189, 193	B
	BAV-Rundbrief **4** 18	B, E
AB	AA(c) **5** 193	B
BL	Astr Circ UdSSR Nr. 163 S. 15	B, E

Apus

S	J RAS Canada **49** 165	B

Aquarius

R	Acta Astr. Sinica **3** 59	Sp, T
RY	AA(c) **5** 193	B
AE	Coelum **23** 139	B, Not, Sp
	J RAS Canada **49** 165	Not
	J RAS Canada **49** 211	B, Lk
	Sterne **31** 141	Vgl. AJB **54** Ref. **11118**
BQ	AA(c) **5** 189	B
CP	VS Bull **10** 116	H, Ka, Lk, VS
CZ	AA(c) **5** 189, 193	B

Aquila

R	BAV-Rundbrief **4** 23	H
	MVS Nr. 208	B
S	BAV-Rundbrief **4** 23	H
UU	J RAS Canada **49** 119	B
XZ	AA(c) **5** 189, 193	B
YZ	AA(c) **5** 193	B
FK	AA(c) **5** 193	B
KO	AA(c) **5** 189	B
V341	VS Bull **10** 118	E, H, Lk, VS
	VS Bull **10** 292	B, H, Lk, VS
V342	AA(c) **5** 189, 193	B
V343	AA(c) **5** 189, 193	B
V346	AA(c) **5** 189, 193	B
	BAV-Rundbrief **4** 8	B, E, H
V822	Urania Kraków **26** 180	Am, Ka, VS

Aries

T	Ciel et Terre **71** 364	Am, Ka, O, P, VS

Auriga

RT	Urania Kraków **26** 339	Ka, VS
RU	J RAS Canada **49** 165	H
RY	AA(c) **5** 189	B
SS	BAA Circ 359, 360, 362, 367, 369, 370, 371	B
	J RAS Canada **49** 119	B
VY	Japan Astr. Study Ass. Circ. Nr. 131	Not
AM	AA(c) **5** 189	B
AT	Japan Astr. Study Ass. Circ. Nr. 131	Not
CL	AA(c) **5** 189, 193	B
CY	Japan Astr. Study Ass. Circ. Nr. 131	Not
DM	Japan Astr. Study Ass. Circ. Nr. 134	B, E
EP	Japan Astr. Study Ass. Circ. Nr. 132—133	B, E
FN	Desgl.	B, E
HH	VS Bull **10** 309	H, Not
HL	MVS Nr. 198—199	Am, B, E, Ka, Lk, VS

ε	BSAF **69** 352, 425	Not
	NAT 1955 S. 107	Not
	Sterne **31** 68	Not
	Vasiona **3** 43	Not
	YC 1319 S. 4, 1322 S. 4	B
ζ	NAZ **9** 40	Sp
	NAZvM 278	Sp
	UAI Circ 1531	Sp

Bootes

R	BAV-Rundbrief **4** 23	H
	MVS Nr. 208	B
	Urania Kraków **26** 235	Ka, VS
V	BAV-Rundbrief **4** 14, 23	H, Not
SU	AA(c) **5** 189	B
TU	AA(c) **5** 189	B
TY	AA(c) **5** 189	B

Caelum

R	J RAS Canada **49** 165	B

Camelopardalis

V	J RAS Canada **49** 165	B
X	J RAS Canada **49** 165	H
Z	J RAS Canada **49** 93	Not
SV	AJ **60** 104	B, E, P

Cancer

RZ	AA(c) **5** 189	B
SY	MVS Nr. 211	Lk, Not

Canes venatici

RS	AA(c) **5** 189	B

Canis major

SS	Stalinabad Bull. Nr. 14 S. 32	B, E, H, Ka, Lk, VS

Canis minor

AG	MVS Nr. 176	B, E, O

Capricornus

RW	AA(c) **5** 189	B
	Astr Circ UdSSR Nr. 164 S. 15	E, P
RX	Stalinabad Bull. Nr. 14 S. 22	B, E, H, Ka, Not, VS
TU	Astr Circ UdSSR Nr. 158 S. 19	Am, B, Not, Typ
TV	Stalinabad Bull. Nr. 14 S. 28	B, E, H, VS
TY	VS Bull **10** 333	E, Ka, Lk, VS

Carina

Z	J RAS Canada **49** 165	H
RY	J RAS Canada **49** 165	B
AG	J RAS Canada **49** 165	H, Not
	J RAS Canada **49** 211	Lk, Not

Cassiopeja

T	BAV-Rundbrief **4** 14	H, Not
	J RAS Canada **49** 165	H
RS	VS Bull **10** 152	E, H, Ka, Lk, VS
RY	VS Bull **10** 152	Desgl.
RZ	AA(c) **5** 189, 193	B
	Urania Kraków **26** 180	Am, Ka, P, VS
SW	VS Bull **10** 152	B, E, H, Lk, VS
SY	VS Bull **10** 152	E, H, Lk, VS
TU	Mem SA It (NS) **26** 529	B, E, Lk, O, Typ, VS
TV	AA(c) **5** 189	B
	AN **282** 79	B, Lk, Not, O, VS
UV	J RAS Canada **49** 93	Not
UW	Mem SA It (NS) **26** 529	B, O, Typ
UZ	VS Bull **10** 175	E, H, Ka, Lk, VS
VW	VS Bull **10** 152	B, E, H, Ka, Lk, VS
WZ	J RAS Canada **49** 165	H
XY	VS Bull **10** 152	B, E, H, Lk, Not, VS
AQ	AA(c) **5** 189	B

BY	VS Bull **10** 92	Am, E, H, Ka, Lk, VS
CR	VS Bull **10** 330	E, H, Ka, Lk, VS
CT	Japan Astr. Study Ass. Circ. Nr. 134	B, E
CX	Desgl.	B, E
CZ	VS Bull **10** 190	B, E, Lk
DF	VS Bull **10** 120	E, H, Ka, Lk, VS
FN	Japan Astr. Study Ass. Circ. Nr. 131	B, E
GZ	Mem SA It (NS) **26** 529	B, Ka, P, VS
HH	Desgl.	B, Ka, VS
HI	Desgl.	B, Ka, O, Typ, VS
IY	Desgl.	B, Ka, Lk, O, P, Typ, VS
KL	Desgl.	B, E, Ka, Lk, O, Typ, VS
KR	Desgl.	Am, B, E, Ka, Lk, O, Typ, VS
KT	VS Bull **10** 120	H, Ka, VS

Centaurus

XZ	Japan Astr. Study Ass. Circ. Nr. 131	Not
AD	J RAS Canada **49** 165	H

Cepheus

T	BAV-Rundbrief **4** 23	H
	Urania Kraków **26** 235	Ka, VS
U	AA (c) **5** 189, 193	B
Y	J RAS Canada **49** 165	Am, P
RU	J RAS Canada **49** 165	H
RW	VS Bull **10** 191	H
TZ	NAT 1955 S. 64	E, Lk
UY	Astr Circ UdSSR Nr. 156 S. 16	E
VX	Astr Circ UdSSR Nr. 156 S. 16	E
AA	VS Bull **10** 335	Am, Ka, Not
AB	VS Bull **10** 164	B, E, H, Ka, VS
AI	BAV-Rundbrief **4** 28	Am, E
	MVS Nr. 195	Am, E, Typ
BB	AA (c) **5** 193	B
β	Obs **75** 179	Sp

Cetus

UV	Beograd Bull. **19** Nr. 3	Eb
	JO **38** 354	Mon
	Vgl. Ref. **10123**	
o	BAV-Rundbrief **4** 5	B
	J RAS Canada **49** 93, 165	B, H
	MN ASSA **14** 7	Not

Columba

R	J RAS Canada **49** 165	H

Corona borealis

R	BAA Circ 371	B
	J RAS Canada **49** 165	Not
S	MVS Nr. 208	B
U	AA (c) **5** 189, 193	B
RW	AA (c) **5** 189	B

Corvus

R	J RAS Canada **49** 165	H

Cygnus

SS	ApJ **122** 566	Lk, Not
	BAA Circ 359, 361, 362, 364, 367, 369, 371	B
	J RAS Canada **49** 119	B, H, Lk, Not
	NAT 1955 S. 30	Lk, Not
SU	VS Bull **10** 92	E, Lk, Not, P
SX	Astr Circ UdSSR Nr. 156 S. 18	H
SY	AA (c) **5** 193	B
TY	Astr Circ UdSSR Nr. 156 S. 18	H
UW	AA (c) **5** 189	B
UX	Publ ASP **67** 417	Am, H, Not, O, P, Sp
VW	AA (c) **5** 193	B

WW	AA(c) **5** 189, 193	B
ZZ	Astr Circ UdSSR Nr. 164 S. 15	E, P
AF	NAT 1955 S. 108	Lk, Not
AL	VS Bull **10** 123	E, H, Ka, Lk, VS
AU	Astr Circ UdSSR Nr. 156 S. 18	H
BF	Acta Astr. Sinica **3** 59	Sp, T
BK	VS Bull **10** 100	E, Ka, VS
BL	VS Bull **10** 100	E, H, Ka, VS
BO	AA(c) **5** 189, 193	B
BP	VS Bull **10** 100	E, H, Ka, VS
BR	AA(c) **5** 189, 193	B
CG	AA(c) **5** 189, 193	B
CI	Acta Astr. Sinica **3** 59	Sp, T
DD	Astr Circ UdSSR Nr. 156 S. 18	H
DK	AA(c) **5** 189, 193	B
DN	VS Bull **10** 100	E, H, Ka, VS
DQ	VS Bull **10** 100	Ka, Not, VS
EY	J RAS Canada **49** 119	Not
GL	VS Bull **10** 92	E, H, Ka, Lk, VS
GW	VS Bull **10** 100	E, H, Ka, VS
LS	Desgl.	Desgl.
LT	Desgl.	Desgl.
LV	Desgl.	Desgl.
LX	Desgl.	Desgl.
LY	Desgl.	Desgl.
LZ	Desgl.	Desgl.
MP	Desgl.	Desgl.
MR	AN **282** 82	B, Lk, O, Typ, VS
	VS Bull **10** 302	E, Not, P
V 345	AA(c) **5** 193	B
V 367	Publ ASP **67** 39	B, CI, E
	Publ ASP **67** 263	Not
V 368	Japan Astr. Study Ass. Circ. Nr. 134	B, E
V 410	VS Bull **10** 100	E, H, Ka, VS
V 523	AN **282** 168	B, H, Ka, Lk, Typ, VS
V 548	AN **282** 78	B, E, Lk, Typ
V 607	VS Bull **10** 100	E, H, Ka, VS
V 658	VS Bull **10** 164	B, E, H, Ka, VS
V 667	VS Bull **10** 100	E, H, Ka, VS
χ	J RAS Canada **49** 165	H
32	Astr Circ UdSSR Nr. 159 S. 15	H, Lk

Delphinus

W	AA(c) **5** 189	B
	Astr Circ UdSSR Nr. 164 S. 15	E, P
TT	Desgl.	E, P
TX	Japan Astr. Study Ass. Circ. Nr. 130	B, E

Dorado

S	Urania Kraków **26** 282	Not

Draco

R	BAV-Rundbrief **4** 14	H, Not
	BAV-Rundbrief **4** 26	Lk
TW	AA(c) **5** 189, 193	B
TX	J RAS Canada **49** 165	Not, P
XZ	VS Bull **10** 292	B, H, Ka, Lk, VS
AB	J RAS Canada **49** 93	Not
AG	MVS Nr. 203, 205	Ka, Lk, Not, Sp, VS

Equuleus

S	AA(c) **5** 189	B
	Astr Circ UdSSR Nr. 164 S. 15	E, P

Eridanus

AS	Japan Astr. Study Ass. Circ. Nr. 131	Not

Fornax

R	J RAS Canada **49** 165	H

Gemini

R	BAV-Rundbrief **4** 14	H, Not
	J RAS Canada **49** 165	H, Not
U	BAA Circ 359, 360	B
	J RAS Canada **49** 119	B

W	Urania Kraków **26** 339	Ka, VS
RW	AA(c) **5** 189, 193	B
	vgl. Ref. **111133**	Am, B, E, Lk, O, Typ
RZ	vgl. Ref. **111133**	Am, B, E, Lk, O, Typ
SS	vgl. Ref. **111133**	Am, B, Lk, O, P, Typ
SX	MVS Nr. 188	B, E, Ka, VS
	MVS Nr. 189	Lk, P
TX	AA(c) **5** 189	B
WW	vgl. Ref. **111133**	B, E, Lk, O, Typ
AA	vgl. Ref. **111133**	Am, B, E, Lk, O, Typ
AD	VS Bull **10** 175	E, H, Ka, Lk, VS
AF	AA(c) **5** 189, 193	B
AY	AA(c) **5** 189	B
BO	AA(c) **5** 189	B
ξ	Urania Kraków **26** 339	Ka, VS

Hercules

S	BAV-Rundbrief **4** 14	H, Not
U	J RAS Canada **49** 165	H
W	BAV-Rundbrief **4** 14	H, Not
SS	Desgl.	H, Not
	BAV-Rundbrief **4** 23	H
SZ	Astr Circ UdSSR Nr. 164 S. 15	E, P
TT	Astr Circ UdSSR Nr. 164 S. 15	E, P
TU	AA(c) **5** 189, 193	B
	Astr Circ UdSSR Nr. 164 S. 15	E, P
TX	Astr Circ UdSSR Nr. 160 S. 13	Not
AP	VS Bull **10** 186	B, H, Lk, Not, VS
	VS Bull **10** 318	B, E, H, Lk
BL	VS Bull **10** 124	E, H, Ka, VS
CC	AA(c) **5** 189, 193	B
	Astr Circ UdSSR Nr. 164 S. 15	E, P
CT	AA(c) **5** 193	B
DI	AA(c) **5** 189	B

Horologium

R	J RAS Canada **49** 165	H

Hydra

RT	J RAS Canada **49** 165	Not
TY	AA(c) **5** 189	B
FS	Astr Circ UdSSR Nr. 164 S. 19	Am, P

Lacerta

R	Astr Circ UdSSR Nr. 163 S. 15	B, E
U	Coelum **23** 147	Par, Sp, Typ
Z	VS Bull **10** 125	E, H, Lk, Not, P, VS
TW	Astr Circ UdSSR Nr. 164 S. 15	E, P
TY	VS Bull **10** 164	B, E, H, Ka, VS
UU	Desgl.	Desgl.
UV	Desgl.	Desgl.
UX	Desgl.	Desgl.
VX	AA(c) **5** 189, 193	B
	Astr Circ UdSSR Nr. 164 S. 15	E, P
WY	VS Bull **10** 283	H, Ka, Not
XY	Desgl.	E, H, Ka, Lk
AA	Desgl.	H, Ka, Not
AB	Desgl.	Desgl.
AD	Desgl.	Desgl.
AP	Desgl.	B, E, H, Ka
AU	AA(c) **5** 189, 193	B
AV	VS Bull **10** 164	B, E, H, Ka, VS
BL	VS Bull **10** 283	H, Ka, Not
BM	Desgl.	Desgl.
BO	Desgl.	Desgl.
BQ	Desgl.	E, H, Ka, Not
CO	Astr Circ UdSSR Nr. 163 S. 15	B, E
	VS Bull **10** 329	B, E, H, Ka, VS
CT	VS Bull **10** 283	H, Ka, Lk, Not
CU	Desgl.	H, Ka, Not

Leo

R	MVS Nr. 208	B
X	J RAS Canada **49** 119	B
Y	Astr Circ UdSSR Nr. 164 S. 15	E, P
RT	AA(c) **5** 189	B

RY	J RAS Canada **49** 165	Am
	MVS Nr. 208	B
TU	J RAS Canada **49** 119	Not

Leo minor

T	AA(c) **5** 189	B
U	J RAS Canada **49** 165	Not

Libra

RU	J RAS Canada **49** 165	H
TW	Japan Astr. Study Ass. Circ. Nr. 131	Not

Lyra

RV	AA(c) **5** 189, 193	B
TT	AA(c) **5** 193	B
TZ	AA(c) **5** 189, 193	B
UZ	Desgl.	B
AY	J RAS Canada **49** 119	B
EW	AA(c) **5** 189, 193	B
IO	VS Bull **10** 292	B, H, Ka, Lk, VS
β	Obs **75** 34	Sp

Microscopium

S	J RAS Canada **49** 165	H

Monoceros

T	Urania Kraków **26** 339	Ka, VS
U	J RAS Canada **49** 165	Am, B, P, Typ
AW	MVS Nr. 187	B, E, Not
	MVS Nr. 189	Lk, P
BO	AA(c) **5** 189	B
EP	Japan Astr. Study Ass. Circ. Nr. 134	B, E
IR	MVS Nr. 210	Ka, Lk, O, Typ, VS

Ophiuchus

U	AA(c) **5** 189, 193	B
	Urania Kraków **26** 180	Am, Ka, P, VS
SW	AA(c) **5** 189	B
	Astr Circ UdSSR Nr. **164** S. 15	E, P
V449	AA(c) **5** 189	B
V501	AA(c) **5** 193	B

Orion

T	J RAS Canada **49** 165	Not
U	BAV-Rundbrief **4** 26	Lk
	MVS Nr. 208	B
	vgl. Ref. **111133**	B, O, Typ
OS	AA(c) **5** 189, 193	B
RS	VS Bull **10** 323	B, E, H, Ka, Lk, VS
BQ	vgl. Ref. **111133**	B, Lk, O, Typ
CN	J RAS Canada **49** 93	Not
CS	VS Bull **10** 92	E, H, Ka, Lk, VS
CZ	J RAS Canada **49** 119	B
ET	AA(c) **5** 189, 193	B
	Astr Circ UdSSR Nr. **164** S. 15	E, P
FK	AA(c) **5** 189	B
FL	AA(c) **5** 189, 193	B
FM	MVS Nr. 191	B, E, Not, VS
FR	AA(c) **5** 189, 193	B
FU	Sterne **31** 69	Not
GG	AA(c) **5** 193	B
V343	AA(c) **5** 189, 193	B
α	BAV-Rundbrief **4** 15	H

Pavo

W	J RAS Canada **49** 165	H
AR	Obs **75** 85	Sp

Pegasus

RU	J RAS Canada **49** 119	B
TY	Astr Circ UdSSR Nr. **164** S. 15	E, P
UV	BAA Circ 367	B
UX	AA(c) **5** 189, 193	B
	Astr Circ UdSSR Nr. **164** S. 15	E, P
AG	Acta Astr. Sinica **3** 59	Sp, T

AQ	AA(c) **5** 189, 193	B
	Astr Circ UdSSR Nr. 164 S. 15	E, P
AW	AA(c) **5** 193	B
	VS Bull **10** 85	E, Eb, H, Lk
BG	AA(c) **5** 189, 193	B
BN	Desgl.	B
CU	Desgl.	B
DI	Desgl.	B
DK	Desgl.	B
DO	Desgl.	B
DY	VS Bull **10** 292	B, H, Lk, VS

Perseus

RT	AA(c) **5** 189, 193	B
RV	AA(c) **5** 189, 193	B
RY	AA(c) **5** 189	B
ST	Astr Circ UdSSR Nr. 164 S. 15	E, P
TZ	J RAS Canada **49** 93	Not
UV	BAA Circ 359, 367, 369	B
	J RAS Canada **49** 119	Not
VX	Astr Circ UdSSR Nr. 161 S. 16	E, P
XZ	AA(c) **5** 189, 193	B
	Astr Circ UdSSR Nr. 164 S. 15	E, P
AX	Acta Astr. Sinica **3** 59	Sp, T
AY	AA(c) **5** 193	B
β	AA(c) **5** 189, 193	B
	Urania Kraków **26** 310	Ka, Not, VS
	Urania Kraków **26** 366	Massen, P

Pictor

R	J RAS Canada **49** 165	Not
S	Desgl.	B

Pisces

Y	Astr Circ UdSSR Nr. 164 S. 15	E, P
RZ	Astr Circ UdSSR Nr. 157 S. 15	Not
SX	AA(c) **5** 189, 193	B

Puppis

VW	Stalinabad Bull. Nr. 14 S. 14	B, E, H, Ka, Lk, VS
VZ	Desgl.	Desgl.
BM	Astr Circ UdSSR Nr. 163 S. 13	E
DH	MVS Nr. 189	B
DI	Desgl.	B
DN	Desgl.	B

Sagitta

U	AA(c) **5** 189, 193	B
V	J RAS Canada **49** 165	Not

Sagittarius

FN	MVS Nr. 204	Not
LP	Leiden Ann. **20** 383	Am, H, Ka, O, P, Typ, VS
LY	Desgl.	Desgl.
MM	Desgl.	Desgl.
MO	Desgl.	Desgl.
MQ	Desgl.	Desgl.
MW	Desgl.	Desgl.
V 505	AA(c) **5** 193	B
	VS Bull **10** 313	B, E, Eb, Lk
V 726	Leiden Ann. **20** 383	Am, H, Ka, O, P, Typ, VS
V 930	Desgl.	Desgl.
V 931	Desgl.	Desgl.

Scorpius

W	J RAS Canada **49** 165	Not
RS	Desgl.	H
V 449	Astr Circ UdSSR Nr. 163 S. 14	const?

Sculptor

V	J RAS Canada **49** 165	H

Scutum

W	AA(c) **5** 193	B
RY	Acta Astr. Sinica **3** 59	Sp, T
AC	VS Bull **10** 326	E, H, Ka, Lk, VS
BW	VS Bull **10** 129	Am, E, H, Ka

Serpens

R	BAV-Rundbrief **4** 14	H, Not
Z	VS Bull **10** 73	Am, E, H, Lk, VS
AO	AA(c) **5** 189	B

Taurus

W	J RAS Canada **49** 165	H
RR	Desgl.	Am, P
RW	AA(c) **5** 189, 193	B
RY	NAT 1955 S. 142	Lk, Not
	VS Bull **10** 180	H, Ka, Lk, Not, VS
ST	VS Bull **10** 175	E, H, Ka, Lk, VS
SU	J RAS Canada **49** 93	Not
	J RAS Canada **49** 175	H
SV	AA(c) **5** 189, 193	B
TT	VS Bull **10** 73	E, H, VS
TU	Desgl.	Am, H, VS
UZ	Desgl.	Not
AL	AA(c) **5** 189, 193	B
AM	Desgl.	B
BU	AJ **60** 364	H
ET	VS Bull **10** 309	B, E, H, Lk

Triangulum

X	AA(c) **5** 189, 193	B

Ursa maior

R	BAV-Rundbrief **4** 23	H
T	J RAS Canada **49** 165	H
	Urania Kraków **26** 310	Ka, Not, VS
Z	J RAS Canada **49** 165	H
RS	Desgl.	H
SU	J RAS Canada **49** 119	B
SW	Desgl.	Not
SZ	VS Bull **10** 73	Am, H, Lk, VS
UX	NAT 1955 S. 61	Eb, Not

Ursa minor

S	BAV-Rundbrief **4** 14, 23	H, Not

Virgo

SS	VS Bull **10** 73	Am, H, VS
AG	VS Bull **10** 188	EB
AH	AA(c) **5** 189	B
AW	AJ **60** 453	B, E
AX	Desgl.	B, E
AZ	Desgl.	B, E
BF	Desgl.	B, E
BH	Desgl.	B, E

Vulpecula

V	VS Bull **10** 73	Am, E, H, Lk, VS
X	VS Bull **10** 130	E, H, Ka, Lk, VS
Z	AA(c) **5** 193	B
RR	AA(c) **5** 193	B
SV	VS Bull **10** 73	E, H, Lk, Not
XZ	AA(c) **5** 189, 193	B
AS	Japan Astr. Study Ass. Circ. Nr. 131	Not
AY	AA(c) **5** 193	B
BE	AA(c) **5** 189	B
BO	AA(c) **5** 189, 193	B
BU	Japan Astr. Study Ass. Circ. Nr. 132—133	B, E
DG	VS Bull **10** 132	Am, E, H, Ka, Lk, VS

11232. **Veränderliche mit provisorischer Bezeichnung**

126.1925	= SVS 71	
328.1929	AA(c) **5** 189	B
188.1932	= AW Mon	
226.1932	Jap. Astr. Study Ass. Circ. 131	Not
739.1933	Desgl. Nr. 134	E, Not
17.1934	= BD +0°2006	
49.1934	MVS Nr. 204	Ka, Not, VS
102.1934	= FM Ori	
310.1934	MVS Nr. 177, 178	E, Lk
	= BD +4°1778	
377.1934	Astr Circ UdSSR Nr. 156 S. 16	E, H
463.1934	Jap. Astr. Study Ass. Circ. 131	Not
53.1936	= EP Aur	
644.1936	Jap. Astr. Study Ass. Circ. 131	Not
27.1942	= AN Cru	
29.1942	= V 494 Cen	
44.1942	= BJ Pav	
62.1942	= RW PsA	

11233. Bamberger Veränderliche

Bamberg	23	MVS Nr. 208	Ka, Not, VS
	24	MVS Nr. 207	B, E, Ka, VS
	25	MVS Nr. 206	B, E, H, Ka, Lk, VS

11234. Veränderliche BD-Sterne

BD		
+67°922	= AG Dra	
60 2613	DOB Circ Nr. 5 S. 4	Am, An
55 1317	Bamberg Kleine Veröff. Nr. 12	Am, Lk
53 172	= KR Cas	
52 2009	Bamberg Kleine Veröff. Nr. 12	B, E, Lk
	NAZ **9** 3	E, Typ
	NAZ **9** 9	P
51 2402	MVS Nr. 210	const ?, Not, VS
50 1651	Bamberg Kleine Veröff. Nr. 12	B, E, Lk
49 2018	DOB Circ Nr. 5 S. 4	Am, An
44 1718	= KVVS 1220	
42 1811	= KVVS 1210	
37 2635	Publ ASP **67** 354	An, Lk, Not, O
36 1735	= KVVS 1201	
27 1494	MVS Nr. 194—195	B, E, Lk, VS
	= S 4743	
24 1866	= KVVS 1217	
9 1878	= KVVS 1221	
6 2020	Astr Circ UdSSR Nr. 165 S. 14	Am, An
5 1811	= KVVS 1154	
4 1778	Astr Circ UdSSR Nr. 163 S. 13	E
	= 310.1934 CMi	
2 1855	= KVVS 1202	
2 1838	= KVVS 1187	
+ 0 2006	MVS Nr. 177, 178	B, Lk, Typ
− 8 1642	YC 1303 S. 4	B
9 2392	= KVVS 1229	
−10 2233	= AW Mon	

11235. Veränderlicher HD-Stern

HD 163708 Specola Astr. Vat. Ric. Astr. **3** 277 Lk, Not, O, P, VS

11236. Veränderlicher HV-Stern

HV 2447 AJ **60** 455 = Harv Repr (2) Nr. 78 E, H, Lk, Not

11237. KVVS-Sterne*)

KVVS		
522	Astr Circ UdSSR Nr. 157 S. 19	Am
531	Desgl.	Am
563	Desgl.	Am, P
638	Desgl.	const
657	Desgl.	Am, Typ ?
663	Desgl.	Am
666	Desgl.	Am
679	Desgl.	Typ ?
713	Desgl.	Am, Typ ?
733	Desgl.	Not, Typ ?
769	Astr Circ UdSSR Nr. 157 S. 19	Am, C
783	Desgl.	Not, Typ ?
1051	Astr Circ UdSSR Nr. 157 S. 17	const ?
1054	Desgl.	Am, Typ ?
1062	Desgl.	C, Not
1066	Desgl.	Am, Typ ?
1071	Desgl.	const ?
1086	Desgl.	Typ ?
1097	Desgl.	Am, Typ

*) AJB 51 Ref. 11003.

KVVS		
1101	Astr Circ UdSSR Nr. 157 S. 17	Am, Typ?
1102	Desgl. = BD +4°1778 = 310.1934 CMi	Am, C, Typ?
1105	Astr Circ UdSSR Nr. 157 S. 17	const?
1114	Desgl.	Am, Typ?
1116	Desgl.	Am, Not
1126	Desgl.	Am, Typ?
1133	Desgl.	C, const?
1140	Desgl.	Am, C, Typ?
1144	Desgl.	Am, Typ?
1150	Desgl.	Am, Typ?
1154	Astr Circ UdSSR Nr. 159 S. 17	Am, B, P?
1187	Desgl.	Am, CI
1193	Desgl.	CI, Not
1201	Desgl.	B, Typ?
1202	Desgl.	Am, Sp, Typ?
1210	Desgl.	Am, B, Typ
1217	Desgl.	const
1220	Desgl.	Am, B, Typ?
1221	Desgl.	const
1229	Desgl.	Am, B, CI, Typ?
1243	Desgl.	B, const?
1254	Astr Circ UdSSR Nr. 165 S. 14	B, Not, Typ?
1257	Desgl.	Not
1269	Desgl.	Not, Typ?
1271	Desgl.	Not, Typ?
1272	Desgl.	Not, Typ?
1278	Desgl.	Not, Typ?
1279	Desgl.	Not, Typ
1284	Desgl.	const?
1289	Desgl.	Not, Typ?
1293	Desgl.	Am, B, Typ
1297	Desgl.	Am, P, Typ?
1310	Desgl.	B, Typ?
1311	Desgl.	B, Not, Typ?
1314	Desgl.	const?
1322	Desgl.	Am, B, Typ?
1324	Desgl.	Not, Typ?
1325	Desgl.	Am, Typ?
1336	Desgl.	Am, Typ
1338	Desgl.	B, P?
1339	Desgl.	const?
1341	Desgl.	Am, Typ
1342	Desgl.	const?
1345	Desgl.	Am, Not, Typ?
1348	Desgl.	Not
1351	Desgl.	Not

KVVS		
1357	Astr Circ UdSSR Nr. 164 S. 20	Am
1384	Desgl.	const?
1398	Desgl.	Am
1442	Astr Circ UdSSR Nr. 163 S. 16	H, Not
1508	Astr Circ UdSSR Nr. 164 S. 19	Am
1528	Desgl.	Am
1531	Desgl.	Am, Typ?
1536	Desgl.	B, E
1538	Desgl.	Am
1540	Desgl.	Am
1557	Desgl.	Am
1558	= FS Hya	
1572	Astr Circ UdSSR Nr. 164 S. 19	Am, Typ?
1573	Desgl.	Am
1947	Astr Circ UdSSR Nr. 163 S. 16	Am, Not, P
2036	Desgl.	Not
2098	Desgl.	const
2418	Desgl.	Not
2423	Desgl.	Am, P, Typ?
2677	Desgl.	Am, E
2763	Desgl.	const?
2804	Astr Circ UdSSR Nr. 164 S. 19	Am
2814	Desgl.	Am
2829	Desgl.	Am, P, Typ
3022	Astr Circ UdSSR Nr. 164 S. 20	Am, B, Typ
3039	Desgl.	Am, Typ
3148	Astr Circ UdSSR Nr. 163 S. 16	Am, Not, Typ?
3270	Desgl.	E, Typ
3409	Desgl.	Am, B, Not
3551	Astr Circ UdSSR Nr. 164 S. 20	Am, P, Typ?
3578	Desgl.	B, Typ
3632	Desgl.	Am, Typ
3635	Desgl.	Am
3854	Desgl.	Am, Typ?
4019	Desgl.	Am, Typ
4069	= 377.1934	
4658	Astr Circ UdSSR Nr. 164 S. 15	B, E
4984	Astr Circ UdSSR Nr. 158 S. 18	B, E
5232	Astr Circ UdSSR Nr. 163 S. 16	const
101444	Desgl.	const
101470	Desgl.	const
101481	Desgl.	const
101501	Desgl.	const?

11238. Sonneberger Veränderliche

S 3287	= AN Cru		
3289	= V 494 Cen		
3304	= BJ Pav		
3311	= V 796 Sgr		
3322	= RW PsA		
3871	MVS Nr. 187	Typ	
3875	Desgl.	Typ	
4090	= DI Pup		
4092	= DN Pup		
4104	= DH Pup		
4324	MVS Nr. 187	Typ	
4711	MVS Nr. 184	B, E, Lk, Typ	
S 4737	MVS Nr. 197	B, E, Ka, Lk, VS	
4743	BAV-Rundbrief **4** 28 = BD +27° 1494	Am, E, VS	
4780	= KVVS 4658		
5011	= FK Lup		
5021	= EH TrA		
5114	MVS Nr. 209	Am, Ka, Not	
5165	= AC Tuc		
5170	MVS Nr. 179	An, B, Ka, O	

11239. SVS-Sterne

SVS 71	MVS Nr. 196	Not
332	= FN Aur	
668	= 463.1934	
728	= KVVS 4984	
773	= KVVS 1193	
852	MVS Nr. 196	Ka, Not
936	= KL Cas	
937	= IY Cas	
SVS 1036	= AG CMi	
1100	VS Bull **10** 309	H, Not
1107	= ET Tau	
1108	= HH Aur	
1205	VS Bull **10** 335	An, Ka, Not

11240. Sonstige Veränderliche

					Äqu. 1855		
0^h	49^m	56^s	+37°	40′	BSAF **69** 154	An, H, Ka, VS
					DOB Circ Nr. 5 S. 4	Am, An
22	45	6	+83	11.0	NAZ **9** 18	Am, An, Typ
					Äqu. 1900	
0^h	53^m	54^s	+44°	53′	BSAF **69** 440	An, B, Not, O
0	59	42	+33	41	DOB Circ Nr. 5 S. 4	Am, An
4	42.8		+40	18	Japan Astr. Study Ass. Circ. Nr. 134	An, H, Ka, VS
					YC 1307 S. 3—4	Am, An
6	43	2	+ 5	2	BSAF **69** 440	An, B, Not, O
6	47	7	+21	7	BSAF **69** 440	An, B, Not, O
7	13	4	+ 9	40	BSAF **69** 440	An, B, Not, O
10	39	50	+52	46.7	NAZ **9** 2	Am, Not
10	52	18	+56	37.4	NAZ **9** 2	Am, Not
11	42	39	+35	47	BSAF **69** 440	An, B, Not, O
14	23	0	+58	32	BSAF **69** 440	An, B, Not, O
17	34	39	+54	55.5	Bull. Astr. Obs. Stalinabad Nr. 14 S. 35	H, Ka, Lk, Typ ?, VS
18	14	34	+53	11.7	AstrCircUdSSR Nr. 161 S. 16	An, B, E, Typ
22	45	42	+83	25.3	NAZ **9** 18	Am, E, Not, Typ
23	52	11	+62	27	BSAF **69** 440	An, B, Not, O

11241. Veränderliche Sterne. Verzeichnis der Beobachter und Berechner

T. A. Asarnowa
A. G. A. Balz jr.
A. A. Batyrew
W. Becker
F. C. Bertiau
M. Beyer
W. P. Bidelman
L. Binnendijk
Blasberg
K.-H. Böhm
E. Born
R. A. Bozula
P. Broglia
G. Cayrel-de Strobel
P. N. Cholopow
O. J. Eggen
G. S. Filatow
A. J. Filin

W. S. Fitch
W. P. Fjodorowitsch
M. G. Fracastoro
S. Gaposchkin
E. Geyer
G. Grant
H. Groth
A. R. Hogg
S.-S. Huang
C. M. Huffer
H. Huth
I. M. Ischtschenko
G. E. Jerlexowa
S. Kanda
S. P. Kaulinja
A. Koeckelenbergh
J. de Kort
G. T. Kowal
G. E. Kron
A. Kruschewskij
N. P. Kukarkina
I. N. Latyschew
E. M. Lewis
K. Löchel
F. I. Lukazkaja
N. L. Magalaschwili
S. Marx
A. Masani
M. W. Mayall
D. H. McNamara
H. Mielke
S. Morikubo
F. Nobili
P. Notni
V. Osvalds
N. B. Perowa
E. Pestarino
Peters
M. Petit
R. M. Petrie
W. Pfau
D. Plattner
E. Pohl
D. M. Popper
B. Protitch
N. A. Rasmadse
W. Reim
G. Remus
E. G. Repin
G. Richter
J. B. Rogerson
G. Romano
L. Rosino
G. P. Sacharow
K. C. Saidow
R. F. Sanford
N. M. Schachowskoj
H. Schmidt
H. Schneller
K. W. Schrick
M. J. Seaton
N. K. Semakin
A. Skumanich
J. Smak
D. Sofronijević
A. W. Solowjow
R. Sommer
F. J. M. Stratton
O. Struve
R. Szafraniec
A. Szczepanowska
M. L. Tcheng
P. Tempesti
C.-H. Tsai
J.-T. Tschan
R. I. Tschuprina
R. Vogelquist
M. K. Walnizkij
T. Walraven
K. Walter
O. P. Wassiljanowskaja
R. Weber
B. Wedel
W. Wenzel
B. S. Whitney
C. Whitney
U. van Wijk
F. B. Wood
A. Wróblewski
I. Yamamoto
W. P. Zessewitsch

§ 113

Novae, Supernovae

11301. **W. Buscombe, G. de Vaucouleurs,** Comparison between novae in the Magellanic clouds and in the galaxy. AJ **60** 155—156. — Ref. AAS.

11302. **W. Buscombe,** Novae in the Magellanic clouds and in the galaxy. Obs **75** 170—175, mit 2 Fig. — Die von McLaughlin an galaktischen Novae gefundene Korrelation zwischen der Helligkeit im Maximum und der Geschwindigkeit des Helligkeitsabfalls wird auch an den Lichtkurven von neun Novae in den Magellanschen Wolken bestätigt. Es ist hierbei vorteilhaft, daß die relativen M_{max} unabhängig von interstellarer Absorption sind, nachteilig, daß der Zeitpunkt und damit die Größe von M_{max} meist unsicher ist. Es wird daher vorgeschlagen, als Entfernungsindikator nicht M_{max}, sondern die absolute Helligkeit etwa 14 Tage nach dem Maximum zu benutzen. Galaktische Novae liefern hierfür $M = -5.2$. Der Wert ist unabhängig von M_{max}, das heißt, alle Lichtkurven schneiden sich etwa in diesem Punkt. Als Entfernungsmodul für die Wolken folgt damit 18^m6. Bo.

11303. **I. M. Gordon,** Physikalische Prozesse bei Novaausbrüchen, in den Hüllen der Wolf-Rayet-Sterne, P Cygni, und die Herkunft der kosmischen Strahlung. DAN **102** 233—236 (russisch). — Wie bereits früher nimmt Verf. an (und weist nach), daß viele Formen der Veränderlichkeit der Sterne allgemeine, wesentliche Gesichtszüge mit Prozessen der Sonnenaktivität besitzen. So kann eine Reihe von Eigenschaften der Novae nicht mit der Theorie der Abschleuderung einer Hülle beim Ausbruch in Einklang stehen, sondern viel besser und widerspruchsfreier durch die Annahme einer verbreiteten Rückkehrprotuberanzen-Tätigkeit. Ferner müßte sich beim Herausquellen von Materie aus den Atmosphären der WR- und P Cygni-Sterne um diese ein (dichter) Nebel ausbilden, was aber nicht beobachtet worden ist. Die Schwierigkeit wird ebenfalls durch die oben gemachte Annahme umgangen. Loh.

11304. **L. E. Gurewitsch, A. I. Lebedinskij,** Über die Ursachen der Sternexplosionen. DAN **103** 569—572 (russisch). — Beim Übergang des Sterninneren vom Zustand der Energieerzeugung aus Kernreaktionen (C-N-Zyklus) am isothermen Kern in den der Gewinnung von Energie aus Kontraktion durchläuft der Stern instabile Zustände, die zu Ausbrüchen führen, die sich auch wiederholen können. Entscheidend ist hierbei, daß sich die Temperatur am isothermen Kern relativ schnell so weit erhöht, daß der sehr temperaturempfindliche C-N-Zyklus verstärkt in Aktion tritt. Dabei tritt eine Anreicherung von C^{13} und N^{15} ein. Da in gewissen kühlen Sternen das C^{13}:C^{12}-Verhältnis mit eins vergleichbar ist, vermutet Verf., daß in diesen Sternen früher Ausbrüche vorkamen. Loh.

11305. **W. L. Hinsburg, S. B. Pikelner, I. S. Schklowskij,** On mechanism of acceleration of particles in envelopes of novae and supernovae. AJ UdSSR **32** 503—513, und einer Verbesserung in AJ UdSSR **33** 447, 1956 (russisch mit englischer Zusammenfassung). — Es wird gezeigt, daß bei der Ausdehnung der Hüllen von Novae und Supernovae in späten Stadien auch eine Bremsung der Teilchen erfolgen kann, wogegen in frühen Stadien gewöhnlich eine Beschleunigung beobachtet wird. Beobachtungsdaten ergeben, daß die Gesamtenergie der Elektronen in den Hüllen nicht deren kinetische Energie überschreitet. Die Gesamtenergie der durch einen statistischen Mechanismus beschleunigten Protonen muß nicht unbedingt das M/m-fache der Gesamtenergie der Elektronen betragen, sondern ist nur unwesentlich größer als letztere. Diese Folgerungen ergeben sich hier aus einer Reihe von Daten und aus energetischen Zusammenhängen. Schrick

11306. **T.-T. Hsi,** A new catalogue of ancient novae. Acta Astr. Sinica **3** 183—196, mit 2 Fig. (chinesisch mit englischem Ref.).

11307. **I. M. Kopylow,** Statistische Untersuchung einiger morphologischer Besonderheiten der Neuen Sterne. AJ UdSSR **32** 48—60, mit 6 Abb. (russisch). — Ref. in Urania Kraków **26** 366. — Unter Zugrundlegung der Beziehung zwischen der absoluten Helligkeit im Maximum und der Schnelligkeit der Helligkeitsabnahme $M_{\max} = -13.7 + 3.6 \times \log t_3$ (t_3 ist die Zeit, in der die Helligkeit um 3^M abnimmt) ermittelt Verf. die Maximalhelligkeit für 79 typische Novae und daran anschließend ihre photometrische Entfernung. Die Helligkeitsfunktion hat ihr Maximum bei $-7^M\!.5$, die Dispersion beträgt $2^M\!.5$. Es zeigt sich, daß die Dauer des Helligkeitsabfalls bis zum Minimum durch die Helligkeit im Maximum bestimmt wird; erfolgt der Abfall in zehn Jahren, dann ist $M_{\max} \approx -10$, in 40 Jahren ≈ -6. Die Abfalldauern liegen zwischen 5 und 50 Jahren. Im Minimum beträgt die mittlere absolute Helligkeit $+3^M\!.1$, die Dispersion $2^M\!.5$. Das Amplitudenmittel ist $10^M\!.4$, die Dispersion $3^M\!.5$. Die scheinbaren Maximalhelligkeiten der Novae im Andromedanebel haben eine Dispersion von nur $1^M\!.0$. Loh.

11308. **I. M. Kopylow,** Die räumliche Verteilung der Neuen Sterne. Mitt. Astrophys. Obs. Krim **13** 23—31, mit 1 Abb. (russisch). — Auf Grund eigener Neubestimmungen der absoluten Maximalhelligkeiten von 26 galaktischen Novae werden die räumlichen Dichtegradienten dieser Objekte für die Sonnenumgebung abgeleitet, welche zu dem Schluß führen, daß die Novae — entgegen früheren Annahmen anderer Autoren — ein typisches Untersystem des intermediären Typs darstellen. Vergleich mit dem Andromeda-Nebel läßt erwarten, daß dieses System einen zentralen Kern hat und daß im Zentrum der Milchstraße Nova-Erscheinungen pro Raumeinheit 200- bis 250mal häufiger sind als in der Sonnenentfernung. Verf. vermutet, daß das Auftreten von Novae besonders kennzeichnend ist für ein Zwischenstadium (Sb, vielleicht auch Sa) in der Entwicklung galaktischer Systeme. Petri

11309. **I. M. Kopylow,** Vergleich der morphologischen Merkmale und der räumlichen Verteilung der Novae und Supernovae. Mitt. Astrophys. Obs. Krim **15** 140—146, mit 1 Abb. (russisch). — Die Supernovae erfüllen eine Beziehung zwischen Leuchtkraft im Maximum und Geschwindigkeit des Helligkeitsabfalls nach dem Maximum, die ein völlig anderes Aussehen hat als die analoge Beziehung der typischen Novae. Eine Reihe von Daten zeugen davon, daß die Klasse der typischen Novae nicht kontinuierlich in die Klasse der Supernovae übergeht. Verschiedenes spricht dafür und wird belegt, daß zwischen Novae und Supernovae nicht nur quantitative sondern auch qualitative Unterschiede bestehen. Die Frage der Verteilung der Supernovae in Galaxien wird kurz erörtert und Versuche unternommen, den Typ des galaktischen Untersystems der Supernovae zu bestimmen. Letzteres erweist sich als flach und kommt nach seinen Parametern dem Untersystem der Dunkelnebel am nächsten. Verf. (übersetzt)

* * **I. M. Kopylow,** Bestimmung der Entfernungen der außergalaktischen Nebel mit Neuen Sternen. Vgl. Ref. **12415**.

11310. **E. Vandekerkhove,** Etude au sujet des anneaux lumineux que l'on observe autour de quelques novae. Vgl. Ref. **1169**, daselbst S. 498—529, mit 2 Fig. und Diskussion S. 542 = Commun. Obs. Roy. Belgique Nr. 86. — Untersuchungen über Nebelspuren in der Umgebung früherer Novae führen zur Vorstellung, daß das Licht des Zentralsterns an Partikeln mit Durchmessern von 500 Å gestreut wird. Hoppe

11311. **P. Wellmann,** Die Ionisation in einer Novahülle. Mitt. AG 1954 S. 26. — Ref. AG.

11312. **W. Wenzel,** Vier Postnovae. Sterne **31** 69—70. — Eine bemerkenswerte Tatsache mit kosmogonischen Konsequenzen ist der Algol-Lichtwechsel der Postnova 1934 DQ Herculis. Die übrigen drei Sterne: SVS 1021, EM Cyg und V Sge werden ihrer geringen absoluten Helligkeit und ihres Farbenindex wegen für Postnovae gehalten. Bei der Häufigkeit des Aufleuchtens neuer Sterne in der Galaxis ist mit dem Vorhandensein noch zahlreicher, unerkannter Postnovae zu rechnen. Hoppe

Beobachtungen einzelner Novae

11313. **Nova V 356 Aquilae (1936)**

D. B. McLaughlin, The spectrum of the slow nova V 356 Aquilae (1936). ApJ **122** 417—428, mit 2 Fig. — Aus den Beobachtungen ergibt sich, daß die Korrelation zwischen den Helligkeitsschwankungen, den spektralen Veränderungen und den Verschiebungen der Absorptionslinien analog denen sind, die bei der Nova Herculis und der Nova Geminorum 1912 gefunden wurden. Zimmermann

11314. **Nova V 603 Aquilae (1918)**

Beobachtung: JO **38** 315 (H). J RAS Canada **49** 167 (H).

11315. **Nova T Coronae Borealis (1866)**

Beobachtung: Acta Astr. Sinica **3** 59—68 (Sp, T).

11316. **Nova P Cygni (1600)**

E. M. Burbidge, G. R. Burbidge, Paschen and Balmer series in spectra of Chi Ophiuchi and P Cygni. Vgl. Ref. **11196**.

I. D. Kupo, Ein möglicher Ausbruch von P Cygni im Herbst 1951. Astr Circ UdSSR Nr. 163 S. 23—25, mit 3 Abb. (russisch). — Verf. berichtet über das Aussehen zweier Spektren von P Cyg am 4. und 28. Sept. Das erste zeigt Hβ deutlich, das zweite nicht, obwohl auch hier die Aufnahme normal exponiert war. P Cyg befand sich offensichtlich in einem Zustand besonderer Instabilität. Loh.

11317. **Nova V 465 Cygni (1948)**

Beobachtung: Acta Astr. Sinica **3** 69—81, mit 9 Fig. (Sp, T).

11318. **Nova DQ Herculis (1934)**

Beobachtung: J RAS Canada **49** 167 (H). Rev. Astr. Nr. 137 S. 81 (Not).

A. Brun, Une algolide extraordinaire: Nova Herculis 1934. BSAF **69** 120—122, mit 2 Fig. — Ref. in Coelum **23** 147—148.

E. A. Kreiken, The mean density of Nova Herculis. Obs **75** 82. — Verf. gibt unter drei verschiedenen Annahmen über das Doppelsternsystem DQ Her untere Grenzen für die Dichte an. Es ist wahrscheinlich, daß die mittlere Dichte recht hoch ist. O. G.

V. V. Michkovitch, 1934 Nova Herculis = DQ Herculis. Annuaire de notre ciel pour l'an 1956. Beograd 1955 S. 149—151, mit 1 Fig. (serbisch).

L. Rosino, Sulla variabilità della Nova DQ (1934) Herculis. Ricerca Sci. **25** 3367—3377, mit 6 Fig. = Contr. Oss. Astrofis. Asiago Nr. 63. — Photographische Aufnahmen der Nova DQ (1934) Herculis wurden erhalten im primären Fokus des 24′ Zeiß-Reflektors von Lojano und im Newtonfokus des 48′ Reflektors von Asiago. Ableitung photographischer und photovisueller Lichtkurven. Die rasche Veränderlichkeit des Bedeckungsveränderlichen DQ Herculis — die früher von Walker gefunden worden war — wurde bestimmt und die Periode bestätigt. Der Stern liegt mit einem schwachen Begleiter in 3′ Abstand in der Mitte einer nebligen Scheibe von 13′ × 11′. Der Nebel ist kräftig im Blau und Violett und sehr kräftig im Rot nahe 6560 Å, verschwindet aber im Gelb und Infrarot. Die photographische Amplitude beträgt unter Berücksichtigung der Überlagerung durch den Nebel etwa 2^m, die photovisuelle $1^m.3$. Die bedeckende Komponente ist daher ein rötlicher Stern. Zum Schluß werden einige Bemerkungen über die Natur des Systems gemacht. Verf.

R. Sommer, Nova Herculis von 1934 — ein Algolstern! BAV-Rundbrief **4** Nr. 1 S. 1.

O. Struve, The duplicity of Nova Herculis. Sky and Telescope **14** 275—278, mit 8 Fig. — Bericht über die Entdeckung der Duplizität der Nova DQ Herculis durch M. Walker. Verf. diskutiert die Möglichkeit, daß die Doppelsternnatur mit dem Novaphänomen zusammenhängen könnte. Behr

M. F. Walker, Elements of the short-period eclipsing binary Nova DQ Herculis (1934). Publ ASP **67** 262—263. — Die Radien, Massen und Dichten der einzelnen Komponenten dieses Algolsterns sind aus den Bahnelementen und Helligkeiten bestimmt. Beyer

Orion Schaffhausen **4** 445. Nova Herculis 1934 als Bedeckungs-Veränderlicher.

Sky and Telescope **14** 101. Nova Herculis as an eclipsing binary. — Photoelektrische Beobachtungen der bekannten Nova Herculis enthüllten die erstaunliche Tatsache, daß diese Exnova ein Bedeckungsveränderlicher mit der sehr kurzen Periode von 4 Stunden 39 Minuten und einer Amplitude von etwa einer Größenklasse ist. Die Prüfung alter Platten zwischen 1894 und 1934 vor dem Novaausbruch im Jahre 1934 läßt höchstens eine Veränderlichkeit der Praenova im Bereich einiger Zehntel Größenklassen als möglich erscheinen. H. M.

11319. **Nova DK Lacertae (1950)**

Beobachtung: J RAS Canada **49** 167 (H).

11320. **Nova RS Ophiuchi (1901 und 1933)**

Beobachtung: J RAS Canada **49** 167 (H, Not).

11321. Nova GK Persei (1901)
Beobachtung: J RAS Canada **49** 166 (H, Not).

11322. Nova RR Pictoris (1925)
Beobachtung: J RAS Canada **49** 166 (H).

11323. Nova CP Puppis (1942)
Beobachtung: J RAS Canada **49** 166 (H).

11324. Nova SS Sagittae (1717 ?)
NAT 1955 S. 141—142. En nova i Sagitta i aaret 1717 ? — Auf Grund von Bemerkungen Zinners und Himpels spricht Verf. die Vermutung aus, daß SS Sge bereits 1717 als Nova von C. Kirch beobachtet worden ist. Dieser fand nämlich für ε Sge eine Helligkeit von $3^{m}\!.8$, während Bayer 6^{m} angibt. Kirch sollte wohl ε Sge mit SS Sge verwechselt haben. C. L. J.

11325. Nova Sagittarii (1928)
J. Dishong, D. Hoffleit, Nova Sagittarii 1928, H. V. 12320. AJ **60** 259—260, mit 2 Fig. = Harv Repr (2) Nr. 69. — Gelegentlich einer Durchmusterung älterer Harvard-Platten identifizierte J. Dishong einen von D. Hoffleit am Ort (1900) $18^{h}\,09^{m}\,22^{s}$ $-23°\,55\!'\!.4$ gefundenen Veränderlichen als eine Nova. Maximum 1928 Juni 24: $9^{m}\!.7$; zwei Figuren vergleichen die Lichtkurve mit denjenigen anderer Novae. Beyer

11326. Nova V 630 Sagittarii (1936)
Beobachtung: AJ **60** 454 = Harv Repr (2) Nr. 77 (H, Lk).

11327. Nova Sagittarii (1953)
Beobachtung: Rev. Astr. Nr. 133 S. 83 (An, Sp).

11328. Nova V 1274 Sagittarii (1954)
Beobachtung: Rev. Astr. Nr. 135 S. 160 (An).

11329. Nova V 1275 Sagittarii (1954)*)
Beobachtung: Rev. Astr. Nr. 135 S. 160 (An, O, Sp).

H. A. Abt, The spectrum of Nova Sagittarii 1954.1. ApJ **122** 199—200, mit 1 Tafel = Contr. McDonald Obs. Nr. 254. — Neben einer kurzen Beschreibung des Verhaltens der Emissions- und Absorptionslinien der Nova vom 7. bis 21. Juli 1954 nach Lick- und McDonald-Aufnahmen werden Radialgeschwindigkeiten der Absorptionslinien mitgeteilt, die bei −732 und −1665 km/sec liegen. Die interstellaren H- und K-Linien sind sehr kräftig. Loh.

M. W. Feast, The spectrum of Nova Sagittarii 1954 (Haro-Herraro). MN **115** 461—467. — Zwischen 1954 Juli 7 und Aug. 20 wurden 22 Spektrogramme mit einer Dispersion von 41 bzw. 86 Å/mm bei Hγ mit dem Zwei-Prismen-Spektrographen des 74zölligen Radcliffe Reflektors in Pretoria erhalten. Die Wellenlängen sämtlicher Absorptions- und Emissionslinien wurden gemessen und die Ergebnisse mit den von D. B. McLaughlin klassifizierten Stadien eines typischen Novaspektrums verglichen. Das «principal absorption spectrum», in dem unter anderem kräftige Kohlenstofflinien auftreten, war bis zum 5. August vorhanden. Die Linien ergeben eine Radialgeschwindigkeit von −729 km/sec. Einzelne Komponenten der Wasserstoffabsorptionen lieferten erheblich größere Geschwindigkeiten bis zu −2053 km/sec. Die interstellaren Kalziumlinien lassen auf einen Abstand von 3 Kiloparsec und eine absolute Maximalhelligkeit von $-7^{m}\!.8$ schließen. Beyer

*) Verschiedentlich mit Nova Scorpii bezeichnet.

11330. **Nova Sagittarii (1955)**
Entdeckung: G. Haro, Tonantzintla, 1955 Febr. 16.
Beobachtung: Astr Circ UdSSR Nr. 158 S. 1 (An). BAA Circ 360 (An, O). BSAF **69** 83 (An). El Universo Nr. 33 S. 139—140 (An). Harv Card 1288 = NAZvM 247 = UAI Circ 1491 (An, H, O, Sp). Orion Schaffhausen **4** 397 (An). Rev. Astr. Nr. 137 S. 81 (An).

11331. **Nova CT Serpentis (1948)**
Beobachtung: Acta Astr. Sinica **3** 69—81, mit 9 Fig. (Sp, T). JBAA **65** 160 (H).

11332. **Nova RR Telescopii**
Beobachtung: AJ **60** 175 (Sp).
A. D. Thackeray, RR Telescopii in 1953 and 1954, and the development of slow novae. MN **115** 236—247, mit 1 Fig. und 1 Tafel = Commun. Radcliffe Obs. Nr. 31. — Als Fortsetzung von MN **113** 211 (vgl. AJB **53** Ref. **111109**) werden die Ergebnisse der Spektraluntersuchungen dieser langsamen Nova aus den Jahren 1953/54 diskutiert. Die mit dem Zweiprismenspektrographen des Radcliffe-Reflektors in Pretoria erhaltenen 23 Aufnahmen zwischen 1953 März 20 und 1954 Okt. 24 sind ausführlich beschrieben und die gemessenen Wellenlängen der Linien in einer Tabelle zusammengestellt. Die zeitliche Entwicklung des Spektrums ist mit derjenigen anderer langsamer Novae verglichen. Sie verläuft für die Novae RR Pic, RR Tel, RT Ser und η Car im Zeitverhältnis 1 : 6 : 17 : 220. Neben Tabellen der Wellenlängen, der Elemente und der Entwicklungsstadien der vier Novae ist ein Entwicklungsdiagramm und eine bildliche Darstellung mehrer Spektren von RR Tel aus Juli 1954 wiedergegeben. Beyer

Supernovae

11333. **C. Bertaud,** Les supernovae de 1954. BSAF **69** 293—298, mit 4 Fig.

* * **G. C. McVittie, M. H. Rogers,** On the spherically symmetric non-adiabatic motion of a gas sphere. Vgl. Ref. **5227**.

11334. **E. J. Öpik,** Dust and star formation in supernova explosions. Vgl. Ref. **1169**, daselbst S. 634—637, mit Diskussion S. 684—687 = Armagh Obs. Leaflet Nr. 34. — Verf. betrachtet die Möglichkeit einer Ausbildung von Verdichtungszonen um eine Supernova infolge der verschiedenen Geschwindigkeiten, die Partikel unterschiedlicher Größe und Entfernung vom Stern durch den Strahlungsdruck erhalten. Weigert

11335. Extragalaktiska supernovor. PAT **36** 75—77. — Die vorliegende Notiz enthält Bemerkungen über die Verteilung der Supernovae in den verschiedenen Typen außergalaktischer Nebel sowie die von Lundmark, Baade und Zwicky vorgeschlagene Einteilung der Novae und Supernovae. Ferner wird eine Liste außergalaktischer Novae von Bertaud sowie eine Tabelle über außergalaktische Supernovae von Reaves wiedergegeben. C. L. J.

11336. Prehistoric drawings of a supernova? Sky and Telescope **14** 460. — Ref. in NAT 1955 S. 110. — Zwei prähistorische Zeichnungen im nördlichen Arizona werden als Darstellungen der Supernova von 1054, auf die die Entstehung des Crab-Nebels zurückgeführt wird, gedeutet. Beide Zeichnungen stellen die Konjunktion des Mondes im Ersten Viertel mit einem Stern dar. Die Rechnung ergibt, daß der Mond am 4. Juli 1054, als die Supernova aufflammte, in dieser Phase stand. Aus archäologischen Fragmenten geht jedoch nur mit Sicherheit hervor, daß einer der beiden Fundorte zu dieser Zeit bewohnt war. U. Baehr

11337. **Supernova in NGC 4214**
Entdeckung: P. Wild, Mt. Wilson-Palomar, 1954 Mai 30.
Beobachtung: Mem SA It (NS) **26** 185—188, mit 2 Tafeln = Pubbl. Oss. Astr. Univ. Bologna **6** Nr. 12 (H, Lk, VS). MVS Nr. 208 (H). Rev. Astr. Nr. 135 S. 160 (An).
C. Bertaud, La supernova dans NGC 4214. BSAF **69** 393—394, mit 1 Fig.
P. Wellmann, Die Supernova in NGC 4214. ZfA **35** 205—209, mit 3 Abb. = Mitt. Sternw. Hamburg-Bergedorf **22** Nr. 244. — Ref. in Sterne **31** 140—141. — Das Spektrum unterscheidet sich in einigen Einzelheiten von anderen Supernovaspektren, obgleich Lichtkurve und absolute Helligkeit dem Typus I entsprechen. Verf.

11338. **Supernova in NGC 5668**
Beobachtung: Mem SA It (NS) **26** 185—188, mit 2 Tafeln = Pubbl. Oss. Astr. Univ. Bologna **6** Nr. 12 (H, Lk, VS). Rev. Astr. Nr. 135 S. 160 (An).

11339. **Supernova in NGC 5879**
Beobachtung: Rev. Astr. Nr. 135 S. 160 (An).

11340. **Vermutete Supernova** im Nebel $15^h 10^m$ $+25° 24'$ (1855)
Beobachtung: Harv Card 1297, 1298. NAZvM 253, 256. NAZ **9** 21, 26. UAI Circ 1499, 1502.
Sky and Telescope **14** 406. Suspected supernova found in Bootes.

11341. **Novae. Verzeichnis der Beobachter**

M. Bloch	M. W. Mayall	M.-L. Tcheng
S. Gaposchkin	C. Payne-Gaposchkin	M. F. Walker
C. Hoffmeister	S. Pietra	

XIII. Sternsysteme. Nebel. Interstellarer Raum

§ 120

Allgemeines

12001. **W. A. Baum,** The main sequence of population II. Publ ASP **67** 114. — Ref. ASP.

12002. **R. H. Garstang,** Stellar populations. JBAA **65** 122—135, mit 3 Fig. und 2 Tafeln = Commun. Univ. London Obs. Nr. 19. — Die Arbeit gibt einen Überblick und eine Zusammenfassung der Kenntnisse über Sternpopulationen. Im wesentlichen werden folgende Fragen behandelt: Farben-Helligkeits-Diagramme von Kugelsternhaufen und extragalaktischen Systemen; Vergleich der Kugelsternhaufen mit elliptischen Nebeln; Populationen im Milchstraßensystem; spektroskopische und andere Unterschiede zwischen den Populationen; die Magellanschen Wolken; Alter und Entwicklung der Sterne; die Massen der Sterne der Population II. Gli.

12003. Galaxy spectra unexplained. Chemistry **28** Nr. 6 S. 11—12. — Ref. in RJ Astr. Geod. UdSSR 1956 Nr. 2 S. 12.

12004. Le popolazioni stellari di tipo I e II, illustrate da fotografie prese al telescopio Hale del Monte Palomar. Coelum **23** 48—49, mit 1 Tafel.

12005. Visual magnitudes of some Messier objects. Sky and Telescope **14** 254.

12006. Novo izdanje NGC kataloga. Vasiona **3** 44.

§ 121

Offene und kugelförmige Sternhaufen

12101. **M. K. V. Bappu,** A photoelectric study of early-type supergiants around h and χ Persei. Obs **75** 47—48. — Ref. RAS.

12102. **W. Becker, E. A. Müller, U. Steinlin,** Dreifarben-Photometrie des offenen Sternhaufens NGC 7510 und seiner Umgebung. ZfA **38** 81—94, mit 10 Abb. = Contr. Oss. Astrofis. Asiago Nr. 64. — Eine Dreifarben-Photometrie von NGC 7510 ergibt m—M = $15^{m}.20$, Farbenexzeß (470/638) = $+1^{m}.06$, Farbenexzeß (373/470) = $+0^{m}.91$. Der wegen interstellarer Absorption verbesserte Modul beträgt $15^{m}.20$—$3^{m}.21$ = $11^{m}.99$ entsprechend 2500 pc. Der Sternhaufen gehört danach zu dem nächst äußeren Spiralarm. Der mit 7510a bezeichnete kleine Sternhaufen hat eine Entfernung von 1850 pc und liegt unmittelbar vor diesem Spiralarm. Die nichtphysischen Mitglieder beider Haufen sowie die des Feldes 7510b werden mit Hilfe des Zweifarbenindex-Diagramms in späte Riesen und Zwerge aufgeteilt. Die Riesen überwiegen und liegen zu 80 % im Helligkeitsintervall von $14^{m}.0$ bis $15^{m}.6$. Unter Berücksichtigung der natürlichen Streuung der Leuchtkräfte und der Tiefenstaffelung im Spiralarm ergibt sich, daß die Riesen dem gleichen Spiralarm angehören wie NGC 7510. Verf.

12103. **V. Blanco, J. J. Nassau, J. Stock, W. Wehlau,** M-type stars in NGC 7419. ApJ **121** 637—642, mit 1 Fig. — Nach diesem vorläufigen Bericht enthält der Haufen auf Grund einer Durchmusterung infraroter Objektivprismenspektren vier frühe M-Überriesen. Ein M 7-Überriese gehört ihm wahrscheinlich ebenfalls an. In bezug auf die M-Sterne sind die blauen Sterne des Haufens nicht so leuchtkräftig wie in h und χ Persei. Aus den roten und infraroten Größen folgt eine interstellare Absorption im Visuellen von rund 5^{m}. Die Entfernungsbestimmung ist problematisch. Loh.

12104. **V. M. Blanco,** The M-type supergiants in h and χ Persei. ApJ **122** 434—437, mit 2 Fig. — Die visuellen und infraroten Helligkeiten der M-Überriesen in der Umgebung von h und χ Persei werden diskutiert. Es zeigt sich, daß bei diesen Sternen Beziehungen zwischen den Spektraltypen, den infraroten absoluten Helligkeiten und den Farbenindizes (V—I) bestehen. Weigert

12105. **A. N. Cox,** A study of the galactic cluster NGC 2516. ApJ **121** 628—636, mit 4 Fig. = Publ. Goethe Link Obs. Nr. 14. — Von 116 Sternen des Haufengebiets wurden Helligkeiten und Farben aus Aufnahmen an den 24′- und 18′-Refraktoren der Kap-Sternwarte bestimmt. Die photometrischen Skalen wurden an die photoelektrische Photometrie von 59 Sternen mittels eines am 24′-Refraktor anmontierten und mit einem 1 P 21-Vervielfacher ausgerüsteten Photometers angeschlossen. Für eine Reihe von Sternen des Haufens wurde der Farbenexzeß und daraus die totale visuelle interstellare Absorption zu $0^m_.11$ bzw. $0^m_.3$ bestimmt. Das Farben-Helligkeits-Diagramm zeigt den oberen Teil der Hauptreihe und einige wenige Riesen bzw. Unterriesen. Die Streuung entlang der Hauptreihe ist relativ groß. Die Entfernung wurde photometrisch zu 400 ± 25 pc (m_0—M = $8^m_.0 \pm 0^m_.1$) berechnet, die Sterndichte auf 1.5 Sterne/pc^3 abgeschätzt. Loh.

12106. **W. Dieckvoss,** Vermessung des offenen Sternhaufens Messier 34. AN **282** 25—32, mit 1 Abb. = Mitt. Sternw. Hamburg-Bergedorf **9** Nr. 90. — Es werden die rechtwinkligen Koordinaten von 492 Sternen im Gebiet des Haufens M 34 (mittl. Fehler $\pm 0''_.06$) und die Eigenbewegungskomponenten von 136 dieser Sterne (mittl. Fehler etwa $\pm 0''_.003$/Jahr) mitgeteilt. Verf.

* * **W. Dieckvoss, H. Kox,** Neue Positionen von 76 Sternen des AGK 2 A im Gebiet um den offenen Sternhaufen M 35. Vgl. Ref. **9104**.

12107. **O. J. Eggen,** The color-luminosity array for some galactic clusters. AJ **60** 407—414, mit 2 Fig. = Lick Obs. Bull. Nr. 539. — Ältere photoelektrisch bestimmte Farben und Helligkeiten verschiedener offener Sternhaufen und neue Messungen am α Persei-Haufen und in Coma Berenices werden zu einem gemeinsamen FHD zusammengesetzt. Die Metallinien-Sterne scheinen ein festdefiniertes Gebiet in diesem FHD einzunehmen. Voigt

12108. **M. Golay,** Détermination de l'excès de couleur de quelques étoiles des Pléiades. Publ. Obs. Genève (A) **6** 24—25. — Für eine Anzahl von Plejaden-Sternen wird unter Benutzung der linearen Beziehung zwischen der Größe des Balmer-Sprunges D und dem Farbenindex B—V der Johnson-Morganschen Skala letzterer aus dem beobachteten D berechnet; der Vergleich mit den beobachteten Farbenindizes liefert dann die Farbenexzesse dieser Sterne. Ferner werden die Farbenexzesse auch aus der Johnson-Morganschen Größe Q direkt berechnet. Der Vergleich beider Werte ergibt befriedigende Übereinstimmung. H. M.

12109. **N. N. Gorochowa,** Spektralphotometrische Untersuchung der Sterne in den Sternhaufen Coma Berenice und Plejaden. Mitt. Astr. Hauptobs. Pulkowo **19** Nr. 6 (153) S. 68—106, mit 5 Abb. (russisch). — Einführend gibt Verf. eine Übersicht über die Situation der Erforschung der beiden Sternhaufen, und zwar bezüglich des Coma-Haufens über die Eigenbewegung, Parallaxe, Raumgeschwindigkeit, Radialgeschwindigkeiten, Helligkeiten, Farbenindizes und Spektren, bezüglich der Plejaden in kürzerer Form über die bisher vorliegenden Photometrien. Darauf folgt nach einer Beschreibung des Instrumentariums und des Reduktionsverfahrens die Ableitung spektralphotometrischer Gradienten von Sternen beider Haufen. Der Anschluß der kurz- und langwelligen Gradienten (5000—3950 bzw. 6500—5000 Å) der Coma-Sterne erfolgte an den Göttinger Fundamentalstern β UMa (Tab. 14), der der Plejadensterne analog an β Tau und β Aur (Tab. 15). In der abschließenden allgemeinen Diskussion wird unter anderem auf das unterschiedliche Stadium der Entwicklung beider Haufen hingewiesen. Eine kurze Bemerkung gilt der Relaxationszeit. Loh.

12110. **A. R. Hogg, G. E. Kron,** The galactic cluster IC 4665. AJ **60** 365—370, mit 2 Fig. = Lick Obs. Bull. Nr. 534. — Zwei- und Drei-Farben-Photometrie im U, B, V-System im offenen Sternhaufen IC 4665. Verschiedene FHD werden zur Auswahl von Haufenmitgliedern benutzt. Nach der Farbdifferenzmethode wird die interstellare Absorption abgeschätzt und die Entfernung zu 430 pc bestimmt. IC 4665 enthält Sterne früheren Spektraltyps als die Plejaden. Voigt

12111. **F. Hřebík,** Sternhaufen. Rozhledy **34** 256—258 (tschechisch).

12112. **H. L. Johnson, A. R. Sandage,** The galactic cluster M 67 and its significance for stellar evolution. ApJ **121** 616—627, mit 5 Fig. und 1 Tafel. — Im U, B, V-System wurden für nahezu 500 Sterne des «galaktischen»

Haufens Farben und Helligkeiten bestimmt. Das Farben-Helligkeits-Diagramm zeigt gegenüber dem anderer galaktischer Haufen große Unterschiede; es hat viel mehr Ähnlichkeit mit dem der kugelförmigen Sternhaufen. In Anlehnung an die heutigen Auffassungen über die Sternentwicklung folgen für das Alter des Haufens etwa 5×10^9 Jahre, wenn man annimmt, daß die Hauptreihe des Haufens mit der der Sonnenumgebung zur Deckung gebracht werden darf. Ein Vergleich mit dem Farben-Helligkeits-Diagramm von M 3 und M 92 zeigt oberhalb des Knies Abweichungen, die durch die Annahme verschiedener chemischer Zusammensetzungen erklärt werden können. Da die Metallinien im Spektrum der helleren Sterne von M 67 durchaus als normal bezeichnet werden können, während sie im M 3 und M 92 schwächer sind, sollte die Metallhäufigkeit in letzteren geringer sein. Loh.

12113. **H. L. Johnson, C. F. Knuckles,** The Hyades and Coma Berenices star clusters. ApJ **122** 209—221, mit 10 Fig. — Es werden lichtelektrische Dreifarbenmessungen im U, B, V-System von Sternen des Hyaden- und des Coma Berenice-Haufens veröffentlicht. In den äußeren Teilen des Hyaden-Haufens finden sich mehrere Sterne, die — wenn sie Haufenmitglieder sind — auf einen relativ großen Anteil von Unterzwergen in den Hyaden schließen lassen. Die F- und G-Sterne des Coma Berenice-Haufens strahlen im Ultravioletten stärker als die gleichen Typen in den Hyaden. Der Verlauf der Hauptreihe in den Hyaden gleicht dem in der Praesepe; gegenüber der Hauptreihe in den Plejaden zeigen sich systematische Unterschiede, die sich auf Grund eines verallgemeinerten Cowlingmodells als Entwicklungseffekt deuten lassen und der Hyaden-Praesepe Hauptsequenz ein Alter von 10^9 Jahren zuschreiben. Weiterhin wird die Hauptsequenz der Hyaden mit der Hauptreihe in der Sonnenumgebung verglichen. Gli.

12114. **H. L. Johnson, W. W. Morgan,** Photometric and spectroscopic observations of the double cluster in Perseus. ApJ **122** 429—433, mit 1 Fig. = Contr. McDonald Obs. Nr. 261. — Es werden photoelektrische Helligkeiten und Farbenindizes im (U, B, V)-System von 123 Sternen des Doppelhaufens h und χ Persei und Spektraltypen im MK-System von 51 dieser Sterne angegeben. K. H. Schmidt

* * **A. G. Massewitsch,** The evolution of hot stars in the Pleiades. Vgl. Ref. **5415.**

12115. **J. Meurers,** Die Eigenbewegung des M 11 und seiner Umgebung. Mitt. AG 1954 S. 44—45. — Ref. AG.

12116. **E. A. Müller,** Dreifarben-Photometrie des offenen Sternhaufens NGC 654 und einer benachbarten Sterngruppe. ZfA **38** 110—124, mit 5 Abb. = Mitt. Astr. Meteorol. Anstalt Univ. Basel (Astr.) Nr. 2. — Mit der kolorimetrischen Methode wird der Entfernungsmodul und die interstellare Verfärbung für den auf Schmidt-Platten in den drei Spektralbereichen $\lambda = 638$, 470 und 373 mμ aufgenommenen offenen Sternhaufen NGC 654 und die benachbarte Sterngruppe A bei NGC 663 bestimmt. Der nordwestliche Teil von NGC 654 scheint stärker rotverfärbt zu sein als der restliche Teil, was gleichzeitig mit einer deutlich sichtbaren Sternarmut im Nordosten auf eine abnormal stark absorbierende interstellare Materie im Norden des Haufens schließen läßt. Ferner weist NGC 654 im ganzen eine abnorm große Verfärbung im Roten auf, die stark von dem Whitfordschen Wellenlängengesetz der interstellaren Verfärbung abweicht. Aus der beobachteten Verfärbung ergibt sich eine Entfernung von 1440 pc mit einem linearen Durchmesser des Haufens von 3.5×2.4 pc. Unter Berücksichtigung des Wellenlängengesetzes der interstellaren Verfärbung führt der kurzwellige Farbenexzeß allein zu einer Entfernung von 1740 pc und einem linearen Durchmesser von 4.2×3.0 pc, wodurch er in die Nähe des nächstäußeren Spiralarms zu liegen käme. Die Sternansammlung A bei NGC 663 erweist sich als eine physisch zusammengehörige Sterngruppe, die in einer Entfernung von 995 pc am äußeren Rand des der Sonne zugehörigen Spiralarms liegt und einen totalen Durchmesser von 2.4 pc besitzt. Die Lage von NGC 654, von A und von deren nicht physischen Haufenmitgliedern im Zweifarbenindex-Diagramm wird diskutiert. Verf.

12117. **P. Pişmiş,** Sobre las cadenillas de estrellas a la vecindad del cúmulo NGC 2244. Bol. Obs. Tonantzintla y Tacubaya Nr. 13 S. 23—27, mit 2 Fig. (mit englischer Zusammenfassung). — Es werden drei Sternketten in der Umgebung von NGC 2244 beschrieben, deren zu diesem Sternhaufen konzentrische Gruppierung zur Deutung als Kondensationsprodukte expandierender interstellarer Wolken im Sinne einer Theorie von Oort Anlaß gibt. Anhand eines provisorischen Farben-Helligkeits-Diagramms wird nachgewiesen, daß sich die Sternketten ungefähr in der gleichen Entfernung befinden wie der Sternhaufen. Schließlich werden noch die Schlüsse über die Sternentstehung kurz gestreift, die aus dem Fehlen der frühesten Spektraltypen des Sternhaufens in den Ketten gezogen werden können. Gü.

12118. **W. W. Ptschelinzewa,** Über einige offene Sternhaufen. Astr Circ UdSSR Nr. 159 S. 14—15 (russisch). — Aus den für die Haufen NGC 381, NGC 1664 und Col 69 in der Bergedorfer Spektraldurchmusterung und Publ. McCormick Obs. 7 enthaltenen Spektraltypen und Helligkeiten wurden Zustandsdiagramme gezeichnet und aus den sich abzeichnenden Hauptreihenanfängen absolute Helligkeiten und unter Berücksichtigung der interstellaren Absorption die Entfernungen bestimmt: 730, 800 und 300 pc. Bei zwei weiteren kleinen Haufen (Col 33 und Col 34) konnte keine Hauptreihe ermittelt werden. Vermutlich handelt es sich hier nur um zufällige Fluktuationen der Sterndichte. Loh.

12119. **V. C. Reddish,** Colour-magnitude arrays in the clusters Tombaugh 5, NGC 7789, NGC 1528 and M 67 (NGC 2682). Obs 75 41—43. — Ref. RAS.

12120. **N. G. Roman,** The spectrum-luminosity diagram for NGC 752. ApJ **121** 454—460, mit 3 Fig. = Contr. McDonald Obs. Nr. 249. — Es werden 52 Mitglieder des galaktischen Sternhaufens NGC 752 im MK-System klassifiziert, hauptsächlich Hauptreihensterne von F 2—G 0. Die Sterne gehören zur Gruppe der in der Sonnenumgebung beobachteten «weak line stars». Der Entfernungsmodul des Haufens beträgt auf Grund der F 5—G 0-Sterne $8^m_.2$. Der Vergleich des beobachteten Hertzsprung-Russell-Diagramms mit theoretisch auf der Basis des verallgemeinerten Cowling-Modells berechneten HR-Diagrammen zeigt, daß das Alter des Haufens mindestens 1.5×10^9 Jahre betragen muß. Gli.

12121. **J. J. Ruiz,** Photoelectric magnitudes of Pleiades stars. Sky and Telescope **15** 44.

12122. **J. Ruprecht, V. Vanýsek,** Über die Auflösung der offenen Sternhaufen in Anlehnung an die Radsijewskijsche allgemeine Lösung des nichteigenschränkten Dreikörperproblems bei Newton-Hookescher Wechselwirkung. AJ UdSSR **32** 93—94 (russisch). — In Anlehnung an eine Untersuchung von Radsijewskij (vgl. AJB **54** Ref. **4228**) weisen Verf. darauf hin, daß die dort gezogene Schlußfolgerung, die Auflösung von Sternsystemen in der Sonnenumgebung sei nicht oder nur schwer möglich, unrichtig ist. Loh.

12123. **J. Ruprecht,** The stability of galactic clusters, moving along an elliptical orbit. BAC **6** 128—135, mit 1 Fig. (russisch mit englischer Zusammenfassung). — Mittels des Milchstraßenpotentials nach dem Ansatz von Parenago werden die Sternhaufen studiert, die auf elliptischen Bahnen in der Milchstraßenebene umlaufen. Tabellen zeigen, daß nur bei sehr geringen Bahnexzentrizitäten und bei genügend großen Gesamtmassen Stabilität zu erwarten ist. Für die Plejaden wird die Entweichgeschwindigkeit 1 km/sec. Stabilität über Zeiträume von 10^9 bis 10^{10} Jahren erscheint nur als Ausnahme vom durchschnittlichen Verhalten der Sternhaufen. Dv.

* * **P. Sawizkij,** Sterne mit großer Eigenbewegung im Gebiet des galaktischen Haufens NGC 6705. Vgl. Ref. **9209**.

12124. **P. Sawizkij,** Der galaktische Sternhaufen NGC 6705. Astr Circ UdSSR Nr. 165 S. 10—12 (russisch). — Von 525 sehr wahrscheinlich zum Haufen (= M 11) gehörenden Sternen wurden aus Aufnahmen in den Jahren 1896 und 1951 Eigenbewegungen bestimmt. Mit der Entfernung von 1.0 kpc ergeben sich für die Tangentialgeschwindigkeit des Haufens 26 km/sec. Die galaktischen Geschwindigkeitskomponenten sind $V_R = -29$, $V_\theta = +258$, $V_Z = -11$ km/sec. Der Durchmesser des Haufens beträgt etwa 10 pc. Loh.

12125. **S. Sharpless,** The distances and dimensions of IC 1805, IC 1848, and IC 410. AJ **60** 178—179. — Ref. AAS.

12126. **V. E. J. Terrell,** Galactic star clusters. J. Astr. Soc. Victoria 8 35—37.

12127. **H. L. Vanderlinden, N. Catry,** Systèmes de magnitudes et d'équivalents de couleur dans l'amas de Praesepe. Ann d'Astrophys 18 259—270, mit 11 Fig. = Univ. Gent Sterrenkundig Inst. Nr. 18. — Es werden die photographischen, photovisuellen, photoelektrischen und monochromatischen Helligkeiten und Farbenäquivalente von Strobel, Opolski, Haffner, Heckmann, Vanderlinden, Johnson, Malmquist und Wallenquist in der Praesepe miteinander verglichen. Die Beziehungen zwischen diesen Systemen werden graphisch dargestellt. Eine Tabelle gibt die Beziehung zwischen effektiver Wellenlänge und den Spektraltypen von Ramberg. Eine Diskussion der Farbenindizes von Johnson und der effektiven Wellenlängen weist darauf hin, daß im zentralen Teil der Praesepe eine Konzentration positiver Farbenexzesse auftritt. Gli.

12128. **H. L. Vanderlinden, N. Catry,** Selectieve absorptie in de galactische sterrenhoop Praesepe. Med. K. Vlaamse Acad. Wetensch. Letteren en Schone Kunsten van België (Kl. Wetensch.) **17** Nr. 9, 5 S. mit 2 Fig. = Univ. Gent Sterrenkundig Inst. Nr. 17.

12129. **S. Vasilevskis,** Positions and proper motions of stars in the region of the galactic cluster IC 4665. AJ **60** 384—391, mit 3 Fig. = Lick Obs. Bull. Nr. 535. — Durch Vergleich zweier neuer Aufnahmen (20″-Astrograph, Lick-Obs. 1953) mit älteren astrographischen Katalogen (1897—1938) werden Eigenbewegungen im Haufen IC 4665 bestimmt. Von 125 Sternen sind 26 wahrscheinlich und 18 möglicherweise Mitglieder des Haufens, für dessen Eigenbewegung sich 0.″94 pro Jahrhundert im Positionswinkel 240° ergibt. Voigt

* * **N. Wieth-Knudsen,** On the relative proper motion of a faint white star in the region of the cluster NGC 1647. Vgl. Ref. **9211**.

Kugelförmige Sternhaufen

12130. **G. O. Abell,** Globular clusters and planetary nebulae discovered on the National Geographic Society — Palomar Observatory sky survey. Publ ASP **67** 258—261. — Als vorläufiges Teilergebnis der Durchmusterung des Himmels mit dem 48 inch-Schmidt-Teleskop des Palomar-Observatoriums werden Positionen von 13 als Kugelsternhaufen und 73 als planetarische Nebel identifizierten Objekten mitgeteilt. Für die Haufen, von denen fünf schon bekannt waren, werden auch Durchmesser, Helligkeit der hellsten Sterne und Konzentration angegeben. O. G.

* * **H. C. Arp,** Cepheids of period greater than one day in globular clusters. Vgl. Ref. **11148**.

12131. **H. C. Arp,** Color-magnitude diagrams for seven globular clusters. AJ **60** 317—337, mit 19 Fig. — Farben-Helligkeits-Diagramme des Riesengebietes für sieben Kugelhaufen (M 2, 3, 5, 10, 13, 15 und 92) mit ausführlichem Katalog. Ergebnisse: 1.) der blaue horizontale Ast mit der RR Lyr-Lücke unterscheidet sich von Haufen zu Haufen. 2.) Die Zahl der RR Lyr-Sterne ist um so kleiner, je größer der Dichtegradient längs des horizontalen Astes ist. 3.) Möglicherweise besteht ein Zusammenhang zwischen der Lage des roten Endes des Riesenastes und den spektroskopischen und anderen Eigenschaften der Riesen und der Veränderlichen. Die Untersuchung bestätigt erneut die Annahme, daß alle RR Lyr-Sterne gleiche absolute Helligkeit und normalen Farbenindex besitzen. Voigt

12132. **H. C. Arp, H. L. Johnson,** The globular cluster. M13. ApJ **122** 171—176, mit 3 Fig. und 1 Tafel. — Im Anschluß an U, B, V-Helligkeiten ausgewählter Sterne des Haufens wurde über photographische Aufnahmen und Photometrie ein Zweifarbendiagramm und das Farben-Helligkeits-Diagramm bis $m_V = 17.6$ entworfen. Gegenüber M3 liegt die Hauptreihe etwa 1^m bis 2^m tiefer, und im Unterriesengebiet ist der Anstieg weniger steil. Loh.

12133. **A. Brown,** Color-magnitude array for stars in the globular cluster M13. ApJ **122** 146—170, mit 2 Fig. = Contr. McDonald Obs. Nr. 256. —Im Anschluß an photoelektrische Standards werden über photographische Aufnahmen photographische und photovisuelle Helligkeiten von Sternen bis etwa $m_{PV} = 15.2$ bestimmt und ihr Farben-Helligkeits-Diagramm gezeichnet. Dabei werden die durch Eigenbewegung als Vordergrundsterne erkannten Sterne weggelassen. Im Farben-Helligkeits-Diagramm ist der rechte Rand des Riesenastes schärfer begrenzt als der linke. Bei $m_{PV} = 15$ hebt sich die Lücke zwischen den weißen und gelb-roten Sternen deutlich ab. Loh.

12134. **L. Chiara,** Sul moto di una stella all'interno di un ammasso globulare. Pubbl. Oss. Astr. Palermo (NS) **9** Nr. 20.

12135. **P. N. Cholopow,** The structure of the system of bright stars contained in the globular cluster M 3. AJ UdSSR **32** 309—313, mit 3 Tafeln (russisch mit englischer Zusammenfassung). — Nach der vom Verf. entwickelten Methode (vgl. AJB **53** Ref. **12128**) wurde an Hand von Aufnahmen, die Kasanskij und Filippow 1932 am 38 cm-Astrographen des Sternberg-Instituts aufgenommen hatten, die Verteilung der hellen Sterne bis $15\overset{m}{.}7$ (pg) unter Annahme von Kugelsymmetrie ermittelt. Es zeigt sich, daß der Radius des Haufens 25′ erreicht. Im System der hellen Sterne schält sich ein Kern, ein Zwischengebiet, eine innere und eine äußere Korona heraus. Der Dichteverlauf ist graphisch und tabellarisch angegeben. Loh.

12136. **P. N. Cholopow,** Die räumliche Verteilung der roten Riesen und der RR Lyrae-Sterne im Kugelhaufen M15. VS Bull **10** 253—261, mit 4 Abb. (russisch mit deutscher Zusammenfassung). — Die räumliche Verteilung der roten Riesen und der RR Lyrae-Sterne im Kugelhaufen M15 wurde untersucht. Die Grenze des Kerns des Systems liegt bei $r = 2\overset{\prime}{.}2$ vom Zentrum. Es wird gezeigt, daß die relative Konzentration (K) verschiedener Gruppen heller Sterne in den Kernen der Kugelhaufen nur mit der Genauigkeit bis $\pm$ 0.3 bestimmt werden kann und praktisch für alle betrachteten Systeme gleich ist. Eine Ausnahme bilden Sterne, die sich auf dem Diagramm «Helligkeit — Farbenindex» unter dem horizontalen Ast befinden. Verf.

12137. **M. Czernik,** Rozmieszczenie gromad kulistych w przestrzeni. Urania Kraków **26** 134—138, mit 2 Fig. und 1 Tafel.

12138. **A. P. FitzGerald,** Note on globular cluster Omega Centauri. Irish AJ **3** 204, mit 1 Tafel = Armagh Obs. Leaflet Nr. 38.

12139. **S. von Hoerner,** Die Bahnformen der Kugelhaufen. Mitt. AG 1954 S. 34. — Ref. AG.

12140. **S. von Hoerner,** Über die Bahnform der kugelförmigen Sternhaufen. ZfA **35** 255—264, mit 4 Abb. — Durch eine statistische Methode wird untersucht, ob die Bahnen der Kugelhaufen eher als langgestreckt oder kreisförmig zu betrachten seien. Für alle Kugelhaufen, deren Entfernung R vom galaktischen Zentrum größer als 6 kpc ist, fällt der erste Test «nur Kreisbahnen» negativ aus. Der zweite Test «nur Geraden» ist positiv. Ein dritter Test lautet «Der Bruchteil Q aller Haufen bewegt sich auf Kreisen, der Rest auf Geraden». Für die Haufen mit $R > 6$ kpc ergibt sich $Q = 0.08 \pm 0.16$. Eine Unterteilung in zwei Entfernungsgruppen gibt $Q = 0.3 \pm 0.3$ für $6 < R < 14$, und $Q = 0.0 \pm 0.2$ für $R > 14$ kpc. Die Bahnen vor allem der entfernteren Haufen sind also vorwiegend langgestreckt. Dies Ergebnis ist positiv für eine Vermutung v. Weizsäckers über die Entwicklungsgeschichte der Kugelhaufen. Verf.

12141. **G. E. Kron, N. U. Mayall,** The Lick program of integrated magnitudes and colors of globular clusters. Publ ASP **67** 326—327. — Ref. ASP.

12142. **R. Kurth,** Stellar orbits in globular clusters. AN **282** 241—246 = Contr. Obs. Univ. St. Andrews Nr. 8. — Betrachtung (notwendig ebener) Rosettenbahnen — im Grenzfall geradliniger oder kreisförmiger Bahnen — im Innern eines endlichen Kugelhaufens, idealisiert mit Hilfe eines streng kugelsymmetrischen stationären Potentials ohne Rücksicht auf den Einfluß von Sternbegegnungen. Dv.

12143. **M. Roberts, A. Sandage,** The region of instability for RR Lyrae stars in the color-magnitude diagram for M 3. AJ **60** 185—197, mit 9 Fig. — Die RR Lyrae-Sterne des Kugelsternhaufens M 3 bilden im Farben-Helligkeits-Diagramm eine scharf begrenzte, isolierte Gruppe. Die Beschränkung des kurzperiodischen Pulsationslichtwechsels auf Sterne, deren scheinbare Helligkeiten photovisuell zwischen $15^m.54$ und $15^m.70$ liegen und deren Farbenindizes sich nach den Baileyschen Typen zwischen $-0^m.005$ und $+0^m.235$ gruppieren, bietet eine Möglichkeit, die bekannten Pulsationskriterien zu überprüfen. Die untersuchten 47 RR Lyrae-Sterne entsprechen danach den von der Theorie geforderten Bedingungen. Beyer

12144. **M. S. Roberts,** On the color and the mass-luminosity ratio of globular clusters and the elliptical nebula M 32. Publ ASP **67** 327—328. — Ref. ASP.

12145. **L. Rosino, G. Mannino,** Ricerche sugli ammassi globulari. XII. Distanza e stelle variabili d'un remotissimo ammasso globulare: NGC 7006. Mem SA It (NS) **26** 275—295, mit 6 Fig. und 1 Tafel = Contr. Oss. Astrofis. Asiago Nr. 59. — Auf mehreren am Reflektor von Asiago aufgenommenen Platten wurde der Kugelsternhaufen NGC 7006 untersucht. Neun neue RR Lyrae-Veränderliche wurden entdeckt und ihre Lichtkurven abgeleitet. Die unter Berücksichtigung der interstellaren Absorption verbesserte Entfernung beträgt 48 kpc. Cester

12146. **M. Rudkjøbing,** On the determination of the mass of a spherically symmetric cluster. ApJ **122** 357—358 = Publ. Københavns Obs. Nr. 165. — Die Schwarzschildsche Formel (vgl. AJB **54** Ref. **12439**) zur Bestimmung der Masse eines stationären, kugelsymmetrischen Haufens ist dazu nicht gut geeignet, wenn die Zahl der Sterne klein ist und die Streifenfunktion damit nicht glatt genug verläuft. Das vom Verf. vorgeschlagene Verfahren ist demgegenüber auch auf Haufen kleiner Sternzahl anwendbar, setzt aber in erster Näherung eine Gaußsche Verteilung der gegenseitigen Entfernungen voraus. Die vom Verf. abgeleitete Formel gilt sogar in guter Annäherung für nur zwei sich in Kreisbahnen umeinander bewegende Sterne. Loh.

12147. **A. R. Sandage, M. F. Walker,** The globular cluster NGC 4147. AJ **60** 230—236, mit 5 Fig. und 2 Tafeln. — Untersuchung des kugelförmigen Sternhaufens NGC 4147 ($l = 226°$, $b = +79°$) im U, B, V-System. Für 151 Sterne werden Helligkeiten und Farben gegeben. Der Entfernungsmodul wird zu $m - M = 16.85$ gefunden. Der hellste Stern hat eine photographische absolute Helligkeit von $M = -5.8$. Entgegen den Angaben in der Literatur ergeben sich aus den Untersuchungen für den Kugelhaufen NGC 4147 ein vollkommen normales Farben-Helligkeits-Diagramm sowie eine normale Leuchtkraftfunktion, die sehr gut mit der von M3 übereinstimmt. Schaifers

12148. **H. B. Sawyer,** A summary of variable stars in globular star clusters. J RAS Canada **49** 114—116, mit 2 Fig. — Bericht über den in 2. Auflage in Druck gegebenen Katalog «Variable stars in globular clusters». Der Katalog enthält 1421 Veränderliche in 72 Kugelhaufen. Eine statistische Zusammenstellung nach Zahl und Veränderlichen-Klassen wird gegeben. Schaifers

12149. **H. B. Sawyer,** A second catalogue of variable stars in globular clusters comprising 1.421 entries. Publ. David Dunlap Obs. **2** 33—93, mit 2 Fig. — Ref. in Coelum **24** 90, Sky and Telescope **15** 74, Sterne **32** 28.

12150. **M. Schwarzschild, S. Bernstein,** Note on the mass of M 92. ApJ **122** 200—202. — Das von Schwarzschild 1954 vorgeschlagene Verfahren zur Bestimmung der Masse eines kugelsymmetrischen Sternhaufens (vgl. AJB **54** Ref. **12439**) wird auf M92 angewandt. Es ergeben sich $(1.4 \pm 0.7) \times 10^5\, M_\odot$. Das Masse-Leuchtkraft-Verhältnis ist $M/L = 0.8 \pm 0.4$. Loh.

12151. **H. Shapley,** Investigaciones sobre Omega Centauri el cúmulo estelar gigante. Rev. Astr. Nr. 135 S. 61—69, mit 2 Fig. — Bericht über die Beobachtungen von ω Cen und die Besonderheiten des Sternhaufens in bezug auf seine Größe, die Verteilung der Helligkeiten seiner Sterne, deren Konzentration und seine Veränderlichen. Gü.

12152. **O. Struve,** Globular clusters and their history. Sky and Telescope **14** 326—329, mit 8 Fig. und 1 Tafel. — Bericht über die von Weizsäckerschen und von Hoernerschen Vorstellungen über die Entstehung und die Entwicklungsgeschichte der Kugelhaufen. Behr

12153. **O. Struve,** More on globular clusters. Sky and Telescope **14** 366—369, mit 7 Fig. — Bericht über die Lohmannschen Arbeiten über die räumliche Verteilung und die linearen Durchmesser der Kugelsternhaufen. Behr

12154. **M. F. Walker,** A search for variable stars of small amplitude in M 3 and M 92. AJ **60** 197—202, mit 3 Fig. — Lichtelektrische Messungen in den Kugelhaufen M3 und M92 zeigen, daß alle roten Riesensterne mit absoluten Helligkeiten über $-2^m\!.8$ pv veränderlich sind, wobei die Amplituden des Lichtwechsels mit der Leuchtkraft der Sterne wachsen. Die an den Grenzen der «RR Lyrae-Lücke» (vgl. Ref. **12143**) stehenden Sterne zeigen keine Helligkeitsänderungen $> 0^m\!.02$. Beyer

12155. **C. F. v. Weizsäcker,** Eine Bemerkung über die Gestalt der kugelförmigen Sternhaufen. ZfA **35** 252—254. — Nach der Kosmologie von Weizsäckers sind die Kugelsternhaufen vermutlich in der ersten Phase der Entwicklung unseres Milchstraßensystems, also vor Einsetzen der Kontraktion zu einer Scheibe, entstanden. Die kugelförmige Gestalt der einzelnen Sternhaufen und das Fehlen einer aus interstellarer Materie gebildeten Scheibe in jedem einzelnen Haufen ist verständlich, falls jeder Kugelsternhaufen in einer hinreichend frühen Entwicklungsphase die Scheibe des Milchstraßensystems durchquert und dabei seine interstellare Materie verloren hat. K. H. Böhm

12156. Zbijeno jato M 3 u Lovačkim Psima. Vasiona **3** 68 (serbisch). — Bericht über die Arbeiten von Sandage über Sternzählungen in M3 und die Bestimmung der Leuchtkraftfunktion. Milošević

§ 122

Galaktische Nebel

12201. **L. H. Aller, I. S. Bowen, R. Minkowski,** The spectrum of NGC 7027. ApJ **122** 62—71. — Es wird eine Liste von 263 Linien des Spektrums von NGC 7027 gegeben; bei den meisten dieser Linien war eine Identifizierung und Messung der relativen Intensität möglich. Gegenüber älteren Schätzungen und photoelektrischen Messungen zeigten die Intensitäten keinen Skalenfehler. Die Pfund-Serie des He II konnte bis zum 40. Glied verfolgt werden. Für die ungewöhnliche Intensitätsverteilung über die einzelnen Glieder der Serie wird eine theoretische Deutung vorgeschlagen. Weigert

12202. **W. A. Ambarzumjan,** On comet-like nebulae. Vgl. Ref. **1169,** daselbst S. 458—461, mit Diskussion S. 496—497. — Ausbrüche sehr energiereicher Materie aus den inneren Schichten nahegelegener T Tau-Sterne werden für die Leuchtanregung dieser Nebel verantwortlich gemacht. Weigert

12203. **B. J. Bok, D. Hoffleit, C. M. Wade,** Photographic studies of southern emission nebulae. Harv Repr Nr. 409, 10 S. mit 1 Tafel. — Die Arbeit gliedert sich in zwei Abschnitte: Der erste von Hoffleit gibt einen Bericht über die Durchmusterung des Carina-Abschnittes der Milchstraße nach H_α-Emissionsnebeln. Die Aufnahmen wurden in den vergangenen zwei Jahren mit dem Armagh-Dunsink-Harvard-Teleskop der Boyden Station gemacht. Die Carina-Gegend stellt die dichteste bekannte Konzentration der Spiralarme dar. Sie ist sehr reich an O- und B-Sternen und Emissionsnebeln und enthält Globulen in großer Zahl. Der zweite Abschnitt von Bok und Wade beschreibt ein Klassifikationsschema zur qualitativen Sichtung und Ordnung der mit obengenannter Apparatur aufgenommenen H_α-Emissionsnebel. Hunger

12204. **E. E. Chatschikjan,** Über die Polarisation des Lichts des Krabben-Nebels. DAN Armen. Sowjetrepublik **21** Nr. 2 S. 63—68 (russisch mit armenischer Zusammenfassung). — Ref. in RJ Astr. Geod. UdSSR 1956 Nr. 8 S. 26.

12205. **W. A. Dombrowskij,** Polarimetrische Untersuchung der Nebel NGC 1952 und 1976 in Verbindung mit der Frage über die Natur ihrer Strahlung. DAN **102** 907—910, mit 2 Abb. (russisch). — In der vorliegenden Arbeit berichtet Verf. über die 1953 und 1954 in Bjurakan durchgeführten Polarisationsmessungen an NGC 1952 und 1976. Beim Krabben-Nebel (NGC 1952) wurde die Polarisation sowohl des integralen Lichts als auch von drei kleinen Feldern, deren Größe knapp eine Quadratbogenminute beträgt, bestimmt. Es ergaben sich ziemlich übereinstimmende Werte (14 %, 170°). Sterne in der Umgebung des Nebels zeigen keine Polarisation. Im Orion-Nebel (NGC 1976) wächst der Polarisationsgrad nach Messungen an zahlreichen Stellen von Θ Ori nach außen hin an, und die Polarisationsebenen stehen auf den Radiusvektoren ungefähr senkrecht. Loh.

12206. **W. A. Dombrowskij,** Polarimetrische Untersuchung der Nebel M 8 und M 20 und der in ihrer Nachbarschaft gelegenen Sterne. DAN **105** 924—927, mit 2 Abb. (russisch). — Aus Beobachtungen in Bjurakan bestimmte Verf. von einigen 2′ oder 5′ großen Stellen der beiden Nebel Polarisationsgrad und -richtung. Dasselbe wurde auch für einige Sterne der Nebelgebiete getan. In einigen Fällen ergeben sich hierbei Vergleichsmöglichkeiten mit den Ergebnissen von Hiltner (vgl. AJB **51** Ref. **12542**) und Hall, Mikesell (vgl. AJB **50** Ref. **12531**), die gute Übereinstimmung ergeben. Die Messungen der Nebelstellen stimmen demgegenüber mit denen von Roshkowskij, der höhere Werte für den Polarisationsgrad erhalten hat, schlecht überein. Die Gründe hierfür sind wahrscheinlich beobachtungstechnischer Natur. Bei M 8 reichen die Werte des

Verf. bis zu 2.0 %, bei M 20 bis zu 1.0 %. Bemerkenswert ist, daß die Lage der Polarisationsebene des Lichtes von HD 164514 im M 20 mit der Richtung eines sich durch den Stern hinziehenden kleinen Dunkelnebels übereinstimmt.
Loh.

12207. **J. Dufay,** Nébuleuses galactiques et matière interstellaire. Vgl. AJB **54** Ref. **12204**. — Weitere Besprechung in J. Phys. Radium **16** 168 (D. Barbier), Scientia **90** 171—172 (G. Abetti), Urania København **13** 20.

12208. **W. G. Fessenkow,** On the structure of some scattering nebulae. AJ UdSSR **32** 97—109, mit 4 Fig. (russisch mit englischer Zusammenfassung). — Ref. in Urania Kraków **27** 84. — In den Nebeln IC 431, 432, 435 und im Nebel um Merope wurde durch Helligkeitsmessungen in verschiedenen Abständen vom jeweils beleuchtenden Stern die optische Dicke bestimmt. Die ersteren drei Nebel werden am besten durch ein sphärisches Modell mit veränderlichem Inhomogenitätsgrad dargestellt, wogegen der Nebel um Merope als ebene Fläche behandelt werden kann, deren Normale zum Beobachter hin zeigt, wobei der beleuchtende Stern am Rande des Nebels steht. Schrick

12209. **I. M. Gordon,** Die Möglichkeit einer Erklärung der Natur des Krabben-Nebels auf experimentellem Wege. DAN **100** 21—24 (russisch). — Zur Erklärung der Natur des Krabben-Nebels und der sich in ihm abspielenden physikalischen Vorgänge sind verschiedene, vom Verf. kurz erwähnte Hypothesen aufgestellt worden, die sich im wesentlichen auf die Problematik der Wärmestrahlung, erbremsten Strahlung und Turbulenzwirkung erstrecken. Da nun das Licht des Nebels polarisiert ist, wird zur weiteren Klärung vorgeschlagen, auch die Polarisation der Radiostrahlung zu messen. Ist eine solche vorhanden, dann beweist sie die Existenz relativistischer Elektronen mit einer Gesamtenergie von etwa 10^{51} erg und das Vorhandensein eines magnetischen Feldes in nahezu einer Richtung, das nicht mit den turbulenten Bewegungen kleiner Wirbel verbunden ist. Wenn die Radiostrahlung nicht polarisiert ist, dann ist die Polarisation des Lichts dem interstellaren Medium zuzuschreiben. Loh.

12210. **G. A. Gursadjan,** Spektralphotometrie des Orion-Nebels. Mitt. Obs. Bjurakan Nr. 16 S. 3—40, mit 8 Abb. (russisch mit armenischer Zusammenfassung). — Auf Grund von Aufnahmen mit einem Nebelspektrographen ergeben sich folgende Aussagen über den Orionnebel: Die vielumstrittene Änderung des Balmerdekrements von der Mitte des Nebels zum Rande hin wird hier bestätigt; die relativen Intensitäten der Wasserstofflinien werden zum Rande hin kleiner. Dasselbe trifft auch für andere Intensitätsverhältnisse zu, zum Beispiel $(N_1 + N_2)/H_\beta$, $\lambda\,3727/H_\beta$ und $\lambda\,4471/H_\beta$. Bei den Wasserstofflinien wächst diese Änderung mit abnehmender Wellenlänge. Ebenfalls wird das Kontinuum im Verhältnis zu H_β bei größer werdendem Abstand vom erregenden Stern schwächer. Gegenstand besonderer Untersuchung sind die Intensitätsänderungen der Emissionslinien. Die Werte der absoluten spektralphotometrischen Gradienten stimmen mit den von Greenstein und Dombrowskij gefundenen Ergebnissen gut überein. Das Kontinuum im Spektrum des zentralen Teils des Nebels scheint zu mindestens 70—80 % durch eine Staubkomponente bedingt zu sein. Zum Abschluß sind die Elektronentemperatur des Nebels mit 10600° und die Temperatur des erregenden Sterns (Θ^1 Ori C) mit 32000° angegeben. Schrick

12211. **W. F. Hase, G. A. Schajn,** Katalog von Emissionsnebeln. Mitt. Astrophys. Obs. Krim **15** 11—30, mit 8 Tafeln (russisch). — Der vorgelegte, durch Illustrationen ergänzte Katalog entstand aus einer Durchsicht vier früherer Kataloge und einigen Nachträgen. Er enthält außerdem Angaben über anregende Sterne. Das Klassifizierungsprinzip ist folgendes: I. Unregelmäßige, diffuse; II. Strukturelle mit Einzelheiten; III. Periphere; IV. Fasrige; V. Regelmäßigere sphärische; VI. Sehr ausgedehnte; VII. Neblige Sterne oder kleine Nebel $\approx 1'$; VIII. Großfeldrige mehr oder weniger gleichmäßiger Helligkeit. Loh.

12212. **H. M. Johnson,** Symmetric galactic nebulae. ApJ **121** 604—610 = Contr. McDonald Obs. Nr. 252. — Nach Hα-Aufnahmen der Milchstraße und einzelner Felder in höheren galaktischen Breiten wurde ein Katalog von 152 Nebeln mit elliptischem bzw. kreisförmigem Querschnitt aufgestellt. Er enthält Angaben über Position, Entfernung, Ausdehnung, Helligkeit und Zentralsterne. 20 Nebel liegen im Bereich von O-Assoziationen. Die Spektren der 90 aufgefundenen Zentralsterne variieren zwischen W und N. Die Objekte kleinster Ausdehnung besitzen die größte Dichte. Die Nebel scheinen Gebiete relativ hoher Dichte zu sein, sich also nicht nur durch den Ionisationszustand von ihrer Umgebung zu unterscheiden. Eine schwache Ausrichtung der großen Achsen längs des galaktischen Äquators ist angedeutet. Weigert

12213. **T. S. Kirillowa,** Untersuchung von Sternen in Gasnebeln. Moskau, Sternberg-Inst., 1955 (russisch). — Dissertationsreferat.

12214. **W. Liller, L. H. Aller,** Photoelectric photometry of faint gaseous nebulae. AJ **60** 167. — Ref. AAS.

12215. **E. M. Lindsay,** NGC 6334, NGC 6357, and surrounding regions. Irish AJ **3** 182—184, mit 1 Fig. und 4 Tafeln = Armagh Obs. Leaflet Nr. 31. — Verf. beschreibt NGC **6334** und NGC **6357** sowie ihre Umgebung an Hand von Blau- und Rotaufnahmen. Sternzählungen zeigen zwischen beiden Nebeln eine relative Absorption bis zu drei Größenklassen im Blauen und bis zu vier Klassen im Roten. Es wird versucht, auf Grund der Größe eines Hα-Ringes in NGC **6357** dessen Entfernung abzuschätzen (zwischen 2600 und 5700 pc). Gli.

* * **E. M. Lindsay,** Emission objects in the Small Magellanic Cloud showing the N_1, N_2 nebular lines. Vgl. Ref. **12455**/56.

12216. **M.-T. Martel,** Etude de la brillance et de la polarisation de huit nébuleuses diffusantes. Vgl. Ref. **1169**, daselbst S. 551—556, mit Diskussion S. 561. — Verf. berichtet über Helligkeits- und Polarisationsmessungen an acht diffusen Nebeln. Die Ergebnisse stehen mit älteren Messungen in Einklang. Hoppe

12217. **W. W. Morgan, B. Strömgren, H. M. Johnson,** A description of certain galactic nebulosities. ApJ **121** 611—615, mit 12 Tafeln = Contr. McDonald Obs. Nr. 253. — Es wird eine Beschreibung mehrerer ausgedehnter Emissionsgebiete an Hand von Weitwinkelaufnahmen von acht Gebieten der Milchstraße gegeben. Weigert

12218. **L. Münch,** Catálogo de nebulosas de emisión en la Vía Láctea del sur. Bol. Obs. Tonantzintla y Tacubaya Nr. 13 S. 28—35, mit 4 Fig. (mit englischer Zusammenfassung). — Nach Aufnahmen des Schmidt-Spiegels in Tonantzintla werden **34** größtenteils neu aufgefundene diffuse Emissionsnebel und zwei ausgedehnte HII-Gebiete zwischen 175 und 245° galaktischer Länge beschrieben. Ihre Flächenhelligkeit wird geschätzt und ihre Form in der von Sharpless vorgeschlagenen Skala klassifiziert. Dann folgt ein Verzeichnis der für die Anregung geeigneten Sterne und schließlich eine Diskussion der Verteilung an der Sphäre. Diese zeigt außer zwei auffallenden Leeren, die unmittelbar nördlich bzw. südlich an den galaktischen Äquator angrenzen, in dessen Umgebung zwischen 230 und 240° galaktischer Länge eine Anhäufung großer Nebel, die auf einen nahen Spiralarm zurückgeführt wird. Diese Ergebnisse passen gut zu den Beobachtungen der 21 cm-Linie. Gü.

12219. **D. E. Osterbrock,** Electron densities in the Orion nebula. AJ **60** 175. — Ref. AAS.

12220. **D. E. Osterbrock,** Electron densities in the Orion nebula. ApJ **122** 235—239, mit 1 Fig. und 1 Tafel. — Ref. in Coelum **24** 57. — Die theoretischen Rechnungen von Seaton über das Intensitätsverhältnis der Komponenten der Emissionslinie λ 3727 des [O II] (AJB **54** Ref. **12237**) werden durch Messungen an 16 Stellen des Orion-Nebels geprüft. Die behauptete Abhängigkeit des Verhältnisses von der Elektronendichte, d. h. von der Flächenhelligkeit, kann bestätigt werden. Die abgeleiteten Werte für die Elektronendichte liegen zwischen 3×10^4 und 3×10^2 Elektronen/cm³. Kdr.

12221. **D. A. Roshkowskij,** Ein Reflexionsnebel ringförmigen Aussehens. Astr Circ UdSSR Nr. 165 S. 5—6 (russisch). — Betrifft den im Rahmen des Nebelprogramms in Alma-Ata beobachteten Nebel im Orion bei $\alpha = 5^h\,35^m\!.9$, $\delta = -0°\,26'$ (1950), der kurz beschrieben wird. Er ist auf H_α-Aufnahmen nicht sichtbar. Vielleicht handelt es sich um eine unter allseitigem Druck stehende Globule. Loh.

12222. **D. A. Roshkowskij,** Staubeinschlüsse im Nebel NGC 2237—9. Mitt. Astrophys. Inst. Alma-Ata **1** Nr. 1—2 S. 136—142, mit 2 Abb. und 1 Tafel (russisch). — Die Auswertung von Aufnahmen in drei Spektralbereichen (Hα auf Isopan ISS, mit Ammoniak sensibilisiert; blau auf Astro mit Schott-Filter $\lambda \leqq 500$ mμ; gelb auf Orthochrom MKFI mit Filter $490 \leqq \lambda \leqq 620$ mμ) ergab, daß sowohl Globulen als auch der dunkle Fleck in der Mitte des Nebels im Gelben relativ hell sind. In beiden Fällen handelt es sich wohl um Staubteilchen. Ein räumlicher Zusammenhang zwischen Globulen und Nebel ist anzunehmen. Petri

12223. **G. A. Schajn,** Diffuse nebulae and interstellar magnetic field. AJ UdSSR **32** 110—117, mit 1 Fig. und 3 Tafeln (russisch mit englischer Zusammenfassung). — Die langgestreckte Form einiger Emissionsnebel ist wahrscheinlich durch Expansion und unter Einwirkung eines magnetischen Feldes entstanden. Vollzieht sich die Expansion durch einen solchen Einfluß nur in einer Richtung, so ist der Helligkeitsabfall in den Nebeln verhältnismäßig gering. Auf diese Weise läßt es sich erklären, daß die größten sichtbaren Nebel meistens langgestreckt sind. Zur besseren Sichtbarkeit trägt außerdem die vielfach auftretende Faserstruktur bei, die teilweise durch Fluktuationen in der Kraftliniendichte eines äußeren Magnetfeldes verursacht wird. Die ausgedehntesten Nebel mögen in etwa 10^6 Jahren entstanden sein. Die Neigung langgestreckter Emissions- und Dunkelnebel zum galaktischen Äquator und die Bewegung und Verteilung der diffusen Materie in Abhängigkeit von magnetischen Feldern werden untersucht. Schrick

* * **G. A. Schajn,** On the non-stability and the disintegration of diffuse emission nebulae. Vgl. Ref. **5319**.

* * **G. A. Schajn,** On the magnetic fields in the interstellar space and in the nebulae. Vgl. Ref. **12324**.

12224. **G. A. Schajn, S. B. Pikelner, R. N. Ichsanow,** The measurement of the polarization of the Crab nebula. AJ UdSSR **32** 395—400, mit 1 Tafel (russisch mit englischer Zusammenfassung). — Zur Erklärung der Strahlungsvorgänge im Crab-Nebel wurden neben der Gesamtpolarisation auch Polarisationsunterschiede in einzelnen Punkten untersucht. Die Gesamtpolarisation kann durch die Strahlung relativistischer Elektronen in einem homogenen Feld und durch interstellare Absorption bedingt sein, wogegen die erwähnten Unterschiede wegen der für benachbarte Punkte nur geringen Änderung der interstellaren Polarisation ausschließlich durch relativistische Elektronen entstehen müßten. Diese Annahmen werden durch die Auswertung der auf photographischem Wege ermittelten Polarisationsdaten bestätigt. Die Messung der relativen Intensitäten der äußeren und inneren Nebelregionen in drei Farbbereichen ergab, daß die äußeren Gebiete ebenfalls ein kontinuierliches Spektrum erzeugen. Im zentralen Teil des Fasernebels IC 405 scheint die helle Region mit der kontinuierlichen Emission etwa von gleicher Art zu sein wie die amorphe Masse des Crab-Nebels. Schrick

12225. **G. A. Schajn,** The nebulae and the magnetic field (some additional data). AJ UdSSR **32** 489—491, mit 2 Tafeln (russisch mit englischer Zusammenfassung). — Im Anschluß an die vom Verf. früher (vgl. Ref. **12223** und **12324**) veröffentlichten Untersuchungen über interstellare Magnetfelder wird hier auf drei Gebiete hingewiesen ($18^h\,31^m$; $-12°$, ϱ Oph und IC 1396), in denen sich ebenfalls Übereinstimmung zwischen den Ausdehnungsrichtungen dunkler Materie und der Lage der Polarisationsebenen zeigt. Schrick

* * **G. A. Schajn,** On the association of hot stars with the emission nebulae. Vgl. Ref. **12373**.

12226. **G. A. Schajn,** Die Nebel in Perseus — Taurus und das Magnetfeld. Astr Circ UdSSR Nr. 160 S. 7—9, mit 1 Abb. (russisch). — Südlich von NGC 1499 befindet sich eine Gruppe von B-Sternen, deren Polarisationsrichtungen (vgl. AJB **51** Ref. **12542** und **54** Ref. **12546**) stark vom galaktischen Parallel abweichen, und zwar umso mehr, je südlicher sich die Sterne befinden. Im selben Gebiet zeigen alle großen ausgedehnten Dunkelnebel dieselbe Tendenz. Ursache dieser Korrelation dürfte das interstellare Magnetfeld sein. Loh.

12227. **G. A. Schajn,** Diffuse Nebel und interstellares Magnetfeld. DAN **101** 437—440, mit 1 Abb. und 1 Tafel (russisch). — Die an Emissionsnebeln festgestellten Expansionen müssen ohne Anwesenheit eines galaktischen Magnetfeldes zu einem Zerfall der Nebel nach allen Richtungen führen. Besitzt das (oder die) Magnetfeld(er) in Anlehnung an Chandrasekhar und Fermi jedoch wenigstens 10^{-5} Gauß Feldstärke, dann ist eine Expansion der Nebel — wie etwa S 48—S 108 in Cygnus, NGC 1499 bei ξ Per und einer bei 10 Lac — nur in Richtung der Feldlinien möglich. Die scherende Wirkung der galaktischen Rotation ist demgegenüber unbedeutend. Beim Alter eines Nebels von rund 10^6 Jahren bewahrt sich ein Zusammenhalt nur bei den dichten Emissionsnebeln. Das Magnetfeld muß über einige oder über einige Dutzend pc hinreichend regulär sein. Für die langgestreckten Dunkelnebel kommt auf Grund ihrer elektrischen Leitfähigkeit dieselbe Deutung in Frage. Loh.

12228. **G. A. Schajn,** Über die Instabilität und den Zerfall der diffusen Emissionsnebel. Mitt. Astrophys. Obs. Krim **15** 3—10, mit 4 Tafeln (russisch). — In sehr hellen Nebeln beobachtet man Dichteschwankungen verschiedener Ordnungen, die in einigen (wenigen) Fällen sogar den Eindruck erwecken, als ob der Nebel in größere Einzelstücke zerrissen worden sei. Zu letzteren gehören offensichtlich die Gruppen bei NGC 6334 und 7822. Während sich die anregenden Sterne der helleren, größeren und kompakten Nebel in deren Innerem oder gar im Zentrum befinden, kommen sie in den diffuseren, besonders den amorphen Nebeln, oft am Rand oder ganz außerhalb vor. Verf. betrachtet dies als Ergebnis einer Ausdehnung und des Zerfalls einzelner Nebel und Nebelgruppen. Dadurch entsteht ein kompliziertes Bild der gegenseitigen Lagebeziehungen der Nebel und den mit ihnen verbundenen Sternen, auch wenn zwischen beiden genetische Zusammenhänge bestehen, wie es wohl auch bei den O-Assoziationen und den Gruppen von Emissionsnebeln der Fall ist. Loh.

12229. **G. A. Schajn, W. F. Hase, S. B. Pikelner,** On the presence of dust and gas in the bright diffuse nebulae. Vgl. Ref. **1169**, daselbst S. 441—452, mit 2 Fig. und Diskussion S. 496—497. — Die Helligkeiten von 41 Emissions-, Reflexions- und planetarischen Nebeln im Gelben und Roten werden untersucht. Bei Emissionsnebeln ergibt sich ein linearer Zusammenhang zwischen kontinuierlicher und Linienemission im Roten. Dieses wird mit Hilfe der Zwei-Photonen-Emission beim Übergang $2\,s \rightarrow 1\,s$ bei Wasserstoff erklärt. Obwohl viele der auftretenden Unterschiede zwischen Emissions- und Reflexionsnebeln allein durch die Verschiedenheit der anregenden Sterne erklärt werden können, scheint die relative Staubdichte in Reflexionsnebeln größer zu sein als in Emissionsnebeln. Weigert

12230. **M. J. Seaton,** Interpretation of the spectrum of the Orion nebula. Vgl. Ref. **1169**, daselbst S. 462—479, mit 4 Fig. und Diskussion S. 496—497 = Contr. Inst. d'Astrophys. Paris (A) Nr. 206. — Es wird gezeigt, daß der größte Teil der kontinuierlichen Emission des Orion-Nebels aus atomaren Prozessen stammen kann (Übergänge 2 s → 1 s bei Wasserstoff mit Emission zweier Photonen), wenn der Nebel von einem H I-Gebiet von etwa 4 pc Dicke und einer Dichte von $n_H = 100$ bis $1000\ cm^{-3}$ umgeben ist. Weigert

12231. **O. Struve,** Motions in gaseous nebulae. Sky and Telescope **14** 93—95, mit 9 Fig. — Bericht über die interferometrischen Radialgeschwindigkeitsbestimmungen an Gasnebeln von Courtès am Observatorium Haute Provence. Behr

12232. **G. de Vaucouleurs,** Emission nebulosities near the south pole. Obs **75** 129—130, mit 1 Fig. und 1 Tafel. — Verf. beschreibt kurz zwei neu gefundene, benachbarte, schwache Emissionsnebel in einem Gebiet nahe dem Südpol, von dem auch Radio-Strahlung (HI) beobachtet worden ist. Die anregenden Sterne können noch nicht angegeben werden. Der eine Nebel ist auf Blauaufnahmen auch als Absorptionsgebiet zu erkennen, sein Leuchten dürfte aber nicht Reflexionsleuchten sein. Verf. vermutet Stoßanregung. O. G.

12233. Nogmaals een bedekking van de Krabnevel waargenomen. Hemel en Dampkring **53** 226.

Planetarische Nebel

* * **G. O. Abell,** Globular clusters and planetary nebulae discovered on the National Geographic Society-Palomar Observatory sky survey. Vgl. Ref. **12130**.

12234. **H. Andrillat,** Les températures électroniques des nébuleuses planétaires. Acta Astr. Sinica **3** 243—252, mit 2 Fig. (chinesisch mit französischem Ref.). — Vgl. nachstehendes Ref.

12235. **H. Andrillat,** Les températures électroniques des nébuleuses planétaires. Ann d'Astrophys Suppl. Fasc. 1 S. 1—58, mit 11 Fig. — 1.) Die theoretischen Ausdrücke zur Bestimmung der Elektronentemperatur T_e planetarischer Nebel aus a) dem Balmer-Dekrement nach Baker und Menzel und b) den [O III]-Linien nach Seaton werden im 1. Abschnitt zusammengestellt. 2.) Für 24 planetarische Nebel werden Verhältnisse von Linienintensitäten angegeben, die mit einem Prismenspektrographen am 120 cm-Spiegel des Observatoire de Haute-Provence gewonnen wurden. Aus den stärksten [O III]-Linien-Intensitäten werden Elektronentemperaturen abgeleitet. Zwischen den Intensitätsverhältnissen He I 4471/H_β, He II 4686/H_β einerseits und T_e andererseits scheint im Mittel eine lineare Beziehung zu bestehen. 3.) Für sechs Nebel werden das kontinuierliche Nebelspektrum und die Balmer-Diskontinuität nach den Theorien von a) Cillié, b) Spitzer und Greenstein und c) Seaton interpretiert, wobei letztere mit den Resultaten aus der O III-Methode übereinstimmt. Eberlein

12236. **H. Andrillat,** Sur la mesure des intensités relatives des raies de [O III] et de la raie H_β dans les spectres des nébuleuses planétaires. CR **240** 491—493 = Publ. Obs. Haute-Provence **3** Nr. 22. — Le rapport des intensités I (5007 + 4959)/I (H_β) mesuré par Liller et Aller, avec un photomètre photoélectrique associé à un prisme-objectif, diffère parfois très notablement du rapport tiré des mesures photographiques de l'auteur. La différence de grandeur des images explique ces désaccords et l'emploi d'un spectrographe à fente fine paraît la seule méthode correcte d'observation. Verf.

12237. **I. S. Bowen,** Wave lengths of forbidden nebular lines. ApJ **121** 306—311. — Die berechneten Wellenlängen der verbotenen Linien in den Spektren gasförmiger Nebel können bis zu einigen Angström fehlerhaft sein. Verf.

hat auf Spektren größerer Dispersion, die mit dem 200″-Reflektor von planetarischen Nebeln erhalten worden waren, Wellenlängen von 88 verbotenen Linien zwischen λ 8050 und λ 3340 gemessen. Die Genauigkeit dieser Messungen ist erheblich höher als die, die bei Berechnung der Wellenlängen aus Laboratoriumsdaten, erhalten im extremen Ultraviolett, erzielt werden kann. Micz.

12238. **K. Eberlein,** Wasserstoff-Helium-Ionisationsschichtung in planetarischen Nebeln. Mitt. AG 1954 S. 26—27. — Ref. AG.

12239. **G. A. Gursadjan,** Fragen der Dynamik der planetarischen Nebel. Erewan, Verlag Akad. Wiss. Armen. Sowjetrepublik, 1954. 212 S. mit Abb. Preis 7 R. 50 Kop. (russisch). — Besprechung in RJ Astr. Geod. UdSSR 1956 Nr. 3 S. 55.

12240. **A. A. Latypow,** Über die Ausdehnung und Parallaxe des planetarischen Nebels in der Leier. DAN Usbek. Sowjetrepublik Nr. 1 S. 7—10 (russisch mit usbekischer Zusammenfassung). — Ref. in RJ Astr. Geod. UdSSR 1956 Nr. 2 S. 50.

12241. **A. A. Latypow,** Die Eigenbewegung des planetarischen Nebels in der Leier. DAN Usbek. Sowjetrepublik Nr. 3 S. 41—44 (russisch mit usbekischem Ref.). — Ref. in RJ Astr. Geod. UdSSR 1956 Nr. 1 S. 55.

12242. **W. Liller,** The photoelectric photometry of planetary nebulae. ApJ **122** 240—255, mit 1 Fig. — Verf. untersucht auf photoelektrischem Wege 14 planetarische Nebel auf ihre Oberflächenhelligkeiten und die Temperatur ihrer Zentralsterne. Die Arbeit wurde am 24″ Cassegrain-Reflektor des Observatoriums Michigan ausgeführt. Mittels verschiedener Filterkombinationen wurden die Wellenlängenbereiche 4900—5050 Å (O III-Nebellinien) und 5100—6000 Å (Zentralstern) isoliert. Die gemessenen Oberflächenhelligkeiten der Nebel stimmen gut mit den Ergebnissen von Liller und Aller überein, während die von Berman angegebenen photographischen Werte für die Helligkeit offenbar systematisch zu groß sind. Berman's Helligkeiten für die Zentralsterne stimmen mit den photoelektrisch gemessenen im allgemeinen überein. Oster

12243. **N. U. Mayall, W. P. Bidelman,** Radial velocities of planetary nebulae. Publ ASP **67** 335—336. — Ref. ASP.

12244. **M. J. Seaton,** Continuum intensities in planetary nebulae. MN **115** 279—295, mit 3 Fig. = Contr. Inst. d'Astrophys. Paris (A) Nr. 209. — Es werden 34 planetarische Nebel behandelt, für die Kontinuums-Intensitäten vorliegen und Elektronen-Temperatur und -Dichte abgeschätzt werden können. Die Messungen des Balmer-Kontinuums relativ zu Hδ von Aller sind in hinreichender Übereinstimmung mit der Theorie. Die theoretischen Kontinuums-Intensitäten für die H II-Regionen berücksichtigen 1.) alle H I- und He II-Rekombinationen und frei-frei-Kontinua und 2.) das H I 2 s—1 s Zwei-Quanten-Kontinuum sowie die Deaktivierung des H I 2 s durch Stöße. Ein Vergleich mit den Messungen von Page zeigt trotz der großen Streuung, daß die Theorie den wichtigsten Prozessen Rechnung trägt. Neue Messungen der Balmer-Diskontinuität für sechs Nebel sind (mit Ausnahme von NGC 6826) in guter Übereinstimmung mit der Theorie. Eberlein

12245. **W. Unno,** Theoretical line contour of the Lyman Alpha radiation of ionized helium and the excitation of Bowen lines in planetary nebulae. Publ. Astr. Soc. Japan **7** 81—103, mit 3 Fig. = Tokyo Astr. Obs. Repr. Nr. 123. — Es wird der Strahlungstransport in Ly$_\alpha$ von He II bei Berücksichtigung der Verteilung infolge der thermischen Bewegung der He$^+$-Ionen berechnet. Zunächst wird der Effekt der Bowen-Linien vernachlässigt. Die auf numerischem Wege gewonnene mittlere Strahlungsintensität sowie der Strahlungsstrom weisen in der Linienmitte von Ly$_\alpha$ ein tiefes Maximum auf und erstrecken sich von der Linienmitte bis zu einem Abstand der zehnfachen Dopplerbreite. Der Strahlungsdruck wird infolge des Zanstra-Effektes um einen Faktor 10^4 herabgesetzt. Im Anschluß daran wird die Anregung der Bowen-Linien berechnet und das zuvor berechnete Strahlungsfeld von Ly_α (He II) für den Effekt der Bowen-Linien korrigiert. Die berechneten und aus der Beobachtung abgeleiteten Besetzungszahlen eines O III-Niveaus zeigen gute Übereinstimmung. Aus der für den Nebel NGC 7992 abgeleiteten optischen Dicke von 5×10^5 in Ly_α (He II) muß man auf das Vorkommen von Dichteschwankungen schließen. Hunger

12246. **G. de Vaucouleurs,** NGC 6026: A new planetary nebula. Publ ASP **67** 418—419, mit 1 Tafel. — Der Nebel NGC 6026 ($\alpha = 15^h\,58^m\!.1$, $\delta = -34°\,25'$, 1950) konnte als planetarischer Nebel identifiziert werden. Direkte Photographien im roten Licht mit dem Crossley-Reflektor (Lick Observatory) zeigen den Nebel als unvollständigen elliptischen Ring mit den Ausmaßen $0'\!.9 \times 0'\!.6$. Spektrogramme, mit dem Nebelspektrographen in Verbindung mit dem Crossley-Reflektor aufgenommen, bestätigen eindeutig NGC 6026 als planetarischen Nebel. Der Zentralstern ist vom frühen Typus. Hunger

12247. Observations of planetaries. Sky and Telescope **14** 414. — Ref. AAS.

§ 123

Milchstraßensystem

* * Radioastronomische Untersuchungen zum Aufbau der Galaxis siehe § **126**.

Aufbau

* * **T. A. Agekjan,** On fluctuations in the visual distributions of stars. Vgl. Ref. **4401**.

* * **A. Alksnis,** Die räumliche Verteilung und einige statistische Gesetzmäßigkeiten der Bedeckungsveränderlichen. Vgl. Ref. **11102**.

* * **B. J. Bok, M. J. Bester, C. M. Wade,** Catalogue of H(II) regions in the Milky Way for longitudes 250°—355°. Vgl. Ref. **12504**.

12301. **A. D. Code, T. E. Houck,** Wide-angle infrared photograph of the southern milky way. ApJ **121** 553—554, mit 3 Tafeln. — Mit der von Greenstein und Henyey entwickelten Weitwinkelkamera wurden Infrarotaufnahmen der südlichen Milchstraße erhalten. Die Milchstraße erscheint auf diesen Aufnahmen ähnlich wie ein über die Kante gesehener Spiralnebel frühen Typs mit einem dunklen Absorptionsstreifen. Die Identifizierung einer starken mit 400 MHz von McGee und Bolton beobachteten Radioquelle mit dem Kern des Milchstraßensystems ist mit der Verteilung der Oberflächenhelligkeit im Infraroten gut verträglich. Die Aufnahmen zeigen auch Andeutungen von Spiralarmen. Micz.

12302. **G. Contopoulos,** Die Spiralstruktur der Galaxis. Astr. Nachr. Athen **6** 8—13, mit 2 Fig. (griechisch).

12303. **J. Delhaye,** La structure de la galaxie. BSAF **69** 361—367, mit 8 Fig. — Vor der SAF gehaltener Vortrag.

* * **A. H. Farnsworth, S. W. McCuskey,** Variations in the stellar luminosity function. VII. A region in Cassiopeia. Vgl. Ref. **9706**.

* * **K. Ferrari d'Occhieppo,** Direkte Relaticnen zwischen ekliptikalen, galaktischen und azimutalen Koordinaten. Vgl. Ref. **3108**.

12304. **M. Karpowicz,** Wieniec gwiazd naokoło galaktyki. Postępy Astr. **3** 107—108. — Bericht über den Aufsatz von R. H. Garstang, JBAA **64** 207—209 (vgl. AJB **54** Ref. **12305**). Perek

12305. **T. Kiang,** Colour excesses of B stars and the inner spiral arm. Ann d'Astrophys **18** 76—77, mit 2 Fig. — Bei 233 O- und B-Sternen mit bekannter Yerkes-Klassifikation wird der Zusammenhang zwischen dem C_1-Farbenexzeß und dem Entfernungsmodul untersucht. Dabei läßt ein Sprung im gemittelten Farbenexzeß die kontinuierliche Absorption der längs des inneren Spiralarmes angehäuften interstellaren Materie erkennen. In den Bereichen zwischen den galaktischen Längen 40, 90, 135 und 180° beträgt dieser Sprung jeweils 0.138, 0.155 und 0.093 mag, entsprechend einer visuellen Absorption von 0.84, 0.95 und 0.57 mag. Die räumliche Verteilung dieser absorbierenden Materie paßt befriedigend zur Gruppierung der H II-Gebiete. Gü.

12306. **T. S. Kirillowa,** Exactitude de la position du pôle galactique. AJ UdSSR **32** 192—194, mit 1 Fig. (russisch mit französischer Zusammenfassung). — Ref. in Urania Kraków **26** 367. — Verf. legt einen neuen galaktischen Äquator durch die Bedingungen fest, daß er durch den Punkt $l = 330°$, $b = -1\overset{\circ}{.}5$ gehen und mit der Symmetrieebene der scheinbaren Verteilung der schwächsten Cepheiden zusammenfallen soll. Die Koordinaten dieses neuen galaktischen Nordpols sind dann $A = 191\overset{\circ}{.}2 \pm 0\overset{\circ}{.}3$, $D = 27\overset{\circ}{.}0 \pm 0\overset{\circ}{.}5$ (1900). Loh.

12307. **B. E. Markarjan,** Über die Fluktuationen in der scheinbaren Verteilung der Sterne. Nachr. Akad. Wiss. Armen. Sowjetrepublik (Phys.-Math., Naturwiss., Techn.) **7** Nr. 3 S. 33—44, 1954 (russisch mit armen. Zusammenfassung). — Ref. in RJ Astr. Geod. UdSSR 1956 Nr. 4 S. 46.

12308. **D. J. Martynow,** Die scheinbare Mikrostruktur der Sternwolken der Milchstraße. Abh. Univ. Kasan **114** Nr. 8 S. 89—107, 1954 (russisch). — Vgl. AJB **54** Ref. **12311**. — Ref. in RJ Astr. Geod. UdSSR 1956 Nr. 1 S. 74—75.

12309. **L. W. Mirsojan,** Zum Problem der Fluktuationen der Milchstraßenhelligkeit. Abh. Staatl. Russ. Pädagog. Inst. Erewan **5** 217—225 (russisch). — Ref. in RJ Astr. Geod. UdSSR 1956 Nr. 8 S. 38.

12310. **G. Münch,** The theory of the fluctuations in brightness of the milky way. VI. ApJ **121** 291—299. — Die stochastische Theorie der Helligkeitsschwankungen in der Milchstraße auf Grund des Wolkenmodells für die interstellare Materie wird durch Ableitung der Verteilungsfunktion vervollständigt, die die Wahrscheinlichkeit für das simultane Auftreten zweier spezieller Werte der Flächenhelligkeit liefert, die zwei gegebenen Werten für die Ausdehnung des Systems entsprechen. Kdr.

12311. **J. J. Nassau,** Giant M-type stars in our stellar system. Scientia **90** 250—255, mit 3 Fig. — Verf. gibt eine Zusammenfassung der von ihm und seinen Mitarbeitern mit Infrarot-Objektivprismenaufnahmen gewonnenen Ergebnisse über die galaktische Verteilung von frühen und späten M-Riesen. Ferner werden Angaben über die Klassifizierungsmöglichkeiten sowie das prozentuale Vorkommen von Veränderlichen dieser Spektralklassen gegeben. Schaifers

12312. **P. J. van Rhijn,** Distribution in space of the stars of the H. Draper spectral classes A 0 to A 5 and A 0 near the sun. Publ. Kapteyn Astr. Laboratory Groningen Nr. 57, 54 S. mit 6 Fig. — Umfangreiche stellarstatistische Untersuchungen der Dichteverteilung der A 0 und der A 0 bis A 5-Sterne in verschiedenen Selected Areas und speziellen Zonen hoher galaktischer Breite. Die Ergebnisse zeigen eine bemerkenswerte Korrelation mit den durch die Dichte des interstellaren Wasserstoffs definierten Spiralarmen. Die Dichten in südlichen Breiten sind systematisch größer als die in entsprechenden nördlichen Breiten, woraus für die Sonne eine Stellung von 18 pc nördlich der galaktischen Ebene abgeleitet wird. Voigt

* * **J.-L. Rigal,** Propriétés spatio-temporelles d'étoiles du type W Ursae Majoris. Vgl. Ref. **11131**.

12313. **G. Romano,** La struttura a spirale della galassia. Coelum **23** 81—83.

12314. **D. A. Roshkowskij,** Absolute Photometrie ausgewählter Milchstraßenfelder. Mitt. Astrophys. Inst. Alma-Ata **1** Nr. 1—2 S. 25—55, mit 13 Abb. und 3 Tafeln (russisch). — Die Aufnahmen zur Photometrie drei interessanter Teilgebiete der Milchstraße (Antizentrum, Cygnus, Cassiopeia) wurden mit einer handelsüblichen Kamera hoher Lichtstärke (Sonnar oder Biotar) erhalten. Bei der Auswertung wurde die ionosphärische Erhellung des Nachthimmels nach W. G. Fessenkow in Rechnung gestellt. Das Ergebnis der Arbeit wird in drei photometrischen Karten dargestellt, in denen die Helligkeit durch die entsprechende Zahl der Sterne 10. photographischer Größe pro Quadratgrad angegeben ist. Petri

12315. **V. C. Rubin,** The form of the galactic spiral arms from a modified Oort theory. AJ **60** 177. — Ref. AAS.

12316. **W. S. Safronow,** Die Materiedichte in Sonnenumgebung und das Problem der Sternbildung. Priroda **44** Nr. 12 S. 74—76 (russisch). — Auf Grund der geringen Materiedichte in Sonnenumgebung ist eine Sternbildung hier nicht mehr möglich. In Räumen höherer Dichte ist die Situation eine andere; daß solche Räume heute noch existieren, geht aus dem Beispiel der unlängst entstandenen O-Assoziationen hervor. Loh.

12317. **H. Shapley, J. Sweeney,** Galactic and extragalactic studies. XXIII. Opacity of the southern Milky Way dust clouds. Proc. National Acad. Sci. USA **41** 837—842, mit 3 Fig. = Harv Repr Nr. 427. — Abzählungen von außergalaktischen Systemen im Gebiet der südlichen Milchstraße, zwischen den galakt. Längen 200° und 340° und den Breiten $\pm 30°$. Zahl der gefundenen Objekte: etwa 60000; mittlere Grenzhelligkeit $17^{m}.7$. Zweck der Durchmusterung: Bestimmung der Opazität der Milchstraßen-Dunkelwolken. Material: 415 Bruce-Platten und zahlreiche Kontrollaufnahmen. Die Resultate sind in zwei Diagrammen mitgeteilt. Go.

12318. **W. S. Tai,** The space distribution of Be stars. Acta Astr. Sinica **3** 5—19, mit 4 Fig. (chinesisch mit englischer Zusammenfassung). — Die in den drei Katalogen von Merrill und Burwell zusammengestellten 1088 Be- und Ae-Sterne werden auf ihre Verteilung in galaktischer Länge und Breite untersucht. Die Areale um h und χ Persei, die Cygnus- und die Scorpius-Sagittarius-Scutum-Region sind besonders reich an Emissionslinien-Sternen. Für 126 Sterne mit bekannten Parallaxen werden unter Berücksichtigung der Absorption die absoluten Helligkeiten berechnet und deren HR-Diagramm gegeben. Mit den im MK-System gegebenen absoluten Helligkeiten werden für 671 Be- und Ae-Sterne bekannter Leuchtkraft- und Spektral-Klasse die Raumkoordinaten x, y, z berechnet und in zwei Diagrammen dargestellt. Schaifers

12319. **B. Takase,** On the density distribution in the galaxy. I. Publ. Astr. Soc. Japan **7** 201—209, mit 2 Fig. = Tokyo Astr. Obs. Repr. Nr. 131. — Verf. legt seinem Modell ein inhomogenes Sphäroid mit nach außen abnehmender, sich aus zwei Normalverteilungen zusammensetzender Dichte zu Grunde. Nach Ableitung der notwendigen Formeln für Potential und Anziehungskraft werden die zu ihrer Anwendung benötigten Parameter aus den Beobachtungen von Kwee, Muller und Westerhout über die Rotation der (inneren) Galaxis mit $r_{\odot} = 8.2$ kpc, $\Theta_{c\odot} = 216$ km/sec (vgl. AJB **54** Ref. **12344a**) bestimmt. Die daraus abgeleitete Masse der Galaxis beträgt $0.7 \times 10^{11} \mathfrak{M}_{\odot}$. Loh.

12320. **A. E. Whitford, J. W. Slowey,** A model of the solar neighborhood. Sky and Telescope **14** 496—497, mit 3 Fig.

* * **B. A. Woronzow-Weljaminow,** Der Zusammenhang in der Verteilung der Überriesen und des Staubes. Vgl. Ref. **12435.**

12321. **H. Zimmermann,** Neuere Ergebnisse über das interstellare Strahlungsfeld. Mitt. AG 1954 S. 22—23. — Ref. AG.

12322. **W. Zonn,** O badaniach „łańcuszkowatości" w rozkładzie gwiazd na niebie. Postępy Astr. **3** 35—36. — Ref. Poln. Astr. Ges.

12323. Center of milky way galaxy determined. J. Geophys. Res. **60** 233.

* * Cepheid variables and galactic structure. Vgl. Ref. **11187.**

Magnetfeld

* * **R. L. Brahmachary,** On the cosmological implication of galactic magnetic fields. I. II. Vgl. Ref. **4110/11.**

* * **R. L. Brahmachary,** Axially symmetric solution in problems of galactic magnetic fields and a new type of red shift. Vgl. Ref. **4112.**

* * **V. C. A. Ferraro,** Hydromagnetic waves in a rare ionized gas and galactic magnetic fields. Vgl. Ref. **293.**

* * **G. A. Schajn,** Diffuse nebulae and interstellar magnetic field. Vgl. Ref. **12223.**

12324. **G. A. Schajn,** On the magnetic fields in the interstellar space and in the nebulae. AJ UdSSR **32** 381—394, mit 7 Fig. und 4 Tafeln (russisch mit englischer Zusammenfassung). — Die bekannte Übereinstimmung in der Orientierung der ausgedehnten dunklen Nebel im Perseus-Taurus-Gebiet und des faserartigen Emissionsnebels NGC 1499 einerseits und großer lokaler Abweichungen des Magnetfelds (gemäß den Polarisationsmessungen von Hiltner und Hall für dieses Gebiet) andererseits scheint mit der Wirkung eines interstellaren Magnetfelds zusammenzuhängen. Ebenfalls lassen sich Zuordnungen von faserartigen Emissions- bzw. Dunkelnebeln und der Lage der Polarisationsebenen der Strahlung bestimmter Sterne finden. Beispiele dafür sind angegeben. Die systematische Anordnung von Fasern in ringförmigen Fasernebeln, die wahrscheinlich mit Supernovae oder Novae zusammenhängen, ließe sich großenteils durch Magnetfelder erklären, die in diesen Nebeln lokalisiert sind und dort zum Teil die Verteilung und Bewegung der Materie beeinflussen. Praktisch erscheinen alle hellen Emissionsnebel, die größer als 5′ sind, teilweise faserartig. In den zentralen Teilen von NGC 1976 und IC 1805 hält ein kräftiges, unregelmäßiges Feld die sehr hellen und dichten Gebilde zusammen, wogegen sich die äußeren Teile solcher Nebel gewöhnlich ausbreiten und zerstreuen. Es wird angedeutet, daß dieses Beispiel auch auf die Galaxis übertragen werden könnte, wobei ein genügend wirksames Magnetfeld zum gewissen Grade die Verteilung und Bewegung der diffusen Materie in der Galaxis kontrolliert, die Zerstreuung der Materie verhindert und zur Existenz der Spiralstruktur der Galaxis beiträgt.
Schrick

* * **G. A. Schajn,** The nebulae and the magnetic field (some additional data). Vgl. Ref. **12225.**

* * **G. A. Schajn,** Diffuse Nebel und interstellares Magnetfeld. Vgl. Ref. **12227.**

12325. **A. Strzałkowski,** Pola magnetyczne w Galaktyce. Postępy Astr. **3** 125—132. — Verf. gibt eine Übersicht über den heutigen Stand dieser Frage.
Perek

12326. **K. Takakubo,** The magnetic field in the spiral arm of the galaxy. Sci. Reports Tôhoku Univ. (1) **39** 97—109, mit 7 Fig. = Sendai Astr. Rap. Nr. 45. — Das magnetische Feld wird schematisch durch eine Anzahl elliptisch-ringförmig gestalteter magnetischer Zylinder («elliptic-ring-shaped magnetic tubes») dargestellt. Die großen Achsen der Ellipsen haben die Tendenz, sich mit der Zeit durch die fortschreitende «Streckung» eines Spiralarms infolge der differentiellen galaktischen Rotation parallel zur Richtung des Spiralarms auszurichten. Vergleich von Theorie und Beobachtung der interstellaren Polarisation gibt einen «Streckungsfaktor», der auf ein Magnetfeld von der mittleren Stärke 10^{-5} Gauß im nächsten äußeren Spiralarm hinweist. Die Zeit zur Ausrichtung dieses Feldes ist mit der Lebenszeit eines interstellaren Turbulenzelementes vergleichbar. Magnetfeld und interstellare Turbulenz dürften eng miteinander verbunden sein. Gli.

Kinematik und Dynamik

12327. **M. C. Ballario,** Gli elementi orbitali galattici delle stelle veloci e l'effetto di longitudine. Rend. Accad. Nazionale Lincei, Cl. Sci. fis., mat., nat. (8) **18** 284—288, mit 1 Fig. — Verf. untersucht die mittleren Geschwindigkeiten und Bahnelemente der Schnelläufer in Abhängigkeit von der galaktischen Länge. Böh.

* * **I. A. Daube (Kurzemniece),** The spatial distribution and kinematics of spectral binaries. Vgl. Ref. **10202**.

* * **B. I. Dawydow,** On the dynamics of the galaxy. Vgl. Ref. **4402**.

12328. **M. G. Djavanchir Khoi,** Sur quelques particularités de la distribution des vitesses des étoiles A et F. BA **19** 327—358, mit 14 Fig. — Die Geschwindigkeitsverteilungen der Sterne der Typen A0, A2, F0, F2, F5, F8, deren Größen zwischen 6.0 und 7.5 liegen und welche sich in der Nähe der galaktischen Pole befinden, werden getrennt untersucht. Auf die Bestimmung der Elemente der Geschwindigkeitsellipse und der Sonnenbewegung folgt eine Untersuchung über die innere Struktur der Verteilungen. Verf.

12329. **R. M. Dsigwaschwili,** Untersuchung der galaktischen Bahnen und einige Gesetzmäßigkeiten in den Bewegungen der Sterne. Bull. Astrophys. Obs. Abastumani Nr. 18 S. 115—179, mit 15 Abb. (russisch mit georgischer Zusammenfassung). — In engem Anschluß an P. P. Parenago und unter Benutzung seines Ansatzes für das galaktische Potential werden Diagramme und Tabellen für folgende Elemente mitgeteilt: Peri- und apogalaktische Distanz, anomalistische Periode und Entweichgeschwindigkeit bei verschiedenen Entfernungen vom Zentrum. Nur die radialen und tangentialen Komponenten der Raumgeschwindigkeiten werden berücksichtigt. Das Verhalten der drei Typen: flache, Zwischen- und sphärische Untersysteme wird schematisch diskutiert. Demnach sind die Sterne des flachen Untersystems in den äußeren Teilen der Milchstraße entstanden, während auch die jetzt in der Sonnenumgebung befindlichen Angehörigen des sphärischen Untersystems dem Zentralgebiet entstammen dürften. Die relativen Bahnen von Sternen, die aus Haufen auswandern, werden untersucht. Sie zeigen nach einiger Zeit fast kreisförmige Bahnen. Bei isotroper Diffusion nimmt der Haufen allmählich etwa die Gestalt einer Ellipse an, die sich im Raum entgegengesetzt dem Sinne der galaktischen Rotation des Haufens dreht. Petri

12330. **F. K. Edmondson,** The radio spiral structure of the galaxy in the anti-center region. AJ **60** 160. — Ref. AAS.

12331. **F. K. Edmondson,** Modified galactic rotation formulae and the radio spiral structure of the galaxy. Publ ASP **67** 10—11. — Unter der Annahme, daß die mittleren Bewegungen im galaktischen System nicht rechtwinklig zum Radiusvektor verlaufen, sondern um einen im ganzen System konstanten Winkel Φ von dieser Richtung abweichen, werden die Formeln für die Radialgeschwindigkeit und die Eigenbewegungskomponente μ_x hergeleitet. Wird Φ zwischen 2° und 4° angenommen, so geben die Radiobeobachtungen der 21 cm-Linie des Wasserstoffs keinen kreisförmigen äußeren galaktischen Arm, sondern einen Spiralarm. Gli.

12332. **J. E. Ejnasto,** Bestimmung der Dispersion der Geschwindigkeiten der Sterne aus radialen, tangentialen und räumlichen Geschwindigkeiten. Publ. Astr. Obs. Tartu **33** Nr. 1 S. 35—56 (russisch). — In Fortführung des unter AJB **54** Ref. **9702** vom Verf. entwickelten Verfahrens zur Bestimmung der Geschwindigkeitsdispersion aus Tangentialgeschwindigkeiten wird hier das Verfahren auf Radial- und Raumgeschwindigkeiten erweitert. Loh.

12333. **J. E. Ejnasto,** Über die Kinematik der Me-Zwerge. Publ. Astr. Obs. Tartu **33** Nr. 1 S. 57—61 (russisch). — Nach dem in der vorstehenden Arbeit entwickelten Verfahren bestimmt Verf. aus den Radialgeschwindigkeiten von 82 Me-Zwergen die Geschwindigkeitsdispersion und findet $\sigma = 15.2 \pm 0.9$ km/sec. Sie ist also bedeutend kleiner als bei den übrigen M-Zwergen. Loh.

* * **J. E. Ejnasto,** Über die kinematische Struktur der Hauptreihe. Vgl. Ref. **9704**.

12334. **D. G. Ewart,** Note concerning «the constants of the velocity ellipsoid from the radial velocities of 820 stars». MN **115** 575—576. — Es werden Fehler korrigiert, die in einer Bestimmung der Sonnenbewegung und der Konstanten des Geschwindigkeitsellipsoids aus Radialgeschwindigkeiten von 820 F- bis M-Sternen der 8.5 bis 8.6ten Größe (HD) aufgetreten sind (AJB **53** Ref. **12330**). Die verbesserten Werte zeigen im Vergleich mit helleren Sternen dasselbe Achsenverhältnis des Geschwindigkeitsellipsoids, aber größere Dispersion längs der Achsen. Dagegen tritt eine Variation in der Sonnengeschwindigkeit und Apexlänge in Erscheinung. Gli.

* * **I. Halliday,** Luminosity function and space motions of G 8—K 1 stars derived from spectroscopic parallaxes. Vgl. Ref. **9708**.

12335. **M. L. Humason, H. D. Wahlquist,** Solar motion with respect to the local group of nebulae. AJ **60** 254—259, mit 2 Fig. — Teilweise neue Radialgeschwindigkeiten geben Anlaß zur Ableitung der Sonnengeschwindigkeit relativ zum Zentroid der umgebenden Nebel. Von den 11 Ausgleichungen mit und ohne Expansionsglied werden schließlich nur zwei ohne Expansionsglied mit den 10 sicher zur lokalen Gruppe gehörenden Nebeln zu dem Wert 292 km/sec nach $l = 75°$, $b = -7°$ gemittelt. Drei verschiedene Rotationsgeschwindigkeiten der Milchstraße und drei Richtungen zum Sonnenapex führen zu rund 100 km/sec für die Geschwindigkeit der Milchstraße relativ zur Umgebung. Nach zwei verschiedenen Methoden mittels des Virialsatzes wird die Gesamtmasse der ganzen lokalen Gruppe (mit Milchstraßensystem) zu rund 10^{12} Sonnenmassen abgeschätzt. Dv.

12336. **G. M. Idliss,** Der Einfluß der Struktur der Galaxis auf die Dispersion der Pekuliargeschwindigkeiten der Sterne und interstellaren Wolken. DAN **100** 635—638 (russisch). — Die in der Galaxis vorhandenen Gebiete höherer Dichte (Sternwolken, Sternhaufen, interstellare Wolken) bewirken nach Spitzer und Schwarzschild (vgl. AJB **53** Ref. **12340**) im Laufe der Zeit eine Zunahme der Dispersion der Sterngeschwindigkeiten. Unter Annahme der Gültigkeit der auf korpuskularer Abstrahlung beruhenden Fessenkowschen Entwicklungshypothese führt Verf. nun anstelle des Alters in der Spitzer-Schwarzschildschen Formel die Sternmasse ein. Die Übereinstimmung zwischen Theorie und Beobachtung ist für O-F-Sterne sehr gut. Es zeigt sich weiterhin, daß auch für die ältesten Sterne eine Gleichverteilung der kinetischen Energie nicht existiert und sich die Galaxis noch nicht in einem stationären Zustand befindet. Aus den Dispersionen σ_R und σ_θ der langperiodischen Cepheiden ergibt sich für diese ein Alter von 4×10^7 Jahren. Aus dem Alter der interstellaren Wolken ($\approx 10^7$ Jahre) folgt eine Geschwindigkeitsdispersion von etwa 4 km/sec, die mit der beobachteten gut übereinstimmt. Loh.

12337. **W. Iwanowska,** Prace nad zagadnieniem cech fizycznych podsystemów gwiezdnych prowadzone w ośrodku toruńskim. Postępy Astr. **3** 14—18, mit 3 Fig. — Ref. Poln. Astr. Ges.

* * **M. Karpowicz, W. Zonn,** On the distribution and some kinematic characteristics of spectroscopic binaries. Vgl. Ref. **10204.**

12338. **M. Karpowicz,** Badania obrotu Układu Lokalnego. Postępy Astr. **3** 18—20. — Ref. Poln. Astr. Ges.

12339. **G. G. Kusmin,** Über die Größe des dynamischen Parameters C und die Dichte der Materie in Sonnenumgebung. Publ. Astr. Obs. Tartu **33** Nr. 1 S. 3—34 (russisch). — Bezeichnet $\Phi(R, Z)$ das galaktische Potential, dann ist C durch die Beziehung $C^2 = -\left(\frac{\partial^2\Phi}{\partial Z^2}\right)_{Z=0}$ definiert. Mit der Dichte ϱ in der galaktischen Hauptebene ($Z = 0$) hängt C nach der Poissonschen Gleichung auf folgende Weise zusammen: $4\,\pi\,G\,\varrho = C^2 - 2(A^2 - B^2)$. A und B sind die Oortschen Konstanten, G die Gravitationskonstante. Als wahrscheinlichste Werte findet Verf. im Anschluß an eine Diskussion der Arbeiten von Oort (vgl. AJB **34** Ref. **9051**), Parenago (vgl. AJB **52, 54** Ref. **12365, 12317**) und Safronow (vgl. AJB **52** Ref. **12331**) nach der Aufklärung von Widersprüchen $C = 68 \pm 3$ km/sec kpc und $\varrho = (5.2 \pm 0.5) \times 10^{-24}$ g/cm³ $= (0.077 \pm 0.008)$ $\mathfrak{M}_\odot/pc^3$. Loh.

12340. **R. I. Mitchell,** The K-term for a sample of early B stars with known luminosities. Publ ASP **67** 12—15. — Aus den Radialgeschwindigkeiten von 181 B 0- bis B 2-Sternen der Leuchtkraftklassen I bis V wird der K-Term hergeleitet. Sonnenbewegung und differentielle galaktische Rotation (nach Weaver) werden als bekannt übernommen. Alle Sterne zusammen geben K = +3.05 km/sec ± 0.86 w. F. Bei Unterteilung scheint K unabhängig von der Leuchtkraftklasse, also unabhängig von der Entfernung zu sein. Die Sterne der Leuchtkraftklasse I zeigen eine wesentlich größere Geschwindigkeitsdispersion als die übrigen B 0- bis B 2-Sterne. Gli.

12341. **G. S. Mumford III,** The motions and distribution of red dwarf stars. AJ **60** 174. — Ref. AAS.

* * **K. F. Ogorodnikow,** Das Untersystem der kurzperiodischen Cepheiden und die Relaxationszeit der Galaxis. Vgl. Ref. **11165.**

12342. **J. A. Pearce,** The moving cluster in Taurus. Publ ASP **67** 23—24. — 74 Eigenbewegungen im N 30-System geben als äquatoriale Koordinaten des Konvergenzpunktes des Taurus-Haufens (1950): 91°85 ± 0°65, +9°1 ± 0°25. 97 Radialgeschwindigkeiten (w. F. = ± 2.5 km/sec) geben als Haufengeschwindigkeit 42.5 ± 0.2 km/sec. Anscheinend nimmt diese mit fortschreitendem Spektraltyp von 41.5 (27 A-Sterne) auf 43.2 km/sec (28 GK-Sterne) zu. Das geometrische Zentrum des Haufens hat eine Parallaxe (berechnet) $\pi_c = 0\overset{''}{.}0269$ (= 37 pc). 90 Sterne (= 63 %) liegen in einer Kugel von 5 pc Radius. Gli.

12343. **L. Perek,** Hinweis auf die Geschwindigkeit des Sternes Bd 516—209. AN **282** 286. — Die Geschwindigkeit dieses Wolf-Rayet-Sterns liegt anscheinend um mindestens 50 km/sec über der parabolischen; es wird um Mitteilung von Beobachtungen gebeten. Dv.

12344. **W. Petri,** Galaktozentrische Bahnelemente und Spektraltyp. Mitt. AG 1954 S. 22. — Ref. AG.

12345. **J. J. Raimond jr.,** AE Aurigae — μ Columbae. Hemel en Dampkring **53** 177—184, mit 4 Fig. — Gemeinverständlicher Bericht über die Untersuchungen von A. Blaauw und W. W. Morgan über die Bewegung und Entstehung von AE Aur, μ Col und 53 Ari. Gü.

12346. **J.-L. Rigal,** Etude statistique des mouvements stellaires. I. Calcul des moments de la distribution des vitesses. CR **241** 1714—1717 = Contr. Inst. d'Astrophys. Paris (A) Nr. 211. — Die Momente der räumlichen Geschwindigkeiten werden aus den Momenten der radialen und tangentialen Komponenten unter gewissen einfachen Annahmen für die Geschwindigkeitsverteilung hergeleitet. Fricke

12347. **J.-L. Rigal,** Etudes statistiques des mouvements stellaires. II. Cas des étoiles dG 0. CR **241** 1916—1919 = Contr. Inst. d'Astrophys. Paris (A) Nr. 211. — Eine in einer vorangegangenen Arbeit (vgl. vorstehendes Ref.) beschriebene Methode wird auf 235 GC-Sterne der Klassen dF 9 bis dG 2 des Radialgeschwindigkeitskataloges von Wilson angewendet. Die absoluten Helligkeiten dieser Sterne liegen nahe 4.6 Größe. Es werden der Apex und die Konstanten des Geschwindigkeitsellipsoids bestimmt. Es tritt keine Vertexabweichung auf ($l_0 = 325°$). Die Resultate werden mit denen von Wehlau und denen von Parenago verglichen. Gli.

12348. **N. G. Roman,** A catalogue of high-velocity stars. ApJ Suppl **2** 195—223 = Contr. McDonald Obs. Nr. 262. — Ref. in ApJ **123** 184—185. — Der Katalog gibt Spektraltypen im MK-System, photoelektrische Helligkeiten im U, B, V-System und spektroskopische Parallaxen für etwa 600 Schnelläufer. In fast allen Fällen sind auch die Raumgeschwindigkeitskomponenten relativ zum Zentroid der sonnennahen Sterne, die Exzentrizitäten und die großen Halbachsen ihrer Newtonschen galaktischen Bahnen angegeben. Die Sterne stehen nördlich $-20°$; sie wurden aus verschiedenen Quellen ausgewählt, doch besteht keine definitive Geschwindigkeitsgrenze, über der der Katalog vollständig ist. Gli.

12349. **K. Rudnicki,** Wieloprądowa teoria dynamiczna Galaktyki. Postępy Astr. **3** 27—28. — Ref. Poln. Astr. Ges.

12350. **K. Rudnicki,** O zmianach w elipsoidzie prędkości gwiazd przy zwiększaniu odległości od płaszczyzny równikowej Galaktyki. Postępy Astr. **3** 28—29. — Ref. Poln. Astr. Ges.

* * **W. S. Safronow,** Kinematik des Untersystems der Mira-Sterne. Vgl. Ref. **111134**.

12351. **R. B. Schazowa,** Die Bewegung der Sterne des Spiralarms der Galaxis. AJ UdSSR **32** 61—71, mit 3 Abb. (russisch). — Es wird festgestellt, daß sich die frühen Überriesen, die den Spiralarm der Galaxis in Sonnenumgebung bilden, entlang der Spirale in Richtung ihrer Aufrollung mit einer Geschwindigkeit von 6—7 km/sec bewegen. Einzelne Wolken der Spirale besitzen pekuliare lokale Bewegungen. Im besonderen wird die B-Stern-Wolke untersucht. Eines der Elemente der lokalen Bewegung dieser Wolke ist ihre zum Schnittpunkt des Gouldschen Gürtels mit der Milchstraße gerichtete Rotation. Das zweite Element ist die Vorwärtsbewegung in Richtung zum Zentrum des Lokalen Systems; letztere kann man zusammen mit der allgemeinen Bewegung entlang der Spirale als Rotation des Lokalen Systems parallel zur galaktischen Ebene betrachten. Verf. (übersetzt)

12352. **K. Schütte,** Galaktozentrische Bahnelemente von 1026 Fixsternen in der nächsten Umgebung der Sonne. VI. Neue Sternfamilien. Anzeiger Österreich. Akad. Wiss. Math.-naturwiss. Kl. **92** 220—221, Sitzber. Österreich. Akad. Wiss. Math.-naturwiss. Kl. Abteilung II **164** 495—523. — Nach dem Prinzip gleicher galaktozentrischer Bahnelemente bzw. gleicher heliozentrischer Geschwindigkeitskomponenten hat Verf. nach neuen Sternfamilien gesucht. Danach existieren nach einer Durchmusterung des vom Verf. bereits früher vorbereiteten Materials 51 neue Familien, die jeweils mindestens 4 Sterne enthalten, oft jedoch zehn und mehr. Ein ausführlicher Katalog ist beigegeben. Loh.

12353. **K. Schütte,** Galaktozentrische Bahnelemente von 1026 Fixsternen in der nächsten Umgebung der Sonne. VII. Bestimmung der Elemente der galaktozentrischen Sonnenbahn. Anzeiger Österreich. Akad. Wiss. Math.-naturwiss. Kl. **92** 221—222, Sitzber. Österreich. Akad. Wiss. Math.-naturwiss. Kl. Abteilung II **164** 525—530. — Aus dem vom Verf. vorbereiteten Material werden auf kinematischem Weg die galaktozentrischen Bahnelemente der Sonne abgeleitet. Nach Ausschluß der Schnelläufer ergibt sich eine Bahngeschwindigkeit von 286 km/sec. Die Exzentrizität der Bahn beträgt 0.144, die große Halbachse 11.6 kpc. Die Sonne befindet sich in der Nähe ihres Perigalaktikums. Loh.

12354. **A. D. Thackeray,** Stars in motion. MN ASSA **14** 29—30.

12355. **V. Vanýsek,** A note on the relation of masses and the dispersion of velocities of the B stars in the vicinity of the sun. BAC **6** 135—139 (mit russischer Zusammenfassung). — An Hand von 613 B 0- bis B 9-Sternen des Catalogue of Bright Stars von Schlesinger wird die Geschwindigkeitsdispersion der B-Sterne in Entfernungen bis zu 200 pc untersucht. Die Sterne werden nach ihrer aus der Masse-Leuchtkraft-Beziehung entnommenen Masse gruppiert. Die Trennung von Doppel- und Einzelsternen gibt keine systematischen Differenzen. Es zeigt sich die Tendenz, daß mit wachsender Masse die Geschwindigkeitsdispersion abnimmt, doch wird dieser Effekt von einer scheinbaren Zunahme der Dispersion mit wachsender Entfernung von der Sonne überlagert (größere Unsicherheit in den Raumgeschwindigkeitswerten); dadurch kann eine vergrößerte Geschwindigkeitsdispersion bei den Sternen hoher Leuchtkraft vorgetäuscht werden. Die Sterne der Scorpio-Centaurus-Gruppe werden gesondert betrachtet. Gli.

* * **A. N. Vyssotsky,** Concerning the use of the Cape proper motions of faint stars. Vgl. Ref. **9210**.

12356. **H. Weaver,** Numerical values of the Oort galactic rotation parameters. AJ **60** 181—182. — Ref. AAS.

12357. **H. Weaver,** The value of the Oort A parameter derived from radial velocities of Cepheid variable stars. AJ **60** 202—208, mit 3 Fig. = Berkeley Repr. Nr. 91. — Ref. in Sterne **32** 120—121. — Es wird eine neue Bestimmung der Konstanten A der galaktischen Rotation aus den Radialgeschwindigkeiten der Cepheiden durchgeführt. Die Entfernungen wurden unter Benutzung einer Nullpunktskorrektion von $-1^{m}_{.}5$ der Periode-Leuchtkraft-Beziehung und möglichst individuellen Absorptionen bestimmt. Die 64 Cepheiden mit heliozentrischen Entfernungen $r < 2$ kpc geben mit Hilfe der linearen Gleichung $A = 16.4 \pm 1.6$ km/sec kpc. Da die lineare Gleichung nur für kleine r gültig ist, wird eine andere Methode für die Bestimmung von A aus den Radialgeschwindigkeiten entwickelt, die die Benutzung entfernter Sterne gestattet. Die Anwendung dieser Methode auf 79 Cepheiden mit $r < 3.5$ kpc, $|\sin \lambda \cos b| \geq 0.5$ gibt $A = 10.8$ km/sec kpc. Der Unterschied zwischen diesem Wert und dem bisher angenommenen $A = 20$ km/sec kpc ist nach Meinung des Verf. auf die Benutzung der linearen Gleichung für Entfernungen, für die sie nicht mehr gültig ist, zurückzuführen. Mawridis

12358. **H. Weaver,** The value of the Oort A parameter derived from radial velocities of B stars. AJ **60** 208—210 = Berkeley Repr. Nr. 91. — Ref. in Sterne **32** 120—121. — Die Radialgeschwindigkeiten von 187 O 9.5—B 2-Sternen wurden zur Bestimmung der Konstanten A benutzt. Die Entfernungen wurden meistens mit Hilfe von MK-Spektren und individuellen Absorptionen abgeleitet. Bei Benutzung der Gleichung $v_r = R_0\ (R - R_0)\ \omega'_0 \sin \lambda \cos b$ findet man den Wert $A = 13.2 \pm 2.7$ km/sec kpc. Mawridis

12359. H. Weaver, Mathematical bias in the Oort A and B parameters derived from proper motions. AJ **60** 211—216, mit 2 Fig. = Berkeley Repr. Nr. 91. — Ref. in Sterne **32** 120—121. — Verf. betrachtet einige schematische Gruppen von Sternen in zwei verschiedenen galaktischen Modellen und untersucht, inwiefern die Werte der Konstanten *A* und *B*, die man aus den Radialgeschwindigkeiten oder Eigenbewegungen dieser Sterne mit Hilfe der linearen Gleichungen ableitet, verfälscht sein können. Es zeigt sich, daß diese Werte mit erheblichen Fehlern behaftet sind, besonders dann, wenn die benutzten Sterne verschiedene (große) heliozentrische Entfernungen und eine asymmetrische Verteilung in galaktischer Länge haben. Da die Fehler bei der Bestimmung von *A* aus den Radialgeschwindigkeiten und Eigenbewegungen in derselben Richtung sind, dürfte eine Übereinstimmung der beiden Werte keineswegs als Argument für die Richtigkeit dieser Werte betrachtet werden. Der aus der Differenz von *A* und *B* gefundene Wert für die Winkelgeschwindigkeit dürfte jedoch nicht sehr verfälscht sein, vorausgesetzt, daß die (eventuell verfälschten) Werte von *A* und *B* aus den Eigenbewegungen derselben Sterngruppe bestimmt worden sind. Mawridis

12360. Star-streaming from stars of spectral types A and B. Nature **176** 155. — Ref. der in AJB **54** Ref. **12357**/58 zitierten Arbeiten von T. R. Tannahill.

12361. Ein zweiter Stern in rückläufiger Bahn in der Nähe der Sonne. Orion Schaffhausen **4** 493. — Betrifft HD 6755.

Sternassoziationen

12362. W. A. Ambarzumjan, Stellar systems of positive total energy. Obs **75** 72—78. — Systeme mit positiver Gesamtenergie sind 1. Sternassoziationen, 2. einige der klassischen offenen Haufen und 3. multiple Sterne des Trapeztyps. Die Beobachtungsdaten der Assoziationen, ihre Expansionsgeschwindigkeiten und ferner Arbeiten am Observatorium Bjurakan über die Häufigkeit von Trapezsystemen (die besonders unter den jungen O- und B-Sternen auftreten) deuten die Möglichkeit an, daß sich Trapeztypsysteme zu O-Haufen entwickeln. Eine Hypothese des Verf. besagt, daß sich ein Protostern sehr hoher Dichte zugleich in diffuse Materie und in ein Trapezsystem teile; dieses System entwickle sich zu einem expandierenden Haufen und weiterhin zu einer Sternassoziation. Gli.

12363. J. Berger, Classification des étoiles de l'association de ζ Persei. JO **38** 353—354 = Contr. Inst. d'Astrophys. Paris (B) Nr. 131.

12364. A. Blaauw, W. W. Morgan, F. C. Bertiau, 19 Scorpii, a luminous A star in the Scorpio-Centaurus association. ApJ **121** 557. — Auf Grund seiner Eigenbewegung und seiner Position am Himmel muß 19 Sco als Mitglied der Scorpio-Centaurus-Assoziation betrachtet werden. Seine absolute Helligkeit wird zu $-3^m\!.6$, der Spektraltyp zu A5II bestimmt. 19 Sco und Antares sind die einzigen bekannten Mitglieder der Assoziation mit hoher Leuchtkraft und Spektraltyp später als B. Bisher war kein A-Riese als Mitglied einer B-Sternassoziation bekannt. Micz.

12365. B. J. Bok, C. M. Wade, Association of O-B stars and H(II) regions in the southern hemisphere. Publ ASP **67** 103—107, mit 1 Fig. — Ref. in Coelum **23** 145. — Die Untersuchung von Schajn und Hase (Mitt. Astrophys. Obs. Krim **10** 152, AJB **53** Ref. **12235**) über die Assoziation von O-B-Sternen mit H II-Regionen werden auf den Südhimmel ($l = 260°$ bis $355°$, $b = -5°$ bis $+5°$) ausgedehnt. Bei Ausschluß des η Carinae-Nebels bleiben 317 Sterne, von denen 22 % sicher und weitere 7 % wahrscheinlich mit Hα-Emissionen assoziiert sind. Der Anteil variiert stark mit galaktischer Länge. Gli.

12366. D. Crawford, D. N. Limber, E. Mendoza, D. Schulte, H. Steinman, T. Swihart, The association I Geminorum. ApJ **121** 24—31, mit 1 Tafel und 3 Fig. —

Die O-Assoziation I Geminorum besitzt einen scheinbaren Durchmesser von etwa 5°. Verf. haben Spektren von 75 Sternen dieses Gebietes erhalten. Spektraltypen und Leuchtkraftklassen wurden im System des Yerkes-Atlas bestimmt, und unter Heranziehung lichtelektrisch von Stebbins, Whitford und Huffer gemessener Farbenindizes wurden die absoluten Helligkeiten und die Entfernung der Gruppe (120 pc) abgeleitet. Nur 32 Objekte der Programmliste sind echte Mitglieder der Assoziation, sie besitzen Spektraltypen von O6 bis B9. Das Hertzsprung-Russell-Diagramm wird aufgestellt. Verf. weisen ferner auf besonders bemerkenswerte Objekte hin und vergleichen die Assoziation mit zwei anderen ähnlicher Art. Micz.

12367. **D. L. Harris III,** Photometry of the Lacerta aggregate. ApJ **121** 554—556 = Contr. McDonald Obs. Nr. 250. — Von 31 B-Sternen der OB-Assoziation in Lacerta wurden photoelektrisch Farben und Helligkeiten im (B, V)-System gemessen. Mitgeteilt werden ferner auch die Farbenexzesse der Sterne. Micz.

12368. **N. L. Iwanowa,** Über einige B-Sterne der Orion-Assoziation. Mitt. Obs. Bjurakan Nr. 16 S. 53—65 (russisch mit armenischer Zusammenfassung). — Durch eine spektralphotometrische Untersuchung wurden zu beiden Seiten des Balmer-Sprungs die relativen und absoluten Gradienten sowie die Balmer-Dekremente von 16 B-Sternen bestimmt. Die Äquivalentbreiten der Wasserstofflinien sowie die daraus abgeleiteten Elektronendrucke und die Anzahl der Wasserstoffatome in den Atmosphären dieser Sterne sind angegeben. Schrick

12369. **G. W. Jefimowa,** Untersuchung der Eigenbewegungen von Sternen im Gebiet der Orion-Assoziation. Leningrad, Astr. Hauptobs., 1955 (russisch). — Dissertationsreferat.

12370. **I. M. Kopylow,** Hertzsprung-Russell-Diagramme von O-Assoziationen und die absoluten Größen der O- und B-Sterne. Mitt. Astrophys. Obs. Krim **15** 153—159, mit 3 Abb. (russisch). — Aus den Hertzsprung-Russell-Diagrammen von zehn O-Assoziationen und den Plejaden werden die mittleren absoluten Größen der O9—A2-Sterne der Leuchtkraftklassen Ia, Ib, III, V und der O5—O8-Sterne der Leuchtkraftklassen Ia und V ermittelt. Loh.

12371. **M. W. Ovenden,** Stellar associations. Recent advances in science. Sci. Progress **43** 261—266. — Ref. in RJ Astr. Geod. UdSSR 1956 Nr. 7 S. 37.

12372. **J. Ruprecht,** Stellar association in Orion. RH **36** 49—53, mit 2 Fig. (tschechisch).

12373. **G. A. Schajn,** On the association of hot stars with the emission nebulae. AJ UdSSR **32** 492—497, mit 1 Fig. (russisch mit englischer Zusammenfassung). — Bei der Untersuchung von Assoziationen der O-, B0- und B1-Sterne mit Emissionsnebeln wurde erneut bestätigt, daß die relative Häufigkeit der mit Emissionsnebeln assoziierten heißen Sterne von B1 nach O hin wächst und bei mehrfachen Systemen von O-Sternen sogar 85% beträgt. Im gleichen Sinne wächst auch die Flächenhelligkeit der entsprechenden Emissionsnebel. Die Befunde, daß mehrfache Systeme von O-Sternen sich meistens innerhalb der Emissionsnebel befinden und daß die Nebel dunkler sind, wenn sich der erregende Stern außerhalb befindet, werden in Verbindung mit Prognosen über Ursprung und Alter solcher Objekte diskutiert. Schrick

12374. **C. K. Seyfert,** Emission B stars in the association I Persei. AJ **60** 177—178. — Ref. AAS.

§ 124

Außergalaktische Nebel

* * Theoretische Untersuchungen über Sternsysteme siehe § **44**.

12401. **W. Baade,** Planetary nebulae in M 31. AJ **60** 151; Ref. AAS. — Ref. in Orion Schaffhausen **4** 492.

12402. **W. Baade, H. H. Swope,** The Palomar survey of variables in M 31 (First results). AJ **60** 151—152; Ref. AAS. — Ref. in Orion Schaffhausen **4** 492.

12403. **W. A. Baum,** What are elliptical galaxies made of? AJ **60** 153—154. — Ref. AAS.

12404. **W. A. Baum, M. Schwarzschild,** A comparison of stellar populations in the Andromeda galaxy and its elliptical companion. AJ **60** 247—253, mit 3 Fig. — Ref. in JBAA **66** 81—82, Sterne **32** 28—29. — «Count-brightness ratio», d. h. der Quotient aus: Zahl aufgelöster Sterne bis zur Grenzgröße m und: Gesamthelligkeit der gleichen Fläche (ausgedrückt in Anzahl visueller Leuchtkräfte mit M = 0), ist charakteristisch für eine Sternpopulation. Sieben Felder nach Mt. Palomar 200″-Platten werden gezählt und ausgemessen. Die Ergebnisse stützen die Vermutung, daß der Hauptteil des Andromedanebels aus alten Sternen der Population I gebildet wird (wie Sonnenumgebung nach Bok), und daß NGC 205 und der Kugelhaufen M 3 für hellere Sterne eine andere, aber untereinander ähnliche Häufigkeitsfunktion der Leuchtkräfte besitzen. Dv.

12405. **W. A. Baum,** The distribution of luminosity in elliptical galaxies. Publ ASP **67** 328—330. — Ref. ASP. — Ref. in Sky and Telescope **15** 204.

12406. **J. H. Bigay,** Photométrie photographique globale des galaxies. Acta Astr. Sinica **3** 231—242, mit 7 Fig. und 2 Tafeln (chinesisch mit französischem Ref.).

12407. **J. H. Bigay, R. Dumont,** Photométrie photoélectrique de nébuleuses extragalactiques (3ᵉ série de mesures). Ann d'Astrophys **18** 141—142. — Für 16 außergalaktische Nebel des Perseus-, des Coma Berenices- und des Virgo-Haufens wurden am Haute Provence-Observatorium photoelektrisch internationale photographische und photovisuelle Helligkeiten und Farbenindizes gemessen. Die Ergebnisse stimmen sehr gut mit denen von Stebbins und Whitford überein. Mit einem Wert von $0^m\!.12$ wurde auch der Farbenexzeß der elliptischen Nebel bestätigt. Gü.

12408. **L. S. Copeland,** Adventuring in the Virgo cloud. Sky and Telescope **14** 147—151, mit 5 Fig. — Verf. macht den Versuch, ähnlich wie bei Sternbildern den scheinbaren Nebelkonfigurationen im Virgo-Haufen besondere Namen zu geben. Behr

12409. **A. Dauvillier,** Sur les spirales barrées. CR **241** 1189—1190. — Die Entstehung der «Balken»-Spiralen und das Phänomen der Zweiarmigkeit der Spiralnebel werden beschrieben als Folge von Gezeitenwirkung der Nachbarnebel. Fricke

12410. **A. N. Deutsch, W. W. Lawdowskij, N. W. Fatschichin,** Katalog von 1508 außergalaktischen Nebeln in 157 Himmelsfeldern der Zone von +90° bis −5° Deklination zur Bestimmung der Eigenbewegungen von Sternen. Mitt. Astr. Hauptobs. Pulkowo **20** Nr. 1 (154) S. 14—46 (russisch). — Auf kurze einleitende Bemerkungen folgt der eigentliche Katalog, der eine knappe Beschreibung von Galaxien in 157 Himmelsfeldern, ihre rechtwinkligen Koordinaten in bezug auf das jeweilige Zentrum und Hinweise über ihre Brauchbarkeit für astrometrische Messungen enthält. Die Platten wurden am Pulkowoer Normalastrographen in Verbindung mit der Aufstellung des Katalogs Schwacher Sterne aufgenommen. Loh.

12411. **A. Elvius,** Nyare fotoelektriska undersökningar av intensiteter och färger i extragalaktiska stjärnsystem. PAT **36** 141—148, mit 3 Fig. — Verf. berichtet über die Untersuchungen von Stebbins und Whitford (1937, 1952) sowie von Pettit und anderen über die Helligkeiten und Farben der außergalaktischen Nebel und den daraus gezogenen Schlußfolgerungen. C. I.. J.

12412. **A. Elvius,** Diffraction of light by interstellar particles in spiral galaxies. Vgl. Ref. **1169,** daselbst S. 414—424, mit 7 Fig., 1 Tafel und Diskussion S. 428—429 = Stockholms Obs. Medd. Nr. 84. — Es wird darauf hingewiesen, daß in Spiralnebeln der interstellare Staub sich außer durch seine Extinktionswirkung auch dadurch bemerkbar machen müsse, daß das Sternlicht an ihm gestreut wird. Eine qualitative Diskussion des Effekts läßt erwarten, daß die uns nähere Seite eines Nebels in der Nähe der kleinen Achse blauer sein sollte als der Kern und dieser wieder blauer als die entferntere Seite. Es wird versucht, diese Asymmetrie an einem Nebel geeigneter Neigung und Struktur (NGC 4216) durch photometrische Messungen in mehreren Farben empirisch nachzuweisen. Kdr.

12413. **P. Fellgett,** On the interpretation of counts of galaxies. Obs **75** 176—179.

* * **R. H. Garstang,** Stellar populations. Vgl. Ref. **12002.**

* * **K. U. v. Hagenow,** Zum Problem rotierender kosmischer Gasmassen. Vgl. Ref. **5309.**

12414. **T.-B. Ho,** Einige Ergebnisse über die Untersuchung der Gruppe von Galaxien in den letzten fünf Jahren. Acta Astr. Sinica **3** 293—304, mit 3 Fig. (chinesisch).

* * **M. L. Humason, H. D. Wahlquist,** Solar motion with respect to the local group of nebulae. Vgl. Ref. **12335.**

12415. **I. M. Kopylow,** Bestimmung der Entfernungen der außergalaktischen Nebel mit Neuen Sternen. Mitt. Astrophys. Obs. Krim **13** 76—81 (russisch). — Die Zeit, innerhalb der die Helligkeit einer Nova um 3^m absinkt, dient zur Ermittlung ihrer absoluten Leuchtkraft und damit auch Entfernung. Dabei ist es nicht unbedingt notwendig, daß die erste Beobachtung schon beim Maximum erfolgte. Nach diesem Kriterium werden für M 31, M 33 und die Große Magellansche Wolke folgende Entfernungsmoduln ermittelt: $24^m_.1$, $24^m_.1$ und $19^m_.4$. Die Nullpunktskorrektion für die Perioden-Helligkeits-Beziehung der langperiodischen Cepheiden wird zu $-1^m_.77 \pm 0^m_.10$ angegeben. Petri

12416. **D. Kotsakis,** Die Entfernungen der außergalaktischen Nebel. Astr. Nachr. Athen **6** 33—38, mit 1 Fig. (griechisch). — Bericht über die Nullpunktskorrektion der Periode-Leuchtkraft-Beziehung und die dadurch bedingte Verdoppelung der Entfernungen der außergalaktischen Nebel. Mawridis

12417. **R. P. Kraft,** Note on the composition of elliptical galaxies. Publ ASP **67** 25—27. — Zur Erklärung des beobachteten Masse-Leuchtkraft-Verhältnisses in Population II-Systemen wird angenommen: 1.) Der Hauptanteil an der Gesamtmasse in elliptischen Galaxien und im Coma-Haufen besteht aus neutralem Wasserstoffgas. 2.) In Kugelhaufen ist der Massenanteil des Gases nicht größer als der der Sterne. Damit wird die im Coma-Haufen zu erwartende 21 cm-Emission abgeschätzt. Gli.

12418. **J. D. Kraus,** Distribution of radio brightness across the Andromeda nebula. Nature **175** 502—503, mit 2 Fig. — Mit einer Dipolantennenwand der Ohio State University mit einem Auflösungsvermögen von $1^\circ_.3$ in Rektaszension und 8° in Deklination wird die Intensitätsverteilung im Andromedanebel bei 250 MHz gemessen. Die von Williams und Hiltner im photographischen Bereich gefundene Asymmetrie wird auch für das Radiofrequenzgebiet bestätigt. Der größte Winkeldurchmesser des Andromedanebels wird zu 9° bestimmt. Behr

* * **G. E. Kron, N. U. Mayall,** The Lick program of integrated magnitudes and colors of globular clusters. Vgl. Ref. **12141**.

12419. **Z. Kvíz,** Radioastronomie und extragalaktische Nebel. Rozhledy **34** 225—226 (tschechisch).

12420. **B. Lindblad,** Remarks on the relation between the distribution of dust in nebulae and the spiral structure. Vgl. Ref. **1169**, daselbst S. 425—427, mit Diskussion S. 428—429. — Aus dem Verlauf der absorbierenden Schichten relativ zu den hellen Armen bei SB-Spiralen werden Schlüsse auf die Kinematik und Entwicklung dieser Systeme gezogen. Weigert

12421. **B. Y. Mills,** The observation and interpretation of radio emission from some bright galaxies. Australian J. Phys. **8** 368—389, mit 6 Fig. und 1 Tafel = Commonwealth Sci. Industrial Res. Organization, Australia, Division Radiophys. — Mit einer Mills-Kreuzantenne wurden bei einer Wellenlänge von 3.5 m 13 hellere Galaxien im Deklinationsbereich von +10° bis −80° auf ihre Radioemission untersucht. Die 86 MHz-Strahlung konnte bei zehn von diesen Objekten (auch den Magellanschen Wolken) nachgewiesen werden. Die Antennenkeule hat eine Halbbreite von 50′. Es wurde ein einheitliches Bild über die Emissionseigenschaften der normalen Galaxien entwickelt. Es zeigt sich, daß die Radioemission in zwei merklich verschiedenen Verteilungen auftritt. Eine besitzt die Eigenschaften einer Population I-Verteilung, während die andere eine Halo-Verteilung zeigt, die keiner der bisher bekannten Sternverteilungen konform ist. Beide besitzen ein nichtthermisches Spektrum. Der relative Beitrag der beiden Arten scheint bei den verschiedenen Typen von Galaxien unterschiedlich zu sein. In großen Zügen, jedoch nicht in allen Details, stützen die Ergebnisse die Hypothese von Schklowskij über die galaktische Radioemission. Es scheint, daß ein großer Teil der Meterwellenstrahlung der normalen Galaxien qualitativ und eventuell sogar quantitativ durch die Bremsstrahlung «relativistischer» Elektronen in den schwachen interstellaren Magnetfeldern erklärt werden kann. Allerdings folgt dieser Schluß nicht als notwendige Konsequenz aus den Beobachtungen. Priester

12422. **J. H. Oort,** Solid particles in extra-galactic nebulae. Introductory report. Vgl. Ref. **1169**, daselbst S. 407—410, mit Diskussion S. 428—429. — In einem einführenden Bericht wird auf die Möglichkeit hingedeutet, von den in extragalaktischen Nebeln beobachteten Absorptionsschichten auf die Gasdichte in diesen Nebeln zu schließen. Weigert

12423. **E. J. Öpik,** The space-reddening of galaxies. Irish AJ **3** 187—190 = Armagh Obs. Leaflet Nr. 33. — Es wird versucht, die von Stebbins und Whitford im Spektrum elliptischer Nebel beobachtete Energieverteilung (AJB **48** Ref. **12422**) durch Energiekurven verschiedener Modelle darzustellen. Verf. glaubt, daß intergalaktische Absorption die beobachtete Rotverfärbung elliptischer Nebel verursacht, und schätzt die mögliche Dichte intergalaktischer diffuser Materie zu 0.7×10^{-29} g/cm³. Gli.

* * **M. S. Roberts,** On the color and the mass-luminosity ratio of globular clusters and the elliptical nebula M 32. Vgl. Ref. **12144**.

12424. **A. R. Sandage,** A summary of the observational data concerning the apparent expansion of the universe. Publ ASP **67** 115—116. — Ref. ASP.

* * **I. S. Schklowskij,** On the nature of radiation from radiogalaxy NGC 4486. Vgl. Ref. **12661**.

12425. **D. E. Schtschegolew,** Photographische Photometrie und Kolorimetrie außergalaktischer Nebel. AJ UdSSR **32** 16—21, mit 4 Abb. (russisch). — In 15 untersuchten Spiralnebeln vom Typ Sb und Sc zeigt sich ein kontinuierlicher Hintergrund von gelben Sternen. Der Farbenindex der blauen Sterngruppen in den Spiralarmen ist klein und fällt mit wachsender Helligkeit. Die Konzentration der absorbierenden Materie zur Hauptebene erscheint stärker als bei den Hintergrundsternen, jedoch nicht so stark wie bei den Sternen der Spiralarme. Schrick

12426. **I. S. Schtscherbina-Samojlowa,** Das lokale System der Galaxien. Priroda **44** Nr. 11 S. 81—83, mit 3 Abb. (russisch). — Zusammenfassender Bericht über den Stand der Erforschung des Systems der näheren außergalaktischen Nebel in Anlehnung an die unter AJB **51**, **53**, **54**, Ref. **12431**, **12434**, **12638** zitierten Arbeiten von Rubin, de Vaucouleurs und Kraus. Loh.

12427. **L. Sehnal,** Außergalaktische Nebel in Andromeda. Rozhledy **34** 254—255, mit 2 Abb. (tschechisch).

12428. **H. Shapley, J. Sweeney, P. Kokaras,** Survey of galaxies along the southern milky way. Harv Ann **106** 75—79. — Mit dem 24 inch Bruce-Refraktor wurde die südliche Milchstraße von $l = 200°$ bis $l = 340°$ und $b = +30°$ bis $b = -30°$ photographisch durchmustert. Die Belichtungszeit betrug drei Stunden, so daß Nebel bis zur 18. Größenklasse erkennbar waren. Das Ergebnis der Nebelzählung (Zahl der Nebel pro Quadratgrad) wird in einer Tabelle mitgeteilt. Hunger

12429. **J. Stock,** Remarks on the reduction of radial velocities within spiral galaxies. AJ **60** 216—219, mit 3 Fig. — Quantitative Betrachtungen über systematische Fehler bei der Deutung von Radialgeschwindigkeitsmessungen in Spiralnebeln, die von der Abweichung der wahren äußeren Kontur von genauer Kreisform und davon herrühren, daß die beobachteten Objekte nicht in der Hauptebene der Spiralnebel liegen. Dv.

12430. **S. N. Stone,** A possible extragalactic source of 21-centimeter radio emission. Publ ASP **67** 183—185, mit 1 Fig. — Ref. eines im Dezember 1954 in Berkeley gehaltenen Vortrags. — Ref. in Sterne **32** 244—245. — Es wird gezeigt, daß unter plausiblen Annahmen (etwa gleiches Verhältnis des interstellaren Wasserstoffs zu Masse und optischer Helligkeit wie bei den Magellanschen Wolken) der Coma-Haufen eine durchaus beobachtbare Radioquelle für die 21 cm-Linie darstellen müßte. Die integrierte Helligkeit der 21 cm-Linie sollte um eine Größenordnung stärker sein als bei der Kleinen Magellanschen Wolke. Wegen der Radialgeschwindigkeit sollte die Linie um etwa $^1/_2$ cm nach rot verschoben sein. Voigt

12431. **G. Thiessen,** Color- and light-intensity distribution in the central region of M 31. Vgl. Ref. **1169**, daselbst S. 411—413, mit 2 Fig. und Diskussion S. 428—429. — Photoelektrische Helligkeitsmessungen in zwei Farben, reduziert auf das (P, V)-System, wurden am Hamburger 60 cm-Refraktor bis in etwa 1′ Entfernung vom Zentrum von M31 durchgeführt. Während sich im Blauen ein nahezu symmetrischer Helligkeitsabfall längs der kleinen Nebelachse ergab, zeigten die (P—V)-Werte bei einem Maximum im Zentrum einen unsymmetrischen Abfall. Weigert

12432. **M. A. Waschakidse,** Bestimmung des Polarisationsgrades und der Polarisationsebene naher außergalaktischer Nebel. Bull. Astrophys. Obs. Abastumani Nr. 18 S. 15—28, mit 2 Abb. (russisch). — Die Untersuchung von 11 Nebeln ergab: Der Polarisationsgrad nimmt in der Hubbleschen Typenfolge (E—Sa—Sb—Sc—I) zu. Die Entwicklung dürfte daher, nach C. F. von Weizsäcker, in der umgekehrten Richtung verlaufen. Bei starker Polarisation wird auch starke Radiowellenemission beobachtet. Innerhalb der einzelnen Nebel wächst die Polarisation vermutlich vom Zentrum nach außen hin an. Die Polarisationsebene hat in den meisten Fällen eine Vorzugsrichtung, deren Zusammenhang mit der jeweiligen Symmetrieebene des Nebels noch näher zu untersuchen ist; ihre räumliche Orientierung zeigt keine Korrelation mit der Symmetrieebene der Milchstraße. Ein Zusammenhang zwischen der Polarisation extragalaktischer Nebel und dem interstellaren Medium innerhalb der Milchstraße besteht aller Wahrscheinlichkeit nach nicht. Zusätzlich wurde auch der Crab-Nebel (NGC 1952) näher untersucht. Die Polarisation erreicht dort stellenweise 50 %. Die Gestalt des Nebels ist bei verschiedenen Stellungen des Analysators recht unterschiedlich. Auch hier handelt es sich um ein Objekt, das zugleich starke Polarisation und Radiowellenemission aufweist. Petri

12433. **A. G. Wilson,** Sculptor-type systems in the local group of galaxies. Publ ASP **67** 27—29. — Ref. in Irish AJ **3** 191. — Sechs elliptische Zwergsysteme, genannt «Sculptorsysteme», sind bisher in der lokalen Gruppe bekannt; ihre Gesamtzahl wird auf acht geschätzt. Also sind zwei Drittel der elliptischen Systeme in der lokalen Gruppe Sculptorsysteme. Obwohl im intergalaktischen Raum auch Kugelhaufen zu existieren scheinen, besteht kein kontinuierlicher Übergang in Größe und Leuchtkraft von den Sculptorsystemen zu den größten Kugelhaufen. Gli.

12434. **B. A. Woronzow-Weljaminow,** The distribution of supergiants and dust in M 33 and their relation. AJ UdSSR **32** 401—411, mit 1 Fig. und 6 Tafeln (russisch mit englischer Zusammenfassung). — Ausgedehnte Gruppen von Überriesen sind in den Spiralarmen des M 33 als Ketten, «Züge» und Sternwolken zu erkennen und zeigen in ihren Formen Ähnlichkeit mit staubförmigen Gebilden von Wolken, Fasern und «Kanälen», die ebenfalls in den Spiralarmen konzentriert sind. Solche Kanäle haben dieselbe Struktur wie die gegen den Hintergrund galaktischer Nebel erscheinenden dunklen Äste und lassen daher vermuten, daß der Staub entlang magnetischer Kraftlinien im Gebiet der Spiralarme verteilt ist und sich dort wie ein fester Körper bewegt. Der bei M 33 und M 31 beobachtete Zerfall solcher Kanäle in Ketten kleiner Nebel könnte in unserer Galaxis dem Zerfall von Fasern und Staubverdichtungen in Ketten und Globulengruppen gleichkommen. In der Galaxis münden Staubfasern vielfach in heiße Sterne ein. Alle Befunde weisen darauf hin, daß Überriesen in Gruppen entstehen, wobei gas-staubförmige Wolken und Kanäle in mehrere Teile zerfallen, die anschließend kondensieren. Schrick

12435. **B. A. Woronzow-Weljaminow,** Der Zusammenhang in der Verteilung der Überriesen und des Staubes. Astr Circ UdSSR Nr. 160 S. 10—11 (russisch). — Wiedergabe der 14 Thesen des vom Verf. am 18. 5. 1955 vor dem Plenum der Kommission für Stellarastronomie beim Astrosowjet der Akad. Wiss. UdSSR gehaltenen Vortrags, in welchem das Thema von ihm insbesondere in Bezug auf die Verhältnisse in M33 und M31 behandelt wurde. Loh.

12436. **S. P. Wyatt jr., F. G. Brown,** Position angles and shapes of galaxies in Cetus. AJ **60** 415—422. — Nach Aufnahmen mit einem 24—36″-Schmidt-Spiegel werden die Verteilungen der Positionswinkel und Figuren von 812 außergalaktischen Nebeln im Cetus mit Durchmessern von mindestens 0ʹ.7 untersucht. Die Positionswinkel zeigen unabhängig von Ort, Größe und Figur eine deutliche Häufung um 130°, deren Wahrscheinlichkeit bei ursprünglicher Gleichverteilung nur 10^{-5} beträgt. Bei den Umrissen fällt ein Überwiegen der «edge-on»-Stellung auf, was aber eine Folge der hierfür besseren Beobachtbarkeit sein kann. Gü.

12437. **F. A. Zizin,** Über die Rotationsrichtung der Spiralnebel. Astr Circ UdSSR Nr. 157 S. 10—12, mit 1 Abb. (russisch). — Die Anwendung von fünf physischen Kriterien auf einige Spiralnebel zeigt übereinstimmend, daß die konvexe Seite der Spiralarme in die Rotationsrichtung weist. Loh.

12438. **W. Zonn,** O ostatniej publikacji E. Hubble'a. Postępy Astr. **3** 83—85. — Ein Bericht über die Darwin-Vorlesung von Hubble im Jahre 1953. Perek

12439. **F. Zwicky,** Some novel features of the whirlpool nebula as revealed by composite analytical photography. Publ ASP **67** 232—236, mit 4 Tafeln. — Ref. in Sky and Telescope **15** 205. — Zu zwei Aufnahmen des Nebels mit dem 200′-Teleskop, eine mit Blaufilter, eine mit Gelbfilter aufgenommen, wurden Positivplatten hergestellt und jeweils das Negativ der einen Aufnahme mit dem Positiv der anderen Aufnahme zusammenkopiert. Ein Vergleich der zusammengesetzten Kopien zeigt besonders deutlich, daß die gelbroten Sterne viel stärker auf die Spiralarme konzentriert sind als die blauen Sterne. O. G.

12440. Neue Angaben über die Ausdehnung des Universums. Astr. Nachr. Athen **6** 28—29 (griechisch). — Bericht über Untersuchungen von Sandage und Pettit. Mawridis

12441. Super-systems of galaxies. J RAS Canada **49** 33.

12442. Der Rotationssinn der Spiralnebel. Orion Schaffhausen **4** 398—399, mit 1 Abb.

12443. En diskussion av Stebbins-Whitford-effekten. PAT **36** 73—75. — Die vorliegende Notiz ist eine Diskussion zwischen den Auffassungen Whitfords auf der einen Seite und Bondi, Gold und Sciama auf der anderen über die Deutung des von Stebbins und Whitford gefundenen Gesetzes der Farbenänderungen der elliptischen Nebel und den darüber gezogenen Schlußfolgerungen. C. L. J.

12444. La zona del espacio más poblada. Rev. Astr. Nr. 135 S. 161.

12445. Neutral hydrogen and elliptical galaxies. Sky and Telescope **14** 191—192.

12446. Orientation of galaxies. Sky and Telescope **14** 321. — Ref. AAS. — Ref. in Coelum **23** 175.

12447. 200-inch studies of the Andromeda nebula. Sky and Telescope **14** 371—372. — Ref. AAS.

12448. Composition of ellipticals. Sky and Telescope **14** 373, mit 2 Fig. — Ref. AAS.

12449. Vidljivost prostiranja Andromedine magline. Vasiona **3** 46. — Ref. der in AJB **54** Ref. **12420** zitierten Arbeit von Jonckheere über die Ausdehnung des Andromeda-Nebels. Milošević

Magellansche Wolken

* * **W. Buscombe,** Novae in the Magellanic Clouds and in the galaxy. Vgl. Ref. **11302.**

12450. **W. Buscombe, S. C. B. Gascoigne, G. de Vaucouleurs,** Problems of the Magellanic Clouds. Suppl. Australian J. Sci. **17** Nr. 3, 35 S. mit 16 Fig. und 2 Tafeln. — In dieser ausführlichen Monographie geben Verf. in den drei Abschnitten: «Die Wolken als Galaxien, Astrophysikalische Probleme, Die Zusammensetzung der Wolken» einen Überblick über den heutigen Stand der Erforschung der Magellanschen Wolken. Loh.

12451. **M. W. Feast, A. D. Thackeray, A. J. Wesselink,** A study of bright members of the Large Magellanic Cloud. Obs **75** 216—221, mit 2 Fig. = Radcliffe Obs. Repr. Nr. 5. — Die Radialgeschwindigkeiten von 26 B- und A-Sternen, die sicher zur Wolke gehören, zeigen eine systematische Abhängigkeit vom Ort der Sterne innerhalb der Wolke. Die einfachste Erklärung hierfür bietet die Annahme einer starren Rotation des Systems um eine im Positionswinkel 75° gelegene Achse. Das stimmt sehr gut mit der von de Vaucouleurs aus der Sternverteilung erschlossenen Richtung der kleinen Achse überein. Ein ähnliches Verhalten zeigen auch die Radialgeschwindigkeiten von Emissionsnebeln, während Messungen der 21 cm-Linie eine kleinere Rotationsgeschwindigkeit ergeben. Letztere beziehen sich wahrscheinlich auf weiter außen gelegene H I-Wolken mit Keplerbewegung. Bo.

12452. **A. R. Hogg,** Surface photometry of the Magellanic Clouds. MN **115** 473—479, mit 2 Fig. — Übersicht bisheriger Messungen der Gesamtgrößen beider Wolken. Neue Beobachtungen (lichtelektrische Zweifarbenphotometrie reduziert auf B, V-System) geben Isophoten, Gesamtgrößen und -farben für die zentralen Teile der Wolken (11 bzw. 28 Quadratgrad): B = +2.6 bzw. +1.4, B—V = +0.3. Im Gegensatz zur Großen Wolke ist das Zentrum der Kleinen Wolke deutlich blauer als die äußeren Teile. Haffner

12453. **C. Luplau Janssen,** De Magellanske Skyer. Urania København **12** 37—40. — Allgemeinverständliche Übersicht über die Erforschung der Magellanschen Wolken. C. L. J.

12454. **F. J. Kerr, G. de Vaucouleurs,** Rotation and other motions of the Magellanic Clouds from radio observations. Australian J. Phys. **8** 508—522, mit 8 Fig. und 3 Tafeln = Commonwealth Sci. Industrial Res. Organization, Australia, Division Radiophys. — Die Radialgeschwindigkeitsmessungen der 21 cm-Linie der Magellanschen Wolken werden diskutiert. Es zeigt sich, daß beide Wolken rotieren. Es wird die Ansicht bestätigt, daß die Wolken abgeplattete Systeme sind. Das neutrale Gas hat wahrscheinlich die geringste Abplattung. Es zeigt starke Abnahme der Rotationsgeschwindigkeit bei wachsender Distanz von der äquatorialen Ebene. Die mittlere Radialgeschwindigkeit relativ zur Sonne ergibt sich für die Große und Kleine Wolke zu +280 bzw. +161 km/sec. Priester

12455. **E. M. Lindsay,** Emission objects in the Small Magellanic Cloud showing the N_1, N_2 nebular lines. MN **115** 248—255, mit 1 Tafel = Contr. Armagh Obs. Nr. 17. — Unter 106 sternähnlichen Objekten mit H-Emission in der Kleinen Magellanschen Wolke zeigen 33 die Linien N_1 und N_2. 13 von diesen sind mit diffusen Nebeln verbunden und dürfen als OB-Sterne klassifiziert werden. Ihre mittlere absolute photographische Leuchtkraft ist $-4^{m}.9$, ihr mittlerer Farbenindex $-0^{m}.5$, wobei als Entfernungsmodul 18.9 mag verwendet ist. Demgegenüber werden 17 Objekte mit einer mittleren Leuchtkraft von $-3^{m}.7$ und mit einem mittleren Farbenindex von $+0^{m}.8$ als planetarische Nebel angesprochen. Haffner

12456. **E. M. Lindsay,** Emission objects in the Small Magellanic Cloud showing the N_1N_2 nebular lines. Obs **75** 108—109. — Ref. RAS. — Vgl. vorstehendes Ref.

12457. **V. McKibben Nail, H. Shapley,** The Magellanic Clouds. XV. On the tilt of the Large Cloud. Proc. National Acad. Sci. USA **41** 685—690, mit 2 Fig. = Harv Repr Nr. 426. — Untersuchung der Helligkeiten von Veränderlichen in zwei an der Peripherie der Großen Magellanschen Wolke sich gegenüberliegenden Feldern. Der für jedes Feld gebildete Mittelwert der Medianwerte der beobachteten Helligkeiten weicht nur um $-0^{m}.1$ bzw. $+0^{m}.1$ von dem aus der Perioden-Helligkeits-Kurve berechneten entsprechenden Mittelwert ab. Diese Differenz ist zu klein, um eine Aussage darüber zu ermöglichen, ob die Sterne der beiden Felder in einer gegen die Gesichtslinie geneigten Zentralebene liegen. Es bleibt nach diesem Kriterium unbestimmt, ob die Große Magellansche Wolke abgeplattet ist oder etwa sphärische Gestalt hat. Auch für die Gestalt der Kleinen Wolke läßt dieses Verfahren keine Entscheidung zu. Go.

12458. **J. Schilt, I. Epstein, S. J. Hill,** A color-magnitude diagram for the Small Magellanic Cloud. AJ **60** 341—350, mit 3 Fig. — Zweifarbenphotometrie von 1619 nicht veränderlichen Sternen im dichtesten Teil der Kleinen Magellanschen Wolke. Ausführlicher Katalog und vorläufige Diskussion des Farben-Helligkeits-Diagramms. Die Leuchtkraftfunktion liegt oberhalb derjenigen der Sonnenumgebung. Voigt

12459. **H. Shapley, V. McKibben Nail,** Note on the tilt of the large Magellanic Cloud. Obs **75** 120—122, mit 3 Fig. — Zu dem Versuch von de Vaucouleurs, die Neigung der Großen Magellanschen Wolke mit Hilfe von Veränderlichen mit bekannten Perioden und Helligkeiten zu bestimmen, wird darauf hingewiesen, daß das vorliegende Material für diesen Zweck nicht geeignet ist. O. G.

12460. **H. Shapley, V. McKibben Nail,** The Magellanic Clouds. XIV. The bar of the Large Cloud. Proc. National Acad. Sci. USA **41** 185—190, mit 1 Fig. = Harv Repr Nr. 407. — Verf. geben einen allgemeinen Überblick über die Struktur des zentralen Balkens der Großen Magellanschen Wolke mit einer Liste der Veränderlichen. Es besteht eine Korrelation zwischen Periodenlänge und dem Ort der δ Cephei-Sterne: die längeren Perioden herrschen in Gebieten hoher Sterndichten (Überriesen) vor. Zur Bestimmung der Neigung der Balkenachse mittels einer systematischen Verschiebung des Nullpunktes der Perioden-Leuchtkraft-Beziehung ist die Streuung des Materials noch zu groß. Voigt

12461. **H. Shapley,** The Magellanic Clouds. XVI. Infrared stars and stellar evolution. Proc. National Acad. Sci. USA **41** 824—828, mit 1 Fig. = Harv Repr Nr. 425. — Wichtige Aufschlüsse über die Sternentwicklung ließen sich gewinnen, wenn man «Proto-Sterne» in ihrem schnell durchlaufenen infraroten Übergangsstadium beobachten könnte. Beginn einer Durchmusterung der Großen Magellanschen Wolke nach infraroten Sternen. Der Vergleich einer Infrarot- und einer Ultraviolett-Platte im Gebiet von 30 Doradus zeigt das Vorhandensein zahlreicher extrem roter Sterne. Für 75 dieser Objekte sind rote Farbenindizes (blau minus infrarot) bestimmt; die Werte liegen zwischen $+4^{m}_{.}7$ und $+7^{m}_{.}0$. Für 21 Sterne mit Farbenindizes zwischen 5.7 und 7.0 sind die Koordinaten gegeben, damit die zu erwartenden Helligkeits- und Farbänderungen verfolgt werden können. Go.

12462. **H. Shapley, V. McKibben Nail,** Magellanic Clouds. XVII. Seven notes on the Cepheid variables. Proc. National Acad. Sci. USA **41** 829—836, mit 1 Fig. = Harv Repr Nr. 430. — Ergänzende tabellarische Zusammenstellung von Daten über die Veränderlichen in den Magellanschen Wolken. 1. Daten für 15 neue Delta Cephei-Sterne in der Kleinen Wolke. — 2. Perioden und Helligkeiten für 178 Delta Cephei-Sterne in der Großen Wolke. — 3. Bibliographische Übersicht über die Harvard-Veröffentlichungen, in denen die Perioden von insgesamt 670 Cepheiden der Kleinen Wolke und 550 Cepheiden der Großen Wolke veröffentlicht sind. — 4. Koordinaten und Perioden der 15 Delta Cephei-Sterne, die in der Kleinen Wolke einen größeren Abstand als $2^{\circ}_{.}5$ vom geometrischen Zentrum haben. — 5. Statistische Angaben über die Veränderlichen in beiden Wolken. Go.

12463. **A. D. Thackeray, A. J. Wesselink,** Distances of the Magellanic Clouds (II). Obs **75** 33—34. — In einer vorhergehenden Mitteilung war eine Neubestimmung der Entfernungen der Magellanschen Wolken mit Hilfe von RR Lyrae-Sternen veröffentlicht worden. Nach Ermittlung einer vorläufigen Korrektion der verwendeten Helligkeiten des Vergleichsfeldes S. A. 94 werden verbesserte Entfernungen angegeben. O. G.

12464. **G. de Vaucouleurs,** Studies of the Magellanic Clouds. I. Dimensions and structure of the Large Cloud from star counts and long-exposure photographs. AJ **60** 126—140, mit 10 Fig. = Yale-Columbia Southern Station Repr. Nr. 1. — Ref. in Coelum **23** 174. — Aufnahmen der Großen Magellanschen Wolke und ihrer Umgebung mit einer Aero-Ektar-Kamera von 7 Zoll Brennweite und einem Öffnungsverhältnis 1 : 25, das auf 1 : 4 abgeblendet wurde, werden analysiert. Auf einem daraus gewonnenen Mosaikbild der Wolke wird die Spiralstruktur erläutert. Aus Sternabzählungen wird ferner die Dichteverteilung der Sterne bis zur 14. Größe abgeleitet und dargestellt. Für den Durchmesser der Wolke findet man 15 kpc. Die Neigung des Systems gegen den Visionsradius wird zu 65° bestimmt; die große Achse hat dabei den Positionswinkel 160°. Aus der Verteilung von Cepheiden wird geschlossen, welche Seite die vordere ist, und danach ergibt sich, daß bei der Rotation der Hauptspiralarm nachgezogen wird. H. M.

12465. **G. de Vaucouleurs,** Studies of the Magellanic Clouds. II. Dimensions and structure of the Small Cloud from star counts and long-exposure photographs. AJ **60** 219—230, mit 13 Fig. = Yale-Columbia Southern Station Repr. Nr. 2. — Ref. in Coelum **24** 26. — Sternzählungen bis $14^m_.3$ (= $-4^M_.4$) und $16^m_.0$ (= $-2^M_.7$) nach Aufnahmen kurzbrennweitiger Kameras in 22° × 20°- bzw. $5^\circ_.6 \times 5^\circ_.6$-Feldern ergeben nach Korrektion für Feldsternbeimischung eine räumliche Struktur mit Spiralen ähnlich der Großen Magellanschen Wolke und eine Verbindungsbrücke zwischen beiden Wolken; Hauptebene ist 30° gegen den Visionsradius geneigt. Durch Projektion entzerrte Aufnahmen zeigen die Ähnlichkeit der beiden Wolken. Abbildungen zeigen die Abnahme der Sterndichte nach außen. Die große Achse des Systems ist mindestens 7 kpc groß. Dv.

12466. **G. de Vaucouleurs,** The distance of the Magellanic Clouds. Publ ASP **67** 350—354. — Ref. in Coelum **24** 57. — Verschiedene Entfernungsbestimmungen der Magellanschen Wolken aus jüngster Zeit auf Grund von Typ I- und Typ II-Cepheiden, hellsten Sternen und Novae werden kritisch zusammengestellt. In guter Übereinstimmung ergibt sich für beide Wolken unter Berücksichtigung der Absorption ein Entfernungsmodul von $m_0 - M = 18.3$, das sind 46 kpc. H. M.

12467. **G. de Vaucouleurs,** Velocity dispersion of emission nebulosities in the Large Magellanic Cloud. Publ ASP **67** 397—401. — Die schon wiederholt reduzierten Radialgeschwindigkeitsmessungen an den Emissionsnebeln in der Großen Magellanschen Wolke (Chile-Station des Lick-Obersvatory) werden nochmals (Mittelwertsbildungen mit geänderten Gewichten) diskutiert. Traving

12468. **M. A. Wetzel,** Positions and magnitudes of 455 new variable stars in the Large Magellanic Cloud. Harv Ann **109** 58—64. — Ein Verzeichnis von Veränderlichen heller als 18^m, die auf neuen Aufnahmen der Randgebiete der Großen Magellanschen Wolke gefunden wurden. Außer den Örtern sind die beobachteten größten und kleinsten Helligkeiten und für einige Sterne auch die Art des Lichtwechsels mitgeteilt. Beyer

12469. Nubes de Magellanes. Rev. Astr. Nr. 133 S. 83.

12470. Magellanic Cloud distances. Sky and Telescope **14** 413. — Ref. AAS.

12471. Zmienne, czerwone nadolbrzymy w Małym Obłoku Magellana. Urania Kraków **26** 232—233. — Ref. der in AJB 52 Ref. **12415** zitierten Arbeit von Naef.

§ 125

Interstellare Materie, Polarisation

* * Radiostrahlung der interstellaren Materie siehe § **126**.

12501. **K. D. Adams,** Between the galaxies. Southern Stars **16** 138—142.

12502. **B. J. Bok,** Gas and dust in interstellar clouds. AJ **60** 146—148. — Zunächst stellt Verf. fest, daß das Intervall der beobachteten Dichten im interstellaren Medium für das Gas wesentlich kleiner ist als für den Staub. Er geht dann auf die Beziehungen zwischen H II-Regionen und Globulen ein und berichtet schließlich von Untersuchungen über verschiedene interstellare Wolken, bei denen außer dem optischen Gebiet auch die 21 cm-Strahlung berücksichtigt wird. Dabei hat sich ergeben, daß in Dunkelwolken die Dichte des Gases nicht oder wenig mit der Dichte des Staubes anwächst, und daß Wolken, die interstellare Ca II- und Na I-Absorptionslinien erzeugen, im allgemeinen auch H I-Regionen sind. O. G.

12503. **B. J. Bok,** Remarks on the constancy of the ratio between gas and dust in interstellar space. Harv Repr Nr. 410, 7 S. — Unter Hinweis auf die Zunahme der Beweglichkeit der interstellaren Körner bei Gasdichten unter 10 cm^{-3} werden anhand der beobachteten Verteilung von diskret und kontinuierlich absorbierender Materie und Emissionsnebeln in der Milchstraße und im Andromedanebel Argumente gegen die Annahme eines durchweg konstanten Verhältnisses Gas : Staub im ganzen interstellaren Raum vorgetragen. Eine Diskussion schließt sich an. Gü.

12504. **B. J. Bok, M. J. Bester, C. M. Wade,** Catalogue of H(II) regions in the Milky Way for longitudes 250°—355°. Proc. American Acad. Arts Sci. **86** 9—16, mit 9 Fig. und 12 Tafeln = Harv Repr. Nr. 416. — Katalog von 41 H II-Gebieten mit einer neuen Klassifikation nach Form, Anregung und Verbindung mit Dunkelwolken nach (hier reproduzierten) Hα-Aufnahmen der Boyden-Station mit 3zölligem-Sonnar 1 : 1.5. Identifikation mit komplementären Interferenzfiltern. Dazu Verzeichnis der anregenden Sterne und weitere Detailaufnahmen mit Baker-Schmidt-Kamera und 60′-Refraktor. Gü.

12505. **B. J. Bok,** The relative concentration of interstellar hydrogen and cosmic dust. Vgl. Ref. **1169,** daselbst S. 480—495, mit 5 Fig. und Diskussion S. 496—497. — Aufnahmen der südlichen Milchstraße zeigen H II-Gebiete um 60 % der O-Sterne, 43 % der W-Sterne, 14 % der B0-Sterne und 9 % der B 1, 2-Sterne. Beobachtungen der 21 cm-Linie in niederen galaktischen Breiten ergeben eine gute Korrelation mit den aus den Hubbleschen Nebelzählungen abgeleiteten photographischen Absorptionen. Das mittlere Verhältnis von Gasdichte zu Staubdichte wird zu 10^2 abgeschätzt, scheint jedoch bei verschiedenen Objekten merkbar zu schwanken. Weigert

12506. **H. Bondi, T. Gold, F. Hoyle,** Black giant stars. Obs **75** 80—81. — Aus der nach radioastronomischen Beobachtungen geschätzten Temperatur der H I-Regionen von 100° K leiten Verf. das Bestehen einer sehr intensiven Infrarotstrahlung aus diesen Wolken ab. Sie vermuten, daß die dazu nötige Energie durch Umwandlung von Wasserstoff in Helium in sehr großen, sternähnlichen Körpern im Innern von optisch dunklen Wolken erzeugt wird. O. G.

12507. **N. W. Bystrowa,** Untersuchung der Rotverfärbung von Sternen in ausgewählten Himmelsfeldern. Leningrad, Astr. Hauptobs., 1955 (russisch). — Dissertationsreferat.

12508. **D. S. Chawtassi,** Zur statistischen Untersuchung der Dunkelnebel. Bull. Astrophys. Obs. Abastumani Nr. 18 S. 29—114, mit 22 Abb. und 3 Tafeln (russisch mit georgischer Zusammenfassung). — Die umfangreiche Arbeit stützt sich hauptsächlich auf die Atlanten von Ross-Calvert und Barnard. Zunächst werden Geschichte, Methoden und Probleme der Dunkelwolkenforschung referiert. In Teil 2 folgt Darlegung der benutzten Verfahren und ein vorläufiger Katalog von 797 Dunkelwolken, der außer den genäherten äquatorialen und galaktischen Koordinaten Flächen (in Quadratgrad), Positionswinkel und «Gewichte» enthält, welche als Produkte von Fläche und Absorption gebildet sind und ein mittleres Maß für die Massen darstellen. Teil 3 und 4 bringen Diskussion interessanter Einzelformen und statistische Auswertung. Beziehungen zwischen Globulen und Fasernebeln beziehungsweise hellen Sternen werden besonders beachtet. Die Dunkelwolken zerfallen in zwei Gruppen: Gruppe I enthält alle in ±5° galaktischer Breite befindlichen Objekte, Gruppe II die übrigen. Beide haben ein Maximum der Gewichtsverteilung zum galaktischen

Zentrum, Gruppe I außerdem zum Antizentrum. Die Symmetrieebenen sind um 5° beziehungsweise 10°.6 (Gruppe II) gegen den galaktischen Äquator geneigt. Die Pole der Symmetrieebenen liegen bei A = 186°.5, D = +30°.6 (Gr. I) und A = 178° 42′, D = +32° 19′ (Gr. II). Es wird ein Zusammenhang zwischen Gruppe II und dem lokalen Sternsystem vermutet. Strukturell sind die Dunkelwolken vorzugsweise parallel zur galaktischen Ebene auseinandergezogen, was auf die Wirkung eines allgemeinen galaktischen Magnetfeldes hinweist. Petri

12509. **G. Courtès,** Vitesses radiales de l'hydrogène interstellaire en émission des régions H II lointaines. CR **241** 364—366. — In den H II-Regionen IC 1805, IC 1848, NGC 7380 und NGC 7635 wurden auf Aufnahmen mit dem 120 cm-Teleskop des Observatoire de Haute-Provence Radialgeschwindigkeiten gemessen. Es ergeben sich die erwarteten, stark negativen Werte, die von der differentiellen galaktischen Rotation herrühren. Damit scheinen sich die vorliegenden Entfernungsschätzungen der OB-Sterne HD 15558, 17505, 18326, 215835 und 225160 zu bestätigen. Gli.

12510. **G. Courtès,** Etude interférentielle des régions H II. Vgl. Ref. **1169**, daselbst S. 453—457, mit 2 Tafeln und Diskussion S. 496—497. — Zur Bestimmung der Radialgeschwindigkeit lichtschwacher H II-Gebiete führt die Interferenz-Methode von Pérot-Fabry zu brauchbaren Ergebnissen. Hoppe

12511. **L. Divan,** Sur l'absorption de la matière interstellaire. Vgl. Ref. **1169**, daselbst S. 538—541, mit Diskussion S. 542. — Auf spektralphotometrischem Wege wird das interstellare Verfärbungsgesetz in verschiedenen Himmelsgebieten beobachtet. Das anormale Verhalten von θ Orionis wird auf überhöhte UV-Intensität im Spektrum dieses Sterns zurückgeführt. K. H. Schmidt

12512. **B. Donn,** The distribution of interstellar gas. AJ **60** 237—246, mit 3 Fig. = Harv Repr (2) Nr. 72. — Unter der Annahme, daß die interstellare Materie in einzelnen Wolken verschiedener Größe und Geschwindigkeit konzentriert ist, kann die Häufigkeitsverteilung der beobachteten Mehrfachkomponenten interstellarer Linien und die Verteilung der Radialgeschwindigkeiten nicht befriedigend erklärt werden. Es wird geschlossen, daß die interstellare Materie kontinuierlich mit starken Dichtefluktuationen verteilt ist und die sekundären interstellaren Linien durch schnelle Strömungen im Kontinuum verursacht werden. Fricke

* * **J. Dufay,** Nébuleuses galactiques et matière interstellaire. Vgl. Ref. **12207**.

12513. **M. W. Feast,** The interstellar line 3143.22 Å. MN ASSA **14** 40. — Die von Spitzer und Field (vgl. Ref. **12523**) im Spektrum von ζ Per entdeckte interstellare Linie bei 3143.22 Å wird dem CH-System ($C^2\Sigma^+ — X^2\Pi$) zugeordnet. Gli.

12514. **M. W. Feast,** The interstellar line 3143.22 Å. Obs **75** 182. — Diese in ζ Per entdeckte schwache interstellare Linie gehört wahrscheinlich dem CH an. Bo.

* * **V. C. A. Ferraro,** Hydromagnetic waves in a rare ionized gas and galactic magnetic fields. Vgl. Ref. **293**.

12515. **F. A. Franklin,** Analysis of a dark nebula in Cygnus. AJ **60** 351—355, mit 4 Fig. = Harv Repr (2) Nr. 75. — Durch Sternzählungen bis 17^m.5 pg. und 16^m.5 photorot nach Agassiz-Aufnahmen an vier Stellen im «Fish on the Platter» im Cygnus und an drei Stellen seiner Umgebung, z. T. erweitert durch von Bok durchgeführte Sternzählungen bis 20^m.0 bzw. 19^m.0 nach Aufnahmen des Palomar-Schmidt-Spiegels, wird nach der Wolfschen Methode für die Entfernung der Dunkelwolke 1.6 kpc und für ihre Absorption 0^m.5 bis 1^m.7 im photoroten und 1^m.5 bis 2^m.2 im photographischen Bereich gefunden. Das Verhältnis beider Werte, im gewogenen Mittel 0^m.60, entspricht sehr nahe dem $\lambda^{-0.6}$-Gesetz der interstellaren Extinktion. Gü.

* * **G. Haro,** Las estrellas «Rafaga» y las nubes de material interestelar. Vgl. Ref. 111109.

12516. **E. Holmberg,** Om den selektiva absorptionen i vintergatssystemet. PAT **36** 1—10, mit 3 Fig. — Verf. bestimmt den Betrag der selektiven Absorption im Milchstraßensystem unter Verwendung von Platten, die am 60-Zöller des Mount Wilson aufgenommen worden waren. Für 120 Objekte (Spiralnebel) sind Totalhelligkeit und Farbenindex gemessen worden. Das benutzte Verfahren wird beschrieben. Die Helligkeiten wurden auf das internationale photometrische System reduziert. Die mittleren Fehler der Helligkeiten sind $\pm 0^m.039$, die der Farbenindizes $\pm 0^m.051$. Unter Annahme eines cosec-Gesetzes ergibt sich für den Faktor bei cosec: $0^m.064 \pm 0^m.013$. Eine Teilung des Materials nach Nebeltypen ergibt von Typ zu Typ geringe Unterschiede. Das Verhältnis zwischen totaler Absorption und selektiver Absorption beträgt in guter Übereinstimmung mit früher gefundenen Werten 3.9. C. L. J.

* * **G. M. Idliss,** Der Einfluß der Struktur der Galaxis auf die Dispersion der Pekuliargeschwindigkeiten der Sterne und interstellaren Wolken. Vgl. Ref. **12336.**

12517. **W. Iwanowska,** High-velocity stars and interstellar dust. Vgl. Ref. **1169**, daselbst S. 237—240 und Diskussion S. 287—288. — Es wird versucht, die Besonderheiten in den Spektren der Schnelläufer der Typen F, G und K mit der interstellaren Materie in Verbindung zu bringen. Der «Accretion»-Prozeß bringt danach eine Verstärkung des CH-Bandes und eine Schwächung der Fe-Linien hervor. K. H. Schmidt

12518. **H. L. Johnson, W. W. Morgan,** Some evidence for a regional variation in the law of interstellar reddening. ApJ **122** 142—145, mit 1 Fig. — Aus Farbmessungen an frühen O-Sternen ergeben sich Andeutungen dafür, daß das Gesetz der interstellaren Verfärbung in einem Gebiet im Cygnus ($40° < l < 50°$) merklich von dem in größeren galaktischen Längen ($l > 70°$) abweicht, und zwar ist im Cygnus-Gebiet die UV-Absorption relativ stärker. Kdr.

* * **T. Kiang,** Colour excesses of B stars and the inner spiral arm. Vgl. Ref. **12305.**

* * **H. Lambrecht,** A new calculation of the interstellar radiation field. Vgl. Ref. **5012.**

12519. **A. McKellar, E. H. Richardson,** Identification of the λ 3143 interstellar line. ApJ **122** 196. — Es werden mehrere Argumente angeführt, die dafür sprechen, daß die im Spektrum von ζ Per auftretende interstellare Linie bei λ 3143 dem CH-Molekül zuzuordnen ist. Kdr.

12520. **K. Rudnicki,** Wpływ przesuwania się ciemnej materii na zmiany jasności gwiazd. Postępy Astr. **3** 30—31, mit 1 Fig. — Ref. Poln. Astr. Ges.

12521. **K. H. Schmidt,** Die Wellenlängenabhängigkeit der interstellaren Extinktion. Sterne **31** 62—68, mit 1 Abb. — Auf Grund der Diskussion zahlreicher Arbeiten, die zum Teil in sechs Farbbereichen durchgeführt worden sind, wird gezeigt, daß mit einem λ^{-1}-Gesetz nur in erster Näherung gerechnet werden darf. Im Wellenlängenbereich unterhalb von 350 mμ und oberhalb von 1 μ ist der Verlauf zweifellos flacher. Bei einer allgemeinen Darstellung des Gesetzes der Wellenlängenabhängigkeit der interstellaren Extinktion in der Form λ^{-n} ergibt sich für die einzelnen λ-Bereiche ein verschiedener Wert von n zwischen 0.2 und 1. Zur Frage des neutralen Anteils der interstellaren Gesamtextinktion ergeben sich Beträge von 0% (Cygnus) bis 50% (Orion). Hoppe

* * **H. Shapley, J. Sweeney,** Galactic and extragalactic studies. XXIII. Opacity of the southern Milky Way dust clouds. Vgl. Ref. **12317.**

12522. **H. Shapley, A. B. Hearn,** Summary of a survey of the borders of the southern milky way. Vgl. Ref. **1169**, daselbst S. 430—436, mit 1 Fig.

und Diskussion S. 496—497. — Nach Nebelzählungen auf 400 Platten bis zur Grenzgröße $17^m.7$ wird der Verlauf der Absorptionsschicht im Bereich 200° $< l <$ 340° bestimmt. Besondere Aufmerksamkeit wird den Einschnürungen dieser Schicht sowie einigen Absorptionsgebieten in hohen Breiten gewidmet. Weigert

12523. **L. Spitzer jr., G. B. Field,** On the abundance of interstellar beryllum. ApJ **121** 300—305. — Auf Coudé-Spektren der beiden Sterne χ^2 Orionis und ζ Persei wurde nach im Ultravioletten gelegenen Be II-Linien interstellaren Ursprungs mit negativem Erfolg gesucht. Aus einem Vergleich mit den ebenfalls im Ultravioletten gelegenen interstellaren Na-Dubletts ergibt sich ein oberer Grenzwert für das Häufigkeitsverhältnis Be II/Na I von 2×10^{-3}. Es wird ferner abgeschätzt, daß der obere Grenzwert des Häufigkeitsverhältnisses Be/Na ohne Rücksicht auf den Ionisationszustand 4×10^{-5} sein dürfte. Dieser Wert ist etwa um einen Faktor 10 geringer als er in der Sonnenatmosphäre und Meteoriten gefunden wird. Das Häufigkeitsverhältnis Ca/Na wird im interstellaren Raum um einen Faktor 40 kleiner angenommen als auf der Sonne sowie in den Meteoriten. Verf. weisen darauf hin, daß Ca- und Be-Atome vielleicht in stärkerem Maße in gröberen Partikeln enthalten sein mögen als Na-Atome. Micz.

12524. **J. Štohl,** Dark globules. RH **36** 127—131, mit 2 Fig. (slowakisch).

12525. **A. D. Thackeray,** Note on small dark clouds. Vgl. Ref. **1169**, daselbst S. 437—440, mit 2 Fig. und Diskussion S. 496—497 = Radcliffe Obs. Repr. Nr. 4. — Eine große Zahl sehr kleiner, scharf begrenzter Dunkelwolken wurde vor IC 2944 gefunden. Ein Stern, der unmittelbar an der Ecke einer solchen Wolke liegt, zeigte 1954 eine Helligkeitsabnahme von $2^m.5$ gegenüber 1950. Dies wird versuchsweise als Verfinsterung durch die Wolke infolge Relativbewegung beider Objekte gedeutet. Weigert

12526. **V. Vanýsek,** Interstellare Materie. Vesmír **34** 48—49, mit 3 Fig. (tschechisch).

* * **S.-K. Wang,** On method of «effective wavelength» in two colour stellar photographic photometry as applied to space reddening and other problems. Vgl. Ref. **9423**.

12527. **W. Zonn,** O niektórych konsekwencjach «kłaczkowatości» materii międzygwiazdowej. Postępy Astr. **3** 3—13, mit 1 Fig. — Verf. gibt einen Überblick über die bisherigen Untersuchungen der Wolkenstruktur. Die durch die Wolkenstruktur bedingten Formen des Ausdruckes für den Farbenexzeß und die der fundamentalen Gleichung der Stellarstatistik werden angegeben. Perek

* * **W. Zonn,** O rozmieszczeniu materii międzygwiazdowej w sąsiedztwie Słońca. Vgl. Ref. **6022**.

* * En diskussion av Stebbins-Whitford-effekten. Vgl. Ref. **12443**.

12528. Expanding hydrogen regions. Sky and Telescope **14** 281.

12529. Rho Ophiuchi dark nebula. Sky and Telescope **14** 413. — Ref. AAS.

Polarisation

12530. **A. Behr, W. Tripp,** Polarisation des Sternlichtes durch interstellare Wolken filamentartiger Struktur. Mitt. AG 1954 S. 23. — Ref. AG.

12531. **A. Behr, W. Tripp,** Polarisation des Sternlichts in einem Gebiet interstellarer Wolken filamentartiger Struktur. Naturwissenschaften **42** 9, mit 2 Fig. — Kurzer Bericht über ein interessantes Ergebnis bei den in Göttingen durchgeführten Polarisationsmessungen im Gebiet des Nordamerikanebels.

12532. **A. Behr,** The polarization of star light in selected area 40. Vgl. Ref. **1169**, daselbst S. 547—550, mit 1 Fig. und Diskussion S. 561. — Bei den meisten der untersuchten Sterne bis zur Grenzgröße 14^m liegen die Schwingungsebenen nahezu gleich orientiert in Nord-Süd-Richtung. Hohe Polarisationsgrade sind vor allem in einem stark verdunkelten Streifen vorhanden, wo die Schwingungsebenen parallel zu den dort beobachteten Filamentstrukturen liegen. Weigert

12533. **J. Blamont, G. Courtès,** Etude de la polarisation de la lumière des amas globulaires. Vgl. Ref. **1169**, daselbst S. 557—560, mit Diskussion S. 561. — Zur Bestimmung der Polarisationswirkung der interstellaren Materie haben Verf. die Polarisation in hohen galaktischen Breiten gemessen. Das Licht der für diesen Zweck am besten geeigneten Kugelsternhaufen zeigt den sehr geringen Polarisationsgrad von ungefähr $\leq 1\%$. Hoppe

12534. **R. Cayrel, E. Schatzman,** La polarisation de la lumière par des poussières de graphite et la polarisation interstellaire. Vgl. Ref. **1169**, daselbst S. 601—607, mit Diskussion S. 608—612 = Contr. Inst. d'Astrophys. Paris (A) Nr. 208. — Verf. versuchen, die dem Sternlicht im interstellaren Raume eingeprägte Polarisation durch eine etwa 5%ige Komponente von Graphitpartikeln zu erklären. In der anschließenden Diskussion werden weitere Möglichkeiten erörtert. Hoppe

12535. **L. Davis jr.,** Theories of interstellar polarization. Vgl. Ref. **1169**, daselbst S. 584—590, mit Diskussion S. 608—612. — Es wird eine kurze Beschreibung und Kritik der existierenden Theorien der interstellaren Polarisation gegeben. Weigert

* * **E. Fick,** Die Polarisation des Lichtes durch asphärische, ferromagnetische Teilchen in einem homogenen Magnetfeld. II. Theorie. Vgl. Ref. 221.

12536. **T. Gold,** Theories of interstellar polarization. Vgl. Ref. **1169**, daselbst S. 591—594, mit Diskussion S. 608—612. — Die Theorie, nach der die Ausrichtung der interstellaren Partikel durch Relativbewegung zum Gas zustande kommt, wird behandelt; es wird darauf hingewiesen, daß bereits Unterschallgeschwindigkeiten zur Ausrichtung genügen. Weigert

12537. **J. S. Hall,** The polarization of light from stars behind filamentary structure. Vgl. Ref. **1169**, daselbst S. 543—546, mit 1 Fig. und 1 Tafel, mit Diskussion S. 561. — Polarisationsbeobachtungen an Sternen mit geringem Abstand deuten auf eine enge Verbindung der polarisierenden Materie mit diesen Sternen hin. Die Polarisationsebene liegt vorwiegend senkrecht zu den dort beobachteten Filamentstrukturen. Weigert

12538. **A. Martini, A. Masani,** Sulla polarizzazione interstellare. Mem SA It (NS) **26** 523—528, mit 3 Fig. = Contr. Oss. Astr. Milano-Merate (NS) Nr. 75. — Nach einer Betrachtung der Polarisationsmessungen von Hall, Mikesell und Hiltner an der galaktischen Ebene nahe stehenden Sternen, neigen Verf. zur Theorie von Greenstein und Davis anstatt zu derjenigen von Spitzer und Tukey hin, obwohl einige Fälle nicht mit beiden Theorien übereinstimmen. Cester

12539. **S. B. Pikelner,** Interstellar light polarization and magnetic fields. Vgl. Ref. **1169**, daselbst S. 595—600, mit Diskussion S. 608—612. — Eine Untersuchung der Teilchenbewegung der Ultrastrahlung führt zur Annahme eines Magnetfeldes, das sowohl in den interstellaren Wolken als auch im Gaskontinuum stärker als 3×10^{-6} Gauß ist. Soll überall die magnetische Energiedichte gleich der kinetischen sein, so muß man für das Gaskontinuum eine fünf- bis zehnmal größere Geschwindigkeitsdispersion als für das System der Wolken annehmen. Ferner soll das Gaskontinuum im Gegensatz zu den Wolken ein sphärisches Untersystem bilden. Es werden Möglichkeiten zur Beobachtung dieses Kontinuums im optischen und Radiowellenbereich untersucht. Weigert

12540. **E. v. P. Smith,** Interstellar polarization in the southern milky way. AJ **60** 179. — Ref. AAS.

12541. Polarization of starlight. Sky and Telescope **14** 324, mit 1 Fig. — Ref. AAS.

§ 126

Radiostrahlung

* * Radiostrahlung der Sonne siehe § **65**.

Allgemeines

12601. **K. D. Adams,** Cosmic noise. Southern Stars **16** 127—132, 152—156.

12602. **J. E. Baldwin,** A survey of the integrated radio emission at a wave-length of 3.7 m. MN **115** 684—689, mit 4 Fig. — Die scheinbare Strahlungstemperatur (Intensität) der Strahlung ist für $-28° < \delta < +82°$ mit einer Winkelöffnung von $2° \times 15°$ gemessen und nach Abzug der individuellen Radiosterne in Isophoten dargestellt worden. Die Genauigkeit außerhalb der Gebiete kompliziertester Struktur ist 15 % der Temperatur. Man erkennt fünf verschiedene Beiträge, die in späteren Veröffentlichungen genauer diskutiert werden sollen: eine Emission mit extremer galaktischer Konzentration; eine Emission bis 20° galaktischer Breite, die der Sternzahl proportional ist; eine weitere galaktische Strahlung fast sphärischer Verteilung; Beiträge größerer unregelmäßiger Wolken, und die extragalaktische Strahlung. P. W.

12603. **J. E. Baldwin,** A survey of the integrated radio emission at a wave-length of 3.7 m. Obs **75** 229—232. — Ref. RAS. — Vgl. vorstehendes Ref.

12604. **J. E. Baldwin,** The distribution of the galactic radio emission. MN **115** 690—700, mit 7 Fig. — Eine Analyse der galaktischen Verteilung der Radiostrahlung läßt unter anderem zwei Beiträge erkennen: eine Strahlung mit dem Ursprung in einem sphärischen Raum von 11 bis 14.5 kpc Radius und einer fast konstanten Emission pro Volumeinheit, und eine stärker zur galaktischen Ebene konzentrierte Komponente, die dem Modell von Oort und Westerhout entspricht. Die Gesamtausstrahlung ist etwa sechsmal größer als die des Andromedanebels. P. W.

12605. **J. E. Baldwin,** The distribution of the galactic radio emission. Obs **75** 229—232. — Ref. RAS. — Vgl. vorstehendes Ref.

12606. **R. N. Bracewell,** The sky at 17 meters. ASP Leaflet Nr. 317, 8 S. mit 1 Fig.

12607. **B. F. Burke, K. L. Franklin,** High resolution radio astronomy at 13.5 meters. AJ **60** 155. — Ref. AAS.

12608. **S. E. Chajkin,** Radioastronomie. Moskau, Verlag «Snanije», 1954. 64 S. Preis 1 R. 20 Kop. (russisch). — Besprechung in RJ Astr. Geod. UdSSR 1956 Nr. 4 S. 54.

12609. **R. Compte Porta,** La radioastronomía. El Universo Nr. 33 S. 145—155.

12610. **G. Contopoulos,** Nachrichten aus dem Gebiet der Radioastronomie. Astr. Nachr. Athen **6** 38—41, 51—57, mit 3 Fig. (griechisch).

12611. **A. E. Covington,** Radio science and astronomy. J RAS Canada **49** 156—158.

12612. **O. Czyżewski,** Radioastronomia — nowe okno na wszechświat. Urania Kraków **26** 65—73, mit 10 Fig. und 1 Tafel.

12613. **J.-F. Denisse, E. Leroux, J.-L. Steinberg,** Observations du rayonnement galactique sur la longueur d'onde de 33 cm. CR **240** 278—280, mit 1 Fig. — Die mit einem Würzburg-Gerät auf der Station Marcoussis (Seine-et-Oise) gemessene Intensität der galaktischen 33 cm-Strahlung wird in der Umgebung des galaktischen Zentrums durch Isophoten dargestellt. Die Strahlung tritt im wesentlichen nur in einem schmalen Band längs des galaktischen Äquators auf und zeigt am Ort des galaktischen Zentrums ein ausgeprägtes Maximum. Weitere 13 Quellen wurden lokalisiert und teils mit bereits bekannten Quellen identifiziert. Gli.

12614. **A. J. Deutsch,** Radio emission from astronomical bodies. ASP Leaflet Nr. 318, 8 S.

12615. **G. G. Hetmanzew,** Über die galaktische und metagalaktische Komponente der kosmischen Radiostrahlung. AJ UdSSR **32** 22—28, mit 3 Abb. (russisch). — Für verschiedene Wellenlängen wurden in hohen galaktischen Breiten Radioisophoten ermittelt. Bei $\lambda = 1.25$ m stimmen ein Maximum und ein Minimum gut mit großer bzw. kleiner Dichte der Verteilung von Galaxien überein, wogegen die Isophoten bei $\lambda = 3$ m in diesen Gebieten keine Besonderheit zeigen. Es wird die Möglichkeit angedeutet, in hohen galaktischen Breiten mit Dezimeterwellen noch stärker die metagalaktische Komponente der Radiostrahlung zum Zwecke der Strukturuntersuchung herausheben zu können. Schrick

12616. **G. G. Hetmanzew, K. S. Stankewitsch, W. S. Troizkij,** Die monochromatische Radiostrahlung des Deuteriums bei 91.6 cm Wellenlänge aus dem galaktischen Zentrum. DAN **103** 783—786, mit 2 Abb. (russisch). — Mit Hilfe eines 4 m-Paraboloids gelang es, in der Radiostrahlung des galaktischen Zentrums bei $\lambda = 91.6$ cm eine vom interstellaren Deuterium herrührende Absorption festzustellen. Die interstellare Häufigkeit von D:H beträgt etwa 1:300. Loh.

12617. **G. G. Hetmanzew,** Über die Natur der nicht-thermischen kosmischen Radiostrahlung. Moskau, Verlag Akad. Wiss. UdSSR, 1955. Gedenkschrift für A. A. Andronow S. 606—621 (russisch). — Ref. in RJ Astr. Geod. UdSSR Nr. 11, 1955; Ref. Nr. 4871.

12618. **W. L. Hinsburg,** Radioastronomy and the origin of cosmic rays. Vgl. Ref. 1169, daselbst S. 682—683, mit Diskussion S. 684—687. — Der Hauptteil der galaktischen Radioemission, die nicht von thermischer Emission des interstellaren Gases stammt, sowie die Emission starker diskreter Radioquellen wird auf relativistische Bewegung von Elektronen in galaktischen Magnetfeldern zurückgeführt. Durch diese Emission wird das Energiespektrum der Elektronen gegenüber dem der anderen Komponenten der kosmischen Ultrastrahlung verändert, wie es mit den Beobachtungen im Einklang steht. Dabei wird angenommen, daß die Ultrastrahlung vorwiegend aus Supernova-Ausbrüchen stammt. Weigert

12619. **W. Iwanowska,** Promieniowanie radiowe drogi mlecznej i radioźródeł. Z zagadnień radioastronomii (IV). Urania Kraków **26** 193—199, mit 2 Fig. und 2 Tafeln.

12620. **R. C. Jennison,** The radio exploration of space. J. British Interplanetary Soc. **14** 307—314. — Bericht allgemeinverständlicher Art über die Anwendung der Radarastronomie, die Radiostrahlung der Sonne, die galaktischen Radioquellen, die 21 cm-Linie und die außergalaktischen Radioquellen. Loh.

12621. **J. D. Kraus, H. C. Ko,** A detailed radio map of the sky. Nature **175** 159—161, mit 2 Fig. — Es wird eine Karte der kosmischen Radiofrequenzstrahlung bei 250 MHz in Isophotendarstellung veröffentlicht. Die Karte umfaßt das Gebiet von $12^h < \alpha < 24^h$ und $+65° > \delta > -40°$ und zeigt zahlreiche diskrete Radiofrequenzquellen sowie das galaktische Zentrum bei $l = 327{,}^\circ 8$ und $b = -1{,}^\circ 4$. Behr

12622. **R. W. Larenz,** Zum Mechanismus der überthermischen kosmischen Radiofrequenzstrahlung. Naturwissenschaften **42** 253—254. — Kurze Mitteilung. — Ref. in Phys. Abstracts (A) **58** 982.

12623. **R. W. Larenz,** Zur Entstehung der überthermischen kosmischen Radiofrequenzstrahlung. Z. Naturforschung **10a** 901—913, mit 5 Fig. — Im Anschluß an frühere Untersuchungen über mit Ladungstrennung verbundene Strömungen großer Amplitude im kompressiblen Plasma wird ein einfacher, auf dem Zusammenwirken von Plasmaströmungen beruhender Mechanismus für die Entstehung der gestörten Radiostrahlung ohne Zuhilfenahme statischer Magnetfelder angegeben, der die beobachteten Intensitäten ohne Schwierigkeiten zu erklären gestattet und das gelegentlich festgestellte Auftreten von Harmonischen der Plasmafrequenz verstehen läßt. Im Gegensatz zu bekannten Plasmawellentypen können die aus dem behandelten Mechanismus resultierenden Wellen sich mit der Plasmafrequenz bei endlichem Brechungsindex ausbreiten. Verf.

12624. **A. E. Lilley,** A note on the galactic microwave spectrum. ApJ **122** 197—198. — Es wird darauf hingewiesen, daß die Beobachtung von Spektrallinien im Radiofrequenzbereich unter anderen vom Deuterium bei 327 MHz und von OH bei 1668 MHz am besten in Absorption im kontinuierlichen Spektrum starker Punktquellen erfolgt. Priester

12625. **A. C. B. Lovell,** Radio astronomy. J. Roy. Soc. Arts **103** 666—682, mit 3 Fig. = Astr. Contr. Univ. Manchester (2) Jodrell Bank Repr. Nr. 121. — Vortrag über die Entwicklung der Radioastronomie von der ersten Entdeckung der kosmischen Radiowellen im Jahre 1931 bis zu Ausblicken auf künftige Forschungsmöglichkeiten. Priester

12626. **R. X. McGee, O. B. Slee, G. J. Stanley,** Galactic survey at 400 Mc/s between declinations −17° and −49°. Australian J. Phys. **8** 347—367, mit 6 Fig. und 1 Tafel = Commonwealth Sci. Industrial Res. Organization, Australia, Division Radiophys. — Die Radioisophoten in der Himmelszone zwischen den Deklinationen −17° und −49° wurden mit dem 80 ft-Paraboloid in Sydney aufgenommen. Die Antennenkeule besitzt bei 400 MHz eine Halbbreite von 2° zwischen den Punkten halber Maximalintensität. Die Zentralzone der Milchstraße in der Umgebung des Sternbildes Sagittarius liefert einen schmalen Bereich einer Untergrundstrahlung (ca. 5° breit), der von einer Anzahl diskreter Radioquellen überlagert wird. Die intensivste Quelle (Sagittarius A) wird als die Radioemission vom Kerngebiet der Galaxis angesehen. Die Radiofrequenzspektren der untersuchten diskreten Quellen lassen sich in zwei Klassen einteilen, die thermischen bzw. überthermischen Prozessen zuzordnen sind. Priester

12627. **J. L. Pawsey, R. N. Bracewell,** Radio Astronomy. Oxford, Clarendon Press; New York, Oxford University Press, 1955. 10 + 361 S. mit 150 Fig. und 23 Tafeln. Preis 55 s. bzw. $ 8.80. — Besprechung in Ann d'Astrophys **18** 453 (M. Laffineur), Endeavour **15** 48—49 (A. C. B. Lovell), La Nature **83** 500, Obs **76** 35 (R. Hanbury Brown), Proc. Phys. Soc. (B) **69** 414—415 (J. R. Shakeshaft), Publ ASP **68** 173—174 (J. L. Greenstein), Sky and Telescope **15** 31, 173—174 (P. Newman).

12628. **I. S. Schklowskij,** Radioastronomie. Moskau, Staatsverlag für technisch-theoretische Literatur, 1955. 2. Auflage. 296 S. mit Abb. Preis 5 R. 45 Kop. (russisch). — Besprechung in Priroda **45** Nr. 2 S. 122, RH **37** 71, Urania Kraków **27** 120.

12629. **R. L. Smith-Rose,** International research in radio astronomy. Nature **176** 1110—1111. — Besprechung der in AJB **54** Ref. **12624, 6535** und **12542** referierten Berichte der International Scientific Radio Union.

12630. **J.-L. Steinberg,** Quelques résultats expérimentaux récents en radioastronomie. J. Phys. Radium **16** 78 S.—79 S.

12631. **J.-L. Steinberg,** La radioastronomie. Aspects actuels et réalisations françaises. J. Phys. Radium **16** 141 S.

12632. **A. Strzałkowski,** Model promienowania radiowego Galaktyki. Postępy Astr. **3** 42—43. — Ref. der in Phil. Mag. (7) **44** 939, 1953 (vgl. AJB **53** Ref. 12610) erschienenen Arbeit von R. Hanbury Brown und C. Hazard.

12633. «Bruit solaire» et «bruit cosmique». BSAF **69** 308. — Begriffliche Klärung.

12634. Reports on radio astronomy. J RAS Canada **49** 34—36.

12635. Radio map of the winter sky. Sky and Telescope **14** 370—371, mit 1 Fig. — Ref. AAS.

Radioquellen

12636. **P. I. Bakulin, I. S. Schklowskij,** Bedeckungen zweier diskreter Radiostrahlungsquellen durch den Mond. AJ UdSSR **32** 29—32 (russisch). — Ref. in Urania Kraków **26** 368—369. — Eine Beobachtung von Radioquellen im Verlauf ihrer Bedeckung durch den Mond bietet günstige Möglichkeiten zur Untersuchung ihrer inneren Struktur. Wegen ihrer geringen ekliptikalen Breite eignen sich hierzu besonders gut die Quellen Taurus A, also der Krabben-Nebel, und die bei η Gem, vermutlich der Rest der Nova des Jahres 837. Für erstere werden geozentrische Konjunktionen für die Zeit zwischen 1955 Sept. 9 und 1956 Dez. 17, für letztere zwischen 1954 Nov. 13 und 1956 März 20 berechnet. Einige Bedeckungen werden für Moskau, Pulkowo, Simeïs und Aschchabad näher fixiert. Loh.

12637. **R. Hanbury Brown, H. P. Palmer, A. R. Thompson,** Polarization measurements on three intense radio sources. MN **115** 487—492, mit 3 Fig. — In Ergänzung einer älteren Arbeit von Ryle und Smith (1948) wird mittels einer ausführlich beschriebenen Interferometeranordnung geprüft, ob die drei in der folgenden Tabelle aufgeführten Quellen bei einer Wellenlänge von 1.9 m (400 kHz Bandbreite) einen Anteil linearer oder zirkularer Polarisation zeigen. Die Meßgenauigkeit ist gegenüber den älteren Messungen verbessert.

	Kein Anteil linearer Polarisation	Kein Anteil zirkularer Polarisation
Cassiopeia (23N5A)	$> 1\%$	$> 4\%$
Cygnus (19N4A)	$> 1\%$	$> 4\%$
Taurus (05N2A)	$> 2^1/_2\%$	$> 4\%$

Die Fehlerquellen, insbesondere die variable Drehung der Polarisationsebene in der Ionosphäre werden diskutiert, außerdem wird auf die Notwendigkeit hingewiesen, die Untersuchungen auf wesentlich kürzere Wellenlängen auszudehnen. Daene

12638. **A. W. L. Carter,** The angular size of the variable radio source Hydra-A. Australian J. Phys. 8 564—567, mit 1 Fig. = Commonwealth Sci. Industrial Res. Organization, Australia, Division Radiophys. — Verf. beschreibt Interferometerbeobachtungen bei 101 MHz zur Bestimmung der Helligkeitsverteilung der Radioquelle Hydra A. Die Abstände der Interferometer-Elemente betrugen 90, 900 und 1000 Wellenlängen. Als mittlerer Durchmesser der Quelle wurde 1.6 Bogenminuten zwischen den Punkten halber Maximalintensität erhalten. Die mittlere Strahlungstemperatur des Zentrums ist 6×10^5 Grad. Sie deutet auf nichtthermische Erzeugungsprozesse hin. Die beobachteten Intensitätsschwankungen betragen etwa 20% der mittleren Intensität. Priester

12639. **R. D. Davies, D. R. W. Williams,** An alternative identification of the radio source in the direction of the galactic centre. Nature **175** 1079—1081, mit 2 Fig. = Astr. Contr. Univ. Manchester (2) Jodrell Bank Repr. Nr. 118. — Mehrere Beobachter finden in der Richtung zum galaktischen Zentrum ein scharfes Maximum der Radiofrequenzstrahlung, das vielfach als Kern des Milchstraßensystems identifiziert wurde. Verf. haben die Absorption der 21 cm-Linie des neutralen Wasserstoffs im Spektrum der Radiofrequenzstrahlung gemessen. Die Stärke der gefundenen Wasserstoffabsorption läßt darauf schließen, daß es sich um eine Vordergrundemission in 3 kpc Entfernung handelt. Behr

12640. **B. Elsmore, G. R. Whitfield,** Lunar occultation of a radio star and the derivation of an upper limit for the density of the lunar atmosphere. Nature **176** 457—458, mit 2 Fig. — Während der Bedeckung des Radiosternes 2C. 537 = 1C. 443 in den Zwillingen durch den Mond wurde der Intensitätsverlauf bei 7.9 und 3.7 m gemessen. Aus dem Anteil des lunaren Refraktionseffektes an der zeitlichen Verzögerung kann die obere Grenze der Dichte der Mondatmosphäre zu 10^{-12} der Erdatmosphäre abgeschätzt werden. T. L.

12641. **G. Elwert, H. Siedentopf,** Die Genauigkeit von Interferometermessungen der Intensitätsverteilung radialsymmetrischer kosmischer Radioquellen. Phys. Verhandlungen **6** 189—190.

12642. **F. T. Haddock, T. P. McCullough jr.,** Extension of radio source spectra to a wave length of 3 centimeters. AJ **60** 161—162. — Ref. AAS.

12643. **T. R. Hartz,** Radio star scintillations and the ionosphere. Canadian J. Phys. **33** 476—482, mit 5 Fig. — Ref. in Meteoor **11** 47, Phys. Abstracts (A) **58** 1086, RJ Astr. Geod. UdSSR Nr. 11 S. 45.

12644. **T. R. Hartz,** Radio star scintillations and the ionosphere. Phys. Rev. (2) **99** 1638. — Ref. Am. Phys. Soc.

12645. **N. L. Kajdanowskij, N. S. Kardaschew, I. S. Schklowskij,** Ergebnisse der Beobachtungen diskreter Quellen der kosmischen Radiostrahlung bei $\lambda = 3.2$ cm. DAN **104** 517—519, mit 4 Abb. (russisch). — Mit einem Polarisationsradiometer haben Verf. die Strahlungsintensität folgender Objekte bei 3.2 cm Wellenlänge gemessen: Omega-Nebel, Orion-Nebel, Cas A, Sgr X und Krabben-Nebel. Mit den Messungen anderer Autoren bei anderen Wellenlängen vereinigt, zeigt sich, daß in den beiden ersten Objekten der Strahlungsstrom zwischen 3 und 30 cm von der Wellenlänge fast unabhängig ist. Nach den Messungen im Orion-Nebel fällt er nach größeren Wellenlängen hin ab. Für Cas A (= Überrest der Supernova vom Jahre 369) und Sgr X (= Überrest der Supernova vom Jahre 827) gilt zwischen 3 cm und 10 m: $S_\nu \sim \nu^{-0.7}$ bzw. $\nu^{-0.6}$. Beim Krabben-Nebel ist das Ergebnis ähnlich, und es läßt sich in vernünftiger Extrapolation nach kurzen Wellenlängen hin mit dem im optischen Bereich näherungsweise gültigen Verlauf $I_\nu \sim \nu^{-1}$ verbinden. Loh.

12646. **M. Karpowicz,** Pomiar odległości radio-źródeł. Postępy Astr. **3** 85—86. — Bericht über die Arbeit von D. R. Williams und R. D. Davies, Nature **173** 1182—1183 = Astr. Contr. Univ. Manchester (2) Jodrell Bank Repr. Nr. 104 (vgl. AJB **54** Ref. **12656**). Perek

12647. **H. C. Ko, J. D. Kraus,** Radio-frequency radiation from the Rosette nebula. Nature **176** 221—222, mit 1 Fig. — Ref. in Phys. Ber. **35** 1484.

12648. **J. D. Kraus,** A preliminary study of the magnitude distribution of celestial radio sources. AJ **60** 398—400, mit 1 Fig. — Ref. in Coelum **24** 89. — Die Zahl der diskreten Radioquellen wird als Funktion der in Größenklassen ausgedrückten Intensität mit der entsprechenden Funktion der visuellen Sterne verglichen. Die aus diesem Vergleich gezogenen Schlüsse sind, wie Verf. selbst zugibt, wegen der geringen Zahl der Radioquellen nicht überzeugend. Es wurden benutzt die Kataloge von Kraus, Ko und Matt = 207 Quellen, Bolton, Stanley und Slee = 104, Mills = 77, Ryle, Smith und Elsmore = 50 Quellen. Daene

12649. **J. D. Kraus, H. C. Ko,** The radio position of the galactic nucleus. ApJ **122** 139—141, mit 1 Fig. — Ref. in Coelum **24** 26, Irish AJ **3** 249. — Zusammenstellung der bei sechs Wellenlängen zwischen 3 und 120 cm beobachteten Position der Radioquelle 17 S 2 A, die dem galaktischen Kern zugeschrieben wird. Als wahrscheinlichste Position ergibt sich $l = 327^\circ\!.79$ und $b = -1^\circ\!.39$ (Ohlsson Koordinaten). Priester

12650. **J. D. Kraus, H. C. Ko, D. V. Stoutenburg,** A fluctuating celestial radio source at 242 Megacycles per second. Nature **176** 304—305, mit 1 Fig. — Ref. in Phys. Ber. **35** 1281.

12651. **A. E. Lilley,** Absorption effects in the spectra of radio stars produced by interstellar hydrogen. AJ **60** 167—168. — Ref. AAS.

12652. **C. G. Little,** High altitude ionospheric observations using extraterrestrial radio waves. Proc. Inst. Radio Engineers **42** 1700—1701, 1954. — Ref. in Phys. Ber. **34** 1931.

12653. **E. F. McClain,** An approximate distance determination for radio source Sagittarius A. ApJ **122** 376—384, mit 6 Fig. — Ref. in Coelum **24** 88—89. — Aus dem Vergleich des Absorptionsprofils der 21 cm-Linie, das man erhält, wenn man die Antenne direkt auf eine diskrete Radioquelle richtet, mit dem gemittelten Emissionsprofil aus der Umgebung der Quelle kann man die Entfernung der Quelle abschätzen. Da die Kontur dieser Linien hauptsächlich durch die Verteilung der Radialgeschwindigkeiten des Wasserstoffs bestimmt ist, kann man zunächst nur die Radialgeschwindigkeiten der Gasmassen, die sich vor bzw. hinter der Quelle befinden, ermitteln; für die hier diskutierte Quelle Sagittarius A liegen alle Gasmassen im Geschwindigkeitsintervall von −16 bis +30 km/sec in Bezug auf das lokale Zentroid vor der Quelle, alle übrigen dahinter. Um daraus die Entfernung der Quelle abzuleiten, mußte erst den Gasen bestimmter Radialgeschwindigkeit eine Entfernung zugeordnet werden. Dies wurde dadurch erreicht, daß die Winkelausdehnung der Gase bestimmter Radialgeschwindigkeit gemessen wurde, woraus sich unter der Annahme, der Wasserstoff sei in einer Schicht konstanter Dicke angeordnet, die Entfernung ergab. Der Abstand der Quelle Sagittarius A beträgt nach diesem Verfahren 3 bis 4 kpc. Diese Quelle ist deswegen wahrscheinlich nicht mit dem galaktischen Zentrum identisch. A. Böhme

12654. **A. M. Naqvi, J. N. Tandon,** The identification of radio stars. Proc. Nat. Inst. Sci. India (A) **21** 244—251. — Ein statistischer Vergleich der Positionen der Radioquellen mit den Örtern von M-Zwergsternen wurde im Deklinationsbereich −25° bis +60° gemacht. 41 M-Zwerge liegen im Positionsbereich von 28 Radioquellen. Die Distanz der Radioquellen, berechnet aus der Annahme, daß M-Zwerge den Hauptbeitrag zur Radiostrahlung des Andromeda-Nebels liefern, ist in Übereinstimmung mit der Distanz der M-Zwerge. Andere Sterntypen wie T Tauri-Sterne, Metallinien-Sterne, Flare-Sterne und Sterne mit H und K Emission zeigen keine merklichen Koinzidenzen mit den Positionen von Radioquellen. Priester

12655. **J. L. Pawsey,** A catalogue of reliably known discrete sources of cosmic radio waves. ApJ **121** 1—5. — Ref. in Irish AJ **3** 191, Ric. Sci. **25** 2971. — Im Auftrag der Kommission 40 der Internationalen Astronomischen Union wurde eine Liste zuverlässig nachgewiesener diskreter Radiostrahler aufgestellt. Der Katalog enthält neben den Positionen der Quellen auch ihre Strahlungsintensität und — soweit bekannt — ihre Identifizierung mit optischen Objekten. Zur Bezeichnung der Quellen wird ein neues Schema («IAU-Nummer») eingeführt. Micz.

12656. **J. L. Pawsey,** Radio star scintillations due to ionospheric focusing. The Physics of the Ionosphere — Report of 1954 Cambridge Conference S. 172—173 = Commonwealth Sci. Industrial Res. Organization, Australia, Division Radiophys. — Beobachtungen der Radioquelle Cygnus A (Höhe über dem Horizont bis 15°) mit einem Spektrometer im Frequenzbereich 40—70 MHz

zeigen in 30 % aller Registrierungen Fluktuationen der Intensität von ganz speziellem, genau beschriebenen Typus. Diese Variationen (bis zum Vier- bis Sechsfachen der mittleren Intensität) sind nicht durch Beugung an statistisch verteilten Störungen in der Ionosphäre erklärbar. Eine Deutung durch Fokussierung von Radiowellen in linsenförmigen Irregularitäten wird vorgeschlagen.
Traving

12657. **W. Priester,** Über die Radioquelle Sagittarius A. ZfA **38** 73—80, mit 2 Abb. = Mitt. Univ.-Sternwarte Bonn. — Auf Grund des gemessenen Radiospektrums und der beobachteten Durchmesser der Radioquelle 17 S 2 A (Sagittarius A) werden die Möglichkeiten des thermischen oder nichtthermischen Ursprungs der Radioemission untersucht. Die Beobachtungen sind gut verträglich mit der Annahme, daß die Radiostrahlung in einer H II-Region durch frei-frei Übergänge der Elektronen im Ionengas entsteht. Das Emissionsmaß wird zu 10^5 bei einem effektiven Durchmesser von 0°8 abgeschätzt. Die Position der Quelle stimmt gut überein mit dem von Sharpless gefundenen Nest von H II-Regionen. Zur Erklärung der großen Intensität der beobachteten Radiostrahlung muß eine dichte H II-Region hinter starken Dunkelwolken angenommen werden, so daß die H II-Wolke im optischen Bereich höchstens noch teilweise in Erscheinung tritt. Es ist zu vermuten, daß sie im übernächsten inneren Spiralarm unserer Galaxis in etwa 3 kpc Entfernung liegt in Übereinstimmung mit den Resultaten von Davies und Williams, die aus der Absorption der 21 cm-Strahlung abgeleitet wurden. Damit ergibt sich für die Wolke ein Durchmesser von 40 pc und eine Elektronendichte $N_e \approx 60\ cm^{-3}$. Die Hypothese des nichtthermischen Ursprungs der Radiostrahlung würde sehr spezielle Annahmen über vorgelagerte H II-Regionen erfordern, die einerseits hinreichend dicht sind, um die Quellenstrahlung unterhalb 500 MHz zu absorbieren, andererseits aber genügend kleine Raumwinkel einnehmen, damit ihr eigener Beitrag an thermischer Strahlung nicht ins Gewicht fällt. Verf.

12658. **M. Ryle,** Radio stars and their cosmological significance. Obs **75** 137—147, mit 3 Fig. — Halley-Vortrag für 1955.

12659. **M. Ryle, P. A. G. Scheuer,** The spatial distribution and the nature of radio stars. Proc. Roy. Soc. (A) **230** 448—462, mit 4 Fig. — Ref. in Phys. Abstracts (A) **58** 862—863.

12660. **I. S. Schklowskij, G. A. Schajn,** Identification of some radio sources of large extent with optical objects. AJ UdSSR **32** 118—123, mit 1 Fig. (russisch mit englischer Zusammenfassung). — Die im Australian J. Phys. **7** 96, 1954 angegebenen ausgedehnten Radioquellen waren Gegenstand der Untersuchung mit einem Zwei-Antennen-Interferometer von veränderlicher Basis auf der Welle $\lambda = 3$ m. An die Beschreibung optischer Gebilde in Gebieten bisher nicht identifizierter Quellen knüpfen sich Vermutungen über den Ursprung der dort festgestellten Radiostrahlung. Schrick

12661. **I. S. Schklowskij,** On the nature of radiation from radiogalaxy NGC 4486. AJ UdSSR **32** 215—225 (russisch mit englischer Zusammenfassung). — Das Strahlungskontinuum im sichtbaren Bereich des «Strahls» im Nebel NGC 4486 wird durch relativistische Elektronen mit einer Energie von 10^{11}—10^{12} eV in einem Magnetfeld mit einer Feldstärke von 10^{-4} Gauß erklärt. Relativistische Elektronen mit einer Energie von 10^8—10^9 eV, die im «Strahl» gebildet werden, diffundieren in den Nebel hinein und sind wahrscheinlich die Ursache seiner Radiostrahlung. Die Gesamtzahl und Energie relativistischer Elektronen wird berechnet und die Gesamtdauer der Radioemission abgeschätzt. Als Ursache für diese Erscheinungen wird eine Explosion angenommen, bei der ein Energiebetrag vom Hundertmillionenfachen eines Supernova-Ausbruches frei wird. Schrick

12662. **M. Schubert,** Lokalisierung und Durchmesserbestimmung von Radioquellen bei Bedeckungen durch den Mond. AN **282** 273—276, mit 4 Fig. = Mitt. Astrophys. Obs. Potsdam Nr. 44. — Im Anschluß an Arbeiten von Diercks und Hunger, Hetmanzew und Hinsburg wird der Zusammenhang zwischen den bei einer Bedeckung einer Strahlungsquelle durch den Mond auftretenden Beugungsmaxima und Durchmesser und Ort der Quelle für ausgedehnte Objekte untersucht. Die in das Resultat eingehenden Voraussetzungen werden unter besonderer Berücksichtigung der radioastronomischen Beobachtungen diskutiert. Verf.

12663. **J. R. Shakeshaft, M. Ryle, J. E. Baldwin, B. Elsmore, J. H. Thompson,** A survey of radio sources between declinations −38° and +83°. Obs **75** 105—108. — Ref. RAS.

12664. **O. B. Slee,** Apparent intensity variations of the radio source Hydra-A. Australian J. Phys. 8 498—507, mit 5 Fig. = Commonwealth Sci. Industrial Res. Organization, Australia, Division Radiophys. — Etwa 200 Messungen wurden innerhalb von zwölf Monaten von der 110 MHz- und 85 MHz-Strahlung der Radioquelle Hydra A gemacht. Zur Ausschaltung von Kalibrierungsfehlern wurden alle Messungen an Beobachtungen anderer Radioquellen (Tau A, Vir A, Cen A und andere) angehängt. Es ergibt sich, daß die Strahlung von Hydra A größere Schwankungen aufweist, als die der Vergleichsquellen. Periodische Änderungen wurden nicht beobachtet. Die Radioposition gleicht praktisch der einer schwachen Galaxie, deren Spektrum mit dem 200 inch-Teleskop aufgenommen wurde. Es zeigt keine Abnormitäten. Mögliche Mechanismen zur Deutung der Intensitätsschwankungen werden erörtert. Priester

12665. **F. G. Smith, P. A. O'Brien, J. E. Baldwin,** The radio source at the galactic centre. Obs **75** 232—234. — Ref. RAS.

12666. **H. H. Voigt,** Identifizierung der kosmischen Radiostrahlungsquellen mit optischen Objekten. Naturwissenschaften **42** 115—119, mit 2 Fig. — Bericht.

12667. **D. Walsh, R. Hanbury Brown,** A radio survey of the great loop in Cygnus. Nature **175** 808—809, mit 1 Fig. = Astr. Contr. Univ. Manchester (2) Jodrell Bank Repr. Nr. 119. — Untersuchungen im Radiofrequenzgebiet bei 92.5 MHz mit einem fest aufgestellten Parabolspiegel von 66 m Öffnung machen es sehr wahrscheinlich, daß der große «Cygnus-loop» als Radiofrequenzquelle anzusprechen ist. Die Beobachtungen wurden dadurch erschwert, daß die fragliche Gegend mit einer Zenitdistanz von 23° schon weit außerhalb der Achse des vertikal aufgestellten Spiegels liegt. Die gefundene Strahlungsquelle mit einer Intensität von $(200 \pm 100) \times 10^{-26}$ Watt m^{-2} Hz^{-1} liegt bei $\alpha_{1950} = 20^h 49^m 30^s \pm 1^m 30^s$ und $\delta_{1950} = +29° 50' \pm 1°$. Behr

* * **W. W. Witkewitsch,** On propagation of radiowaves through solar corona. Vgl. Ref. **6722**.

12668. Gibt es wirkliche Radiosterne? Astr. Nachr. Athen **6** 28 (griechisch). — Bericht über eine Arbeit von Priester.

12669. Occultazione lunare di una sorgente di radio onde. Coelum **23** 167—169. — Nach einer allgemeinen Betrachtung des Problems der Radioquellen und ihrer Lokalisierung wird über eine Mondbedeckung einer Radioquelle (IC 443) in den Zwillingen berichtet, die von Baldwin und Dewhirst am 26. April 1955 beobachtet wurde. Cester

12670. Een bijzondere waarneming van een zeer bijzondere bedekking. Hemel en Dampkring **53** 202. — 1955 Nov. 3. — Bedeckung des Crab-Nebels durch den Mond.

* * Nogmaals een bedekking van de Krabnevel waargenomen. Vgl. Ref. **12233**.

12671. The distribution of radio sources and the steady-state theory of the universe. Irish AJ **3** 250—251.

12672. Real radio stars? Sky and Telescope **14** 136.

12673. IAU catalogue of discrete radio sources. Sky and Telescope **14** 325.

12674. Radio sources detected at 3.15 centimeters. Sky and Telescope **14** 373. — Ref. AAS.

21 cm-Strahlung

12675. **B. J. Bok, R. S. Lawrence, T. K. Menon,** Radio observations (21-cm) of dense dark nebulae. Publ ASP **67** 108—112, mit 4 Fig. — Messungen der Intensität der 21 cm-Strahlung des atomaren Wasserstoffs in durch interstellaren Staub stark verdunkelten Gebieten im Taurus und Ophiuchus und Vergleiche mit benachbarten, wenig verdunkelten Gebieten zeigen, daß interstellare Staubwolken nicht auch gleichzeitig Ansammlungen des interstellaren Wasserstoffs in atomarer Form darstellen. Die beobachteten Linienprofile schließen eine eventuelle Deutung durch bloße Unterschiede in der Anregungstemperatur bei gleichartiger Verteilung von Gas und Staub aus, dagegen ist es noch durchaus möglich, daß sich der Wasserstoff in den Staubwolken vorwiegend im molekularen Zustand befindet. Traving

* * **F. K. Edmondson,** Modified galactic rotation formulae and the radio spiral structure of the galaxy. Vgl. Ref. **12331.**

12676. **J. P. Hagen, A. E. Lilley, E. F. McClain,** Absorption of 21-cm radiation by interstellar hydrogen. ApJ **122** 361—375, mit 7 Fig. und 2 Tafeln. — Ref. in Coelum **24** 89. — Die Absorption des Kontinuums diskreter Radioquellen durch den interstellaren Wasserstoff bei $\lambda = 21$ cm wird untersucht. Nimmt man an, daß der Wasserstoff homogen verteilt sei, so muß die Absorptionslinie im Spektrum der Quelle dieselbe Frequenzverteilung zeigen wie die Emissionslinie, die man vom Wasserstoff erhält, der die Quelle umgibt. Beobachtungen der Cassiopeiaquelle zeigen aber, daß die Kontur der Absorptionslinie von der der Emissionslinie stark abweicht. Dieser Befund kann durch die Wolkenstruktur des Wasserstoffs erklärt werden. Formeln für die Konturen von Emissions- und Absorptionslinie bei inhomogener Verteilung des Wasserstoffs werden abgeleitet. Die Entfernung der Cassiopeiaquelle kann unter Benutzung der Theorie der galaktischen Rotation abgeleitet werden. Als Mindestentfernung ergibt sich 3 kpc. A. Böhme

12677. **J. P. Hagen, M. F. McClain, N. Hepburn,** Detection of discrete radio sources at 21 cm wavelength. Proc. Inst. Radio Engineers **42** 1811, 1954. — Ref. in Phys. Ber. **34** 1931, RJ Astr. Geod. UdSSR **1956** Nr. 2 S. 72.

12678. **D. S. Heeschen,** Some features of interstellar hydrogen in the section of the galactic center. ApJ **121** 569—584, mit 10 Fig. = Harv Repr Nr. 415. — 177 Spektren der 21 cm-Linie wurden von 55 verschiedenen Positionen im Bereich $l = 317°$ bis $347°$ und $b = -10°$ bis $+50°$ registriert mit dem 24 ft-Spiegel der Agassiz Station des Harvard Observatory. Die erhaltene Anzahl der beteiligten Wasserstoffatome zeigt in der Ophiuchus-Region $b = +10°$ bis $+50°$ eine gute Korrelation mit den Farbexzessen der Kugelsternhaufen (Stebbins und Whitford 1940) und den Hubbleschen Nebelzahlen. Die mittlere Radialgeschwindigkeit der Wolken bei höheren galaktischen Breiten ist 4.4 km/sec. Die Linienprofile nahe der galaktischen Ebene zeigen komplexe Natur mit Doppelmaxima und Asymmetrien, die in dieser Richtung nicht durch galaktische Rotation verursacht sein können. Es werden Anzeichen für systematische Abweichungen von der kreisförmigen galaktischen Rotation gefunden. Priester

12679. **H. L. Helfer, H. E. Tatel,** Preliminary 21-cm meridian plane surveys. ApJ **121** 585—603, mit 5 Fig. und 1 Tafel. — Mit einem 7.5 m Würzburg-Spiegel wurden am Carnegie-Institut in Washington die 21 cm-Linienprofile bei der galaktischen Länge $l = 50°$ im Bereich $-25° \leq b \leq +50°$, und bei $l = 90°$ in $-30° \leq b$ $+40°$ gemessen. Für beide galaktischen Längen werden die Kurven gleicher Antennentemperatur in Abhängigkeit von der galaktischen Breite und der Radialgeschwindigkeit angegeben. Die Geschwindigkeitsstreuung der H I-Wolken ergibt sich zu 3.5 km/sec. Die beobachteten Geschwindigkeiten sind nicht in Einklang mit dem Oortschen Modell, das auf der Annahme von Kreisbahnen in der galaktischen Rotation beruht. Priester

12680. **H. Iwaniszewski,** Promieniowanie radiowe galaktyki o długości fali 21.1 cm. Z zagadnień radioastronomii (V). Urania Kraków **26** 294—301, mit 5 Fig.

12681. **J. Lecoq,** L'émission de l'hydrogène neutre sur 21.1 cm et la structure de la Galaxie. La Nature **83** 140—143, mit 6 Fig.

12682. **A. E. Lilley,** Association of gas and dust from 21-cm hydrogen radio observations. ApJ **121** 559—568, mit 5 Fig. = Harv Repr Nr. **414**. — Mit dem 24 ft-Parabolspiegel des Harvard Observatory wurde die 21 cm-Wasserstoffstrahlung aus den Dunkelwolken im Taurus, Orion und Perseus untersucht bei der galaktischen Breite $b = -15°$. Die für das Gas erhaltenen optischen Tiefen bei 21 cm zeigen eine gute Korrelation mit der aus Nebelzahlen (Hubble, Shapley) abgeleiteten Staub-Extinktion. Das Dichteverhältnis von Gas zu Staub variiert von 35 bis 250 mit dem Mittelwert 100. Die Gesamtmasse des H I in dem untersuchten Dunkelwolken-Komplex wird auf 21000 Sonnenmassen, der Staubgehalt auf 200 Sonnenmassen abgeschätzt. Beobachtungen im Antizentrum zeigen ähnliche Verhältnisse. Die 21 cm-Intensität und die Staub-Extinktion variieren in gleichartiger Weise mit der galaktischen Breite mit einem zweiten Maximum bei $b = -20°$. Priester

12683. **T. A. Matthews,** Preliminary results from radio observations at 21 cm in galactic longitudes 60° to 130°. Publ ASP **67** 112—114, mit 1 Fig. — Radialgeschwindigkeitsmessungen in der 21 cm-Linie zwischen 60° und 130° galaktischer Länge zeigen deutlich die drei bisher bekannten Spiralarme unserer Milchstraße (Entfernter Arm, Perseus-Arm, Orion-Arm) sowie deren feinere Struktur. Traving

12684. **E. F. McClain,** Recent 21-cm absorption measurements in the direction of the galactic center. AJ **60** 169—170. — Ref. AAS.

12685. **P. P. Parenago,** On the spiral structure of the galaxy from radio-observations with 21-cm wave. AJ UdSSR **32** 226—238, mit 3 Tafeln (russisch mit englischer Zusammenfassung). — Von den Ergebnissen der radioastronomischen Bestimmung der Verteilung des neutralen interstellaren Wasserstoffs in zwei holländischen Arbeiten des Jahres 1954 (vgl. AJB **54** Ref. **12666, 12344** a) ausgehend, werden unter Hinzunahme und nach Diskussion herkömmlicher galaktischer Daten Aussagen über den Verlauf der Spiralarme gemacht. Der fast kreisförmige Charakter dieser Arme, der aus den genannten holländischen Arbeiten folgt, wandelt sich in eine klar ausgeprägte Einringelung um, auf die bereits Lohmann (vgl. AJB **54** Ref. **12669**) aufmerksam gemacht hat. Loh.

* * **S. N. Stone,** A possible extragalactic source of 21-centimeter radio emission. Vgl. Ref. **12430**.

12686. Hydrogen absorption at 21 centimeters. Sky and Telescope **14** 136. — Ref. in Orion Schaffhausen **4** 443.

12687. Spiral structure of the milky way. Sky and Telescope **14** 321, mit 2 Fig. — Ref. AAS.

§ 127

Kosmische Strahlung

* * Kosmische Strahlung der Sonne siehe § **65**.

12701. **A. Dauvillier,** Les rayons cosmiques dans leurs rapports avec l'électricité atmosphérique, la météorologie, le géomagnétisme et l'astronomie. Vgl. AJB **54** Ref. **12707**. — Weitere Besprechung in La Nature **83** 204—205, J. Atmosph. Terr. Phys. **7** 296 (H. Elliot), J. Phys. Radium **16** 736 (R. Cayrel).

12702. **L. Davis jr.,** Interplanetary magnetic fields and cosmic rays. Phys. Rev. (2) **100** 958. — Ref. Am. Phys. Soc.

12703. **L. Davis jr.,** Interplanetary magnetic fields and cosmic rays. Phys. Rev. (2) **100** 1440—1444, mit 2 Fig. — Verf. diskutiert die Möglichkeit eines feldfreien Raumes in der Umgebung der Sonne, der eine Falle für kosmische Strahlen mit einer Energie <100 BeV sein müßte und durch die Korpuskelstrahlung der Sonne verursacht sein könnte. Weidemann

12704. **H. Fay,** Über die schweren Kerne in der primären kosmischen Strahlung. Z. Naturforschung **10a** 572—581, mit 7 Abb. — Anläßlich eines Ballonaufstiegs über Sardinien ($\lambda \approx 40°$) wurden in einer Höhe von 27 km kernphotographische Emulsionen exponiert. Die Ladungszahl der schweren Kerne der kosmischen Strahlung wurde aus der Anzahl der δ-Strahlen pro 100 μ Spurlänge und dem mittleren Streuwinkel bestimmt, während ihre Energie aus dem Streuwinkel und, wenn der Kern aufgespalten wurde, aus dem mittleren Öffnungswinkel seiner Bruchstücke abgeleitet wurde. Das Ladungsspektrum für eine Restatmosphäre von 32 g/cm² zeigt, daß die Zahl der Kerne mit $3 \leq Z \leq 5$ etwa gleich der Zahl der Kerne mit $6 \leq Z \leq 9$ ist. Die Extrapolation auf den Gipfel der Atmosphäre hängt ganz von der mittleren freien Weglänge der Kernsorte i in Luft sowie der Wahrscheinlichkeit, mit der beim Stoß eines Kerns der Sorte k ein Restkern der Sorte i entsteht. Werte hierfür werden mitgeteilt. Das Energiespektrum bestätigt im wesentlichen die älteren Messungen. Hunger

12705. **M. I. Fradkin,** On the problem of anti-protons in the primary stream of cosmic rays. J. exper. theor. Phys. **29** 147—150 (russisch), englische Übersetzung in Soviet Physics JETP (New York) **2** 87—89. — Ref. in Phys. Abstracts (A) **59** 565.

* * **I. M. Gordon,** Physikalische Prozesse bei Novaausbrüchen, in den Hüllen der Wolf-Rayet-Sterne, P Cygni, und die Herkunft der kosmischen Strahlung. Vgl. Ref. **11303**.

12706. **U. Haber-Schaim,** The energy spectrum of the primary cosmic radiation. Nuovo Cimento Suppl. (10) **2** 336—338. — Ref. in Phys. Abstracts (A) **59** 46.

12707. **S. Hayakawa,** A possible effect of cosmic rays on celestial chemical composition. Progr. theor. Phys. **13** 464—465. — Ref. in Phys. Abstracts (A) **59** 610—611.

12708. **I. J. van Heerden, T. Thambyahpillai,** The 27-day recurrence tendency of cosmic ray intensity. Phil. Mag. (7) **46** 1238—1251, mit 10 Fig. — Die vorliegenden Untersuchungen liefern eine Bestätigung für die 27-Tage-Wiederkehrtendenz der Intensitätsschwankungen der kosmischen Strahlung. Dieselben gehen den magnetischen Stürmen um vier bis fünf Tage voraus. Die 27tägige Periode scheint im Zusammenhang mit solaren Stürmen zu stehen, die mit einer Verzögerung von einigen Tagen magnetische Stürme hervorrufen. Henn

12709. **J. Heidmann,** Sur un schéma de théorie de l'origine des rayons cosmiques. CR **240** 511—513. — Ref. in Phys. Abstracts (A) **58** 439. — Nous donnons le schéma d'une théorie de l'origine des rayons cosmiques selon laquelle ils seraient accélérés par la force électromotrice induite dans et autour de la galaxie par le Grand Nuage de Magellan. L'énergie de 10^{15} eV peut être atteinte. Verf.

12710. **J. Heidmann,** Sur une théorie de l'origine des rayons cosmiques. CR **240** 618—620, mit 1 Fig. — Die Energie der kosmischen Strahlung wird unter der Annahme eines Dipolfeldes für die Milchstraße auf 10^9 eV geschätzt, eine Erklärung für das Energiespektrum gegeben und eine zeitliche Variation mit der Periode von 10^8 Jahren erschlossen. Fricke

12711. **M. Koshiba, M. Schein,** Time variation of primary heavy nuclei flux in the cosmic radiation. Phys. Rev. (2) **100** 1247—1248. — Ref. Am. Phys. Soc.

12712. **A. I. Kusmin, G. W. Skripin,** The effect of lunar-tidal oscillation of the atmosphere on the intensity of the hard component of cosmic rays. J. exper. theor. Phys. **28** 608—609 (russisch), englische Übersetzung in Soviet Physics JETP (New York) **1** 556—557. — Ref. in Phys. Abstracts (A) **59** 565.

12713. **L. Leprince-Ringuet,** Les problèmes actuels du rayonnement cosmique. BSAF **69** 337—341. — Kurzgefaßte Zusammenstellung der Eigenschaften der kosmischen Strahlung. Fricke

12714. **R. Lüst, A. Schlüter, K. Katterbach,** Die Bahnen von Teilchen der kosmischen Strahlung im Erdmagnetfeld. Nachr. Akad. Wiss. Göttingen Math.-Phys. Kl. (2a) Jahrgang 1955 Nr. 8 S. 127—222, mit zahlreichen Fig.

12715. **L. H. Meredith, J. A. van Allen, M. B. Gottlieb,** Cosmic ray intensity above the atmosphere at high altitudes. Phys. Rev. (2) **99** 198—209, mit 8 Fig. — Mit einer kleinen, von einem Ballon aus abgeschossenen Rakete wurde die durchschnittliche Gesamtladung der Primärpartikel bei 54, 62, 71 und 86° N oberhalb der Atmosphäre — Durchschnittshöhe 50 km — bestimmt. Die Meßdaten des Zählrohres ergaben für die mittlere Intensität $\bar{I} < 0.50$ $(\text{cm}^2 \cdot \text{s} \cdot \text{sterad})^{-1}$. Dem entspricht eine magnetische Steifigkeit $< 1.7 \times 10^9$ V. Weidemann

12716. **P. Meyer, J. A. Simpson,** Changes in amplitude of the cosmic-ray 27-day intensity variation with solar activity. Phys. Rev. (2) **98** 247. — Ref. Am. Phys. Soc. — Ref. in Phys. Ber. **35** 1388—1389.

12717. **P. Meyer, J. A. Simpson,** Changes in the low-energy primary spectrum and the low-energy particle cut-off of cosmic radiations. Phys. Rev. (2) **99** 608—609. — Ref. Am. Phys. Soc.

12718. **P. Meyer, J. A. Simpson,** Changes in the low-energy particle cut-off and primary spectrum of cosmic radiation. Phys. Rev. (2) **99** 1517—1523, mit 8 Fig. — Bei Untersuchungen der Energieverteilung der kosmischen Primärstrahlung wurde das Fehlen von Partikeln niederer Energie festgestellt. Da sich das magnetische Dipolmoment der Sonne als kleiner erwies, als bisher angenommen wurde, kann dieses nicht zur Erklärung der beobachteten Abflachung im Primärspektrum herangezogen werden. Um deren Ursprung aufzuklären, haben Verf. Messungen der Nukleonenkomponente durchgeführt, deren Ergebnisse diskutiert werden. Henn

12719. **P. Morrison,** Diffusion of cosmic rays in the earth-sun region. Phys. Rev. (2) **98** 1163—1164. — Ref. Am. Phys. Soc. — Ref. in Phys. Ber. **35** 987.

12720. **J. E. Naugle, P. S. Freier, E. P. Ney,** Energy spectrum of medium and heavy primaries at $\lambda = 61°$. Phys. Rev. (2) **99** 609. — Ref. Am. Phys. Soc. — Ref. in Phys. Ber. **35** 1389.

12721. **H. V. Neher,** Change with time of the low-energy part of the cosmic-ray spectrum. Phys. Rev. (2) **100** 959. — Ref. Am. Phys. Soc.

12722. **J. H. Noon, M. F. Kaplon,** Interactions of the heavy nuclei of the cosmic radiation. Phys. Rev. (2) **97** 769—779, mit 5 Fig. — Ref. in Phys. Ber. **35** 616.

12723. **J. Pernegr,** Kosmische Strahlung. Vesmír **34** 45—46, mit 1 Abb. (tschechisch).

12724. **B. Peters,** The flux of primary cosmic ray nuclei of atomic number $Z \geq 2$ at geomagnetic latitude 30°. Proc. Indian Acad. Sci. (A) **40** 230—248. — Es wurde eine Methode entwickelt, die erlaubt, Kerne schwerer als $Z \geq 2$ in der primären kosmischen Strahlung quantitativ nachzuweisen. Die mit dieser Methode bestimmten Flußwerte der Elemente $2 \leq Z \leq 9$ sind in Übereinstimmung mit den bisherigen Messungen. Hunger

12725. **C. F. Powell,** The primary cosmic radiation. Obs **75** 14—27, mit 2 Fig. und 4 Tafeln. — Halley Lecture für 1954.

12726. **B. Rossi,** Lectures on the origin of cosmic rays. Nuovo Cimento Suppl. (10) **2** 275—335. — Ref. in Phys. Abstracts (A) **59** 138.

12727. **V. Sarabhai, U. D. Desai, D. Venkatesan,** Solar influence on the anisotropy of primary cosmic radiation. I. Studies at low latitudes. Phys. Rev. (2) **99** 1490—1502, mit 13 Fig. — Verf. diskutieren die in Ahmedabad, Kodaikanal und Trivandrum durchgeführten Messungen der täglichen Variation der Mesonenintensität und vergleichen mit Ergebnissen von Huancayo und Cheltenham. Sie versuchen den Zusammenhang mit der Anisotropie der kosmischen Primärstrahlung und dem 11- und 22jährigen Sonnenfleckenzyklus aufzuklären. Henn

12728. **K. Y. Shen, S. F. Singer,** Experiment for determining the anisotropy of primaries. Phys. Rev. (2) **98** 1546. — Ref. Am. Phys. Soc.

12729. **J. A. Simpson,** The cosmic radiation and solar-terrestrial relationships. Ann. Géophys. **11** 305—329, mit 30 Fig. und 1 Tafel. — Verf. gibt in vorliegender Arbeit eine Zusammenfassung der in letzter Zeit entwickelten Methoden zur Untersuchung der energieärmeren Teilchen der kosmischen Strahlung. Die aus der Untersuchung dieser Strahlung gewonnenen Ergebnisse sollen dazu dienen, Fragen über den Zusammenhang zwischen terrestrischen Erscheinungen und solaren Vorgängen aufzuklären. Henn

12730. **S. F. Singer,** Origin of the charge spectrum of primaries. Phys. Rev. (2) **98** 1163. — Ref. Am. Phys. Soc. — Ref. in Phys. Ber. **35** 1388.

12731. **S. F. Singer,** A new method for measuring the low energy spectrum of primary cosmic rays. Phys. Rev. (2) **98** 1547. — Ref. Am. Phys. Soc.

12732. **W. F. G. Swann,** Electromagnetic accelerating mechanisms for cosmic rays. J. Franklin Inst. **260** 547. — Ref. in RJ Astr. Geod. UdSSR 1956 Nr. 11 S. 34.

12733. **W. F. G. Swann,** Results of limitations on space current densities in galactic and intergalactic space. Phys. Rev. (2) **98** 871—875, mit 1 Fig. — Zur Erleichterung einer Diskussion kosmologischer Probleme, insbesondere der Frage der Entstehung der kosmischen Ultrastrahlung, werden einige idealisierte Fälle durchgerechnet, bei denen die Existenz einer maximalen interstellaren Stromdichte vom Betrag $i_{max} = 10^{-9}$ A/cm² von Bedeutung ist. Vgl. auch Phys. Ber. **35** 1176. Weidemann

12734. **W. F. G. Swann,** Results of limitations on space current densities in galactic and intergalactic space. Phys. Rev. (2) **98** 1546. — Ref. Am. Phys. Soc.

12735. **J. P. Terlezkij,** Eine verbesserte Gleichung der Diffusion der kosmischen Protonen im interstellaren Medium. DAN **101** 59—62 (russisch).

12736. **A. Unsöld,** Astrophysikalische Bemerkungen zur Entstehung der kosmischen Ultrastrahlung. Z. Physik **141** 70—82 = Sonderdruck Sternw. Kiel. — Physikalische und astrophysikalische Überlegungen sprechen dafür, daß die kosmische Ultrastrahlung zusammen mit der galaktischen Radiofrequenzstrahlung in hochgradig turbulenten, magnetisierten Plasmen entsteht. Vieles spricht dafür, daß es sich hierbei um die Atmosphären zahlreicher extrem kühler Sterne («Radiosterne») handelt. Der Entstehungsmechanismus durch einen «Spritz»- oder «Widder»-Effekt im Sinne von Ch. Darwin wird qualitativ beschrieben. Verf. (gekürzt)

12737. **W. R. Webber, F. B. McDonald,** Determination of the intensities of low-Z components of the primary cosmic radiation at $\lambda = 41°$ using a Čerenkov detector. Phys. Rev. (2) **100** 1460—1467, mit 11 Fig. — Die Vertikalintensität betrug 82 ± 9 α-Teilchen/m^2 · sterad · sec oberhalb der Atmosphäre. Höhere Ballonaufstiege ergaben 43 ± 8 g/cm^2 scheinbare Absorption für die freie Weglänge der α-Teilchen in Luft. Einige Zählungen entsprachen Werten von $3 \leq Z \leq 5$. Weidemann

12738. **R. C. Wentworth, S. F. Singer,** The albedo contribution in the measurements of cosmic-ray primaries. Phys. Rev. (2) **98** 1546—1547. — Ref. Am. Phys. Soc.

12739. **H. Yagoda,** Charge spectrum and zenith angle distribution of heavy primary nuclei entering the atmosphere. Phys. Rev. (2) **99** 1644—1645. — Ref. Am. Phys. Soc.

12740. Kosmische Strahlung. Herausgegeben von W. Heisenberg. Vgl. AJB **53** Ref. **12732**. — Weitere Besprechung in ZfA **40** 141—144 (L. Biermann).

12741. Progress in cosmic ray physics. II. Herausgegeben von J. G. Wilson. Amsterdam, North-Holland Publishing Co.; New York, Interscience Publishers Inc., 1954. 11 + 322 S. Preis 45 fl. (vgl. AJB **54** Ref. **12755**). — Weitere Besprechung in Nature **176** 1138.

12742. Publikationen der dritten Konferenz über Fragen der Kosmogonie vom 14.—15. Mai 1953. Die Entstehung der kosmischen Strahlung. Herausgegeben von W. A. Ambarzumjan und anderen. Moskau, Verlag Akad. Wiss. UdSSR, 1954. 319 S. mit Fig. Preis 15 R. (russisch). — Ref. in RJ Astr. Geod. UdSSR 1956 Nr. 1 S. 10. — Die Konferenz fand in Moskau statt.

12743. Practical uses for cosmic rays. Sky and Telescope **14** 374—375.

12744. **Beobachtungen der kosmischen Strahlung**

Veröff. Fraunhofer-Inst. Freiburg. Sonnen-Zirkular 1954 Okt.—1955 März. 82 S. mit Fig.

XIV. Geodäsie. Nautik

§ 130

Höhere Geodäsie, Kartographie, Allgemeines

13001. **Z. Britvić,** Astronomija u knjigama i udžbenicima geografije. Naučna Misao Nr. 3—4 S. 130—132.

13002. **D. R. Hendrikz,** Astronomical observations for the arc of the 30th meridian in the Union of South Africa. MN ASSA **14** 17—22. — Bericht über die neue Vermessung des 30. Längengrades in der Südafrikanischen Union (zwischen Port Elizabeth und Salisbury) und die dabei verwendeten Beobachtungs- und Reduktionsmethoden mit Genauigkeitsangaben. Böh.

13003. **G. H. Menzies,** Astronomy and geodesy. MN ASSA **14** 64—68.

13004. **F. Mühlig, E. Messerschmidt, R. Sigl,** Astronomisch-geodätische Arbeiten am Bodensee. Deutsche Geod. Kommission Bayer. Akad. Wiss. (B) Veröff. Nr. 8/V, 28 S. mit 1 Fig.

13005. **L. Randić,** Construction of the celestial vertical in the stereographical projection. Astr. Inst. Zagreb Univ. Commun. Nr. 1, 8 S. mit 4 Fig., 1953 (kroatisch mit englischer Zusammenfassung).

13006. **P. Tardi, G. Laclavère,** Traité de Géodésie. Tome I: Triangulations. (Vgl. AJB **54** Ref. **13010**). Tome II: Astronomie Géodésique de Position. Paris, Gautier-Villars, 1954. **366** S. mit 118 Fig. Preis fr. 3000. — Besprechung in Ciel et Terre **71** 114—115 (P. Melchior), Deutsche Hydrogr. Z. 8 77 (H. Ermel), ZfMG **65** 453—454 (O. Volk).

13007. Astronomical methods in geodesy. Sky and Telescope **14** 238.

§ 131

Erdfigur, Erdrotation, Schwerkraft, Massenverteilung

13101. **G. Adamopoulos,** Figur und Dimensionen der Erde: Neuere Methoden und Ergebnisse. Astr. Nachr. Athen **6** 2—6, 20—23 (griechisch).

13102. **G. Cecchini,** Leggi ed incognite nel fenomeno dello spostamento dei poli di rotazione della Terra e della variazione delle latitudini terrestri. Univ. e Politecnico Torino Sem. Mat. Rend. **13** (1953—54) 71—128, mit 10 Fig. = Pubbl. Ufficio Centrale Latitudini — Oss. Astr. Torino Nr. 13. — Verf. gibt eine historische Darstellung der Rotation der starren und elastischen Erde und bespricht die Analyse der Polbewegung nach den Breitenbeobachtungen. Eine Betrachtung über die Elastizität und die innere Struktur der Erde und die säkularen Abweichungen des mittleren Pols schließt mit einem Hinweis auf die bedeutenden Beiträge des Internationalen Breitendienstes zur Kenntnis der Polbewegung und der übrigen Störungen. Cester

13103. **J. F. Cox,** Sur les causes qui rendent non uniforme le temps universel; l'introduction du temps des éphémérides. Suisse Horlogère **70** Nr. 1 S. 43—44. — Ref. in RJ Astr. Geod. UdSSR **1956** Nr. **6** S. 7.

* * **G. Eiby,** Time and the earth. Vgl. Ref. **2320.**

13104. **T. Gold,** Instability of the earth's axis of rotation. Nature **175** 526—529. — Ref. in Ann. Françaises Chronométrie Documentation 1956 (2) **10 bis** 3.

13105. **G. van Herk,** De gedaante van de aarde. Een oud probleem nieuw aangevat. Hemel en Dampkring **53** 109—122, mit 9 Fig. — Gemeinverständlicher Bericht über die Erforschung der Erdfigur mit Hilfe von Längen- und Breitengradmessungen, Bestimmungen der Lotabweichung und Beobachtungen von Sternbedeckungen sowie Beschreibung der Markowitzschen Mondkamera. Gü.

13106. **A. K. Iwanowa,** Vorläufige Beobachtungsergebnisse über die lunar-solaren Schwereschwankungen am Astronomischen Engelhardt-Observatorium. Astr Circ UdSSR Nr. 157 S. 7 (russisch). — Für die Zeit zwischen 1952 Nov. 14 und 1953 Mai 25 ergaben die Messungen für die lunare halbtägige Hauptwelle $M_2 = 0\overset{''}{.}00527 \cos(\mu t - 269\overset{\circ}{.}0)$ im Meridian und $M_2 = 0\overset{''}{.}00579 \cos(\mu t - 2\overset{\circ}{.}6)$ im ersten Vertikal. Das Verhältnis der beobachteten zur theoretischen Amplitude — die Erde als absolut fester Körper vorausgesetzt — beträgt 0.76 bzw. 0.66. Loh.

13107. **K. Jung,** Bemerkungen zum dreiachsigen Erdellipsoid. Phys. Verhandlungen **6** 91. — Ref. Deutsche Geophys. Ges.

13108. **T. Kolbenheyer,** Beitrag zur Lösung des Stokesschen Problems für ein dreiachsiges Niveauellipsoid. Mat.-Fyz. Časopis. Slovensk. Akad. Vied. **5** 172—192 (slowakisch mit russischer und deutscher Zusammenfassung). — Ref. in Math. Rev. **17** 673—674.

13109. **W. Markowitz,** The annual variation in the rotation of the earth, 1951—54. AJ **60** 171. — Ref. AAS.

13110. **P. J. Melchior,** Sur l'amortissement du mouvement libre du pôle instantané de rotation à la surface de la Terre. Rend. Accad. Nazionale Lincei, Cl. Sci. fis., mat., nat. (8) **19** 137—142 = Commun. Obs. Roy. Belgique Nr. 92. — Verf. zeigt die Schwierigkeiten auf, die einer Bestimmung der Relaxationszeit der gedämpften Bewegung der instantanen Erdachse aus den Ergebnissen des Internationalen Breitendienstes entgegenstehen. Böh.

13111. **A. A. Nemiro,** Fehler des FK 3 in $\Delta\alpha_\alpha$ und ihr Einfluß auf die Bestimmung der Ungleichmäßigkeit der Erdrotation. Astr Circ UdSSR Nr. 159 S. 7—9 (russisch). — Aus den Pulkowoer absoluten Katalogen wurde ein neues Fundamentalsystem der Rektaszensionen und Eigenbewegungen in α abgeleitet. Ein Vergleich des FK3 mit diesem System, dem N 30 und dem Pawlowschen Katalog weist auf die Existenz systematischer Fehler des FK3 zwischen $\delta = +40°$ bis $+80°$ hin, die durch $\Delta\alpha_\alpha = 0\overset{s}{.}002 + 0\overset{s}{.}001 \cos\alpha + 0\overset{s}{.}018 \sin\alpha$ dargestellt werden können. Wenn dem so ist, dann müssen alle zur Untersuchung der Ungleichmäßigkeit der Erdrotation herangezogenen und auf die Örter der FK3-Sterne bezogenen Beobachtungen der Zeitdienste im obigen δ-Intervall vorher entsprechend reduziert werden. Loh.

13112. **N. N. Parijskij,** Die Ungleichmäßigkeit der Erdrotation. Publ. Geophys. Inst. Akad. Wiss. UdSSR Nr. 26 S. 131—152 (russisch). — Ref. in RJ Astr. Geod. UdSSR **1956** Nr. **3** S. 19.

13113. **R. Revelle, W. Munk,** Evidence from the rotation of the earth. Ann. Géophys. **11** 104—108. — Verf. gibt einen Überblick über diejenigen Tatsachen, die zu einer Erklärung der Polschwankungen und der Variationen in der Tageslänge beitragen. Henn

13114. **P. Sémirot,** Raccordement des observations modernes des fluctuations de la vitesse de rotation de la terre d'après un mémoire de M. Sadler aux formules figurant dans le Cours de Mécanique Céleste de M. Andoyer. Ann. Françaises Chronométrie (2) **25** 155—162, mit 1 Fig. — Die Arbeit von Sadler über einige mit der Definition der Ephemeridenzeit zusammenhängende Probleme der sphärischen Astronomie (vgl. AJB **54** Ref. 3116) wird kommentiert, wobei besonders auf Kap. 11 und 13 von Band 1 des Cours de Mécanique Céleste von Andoyer zurückgegangen wird. T. L.

13115. **N. Stoyko,** A propos de l'irrégularité de la rotation de la terre. Etude de l'année 1953. Ann. Françaises Chronométrie (2) **25** 211—216. — Zur Bestimmung der jahreszeitlichen Unregelmäßigkeiten der Erdumdrehung muß man die definitive Zeit verwenden und die Verschiebung des Pols nach den Angaben des Internationalen Breitendienstes in Betracht ziehen. Der tägliche Gang der Erdumdrehung, wie man ihn von den besten Quarzuhren ableiten kann, zeigt von einer Sternwarte zur anderen Abweichungen, welche ein Tausendstel einer Sekunde erreichen können. Deshalb ist es notwendig, das Mittel der Quarzuhren der verschiedenen Zeitdienstinstitute zu nehmen, um die Unregelmäßigkeiten der Erdumdrehung zu bestimmen. Ein Beispiel zeigt, wie man die Unregelmäßigkeit der Erdumdrehung im Jahre 1953 an Hand der Untersuchung der Quarzuhren von zahlreichen Instituten bestimmt hat. Verf.

13116. **W. Uhink,** Rotationsschwankungen der Erde 1952.5—1954.5. AN **282** 281—283, mit 1 Fig. — In Fortsetzung zweier früherer Mitteilungen werden die Ergebnisse für die Rotationsschwankungen der Erde auf Grund der Beobachtungen mit den Quarzuhren des Geodätischen Instituts Potsdam für 1952.5 bis 1954.5 mitgeteilt. Der Phasenunterschied gegenüber den vorläufigen Ergebnissen in Greenwich wird aufgeklärt. Verf.

13117. **E. H. Vestine,** Relations between fluctuations in the earth's rotation, the variation of latitude, and geomagnetism. Ann. Géophys. **11** 103. — Ref. in Phys. Ber. **34** 2099.

13118. **T. Weimer,** Contrôle de la rotation de la Terre par le mouvement de la Lune. Vgl. Ref. **1175**, daselbst S. 103—108, mit 2 Fig. — Beim Vergleich beobachteter Mondörter mit den nach dem Newtonschen Gesetz berechneten Werten zeigen sich unregelmäßige Abweichungen. Diese lassen sich auf einfache Weise durch Ungleichförmigkeiten in der Rotationsgeschwindigkeit der Erde erklären. Die Resultate des Bureau International de l'Heure machen es möglich, diese Hypothese zu präzisieren. Die durch Meridianbeobachtungen, durch Photographie und durch Beobachtungen von Sternbedeckungen erhaltenen Mondörter ergeben nur die langperiodischen Ungleichheiten der Erdumdrehung, die Uhren des Zeitdienstes liefern die täglichen Schwankungen. Verf.

13119. **B. Wideland,** Om tyngdkraftsmätningar i Sverige. PAT **36** 22—39, mit 12 Fig. — Bericht über die seit 1941 in Schweden durchgeführten Schweremessungen mit einigen allgemeineren Ergänzungen zu diesem Problemkreis. C. L. J.

13120. The shape of the earth. Nature **176** 1004. — Ref. der in AJB **54** Ref. **13118** zitierten Arbeit von G. Tiercy.

13121. Schwankungen in der Tageslänge. Orion Schaffhausen **4** 491.

13122. Variable rotation of the earth. Sky and Telescope **14** 412—413. — Ref. AAS. — Besprechung in Sterne **32** 204—205, mit 1 Fig.

§ 132

Geodätische Koordinaten, Polschwankung

13201. **H. Berg,** Polschwankungen und Luftdruckschwankungen. Ann. Meteorol. **6** 110—112, 1953/1954. — Ref. in RJ Astr. Geod. UdSSR 1956 Nr. 8 S. 14.

13202. **L. B. Capon,** Latitude, longitude and azimuth. Austral. Surveyor **15** 87—90, 1954. — Ref. in RJ Astr. Geod. UdSSR 1956 Nr. 2 S. 26.

13203. **G. Cecchini,** Coordinate del polo di rotazione riferite al baricentro della polodia 1900—1905. Ufficio Centrale Latitudini — Oss. Astr. Torino, 1 S. — Polkoordinaten 1949.00—1952.75, bezogen auf den Schwerpunkt der Polhodie 1900—1905. Cester

13204. **G. Cecchini,** Polbewegung. NAZ **9** 32 = UAI Circ 1508. — 1954.0—1955.35.

13205. **B. Decaux,** Radioélectricité et opérations mondiales des Longitudes. Annuaire pour l'an 1956 publié par Le Bureau des Longitudes A1—A28, mit 6 Fig.

13206. **A. E. Filippow,** Vergleich der Breitenbeobachtungen von Pulkowo und Johannesburg. Leningrad, Astr. Hauptobs. Akad. Wiss. UdSSR, 1955 (russisch). — Dissertationsreferat.

13207. **E. P. Fjodorow, N. I. Pantschenko,** Die Polbewegung der Erde im Jahre 1953 auf Grund von Daten des internationalen und des sowjetischen Breitendienstes. Astr Circ UdSSR Nr. 156 S. 8—9 (russisch).

13208. **E. P. Fjodorow,** Über die Extrapolation der Polkoordinaten. Astr Circ UdSSR Nr. 164 S. 13—15 (russisch). — Bei einer Extrapolation bis zu 0.4 Jahren weichen die berechneten Polkoordinaten von den beobachteten nicht mehr als 0ʺ05 ab. Loh.

13209. **J. G. Freislich,** A comparison of three methods used for calculating the longitude from a pair of well balanced stars. Empire Survey Rev. **13** 75—81. — Ref. in RJ Astr. Geod. UdSSR 1956 Nr. 2 S. 25.

13210. **B. W. Jassewitsch,** Bestimmung der Länge der internationalen Ulugbek-Breitenstation Kitab mit dem Passageninstrument. Taschkent, Mittelasiat. Univ., 1955 (russisch). — Dissertationsreferat.

13211. **R. K. C. Johns,** Azimuth determination by equatorial stars. Bull. Géod. Nr. 37 S. 23—29. — Ref. in RJ Astr. Geod. UdSSR 1956 Nr. 9 S. 15.

13212. **A. H. Kerrick,** Precise astronomic positions from projected star positions analytically processed. (Part II). Hydr. Rev. **32** Nr. 2 S. 45—53. — Part I vgl. AJB **54** Ref. 13218.

13213. **K. A. Kulikow,** Die Polbewegung der Erde. Priroda **44** Nr. 11 S. 13—19, mit 7 Abb. (russisch).

13214. **E. W. Lawrentjewa,** Die Breitenänderungen von Poltawa aus Beobachtungen am großen Zenitteleskop von 1947.7 bis 1949.7. Publ. Gravimetr. Obs. Poltawa **5** 26—78, mit 1 Abb. (russisch).

13215. **J. Loodts,** Déterminations astronomiques (latitude, longitude, azimut), effectuées en 1952 à l'Université libre de Bruxelles. Bruxelles, Palais des Académies, 1954. 4 + 43 S. mit 12 Fig. = Acad. roy. Belgique Cl. Sci. Mém. 4° (2) **14**. — Besprechung in Gaz astr **37** 13—14.

13216. **G. D. Martinez Cabre,** Determinación de la longitud geográfica. Rev. Astr. Nr. 133 S. 59—66, mit 2 Fig. — Bestimmung des Chronometerstandes durch Vergleich mit Zeitsignalen; man erhält dann die geographische Länge durch Beobachtung von Zenitdistanzen von Sternen, deren Koordinaten bekannt sind. T. L.

13217. **P. J. Melchior,** Sur la constitution de Bassin Arctique et les caractéristiques du mouvement saisonnier du pôle. Bull. Cl. Sci. Acad. roy. Belgique (5) **41** 51—53, mit 1 Fig. = Inst. Astr. Bruxelles (2) Nr. 103. — Es wird auf die Möglichkeit eines Zusammenhanges zwischen der Lage der großen Halbachse des Ellipsoids der jährlichen Polbewegung und einer unterseeischen Gebirgskette der Arktis hingewiesen, die die gleiche Richtung aufweist. T. L.

13218. **P. J. Melchior,** Déplacements séculaires du pôle moyen et catalogues d'étoiles. Ciel et Terre **71** 65—77, mit 2 Fig. = Commun. Obs. Roy. Belgique Nr. 79. — Die vom Internationalen Breitendienst abgeleitete säkulare Polbewegung wird durch Fehler in den Sternkatalogen und durch Asymmetrie der Beobachtungen systematisch verfälscht. Die Eliminierung dieser Effekte ist nur durch unabhängige Verbesserung der Eigenbewegungen der benutzten Sterne mittels Meridiankreisbeobachtungen, wie sie in Uccle im Gange sind, und durch Modifizierung des Programmes unter Vermeidung größerer Änderungen möglich. T. L.

13219. **C. H. Ney,** Geographical positions from stellar azimuths. Trans. American Geophys. Union **35** 391—397, 1954. — Ref. in RJ Astr. Geod. UdSSR 1956 Nr. 1 S. 31.

13220. **E. I. Obreskowa,** Über die Änderung der mittleren Breite der Stationen Mizusawa, Carloforte und Ukah. Astr Circ UdSSR Nr. 161 S. 10 (russisch). — Für zweijährige Intervalle von 1906 bis 1934 werden die Änderungen der mittleren Breite der drei Stationen angegeben. Ein merklicher Sprung trat 1918/20 in den Werten für Ukah auf. Loh.

13221. **E. I. Obreskowa,** Langsame Breitenänderungen von Poltawa aus Beobachtungen von zwei hellen Zenitsternen. Astr Circ UdSSR Nr. 161 S. 11—12 (russisch). — Nach Beobachtungen von α Per und η UMa von 1939.4 bis 1954.2 hat die mittlere Breite zwischen 1948.5 und 1951.5 sprungartig um 0ʺ06 zugenommen. Loh.

13222. **E. Öpik,** Palaeomagnetism, polar wandering and continental drift. Irish AJ **3** 234—236.

13223. **A. J. Orlow,** Neue Methode der vom sowjetischen Breitendienst angewandten Berechnung der vorläufigen Polkoordinaten. Publ. Gravimetr. Obs. Poltawa **5** 17—25 (russisch). — Die Koordinaten des Pols werden mit Hilfe der Helmertschen Bewegungsgleichungen für die Poldrehung unter Verwendung einer Formel von Kostinski $\Delta\varphi = \Delta\varphi_a + \Delta\varphi_c$ berechnet, wobei $\Delta\varphi_a = x_a \cos\lambda + y_a \sin\lambda$ und $\Delta\varphi_c = C\cos(\beta t + c + \lambda)$. Ein vollständiges Beispiel der Berechnung ist wiedergegeben. Die Ergebnisse von vier Breitenstationen (Pulkowo, Poltawa, Engelhardt-Observatorium Kasan und Kitab) für das Jahr 1951 werden mit den Angaben des Internationalen Breitendienstes verglichen. Schrick

13224. **Z. Petović, B. Ševarlić, G. Teleki,** Observations à la lunette zénithale (de 110 mm) du Service de latitude de l'Observatoire. Bull. Obs. Astr. Beograd **19** Nr. 3 S. 3—4.

13225. **A. R. Robbins,** Determination of azimuth and latitude from observations of an unknown star. Empire Survey Rev. **13** 95—96. — Ref. in RJ Astr. Geod. UdSSR 1956 Nr. 3 S. 20.

13226. **S. W. Romanskaja, W. I. Sacharow, I. F. Korbut,** Vorläufige Werte der Breitenänderung von Pulkowo von 1951.8 bis 1954.4. Mitt. Astr. Hauptobs. Pulkowo **20** Nr. 1 (154) S. 130—131 (russisch).

13227. **W. Rudloff,** Stellungnahme zu vorstehendem Beitrag von H. Berg: Polschwankungen und Luftdruckschwankungen. Ann. Meteorol. **6** 112—114, 1953/1954. — Vgl. Ref. **13201**.

13228. **B. Ševarlić,** Variation des latitudes. Annuaire de notre ciel pour l'an 1956. Beograd 1955 S. 145—148, mit 1 Fig. (serbisch).

13229. **E. Sinding,** Astronomical determinations in Greenland 1927—1952. Geod. Inst. København Skrifter (3) **19**, 109 S. mit 1 Fig.

13230. **Z.-T. Sja, W.-S. Sjuj,** Tabellen zur Breitenbestimmung aus Gestirnen in Meridiannähe. Shenmin Zsjaotun Nr. 30 S. 18—20, 1953 (chinesisch). — Ref. in RJ Astr. Geod. UdSSR 1956 Nr. 3 S. 27.

* * **A. Stoyko,** L'influence du déplacement du pôle sur la détermination de l'heure de 1955.50 à 1956.00. Vgl. Ref. **2365**.

13231. **N. Stoyko,** La troisième opération internationale des longitudes. Bull hor (4) Nr. 5 S. 97—106. — Für das Internationale Geophysikalische Jahr ist eine neue Weltlängenbestimmung geplant. Die dazu von der Arbeitsgruppe VIII (Längen und Breiten) des Comité Spécial de l'Année Géophysique Internationale ausgearbeiteten Resolutionen sind im Wortlaut wiedergegeben.
T. L.

* * **N. Stoyko,** Rapport succinct sur les travaux russes d'astronomie fondamentale. Vgl. Ref. **3010**.

13232. **C. Sugawa,** The wind effect on the latitudes observed with the visual zenith telescope. Publ. Latitude Obs. Mizusawa **2** 94—107, mit 3 Fig.

13233. **M. M. Thomson,** Ottawa latitude results for 1954. J RAS Canada **49** 197—199, mit 1 Fig. = Contr. Dominion Obs. Ottawa **2** Nr. 19.

13234. **G. J. Thornton-Smith,** Latitude, longitude and azimuth. Australian Surveyor **15** 146—151, 183—189, 1954. — Ref. in RJ Astr. Geod. UdSSR 1956 Nr. 7 S. 14—15, Nr. 8 S. 15—16.

13235. **N. A. Tschudowitschewa, A. K. Iwanowa,** Die Breitenschwankungen des Astronomischen Engelhardt-Observatoriums von 1951 bis 1954. Astr Circ UdSSR Nr. 157 S. 5—6 (russisch).

13236. **S. Uemae,** Remarks on the reduction for the incomplete observations in the «Results of the International Latitude Service, Vol. VIII». Publ. Latitude Obs. Mizusawa **2** 71—76.

13237. **A. M. Walker, A. Young,** The analysis of the observations of the variation of latitude. MN **115** 443—459, mit 1 Fig. — Untersuchung der Polbewegung der Erde unter Einschluß von Dämpfung und unter Wirkung von Impulsschwankungen sowie bei Berücksichtigung von Beobachtungsfehlern nach den Methoden der mathematischen Statistik mit Anwendung auf die Ergebnisse des Internationalen Breitendienstes 1900—1935; es ergibt sich die Dämpfungskonstante zu 0.322/Jahr und die Periode der freien Schwingung zu 1.267 Jahren.
Böh.

13238. **A. Young,** The analysis of the observations of the variation of latitude. Obs **75** 1—4. — Ref. RAS.

13239. Determinazioni astronomiche di longitudine, latitudine e azimut eseguite a Torre Viganone e M. Argentario dall'Istituto Geografico Militare nel 1954. Boll. Geod. Sci. affini **14** 287—302, mit

4 Fig. und 20 Tafeln. — Ausführlicher Bericht über die Längen-, Breiten- und Azimutbestimmung von zwei Punkten erster Ordnung des fundamentalen geodätischen Netzes. Die Instrumente sowie die Methode und die Ergebnisse werden besprochen. Cester

13240. Nuovo programma di osservazione della Stazioni Internazionali boreali valido a partire dal 6 gennaio 1955. Pubbl. Ufficio Centrale Latitudini — Oss. Astr. Torino Nr. 11, 14 S. — Beschreibung des neuen Beobachtungsprogramms des Internationalen Nördlichen Breitendienstes vom 6. Januar 1955 ab mit dem Verzeichnis der zwölf Gruppen von sechs Sternpaaren. Cester

13241. Declinazioni apparenti delle coppie di stelle osservate nelle Stazioni Internazionali di latitudine — Parallelo Nord 1955. Pubbl. Ufficio Centrale Latitudini — Oss. Astr. Torino Nr. 12, 36 S. — Verzeichnis der scheinbaren Deklinationen der Sternpaare für den Internationalen Breitendienst. Cester

13242. Relazione sull'attività del Servizio Internazionale delle latitudini dal 1949.0 al 1955.4 presentata alla IX Assemblea Generale dell'Unione Astronomica Internazionale (Dublino, 29 agosto — 5 settembre 1955). Pubbl. Ufficio Centrale Latitudini — Oss. Astr. Torino Nr. 14, 16 S. mit 1 Fig. — Tätigkeitsbericht des Internationalen Breitendienstes 1949.0 — 1955.4.

13243. Variation of latitude 1942. Greenwich Astronomical Results 1942, A 33—A 34.
Desgl. für 1943, 1944, A 34.
Desgl. für 1946, A 42.

13244. Ephemeriden Zingerscher Paare für 1953, 1954, 1955, 1956, 1957 und 1958. Publ. Zentralinst. Geod. Luftbildaufnahme Kartographie Nr. 95, 273 S., 1953, Nr. 106, 273 S., 1954 (russisch).

* * Weitere geographische Koordinaten siehe § **12**.

§ 133

Navigation

13301. **P. V. Angus-Leppan,** A note on the calculation of position lines. Empire Survey Rev. **13** 184—186. — Ref. in RJ Astr. Geod. UdSSR 1956 Nr. 9 S. 15—16.

13302. **B. Beck,** Astronavigation — noch immer aktuell. Orion Schaffhausen **4** 423—426, mit 3 Abb. (mit französischer Zusammenfassung).

13303. **M. Bini,** The use of bisectors in selecting the most probable position. J. Inst. Navigation **8** 195—204, mit 10 Fig.

13304. **M. Blewitt,** Celestial Navigation for Yachtsmen. Iliffe, 1955. 64 S. mit 26 Fig. und Karte. Preis 6 s. — Besprechung in J. Inst. Navigation **9** 245—246 (M. W. Richey), Obs **75** 225.

13305. **J. M. Bratton,** Methods of astronomical navigation. J. Inst. Navigation **8** 176—178. — Erfahrungsbericht eines Nautikers der Handelsmarine über einige Methoden der astronomischen Navigation. Böh.

13306. **S. M. Burton,** The Art of Astronomical Navigation. Burton's Navigational Publications Ltd., 1955. 7 + 146 S. mit 39 Fig. und zahlreichen Tafeln. Preis 18s. 6d. — Besprechung in Deutsche Hydrogr. Z. **8** 257 (H. C.

Freiesleben), J. Inst. Navigation **9** 241—242 (D. H. Sadler). — Lehrbuch der astronomischen Navigation, das völlig auf den Begriffsbestimmungen der neuen Jahrbuchform aufbaut ist: Gestirnskoordinaten sind die geographischen Koordinaten des Bildpunktes des Gestirns. Fr.

13307. **R. W. Byerly,** Putting the moon in the Pocket Almanac. Navigation Los Angeles **4** 250—258. — Ref. in RJ Astr. Geod. UdSSR 1956 Nr. 5 S. 13.

13308. **I. Capasso,** Problemi e complementi di navigazione. Milano, Hoepli, 1955. 12 + 283 S. mit 63 Fig. und 8 Tafeln. Preis L. 2200. — Besprechung in Coelum **23** 90.

13309. **B. Chiat,** Notes on the position line. Empire Survey Rev. **13** 137—140. — Ref. in RJ Astr. Geod. UdSSR 1956 Nr. 4 S. 23—24.

13310. **C. H. Cotter,** The elements of Navigation. London, Isaac Pitman. 545 S. — Lehrbuch, dessen Teil 4 und 5 nautisch-astronomische Fragen behandelt. Fr.

13311. **W. F. Djakonow,** Über die Bestimmung des Schiffsstandortes aufgrund kurzfristiger Sonnenbeobachtungen. Abh. Arkt. Seehochschule Leningrad Nr. 5 S. 102—123, 1954 (russisch). — Ref. in RJ Astr. Geod. UdSSR 1956 Nr. 2 S. 26.

13312. **W. F. Djakonow,** Über die Genauigkeit der Messung der Sonnenhöhen über dem scheinbaren Horizont. Abh. Ing.-Seehochschule Leningrad Nr. 1 S. 106—115 (russisch). — Ref. in RJ Astr. Geod. UdSSR 1956 Nr. 2 S. 26.

13313. **G. E. Earl, C. C. Boylan,** Munro's Modern Navigational Aids. James Munro & Co., 1955. 177 S. mit zahlreichen Fig. und Tafeln. Preis 15 s. — Besprechung in J. Inst. Navigation **9** 244—245 (F. J. Wylie).

13314. **H. C. Freiesleben,** Der Polarstern in der Navigation. Sudhoffs Archiv **39** 157—161.

13315. **P. Lheureux,** La résolution des problèmes de navigation par la géométrie déscriptive «Le Navicercle». Navigation Paris **3** 82—97. — Die darstellende Geometrie vermag für nautisch-astronomische Aufgaben Näherungslösungen zu liefern, ist aber eine dem Seemann fremde Disziplin. Das darauf aufbauende Gerät «Navicercle» verspricht einfache und sichere Lösungen, so daß hier eine Darstellung angebracht ist. Fr.

13316. **P. Lheureux,** Au sujet de tables de navigation destinées au calcul de l'angle horaire. Navigation Paris **3** 374—380.

13317. **W. E. Molett,** Proposed revision to H. O. Publication 249 Vol. I (star tables). Navigation Los Angeles **4** 327—328.

13318. **E. S. Pedersen,** Polar airline navigation. Navigation Los Angeles **4** 278—280. — Bemerkenswert ist die Feststellung, daß für Polarflüge die Astronavigation das wichtigste Hilfsmittel der Ortsbestimmung ist. Fr.

13319. **R. W. Pring,** The accuracy of astronomical observations for position. Empire Survey Rev. **13** 70—75. — Ref. in RJ Astr. Geod. UdSSR 1956 Nr. 4 S. 23.

13320. **J. A. Russell,** On the geometrical solution of the navigational triangle. Navigation Los Angeles **4** 249—250. — Ref. in RJ Astr. Geod. UdSSR 1956 Nr. 5 S. 13.

13321. **K. Schütte,** S-diagrams for solving problems in astronomical navigation. J. Inst. Navigation **8** 310—317, mit 5 Fig. — Behandelt eine graphische Auflösung des astronomischen Poldreiecks nach Höhe und Azimut mit 81 Kurvenblättern, auf 1' genau. Die Diagramme können auch für andere sphärisch-trigonometrische Aufgaben benutzt werden. Fr.

13322. **A. J. R. Tyrrell,** The use of A. P. 3270 for surface navigation. J. Inst. Navigation 8 69—70.

13323. **W. Udalow,** Einige Besonderheiten bei der Beobachtung von Sonnenhöhen in niederen Breiten. See- und Binnenflotte Nr. 6 S. 16—17, 1953 (russisch). — Ref. in RJ Astr. Geod. UdSSR 1956 Nr. 1 S. 32.

13324. **W. Udalow,** Über die Bestimmung des Schiffsortes aus den Höhen äquatornaher Gestirne. See- und Binnenflotte Nr. 10 S. 9—12, 1954 (russisch). — Ref. in RJ Astr. Geod. UdSSR 1956 Nr. 5 S. 13.

13325. Diagrams for Arctic Polar Navigation. French Navy Hydrographic Office, 1955. 4 Tafeln. — Besprechung in J. Inst. Navigation **9** 242—243 (W. A. Scott).

13326. Admiralty Manual of Navigation. III. London, H. M. Stationery Office, 1955. 438 S. mit 280 Fig. Preis 20 s. — Besprechung in J. Inst. Navigation **9** 468—472 (P. Hugon, M. W. Richey).

13327. Graphische Darstellung zur Verbesserung von Gestirnshöhen. Bote Luftflotte Nr. 9 S. 74—75 (russisch). — Ref. in RJ Astr. Geod. UdSSR 1956 Nr. 3 S. 22.

13328. Sky compass. Navigation Los Angeles **4** 219—220.

§ 134

Astronautik, Raketen

13401. **E. Białoborski,** Sztuczny księżyc. Warschau, Iskry, 1955. 164 S. mit Fig. — Besprechung in AJ UdSSR **33** 634—635 (J. G. Perel).

13402. **A. Boni,** Artificial satellite, unification and mechanics (sidarmechanics). Astronautica Acta 1 120—136, mit 5 Fig. — Es wird gezeigt, daß ein künstlicher Satellit eine Reihe mechanischer Probleme darbietet, die einen neuen und charakteristischen Wissenschaftszweig bilden. Einige dieser Probleme werden in der vorliegenden Arbeit diskutiert. Verf. (gekürzt)

13403. **F. M. Branley,** Experiments in the Principles of Space Travel. New York, Thomas Y. Crowell Co., 1955. 119 S. Preis $ 2.00 — Besprechung in Sky and Telescope **15** 221, 361—362 (J. Sternig).

13404. **W. von Braun, W. Ley, F. L. Whipple,** Die Eroberung des Mondes. Mit Illustrationen von C. Bonestell, F. Freeman, R. Klep. Frankfurt/Main, S. Fischer Verlag, 1954. 124 S. mit 11 Farbtafeln. Preis DM 13.80. — Besprechung in Phys. Blätter **12** 281—282, Weltraumfahrt **6** 25—26 (W. Schaub).

13405. **D. Brunt,** Exploration of the earth's upper atmosphere using high-altitude rockets. Nature **176** 282—283.

13406. **E. Burgess,** Frontier to Space. London, Chapman & Hall; New York, Macmillan Co., 1955. 2. Auflage. 190 S. mit Fig. Mit einem Vorwort von H. Spencer Jones. Preis 21 s. bzw. $ 4.50. — Besprechung in Astronautics **2** 132—133, Weltraumfahrt **6** 92 (K. Regula).

13407. **M. Caidin,** Wir stoßen in den Weltraum vor. Berlin, Lothar Blanvalet Verlag, 1955. 283 S. mit 64 Tafeln. Preis DM 14.80. — Besprechung in Sternenbote **7** 82.

13408. **A. C. Clarke,** Going into Space. New York, Harper and Brothers, 1955. — Besprechung in J. Astronautics **3** 48 (R. F. Wehrlin).

13409. **P. E. Cleator,** Into Space. George Allen & Unwin, Ltd. 159 S. Preis 15 s. — Besprechung in Spaceflight **1** 44.

13410. **P. E. Cleator,** Aufbruch in den Weltraum. Übersetzt und bearbeitet von H. Gartmann. Braunschweig, Friedr. Vieweg & Sohn, 1955. 155 S. mit 35 Fig. Preis DM 12.80. — Besprechung in Phys. Blätter **12** 46 (W. H. Westphal).

13411. **G. A. Crocco,** Passaggio apparente della Terra sul Sole in una escursione Terra-Marte. Rend. Accad. Nazionale Lincei, Cl. Sci. fis., mat., nat. (8) **18** 245—246. — Aufzeigung der mit dem Transport einer Rakete von der Erde zum Mars verbundenen Probleme und Hinweis auf die Möglichkeit, die Konjunktion Sonne-Mars-Rakete zur Rektifikation der Geschwindigkeit der Rakete auszunutzen. Böh.

13412. **G. A. Crocco,** Formulazioni di meccanica astronautica. Rend. Accad. Nazionale Lincei, Cl. Sci. fis., mat., nat. (8) **19** 3—12, mit 7 Fig. — Ausführliche Behandlung der in der vorläufigen Note (vgl. vorstehendes Ref.) gestellten Aufgaben. Böh.

13413. **C. A. Cross,** Extra-terrestrial observatories — their purpose and location. J. British Interplanetary Soc. **14** 137—143, mit 1 Fig.

13414. **K. A. Ehricke,** On the descent of winged orbital vehicles. Astronautica Acta **1** 137—155, mit 14 Fig. — Die Flugbedingungen während der Rückkehr eines Satellitenflugzeuges in die Atmosphäre werden auf der Grundlage des Auftriebsparameters, definiert als Verhältnis von Auftriebsbeiwert zu Auftriebsflächenbelastung, behandelt. Verf. (gekürzt)

13415. **K. A. Ehricke,** On the mechanics of descent to a celestial body. J. Astronautics **2** 137—144, mit 7 Fig. — Eingehende Behandlung der bei der Landung eines Raumschiffs auf einem Planeten mit und ohne Atmosphäre zu lösenden navigatorischen Probleme. Böh.

13416. **G. Eichler,** Zum Problem der Weltraumfahrt — Utopie und Wirklichkeit. Meißen-Siebeneichen, Wissenschaftliche und Methodische Abteilung für kulturelle Aufklärung, 1955. 66 S. — Besprechung in Astr. Nachr. Berlin-Treptow **7** 81.

13417. **W. G. Fessenkow,** Probleme der Astronautik. Bote Akad. Wiss. Kasach. Sowjetrepublik Nr. 1 S. 3—11, Priroda **44** Nr. 6 S. 11—18, mit 2 Abb. und 1 Tafel (russisch). — Bericht über die allgemeine Situation der Astronautik und über die mit Raketen erhaltenen Ergebnisse astro- und geophysikalischer Natur. Loh.

13418. **G. F. Forbes,** Powered orbits in space. J. British Interplanetary Soc. **14** 85—87. — Die Differentialgleichungen für die Bewegung einer Weltraumrakete werden in einer Form gegeben, die sie zur numerischen Integration mit Rechenautomaten geeignet macht. Böh.

13419. **H. R. Friedrich, F. J. Dore,** The dynamic motion of a missile descending through the atmosphere. J. aeronaut. Sci. **22** 628—632, 638. — Ref. in ZfMG **65** 169.

13420. **H. Haber,** Menschen, Raketen und Planeten. Hamburg, Blüchert Verlag, 1955. 312 S. mit 93 Fig. Preis DM 14.80. — Besprechung in Sternenbote **7** 84.

13421. **L. Hansen,** De Amerikanske Satellit-Projekter. NAT 1955 S. 119—126, mit 3 Fig. — Allgemeinverständliche Übersicht über die amerikanischen Pläne zur Schaffung künstlicher Erdmonde. Verf. erörtert hier die wichtigsten der zu lösenden Aufgaben sowie die Konstruktionspläne für die künstlichen Satelliten. C. L. J.

13422. **G. Hesselbach,** Un viaje a Venus y a Marte. El Universo Nr. 31 S. 42—51, mit 6 Fig. — Beschreibung der von W. Ley und von W. Hohmann vorgeschlagenen Reiserouten der interplanetaren Navigation. Gü.

13423. **A. G. Karpenko, G. A. Skuridin,** Gegenwartsprobleme des Raumflugs. Bote Akad. Wiss. UdSSR Nr. 9 S. 19—30 (russisch). — Ref. in RJ Astr. Geod. UdSSR 1956 Nr. 5 S. 7.

13424. **D. F. Lawden,** Optimal programming of rocket thrust direction. Astronautica Acta **1** 41—56, mit 3 Fig. — Gleichungen, aus denen die günstigste Bahn berechnet werden kann, werden für den allgemeinen Fall abgeleitet, daß eine Rakete sich in einem ganz bestimmten Schwerefeld bewegt und auch dem atmosphärischen Widerstand unterworfen ist. Diese Gleichungen werden für den Fall der Bewegung einer Rakete im Vakuum in einem einheitlichen Feld gelöst. Verf. (gekürzt)

13425. **D. F. Lawden,** Optimal transfer between circular orbits about two planets. Astronautica Acta **1** 89—99, mit 1 Fig. — Die allgemeine Theorie optimaler Raketenflugbahnen wird in geeigneter Form abgeändert, um das Problem derjenigen Art des Überganges einer Rakete zwischen Umkreisungsbahnen um zwei Planeten behandeln zu können, durch den der Brennstoffverbrauch ein Minimum wird. Es werden Gleichungen abgeleitet, die eine Lösung für den Fall von Planeten geben, die sich in koplanaren elliptischen Bahnen bewegen. Verf.

13426. **D. F. Lawden,** Optimum launching of a rocket into an orbit about the earth. Astronautica Acta **1** 185—190, mit 1 Fig. — Es werden Gleichungen für die Bahn abgeleitet, in der eine Rakete mit geringstem Treibstoffverbrauch von einem Startpunkt auf der Erdoberfläche in eine Kreisbahn um die Erde gelenkt werden muß. Die numerische Integration dieser Gleichungen wird diskutiert. Verf.

13427. **D. F. Lawden,** The calculation of orbits. J. British Interplanetary Soc. **14** 204—215, mit 11 Fig. — Zusammenfassende Aufzählung und Behandlung der mit der Raumschiffahrt verbundenen Navigationsaufgaben. Böh.

13428. **I. M. Levitt,** Geodetic significance of a minimum satellite vehicle. Actronautics **2** 1—6, 13. — Verf. zeigt, wie durch astrometrische Beobachtungen eines künstlichen Satelliten von verschiedenen Punkten der Erdoberfläche aus bestimmte geodätische Aufgaben gelöst werden können (Triangulation, Bestimmung von g und ε). Böh.

13429. **H. F. Michielsen,** Himmelsmechanische Probleme in der Weltraumfahrt. Weltraumfahrt **6** 67—69.

13430. **H. E. Newell jr.,** High Altitude Rocket Research. Vgl. AJB **53** Ref. **13419**. — Weitere Besprechung in Archiv Meteorol. Geophys. Bioklimatol. (A) **8** 139—140 (F. Steinhauser).

* * **H. E. Newell jr.,** Rocket data on atmospheric pressure, temperature, density, and winds. Vgl. Ref. **7251**.

13431. **J. G. Norris,** Defense reveals plans for 10 space satellites. U.S. Naval Inst. Proc. **81** 1403.

13432. **H. Oberth,** Menschen im Weltraum. Vgl. AJB **54** Ref. **13428**. — Weitere Besprechung in Weltraumfahrt **6** 28 (H. K. Kaiser).

13433. **H. Oberth,** Mensen in het Wereldruim. Amsterdam, C. de Boer jr., 1955. 238 S. mit 61 Fig. Preis f 8.50. — Besprechung in Hemel en Dampkring **54** 63 (J. de Groot).

13434. **F. I. Ordway, H. E. Canney jr.,** Astronautics in the United States. Astronautics **2** 57—61, 77.

13435. **N. V. Petersen,** «General characteristics of satellite vehicles». Astronautics **2** 105—110, mit 8 Fig. — Flugtechnische Angaben über die geplanten künstlichen Satelliten mit Einzelheiten über die navigatorischen Manöver bei Start und Landung. Böh.

13436. **J. R. Pierce,** Interplanetary communications. Astronautics **2** 75—77. — Ref. Am. Astronaut. Soc.

13437. **J. G. Porter,** Interplanetary navigation. J. Inst. Navigation **8** 35—38, mit 2 Fig.

13438. **J. G. Porter,** Some problems in space travel. J. Inst. Navigation **8** 224—235. — Gemeinverständliche Aufzeigung der aus himmelsmechanischen Gründen vorhandenen Schwierigkeiten einer Weltraumfahrt. Böh.

13439. **M. W. Rosen,** The Viking Rocket Story. New York, Harper and Brothers, 1955. 242 S. Preis $ 3.75. — Besprechung in Astronomia Popular **1** Nr. 2 S. 36, Sky and Telescope **14** 425, 505—506 (F. I. Ordway).

13440. **M. W. Rosen,** Influence of space flight on engineering and science. Nature **176** 1190—1193.

13441. **E. Sänger,** Stationäre Kernverbrennung in Raketen. Astronautica Acta **1** 61—88, mit 7 Fig. — Die astrophysikalischen Theorien stationärer kosmischer Kernverbrennungen werden auf die Bedingungen stationärer technischer Kernverbrennungen übertragen. Verf. (gekürzt)

13442. **L. R. Shepherd,** Basic principles of astronautics. J. British Interplanetary Soc. **14** 37—44. — Elementare Darstellung der mit dem Raketenflug, der Weltraumfahrt und der Schaffung eines künstlichen Erdsatelliten verknüpften Probleme. Böh.

13443. **S. F. Singer,** Studies of a Minimum Orbital Unmanned Satellite of the Earth (MOUSE). Part I. Geophysical and astrophysical applications. Astronautica Acta **1** 171—184, mit 3 Fig. — Eine MOUSE würde eine sehr bedeutende Ausweitung der gegenwärtigen Anwendung von Höhenraketen auf das Studium der hohen Atmosphäre und der außerirdischen Strahlungen ermöglichen. Eine Lebensdauer von auch nur wenigen Tagen sowie Nutzlasten von nur 50 Pfund wären ausreichend für die Ermöglichung ununterbrochener Beobachtung der Sonnenstrahlung im UV- und im Röntgen-Wellenlängengebiet, die einen bestimmenden Einfluß auf die Ionosphäre und damit auf den Radioverkehr hat. Die Ursache der magnetischen Stürme und der Polarlichter könnte mit größerer Gewißheit ermittelt werden. Beobachtungen der kosmischen Strahlung würden zur Aufklärung der Frage ihres Ursprunges beitragen. Verschiedene andere astrophysikalische Phänomene wie Mikrometeoriten könnten direkter Beobachtung unterworfen werden. Verf. (gekürzt)

13444. **S. F. Singer,** The MOUSE. A Minimum Orbital Unmanned Satellite of the Earth for astrophysical research. Astronautics **2** 91—97, mit 5 Fig. — Verf. betont, daß mit einem künstlichen Satelliten vom Typ «Mouse» Aufschlüsse zu erhalten sind über den von der Erdatmosphäre absorbierten Teil der Sonnenstrahlung und die Beschaffenheit der oberen Luftschichten, und macht Angaben über die dafür erforderliche Bahnlage und technische Ausrüstung. Böh.

13445. **L. Spitzer jr.,** Voyages interplanétaires. Ciel et Terre **71** 57—64.

13446. **A. A. Sternfeld,** Interplanetare Flüge. Moskau, Techn. Staatsverlag, 1955. 56 S. mit Abb. Preis 90 Kop. (russisch).

13447. **G. V. E. Thompson,** Naar Maan en Mars. Amsterdam, Uitgeverij De Kern, 1955. 135 S. mit 26 Fig. Preis f 4.25. — Besprechung in Hemel en Dampkring **54** 63—64 (J. de Groot).

13448. **H. P. Wilkins,** Clouds, Rings and Crocodiles. By Space-ship round the Planets. London, George G. Harrap and Co. Ltd., 1955. 127 S. mit 13 Fig. Preis 7s. 6d. — Besprechung in JBAA **65** 253—255 (H. C. King).

13449. Rocket Exploration of the Upper Atmosphere. Special Supplement J. Atmosph. Terr. Phys. Nr. 1. Herausgegeben von R. L. F. Boyd, M. J. Seaton, H. S. W. Massey. Vgl. AJB **54** Ref. **13446**. — Weitere Besprechung in Arch. Meteorol. Geophys. Klimatol. (A) **8** 524—525 (F. Steinhauser), BSAF **69** 444, J. Atmosph. Terr. Phys. **6** 227—229 (L. R. Shepherd), Phil. Mag. (7) **46** 109, Phys. Blätter **12** 189—190 (H. Gartmann), Weltraumfahrt **6** 25 (H. K. Kaiser).

13450. Astronautical news and notes. Herausgegeben von H. E. Canney jr. Astronautics **2** 119—126, mit 5 Fig.

13451. Proyecto de satélite artificial y efímero para la tierra. Rev. Astr. Nr. 137 S. 83.

13452. Koristi od veštačkog Zemljinog satelita bez posade. Vasiona **3** 37—39 (serbisch). — Bericht über den Inhalt eines Artikels in Jet Propulsion (Febr. 1955) zur Frage des Nutzens eines unbemannten künstlichen Erdsatelliten.
Milošević

Berichtigungen

AJB **50**, 1950

S. 200 1. Spalte. Bei **9 Metis**, letzte Zeile, ist zu streichen: El NAZ **4** 21

S. 244 2. Spalte. Bei **1922 MY**, letzte Zeile, lies Vgl. 1941 BJ anstatt BY

S. 247 3. Spalte. Bei **1948 SB** ist hinzuzufügen: .—49: MPC 435 Blo*

S. 250 1. Spalte. Zwischen **1949 PH** und **1949 PK** ist einzufügen:
1949 PJ
El Jap. Astr. Ass. Circ. Nr. 80

S. 250 2. Spalte. Bei **1949 PT** ist zu streichen: 80

S. 253 1. Spalte. Bei **1950 DB**, 3. Zeile, hinter NAZ **4** 12 ist hinzuzufügen: Ucc

AJB **51**, 1951

S. 240 2. Spalte. Bei **826 Henrika** lies MPC 642 anstatt 826

S. 255 3. Spalte. Bei **1949 UA$_1$**, **1949 UB$_1$**, **1949 UC$_1$** lies σ anstatt Σ.

S. 256 1. Spalte. Bei **1950 BE$_1$**, **1950 BF$_1$**, **1950 BG$_1$**, **1950 BH$_1$**, **BJ$_1$**, **BK$_1$**, **BL$_1$** lies σ anstatt Σ.

S. 257 1. Spalte. Hinter **1950 GF** ist hinzuzufügen: (= Alger CD)

S. 257 1. Spalte. Bei **1950 HH$_1$**, 4. Zeile, ist hinter La Plata Circ. Nr. **9** hinzuzufügen: LaP

S. 259 3. Spalte, 1. Zeile. Hinter Krim Mitt. **7** 137 ist hinzuzufügen: Sim*

S. 260 1. Spalte. Bei **1950 XG**, 3. Zeile, hinter Krim Mitt. **7** 140 ist hinzuzufügen: Sim*

AJB **52**, 1952

S. 233 3. Spalte. Bei **1291 Phryne** ist zu streichen: = 1928 TD (?). Es ist hinzuzufügen: Id mit 1928 TD (?) JO **35** 160

AJB **53**, 1953

S. 263 3. Spalte. Bei **1950 EA**, 4. Zeile, ist zu streichen: Eph (1953) MPC 970

AJB **54**, 1954

S. 97 Ref. **4138**, bzw. S. 135. Lies G. García anstatt Gracía. — Entsprechend ist im Namen-Verzeichnis S. 494 die Änderung vorzunehmen.

S. 215 Ref. **72119** Zeile 5. Lies X $^3\Sigma_g^-$ anstatt χ $^3\Sigma_g^-$.

Transkription des russischen Alphabets

(Vgl. AJB **50** Vorwort S. III)

Russisch	AJB	Math.Rev.	Phys. Abstracts
а	a	a	a
б	b	b	b
в	w	v	v
г	g	g	g
д	d	d	d
е	e, je, jo	e	e, ë
ж	sh	ž	zh
з	s	z	z
и	i	i	i
й	j	ĭ	ĭ
к	k	k	k
л	l	l	l
м	m	m	m
н	n	n	n
о	o	o	o
п	p	p	p
р	r	r	r
с	ss, s	s	s
т	t	t	t
у	u	u	u
ф	f	f	f
х	ch	h	kh
ц	z	c	ts
ч	tsch	č	ch
ш	sch	š	sh
щ	schtsch	šč	shch
ы	y	y	ȳ
ь	—, j	'	'
э	e, é	è	é
ю	ju	yu	yu
я	ja	ya	ya

Beispiel: Зверев = Swerew (AJB) = Zverev (Math. Rev.)
= Zverev (Physics Abstracts)

Namen-Verzeichnis

Das Verzeichnis verweist unter Angabe der Seitenzahlen auf die Stellen, an denen Arbeiten und Beobachtungen der Autoren besprochen sind, hingegen nicht auf Stellen, an denen auf solche Arbeiten nur Bezug genommen oder ein Name in irgend einem Zusammenhang genannt wird.

Auch sind reine Personalnotizen nicht berücksichtigt, da sie schon in § 10 alphabetisch geordnet sind.

Nicht aufgenommen sind ferner die Namen der Beobachter und Berechner Kleiner Planeten in § 75, der Kometen in § 81 und der Veränderlichen Sterne in § 112. Für diese Autoren sind zusätzlich noch die folgenden Listen einzusehen:

S. 320—321 **Kleine Planeten. Verzeichnis der Beobachter und Berechner**

S. 342 **Kometen. Verzeichnis der Beobachter und Berechner**

S. 440—441 **Veränderliche Sterne. Verzeichnis der Beobachter und Berechner**

Alphabetical Subject Index

FSC
www.fsc.org
MIX
Papier | Fördert gute Waldnutzung
FSC® C083411

Kolibri 360 GmbH
Ferdinand-Jühlke-Straße 7
99095 Erfurt, Deutschland
produktsicherheit@kolibri360.de